Gesamtverzeichnis des deutschsprachigen Schrifttums (GV) 1700 – 1910

Bearbeitet unter der Leitung von
Hilmar Schmuck und Willi Gorzny

Bibliographische und redaktionelle Beratung:
Hans Popst und Rainer Schöller

113

Rag - Ray

K · G · Saur München · New York · London · Paris 1984

CIP-Kurztitelaufnahme der Deutschen Bibliothek

Gesamtverzeichnis des deutschsprachigen Schrifttums
(GV) – Munchen, New York, London, Paris Saur
Bd 1 – 6 bearb unter d Leitung von Peter Geils
u Willi Gorzny
ISBN 3-598-30000-X

1700 - 1910 / bearb. unter d Leitung von Hilmar
Schmuck u Willi Gorzny Bibliograph u red
Beratung: Hans Popst u Rainer Scholler

NE Schmuck, Hilmar [Bearb]

113. Rag – Ray – 1984.

Techn. Realisierung und Druck: Norbert Gärtner, Mainz-Kastel
Binden: Karl Schaumann, Darmstadt
Printed in the Federal Republic of Germany
ISBN 3-598-30000-X (Gesamtwerk)

RAGATS, Johannes De officiis curatoris animarum respectu socialismi. — (1904) 102 S. 4° (Handschr.) Diss. 789
Diss. Wien, Univ.

Ragatz et les bains de Pfaeffers, s.a. l'Europe illustrée.

Ragaz. Ragatz et les bains de Pfaeffers (*Umschlag* Ragaz-Pfæfers). Avec 9 Illustrations de J[ohann] Weber [dont 3 planches] et 1 carte [Nouvelle éd.] (L'Europe illustrée № 20.) 8. Zurich. Paris ([18]87).

Ragatz, s.a. Europe, illustrated.

Ragaz. Ragatz and the Baths of Pfaffers, Switzerland (*Umschlag* Ragaz-Pfæfers). With nine illustrations by J[ohann] Weber [3 plates] and a map. (Illustrated Europe. № 18.) 8. Zurich. (Paris.) London [1882].

Ragaz. Der Hof Ragatz. Gasthof und Kurort (*Umschlag* Bad-anstalt) im Kanton St Gallen. [Mit 1 Karte und illustriertem Umschlag.] 8. St. Gallen 1844

Ragaz. Hof R', Gast- und Badehaus bei Ragaz, im Kanton St Gallen: nahe an der Grenze vom Kanton Graubünden, gehalten von Gebrüder Hauser 8 Chur 1853

Ragaz-Pfaefers, s.a. l'Europe illustrée. Nr. 20.

— s.a. Wanderbilder, europäische. Nr. 19.

Ragaz. R' Pfäfers. Mit 9 Illustrationen von J[ohann] Weber [wovon 3 Tafeln], nebst einer Karte (Europäische Wanderbilder № 19.) 8.
Ausg. A Zürich, (Paris. London) [1881] — *Ausg. B.* Z' ([18]85)

Ragatz-Pfäfers. Mit 85 Ansichten, 1 Panorama, Pl. u. geogr Kt. Zürich Preuss [nach 1893]. 126 S. 8° [illegible]

Ragaz. Ragatz Pfafers. Zurich *u.* Zurich [1894] *s.* [Cérésole, Alfred].

Ragaz-Pfäfers, Cur-Anstalt. Die Verbesserungen der Thermalanstalt im letzten Decennium u. die Neubauten der Gegenwart. St. Gallen 868. Scheitlin & Zollikofer. 8. (26 S.) n. 6 *ngr.*

Ragaz Pfaefers (Kanton St. Gallen, Schweiz), Weltberühmter Kurort mit der unvergleichlichen Tamina-Schlucht). [Illustrierter Prospect] II + 16 S. quer-8. [Zürich, Polygraphisches Institut A.-G., 1902.]

Ragaz, Clara, s. Ragaz, Klara

Ragaz, Jakob [aus Tamins]: Die dramatischen Bearbeitungen der Geschichte Hans Waldmanns. Chur 1898. 68 S. 8°.
Bern. Phil. Diss. 1897/98.

Ragaz, Jak., die dramatisch. Bearbeitgn. der Geschichte Hans Waldmanns. gr. 8. (68 S.) Chur (899). (Hitz Nachf.) n. 1. 20

Ragaz, Jacob. Zur Hundertjahr-Feier von [Friedrich von] Schillers Todestag: Schiller im Wandel der Zeit — Sein Verhältnis zur Schule. Von Jakob R'. Beilage zum Kantonsschul-Programm [der Bündnerischen K. in Chur] 1904/05. [Mit Porträt und Vignetten.] 66 S. kl.-4 Chur, Bischofberger & Hotzenköcherle, [1905].

Ragaz, Klara

Ragaz, Clara. Sein einziger Fehler oder Warum Fräulein Lisa dem Herrn Doktor nicht ja sagen konnte. Lustspiel in einem Aufzug. 24 S. 8. Basel, Friedrich Reinhardt, [1907]. (fr. —.50)
(... Abstinenz-Theaterstückchen....)

Ragaz, (L[eonhard]). Alkohol und Gemütsleben *s.* Stähelin, Ernst. Alk' und Familie. (Bern.)

Ragaz, L[eonhard]. Busse und Glauben. Bettagspredigt gehalten am 17. Sept. 1905 im Münster zu Basel. 16 S. 8. Basel, C. F. Lendorff, 1905. fr. —. 25

Männliches Christentum Von Leonhard Ragaz, Pfarrer. Zürich. Frick in Komm. 1900. 24 S. 8°
(Schriften d. Schweiz. Vereins f Freies Christentum. [15.])

Ragaz, Leonhard. Dein Reich komme. Predigten. VIII + 438 S. 8. Basel, Helbing & Lichtenhahn, 1909. [geb. fr. 6. 50]

— Dein Reich komme. Predigten. 2., verm. Aufl. (VIII, 551 S.) 8. Basel 911. Helbing & Lichtenhahn. Geb. in Leinw. 5. 20
1. Aufl. (VIII, 437 S.) 909. Geb. 5.20

— du sollst. Grundzüge e. sittl. Weltanschaug., s.a. Pfade, neue, zum alten Gott. 7. Bd.

Ragaz, Leonhard. Du sollst. Grundzüge einer sittlichen Weltanschauung. Von L' R' [Pfarrer in Basel]. VIII + 181 S. 8. Freiburg i. B. und Leipzig, Paul Waetzel, 1904. (Einzeln geb. M. 2.40 = fr. 3.—)
(Neue Pfade zum alten Gott — *Subscr.* geb. je M. 1.60. — Bändchen 7.)

Ragaz, Leonhard. Du sollst. Grundzüge einer sittlichen Weltanschauung. Von Leonhard Ragaz [Pfarrer in Basel]. 2. Aufl. VIII + 181 S. 8. Freiburg i. B. und Leipzig, Paul Waetzel, 1904. (Einzeln geb. M. 2. 40 = fr. 3. —)
(Neue Pfade zum alten Gott. — *Subscr.* geb. je M. 1 60. — Bändchen 7.)

Ragaz, L[eonhard]. Das Evangelium und der soziale Kampf der Gegenwart. VI + 66 S. 8. Basel, C. F. Lendorff, 1906. [fr. — 80]
(... in stark verkürzter Form der Jahresversammlung der schweizerischen Predigergesellschaft in Basel, 1906, vorgetragen...)

Ragaz, L[eonhard]. Das Evangelium und der soziale Kampf der Gegenwart. 2. Aufl. IV + 66 S. 8. Basel, C. F. Lendorff, 1907. [fr. 1. 25]

Ragaz, Leonh., Evangelium u. moderne Moral. gr. 8. (81 S.) Berlin 898. C. A. Schwetschke & Sohn. n. — 75

— Gottesdienst u. Parteidienst. Predigt, geh. am 13. IX. 1908 im Münster zu Basel. (15 S.) 8. Basel 908. Helbing & Lichtenhahn. — 25

Ragaz, L[eonhard]. Jesus Christus und der moderne Arbeiter. 31 S. 8. Zürich, Grütlibuchh. (*Umschlag*: Buchh. des Schweiz. Grütlivereins), (1908). fr. —. 40

Ragaz, Pfarrer. Der Kampf gegen den Alkohol. (Separat-Abdruck aus dem „Freien Rätier". 2. Aufl. Chur 1896. 31 S. 8°.

Ragaz, L[eonhard], [und] Bezzola, Dom[enic]. Der Kampf gegen den Alkohol. Von L. Ragaz, Pfarrer.... Separatabdruck aus dem «Freien Rätier». 3. Aufl. — Alkohol und Vererbung. Öffentlicher Vortrag, gehalten am 17. Dezember 1899 von Dr. Dom. Bezzola.... Separatabdruck aus dem «Freien Rätier». 2. Aufl. II + 98 S. 8. Chur, Manatschal Ebner & Cie., 1901. [fr. —. 50]

— Der sittliche Kampf der heutigen Frau. Vortrag. (24 S.) 8. Basel 907. C. F. Lendorff. — 50

Ragaz, L[eonhard]. Kapitalismus, Sozialismus und Ethik. Von L. R', Pfarrer. (Nach einem im Grütliverein Grossbasel gehaltenen Vortrage.) 24 S. 8. Zürich, Buchh. des Schweizerischen Grütlivereins, 1907. fr. —. 25

Ragaz, Leonh., o Land, höre des Herrn Wort! Zwei vaterländ. Predigten, geh. während der Calvenfeier in Chur am 28. V. u. am 4. VI. 1899. 2. Aufl. gr. 8. (27 S.) Ebd. (899). n. — 60

Ragaz, L[eonhard]. Girolamo Savonarola. Ein Prophetenleben. Vortrag. Separatabdruck aus dem «Schweizerischen Protestantenblatt» [Jahrg. 28, № 1—5]. 27 S. 8. Basel, Buchdr. J. Frehner — *Aufdruck:* F. Schuler, Verlagsbuchh., Chur —, 1905. [fr. —. 35]

Ragaz, L[eonhard]. Selbstbehauptung und Selbstverleugnung. Ein Gegenwartsproblem. Vortrag. 40 S. 8. Basel, C. F. Lendorff (Buchdr. Büchler & Co., Bern), 1904. [fr. 1. 35]

Ragaz, L[eonhard]. Selbstbehauptung und Selbstverleugnung. Ein Gegenwartsproblem. Im Grossratssaale zu Bern gehaltener öffentlicher Vortrag. Hrg. vom kirchlichen Reformverein der Stadt Bern. II + 40 S. 8. Bern, Büchler & Co., 1904.

(**R[agaz]**, L[eonhard].) Das rätische Volkshaus in Chur. Separatabdruck aus dem «Freien Rätier». [Mit 1 Ansicht.] 16 S. 8. Chur, Manatschal Ebner & Cie., 1901.

Ragaz, L[eonhard]. Zeitkultur - Bildungsideal - Schule. IV + 39 S. 8. Basel, B. Wepf & Co., 1905. [fr. —. 60]

Ragaz-Pfäfers, s. Ragatz-Pfäfers

Rage, J. Ch. F., Virginia, s. Jahrbuch deutscher Bühnenspiele.

Rager, (Pfarrer) F. D., kurzer Unterr. in d. Geschichte, der allgem. Erdbeschreibung u. Globuslehre, vorzügl. f. die Kinder der Elementarschulen in Baiern. 3e A. 12. Augsb. 832. (Landsh., Krüll). 1 gr

Rager, F. D., kurzer Unterr. in d. Geschichte, d. allgem. Erdbeschreibung u. Globuslehre, vorzügl. f. d. Kinder d. Elementarschulen in Bayern. 3. Aufl. 12. (1½ B.) Augsburg 832. (Regensburg, Manz.)

Rager, J. B., kurze Gebete zum täglichen Gebrauche frommer Kinder. 6. verm. Aufl. Mit 1 Bilde (in Holzschn.). Augsburg 857. Doll. 32. (79 S.) 1⅓ ngr

Rager, J. B., kurze Gebete zum täglichen Gebrauche frommer Kinder. 7., sehr verm. Aufl. hersg. von Johs. Jäggle. Lindau 870. Stettner. 32. (VIII, 115 S.) In engl. Einb. mit Goldschn. n. 4 ngr

Rager's, J. B., kurze Gebete zum täglichen Gebrauche frommer Kinder. 8., verm. Aufl. hrsg. v. Johs. Jäggle. 32. (144 S.) Lindau 875. Stettner. — 25; geb. m. Goldschn. n. — 40

Rager's, J. B., kurze Gebete zum täglichen Gebrauche frommer Kinder. 9., verb. u. verm. Aufl., hrsg. v. Johs. de Matha Jaeggle. 16. (156 S.) Lindau 899. J. Th. Stettner. Geb. in Leinw. m. Goldschn. n. — 50

Raeger, W., der rothe Bartel und der Courierzug. Zwei Novellen. 8. (343 S.) Leipzig 856, Kollmann.

—— Junker Franz unter den Wilddieben oder das Nonnengrab. Romantische Erzählung. 3 Thle. 8. (716 S.) Leipzig 855, Kollmann.

— das Jagdschloß, oder: Graf Born auf Rothenstein. Humoristisch-romantische Erzählung. 3 Bde. Leipzig 854. Kollmann. 8. (349; 379; 389 S.) 4 ℛ.

— Leonore von Monkey. Erzählung. 2 Bde. Leipzig 856. Kollmann. 8. (288; 333 S.) 2 ℛ.

Ragey, R. P., Soc. Mariae, hymnarium quotidianum B. M. V. ex hymnis medii aevi comparatum. gr. 8. (XLVII, 471 S.) Paris 893. P. Lethielleux. n. 4 80

Ragg, J., zwei Gelegenheitsreden. 8. Wien 796. Heubner. 2 gr

Ragg, Manfr., die Schiffsbodenfarben. Ein Handbuch f. Seeoffiziere, Schiffsingenieure, Schiffsbau- u. naut. Anstalten. gr. 8. (68 S.) Wiesbaden 901. C. Nemnich. n. 2. 50; geb. n. 3. 20

Raggi, G., Sulla glossitide rationamente academico. 4. Erlang, Palm. 811.

Ragionamento giuridico-politico sopra la costituzione della Valtellina... 1788 s. [Simoni, Alberto de].

Ragionen-Buch, aargauisches, 1884. gr. 8. (93 S.) Aarau, Sauerländer's Verlagsh. * 1 —
Erschien früher als Beilage zu: Aargauische Gesetzsammlung.

Ragionen-Buch, Aargauisches. 1887. gr. 8. (III, 97 S.) Aarau 887. Sauerländer. cart. n. 1. 20

Ragionenbuch, aargauisches. Verzeichniss der im Handelsregister d. Kantons Aargau eingetragenen Firmen, geh. bis 1. Febr. 1892. Im Auftrage der Justizdirektion publizirt vom kantonalen Handelsregistorbureau. gr. 8. (133 S.) Aarau 892. H. R. Sauerländer & Co. Kart. n. 2. —

Ragionenbuch. Aargauisches Ragionen-Buch enthaltend die bis 31. Oktober 1900 eingetragenen Firmen. Hrg. vom kantonalen Handelsregisterbureau. 79 S. 4. Brugg. «Effingerhof», 1901. [fr. 3. —]

Ragionenbuch. Aargauisches Ragionen-Buch, enthaltend die bis 30. April 1903 eingetragenen Firmen. Hrg. vom kantonalen Handelsregisterbureau. 85 S. 4. Brugg, «Effingerhof», 1903. [fr. 3. —]

Ragionenbuch. Aargauisches R'-B', enthaltend die bis und mit 15 Mai 1905 eingetragenen Firmen. Hrg vom kantonalen Handelsregisterbureau. 92 S. 4. Brugg, «Effingerhof», 1905. [fr 3. —]

1901, 1902 u. 1904 nicht erschienen; 1903 s. Bulletin 1903, S. 357

Ragionenbuch. Aargauisches R'-B', enthaltend die bis und mit 15. Mai 1907 eingetragenen Firmen. Hrg. vom kantonalen Handelsregisteramt in Aarau. 101 S. 4. Brugg, «Effingerhof», 1907. [fr. 3. —]
1906 nicht erschienen.

Ragionenbuch. Aargauisches R'-B', enthaltend die bis und mit 1 Mai 1910 eingetragenen Firmen. Hrg. vom kantonalen Handelsregisteramt in Aarau. 123 S. 4. Brugg, «Effingerhof A.-G.», 1910. [fr. 3. —]

—— schweizerisches, [enthaltend ca. 30,000 Adressen] nach Kantonen geordnet. 1. Thl.: Firmenregister. 14 Lfgn. Lex.-8. Bern 883, [B. F. Haller.] P. Haller. * 27 30

Inhalt:

Lfg. 1. Basel-Stadt. Basel-Land. (Doppels. V, S. 1—28.) *M 1,20.
» 2. St. Gallen. Appenzell A.-Rh. Appenzell I.-Rh. (Doppels. S. 29—75.) *M 1,50.
» 3. Bern. (Doppels. S. 77—180.) *M 4.
» 4. Aargau-Solothurn. (Doppels. S. 181—212.) *M 1,20.
» 5. Luzern. Uri. Schwyz. Obwalden. Nidwalden. Zug. (Doppels. S. 213—256.) *M 1,50.
» 6. Zürich. (Doppels. S. 257—346.) *M 3,50.
» 7. Thurgau. Schaffhausen. (Doppels. S. 347—383.) *M 1,20.
» 8. Neuenburg. (Doppels. S. 384—467.) *M 2,50.
» 9. Waadt. (Doppels. S. 468—569.) *M 3,50.
» 10. Freiburg und Wallis. (Doppels. S. 570—607.) *M 1,50.
» 11. Genf. (Doppels. S. 608—687.) *M 3.
» 12. Glarus und Graubünden. (Doppels. S. 688—728.) *M 1,50.
» 13. Tessin. (Doppels. S. 729—759.) *M 1,20.
Schluss-Lfg. (Doppels. XIII, S. 761—788.) Gratis.

—— dass. — 2. Thl.: Alphabetisches Register der Geschäftszweige, nach Kantonen und Ortschaften geordnet. 4 Lfgn. Lex.-8. Ebendas. 881. * 8 50

Inhalt

Lfg. 1. Aargau, Appenzell A.-Rh., Appenzell I.-Rh., Basel-Stadt, Basel-Land. (S. 1—126.) *M 2.
» 2. Freiburg, Genf, Glarus, Graubünden, Luzern, Neuenburg. (S. 127—296.) *M 2,50.
» 3. Nidwalden, Obwalden, Schaffhausen, Schwyz, Solothurn, St. Gallen, Tessin, Thurgau, Uri, Waadt. (S. 297—506.) *M 2.
» 4. Wallis, Zug, Zürich. (S. 507—673.) *M 2.

— schweizerisches, [enth. ca. 30,000 Adressen], nach Kantonen geordnet. I. Thl.: Firmenregister. Lex.-8. Bern 883. 84. Nydegger & Baumgart. n. 27. 30

1. Basel-Stadt. Basel-Land. (Doppels. V, 28 S.) n. 1. 20
2. St. Gallen. Appenzell A.-Rh. Appenzell I.-Rh. (Doppels. 29—75.) n. 1. 50
3. Bern (Doppels. 77—180.) n. 4.
4. Aargau-Solothurn. (Doppels. 181—212.) n. 1. 20

5. Luzern. Uri. Schwyz. Obwalden. Nidwalden. Zug. (Doppels. 213—256.) n. 1. 50
6. Zürich. (Doppels. 257—346.) n. 3. 50
7. Thurgau. Schaffhausen. (Doppels. 347—383.) n. 1. 20
8. Neuenburg. (Doppels. 384—467.) n. 2. 50
9. Waadt. (Doppels. 468—569.) n. 3. 50
10. Freiburg u. Wallis. (Doppels. 570—607.) n. 1. 50
11. Genf. (Doppels. 608—687.) n. 3. —
12. Clarus u. Graubünden. (Doppels. 688—728.) n. 1. 50
13. Tessin. (Doppels. 729—759.) n. 1. 20
Schluss-Lfg. (XIII u. S. 761—788.) gratis

— dasselbe. 2. Thl.: Alphabetisches Register der Geschäftszweige, nach Kantonen u. Ortschaften geordnet. 1. u. 2. Lfg. Lex.-8. Ebend. 886. n. 4. 50
1. Aargau, Appenzell A.-Rh., Appenzell I.-Rh., Basel-Stadt, Basel-Land. (126 S.) n. 2. —
2. Freiburg, Genf, Glarus, Graubünden, Luzern, Neuenburg. (S 127—296.) n. 2. 50

— schweizerisches. Annuaire suisse du registre du commerce. Nach dem Stande vom 1. Juli 1894. Amtliche Ausg. 8. (XXIV, 822 S.) Bern 894. Zürich, Art Institut Orell Füssli, Verl. In Ledertuch kart. n. 8. —

Ragionenbuch, schweizer. (Handelsregister-Adressbuch), mit Firmen-Register nach Branchen geordnet. Nach dem Stande vom 1. Juli 1895. Amtl. Ausg. In-8⁰. XII, 892, 386 S. Zürich, Art. Inst. Orell Füssli. 1895. Cart. 10 —

Ragionenbuch, schweizerisches. Nach d. Stande v. 1. VII. 1897. Amtl. Ausg. A. u. d. T.: Annuaire suisse du registre du commerce. gr. 8. (XVIII, 15, 829 u. 15, 21, 421 S.) Bern 898. Zürich, Art. Institut Orell Füssli. Geb. in Ledertuch n. 8. —

Ragionenbuch, schweizerisches. Nach dem Stande vom 31. Dezember 1898. Amtliche Ausgabe. A. u. d. T. Annuaire suisse du registre du commerce. Gr. 8⁰. XVIII, 16, 885 u. 16, 22, 445 S. Zürich. Art. Institut Orell Füssli. 1899. Geb. 10 —

Ragionenbuch, schweizerisches. Nach dem Stande der Handelsregister vom 31. XII, 1899. Amtl. Ausgabe. — Annuaire suisse du registre du commerce. — Gr. 8⁰. XVIII, 16, 919 u. 15, 20, 463 S. Zürich, Art. Inst. Orell Füssli Verlag. Geb. 10 1900.

Ragionenbuch. Schweizerisches Ragionenbuch. Nach dem Stande der Handelsregister vom 31. Dezember 1900. Amtliche (6.) Ausgabe. (2 Teile.) — *A. u. d. T.:* Annuaire suisse du Registre du commerce. Mis à jour d'après l'état des registres du commerce au 31 Décembre 1900. (6e) Edition officielle. (2 Parties.) (*zus.* 1520 S.) 8. Bern-Zürich — Berne-Zurich — Art. Institut Orell Füssli. (1901). [geb. fr. 10. —]

Ragionenbuch. Schweizerisches Ragionenbuch. Nach dem Stande der Handelsregister vom 31 Dezember 1901. Amtliche (7.) Ausgabe. (2 Teile.) — *A. u. d. T.:* Annuaire suisse du Registre du commerce. Mis à jour d'après l'état des registres du commerce au 31 Décembre 1901. (7e) Edition officielle. (2 Parties.) (*zus.* 1565 S.) 8. Bern-Zürich — Berne Zurich —, Art. Institut Orell Füssli, (1902). [geb. fr. 10.—]

Ragionenbuch. Schweizerisches Ragionenbuch. Nach dem Stande der Handelsregister vom 31. Dezember 1902. Amtliche (8.) Ausgabe. (2 Teile.) — *A. u. d. T.:* Annuaire suisse du Registre du commerce. Mis à jour d'après l'état des registres du commerce au 31 Décembre 1902. (8e) Edition officielle. (2 Parties.) (*zus.* 1614 S.) 8. Bern-Zürich = Berne-Zurich, Art. Institut Orell Füssli, (1903). [geb. fr. 10. —]

Ragionenbuch. Schweizerisches R'. Nach dem Stande der Handelsregister vom 31. Dezember 1903. Amtliche (9.) Ausgabe. (2 Teile.) — *A. u. d. T.:* Annuaire suisse du Registre du commerce. Mis à jour d'après l'état des registres du commerce au 31 Décembre 1903. (9e) Edition officielle. (2 Parties.) (*zus.* 1673 S.) 8. Bern-Zürich = Berne-Zurich, Orell Füssli, (1904). [geb. Subscr. fr. 6. 50, im Buchh. 10. —]

Ragionenbuch. Schweizerisches R' 1905. Verzeichnis der eingetragenen Firmen. Von den Handelsregisterführern auf Grund der Originalregister nach dem Stande vom 31. Dezember 1904 revidiert. 10. Ausgabe. (2 Teile.) — *A. u. d. T.:* Annuaire suisse du Registre du commerce 1905. Revisé par les préposés au Registre du c' sur la base des registres originaux, d'après l'état au 31 Décembre 1904. 10e Edition. (2 Parties.) (*zus.* 1745 S.) 8. Bern-Zürich = Berne-Zurich, Orell Füssli, (1905). [geb. Subscr. fr. 6. 50, im Buchh. 10. —]

Ragionenbuch, schweizerisches, 1906. Verzeichnis der eingetragenen Firmen. Von den Handelsregisterführern auf Grund der Orig.-Register nach dem Stande vom 31. XII. 1905 rev. 11. Ausg. (Annuaire suisse du registre du commerce.) (XVIII, 16; 1181, 20, 24 u. 547 S) 8. Zürich, Art. Institut Orell Füssli. Geb. n. 10. —

Ragionenbuch. Schweizerisches R' 1906. Verzeichnis der eingetragenen Firmen. Von den Handelsregisterführern auf Grund der Originalregister nach dem Stande vom 31. Dezember 1905 revidiert. 11. Ausgabe. (2 Teile.) — *A. u. d. T.* Annuaire suisse du Registre du commerce 1906. Revisé par les préposés au Registre du c' sur la base des registres originaux, d'après l'état au 31 Décembre 1905. 11e Edition. (2 Parties.) (*zus.* 1814 S.) 8. Zürich = Zurich, Orell Füssli, (1906). [geb. Subscr fr. 6. 50, im Buchh. 10. —]

Ragionenbuch. Schweizerisches R' 1907. Verzeichnis der im Schweizer. Handelsregister eingetragenen Firmen. Von den Handelsregisterführern auf Grund der Originalregister nach dem Stande vom 31. Dezember 1906 revidiert. 12. Ausgabe. (2 Teile.) — *A. u. d. T.:* Annuaire suisse du Registre du commerce 1907. Liste des raisons sociales inscrites au Registre suisse du c'. Revisé par les préposés au R' du c' sur la base des registres originaux, d'après l'état au 31 Décembre 1906. 12e Edition. (2 parties.) (*zus.* 1876 S.) 8. Zürich = Zurich, Orell Füssli, 1907 [geb. Subscr. fr. 6. 50, im Buchh. 10. —]

Ragionenbuch. Schweizerisches R' 1908. Verzeichnis der im Schweizer. Handelsregister eingetragenen Firmen. Von den Handelsregisterführern auf Grund der Originalregister nach dem Stande vom 31. Dezember 1907 revidiert. 13. Ausgabe. (2 Teile.) — *A. u. d. T':* Annuaire suisse du Registre du commerce 1908. Liste des raisons sociales inscrites au Registre suisse du c'. Revisé par les préposés au R' du c' sur la base des registres originaux, d'après l'état au 31 Décembre 1907 13e Edition. (2 parties.) (*zus.* 1954 S.) 8. Zürich = Zurich, Orell Füssli, 1908. [geb. Subscr. fr. 6. 50, im Buchh. 10. —]

Ragionenbuch. Schweizerisches R' 1909. Verzeichnis der im Schweizerischen Handelsregister eingetragenen Firmen. Von den Handelsregisterführern auf Grund der Originalregister nach dem Stande vom 31. Dezember 1908 revidiert. 14. Ausgabe. (2 Teile.) — *A. u. d. T.:* Annuaire suisse du Registre du commerce 1909. Liste des raisons sociales inscrites au R' suisse du c'. Revisé par les préposés au R' du c' sur la base des registres originaux, d'après l'état au 31 Décembre 1908. 14e Edition. (2 parties.) (*zus.* 1329 S.) gr.-8. Zürich, Orell Füssli, 1909 [geb. Subscr. fr. 10. —, im Buchh. 12. —]

Ragionenbuch. Schweizerisches R' 1910 Verzeichnis der im Schweizerischen Handelsregister eingetragenen Firmen. Von den Handelsregisterführern auf Grund der Originalregister nach dem Stande vom 31. Dezember 1909 revidiert 15. Ausg (2 Teile) — *A u. d. T.:* Annuaire suisse du Registre du commerce 1910 Liste des raisons sociales inscrites au R' suisse du c' Revisé par les préposés au R' du c' sur la base des registres originaux, d'après l'état au 31 Décembre 1909 15e Ed. (2 parties) (*zus.* 1384 S.) gr.-8. Zürich = Zurich, Orell Füssli, 1910 [geb. Subscr fr 10. —, im Buchh. 12 —]

Ragkmann, H. G., Pratique de la langue française, oder französ. Sprachübung in Gesprächen. gr. 8. Glogau 760. C. F. Günther. 12 Sgr

Ragkmann, franz. Sprachübung in Gespr. gr. 8. Hamb. Brand. 761.

Ragnit [Schlagwort]

Ragnit, Kreis, s.: Gumbinnen, Reg.-Bez.

Die autogene Schweißung der Metalle [Tecnologia della saldature autogene dei metalli]. Von S[averio] Ragno, Prof. Ins Deutsche übertr. von Dr.Ing. E[rnst] Schütz. Mit 17 Abb. Halle a. S. Knapp 1910. V, 84 S. 8° [11. 231

Rágóczy, Egon

Rágóczy, der Donau-Theiss-Kanal. — Die Einrichtung e. techn. Ausschusses innerhalb des deutsch-österr.-ungar. Verbandes, s.a. Verbands-Schriften des deutsch-österr.-ungar. Verbandes f. Binnenschiffahrt.

Der Donau-Theiss-Kanal. (Ausz. aus d. Denkschrift d. Kgl. Ungar Handelsministeriums.) Bearb. von Gen.Sekr [Egon] Rágóczy Mit 1 Karte, u. mehreren Tab. Berlin-Grunewald A Troschel 1906. (31 S.) 8° — Deutsch-Österr.-Ungar Verband f. Binnenschiffahrt Verbands-Schriften. N. F No 33. [07. 4690

Die Einrichtung eines technischen Ausschusses innerhalb des Deutsch-Österreichisch-Ungarischen Verbandes. Von Gen.Sekr. [Egon] Rágóczy-Berlin. Berlin-Grunewald: A. Troschel 1906. (9 S.) 8° — Deutsch-Österr.-Ungar. Verband f. Binnenschiffahrt. Verbands-Schriften. N. F. No 35. [07. 4691

– Dass., s.a. Verbands-Schriften des deutsch-österr - ungar Verbandes f. Binnenschiffahrt.

– Ist e. einheitliche Verkehrspolitik zur Anbahnung e. Wirtschaftsunion zwischen Deutschland, Österreich u. Ungarn möglich?, s.a. Verbands-Schriften des deutsch-österr - ungar. Verbandes f. Binnenschiffahrt. Nr. 47

Ist eine einheitliche Verkehrspolitik zur Anbahnung einer Wirtschaftsunion zwischen Deutschland, Österreich und Ungarn möglich? Eine Erwiderung von Gen.-Sekr E[gon] Rágóczy. Groß-Lichterfelde: Troschel 1909. 16 S. 8° (Deutsch-Oesterr.-Ung. Verband f. Binnenschiffahrt. Verbands-Schriften. N F Nr 47) [09. 5111

Rágóczy, E., s.: Schiffahrts-Kalender, ostelbischer.

Ragolo, ..., bewährtes Mittel gegen die fallende Sucht. Neue Aufl. 8. Hamb. 815. Gundermann. 6 gr

Ragona-Scina, D., Neue Versuche über das Licht Berlin 1852

Ragonot-Godefroy, die Cultur des Stiefmütterchens, des Veilchens, der Aurikel u. Primel. Nach dem Franz. 8. (5 B.) Quedlinburg 845, Basse.

Ragosin, V. J., die rationelle Destillation u. Verarbeitg. v. Erdölen verschiedener Provenienz. Autoris. Uebersetzg. v. S. Aisinmann. 8. (49 S.) Leipzig 899. [E. Baldamus.] O. Schlemminger. n. 1. —

Ragotzi, Victor [pr. Arzt, bish. Assist. am pharmak. Inst. d. K. Univ. Breslau]: Ueber die Wirkung des Giftes der Naja tripudians.... (Aus: Virchow's Arch. f. path. Anat. ... 122. Bd. 1890.) Berlin, *Druck u. Verl. v. G. Reimer*, 1890; 2 Bl., 34 S., 1 Bl. 8° Breslau, Med. Fak., Inaug.-Diss. v. 18. Nov. 1890

Ragotzky, v. Redern u. A. M. Hildebrandt, Stammtafeln der Familie Ganz, Edle Herren zu Putlitz von ihrem ersten urkundlichen Auftreten bis zur Gegenwart. Berlin 1887. qu. fol. Nicht im Handel.

Der Freidenker in der Maurerei oder Freimüthige Briefe über wichtige Gegenstände in der Frei-Maurerey. [Von Karl Aug. Ragotzky.] Berlin: Himburg 1793. XVI, 311 S. 8⁰

[Dasselbe.] Neue Ausg. Leipzig u. Berlin 1811. XVI, 311 S. 8⁰.
Recens f. 1. Ausg.: Frmr-Bibliothek. 7 (1794) S. 137—164.
Kl. 536. 18 Briefe. Verf. nach Holzmann u. Bohatta ermittelt, nach Kloss kann es auch K. Ph. Moritz sein. E. Nachtr. z. d. 1. Ausg. erschien im Taschenbuch f. Frmr. 1798 S. 100—205; 1799 S. 29—123; 1800 S. 183—210.

Ueber maurerische Freiheit. Für eingeweihte und uneingeweihte Leser. Nebst einem Wort ans Publikum über eine vermeinte Ursach der Revolutionen. Von Karl Aug. **Ragotzky.** Berlin: Rottmann 1792. 36 S. 8⁰
Kl. 531, Tt. 1742.

Franz Hell oder Die Irrwege für Geweihte und Suchende. Hrsg. von K[arl] A[ug.] Ragotzky. Th. 1. 2. Cöthen: Aue 1803. 8⁰ [Kupfertit.]
1. 349 S. u. 7 Kpfr.; 2. 339 S. u. 4 Kpfr. cf. Eleusinien 2 (1803) S. 337—341; °Reichsanzeiger 1804 S. 517; Taschenbuch f. Frmr. 1805 S. 349—350; ALZ. 1807 Nr 118; JALZ. 1812 S. 521; L. 23 (1864) S. 23.
Kl. 3975, Tt. 2669, TB. 166. Erweiterte Ausg. d. „Bruchstücke aus Franz Hells mrischem Leben" im Taschenbuch f. Frmr. 1799 S. 152—292; 1800 S. 1—76; 1801 S. 1—136; 1802 S. 1—130; 1803 S. 1—143.

— Lüny, od. die Sehnsucht nach der Heimath. 8. Stendal 804. Franzen u. Gr. 8 gr

ORTBERG, Ritter Poldchen von. Eine Rittergeschichte . (von *Carl August Ragotzky*). Stendal 1797
Anon.-Lex. III p. 244 (nach Kayser u. Goedeke)

—s.a. Ritter Poldchen v. Ortberg.

— s.a. Situationen.

SITUATIONEN von *C. A. R*****y* (d. i. *Carl August Ragotzky*). Th. 1 (einz.). Stendal. Franzen u. Große, 1794. 8⁰
Anon.-Lex. IV p. 89 (nach Engelmann, Kayser, Goedeke, Meusel).

— — Situationen. 2 Thle Zweyte Auflage Stendal, Franzen u. Große, 1804. 8⁰ (1½ Rthl.)
Ed. I c 1800'

— Scenen z. angenehmen u. nützl. Unterhaltung. (A. u. d. T.: Großing, Erzählungen, 3r Bd.) 8. Berl. 793. Schöne. 12 gr

Unterhaltungen für denkende Freimaurer von Karl Aug. Ragotzky. Berlin: Rottmann 1792. 120 S. 8⁰
Recens: Frmr-Bibliothek. 6 (1793) S. 109—119.
Kl. 535. 5 Abhandl.

Ragotzky, O. B. Canticum Mosis Deut. XXXII. lat. convers. et adnot. instr. 26 S. (Programm der 1sten Klasse des Gymn. zur Jubelfeier des ehemal. Rectors Woltersdorff)
Salzwedel, Progr. 1828

Ragout nach dem heutigen Geschmack. Eine Wochenschrift. Marienburg 1761. 4⁰
(Hrsg. v. Joh. Samuel From.)

Ragout f. die Lesewelt, 1e—5e Schüssel. 8. Wittenb. 796—98. Centr.-Cpt. in Leipz. 1 ₰ 18 ℊ

RAGOU (sic!) für die Lesewelt, als Fortsetzung des beliebten Bienenkorbs (s. dort). 4 Schüsseln (soviel ersch.?). In allen Buchhandlungen (Wittenberg, Kühne) 1799. 8° (6 Mk., nur Schüssel 4, 96 S., O. Rauthe, Berlin, 1909.) Sammlung von Gedichten, Erzählgn., Räthseln u. Anekdoten, z. Th. derb. Schüssel 4 hat auf d. Titel: Nebst e. Desert (!) Stachelnüssen." — Sehr selten cplt.!

Ragoût à la mode oder des neologischen Wörterbuchs erste Zugabe von Mir selbst. [Halle] 1755. V: *Schönaich, Chph Otto Freih. von* [?]. (GGr) (Stern, Beitr. z. Litteraturg. Leipz. 1893.) V: *Meier, Gg Friedrich* [?]. (Festschrift zum 70. Geb. R. Hildebrands, hsg. v. O. Lyon.) (Dagegen: Zeitschr. f. d. Alt. 28, 372.) V: *Zink, Barthol. Joach.* [?]. (Waniek, Gottsched. Leipz. 1897. S. 598.)

—à la mode. 8. Halle 775. Schwetschke u. S. 2 ℊ

Ragowsky, J. P., Beurtheilung d. Schrift „die Einmaischungs-Geheimnisse d. Hrn. Gall u. Schneefuß, enthüllt u. beleuchtet v. ein. prakt. Brenner;" u. wohlgemeinter Rath, auf welche zuverläss. Weise in jeder Brennerei d. größtmögl. Ausbeute an Brandtwein u. Spiritus aus Erdtoffeln u. Korn gewonnen, u. bei höchster Benutz. d. Bottig- od. Maischraums d. größtmögl. Gewinn erlangt werden kann. gr. 8. (3 B.) Breslau 836, Hebenstreit. (?)

Ragoz, L. Rede zum Fünfundzwanzigjährigen Jubiläum der Professoren Candreja, Hosang und Muoth. In-8°. 16 S. Chur, Hitz'sche Buchh. — 40

Ragsky: Chemische Untersuchung eines neuen fossilen Harzes (Jaulingiti) aus der Jauling nächst St Veit an der Triesting in Niderösterreich. 5 S. 8°. – Wien UR.Gp., Progr. 1855

Ragsky Franz Dr. Beitrag zur chemischen Untersuchung der Maulbeerblätter S. 2. 81 [illegible]
Separatabdruck

Raguenet, A., Gesamtansichten u. Architekturteile, zumeist im Stile des modernen Barock, entlehnt den hervorragendsten Palästen der Pariser Ausstellung 1900. Nach der Natur aufgenommen. 96 Taf. 2. deutsche Ausg. v. „Les principaux palais de l'exposition universelle de Paris 1900". Mit Vorwort u. beschreib. Inhaltsverzeichnis v. Waldem. Hessling. (VI S. m. 1 farb. Plan.) gr. 4. Berlin (906). B. Hessling.
In Mappe n. 32. —

Ⓑ **Raguenet**, A., Gesamtansichten u. Architekturteile. 906. (KBL 34.) Erm. Pr. 18. —

Les principaux palais de l'exposition universelle de Paris 1900. Die hervorragendsten Paläste d. Pariser Weltausstellung 1900. Gesammtansichten u. Einzelheiten. Nach d. Natur aufgenommen von A. Raguenet, Architekt. 96 Taf. *Berlin: B. Hessling [1900].* (1 Bl., 96 Taf.) 4° a. 6316

Raguenet, A., die hervorragendsten Paläste der Pariser Weltausstellung 1900. Gesammtansichten u. Einzelheiten, nach der Natur aufgenommen. Fol. (96 Taf. m. III S. Text.) Berlin 900. B. Hessling.
In Mappe n. 30. —

(**Raguenet**, Franz.) Geschichte Oliver Cromwells. A. d. Französ. übers. 12. Frankfurt 1792.

Raguhn [Schlagwort]

Raguhn, s.: Leipzig, Umgegend.

Raguhn, s.: Preussen. Messtischblätter.

Ragusa [Schlagwort]

Ragusa, s.: Adriatisches Meer.

Ragusa [Verfasser]

Ragusa, Herzog von, (Marschall Marmont), über den Geist des Militair-Wesens. Nach d. franz. Original-Mscrpte. übers. von Joh. Stäger von Waldburg. gr. 8. (16½ B.) Berlin 845, [Mittler u. Sohn.] *

—— Reise durch Ungarn u. Siebenbürgen. A. d. Franz. übers. von L. v. Alvensleben. gr. 12. (8 B.) Leipzig 837. [Berlin, Klemann.]

— Reise durch Ungarn und Siebenbürgen. Aus d. Franz. übersetzt v. L. v. Alvensleben. gr. 12. Leipzig 837. G. Wigand. 1 ₰

Ragusa, d. Herzogs von, Reise durch Ungarn, Siebenbürgen, Südrußland, die Krimm, an d. Küsten d. asow. Meeres, nach Constantinopel, Kleinasien, Syrien, Palästina u. Egypten, in d. J. 1834 u. 1835. Authent., unt. Aufsicht u. aus Auftrag d. Verf. besorgte deutsche Ausg. 1—4. Bd. 8. Stuttgart 837, Hallberger'sche Vrlsh.

Bd. 1. Ungarn u. Rußland. (25 B.) 1 Thlr. 12 Gr.
" 2. Türkei. } (à 22 B.) 2 Thlr. 16 Gr.
" 3. Palästina u. Egypten. }
" 4. Egypten. (10½ B.) 1 Thlr. 6 Gr.

—— dass. — 5. Bd. — A. u. d. T.: Reise durch Sizilien. Authent., unt. Aufsicht u. aus Auftr. d. Verf. besorgte deutsche Ausg. gr. 8. (17 B.) Wien 838, Heubner.

Ragusinus, F., Sylloge psalmorum Davidicorum. Würzburg, 1802, 8°

Rahausen, Jh. Hnr. Mart., flüchtig entworfene, d. Rothwendigkeit u. der Pädagogik zugehörende Auskünfte. 8. Brem. 808.

Rahbeck, Knud Lyne, s. Rahbek

Rahbek, Knud Lyne

Rahbeck, Knud Lyne. Auswahl dänischer Lustspiele für Deutsche . . . A. d. Dän. Zürich 1794. Ü: *Sander, Chn Friedrich.* (Ky)

Rahbeck, K. L., Auswahl dän. Lustspiele für Deutsche; nebst e. Schilderung d. dän. Theaters. Aus d. Dän. (v. Chr. Fr. Sander). 1s Bdchen. (Enth.: Heckingborn. 12 ℊ — Der Vertraute. — Die goldene Dose. — Die Hoftrauer.) 8. Zürich 794. Orell. 1 ₰ 8 ℊ 1811 mit d. Titel: Lustspiele f. Deutsche; e. Auswahl aus d. Dän. v. Chr. L. Sander. Ebd. 20 ℊ

Rahbeck, K. L., Briefe e. alten Schauspielers an sn. Sohn; aus d. Dän. von Chr. H. Reichel. 8. Kopenh. 785. (Brummer). 1 ₰ 4 ℊ

Rahbeck, Briefe e. alt. Schauspielers an s. Sohn, aus dem Dän. v. Reichel. 8. Kopenh. Proft. 785.

Rahbek, K. L., Erinnerungen aus meinem Leben. A. d. Dän. Orig. ausgezog. u. ins Deutsche übertrag. v. L. Kruse. 2 Thle. gr. 8. (à 18 B.) Leipzig 829, 30, Lehnhold. à 1 Thlr. 8 Gr.

— moral. Erzählungen, übers. v. Chr. Fr. Sander. 2 Thle. Mit 2 Kpf. 8. Kopenh. 801. Schubothe. 2 ₰ 2 ℊ

(Rahbek, K. L.,) Das Johannisfest. Hamburg Druck v Mahncke 1821 8. 8S.
Fehlt bei Kloss. — Vorgetragen in der Loge Zorobabel zum Nordstern in Kopenhagen.

– Die Matrone von Ephesus, s. Lessing, Gotthold Ephraim

Maurer-Andenken F. L. Schröder's. Vorgelesen am St. Johannis-Feste in den vereinigten □ zu Hamburg, von [Knud Lyne] Rahbek. Als Ms. für Schröder's Brr. und Freunde. o. O. [ca. 1819]. 4 Bl. 8⁰ [Umschlagtit.]
Dän. Übers. in: Theano. 1821 S. 17—23. Tt. 976.

— poet. Versuche; aus d. Dän. übersetzt von L. H. Tobiesen. 8. Hamb. 800. Villaume. 18 ℊ

— pros. Versuche; aus d. Dän. übers. von L. H. Tobiesen. 8. Altona 800. Hammerich. 1 ₰

— der Vertraute. Schspl., aus d. Dän. v. Chr. L. Sander. 8. Zürich 795. Orell. 3 ℊ

Rahden, Baronin Jenny v., der Roman der Schulreiterin. 8. (199 S. m. Abb.) Paris 902. Ch. Eitel. 3.—

Rahden, Baron Osc. v., fern v. der Heimath. Selbsterlebnisse. 12. (101 S.) Mitau 898. E. Behre. n. 1.20

Rahden, Osc. v., fern von der Heimath. Selbsterlebnisse. 12. (101 S.) Mitau 893. Riga, C. J. Sichmann. n. 1.—

Rahden, Wilh. v., Bericht über das Land- und Seetreffen bei Eckernförde, s. a. Bericht.

Authentischer Bericht über das Land- und Seetreffen bei Eckernförde am 5. April 1849. Mit 1 Plane. (Von Wilhelm von **Rahden.**) 2 Abdruck. Berlin. 1849. 8⁰

(v. **Rahden, W.**) Authent. Bericht über das Land- u. Seetreffen bei Eckernförde am 5. April 1849. (14.) 8. M. 1 Pl. Berlin 1849. 0.60.

Rahden, W. Bar. v. Cabrera. Erinnerungen aus dem spanischen Bürgerkriege. Mit 1 Fks. u. Krt. Frankfurt a. M. 1840. 550 S.

Rahden, Wilh. v., Cabrera. Erinnerungen aus d. span. Bürgerkriege. gr. 8. (34½ B., Ttlbild., 1 Facsim. u. 2 Karten.) Frankfurt a. M. 840. [Leipzig, Gebhardt u. Reisland.] *

v. **Rahden**, Baron Wlh., Cabrera. Erinnerungen aus d. span. Bürgerkriege. Mit Titelbild, 1 Facsimile u. 2 Karten. gr. 8. Frankfurt a. M. 840 Fr. Wilmans. n. 3 ₰

Rahden, Wilh. Baron v., Miguel Gomez. Ein Lebenslichtbild. A. u. d. T.: Supplement zu: Wanderungen eines alten Soldaten. 3. Thl.: Aus Spanien's Bürgerkrieg. 1833—1840. Lex.-8. (XI und 67 S. mit 1 lithogr. Facs.) Berlin 859, Decker'sche geheime Ober-Hofbuchdruckerei.
1—3. Thl. der „Wanderungen." Ebendas. 1846—51. 8 Thlr. 7½ Ngr.

Rahden, Wilh., kruse Menthen. Plattdeutsche Gedichte meist heiteren Inhalts in oldenburgischer Mundart. 8 (IV, 282 S.) Colmar i/Oldenb. 868. (Oldenburg, Schulze.) n. 3. —; geb. n. 4. —

— dasselbe. Neue Folge. 8. (IV, 255 S.) Ebend. 879. n. 3. —; geb. n. 4. —

Rahden, Wilh. v., (Verf. d. Cabrera.) Wanderungen eines alten Soldaten. 2 Thle. gr. 8. Berlin, Alex. Duncker.
Thl. 1. Befreiungskrieg v. 1813, 1814 u. 1815. (26⅝ B.) 846. 2 Thlr. 15 Ngr.
" 2. Funfzehn Friedensjahre. Aufenthalt in Rußland, Rückkehr 1830. Feldmarschall Graf Gneisenau u. General der Infanterie von Grolmann. Die Citadelle von Antwerpen, vom October 1830 bis Ende 1832. Aufenthalt in Holland. (36⅛ B., 1 ill. Karte u. 1 Ans. v. Antwerpen.) 847. 3 Thlr. 15 Ngr.

—— Wanderungen eines alten Soldaten. 3. Thl. A. u. d. T. Aus Spaniens Bürgerkrieg. 1833—1840. Lex.-8. (VIII und 426 S. mit 2 lithogr. und ill. Karten in Fol.) Berlin 851, Decker'sche geheime Ober-Hofbuchdr.
1. und 2. Thl. Ebendas. 1846—47. 6 Thlr.

Rahe, Ittig u. Koch, Fibel. Bremerhaven 870. v. Vangerow. 8. (100 S.) n. 5 ngr.

Rahe, F. W., Choral-Melodienbuch zum „Gesangbuch zu gemeinschaftlicher und einsamer Andacht" nach A. G. Ritter's Bearbeitung des Rinck'schen Choralbuches für evangel. Kirchen herausg. zum Kirchen- u. Schulgebrauche. Bremerhaven 857. v. Vangerow. 8. (38 S.) n. 5 ngr.

Rahe, Hermann Friedrich, appr. Arzt a. Osnabrück: Die Resultate der wegen chronischer Tuberkulose der Niere vorgenommenen Nephrectomieen. Bonn 1905. E. Eisele. (60 S.) 8°
Freiburg i. B., Med. Fak., Ref. Kraske, Diss. v. 1905
[Geb. 9. Febr. 79 Osnabrück, Wohnort: Dortmund; Staatsangeh.: Preußen; Vorbildung: Realgymn. Osnabrück Reife O 98; Ergänzungsprüf. Gymn. Lingen M. 00; Studium: Halle 4, Kiel 1, Straßburg 1, München 2, Freiburg i. B. 3 S.; Coll. 3. März 05. Approb. Juli 04.]

Rahel; od. die schöne Jüdin. Trauersp. von Brandes. 8. Leipz. Dyk. 790.

Rahel u Im Gebirgshüttlein. 2 Erzählgn. vom Verf.: „Die Ansiedlerin" 16. (64 S.) Emden 888. Gerhard. n. — 30

Rahel, die Seherin. Dramatisches Zeitbild v. Quintus. (III, 72 S.) 8. Leipzig-Gohlis 909. B. Volger. 1.—

Rahel, s. a. Varnhagen.

Rahel, Angelus Silesius und Saint-Martin, s. Angelus Silesius.

Rahel's Briefe u. Tagebuchblätter, s.: Assing, Ludmilla

Rahel, und D Veit, Briefwechsel, s. Briefwechsel.

Rahel. (Rahel Varnhagen, geb. Levin.) Ein Buch des Andenkens f. ihre Freunde, hrsg. v. Hans Landsberg, s. a. Renaissance-Bibliothek. 2 Bd.

Rahel. Ein Buch des Andenkens für ihre Freunde (hrsg. von *C. A. L. Ph. Varnhagen v. Ense*). 3 Thle. Mit *Rahel's* Bildniss (Stahlst. m. Facsim.). Berlin. Duncker & Humblot, 1834. 8⁰. Die Titelbll. wenig papierfl. Eleg. rothe Hfrzbde.
1: Portr. IV—588 S. 2: 1 Bl. 620 S. 3: 1 Bl., 608 S. Die 3 Titel roth u. schwarz gedr. — Enth. eine Auswahl von mehreren Hundert Briefen.
Ueber Rahel s. „Jüdisches Athenäum". Grimma & Leipzig 1851. 8⁰ S. 188—192.

Rahel. (Rahel Anton. Friederike Varnhagen v. Ense, geb. Levin.) Ein Buch d. Andenkens f. ihre Freunde. (Hrsg. v. K. A. Varnhagen v. Ense.) 3 Thle. Mit Rahel's Bildn. (u. Facsimile). gr. 8. (113½ B.) Berlin 834, Duncker u. Humblot.
1833 wurde bereits ein Abdruck von Briefen, Blättern rc. dieser geistvollen Frau in einer Auswahl veranstaltet, der aber nicht in den Buchhandel gekommen ist.

Rahel. Ein Buch des Andenkens für ihre Freunde. Berlin 1837. V: *Varnhagen von Ense, Rahel Antonie Friederike geb. Levin Markus.* (GGr) H: *Varnhagen von Ense, Carl August Ludwig Philipp.* (Koner) (Ky)

Rahel, in Banden frei. Roman. 3 Bde. Berlin 865. Janke. 8. (738 S.) 3 ℛ

Rahel, wider die Natur. Roman. 2 Bde. Berlin 863. Janke. 8. (476 S.) 3 ℛ

Rahels Religiosität, über. Von einem ihrer ältern Freunde, 8. Leipzig 836. Gebr. Reichenbach. 1/3 ℛ

Raeher, Die römische Heerstrasse vou Strassburg (Argentoratum) nach Kannstatt (Clarenna). S.-A. 1860 9 S. 4°. — 90

Rahewin, Fortsetzung der Thaten Friedrichs v. Bischof Otto v. Freising, s.a. Geschichtschreiber, die, der deutschen Vorzeit.

Rahewin. Rahewins Fortsetzung der Thaten Friedrichs von Bischof Otto von Freising Uebersetzt von Dr Horst Kohl. 8. Leipzig 1886.
Die Geschichtschreiber der deutschen Vorzeit. XII Jahrhundert. Band 9b.

Rahewini gesta Friderici I. imperatoris, s.: Ottonis gesta etc.

Rahfeld, O., s. Labe-Becher für Fahrlustige.

Rahfeldt, J. Th., Sacerdos pie celebrans, s. Sacerdos.

Rahl u. Grüner, Umrisse zu Göthes sämmtlichen Werken; f. jede Ausgabe brauchbar. gr. 8. Wien, Geistinger. 811.

Rahl, Carl, s. Rahl, Karl

Rahl, Charles, les Belges en Bohême, ou campagnes et négociations du Comte de Bucquoy, Grand Bailli du Hainaut. Lex.8. (105 S.) Bruxelles et Leipzig 850, Muquardt. n. 2/3 ℛ

Rahl, Gfr., Gedichte. 12. (IV, 64 S.) Leipzig 891. Alb. Möller. n. 1. 20

Rahl, Karl

Rahl, Carl, Freskomalereien am Heinrichshof zu Wien in 12 allegorischen Figuren. Nach den Orig.-Cartons phot. von Gust. Jägermayer. Wien 863. Jägermayer & Co. gr. Fol. (12 Phot.) n. 12 ℛ

Rahl, Carl. Fresko-Malereien im Palais Todesco, nach den Original-Compositionen photogr von Philipp Weselsky, herausgegeben von L. T. Neumann. 25 Blätter in Folio. Wien, L. T. Neumann. [1865.]
Auf Cart. sammt Umschl. compl. 75 fl., pr Bl. 3 fl.

Rahl, Carl, Vorhang für die tragische Oper im k. k. Opernhause in Wien. Ausgeführt von E. Bitterlich u. G. Griepenkerl. [5. Abth. der Wandgemälde im k. k. Opernhause.] qu. 8. (12 Photogr.) München 877. Bruckmann. In Leinw.-Mappe 15. —; einzelne Blätter à 1. 50; Grösse IV. in Fol. 30. —; à Blatt 3. —

Rahl, Carl, symbolischer Cyclus. Deckengemälde im Zuschauer-Raum d. k. k. Opernhauses in Wien. Ausgeführt v. seinen Schülern E. Bitterlich u. C. Griepenkerl. qu. Fol. (16 Photogr.) München 871. Bruckmann. In Mappe. 30 — einzelne Blätter baar à 3. —

— dasselbe, s.a. Wandgemälde, die, im k. k. Opernhause zu Wien.

Rähl, Dr., das Dispensiren homöopath. Arzneien. Leipz. 831. (Kollmann). 6 Sgr

Rahlenbeck, Carl, s. Rahlenbeck, Karl

Rahlenbeck, Ch., s. Rahl

Rahlenbeck, G., das Recht der Ausstellungen u. die Weltausstellung Brüssel 1910. Ein prakt. Handbuch f. sämtl. deutschsprech. Aussteller, Concessionäre u. Unterconcessionäre. [Aus: „Der prakt. Rechtsbeistand f. Belgien".] (33 S.) 8. Brüssel 910. Misch & Thron. nn — 80

— Der praktische Rechtsbeistand f. Belgien. Handbuch f. die Lösg. der hauptsächlichsten Rechtsfragen, welche f. in Belgien wohn. od. nach Belgien arbeit. Deutsche in Betracht kommen. Auf Grund d. neuest. Gesetzgebg. u. Rechtsprechg. bearb. 2., verm. Aufl. (460 S.) 8. Ebd. (910). Geb. in Leinw. nn 4. 80

Rahlenbeck, G., der prakt. Rechtsbeistand f. Deutsche in Belgien, nebst e. Einleitg. über das Deutschthum in Belgien u. den Einfluss der deutschen Einwanderg. auf Belgiens nationale Entwicklung. Handbuch f. die Lösg. der hauptsächlichsten Rechtsfragen, welche f. in Belgien wohn. od. nach Belgien arbeit. Deutsche v. Interesse sind. Auf Grund der neuesten Gesetzgebg. u. Rechtsprechg. bearb. gr. 8. (XLIV, 388 S.) Leipzig 900. G. Weigel. n. 3. 20; geb. n. 4. —

— Der Schutz des geist. u. des gewerbl. Eigentums in Belgien. (Urheberrecht, Patente, Marken- u. Musterschutz.) (56 S.) 8. Ebd. (910). nn 1. —

Rahlenbeck, H., Fürsorge für die konfirmirte weibliche Jugend. Vortrag, gehalten auf der XIII. Jahresversammlung des Evangel. Vereins für Innere Mission in der Grafschaft Mark und mit Ergänzungen hrsg. gr. 8. (58 S.) Gütersloh 888, Bertelsmann. *

— Was haben wir an Jesu Kreuzestod u. Auferstehg.? Vortrag. (12 S.) 8. Köln (910). C. Roemke & Co. — 20

Abschieds-Predigt in der Apostel Paulus-Kirche zu Schoneberg-Berlin am 8. Sept. 1901 geh. von Pastor Hermann Rahlenbeck. *Berlin: Berl. Stadtmiss. 1901* (13 S.) 8° [S.]
[02. 71,1

Rahlenbeck, Herm., Abschieds-Predigt in d. Apostel Paulus-Kirche zu Schöneberg-Berlin, am 8. IX. 1901 (14. Sonntag nach Trinit.) geh. gr. 8. (13 S.) Berlin 901. Vaterländ. Verlags- u. Kunstanstalt. — 20

Rahlenbeck, H., die Einsetzung der Taufe u. des Abendmahls u. die moderne Kritik. Vortrag. 2. Taus. (30 S.) 8. Gütersloh 907. C. Bertelsmann. — 50

Unser Heil in Christo. Gottes Wort im Confirmanden-Unterr zsgest von Pastor Hermann Rahlenbeck, Schoneberg-Berlin. 2 verb. Aufl. *Berlin Selbstverl Vaterland Verlagsanst in Komm 1897.* (22 S.) 8° [S]
[09 17107

Fünfzig Jahre Innere Mission. Bericht über d. Thätigkeit d. Central-Ausschusses f. d. Innere Mission d. Deutschen Ev Kirche in d. Jahren 1848 bis 1898. (Verf.: [Hermann] **Rahlenbeck** & E. Fritsch.) *Berlin: Central-Ausschuß f. Inn. Miss. 1898.* (VI, 185 S.) 8° [Ŏ.] [04. 2651

Rahlenbeck, Karl

Freymaurer-Gesänge zum Gebrauch der □ zur Harm[onie] in Hohenst[ein]. Der Brüderschaft zum Andenken von C[arl] R[ahlenbeck]. [Waldenburg 1811: Witsch.] 113 S. 8°
Kl. 1689 b. Selten. Ohne Noten.

F[rei] M[aurer] Gesänge zum Gebrauche der L. zur Harmonie in Hohenstein. Der Brüderschaft zum Angedenken von C[arl] R[ahlenberg]. o. O. u. J.
Kl. 1689 b.

Geschichte Ahrensburgs. Nach authentischen Quellen und handschriftlichen Acten bearb. v. Hans Hinrich **Rahlf** und Ernst Ziese. Mit 3 Illustrationen und einem Anhang, enthaltend Sagen, Märchen und Erzählungen aus dem Gute Ahrensburg und dem Kreise Stormarn. Ahrensburg. 1882. 8°.

Rahlf, H., u. E. Ziese, Geschichte Ahrensburgs. Nach authent. Quellen u. handschriftlichen Acten bearb. Mit 3 Illustr. u. e. Anh., enth.: Sagen, Märchen u. Erzählgn. aus dem Gute Ahrensburg u. dem Kreise Stormarn. 8. (XV, 190 S.) Ahrensburg 882. Ziese. n. 2. 80; geb. n. 3. 75

Rahlfes, Karl, Rechenbuch f. gewerbliche Fortbildungsschulen. s.: Clausing, Frdr.

Rahlff, *Hans Hermann* Friedrich [app. Arzt aus Neuhof]: Aus d. Laboratorium d. pharmakognost. Sammlung in Kiel. Beitrag zur Kenntnis der Wirkung des Stilbazolin ... Kiel, Druck v. A. F. Jensen, 1893; 24 S. 8.
Kiel, Med. Fak., Inaug.-Diss. v. [15. Mai] 1893

[Hebr. u. Ant.] **Rahlfs,** Alfred [cand. theol., Dr. phil.]: 'Âni und 'ânâw in den Psalmen ... [Erschien vollst. 1892.] Leipzig, Druck v. A. Pries, 1891; 46 S. 8.
Göttingen, Theol. Fak., Inaug.-Diss. v. [14. Nov.] 1891

Rahlfs, Alfr., 'Anî u. 'Anaw in den Psalmen. gr. 8 (100 S.) Göttingen 892. Dieterich's Verl. n. 2. 40

Rahlfs, Alfred: Des Gregorius Abulfarag genannt Bar Ebhroyo Anmerkungen zu den Salomonischen Schriften herausgegeben .... Leipzig, Buchdr. v. W. Drugulin, 1887; IX + 1 + 29 S. 8°.
Göttingen, Phil. Fak., Inaug.-Diss. v. 8. Febr. 1887.

Rahlfs, A., d. Gregorius Abulfarag, genannt Bar Ebhroyo, Anmerkungen zu den Salomonischen Schriften, hrsg. v. A. R. Inaug.-Diss. gr. 8. (IX, 29 S.) Leipzig 887. (Göttingen, Dieterich's Sort.) n.n. 1. 50

Rahlfs, Alfr., die Berliner Handschrift des sahidischen Psalters, s.: Abhandlungen der königl. Gesellsch. d. Wissensch. zu Göttingen. Philol.-hist. kl. N.F. IV. 4.

Rahlfs, Alfred (Hrsg.), s. Septuaginta-Studien.

Rahlfs, Alfr., Studien zu den Königsbüchern, s.a. Septuaginta-Studien. 1. Hft.

Studien zu den Königsbüchern von A(lfred) **Rahlfs**. Göttingen Vandenhoeck & Ruprecht 1904. (87 S.) 8°
— Septuaginta-Studien. H. 1 [07 3101

Rahlfs, Alfr., der Text des Septuaginta-Psalters, nebst e. Anh.: Griechische Psalterfragmente aus Oberägypten, s. a. Septuaginta-Studien. 2. Heft.

Der Text des Septuaginta-Psalters. Von A(lfred) **Rahlfs**. Nebst e. Anh.: Griech. Psalterfragmente aus Oberägypten nach Abschriften von W[alter] E[wing] Crum. Göttingen: Vandenhoeck & Ruprecht 1907. (256 S.) 8°
— Septuaginta-Studien. H. 2. [07. 11102

Raehlmann, Andreas (geb. am 9 Sept. 1808 in Ibbenbüren Westf.): De urethrae virilis strictura organica ... Bonnae, typ. C. Georgii 1840. 2 Bl., 34 S. 8.
Bonn, Med. Fak., Diss. v 5 März 1840

Raehlmann, Eduard

Raehlmann, Ed., über die neuropathologische Bedeutung der Pupillenweite, s.: Sammlung klinischer Vorträge.

—— Bericht über die Wirksamkeit der Universitäts-Augenklinik zu Dorpat für den Zeitraum vom Octbr. 1879 bis April 1881, nebst kürzeren ophthalmolog. Abhandlungen. gr. 8. (III, 63 S. mit 1 lithogr. Taf.) Dorpat 881, Karow. * 2 40

Raehlmann, Ed., Bericht über die Wirksamkeit der Universitäts-Augenklinik zu Dorpat für den Zeitraum vom Septbr. 1881 bis Ende Decbr. 1882, nebst kürzeren ophthalmolog. Abhandlungen. gr. 8. (45 S.) Dorpat 883, (Schnakenburg's Verlag.) *

Raehlmann, Eduard: Ueber Farbenempfindung in den peripherischen Netzhautparthieen in Bezug auf normale und pathologische Brechungszustände Halle (1872) Plötz 35 S., 6 Taf 8°
Halle-Wittenberg Med Diss v 29 Juli 1872
Geb. Ibbenbüren (Westf.) 19 3 1848. V

Raehlmann, E., über Farbensehen u. Malerei. Eine kunstphysiolog. Abhandlung in allgemein verständl. Darstellg. gr. 8. (55 S. m. 6 farb. Taf.) München 901. E. Reinhardt. n. 2. —

Ueber den Heilwerth der Therapie bei Trachom v. Prof. Dr E[duard] **Raehlmann** in Dorpat, M. 9 Abb. im Text u. 2 lithogr. Taf. *Berlin: Fischer 1898.* (1 Bl., 72 S., 2 Taf., 1 Erl.-Bl.) 1 Bd 8. [98. 6655

Raehlmann, E., s.: Klinik, die ophthalmologische.

— Über die Maltechnik der Alten m. besond. Berücks. der römisch-pompejanischen Wandmalerei. Nebst e. Anleitg. zur mikroskop. Untersuchg. der Kunstwerke. (97 S. m. 3 farb. Taf.) Lex. 8. Berlin 910. G. Reimer. 6. —

— über relativen u. absoluten Mangel des Farbensinnes. gr. 8. (50 S. m. Abbildgn.) Berlin 900. S. Karger. n. 1. 20
Sonderabdruck aus: „Zeitschr. f. Augenheilkunde".

— über Mikrophthalmos, Coloboma oculi u. Hemimicrosoma, s. a. Bibliotheca medica, Abth. C. 10.

Ueber Mikrophthalmos, Coloboma oculi und Hemimicrosoma. Von E[duard] **Raehlmann** in Dorpat. M. 2 Taf. *Stuttgart: E. Nägele 1897.* (2 Bl., 21 S., 2 Taf.) 1 Bd 4.
= **Bibliotheca medica.** Abth. C. Heft 10. [97. 5393

— Zur vergleichenden Physiologie des Gesichtssinnes. Beitrag zur Theorie der Licht- u. Farbenempfindg. auf anatomisch-physikal. Grundlage. (III, 58 S. m. 16 Fig.) gr. 8. Jena 907. G. Fischer. 1. 50

Raehlmann, Ed., „über die Technik der alten Meister der klass. Zeit, beurteilt nach mikroskop. Untersuchgn. v. Bruchstücken ihrer Gemälde". Vortrag, geh. auf dem „Kongress zur Bekämpfg. der Farben- u. Malmaterialien-Fälschgn. München 1905". (6 S.) Lex.-8. München 905. (E. Reinhardt) n. — 30
Sonderabdruck aus: „Protokoll d. Kongr. z. Bekämpfg. der Farben- u. Malmaterialien-Fälschgn. München 1905".

— über Trachom, s.a. Beiträge zur Augenheilkunde. 62. Hft.

— über Trachom, s.a. Sammlung klinischer Vorträge.

Über Trachom. Histolog., ultramikroskop. u. physiol.-chem. Beiträge z. Entzündungslehre. Von E[duard] Raehlmann. Mit 3 Fig. u. 4 Taf. (Hamburg & Leipzig: L. Voß 1905.) (84 S.) 8°
→ Beiträge z. Augenheilkunde H. 62

Rahlson, Ernst [aus Berlin, App. Arzt]: Typhusepidemieen durch Trinkwasserinfektion und die Ätiologie der Epidemie in Müllheim im Breisgau vom Jahre 1891 ... Freiburg i. B., Buchdr. v. C. A. Wagner, 1895; 2 Bl., 69 S., 2 Kt. 8.
Freiburg i. B., Med. Fak., Inaug.-Diss. v. 1895

Rahlson, Hellm., zum Finanzwesen der Stadt Wiesbaden, s.a. Statistik, Wiesbadener. 3. Heft.

Rahlson, H[ellmut], Zum Finanzwesen der Stadt Wiesbaden. [Tl] 1 Wiesbaden 1908. 4°.
Tl 1. A B.
A Einl. Gesamtüberblick üb. d. Finanzwesen ... d. J. 1884—1907 ...
B D. Einnahmen u. Ausgaben d. Stadt Wiesbaden in d. J. 1868—1907 ...
(Wiesbadener Statistik. H. 3)

Zum Finanzwesen der Stadt Wiesbaden. Bearb. von Dr. H[ellmut] **Rahlson**. 1 Wiesbaden: Bergmann 1908. 4°
(Wiesbadener Statistik H. 3.)

Rahlson, Hellmut (Hrsg.), s.a. Gesundheitspflege, Die öffentliche, Wiesbadens.

— Die öffentliche Gesundheitspflege Wiesbadens. Von der Stadt Wiesbaden dem deutschen Verein f. öffentl. Gesundheitspflege zur 33. Versammlg. in Wiesbaden 1908 dargebotene Festschrift. Im Auftrage des Magistrats hrsg. (IV, 176 S. m. Abb., 44 Taf. u. Titelbild.) gr. 8. Wiesbaden 909. J. F. Bergmann. Geb. 8. —

Rahlson, Hellmut, aus Gr.-Lichterfelde: Die badische Industrie der Steine und Erden und ihre Arbeiter. *Heidelberg 1903: K. Rößler.* (81 S.) 8°
Heidelberg, Phil. Diss. v. 1903

— Die Lohnverhältnisse der städt. Arbeiterschaft zu Wiesbaden am 1. V. 1909, s.a. Statistik, Wiesbadener. 4. Heft.

Die Lohnverhältnisse der städt. Arbeiterschaft zu Wiesbaden am 1 Mai 1909. Bearb. von Dr. H[ellmut] **Rahlson**. Wiesbaden: Bergmann 1909. 23 S. 4°
(Wiesbadener Statistik H. 4.)

— Stadtgebiet, Bevölkerungs- u. Grundstücksverhältnisse der Stadt Wiesbaden, s.a. Beiträge zur Wiesbadener Statistik

Stadtgebiet, Bevölkerungs- und Grundstücksverhältnisse der Stadt Wiesbaden. Bearb. von Dr. Hellmut **Rahlson**. Wiesbaden 1907: C. Schnegelberger & Cie. (48 S.) 8° [F.]
→ Beiträge z. Wiesbadener Statistik. H. 1.

— Wiesbadens bewohnte Wohnungen sowie die nicht Wohnzwecken dienenden Räume, s.: Statistik, Wiesbadener 5. Heft.

Wiesbadens bewohnte Wohnungen sowie die nicht Wohnzwecken dienenden Räume auf Grund der Zählung vom 15. Oktober 1907. Bearb. von Dr. H[ellmut] **Rahlson**. Wiesbaden: Bergmann 1910. 18 S. 4°
(Wiesbadener Statistik. H. 5.)

— Der Wiesbadener Wohnungsmarkt, s.a. Statistik, Wiesbadener. 2. Heft.

Der Wiesbadener Wohnungsmarkt auf Grund der Zählung der leerstehenden Wohnungen vom 15. Oktober 1907. Bearb. von Dr. H[ellmut] **Rahlson**. Wiesbaden: Bergmann 1908. 32 S. 4°
(Beiträge z. Wiesbadener Statistik H. 2.)

Rahlwes, F., s.: Bücher, die, der Bibel.

— s.: Kelle u. Schwert.

Rahlwes, F., d. Reformation als Kulturkampf. gr. 8. (VI, 80 S. m. 1 Titelbild.) Braunschweig 896. Berlin, C. A. Schwetschke & Sohn. n. 1. 20

(Rahm,) der sächsische Dorfschüler, s. Dorfschüler.

Rahm, August, a. Egenhausen: Über den Zusammenhang zwischen Chorliedern und Handlung in den erhaltenen Dramen des Sophokles (und Euripides). Sondershausen 1907: F. A. Eupel. (89 S.) 8°
Erlangen, Phil. Fak., Ref. Roemer, Diss. v. 16. Febr. 1907
[Geb. 9. Juni 82 Egenhausen (Mittelfranken); Wohnort: Sondershausen; Staatsangeh.: Bayern; Vorbildung: Gymn. Ansbach Reife Juli 00; Studium: Erlangen 5, München 2, Erlangen 1 S.; Rig. 19. Juli 06.]

Rahm, August, Dr.: Über den Zusammenhang zwischen Chorliedern und Handlung in den erhaltenen Dramen des Sophokles (und Euripides). Sondershausen 1907: F. A. Eupel. (89 S.) 8°
Sondershausen, fürstl. G u. R OP 1907 (899)

Rahm, C., s.a. Rahm, Karl

Rahm, C., ist die Bibel das Wort Gottes? (51 S.) gr. 8. Rendsburg 903. H. Möller. n. — 50

— wie dünket euch um Christus, weß Sohn ist Er? (36 S.) gr. 8. Ebd. 903. n. — 50

R(ahm), E. R., „Die Arbeiterfrage. Auf Grund statistischer Materialien beleuchtet", Stettin 1850. — Vorh.. Com. Bibl. Hamburg.

Rahm, Emil, Beleuchtung der v. einigen Mitgliedern der kaufmännischen Corporation ausgesprochenen: „Ernsten Bedenken über die bei dem vereín. Landtage eingebrachte Differenzialzoll-Petition." gr. 8. (46 S.) Berlin 847, Behr. n. 1/3 ℛ

Rahm, Emil, Beleuchtung der von einigen Mitgliedern der kaufm. Corporation ausgesprochenen: „Ernsten Bedenken über die bei dem vereín. Landtage eingebrachte Differenzial-Petition." gr. 8. (46 S.) Berlin 848, Behr's Buchh. *

Rahm, Emil (Dr.) Ueber Ernährung, Gesundheits- und Armenpflege. Bei Anlass der kant. Haushaltungs- und Kochkurse als öffentliche Vorträge gehalten und auf Wunsch der hohen Regierung des Cantons Schaffhausen durch Druck veröffentlicht. In-8°, 138 S. Zürich, Trüb'sche Buchhandl. 1882 1 —

Rahm, Emil (Dr.) Ueber Ernährung, Gesundheits- und Krankenpflege. Bei Anlass der kantonalen Haushaltungs- und Kochkurse als öffentliche Vorträge gehalten und auf Wunsch der hohen Regierung des Kant. Schaffhausen durch Druck veröffentlicht. In-8°, 138 S. Schaffhausen, Brodtmann'sche Buchhandlung. 1882 — 80

Rahm, Emil, über Ernährung, Gesundheits- u. Krankenpflege. Bei Anlaß der Kant. Haushaltungs- u. Kochkurse als öffentliche Vorträge geh. gr. 8. (IV, 138 S.) Schaffhausen 882. (Zürich, Schröter.) n.n. 1. —

Rahm, Emil, üb. Ernährung, Gesundheits- u. Krankenpflege. 2. Aufl. gr. 8. (IV, 157 S.) Basel 896. B. Schwabe. n. 1. —

Rahm, Emil, Gesundheitspflege d. Kindes. Für Eltern, Hebammen, Wärterinnen, Lehrer ꝛc. populär dargestellt. gr. 8. (XVI, 111 S.) Schaffhausen 875. Baader. 1. 80; cart. 2. —

Rahm, Eugen, aus Schaffhausen, gewesener Assistenzarzt der chirurgischen Klinik: Die klinischen Beobachtungen über die Tuberculinbehandlung auf der chirurgischen Klinik zu Zürich (November 1890—November 1891). Schaffh. H. Meier Dr. 1892. 55 S. 8°.
Zürich, Med. Diss. [v. 8. Febr. 1892].

Rahm, Felix

Rahm, Fel., Beitrag zur Pferdezucht in der Prov. Posen. gr. 8. (VII, 19 S.) Bromberg 872. Mittler. n. — 60

Rahm, Fel., die Rentabilität nutzviehschwacher Betriebe in der deutschen Landwirtschaft unter Berücksicht. der verschiedenen Boden-, Klima- u. Wirtschaftverhältnisse, nebst Untersuchgn. üb. Wert u. Preis des animal. Düngers an der Hand der Zusammenstellg. v. genauen Buchführungsergebnissen. (VIII, 224 S.) gr. 8. Neudamm 907. J. Neumann. 7.—; geb. in Leinw. 8. —

Rahm, Felix, a. Sullnowo: Untersuchungen über den Wert und Preis des animalischen Düngers und über die Rentabilität nutzviehschwacher Betriebe an der Hand der Zusammenstellung von genauen Buchführungsergebnissen. Neudamm 1907: J. Neumann. (IV, 224 S.) 8°
Gießen, Phil. Fak., Ref. Gisevius, Diss. v. 12. Juli 1907
[Geb. 13. Okt. 77 Sullnowo; Wohnort: Gießen; Staatsangeh.: Preußen; Vorbildung: Schillerrealgymn. Stettin Reife O. 98; Studium: Landw. Hochsch. Berlin 4, Univ. Gießen 2 S.; Rig. 24. Juli 06.]

Rahm, Fritz, a. Züllichau: I. Über die Umlagerung des Methylenbisacetessigesters in einen cyklischen Ketonalkohol. II. Über die Konstitution der sogenannten Hagemannschen Ester. Jena 1904: A. Kämpfe. (39 S.) 8°
Jena, Phil. Fak., Ref. Knorr, Diss. v. 26. Sept. 1904
[Geb. 6. Juni 78 Züllichau; Wohnort: Züllichau; Staatsangeh.: Preußen; Vorbildung: Realgymn. Grünberg Reife O. 98; Studium: Jena 11 S.; Rig. 15. Juni 04.]

Rahm, J., Festspiel zum aargauischen Kantonal-Turn-Fest, den 14. u. 15. VIII. 1898 in Aarburg. Musik v. H. Kunz. 8. (16 S.) Zofingen (898). (Aarburg, Rektor Rahm.) n.n. — 25
Vergriffen.

Rahm, Johann Jakob

Rahm, J. J., Feld- u. Wegblumen. 8. (VIII, 152 S. m. 1 Stahlst.) Zürich 888. C. Schmidt. n. 2. —

—— drei Flüge — n — uf ein Tätsch, s. a. Sammlung schweizerischer Dialektstücke.

Rahm, J. J., drei Flüge-n-uf ein Tätsch. Lustspiel in 1 Akt in Züricher Dialekt. 8. (40 S.) Zürich 884. Schmidt. n. — 80

Rahm, J[ohann] J[acob]. Em Friede z'lieb! Charakterbild i eim Akt. 35 S. 8. Bern, Stalder & Sieber, 1902. [fr. —. 80]

— am Geburtstag; d' Yfersucht, s. a. Sammlung schweizer. Dialektstücke.

— Am Geburtstag. Lustspiel in 1 Akt. In-8°, 38 S. Zürich, Cäsar Schmidt. 1887. — 60

Rahm, J[ohann] J[acob]. Herr Pfarrer, i chume mit! Dialektisches Charakterbild in 1 Akt. 37 S. 8. Aarau, H. R. Sauerländer & Co., 1901. [fr. —. 80]

Rahm, J. J., d'brochni Herze! Posse in 1 Akt im Zürcherdialekt. 12. (46 S.) Aarau 892. H. R. Sauerländer & Co. n. — 80

Rahm, J. J., d' Jungfraubahnakzie, e Börse- u. Lustspiel i 3 Akte im Züridialekt. 8. (62 S.) Grüningen 898. J. Wirz. n. 1. 20

— d'r Koneret ond s'Grethli oder: e gföhrlichi Wett. Charakterbild im Klettgauerdialekt in 5 Akten. 8. (71 S.) Schaffhausen 883. Rothermel. n. — 80

— Marie, die Waldenserin. Historisches Schauspiel in 5 Akten. gr. 8. (IV, 74 S.) Bern 894. Neukomm & Zimmermann. n. 1. 50

Rahm, Joh[ann] Jac[ob]. Regen und Sonnenschein. Einaktige Burleske von Joh. Jak. R', Bern. 18 S. 8. Aarau, H. R. Sauerländer & Co., 1906. [fr. —. 50]

– Es Stuck Studenteläbe, s. Sammlung schweizerischer Dialektstücke.

— Trotz allem e Verlobig!, s. a. Vereins- u. Haustheater.

Rahm, J. J. Trotz allem e Verlobig! Lustspiel in einem Akt. In Dialekt. In-8°. 36 S. Bern, Goepper & Lehmann. 1894. — 80

Rahm, J. J. D'Yfersucht. Lustspiel in 1 Akt. In-8°, 38 S. Zürich, Cäsar Schmidt. 1887. — 60

– Dass., s.a. Sammlung schweizerischer Dialektstücke.

Rahm, J[ohann] J[acob]. E Zeiche vom Himmel. Lustspiel i eim Akt. [Separatabdruck aus: Helvetia. Illustrierte Monatsschrift, gegründet von Robert Weber. Jahrg. 25, 1902, Heft 8.] 18 S. 8. [Basel, Buchdr. des Schweiz. Typographenbundes.]

Rahm, Jos. Jak., s. Rahm, Johann Jakob

Rahm, Karl

Rahm, C[arl]. Das Armenwesen im Kanton Schaffhausen. Ein Beitrag zur Revision des kantonalen Armengesetzes. (Referat, [mit] Thesen. [erstattet dem] freisinnig-demokratischen Verein des Kantons Schaffhausen.) Von C. R', Regierungsrat. 1905. II + 78 S. 8. Schaffhausen, H. Meier & Cie., 1905.

Rahm, Carl. Die Hagelversicherung im Kanton Schaffhausen 1880—1902. Bearb. von Carl Rahm, Regierungsrat. 54 S. 8. Schaffhausen, H. Meier & Cie., 1903.

Rahm, Carl, das hohe Lied im Neuen Testament. 1. Kor. 13. 8. (35 S.) Basel 892. A. Geering. n. — 50

Rahm, C., Neuhausen ob Egg. Ein Abschnitt Schaffhauser Klostergeschichte 1050—1889. gr. 8. (38 S.) Schaffhausen 889. (Schoch.) n. — 90

Rahm, C[arl]. Thesen aus dem Referate über: Die Revision des kantonalen Armengesetzes [erstattet an den freisinnig-demokratischen Verein des Kantons Schaffhausen]. Von C. R', Regierungsrat. II + 8 S. 8. Schaffhausen, H. Meier & Cie., 1905.

Rahm, C(arl). Die obligatorische Viehversicherung im Kanton Schaffhausen 1898 bis 1902. Von C. Rahm, Reg.-Rat. II + VI + 79 S. 8. Schaffhausen, H. Meier & Cie., 1903.

Rahm, M., u. J. K. **Düniker,** der bekehrte Gymnasialprofessor od. Nutzen der Stenographie. Lustspiel in 2 Aufzügen. 8. (15 S.) Wetzikon bei Zürich 884. (Bonn, Habicht.) n. — 40

— Onkel Niklas als Vormund. Humoreske. 3. Aufl. 8. (19 S.) Ebd. 887. n. — 40

— unschuldig u. dennoch verurtheilt. 3. Aufl. 8. (16 S.) Ebd. 888. n. — 15

— der Weihnachtsabend d. alten Buchhalters Pesko. Eine wahre Geschichte vom u. f. den Weihnachtsabend. 3. Aufl. 8. (16 S.) Ebd. 887. n. — 30

— Weihnachts-Klänge. Liebliche Erzählgn. f. ernste u. heitere Stunden. Hrsg. v. A. Poßberg. 2. Aufl. 8. (74 S.) Ebd. 887. n. 1. 40; geb. n. 2. 75

Rahm, Math., ein edler Geigenkünstler. Aus dem Leben eines unserer berühmtesten Geigen-Virtuosen. Eine Weihnachts-Novelle. 3. Aufl. 8. (23 S.) Bonn 887, Centralbuchhandlung. [* 40 Pf.] *

Rahm, Otto, med. pract. von Schaffhausen: Ueber die operative Behandlung der Meningocele spuria traumatica. (S. A. aus: Beiträge zur klinischen Chirurgie [— Bruns]. Bd 16. S. 257—284.). Tüb. H. Laupp 1896. 2 Bl., 28 S. 8°.

Zürich, Med. Diss. [v. 22. Mai 1896].

Geschichte der Wallfahrt nach Eberhards-Clausen. Aus d. grosseren Wallfahrtsbuchlein ausgezogen u. erg. von P[eter] J[osef] Rahm, Pfarrer von Clausen. *Saarlouis, Hausen & Co. 1901.* (V, 47 S.; 8°) [J.]

Rahm, P. J., Geschichte der Wallfahrt nach Eberhards-Clausen. Aus dem größeren Wallfahrtsbüchlein ausgezogen u. ergänzt. 16. (49 S.) Saarlouis 901. F. Stein Nachf. — 15

Rahm, Wilh., Sammlg. d. Vorschriften üb. d. Regelg. d. Verkehrs d. schweizerischen Handelsreisenden im In- u. Auslande u. d. ausländ. Handelsreisenden in d. Schweiz. gr. 8. (XI, 41 S. m. 19 Beilagen.) Bern 898. Neukomm & Zimmermann. 2. —

Rahmanet, König d. Mauren, od. d. magische Ring, in 3 Büch. v. Hch. Frohreich. 8. Breslau, Hamberger. 805.

Rahmani, Ignat. Ephraem II., s.: Acta sanctorum confessorum Guriae et Shamonae.

— s.: Testamentum domini nostri Jesu Christi.

Rahmann, August [app. Arzt aus Hessler (Westf.)]: Ueber Myelitis chronica . . . Würzburg, Druck d. F. Röhrl'schen Buchdr., 1890; 20 S., 1 Bl. 8°

Würzburg, Med. Fak., Inaug.-Diss. v. 1890

Rahmdohr, Andr., De decimis. 8°. Jenae 1741.

Rahmel, August Wilhelm Leopold von

(Rahmel, v.) Natürliche Dialogen o. O. 1772. 8°. (Angeb.:) (Rahmel, v.) Über den Dienst. Boston 1783.

[RAHMEL, August Wilhelm Leopold von] 1749 - 1808
Ueber den Dienst, von einem, ehemals unter der preußischen Armee gestandenen, und jetzt unter den Amerikanern dienenden Offizier. Entworfen noch eh' derselbe seinen ersten Dienst verließ.
Boston [i. e. Breslau: Gutsch]. 1783. 72 S. 8°.
Massachusetts Historical Society Library Boston
2. Aufl. 1784
Frankfurt-Leipziger Meßkatalog, Michaelismesse 1783, S. 726: ohne Verfasser u. Druckort.
Kayser, II, 46: mit Verfasser, Ort und Verlag.

[RAHMEL, August Wilhelm Leopold von] 1749 - 1808
Ueber den Dienst. Von einem, ehemals unter der preußischen Armee gestandenen, und jetzt unter den Amerikanern dienenden Offizier. Entworfen noch eh' derselbe seinen ersten Dienst verließ.
Zweyte Auflage.
Boston [i. e. Breslau]. 1784. 72 S. 8°.
Bayerische Staatsbibliothek München
1. Aufl. 1783.

– Dass., s.a. Dienst, Über den ...

– s.a. Freimaurerreden und Gedichte.

Freymaurer-Reden und Gedichte von A[ug.] W[ilh.] L[eop.] v. Rahmel. Breslau u. Leipzig: Gutsch 1780. 211 S. 2 Bl. Notenbeil. 8°

[Dasselbe.] Ebendas. 1790. 211 S. 2 Bl. 8°
Recens: Frmr-Bibliothek. 2 (1782) S. 134—136. cf. FZ. (Wien) 4 (1877) S. 14—15, 18—19 (G. Brabbée); Abafi, L.: Gesch. d. Frmrei in Öst.-Ungarn. 4 (1893) S. 44—46.
Kl. 1032. 14 Reden, 3 Oden, 1 Kantate, 2 Lieder, 1 Gedicht.

Rahmel, A. W. Leop. v., Freymäurerreden u. Gedichte. 8. Breslau. (Sommer in Leipz.) 780.

v. Rahmel, Aug. Wlh. Leop., († d. 15. Febr. 1808.) sämmtl. Gedichte. 8. Schmiedeberg 789. (Bresl., Gutsch). 1 ℳ

RAHMEL, Aug. Wilh. Leop. v. (ehemal. preuß. Lieut.), Sämtliche (!) Gedichte. Mit Titel-Silhouette, Trolob sc. (darunter als Motto 4 Verse.). Schmiedeberg (in Schles.), 1789, gedr. u. verlegt bei Immanuel Krahn. Gr. 8°. (In Warmbrunn.) Selten!

7 Bll., 388 S. — Darin u. a.: Ode an einen Pantoffel (26 vierzeil. Str.); Abschied von den Troppauischen Schönen (4 vierz. Str.); an eine junge reizende Schöne, bey ihrem Eintritt in Hymens Tempel (13 vierz. Str.), 5 Satyren (nach Boileau), zahlr. Fabeln, Ueberstzgn. etc.

Rede welche an dem 65sten frohen Geburts-Feste Sr. Königlichen Majestät in der ger. und vollk. Freymäurer-Loge Augusta zur goldenen Krone [in Stargard i. P.] gehalten worden, von Aug. Wilh. Leop. v. R[ahmel]. Stargard 1776: Kunst. 8 S. 4⁰ [Umschlagtit.]
Abgedr. in: Rahmel, A. W. L. v.: Frmr-Reden u. Gedichte. 1780 S. 1–16; [dasselbe] 1790.
Kl. 929. Selten. Lob des Königs.

§ **SALZ** und Laune unter mancherley Gestalt (von *Aug. Wilh. Leop. v. Rahmel*, geb. 12. März 1749 zu Rheinfeld in Pommern, † 15. Febr. 1808). Bresslau, Gutsch, 1794. 8⁰. Selten! (Auch in Warmbrunn.)
Enth. Parodien, Epigramme etc.

— — Dasselbe. Halberstadt 1795. 8⁰.
Meusel X, 441.

— — Dasselbe, tit.: Salz und Laune unter mancherlei Gestalt von einem ehemaligen Krieger bei der preussischen Armee a/Rhein. Breslau 1806. 8⁰. (3 Mk. 60 Pfg. Taussig, Prag, 1904.)

— Salz u. Laune unter mancherlei Gestalt. 8. Leipz. 806. (W. Rauck). 16 gr

— Salz u. Laune unter mancherley Gestalt. 8. Leipz. Sommer. 806.

— — Dasselbe (?), tit.: Schnurren, Launen und Einfälle eines ehemaligen preussischen Kriegers in der Armee am Rhein. Constantinopel (Breslau) 1796. 8⁰

— — Dasselbe. Constantinopel 1808. 8⁰. (1 Mk. Scheible, 1879 u. 1886.)

— — Dasselbe. Leipzig, Sommer, 1808.

— prosaische Schriften. 2 Thle. 8. Bresl. 790. Gutsch. 1 ℞ 8 gr

– s.a. Schwärmerei, Über die, unserer Zeiten.

– Über
— — die Schwärmerey unserer Zeiten geschrieben im Monde (von *Aug. Wilh. Leop. v. Rahmel*). Breslau 1784.
Anon.-Lex. IV. p. 228 (nach Kayser u. Goedeke).

– s.a. Winterzeitvertreib eines königl. preuß. Offiziers.

Winterzeitvertreib eines königl. preußischen Offiziers *(Aug. Wilh. Leop. v. Rahmel)*. Breslau 1779. (Zweyte stark vermehrte u. verbess. Aufl. Ebd. 1780. 8⁰.)

v. Rahmel, F., die Egoisten. Schspl. in 3 A. 8. Bresl. 805. N. A. 810. (W. Rauck in Leipz.) 7 gr

[F.] **Raehmel,** *August* Wilhelm [Referendar]: Ueber Realisirung ausländischer Zinscoupons ... Greifswald, Druck v. J. Abel, 1896; 40 S. 8.
Greifswald, Jur. Fak., Inaug.-Diss. v. 1896

Rahmer, Abr., ein lateinischer Commentar aus dem IX. Jahrh. zu den Büchern der Chronik kritisch verglichen mit den jüd. Quellen. 1. Thl. Thorn 866. (Wallis.) gr. 8. (XII, 109 S.) n. 20 ngr

Rahmer, Aron *(geb. Rybnik in Oberschles. 12. 1. 1846)* Ueber die Uebertragbarkeit der Syphilis durch die Vaccination. Breslau (1869). (54 S.) 8⁰
Breslau, Med. Diss. v. 4. Dez. 1869

Rahmer, Erwin, Referendar: Der Anfechtungsanspruch im Grundbuchverkehr und seine Sicherungsmittel. Freienwalde a. O. 1909: Kloss. 65 S. 8⁰
Heidelberg, Jur. Diss. v. 13. Juli 1909, Ref. Heinsheimer
[Geb. 22. Juni 86 Berlin; Wohnort: Berlin; Staatsangeh.: Preußen; Vorbildung: Leibniz-Gymn. Berlin Reife M. 04; Studium: München 2, Berlin 4 S.; Rig. 14. Dez. 08.] [U 09. 1881

Rahmer, Hermann *(geb. Oppeln [15. 7. 1849])* Zur Casuistik spinaler Augenleiden. Breslau 1873. (34 S.) 8⁰
Breslau, Med. Diss. v. 13. Aug. 1873

Rahmer, M., die biblische Erdbeben-Theorie. Eine exegetische Studie. gr. 8. (40 S.) Magdeburg 881. Leipzig, Friese. n. 1. —

Rahmer, M., hebräisches Gebetbuch f. die Jugend, zum Uebersetzen eingerichtet u. m. Vocabularium u. grammat. Vorbemerkgn. versehen. 2. Curs. 6., verm. Aufl. 8. (IV, 144 S.) Frankfurt a/M. 890. Kauffmann. cart. n. 1. —

Rahmer, M., hebräisches Gebetbuch f. die israelitische Jugend, zum Uebersetzen eingerichtet u. m. Vokabularium u. grammat. Vorbemerkgn. versehen. 2. Kurs. 7. verb. Aufl. (IV, 96 u. 46 S.) 8. Frankfurt a/M. 904. J. Kauffmann. Geb. n. 1. —

Rahmer, M., hebräisches Gebetbüchlein für die israelit. Jugend zum Selbstunterricht im Uebersetzen methodisch eingerichtet u. mit Vokabularium u. grammat. Vorbemerkungen. 1. u. 2. Cursus. Breslau 870. Schletter. 8. n.n. 10½ ngr; cart. n.n. 12½ ngr
1. Cursus. 2. verm. Aufl. (IV, 28 S.) n. 4 ngr; cart. n.n. 5 ngr
2. Cursus. (64 S.) n.n. 5½ ngr; cart. n.n. 7½ ngr

Rahmer, M., תפלה קצרה, hebräisches Gebetbüchlein für die israelitische Jugend zum Selbstunterricht in Uebersetzen methodisch eingerichtet und mit Vokabularium und grammat. Vorbemerkungen versehen. 1. Cursus. 2.—4. verm. Aufl. 8. (28 S.) Breslau 870—75, Skutsch. cart. (* 40 Pf.) *

—— dass. — 2. Cursus. 1.—3. Aufl. 8. (64 S.) Ebendas. 870. cart. (* 65 Pf.) *

Rahmer, M., תפלה קצרה, hebräisches Gebetbüchlein f. die israelit. Jugend zum Selbstunterricht in Uebersetzen methodisch eingerichtet u. m. Vokabularium u. grammat. Vorbemerkgn. versehn. 1. Cursus. 2. verm. Aufl. 8. (28 S.) Breslau 873. Hepner. n. — 60

Rahmer, M., hebräisches Gebetbüchlein für die israelitische Jugend zum ersten Unterricht im Uebersetzen methodisch eingerichtet, nebst Vocabularium und grammat. Vorbemerkungen. 2 Curse. 5. verm. und verb. Aufl. 8. Frankfurt a. M. 877, Kauffmann. [1. Cursus. (36 S.) cart. * 60 Pf.; 2. Cursus. (108 S.) cart. * M. 1.] cart. * 1 60

—— hebräisches Gebetbüchlein für die israelitische Jugend zum ersten Unterricht im Uebersetzen methodisch eingerichtet mit Vocabularium und grammat. Vorbemerkungen. 1. Cursus. 6. stark verm. und verb. Aufl. 8. (36 S.) Frankfurt a. M. 882, Kauffmann. cart. *
2. Cursus. Ebendas. 1877. * M. 1.

Rahmer, M., hebräisches Gebetbüchlein für die israelitische Jugend, zum ersten Unterricht im Uebersetzen methodisch eingerichtet, mit Vocabularium und grammat. Vorbemerkungen. 1. Curs. 7. stark verm. und verb. Aufl. 8. (44 S.) Frankfurt a. M. 885, Kauffmann. cart. **

Rahmer, M. Tefillah kezara. Hebräisches Gebetbüchlein für die israelitische Jugend, zum ersten Unterricht im Uebersetzen methodisch eingerichtet, m. Vocabularium u. grammat. Vorbemerkgn. 1. Kurs. 8. stark verm. u. verb. Aufl. [Mit e. Anh.: Stücke aus dem Pentateuch.] 8. (48 S.) Frankf. a. M. 889, Kauffmann. cart. ** — 65

Rahmer, M., Hebräisches Gebetbüchlein f. d. israelit Jugend z ersten Unterricht im Uebersetzen method. eingerichtet, m. Vokabularium u. grammat. Vorbemerkgn. 1. Kurs. 9., verb. Aufl 8. (48 S.) Frankfurt a/M. 897. J. Kauffmann. Kart. n.n. — 65

— Tefillah kezarah. Hebräisches Gebetbüchlein f. die israelit. Jugend zum ersten Unterricht im Uebersetzen m. Vokabularium u. grammat. Vorbemerkgn. Völlig neu bearb. v. Mich. Abraham. 1. Stufe. 10. Aufl. (V, 33 u. 39 S.) 8. Ebd. 906. Geb. n. — 80

– u. Mich. Abraham

— — Tefilla kezara. Hebräische Gebete f. die israelit. Jugend zum ersten Unterricht im Übersetzen m. Vokabularium, Grammatik u. Übungssätzen v. Mich. Abraham. 12. (der Neubearbeitg. 3.) verb. Aufl. (VI, 75 S.) 8. Ebd. 910. Geb. — 80

— der heilige Krieg, Predigt gehalten am Bettage, den 27. Juli 1870. 2. Aufl. Ebend. 870. gr. 8. (12 S.) n.n. 2½ ngr.

— hebräische Lesefibel zugleich e. Vorstufe zu Rahmers Tefillah kezarah I. 10. Aufl., völlig neu bearb. v. M. Abraham. Mit e. Anh.: Vorlagen zur Erlerng. der hebr. Schreibschrift. (32 S.) 8. Ebd. 906. Kart. n. — 50

Rahmer, (M.), u. Mich. Abraham, hebräische Lesefibel zugleich e. Vorstufe zu Rahmer-Abraham: Tefilla kezara. Völlig neu bearb. v. Mich. Abraham. 12. (der Neubearbeitg. 3.) verb. Aufl. Mit e. Anh.: Vorlagen zur Erlerng. der hebr. Schreibschrift. (40 S.) 8. Frankfurt a/M. 909. J. Kauffmann. Kart. — 50

— Rede am allgemeinen Bettage, den 27. Juni 1866, gehalten. Thorn 866. Wallis. gr. 8. (12 S.) n. 2½ ngr.

—— hebräische Schreib-Lese-Fibel zur leichten und gründlichen Erlernung des hebräischen Lesens und jüdischen Schreibens, methodisch geordnet. 6. verm. Aufl. Mit lithogr. jüd.-deutschen Vorschriften. 8. (26 S.) Ebendas. 882. cart. *

— Hebräische Schreib-Lese-Fibel zur leichten und gründlichen Erlerng. des hebräischen Lesens u. jüdisch-deutschen Schreibens, method. geordn. 9., verb. Aufl. M. lith. jüdisch-deutschen Vorschriften. 8. (20 u. 4 S.) Ebd. 897. Kart. n. — 50

— s.: Schul- u. Predigt-Magazin, israelitisches.

– Tefillah kezarah, s. Rahmer: Hebräisches Gebetbüchlein

Die Commentarii zu den zwolf kleinen Propheten. Krit beleuchtet von Dr Moritz Rahmer, Rabb. in Magdeburg H 1 *Berlin M Poppelauer 1902* 8°
= Rahmer Die hebräischen Traditionen in d. Werken d. Hieronymus. Th. 2, H 1 [illegible]

Rahmer, Mor., die hebräischen Traditionen in den Werken des Hieronymus. Durch eine Vergleichung mit den jüdischen Quellen kritisch beleuchtet. 1. Thl.: Quaestiones in Genesin. gr. 8. (VII und 74 S.) Breslau 861, Schletter'sche Buchh.

Rahmer, Mor., die hebräischen Traditionen in den Werken des Hieronymus. Durch Vergleichg. m. den jüd. Quellen u. ältesten Versionen kritisch beleuchtet. Die Commentarii zu den 12 kleinen Propheten. Mit Unterstützg. der Zunzstiftg. 1. Hälfte. II Hfte. gr. 8. Berlin 902. M. Poppelauer. n.n. 5. —; in 1 Bd. geh. n.n. 4. 50

I. Hosea, Joël, Amos. (V, VI, 47; 19 u. 48 S.) n.n. 3. 50; Hosea allein n.n. 1. 50; Joël allein n.n. — 75; Amos allein n.n. 1. 25
II. Obadja, Jona, Micha. (III. 60 S.) n.n. 1. 50

Rahmer, S., Physiologie od. die Lehre v. den Lebensvorgängen im menschlichen u. tierischen Körper, populär dargestellt. Mit zahlr. Farbendr.-Taf. u. Holzschn. 1.—9. Lfg. gr. 8. (S. 1—296.) Stuttgart 887. 888. Weisert. à n. — 50

Rahmer, S. Physiologie oder die Lehre von den Lebensvorgängen im menschlichen u. tierischen Körper. 10. (Schluß-)Lfg. gr. 8. (VI, S. 297—316 m. Farbendr.-Taf. u. Holzschn.) Stuttg. 888, Weisert. * — 50
1.—9. Lfg. Ebd. 1887,88. à * — 50.

Rahmer, S., Physiologie od. die Lehre v. den Lebensvorgängen im menschlichen u. tierischen Körper. Mit zahlreichen Farbendr.-Taf. u. Holzschn. 2. (Titel-)Aufl. gr. 8. (V, 316 S.) Stuttgart 891. O. Weisert. n. 5.—; geb. n.n. 6. —

Rahmer, S. [aus Schlesien]: Der gegenwärtige Stand der Lehre von den Lungenerkrankungen und von der Todesursache nach doppelseitiger Vagusdurchschneidung am Halse und experimentelle Beiträge zu dieser Frage .... Greifswald, Druck v. Carl Sell, 1887; 30 S. + 1 Bl. 8°.
Greifswald, Med. Fak., Inaug.-Diss. v. 25. Febr. 1887.

Rahmer, S. der gegenwärtige Stand der Lehre von den Lungenerkrankungen und von der Todesursache nach doppelseitiger Vagusdurchschneidung am Halse und experimentelle Beiträge zu dieser Frage. Diss. Greifswald 1887, Jul. Bindewald. 8°. 30 S.

Rahmer, Sigismund

— s.: Geschichte, meine, eh' ich geboren wurde.

— s.: Grenzfragen der Literatur u. Medizin.

Rahmer, S., s.: Kleist, Heinr. v., Briefe an seine Schwester Ulrike.

— Heinrich v. Kleist als Mensch u. Dichter. Nach neuen Quellenforschgn. Mit 2 Porträts u. 1 Textabbildg. (IX, 453 S.) gr. 8. Berlin 909. G. Reimer. 10.—; geb. 11. —

— s.: Kleist-Bibliothek.

Das Kleist-Problem auf Grund neuer Forschungen z. Charakteristik u. Biographie Heinrich v. Kleists von S[igismund] Rahmer. *Berlin: G. Reimer 1903.* (VI, 182 S.) 8° [F.] [illegible]

Rahmer, S., der menschliche Körper (Die Physiologie). s. a. Bibliothek, akademische.

Der menschliche Körper. ⟨Die Physiologie.⟩ 12 Vorlesungen über d. Bau u. d. Funktionen d. menschl. Körpers von Dr. S[igismund] Rahmer. Berlin: Verl. 20. Jahrh. [1906]. (192 S.) 8° [F.]
— Bibliothek, Akademische. Ser. 1. Lfg 1. 3. 5. u. 8. [illegible]

Rahmer, S., Heinrich Heines Krankheit u. Leidensgeschichte. Eine krit. Studie. 8. (VII, 81 S.) Berlin 901. G. Reimer. n. 1. 20

— August Strindberg, s. a. Grenzfragen der Literatur u. Medizin.

August Strindberg, e. patholog. Studie von S[igismund] **Rahmer.** München: E. Reinhardt 1907. (43 S.) 8°
= **Grenzfragen** d. Literatur u. Medizin in Einzeldarstellungen. H. 6. [07. 14317

Aus der Werkstatt des dramatischen Genies. ⟨Musik u. Dichtkunst.⟩ Eine psycho-physiol. Studie von Dr. S[igismund] **Rahmer.** München: E. Reinhardt 1906. (44 S.) 8°
= **Grenzfragen** d. Literatur u. Medizin in Einzeldarstellungen. H. 1. [06. 8316

Rahmi, Husseïn, die Geschiedene (Mutallegâ), s.: Aus dem türkischen Leben.

Rahmin und Sigismunda, oder Größe u. Schwäche des menschlichen Herzens, von J. F. Keppler, 3 Theile, 8. Wien, 783. Hörling. 25 sgl.

Rahmin u. Sigismunde, od. Größe u. Schwäche d. menschl. Herzens, v. Keppler. 3 Thle. 8. Wien, Hörling. 783.

Rahmlow, Hermann *Ludwig Ernst* [aus Pommern]: Aus d. chirurg. Klinik zu Greifswald. Ein Fall von „Fractura sterni mit Lungenruptur" ... Greifswald, Druck v. J. Abel, 1892; 24 S. 8.
Greifswald, Med. Fak., Inaug.-Diss. v. 19. Nov. 1892

(Rahn. Dr. Med. David R'. Archiater geb.... 1769. gest ... 1848.) Njbl. s.a.[Rahn-Escher, Hans Conrad].

Rahn, Archiater David. [Zürich 1858.] V: *Rahn, Hans Conrad.* (Cat. d. Stadtbibl. Zürich. Zürich 1864—97.)

(Rahn. Johann Heinrich R', Med. Doct. Geb. 1749. Gest. 1812.) Njbl. s.a.[Lavater, Carl].

Rahn, Johann Heinrich, med. doct. [Zürich 1836.] V: *Lavater, Carl.* (Cat. d. Stadtbibl. Zürich. Zürich 1864—97.)

(Rahn. Johann Rudolf R', 1776–1835.) Njbl. s.[Muralt, Leonhard von].

Rahn, Das Haus Kreisewitz und Cawallen. Trebnitz 1847. fol.

Rahn: Streifzüge in das Gebiet der Arzneimittellehre. Berlin (1905?)

Rahn, Arthur

Rahn, *Max* Arthur [app. Arzt aus Wurzen]: Die Ergebnisse der Diphtherie-Behandlung mit Behring's Heilserum in der medicinischen Klinik zu Leipzig einschl. d. Fälle d. chirurg. Klinik ... Leipzig, Druck v. E. Hedrich, 1897; 2 Bl., 77 S., 1 Bl., LXXIX S. 8.
Leipzig, Med. Fak., Inaug.-Diss. v. 21. Juni 1897

Rahn, Conrad, s. Rahn, Konrad

[Rahn, David.] (Heinrich Locher, Spithalarzt. Geboh. 1743. Gestorb. 1807 [Mit 1 Porträt-Tafel.]) Njbl. Chorh. 1808. 4. [Zürich.]

Rahn, Emil

Rahn, E. (W. Licht), Eltern! Habt Acht! Die Quelle des Wohlstandes im deutschen Buchhandel, od. der König v. Eldorado u. der arme Heinrich. 8. (118 S.) Zwickau (901). F. Badstübner. n. 1.40

Eltern! Habt Acht! Die Quelle des Wohlstandes im deutschen Buchhandel, oder Der König von Eldorado u. d. arme Heinrich von E[mil] **Rahn,** Magdeburg. ⟨W Licht.⟩ *Zwickau: F Vadstübner [1901].* (118 S.) 8° [F.] [01. 8937 7

Rahn, Franz (geb. Barwalde in Pomm. 3. 1. 1846) Ueber Paranephritis protopathica. Berlin (1873). (31 S.) 8°
Berlin, Med. Diss. v. 1 Aug. 1873

Rahn, Fritz [aus Berge (Kreis Westhavelland)]: **Beitrag zur Kenntnis der Ranula.** ... Berlin, Buchdr. v. Gustav Schade (Otto Francke) (1890); 30 S. + 1 Bl. 8°
Berlin, Med. Fak., Inaug.-Diss. v. 18. Jul. 1890

Rahn, G., Anleitung zur Rahm'schen Stenographie oder deutschen Redezeichenkunst. Ein Leitfaden zum Selbstunterricht u. z. Handgebrauch f. Lehrer Mit einem Vorwort v. F. Adami. gr. 8. (81 lith. S.) Berlin 849, Hube. 2/3 ß

— die Hauptmomente aus der Geschichte der St. Petri-Kirche in Berlin, von ihrer Gründung bis zu ihrer baulichen Vollendung. Nach den besten histor. u. aktenmäßigen Quellen u. unter Mitwirkung des Dr. Blanck bearb. u. herausg. Mit 2 Abbildungen u. 2 Situationsplänen (in Holzschn.). 1. u. 2. Aufl. Berlin 853. Rahn. 16. (2 Bl., 124 S.) 10 ngr.

Rahn, G., die berliner Königsstadt und deren vier Kirchen. Historisch nach urkundlichen und aktenmäßigen Ermittelungen als Beitrag zur Spezial-Geschichte Berlins dargestellt. 2. Aufl. gr. 8. (248 S. mit 4 lithogr. Abbild.) Berlin 857, Rahn.

—— und F. Radmacher, der animalische Magnetismus vor Gericht, s. Radmacher, F.

Rahn, G., das National-Krieger-Denkmal im Invalidenpark zu Berlin. Ein Beitrag zur Special-Geschichte Berlins. Mit dem Portr. Sr. Maj. des Königs und einer Abbildung des Denkmals (in Holzschn.) 8. (44 S.) Berlin 854, Rahn. *

—— das National-Krieger-Denkmal im Invalidenpark zu Berlin. Ein Beitrag zur Spezial-Geschichte Berlins. 2., stark verm. Aufl. gr. 8. (57 S. mit dem Portr. Sr. Maj. des Königs und einer Abbild. des Denkmals und dessen Umgebung in Holzschn.) Berlin 857, Rahn.

— die Rechtsverhältnisse der Schornsteinfeger gegenüber dem Staate und den Hauseigenthümern. Eine systemat. Zusammenstellung aller gesetzlichen Bestimmungen, Verfügungen und Instruktionen über den Gewerbebetrieb der Schornsteinfeger, nebst Taxe und Instruktion für Berlin, vom 11. März 1847 und einem Rechenknechte zu derselben. 1. u. 2. Aufl. A. u. d. T.: Handbuch für Schornsteinfeger u. Solche, die es werden wollen ꝛc. Berlin (855.) Rahn. 8. (102 S.) n. 15 ngr.

Rahn, G., s.a. Schicksale d. St. Petri-Kirche in Berlin.

(Rahn, G.,) die Schicksale der St. Petri-Kirche in Berlin von ihrer Gründung bis auf die neueste Zeit. Eine Gelegenheitsschrift zur gegenw. leichten Erörterung der Frage: „Petri-Platz oder Petri-Kirche?" Lex.-8. (3/4 B. u. Abbild. d. Kirche vor dem Brande 1809.) Berlin 846, Lindow. Thlr.

Rahn, G., s. Stadtvertretung, Die, Danzigs u. die Schwarzen.

— Vorschläge zur Einführung einer amtl.-systemat. Straßen-Reinigung u. Bewässerung Berlins ohne Anwendung der Projekte von Blesson u. Schramke u. ohne 8 Millionen Thaler Kosten. 2 Hfte. 8. (106 S.) Berlin 847, Lindow. (à 1/6 ß) 1/3 ß

Rahn, G. B. C.

Rahn, G., Handbuch für Schornsteinfeger und Solche, die es werden wollen. Eine systemat. Zusammenstellung derjenigen gesetzlichen Bestimmungen, welche bis jetzt über den Gewerbbetrieb der Schornsteinfeger und ihre Rechtsverhältnisse dem Staate und den Hauseigenthümern gegenüber erschienen sind. Nebst Taxe u. Instruktion für die Berliner Schornsteinfeger vom 11. März 1847 u. einem Rechenknechte zu derselben. 3. stark verm. u. verb. Ausg. Unter Mitwirkung eines Sachverständigen bearb. Berlin 858. Rahn. 8. (165 S.) 20 ngr.

Rahn, G. B. C., Handbuch für Schornsteinfeger und Solche, die es werden wollen. Eine Anleitung zum prakt. Betriebe des Schornsteinfegergewerbes und zur Unterweisung in den Rechten und Pflichten dieser Gewerbtreibenden den Behörden und dem Publikum gegenüber durch systemat. Zusammenstellung der darüber erschienenen gesetzl. Bestimmungen. 4. völlig umgearb., verm. und durch viele (eingedr.) Holzschn. illustr. Ausg. Unter gefäll. Mitwirkung von Wilh. Faster u. A. hrsg. gr. 8. (VI, 296 S.) Berlin 881, Rahn.

Rahn, G. B. C., Handbuch für Schornsteinfeger und Solche, die es werden wollen. Eine Anleitung zum prakt. Betriebe des Schornsteinfegergewerbes und zur Unterweisung in den Rechten und Pflichten dieser Gewerbetreibenden den Behörden und dem Publikum gegenüber durch systemat. Zusammenstellung der darüber erschienenen gesetzl. Bestimmungen im Deutschen Reiche. 5. völlig umgearb., verm. und durch viele Holzschn. illustrirte Ausg. 8. (XIV, 348 S.) Berlin 885, Rahn.

(G. B. C.) **Rahns** Handbuch für Schornsteinfeger und solche, die es werden wollen. Eine Anleitung .. Unter Mitw hervorrag Fachmänner hrsg. von Paul Rahn. 7., verm., völlig umgearb. u. durch zahlr Holzschn. ill. Aufl. Berlin · G. B. C. Rahn 1907 (428 S.) 8° [F.]
[Vort.] Das Schornsteinfegerwesen Deutschlands. Handbuch f. d Verwaltungsbehörden über d. Gewerbebetrieb d. Schornsteinfeger [?]. 4354

– – s.a. Rahn, Paul

† **Bordelle.** — Beantwortung der Frage. Was soll mit den öffentlichen Hurenhäusern geschehn? Rede eines Stadtverordneten *(G. L. Rahn)* zu Breslau. O O. u. J (Breslau 1810). 8°
15 S. Jahrzahl am Schluß genannt. Titel trägt noch die Bemerkung: „Wird zum Besten der Armen für 2 sgl. verkauft" Sehr selten!

Rahn, G. L., histor. Predigten üb. die denkwürdigsten Ereignisse, welche die Reformation vorbereiteten od. fördern halfen. gr. 8. Bresl. 818. Holäufer. 14 Gr

Rahn, G. L., zwei Predigten: I. Am 2. Sonnt. nach Trinit. 1830, als Vorbereit. auf d. 300jähr. Jubelfeier d. Uebergabe d. Augsburg. Glaubensbekenntn. II. Am Säcularfeste d. 25. Juni. 8. ... Breslau, Graß, Barth u. Comp.

— üb. d. Unkraut unter d. Waizen, od. von d. Mischung d. Guten u. Bösen auf Erden rc. Drei Predigten. 8. Bresl. 825. Graß, B. u. C. 4 Gr

Rahn, Hans, Anecdotes, s.: Lovera, Roméo.

Rahn, Hans, choix de poésies françaises, s.: **Bibliothèque française.**

— contes et nouvelles, s.: Bibliothèque française.

— u. **Paul Hoeven,** Formenlehre der französ. Sprache nach Rahns vermittelnder Methode verbunden m Anschauungs- u. Sprechübungen, unter besond. Berücksicht der f. Preußen im J. 1891 hrsg. „Lehrpläne u. Lehraufgaben f. höh. Schulen" bearb. 2. Aufl. gr. 8. (IV, 396 S.) Ebd. 899. Geb. n.n. 2. 60

Rahn, Hans, Héditha, neues Lehr- u. Lesebuch d. französ. Sprache f. höh. Mädchenschulen u. verw. Anstalten. 2 Tle. gr. 8. Leipzig, O. R. Reisland. Geb. in Halbldr. n.n. 3. 40
1. M. Anh. Blancheneige, Comédie en 5 actes v. L. Kophamel. (V, 169 S.) 896. n.n. 1. 40
2. (VII, 250 S.) 897. n.n. 2. —

— **Héditha,** neues Lehr- u. Lesebuch der französischen Sprache f. höhere Mädchenschulen u. verwandte Anstalten. 3 Tle. gr. 8. Leipzig, O. R. Reisland. Geb. n.n. 5. 50
1. Anh.: Blancheneige, Comédie en 5 actes v. L. Kophamel. 3. Aufl. (V, 169 S.) 901. n.n. 1. 40
2. 3. Aufl. (VI, 250 S.) 902. n.n. 2. —
3. (VII, 243 S.) 901. n.n. 2. 10

Rahn, Hans, Héditha I & II. Breslauer Ausgabe des neuen Lehr- u. Lesebuches der französ. Sprache f. höh. Mädchenschulen u. verw. Anstalten. (VI, 312 S.) gr. 8 Leipzig 903. O. R. Reisland. Geb. n.n. 2. —

— **Héditha,** neues Lehr- u. Lesebuch der französischen Sprache f. höh. Mädchenschulen u. verw. Anstalten. III. Tl. 3. Aufl. (VII, 243 S.) 8. Ebd. 906. Geb. n.n. 2. 10

— **Héditha,** neues Lehr- u. Lesebuch der französischen Sprache f. höhere Mädchenschulen u. verwandte Anstalten. I. u. II. Tl. 8. Leipzig, O. R. Reisland. Geb. nn 3. 40
I. Anh.: Blancheneige, Comédie en 5 actes v. L. Kophamel. 6. Aufl. (V, 169 S.) 907. Geb. nn 1. 40
II. 6. Aufl. (VI, 250 S.) 909. Geb. nn 2. –

— dasselbe. Einbändige Ausg. des neuen Lehr- u. Lesebuches der französ. Sprache f. höh. Mädchenschulen u. verwandte Anstalten. 2. Aufl. (VI, 312 S.) 8. Ebd. 907. Geb. nn 2. --

Rahn, Lehrbuch der französischen Sprache für höhere Mädchenschulen und verwandte Anstalten. 1. und 2. Tl. gr. 8. Leipzig, Fues' Verlag. [1. Tl. 1. Aufl. (VI, 218 S.) 886; 2. Aufl. (VI, 216 S.) 888. geb. **M 1.60.; 2. Tl. (VIII, 195 S.) 887. geb. **M 1.40.] geb. **

—— dass. — 3. Tl.: Systematische Schulgrammatik der französischen Sprache mit zusammenhängenden französischen und deutschen Übungsstücken. gr. 8. (X, 358 S.) Ebendas. 888. geb. **

Rahn, [Hans]. Lehrbuch der französischen Sprache f. höhere Mädchenschulen u. verwandte Anstalten. 1. u. 2. Tl. gr. 8. Lpz. 889–91. Reisland. [1. Tl. 3.–5., m. der 2. gleichlaut. Aufl. (VII, 218 S.) ** 1 60; 2. Tl. 2. u. 3. Aufl. (VIII, 195 S.) ** 1 40.] geb. ** 3 —

Rahn, H., Lehrbuch der französischen Sprache f. höhere Mädchenschulen u. verwandte Anstalten. 3 Tle. gr. 8. Leipzig, Reisland. geb. n.n. 5. 40
1. 4. Aufl. (VII, 216 S.) 890. n. 1. 60
2. 3. Aufl. (VIII, 195 S.) 890. n. 1. 40
3. Systematische Schulgrammatik der französ. Sprache m. zusammenhäng. französ. u. deutschen Uebungsstücken. 2. Aufl. (X, 358 S.) 889. n. 2. 40

—— dass. — 3. Tl. Systematische Schulgrammatik der französischen Sprache m. zusammenhäng. französ. u. deutschen Übungsstücken. 4. Aufl. gr. 8. (X, 378 S.) Ebd. 892. ** 2 80

Rahn, Hans, Lehrbuch der französischen Sprache f. höhere Mädchenschulen u. verwandte Anstalten. 3 Tle. gr. 8. Leipzig 894. O. R. Reisland. Geb. n.n. 5. 70
1. 8., verm. Aufl. (VII, 243 S.) n.n. 1. 60
2. 5. Aufl. (VIII, 204 S.) n.n. 1. 40
3. Systematische Schulgrammatik der französischen Sprache m. zusammenhängenden französischen u. deutschen Übungsstücken. 5. Aufl. (XII, 378 S.) n.n. 2. 70

— Lehrbuch d. französischen Sprache f. höh. Mädchenschulen u. verw. Anstalten. 1. Tl. 10. Aufl. gr. 8. (VII, 243 S.) Ebd. 897. Geb. in Halbldr. n.n. 1. 60

— **Lehrbuch der französischen Sprache f. höhere Mädchenschulen u. verwandte Anstalten. 1. u. 2. Tl. gr. 8. Ebd.** Geb. n.n. 3. —
1. 12. Aufl. (VII, 243 S.) 900. n.n. 1. 60
2. 8. Aufl. (VIII, 204 S.) 900. n.n. 1. 40

— **Lehrbuch der französischen Sprache f. höhere Mädchenschulen u. verwandte Anstalten. II. Tl. 10. Aufl. (VIII, 204 S.) 8. Ebd. 909.** Geb. nn 1. 40

— u. **Paul Hoeven,** Lehrgang d. französ. Sprache nach Rahns vermitt. Methode, verbund. m. Anschauungs- u. Sprechübgn. 1. Lehrgang. A. u. d. T.: Formenlehre d. französ. Sprache, unt. besond. Berücksicht. d. f. Preußen im J. 1891 hrsg. „Lehrpläne u. Lehraufgaben f. höh. Schulen" bearb. gr. 8. (X, 396 S.) Ebd. 893. Geb. in Halbldr. n.n. 2. 60

Rahn, H., Lesebuch f. den französischen Unterricht auf der unteren u. mittleren Stufe höherer Lehranstalten zur Einführung in Land, Art u. Geschichte d. fremden Volkes. Ausg. f. Mädchenschulen. Mit e. Anh., welcher enthält: 1) einen kurzen Abriß der französ. Metrik, 2) e. Lebensskizze d. Dichter La Fontaine u. Béranger, 3) e. freie metr. Übertragg. der Gedichte d. III. Abschnitts, 4) e. Ansicht v. Paris nebst Plan der Stadt u. Umgebg., 5) e. Karte v. Frankreich. gr. 8. (XI, 352 S.) Leipzig 890. Reisland. n. 2. 40; geb. n.n. 2. 70

—— Lesebuch f. den französischen Unterricht auf der unteren u. mittleren Stufe höherer Lehranstalten zur Einführung in Land, Art u. Geschichte d. fremden Volkes. Ausg. f. Mädchenschulen. Mit e. Anh. 1. u. 2. Aufl. gr. 8. (XI, 352 S. m. Karte v. Frankreich u. Plan v. Paris.) Ebd. 890,91. * 2 40; geb. ** 2 70

— Lesebuch f. den französischen Unterricht auf der unteren u. mittleren Stufe höherer Lehranstalten zur Einführung in Land, Art u. Geschichte des fremden Volkes. Ausg. f. Mädchenschulen. 3. Aufl. Mit e. Anh., welcher enthält: 1) e. kurzen Abriß der französ. Metrik, 2) e. Lebensskizze der Dichter La Fontaine u. Béranger, 3) e. freie metr. Übertragg. der Gedichte des III. Abschnittes, 4) e. Ansicht v. Paris nebst Plan der Stadt u. der Umgebg., 5) e. Karte v. Frankreich. gr. 8. (X, 353 S.) Ebd. 894. Geb. n n. 2. 70

— Lesebuch f. den französischen Unterricht auf der unteren u. mittl. Stufe höh. Lehranstalten zur Einführung in Land, Art u. Geschichte des fremden Volkes. Ausg. f. Mädchenschulen. 5. Aufl. Mit e. Anh., welcher enthält: 1) e. kurzen Abriß der französ. Metrik, 2) e. Lebensskizze der Dichter La Fontaine u. Béranger, 3) e. freie metr. Übertragg. der Gedichte des III. Abschnitts, 4) e. Ansicht v. Paris nebst Plan der Stadt u. der Umgebg., 5) e. Karte v. Frankreich. gr. 8. (X, 353 S.) Ebd. 899. Geb. in Halbldr. n.n. 2. 70

— Lesebuch f. den französ. Unterricht auf der unteren u. mittl. Stufe höh. Lehranstalten zur Einführg. in Land, Art u. Geschichte des fremden Volkes. Ausg. f. Mädchenschulen. 6. Aufl. Mit e. Anh., welcher enthält: 1) e. kurzen Abriß der französ. Metrik, 2) e. Lebensskizze der Dichter La Fontaine u. Béranger, 3) e. freie metr. Uebertragg. der Gedichte des III. Abschnitts, 4) e. Ansicht v. Paris nebst Plan der Stadt u. der Umgebg., 5) e. Karte v. Frankreich. (X, 353 S.) gr. 8. Ebd. 903 Geb. n.n. 2. 70

— Lesebuch f. den französischen Unterricht auf der unteren u. mittleren Stufe höherer Lehranstalten zur Einführung in Land, Art u. Geschichte des fremden Volkes. Ausg. f. Mädchenschulen. 7. Aufl. Mit e. Anh., welcher enthält: 1) e. kurzen Abriß der französ. Metrik, 2) e. Lebensskizze der Dichter La Fontaine u. Béranger, 3) e. freie metr. Übertragg. der Gedichte des III. Abschnitts, 4) e. Ansicht v. Paris nebst Plan der Stadt u. der Umgebg., 5) e. Karte v. Frankreich. (X, 353 S.) 8. Leipzig 907. O. R. Reisland. Geb. nn 2. 70

— Lesestücke f. den französischen Unterricht zur Einführung in Land, Art u. Geschichte des fremden Volkes. Mit e. Anh., welcher enthält: 1) e. kurzen Abriß der französ. Metrik, 2) e. Lebensskizze der Dichter La Fontaine u. Béranger, 3) e. freie metr. Ubertragg. der Gedichte des III. Abschnitts, 4) e. Ansicht v. Paris nebst Plan der Stadt u. der Umgebg., 5) e. Karte v. Frankreich. gr. 8. (VI, 244 S.) Leipzig 893. O. R. Reisland. Geb. in Halbldr. n.n. 1. 80

Rahn, Hans, Lesestücke für den französischen Unterricht auf der oberen Stufe höherer Lehranstalten. II. Tl. Mit Anh., welcher enthält: 1) e. freie metr. Übertragg. v. Gedichten des II. u. III. Abschnitts, 2) e. kurzen Abriß der französ. Metrik, 3) e. Ansicht v. Paris nebst Plan der Stadt u. Umgebg., 4) e. Karte v. Frankreich. gr. 8. (VIII, 341 S.) Leipzig 894. O. R. Reisland. Geb. in Halbldr. n.n. 2. 80

— systematische Schulgrammatik der französ. Sprache m. zusammenhängenden französischen u. deutschen Übungsstücken. (Lehrbuch der französ. Sprache III. Tl.) 7. Aufl. gr. 8. (VI, 378 S.) Ebd. 902. Geb. n.n. 2. 80

Rahn, Hans, systematische Schulgrammatik d. französ. Sprache m. zusammenhängenden französ. u. deutschen Übungsstücken. (Lehrbuch der französ. Sprache III. Tl.) 8. Aufl. (VI, 378 S.) 8. Leipzig 908. O. R. Reisland. Geb. nn 2. 80

— Vorschule zu dem Lehrbuch der französischen Sprache f. höhere Mädchenschulen u. verwandte Anstalten. Vermittelnde Methode. gr. 8. (V, 63 S.) Ebd. 892. n. — 60

— Vorschule zu dem Lehrbuch der französischen Sprache f. höh. Mädchenschulen u. verwandte Anstalten. Vermittelnde Methode. 3. Aufl. gr. 8. (V, 63 S.) Ebd. 898. Geb. n. — 80

Rahn, Hans Conrad, von Zürich Einiges über die Speichel-Secretion Zür J J Ulrich Dr 1850. 28 S., 2 Bl 8°
Zürich, Med. Diss. v 18. Sept 1850.

Rahn, Harry aus Zürich Über Inhaberpapiere nach dem schweizerischen Obligationenrecht und über solche mit Realsicherheit im allgemeinen. Zür Berichthaus Dr 1896. 109 S., 1 Bl. 8°
Zür., Jur Diss. [v 1. Aug. 1896].

Rahn, Harry, Register, s.: Blätter, schweizer., f. handelsrechtliche Entscheidungen.

Rahn, Herm., Bäderkunde u. Bäderheilkunde. Praktische Anleitg. zur Auswahl der Kurorte f. Aerzte u. Laien. 8. (257 S.) Sangerhausen 874. Niemann. 2. 40

Rahn, Herm., Hermann, der Fürst der Cherusker. Schauspiel. Zur nationalen Jubelfeier der Enthüllg. d. Hermanns-Denkmals auf der Grotenburg. [Den Bühnen gegenüber Mscr.] 8. (73 S.) Quedlinburg 873. (Ballenstedt, Ackermann.) 1. 50

—— die Kuhpockenimpfung. Ein Wort für die so vielfach verleumdete Vaccination an das Publikum. gr. 8. (44 S.) Sangerhausen 873, Niemann. *

Rahn, Herm., Sagen des Harzes. Die Mägdesprungsage. Episches Gedicht in 3 Gesängen. 2. Aufl. gr. 8. (33 S.) Harzgerode (873). Th. Truelsen. n.n. — 50

Rahn, Herm. (geb. Koslin 28. 8. 1839) De tabe dorsuali. Berolini (1864). (32 S.) 8°
Berlin, Med. Diss. v. 31. März 1864

Rahn, J. B., s. Rahn, Johann Rudolf

Rahn, J. G., Samml. v. mehr als 8000 Texten aus d. kanon. Büchern d. heil. Schrift. 8. Nürnb. 770. Zeh. 10 gl

Rahn, J. J., s. Rahm, Johann Jakob

Rahn, James [app. Arzt aus Fürth]: Ueber die Hernien des Wurmfortsatzes ... Erlangen, Druck d. Univ.-Buchdr. v. E. Th. Jacob, 1893; 24 S., 1 Bl, 8.
Erlangen, Med. Fak., Inaug.-Diss. v. Mai 1893

Rahn, Joannes: Selecta capita de syntaxi Juvenaliana. Halis Saxonum (1875): Ploetz. 32 S. 8°
Halle-Wittenberg, Phil. Diss. v. 6. Aug. 1875
Geb. Tiegenhagen a. d. Weichsel 19. 8. 1850. V.

[Rahn, Johann.] Katalog der Kunst-Sammlung Vincent in Konstanz am Bodensee Köln 1891. M. DuMont-Schauberg.
XXIII S., 2 Bl., 133 S.; 30 z. T farb. Taf. 4°
Abb. von Glasgemälden des 14.—17. Jahrh.

Rahn, Johann Heinrich

— physische Abhandl. von d. Ursachen d. Sympathie, von den Magnetismus u. Schlafwandeln; hrsgg. v. Jh. Weise. gr. 8. Leipz. 790. (Aue in Altona). 16 gr.

Rahn, Johann Heinrich: Physische Abhandlungen von den Ursachen der Sympathie, von dem Magnetismus und Schlafwandeln, hrsg.von Johann Weise. 223 S., gbd.

Leipzig: Jacobäer 1790

JB 2.676

Johann Heinrich Rahn
1749-1812

J[ohann] H[einrich] Rahn, Adversaria medico practica. Vol. 1. Turici: Fuessli 1779. 8°

Vol.1: 1779.

Rahn, Jh. Hnr., († d. 3. Aug. 1812.) adversaria medico-practica. Vol. I. 8maj. Zürich 779. Ziegler u. S. 1 rthl. 4 gr.

— Anleit. zur Kenntniß u. Heilung innerer Krankheiten. gr. 8. Zürich 797.

— gemeinnütz. Archiv medicin. prakt. Kenntn. 2 Bde. und 3n Bds. 1ste u. 2te Abtheil. gr. 8. Zurich, Orell. (auch Ziegler u. S. 787–91. (1n Bds. 1ste 1 Rthlr. 4 gr. 2te 1 Rthlr. 2n Bds. 1ste 1 Rthlr. 8 gr. 2te 1 Rthlr. 3n Bds. 1ste 1 Rthlr. 8 gr. 2te 16 gr.)

– s.a. Bibliothek, Medicin.-prakt.

— medicin. prakt. Bibliothek in Verbind. m. mehr. 1r Thl. 1r u. 2r Bd. gr. 8. Ebendas. 795. 96. (1r 1 Rthlr. 2r 1 Rthlr. 16 gr.)

— Briefwechsel zw. einem Arzte u. s. ehemal. Schülern. 2 Samml. gr. 8. Zürich, Ziegler u. Söhne. 787. 88. (1r 1 Rthlr. 12 gr. 2r 1 Rthlr. 8 gr.)

— Briefwechsel zwischen ihm u. Scherb, über die Heilkräfte des thierisch. Magnetismus. 2 Stcke. gr. 8. Zürich 787, 88. Ziegler u. S. 18 gr.

Rahn, Jo. Heinr., Briefwechsel mit seinen ehemaligen Schülern. 1. Samml. 550 S. Zürich 1787. 8°. 2. Samml. 479 S. Zürich 1790. 8°.

Johann Heinrich Rahn
1749-1812

Joh[ann] Heinrich Rahn, Briefwechsel mit seinen ehemaligen Schülern. Samml.1.2. Zürich: Fueßlin (2: Ziegler) 1787-90. 8°

Rahn, Jo. H., De causis physicis mirae illius, tum in homine, tum inter homines, tum denique inter caetera naturae corpora sympathiae. 63 pp. Turici 1785. 1788. 4°.
1785

Rahn, Jo. Hen., resp. Jo. **Schulthesius**, Sal. **Grobius**, Barth. **Waserus**, Jac. **Faesius**, Excercitationum physicarum de causis physicis mirae illius, tum in homine tum inter homines, tum denique inter cetera naturae corpora sympathiae *prima*. Praefatio. 38 pp. Turici 1786. 4°.

Rahn, Jo. H., resp. Jo. **Schulthesius**, Sal. **Grobius**, B. **Waserus**, J. **Faesius**, Exercitat. II. De causis physicis mirae illius, tum in homine, tum inter homines, tum denique inter caetera naturae corpora sympathiae. 38 pp. Turici. 4°. — Exerc. III, 1790. — Exerc. IV, 1791. 4°. Uebers. und mit Anm. von H. *Tabor*. Halb. 1789. 8°. Andere Uebers. v. J. *Weise*. Lpz. 1790. 8°. *Doering*, I, 317. J. de méd. LXXXIV, 136. A. L. Z. III p. 58. A. D. B. LXXXIX, p. 393. 1786

— exercitation. physicarum de causis physicis mirae illius, tum in homine, tum inter homines etc. Pars I—VII. Zürich 788—90. Ziegler u. S. 1 rthl. 4 gr.

— exercitation. physicar. de causis physicis mirae illius, tum in homine tum inter homines etc. P. Ima-VIIma. 4. ibid. 788–96. (à 4 gr.)

Rahn, J. H., resp. C. **Fischerus**, J. **Hafnerus**, H. **Zwinglius**, H. **Mullerus**, J. **Zuberus**, Excercitationum physicarum de causis physicis mirae illius, tum in homine, tum inter homines, tum denique inter cetera naturae corpora sympathiae secunda diss. 63 pp. Turici 1788. 4°. Uebers. v. H. *Tabor* unt. d. Titel: Ueb. Sympathie u. Magnetismus. 272 S. Heidelb. 1789. 8°. A. D. B. 1788, III, 58. Arch. gem. phys. u. med. Kenntn. III, n. 1. 2. Erf. Beytr. 88, XV, 223. Frkf. Wchschr. 88, XLII, 698. A. D. B. LXXIX, 393.

—, resp. J. **Wolfius**, Jo. **Hessius**, C. **Naegelinus**, C. **Huberus**, C. **Ammianus**, Jo. **Faesius**, L. **Usterius**, Com. **Schmiderus**, Jac. **Schmidius**, *tertia* . . . de miro inter corpora coelestia humanitatemque consensu. 50 pp. Turici 1790. 4°.

Rahn, Jo. Hen., resp. Andr. **Sulzerus**, Sal. **Huldricus**, H. **Zimmermannus**, C. **Crollius**, Jo. **Waserus**, J. **Mejerus**, C. **Geigerus**, Ant. **Sulzerus**, R. **Rordorfius**, . . . *quinta*, quae hujus sympathiae phaenomena in sensatione obvia tradit. 34 pp. Tur. 1792. 4°.

—, resp. Sal. **Corrodius**', H. **Braemius**, Rod. **Huldricus**, L. **Wolfius**, . . . *septima* de sensu vitali. Secunda euthanasiae et dysthanasiae causas physicas accuratius disquirens. 42 pp. Tur. 1794. 4°.

—, resp. J. **Gessnerus**, D. **Denzlerus**, L. **Meierus**, J. **Hottingerus**, . . . *octava* de morbis mentalibus pars prima. 27 pp. Tur. 1804. 4°.

Rahn, Johann Heinrich (Zürich/Schweiz), Mirum inter caput et viscera abdominis commercium. Göttingen (Barmeier) 8. VI. 1771. 126 S. (5.50) 27563
Gew.: Johann Heinrich Orell, Johann Heinrich Rahn, Johann Caspar Hirzel, Johann Gesner, Johann Rudolph Rahn (Vater).

Rahn, Jo. H., Oratio de miro inter corpora coelestia humanitatemque consensu et de finibus quos isti divini creatoris sapientia praefixisse videtur. 50 pp. Turici. 4°. *Doering*, I, 317.
1790

—, Mirus inter animum et corpus humanum consensus. Tur. 4°. 1792

— Fieberlehre, ein nachgelassenes Bruchstück des Handbuchs der prakt. Heilkunde. Mit e. Vorrede von Paul Usteri. gr. 8. Zürich 814. Ziegler u. S. 1 rthl. 16 gr.

— Gazette de Santé, od. gemeinnütz. medicin. Magazin. 4 Jahrgänge, à 6 Stcke. gr. 8. Zürich 782—86. Ziegler u. S. 8 rthl.

— Handbuch d. prakt. Arzneiwissenschaft. 1r Thl. gr. 8. Zürich 792. Orell; (a. Ziegler u. S.) 18 gr.

— Handbuch d. Vorbereitungswissenschaften d. Arzneikunst. 1r Thl. 8. Zürich 792. Orell. 12 gr.

—, resp. H. **Ochsnerus**, C. **Daenikerus**, J. **Escherus**. Histor. p. II. 43 pp. Tur. 1791. 4°.

* — gemeinnütziges medizin. Magazin. 4 Jahrg. gr. 8. Ebend. 782—85. (à 2 Rthlr.)

— Magazin für medicin. Polizei u. gemeinnütz. Arzneikunde. 1s u. 2s Hft. 8. Zürich 799—801. Orell. 1 rthl. 8 gr.

– (Hrsg.), s. Museum der Heilkunde.

— v. d. Natur, Eigensch., Wirk. u. Gebr. d. Nydelbades. 8. Zürich, Orell. 768.

– – s.a. Rahn, Johann Konrad

— über Sympathie u. Magnetismus; aus d. Latein. v. Tabor. Heidelb. 789. Pfähler. (Braun). 10 gl

— gemeinnütz. Wochenblatt, phys. u. medicin. Inhalts. 1r Jahrg. 1792. gr. 8. Zürich 792. Orell. 2 fl

— gemeinnütz. Wochenblatt, phys. u. medicin Inhalts, e. Forts. des gemeinnütz. Archivs f. J. 1790. gr. 8. Zürich, Orell. 792.

— — dass. 1792. Zürich, Geßner.

Rahn, Jh. Hnr. Wlh., Theses inaugurales. 4. Helmst. 793.

Rahn, J. Heinr. Wilh., üb. d. Unzulässigk. d. Einrede des Anastasisch. Gesetzes gegen Wechselforderungen, u. gemeinen Rechte. 8. Braunschw. Culemann. 802.

Rahn, Jh. Konr., († 1788.) Anleit. zur Erkenntniß u. Heilung der Ruhr. gr. 8. Zürich 765. (Orell). 3 gl

– (Übers.), s. Macbride, David: Durch Erfahrungen erläuterte Versuche ...

— von der Natur, Eigenschaften, Wirkung u. Gebrauch des Nydelbades. 8. Zürich 768. (Orell). 2 gl

– – s.a. Rahn, Johann Heinrich

(Rahn, J[ohann] R[udolf: geb. 1841].) Eine Ansicht der Klosterkirche von Einsiedeln aus der Zeit um 1610. SA. 8. ([Zürich] 1881.)

Rahn, J. R. Die mittelalterlichen Architektur- und Kunstdenkmäler des Cantons Thurgau, unter Mitwirkung von *Ernst Haffter*. Mit historischem Text von *R. Durrer*.
*** Beilage zum Anzeiger für schweizerische Alterthumskunde 1895. No 2.

Rahn, J. R., d. mittelalterl. Architektur- u. Kunstdenkmäler d. Cantons Thurgau. Im Auftr. d. eidgenöss. Landesmuseums-Commission beschrieb., unt. Mitwirkg. v. Ernst Haffter. M. histor. Text v. Rob. Durrer. 1.—14. Lfg. Lex.-8. (416 S. m. Abb. u. 9 Taf.) Zürich 895—898. Antiqu. Gesellschaft. à Lfg. n. — 40

Die mittelalterlichen Architektur- und Kunstdenkmäler des Cantons Thurgau. Im Auftr d. Eidgenöss Landesmus.-Comm beschrieben v J[oh] R[udolf] Rahn, unter Mitw v. Dr. phil. Ernst Haffter M histor Text v. Dr Robert Durrer. *Frauenfeld Commv. v. J Huber (Zürich: Buchdr Berichthaus) 1899* (451 S., 8 Taf) 1 Bd 4.(8.)
(J R Rahn Zur Statistik schweizer Kunstdenkmäler)

Die mittelalterlichen Architektur- und Kunstdenkmäler des Cantons Thurgau Im Auftr d. Eidgenöss. Landesmus.-Comm. beschrieben von J[oh] R[udolf] Rahn, unter Mitw. von Dr phil. Ernst Haffter M histor Text von Dr. Robert Durrer. *(Frauenfeld J Huber in Comm 1899.)* (451 S.) 4°(8°)
(J R Rahn Zur Statistik schweizer Kunstdenkmäler)
= [Anzeiger f. schweizer Alterthumskunde 1899. Beilage.]

Rahn, J[ohann] R[udolf]. Die Ausgrabungen im Kloster Disentis. Vortrag, gehalten in der Antiquarischen Gesellschaft in Zürich am 7. Dezember 1907. ⟨Separatabdruck aus der Neuen Zürcher Zeitung [Jahrg. 128, 1907].⟩ 16 S. 8. [Zürich, Buchdr. der N' Z' Z'.]

(Rahn, J[ohann] R[udolf].) Das Baptisterium von Riva S. Vitale. ⟨Taf. 17, Fig. 3–5.⟩ SA. 8. ([Zürich] 1882.)

(Rahn, J[ohann] R[udolf].) Die Barfüsser-Kirche in Basel SA 8. Zürich 1882.

Rahn, J. R., die Bauten u. Wandgemälde des Dominikanerinnenklosters Töss, s.: Mitteilungen der antiquarischen Gesellschaft in Zürich. XXVI. 3.

Rahn, J. R. (Prof. Dr.) Beiträge zur Geschichte der oberitalienischen Plastik. (In-8°, 15 S.)
*** Abhandlung über die Rodaro von Maroggia und ihre Arbeiten im Dome zu Como, enthalten in: „Repertorium für Kunstwissenschaft" Band III, Heft 4. (Stuttgart, W. Spemann). 1880.

Rahn, J. R., Beobachtungen üb. die Bauart u. die Ausstattung des Grossmünsters in Zürich. Lex.-8. (32 S. m. 18 Illustr. u. 2 Farbendr.-Taf.) Zürich 898. (Fäsi & Beer.) n. — 80
Sonderabdruck aus: „Anzeiger f. schweiz. Altertumskunde".

Rahn, J. Rud., Bericht üb. Gruppe 38 der schweizerischen Landesausstellung Zürich 1883: Alte Kunst. gr. 8. (67 S.) Zürich 884. Orell Füssli & Co. Verl. n. 1. —

Rahn, Johann Rudolf s Beschreibung. Heinrich Bullingers B' des Klosters Kappel .... Leipzig ... 1892

Rahn, J. R., Heinr. Bullingers Beschreibung d. Klosters Kappel u. sein heutiger Bestand, s.: Hottinger, M.

– Beschreibung des Schlosses Chillon, s.a. Mittheilungen der antiquarischen Gesellschaft in Zürich.

Rahn, J[ohann] Rudolf. Beschreibung des Schlosses Chillon (2 [Abtheilungen. Mit Figuren und *je* 4 Tafeln]. Mittheil. Ant. Ges. Zürich ..) 4. Leipzig, Druck Zürich, 1888–1889
[Abth'] 1. L'... 1888. – ([Abth'] 2.) Schluss. L' .. 1889.
Ausg A (Mittheil. ... Band 22, Heft 4 u. 5.)
Ausg B (Mittheil. .. [Njbl] 52 u. 53.)

(Rahn, J[ohann] R[udolf].) [Besprechung von:] Festschrift zur Eröffnung des Kunstmuseums in Bern. Beiträge zur Geschichte der Kunst und des Kunsthandwerks in Bern im 15., 16. und 17. Jahrhundert .... (SA.) 8. (Stuttgart 1879.)

Rahn, J[ohann] R[udolf]. Zwei Bilder [Tafeln] aus der Fraumünster-Abtei [in Zürich]. Mit Text von J. R. R'. [SA] 8. [Zürich 1899.]

Rahn, J. R., zwei weltliche Bilderfolgen aus dem XIV. u. XV. Jahrh. — Die Glasgemälde in der Kirche zu Oberkirch bei Frauenfeld, s.: Kunstdenkmäler der Schweiz.

Rahn, J[ohann] R[udolf]. Schaffhauser Brunnen. [Mit 2 Abbildungen und] Taf. XIV. Separat-Abdruck aus dem «Anzeiger für schweizerische Altertumskunde» ⟨Nr. 2 u. 3⟩, 1902/1903. S. 175—179. gr.-8. [Zürich, Gebr. Leemann & Co., 1902.]

—— u. Thdr. v. Liebenau. Die Casa di ferro [Vignaccia] bei Locarno, s.: Mittheilungen der antiquar. Gesellschaft in Zürich.

Rahn, J[ohann] Rudolf, und Liebenau, Theodor von. Die Casa di ferro ⟨Vignaccia⟩ bei Locarno. Eine Werbcaserne aus dem XVI. Jahrhundert und ihre Erbauer. [Mit Figuren und 3 Tafeln.] (Mittheil. Ant. Ges. Zürich. ....) 4. Leipzig, Druck Zürich, 1891.
Ausg A (Mittheil. .. . Band 23. Heft 2)
Ausg. B (Mittheil. .. [Njbl] 55.)

Mittheilungen der Antiquarischen Gesellschaft (der Gesellschaft für vaterländische Alterthümer) in Zürich. XXIII. Band, 2. Heft: Die Casa di ferro (Vignaccia) bei Locarno. Eine Werbecaserne aus dem XV. Jahrh. und ihre Erbauer, von *J. R. Rahn* u. *Th. von Liebenau*. Mit Holzschn. u. 8 Taf. Gr. in-4°. 26 S. Leipzig, Comm.-Verlag von Karl W. Hiersemann. 1891. **Mk. 2 40**

Neujahrsblatt
— 55., der Antiquarischen Gesellschaft in Zürich für das Jahr 1891. Die Casa di ferro (Vignaccia) bei Locarno. Eine Werbcaserne aus dem 16. Jahrh. und ihre Erbauer, von *J. R. Rahn* u. *Th. von Liebenau.* Mit 3 Taf. In-4°. 26 S. Zürich, Comm.-Verlag von S. Höhr. 1891 3 —

Rahn, J[ohann] R[udolf]. Schloss Chillon: I. Ein Umbauproject aus dem XVIII. Jahrhundert ‹Mit [Illustrationen und] einer Tafel.› — II. Beschreibung der Burg. ‹Mit [Illustrationen und] 2 Tafeln.› [A] 4 (Zürich 1887)

(Rahn, J[ohann] R[udolf].) Von dem Chor der Oetenbacher-Kirche ‹Taf. 2 u. 3.› [SA.] 8. [Zurich 1869]

Rahn, J. R., die biblischen Deckengemälde in der Kirche v. Zillis im Kanton Graubündten, s.a. Mittheilungen der antiquar. Gesellschaft in Zürich.

Mittheilungen der antiquarischen Gesellschaft in Zürich. XXXVI. Zürich, in Commiss. bei S. Höhr. 21 Sn. 4 mit 1 Tab., 4 Taf. u. 2 Holzschn. 5. —
1872. Inhalt: Prof. Dr. Rud. Rahn, die biblischen Deckengemälde in der Kirche von Zillis im Kt. Graubündten.

(Rahn, J[ohann] R[udolf].) Denkmalpflege und Erforschung vaterländischer Kunst. [Illustriert] ([Ausschnitt aus:] Die Schweiz im 19. Jahrhundert. Band 2.) gr.-8. [Bern und Lausanne 1900.]

— Johann Rudolph (Zürich/Schweiz). Scirrhorum **pancreatis diagnosis observationibus** anatomico-**pathologicis illustrata. Diss. med.** et chir. Göt**tingen (J. G. Rosenbusch) 25. X. 1796.** 48 S. (4.25) 27564
Gew.: Johann Heinrich Rahn (Vater).

— das Erbe der Antike, s.a. Vorträge, öffentliche.

Rahn, R. Das Erbe der Antike. (Vorträge, Öffentliche II, 1). Basel 1872. 32 S. Gel.

Rahn, J[ohann] R[udolf]. Zur Erinnerung an Dr. Heinrich Zeller-Werdmüller, geboren den 2. April 1844, gestorben den 27. Februar 1903. Sonderabdruck aus der illustr. Zeitschrift « Die Schweiz ». [Mit Porträt-Tafel.] 15 S. 8. Zürich, Berichthaus, 1903.

Rahn, J[ohann] R[udolf]. Erinnerungen an die Bürki'sche Sammlung. [Erweiterter SA.] 8. Zürich 1881.

Rahn, J[ohann] Rudolf. Neue Tessiner Fahrten. Streifzüge in der Leventina, im Bleniothal und der Riviera. [Illustriert. SA.] 8. [Zürich 1887.]

Rahn, J[ohann] R[udolf]. Fahrten und Werke eines Bündner Malers (Hans Ardüser) im XVI. und XVII. Jahrhundert. [SA.] 8. [Zürich 1880.]

Rahn, J[ohann] R[udolf]. Über Flachschnitzereien in der Schweiz. [Mit Illustrationen und 2 Tafeln. Ausschnitt aus. Festgabe auf die Eröffnung des Schweizerischen Landesmuseums in Zürich ....] 4. [Zürich 1898.]

— u. H. Zeller-Werdmüller, das Fraumünster in Zürich, s.a. Mitteilungen der antiquarischen Gesellschaft in Zürich. XXV.

Rahn, J[ohann] R[udolf]. Das Fraumünster in Zürich von J. R. R. unter Mitwirkung von H[einrich] Zeller-Werdmüller. [Teil] 1: Aus der Geschichte des Stiftes. [Mit Illustrationen und 3 Tafeln.] (Mitteil. Ant. Ges. Zürich ....) 4. Zürich 1900.
Ausg. A. (Mitteil. Band 25, Heft 1.)
Ausg. B (Mitteil. [Njbl.] 61.)
[Teil] 2 *ff.*, 1901 *ff.*, s. *Bibliographisches Bulletin der Schweiz, Jahrg. 1 ff.*

Mitteilungen der antiquar. Gesellschaft (der Gesellschaft f. vaterl. Altertümer) in Zürich. Bd. XXV. H. 1. In-4°. 36 S. m. 3 Tafeln u. Abbildgn. im Text. Zürich, Fæsi & Beer. 1900 4 50
*** Das Fraumünster in Zürich. 1. Aus d. Geschichte des Stiftes. Von *J. R. Rahn* unter Mitwirkung von *H. Zeller-Werdmüller.*

Mitteilungen der antiquarisch. Gesellschaft (Kantonale Gesellschaft für Geschichte und Altertumskunde) in Zürich. Band XXV. Heft 2. Zürich, Fæsi & Beer. 1901 4 50
*** *Rahn, J. R.* und *Zeller-Werdmüller, H.* Das Fraumünster in Zürich. II. Die Baubeschreibung des Fraumünsters. S. 37—68 u. Taf. IV—XII.

Rahn, J[ohann] R[udolf], und Zeller-Werdmüller, H[einrich]. Das Fraumünster in Zürich. II. Die Baubeschreibung des Fraumünsters. [Mit 9 Tafeln und 27 Textfiguren.] IV + 32 S. 4. Zürich, Fritz Amberger, Comm. Fäsi & Beer, 1901. [fr. 3. —]
(Mitteilungen der Antiquarischen Gesellschaft... in Zürich. [Neujahrsblatt] 65.)

Rahn, J[ohann] R[udolf]. Das Fraumünster in Zürich. III. Die spätgothischen Abteigebäude. [Mit 7 Tafeln und 20 Textfiguren.] IV + 22 S. (S. 69—90). 4. Zürich, Fritz Amberger, Comm. Fäsi & Beer, 1902.
Ausg. A: (Mitteilungen der Antiquarischen Gesellschaft... in Zürich. Band 25, Heft 3.) (fr. 4. —)
Ausg. B: (Mitteilungen der Antiquarischen Gesellschaft in Zürich. [Neujahrsblatt] 66.) [fr. 3. —]

(Rahn, J[ohann] R[udolf].) Fundberichte aus Bero-Münster. ‹Taf. 28.› [SA.] gr.-8. ([Zürich] 1883)

(Rahn, J[ohann] R[udolf].) Neue Funde in der Klosterkirche von Königsfelden. ‹Tafel 28.› SA. gr.-8. ([Zürich] 1891.)

Rahn, J. R., Geschichte des Schlosses Chillon, s.a. Mittheilungen der Antiquarischen Gesellschaft in Zürich.

Rahn, J[ohann] Rudolf. Geschichte des Schlosses Chillon. [Mit 5 Tafeln.] (Mittheil. Ant. Ges. Zürich ....) 4. Zürich 1887.
Ausg. A. (Mittheil. ... Band 22, Heft 3.)
Ausg. B (Mittheil. [Njbl.] 51.)

Mittheilungen der Antiquarischen Gesellschaft in Zürich. Bd. XXII, Heft 3 (Neujahrsblatt LI). Geschichte des Schlosses Chillon, von *J. R. Rahn.* In-4°, 24 S. u. 5 lithogr. Tafeln. Zürich, Commissionsverlag von Orell Füssli & Cie. 1887. **3 50**

—— Geschichte der bildenden Künste in der Schweiz. 1. Bd. 1. und 2. Abthl.: Von den ältesten Zeiten bis zum Schlusse des Mittelalters. gr. 8. Zürich, Staub. [1. Abthl. (S. 1—192 mit 1 lithogr. Taf. und zahlreichen in den Text gedr. Holzschn.) 874. *ℳ 7,50.; 2. Abthl. (S. 193—432 mit 1 Holzschntaf. in schm. Fol.) 875. *ℳ 11,20.] *

Rahn, J. Rud., Geschichte der bildenden Künste in der Schweiz von den ältesten Zeiten bis zum Schlusse des Mittelalters. 3. (Schluss-)Abthl. gr. 8. (XXVII, S. 433—841.) Zürich 876, Staub. * 16 —
1. und 2. Abthl. Ebendas. 1874,75. *ℳ 18,70.

(Rahn, J[ohann] R[udolf].) Zur Geschichte der Renaissance-Architektur in der Schweiz. Das Nachleben der Gothik. (SA.) 8. (Stuttgart 1881.)

Rahn, J. R. Zur Geschichte der Renaissance-Architektur in der Schweiz.
*** **Separat-Abdruck aus d. „Repertorium für Kunstwissenschaft", V. Band, 1 Heft. In-8°. Stuttgart, W. Spemann, 1881.**

Rahn, J[ohann] R[udolf]. Glasgemälde aus dem Anfang des XVI. Jahrhunderts und ihre Vorlagen. Separat-Abdruck aus dem Anzeiger für Schweiz. Altertumskunde Nr. 1, 1901. [Mit 2 Tafeln und 7 Figuren im Text.] II + 9 S. gr.-8. [Zürich, Ed. Leemann.]

—— das Glasgemälde im gotischen Hause zu Wörlitz. gr. 4. (50 S.) Leipzig 885, Seemann. *
Aus: Festschrift für das Anton Springer-Jubiläum, besonders abgedruckt. — Die Festschrift führt den Titel: Studien, gesammelte, zur Kunstgeschichte.

– Die Glasgemälde in der Kirche zu Oberkirch bei Frauenfeld, s. Kunstdenkmäler der Schweiz.

Neujahrsblatt
— Hrsg. von der **Stadtbibliothek in Zürich.** Die Glasgemälde von Maschwanden in der Wasserkirche zu Zürich. Schluss. (Von Prof. Dr. R. Rahn.) Mit 2 Taf. Zürich, O. F. & Cie. 4°. 26 Seit. 1878
(Auch beide Hefte zusammengebunden mit color. Tafeln.)

Rahn, J. R., die Glasgemälde in der Rosette der Kathedrale von Lausanne, s.a. Mittheilungen der antiquarischen Gesellschaft in Zürich.

Rahn, J. Rud. Das Glasgemälde in der Rosette d. Kathedrale von Lausanne. Ein Bild der Welt aus dem 13. Jahrh. In-4°, 30 S. M. 8 Tfln. und einer grossen Lithographie. Zürich, Orell F. & Cie. 1879. 4 50
, *Mittheilungen* der antiquarischen Gesellschaft zu Zürich, Bd XX. Abthl 1, Heft 2; zugleich als *Neujahrsblatt* dieser Gesellschaft, Nr. 43.

– Die schweizerischen Glasgemälde in der Vincent'schen Sammlung in Constanz, s.a. Mittheilungen der antiquarischen Gesellschaft in Zürich.

Mittheilungen
— der Antiquar. Gesellschaft (der Gesellschaft für vaterländ. Alterthümer) in Zürich. Bd. XXII, Heft 6. Gr. in-4°. 85 (resp. 92, S. 8a—8g) S. Leipzig, Comm.-Verlag von Karl W. Hiersemann. 1890. M. 4 —
, Die schweizer Glasgemälde in der Vincent'schen Sammlung in Constanz, von *J. R. Rahn.* Mit 2 color. Taf. u. 1 Portr.

Rahn, J. R., Grandson u. 2 Cluniacenserbauten, s.a. Mittheilungen der antiquar. Gesellsch. in Zürich.

Rahn, J[ohann] Rudolf. Grandson und zwei Cluniacenserbauten in der Westschweiz. [Mit Illustrationen und 6 Tafeln.] (Mittheil. Ant. Ges. Zürich. Band 17, Heft 2.) 4. Zürich 1870.

Rahn, J[ohann] R[udolf]. Das Grossmünster in Zürich. Zur Erinnerung an die im Sommer 1897 vorgenommenen Wiederherstellungsarbeiten. [Mit Illustrationen und 4 Tafeln.] ⟨SA.⟩ 8. Zürich 1897

(Rahn, J[ohann] R[udolf].) Gutachten über Befund und künftige Behandlung des Refektoriums in dem ehemaligen Predigerkloster in Bern. 8. [Bern 1894.]

— die Kirche v. Oberwinterthur u. ihre Wandgemälde, s.a. Mittheilungen der antiquarischen Gesellschaft in Zürich.

Rahn, J[ohann] R[udolf]. Die Kirche von Oberwinterthur und ihre Wandgemälde. [Mit 1 Figur und 3 Tafeln.] (Mittheil. Ant. Ges. Zürich ....) 4. Zürich 1883.
Ausg. A. (Mittheil.. Band 21. Heft 4.)
Ausg. B. (Mittheil... [Njbl.] 47.)

Neujahrsblatt
— 47., der antiquarischen Gesellschaft in Zürich. Mittheilungen. Bd. 21, Heft 4. Gr.-4°, 26 S. mit 1 Tafel Farbendruck und 3 autogr. Tafeln. In Commission von Orell Füssli & Cie., Druck von D. Bürkli. 1883
, Enthält: Die Kirche von Oberwinterthur und ihre Wandgemälde. Von *J. Rud. Rahn.*

— die mittelalterlichen Kirchen d. Cistercienserordens in der Schweiz, s.a. Mittheilungen der antiquar. Gesellschaft in Zürich.

Rahn, J[ohann] Rudolf. Die Mittelalterlichen Kirchen des Cistercienserordens in der Schweiz. [Mit Illustrationen und 2 Tafeln.] (Mittheil. Ant. Ges. Zürich. Band 18, Heft 2.) 4. Zürich 1872

Rahn, J. R., die mittelalterlichen Kirchen des Cistercienser-Ordens in der Schweiz. Mit 1 Taf. 26 Stn 4. Zurich, in Commiss. bei S. Höhr. 2. — 1872. Mittheil. d antiquar Gesellschaft in Zürich. Bd. XVIII. Heft 2.

Rahn, J[ohann] R[udolf]. Der Kreuzgang beim Allerheiligen-Münster in Schaffhausen. Separat-Abdruck aus dem «Anzeiger für Schweizerische Altertumskunde» ⟨Nr. 4⟩, 1902/1903. [Illustriert.] S. 283—293. gr.-8. [Zürich, Gebr. Leemann & Co., 1903.]

— d. mittelalterl. Kunstdenkmale d. Cantons Solothurn. Im Auftr. d. eidgenöss. Landesmuseums-Commission beschrieb., unt. Mitwirkg. v. Rob. Durrer, K. Meisterhans u. Jos. Zemp. Beilage zum Anzeiger f. schweizer. Alterthumskunde 1893, Nr. 2 u. ff. Lex.-8. (240 S. m Abb. u. 3 Grundrissen.) Ebd. 893. n. 3. 20

— dasselbe d. Cantons Tessin. Sonder-Abdr d. Beilage „Z. Statistik schweizer. Kunstdenkmäler" d. „Anzeiger für schweizer Alterthumskunde" 1890—1893. Lex.-8. (216 S. m. Abb. u. 1 Taf.) Ebd. 893 n. 3. 20

Die Mittelalterlichen Kunstdenkmäler des Cantons Solothurn. Im Auftr. d. Eidgen. Landesmuseums-Comm. beschr. v. J[ohann] R[udolf] **Rahn** unt. Mitw. v. cand. phil. Robert Durrer, Dr. K[onrad] Meisterhans in Solothurn u. cand. phil. Josef Zemp in Zürich. *Zürich: Antiquar. Ges. 1893.* (240 S., 3 Taf.) 1 Bd 4.(8.)
— Anzeiger f. schweizerische Alterthumskunde. 1893. Nr. 2 ff. Beilage. (96. 543)

— Kunst- u. Wanderstudien aus der Schweiz. 8. (VII, 399 S.) Wien 883. Faesy. n. 6. 40; geb. n 8. —

– Dass., s.a. Neujahrsblatt, 47, der antiquarischen Gesellschaft in Zürich.

—— Kunst- und Wanderstudien aus der Schweiz. Neue (Titel-)Ausg. 8. (VII, 399 S.) [Wien 883.] Zürich 888, Schultheß. *

Rahn, J[ohann] Rudolf Das Schweizerische Landesmuseum in Zurich. [Mit Illustrationen und 1 Tafel.] SA. 4. Leipzig 1898.

(Rahn, J[ohann] R[udolf].) ... das Leben des Malers Aurel Robert von La Chaux-de-Fonds (1805–1871). [Mit 2 Tafeln.] Njbl. Künstlerges. Zürich 1874 4. [Zürich.]

(Rahn, J[ohann] R[udolf].) Literaturbericht [über:] Das Kloster S. Johann zu Münster in Graubünden. Von Joseph Zemp unter Mitwirkung von Robert Durrer. Kunstdenkmäler der Schweiz.... Neue Folge 5 und 6. Genf... 1906. (Sonderabdruck aus Repertorium für Kunstwissenschaft..., [Band] 30.) III S. + S. 66–69. 8. (Berlin, Georg Reimer, [1907].)

(Rahn, J[ohann] R[udolf].) Niklaus Manuel (†1530). [Mit Handschrift-Faesimile und 1 Tafel.] (SA.) 8. (Stuttgart 1879.)

Rahn J[ohann] R[udolf]. Mariaberg bei Rorschach. ⟨[Veränderter] SA⟩ 8. Zürich 1899

(Rahn, J[ohann] R[udolf].) Marmorrelief am Glockenthurme von S. Vittore in Muralto. [Mit 1 Illustration.] 4. *o. O.* [1894].
Mittheilungen der Schweizerischen Gesellschaft für Erhaltung historischer Kunstdenkmäler [N°] 9.

Rahn, J[ohann] R[udolf]. Der Kupferstecher Martinus Martini und sein Werk. Von J. R. R'. [Mit Anhang:] Akten über Martin Martini. Zusammengestellt von J[oseph] Zemp. [Mit Figuren und 6 Tafeln.] Separatabdruck aus dem «Anzeiger für schweizerische Altertumskunde,» ([Neue Folge. Band 7,] 1905/06, Nr. 1 u. 2/3 [und Band 8, 1906, Nr. 1],) 1905 und 1906. III + 33 S. gr.-8. Zürich, Gebr. Leemann & Co., 1906.

Rahn J[ohann] Rudolf Die Künstlerfamilie Meyer von Zürich [Mit Illustrationen und 1 Tafel. 2 Theile.] 8.
[Theil 1.] I Dietrich Meyer, 1572—1658. Von J R. R' [SA | Zürich 1880] [Theil 2.] II Rudolf Meyer 1605—1638. — (III Conrad Meyer 1618—1689.) Von J R' R' [SA] [Z' 1882.]

Rahn, J. R., Prof. Die Miniaturen der Manesse'schen Liederhandschrift.
*** Beilage der „Allgemeinen Zeitung" von München, 1887, N° 343.

Rahn, J R., s. M i t t h e i l u n g e n der antiquarischen Gesellschaft

Jo. Rudolf. Rahn de more sternutantibus salutem apprecandi ejusque origine. Tiguri 1741. (1742.) 4.

Rahn, J[ohann] R[udolf]. Eine Musterrestauration und die Neuesten Funde im Schlosse Chillon. Vortrag gehalten in der Antiquarischen Gesellschaft in Zürich. [Mit 2 Figuren.] SA 8. Basel 1898.

Rahn, J. R., siehe: ***Neujahrsblatt der Antiquar. Ges. in Zürich.***

Rahn, J-R., a travers Paris et la France. Recueil de gravures à l'usage de la conversation française, destiné aux écoles supérieures et à l'enseignement personnel. 28 gravures de genre, choisies, graduées, expliquées par R. Appendice, contenant une petite introduction aux sujets des gravures. Lex.-8. (IV, 28 S.) Bielefeld 899. Velhagen & Klasing n. 1 60; geb. n. 2. —; Wörterbuch. gr. 8. (IV, 68 S.) 901. Kart. n. — 80

A travers Paris et la France Recueil de gravures à l'usage de la conversat franç destiné aux écoles supér et à l'enseignement personnel. 28 grav de genre choisies, graduées, expliquées par Dr J[ohann] R[udolf] Rahn. [Nebst] Appendice conten. une petite introd. aux sujets des grav *Bielefeld & Leipzig. Velhagen & Klasing 1899* 2 Bde. 8° [... 2731

A travers Paris et la France. Recueil de gravures à l'usage de la conversat. franç. destiné aux écoles supér et à l'enseignement personnel. 28 grav. de genre choisies, graduées, expliquées par Dr. J[ohann] R[udolf] Rahn. [Nebst] Appendice u. Wörterbuch. *Bielefeld & Leipzig: Velhagen & Klasing 1899–1901* 3 Bde 8°
Recueil u Appendice cont une petite introd. aux sujets des grav 1899. Worterbuch z. Bilderatlas. 1901 [os. 2870

Rahn, J[ohann] R[udolf]. Ein Patrizierhaus des 17 Jahrhunderts. Der „Wilde Mann" in Zürich. [Mit 1 Tafel. S.A.] 8. [Zürich 1883.]

— s.o.Psalterium aureum, das, von Sanct Gallen.

Rahn, Rudolf. Das Psalterium Aureum von Sanct Gallen. Ein Beitrag zur Geschichte der karolingischen Miniaturmalerei Mit Text von J. Rudolf Rahn. Herausgegeben vom historischen Verein des Kantons St. Gallen. St. Gallen. Druck der Zollikofer'schen Buchdruckerei 1878
Tit 1 Bl., 67 S m 31 Initialen u. Vign. in Holzschn 18 z T. farb. Taf. in Lithogr. 2°

— Ravenna. Eine kunstgeschichtl. Studie. Mit (eingedr.) Holzschn. u. 2 lith. Taff. (in qu. Fol.) [Aus Zahn's Jahrb. für Kunstwissenschaft.] Leipzig 869. Seemann. Lex.-8. (29 S.) n. 20 *ngr.*

Rahn, J[ohann] R[udolf]. Rede [an der Ernst] Stückelberg-Feier in Basel. [Sep.-Abdr. aus der Neuen Zürcher Zeitung 1901, N° 106, April 17.] 3 S. 8. [Zürich, Buchdr. der N' Z' Z'.]

(Rahn, J[ohann] R[udolf].) Relief en marbre au clocher de l'église de St-Victor à Muralto. [Traduit de l'allemand. Avec 1 illustration.] 4. *s l* [1894].
Publication de la Société pour la conservation des monuments de l'art historique suisse [N°] 9.

Rahn, J[ohann] R[udolf] Eine romanische Reliquienbüste aus dem Stifte Rheinau [Mit 1 Vignette und] Tafel 4 und 5. SA gr.-8. ([Zürich] 1897.)

Rahn, J[ohann] R[udolf]. Mutmassliche Reste eines altchristlichen Oratoriums in der Kirche von Pfyn ⟨Thurgau⟩. Separat-Abdruck aus dem «Anzeiger für Schweizerische Altertumskunde» ⟨Nr. 1, 1901⟩. [Mit 5 Figuren.] 6 S. gr.-8. [Zürich, Ed. Leemann.]

R[ahn], J[ohann] R[udolf]. Gotthart Ringgli. Ein Zürcher Maler des XVI. und XVII. Jahrhunderts. ⟨Dazu eine Doppeltafel.⟩ [SA] 8. [Zürich 1886.]

Rahn, J[ohann] R[udolf]. Die St. Jakobskapelle an der Sihl bei Zürich und ihre Wandgemälde. Separat-Abdruck aus dem «Anzeiger für schweizerische Altertumskunde» ⟨Nr. 1⟩, 1903/1904. [Illustriert.] S. 14—28. gr.-8. [Zürich, Gebr. Leemann & Co., 1903.]

Rahn, J[ohann] R[udolf]. Die Stiftskirche S. Verena in Zurzach. [Mit Figuren.] SA gr-8. ([Zürich] 1900.)

[Rahn, Johann Rudolf.] Die Schweizer Städte im Mittelalter. [Mit Plänen und 1 Tafel.] Njbl. Waisenh. Zürich 1889. 4. Zürich 1889.

-Zur Statistik schweizer. Kunstdenkmäler, s.a. **„Anzeiger für schweiz. Alterthumskunde", 1880. N° 1 und 2.**

Rahn, J. R. (Prof. Dr.). Zur Statistik schweizerischer Kunstdenkmäler. III. Kanton Basel-Stadt und -Land: Basel. A. Kirchen. Gr. in-8°, 14 S.
*** Separat-Abdruck aus dem „Anzeiger für schweiz. Alterthumskunde", 1880, Nachtrag zu Nr. 4 u. 1881, Nr. 1.

Rahn, J. R. (Prof. Dr.). Zur Statistik schweizerischer Kunstdenkmäler. III. Kanton Basel-Stadt und -Land: Basel. B. Kapellen, C. Profanbauten. Gr. in-8°, 7 S.
*** Separat-Abdruck aus dem „Anzeiger für schweizerische Alterthumskunde" 1881, Nr. 1.

Rahn, J. R. Zur Statistik schweizer. Kunstdenkmäler. XV. Canton Tessin. Mit 20 Illustr. (S. 393 bis 424.)
*** Beilage zum „Anzeiger für schweizer Alterthumskunde 1890. N° 4."

Rahn, J. R. Zur Statistik schweiz. Kunstdenkmäler. Die mittelalterlichen Kunstdenkmäler des Kanton Solothurn. Mit Holzschn.
*** Im Anzeiger f schweiz. Alterthumskunde. 1894. 1.

Rahn, J. R. Zur Statistik schweiz. Kunstdenkmäler. Die mittelalterlichen Kunstdenkmäler des Kantons Solothurn. Mit Holzschn.
*** Im Anzeiger f schweiz Alterthumskunde. 1894. 2.

Rahn, J. R. Zur Statistik schweiz. Kunstdenkmäler. Die mittelalterlichen Kunstdenkmäler des Kantons Solothurn. Mit Holzschnitten.
*** Im Anzeiger für schweizerische Alterthumskunde. 1894 3.

Rahn, J. R. Zur Statistik schweiz. Kunstdenkmäler. Die mittelalterlichen Kunstdenkmäler des Kantons Solothurn. Mit Tfl.
*** Im Anzeiger für schweizerische Alterthumskunde, 1894 No. 4

Rahn, J. R. Zur Statistik schweizer. Kunstdenkmäler. Kanton Thurgau. S. 161—192.
*** Enthalten in „Anzeiger für schweiz. Altertumskunde" 1896. N° 4.

Rahn, J. R. Zur Statistik schweizerischer Kunstdenkmäler: Kanton Thurgau. S. 225—256. Gr. in-8°. Zürich. 1897.
*** Beilage zum „Anzeiger für schweizer Altertumskunde".

Rahn, J[ohann] R[udolf]. Streifzüge im Thurgau. Vortrag gehalten in der Antiquarischen Gesellschaft in Zürich am 22. Februar 1896. SA 8. Zürich 1896.

Rahn, J[ohann] R[udolf]. Studien über die ältere Baugeschichte Rheinau's. (Separat-Abdruck aus dem «Anzeiger für schweizerische Altertumskunde ⟨Nr. 4, 1901⟩. [Mit 1 Tafel und 10 Figuren im Text.]) 1 S. + S. 252—269. gr.-8. [Zürich, Ed. Leemann.]

Rahn, J[ohann] R[udolf]. Die letzten Tage des Klosters Rheinau. Erinnerungen aus der Studentenzeit. SA. 8. Zürich.
Ausg. A 1896.
Ausg. B. (Neudruck) [Mit 6 Illustrationen und 1 Tafel.] 1899

— Schloss Tarasp, s.a. Mitteilungen der antiquarischen Gesellschaft in Zürich. XXVII, 1.

Rahn, J[ohann] R[udolf]. Schloss Tarasp. (Mit 27 Textillustrationen und 10 Tafeln.) 40 S. 4. Zürich, Komm. Fäsi & Beer, Druck Fritz Amberger, 1909. (fr. 6. —)
(Mitteilungen der Antiquarischen Gesellschaft ... in Zürich:)
***Ausg. A:* (Band 27, Heft 1.)**
***Ausg. B:* ([Neujahrsblatt] 78.)**

Rahn, J[ohann] Rudolf. Die Tellskapelle am Vierwaldstättersee und ihre Wandgemälde. [SA.] 8. [Einsiedeln 1880.]

Rahn, J[ohann] R[udolf]. Das Dominikanerinnenkloster Töss. Teil 2: Seine Bauten und Wandgemälde. Mit 7 Textillustrationen und 14 Tafeln. S. 123—154. ⟨32 S.⟩ 4. Zürich, Fritz Amberger, Komm. Fäsi & Beer, 1904 (Umschlag:* 1905). (fr. 5. —)**
(Mitteilungen der Antiquarischen Gesellschaft ... in Zürich:)
***Ausg. A:* (Band 26, Heft 3.)**
***Ausg. B:* ([Neujahrsblatt] 69.)**

Rahn, J[ohann] R[udolf]. Eine Thüre aus der Frührenaissancezeit in Schaffhausen. Separat-Abdruck aus dem «Anzeiger für Schweizerische Altertumskunde» ⟨Nr. 1, 1902/1903⟩. [Mit 1 Abbildung.] 3 S. gr.-8. [Zürich, Gebr. Leemann & Co., 1902.]

Rahn, J[ohann] R[udolf]. Der Unnoth in Schaffhausen. [Illustriert. A.] 4. (Zürich 1889.)

Rahn, J[ohann] Rudolf. von Zürich: Über den Ursprung und die Entwicklung des christlichen Central- und Kuppelbaus. Leipz. E. A Seemann 1866. X. 176 S. 8°
[Zürich, Phil. Diss. v. 3. Oct. 1866].

Rahn, J. Rud., über den Ursprung und die Entwicklung des christlichen Central- und Kuppelbaus. gr. 8. (X und 176 S. mit eingedr. Holzschn.) Leipzig 866, Seemann. *

Rahn, J[ohann] R[udolf]. Verzeichniss der Inschriften auf schweizerischen Flachschnitzereien. SA. gr.-8. ([Zürich] 1898.)

Rahn, J[ohann] R[udolf]. Wanderungen durch zwei Bündner Thäler. 1893. [Mit Illustrationen und 1 Doppel-Tafel.] SA. 8. [Zürich 1897.]

Rahn, J[ohann] R[udolf]. Wandgemälde im Chor der Oetenbacher Kirche in Zürich. [Mit] Fig. 1—5. Separat-Abdruck aus dem «Anzeiger für Schweizerische Altertumskunde» ⟨Nr. 2⟩, 1903/1904. 7 S. gr.-8. [Zürich, Gebr. Leemann & Co., 1903.]

Rahn, J[ohann] R[udolf]. Die Wandgemälde im Chor der ehemaligen Prämonstratenser-Klosterkirche von Rüti im Kanton Zürich. [Mit Abbildungen und 2 Tafeln.] Separat-Abdruck aus dem «Anzeiger für schweizerische Altertumskunde» ⟨Nr. 4⟩, 1903/1904. S. 279—285. gr.-8. [Zürich, Gebr. Leemann & Co., 1904.]

Rahn, J[ohann] R[udolf]. Die Wandgemälde in der Kirche von Brütten ⟨Zürich⟩. [Mit Illustrationen und 1 Tafel.] Sonderabdruck aus dem Anzeiger für schweizerische Altertumskunde N. F. Bd. 9, 1907 (Heft 3). I S. + S. 204—212. 4. [Zürich, Gebr. Leemann & Co.]

Rahn, J[ohann] R[udolf]. Wandgemälde in der Kirche von Fehraltorf, Kanton Zürich. Separat-Abdruck aus dem «Anzeiger für schweizerische Altertumskunde» ⟨Nr 1, 1902/1903⟩. 3 S. gr.-8 [Zürich, Gebr. Leemann & Co., 1902.]

Rahn, J[ohann] R[udolf]. Wandgemälde in der Kirche von Nussbaumen ⟨Thurgau⟩. Separat-Abdruck aus dem «Anzeiger für schweizerische Altertumskunde» ⟨Nr. 2 u. 3⟩, 1902/1903. [Illustriert.] S. 157—159. gr. 8. [Zürich, Gebr. Leemann & Co., 1902.]

Rahn, J[ohann] R[udolf]. Wandgemälde in der Kirche von Wila, Kanton Zürich. [Mit 1 Figur.] Separat-Abdruck aus dem «Anzeiger für schweizerische Altertumskunde» ⟨Nr. 2, 1903/1904⟩. 4 S. gr.-8. [Zürich, Gebr. Leemann & Co., 1903.]

Rahn, J. R., (Prof.) Die Wandgemälde der Klosterkirche zu Kappel. In-8°, 7 S. Separat-Abdruck aus dem „Anz. für schweiz. Altertumskunde", 1884, N° 2—4.

Rahn, J[ohann] R[udolf]. Mittelalterliche Wandgemälde in den Bündner Tälern Schams und Domleschg. [Mit Figuren und 1 Tafel.] Separat-Abdruck aus dem «Anzeiger für Schweizerische Altertumskunde» ⟨1906, Nr. 3⟩. S. 198—209. gr.-8. [Zürich, Gebr. Leemann & Co.]

— die mittelalterlichen Wandgemälde in der italienischen Schweiz, s.a. Mittheilungen der antiquarischen Gesellschaft in Zürich.

Rahn, J. R. (Prof.). Die mittelalterlichen Wandgemälde in der italienischen Schweiz, *s.a. Neujahrsblatt* der antiquarischen Gesellschaft in Zürich.

Zürcher: *Antiquarische Gesellschaft.* Nr. 45. Die mittelalterlichen Wandgemälde in der italienischen Schweiz, von Prof. *J. R. Rahn.* In-4°. 29 S. mit 2 Tafeln. (Bildet zugleich das 1. Heft des 21. Bandes der „Mittheilungen" der antiq. Gesellschaft). Zürich, Druck von Orell Füssli & Cie. 1881
*** Dazu: *Bericht* über die Verrichtungen der Antiquarischen Gesellschaft in Zürich in den Jahren 1878-80, In-4°, 8 S.

— Die mittelalterlichen Wandgemälde in der italienischen Schweiz. II. Spätgothische Werke. Siehe: „Mittheilungen der Antiquarischen Gesellschaft in Zürich", Band XXI, Heft 2. 1881.

Rahn, J[ohann] R[udolf]. Ein Wandgemälde an der St. Johannkirche in Schaffhausen. Separat-Abdruck aus dem «Anzeiger für schweizerische Altertumskunde» ⟨Nr. 2 u. 3⟩, 1902/1903. [Mit 1 Abbildung.] S. 170—172. gr.-8. [Zürich, Gebr. Leemann & Co., 1902.]

Rahn, J[ohann] R[udolf]. Die Wandgemälde im Turme des Schlosses Maienfeld. Neue Funde. Separat-Abdruck aus dem «Anzeiger für schweizerische Altertumskunde ⟨Nr. 2 u. 3, 1901⟩. [Mit 1 Abbildung.] 5 S. gr.-8. [Zürich, Ed. Leemann, 1901.]

Rahn, J[ohann] R[udolf]. Kloster Wettingen. [SA.] 8. [Basel 1881.]

Rahn, J[ohann] R[udolf]. Wieder aus Chillon. [Mit 1 Figur.] SA 8 Basel 1899.

(Rahn, J[ohann] R[udolf].) Zeller-Werdmüller, Heinrich, Historiker, * 2. April 1844 in Zürich, † 27. Februar 1903 ebendaselbst. ([Ausschnitt aus:] Biogr[aphisches] Jahrbuch u. Deutscher Nekrolog. Bd. 8 [1903].) S. 339—344. 8. [Berlin, Georg Reimer, 1905.]

(Rahn, J[ohann] R[udolf].) Zimmerschmuck im Schirmvogteiamt zu Zürich. Taf. 1 und 2. [SA.] 8. [Zürich 1884.]

[Rahn, Rudolf.] (Ulrich Zwingli an Gerold Meyer von Knonau. [Auszug aus Zwinglis Lehrbüchlein 1524. Mit 1 Tafel.]) Njbl. Chorh Zürich 1784. 4. [Zürich.]

Rahn, Konrad, s.a. Rahn, Johann Konrad

Rahn, Conr., Abhandlungen üb. den Speichel, s.: Ostwald's, W., Klassiker der exacten Wissenschaften.

Rahn, L.: Über neuere Arzneimittel. Wien und Leipzig 1901

Rahn, Lebrecht, Referendar: Die Konfiskation im System des Deutschen Reichsrechts mit besonderer Berücksichtigung des Gewerberechts. Greifswald 1906: J. Abel. (59 S.) 8° [F.]
Greifswald, Jur. Fak., Ref. Stoerk, Diss. v. 12. Febr. 1906
[Geb. 22. Nov. 79 Bruow, Kr. Greifenhagen; Wohnort: Stettin; Staatsangeh.: Preußen. Vorbildung: Marienstiftsgymn. Stettin Reife M. 99; Studium: Berlin 1, München 1, Leipzig 2, Greifswald 3 S. Rig. 6. Juli 03.

Rahn, Ludw., wie nehmen die Dogmen ein Ende? A. d. Franz. übers., gefunden unter d. hinterlass. Papieren d. Verf. 8. (2 B.) Liestal 839. (Zürich, Schultheß.) *

Rahn, Martin, Referendar Die völkerrechtliche **Verbürgung** der Gegenseitigkeit im System des deutschen Strafrechts. *Greifswald 1902: J. Abel.* (44 S.) 8°
Greifswald, Jur. Diss. v. [23. Mai] 1902

Rahn, Max, s.: Welt, d. übersinnliche.

— das ausserkörperliche Wirken des lebenden Menschen u. d. Spiritismus. 4 Vorträge, geh. in der „Wissenschaftl. Vereinigg. Sphinx in Berlin". gr. 8. (91 S.) Münster 898. München, F. C. Mickl. n.n. 2. 50

Rahn, Max Arthur, s.a. Rahn, Arthur

Rahn, Max Arthur, Gedichte u. Erzählungen. (III, 183 S. m. Bildnis.) 8. Dresden 905. E. Pierson. n. 2. —; geb. n. 3. —

— mancherlei Menschliches. Einakter-Zyklus. Prolog. Erkenntnis, Drama. Badekur, Lustspiel. Sein Sohn, Tragödie (III, 138 S.) 8. Ebd. 905. n. 2. —

— Silvester. Schauspiel in 1 Aufzuge. (IV, 76 S.) 8. Ebd 905. n. 1. 50

Rahn, O., du bist der Gott, d. Wunder thut. Predigt bei dem Festgottesdienste zur Feier d. 25jähr. Sedantages. gr. 8. (14 S.) Elbing 895. C. Meißner n.u. — 25

[F. u. Ant.] .. Predigt bei dem Festgottesdienste z. Feier d. 25j. Sedantages geh. v. O. **Rahn**, erster Pfarrer an Hl. Drei-Königen. *Elbing: C. Meissner 1895.* (14 S.) 1 Bd 8. [97 1139

— Otto (Stettin), Meletema histor. de Gallorum druidis. Moder. Jo. Fried. Scharf. Wittenberg (J. Haken) 9. Dez. o. J. (5.—) 27565
Gew.: Caspar Gottfried Mundin, Daniel Schulze, Balthasar Bendel.

Rahn, Otto, aus Elbing: **Über ein neues Terpineol vom Schmelzpunkt 32°.** *Melle i. Hann. 1902: F. E. Haag.* (42 S.) 8°
Göttingen, Phil. Diss. v. [24. Dez.] 1902

Rahn, Otto, üb. e. neues Terpineol vom Schmelzpunkt 32° Diss. (42 S.) gr. 8. Göttingen 902. (Vandenhoeck & Ruprecht.) n. 1. —

Rahn, Paul, Gemara. Charakterbild in 1 Aufzuge. gr. 8. (35 S.) Cöslin 891. (C. G. Hendeß Nachf.) n. 1 —

Rahn, Paul. Gemara. Charakterbild in 1 Aufzuge. gr. 8. (35 S.) Cöslin 891. (Stolp, Hildebrandt.) [* 1 —] * — 50

[Paul] **Rahns** Kleines Handbuch für Schornsteinfeger ... Anleitung z. Meister- u. Gesellenprüfung vor d. Handwerkskammer u. d. sonstigen Prüfungskommissionen d. Deutschen Reiches. Unter Mitw. bewährter Fachmänner, e. Rechtskundigen u. e. Fachschullehrers hrsg. von Paul Rahn. Aufl. 1. Berlin: G. B. C. Rahn 1907 (152 S.) 8° [F.]
Aus Rahn Handbuch f. Schornsteinfeger oder 'Das Schornsteinfegerwesen Deutschlands' [07. 9123

Rahn, Paul, Handbuch f. Schornsteinfeger u. solche, die es werden wollen. Eine Anleitg. z. prakt. Betriebe d. Schornsteinfegergewerbes u. zur Unterweisg. in den Rechten u. Pflichten dieser Gewerbetreibenden den Behörden u. dem Publikum gegenüber durch systemat. Zusammenstellg. der darüber erschienenen gesetzl. Bestimmgn. im Deutschen Reiche. 6., völlig umgearb. u. durch üb. 100 Holzschn. illustr. Ausg. Unter Mitwirkg. hervorrag. Fachmänner hrsg. gr. 8. (XII, 536 u. Nachträge 28 u. 55 S. m. Bildnis.) Berlin 895. G. B. C. Rahn. Geb. in Leinw. n. 6. —

Rahn's, Paul, Handbuch f. Schornsteinfeger u. solche, die es werden wollen. Eine Anleitg. zum prakt. Betriebe des Schornsteinfegergewerbes u. zur Unterweisg. in den Rechten u. Pflichten dieser Gewerbetreibenden den Behörden u. dem Publikum gegenüber durch systemat. Zusammenstellg. der darüber erschienenen Bestimmgn. im Deutschen Reiche u. in dessen Bundesstaaten. 7., verm., völlig umgearb. u. durch zahlr. Holzschn. illustr. Aufl. (19, 295 u. 414 S. m. 1 Taf.) gr. 8. Berlin 907. G. B. C. Rahn. 10. —; geb. n 11. —

Rahns Handbuch für Schornsteinfeger und solche, die es werden wollen. Eine Anleitung z. prakt. Betriebe d. Schornsteinfegergewerbes ... Unter Mitw. hervorrag. Fachmänner hrsg. von Paul **Rahn**. 7., verm., völlig umgearb. u. durch zahlr. Holzschn. ill. Aufl. Berlin: G. B. C. Rahn 1907 (428 S.) 8° [F.]
[Vort.] Das Schornsteinfegerwesen Deutschlands. Handbuch f. d. Verwaltungsbehörden über d. Gewerbebetrieb d. Schornsteinfeger [08. 263

— — s.a. Rahn, G. B. C.

Rahn, Paul, **Lehrbuch f. den Unterricht im Maschinenschreiben. Für Handelsschulen, Privatanstalten u. zum Selbstunterricht verf. (78 S. m. Abbildgn.) gr. 8.** Plauen (908). P. Rahn. **2. —; m. Anh. (78 u. 28 S.) 2. 50**

— gesunde Narren. Schwank in 3 Akten. 8. (80 S.) Essen 893. H. L. Geck. n. 1. 50

— Sankt Nikolaus u. die Weihnachtsfee. Eine Komödie f. Kinder in 5 Bildern. 8. (63 S.) Ebd. 893. n. 1. —

Polizeiverordnungen und Kehrlohntaxen für Berlin und seine Vororte. Hrsg. von Paul **Rahn**. [Hauptwerk.] Berlin: G. B. C. Rahn [1907]. 8° [F.] [08. 889

— Polizeiverordnungen u. Kehrlohntaxen f. Berlin u. seine Vororte. Sonderabdr. aus der 7. Aufl. des „Handbuch f. Schornsteinfeger" nebst einigen Ergänzgn. (39 u. 10 S.) gr. 8. Ebd. (907). nn 1.25

Rahn, R(udolf), s. Rahn, Johann Rudolf

Rahn, W.: „Ueber die Unzulässigkeit der Einrede d. anastas. Gesetzes gegen Wechselforderungen nach gemeinem Rechte, mit besonderer Rücksicht auf die herzogl. Braunschweigisch-Wolfenbütteler Wechsel-Ordnung", Braunschweig 1802 (Culemann).

Rahn, W[ilhelm]: Der reguläre Bedeutungswandel. [T.] 1. Allgem. Teil. Danzig 1907: A. Schroth. (22 S.) 8°
Danzig, OR zu St. Petri u. Pauli P 1907 (51)

Rahn, W[ilhelm]: Der reguläre Bedeutungswandel. 2. Danzig 1908: Schroth. 56 S. 8° ¶ [Forts. d. P-Beil. 1907.]
Danzig, OR zu St. Petri u. Pauli P 1908 (54) [S 08. 303

[Rahn-Escher, Hans Conrad.] (Johann Jakob Ulrich Irminger. Geb. den 30. Mai 1785 Gest. den 3. April 1838. [Mit 1 Porträt-Tafel.]) Njbl. Waisenh. Zürich 1839. 4. [Zürich.]

Rahn-Escher, [Hans Conrad]. Professor Dr Heinrich Locher [1800–1865]. Eine biographische Scizze, der medicinisch-chirurgischen Gesellschaft des Cantons Zürich vorgelegt. 8. (Zürich) 1865.

Rahn-Escher, Professor Dr. Heinr. Locher. Eine biograph. Skizze, der medicinisch-chirurg. Gesellschaft des Cantons Zürich vorgelegt. Zürich 865. (Schulthess.) gr. 8. (38 S.) n. 7½ ngr.

[Rahn-Escher, Hans Conrad.] (Dr. Med. David Rahn. Archiater. geb. 17 X 1769. gest. 3 XII 1848. [Mit 1 Porträt-Tafel.]) Njbl. Waisenh. Zürich 1858. 4. [Zürich.]

Rahn

— -Meyer (Dr.). Eduard Jenner, Entdecker der Schutzpocken, s.o. *Neujahrsblatt* des Waisenhauses in Zürich.

[Rahn-Meyer, Hans Conrad.] Edward Jenner (1749–1823), Entdecker der Schutzblattern. [Mit 1 Porträt-Tafel.] Njbl. Waisenh. Zürich 1881. 4. Zürich 1881.

Zürcher
— *Waisenhaus*. Nr. 44. Eduard Jenner, Entdecker der Schutzpocken. Von Dr. *Rahn-Meyer*. In-4°, 14 S. mit 1 Portrait. Zürich, Druck von J. Ulrich. 1881.

Rahn-Meyer, [Hans Conrad]. Dr. (Hans) Conrad Rahn-Escher (1802–1881). Biographische Notiz für die ärztliche Gesellschaft des Cantons Zürich verfasst. 8. [Zürich 1882.]

Rahne, Hermann [aus Zerbst i. Anh.]: Das Pentoylen, seine bromirten Derivate und deren mögliche geometrischen Isomeren.... Leipzig, Druck v. Emil Freter (1889); 30 S. 8°
Erlangen, Phil. Fak., Inaug.-Diss. v. 1889

Rahnefeld, Otto, Referendar in Leipzig: Nacherbfolge und Universalfideikommiß. (Ein Vergleich.) Leipzig 1907: Frankenstein & Wagner. (61 S.) 8°
Leipzig, Jur. Fak., Diss. v. 19. Nov. 1907
[Geb. 1. Aug. 81 Ronneburg (Sachsen-Altenburg); Wohnort: Leipzig; Staatsangeh.: Sachsen; Vorbildung: Albert-Gymn. Leipzig Reife O. 00; Studium: Leipzig 7, Jena 1, Leipzig 1 S.; Rig. 6. Febr. 04.]

Rahnenführer, Carl, s. Rahnenführer, Karl

Rahnenführer, Friedrich: Die Polhöhe von Königsberg. Resultate der von H. Struve und F. Rahnenführer in den Jahren 1899/1900 und 1905/1907 nach der Horrebow-methode angestellten Beobachtungen. Königsberg i. P. 1908: Leupold. 30 S. 4° ¶ (Aus: Astronom. Beobachtungen, auf d. Universitätssternwarte zu Königsberg. Abt. 43.)
Königsberg, Phil. Diss. v. 9. Okt. 1908, Ref. Battermann
[Geb. 29. Juni 83 Bischofstein; Wohnort: Königsberg i. P.; Staatsangeh.: Preußen; Vorbildung: Gymn. Rössel Reife O. 02; Studium: Königsberg Theol. 2, Phil. 10 S.; Rig. 4. März 08.] [U 09. 2414

Die Polhöhe von Königsberg Resultate der von H Struve u. F Rahnenführer in d Jahren 1899/1900 u 1905/1907 nach d. Horrebow-methode angestellten Beobachtungen bearb von Dr Friedrich Rahnenführer Königsberg i. Pr 1908 Leupold 30 S. 4°
(Astronomische Beobachtungen auf d Kgl Sternwarte zu Königsberg Abt 43, 1) [09 18418

Rahnenführer, H., s.: Wohnungs-Anzeiger f. Tilsit.

Rahnenführer, Karl

Rahnenführer, Carl, üb. einige iso- u. terephtalylhaltige Derivate d. Hydroxylamins u. die Ueberführung der Isophtalsäure in Meta-, der Terephtalsäure in Paraphenylendiamin. 8. (36 S.) Königsberg 884. (Beyer) n. 1 —

Rahner, Richard, cand. med. aus Gaggenau b. Rastatt Zur Epidemiologie und Aetiologie des Keuchhustens. *München: R. Oldenbourg 1901.* (42 S.) 8°
Freiburg i. B., Med. Diss. v 1901

Rahner, Rich., „Ophelia" in Shakespeares Hamlet. Eine psychologisch-psychiatr. Studie. (80 S.) 8. Leipzig 910. Xenien-Verlag. 1. —

Rahnfeld, F., mein Studenten-Pass. (30 Bl.) schmal Lex.-8. Leipzig (905). (P. Beyer.) Geb. n. 1. —
In allgemeiner Ausg. u. in Ausgaben f. Burschenschaften, Corps, Forstakademien u. Turnvereine erschienen.

Rahnheld, Paul (Pseud.), s. Lehnhard, Paul Roderich

— All Heil — Hurra! s.: Danner's, G., Theater-Abend.

— Betrogene Betrüger, s.: Szenen, kurze. Nr. 10.

— Doktor wider Willen, s.: Meißner's Herrenbühne.

— Ob, du heiliger Ehestand, s.: Thalia. Nr. 127.

— wir Eisenbahner, s.a. Danner's, G., Theater-Abend. Nr. 29.

Wir Eisenbahner! Schwank in 1 Akt von P[aul] Rahnheld. Mühlhausen i. Th.: G. Danner [1905]. (32 S.) 8° [F.]
— Theater-Abend, G. Danner's. No 29. [05. 19888 3

— Feine Familie, s.: Meißner's Vereinsbühne.

— Lustige Gesellen, s.: Danner's, G., Herren-Bühne.

— „Zum Herkules", s.: Meißner's Vereinsbühne.

— Der Herr im Hause, s.: Mehratter.

— Sherlock Holmes, s.: Meißner's Herrenbühne.

— Kantinen-Ulk, s.: Danner's, G., Herren-Bühne Nr. 49.

— im „grünen Kranze", s.: Vereinstheater. Nr 163.

— die Krone des Hauses, s.a. Danner's, G., Theater-Abend. Nr. 30.

Die Krone des Hauses. Schwank in 1 Akt f. Feuerwehr-Kreise, von P[aul] Rahnheld Mühlhausen i. Th. G. Danner [1905]. (32 S.) 8° [F.]
= Theater-Abend, G. Danner's. No 30.

— Kutsche vor'm Schöffengericht, s.: Meißner's Herrenbühne.

— Jettes Landsleute in der Küche, s. a. Vereinstheater. Nr. 153.

Jettes Landsleute in der Küche. Schwank in 1 Akt von P[aul] Rahnheld. Mühlhausen i. Th. G. Danner [1905]. (32 S.) 8° [F.]
= Vereinstheater. 153.

— Liebesgeschichten, s. a. Vereinstheater. Nr. 145.

Liebesgeschichten. Schwank in 1 Akt von P[aul] Rahnheld. Mühlhausen i. Th. G. Danner [1905]. (32 S.) 8° [F.]
= Vereinstheater. 145.

— Berliner Luft, s.: Vereinstheater.

— Maler-Streiche, s.: Danner's, G., Herren-Bühne. Nr. 55.

— Mondschein-Souper, s.: Meißner's Schaubühne.

— Der geheimnisvolle Mord, s.: Meißner's Herrenbühne

— Nulpe im Verhör, s. a. Danner's, G., Herren-Bühne. Nr. 50.

Nulpe im Verhör. Posse in 1 Akt von P(aul) Rahnheld. Mühlhausen i. Th.: G. Danner [1905]. (30 S.) 8° [F.]
= Herren-Bühne, G. Danner's. No 50.

— Die Perle, s.: Meißner's Schaubühne.

— In der Pfandleihe, s. a. Vereinstheater. Nr. 149.

In der Pfandleihe. Lustspiel in 1 Akt von P[aul] Rahnheld. Mühlhausen i. Th. G. Danner [1905]. (30 S.) 8° [F.]
= Vereinstheater. 149.

— Postwendend, s.: Meißner's Herrenbühne.

— Die Räuberhöhle, s. a. Danner's, G., Herren-Bühne. Nr. 47.

Die Räuberhöhle. Posse in 1 Akt von Paul Rahnheld. Mühlhausen i. Th.: G. Danner [1905]. (36 S.) 8° [F.]
= Herren-Bühne, G. Danner's. No 47.

— Der Selbstmörder, s.: Danner's, G., Theater-Abend.

— Soldaten-Übermut, s.: Danner's, G., Herren-Bühne.

— Studenten-Uebermut, s.: Danner's, G., Herren-Bühne. Nr. 51.

— Im Sünden-Babel, s.: Szenen, kurze Nr. 9.

— Talent-Probe in der Küche, s. a. Danner's, G., Damen-Bühne.

Talent-Probe in der Küche. Schwank in 1 Akt von P[aul] Rahnheld. Mühlhausen i. Th. G. Danner [1905]. (24 S.) 8° [F.]
= Damen-Bühne, G. Danner's. No 24.

— Ein Tanzkränzchen, s.: Danner's, G., Herren-Bühne.

— Ein triftiger Urlaubsgrund, s.: Vereinstheater.

— In der Verbrecher-Kneipe, s.: Meißner's Herrenbühne.

— Der Vereinsschrank, s.: Vereinstheater. Nr. 155.

— Weihnachtskinder, s.: Aufführungen f. Weihnachten u. Neujahr.

— Wie man Braut wird, s.: Meißner's Schaubühne.

— Zimmer zu vermieten, s. a. Vereinstheater. Nr. 140.

Zimmer zu vermieten! Schwank in 1 Akt von P[aul] Rahnheld. Mühlhausen i. Th. G. Danner [1905]. (24 S.) 8° [F.]
= Vereinstheater. 140.

Rahnke, A. Plan von der Kreis- und Handels-Stadt Elbing. Elbing. 1 Bl. L.

Rahnke, Georg [aus Elbing]: Nephritis ohne Albuminurie.... Berlin, Buchdr. v. Gustav Schade (Otto Francke) (1887); 30 S. + 1 Bl. 8°.
Berlin, Med. Fak., Inaug.-Diss. v. 30. Jul. 1887.

Rahnke, Georg, Nephritis ohne Albuminurie. Diss. Berlin 1887, Mayer & Müller. 8°. 30 S.

Rahnke, Georg August (Elbing), Nephritis ohne Albuminurie. Diss. med. u. chir. Berlin (G. Schade) 30. VII. 1887. 30 S. u. Biogr. (2.50) 27567
Oppon.: F. Klewitz, E. Brunk, O. Esselbrügge.

Rahr, Carl, Wahrheit u. Recht. Eine Sammlung Zeitgedichte. 16. (VI u. 60 S.) Duisburg 850, Bagel in Comm. ¹/₈ ₰

Rahr, Carl, Wahrheit und Recht. Eine Sammlung Zeitgedichte. 16. (VI und 60 S.) Duisburg 850, (Ewich.)

Rahsalf, R., Hegelmann's psychologische Briefe, s. Wallner's allgemeine Schaubühne.

Rähse, Der Aufwand in Rom im letzten Jahrhundert der Republik und im ersten Kaiserreichs. Pr. 1871. 29 S. 4°.

Rähse, Hugo, Paraphrase des dogmatischen Teils des Briefes Pauli an die Römer. Ein Beitrag zur Einführung in das Verständnis des Briefes. gr. 8. (II, 50 S.) Halle 882. Niemeyer. n. — 80

— grammatisch geordnetes hebräisches Vocabularium. gr. 8. (IV, 42 S.) Ebend. 883. n. — 60

Raehse, Hugo, die christlichen Centralideen d. Reiches Gottes u. der Erlösung. Mit besond. Rücksicht auf Nichttheologen dargestellt. gr. 8. (48 S.) Halle 885. Niemeyer. n. — 80

Rahstede, H. G., Studien zu La Rochefoucauld's Leben u. Wirken. 8. (VIII, 184 S.) Braunschweig 888. Schwetschke & Sohn. n. 2. 40

Rahstede, H. Geo., praktisches Hülfsbuch zur leichteren Erlernung der lateinischen unregelmäßigen Verben, zusammengestellt nach Berger, Ellendt-Seyffert, Kühner, Ostermann, Zumpt u. m. a. gr. 8. (V, 76 S.) Oeynhausen 886. (Zwickau, Konegen.) cart. n. — 75

Rahstede, H. Geo., über La Bruyère und seine Charaktere. Biogr.-krit. Abhandlung. gr. 8. (V, 68 S.) Oppeln 886, Franck's Buchh. *

Rahstede, H. G. Ueber La Bruyère und seine Charaktere. 8. Oppeln 886. Berl., Gronau. * 2 —

Rahstede, H. Geo. Wanderungen durch die französ. Litteratur. 1. Bd. Vincent Voiture 1597—1648. 8. (VII, 396 S.) [Oppeln 891, Franck.] Berl., Gronau. * 4 50

Rahter, Charlotte, Frau Neptun. Ein poet. Turnier. (319 S.) 8. Dresden 903. E. Pierson. n. 4. —; geb. n. 5. —

An die Leser der von dem Herrn Doctor und Senator Bartels verfassten Schrift „Einige Bemerkungen über die öffentliche Erklärung des Kammerherrn und Obristlieutenants Herrn von Haffner, betreffend seine Theilnahme an den Verhandlungen, welche der Wiederbesetzung Hamburgs im Jahre 1813 vorangegangen sind v. Gottfried Gabriel Reimer **Rahtgen**. (Altona) Januar 1816. 8°.

Rahtgens, Hugo, die Ruinen des Oybin bei Zittau. Dargestellt u. aufgenommen. (V, 58 S. m. 86 Abbild. u. 1 Taf.) Lex. 8. Düsseldorf 909. L. Schwann. 1. 50

Rahtgens, H[ugo]: S. Donato zu Murano und ähnliche venezianische Bauten. Berlin: Wasmuth [1903]. 96 S., 3 Taf. 4°
¶ Auch als: Beiträge zur Bauwissenschaft. H. 3.
Dresden, Dr.-Ing.-Diss. v. 22. 12. 1902

Rahtgens, H., S. Donato zu Murano u. ähnliche venezianische Bauten, s.a. **Beiträge zur Bauwissenschaft.** 3. Hft.

Dr. ing. H. **Rahtgens** (a. d. Umschl.: Rathgens). S. Donato zu Murano und ähnliche Venezianische Bauten. Berlin. E. Wasmuth 1903. (96 S.) 4°(8°)
Von d. Techn. Hochschule zu Dresden genehmigte Doktordiss.
= **Beiträge** z. Bauwissenschaft. H. 3. [e3. 5745]

Rahtgens, Paul

Rahtgens, P., Grünau — Malente, der Schauplatz von Voß' Luise. Mit e. Bildnis v. Joh. Heinr. Voß. 2. Aufl. (35 S.) kl. 8. Malente (904). E. Siegelmann. — 30

Die Spuren von Vossens Luise in Malente, dem Kirchdorfe Grünau v. [Paul] **Rahtgens.** Eutin. 1899 8°

Rahtjen, Arnold, aus Hamburg: Ueber die **Einwirkung** von Aether und Aluminiumchlorid auf aromatische Verbindungen. *Heidelberg 1900: J. Hörning.* (31 S.) 8°
Heidelberg, Naturw.-math. Diss. v. 1900

Rahtjen, Philipp, aus Bremerhaven: **Versuche über die Virulenzschwankungen von Streptokokkus equi mit Berücksichtigung des Alkalescenzgehalts seines Nährbodens.** *Rostock 1904: Adlers Erben.* (44 S.) 8°
Rostock, Phil. Diss. v. [1. März] 1904

Rahtol, Skizzen aus dem deutschen Seglerleben, s.: Rathol.

Rahts. Beerdigungswesen. (S.-A.) Jena 1889.

Rahts. Bemerkungen über den Gebrauch der englischen Participien auf *ing.* Rastenburg, G., 1859. 17 S. 4.
Progr.

(**Rahts,**) Heilanstalten des Deutschen Reiches, Die, nach den gemäss Bundesrathsbeschluss vom 24. 10. 1875 stattgehabten Erhebungen der Jahre 1883, 84 u. 85. Berlin ... Lex.-8.
(Sep.-Abdr. aus: Arbeiten a. d. k. Gesundheitsamte.). (FWL)

Rahts: Quaestionum epicarum specimen. Zs. 47 S. –Rastenburg, Progr. 1865 u. 1868

Rahts. D. Ursach. d. hohen Kindersterblichk. i. Berlin u. ander. dtsch. Städten. (S.-A.)

Rahts, Carl, s. Rahts, Karl

Rahts, G.

Rahts: Zur Charakteristik der attischen Standreden an den Gräbern der gefallenen Krieger. 25 S. 4° – Rastenburg, Progr. 1871.

Rahts, Johannes [aus Königsberg i. Pr.]: **Berechnung der Elemente des Tuttle'schen Cometen für seine Erscheinung im Jahre 1885** .... (Sep.-Abdr. aus d. Astronom. Nachrichten.) Kiel, Druck v. C. F. Mohr, 1886; 4+20 S. 4°.
Königsberg, Phil. Fak., Inaug.-Diss. v. 16. Jan. 1886.

Q. D. B. V. Lectiones cursorias quas venia et consensu ordinis philosophorum .. Joannes **Rahts** phil. Dr. Ueber die Fortschritte der Astronomie im XIX. Jahrhundert ad docendi facultatem rite impetrandam d. XV Maii .. habebit indicit Carolus Pape phil. Dr Prof. Publ. Ord. ordinis philosophorum h. t. Decanus. Regimonti Pr., typ. Leupoldianis, 1886; 2 Bl. 4°.

Rahts, Karl

Rahts, Carl (geb. Königsberg i. Pr. 19. 5. 1851) Thesen. Berlin (1870) (2 Bl.) 8°
Berlin, Med. Thes. v. 1. Aug. 1870

Rahts, Karl Ludwig

Rahts, Carl Ludwig (Elbing), De graviditate varica. Diss. med. Berlin (A. Petsch) 10. X. 1828. 43 S. mit Biogr. (M.: Nicolai) u. 1 Taf. (3.50) 27569
Oppon.: C. Schiegnitz, J. Sydow, H. Hedinger. — Gew.: C. L. Rahts (Oheim).

Rabtz, C. F., Handbuch üb. d. Ganze d. Stempel-Steuer-Verwaltung, systemat. zusammengest. nach d. Vorschriften d. Kgl. Preuß. Gesetzes v. 7. März 1822, u. den in Bezug auf dass. späterhin ergang. Bestimmungen ꝛc., nebst d. älteren Verordn. üb. d. Erbschafts-Stempelwesen u. üb. d. Festsetz. u. Einziehung der bei d. Registratur-Revisionen ermittelten u. in Antrag gebracht. Stempeldefecten u. Strafen, so wie den Tabn. üb. d. Berechnung d. Stempel-Sätze. 8. (14½ B.) Danzig 828, (Ewert.)

Rahul der Freie über Sarsena, ähnliche Schriften und über die freie Maurerei überhaupt . . . Germanien [Breslau] 1817. V: *Diebitsch und Narten, Carl Frdr. Wilh. von.* (SJL)

Rahul, der Freie, üb. Sarsena, ähnl. Schriften u. üb. die freie Maurerei überhaupt im Occidente u. dem Jahre 5818, nebst e. Vorwort üb. Anti-Sarsena. gr. 8. Bresl. 819. Holäufer. 8 gr

Rahusen, H(ermann), approb. Arzt: Ueber die verschiedenen Methoden der abdominellen Totalexstirpation des Uterus. *Leipzig 1902: B. Georgi.* (33 S.) 8°
Leipzig, Med. Diss. v. (13. Jan.) 1902

Rahusen, Rhrd., († d. 8. März 1793.) kurze Abhandl. über das wahre Christenthum. 8. Minden 786.

– (Übers.), s. Broes, Pieter: Der nachdenkende Christ.

— katechet. Entwurf der christl. Lehre. 8. Hamb. 778.

— kurze Erläuterung d. wichtigen Passionsliedes: Brich durch, mein angefochtenes Herz ꝛc. 8. Altona 789.

— etwas über den jetzigen Zustand Europens. 8. Altona 793.

Rahusen, R., Samml. einig. b. feyerl. Gelegenh. gehalt. Predigten. 2 Thle. gr. 8. Bremen, Förster. (Müller.) 784–788.

— katechet. Unterricht über alle hohen Feste. 8. Hamb. 778.

Râjaçekhara, s.a. **Pracanda pândava.**

Râjaçekhara, Pracanda pândava. Ein Drama, zum ersten Male hrsg. v. Carl Cappeller. gr. 8. (IX, 50 S.) Strassburg 885. Trübner. n. 3. 50

Rajacsich, Baron, das Leben, die Sitten u. Gebräuche der im Kaiserth. Oesterreich lebenden Südslaven. Aus dem Serb. ins Deutsche übersetzt vom Verf. Lex.-8. (VII, 196 S.) Wien 874. Hölder. n. 6. —

Rajah's heir, the, s.: Collection of British authors.

Rajamartanda, s. Markus, Paul.

[Mon u. Ant.] Stapat Rājāvan datov smim ron. Stapat ragawan datow smim ron. Buch des Rağawan, der Königsgeschichte. Die Geschichte d. Mon-Könige in Hinterindien .. aus d. Mon übers., mit e. Einführung u. Noten vers. von P[ater] W[ilhelm] Schmidt S. V. D. Wien: A. Hölder in Komm. 1906. (196 S.) 8°
= Sitzungsberichte d. Kais. Akademie d. Wiss. in Wien. Philos.-hist. Kl. Bd 151, 3. [07. 2317

Raiberti, filosofische Betrachtungen über die Katze. Aus dem Italien. Deutsch v. Jean Bapt. Roßmann. 8. (86 S.) Wien 851, Tendler & Co. n. 12 ngr

Rajberti, Giov., das Buch v. der Katze, s.: Universal-Bibliothek.

Raibl [Schlagwort]

Raibl, s.: Geologische Karten. Karten.

Raible, F. A., Beschreibung der Gasuhr. Mit genauen Zeichnungen u. einer kurzen Anleitung zur Behandlung der Gaseinrichtungen. Zur Belehrung für Gasconsumenten. Stuttgart 865. Nitzschke. 8. (VIII, 31 S. mit 1 Steintaf. Abbild. in gr. Fol.) 9 ngr.

Der Tabernakel einst und jetzt. Eine hist. u. liturg. Darstellung d. Andacht z. aufbewahrten Eucharistie. Von Felix Raible, weil. Pfarrer. Aus d. Nachlaß d. Verf. hrsg. von Dr. Engelbert Krebs. Mit 14 Taf. u. 53 Abb. Freiburg im Br.: Herder 1908. (XXII, 336 S.) 8° [F.] [08. 9607

Raible, G., das Regierungs-Jubiläum Karl I., König v. Württemberg. Ein Erinnerungsblatt an die Festtage vom 21.—27. Juni 1889, nach Berichten v. Augen- u. Ohrenzeugen, nebst ausführl. Beschreibg. der großen Militärparade auf dem Cannstatter Wasen. 8. (23 S.) Stuttgart 889. (Söder.) — 15

Raible, G. F., Schwabens Volk zur dankbaren Erinnerung an die edle Königin Olga (1822—1892) gewidmet. 8. (32 S. m. Bildnis.) Stuttgart 892. Glaser & Sulz. — 30; kart. — 75; geb. n. 1. —

Raible, Geo., der Jugend zur Erinnerg. an d. unvergeßl. König Karl I. v. Württemberg. 1823—1891 12. (32 S. m. 2 Bildn.) Stuttgart 892. Glaser & Sulz. n.n. — 25

— unsern Soldaten z. Erinnerg. an d. unvergeßl. König Karl I. v. Württemberg. 1823—1891. 12. (32 S. m. 2 Bildn.) Ebd. 892. n.n. — 25

Raible, Marie Deutsch-Amerika. Gedichte. StL, 1904.

Raible, Marie. Deutsch-Amerika. St. Louis: Meyer, 1910. GSP

Raible, Wilh., Albertus Magnus natürliche u. sympathetische Haus- u. Heilmittel f. Menschen u. Vieh. Das beste Volks-Arzneibuch m. mehr als 900 erprobten Mitteln gegen alle denkbaren Leiden. 4. Aufl. 8. (96 S.) Reutlingen 874. Enßlin & Laiblin. — 60

Drei deutsche Arbeiter | die | als Millionäre endeten, | oder, Georg Stulz, | Schneider von Kippenheim, | Anton Rindenschwender, | Holzhauer von Gaggenau | und | Christoph Philipp Oberkampf | aus Ansbach. | Dem Volk zur Belehrung, Unterhaltung und Nach- , ahmung erzählt | von | Wilh. Raible. | Reutlingen. | Verlag von Enßlin und Laiblin. (= *Reutlinger Volksbücher*, 51).
Kol.: Druck der Buchdruckerei von A. d'Angelo in Reutlingen.
o. J., 34 S. incl. U., 165 × 103, Fig. S. 6 und 14.
LBS d. D. oct K 3185.

Raible, Wilh., neuer Briefsteller für das Geschäfts- u. Gewerbs-Leben. Anleitung zum Schreiben von Geschäftsbriefen, Rechnungen, Frachtbriefen, Wechseln, zum Führen der Bücher ꝛc. Rosenheim 867. Huber'sche Buchh. 8. (52 S.) 2 ngr

—— neuester allgemeiner deutscher Briefsteller. Vollständiges Musterbuch für alle im Privat- und amtl. Verkehr vorkomm. Briefe, Eingaben, Anzeigen ꝛc. 8. (54 S.) Rosenheim 867, Huber'sche Buchh.

—— neuester Briefsteller für die Jugend von 7—15 Jahren. Nebst Wünschen und Gedichten für die schönsten Festtage des Lebens. 8. (51 S.) Rosenheim 867, Huber'sche Buchh.

Raible, W., der aufrichtige Geheimnißkrämer. Eine Wohlstandsquelle für Alle, die einen bessern Erwerb suchen, bestehend aus mehreren 100 Artikeln über die Fabrikation aller Arten von Essig, Hefe, Wein, Branntwein ꝛc. Nach eigenen Erfahrungen, sowie nach theuer erkauften Quellen und Geheimnissen hrsg. gr. 12. (VIII und 191 S.) Ulm 856, Fr. Ebner.

Raible, W., der aufrichtige Geheimnißkrämer. Eine Wohlstandsquelle für Alle, die einen bessern Erwerb suchen, bestehend aus mehreren Hundert Artikeln über die Fabrikation aller Arten von Essig, Hefe, Wein, Branntwein, Liqueur, Punsch u. andern Essenzen, Senf, Chocolade ꝛc., Oblaten, Siegellack, über künstliche Fischzucht, Photographie, Sonnenuhren ꝛc. Nach eigenen Erfahrungen, sowie nach theuer erkauften Quellen u. Geheimnissen herausg. Ulm 857. Fr. Ebner. 12. (VIII, 191 S. m. Holzschn. im Text.) 18 ngr

(U.-Titel:) Geschichte und Abenteuer | der schönen und edlen | Melusina, | eines Meerwunders. | Mit schönen Bildern geziert. | (Fig.: *Geoffroy erschlägt den Riesen Gedeon*, 74 × 76) | Auf's Neue für's Volk erzählt von Wilh. Raible. | Reutlingen. | Verlag von Enßlin und Laiblin. (= *Reutlinger Volksbücher*, 47).
Kol.: Druck der Buchdruckerei von A. d'Angelo in Reutlingen.
o. J., 111 S., 166 × 102, 5 Fig. im Text.
LBS d. D. oct K 3569.
Die »Geschichte von der edlen und schönen Melusina« erschien 1838 in Leipzig bei Otto Wigand (= *Volksbücher*, 3, hgg. von G. O. Marbach). – Frenzel: Stoffe S. 424–426. – Görres TVb Nr. 40, S. 234–237. – Heitz-Ritter Nr. 433–462 und S. 131. – Huemer S. 135–139. – Van Heurck: Les Livres pop. S. 53–54. – Verfasserlexikon V, Sp. 676–678. –

(U.-Titel:) Geschichte | der geduldigen | Helena, | Tochter des Kaisers Antonius. | Eine nicht blos schöne und unterhaltende, sondern auch erbauliche Geschichte, welche alle Leiden dieses Lebens in Geduld | und Gottergebung tragen lehrt. | (Fig.: *Schiffer finden die schlafende Helena*, 64 × 75) | Allen Frauenzimmern zum erbaulichen Beispiel, | und treulosen Männern zur schrecklichen Warnung | auf's Neue herausgegeben | von | Wilh. Raible. | Reutlingen. | Verlag von Enßlin und Laiblin. (= *Reutlinger Volksbücher*, 56).
Kol.: Druck der Buchdruckerei von A d'Angelo in Reutlingen. o. J., 48 S., 161 × 101, Titel-Fig. noch einmal S. 25
LBS d. D. oct K 3400.
Görres TVb Nr. 18, S. 136–145. – Schenda 1000 FVb Nr. 125 – 125 d. – Van den Bergh S. 10–11. – Die Bearbeitung von O. L. B. Wolff: Geschichte von der geduldigen Helena erschien 1847 in der Reihe *Volksbücher*, 37, bei O. Wigand in Leipzig.

Raible, Wilh., Geschichte des Italienischen Krieges, s.a. Zeitbilder.

Raible, W. Geschichte des italien. Krieges 1859. (IV. 44.) 12. Tübingen 1859. 0.50.

— **Geschichte der schönen Maria Petenbeck, oder die Gründung des Hauses Wartemberg.** Für's Volk erzählt. Tübingen 860. Riecker. 16. (64 S.) 6 ngr.

Die ärgerlichen | Geschichten und Abenteuer | des spanischen Ritters | Don Juan | und wie ihn zuletzt der Teufel holte. | (Fig.: *Alter Mann erscheint Don Juan beim Gelage*, 64 × 85) | Fürs Volk erzählt | von | Wilh. Raible. | Reutlingen. | Druck und Verlag von R. Bardtenschlager. (= *Reutlinger Volksschriften*, 37).
o. J., 62 S., 167 × 105, U.-Fig.: *Don Juan unterm Fenster einer Dame*, 88 × 63. U.-Titel: *Geschichten und Abenteuer* ...
LBS d. D. oct K 3470.
Nicht bei L. Petzold: Der Tote als Gast. Volkssage und Exempel. Helsinki 1968.

—— neu verbessertes und vermehrtes **Glücks-Rad**, oder Enthüllung der Zukunft nach Art der alten Astrologen, in Beantwortung aller Fragen, ob uns Gutes oder Böses begegnen werde, nach den 12 himml. Häusern. Zum Nutzen der Wißbegierigen und zur Unterhaltung froher Zirkel auf's Neue bearb. 8. (56 S. mit 1 Tab. in 4.) Reutlingen 865, Fleischhauer und Spohn.

(U.-Titel:) Die schöne | Griseldis, | Gräfin von Piemont, | oder | der wunderbare Sieg der Tugend und des | Gottvertrauens. | (Fig.: *Griseldis kniet vor der neuen Königin*, 72 × 75) | Mit Abbildungen. | Für's Volk erzählt von | W. Raible. | Reutlingen. | Verlag von Enßlin und Laiblin. (= *Reutlinger Volksbücher*, 7).
Kol.: Druck der Buchdruckerei von A. d'Angelo in Reutlingen.
o. J., 32 S., 160 × 100, 1 Fig. (wie U.-Fig.) im Text S. 26.
LBS d. D. oct K 3369.

— neuer hundertjähriger **Haus- und Witterungs-Kalender** für die Jahre 1856 bis 1956. Nebst allgemeinen Witterungsregeln, einer Beschreibung des Sternenhimmels, Anleitung zu landwirthschaftlichen Verrichtungen rc. Auf's Neue bearb. Ulm 856. F. Ebner. 12. (116 S. m. Holzschn. im Text.) 6 ngr.

Raible, Wilh., neuer hundertjähr. **Haus- u. Witterungskalender** für die Jahre 1860 bis 1960. Nebst allgemeinen Bauern- u. Witterungsregeln, den Wetterprophezeihungen des berühmten Matthieu, Bilnar's, Herschel's u. A., Landwirthschafts-, Garten-, Fischerei- u. Jagdkalender rc. Mit vielen Bildern (in eingedr. Holzschn.). 2., verm. Aufl. Ulm 870. Ebner. gr. 8. (128 S.) 5 ngr.

(U.-Titel:) Der arme Heinrich. | Eine belehrende und unterhaltende Geschichte aus | Deutschland's Vorzeit. | (Fig.: *Das Mädchen vor der Operation mit zwei Männern*, 79 × 74) | Für's Volk erzählt von | Wilh. Raible. | Reutlingen. | Verlag von Enßlin und Laiblin. (= *Reutlinger Volksbücher*, 3).
Kol.: Druck der Buchdruckerei von A. d'Angelo in Reutlingen.
o. J., 32 S., 165 × 104, Titel-Fig. auch S. 26.
LBS d. D. oct K 3389.

Die | unterhaltende Historie | der | vier Heymonskinder. | Nach alten Urkunden | auf's Neue für's Volk erzählt | von | Wilh. Raible. | Stereotyp-Ausgabe. | Reutlingen. | Druck und Verlag von Enßlin und Laiblin. (= *Reutlinger Volksbücher*, 73).
o. J., 64 S., 166 × 106, U.-Fig.: *Die vier Brüder auf ihrem Roß*, 84 × 75. Text stark gekürzt nach Nr. 905.
LBS d. D. oct K 4317

(U.-Titel:) Die unterhaltende Historie | der | Vier Heymonskinder. | (Fig.: *Die vier Brüder auf ihrem Roß*, 84 × 75) | Auf's Nene (sic) für's Volk erzählt von | Wilh. Raible. | Reutlingen. | Verlag von Enßlin und Laiblin. (= *Reutlinger Volksbücher*, 10).
Kol.: Druck der Buchdruckerei von A. d'Angelo in Reutlingen.
o. J., 152 S., 167 × 103. 6 Fig. im Text, davon 2 (S. 51 und 130, wie U.-Fig.) identisch.
LBS d. D. oct K. 3415.
Eine andere Auflage (ebenda 3416), o. J. (um 1879) trägt keine Angabe des Druckers und ist auf 95 S. + 1 S. Anzeigen reduziert. Die U.-Fig. (wie oben) findet sich auch S. 33. –

—— die unterhaltende Historie der vier **Heymonskinder**. Nach alten Urkunden auf's Neue für's Volk erzählt. 1. und 2. Aufl. (95 S.) 1871,72. 30 Pf., und 3. Aufl. gr. 16. (61 S.) Reutlingen 874, Enßlin und Laiblin. — 20

Raible, Wilh., die unterhaltende Historie der vier Heymonskinder. Nach alten Urkunden auf's Neue für's Volk erzählt. 4. Aufl. gr. 16. (61 S.) Reutlingen 876, Enßlin und Laiblin's Verlagsh.

(U.-Titel:) Die | Jungfrau von Orleans. | Ein | Tugendbild für | besorgte und kleinmüthige Menschen. | Fig.: *Johanna mit gezogenem Schwert, ein liegender Ritter*, 70 × 78) | Für's Volk erzählt von | Wilh. Raible. | Reutlingen. | Verlag von Enßlin und Laiblin. (= *Reutlinger Volksbücher*, 52).
Kol.: Druck der Buchdruckerei von A. d'Angelo in Reutlingen.
o. J., 62 S., 164 × 102.
LBS d. D. oct K 3475.
Eine andere Auflage dieses Textes (ebenda 3474) trägt das Kol.: Druck von G. L. Bohm in Reutlingen, keine Reihennummer, als U.-Fig.: *Johanna in der Schlacht*, 63 × 82 (auch S. 20), zahlreiche Druckfehler.

(U.-Titel:) Des Herrn Jesu Christi | Kinderbuch, | oder Historie von | Joachim und Anna, sowie deren Tochter der | Jungfrau Maria, den Großeltern und Eltern unseres Herrn, | sowie von | dessen Geburt und Auferziehung | seiner Flucht, seiner Rückkehr und seiner großen | Wunderwerke zu Jerusalem. (Fig.: *Anbetung der Hirten*, 79 × 85) | Nach alten Schriften auf's Neue erzählt von | Wilh. Raible. | Verlag von Enßlin und Laiblin in Reutlingen. | M. Hebsaker. (= *Reutlinger Volksbücher*, 62)
Kol.: Druck von A. d'Angelo in Reutlingen.
o. J. (1865), 46 S. + 1 Bl. Anzeigen, 165 × 104.
LBS d. D. oct K 3450.
Eine weitere Auflage (ebenda 3453) erschien ohne Angabe des Druckers; der Text ist neu gesetzt. Eine »Stereotyp-Ausgabe« erschien o. J. (1887) mit dem Vermerk »Druck und Verlag von Enßlin und Laiblin« (= Reutlinger Volksbücher, 30) (ebenda 3452)

Görres TVb Nr. 47, S. 250–256. – Achim Masser: Bibel, Apokryphen und Legenden. Geburt und Kindheit Jesu in der religiösen Epik des deutschen Mittelalters. Berlin 1969.

— Leben und Abenteuer des berühmten Freischaarenführers Joseph Garibaldi, General der sardinischen Armee und der italienischen Liga. Für's deutsche Volk erzählt. München 860. (Gummi.) 12. (60 S.) 3 ngr

—— das Leben, die Abenteuer und Hinrichtung des berühmten französischen Räuberhauptmanns Wilhelm Sars, seiner Söhne und Genossen. Nach französ. Quellen bearb. 16. (64 S.) Tübingen 853. (Ulm, Gebr. Rübling.) *

— das Leben, die Abenteuer und Hinrichtung des berühmten französ. Räuberhauptmanns Wilhelm Sars, seiner Söhne u. Genossen. Nach französ. Quellen bearb. Tübingen 855. (Ulm, Rübling.) 16. (64 S.) n. 2 ngr

(U.-Titel:) Leben, | Thaten und Höllenfahrt | des | Erzschwarzkünstlers | Dr. Johannes Faust. | (Fig.: *Faust, Famulus und Affe*, 71 × 69) | Für's Volk erzählt von | Wilh. Raible. | Reutlingen. | Verlag von Enßlin und Laiblin. (= *Reutlinger Volksbücher*, 13).
Kol.: Druck der Buchdruckerei von A. d'Angelo in Reutlingen.
o. J., 115 S., 161 × 100, 5 Fig. im Text, U.-Fig. noch einmal S. 86.
LBS d. D. oct K 3283.

Lebensgeschichte des Freiherrn von Partenstein, oder Das Opfer der spanischen Inquisition und die Härte der Glaubensrichter. Eine wahre Geschichte, mit interessanten Enthüllungen über die Freimaurerei. Fürs Volk erzählt von Wilh. Raible. Reutlingen: Ensslin & Laiblin [ca 1855]. 56 S. 8°
TB. 326. Schildert Partensteins (eines Frmrs) Schicksale in der Gewalt der Inquisition u. enth. S. 37—47 Partensteins Bekenntnisse üb. den Frmrorden.

— neuester Liebes-Briefsteller. Eine Auswahl von Briefen für Liebende auf alle nur mögl. Fälle. Nebst Eheversprechen u. Heirathscontracten. Rosenheim 867. Huber'sche Buchh. 8. (48 S.) 2 ngr

(U.-Titel:) Die schöne | Magelona, | und | Graf Peter mit den silbernen Schlüsseln, | von der Provence. | (Fig.: *Liebespaar*, 63 × 76) | Mit schönen Bildern geziert. | Von | Wilhelm Raible. | Reutlingen. | Verlag von Enßlin und Laiblin.
Kol.: Druck der Buchdruckerei von A. d'Angelo in Reutlingen.
o. J., 80 S., 149 × 101, 4 Fig. im Text.
LBS d. D. oct K 3551.

— erneuertes und vielvermehrtes Punktir-Buch oder des Schicksals Antwort auf jede unsere Zukunft betr. Frage. Für ernste u. scherzhafte Stunden aufs Neue herausg. Reutlingen (855.) Fleischhauer u. Spohn. 12. (24 S.) 1 ngr

—— erneuertes und vielvermehrtes Punktir-Buch oder des Schicksals Antwort auf jede unsere Zukunft betr. Frage. Für ernste und scherzhafte Stunden auf's Neue hrsg. 16. (24 S.) Reutlingen 873,75, Fleischhauer und Spohn. * — 10

— erneuertes u. vielvermehrtes Punktir-Buch, od. d. Schicksals Antwort auf jede unsere Zukunft betr. Frage. Für ernste u. scherzhafte Stunden aufs Neue hrsg. 8. (24 S.) Reutlingen 875. Fleischhauer & Spohn. n. — 10

— Schwarzkopf, der edle Wildschützen-Hauptmann. Interessante Erzählung aus den rheinbayer. Wäldern. Reutlingen 867. (Stuttgart, Fischhaber.) gr. 16. (39 S.) 2 ngr

—— das große Sympathie-Buch. Die vollständigste Sammlung aller gedruckten und ungedruckten, besten und glaubwürdigen sympathetischen rc. Heil- und Hausmittel für Menschen und Thiere, Landwirthschaft und Gewerbe rc. In alphabet. Ordnung hrsg. gr. 12. (IV und 239 S.) Ulm 856, Fr. Ebner.

— das große Sympathie-Buch. Die vollständigste Sammlung aller gedruckten u. ungedruckten, besten und glaubwürdigen sympathetischen rc. Heil- u. Hausmittel für Menschen u. Thiere, Landwirthschaft u. Gewerbe rc. In alphabet. Ordnung herausg. Ulm 857. Fr. Ebner. 12. (IV, 239 S.) 24 ngr

— das große Sympathie-Buch. Die vollständigste Sammlung aller gedruckten und ungedruckten, besten und glaubwürdigsten sympathetischen rc. Heil- und Hausmittel für Menschen und Thiere, Landwirthschaft und Gewerbe rc. In alphabetischer Ordnung herausg. 2. Aufl. Reutlingen 863. Enßlin & Laiblin. 12. (IV, 239 S.) 24 ngr

— das große Sympathiebuch. Die vollständigste Sammlung aller gedruckten u. ungedruckten besten u. glaubwürdigsten sympathet. rc. Heil- u. Hausmittel f. Menschen u. Thiere, Landwirthschaft u. Gewerbe. In alphabet. Ordng. 3. Aufl. gr. 16. (347 S.) Reutlingen 874. Enßlin & Laiblin. 2. 40

—— Wegweiser für die königl. württembergische Kreishauptstadt Reutlingen und die industriellen Nachbargemeinden Metzingen, Pfullingen und Eningen. Nebst einem Fremdenführer 8. (XVI und 172 S) Reutlingen 859, Enßlin und Laiblin. *

v. Raicewich, ..., Bemerkk. üb. d. Moldau u. Wallachei, in Rücksicht auf Gesch. rc.; a. d. Italien. 8. Wien 780. (Heubner). 12 gr

Raicewich, v., Bemerk. üb. d. Moldau und Wallachey, in Rücks. a. Gesch. rc. a. d. Ital. 8. Wien, Kurzböck. (Camesina.) 780.

Raicewich, v Bemerkungen über die Moldau und Wallachei in Rücksicht auf Geschichte, Naturproducte und Politik. Aus dem Italienischen. 8. Wien 1789.

Raich, Johann Michael, s.a. Beuren, Otto

Raich, J. M., üb. das Alter der Erstcommunicanten. Mit e. Anh. aus dem Pariser Pastorale vom J. 1786. gr. 8. (59 S.) Mainz 875. Kirchheim. — 60

— Die Auflehnung Döllingers gegen die Kirche u. ihre Autorität. Beleuchtung der Döllingerschen Erklärung v. 28. März 1871, nebst einer Widerlegung, daß der hl. Thomas v. Aquin durch falsche Väterstellen über den Primat getäuscht gewesen. Mainz, Kirchheim, 1871, gr. 8°, 84 S., 75 Pf.

Zu Raich vgl. Uccelli, Peter Ant., Über die Väterstellen in des hl. Thomas opusculum contra errores Graecorum. Katholik 1871, Bd. 2 S. 214—24

Raich, M., St. Augustinus u. der Mosaische Schöpfungsbericht, s.a. Broschüren, Frankfurter, zeitgemäße.

Raich, J. M., St. Augustinus u. der mosaische Schöpfungsbericht. Frankfurt, Fößer, 1889, 8°, 32 S., 50 Pf. (Zeitgem. Brosch.)
Recens. v. Gutberlet, Natur u. Offbrg Bd. 35, S. 701—2.

Raich, Joh. Mich. (Beuren, Otto), s.: Broschüren, Frankfurter zeitgemäße.

— Herr, erhöre mein Gebet! Gebet- u. Andachtsbuch f. kathol. Christen. 32. (480 S. m. 1 Stahlst.) Einsiedeln 894. Verlagsanstalt Benziger & Co.
Geb. in Leinw. m. Goldschn. n. —95

— s.: **Katholik, der.**

— Paradies der christlichen Seele. Vollst. Gebet- u. Andachtsbuch f. Katholiken. 9. Aufl. (482 S. m. farb. Titel u. 1 Farbdr.) 16. Kevelaer (905). Butzon u. Bercker
Geb. in Leinw. m. Goldschn. n. 1.10

Raich, J. M., Dorothea v. Schlegel geb. Mendelssohn u. deren Söhne Johannes u. Philipp Veit. Briefwechsel, im Auftrage der Familie Veit hrsg. 2 Bde. Mit den (rad.) Bildnissen von Dorothea u. Friedrich v. Schlegel, Johannes u. Philipp Veit. gr. 8. (XVI, 32, 448 u. VI, 456 S.) Mainz 881. Kirchheim. n. 15. —; geb. n. 18. —

Raich, J. M.,ha Skespeare's Stellung zur katholischen Religion. gr. 8. (VII, 231 S.) Mainz 884. Kirchheim. n. 4. 50

Die innere Unwahrheit der Freimaurerei. Von Otto Beuren [d. i. Joh. Mich. **Raich**]. Mainz: Kirchheim 1884. 179 S. 8°

[Dasselbe.] Von Joh. Mich. Raich (Otto Beuren). 2 Ausg. Ebendas. 1897. 179 S. 8°
Recens: Bh. 27 (1884) S. 373—374, 381—382 (O. Heinrichs); BrL. 3 (1884—1885) S. 36—39 (R. Brandt); Stimmen aus Maria-Laach. 54 (1898) S. 99.
Tt.1465. Für gebildete Katholiken geschrieben. Hat dem Artikel Freimaurerei in der Realencyclop. f. prot. Theologie. 3. Aufl. 6 (1899) S. 259 ff. als Grundlage gedient.

— die innere Unwahrheit d. Freimaurerei. 2. [Titel-] Ausg. gr. 8. (VII, 179 S.) Mainz (884) 897. F. Kirchheim. n. 1. 50
D. 1. Ausg. erschien unter d. Pseudonym Otto Beuren.

Raich, Maria, a. Odessa: Fichte, seine Ethik und seine Stellung zum Problem des Individualismus. Tübingen 1905: H. Laupp jr. (VII, 196 S.) 8° ¶ (Ersch. im Buchhandel bei J. C. B. Mohr in Tübingen).
Straßburg, Phil. Fak., Ref. Ziegler & Baeumker, Diss. v. 17. Dez. 1904
[Geb. 5./18. Apr. 77 Odessa; Wohnort: Odessa; Staatsangeh.: Rußland; Vorbildung: Marien-Mädchengymn. Odessa; Studium: Straßburg 6, Berlin 4 S.; Rig. 14. Dez. 1904.]

Raich, Maria, Fichte, seine Ethik u. seine Stellung zum Problem des Individualismus. (VII, 195 S.) gr. 8. Tübingen 905. J. C. B. Mohr. n. 4. —

MICHAEL RAICH, Notizen zur Geschichte der Pfarrei Traubing (Oberbayern). Separatabdruck zu den Deutschen Gauen. (C. Frank-Kaufbeuren.) Kaufbeuren 1902. Borchert & Schmid. 8°.

Raicher, Chaja: Die Behandlung der Placenta praevia erläutert an 111 Fällen der Universitäts-Frauenklinik der Königl. Charité. Charlottenburg 1909: Załachowski. 59 S. 8°
Berlin, Med. Diss. v. 9. März 1909, Ref. Bumm
[Geb. 13. Dez. 85 Kiew; Wohnort: Kiew; Staatsangeh.: Rußland; Vorbildung: Gymn. Kiew Reife O. 03; Studium: Bern 3, Berlin 7 S.; Rig. 4. März 09.] [U 09. 87

Raicsani, Joann., Itinerarium athei ad veritatis viam deducti, in quo atheizantium obiectae nebulae lucidissimo veritatis sole disperguntur. Wien 1704, in 12° Tyrnau 1737

Raid, John

— s. auch Reid.

Raid, John, Versuche üb. hypochondr. u. a. Nervenleiden; aus d. Engl. übers. v. A. Haindorf. 8. Essen 819. Bädecker. 1 ℛ 4 gℓ

Raidel, Geo. Mart., comment. crit.-literar. de Claudii Ptolomaei Geographia, c. fig. 4. Nürnb. Felsecker. 737.

Raidel, Karl Philipp

Raidel, Carl Philipp (Voigtsberg/Vogtland), De successione geradae juxta forum domicilii instituenda. Diss. jur. Präs. Georg Andr. Joachim. Leipzig (I. Titius) 9. IX. 1727. 28 S. (4.25) 27570

Raidt H, ein gesunder Geist in einem gesunden Körper. Englische Schulbilder in deutschem Rahmen. Hannover 1889

Raidt, Paul, Führer d. Jugend. E. Lehr- u. Gebetbuch f. d. heranwachs., zunächst d. christenlehrpflicht Jugend. 2., verm. u. verb. Aufl. 16. (280 S. m. farb. Titelbild.) Stuttgart 898. Süddeutsche Verlagsbuchh.
Kart. n.n. — 65; geb. in Leinw. n n. — 75; in Ldr. m. Goldschn. n.n. 1. 20

Raidt, Paul, Gott u. Welt. Waffen zum Kampf um den Gottesglauben f. Schule u. Haus. (VII, 190 S.) kl. 8. Nördlingen 905. Th. Reischle. n. 1. 50

Raidt, Paul, das Kind nach dem Herzen Jesu. Lehr- u. Gebetbüchlein f. Kinder der mittlern u. obern Schuljahre. 16. (304 S. m. 1 Farbdr.) Donauwörth 899. L. Auer. Geb. in Leinw. n. — 60

— das Kind nach dem Herzen Jesu. Lehr- u. Gebetbüchlein f. Kinder der mittleren u. oberen Schuljahre. 6. u. 7. Aufl. (à 256 S. m. 1 Farbdr.) 16. Donauwörth 904. L. Auer. Geb. in Leinw. n. —. 50

Raidt, Paul, das Kind nach dem Herzen Jesu. Lehr- u. Gebetbüchlein f. Kinder der mittleren u. obern Schuljahre. 9. Aufl. (256 S. m. 1 Farbdr.) 16. Donauwörth 907. L. Auer. Geb. in Leinw. — 50

— neues Meßbüchlein f. Kinder d. unteren Schuljahre. M. Bild. v. J. Bissinger. 16. (93 S.) Ebd. 897. Kart. n.n. — 30; geb. in Leinw. n.n. — 50

— Nachfolge d. göttl. Kindes Jesus. E. Gebetbüchl. f. Kinder d. oberen Schuljahre. 8. Aufl. 16. (169 S. m. 1 Farbdr.) Ebd. 898. Kart. — 35; geb. in Leinw. n.n. — 45; m. Goldschn. n. — 75

— Nachfolge des göttlichen Kindes Jesus. Ein Gebetbüchlein f. Kinder der oberen Schuljahre. 9. Aufl. gr. 16. (169 S. m. farb. Titelbild.) Stuttgart 899. Süddeutsche Verlagsbuchh. Kart. n — 35; Geb. in Leinw. n.n. — 45; m. Goldschn n. – 75

Rajewski, [Oswald], Rekt. u. Kgl. Schulinsp. Über die Entwickelung unserer Anstalt (und des Schulwesens der Stadt Wilhelmshaven). *Wilhelmshaven (1901): Th. Süss.* (S. 3 - 8.) 4°
Wilhelmshaven, R i. Entw., P 1901 (372a)

Rajewsky, M., Euchologion der orthodox-katholischen Kirche, s. Euchologion.

—— Gebetbuch zum Gebrauch der orthodoxen Christen, s. Gebetbuch.

Rajezer Rabbi, oder: der weltberühmte Witzkopf. Auswahl von mehr als 500 Anekdoten für das israelit. Publikum. Zum angenehmen Zeitvertreib auf Reisen, bei Tafel u. zum geselligen Vergnügen. Gesammelt u. hrsg. von D . . . . . r N . . . n. Pest 867. (Gebr. Lauffer.) 8. (VI, 138 S.) n. 14 ngr.

Raif, Th. L., unter blau-weiß-roter Fahne! Sammelbilder aus der franz. Fremdenlegion. Eigene Erlebnisse. (VII, 89 S.) 8. Straßburg 905. J. Singer. n. 1. 50

[J.] In fremdem Dienst. Erlebnisse in der französischen Fremdenlegion. Wahrheitsgetreu geschildert v. Theodor Leopold **Raif,** Sergeant im 2. bad. Feldart.-Rgt Nr 30. *Karlsruhe: J. J. Reiff 1897.* (VIII, 312 S.) 1 Bd 8. [97. 8127

[J.] Raiffeisen-Bibliothek. '**Raiffeisen**'. E. ländlicher Sorgenbrecher u. christl.-soc. Segensstifter. 8. Aufl. *Neuwied a. Rh.: Raiffeisen & Cons. 1896.* (14 S.) 1 Bd 8. [98. 7603

Raiffeisen. – Friedrich Wilhelm Raiffeisen und die nach ihm genannten ländlichen Darlehnskassen-Vereine, s. Wuttig, A.

Raiffeisen, Friedrich Wilhelm

Raiffeisen's, F. W., Anleitung zur Geschäfts- u. Buchführung ländlicher Spar- und Darlehnskassen-Vereine, im Auftrage der General-Anwaltschaft ländl. Genossenschaften f. Deutschland in 7. Aufl. neu bearb. u. erweitert v. Mart. Faßbender. gr. 8. (IV, 194 S.) Neuwied 896. Raiffeisen & Cons Geb. in Leinw. n.n. 3. 25

Raiffeisen, F. W., s.a. Anleitung, kurze, zur Gründung v. Darlehnskassen-Vereinen ꝛc.

Raiffeisen, F. W., kurze Anleitung zur Gründung von Darlehnskassen-Vereinen, zugleich Uebersicht über deren Einrichtung und Organisation. 1. und 2. verb. Aufl. gr. 8. (VIII, 68 S.) Heddesdorf-Neuwied 884. (Leipzig, Haessel.) *

Raiffeisen, F. W., kurze Anleitung zur Gründung v. Darlehnskassen-Vereinen, zugleich Uebersicht üb. deren Einrichtg. u. Organisation. 4. Aufl. gr. 8. (VIII, 70 S.) Neuwied 885. (Leipzig, Haessel.) n. — 60

Raiffeisen, Friedrich Wilhelm: Kurze Anleitung zur Gründung von Darlehnskassenvereinen, zugleich Übersicht über deren Einrichtung und Organisation. 4.Aufl. Neuwied: Raiffeisen & Cons. 1885. DGK

Raiffeisen, F. W., kurze Anleitung zur Gründung von Darlehnskassen-Vereinen, zugleich Übersicht über deren Einrichtung u. Organisation. 5. u. 6., verb. Aufl. gr. 8. (VIII, 54 S.) Neuwied 887. 888. (Leipzig, Haessel.) n. — 60

Raiffeisen, Friedrich Wilhelm: Die Darlehnskassen-Vereine. Vortrag über deren Einrichtung und Zweck, geh. in einer Versammlung des Dusseldorf-Neußer Unterverbandes. Als Flugblatt hrsg. Neuwied: Raiffeisen u. Cons. 1887. DGK

Raiffeisen, F. W., die Darlehnskassen-Vereine als Mittel zur Abhilfe der Noth der ländlichen Bevölkerung, sowie auch der städtischen Handwerker u. Arbeiter. Praktische Anleitung zur Bildung solcher Vereine, gestützt auf 16jähr. Erfahrung, als Gründer derselben. Neuwied 866. Strüder. gr. 8. (VIII, 227 S.) . n. 25 ngr.

Raiffeisen, F. W., die Darlehnskassen-Vereine, in Verbindg. m. Consum-, Verkaufs-, Gant- ꝛc. Genossenschaften, als Mittel zur Abhilfe der Noth der ländl. Bevölkerg., sowie auch der städt. Arbeiter. Praktische Anleitg. zur Bildg. solcher Vereine gestützt auf 23jähr. Erfahrg. [2. verm. u. verb. Aufl.] gr. 8. (VIII, 353 S. m. 3 Tab. in qu. 4. u. qu. Fol.) Neuwied 872. Strüder. n. 3. 50

Raiffeisen, F. W., die Darlehnskassen-Vereine in Verbindung mit Consum-, Verkaufs-, Winzer-, Molkerei-, Viehversicherungs- ꝛc. Genossenschaften als Mittel zur Abhilfe der Noth der ländlichen Bevölkerung. Praktische Anleitung zur Gründung u. Leitung solcher Genossenschaften. 8., vollständig umgearb. u. bedeutend verm. Aufl. gr. 8. (XVI, 509 S.) Heddesdorf-Neuwied 881. (Leipzig, Haessel.) geb. n. 8. —

— die Darlehnskassen-Vereine in Verbindung m. Consum-, Verkaufs-, Winzer-, Molkerei-, Viehversicherungs- ꝛc. Genossenschaften als Mittel zur Abhilfe der Noth der ländlichen Bevölkerung. Praktische Anleitg. zur Gründg. u. Leitg. solcher Genossenschaften. 4. Aufl. gr. 8. (XX, 541 S.) Ebend. 883. n. 8. —

— die Darlehnskassen-Vereine in Verbindung m. Consum-, Verkaufs-, Winzer-, Molkerei-, Viehversicherungs- ꝛc. Genossenschaften, sowie den dazu gehörigen Instruktionen als Mittel zur Abhülfe der Noth der ländl. Bevölkerung. Prakt. Anleitg. zur Gründg. u. Leitg. solcher Genossenschaften. 1. Thl.: Die Darlehnskassen-Vereine u. sonst. ländl. Genossenschaften. 5., verb. Aufl. gr. 8. (XVI, 266 S.) Neuwied 887. (Leipzig, Haessel.) geb. n. 5. —

— Die Darlehensvereine. Vortrag. Als Flugblatt verbreitet. 7. Aufl. 8°. Neuwied 1889.

Raiffeisen, F. A. Vide: Genossenschaftsblatt (Landwirtsch.)

Raiffeisen, Fr. W., 5. Instruction zur Geschäfts- u. Buchführung der Darlehenskassenvereine. 8°. Neuwied 1869. 4. Aufl. 8°. Ebd. 1883.

—— **Instruktion zur Geschäfts- und Buchführung der Darlehnskassen-Vereine mit Erläuterung durch praktische Beispiele. 4. theilweise umgearb. und verb. Aufl. gr. 8. (III, 165 S.) Leipzig 883, (Haessel.) geb. ***
Aus: Die Darlehnskassen-Vereine, besonders abgedruckt.

Raiffeisen, Friedrich Wilhelm: Die Spar- und Darlehnskassenvereine als Mittel zur Abhilfe der Not der landlichen Bevölkerung. Neu bearb. von Martin Fassbender. T.2. Anleitung zur Geschäfts- und Buchführung der Spar- und Darlehuskassen-Vereine. 6.Aufl. Neuwied: Raiffeisen 1895. DGK

—— **Statistik über 121 der im Anwaltschafts-Verbande befindlichen Darlehnskassen-Vereine pro 1881. gr. 4. (15 S.) Heddesdorf-Neuwied 888. (Leipzig, Haessel.) ***
Aus: Landwirthschaftliches Genossenschaftsblatt, besonders abgedruckt.

Raiffeisen, Rudolf [P.]: Die Darlehuskassen-Vereine und der Nassauische Bauernverein. Eine Entgegnung auf die Angriffe des letzteren. Neuwied: Raiffeisen u. Cons. 1889. DGK

Raiffeisen, R. P., Drei Jahre General-anwalt der Neuwieder Genossenschafts-Organisation. 8°. München 1894.

Funfzig Jahre Raiffeisen-Arbeit 1849 - 1899. Erfurt 1899.

Raiffeisen-Bibliothek. 1. Bd. kl. 8. Neuwied 909. (Leipzig, H. Haessel Comm.-Gesch.) nn — 15
1. Raiffeisen-Organisation, die. Hrsg. vom Generalverband ländl. Genossenschaften f. Deutschland, e. V., in Neuwied. 10. Aufl. (32 S.)
Fortsetzg. s.: Genossenschaftsbücherei, deutsche ländl.

Raiffeisen-Bote. Hrsg. vom Verband landlicher Genossenschaften fur Elsass-Lothringen. Jg.1,1901. Strassburg 1901.

Raiffeisen-Bote. Jg.12,1910. Neuwied: Landw. Zentral-Darlehnskasse für Deutschland 1910.

Raiffeisen-Kalender. Jg.1,1892 - 9,1900. Regensburg: Manz 1892-1900.
Forts. u.d.T.: Genossenschaftskalender des Bayerischen Landesverbandes landwirtschaftlicher Genossenschaften.

Raiffeisen-Kalender f. 1892. 12. (32 S. m. 3 Bildnissen.) Regensb., Verlags Anstalt. * — 10

Raiffeisen-Kalender f. 1895. Zum Nutzen der Vereine hrsg. v. C. W. Kaiser. 4. Jahrg. 8. (66 S. m. 4 Abbildgn.) Regensburg, Nationale Verlagsanstalt. n. — 20

Raiffeisen-Kalender f. 1899. Zum Nutzen d. Vereine hrsg. v. C. W. Kaiser. 8. Jahrg. 12. (86 S. m. Abb. u. Bildn.) Regensburg, Verlagsanstalt vorm. G. J. Manz. n. — 20

Raiffeisen-Kalender, Fortsetzung, s.: Genossenschafts-Kalender des bayerischen Landesverbandes.

Neuwieder Raiffeisen-Kalender. Jg.1,1896 - 37, 1931. Neuwied: Heuser; Raiffeisen & Cons.; Landw. Zentraldarlehnskasse für Deutschland; Dt. Raiffeisenbank; Genossenschaftsdruckerei Raiffeisen 1896-1931. Jg.24 u.37: DGK
Jg.41,1937 u.d.T.: Genossenschafts-Kalender.

Raiffeisen-Kalender, Neuwieder, f. d. J. 1896. Im Auftrage d. General-Anwaltschaft ländl. Genossenschaften f. Deutschland, hrsg. v. **Fassbender,** Neuwied 896.

— Neuwieder, 1898. Im Auftr. der General-Anwaltschaft ländl. Genossenschaften f. Deutschland in Neuwied hrsg. 4. (104 u. 16 S. m. Abb.) Neuwied, Raiffeisen & Cons. n. — 50

— Neuwieder, 1903. 9. Jahrg. Hrsg. v. dem General-Verbande ländl. Genossenschaften Raiffeisenscher Organisation f. Deutschland. 4. (106 u. 16 S. m. Abb.) Neuwied. (Leipzig, H. Haessel, Comm.-Geschäft.) n.n. — 50

Raiffeisen-Kalender, Neuwieder, 1907. 13. Jahrg. Hrsg. vom Generalverband ländl. Genossenschaften, e. V., in Neuwied a. Rh. Schriftleitung: J. Petry. (104 u. 16 S. m. Abbildgn., 1 Taf. u. Wandkalender.) Lex.-8. Neuwied. (Leipzig, H. Haessel Comm.-Geschäft.) n.n. — 50

Raiffeisen-Kalender, Neuwieder, 1911. 17. Jahrg. Hrsg. vom Generalverband ländl. Genossenschaften f. Deutschland, e. V., in Neuwied. Schriftleitung: Alb. Buchrucker. (104 u. 16 S. m. Abbildgn., 1 Taf. u. Wandkalender.) Lex. 8. Neuwied (Leipzig, H. Haessel Comm.-Geschäft) nn — 50

— für Württemberg f. d. J. 1900. Hrsg. v. Ed. Her. 1. Jahrg. 8. (56 S. m. 1 Bildnis u. Marktverzeichnis 12 S. m. 1 eingedr. Karte in 4.) Stuttgart, W. Kohlhammer. n. — 40
Vergl.: Genossenschafts-Kalender, landw., f. Württembg.

Raiffeisen-Liederbuch. Hrsg. von d. Gen.-Verband ländl. Genossenschaften f. Deutschland ⟨Raiffeisenscher Organisation⟩, Neuwied. *(Neuwied [1902?]: Raiffeisen-Dr.)* (32 S.) 8° [F.] [03. 7739 B

Raiffeisen-Liederbuch. Hrsg. von d. General-Verband ländl. Genossensch. f. Deutschland ⟨Raiffeisenscher Organisation⟩. Neuwied [1904]: Raiffeisen-Dr. (52 S.) 8° [F.] [06. 2983

Die Raiffeisenorganisation. Herausg. v. dem Generalverbande ländlicher Genossenschaften f. Deutschland zu Neuwied. Neuwied 1901 27 S. P

Die **Raiffeisen-Organisation.** Hrsg. v. Generalverband ländl. Genossensch. f. Deutschl. 7. Aufl. Neuwied: Raiffeisen-Dr. 1905. (32 S.) 8° [F.]
— **Raiffeisen-Bibliothek.** Bd 1. [06. 4439

Die Raiffeisen-Organisation. 10.Aufl. Leipzig: Haessel in Komm. 1909. - Raiffeisen-Bibliothek. 1.

Erster osterreichischer Raiffeisentag. Stenogr. Protokoll. Wien: Hof- u. Staatsdruckerei 1897.

Raji, J., physikotheolog. Betrachtt. v. Anfang, Veränderung u. Untergang d. Welt; aus d. Engl. Mit Kpf. 8. Lpz. 756. (Frommann in Jena). 10 gr.

Raji, I., Gloria Dei, od. Spiegel d. Weish. u. Allmacht Gottes. 4. Goslar, König. 717.

— method. plantarum, nec non graminum etc. 8. Lond. Myth. 733.

Rajičić, Dušan, aus Serbien **Berücksichtigung der Individualität in der Massenerziehung. Geschichte u. Darstellung.** *Belgrad 1899: Neue Handelsdruckerei.* (283 S.) 8°
Jena, Phil. Diss. v. 21 Dez.) 1898

Raikin, J., Selbstunterrichtsbriefe f. die russische Sprache, s.: Haeusser, E.

Raikin, J., Unterrichtsbriefe f. die russische Sprache, s.: **Haeusser, E.**

Raikin, Isai. Zur Kenntnis des β Aethoxyacetonaphtons, und uber die Einwirkung von substituirten Saurechloriden auf Benzol (Basel) Karlsruhe. 1892

RAIKOVICS, JOSEPHUS Apocaliptisches Adler-Aug. Oder Schuldigste Lob- und Ehren-Rede, Mittels welcher Nach eingeschränckter Menschlicher Vernunft der endliche Witz sich empor schwinget / Und zur Folg Seraphischer Fron-Geister das unerforschliche Geheimnuß Ewiger GOttheit bekennet An dem hohen Titular-Fest des Barfüsser-Ordens Der Allerheiligsten Dreyfaltigkeit Von Erlösung gefangener Christen In eigenem GOttes-Hauß zu Klein-Maria-Zell zu Alt-Ofen, vor zahlreicher Gegenwart Josephus Raikovics, Budensis, Infimae Clas. Rhet. studiosus. Ofen 1756: Leop. Frantz Landerer. 4 f. - 4°

Raikow, Pentscho: Ueber α-Methylzimmtsäure und ihre möglichen geometrischen Isomeren. . . . Leipzig, Druck v. König & Freter, 1888; 29 S. + 1 Bl. 8°
Leipzig, Phil. Fak., Inaug.-Diss. v. 10. Sept. 1888

Rail, Egon [Ed. Maria Schranka], Gedichte. 12. (VIII, 153 S.) Spandau 884. Neugebauer. n. 3. —; geb. m. Goldschn. n. 4. —

Raila, Kurt, die Mobilmachung des Offiziers, Sanitätsoffiziers u. Beamten. (23 S.) kl. 8. München 906. J. Lindauer. n. — 50

Ueber die Form des deutschen Sprachunterrichtes. Von Wilibald Raila, Stdl. — 1849. Ebend. — S. 3 -12.
Progr. Burghausen.

Raila, Willib., der Vokal-Akzent, ein bisher unformulirtes Gesez der Sprachen, insbesond. der deutschen Sprache. gr. 8. (48 S.) München 866, J. A. Finsterlin. *

Raila, Willib., der Vokal-Akzent, ein bisher unformulirtes Gesez der Sprachen, insbesondere der deutschen Sprache. München 868. J. A. Finsterlin. gr. 8. (48 S.) n. 8 ngr.

Wesen der sokratischen Lehrmethode und deren Anwendung auf den christkatholischen Religionsunterricht. Von Wilibald Raila, Stdt. — 1844. Burghausen, Lutzenberger. — S 3—7.
Progr Burghausen.

Railing, Adolf: Über Kommutierungsvorgänge und zusätzliche Bürstenverluste. 1903. 58 S. 8° ¶ Auch bei Enke in Stuttgart u. als: Sammlung elektrotechn. Vorträge. Bd 4, H. 8.
München, Dr.-Ing.-Diss. v. 4. 5. 1903

Railing, Adf., üb. Kommutierungsvorgänge u. zusätzliche Bürstenverluste. (58 S. m. 43 Abbildgn.) gr. 8. Stuttgart 903. F. Enke. n. 1. 20
Sonderabdruck aus: „Sammlung elektrotechn. Vorträge".

Raillard. August R' als Klubist und als Bergsteiger s H[offmann]-B[urckhardt], A[lbert].

Raillard, Alfred [aus Basel]: Ueber Azammoniumverbindungen. Basel 1897. 34 S. 8°.
Basel. Phil. Diss. 1897/98.

Raillard. Emanuel Leichenrede bei der Beerdigung des Herrn Johannes Wieland. gewesenen eidgenossischen Oberst .., gehalten den 24 Marz 1832 .. [zu Basel]. 8. Basel.

Raillard. Emanuel. Rede bei der Beerdigung der Leiche des Herrn Jakob Christoph Bischoff. gehalten . [zu Basel] den 26 Januar 1825 8 Basel.

Raillard Emanuel. Rede bei Beerdigung des . Herrn Sam(uel) de Sam(uel) Merian. gehalten . [zu Basel] den 10. Octob. 1825 über den Text Psalm 32 1, 2 8 Basel.

Raillard. Emanuel. Rede über 1. B. Mose 32 10 bey Beerdigung des .. M. Joh(ann) Rudolf Hubers. Pfarrers bey St Elisabethen in Basel. Gehalten allda den 11ten Marzens 1806. 8. Basel

Raillard. [Emanuel] Rede über Offenb. Johs 14 13 bey Beerdigung der . Frau Elisabeth Merian Herrn Joh[ann] Jacob Merian. des Handelsmanns, gewesenen Frau .. gehalten [zu Basel] den 14 November 1815. 8 Basel.

Raillard. Emanuel. Rede uber Psalm 143. 2 bey der Beerdigung des Herrn Abraham Iselin. des Handelsmanns und des Raths gehalten [zu Basel] den 30 Merz 1815 8 Basel

Raillard, Emanuel De scirrho uteri. Halae (1822) Grunert 46 S. 8°
Halle-Wittenberg, Med. Diss. v 6. Juli 1822
Geb. Basel 6. 12. 1797 V.

Raillard. Emanuel Standrede gehalten den 4ten Merz 1812 bey der Beerdigung des Magdlems Rosina Dorothea Raillard . [zu Basel]. 8 Basel

Raillard, Jeremias: Thesium juridicarum c o l l e c t i o tumultuaria. 5 S.–
Basel, Jur Diss.v.21.Febr 1714.

Raillard, Jeremias: De publicorum patrociniorum sive protectionis j u r e. 50 S.–
Basel, Jur Diss.v. 25.Mai 1712

— Jeremias (Basel), De jure fructus percipiendi ex re aliena bona aut mala fide possessa. Disquis. jur. **Basel (Fr. L. Meyer) 25. VIII. 1738. 22 S.** (4.50) 27573
Gew.: Nicolaus Bernoullius, Jeremias Raillard (Vater).

Raillard, Jeremias. Circa p r i v i l e g i a uxorum quoad bona in mariti domum illata (Resp.· Joh.Heinrich Faesch) 9 S.–
Basel, Jur.Diss.v. 25.Nov.1746.

Raillard, Jeremias. T h e s e s juridicae miscellaneae (Resp. Leonhard Ryhiner). 7 S.– .
Basel, Jur.Diss.v 24.Febr 1721

Raillard, Jeremias. T h e s e s juridicae tumultuariae. (Resp.· Jean Jacques Sandoz). 1 Bl.–
Basel, Jur Diss.v 2.Sept 1757

Raillard, Johannes, aus Basel Die Anordnungen des M. Antonius im Orient in den Jahren 42 bis 31 v. C. Zür E. Lehmann Dr 1894. 58 S. 1 Bl. Vita. 8°
Zürich. Phil. Diss. [v. 5. Dec 1894].

Raillard, Lukas: De quibusdam philosophiae moralis c a p i t i b u s (Resp. Emanuel Bruckner). 7 S.–
Basel, Jur.Diss.v 17.Jan.1749

Weihe-Hymnus für 4 Männerstimmen a cappella zur Einweihung des „Heims für Gebrechliche Kinder" in Leipzig-Eutritzsch (☐ d. 28. Nov. 1909) gedichtet und komp. von **Theod. Raillard.** [Leipzig 1909.] 4 S. 8° [Kopftit.]
Mit Noten: „Nun ist das Werk vollendet, ..."

Raillier-Reglement, z. Beachtung empfohlen unseren Kameraden im Heere sow. als Leitfaden f. Turn- u. Wehrvereine, Jugendwehren usw., hrsg. v. dtschn. Offiziertag, Koburg 1885, 40 S., 8°.

Railton, G. S, und J Janker Die Heilsarmee und der Trunksuchtsgesetz Entwurf Eine Reihe Briefe Berlin. Mk. — 10.

Railton, G. S., das Leben des Oberstleutnant Junker, s.a. Gottesstreiter, gekrönte. II.

Das Leben des Oberstleutnant Junker Von Kommandeur G. S. **Railton.** Mit Vorw. u. Widmung von Kommandeur W. Elwin Oliphant. Berlin: Heilsarmee-Grundstücksges. 1905. (XII, 178 S.) 8° [F.]
= **Gottesstreiter,** Gekrönte. 2. (07. 7476 11

Railway Practice. A Collection of Working Plans and Practical Details of the Construction of the Public Works of the most celebrated Engineers on the several Railways, Canals, and other Public Works throughout the Kingdom. In one handsome 4to. volume, with 80 or 90 large folding plates, cloth. London, Black et Armstrong. 18½ ℳ — Glossary to ditto, 4to. 14¼ ℳ — 2te Series. 4to. 18⅜ ℳ

Raim, Karl, s. Novellen-Bibliothek, neueste.

Raimand, Johs., die Wallfahrt nach Moresnet. Dichtung. 12. (40 S.) Aachen 880. Barth. n. — 50

Raimann, Ill. ac Claro Dno Joanni Nep., dum universalis nosocomii director ... denominatur ... Viennae 1820. V: *Viszánik, Mich.* (Pk)

Raimann E.: Die Brunnenwässer der Stadt Kremsier. 27. Kremsier R. 83. Progr.

Raimann E. Über das Fett der Cochenille S 92. II 1126 vgr
Separatabdruck

Raimann E. und F. Berwerth, Petrographische Mittheilungen. (Analyse des Anöit von Alnö — Dacittuff — Concretionen in Dacituff. (Sep.-Abdr. aus den Annalen des k. k. naturhistorischen Hofmuseums. X. Bd., Heft 1.) Lex.-8. (6 S.) In Comm. –.20
Wien: Alfred Hölder 1895

Raimann, Emil, Alkohol u. Geisteskrankheiten, s.: Vom österreich. Kampfplatz gegen den Alkoholismus.

Raimann, Emil, die Behandlung u. Unterbringung des geistig Minderwertigen. (87 S.) gr. 8. Wien 907. F. Deuticke. 1.50
Sonderabdruck aus: „Jahrb. f. Psychiatrie u. Neurol."

— die hysterischen Geistesstörungen. Eine klin. Studie. (VII. 395 S.) Lex.-8. Wien 904. F. Deuticke. n. 9. —

Raimann Emil: Meteorologische Notizen. 16. Kremsier R. 92.
Progr.

— s.: Simulation.

Raimann, Fr., s. J. H. Curtis, Gesundheit u. langes Leben.

— Wasserheilkunde, s. Universal-Handbuch der Wasserheilkunde.

Raimann, Friedr., Albertus Magnus, s. Albertus Magnus.

— s. Albertus Magnus, Geheimnisse.

Raimann, Frdr., des neu verbesserten Albertus Magnus erprobte u. bewährte sympathetische u. natürliche egypt. Geheimnisse f. Menschen u. Thiere oder Rathgeber der Sympathie, des Magnetismus u. der wichtigsten Geheimmittel für Leiden aller Art. Neu verm. u. hrsg. Mit einem alphabet. Register. 12. (X u. 265 S.) Ulm 851, Fr. Ebner. 19 ngr

Raimann, Frdr., d. neu verbesserten Albertus Magnus erprobte u. bewährte sympathetische u. natürliche egyptische Geheimnisse f. Menschen u. Thiere oder Rathgeber der Sympathie d. Magnetismus u. der wichtigsten Geheimmittel f. Leiden aller Art. 3., verb. u. verm. Aufl. 8. (205 S.) Reutlingen 872. Enßlin & Laiblin. 1. 80

—— sympathet. Rathgeber, oder Universal-Handbuch der Sympathie, des Magnetismus u. der wichtigsten Geheimmittel für Leiden aller Art. In alphabet. Ordnung herausgeg. 8. (14 B.) Ulm 843, (Friedr. Ebner.)

Raimann, Johann Nepomuk von

Raimann, J. N., Anleitung z. Ausübung d. Heilkunst z. Gebrauch f. d. klinischen Unterricht. gr. 8. Wien, Camesina. 815.

Raimann, J. N., Anleit. z. Ausübung d. Heilkunst. gr. 8. 815. Hat jetzt Volke in Wien und der Preis

v. Raimann, Edler Jh. Nep., Anleit. zur Ausübung d. Heilkunst, zum Gebr. f. d. klinischen Unterricht. gr. 8. Wien 815. 2e Aufl. 821. (Volke). 1 ₰

Raimann, Johann Nep(omuk von): Anweisung zur Ausübung der Heilkunst, als Einleitung in den klinischen Unterricht. 160 S., gbd.

Wien: Camesina 1815

JB 2.411

Raimann, Johann Nep(omuk von): Anweisung zur Ausübung der Heilkunst, als Einleitung in den klinischen Unterricht. 2.Aufl. 167 S., gbd.

Wien: Volke 1821
vor: Raimann, J.N.von: Handbuch der speciellen medicinischen Pathologie und Therapie, für akademische Vorlesungen bearbeitet. 3...Aufl. Bd 1. Wien: 1826

JB 2.415/1

Raimann, Johann Nep(omuk von): Handbuch der speciellen medicinischen Pathologie und Therapie, für seine Vorlesungen bearbeitet. Bd 1 - 2, gbd.

Wien: {Bd 1: Camesina 1816
Bd 2: Heubner & Volke 1817

JB 2.413

Raimann, Johann Nep(omuk von): Handbuch der speciellen medicinischen Pathologie und Therapie, für akademische Vorlesungen bearbeitet. 2.verm.u.verbess.Aufl. Bd 1 - 2, gbd.

Wien: Volke 1823

JB 2.414

Raimann, Johann Nep(omuk) von: Handbuch der speciellen medicinischen Pathologie und Therapie, für akademische Vorlesungen bearbeitet. 3.verm.u.verbess.Aufl. Bd 1 - 2, gbd.

Wien: Volke 1826
vorgedr.in Bd 1: Raimann, J.N.(von): Anweisung zur Ausübung der Heilkunst, als Einleitung in den klinischen Unterricht. 2.Aufl. Wien: 1821

JB 2.415

Raimann, Johann Nep(omuk) von: Handbuch der speciellen medicinischen Pathologie und Therapie, für akademische Vorlesungen bearbeitet. 4.verm.u.verbess.Aufl. Bd 1 - 2, gbd.

Wien: Volke 1831

JB 2.416

Raimann, Joh. Nep. v., Handbuch d. spec. medicin. Pathologie u. Therapie, f. akadem. Vorlesn. bearb. 2 Bde., 5., verm. u. verb. Aufl. gr. 8. (82¾ B.) Wien 839, [Gerold's Vrlsb.]

v. Raimann, Jh. Nep., s. Jahrbücher, medicin., d. k. österr. Staates.

Raimann, Jo(hann) Nep(omuk) von: Institutiones generales ad praxin clinicam, usu academico dicatae. (Anweisung zur Ausübung der Heilkunst als Einleitung in den klinischen Unterricht. Lat.) Editio Latina. 97 S., gbd.

Vindobonae: Volke 1829

JB 2.412

Raimann, J(ohann) N(epomuk) von: Principia pathologiae ac therapiae specialis medicae, usui academico adcommodata. (Handbuch der speciellen medicinischen Pathologie und Therapie, für akademische Vorlesungen bearbeitet. Lat.) Editio latina. Tom.1 - 2, gbd.

Viennae: Volke 1835

JB 2.417

- Principia Pathologiae ac Therapiae spec. med., usui academ. adcommodata. Edit. lat. II Ti. 8maj. Viennae 835, [libr. Volke.]
Tom. I. Febres, Inflammationes, et Efflorescentias cutaneas laeves complectens. (36 B.) 3 Thlr.
- II. Efflorescentias cutaneas elevatas, Cachexias, Morbos secret excretorias, atque Nevroses compl. (36 B.) 2 Thlr. 18 Gr.

Raimann, Joh(ann) Nep(omuk von): Rede zur Gedächtnissfeyer des hoch- und wohlgebornen Herrn Nic(olas) Jos(eph) Freyherrn v. Jacquin, der Heilkunde Doctors,...emeritirten Professors der Chemie und Botanik... Gehalten im Saale der hohen Schule am 9. Juni 1818. 28 S., gbd.

Wien: typ. Strauss 1818

JB 5.833

Raimann, Rudolf

Raimann, R., üb. unverholzte Elemente in der innersten Xylemzone der Dicotyledonen. Aus dem pflanzenphysiolog. Institute der k. k. Universität in Wien. [Mit 2 Taf.] [Aus: „Sitzungsber. d. k. Akad. d. Wiss."] Lex.-8. (36 S.) Wien 889. (Tempsky.) n. 1. 50

Raimann Rudolf Über unverholzte Elemente in der innersten Xylemzone der Dikotyledonen mit 2 Taf S 96 I 10 K 1.50
Separatabdruck

Raimann, Rud., Onagraceae, Hydrocaryaceae, s.: Engler, A., u. K. Prantl, die naturlichen Pflanzenfamilien.

Raimar, F., deutsche Gedichte. gr. 8. Heidelb. Engelmann. 814.

Raimar, F., deutsche Gedichte, gr. 8. Heidelberg. 814. Jetzt Hermann in Frankfurt a. M.

— Napoleons polit. Komödie, s. Fr. Rückert.

Deinhard, Ernst: [Lied.] Zu Bruder Ernsts [Deinhard] Geburtstag. (28. Sept. 1893.) Ein Lied im höhern Stil, in der Geisterstunde zu singen, von **Raimbold.** [Gotha: 1893.] 2 Bl. 8° [Kopftit.] Ohne Noten: „Heut vor 62 Jahren . . ."

RAINER, Adalbert Joseph (München): De hernia inguinali et ligguae vitiis neonatorum.- Monachii: Giesser 1837. 15 S.
21.8.1835 - Urk; F 62
Diss. Ingolst.-Landsh.-Mchn.

Raimon Vidal v. Bezaudun, Abrils issi' e mays intrava. Lehrgedicht. Kritischer Text m. Einleitung, Uebersetzung u. Kommentar v. Wilh. Bohs. (114 S.) gr. 8. Erlangen 903. F. Junge. n. 2. 80
Sonderabdruck aus: „Vollmöller's roman. Forschgn."

Raimond, C. E., s.: Robins, Elizabeth.

RAIMONDI, Carolus: De causis et effectibus conversionis Constantini Magni. — (1840) 156 S. 8° (Handschr.) Diss. 134
Diss. Wien, Univ.

Raimund, s. Ritter.

Raimund und Emilie, eine Geschichte aus den Zeiten der Kreuzzüge, 8. Prag, 791. Neureutter. 20 sgl.

RAIMUND und Emilie. Geschichte aus den Zeiten der Kreuzzüge. Prag u. Leipzig, in der v. Schönfeld-Meißnerischen Buchh. 1791. 8°.
Tit. u. 277 S. — Zahm.

Raimund u. Emilie 2c., hat auch Joachim.

Raimund, Ferd., zur Biographie desselben, s.: Frankl, L. A.

RAIMUND u. Hugo oder Die Weisen im Berge Horeb. Eine Geschichte aus dem 7. Jahrhundert der Hegira. Mit 1 Titelkpf. u. Vign. Frankf. 1798. 8°. (1 fl. Gilhofer & Ranschburg, Wien, c. 1890.)

Raimund und Ladislaus, oder Edelmuth und Liebe. Eine Novelle. 8. Wien, Wimmer. 815.

— der Unerbittliche, od. schreckl. Folgen d. Hartherzigkeit. 2 Thle. 8. Leipz. 805. (Fort). 1 ℳ 16 ℊ Hbg. Pr. 1 ℳ

— d. unerbittliche, od. schreckliche Folgen d. Hartherzigkeit. 2 Thle. 8. Lpz. Tauchnitz. 805.

Raimund Anton, Fürstbischof von Eichstätt

Raymundi Antonii, Episcopi, instructio pastoralis emendata et aucta jussu et auctoritate Georgii sacrae sedis Eystettensis Episcopi ad clerum dioecesanum. Eystadii 854. (Regensburg, Manz.) gr. 8. (XXIV, 480 S. u. Appendix 56 S.) nn. 2 ℳ.

Raymundi Antonii, episcopi, instructio pastoralis ad clerum emendata et aucta per Georgium episcopum, jussu et auctoritate reverendissimi ac illustrissimi patris ac domini Francisci Leopoldi, sacrae sedis Eystettensis episcopi, novis typis impressa atque ad constitutionis „Apostolicae Sedis" et recentiorum decretorum normam denuo emendata. gr. 8. (XXX, 492 und 63 S.) Eichstätt 877, (Krüll'sche Buchh.) *

Raymundi Antonii episcopi instructio pastoralis ad clerum, emendata et aucta per Georgium episcopum gr. 8. (XXX, 551 S.) Eichstätt 871. (Krüll — Regensburg, Manz.) n. 6. —

Raymundi Antonii instructio pastoralis ad clerum emendata et aucta per Georgium episcopum, jussu et auctoritate reverendissimi ac illustrissimi patris ac domini Francisci Leopoldi, sacrae sedis Eystettensis episcopi, novis typis impressa atque ad constitutionis „Apostolicae Sedis" et recentiorum decretorum normam denuo emendata. gr. 8. (XXX, 492 u. 63 S.) Eichstätt 877. (Stillkrauth.) n. 7. —

— instructio pastoralis, omissis legibus specialiter ad dioecesin Eystettensem spectantibus, et juxta normam in tota ecclesia catholica nunc valentem emendata aucta et denuo redacta a J. Firnstein. gr. 8. (350 S.) Regensburg 880. Manz. 4. —

Raymundi Antonii, episcopi, instructio pastoralis. Iussu et auctoritate reverendissimi domini Francisci Leopoldi, episcopi Eystettensis, iterum aucta et emendata. Ed. V. gr. 8. (XXIV, 620 S.) Freiburg i/B 902. Herder. n. 8. —; geb. in Halbfrz. n. 10. —

Raimund, A., Gedenke mein! Ernstes u. Heiteres aus mein. Stammbuch. Nebst e. Anh. ausgewählt. Stellen aus d. Schriften v. Göthe, Schiller, Jean Paul, Körner, Stolberg, Caroline Pichler, Houwald u. a. 8. (2¼ B.) Arnsberg 833, Ritter.

Raimund, Ed., das Buch der Liebe oder das Geschlechtsleben in seinem ganzen Umfange. Enthltd.: Ueber Liebe u. Anmuth, Schönheit u. häusl. Glück; über phys. Liebe 2c. Ein unentbehrl. Rathgeber, um in der Liebe u. Ehe stets glücklich u. zufrieden leben zu können. Stuttgart 866. Fischhaber. 16. (144 S.) 10 ngr.

Raimund, Ferdinand

— Der Alpenkönig u. der Menschenfeind, s. a. Bücherei, deutsche.

Raimund, Ferd., d. Alpenkönig u. d. s. a. Dengler, Geo. Menschenfeind, Umarbeitg.,

— Der Alpenkönig u. der Menschenfeind, s. a. National-Bibliothek, deutsch-österreichische.

Raimund, F., der Alpenkönig u. der Menschenfeind, s.a. Theater-Bibliothek. — Universal-Bibliothek.

Raimund, F., der Alpenkönig u. der Menschenfeind. Zauberspiel in 3 Akten. Umgearb. nach F. R. [Musik comp. v. M. Haller.] 8. (60 S.) Nebst Partitur der Singstimmen m. Pfte. gr. 4. (30 autogr. S.) Regensburg 885. (Paderborn, Esser.) n. 2. 50

— der Barometermacher auf der Zauberinsel, s.: National-Bibliothek, deutsch-österreichische.

Raimund, F., der Barometermacher auf der Zauberinsel, s. Universal-Bibliothek Nr. 805.

– Der Bauer als Millionär
— dasselbe, s.a. Bibliothek der Gesamt-Litteratur d. In- u. Auslandes.

— d. Bauer als Millionär, s.a. Deigendesch, K.

– Der Bauer als Millionär, Umarbeitg., s.a. Dengler, Geo

— dasselbe, s.a. Meyer's Volksbücher.

— dasselbe, s.a. Theater, kleines.

— der Bauer als Millionär, s.a. Theater-Bibliothek, classische. — Universal-Bibliothek.

— der Bauer als Millionär. Romantisches Schauspiel m. Gesang in 5 Aufzügen. Musik v. J. Drexler. 8. (40 S.) Mit Partitur. gr. 4. (32 autogr. S.) Regensburg 885. (Paderborn, Esser.) n. 2. 50

– Der Diamant des Geisterkönigs, s.a. National-Bibliothek, Deutsch-österreichische.

— der Diamant des Geisterkönigs, s.a. Theater-Bibliothek, classische.

Nationalbibliothek, Deutsch-österreichische Nr. 116. Inh.: Ferdinand Raimund, Der Diamant des Geisterkönigs. Zauberspiel. 8. (51 S.) —.10
Wien: Weichelt 1892.

Raimund, Ferd., die unheilbringende Krone, s.: Universal-Bibliothek.

– Das Mädchen aus der Feenwelt od. der Bauer als Millionär, s.a. National-Bibliothek, Deutsch-österreichische.

Nationalbibliothek, Deutsch-österreichische. N. 118. Inh.: Ferdinand Raimund, Das Mädchen aus der Feenwelt oder der Bauer als Millionär. Zaubermärchen. 8. (54 S.) .10
Wien: Weichelt 1893.

— der Menschenfeind, s. Theater-Bibliothek, class.

— die gefesselte Fantasie, s. National-Bibliothek, deutsch-österreichische.

– Die gefesselte Phantasie, s. Schubert, Franz

— die gefesselte Phantasie, s.: Universal-Bibliothek.

— der Verschwender, s.a. Bibliothek der Gesamt-Litteratur des In- und Auslandes.

– Der Verschwender (ohne Frauenrollen), s.a. Dengler, Geo.

— dasselbe, s. die Dilettantenbühne frei bearb., s.a. Kayser, Wilh., der treue Valentin.

— der Verschwender, s.a. Mode's, G., Operntextbibliothek.

— der Verschwender, s.a. National-Bibliothek, deutsch-österreichische.

— dass. — s.a. Meyer's Volksbücher.

— der Verschwender, s.a. Theater-Bibliothek, classische. — Universal-Bibliothek.

— der Verschwender. Schauspiel m. Gesang in 3 Akten, nach dem gleichnam. Zaubermärchen neu bearb. u. für Männerrollen eingerichtet. Musik f. Männerstimmen u. Pianofortebegleitung von Karl Deigendesch. (56 S.) 8. Regensburg (905). A. Coppenrath's Verl. n. — 70

Raimund's, Ferd., Werke, s.a. Klassiker-Bibliothek, goldene

(Ferdinand) **Raimunds** Werke in 3 Teilen. Hrsg., mit Einl. u. Anm. versehen von Rudolf Fürst. T. 1–3 [in 1 Bd]. Berlin, Leipzig, Wien, Stuttgart Bong & Co. [1908]. 3 Bde 8° [F.]
1 Der Barometermacher Der Diamant d. Geisterkönigs. Das Mädchen aus d. Feenwelt Hrsg. u. mit e Lebensbild versehen.
2 Moisasurs Zauberfluch. Die gefesselte Phantasie. Der Alpenkönig u. d. Menschenfeind.
3. Die unheilbringende Krone. Der Verschwender Vermischte Schriften.
(Goldene Klassiker-Bibliothek.) 108. 6338

— Ausgewählte Werke, s.a. Klassiker-Bibliothek, deutsch-österr.

(F.) **Raimund, F.**, Ausgewählte Werke Herausg. v. Dr. O. Rommel. 1 Bd. [Deutsch-österr. Klassikerbibliothek 4 Bd.] 8°. (XX 196 S.) Teschen Prochaska 1908. geb. K 1 –

Raimund's, F., dramatische Werke, s.a. National-Bibliothek, deutsch-österreichische.

— dramatische Werke. Nach den Orig.- u. Theater-Mscr. hrsg. v. Carl Glossy u. Aug. Sauer. 2., durchgeseh. Aufl. 3 Bde. 8. (VII, 380; III, 380 u. III, 324 S.) Wien 891. Konegen. n. 6. —; geb. in Leinw. n. 8. —

Ferdinand **Raimunds** Dramatische Werke in 3 Bden. Mit Einl. von Leopold Rosner. Bd 1–3 [in 1 Bde]. Berlin, Leipzig Th. Knaur Nachf. [1903]. 3 Bde 8° [F.]
1 Der Barometermacher auf d. Zauberinsel. Der Diamant d. Geisterkönigs Das Mädchen aus d. Feenwelt oder der Bauer als Millionär
2 Moisasurs Zauberfluch. Die gefesselte Phantasie Der Alpenkönig u. d. Menschenfeind.
3 Die unheilbringende Krone Der Verschwender 103. 4811

— dasselbe, in 3 Bdn. Mit Einleitung v. Leop. Rosner. (12, 221; III, 243 u. III, 210 S.) 8. Berlin (903). Th. Knaur Nachf. In 1 Leinw.-Bd. n. 1. 60

Ferdinand **Raimunds** dramatische Werke in 3 Büchern. Mit d. Portr. d. Dichters Mit biogr. Einl. von A[nnemarie] v. Auerswald. Berlin A. Weichert [1905]. (152, 164, 227 S.) 8° [F.] 107. 1819. 11

— dramatische Werke in 3 Büchern. Mit dem Portr. des Dichters u. der Abbildg. des Raimund-Denkmals in Wien. Mit biograph. Einleitg. v. A. v. Auerswald. (152, 164 u. 228 S.) kl. 8. Berlin (905). A. Weichert. In 1 Leinw.-Bd. 1. 75

Raimund, Ferd., sämtliche Werke, s.a. Volksbibliothek, Cotta'sche.

Raimund, Ferdin., sämmtl. Werke. Hrsg. v. Joh. N. Vogl. 4 Thle. 8. (66¾ B. u. R's. Bildn.) Wien 837, [Rohrmann.] * 4 Thlr., Schrbvlnp. *

Thl. 1. Der Diamant d. Geisterkönigs. — Der Alpenkönig u. d. Menschenfreund.
Thl. 2. Moisasur's Zauberfluch. — Das Mädchen aus d. Feenwelt, od.: Der Bauer als Millionär.
„ 3. Der Barometermacher auf d. Zauberinsel. Zauberposse. — Die gefesselte Phantasie. Orig.-Zauberspiel.
„ 4. Die unheilbringende Krone. — Der Verschwender. — Lyrische u. prosaische Dichtungen. — Biographie v. Ferd. Raimund.

Raimund's Ferd., sämmtliche Werke. Hrsg. von Joh. Nep. Vogl. 9 Bdchn. Neue Aufl. gr. 16. Wien 855, Hölzl. einzelne Bändchen

Inhalt:
Bdchn. 1. Ferd. Raimund's Biografie nebst dessen lyrischen und prosaischen Dichtungen. (52 S.)
„ 2. Der Verschwender. (90 S.)
„ 3. Der Alpenkönig und der Menschenfeind. (81 S.)
„ 4. Der Diamant des Geisterkönigs. (67 S.)
„ 5. Das Mädchen aus der Feenwelt, oder: Der Bauer als Millionär. (71 S.)
„ 6. Der Barometermacher auf der Zauberinsel. (55 S.)
„ 7. Die gefesselte Fantasie. (63 S.)
„ 8. Moisasur's Zauberfluch. (63 S.)
„ 9. Die unheilbringende Krone, oder: König ohne Reich, Held ohne Muth, Schönheit ohne Jugend. (95 S.)

Raimund's, Ferd., sämmtliche Werke. Nach den Orig.- und Theater-Manuscripten, nebst Nachlaß und Biographie, hrsg. von Carl Glossy und Aug. Sauer. 3 Bde. 8. Wien 880,81, Konegen. à Bd. *M 4. * geb. *

Inhalt:
Bd. 1. Der Barometermacher auf der Zauberinsel. — Der Diamant des Geisterkönigs. — Das Mädchen aus der Feenwelt. (X, 380 S. mit rad. Portr. und 1 Facs.)
„ 2. Moisasurs Zauberfluch. — Die gefesselte Phantasie. — Der Alpenkönig und der Menschenfeind. (III, 380 S.)
„ 3. Die unheilbringende Krone. — Der Verschwender. — Nachlaß: Gedichte. — Theaterreden. — Repetitionsstrophen. — Einlagen. — Briefe. — Biographie. (III, 538 S.)

Raimund's, Ferd, sämtliche Werke in 3 Tln. Mit e. Einführg. u. Anmerkgn. Hrsg. v. Eduard Castle. Als Beigabe 4 Bildnisse, e. Brief u. a. Kompositionsentwurf nach der Handschrift, sowie eine Abbildg. des Wiener Denkmals. (CXXVI, 670 S.) 8. Leipzig (903) M. Hesse. In 1 Leinw.-Bd. n. 1.60; auf besserem Papier in 1 Halbfrz.-Bd. n. 2.40; Luxusausg. in 1 Liebh.-Halbfrz.-Bd. n. 3.20

—— Moisasur's Zauberfluch, s. National-Bibliothek, deutsch-österreichische.

— Moisasurs Zauberfluch. s.: Universal-Bibliothek.

Raimund, Golo [Pseud.]
s.a. Frederich, Bertha [Frauenname]

Raimund, Golo, Bauernleben. Erzählung. 2. Aufl. 8. (135 S.) Berlin 880. Janke. n. 1. —

Raimund, Golo, Bauernleben. Erzählung. 3. Aufl. 8. (135 S.) Berlin 885. Janke. n. 1. —

Raimund, Golo, bürgerlich Blut. Roman. 2. Aufl. 8. (182 S.) Berlin 879, Janke. 1 50

— bürgerliches Blut. Roman. 3. Aufl. 8. (182 S.) Ebend. 883. 1 [illegible]

Raimund, G., bürgerlich Blut. Roman. 4. Aufl. 8. (182 S.) Berlin 889. Janke. 1. 50

—— zwei Bräute. Roman. 2. Aufl. 8. (288 S.) Ebendas. 879. 1 50

— zwei Bräute. Roman. 3. Aufl. 8. (228 S.) Ebend. 883. 1. 50

—— zwei Bräute. Roman. 4. Aufl. 8. (228 S.) Ebendas. 888. 1 50

Raimund, Golo, zwei Bräute. Roman. 5. Aufl. 8. (228 S.) Berlin 894. O. Janke. 1. 50

—— Schloß Elkrath. Roman. 3 Bde. 8. (762 S.) Hannover 866, Rümpler.

— Schloß Elkrath. Roman. 2. Aufl. 8. (282 S.) Ebend. 879. n. 2. —

— Schloß Elkrath. Roman. 3. Aufl. 8. (282 S.) Ebend. 885. n. 2. —

— ein Familienschmuck. Roman. 2. Aufl. 8. (199 S.) Ebend. 879. 1. 50

— ein Familienschmuck. Roman. 3. Aufl. 8. (199 S.) Ebend. 884. 1. 50

Raimund, Golo, e. Familienschmuck. Roman. 4. Aufl. 8. (199 S.) Berlin 895. O. Janke. 1. 50

—— ein neues Geschlecht. Roman. 8. (333 S.) Ebendas. 879. * 5 —

—— ein neues Geschlecht. Roman. 2. Aufl. 8. (203 S.) Ebendas. 882.

— e. neues Geschlecht. Roman 3. Aufl. 8. (201 S.) Ebd. 890. 1 50

— gesucht u. gefunden. Erzählung. 8. (214 S.) Ebend. 880. n. 3. 50

— dasselbe. 2. Aufl. 8. (156 S.) Ebend. 881. n. 1. —

— Gesucht u. Gefunden. Erzählung. 3. Aufl. 8. (156 S.) Ebend. 884. n. 1. —

— gesucht u. gefunden. Erzählung. 4. Aufl. 8. (156 S.) Ebd. 894. n. 1. —

— ein hartes Herz. Roman. 2. Aufl. 8. (208 S.) Ebend. 880. 1. 50

Raimund, Golo, ein hartes Herz. Roman. 3. Aufl. 8. (208 S.) Berlin 884. Janke. 1. —

— ein hartes Herz. Roman. 4. Aufl. 8. (200 S.) Ebd. 897. 1. 50

— Liebesfreud u. Liebesleid. Erzählung. 2. Aufl. 8. (120 S.) Ebend. 880. n. 1. —

— Liebesfreud u. Liebesleid. Erzählung. 3. Aufl. 8. (120 S.) Ebend. 883. n. 1. —

Raimund, G., Liebesfreud u. Liebesleid. Erzählung. 4. Aufl. 8. (120 S.) Berlin 889. Janke. n. 1. —

— mein ist die Rache. Roman. 3 Bde. 8. (219, 280 u. 248 S.) Ebend. 878. n. 12. —

—— Mein ist die Rache. Roman. 2. Aufl. 8. (312 S.) Ebendas. 883. *

— mein ist die Rache. Roman. 3. Aufl. 8. (312 S.) Ebend. 885. n. 2. —

Raimund, Golo, mein ist die Rache. Roman. 4. Aufl. 8. (312 S.) Berlin 899. O. Janke. n. 2. —

Raimund, Golo, Durch zwei Menschenalter. Novelle. 3 Bde. Hannover 863. C. Rümpler. 8. (654 S.) 3 Thlr

Raimund, Golo, durch zwei Menschenalter. Novelle. Neue Ausg. Hannover 870. Rümpler. 8. (307 S.) 15 ngr.

— zwei Menschenalter. Roman. 2. Aufl. 8. (292 S.) Ebend. 880. n. 2. —

— zwei Menschenalter. Roman. 3. Aufl. 8. (267 S.) Ebend. 886. n. 2. —

Raimund, Golo, Novellen. 1—6. Bd. Hannover 857, 58. Rümpler. 8. Jeder Bd. 1 Thlr.
1. 2. Bd.: Zwei Bräute. 2 Bde. (262; 259 S.)
3. „ Gebrüder Spalding. (233 S.)
4. „ Aus dem Bauernleben. — Der Taufstein. (239 S.)
5. 6. „ Ein Familienschmuck. 2 Bde. (246; 238 S.)

— Novellen. 7—11. Bd. Ebend. 859, 60. 8. Jeder Bd. 1 Thlr.
7. Bd. Ein deutsches Weib. (213 S.)
8. 9. Bd. Bürgerliches Blut. 2 Thle. (459 S.)
10. 11. Bd. Ein hartes Herz. 2 Bde. (407 S.)

Raimund, Golo, Novellen. (Wohlfeile Ausg.) 4 Bde. à 2 Liefgn. Hannover 860. C. Rümpler. 8. (1340 S.) 2 Thlr.

—— Novellen. 5. Bd. (Wohlfeile Ausg.) 8. (230 S.) Hannover 868, Rümpler.
1.—4. Bd. Ebendas. 1860. 2 Thlr.

—— Novellen. 6. Bd.: Durch zwei Menschenalter. 8. (307 S.) Ebendas. 870. (M. 1,50.) * 2 —
1.—5. Bd. Ebendas. 1860—67. à *M. 2.

Raimund, Golo [Pseud.]
s. Novellenbuch

— Gebrüder Spalding. Erzählung. 2. Aufl. 8. (140 S.) Ebend. 879. n. 1. —

Raimund, Golo, Gebrüder Spalding. Erzählung. 3. Aufl. 8. (140 S.) Berlin 884 Janke. * 1 —

— Gebrüder Spalding. Erzählg. 4. Aufl. 8. (140 S.) Ebd. 897. n. 1. —

—— kein Vertrauen. Erzählung. 3. Aufl. 8. (136 S.) Ebendas. 879. * 1 —

—— kein Vertrauen. Erzählung. 3. Aufl. 8. (136 S.) Ebendas. 884. * 1 —
Die 2. Aufl. erschien 1879.

Raimund, Golo, verwaist. Roman. 3 Bde. 8. (244, 219 u. 246 S.) Berlin 876. Janke. n. 10. —

— verwaist. Roman. 2. Aufl. 8. (310 S.) Ebend. 881. n. 2. —

— verwaist. Roman. 3. Aufl. 8. (310 S.) Ebend. 884. n. 2. —

— Verwaist. Roman. 4. Aufl. 8. (310 S.) Ebd. 892. n. 2. —

— von Hand zu Hand. Roman. 3 Bde. 8. (265, 318 u. 298 S.) Ebend. 882. 12. —

— von Hand zu Hand. Roman. 2. Aufl. 8. (311 S.) Ebend. 885. n. 2. —

—— ein deutsches Weib. Erzählung. 3. Aufl. 8. (144 S.) Ebendas. 879. * 1 —

— ein deutsches Weib. Erzählung. 4. Aufl. 8. (144 S.) Ebend. 882. n. 1. —

— ein deutsches Weib. Erzählung. 5. Aufl. 8. (120 S.) Ebend. 886. n. 1. —

— ein deutsches Weib. Erzählg. 6. Aufl. 8. (120 S.) Ebd. 896. n. 1. —

—— zweimal vermählt. Roman. 3 Bde. 8. (750 S.) Hannover 868, Rümpler.

—— zweimal vermählt. Roman. 2. Aufl. 8. (293 S.) Ebendas. 879. * 2 —

— zweimal vermählt. Roman. 3. Aufl. 8. (293 S.) Ebend. 884. n. 2. —

— zweimal vermählt. Roman. 4. Aufl. 8. (316 S.) Ebd. 895. n. 2.

Raimund, Guido, im Tricot die Welt alarmirt. Erlebnisse e. Tänzerin. 8. (161 S.) Berlin 894. Wiener. n 1 —
Früher u. d. T.: Asch, Tankmar, Memoiren der Lola Montes.

Raimund, J., Rübenbau, s.: Tafeln, landwirthschaftliche.

Raimund, Dr J. E., Der Ostermorgen des Teutschen Volkes im Jahr der Gnade 1848. Gemeinsames teutsches Glaubensbekenntniß über die teutsche Reform zur Verständigung und Mahnung für teutsche Männer und teutsche Frauen. Karlsruhe, Herder, 1848. 16 S. 8⁰.

Raimund, J. Karl

—— auf welche Art ist die Lungenschwindsucht am sichersten zu heilen? oder Darstellung der Methode berühmter Aerzte, welche diese Krankheit mit glücklichem Erfolge behandelt haben. 8. (13 B.) Ulm 845, Friedr. Ebner.

Raimund, J. K., sichere Heilung der rheumatischen, gichtigen und nervösen Krankheiten, nach den anerkanntesten und erprobtesten Methoden der berühmtesten Aerzte nebst dem Heilverfahren mit kaltem und warmem Wasser. 2. (Titel-)Aufl. Tuttlingen (845.) 858. Kling. 8. (VI, 254 S.) 15 ngr.

— sichere Heilung der Lungenschwindsucht nach der Methode der berühmtesten Aerzte, welche diese Krankheit mit glücklichem Erfolge behandelt haben. 2. (Titel-)Aufl. Tuttlingen (845.) 858. Kling. 8. (X, 104 S.) 12 ngr.

Raimund, J. C., sichere Heilung der Lungenschwindsucht nach der Methode der berühmtesten Aerzte, welche diese Krankheit mit glücklichem Erfolge behandelt haben. 2. (Titel-)Aufl. 8. (X und 194 S.) Tuttlingen (845)58, Kling.

Raimund, J. K., die rheumatischen, gichtischen u. nervösen Krankheiten, nebst den anerkanntesten u. erprobtesten Behandlungsarten derselben. gr. 8. (16 1/2 B.) Ulm 845, Friedr. Ebner.

—— der wohlunterrichtete Pferdearzt, oder leichtfaßliche Anweisung für jeden Pferdebesitzer, alle Krankheiten u. Gebrechen seiner Pferde selbst u. sicher zu heilen. Nebst einem Anhange. 2. Aufl. 8. (5 1/2 B.) Ulm 845. [Adorf, Müller's Buchh.]

Raimund, Dr., der wohlunterrichtete Pferdearzt, oder leichtfaßliche Anweisung für jeden Pferdebesitzer, alle Krankheiten u. Gebrechen seiner Pferde selbst u. sicher zu heilen. Nebst e. Anhange. 2. Aufl. 8. Ulm 845, Seitz. 1/3 Thlr.

Raimund, Karl, der wohlunterrichtete Pferdearzt od. leichtfaßl. Anweisung für jeden Pferdebesitzer alle Krankheiten u. Gebrechen seiner Pferde selbst u. sicher zu heilen &c. Nebst einem Anh., welcher interessante Belehrungen über das Alter, die Zähne &c. der Pferde &c. enthält. 2. Aufl. 8. (VI u. 114 S.) Leipzig 849, Klinkhardt. 1/3 Thlr.

Raimund, Jos.: Mittheilungen über die Erfolge des Milzstiches. Wien 1872.

Raimund, Karl, s.a. Raimund, J. Karl

Raimund, Carl, die Suspension d. Erzbischofs v. Cöln. A. d. Standpunkte d. natürl. Rechts betrachtet. gr. 8. (2 B.) Dortmund 839, Krüger.

Raimund, M., fünf Tagesfragen. (1. Zur Minderg. d. sozialen Spanng. 2. D. Aufgaben d. Religion in d. sozialen Beweg. 3. Unser Adel. 4. D. latein. Hochmut. 5. Die kleinen Soldaten.) gr. 8. (52 S.) Stettin 897. (H. Dannenberg & Co.) -- 60

[J. u. Ant.] Fünf Tagesfragen v. † M. Raimund ... *Stettin: Fischer & Schmidt 1897.* (52 S.) 1 Bd 8. [97- 7580

Raimund's Vorgänger. Bäuerle. Meisl. Gleich, hrsg. v. Rud. Fürst. s.: Schriften der Gesellschaft f. Theatergeschichte.

Raimundus de Sabunde, s.: de Sabunde.

Rain, Adf., Rechnungs-Beispiele für Schüler der Unter- und Mittelclassen in Volksschulen. 2. sehr verm. u. verb. Aufl. Graz 860. (Wießner) 8. (48 S.) n. 6 ngr.

Rain, Adf., Rechnungs-Beispiele für Schüler der Unter- u. Mittelclassen in Volksschulen. 3., bedeutend verm. u. verb. Aufl. Graz 867. Ferstl'sche Buchh. 8. (47 S.) n. 4 ngr.

Rain, Adf., geografische Rundschau über alle europäischen Reiche und deren bedeutendsten Städte und Flüsse. Mit besonderer Berücksichtigung des Kaiserth. Oesterreich. Zum Gebrauch für Alle, die in kurzer Zeit einige geografische Kenntnisse erlangen, die bereits erlangten vor Vergessenheit bewahren rc. wollen. 16. (32 S.) Graz 856(57,) Ferstl'sche Buchh. *

Rain, E. F., d. Hygiene d. Nahrungsmittel, s.a. Hausschatz d. Gesundheit.

Rain, E. F. Die Hygiene der Nahrungsmittel. gr. 8. (78 S.) Berl. 890, [Fried u. Comp.]. Steinitz Verlag. * 2 —

Rainal, s. Raynal.

Rainartz, Franc. Anton. (geb. Heerdt bei Dusseldorf 1815) De structura et functione hepatis. Berolini (1839). (28 S.) 8°
Berlin, Med. Diss. v. 31 Jan. 1839

Rainbach, Gerh. zu, Emorentiana. Erzähl. Dichtg. aus Tirols Vergangenheit. 12. (V, 226 S.) Troppau 895. E. Zenkor. n. 3. —; geb. m. Goldschn. n. 4. —

Rainer, Erzherzog. Zwei Denkschriften a. d. J. 1808 u. 1809, s.a. Wertheimer, Ed.

Rainer, Erzherzog. Zwei Denkschriften aus den Jahren 1808 und 1809. Herausgegeben von Eduard Wertheimer (1. Denkschrift Organisation des Staatsrathes. 1808. 2. Denkschrift. Ideen über einzuführende Reformen und Verbesserungen in der österreichischen Monarchie. December 1809.) 8. Wien 1892.

v. Rainer, Alex., s. Curtius Rufus, von d. Leben u. Thaten Alexanders rc.

Rainer, C. L., Gesang am Altar d. Freiheit, den Rettern des Vaterlandes. 4. Braunschw. Lucius. 813.

Rainer J. Über das Aldol des synthetischen Isopropylazetaldehydes. S. F13. IIb. 905 vgr.
Separatabdruck

— Zur Kenntnis der Nitrobenzoylbenzoesäuren. S. 116. IIb. 1901 vgr.
Separatabdruck

— Zur Kenntnis der o-Benzoyl-*m*-nitrobenzoesäure. S. 117. IIb. 189 vgr.
Separatabdruck

Rainer, J. B., s. Rainer, Johann Baptist

Rainer, J. E. Die Vorschriften über die Pflichten u. Verhaltungen des gemeinen Soldaten der österr. Kavallerie, in Fragen u. Antworten. In deutsch. u. poln. Sprache. In das Poln. übs. von N. A. de Boloz. Wien 1825. 351 S.

Rainer, (J. E.,) die Vorschriften über d. Pflichten u. Verhaltungen d. gemeinen Soldaten d. k. k. österr. Kavallerie. In Fragen u. Antworten. Deutsch u. Polnisch. 16. Wien 825, Heubner.

— dieselben, in deutscher u. ungarischer Sprache. 16. Wien 827, Heubner.

Rainer, J. M., die Vorschriften üb. die Pflichten u. Verhaltungen d. gemeinen Soldaten der k. k. östreich. Kavallerie. In Fragen u. Antworten. Deutsch u. polnisch. 12. Wien 825. Heubner. 16 gl.

— Dieselb., in deutscher u. ungarisch. Sprache. 12. Wien 827. Heubner. 16 gl.

Rainer, J. R., s. Rainer, Johann Baptist

Rainer, Joh. Baptist, O. S. F., ein Ausflug in d. seraphische Alpenwelt, d. i.: D. Leben d. sel. Johannes v. Alvernia. Hrsg. v. d. Red. d. „St. Francisci-Glöcklein". [Aus: „St. Francisci-Glöcklein".] 12. (IV, 133 S. m. Titelbild.) Innsbruck 897. F. Rauch. n. — 60

RAINER, Johann Baptist (Elsendorf): De carcinomate oculi.- Landishuti: Thomann 1811. 40 S., 4 Bl.
10.12.1811 - Po 3391 F 57
Diss. Ingolst.-Landsh.-Mchn.

Rainer, J. B., de Carcinomate Oculi, Diss. inauguralis. 8. Landsh. 811. Krüll. 6 gl.

— Fragment d. medizin. Physiognomik. 8. Ebend. 812.

— Fragment d. medicin. Physiognomik. 8. Landsh. 812. Thomann. 4 gl.

— Nachr. von d. Entbindungs-Anstalt d. Universität Landshut. 4. Landsh. 826. (Thomann). 4 gl.

— Rechtslehre, nach Kant. 8. Landsh. 807. Thomann. 12 gl.

Rainer, Joh. N. v., Endimion. Ein Taschenb. f. Jäger u. Jagdliebhaber, f. d. J. 1831. Nach d. besten u. neuest. Hilfsmitteln bearb. 12. (10 B., 1/2 lith. B., 18 Stndr. u. 3 Musikbeil.) Grätz, Kaiser.

v. Rainer, Jh. N., Endimion. Ein Taschenbuch für Jäger u. Jagdliebhaber, für d. J. 1831. Nach den besten u. neuesten Hülfsmitteln bearb. Mit 18 Steindr. 12. Grätz, Kaiser. (Weygand in Leipz.) 2 ₰

Rainer J. N. v.: Kalender f. die Freunde u. Verehrer Dianens ... Graz 1830. 108 S. 18 Tvl.

— Kalender f. die Freunde u. Verehrer Dianens, nach Hartigs Lehrbuch u. Behlens Jagdkatechismus verfaßt. Mit 24 Steindrück. 16. Grätz 830. Kaiser. (Weygand in Lpz.) 1 ₰ 12 gl.

Rainer, Jos., Jubel-Klänge aus Amerika. Ein Gedenkblatt zum Papstjubiläum. gr. 8. (42 S.) Freiburg i. Br. 887, Herder'sche Verlagsh. * 1 —

Rainer, Jos., Dr. Joseph Salzmann's Leben u. Wirken. gr. 8. (XI, 292 S. m. Portr. in Holzschn.) St. Louis, Mo. 876. Herder. n. 2. —

Rainer, Joseph. Dr Joseph Salzmann, Gründer des Priesterseminars Salesianum; ein Lebensbild. 2d ed. St Francis, Wis, 1903.

Rainer, Karl

— Der Faule. 6. ibd. 01.
Progr.

Rainer Karl: Der Leichtsinnige. Wien III. R. (Rainer) 93.
Progr.

Rainer, Karl, Stella. 8. (92 S.) Linz 895. Darmstadt (Städtebilder-Verlag). n 2. —

Colorirte Ausflugs-, Touristen- und Wegmarkirungs-Karte des Wiener Waldes in 12 Blättern mit alphab. Ortsregister u. e. Zusammenstellung von Ausflügen von Louis **Rainer**, Magistratsbeamter *Wien Szelinski & Co. [1902].* (12 zusammenhängende Kartenbl., 42 S.) 8° [kol.]

Rainer, L., Neueste colorirte Ausflugs-, Touristen- und Wegmarkierungskarte des Wiener Waldes in 12 Blättern mit alphabetischem Ortsregister und einer Zusammenstellung von Ausflügen. 8°. (28 S.) Wien: Szelinski 1903. K —.80

Plan der k. k Reichshaupt- und Residenzstadt Wien. Gez u hrsg v Louis **Rainer** In Kupfer gest v Anton Knorr Massst 1:25,000. (Mit Beigabe d. Planes d. Jubilaeums-Ausstellung im k k Prater *Wien: Artaria & Co. 1898).* (1 Kartenbl. 59×70 cm) 8°

Plan der k. k. Reichshaupt- und Residenzstadt Wien. (Mit Skizze d. geplanten Stadterweiterung.) Entw. von Louis **Rainer**. Gest. von Ant. Knorr. Ausg. 1903. Bearb. im Geogr. Inst. d. Verlagshandl. Maßst. 1:25,000. [Nebst] Verzeichnis d. Straßen ... *Wien: Artaria & Co. 1903; Lith. Th. Bannwarth.* (1 Kartenbl. 74×62 cm, 17 S., 17 S., 11 S.) 8° [kol.] [Umschlagt.:] Artaria's Plan von Wien.

Rainer, Ludw St., Wahlreformstudien. (48 S.) 8. Wien 906 F. Deuticke. n. 1. —

Rainer, Mich., das Treiben des Gemüses, hauptsächlich der Gurken u. Melonen, s.: **Bibliothek gärtnerischer Specialculturen.**

Rainer, Norbert. Geschichte der ehemaligen kärntnerischen Hauptstadt St. Veit a. d. Glan. St. Veit a. d. Glan, Schlick. 1904. 66 S.

Rainer, Norb, Geschichte der ehem. kärntner. Hauptstadt St. Veit an der Glan. Hrsg. vom Kuratorium f. das Museum der Stadt St Veit. (66 S.) 8. St. Veit an der Glan 904. (Klagenfurt, K. Hanel.) n.n. — 60

Rainer Paul: Das adjektivische Attribut in deutschen Dichtungen des 12. Jahrhunderts m. b. Ber. des Liebesliedes im 12. Jahrhundert.
H. 1909 PN 2700 Diss. Wien, Univ. 299

Rainer, R., s.: **Ergebnisse**, physiologische, der im J 1906 durchgeführten Monte Rosa-Expedition.

Rainer, Wilhelm s.a. Reiner, Wilhelm.

[Russ. u. Ant.] Wilhelm **Rainer**. Die 'geschenkte Konstitution und die Contre-Revolution'. Vil'gel'm Rajner. 'Darovannaja' konstitucija i kontr-revoljucija. Berlin: Stuhr 1906. 61 S. 8°

Rainer von Lindenbichel, Johann Nep. Die Bezirkskasse, deren Verwaltung u. Verrechnung. Klgft., Leon, 1838. 108 S.

Rainer von Lindenbichel, Johann Nep. Handbuch zur Geschäftsführung der Wirthschafts-Aemter. Klgft., v. Kleinmayr, 1837. 176 S.

Rainer v. Lindenbichel, Joh. Nep., Handbuch z. Geschäftsführung d. Wirthschafts-Aemter überh., u. mit besond. Rücksicht auf Inner-Oesterreich u. Illyrien. gr. 8. (11 B. u. 6 Tab.) Klagenfurt 837, v. Kleinmayr's Buchh. Thlr.

v. Rainer Lindenbichel (Ritter Jh. Nep.) Materialien zu einer geregelten Herrschaftsverwaltung in allen ihren Zweigen mit besond. Rücksicht auf das Rentamtliche und dessen Rechnungsverfahren systematisch geordnet. gr. 8. Grätz ... Kienreich. ..

Rainer von Lindenbichel, Johann Nep. Die Verwaltung des Kirchen-Vermögens u. der geistlichen Curat-Pfründen während der Vacatur. Klgft., Leon, 1837. 165 S.

Geschichte des Kaiserlich und Königlichen Infanterie-Regimentes Nr 35. Im Auftrage d. Regimentes nach archivar u. sonstigen authent. Quellen bearb. von Robert Ritter **Rainer** v. Lindenbüchel, Oberstlt. (Bd 3 von Cajetan Pizzighelli, Hofsekr.) Bd 1–3. Wien & Prag Tempsky (3 Selbstverl.) 1894–1910. 4°(8°)
1 Von d. Aufstellung d. Regimentes im Jahre 1683 bis z. Frieden von Passarowitz (Požarevac) 1718 Mit 2 Abb 1894
2 Vom Frieden von Passarowitz (Požarevac) 1719 bis zu d. Kriegen gegen d. franz Revolution 1792 Mit 3 Abb 1897
3. Von d. Franzosenkriegen bis auf d. Gegenwart 1792–1910. 1910.

Rainer, Dr. v. Reinöhl, Der czechische Schulverein. Ein Weckruf an meine Stammesgenossen. Sep.-Abdr. gr 8. (24 S.) Wien, A. Pichler's Witwe & Sohn. 15 kr 1885.

Rainetholm, das Erbrecht der Pandekten, nach Dr. Arndts' Lehrbuch zur Unterstützung d. Gedächtnisses in Reime gebracht u. insbesondere als Repetitorium zum Examen eingerichtet. 8. (159 S.) Wien 880. Manz. n. 1. 60; cart. n. 2. —

Rainsford Park, eine Geschichte in Briefen, vorzüglich für Frauenzimmer, aus dem Engl. 2 Thle. 8. Hannover, 794. Hahn. 23 sgl.

Rainforts-Park; e. Gesch. in Briefen, besonders f. Frauenzimmer, a. d. Engl. 2 Bde. 8. Hannov. Hahn. 794. (I. 8 gr. II. 10 gr.)

Rainfurt, Adam, a. Finthen: Zur Quellenkritik von Galens Protreptikos. Freiburg i. B. 1904: Herder. (60 S.) 8°
Freiburg i. B., Phil. Fak., Ref. Hense, Diss. v. 30. Dez. 1904
[Geb. 11 Jan. 77 Finthen (Hessen); Wohnort: Finthen; Staatsangeh.: Hessen; Vorbildung: Gymn. Bensheim Reife Febr 95; Studium. Freiburg 8 S.; Rig. 25. Febr. 03.]

Rainfurt, Adam, zur Quellenkritik v. Galens Protreptikos. (VII, 60 S.) gr. 8. Freiburg i/B. 905. Herder. n. 1. 50

Rainguet, H. Abbe Aug., ein Bett im Hospital. Eine wahre Geschichte. Aus dem Französ. 18. (116 S.) Trier 856(57,) Lintz'sche Buchh.

***Rajnis*, J., perfecta quadratura circuli, quam e verorum numeror. proprietatib. eruit ac demonstr.** 4. Jauer 793. (Pesth, Eggenberger). 20 *xr*

Rainoff. Witscho. aus Sliven (Bulgarien): Die Arbeiterbewegung in Bulgarien. Grüningen 1909. 128 S. 8°
Bern Jur Diss. 1908,09.

Rainoff, Witscho. Die Arbeiterbewegung in Bulgarien. Diss. Jur. Bern. II + 128 S. 8. Grüningen, J. Wirz, 1909.

Rainold, K E., s. Denkmal dem großen Helden unserer Zeit ... Fürsten zu Schwarzenberg.

Rainold, K. E., die Post-Eil-Diligence u. Brancardwagen, u. Extra-, Brief- u. Wasser-Posten in d. östreich. Staaten, nebst e. Entfernungstabelle mehr. Städte v. Wien. Brief- u. Frachttariffen. Mit 2 Kpf. u. 1 Karte. Prag, Enders. 1 *fl* 16 *xr* Ohne Karte 1 *fl* 2 *xr* A. 8. Wien 828. (Tendler). 10 *xr*

Rainold, K. E., Taschen-Lexicon für Böhmen; enth. alle in diesem Königreiche befindlichen Städte, Märkte, Dörfer, einzeln stehende, jedoch eigene Namen habende Wohngebäude, Gebirge, Flüsse etc. Mit 1 Postkarte. Leitmeritz 833. Medau. 2²/₃ *ng*

Rainprechter, Karl, freimüth., auf Selbsterfahrung gegründ., Ansichten üb. d. Verfall d. Ackerbaues in verschied. Gegenden unseres Vaterlandes, u. üb. d. geeignetsten Mittel, dems. kräftig vorzubeugen. Sendschr. an alle ration. Groß- u. Klein-Gutsbesitzer in Bayern. gr. 8. (8½ B.) Bamberg 837, Literarisch-artist. Institut.

Rainsford, Marcus. Geschichte der Insel Hayti oder St. Domingo... A. d. Engl. Hamburg 1806. Ü: *Herrmann, Friedrich.* (EngG) (Ky)

Rainsford, Markus, Geschichte der Insel Hayti od. St. Domingo; aus d. Engl. (v. F. Herrmann). gr. 8. Hamb. 806. Schmidt. 2 *ℳ*

Rainsfort, d. Margaretha, Gräfin v., Gesch., a. d. Engl. 8. Lpz. Weidmann. 769.

Rainstich, G. W v, auf vieljähr. Erfahr gegründ. Empfehl. e. sehr wohlfeilen, überall darzustellenden, Unkraut vertilgenden, schädl. Insekten u. Würmer abhaltenden, d. Nachtheil v. grosser Nässe u. Trockenheit mindernden, d. eigentl. Geruch u. Geschmack d. Früchte nicht verändernden, d. Mist an Kraft u. Nachhalt weit vorstehenden, Düngemittels f. Wein-, Obst-, Hopfen-, Gemüse- u. Baumgärten etc. gr 8. Brünn, 1824. (Trassler) 3 10

Strandlieder von C. M. **Raiquel.** Berlin F Stahn [1906]. (131 S.) 8° [J.|07. 4167

Rais, s.a. Raiß

Rais, das Sachrechnen, s.: Welt.

Rais, Johann Heinrich

— neue Berichtigung d. Rechtschreibung. 8. Dorpat 805.

Rais, Jh. Hnr., († d.. . Nov. 1808.) Handbibliothek zum Vortheil meiner Nebenbürger. 8. Reval 776.

Rais, Karel V., Kaliba's Verbrechen, s.: Romanbibliothek, slavische. V.

Raiser, *August* [app. Arzt]: Über einen Fall von akuter gelber Leberatrophie ... Tübingen, F. Pietzcker, 1895; 19 S. 8.
Tübingen, Med. Fak., Inaug.-Diss. v. 1895

Raiser, Carl, s. Raiser, Karl

Raiser, Christian (Worms)
Beiträge zur Geschichte und Kritik der Wendungsanzeigen.
Giessen: W. Keller 1861. 71 S. u. 2 Bl. Thesen.
Diss. med. 20.3.1861. vorh. 26. 7. 11.

Raiser, Johann Nepomuk von

von RAISER, Die römischen Alterthümer zu Augsburg und andere Denkwürdigkeiten des Ober-Donau-Kreises. (Mit Tafeln.) Augsburg 1820. Gedr. von Joseph Rösl. 4°. (Denkwürdigkeiten des Ober-Donau-Kreises. 1820.)

v. Raiser, die röm. Alterthümer zu Augsburg u. andere Denkwürdigkeiten d. Oberdonaukreises. Mit 49 Abbildb. 4. (Eichstädt, Beyer) 820.

— aus Obig. apart abgedr.: Geschichte d. Stadt Lauingen an der Donau, mit d. Beschreib. d. daselbst u. in d. Nachbarschaft aufgefundenen röm. Alterthümer u. Münzen. Mit 5 Kpfrtaf. gr 4. Augsb. 822, (Wolff, auch Beyer in Eichst.)

— Beitr. zu den Landgerichts-Bezirken Buchloe, Füßen, Sonthofen u. Neu-Ulm, od. Auszüge aus d. Beitr. rc., s. Beitr. f. Kunst u. Alterthum.

v. RAISER, Historische und artistische Beyträge zu den Landgerichts-Bezirken Buchloe, Füssen, Sonthofen, und Neu Ulm, mit Distrikts- und Orts-Monographien; dann Nachrichten über eine römische Via diversoria im Landgerichte Zusmarshausen, und über die Burg Villenbach im Landgerichte Wertingen. ib. 1830. A. u. d. T.: Auszüge aus den eingesendeten Beiträgen zur Beschreibung und Erhaltung der artistischen und historischen Denkwürdigkeiten des Ober-Donau-Kreises mit einschlägigen Bemerkungen der Redaktion. Eine Zugabe zum Kreis-Intelligenz-Blatte, und zu den Denkwürdigkeiten des Ober-Donau-Kreises. 1829. s. l. 4°.

Raiser, Joh. Nep. v., histor. u. artist. **Beiträge** zu dem Landgerichts-Bezirken Buchloe, Füssen, Sonthofen, u. Neu-Ulm, mit Distrikts- u. Orts-Monographien; dann Nachrichten üb. e. röm. Via diversoria im Landgerichte Zusmarshausen, u. üb. d. Burg Villenbach im Landgerichte Wertingen. gr. 4. (6 B.) Augsburg 829. (Leipzig, Engelmann.)

— historische u. artistische Beiträge zu den Landgerichts-Bezirken Buchloe, Füssen, Sonthofen und Neu-Ulm, mit Distrikts- und Orts-Monographien; dann Nachrichten über eine römische Via diversoria im Landgerichte Zusmarshausen, und über die Burg Villenbach im Landgerichte Wertingen. gr. 4. Ebd. 829 (830.) n. ½ *ℳ*

Raiser, Joh. Nep. v., Beiträge f. Kunst u. Alterthum im Oberdonau-Kreis, s. Beiträge.

v. **RAISER,** Denkwürdigkeiten des Ober-Donau-Kreises. 1820. 1821. 1823. 1824/25. 1829. 1830. 1833 und 1834.*) Mit Tafeln. Augsburg 1820—1834.

Raiser, Dr. (Joh. Nep.) v. (k. Regierungs-Direktor), **Denkwürdigkeiten** des Ober-Donau-Kreises, 1824—25. Abth. 1. (Augsburg) 1824. 4°. Beibd.
Tit. u. 12 S. (à 2 Col.). Mit 1 Kpftaf. — Inh. 1. Drusomagus, u. Druisheim, dann die Geschichte der Marschälle in Schwaben 2. Thürheim; — Geschlechts- u. Orts-Geschichte. 3. Neue Funde römischer Münzen. — Bildet auch Heft IV 1 von v. Raiser's Denkw. d. Ober-Donau Kreises.

— Drusomagus, — Sedatum, u. römische Alterthümer in d. nächsten Nachbarsorten von Augsb., mit d. Orts-Geschichten. Mit 3 Kupfertaf. gr. 4. Augsburg 825, Eichstädt, (Beyer.)

— Aus Obig. apart: Abhandlung über das, oberhalb Pfünz bei Eichstädt gefund. Römer-Monument „Sedato Sacrum," mit 1 Kupfertaf. Ebd. 825, Ebd.

— Drusomagus, — Sedatum, u. römische Alterthümer in d. nächsten Nachbarsorten v. Augsburg, mit d. Orts-Geschichten. Mit 3 Kpft. gr. 4. Augsb. 825. (Kranzfelder). 1 *ℳ* 6 *gr*

— aus Obigem apart: Abhandl. über das, oberhalb Pfünz bei Eichstädt gefund. Römer-Monument „Sedato Sacrum." Mit 1 Kpft. Ebd. 825. Ebd. 12 *gr*

Raiser, v., Erklärung der auf d. beifolgenden lithograph. Tafel abgebildeten neuen Funde an Alterthümern aus der uralten Grabstätte bey Nordendorf i. J. 1814. 1846. 14 S. u. 1 Taf. 1.20

Raiser, v., Die aus einer uralten Grabstätte bey Nordendorf bis Ende des Jahrs 1843 erhobenen Fundstücke u. Altertümer auf einer lithographierten Tafel dargestellt u. diese bildlichen Darstellungen erklärt. 1814. 16 S. m. 1 Taf. 1.20

Raiser, (Joh. Nep.) v., die aus einer uralten Grabstätte bey Nordendorf bis Ende 1843 erhobenen merkwürd. Fundstücke u. Alterthümer, auf 1 lith. Tafel (in Imp.-4.) dargestellt u. erklärt. gr. 8. (1 B.) Augsburg 844, (Walch.)

v. **RAISER**, Urkundliche Geschichte der Stadt Lauingen an der Donau, mit dem Beschriebe der daselbst und in der Nachbarschaft aufgefundenen römischen Alterthümer und Münzen, nebst Nachrichten über einige in dem Ober-Donaukreise des Königreichs Baiern neuentdeckte römische Begräbnisse und den Inhalt der eröffneten Gräber. Mit 4 Tafeln. ib. 1822. — 4°.
(Denkwürdigkeiten des Ober-Donau-Kreises. 1821.)

Raiser, Dr. (Joh. Nep.) v. (k. b. Reg.-Direktor), urkundl. Geschichte der Stadt Lauingen a. d. D., mit dem Beschriebe (!) der daselbst u. in der Nachbarschaft aufgefund. römischen Alterthumer (sic) u. Münzen; nebst Nachrichten über einige in dem Donaukreise d. Kgrs. Baiern neuentdeckte römische Begräbnisse, u. den Inhalt der eröffneten Gräber. Mit TKpf. (worauf Ansicht u. Plan der Stadt) u. 4 Kpftaf. (*Jos. Hutter* sc.). Augsburg, 1822. Gedr. bei d. Regierungs-Buchdr. Jos. Rösl. 4°. Ppb., hübsches Expl.
3 Bll. u. 116 S. (à 2 Col.). — Bildet auch Heft 2 von v. Raiser's Denkwürdigkeiten d. Ober-Donau-Kreises.

— Guntia, u. denkwürdigere Ereignisse der Donau-Stadt Günzburg, in der Umgegend u. in der Markgrafschaft Burgau; Beschreib. des röm. Antiquariums zu Augsburg; u. neue Funde röm. u. deutscher Alterthümer in Augsburg u. in der Nachbarschaft. Mit 8 Kpftaf. gr. 4. Augsb. 823. (Kranzfelder). 1 ℛ 6 ℊ — Dass. mit 3 Kpft. (Beyer in Eichstädt). 1 ℛ 8 ℊ

— daraus apart abgedr.: das röm. Antiquarium zu Augsburg. Mit 4 Kpft. gr. 4. Augsb. 823. (Barth in Leipz.) 16 ℊ

— daraus apart abgedruckt: das röm. Antiquarium zu Augsburg. Mit 4 Kupfert. gr. 4. Augsb. 823, (Beyer in Eichst.)

Raiser, Dr. (Joh. Nep.) v. (k. b. Regierungsdirektor). *Guntia*, u. merkwürdigere Ereignisse der Donau-Stadt Günzburg, in der Umgegend, u. in der Markgrafschaft *Burgau*; Beschreibung des römischen Antiquariums zu *Augsburg* etc. Mit 4 Kpftaf. Augsburg 1823. Gedr. b. d. Regierungs-Buchdr. Jos. Rösl. 4°. Beibd.
3 Bll., 120 S. (à 2 Col.). — Bildet auch Heft 3 von v. Raiser's Denkwürdigkeiten des Ober-Donau-Kreises.

v. Raiser, Guntia, u. denkwürdigere Ereignisse der Donau-Stadt Günzburg, in der Umgegend, u. in der Markgrafschaft Burgau; Beschreibung des röm. Antiquariums zu Augsburg; u. neue Funde röm. u. deutscher Alterthümer in Augsburg u. in d. Nachbarschaft. Mit 8 Kupfertaf. gr. 4. Augsb. 824, v. Jenisch u. St. Rthlr.

v. **Raiser**, Joh. Nep. Der letzte Markgraf von Burgau Carl, ein Sohn des Erzherzogs Ferdinand II. von Österreich und der Augsburger Patriziertochter Philippine Welser. 4. Augsburg 1849.

v. **RAISER**, Der Ober-Donau-Kreis des Königreichs Bayern unter den Römern.
I^te^ Abtheilung. Die Römer-Male von Augusta rauracum bis Augusta Vindelicorum. Mit 2 Kupfertafeln, 1 Carte und 1 Segment der Peutinger'schen Tafel, ... ib. 1830. 4°.
(Denkwürdigkeiten des Ober-Donau-Kreises. 1830.)
II^te^ Abtheilung. Die Römer-Male von Coelio-monte bis ad Castra Vetoniana. Mit 1 ... Kupfer-Tafel. ib. 1831. —
Fortsetzung der II^ten^ und III^ten^ Abtheilung. Enthaltend: Die Römer-Male von den Castris Vetonianis bis Regino, dann die Linien Vallatum, Ripa prima und Summontorium, — und die Monumente und Ueberreste aus der Römer-Zeit zu Augsburg. Mit XV Kupfertafeln. ib. 1832. —

Raiser, Joh. Nep. v., der Ober-Donau-Kreis d. Königr. Bayern unter d. Römern. II Abthln. gr. 4. Augsburg. (Leipzig, Weigel.) Thlr.
Abthl. I. Die Römer-Male von Augusta rauracum bis Augusta Vindelicorum. M. 2 Kpfrt., 1 Carte, 1 Segment der Peutinger'schen Tafeln, u. 89 bildl. Darstellungen enth. (13½ B.) 830. 1 Thlr. 12 Gr.
" II Die Römer-Male von Coeliomonte bis ad Castra Vetoniana. Mit e großen Kpfrt. (Fol.), welche 1 Carte u. 62 Felder mit bildl. Darstelln. enth. (19 B.) 831. 1 Thlr. 4 Gr.

— der Ober-Donau-Kreis d. Königr. Bayern unt. d. Römern. Fortsetz. d. II. Abthl., u. III. Abthl. Enth.: die Römer-Male v. d. Castris Vetonianis bis Regino, dann die Linien Vallatum, Ripa prima u. Summontorium, — u. d. Monumente u. Ueberreste aus d. Römer-Zeit zu Augsburg. gr. 4. (13 B. u. 15 Kpfrt.) Augsburg 832. (Leipzig, Engelmann.) *
Abthl. I. u. II. Ebendas. 1830, 31. 2 Thlr. 16 Gr.

— antiquarische Reise von Augusta nach Viaca. II Abthln. M. 2 Kpfrt. gr. 4. (16 B.) Augsburg 828, 29. (Leipzig, Weigel.)

Raiser, Dr. (Joh. Nep.) v. (k. b. Regierungs-Direktor etc.), *antiquarische Reise von Augusta nach Viaca*; mit Excursionen nach *Venasomodurum und Coelio-Monte*. Mit den römischen Strassen-Verbindungen und den alterthüml. Funden; u. mit 37 Distrikts- u. Orts-Monographien. Mit 2 (gefalt.) Kupfertaf., 1 Karte (auf d. 1. Taf.), zus. 62 Abbildungen enthaltend. Augsburg 1829. Gedr. bey d. Regierungs-Buchdr. Frz. Reitmayr (Rösl'sche Buchdr.). 4°. Ppb.
Tit., Nebentit. („Denkwürdigkeiten d. Ober-Donau-Kreises, 1829"), VI—102 S., dann viele Beilagen m. Specialtiteln, besonderer Pagination. u. den Jahrzahlen 1829, 1830, 1831.

v. **RAISER**, Die Wappen der Städte und Märkte, dann der Marktberechtigten Orte im Oberdonau-Kreis des Königreichs Bayern; mit den Orts- und Distrikts-Geschichten derselben, oder mit urkundlichen Beiträgen zur ältesten, bis in die Zeit der Gauen hinaufreichenden Geschichte dieser Orte und Landes-Bezirke. Mit 1 Kupfer-Tafel. ib. 1834. Gedr. in der Lauter'schen Buchdr. 4°.
(Denkwürdigkeiten des Oberdonau-Kreises. 1833 und 1834.)

— die Wappen d. Städte u. Märkte, dann d. Marktberechtigten Orte im Oberdonau-Kreis d. Königr. Bayern; mit d. Orts- u. Distrikts-Geschichten ders., mit urkundl. Beiträgen z. ältesten, bis in d. Zeit d. Gauen hinaufreich. Gesch. dieser Orte u. Landes-Bezirke. gr. 4. (14¼ B. u. 1 Kpfrt.) Augsburg 834. (Leipzig, Engelmann.) *

Raiser, K. Ph. Theodor [app. Arzt aus Worms ehem. Assist. am physiolog. Inst. zu Giessen]: Beiträge zur Kenntniss der Darmbewegungen ... Worms a. Rh., Druck v. A. K. Boeninger, 1895; 32 S. 8.
Giessen, Med. Fak., Inaug.-Diss. v. 1895

Raiser, Carl: Die privatrechtliche Behandlung des Wuchers nach den Reichsgesetzen vom 24. Mai 1880 und 19. Juni 1893 und im Bürgerlichen Gesetzbuch. *Stuttgart 1898: A. Lindheimer.* (98 S.) 8°
Tübingen, Jur. Diss. v. 1898

Raiser, Marziani-
s. **Marziani**-Raiser. [10. 11043

Raisig, W., Zusammenstellung d. evangel.-deutschen Schulstellen Württembergs (sowohl Schuldienste als Provisorate) nach Schülerzahl, Besoldung u. Patronat. gr. 8. (6½ B.) Stuttgart 832, Schweizerbart.

Raisky, Jadwiga v., die Tarnowska. Ein Sittenbild aus der russ. Gesellschaft. (80 S. m. 3 Taf.) 8. Dresden (910). M. Wolf. — 50

von Raison, Wilhelm, aus Kurland, Experimentelle Beiträge zur Kenntniss der putriden Intoxication und des putriden Giftes Diss. Dorpat. 8°. 86 pp. 1866.

Raisonnement, über Aberglauben, Mißbr. u. Irrthümer im Reiche d. Antichrists. 8. Linz 783. Frenner. 5 gr.

Raisonnement über die neulichst edirten curiösen Gedancken von denen Contuschen und Reiff-Röcken . . . . Cöln 1715. 4°.
— — — — Dasselbe. O. O. u. J. 4°. (12 Sgr. Völcker, Frf. a. M., vor 1885; jetzt theurer!

Raisonnement, Neues, über die protestantischen Universitäten in Deutschland ... Strasb. [Münster] 1769. V. *Springer, Johann Christoph Erich von.* (stri) (wr)

— neues, über die protestant. Universitäten in Deutschland, von einigen Patrioten. 8. Münst. 770. Coppenrath. 12 gr.

— sur la planche hieroglyph. et généal., représentant les deux branches des mais. d'Autriche et de Lorraine. 4. Vien. (Gleditsch, Leips). 744.

§ **RAISONNEMENT** über die Romanen. Gedruckt im Jahr. 1708. 8°. (In München: L. eleg. m. 453, 2.)
32 S. Satyre auf die abentheuerliche Lesesucht. S. 19—21, mit Citaten aus Cervantes' Don Quixote, „welche die merckwürdigsten Schwachheiten, die von denen Roman-Schreibern in hoc passu begangen worden, unvergleichlich wohl abschildern"

— über den Schädelstreit. 8. Wien, Wucherer. 3 gr.

RAISONNEMENT uber den Schädelstreit Wucherer, Wien 1781

Raisonnement über die protestantischen Universitäten in Deutschland. Frankf. u. Leipz. [Frankfurt] 1768—75. V: *Michaelis, Johann David.* (ML) (MS)

Raisonnement über die rechtmässigen Uhrsachen des Krieges zwischen dem Czaar Peter I. und ... Carl XII. Petersburg 1717. V: *Schaphirof, Peter von.* (Myl) (wr)

Raisonnement, Was für Rechtmässige Ursachen Se. Czaarische Majest. Petrus der Erste ... gehabt / etc. St. Petersburg 1717. V: *Chafirow, Pierre.* (Cat. de la biblioth. des Russica. I, 218, 459)

Raisonnements, Paradoxen, Charaktere, Projekte rc. 8. Leipz. 786. Jfe. 8 gr.

Unparth. polit. u. statist. Raisonnements über gegenwärtige Moscovit. Affaires u Türckenkrieg (20.) 8. s. l. 1711.

Raisonnemens über Wittwenkassen. Kopenh. 1771. V: *Oeder, Georg Christian von.* (Ky) (stam) (Collin, Anonymer. Kiobenh. 1869.) (Bruun, Bibl. Danica I, 1066.)

Raisonnements über Wittwenkassen. (Von G. C. v. Oeder.) 8°. Kopenhagen 1771.

* Raisonnemens über Wittwen-Kassen. Copenhagen Gedruckt bey Aug. Friedr. Stein. 8. 84 S. 1771.

Raisonneur, Ein anderer mit kleinen Akademien sympathisirender. Frankf. u. Leipzig 1772. V: *Hassencamp, Johann Matthäus.* (ML) (MGT)

Raisonneur, Der demokratische. Erfurt (um 1848/49).
Red.: O W. Straube.

Raisonneur, d. unglückl., üb. allerhand Staatssachen. 6 Thle. 8. Leipz. Rthlr.

Die von Königl. Dänischer Seite. allen fremden Gesandtschafften in Copenhagen communicirte **Raisons**, Gegen die Courant-Banco und das Müntz-Edict der Stadt Hamburg. Sampt deren Beantwortung, nach dem zu Regenspurg gedruckten Exemplar o. O. 1735. 4°k.

Raisons qui prouvent évidemment que l'expédition de S. M. Prussienne n'est nullement le cas où la cour de Vienne est en droit de réclamer les engagemens et l'assistance des puissances garantes de la Pragmatique sanction (28 de Fevrier 1741). H: *Pollmann, Adam Heinrich.* (Preußische Staatsschriften. I. Berlin 1877. S. 92.)

Raisp, Ferd., Erinnerungen an die Orient-Eisenbahn von Pragerhof bis Groß-Kanischa, mit Rücksicht auf eine Zweigbahn von Pettau nach Marburg. Gratz 860. (Leykam.) 8. (3 Bl., 64 S.) n. 7½ ngr.

Raisp, Ferdin., *fürstl. Dietrichstein'scher Beamter etc.* Pettau, Steiermarks älteste Stadt u. ihre Umgebung, topografisch-historisch geschildert. *Graz* 1858. Druck v. *A. Leykam's Erben.* 308 S., 4 Bl. 8°. Mit einer Ansicht der Stadt und einem Plane derselben sammt Umgebung. 1 fl. 30 kr.
INHALT. Topographie. — Geschichte (Polit. Geschichte. Kirchengeschichte. Specialgeschichtliches. Culturgeschichte. Das Schloss Ober-Pettau und seine Besitzer.) — Pettau's Umgebung.

— Pettau Steiermarks älteste Stadt und ihre Umgebung, topografisch-historisch geschildert. Mit 1 (lith.) Ansicht der Stadt und 1 (lith.) Plane derselben sammt Umgebung (in Fol.). Graz 858. (Wießner.) 8. (VIII, 309 S. u. 1 Lithogr.) n. 1 rthlr 10 ngr.

v. Raiß, C., Bruchstücke zur Theorie des Straßenbaues, Mit 3 Steindr. 8. Leutschau 825. (Preßb., Wigand). 16 gr.

Raiss, Chr. Topographische Beschreibung der im Gömörer Komitate bei dem Dorfe Aktelek befindlichen Höhle Baradla. Wien u. Triest. 1807. 8.

Raith, Hans, das deutsche Justiz-Sekretariat. Allgem. Anleitung f. Staatsdienstaspiranten im deutschen Justiz-Sekretariats-Dienste, besonders f. Bewerber um das Gerichtsschreiber-Amt. 2. Aufl. (VIII, 108 S.) 8. Buchloe (910). (Leipzig, O. Maier.) 1.60

Raith, J., Entdeckungen im Gebiete der geistigen Verrichtungen d. Centralnervensystems, s.: Sammlung gemeinnütz. populär-wissenschaftl. Vorträge.

Raith, Josef

Raith, Jos., der populäre Hausarzt. Gemeinverständliche Darstellung der Gesundheitslehre u. Heilkunde für Leib u. Seele. Zur Selbstbelehrung für Jedermann. Ein Familienbuch. Mit vielen Abbildungen (in Holzschn.). Wien 868. Hartleben. gr. 8. (799 S. mit eingedr. Holzschn. u. 1 Holzschntaf.) 2 Thlr 20 ngr.; geb. 3 Thlr

Raith, Jos., der Mensch u. seine Gesundheit. Ein prakt. Familienbuch, umfassend I. Das Urmenschengeschlecht. II. Die Gesundheitslehre u. Diätetik der organ. Lebensapparate. III. Degeneration der immunen menschl. Gesundheitsanlage. IV. Die Regeneration u. Regenerationscuren. 8. (IV, 116 S.) Wien 885. Teufen. n. 2. —

Raithel, Georg

Raithel, G. Ueber den Gebrauch und die begriffliche Entwickelung der altfranzösischen Präpositionen *Od, par, en.* Im Anschluss an Chrétiens „Chevalier au Lyon", mit Berücksichtigung des Lateinischen und Neufranzösischen. Diss. Göttingen 1875. 61 S.

— Ueber den Gebrauch und die begriffliche Entwickelung der altfranzösischen Präpositionen *sor, desor (dedesor), ensor; sus, desus (dedesus ensus).* Metz, R., 1888. 45 S. 4. Progr.

Raithel, Geo., die altfranzösischen Praepositionen. Ihr Gebrauch u. ihre begriffl. Entwicklg. dargestellt im Anschluss an Chrétiens „Chevalier au lyon", m. Berücksicht. d. Lateinischen u. Neufranzösischen. 1. Abth. Od, par, en, enz, denz, dedenz, parmi, enmi. gr. 8. (75 S.) Göttingen 875. (Berlin, Weber.) n. 1. 50

Raithel, Hans, Annamaig. Eine Dorfgeschichte aus dem Baireuther Land. (VIII, 344 S. m. 1 eingedr. Kartenskizze.) 8. Leipzig 909. C. F. Amelang. 4.—; geb. in Leinw 5. —

Herrle und Hannile. E. Strauss Dorfblüthen. Gerissen und gebunden v. Hans **Raithel**. *Berlin: Gaspary 1896.* (2 Bl., 100 S.) 1 Bd 8. (97. 134

RAITHEL, Johann Nepomuk: Kurze Darstellung nebst einer vollständigen Tabelle zur gründlichen Bestimmung der Geldpreise für die kubisch berechneten Bäume auch für das beschlagene und unbeschlagene Nutz-, Werk- und Bauholz. Zum nützlichen Gebrauch jedes Forstmannes und Holzhändlers. · Zwickau 1802

(Räithel J. N.): Kurze Darstellung, nebst einer vollständigen Tabelle z. gründlichen Bestimmung d. Geldpreise für die cubisch berechneten Bäume, auch für das beschlagene u. unbeschlagene Nutz- Werk- u. Bauholz .. Zwickau (1802). (28) 81 S.

Raithel, Jh. Nep., kurze Darstell., nebst e. vollständ. Tabelle, zur gründl. Bestimmung d. Geldpreiße f. d. kubisch berechneten Bäume, auch f. das beschlagene u. unbeschlagene Nutzholz. 8. Zwickau u. (Leipz.) 803. P. F. Vogel. 14 gl. Schrbp. 16 gl.

Raithel, Richard

Raithel, R., Fragen aus der vaterländischen Geschichte. 2. Aufl. der Maturitätsfragen aus der vaterländischen Geschichte. Gr.-8°. (VIII, 111 S.) Wien: Hölder 190? K 2.--

Raithel, Rich., Fragen aus der vaterländischen Geschichte. 3. verm. Aufl. (XI, 127 S.) gr. 8. Wien 910. W. Braumüller. Geb. 2. —

Raithel Dr. Richard: Die Kalkplateaus in den nördlichen Kalkalpen. 27. Jägerndorf R. 04. Progr.

Raithel, Rich., Maturitätsfragen aus der allgemeinen Geschichte. (XII, 239 S.) gr. 8. Wien 906. W. Braumüller. n. 2. 80; geb. in Leinw n. 3. —

— Maturitätsfragen aus der allgem. Geschichte. 2. veränd. Aufl. (XVI, 254 S.) gr. 8. Ebd. 908. 2.50; geb. n 3. —

— dasselbe aus der vaterländischen Geschichte. (VIII, 74 S.) gr. 8. Ebd. 908. 1. 40

Raithel, R[ichard] Zur Reifeprüfung aus allgemeiner Geschichte. S. 3—24. 8. K. k. deutsches Staats-Obergymn. *Ung. Hradisch* 1906. Progr.

Raithel Richard: Die kurfürstlichen Willebriefe, ihre Entstehung, Geschichte und Bedeutung.
1901 PN 1458 Diss. Wien, Univ 839

Raitknecht, Der kleine. Hilfsbuch zur leichtesten und genauesten Berechnung des Preises von Dekagramm und Kilo aus dem Preise, eines alten Wiener Pfundes. Wels 1880. V: *Seibert, Anton Eugen.* (Russell XII, 2, 2602)

Raitknecht, neuester, oder Rechnungs-Faulenzer. 16. (14 B.) Klagenfurt 845, Leon.

Raitknecht, neuester, oder Rechnungs-Faulenzer, in welchem alles im Kauf und Verkauf Vorfallende schon genau berechnet zu finden ist. 1. Aufl. 1859. und 2., verm. und verb. Aufl. 16 (232 S.) Klagenfurt 861, Leon'sche Buchh. Thlr.

—— neuester, oder Rechnungs-Faulenzer, in welchem alles im Kauf und Verkauf Vorfallende schon genau berechnet zu finden ist. 4.—7. verm. und verb. Aufl. 16. (237 S.) Klagenfurt 869—74, Leon's Buchh. cart. — 90

Raitknecht, neuester, oder Rechnungs-Faulenzer, in welchem alles im Kauf und Verkauf Vorfallende schon genau berechnet zu finden ist. 8.—10. Aufl. (232 S.) 1875—78. * 90 Pf.; 11. verm. und verb. Aufl. 16. (238 S.) Klagenfurt 879, Leon sen. cart. * — 80

Raitknecht, neuester, oder Rechnungs-Faulenzer, in welchem alles im Kauf und Verkauf vorfallende schon genau berechnet zu finden ist. 12. und 13. verm. und verb. Aufl. 16. (238 S.) Klagenfurt 881,82, Leon sen. cart. * — 84

Raitknecht, neuester, oder Rechnungs-Faulenzer, in welchem alles im Kauf und Verkauf Vorgefallene schon genau berechnet zu finden ist. 16. verm. und verb. Aufl. 12. (243 S.) Klagenfurt 887, Leon sen. cart. * — 80

Raitknecht, neuester, od. Rechnungs-Faulenzer, in welchem alles in Kauf od. Verkauf Vorgefallene schon genau berechnet zu finden ist. 17.—19. verm. u. verb. Aufl. 16. (243 S.) Klagenfurt 889-92, Leon sen. cart. * — 80

Raitknecht, neuester, od. Rechnungs-Faulenzer, in welchem alles in Kauf u. Verkauf Vorgefallene schon genau berechnet zu finden ist. 20., veränd. u. verb. Aufl. gr. 16. (241 S.) Klagenfurt 892. J. Leon sen. Kart. n. — 80

Raitknecht, Neuester, oder Rechnungs-Faulenzer, in welchem alles im Kauf und Verkauf Vorgefallene schon genau berechnet zu finden ist. 21. veränderte und verbesserte Auflage. 12. (240 S.) Cart. Klagenfurt Leon 1897 —.42

— neuester, od. Rechnungs-Faulenzer, in welchem alles im Kauf u. Verkauf Verfallende schon genau berechnet zu finden ist. 22. Aufl. gr. 16 (241 S.) Klagenfurt (900). J. Leon sen. Kart n. — 80

Raitknecht, neuester, od. Rechnungs-Faulenzer, in welchem alles im Kauf u. Verkauf Vorfallende schon genau berechnet zu finden ist. 24. Aufl. (241 S.) 16. Klagenfurt (904). J. Leon sen. Kart. n. — 80

Raitknecht, Neuester, oder Rechnungs-Faulenzer. Klgft., Leon, 1859. 230 S. . . . 26. Aufl. 1910.

Raitknecht, bester und sicherster Welser, oder Rechnungsfaulenzer. Ein unentbehrliches Handbuch bei allen Käufen und Verkäufen von ½ Xr. bis zu 100 fl. Nebst einer Umrechnungs-Tabelle von österreichischer in bayerische Währung und umgekehrt. Wien 862. Haas. 32. (172 S.) 7½ ngr.

Raitknecht, bester u. sicherster Welser, oder Rechnungsfaulenzer. Ein unentbehrliches Handbuch bei allen Käufen u. Verkäufen von ½ kr. bis 100 fl., dann einer Preisberechnung von Zentner, von Pfund, von Metzen, von Pfund (Witt), von Schock 2c. Nebst einem Anh. von Stempel-Skala, Umrechnung der ausländ. Maße u. Gewichte 2c. auf österreich. Maße 2c. Interessen-Tabellen von 3—6 %, Berechnung zu den Dienstboten-Löhnungen, Coupons-Berechnung. 2., viel verm. Aufl. Wels 865. Haas. 32. (190 S.) geb. n. 7½ ngr.

— bester u. sicherster Welser, oder Rechnungsfaullenzer. Universal-Taschenbuch f. alle im gewöhnl. Verkehr vorkomm. Rechnungsfälle. 5. verm. u. f. die Neuzeit vom Verleger umgeänderte Aufl. 16. (211 S. m. eingedr. Holzschn.) Wels 875. Haas. n. — 80

Raitknecht, Bester und sicherster, oder Rechnungsfaulenzer. 7. Aufl. 8. (208 S.) cart. 40 kr. Wels: Johannes Haas 1881

Raitknecht, bester und sicherster oder Rechnungsfaulenzer. Universal-Taschenbuch für alle im gewöhnlichen Verkehr vorkommenden Rechnungsfälle. 8. vermehrte u. für die Neuzeit vom Verleger umg. Aufl. 16. 208 S. Wels, Haas. cart. fl. —.40
1886.

Raitknecht, bester u. sicherster Welser, oder Rechnungsfaulenzer. Universal-Taschenbuch f. alle im gewöhnl. Verkehr vorkomm. Rechnungsfälle. Verm. u. f. die Neuzeit vom Verleger umgeänd. Aufl (15. verb. Aufl.) 16. (181 S.) Wels (902). J. Haas. Kart n. — 80

Raitknecht, bester u. sicherster Welser, od. Rechnungsfaulenzer. Universal-Taschenbuch f. alle im gewöhnl. Verkehr vorkomm. Rechnungsfälle. Verm. u. f. die Neuzeit vom Verleger umgeänd. Aufl. (19. verb. Aufl.) (181 S.) 16. Wels (909). J. Haas. Kart. — 80

Raits, N. W. v., zur österreichisch-ungarischen Krise. Ein geschichtsphilosoph. Beitrag. (13 S.) 8. Wien 905. (C. Konegen.) n. — 50

Raittenau, Wolf Dietrich, Erzbischof von Salzbusg, s. Mayr-Doisinger, Karl

Raitz, Rachel, aus Moskau: Die Frage der Wirkung des Alkohols auf die Stillunfähigkeit der Frauen in Zürich. (Aus dem Kinderspital Zürich.) Zürich 1910. 42 S. 8°. [7. II. 10.]
Zürich. Univ. Med. Diss. 1909/10.

Raitz, Rachel. Die Frage der Wirkung des Alkohols auf die Stillunfähigkeit der Frauen in Zürich. Aus dem Kinderspita Zürich. Diss. Med. Univ. Zürich. 42 S. 8. Zürich, Gebr. Leemann & Co., 1910

Raitz von Frentz, Maximilian Frh., Referendar beim Amtsgericht Waldbröl: Die Nothilfe und ihre zivilrechtlichen Wirkungen nach dem bürgerlichen Gesetzbuch für das Deutsche Reich. Berlin: R. Trenkel 1908. (VII, 68 S.) 8°
Rostock, Jur. Fak., Ref. Bernhöft, Diss. v. 25. April 1908
[Geb. 7. Juli 85 Koblenz; Wohnort: Waldbröl; Staatsangeh.: Preußen; Vorbildung: St. Matthias-Gymn. Breslau Reife O. 04; Studium: Lausanne 2, Freiburg i. B. 1, Berlin 1, Bonn 2 S.; Rig. 18. März 08.]

Die Nothilfe und ihre zivilrechtlichen Wirkungen nach dem bürgerlichen Gesetzbuch für das Deutsche Reich. Von Dr. Maximilian Frh. **Raitz** v. Frentz. Berlin: R. Trenkel 1908. (VII, 68 S.) 8° [08, 13794

Raiz, Aegid, d. Frage nach d. Anordng. d. Horazischen Oden, s.a. Festschrift d. deutschen akadem. Philologen-Vereins in Graz.

Raiz, Dr. Aegid, Die Frage nach der Anordnung der Horazischen Oden. Eine kritische Uebersicht. Gr.-8. (16 S.) —.40
Graz Leuschner & Lubensky 1896.

Raiz Dr. Aegid: Über das Symbol und die Symbolik in H. Ibsens Dramen. 46. Pettau 02.
Progr.

Raiziss, Odalja: Derivate des p-Thiokresols. Die basischen Eigenschaften der Sulfoxyde. Freiburg i. B.: Speyer & Kaerner 1910. 36 S. 8°
Freiburg i. B., Phil. Diss. v. 3. Juni 1910, Ref. Gattermann
[Geb. 22. Aug. 84 Odessa; Wohnort: Odessa; Staatsangeh.: Rußland; Vorbildung: Gymn. Odessa Reife Juni 02; Studium: Odessa 4, Leipzig 1, Berlin 1, Bern 1, Freiburg i. B. 4 S.; Rig. 25. Febr. 10.] [U 10. 1079

Raiziss-Perper, Anna, aus Odessa (Russland): Ueber den postoperativen temporären Ileus. Bern 1910. 31 S. 8°. [3. III. 10.]
Bern. Med. Diss. 1909/10.

Raiziss-Perper, Anna. Über den postoperativen temporären Ileus. Diss. Med. Bern. 31 S. 8. Bern, Verlag «zum Zytglogge», 1910.

Raizner, Emil von

Raizner, E. v., die bewaffnete Macht der österreichisch-ungarischen Monarchie. In tabellar. Form zusammengestellt. 1. und 2. verb. Aufl. Imp.-Fol. (2 Tab.) Wien 878, (Seidel und Sohn.) * 1 20

Raizner, Emil v., k. k. Militär-Unter Intendant, und Josef **Böhm**, k. k. Landwehr-Unter-Intendant Die bewaffnete Macht der österreichisch-ungarischen Monarchie in Tabellenform. Tabelle I. Das stehende Heer, Friedensformation. Tabelle II. Das stehende Heer. Kriegsformation. Tabelle III. Die k. k. Kriegs-Marine, die k. k. und die k. ungarische Landwehr, Gendarmerie und Landsturm. (3 Tabellen.) Fol. in 8. Schuber Wien 1884.

Raizner, Emil v., u. Jos. **Böhm**, die bewaffnete Macht der österreichisch-ungarischen Monarchie in Tabellenform. Imp.-Fol. (3 Tab.) Wien 884. (Seidel & Sohn.) n. 3. —

Rak, Ant., das Mineralbad Krapina-Töplitz in Croatien. gr. 8. (72 S. m. 1 lith. Karte.) Wien 876. Braumüller. n. 1. 40

Rak Heinrich: Grundzüge der Organisation der k. k. Theresianischen Akademie. 60. Wien Ther. Ak. 93.
Progr.

Rak, Therese

— der Karthäuser Ortolf, s.a. Für Hütte u. Palast. 17.

(F) Für Hütte und Palast. Sammlung gediegener österreichischer Unterhaltungsschriften. XVII. Bd.

Enthält:

RAK, Therese

(F) Der Karthäuser Ortolf. Erzählung aus dem Aufstande der Bauern in Niederösterreich am Schlusse des 16. Jahrhunderts. Von Therese Rak. Wien. 1900. Kirsch. 8°. VII, 237 S. K 2.40

Rak, Therese, Reserls Pflegemütter, s.a. Schul- u. Vereinsbühne, christliche.

(F) **Rak**, Th., Reserls Pflegemutter. [Christliche Schul- und Vereinsbühne. Bd. 112.] 8°. (15 S.) K —.24
Linz: Kath. Pressverein 1909.

— Sappho, s.: Bücherei, allgemeine. 19. 20.

— die Sparsamkeit, s.: Bücherei, allgemeine. 11.

Rak, Therese, ein österr. General (Feldzeugmeister Leop. Frhr. v. Unterberger), s.a. Für Hütte u. Palast. 22.

Unterberger. — **Rak**, Therese. Ein österr General. Leopld Freiherr von ..... k. k. Feldzeugmeister. Ein Lebensbild. (Aus:) „Für Hütte und Palast.“ 22. Band. (Mit 1 Porträt.)
8. Wien 1902.

(F) **Rak**, Th., Ein österr. General Leopold Freiherr v. Unterberger. Ein Lebensbild. [Für Hütte und Palast. 22. Bd.] 8°. (VIII, 229 S.) Wien: Kirsch 1902. K 2.40, geb. K 3.20

Raeke, Walter, Referendar in Neu-Ruppin: Der **Widerruf** der Schenkung nach gemeinem Recht und Bürgerlichem Gesetzbuche. *Berlin 1900: H. Paul.* (72 S.) 8°
Rostock, Jur. Diss. v. [31. Dez.] 1900

Immanuel: **Festgesang zur Einbringung des Lichts in den neuen Tempel der Loge Immanuel am Sonntag den 5. Sept. 1886. Gedichtet von [Karl] Selke, comp. von Rakemann. Königsberg in Pr. 1886: Leupold. 3 Bl. 8° [Umschlagtit.]**
Lied mit Chor ohne Noten: „Immanuel!“

[Lieder.] Zum Johannisfeste. Der Loge Immanuel gewidmet vom Br. [Karl] Selke, comp. vom Br. Rakemann. Königsberg 1887: Leupold. 2 Bl. 8° [Umschlagtit.]
2 Lieder ohne Noten.

[Lieder.] Zum Johannisfeste den 24. Juni 1889. Der Loge Immanuel gewidmet vom Br. [Karl] Selke, comp. vom Br. Rakemann. Königsberg i. Pr. 1889: Leupold. 2 Bl. 8° [Umschlagtit.]
2 Lieder ohne Noten.

Kaiserlied. Componiert von L. Rakemann. [Unterz.:] C[arl] Selke. o. O. u. J. 1 Bl. 8°. [Kopftit.]
Ohne Noten: „Nun lasst erbrausen weihvolles Lied“ ...
Vgl. W. 19376.

Kaiserlied. Gedicht von C[arl] Selke. Comp. von L. **Rakemann.** Königsberg i. Pr.: Leupold 1888. 2 Bl. 2° [Lithogr.] [Umschlagtit.]
Mit Noten: „Nun lasst erbrausen weihevolles Lied!“

Raken

— **Jo. Georg Philipp** (Braunschweig), Principia juris Germanici in successione descendentium feudali. Präs. Carl Friedrich Walch. Jena (Strauss) 24. X. 1770. 44 S. (5.25) 27575
Widm. v.: Charles von Goertz, Carl Friedrich Walch, Just. Christ. Lud. von Schellwitz, Joseph Jo. Jakob von Lincker (Sächs.-Weimar. Adel, Christ. Dav. Elias Bruger (Oppon.), J. B. C. Eichmann, I. H. C. Seeber (Oppon.). Friedrich Christian Louis Henneberg, John Elie Rupert.

Raken, Johann August

— — De observantia gentium et imperii in cap. III. perpetuam, succedendi in terris imperatoriae majestati hereditario jure parentibus, ad modum in sanctione pragmatica praescriptum, observantiam sistens Diss. acad. Präs. Joh. Wilh. von Goebel. Helmstedt (P. D. Schnorr) 23. V. 1733. 129 S (5.50) 27577

— **Joh. August** (Wolfenbüttel), De observantia imperii. Diss. acad. Präs. Joh. Wilh. von Goebel. Helmstedt (P. D. Schnorr) Dez. 1732. 129 S. (5.—) 27576

Rakenius, Aug. Geo., Vers. e. Ketzergesch. in Tabell. 4. Wolfenb. Meißner. 751.

Rakenius, Wilhelm: Die Hausgüter des hohen Adels und die gewöhnlichen Familienfideicommisse. Eine vergleichende Studie. [o. O. 1905]. (50 S.) 8°
Heidelberg, Jur. Fak., Ref. Anschütz, Diss. v. 30. Dez. 1905
[Geb. 26. Juli 78 Charlottenburg; Wohnort: Charlottenburg; Staatsangeh.: Preußen; Vorbildung: Köllnisches Gymn. Berlin Reife O. 99; Studium: Göttingen 3, Berlin 3 S.; Rig. 16. Nov. 05.]

Rakete: Die Rakete
① Organ der Lorrainegemeinde ⑤ 1896—? ⑦ unregelmäßig ⑧ Bern ⑩ Ad. Gugger ⑪ Ad. Gugger ⑫ Gemeindepolitik ⑬ BGSZ: 70 (p. 343 Nr. 999).

Raketen. Eine Zeitschrift f. Freunde des Humors. (Nr. 1.) Juli. 8. (2½ B.) Berlin 846, Mecklenburg. *

Raketen. Humoristisch-satyrisches Wochenblatt. Red.: Max Weinmann. 4. Jahrg. des Schalksnarr. 1864. April—December. 39 Nrn. (à ½ Bgn. m. Holzschn.) München. (Augsburg, v. Jenisch & Stage.) 4. n. 1 ℛ︎
Vgl.: Schalks-Narr.

Raketen. Humoristisch-satyr. Wochenblatt. Redact.: Alex. Ringler. 5. Jahrg. 1865. 52 Nrn. (½ Bgn. mit eingedr. Holzschn.) München. (Augsburg, v. Jenisch & Stage'sche Buchh.) gr. 4. n. 1 ℛ︎ 10 ngr.

Raketen. Humor u. Satire. Von Komus Momus (IV, 163 S.) kl. 8. Bonn 908. (P. Hauptmann). 1.50

— die. Freigeistige Halbmonatsschrift f. Zeitfragen. Hrsg.: Paul Gisbert u. R. Pauli. 1. Jahrg. Febr.—Dezbr. 1910. 22 Nrn. (à ca. 32 S. m. Abb.) gr. 8. Berlin-Schöneberg, Verlag „Die Raketen“. à Nr. —20

Raketen, Chemnitzer. Illustriertes Witzblatt.
Chemnitz: Expedition 1873-1876. 8°
Red.: Burmeister-Lyser und Max Kegel.
Vorh. u. d. T.: Der Nussknacker. Jg. 1. 1872.

Raketen-Kiste, Leipziger. Humoristisch-satir. Wochenschrift. Hrsg in Verbindg. m. namhaften Autoren v. K. Klein. 1. Jahrg. Dezbr. 1894—Novbr. 1895. 52 Nrn. (à ca. 1 1/2 Bog. m. Abbildgn.) Lex.-8. Leipzig, W. Knoche. n. 6. —

Raketen Unterricht für die Mannschaft des k. k Raketeur Corps. (Lithographiert) (Donation Liechtenstein.) 4. (Wien zirka 1845.)

— (Andere Auflage) (Lithographiert) (Donation Liechtenstein) 4 (Wien zirka 1845.)

Raklo, Christian, vier Wochen Dienst. Erinnerungen aus d. Soldatenleben. (54 S.) 8. Neumünster (908). Vereinsbuchh. G. Ihloff & Co. — 40

— dasselbe, s. a. Urban's christliche Volksbücher. Nr. 41.

Rákóczy II, Franz, Fürst von Ungarn und Siebenbürgen. Ein historisches Charakterbild. Leipzig 1854. H: *Horn (= Einhorn), Jgn.* (KU)

Rákóczy II., Franz, Fürst von Ungarn und Siebenbürgen. (1703—1711.) Ein historisches Charakterbild. Leipzig 854. O. Wigand. gr. 8. (VI, 306 S. m. Portr. in Holzschn.) n. 1 *ℛℳ*. 20 *ngr.*

RÁKÓCZI, FRANZ II Auszug desjenigen (Rákóczi), so der keyserlich-catholische Botschafter Ihro Päbstlichen Heiligkeit in seiner an Mittwoch, den 16. März, dieses laufenden 1718. Jahrs gehabten ausserordentlichen Audienz und folgends dem Sacro Collegio deren Cardinalen vorgetragen. o. O. o. Dr. o. J. (1718) 2 f. - 4°

Rákóczy, Princ. Franc. II., confessiones et aspirationes principis christiani. E codice bibliothecae nationalis Parisiensis ed. commissio fontium historiae patriae academiae scientiarum hungaricae. gr. 8. (VIII, 589 S.) Budapestini 876. (Leipzig, Brockhaus' Sort.) n. 6. —

Rakontoj, japanaj, s.: Esperanta Biblioteko internacia.

Rákos, Ernst, Oberlieut. Die Organisation der Truppen- und Heeres Korper des österreichisch-ungarischen Heeres. Graphisch dargestellt. Lehrbehelf zum Studium der Heeresorganisation. (2 Karten) Fol. Budapest 1891.

Rákosi, Eug., Aesop. Lustspiel in 5 Aufzügen. Autoris. Uebersetzg. aus dem Ung. v. Ella Triebnigg. (157 S.) 8. Strassburg 905. J. Singer. n. 2. 50

Rákosi, Vict., mein Dorf u. andere heitere Geschichten, s.: Reclam's Unterhaltungs-Bibliothek.

Rákosi, Vict., mein Dorf u. andere heitere Geschichten, s.: Universal-Bibliothek.

— wie man sich e. Gatten leiht u. andere heitere Geschichten, s.: Universal-Bibliothek.

Rakosy, Alex., die ungarischen Zeitwörter mit ihren Bestimmungssylben u. deren Anwendung. Pest 864. Trattner & Károlyi. gr. 8. (XX, 380 S.) n. 1 *ℛℳ* 2 *ngr.*

Rakovec, Alexis, die Schwefeltherme Toplice bei Varasdin in Croatien. [Varasdiner Töplitz.] Wien 863. Braumüller. 8. (X, 175 S. u. 1 Tab. in Fol.) n. 24 *ngr.*

Rakow, Magnus, s.: Aufgabensammlung f. See-Dampfschiffs-Maschinisten.

Rakow, Magnus, Einmaleins-Tafeln zur Erlerng. d. Einmaleins auf d. Wege d. Anschauung u. d. Vorstellung in Schule u. Haus. 8 Tafeln à 60×52 cm. Stettin 897. H. Dannenberg & Co. n. 4. —; Begleitwort. gr. 8. (20 S. u. Schülerheft 10 S. m. farb. Abb. in gr. 16.) n. — 50; Schülerheft allein n. 10. —

Stephan Racowich (Rakowich), Unüberwindlich. Berlin Vita [1899]. (S. 60 89.) 8° [F.]
— Geschichten, Kurze. 1, 12, [3.] [05. 3354

Rakowicz, vollständige und zuverlässige Hilfstabellen für Aufstellung des Speisezettels, zur Berechnung von Haftkosten und der Gefangenen-Arbeits-Verdienst-Antheile, zusammengestellt und berechnet nach den geltenden ministeriellen Bestimmungen, zum Gebrauch für Gefängniß-Inspectoren, Aufseher, Calculatoren, Lieferanten rc. gr. 4. (52 S.) Beuthen i. O.-Schl. 879. (Waeldner.) *

Rakowicz, vollständige u. zuverlässige Hilfstabellen für Aufstellung d. Speisezettels, zur Berechnung von Haftkosten u. der Gefangenen-Arbeits-Verdienst-Antheile, zusammengestellt u. berechnet nach den geltenden ministeriellen Bestimmungen zum Gebrauch f. Gefängniß-Inspectoren, Aufseher, Calculatoren, Lieferanten rc. 2. Aufl. gr. 4. (52 S.) Beuthen i. O.-Schl. 881. Freund. n. 2. —

— Instruktions-Buch f. die Gefängniß-Beamten im Preußischen Staate u. Alle, die es werden wollen, enth. in vergleich. Gegenüberstellung die ergangenen gesetzlichen u. ministeriellen Bestimmungen, Erlasse u. Verfügungen bezüglich d. Gefängniß-Wesens u. der Verwaltung der Gefängniß-Arbeits-Kasse. gr. 8. (IV, 112 S.) Beuthen i. O.-Schl. 881. Freund. n. 3. —

Rakowicz, Instruktions-Buch über Transporte v. Gefangenen, zusammengestellt nach d. geltenden ministeriellen Bestimmungen u. Verordnungen zum pract. Gebrauch f. Polizei-Verwaltungen, Gefängniß-Vorstände, Amts-Vorstände rc. gr. 8. (IV, 40 S.) Löbau Wpr. 881. Skrzeczek. n. 1. —

— vollständiger u. zuverlässiger Strafdauer-Berechner, enth.: Tabellen zur Berechnung der Strafdauer der Gefangenen nach Tagen, Wochen u. Monaten unter Berücksicht. des Schaltjahres. 4. (III, 66 S.) Beuthen O/S. 881. Freund. n. 2. —

Rakowicz, Franc Thadd (geb Golejewko in Posen . 6. 1839) De operationis fistulae vesico-vaginalis evolutione historica Berolini (1862) (31 S.) 8°
Berlin, Med. Diss. v 4. Apr. 1862

Rakowicz, Jakob (geb Wronke 25 7 1859) Ein Beitrag zur Kropfexstirpation Berlin (1885) (28 S.) 8°
Berlin, Med Diss v 26 März 1885

Rakowski, Apollonius [de]: De feudo pignoraticio. Halis (1847): Ploetz. 43 S. 8°
Halle-Wittenberg, Jur Diss. v 4. Aug. 1847
Geb. Bromberg 8. 4. 1826. V
Mit seiner in Bonn gekrönten Preisschrift im Wesentlichen identisch.

Rakowski, Kasimir von, aus Petrikau: **Entstehung des Grossgrundbesitzes im xv. u. xvi. Jahrhundert in Polen.** *(Posen: M. Biedermann 1899.)* (56 S.) 8°
Berlin, Phil. Diss. v 12. Juli 1899

Entstehung des Grossgrundbesitzes im xv. und xvi. Jahrhundert in Polen von Dr Kasimir v Rakowski. 2. Aufl. *Posen: M. Biedermann 1899.* (56 S.) 8° 11733

Rakowski, Kasimir v., Entstehung des Grossgrundbesitzes im XV. u. XVI. Jahrh. in Polen. 2. Aufl. gr. 8. (V, 56 S.) Posen 899. (J. Leitgeber & Co.) n. 2. —

Rakowski, Raimund, aus Lagiewniki (Prov. Posen): **Über Transfusion und Infusion in allgemeiner und speciell geburtshilfl.-gynaekologischer Hinsicht.** *Leipzig (1900): A. Edelmann.* (50 S.) 8°
Leipzig, Med. Diss. v. 20. März 1900

Rakowski, Severin, appr. Arzt: Aus d. Greifswalder chir. Klinik. Zur Frage der Operabilität der Unterkiefersarkome. Greifswald (1909): Adler. 34 S. 8°
Greifswald, Med. Diss. v. 23. Okt. 1909, Ref. Ritter, Payr
[Geb. 11. Dez. 80 Posen; Wohnort: Posen; Staatsangeh.: Preußen; Vorbildung: Berger-Gymn. Posen Reife O. 03; Studium: Berlin 3, Greifswald 7 S.; Coll. 27 Aug. 08; Approb. 15. Juli 09.] [U 10. 1585

Rakowski, Theod. (geb. Witkowo 23. 10. 1835). De stricturis urethrae virilis. Berolini (1859). (32 S.) 8°
Berlin, Med. Diss. v. 5. Juli 1859

Rakowsky, die sicherste Heilung des Wechselfiebers, ohne das magenschwächende Chinin. Allen am Wechselfieber Leidenden dringend empfohlen. Altona 863. Verlagsbüreau. 8. (39 S.) n. 10 ngr.

Rakowsky, Christian, Schilderung des Dramas von Tendra, s.: Kirill, die Odyssee des „Knjas Potemkin".

Rakus, A., u. C. E. v. Scheidlin, prakt. Unterweisg. in der Massenkultur der lebenden Fischnährtiere aus der Wasser- u. Landfauna zur ration. Aufzucht aller Nutzfischgattungen. Ein Leitfaden f. Fischereischulen, Teichwirte etc. (35 S.) gr. 8. Wien 902. (C. Vetter.) n. — 50

Rakusin, M. A., Anleitung zur Verarbeitung der Naphtha, s.: Kwjatkowsky, N. A.

Rakusin (M. A.). Die Polarimetrie der Erdöle. Ihre Gesch. u. gegenwärt. Entwickl., sowie ihre Bedeut. f. d. Erdölgeologie u. andere Zweige d. Naturwissenschaft. 1. T.: Theoretisches. 2. T.: Experimentelles. (M. 1 Tab.) Berlin 1910. 390 S.

Rakusin, M. A., die Theorie der Färbung der natürlichen Erdöle u. deren notwendige Konsequenzen. (29 S.) gr. 8. Berlin 909. Schöneberg. Verlag f. Fachliteratur. 2. —

— die Untersuchung des Erdöles u. seiner Produkte. Eine Anleitg. zur Expertise des Erdöles, seiner Produkte u. der Erdölbehälter. (XVIII, 271 S. m. 59 Abbildgn.) gr. 8. Braunschweig 906. F. Vieweg & Sohn. n. 12. —; geb. in Leinw. n. 13. —

Ralamb, Bror Cl. Sermo panegyricus in funere generalis et comitis Caroli Wrangel. 8. Lipsiae 1707.

Raldens, ..., Kuno v. Kyburg. Trspl. in 5 Aufz. 8. Wartenstein ... Firdorf u. Kl. 8 gr.

Raleigh, Walter, the discovery of Guiana, and the journal of the second voyage thereto. 16. (192 S.) Leipzig 888. Gressner & Schramm. n. — 80

Ralff, Offenherz, od. die beste Welt; aus d. Engl. 8. Zittau 794. Schöps. 12 gr.

Ralfs, C. A., die Burda, s. Busîrî, M.

Dienstalter-Liste der seit dem 1. Juli 1881 vereidigten Preussischen Steuer-Supernumerare v. H. J. **Ralfs,** Assist. an d. Prov.-Steuer-Direktion. *Altona: Dr. v. Ch. Adolff 1894.* (47 S.) 1 Bd 8. [96. 6338

Rall, Eduard, a. Straubing: Alfred de Musset ein echter Romantiker. Aschaffenburg 1905: Schippner. (VIII, 92 S.) 8°
Würzburg, Phil. Fak., Ref. Schneegans, Diss. v. 24. Juni 1905
[Geb. 18. März 77 Wörth a. D.; Wohnort: Aschaffenburg; Staatsangeh.: Bayern; Vorbildung: Gymn. Regensburg Reife Juli 96; Studium: München 8, Paris 1 S.; Rig. 15. Febr. 05.]

Rall, H(enry) Frank, aus d. Ver. St. v. Amerika: Der Leibnizsche Substanzbegriff, mit besonderer Beziehung auf seine Entstehung und sein Verhältnis zur Körperlehre. *Halle a. S. 1899: E. Karras.* (IV, 69 S.) 8°
Halle, Phil. Diss. v. 1899

Rall, J.: Schirei Raumi. Wien: Herzfeld & Bauer 1868. 148 S. 8°

Rall, Julius [von Eningen, Assistenz-Arzt d. Poliklinik]: Ueber eine Pneumonieepidemie mit häufigen Wanderpneumonien .... Stuttgart, E. Schweizerbart'sche Verlagsh. (E. Koch), 1887; 34 S. 8°
Tübingen, Med. Fak., Inaug. Diss. v. 1887

Rall, Ottmar, appr. Arzt a. Eningen U./Ach., Assistenzarzt im Inf.-Regt. Kaiser Wilhelm, König v. Preußen (2. Württ.) Nr. 120: Tuberkulose des Schädeldaches. Tübingen 1906: H. Laupp jr. (48 S.) 8°
Tübingen, Med. Fak., Ref. v. Bruns, Diss. v. 15. Okt. 1906
[Geb. 29. Sept. 79 Eningen b. Reutlingen; Wohnort: Ulm; Staatsangeh.: Württemberg; Vorbildung: Gymn. Reutlingen Reife Sommer 98; Studium: Tübingen 5, Kiel 1, Tübingen 5 S.; Coll. 3. Aug. 06; Approb. 3. Mai 04.]

Rall, Xaver: Über die Enucleation von Strumen ... Amberg, Buchdr. v. C. Grübler, *1896;* 20 S. 8.
Erlangen, Med. Fak., Inaug.-Diss. v. 26. Juli 1889

Ralle, M. F. Th., Handfibel f. den ersten Unterricht im Lesen nach der Lautmethode. 8. Nordhaus. 824. Landgraf. 3 gr.

Ralle, M. F. Th., Handfibel f. d. ersten Unterr. im Lesen nach d. Lautmethode. 2., umgearb. Aufl. 8. (5½ B.) Sondershausen 835, Eupel.

Rally, W. v., die Donaureise von Regensburg bis Linz. Eine Darstell. der auf dies. Route befindl. Merkwürdigkeiten in histor., topograph. u. artist. Bezieh., nebst e. Andeut. d. Sehenswerthesten in d. Städten Regensburg u. Passau. gr. 12. (4½ B.) Wien 840, Rohrmann.

Raelmeyer, C. „Geheimnisse der vornehmsten auserlesenen Haushaltungskünste und -wissenschaften", Wien 1768 (Kraus).

Ralph Doughby's Brautfahrt, s. Lebensbilder aus beiden Hemisphären, 3. Thl.

Ralph von Cousi, oder Laura von Vergi; a. d. Franz. Wien 1797. Ü: *Strelin, F.* (Ky)

Ralph, die Geheimnisse von Oldenburg, oder Schilderungen oldenburgischer Zustände. 4 Hfte. 12. (8⅓ B.) Oldenburg 844, 45, Schulze'sche Buchh. à 6¼ Ngr.

OLDENBURG. — Ralph (ps.), Die Geheimnisse von Oldenburg, oder Schilderungen Oldenburgischer Zustände. 4 Hfte Oldenburg, Schulze'sche Buchhdlg., 1845.
Citirt Appell (ohne Formatsang.), Weller. Lex. Ps. p. 468 hat „1844". — Cplt. selten!

Ralph, James, a Guide to English Conversation. — Anleitung zur engl. Conversation nebst kurzen grammatikalischen Anmerkungen u. einem kleinen Wegweiser auf dem Gebiete der engl. Literatur. 16. (VIII u. 119 S.) Leipzig 847. (Brockhaus.) 12 ngr

— the pocket song book, being a collection of the most approved english songs: with twelve originals. 32. (XII u. 188 S.) Dresden 848. (Leipzig, Brockhaus.) n. ½ Thlr Velinp. n. 24 ngr

—— the english reader. Neues engl. Lesebuch für Anfänger, enth. leichte Erzählungen in Prosa mit Erklärungen für den Schul- und Selbstunterricht. 8. (VIII und 136 S.) Leipzig 840, (Brockhaus.)

Ralph, Rym., (Glo. Hnr. Ad. Wagner), der Bühnenschwarm, oder das Spiel der Schauspieler; e. Tragödie. 8. Leipz. 800.

Ralsunov, A (Pseud.), s.a. Uslar, A. von

Ralsunov, A., Nord-Albingischer Zollverein durch Dänemark, Mecklenburg, Hamburg u. Lübeck, u. dess. Anschluß an d. preuß. Zollverein. gr. 8. (7 B.) Hamburg 840, Nestler u. Melle.

Ram, Electus, De necessitate doctrinae revelatae ex mente doctoris Mariani subtilis Jo. Duns Scoti. Wirceburgi 1754.

Ram, Hersch, Quiṣṣat Mâr Êlijâ (die Legende vom hl. Elias), s.a. Studien, Leipziger semitistische. II, 3.

Ram, Hersch, a. Safed ⟨Palästina⟩: Qiṣṣat Mâr Êlîjâ ⟨Die Legende vom hl. Elias⟩. Als Beitrag zur Kenntnis der arabischen Vulgär-Dialekte Mesopotamiens nach der Handschrift Kod. Sachau 15 der Königl. Bibliothek zu Berlin herausgegeben, übersetzt und mit einer Schriftlehre versehen. Leipzig 1900: W. Drugulin. (IX, 40 S.) 8° ¶(Erscheint erweitert in: Leipziger semitist. Studien Bd 2, H. 3.)
Leipzig, Phil. Fak., Ref. Fischer, Zimmern, Diss. v. 13. März 1906
[Geb. 8. Mai 72 Safed, Wohnort: Safed; Staatsangeh.: Türkei; Vorbildung: Sophien-Realgymn. Berlin Einj.-Freiw.-Zeugn. O. 96; Studium: Berlin 11, Leipzig 4 S., Rig. 28. Juni 04.]

Ram, J. Paul, die vor Gottes Augen schöne Jugend, wie sie zum heil. Abendmahl zubereitet wird. 8. Chemn. 779. (Starke). 4 gr

Ram, J. Paul, die vor Gottes Augen schöne Jugend, wie s. zum heil. Abendmahl zubereit. wird. 8. Chemnitz, Stößel. (Mauke.) 779.

Ram, Jo. Paul [Praes.], s. Findeisen, Gottlieb: Quaestio ex theologia naturali an et quantum de lapsu generis humani ex lumine naturae constet.

— Jo. Paul (Freiberg/Meißen), Ex antiquitate Ebraea de thymia terio sanctissimi occasione Ebr IX. 4. Präs. Jo. Justus Sonneschmid. Wittenberg (Gerdes) 16. II. 1723. 26 S. (4.25) 27580

de Ram, P. F. X., s. Collection de chroniques Belges, T. VIII.

Rama. Ein indisches Gedicht, s. Walmiki.

Rama. Ein indisches Gedicht nach Walmiki. Deutsch von Adolf Holtzmann. 2., verm. Aufl. 8. (13 B.) Karlsruhe 843, Holtzmann.

Râma Prasâd, die feineren Naturkräfte u. die Wissenschaft des Atems. Aus dem Sanskrit-Original übers. Ins Deutsche übertr. v. Heinz Widtmann. (III, 280 S.) 8. Leipzig 910. M. Altmann. 3.—; geb. 4.—

Ramabai, Pundita. Eine Vorkämpferin der ind. Frauenbewegg. Aus dem Engl. frei bearb. von Marie v. Kraut. 8. (84 S.) Halle 895. J. Fricke's Verl. n.n. – 75; feine Ausg. n. 1. –

Râmacandra. Çrî-Râmacandra-kṛtaṃ Rasikarañjanam (Ramacandra's Ergötzen der Kenner). Sanskrit und Deutsch herausgegeben von Richard Schmidt. Stuttgart 1896 4°

Ramadge, Frz. Hopkins, das Asthma, in seinen Varietäten u. Complikationen; od. Untersuchn. üb. d. Wesen u. d. Heilung krankhafter Respiration. A. d. Engl., mit Zusätzen v. Friedr. Ruoff. gr. 12. (8⅛ B.) Stuttgart 838, Neff.

—— die Auszehrung heilbar! od. Entwicklung d. Prozesses, den Natur u. Kunst einzuleiten haben, um diese Krankheit zu heilen; u. Empfehlung e. ganz neuen u. einfachen Heilmethode. N. d. Engl. v. F. Schmidt. 2., verb. Aufl. gr. 8. (4½ B. u. 8 ill. Abbild.) Pesth 836, Heckenast.

Ramadge, Francis Hopkins, die Engbrüstigkeit u. das Asthma sind heilbar. Eine Darstellung dieser Krankheiten rc. Oder prakt. u. theoret. Untersuchungen üb. das krankhafte Athmen, nebst Bemerkungen über das bei jeder Abart dieser Krankheiten besonders anwendbare Heilverfahren. Lex.-8. Quedlinburg 841, Basse. ½ ₰ — 3. Aufl. 842, 4. Aufl. 845. ½ ₰

— die Lungenschwindsucht heilbar! Nebst Vorschriften, um der Entwickelung von Tuberkeln vorzubeugen. Nach der 2. Original-Ausg. bearb. von Aug. Schulze. 3. Aufl. Mit 1 Abbild. 8. Ebend. 841. 5/12 ₰ — 4. Aufl. 845. 5/12 ₰

—— die Lungenschwindsucht heilbar! Enthaltend die Mittel, wodurch Natur u. ärztliche Kunst die Heilung der Schwindsucht bewirken. Nach der 2. Original-Ausg. bearb. v. Aug. Schulze. 4. Aufl. 8. (7 B. u. 1 Abbild.) Quedlinburg 845, Basse.

—— die Lungenschwindsucht ist heilbar, od. Entwickelung d. Prozesses, den Natur u. Kunst einzuschlagen haben, um diese Krankheit zu heilen; nebst Empfehl. e. neuen u. einfachen Heilmethode. A. d. Engl. übers. v. Carl Hohnbaum. 1—3. Aufl. (à 7½ B. u. 4 Stnt.) 835. à ⅔ Thlr., 4., verm. A. Lex.-8. (9¾ B. u. 6 ill. Kpfrt.) Hildburghausen 836, Bibliograph. Institut.

Ramadge, Frz. Hopkins, die Lungenschwindsucht ist heilbar! Nebst Vorschriften, um der Entwickelung d. Tuberkeln vorzubeugen, rc. Nach d. 2. Orig.-Ausg. bearb. v. Aug. Schulze. 1—3. Aufl. 8. (à 7 B. u. 1 Abbild.) Quedlinburg 836—41, Basse. à Thlr.

Ramajo, P., theoret.-prakt. Lehre der span. Sprache mit d. wörtl. interlinearen Uebersetzung der Beispiele u. Gespräche. gr. 8. Leipz. 806. Schwickert. 20 gr

Ramaker, Albert John

--Ein Überblick über d Gesch d dten Baptisten v N-A. Cleveland, 1887[?].

Ramanken. Christliches Volksblatt f. Belehrg. u. Unterhaltg., hrsg. v. Ludw. Grote u. Paul Müller. Red. in Vertretg.: Edgar Bauer. 1. Jahrg. 1883. 1. Quartal. 7 Nrn. (½ B.) Lex.-8. Hannover 883. (Dresden, H. J. Naumann.) n. — 50

— dasselbe. 2—4. Quartal. 17 Nrn. (½ B.) Lex.-8. Ebend. 883. n. 3. —
Erscheint nicht mehr.

Ramann, Standortslehre, s. Handbuch der Forstwissenschaft.

Ramann, A. M. B., blinder Feuerlärm, s.: Wallner's allgemeine Schaubühne.

Ramann, A. M. B., das Gastmahl zu Rudolstadt. Schauspiel in 2 Aufzügen. 8. (47 S.) Dresden 884. v. Grumbkow. n. 1. 20

— Junker Georg, s.: Bloch's, Theater-Gartenlaube.

— eine schöne Geschichte. Lustspiel in 2 Aufzügen. gr. 8. (72 S.) Ebend. 884. n. 1. 50

— Mondscheingeschichten, s.: Bloch's, E., Theater-Correspondenz.

— mein Roman, s.: Wallner's allgemeine Schaubühne.

— ein Wachtstuben-Abenteuer. Lustspiel in 1 Aufzuge. gr. 8. (32 S.) Dresden 886. v. Grumbkow. n. 1. —

— eine Wunderkur, s.: Bloch's, E., Dilettanten-Bühne.

Ramann, E., s.a. Ramann, Lina

– Organogene Ablagerungen d. Jetztzeit. [Stuttg.]. U. A. 48 S. (Særtr.). P.

Ramann E.: Die klimatischen Bodenzonen Europas. St. Petersb. 1901. 18 S. 2 kol. Kt. 4°.
(Russisk og tysk).

Ramann, Emil

Ramann, E., forstliche Bodenkunde u. Standortslehre. gr 8. (VIII, 479 S. m. 83 Abbildgn.) Berlin 893. J. Springer. n. 10. —; geb. n. 11. 20

Ramann E.: Bodenkunde. 2. Aufl. Berl. 1905. 431 S.
[1. Opl. se 578: Forstliche Bodenkunde u. Standortslehre].

Ramann, E., Bodenkunde. 2. Aufl. (XII, 431 S. m. Abbildgn.) gr. 8. Berlin 905. J. Springer. n. 10. —; geb. in Leinw. n. 11. 20

Ramann, E., Bodenkunde. 3., umgearb. u. verb. Aufl. (XV, 619 S. m. 63 Abbildgn. u. 2 [1 farb.] Taf.) gr. 8. Berlin 911. J. Springer. 16.—; geb. in Leinw. n 17. 40

— u. v. Jena-Cöthen, Holzfütterung u. Reisigfütterung. Ein neues einfaches u. billiges Verfahren der Thierernährung. Auf Grund wissenschaftl. Untersuchungen u. prakt. Versuche ausgearb. gr. 8. (V, 41 S.) Ebd. 890. n. 1. —

— üb. Streuersatzmittel. Vortrag, geh. in der ökonom. Gesellschaft im Königr. Sachsen, Dresden, am 13. März 1891. [Aus: „Mittheilgn. der ökonom. Gesellschaft im Königr. Sachsen".] gr. 8. (15 S.) Dresden 891. G. Schönfeld's Verl. n. — 40

RAMANN, EMIL. Untersuchungen über die Passivität des Eisens. (Rostock) Frankenberg i. S., 1882.

Ramann E.: Die Waldstreu u. ihre Bedeutung f. Boden u. Wald. Nach dem gegenwärtigen Stande d. Wissenschaft u. eigenen Untersuchungen. Berl. 1890. 105 S.

Ramann, E., die Waldstreu u. ihre Bedeutung f. Boden u. Wald. gr. 8. (VI, 105 S.) Berlin 890. Springer. n. 2. —

Ramann, G., die Erdbildung in kurzer Beschreibung z. Selbstunterricht. Hierzu ein Kasten mit den wichtigsten Vorkommnissen der Geognosie, Oryktognosie u. der Metallverbindgn., zu den im Vorwort angegebenen Preisen. 2. Ausg. gr. 8. (46 S.) Dorotheenthal 851. (Erfurt, Körner.) n. n. 6 Thlr

Ramann, G., die Erdbildung in kurzer Beschreibung zum Selbstunterricht. 2. Ausg. Dorotheenthal bei Arnstadt (853.) (Schönebeck, Berger.) gr. 8. (46 S.) Mit einer Sammlung Mineralien von 108 Nrn. nn. 3 Thlr. 15 ngr.; in größeren Expl. nn. 6 Thlr.; mit 126 Nrn., wovon 18 Metalle in besond. Kasten nn. 12 Thlr.

Ramann, G., die Erdbildung oder die Entstehung und Zusammensetzung der Erdrinde. Allgemein faßliche Darstellung der unorganischen Chemie in ihrer Beziehung zur Geologie, sowie der Mineralogie u. Geognosie. Leitfaden zum Selbstunterricht und für Lehranstalten. Nebst ausführlichem Verzeichniß käuflicher Mineralien und Gebirgsarten. Unter Mitarbeitung von H. Hartmann. 3. gänzlich umgearb. Aufl. Erfurt 863. Körner's Verlag. gr. 8. (IV, 508 S.) n. 2 Thlr

—— dass. — Alphabetisch geordnetes Inhalts-Verzeichniß und Register. gr. 8. (82 S.) Ebendas. 863.

— Naturbilder und Fabeln, ein Kinderbuch. Dorotheenthal 862. (Erfurt, Körner's Verlag.) 16. (51 S.) n. 6 ngr.

Ramann, Guido, Davos in seiner Eigenschaft als klimatischer Sommer- und Winter-Kurort für Brustkranke. Kritisch betrachtet. 8. (59 S.) Dresden 870, Heinsius'sche Buchh. [Basel, Schweighauser'sche Verlagsh.] * 1 20

Ramann, Guido, Davos in seiner Eigenschaft als klimatischer Sommer- und Winter-Kurort für Brustkranke. Kritisch betrachtet. 2. verb. Aufl. gr. 8. (54 S.) Basel 876, Schweighauserische Verlagsh. *

Ramann, Guido, Davos in seiner Eigenschaft als klimatischer Sommer- und Winter-Kurort für Brustkranke. 2. Aufl. gr. 8. Basel 877. Davos, Richter. (* M 1,50.) * 1 —

Ramann, Gustav, das Herbarium. Kurze Anleitg. zum Trocknen der Pflanzen nebst e. Verzeichniß der in Nord- u. Mittel-Deutschland einheim. Pflanzen m. dazu gehör. Sammlgn. gr. 8. (56 S.) Berlin 871. Schotte & Co. n. — 50

—— Leitfaden der Mineralogie. Eine populäre Anleitung zur Erklärung der Geologie, Oryktognosie und Geognosie für Lehrer und Lernende. gr. 8. (132 S.) Ebendas. 871. * 1 —

— Leitfaden der Mineralogie. Eine populäre Anleitg. zur Erklärg. der Geologie, Oryktognosie u. Geognosie f. Lehrer u. Lernende. 8. (132 S.) Ebend. 872. n. 1. —

— populäre Mineralogie. Ein Leitfaden zur Kenntniß der Mineralien mit einer Darstellung der Gesetze, nach welchen sich die Erde gebildet, für Schulen u. zum Selbstunterricht. Mit einem Verzeichnisse käufl., zu diesem Leitfaden gehör. u. nach demselben geordneter Mineralien-Sammlungen. Berlin 868. Trothe & Co. 8. (IV, 80 S.) 7½ ngr.

—— die Schmetterlinge Deutschlands und der angrenzenden Länder in nach der Natur gezeichneten Abbild. nebst erläut. Text. 36 Hefte. gr. 4. (475 S. mit 74 Stnt.) Arnstadt 872—75. (Berlin, Schotte und Comp.) à Heft ** M 2,75. ** 8 25

— der Schmetterlings-Sammler, e. prakt. Anleitg. f. Schmetterlingsfang u. Zucht, m. eingeh. Schilderg. d. Schmetterlingslebens, der Anatomie, Physiologie etc. Nach seinem Tode hrsg. v. E. Ramann. gr. 4. (IV, 83 S. m. 6 Steintaf.) Berlin u. Leipzig 875. H. Voigt. n. 9. —

Ramann, H., u. A. Zinck, Schmetterlingssammlung u. Schmetterlingskunde, s.: Lindau, C., Quelle nützlicher Beschäftigungen f. die Jugend.

Ramann, H., der Torf u. sein Verbrennungsprozeß, od. kurze Anweis. dens. zweckmäßig zu verwenden u. d. Feuerungen so einzurichten, daß in jed. Haushalt. bedeut. Ersparungen erzielt werden können. 8. (1⅛ B.) Arnstadt 841, Meinhardt.

Ramann, L[ina]

Ramann, E., Bach u. Händel. Eine Monographie. Vorträge, gehalten an der Ramann-Volkmann'schen Musikschule in Nürnberg im Winter 1866. Leipzig 868. H. Schmidt. gr. 8. (V, 87 S.) 15 ngr.

Ramann, L., Bach und Händel. Eine Monographie. Vorträge, gehalten an der Ramann-Volkmann'schen Musikschule in Nürnberg im Winter 1866. gr. 8. (V, 87 S.) Leipzig 869, Weissbach. [Schmidt und Günther.] 1 50

—— Franz Liszt's Oratorium Christus. Eine Studie zur zeit- und musikgeschichtl. Stellung desselben. Mit Notenbeispielen. gr. 8. (137 S.) Leipzig 874, Schuberth und Comp. — Weimar, Kühn. * 2 50

— Franz Liszt's Oratorium Christus Eine Studie als Beitrag zur zeit- u. musikgeschichtl. Stellung desselben. Mit Notenbeispielen u. dem Text d. Werkes. 3. Ausg. gr. 8. (137 S.) Leipzig 881. Kahnt. 3. —

Allgemeine musikalische Erzieh- und Unterrichtslehre. Der Klavierunterricht. E. theoret.-prakt. Lehrb. f. Musik-Lehranst. Von L[ina] Ramann. Neubearb. 2. Aufl. *Leipzig: Schmidt & Günther 1898.* (XIV S., 1 Bl., 264 S.) 1 Bd 8. (97. 6446

Ramann, L., allgemeine musikalische Erzieh- u. Unterrichtslehre. Der Klavierunterricht. E. theoretisch-prakt. Lehrbuch f. Musik-Lehranst. z. Heranbildg. v. Musiklehrern u. -Lehrerinnen, sow. z. Selbstunterricht. Neubearb. 2. Aufl. gr. 8. (XIV, 264 S.) Leipzig 898. H. Schmidt & C. Günther. n. 3. 60; gög. h. n.n. 4. 50

— allgemeine musikalische Erzieh- u. Unterrichtslehre der Jugend. Nebst einer speciellen Lehrmethode der Elementarstufen des Klavierspiels für Musikschulen u. Musiklehrer überhaupt. Ebend. 870. gr. 8. (VIII, 208 S.) n. 1 Thlr 20 ngr.

Ramann, L., allgemeine musikalische Erzieh- u. Unterrichtslehre der Jugend. Nebst e. speciellen Lehrmethode der Elementarstufen d. Klavierspiels f. Musikschulen u. Musiklehrer überhaupt. 2. Ausg. gr. 8. (VIII, 208 S.) Leipzig 873. Schmidt & Günther. 2. 40

Ramann, L., aus der Gegenwart. Aufsätze üb. Musik. Für Musikfreunde. 8. (VII, 149 S.) Nürnberg 868. W. Schmid. 1. 50

Ramann, L., Franz Liszt. 1. Bd. Die Jahre 1811 bis 1840. gr. 8. (XII, 571 S.) Leipzig 880. Breitkopf & Härtel. n. 11. 50, geb. n. 13. —

Ramann, L., Franz Liszt als Künstler u. Mensch. 2. Bd. 1. Abth. Virtuosen-Periode. Die J. 1839/40—1847. gr. 8. (VIII, 315 S.) Leipzig 887. Breitkopf & Härtel. n. 6. —; geb. n. 7. 50 (I u. II, 1.: n. 17. 50; geb. n. 20. 50)

— Franz Liszt. Als Künstler u. Mensch. 2. Bd. II. Abth. Sammlung u. Arbeit — Weimar u. Rom. Die J. 1848—1886. gr. 8. (XII, 531 S. m. 2 Bildnissen.) Leipzig 894. Breitkopf & Härtel n. 9. 50; geb. n.n. 11. — (kplt.: n. 27. —; geb. n.n. 31. 50)

Ramann, L., Franz Liszt als Psalmensänger u. die früheren Meister. Zu e. musikal. Psalmenkunde. Mit Notenbeispielen. gr. 8. (VII, 72 S.) Leipzig 886. Breitkopf & Härtel. n. 1. 50

— die Musik als Gegenstand des Unterrichts u. der Erziehung. Vorträge zur Begründung einer allgemeinen musikal. Pädagogik. Für Künstler, Pädagogen u. Musikfreunde. Gehalten im Winter 1866,67 an der Ramann-Volkmannschen Musikschule zu Nürnberg. Leipzig 868. Merseburger. 8. (V, 126 S.) 15 ngr.

Ramann, S. J. und J. C. Berl, Ausarbeitung für die kirchliche Jubelfeyer der Reformation am 31. Octbr. 1817. Reden, Gebete, Text und Entwürfe z. Vorbereitungs- und Jubelpred. 8. Erfurt, Keyser. 817.

Ramann, (S. J.,) die Geschichte d. christl. Feste ꝛc., s. Archiv f. d. Kanzel u. Altarvortrag. 4r u. 5r Bd.

Ramann, Seb. Jac., s. Ramann, Sylvester Jakob

Ramann, Sylvester Jakob

— katechet. Erklärung u. Unterhaltung üb. d. Sonn- und Festtags-Episteln. 3 Bdchen. 8. Leipz. Crusius. (F. C. W. Vogel. 795–97. (1s 16 gr. 2r u. 3r à 18 gr.)

Ramann, Sylv. Jak., katechet. Erklärung u. Unterhaltung üb. d. Sonn- u. Festtags-Episteln. 3 Bdchen. 8. Leipz. 795—97. (W. Vogel). 2 ß 4 gl

— katechet. Erklärung u. Unterhaltung üb. die Sonn- u. Festtags-Evangelien. 5 Bdchn. 8. Lpz. 793—95. (W. Vogel). 2 ß

Ramann, Seb. Jac., d. Leidensgesch. Jesu katechet. erkl. 8. Leipz. Crusius. (F. C. W. Vogel.) 798. (hat auch d. Titel: Erklär. d. Passionsgesch. ꝛc.)

— die Leidensgeschichte Jesu, katechet. erklärt. 8. Leipz. 798. (W. Vogel). 1 ß (A. u. d. T.: katechet. Erklärung d. Passionsgeschichte ꝛc.)

— s. Luthers kl. Katechismus.

— Predigten u. Reden bei besond. Veranlassungen. 8. Erf. 815. Keyser. 1 ß.

— Predigten üb. Sprichwörter. 4 Bde. 8. Erfurt, Hennings. 799–801. (1r 2r u. 3r à 16 gr. 4r 12 gr.)

— Predigten über Sprüchwörter. 4 Bde. 8. Erf. 799—801. Dann unter folg. Titel: Neue Samml. von Sprüchwörtern. 4 Bde. 8. Altenb. u. Erfurt 801—4. Schnuphase. 2 ß 4 gl (Hennings in Gotha). 2 ß 12 gl

— Predigten über Sprüchwörter, nach Anleitung der Sonn- u. Festtags-Episteln. 2 Bde. gr. 8. Altenb. 805. Schnuphase. 3 ß

— s. Reichardt, Chr.: Deutschlands Gartenschatz ..

Ramann, Sylv Jak. Neue Samml. v. Sprüchwörtern, s.a. Ramann · Predigten über Sprüchwörter.

— *Eb.* neue Samml. v. Sprichwörtern z. Unterhalt. u. Belehr. *Altenb.*, Schnuphase. 801-4. 4 Bdch. 8° 2 ß 4 gl

Ramann, Sylv. Jak., Stephan; e. Roman. 2 Thle. 8. Altenb. 804. Schnuphase. 1 ß 8 gl

— Stephan oder d. Handwerker wie er seyn soll. 2 Thle. 8. Ebend. 804.

Sylv. Jac. **Ramann**'s moral. Unterr. in Sprüchwörtern durch Beyspp. u. Erzähll. erläut. f. d. Jugend; m. Vorr. v. J. Rdf. Gli. Beyer. 1r Bd. *Erf.*, Keyser. (789. 799.) 815. 2-4r Bd. 790-93. 5-6r Bd. 797-800. 8° 2 ß 4 gl

— moral. Unterricht in Sprüchwörtern. Mit e. Vorrede v. J. R. G. Beyer. 6 Bdchn. (1s Bdchen 1789 ohne d. Verf. Namen.) 2e A. ... 3e A. 815. mit sm. Namen. 8. Erfurt 789—800. Keyser. 2 ß 4 gl

— moral. Unterr. in Sprichwörtern. 6 Bdchen. 8. Erfurt, Keyser. 792–800. (à 8 gr.)

RAMANN Sylvester Jakob. -s moralischer Unterricht in Sprüchwörtern durch Beyspiele und Erzahlungen erläutert. In einer zweckmäßigen Auswahl fur die liebe Jugend, hrsg. von Johann Heinrich Fischer. Doll, Wien 1793. 1 vol. 248 S.

— moral. Unterricht in Sprüchwörtern. 1s Bdch. 3te Aufl. Ebend. 814.

Ramawarma, der indische Fürstensohn Jakob, Erstling der Malabar-Prediger. 1. und 2. Aufl. 8. (48 S.) Basel 862,80, Missionsbuchhandlung. * — 20

Ramayana, id est Carmen epicum de Ramae rebus gestis poetae antiquissimi Valmicis opus. Textum Codd. Mss. collatis rec., interpretat. latinam et annotat. crit. adjec. A. Guil. a Schlegel. Vol. I. Ps. I et II. Lex.-8. (Ps. I. 28½ B. u. lith. Titel.) Bonnae 829, (Weber.)
Ps. II. (Die latein. Uebersetzung) wird noch erwartet

Ramayana, id est carmen epicum de Ramae rebus gestis poetae antiquissimi Valmicis opus. Text. Codd. Mss. collatis rec., interpretat. lat. et annotationes criticas adjecit. Aug. Guil. a Schlegel. Vol. I. Ps. 2. et Vol. II. Ps. 1. 2. 8maj. Bonnae 838, Weber. II Vol. vollst. Vln.-Schrbp.
Vol. I. Ps. 2. Latein. Uebersetzung. (19¾ B.)
- II. - 1. Text. (22⅝ B.)
Vol. I. Ps. 1. Text. Ebendas. 829. — Vol. II. Ps. 2. wird noch erwartet.

— Poema indiano di Valmici testo sanscrito secondo i codici manoscritti della scuola Gaudana per Gaspare Gorresio. Vol. I. Lex.-8. (31¾ B.) Parigi 843. [Leipzig, Brockhaus u. Avenarius.] *

Ramayana id est carmen epicum de Ramae rebus gestis poetae antiquissimi Valmicis opus. Textum codd. mss. collatis recensuit, interpretationem latinam et annotationes criticas adjecit Aug. Guil. a Schlegel. Vol. I. pars I. II. et Vol. II. pars I. (Wohlf. Ausg.) gr. 8. (71⅝ B. u. 1 Stnt.) Bonn 846, Weber. * 10 Thlr. 15 Ngr. Velinp. *
Vol. I. Pars I. Textus: Rameidos lib. I. et libri II. cap. 1—20.
- II. Interpretatio latina.
- II. - I. Rameidos lib. II.
Ausg. auf Druckp. wird nicht getrennt. Von der Velin Ausg. sind nur Vol. I. P. II. zu * 4 Thlr. u. Vol. II. P. I. zu * 5 Thlr. zu haben.

Râmâyana. Oudjavaansch heldengedicht, uitgegoven door H. Kern. gr. 4. (VII, 336 S.) Haag 900. M. Nijhoff. Kart. n.n. 17.—

Ramazzini, Bernardino: Abhandlung von den Krankheiten der Künstler und Handwerker. (De morbis artificum diatriba. Dt.) Neu bearbeitet u.vermehret von Johann Christian Gottlieb Ackermann. Bd 1 - 2, gbd.

Stendal: Franz & Grosse 1780 - 1783

JB 2.972

Ramazzini, Bernardinus: De contagiosa epidemia, quae in Patavino agro, & tota fere Veneta ditione in boves irrepsit, dissertatio. 2. ed. Patavii 1712. Lipsiae 1713. 43 S.
Padua, Med. Diss. v. 1711.

Bernardino Ramazzini

[De sacrarum virginum Valetudine tuenda. Deutsch:] Der sorgfältige Kloster-Medicus [Klostermedikus], oder Gründlicher Unterricht, auf was Weise die geistlichen Jungfrauen in denen Ordens-Gestifften den edlen Schatz ihrer Gesundheit glücklich erhalten ... können. [Verf.: Bernardino Ramazzini.] Aus d. Franz. ins Deutsche übers. u. mit kurzen Anm. vers. Leipzig & Lauban: Schill 1740. 112 S. 8°

Ramazzini, Bernardino: Von den Krankheiten der Künstler und Handwerker. (De morbis artificum diatriba. Dt.) 440 S., gbd.

Leipzig: 1704
angeb.: Baglivi, Giorgio: Zwey Bücher von der praxi medica... (De praxi medica...Libri duo. Dt.) (1704)

JB 2.968 a b

Patissier, Ph. Die Krankheiten der Künstler und Handwerker und die Mittel, sich vor denselben zu schützen. Nach dem Italienischen des Bernh. Ramazzini neubearbeitet. Aus dem Französischen übersetzt von Julius Heinrich Gottlieb Schlegel. Mit einem Steindruck. Ilmenau 1823. 8°.

Ramazzini, (Bernh.,) die Krankheiten d. Künstler u. Handwerker u. die Mittel, sich vor denselben zu schützen. Nach den italienischen von Ph. Patissier, aus dem Französ. v. J. G. H. Schlegel. Mit 1 Steindr. gr. 8. Ilmenau 823, Voigt.

Ramazzini, Bern., De morbis artificum diatriba. 360 pp. Mutinae. 1700. 8°. Ultraj. 1703. 12°. Venet. 1743. 16°. 1745. 12°. Engl. Lond. 1705. 1746. 8°. Franz. Par. 1777. Deutsch Ilmenau 1823. 8°.

Ramazzini, Bernardino: De morbis artificum diatriba. (Auszüge) ed. Johann Franz Giesl. Diss. 122 S., gbd.

Viennae: typ. Gerold 1778

JB 2.971

Ramazzini, Bernardino: De morbis artificum prosecutio.

s.: Ramazzini, Bernardino: De morbis artificum diatriba.

JB 2.971

Ramazzini, Bern., Opera medica cur. J. Radius, II Ti., s. Scriptorum classicor., Vol. XI et XII.

— opera omnia medica. 4. maj. Genev. Cramer. 716.

Ramazzinus B.: Rede v der ansteckenden Seuche d. Rindviehes im 1711ten Jahre, nebst einem aus d. Lat. übers. Hirtengedichte, ins Deutsche übers. Hann. u. Füneb. 1746. 64 S.
(Lat. og tysk).

— s. Scriptorum classicor., de praxi medica Vol. XI.

Ramazzini, Bernardino: Untersuchung von denen Kranckheiten der Künstler und Handwercker, worinnen die Kranckheiten, womit fast alle Künstler und Handwercker gemeiniglich befallen werden, genau beschrieben...werden ... (De morbis artificum diatriba. Dt.) 458 S., gbd.

Leipzig: Weidmann 1718

JB 2.969

Ramazzini, Bhrd., Untersuchung von d. Krankheiten d. Künstler u. Handwerker, bearb. v. J. C. G. Ackermann. 2 Thle. gr. 8. Stendal 780—82. Franzen u. Gr. 1 ₰ 12 gl

Bernardino Ramazzini

Bernardini Ramazzini [Ramazzini] De principum Valetudine tuenda commentatio... Acc. praeter ind. rerum vita autoris & nova praef. Michaelis Ernesti Ettmülleri [Ettmüller]. Juxta ex. excusum Patavii. Lipsiae: Gleditsch 1711. 144 S. 8°

Rambach (Red.), s. Abhandlungen, vermischte, a.d. Gebiete der Heilkunde v einer Gesellschaft pract. Aerzte zu St. Petersburg.

Rambach, s.: Schwarz vom Rambach.

Rambach. Vide: Sendschr. an Preussens Landbesitzer etc.

Rambach, A. L.

— die Bildung e. harmonischen Welt. Als Entzweck unseres Daseyns, u. die zu ihr erforderl. Nationalunternehmungen. 1r Thl. gr. 8. Breslau 827, Grüson u. C.

Rambach, A. L., die Bildung einer harmonischen Welt, als Entzweck unseres Daseins, u. die zu ihr erforderl. Nationalunternehmungen, dargestellt. 1r Thl. Der Nationalfond. gr. 8. Bresl. 827. (Hentze). 2 ß

Rambach, (A. L.,) Blick auf Deutschlands gegenwärt. Lage. Oder: Wird sich der Wohlstand Deutschlands wieder empor heben u unter welchen Bedingungen könnte er dieses? gr. 8. Berlin 824, Trautwein.

Rambach, A. L., der Deutsche an die Deutschen. Ein ernstes Wort in dies. Zeit. gr. 8. (1¼ B.) Schweidnitz 841, (Heege.) *

— zur Erläuterung des Planes z. Bildung e. allgem. Entschädigungs- u. Unterstützungs-Fonds durch Subscription. 8. Bresl. 817. (Hentze). 2 gl

— zur Erläuterung des Planes z. Bildung e. allgem. Entschädigungs- u. Unterstützungs-Fonds durch Subscription. 8. Breslau 827, Grüson u. C.

—— der National-Kreditverband u. d. Volkswirthschaft. Was sie sind u. was sie zu bewirken vermögen. gr. 8. (5 B.) Leipzig 839, Michelsen.

— Plan zur Bildung eines allgem. Entschädigungs- u. Unterstützungs-Fonds durch Subscription. Nebst e. Anh. gr. 8. Bresl. 826. (Hentze). 16 gr

—— Staats- u. Privat-Anleihen. Wie sie d. Volkswirthschaft im wahren Sinne d. Wortes gemäß zu negoziren sind. gr. 8. (1¾ B.) Schweidnitz 841, [Heege.] *

Rambach, A. L., wer hat Recht? Zur Entscheidung eines, f. Staat u. Nation hochwicht. Gegenstände betreff., wissenschaftl. Streites. gr. 8. (9 B.) Breslau 829, [Hentze.]

Rambach, Adalbertus. De ictero. Halae 1831. Gebauer. 68 S. 8°

Halle-Wittenberg, Med. Diss., nachgeliefert von dem am 23. Okt. 1830 auf Thesen promovierten Verf.

Geb. Hamburg 31. 7. 1808. V

Verf. erlebte die Diplomerneuerung 1880 als praktischer Arzt in Hamburg.

Rambach, Alexander von, stud. jur.: Inhalt der lex Cincia. Borna-Leipzig 1908: Noske. VIII, 31 S. 8°

Leipzig, Jur. Diss. v. 5. Nov. 1908

[Geb. 22. Dez. 84 Pernau; Wohnort: Pernau; Staatsangeh.: Rußland; Vorbildung: Staatsgymn. Pernau Reife Juni 04; Studium: Dorpat 4, Leipzig 5 S.; Rig. 24. Okt. 08.] [U 09. 2631

Rambach, Aug. Jak., Abschiedspredigt, in d. Hauptkirche St. Jacobi gehalten. 8. Hamb. 819.

RAMBACH, AUG. JAK., s.a. Anthologie christlichor Gesänge. 1817 ff.

— Anthologie christl. Gesänge aus allen Jahrh. der Kirche. Nach der Zeitfolge geordnet u. mit geschichtl. Bemerkk. begl., 5 Bde. gr. 8. Altona 816—32. Hammerich. 9 ß 8 gr 2r—5r Bd. A. u. d. T.: Anthologie christl. Gesänge aus d. neuern Zeit. 4 Bde. 823. 5 ß 12 gr 5r Bd. A. u. d. T.: der heil. Gesang der Deutschen. In einer nach der Zeitfolge geordneten u. mit geschichtl. Bemerkk. begleit. Auswahl der vorzügl. seit Gellerts Zeit erschienenen geistl. Lieder. 1r Thl. 832. 2 ß

Rambach, Aug. Jak., Anthologie christl. Gesänge aus allen Jahrhunderten d. Kirche. 5. u. 6. Bd. — A. u. d. T.: Anthologie christl. Gesänge aus d. neueren Zeit. Die vorzüglichsten seit d. Reformation erschien. geistl. Lieder der Deutschen, nebst einigen die Geschichte ders. betreff. Bemerkungen enthalt. 4. u. 5. Thl. — Der heil. Gesang der Deutschen. In e. nach d. Zeitfolge geordn. u. mit geschichtl. Bemerkn. begleit. Auswahl d. vorzügl. seit Gellerts u. Klopstocks Zeit erschien. geistl. Lieder. 1. u. 2. Thl. gr. 8. (31 u. 29¼ B.) Altona 832, 33, Hammerich. à
1. Bd. Gesänge aus d. alten u. mittlern Zeit rc. 1816. 1 Thlr. 20 Gr. — 2—4. Bd. Gesänge aus d. neueren Zeit, 1—3. Bd. 1817, 19, 23. 5 Thlr. 12 Gr. Ebendas.

— Antrittspredigt in der Hauptkirche St. Jacobi gehalten. 8. Hamb. 802.

— Antrittspredigt in d. Hauptkirche St. Michaelis gehalten. 8. Hamb. 819.

Rambach: Bedürfniß
— über das, einer verb. Einrichtung des Gottesdienstes in d. protestant. Kirchen. 8. Hamb. 814. Perthes u. Besser. 9 gr

Bedürfniß, üb. das, ein. verb. Einrichtung d. Gottesdienstes in den protest. Kirchen. 8. Hamb. Perthes u. Besser. 815.

— Entwürfe der über die evangel. Texte gehaltenen Predigten. 1e—13e Samml. (Jahrg.) gr. 8. Hamb. 819—31. Meißner. (1r—8r Jahrg. à 1 ß 4 gr, 9r—13r J. à 1 ß 8 gr) 16 ß Schrbp. (1r—8r J. à 1 ß 12 gr, 9r—13r J. à 1 ß 16 gr) 20 ß 8 gr

— Entwürfe der üb. die evangel. Texte gehaltenen Predigten. 3e — 8e Samml. gr. 8. Hamb. 822 — 27, Perthes u. B. à 1 Rthl. 4 gr.

—— Entwürfe der üb. d. evangel. Texte gehalt. Predigten. 9—16. Samml. gr. 8. (29, 26¼, 24¼, 25¾, 25¼, 25¾, 24¾ u. 25¼ B.) Hamburg 827—34, Meißner.
à 1 Thlr. 8 Gr., Schrbp.
1—8. Samml. Ebendas. 1820—28. 8 Thlr. 20 Gr., Schrbp. 11 Thlr. 8 Gr.

Rambach, Aug. Jac., Entwürfe d. üb. die evangel. Texte geh. Predigten. 17—23. Samml. gr. 8. (25¼, 24¾, 24¼, 22¼, 23¼, 22¼ u. 23¼ B.) Hamburg 835—41, Meißner.
à 1⅓ Thlr., Schrbp.
1—16. Samml. Ebendas. 1819—34. à 1 Thlr. 8 Gr., Schrbp. 1 Thlr. 16 Gr.

Rambach's, Aug. Jac., Entwürfe der über die evangel. Texte gehaltenen Predigten. 24. Samml. gr. 8. (23¼ B.) Hamburg 843, Meißner.

—— dass. 25—28. (letzte) Samml. A. u. d. Ttl.: Predigten über die zum abwechselnden Gebrauch verordneten evangel. u. epistol. Texte. 1—4. Jahrg. gr. 8. Ebds. [25. (22 B.) 843., 26. (20⅞ B.) 44., 27. (22⅝ B.) 45. à 1 Thlr. 10 Ngr. 28. (6½ B.) 46. * 10 Ngr.]
1—24. Samml. Ebendas. 1819—42. à Samml. nur * 20 Ngr.

Rambach, A. J., Entwürfe der über die sonn- u. festtägl. Texte gehaltenen Predigten. 28. Sammlung. A. u. d. T.: Predigten über die verordneten evangel. u. epistol. Texte. 4. Jahrg. gr. 8. (96 S.) Hamburg 851, Meißner. n. ⅓ ß

— Geist u. Werth d. ächten Vaterlandsliebe. Eine Predigt. 8. Hamb. 814. A. Campe. 3 gr

— s. Gloede, Fr., Andachts- und Communionbuch für Confirmanden.

— de summa ecclesiae doctorum laude, ad Paullinum illud ἀληθεύειν ἐν ἀγάπῃ, Ephes. IV, 15. Commentatio, quam viro maxime venerando eidemque patri carissimo, Joh. Jak. Rambach, ad expletorum quinquaginta publici muneris annorum solemnia celebranda etc. 4. Hamb. 809.

—— geistliche Lieder. Vollständig gesammelt u. nebst ein. Abriß seines Lebens unveränd. hrsg. von Jul. Leop. Pasig. gr. 16. (14 B.) Leipzig 844, Gebhardt u. Reisland.

—— kurzgefaßte Nachricht von den Verfassern der Lieder im hamburg. Gesangbuche. gr. 12. (2 B.) Hamburg 843, Meißner.
3¾ Ngr. — Schreibvelinp. *
Vgl.: Gesangbuch, hamburgisches.

— Predigt am Tage der Einweihung d. Kirche St. Pauli. 8. Hamb. 820.

— J. J. Rambach, nach seinem Leben, Charakter u. Verdienst geschildert. gr. 8. Hamb. 818. Meißner. 9 gr

— Standrede bei Legung des Grundsteins zur Kirche St. Pauli auf d. Hamburger Berge. 8. Hamb. 819.

Rambach, A. J., üb. Dr. Martin Luthers Verdienst um den Kirchengesang, od. Darstellung desjenigen, was er als Liturg, als Liederdichter u. Tonsetzer z. Verbesserung d. öffentl. Gottesdienstes geleistet hat. 8. Hamb. Bohnsche Buchh. 813.

— üb. Dr. Martin Luthers Verdienst um den Kirchengesang, od. Darstell. desjenigen, was er als Liturg, als Liederdichter u. Tonsetzer zur Verbesserung d. öffentl. Gottesdienstes geleistet hat. 8. Hamb. 813. (Fr. Perthes). 1 Thlr 4 Gr (Campe). 16 Gr

— — Luthers Verdienst um den Kirchengesang. 8. Hamb. 813. Jetzt Hoffmann und Campe.

Rambach, Carl, s. R a m b a c h , Karl

Rambach, Curt, s. R a m b a c h , Kurt

Rambach, E. Th. L.

— ideale u. transcendentale Philosophie, in e. wahren merkwürd. Begebenheit, u. in einer Reihe dadurch veranlaßter philosophisch. Aufsätze u. Abhandll. gr. 8. Leipz. 821. (Engelmann). 1 Thlr 16 Gr

Rambach, E. Th. L., der neueste Streit f. die Ehre d. Logik u. Gründlichkeit mit einem d. vornehmsten Geister unserer Zeit ꝛc. gr. 8. Leipz. 824. (Engelmann). 6 Gr

Rambach, F. C. De Mileto eiusque colonus 4 c mappa. Halis Sak 1790.

Rambach, Fr., s. R a m b a c h , Friedrich Eberhard

Rambach, Friedrich Eberhard, s.a. L e n z , H

Rambach, Friedrich Eberhard (Wirkl. Name),
s.a. S t u r m , Ottokar (Pseud.)

– (Übers.), s. A b b i l d u n g e n der ganzen Pflicht des Menschen.

Rambach, Fr., 2 pädagogische Abhandl., v. d. Erzieh. z. Patriotism. und über Bürgerschulen. 8. Berlin, Müller. 802.

Rambach, Fr. Ebhrd. II., († d. 30. Juni 1826.) zwei pädagog. Abhandll. von der Erziehung zum Patriotismus u. über Bürgerschulen. 8. Berl. 802. (Stuhr). 14 Gr

— Abriß od. Darstellung e. Mythologie f. Kunstliebhaber. 2 Thle. 8. Berlin, Felisch. (Gräff in Leipzig.) 796. 97. (à 1 Rthlr.)

— Abriß oder Darstell. e. Mythologie für Künstler. 2 Thle. 8. Berl. 796, 97. Felisch. (Wienbrack in Leipz.) 2 Thlr

— Abriß einer Geschichte des Vaterlands. 8. Berl. Voß. 801.

— theoret.-prakt. Anleit. zum Geschäftsstyl, oder: Anweis., alle Arten von schriftl. Aufsätzen, sowohl im gemeinen Leben als in Civil-Geschäften zweckmäß. anzufertigen. 8. Berl. 799.

– (Hrsg.), s. A n n a l e n des Berliner Theaters.

— griech. Anthologie, aus d. besten Dichtern gesammelt u. nach d. verschied. Dichtungsarten chronolog. geordnet. gr. 8. Berl. 796. Maurers B. 1 Thlr 4 Gr

– s. A r c h i v , Berliner, der Zeit und ihres Geschmacks.

Rambach, Friedr. Eberh., Die gesegnete Aufmerksamkeit auf die Hand Gottes in seinen Werken . . . in einer Danck-Predigt wegen des den Königl. Preuss. Truppen über die vereinigte Oesterr., Französ. u. sog. Reichsarmee d. 5. Nov. 1757. von Gott geschenkten herrl. Sieges . . . vorgestellet. Halle (1758). 4.

– s.a. A y l o und Dschadina.

AYLO u n d D s c h a d i n a , oder d i e P y r a m i d e n , eine agyptische Geschichte (von *Friedr. Eberhard Rambach*). 3 Thle. Mit 3 Titelkpfrn. u. 3 Titelvign. Leipzig, bei Joh. Ambrosius Barth. 1793, 1794, 1795. 8°.

I: 3 Bll. u. 363 S. II: 3 Bll. u. 326 S. III: 3 Bll. u. 325 S. N i c h t erotisch.

Anon.-Lex. I. p. 131 hat irrig „Zerbst". Auf Grund dieses Romans erschien: „D i e P y r a m i d e n. Schauspiel in 5 Aufzügen. Nach der Geschichte Aylo und Dschadina." O. O. 1803. 8° (7 Sgr. Steinkopf, Stuttg., 1874.)

A y l o und Dschadina oder Die Pyramiden, eine ägyptische Geschichte. [Von F r i e d r. E b e r h. Rambach.] Bd 1. 2. Zerbst: Füchsel 1793—1794. 8°

[D a s s e l b e.] Bd 1—3. Leipzig: Barth 1794. [Kupfertit.] 8°
°1. 2. 326 S. 1 Kpfr; 3. 325 S. 1 Kpfr.
Kl. 3972, TB. 101. Selten.

– (Hrsg.), s. B e h m e r , Fr · Über das Wachsen und Fortschreiten der Kultur ..

– s.a. B e i t r ä g e zur Beförderung der Erkenntniß der Wahrheit ..

— Beyträge z. Beförd. d. Erkenntn. d. Wahrh. z. Gottseligk., a. d. Schrift. d. Gottesgel. 4 Thle. 8. Halle, Kümmel. 754–59.

— Betracht. üb. d. wichtigen Wahrheit. der Lehre Jesu ꝛc. n. Anleit. der Sonn- u. Festtags-Episteln. 4. Magdeburg, Scheidhauer. 749.

— — — — n. Anleit. der Sonn- u. Festtags-Evangelien. 4. Rostock, Stiller. 755.

— über die Bildung des Gefühls f. das Schöne in öffentl. Schulen. 8. Berl. 794. Maurers B. 10 Gr

– (Übers.), s. B i s c o e , R.· Erläuter der Apostelgeschichte aus der Weltgeschichte.

– (Übers.), s. B l a k m o o r e , Ant Christliche Alterthümer.

– (Hrsg.), s. B l ä t t e r zur Kunde des Preussischen Staats und seiner Verfassung.

– (Übers.), s. B o u g e a n t , Wilhelm Hyacinth: Historie des 30jähr Kriegs ..

– (Übers.), s. B o w e r , Archib.· Unpartheiische Historie der römischen Päpste ...

— die Brüder. Lstspl. in 1 A. 8. Leipz. 798. Dyck. 3 Gr

– (Übers.), s. B u r k i t t , Wilhelm Praktische Erklärung des Neuen Testaments.

— Denkmal, dem Jahre 1790 errichtet. 8. Hamb. 791.

— Denkmal der über Halle waltenden Güte Gottes bey Gelegenheit des Sieges am 5. Novem. 1757 bey Rossbach, in 2 Predigten. Mit einem Vorbericht von Friedr. Eberh. Rambach. Halle 1758. 4.

— Denkmal d. über Halle waltend. Güte Gottes in Predigten. 758. Gebauer. 4 Gr

— Dionysiaca, e. Beytrag f. d. deutsche Bühne. 1r Thl. 8. Berlin, Quien. 802.

— Dionysiaka. Samml. v. Schauspielen. 8. Berl. 802. (Schnuphase in Altenb.) 20 gl

– (Übers.), s. Doddridge, Phil. Betrachtungen über die Macht und Gnade Jesu – Dess. Paraphr Erklärung der sämmtl. Schriften N. Test. – Dess. Heilige Reden .. – Dess. Reden an die Jugend – Dess. Reden von der Wiedergeburt. – Dess. Letzte Sammlung heiliger Reden ... – Dess. Theologisches Sendschreiben

— das menschl. Elend in Predigten. 8. Halle, Hemmerde. 762.

— das menschl. Elend in 3 Predigten. 8. Halle 762. Schwetschke u. S. 5 gl

— Entwürfe der sonn- und festt. Vormittags-Predigten v. 1759–74. 8 Jahrg. 8. Halle, Gebauer. (Hemmerde.) (Breslau, Meyer.) (Jahrg. à 12 gr.)

— Entwürfe der sonn- u. festtägl. Vormittags-Predigten v. 1759—74. 8 Jahrgg. 8. Halle, Gebauer. Schwetschke u. S. (Bresl., Gosohorsky). (Jahrg. à 12 gl) 4 Rthlr

— Fragmente üb. d. Declamation, od. Anweis. zum Gebr. s. Odeums. 1s 2s Hft. 8. Berlin, Nicolai. 800–2. (1s 6 gr. 2s 18 gr.)

— Fragmente üb. Declamation, nebst e. Anweis. zum Gebr. ss. Odeums. 1s u. 2s Hft. 8. Berl. 801—3. Nicolai. 1 Rthlr

– Friedrich von Zollern, s. Rambach · Vaterländische Schauspiele. 2. Bd.

(—) die Fürsten; ein Hofgemälde in 5 Aufz. 8. Berl. 793.

Rambach, Fr. Einige Gedanken über den Werth und Nutzen der Alterthumskunde für den bildenden Künstler. Zur Ankündigung seiner Wintervorlesungen über die häuslichen, politischen und kriegerischen Gebräuche der Römer. Berlin 1794. 8°

— einige Gedanken üb. den Werth u. Nutzen d. Alterthumskunde f. d. bild. Künstler. 8. Berl. 794. Maurers B. 3 gl

Rambach, Fr., dramat. Gemälde. 8. Berlin 803. (A. Förstner.) 1¹⁄₄ Rthlr

— dramat. Gemälde. 8. Berl. 803. Schüppel. 1 Rthlr 6 gl

– Gemälde

— —, Romantische, im antiken, gothischen u. modernen Geschmacke (von *Friedr. Eberh. Rambach*). Mit Kpf. Halle, J. G. Ruff, 1793. 8° (Schreibp. 1 Rthl.)

Anzeige d. Verlegers. — Anon. Lex II p 174 (nach Recke-Napiersky).

— katechet. Handbuch zur Erleichterung d. Unterrichts d. Kinder in den Landschulen. 8. Bresl. 769. (Gosohorsky). 4 gl (Der wahre Verf. ist Mart. Fr. Schäfer, u. nur d. Vorrede u. Anmerkk. sind v. Rambach.)

Rambach, Friedr. Eberh., catechetisches Handbuch zur Erleichterung des Unterrichts der Kinder in den Landschulen. 4., verm. Aufl. 8. (115 S.) Breslau 852, Gosohorsky's Buchh. * *

— katechet. Handbuch z. Unterr. d. Schulmeister. 8. Bresl. Meyer. 787.

– (Übers.), s. Henry, Matth.: Praktische Erklärung der Psalmen Davids. – Dess. Erklärung des Jesaia.

– (Vorr.), s. Hensel, Jh. Adm.: Kirchenhistorie ..

— Herrmann. 1r Thl. die Teutoburger Schlacht. 8. Riga 813. Meinshausen. 1 Rthlr Schrbp. 1 Rthlr gl 8 gl

— Herrmann der Cherusker. s. Herrmann.

Rambach, Fr. Ebhrd. II., Hiero u. seine Familie. 2 Bde. gr. 8. Berl. 793. (Reimer); (a. Rauck in Leipz.) 3 Rthlr 8 gl

– (Hrsg.), s. Historie, Unpartheiische, des Papstthums.

— Hochverrath, od. d. Emigrant. Schspl. in 5 A. 8. Leipz. 798. Dyck. 12 gl

– (Hrsg.), s. Jahrbücher der Preussischen Monarchie ...

– (Übers.), s. Jephson, Alex: Abhandl. vom Sabbath der Christen.

– (Übers.), s. Kidder, Rich. Überzeug. Beweis, daß Jesus der wahre Messias sey.

— über den Krieg; eine Rede. Als Anh. die Rede am Tage d. Feier des Sieges bei Preuß.-Eylau. 8. Dorpat 814. Meinshausen. 8 gl

— Kronos, ein Archiv der Zeit. 2 Bde oder 12 Hfte. 8. Berl. 801. (Duncker u. H.) 4 Rthlr Hbg. Pr. 2 Rthlr

— die Kuhpocken. Familiengemälde in 1 A. 8. Berl. 802. Duncker u. H. 8 gl

— der große Kurfürst von Rathenau. Ein vaterländ. Schspl. in 4 Aufz. 8. Berl. 795. Maurers B. 14 gl (Auch u. d. T.: vaterländ. Schauspiele. 1s Stück.)

— d. menschliche Leben in 5 Predigten. 8. Halle, Hemmerde u. Schw. 762.

– (Hrsg.), s. Malmgren, Sim. Magn.. Einige Gedanken über die Erlernung der latein. Sprache.

— Margot, od. das Mißverständniß. Schspl. in 1 A. 8. Leipz. 798. Dyck. 6 gl

— Graf Mariano, od. d. schuldlose Verbrecher. Schspl. in 5 A. 8. Leipz. 798. Dyck. 16 gl

STURM, Ottokar (d. i. *Friedr. Eberhard Rambach*, geb. am 14. Juli 1767 in Quedlinburg, 1791 Lehrer am Friedrich-Werderschen Gymnasium in Berlin, 1803 Prof. in Dorpat. 1822 Staatsrath, † 12. Juli 1826 zu Reval), Die eiserne Maske. Eine schottische Geschichte. Mit Titelkpfr (Schubert del Thoenert, sc.) u. schöner Titelvign. Leipzig, bey Johann Ambrosius Barth, 1792. 8°. 5 Bll. 558 S. 1 Bl. Druckf. (85[11] Mk., Titel aufgezog., stellenw. Lesesp., G. G. Börner. Lpz., 1907.)

Seltenheit allerersten Ranges. Aehnlich wie in den „Krafft- und Kniffgenies" wirkte *Tieck* auch hier mit, indem er zwei Gesänge und das letzte Kapitel schrieb. — Neue Allg. dtsch. Bibl. 3, 285 ff. (Goedeke V, 521, 27, 2.)

— s. K. Ph. Moritz: Ἀνθουσα.

— der Nabob, od. das Geheimniß. Schspl. in 5 A. 8. Berl. 803. Schüppel. 12 gl

– s. Niceron, Jh. Pet.: Nachrichten von den Begebenheiten berühmter Gelehrten.

— Odeum, eine Samml. deutscher Gedichte von verschied. Gattungen. 4 Thle. (1r Thl. 3e A. 831. 12 gr.) gr. 8. Berl. 800—802. Nicolai. (1r 12 gr., 2r 18 gr., 3r u. 4r 1 Thlr. 18 gr.) 3 Thlr.

— Otto mit dem Pfeile, Markgraf zu Brandenburg. Schspl. 8. Berl. 796. Maurers B. 14 gr. (Auch unt. d. T.: vaterländ. Schauspiele. 2s Stück.)

Rambach, Friedr. Eberh., Die heil. Pflicht eines Volckes dessen Gott ist gross von Rath und mächtig von That. (Predigt.) Halle 1757. 4.

— die 3 Räthsel. Tragikomödie in 5 A., nach Gozzi. 8. Leipz. 798. Dyck. 12 gr.

— zwei Reden am Geburtstage des Königs gehalten. 8. Berl. 796. Maurers B. 4 gr.

– (Hrsg.), s. R e i n b e c k , Jh. Gust.: Betrachtungen über alle Sonn- und Festtags-Evangelien ... – Dess. Auserlesene Reden ...

Rambach, F. Eberhard, Sammlung auserl. Abhandl. z. Unterr. d. Verst. u. Besser. d. Herzens. 8. Greifswalde. (Mylius, Berl.) 750.

Rambach, Fr., Sammlung deutscher Gedichte, s. O d e u m.

– (Hrsg.), s. S a r p i , Paul: Historie des Trident Conciliums.

Rambach, Fr. (Ebhrd.), Schauspiele. 3 Bde. (Enth.: Hochverrath, oder der Emigrant. — Margot. — Mariano. — Die Brüder. — Der Verstoßene.) 8. Leipz. 798—800. Dyck. 2 Thlr. 12 gr.

— vaterländische Schauspiele. 1r Bd. Enth.: 1) Der große Kurfürst vor Rathenau. 2) Otto mit dem Pfeile, Markgraf zu Brandenburg. 8. Berl. 796. Maurers B. 1 Thlr. 4 gr. 2r Bd. 1s Stück. Friedrich von Zollern; Schspl. in 5 Aufz. 8. Ebd. 797. 14 gr.

– (Übers.), s. S c h i c k s a l der Protestanten in England.

– (Übers.), s.a. S c h i c k s a l der Protestanten in Frankreich.

Schicksal der Protestanten in Frankreich. Aus der französischen Sprache übersetzet, mit einigen Anmerkungen und Vorrede begleitet von Friedr. Eberh. Rambach. Zweyte Auflage. 2 Bde. Halle, J. I. Gebauer, 1759. 8°. 2 Bl. 607 S., 632 S. *Mit Titelvignetten.* Etwas benutzte und bestoßene HLdbde. d. Z. mit Rv. und Rsch., 1 Rücken unbedeutend beschäd. — Stellenw. ganz leicht gebräunt. Namenszug J. C. G. Usteri.

– (Hrsg.), s. S e i d e l , Cph. Timoth.: Pastoraltheologie.

— Jak. Johann Graf Sievers. Eine Vorlesung. gr. 4. Dorpat 809. Meinshausen. 18 gr.

— deutsche Sprachlehre für die Kreisschulen d. Dorpat. Lehrbezirks. 8. Mitau 808. (Reyher). 14 gr.

— neue deutsche Sprachlehre, oder faßl. Anweis. zur Erlernung d. deutschen Sprache. 8. Berl. 802. F. Oehmigke. 9 gr.

— neue deutsche S p r a c h l e h r e , a. f. Ausländer. 8. Berlin, Oehmigke d. ält. 802.

R a m b a c h , Friedrich Eberhard: „Ueber Statswirthschaft" (Rede, gesprochen am Tage der Feier des Allerhöchsten Namensfestes Sr. Kaiserlichen Majestät Alexanders I. Selbstherrschers aller Reussen in dem öffentlichen Hörsaal der Kaiserlichen Universität zu Dorpat, den 30. August 1804), Riga 1804. — Vorh.: UB Rostock. Signatur: J I a 3285.

— über Staatswirthschaft. gr. 8. Riga 805. Hartmann. 3 gr.

– (Hrsg.), s. S t a c k h o u s e , Thom. Betrachtungen über das apostol. Glaubensbekenntniß. – Dess. Lehrbegriff der ganzen christlichen Religion. – Dess. Christliche Sittenlehre. – Dess. Vertheidigung der biblischen Geschichte.

— vaterländ. histor. Taschenbuch auf alle Tage d. Jahres. 12 Hfte 8. Königsb. 801. Nicolovius. 4 Thlr. N. Aufl. in 3 Bden. 803. Wohlf. Ausg. Ebd. 809. 2 Thlr. Schrbp. 3 Thlr.

– s.a. T e r n e , Die.

— die T e r n e , oder Künstlerglück, Nachspiel. 8. Ebd. 803. 1/6 Thlr.

Friedrich Rambach. Theseus auf Kreta. Ein lyrisches Drama. Mit einer Vorrede von Johann Joachim Eschenburg und einem Anhang vom Verfasser. Leipzig 1791. 8°.

— Theseus auf Kreta; ein lyr. Drama, mit e. Vorr. v. J. J. Eschenburg u. mit e. Anh. vom Verf. 8. Leipz. 791. Barth. 16 gr.

– s.a. T r i u m p f , Der, des Frohsinns.

— der T r i u m p h des Frohsinns, Schausp. 8. Ebd. 803. 1/2 Thlr.

– (Übers.), s. U r s a c h e von dem Verfall des wahren Christenthums.

— der Verstoßene. Schspl. in 5 A. 8. Leipz. 799. Dyck. 12 gr.

— F. E., Über den Werth und den Nutzen der Alterthumskunde für die bildenden Künstler. Berlin 794. 8. (38 S.)

— üb. Werth u. Nutzen d. A l t e r t h u m s k u n d e, f. d. bild. Künstler. 8. Berl. Maurer. 794.

— öffentliche Z e u g n i s s e v. einig. heils. Wahrh. d. Lehre Jesu. 8. Halle, Kümmel. 745.

— öffentl. Zeugnisse v. einigen heilsamen Wahrheiten der Lehre Jesu, vor den Gemeinden Gottes zu Halle u. Magdeburg abgelegt. 8. Halle 754. Kümmel. 7 gr.

Rambach, Friedrich Gotthilf

Rambach, Fr. Gtthlf., († d. 5. März 1810.) s. 1) Beitr. z. Unterricht. 2) Geschichte Gustav Adolphs.

— **Fried. Gottlieb** (Magdeburg), De laetis. Diss. jur. publ. Romani. Präs. Philipp Ernst Bertram. Halle (Hendel) 13. VI. 1772. 41 S. (4.75) 27584
Gew.: Johann Heinrich Casimir von Carmer. — Widm. v.: Philipp Ernst Bertram, Johann Jakob Rambach (Bruder), Fried. Wilh. Muller.

Rambach, J. J., s.a. R a m b a c h , August Jakob

R a m b a c h , J. J., de fatis studii historici. Magd. 763. 4.

Rambach, J. J., De hegesia πεισιθανάτῳ. Pr. 1771. 20 S. 4°.

R a m b a c h , J. J., Diss. de Hegesia πεισιθανάτῳ. Quedl. 771. 4.

R a m b a c h , J. J., de ignorantia exegetica, multarum reliquiarum sacrarum matre et obstetrice. Bal. 1722. 4.

Rambach, J. J., s.: Stunden, stille halbe, f. die Passionszeit.

Rambach, Jak. Theodor Franz, Conrector am Gymnasium zu Frankfurt a. M Allgemeinfassliche und vollständige Anleitung zur m a t h e m a t i s c h e n E r d b e s c h r e i b u n g für Schulen und für solche, die sich selbst unterrichten. Mit 6 Kupfern.
8. Frankfurt am Main 1799.

Rambach, Jak. Thdr. Frz., († d. 12. Juni 1808.) allgem. faßl. u. vollständ. Anleit. z. mathemat. Erdbeschreibung f. Schulen. Mit Kpft. gr. 8. Frkf. a. M. 799. 2e A. 805. 3e v. J. Brand besorgte Aufl. Mit 9 Kpf. 814. 4e A. 823. Andreä. 16 gr

Rambach, Jac. Theod. Frz., Anleit. z. mathem. Erdbeschreib. f. Schul. gr. 8. Frankf. Andreä. 805.

— erleicht. Anleit. z. latein. u. deutschen Orthographie f. latein. Schulen u. Gymnasien. gr. 8. Frkf. a. M. 798. Andreä. 12 gr

— vollständ. u. sehr erleichterte latein. Grammatik. 8. Gießen 770. 2e A. Frkf. 777. 3e A. gr. 8. Gieß. 786. Krieger. 18 gr

Rambach, Jac Theodor Franz: Exercitatio theologica de gratia ordinaria. , s. Benner, Johann Hermann [Praes.]

— d. grammat. Principien der deutschen Orthographie. gr. 8. Frkf. a. M. 799. Andreä. 8 gr

— grammat. Prinzipien d. deutschen Orthographie zum gründlichen Unterricht in derselben. gr. 8. Ebend. 799.

– (Vorr.), s. Röchling, Jh. Gf.: Lateinische Chrestomathie ...

— lateinische Schulgrammatik. gr. 8. Gießen, Krieger. 786.

— vollst. latein. Schulgrammatik. gr. 8. Gießen, Krieger. 786.

— Jakob Theodor Franziskus (Gießen), De somno vigilantium. Diss. philos. Präs. Andreas Boehm. Gießen (J. J. Braun) Aug. 1765. 48 S. (4.75) 27585
Gew.: Conrad Caspar Griesbach, Heinr. Christoph Nebel, Johann Christian Dietz.

– – s.a. Boehm, Andreas

— deutl. u. prakt. Vernunftlehre f. Schulen. gr. 8. Marb. 795. Krieger. 1 rthl

Rambach, Johann Jakob

— Abendmahlsandachten u. Gebete. gr. 8. Hamb. 801. (Campe); (a. Meißner). 12 gr

Rambach, Jh. Jak. II., († d. 6. Aug. 1818.) vermischte Abhandll. aus d. Geschichte u. Literatur. 8. Halle 770. (Beer in Leipz.) 12 gr

Rambach, J. Jak., Abhandlungen a. d. Gesch. u. Lit. 8. Halle. (Beer, Leipzig.) 771.

— Abschiedspredigt in Quedlinburg u. Antrittspredigt in Hamburg. gr. 8. Quedlinb. 780. Ernst. 6 gr

Rambach, Johann Jacob (Hrsg.), s. Arnd, Johann: Sechs Bücher vom wahren Christenthum.

Rambach, Joh. Jak., die siegreiche Auferstehung unsers Heilandes Jesu Christi in 25 Betrachtungen. Neue Ausg. Reutlingen 857. Bardtenschlager. gr. 8. (382 S. u. lith. Portr.) 20 ngr

Rambach, Joh. Jak., die siegreiche Auferstehung unsers Heilandes Jesu Christi in 25 Betrachtungen. Neue Ausg. gr. 8. (382 S. mit lithogr. Portr.) Reutlingen 857, [Enßlin und Laiblin's Verlagsh.]

Rambach's, Joh. Jac., († d. .... 1735,) erbauliche Betrachtungen über die heil. zehn Gebote. Auf's Neue hrsg. 8. (VI u. 240 S.) Schaffhausen 851, Schalch. n. 1/3 rthl

— erbauliche Betrachtungen über die heiligen zehn Gebote. 2. Aufl. Schaffhausen 864. Schalch. 8. (VIII, 184 S.) n. 10 ngr

— exeget. u. moral. Betrachtungen üb. d. Apostelgesch. 2 Thle. 4. Frankf. Garbe. (Hermann. Brönner. auch Gebhardt u. K.) 747.

Rambach, Jh. Jak. I., († ...) exeget. u. moral. Betrachtt. üb. die sieben Pastoralbriefe Christi. Mit e. Vorrede (hrsgg. v. H. C. Nebel). 8. Frkf. a. M. 750. Garbe. (Brönner). 10 gr

— — exeget. u. moralisch., über die 2 Pastoralbriefe Christi. 8. Frankfurt, Garbe. (Hermann. Brönner. auch Gebhardt u. K.) 750.

— Betrachtungen üb. d. Gesch. d. Auferstch. Christi. 8. Ebend. 743.

— — über d. Heilsgüter in Christo, als d. 2te Thl. d. vorherg. 4. Ebend. 737.

— — üb. d. Katechism. Lutheri, und über Freylingshausens Ordn. d. Heils. 4. Ebend. 736.

Rambach's, Joh. Jac., Betrachtungen über das Leiden Christi im Oelgarten, vor dem geistl. Gericht der Juden, vor dem weltl. Gerichte Pilati und Herodes, und auf dem Berge Golgatha. Nach der harmon. Beschreibung der vier Evangelisten abgehandelt. Neue Ausg. br. 8. (VII und 459 S. mit 1 Stahlst.) Philadelphia 852, Schäfer und Koradi. *

— Betrachtungen über das ganze Leiden Christi und die sieben letzten Worte des gekreuzigten Jesu. Nach der harmonischen Beschreibung der vier Evangelisten bearb. Neue, nach jetzigem Sprachgebrauch verb. Aufl. 6 Thle. in 2 Bdn. Schaffhausen 855. Schalch. gr. 8. (XX, 812; XII, 112 S.) n. 1 rthl. 18 ngr

Rambach's, Joh. Jac., Betrachtungen über das ganze Leiden Christi und die sieben letzten Worte des gekreuzigten Jesu. Berlin 859. (Akademische Buchhdlg.) gr. 8. (XX, 734 S.) n. 28 ngr.

—— Betrachtungen über das ganze Leiden Christi und die sieben letzten Worte des gekreuzigten Jesu. gr. 8. (XX und 734 S.) Berlin 859, (Beck.) * *

Rambach's, Joh. Jak., Betrachtungen über das ganze Leiden Christi u. die sieben letzten Worte des gekreuzigten Jesu. Auf's Neue herSg. u. mit dem Lebenslaufe Rambach's verm. von Karl Friedr. Ledderhose. Basel 865. (Spittler.) gr. 8. (XXXII, 909 S.) n. 1 rthl 10 ngr

Rambach, Joh. Jak., Betrachtungen üb. das ganze Leiden Christi u. die sieben letzten Worte des gekreuzigten Jesu. Mit e. Lebensbilde Rambach's v. Carl Frdr. Ledderhose. 7. Aufl. gr. 8. (XIX, 734 u. 103 S.) Basel 894. Jaeger & Kober. n. 3 20; geb. in Halbfrz. n. 4. 40

— — über das Leiden Jesu Christi ꝛc. gr. 8. Halle, Waisenhausbuchh. 770.

— — über etliche auserlesene u. vortr. Materien. 8. Jena, Ritter. 739.

— — üb. d. Rath Gottes v. d. Seligk. d. Menschen, herausgegeben v. J. P. Fresenius. 2 Thle. 4. Frankf. Brönner. 779.

— Betrachtt. üb. den Rath Gottes v. d. Seligkeit d. Menschen. 3e Aufl. hrsgg. v. J. P. Fresenius. 2 Thle. 4. Frkf. a. M. ... 3e A. 780. Brönner. 2 rthl 16 gr

Rambach's, Joh. Jak., sieben Betrachtungen über die letzten Worte des für uns leidenden Heilands, neu hrsg. v. Chrstph. Karl Hornung. Passions-Büchlein. Nebst e. Passions-Geschichte. gr. 8. (10 B.) Nördlingen 842, Beck'sche Buchh. Thlr.

— — über d. Sonn- u. Festtags-Evangel. d. ganzen Jahres. 4. Halle, Waisenhausbuchh. 752.

— Betrachtt. üb. die Tugenden Christi; hrsgg. v. C. C. Griesbach. 8. Frkf. a. M. 755. Brönner. 10 gr.

— Betrachtt. über auserles. Worte d. Hrn. Jesu Christi. Mit e. Vorrede 2c. von H. C. Nebel. 8. (Magdeb.) 763. Hechtel. 1 rt 12 gr.

— — über die 7 letzten Worte Christi. 8. Halle, Waisenhausbuchh. 743.
grob. Druck.

— 7 Bußreden über auserles. Texte d. alt. u. neuen Testam. 8. Züllich. ... 5e A. 754. (Frommann in Jena). 6 gr.

— s. Casauboni, de satirico.

— s.a. Christenfreuden zur Erbauung geschrieben.

— Christenfreuden. 8. Leipzig, Weygand. 784.

— Christus in Mose, od. Betrachtt. üb. die Vorbilder in den 5 Büchern Mosis. 2 Thle. 4. Frankf. u. Leipz. 766. Garbe. (Brönner). 2 rt

— **Jo. Jakob** (Halle/Magdeburg), **De libro Coheleth sive ecclesiaste Salomonis. Diss. phil.-theol. Präs.** Jo. Heinrich Michaelis. Halle/Magdeburg (Chr. Henckel) (6.) Juni 1716. 60 S. (5.25) 27586
Gew.: Carl Hildebrand von Canstein. — Widm. v.: Jo. Heinrich Michaelis.

— — **Dasselbe.** Halle / Magdeburg (Chr. Henckel) **26. VI. 1716. Editio secunda auctior.** 1725. 64 S. (5.25) 27587
Gew.: Carl Hildebrand von Canstein. — Widm. v.: Jo. Heinrich Michaelis.

— — **Dasselbe.** Halle/Magdeburg (Chr. Henckel) 26. **VI. 1716. Editio secunda auctior.** 1726. 64 S. (—.—) 27588
Gew.: Carl Hildebrand von Canstein. — Widm. v.: Jo. Heinrich Michaelis.

— colleg. historiae ecclesiast. Vet. Test., herausg. v. Neubauer. 4. Frankf. u. Leipz. Eßlinger. 737.

— collegium introductorium historico-theologicum, oder hist. Einleit. in d. Streitigk. zwisch. d. evangel. u. röm. kathol. Kirche. 2 Thle. 8. Frankf. Klemm. 737-38.

— — dasselbe. 2 Thle. 8. Halle, Hemmerde u. Schw. (1r 12 gr. 2r 16 gr.)

— comment. qua pellis ovina Socinianis detracta sistitur. 4. Halae, Waisenh. 732.

— histor. u. theolog. Einleit. in d. Religionsstreitigk. d. evang. luther. Kirche m. d. Socinianern, herausg. v. Hecht. 2 Thle. 4. Coburg, Ahl. 753.

— Entschuldigungssystem. 2 Thle. 8. Görlitz. 731. 733.

— Entwürfe der über die evangel. Texte gehalt. Predigten. 11 Jahrgg. gr. 8. Hamb. 781—91. Herold. 9 rt 4 gr. (1r—4r J. Leipz., Barth). 3 rt 8 gr. 12r Jahrg. gr. 8. Hamb. 792. Bachmann. 1 rt 13r — 28r Jahrg. gr. 8. Ebd. 793—809. Gundermann. 16 rt 29r — 34r u. letzter Jahrg. 810—814. gr. 8. Ebd. 811—815. (Aue in Altona), (auch Herold jun.) (à 1 rt) 6 rt

Rambach, J. J., Entwurfe der üb. die evangel. Texte gehaltenen Predigten. 30r—34r Jahrg. 1810—14. gr. 8. Hamb. Bohn u. Gundermann. 811—15. (à 1 Rthlr.)

— Erkenntniß d. Wahrheit zur Gottseligk. 8. Halle, Waisenhausbuchh. 731.

— Erklär. d. Epist. P. an d. Hebräer, m. Anm. v. Neubauer. 4. Frankfurt, Garbe. (Hermann. auch Bronner.) 742.

— Erklar. d. Epist. P. an d. Colosser, herausg. v. E. Casp. Griesbach. 4. Marburg, Krieger. 740.

— Erklär. d. Epist. an d. Römer, herausg. v. Neubauer. 4. Bremen, Sauermann. 738.

— Erklär. d. Proph. Esaiä u. Jeremiä. 4. Züllichau, Waisenh. (Frommann in Jena.) 741.

— Erklär. uber s. institut. hermenevt. herausgeg. v. Neubauer. 2 Thle. 4. Gießen, Krieger. 738.

— Erklär. des Hohen Lieds Salomon. 8. Leipz. Friederici. 740.

— Erläut. d. Epist. Pauli an d. Galater u. a. Titum, herausg. v. Griesbach. 4. Marburg, Krieger. 739.

— Erläut. d. Grundleg. d. Theologie Freylingshausens. 4. Frankfurt, Garbe. (Hermann. a. Brönner) 737.

— Erläut. über d. praecepta homilet., herausg. von Fresenius. 4. Marb. Krieger. 746.

— bibl. Exempelbüchlein für Kinder. 12. Leipzig, Löwe. 771.

— exercitat. hermenevticae. 8. Bremen, Sauermann. 741.

— poet. Festgedanken über d. höchst. Wohlthaten Gottes. 8. Jena, Hartung. 729.

Rambach, Jo. Jakob [Praes.], s. Fries, Zachäus: Vindiciae satisfactionis Christi a frivolis accusationibus catechismi Racoviensis.

— gesammelte u. geistl. Gedichte. 2 Thle. 8. Jena, Ritter. 740.

— geistl. Gesangbuch. 8. Frankf. Brönner. (Gebhardt u. K. auch Hermann.) 735.

—— erbauliches Handbüchlein für Kinder. 16. (XX und 159 S. mit Holzschn.) Schaffhausen 851, Schalch.

— Handbüchlein f. Kinder. 5 Thle. 12. Leipzig, Hilscher. (Compt. f. Litt.) 781. (à 4 gr.)

Geistreiches Haus-Gesang-Buch. ausgefertiget Von D. Johann Jacob Rambach Franckfurt und Leipzig, 1735. 8°.

— Diss. de historia romana magnam partem incerta et impedita. 4. Quedlinb. 773. (Halle, Gebauer). 3 gr.

— Historie d. Päpste seit d. Reformation, s.a. Bower, Historie, 10r Thl.

— Historie d. Päbste, seit d. Reformat. rc. 4. Magdeb. Hessenland. (v. Schütz.) 779.

– (Hrsg.), s. Historie, Unpartheiische, des Papstthums

Rambach, Jo. Jak. III., Diss. inaug. de Hydrargyrosi. 8maj. Dorpat 825.

— wohlunterwies. Informator. 8. Züllich. (Frommann in Jena.) 740.

— institut. hermeneuticae, c. sensu mystico. 8. Ienae, Hartung. 764.

— introduct. in epist. ad Roman. 8. Halae, Waisenhausbuchh. 730.

— wohlinform. Katechet. 8. Jena. (Enobloch in Leipzig.) 762.

— wohlunterrichteter Katechet, d. i.: Deutlicher Unterricht, wie man der Jugend auf die allerleichteste Art den Grund christlicher Lehre beibringen könne. Nach der 8. Aufl. mit wenigen unwesentlichen Veränderungen abgedr. St. Louis, Mo. 866. (Dresden, Naumann.) 8. (XVI, 96 S.) In engl. Einb. n. 25 ngr.

Rambach's, Joh. Jak., wohlunterricht. Katechet, d. i., deutl. Unterricht, wie man d. Jugend auf d. allerleichteste Art d. Grund christl. Lehre beibringen könne. 2. Aufl., nach d. 8. Orig.-Aufl. m. ein. Zusätzen u. Verändergn. abgedr. 8. (XX, 124 S.) St. Louis, Mo. 880. (Zwickau, Schriften-Verein.) Geb. in Leinw. n. 3. —

—— wohlunterrichteter Katechet für Katecheten, Schullehrer u. Seminaristen bearb. u. aufs Neue hrsg. v. A. H. Th. Thym. 8. (9 B.) Stolp 843, Fritsch.

— wohlunterrichteter Katechet für Katecheten, Schullehrer u Seminaristen bearb. u. aufs Neue hrsg. v. Albert Heinr. Thdr. Thym. 2. (Titel-)Aufl. 12. (VIII u. 136 S.) Stolp (843) 850, Fritsch. ⅓ ₰

— Leben s. Vaters Fr. Ebhrd. Rambachs. gr. 4. Halle 775. Gebauer. 3 gr

— Lehren Jesu Christi, nach Anleit. einig. Epist. u. Evang. 4. Frankf. Garbe. (Brönner.) 738.

– Geistliche Lieder, s. Rambach, August Jakob

Rambach, Joh. Jac. [Präs.] u. Joh. Herm. Benner [Prop.]
Disputatio theologica de majestate Christi divina Petro vindice et suffragante Grotio adserta.
Gissae 20. März 1732: Müller. 24 S. 4°
pro facultate aperiendi collegia theologica

Rambach, J. J., s. M. Luther's wahre Meinung.

— Moraltheologie oder christliche Sittenlehre. 4. Frkft. Brönner. 738.

— Moses und der feurige Busch. Predigt über 2. Buch Mose 3, 1—6. Auf's Neue bearb. u. herausg. von Ernst Heße. Berlin 862. W. Schultze in Comm. 8. (12 S.) n. 3½ ngr.

—— Noah als ein Vorbild auf Christum. Predigt über 1. Buch Mose 5, 29. Auf's Neue bearb. und hrsg. von Ernst Heße. 8. (15 S.) Berlin 862, (W. Schultze.) *

Rambach, J. Jak., Passionsbüchlein für Kinder. 12. Leipzig, Löwe. 764. Rthlr.

Rambach, Johann Jakob, M. Joh. Jacob Rambachs, // HALLENSIS,// Geistliche // Poesien, // Davon // Der erste Theil // Zwey und siebenzig CANTATEN über // alle Sonn- und Fest-Tags-Evangelia; // Der andre Theil // Einige erbauliche Madrigale, // Sonnette und Geistliche // Lieder // in sich fasset. // Mit Konigl. Preuß. Allergn. PRIVILEGIO. // HALLE, 1720. // In Verlegung der Neuen Buchhandlung, // Auch bey derselben in den Messen zu Franckfurt unter // dem Mehlischen und zu Leipzig unter dem // Brummerischen Hauße zu finden. - 355 S. und noch 2 Blatt (nicht paginiert) Verzeichnis.
Auf dem Einbanddeckel steht in Golddruck:
SOC. POET. A.
S.
ECCARD.
1 7 2 2.

B. S. T. 8°.554.

D. J. J Rambachs etc. Geistliche Poesien. 2 Theile. Neue Auflage. Leipz. u. Giessen. 1735. 8o.

— geistl. Poesien. 2 Thle. 8. Halle, Waisenhausbuchhandl. 753.

– (Übers.), s. Potter, J.: Griechische Archäologie ...

— Predigt bei d. Einweihung des neuen Thurms d. Michaeliskirche rc., nebst e. histor. Nachricht. gr. 4. Quedlinb. 786. Ernst. 4 gr

— Predigt von dem christl. Mitleiden gegen Hülfsbedürftige rc. 4. Quedlinb. 787. Ernst. 2 gr

— Predigt am Sonntage Exaudi. 1813 gehalten. 8. Altona, Aue. 4 gr

— Predigten üb. d. Sonn- u. Festtägl. Evangelien z. häuslichen Erbauung. 2 Thle. gr. 8. Hamburg, Gundermann. (Hoffmann.) 796-99. (à 2 Rthlr.)

— Predigten üb. die sonn- u. festtägl. Evangelien z. häusl. Erbauung. 2 Thle. gr. 8. Hamb. 797—99. (Campe). 4 ₰ 8 (a. Meißner). 3 ₰ (Aue in Altona). 4 ₰ 21 gr

— Predigten über d. 8 Seligkeiten d. Kinder Gottes. 8. Leipz. Friderici. 739.

—— Predigt-Entwürfe über die evangelischen Texte 1ste und 2te Samml. gr. 8. Hamburg, Perthes und Besser. 820. (1ste Samml. 16 Gr. 2te 1 Rthlr. 4 Gr.)

— auserles. Reden. 8. Frkf. a. M. 760. Andreä. 8 gr

— auserl. Reden über verschied. evang. u. epist. Texte. 4 Thle. 8. Bremen, Sauermann. 738-40.

— die eherne Schlange. Drei Betrachtungen über 4. Mose 21, 4—9. Neu herausg. Breslau 863. Dülfer in Comm. 24. (76 S.) n. 4 ngr.

— die eherne Schlange. Drei Betrachtungen über 4. Mose 21, 4—9. Hrsg. u. verlegt von dem Haupt-Verein für christl. Erbauungsschriften in den preuß. Staaten. Berlin 870. (Beck.) gr. 16. (59 S.) cart. n. 5 ngr.

— christliche Sittenlehre. 4. Halberstadt, Schopp. 738.

— studiosus theologiae, herausg. v. Hecht. 8. Frankfurt, Andreä. 737.

— sylloge dissertation. ad rem lit. pert. 8. maj. Hamburg. Bohn. 790.

— sylloge Dissertation, ad rem literariam pertinent. 8maj. Hamb. 790. (Campe). 18 gr.

Rambach, J. J., sylloge dissertationum. 8maj. Hamb. 790. Jetzt Hoffmann und Campe.

— dogmat. Theologie, n. Anl. Langii oecon. salutis und Bayeri compend. theol. 2 Thle. 4. Frankf. Garbe. (Brönner.) 744.

— — dieselbe. 2 Thle. 4. Frankf. Hermann. 744.

Rambach, J. J., Archäologische Untersuchungen. Halle 778. 8. 1 rthl. 21 gr. Diese machen den dritten Band von Potters Archäologie der Griechen von Rambach aus.

— der große Versöhnungs-Tag. Predigt über 3. Buch Mose 16. Auf's Neue bearb. u. herausg. von Ernst Heße. Berlin 862. W. Schultze in Comm. gr. 8. (16 S.) n. 3½ ngr.

— Versuch e. phys. medicin. Beschr. v. Hamburg. 8. Hamb. Bohn. 801.

Rambach, Jh. Jak. IV., Versuch e. physisch-medicin. Beschreib. von Hamburg. 8. Hamb. 801. (Campe). 1 rthl. 4 gr.

— Versuch e. pragmat. Literarhistorie. gr. 8. Halle 770. Gebauer. 12 gr.

Rambach, Johann Jakob [Präs.] u. Zachaeus Fries (Frankf. a.M.) [Autor et Resp.]
Vindiciae satisfactionis Christi a frivolis accusationibus Catechismi Racoviensis.
Giessae 3. Mai 1734: E.H. Lammers. 32 S. 4°

- - . Vorrede zu E. Gutsleffs Kurzgefaßter Anweisung zur Ehthnischen Sprache, Halle (1732)
siehe Eberhard Gutsleff.

— Vorstell. d. Pflichten des Sabbaths. 8. Marb. Krieger. 757.

— Wahrheiten des Evang., e. Anweis. d. Sonn- u. Festt. Evang. d. ganzen Jahres. 4. Frankf. Garbe. (Hermann.) (auch Brönner.) 737.

— auserl. Worte d. H. Jesu. 3 Thle. gr. 8. Jena, Hartung. 733.

— Wunder d. bis zum Tode d. Kreuzes erniedrigten Liebe, nebst noch einigen Gedichten. Mit e. Vorrede hrsgg. v. H. C. Nebel. 8. Marb. 750. Krieger. 8 gr.

— Zeugnisse zur Wahrheit d. Gottseligkeit in öffentl. heil. Reden zu Halle gehalten. 8. Züllich. ... 3e A. 765. Frommann in Jena. 20 gr.

Rambach, Karl

Rambach, Carl, Glossarium eroticum. Commentar zu den Dichtern u. Prosaikern d. class. Alterthums, u. Supplement zu jedem Lexicon d. latein. Sprache. 2. Ausg. (4 Sectionen.) gr. 8. (20 B.) Stuttgart 836, 37, Neff.

Rambach, Carl, erotischer Sprachschatz d. Römer, } s. Thesaurus.

Rambach, Karl, erotischer Sprachschatz der Römer. Mit mehr. tausend Citaten aus Dichtern u. Prosaisten. Studien u. crit. Erläuterungen. Erotographie für Freunde u. Kenner des Alterthums. (In Latein. Sprache.) A. u. d. T.: Thesaurus eroticus et. gr. 8. Stuttgart 833. Neff. 2 rthl.

RAMBACH, Carl, Erotischer Sprachschatz der Römer Mit mehreren 1000 Citaten aus Dichtern und Prosaisten, Studien und kritischen Erläuterungen. Erotographie für Freunde und Kenner des Alterthums. Stuttgart, Scheible, 1833. 8° (1⅓ Rthl.) Vergriffen. (10 Mk. Scheible, c. 1900.)

Orig. Thesaurus eroticus linguae latinae, sive theogoniae, legum et morum nuptialium apud Romanos, edidit Carolus Rambach. Stuttgart, Scheible, 1833. Un beau volume grand in-8° (10 Mk., broché, n. r., Scheible, c. 1900.) Epuisé et rare aujourd'hui. On s'est servi pour cet ouvrage des travaux inédits de M. le baron *Schonen*, qui s'était occupé de recherches sur les auteurs libres, ceux de l'Italie surtout. Ce Glossarium eroticum aurait été fait, selon quelques bibliographes, par le baron *Schonen* et *Eloi Johanneau*.

Rambach, Karl, s. Thesaurus eroticus ling. latinae.

— **Carl Friedrich** (Potsdam), De scirrho eiusque decursu. Diss. med. Berlin (Brüschcke) 10. IV. 1824. 55 S. mit Biogr. (3.50) 27583
Oppon.: C. Knispel, L. Richter, A. Elsholtz. — Gew.: I. C. G. Waltz.

Rambach, Kurt

Rambach, Curt, Schneeschuh un e bissel Lieb. Lustspiel in erzgebirg. Mundart in 2 Aufzügen. (31 S.) 8. Schwarzenberg (909). M. Helmert. 1.—

Rambach, Ludw., System e. Musik-Stenographie. gr. 8. (90 S.) Zürich 893. Art. Institut Orell Füssli, Verl. n. 4.—

Rambach, P. V., unius veri Dei una vera religio. II Tmi. 8. maj. Wurceb. Stahel. 787.

Gedächtnisspredigt zum glorwürdigen Andenken Sr. Majestät des Hochseeligen Königs von Preussen Friedrichs des Zweiten, gehalten von Siegismund Rudolph Rambach Diakonus bey der Haupt- und Pfarrkirche zu Maria Magdalena. Zum Besten der Armen. Breslau 1786. 8.

Rambach, Siegm. Rud. (Übers.), s. Briefe zur Verbesserung des Verstandes und Herzens ..

Rambach, Siegm. Rud., († d. 28. März 1809.) Predigten über die evangel. Texte auf das ganze Jahr. 2 Bde. gr. 8. Bresl. 803. G. W. Korn. 3 rthl. 12 gr.

– (Übers.), s. Stackhouse, Thom.: Christliche Sittenlehre.

Rambach-Peters, Hans, wo die Nordseewellen rauschen. Bilder aus der Heimat. (173 S.) 8. Dresden 906. E. Pierson. n. 2.—; geb. n. 3.—

Rämbach, L. W., die neu erfundene Farbe, oder Anleitung, wie man eine Farbe zum Anstrich für Häuser u. Stuben in allen Couleuren bereitet, welche dem Holze, dem Eisen, den Fußböden einen so glänzenden u. dauernden Anstrich giebt rc. 8. Bremen 840. Geisler. Verklebt n. ½ rthl.

Rämbach, (Maler,) L. W., die neu erfundene Farbe, oder Anleitung, wie man eine Farbe zum Anstrich für Häuser u. Stuben in allen Couleuren bereitet, welche dem Holze, dem Eisen, u. den Fußböden einen so glänzenden und dauernden Anstrich giebt, daß alle andere Farben neben ihr zurückstehen müssen rc. 2. verm. Aufl. 8. Bremen 842, Geisler. Verklebt n. ½ rthl.

Rämbach, L. W., die neu erfundene Farbe oder Anleitung wie man eine Farbe zum Anstrich f. Häuser u. Stuben in allen Couleuren bereitet, welche dem Holze, dem Eisen u. den Fußböden einen glänzenden u. dauerhaften Anstrich giebt rc. 3. verm. Aufl. 8. Bremen 848, Geisler. n. ½ rthl.

Rambacher, Adam, die Wunder v. Lourdes u. der Gottesleugner Ernst Haeckel. Eine interessante Korrespondenz m. Professor Ernst Haeckel in Jena. (49 S.) 8. Donauwörth 907. L. Auer. —50

Rambal, J. Perfectionnement à la méthode courante de vérification de la grosseur des pignons et application du procédé au choix d'une fraise Ingold. In-8°, 11 p. — 60
, Extrait du „Journal suisse d'horlogerie" 1882.

Rambaldi, Karl Graf v., Geschichte der Pfarrei Aufkirchen am Würmsee. Festschrift zum 400jähr. Jubiläum der Pfarr- u. Wallfahrtskirche. Historisch u. statistisch dargestellt unter Beihilfe v. Jos. Jost. gr. 8. (VIII, 204 S. m. 2 Taf.) Starnberg (900). (München, H. Lukaschik.) Geb. in Leinw. n. 2. —

Rambaldi, Karl Graf v., die Münchener Straßennamen u. ihre Erklärg. Ein Beitrag zur Heimatkunde. 8. (346 S. m. farb. Plan.) München 894. Piloty & Loehle. Geb. in Leinw. 3. —

Rambaldi, Karl Graf v. Wanderungen im Gebiete der Isarthalbahn. Mit Illustr. von Friedr. Frhrn. v. Loën. gr. 8. (VII, 151 S.) Münch. 892, [E. Stahl sen.]. Galler. * 1 80; geb. * 2 20

(8) **Rambaldi, K. v.**, Wanderungen im Gebiete d. Isarthalbahn. 892. (KBl. 28.) Jetzt: München, H. Hugendubel.

Architekten- und Ingenieurverein zu Hamburg. Bericht des Vereinsausschusses betr. die Arbeiterwohnungsfrage. Berichterstatter J. G. **Rambatz**, Architekt. *Hamburg: O. Meißner 1903.* (63 S.) 8° [F.] (03. ...)

Rambaud, l'Empire 1813—1815, s.: Lavisse.

Rambaud, l'Empire 1805—1809, s.: Lavisse.

Rambaud, L'empire 1805—1809. L'Allemagne Napoléonienne, s.: Schulbibliothek französ. u. engl. Prosaschriften. (Lavisse.)

Rambaud, Alfred

Rambaud, Alfr., Geschichte Rußlands von den ältesten Zeiten bis zum J. 1884. Von der französ. Akademie preisgekröntes Werk. Autoris. deutsche Ausg. v. E. Steineck. gr. 8. (XI, 842 S.) Berlin 886. Deubner. n. 9 —

Rambaud, A., Geschichte Rußlands von den ältesten Zeiten bis zum J. 1884. Autoris. deutsche Ausg. v. E. Steineck. Mit 4 Karten. 2., wohlf. (Titel-)Aufl. gr. 8. (XI, 842 S.) Berlin 890. [Deubner.] Bibliograph. Bureau. n. 6. —

Rambaud, Alfr., Geschichte Rußlands von den ältesten Zeiten bis zum J. 1884. Von der französ. Akademie preisgekröntes Werk. Autoris. deutsche Ausg. v. E. Steineck. Neue (Titel-)Ausg. 8. (XI, 842 S. m. 4 Karten.) Berlin 891. Bibliograph. Bureau. n. 4. 50

Rambaud, Alfr., de Byzantino hippodromo et circensibus factionibus. Paris 870. Franck. gr. 8. (114 S.) n. 24 *ngr.*

Rambaud, Alfr., de Byzantino hippodromo et circensibus factionibus. gr. 8. (114 S.) Paris 870, Vieweg. *

— **histoire de la civilisation en France**, hrsg. v. Herm. Müller, s.a. Prosateurs français.

Histoire de la civilisation en France. Par (Alfred) **Rambaud**. In Auszügen mit Anm. [— Anhang] z. Schulgebr. hrsg. von Dr. Hermann Müller, Prof. zu Heidelberg. Bd 1. 2 [nebst] Wörterbuch. *Bielefeld & Lpzg: Velhagen & Klasing 1902.* 6 Bde 8°
1 Depuis les origines jusqu'à la fin du moyen âge. 7 ausgew. kulturgesch. Kapitel.
2. Depuis Louis XIV jusqu'à nos jours. 5 ausgew. kulturgesch. Kapitel.
= Sammlung, Velhagen & Klasings, franz. u. engl. Schulausgaben. Prosateurs franç. Lfg 135 B. 136 B. (02. 1304)

Rambaud, Camille, sechs Monate kriegsgefangen in Königsberg i. Pr. Aus dem Franz. v. Anna Herbst. gr. 8. (IX, 245 S.) Königsberg 874. Hausbrand. n. 3. —

Rambausek Edler v. Rautenfels, Rud., allgemeiner Bauratgeber, s.: Abel, Loth.

Rambeau, Adolphe

Rambeau, A. Ueber die als echt nachweisbaren Assonanzen der Chanson de Roland. Ein Beitrag zur Kenntniss des altfranzösischen Vocalismus. Diss. Marburg 1877. 38 S.

Rambeau, Adf., über die als echt nachweisbaren Assonanzen d. Oxforder Textes der Chanson de Roland. Ein Beitrag zur Kenntniss d. altfranz. Vocalismus. gr. 8. (X, 232 S.) Halle 878. Niemeyer. n. 6. —

Rambeau, Adolphe, Chrestomathie française, s.: Passy, Jean.

Rambeau, A., die dem Trouvere Adam de la Hale zugeschriebenen Dramen, s.: Ausgaben u. Abhandlungen aus dem Gebiete der romanischen Philologie.

—— Lauttafeln für den französischen und englischen Unterricht. 4 lithogr. Bl. gr. Fol. Hamburg 888, O. Meissner's Verlag. * 4 —
Einzeln à Taf. * 1 50
Inhalt:
2 französische Lauttafeln [Vokale und Diphthonge]; 2 englische Lauttafeln [Vokale und fallende Diphthonge].

— die Phonetik im französischen u. englischen Klassenunterricht. [Eine Begleitschrift zu den Lauttafeln d. Verf.] gr. 8. (36 S.) Ebd. 888. n. 1. —

— s.: Sprachen, die neueren.

Rambeau, A. Der französische und englische Unterricht am Gymnasium. (Methode und Lehrplan.) Hamburg, Wilh.-G., 1885. 22 S. 4. *Progr.*

— der französische u. englische Unterricht in der deutschen Schule, m. besond. Berücksicht. d. Gymnasiums. Ein Beitrag zur Reform d. Sprachunterrichts. gr. 8. (VII, 51 S.) Hamburg 886. Nolte. n. 1. —

[**Rambeau, Georg**]: *Die ältesten Beziehungen zwischen Franken und Langobarden. 75 S. 4° (2°)
Halle-Wittenberg, Phil. Diss. v. 8. Aug. 1873
Geb. [Jessen (Kr. Schweinitz) 14. 8. 1848]

Rambeau, Theodor [Oberl.]: Bemerkungen zur Behandlung der Apostelgeschichte. Burg, Druck v. A. Hopfer, 1890; S. 3—18; 4°
Burg, k. Victoria-G, P 1890

Rambeau, Theod. Charakteristik der historischen Darstellung des Sallustius. 22 S. *Progr. Burg* 1879.

Rambeau, Theodor [Oberl.]: Charakteristik der historischen Darstellung des Sallustius '(II. Tl)'. (Forts. d. P-Beil. 1879.) Burg, Druck v. A. Hopfer, 1892; 3—18 S. 4.
Burg, k. Victoria-G, P 1892 (225 [vielm. 229])

Ramberg, Ada (Hella Hammer), auf der grauen Straße. Ein Schicksal in Versen. (VII, 66 S.) 8. Dresden 905. E. Pierson. n. 1. 50; geb. n. 2. 50

Ramberg, Arth. Frhr. v., s.: Goethe's, Joh. Wolfg. v., Hermann u. Dorothea.

Ramberg, Arthur v., und Friedr. Pecht, Goethe-Galerie, s. Goethe-Galerie.

– und Friedr. Pecht

—— —— Schiller-Galerie, s. Schiller-Galerie.

Ramberg, E(duard.) L(udov.) R(ud.) (geb. Colberg 31. 5. 1802). De corde vasisque maioribus eorundem ratione normali in animantibus et abnormi in homine. Berolini 1824. (28 S.) 8°
Berlin, Med. Diss. v. 6. Okt. 1824

RAMBERG, Else (ps.?), Die neue Gouvernante. Mit Illustrationen. Pressburg, Hartleb (190*). (Mk. 2—.)

— — Die Zuchtrute von Tante Anna. Ein interessantes Kapitel zur häuslichen Strafdisziplin. Ebd. O. J. (c. 1908). Gr. 8°. Illustr. Umschl. Lat. Lett. 72 S. (incl. Titel), 4 Bll. Verlag der Firma.
Dummes Zeug. Mit 1 Illustr.-Tafel.

Ramberg, Ernst, „aus vollem Herzen": Gedichte. (Umschlag: Lyrische Gedichte.) (154 S.) 8. Straßburg 909. J. Singer. 2.50; geb. 3. 50

Ramberg, G., entweder — oder. Lebensbild in 5 Acten. Nach der gleichnam. Erzählg. v. Heinr. Laube f. die Bühne bearb. 8. (68 S.) Wien 884. Engel. n. 1. —

Ramberg, G., Hellmalerei. Ein Spaziergang durch den Münchener Glaspalast im Sommer 1889. 1. u. 2. Aufl. 8. (31 S.) München 889. Franz' Verl. n. 1. —

— der Justizrath. Schwank in 1 Act. Nach Marcussen. 8. (30 S.) Ebend. 884. n. — 50

— die Kunst im „Herrenhause". 8. Wien 890. Frick. cart. n. — 60

Ramberg, G., heutige Kunst. Ein Rundgang durch die internationale Jubiläums-Kunst-Ausstellung zu München. 8. (200 S.) München 888, Franz' Verlag. * 1 —

— f.: Preisausschreiben, ein.

Ramberg, Gerh., s.: Celeja.

Ramberg, Gerh., die moderne Kunstbewegung. Zweck u. Wesen d. Secession. gr. 8. (50 S.) Wien 898. S. Kende. 1. 50

Ramberg, Gerh., öffentliche Kunstpflege — e. Stückchen Sozialpolitik. (56 S.) gr. 8. Wien 904. Manz. n. 1. 20

— Nachklang. Illustr. v. A. F. Seligmann. 8. (112 S.) Leipzig 898. A. Strauch. n. 2. —; geb. n. 3. —

Ramberg, Gerh., Theater-Plaudereien. gr. 8. (96 S.) Wien 900. S. Kende. n. 2. —

RAMBERG, Gerhard
Gerhard Ramberg. Volks-Kunst. Vorschläge zur Errichtung einer Wiener Kunsthalle. Wien. 1900. Kende. Gr.-8°. 28 S. K —.50

Ramberg, Gust. (Jacob. Eman.) (geb. Halberstadt 29. 5. 1844): De vulneribus sclopetariis articulorum extremitatis inferioris, ratione habita imprimis curationis in pugnae locis et valetudinariis militaribus adhibendae. Berolini (1867). (48 S.) 8°
Berlin, Med. Diss. v. 25. Juni 1867

Ramberg, J H [111.]
s. Abendstunden... 1820.

Ramberg, J. H., Anweis. zum Zeichnen d. menschl. Gestalt. Mit 10 Taf. Roy.-Fol. Hannov., (Hahn). 3 ℔ 14 gr

— Tyll Eulenspiegel. In 55 radirten Blättern. kl. Fol. Hannov. 827. (Hahn). 4 ℔ 22 gr

—— Tyll Eulenspiegel. In 55 radirten Blättern. Mit Text (40 S.) nach der Jahrmarkts-Ausg. qu. gr. 4. Hannover 863, Wedekind. In Mappe. *

EULENSPIEGEL. — RAMBERG, J. H. *Tyll Eulenspiegel* in fünf und funfzig radirten Blättern von J. H. Ramberg. Mit Text nach der Jahrmarkts-Ausgabe. 2. Ausg. mit einem Vorworte. Gera, Griesbach, 1871. VI, 40 S. u. Tafeln. Querfol. Orhlwd. 35.—
Rüm. 1729. Rambergs größter Zyklus. „Die leidenschaftlichen, eitlen, törichten, tragikomischen und lächerlichen Geschehnisse des Volksbuchs illustriert er mit großem Verständnis" (Stuttmann). — Titel gebräunt, Einband leicht gelockert. Gutes Ex.

—— Tyll-Eulenspiegel in 55 radirten Blättern. Mit Text nach der Jahrmarkts-Ausg. Mit einem Vorworte. 2. Aufl. 1871, und 3. Aufl. qu. Fol. (IV, 40 S. Text.) [Ebendas.] 874. geb.

Ramberg, J. H., Homer's Ilias. Seriös und comisch in 21 radirten Blättern. Mit Erklärung von Rietschel. 2. Aufl. 1871, und 3. Aufl. qu. Fol. Gera 874, Griesbach. [Leipzig, Zieger.] geb.

— Reineke Fuchs. In 50 radirten Blättern. qu. Fol. Hannov. 826. (Hahn). 6 ℔ 16 gr

Ramberg, J. H., Reineke Fuchs. In 30 Blättern (in Kpfrst.) Neue Ausg. Hannover 866. Schmorl & von Seefeld. qu. Fol. n. 2 ℔ 20 ngr; Ausg. in qu. gr. Fol. n. 4 ℔

—— Reineke Fuchs. In 30 Blättern (in Kpfrst.). Mit Einleitung und Vorwort von P. Hirt. 2. Aufl. 1871, und 3. Aufl. qu. Fol. [Ebendas.] 874. geb.

Ramberg, Joh. Heinr., Genius, Imagination. Phantasie. Ein Cyclus v. 20 Bildern, nach Entwürfen Ihrer Kgl. Hoh. d. Frau Landgräfin v. Hessen-Homburg, geb. Prinzessin v. England gez. (Lith. v. J. Giere.) Mit erklär. Sonetten v. Minna Witte. Roy.-4. (21 Bl. Text, 1 lith. Titel- u. Dedicationsbl. mit d. Bildn. d. Hrzgs. v. Cambridge u. Dedications-Fac simile d. Frau Landgräfin.) Hannover 834, Hahn.

Ramberg, Wilh., die Darstellung der vorzüglichsten Toilette-Seifen, s. a. Schauplatz, neuer, der Künste rc. 246. Bd

Ramberg W, Darstellung der vorzüglichsten feinen Toilette-Seife. (Schauplatz der Künste und Handwerke 246) Weimar 1860

Rambergs Kunst u. Kunstwerke, über, (v. Leop. Neumann). 8. Dresd. 792.

Rambert, Ch., die Kunst in der modernen Industrie. Zeichnungen, Copien und Skizzen. 5 Serien. Imp.-4. Paris 867. Lüttich, Claesen. In Carton. *
Inhalt:
Serie 1. Allegorien. (9 Stnt. in Tondr. und 4 S. Text.) Einzeln *ℳ 5,40.
» 2. Einfassungen und Einrahmungen. (12 lithogr. Taf. in Tondr.) Einzeln *ℳ 7,20.
» 3. Grab-Monumente. (6 Stnt. in Tondr.) Einzeln *ℳ 3,60.
» 4. Trophäen, Attribute, Namenszüge. (12 Stnt. in Tondr.) Einzeln *ℳ 7,20.
» 5. Juwelier- und Goldarbeiten. (11 Stnt. in Tondr.) Einzeln *ℳ 6,60.

Rambert Ch, die Kunst in der modernen Industrie. (50 T) 4° Lüttich, Leipzig 1869

Rambert, E. Die eidgen. Hochschule Aus d. Franz. Zürich 1862.

Rambert, Eugène

Rambert, E., die Alpenpflanzen, übers. aus „Les Alpes suisses" durch A. Kaebitzsch. gr. 8. (85 S.) Dresden 894. (A. Huhle.) n. 1. —

Rambert, Eugène, les Alpes suisses. 4. u. 5. Série. gr. 8. (328 u. 318 S.) Basel 871. 75. Georg. à n. 3. —

— aus den Schweizer Bergen. (In 10—12 Lfgn.) 1—5. Lfg. Lex.-8. (S. 1—199 m. eingedr. Holzschn. u. 4 Holzschntaf.) Ebend. 872. 73. à n. 1. —

Rambert, E[ugène]. Aus den Schweizer Bergen. Land und Leute geschildert von E. R. Deutsche Ausgabe ([der] Alpes suisses), mit zweiundsechzig Illustrationen [wovon 6 Tafeln] von G[ustave] Roux (10 Lieferungen.) 4. Basel und Genf (1872–)1874.

Rambert, E. *Aus den Schweizer Bergen.* Land und Leute geschildert. Deutsche Ausgabe mit 62 Illustr. von G. Roux, Basel und Genf, H. Georg, 1874. 4 Bl. 347 S. 4°. Brauner Or.-Leinenbd. m. Verzierung, Goldschnitt. Einige Fleckchen. 9.—

Rambert, Eug., les cerises du vallon de Gueuroz. La batelière de Postunen. Für d. Schulgebrauch hrsg. v. Max Pfeffer. I. Tl.: Einleitg. u. Text. II. Tl.: Anmerkungen u. Wörterverzeichnis. 8. (X, 201 S. m. 2 Abb. u. 2 Karten.) Leipzig 898. G. Freytag. Geb. in Leinw. u. kart. n. 1. 60

Rambert, Eugéne, Les Cerises du Vallon de Gueuroz La Batelière de Postunen. Für den Schulgebrauch herausgegeben von Dr. Max Pfeffer. I. Theil: Einleitung und Text II. Theil: Anmerkungen und Wörterverzeichniss. Mit 2 Abbildungen und 2 Karten. Gr.-8. I. Theil S. 1—113. II. Theil. S. 114 bis 201.) Geb. Prag: Tempsky 1898. 1.—

Rambert, Eug., Éducation et enseignement, s. Weltausstellung, internationale, 1878 in Paris.

— Erziehungs-, Unterrichts- u. Bildungswesen, s.: Weltausstellung, Wiener, 873. Schweiz.

Rambert, E., voir: *Javelle, E.*

Rambert, Eug., la ligne du St. Gothard, s.: l'Europe illustrée.

Rambert, Eugène La ligne du St.-Gothard, s.a. Hardmeyer-Jenny, Jakob

Rambert, Eugène. La ligne du St-Gothard. D'après Jacob Hardmeyer [-Jenny], traduit et remanié par E. R. Avec 45 illustrations (*Umschlag* 57 Ill') par J[ohann] Weber [dont 12 planches]. et une carte. [Nouvelle éd.] (L'Europe illustrée. № 33. 34. 35. 36.) 8. Zurich, Paris ([18]85).

Rambert. Eugène *s.* Montreux. 1877

— **poésies et chansons d'enfants. Les 4 saisons.** gr. 8. (59 S.) Georg 871. Basel. geb. n. 2. 40

Rambert, Eugène. Über den Werth der technischen Schulen ... Zürich 1880. Ü: *Schärer, E.* (Ky)

Rambert, über den Werth der technischen Studien. Rede am Jubiläum d. eidgenöss. Polytechnikums am 31. Juli 1880. [Autoris. Uebersetzg. aus dem Franz. v. E. Schaerer.] 8. (16 S.) Zürich 880. Schröter. n. — 40

—— über den Werth der technischen Studien. Rede am Jubiläum des eidgenöss. Polytechnikums am 31. Juli 1880. [Autoris. Uebersetzung aus dem Französ. von E. Schaerer.] 8. (16 S.) Zürich 880, Trüb'sche Buchh. * — 40

Rambert. Frédéric *s* Monastier, Louis, et Rambert, Frédéric.

Rambke, Karl, Prof.: Zur Behandlung des Klimas bei dem Unterrichte in der Erdkunde Deutschlands. *Düsseldorf (1900): A. Bagel.* (S. 3—12.) 4° [J.]
Düsseldorf, st. OR, OP 1900 (525)

Rambke, Karl, Kanon geschichtlicher Jahreszahlen f. Real- u. Oberrealschulen. 2 Hefte. gr. 8. Düsseldorf 903. Schaub. n. — 50
1. (Für Quarta bis Untersekunda.) (15 S.) n. — 20
2. (Für Obersekunda u. Prima.) (22 S.) n. — 30

Rambke, M[eta]: Die Kolonien des Grossen Kurfürsten. Duisburg-Ruhrort 1907: G. Köllen. (S. 3—6.) 4°
Duisburg-Ruhrort, st. HM OP 1907 [218]

Rambler, d. Schwärmer, eine Wochenschrift, s. Schwärmer.

Rambles trough London streets, hrsg. von H. Engelmann, s.: Authors, English.

Rambles through London streets, nach Max Henry Ferrars, hrsg. v. B. Klatt, s.: Authors, English.

Rambles through London streets hrsg. v. Max Henry Ferrars, s.: Velhagen & Klasing's Sammlung französischer u. englischer Schulausgaben Nr. 7.

Rambold u. Mariane; e. Geschichte in Briefen (von Gll. H. Heinse). 4 Thle. 8. Gera 787. Haller. 2 *ℛ* 12 *gr*

Rambolt und Mariane, eine Geschichte in Briefen, von dem Verf. Adolf Sellwarts, 4 Theile, 8. Gera, 787. Rothe. 2 Rthl. 15 sgl.

Rambonnet, J. J., Specimen acad. de secunda epistola Johannis. 8maj. Lugd. ad Rhenum. (Lipsiae, Weidmann in Comm.) 819.

Rambosson, J., les harmonies du son et l'histoire des instruments de musique. Ouvrage illustré de 200 gravures et de 5 planches chromolith. gr. 8. (IX, 582 S.) Paris 878. Didot & Co. n. 8. —

Rambosson, J., histoire des astres. Astronomie pour tous. Ouvrage illustré de 63 gravures sur bois, de 3 cartes célestes et de 10 planches en couleur. gr. 8. (VIII, 408 S.) Paris 871. Didot & Co. n. 8. —

— **la loi absolue du devoir et la destinée humaine au point de vue de la science comparée.** gr. 8. (XI, 317 S.) Ebend. 875. n. 4. 80

Rambousek, Josef Dr.: Zur Frage der Ausscheidung des Anilins. S. 121. III. 135.
Separatabdruck

Rambousek J, Schädliche Gase im gewerbl. Betriebe. (43 S) 4° Wien 1902

Rambousek, Jos., Gewerbehygiene f. österreich. Amtsärzte, Physikatskandidaten, Verwaltungsbeamte u. Gewerbeinspektoren m. Einschluss der einschlägigen gesetzlichen Bestimmungen, Erlässe u. Entscheidgn. (VIII, 368 S.) Lex. 8. Wien 909. F. Deuticke. 10. —

Rambousek, Jos., über erste Hilfe bei gewerblichen Unfällen, m. e. kurzen Abriß üb. die Lehre vom menschl Körper (Somatologie), ferner üb. Unfallverhütg. u. Gewerbekrankheiten, zum Gebrauche an gewerbl. Lehranstalten. (III, 52 S. m. 55 Abbildgn.) gr. 8. Wien 903. A. Hölder. Geb. in Leinw. n. 1. 20

Rambousek, Dr. Josef, Lehrbuch der Gewerbehygiene. Mit 64 Abbildungen. Wien 1905. A. Hartleben. Geb. K 4.—. Gleichzeitig wird das Buch den Lehrkörpern aller gewerblichen Lehranstalten behufs Anschaffung für die Anstaltsbibliothek empfohlen.

— **Lehrbuch der Gewerbe-Hygiene.** (VII, 135 S. m 64 Abbildgn. u. 3 Taf.) gr. 8. Wien 906. A. Hartleben. n. 5. —; geb. n. 6. —

— **Luftverunreinigung u. Ventilation m. besond. Rücksicht auf Industrie u. Gewerbe.** (XII, 252 S. m. 48 Abbildgn. u. 1 Taf.) gr. 8. Ebd. 904. n. 6. —; geb. n. 7. 50

— Raumluft u. Raumlüftung, s.a. Sammlung gemeinnütziger Vorträge.

(F) **Rambousek,** J., Raumluft und Raumlüftung. [Sammlung gemeinnütziger Vorträge. Nr. 355] 8°. (ill.) † K —.20
Prag: Calvé 1908.

Rambousek J. Staub im Gewerbebetriebe. (19 S) 4° Wien 1901

— Staub u. Staubkrankheiten (Tuberkulose u. Tuberkulosebekämpfg. im Gewerbe), s.a. Sammlung gemeinnütziger Vorträge.

(F) **Rambousek,** J., Staub und Staubkrankheiten. (Tuberkulose und Tuberkulosebekampfung im Gewerbe.) [Sammlung gemeinnütziger Vorträge. Nr. 375.] Gr.-8° (192 S.) † K —.20
Prag: Calvé 1910.

— **Über die Verhütung der Bleigefahr.** (79 S.) gr. 8. Wien 908. A. Hartleben. 3.—; geb. 4. —

Ramboux, Joh. Anton u. Wyttenbach, Joh. Hugo. Alterthümer u Naturansichten im Moselthale bey Trier Trier u München. Fol

Ramboux, J. A., Alterthümer und Naturansichten im Moselthale bei Trier, in 16 Blättern mit erläut. Text v. J. H. Wyttenbach. 4 Hefte. Imp.-Fol. (Trier, Lintz.) baar 25 ₰

Ramboux, Joh. Ant., Umrisse zur Veranschaulichung Altchristlicher Kunst in Italien vom Jahre 1200 bis 1600; nach Durchzeichnungen u. mit Erlaeuterungen (in deutscher und französ. Sprache). 1—48. Heft. Cöln 853—56. Eisen in Comm. Imp.-Fol. Jedes Heft mit 5 lith. Taf. u. 1 Bl. Erläuterungen n. 2 ₰.;
auf starkem Papiere n. 2 ₰. 15 ngr.;
auf Imp.-Papier n. 3 ₰. 10 ngr.

Rambow [Schlagwort]

Rambow, s.: Geologische Karten. Preussen. 105.

Rambshausen, Bodewin von (Nordå/Ostfriesland), De facto judicis in quantum de jure. Diss. inaug. Präs. Jo. Samuel Strykius. Glaucha / Halle (Orphanotroph.) 27. VI. 1702. 32 S. (4.25) 27589
Widm. v.: Heinrich Holen.

Rambskopff, Johann Laurentius (Heidelberg/Pfalz), Ad disput. publ. qua theses philos. de notionum moralium et civilium ad alias disciplinas translatione caute instituendar Simulque ad orationem qua finita disput. ultimum acad. huic dicam vale omnes litterarum fautores atque cultores invito Jo. Franciscus Buddeus. Halle/Magdeburg (Chr. Henckel) 24. III. 1705. 24 S. (4.75) 27590
Gew.: von Danckelmann, Nikolaus Bartolomaeus Michaeli.

Rambuscheck, Otto, Automobilgaragen. Anlage und Einrichtg. Hrsg. v. mitteleurop. Motorwagen-Verein. (VII, 110 S. m. 98 Fig.) gr. 8. Berlin 909. R. C. Schmidt & Co. Geb. in Leinw. 4. —

Rambuteau, Gräfin v., die hl. Franziska Romana. Nach dem französ. Original ins Deutsche übertr. von Franziska Freifrau v. Loë, geb. Gräfin v. Hatzfeldt. (VII, 224 S. m. 1 Farbdr.) kl. 8. Regensburg 904. F. Pustet. n. 1. 50; geb. in Leinw n. 2. —

Ramcke, Bauornamente, s.: Wesche.

Rambohr Das Charakteristische des Mittelalters. 9 S.
Brandenburg, G., Progr. 1834

Ramdohr, vor 100 Jahren od.: Wie es nach e. alten „Hofbriefe" auf e. prignitzer Bauernhofe unmittelbar vor u. nach Aufhebg. der Gutsuntertänigkeit aussah, s.a. Volksbücher, Prignitzer. 7. Heft.

Vor hundert Jahren oder. Wie es nach e. alten 'Hofbriefe' auf e prignitzer Bauernhofe unmittelbar vor u. nach Aufhebung d. Gutsuntertänigkeit aussah. Von Pastor **Ramdohr** in Schönhagen. Pritzwalk A Tienken [1908]. (20 S.) 8° [F.]
= **Volksbücher,** Prignitzer. H. 7. [08. 12924

Rambohr, A., Was ist von dem Richten über Andere wegen Glaubensverschiedenheit zu halten? Predigt. gr. 8. (1 B.) Potsdam 846, Stuhrsche Buchh.

Ramdohr, Albert Andr. von, De nepote ea, quae parens accepit, in universum conferente. Exercit. jur. Moder. Joh. Paul Kress. Helmstedt (P. D. Schnorr) 5. VIII. 1732. 70 S. (4.75) 27591
Widm. v.: Joh. Paul Kress.

— **Alexander Andreas von,** Commentatio de limitum praescriptione cum praefatione Georg Heinrich Ayrer· Göttingen (A. Vandenhoeck) (16. IX. 1746). 72 S. (4.75) 27592
Mit sehr schöner Titelvignette gest. v. Heumann. — Gew.: Rudolph Johann von Wrisberg, Heinrich Grote, Gerlach Adolph von Munchhausen, Ernst von Steinberg, Philipp Adolph von Munchhausen, Carl Diede von Furstenstein, Otto Christian von Lenthe. — Widm. v.: Präses.

— — De limitum praescriptione. Präs. Georg Heinrich Ayrer. Göttingen (A. Vandenhoeck) 21. IX. 1746. 72 S. (4.75) 27593
Mit sehr schöner Titelvignette gest. v. Heumann. — Widm. v.: Georg Heinrich Ayrer.

Ramdohr, Andr. Rud., de toto iure per partialem usum servato. 4. Gott. Schulz. 753.

Ramdohr, C. A., s. Ramdohr, Karl August

— **Christ· Heinr.** (Wolfenbüttel), De theologo non contentioso ad 2. Timoth. II. 23. 24. Diss. tertia et ultima. Präs. Jo. Laur· Mosheim. Helmstedt (P. D. Schnorr) 22. III. 1724. 37 S. (4·75) 27594
Gew.: Conrad Detleff von Dahn. — Widm. v.: Jo. Laur. Mosheim, Commensales ΑΔΟΛΦΟΣ ΟΤΙΔΕΑΜΟΣ ΗΝΙΧΙΟΣ, Daniel von Glinnik Glinski, L. J. U. Franckenfeld (dtsch.), H. A. Laut, Heinrich Richard Maertens.

Ramdohr, E. Zur Homerischen Ethik Lüneburg 1865 14 S. 4°
Schul-/Univ.-Schrift

Ramdohr: Zur Homerischen Ethik 16 S. – Lüneburg, Progr. 1867.

Ramdohr, [Ernst], Dir: [**Bericht** über die Feier des 25jährigen Bestehens der Leibnizschule.] *Hannover 1900: W. Riemschneider.* (S. 13—16.) 4° [F.]
Hannover, st. Leibniz-S, P 1900 (350)

Ramdohr, E., Friedrich II., der Hohenstaufe, s.a. Geschichtsbilder f. Jugend u. Volk.

Friedrich II., der Hohenstaufe. Von Ernst **Ramdohr**, Gymn.Dir. Mit Ill. von A. Toller. 2. Aufl. Gütersloh: C Bertelsmann [1904]. (116 S.) 8° [F.]
— **Jugendbibliothek**, G Nieritz'. No 60. [05. 10707 6

Ramdohr, E., drei Kaiser aus der Hohenstaufenzeit, s.: **Geschichtsbilder f. Jugend u. Volk.**

Ramdohr, E[rnst]: Über den gegenwärtigen Stand der Reformschulfrage. Vortrag, gehalten in der Versammlung des Vereins der Mitglieder des höheren Lehrstandes der Provinz Hannover am 28. Dezember 1897 und nach der stenographischen Niederschrift veröffentlicht. *Hannover 1898: W. Riemschneider.* (12 S.) 4° [Kopft.] [F.]
Hannover st. Leibniz-S, P 1898 (344)

Ramdohr, (Ernst), Dir [**Überblick** über die Entwickelung der Anstalt in den ersten 25 Jahren ihres Bestehens, nebst Verzeichnis der Lehrer von 1874 bis 1899 und Verzeichnis der Abiturienten 1883/84 bis 1898 99.] *Hannover 1899: W. Riemschneider.* (S. 12—14, 15—20.) 4° [F.]
Hannover, st. Leibniz-S, P 1899 (347)

[F.] **Ramdohr,** *Ernst* [Dir.]: Umwandlung des Leibniz-Realgymnasiums in eine Reformschule. Hannover, Druck v. F Culemann, 1895; 20—24 S. 4.
Hannover, st. Leibniz-RG, P 1895 (331)

– Wallenstein, s. Geschichtsbilder für Jugend und Volk.

Ramdohr, Fr Wilh Balth., s. Ramdohr. Friedrich Wilhelm Basilius von

Ramdohr, Friedrich Wilhelm Basilius von

F. W. Bas. v. Ramdohr: Aufenthalt am Garigliano; vier Systeme üb. weibl. Glückseligk. *Lpz.*, **Dyk. 807. 8° 1 ℛ 8 gl**

v. Ramdohr, Fr. Wlh. Bas., († d. 26. Juli 1822.) Beschreib. d. Gemäldegallerie d. Frhrrn. v. Brabeck in Hildesheim, mit krit. Bemerkk. u. e. Abhandl. über die Kunst, das Schöne in der Malerei zu sehen. gr. 4. Hannov. 792. Helwing. 18 gr. Schrbp. 1 ℛ 8 gr. Holl. Pap. 2 ℛ

Ramdohr, F. W. B. v., d. Bildergallerie Brabecks in Hildesheim, m. krit. Bemerk. u. e. Abhandl. über das Schöne in der Malerey. gr. 4. Hannover, Helwing. 792.

Schreibp.
Holl. Pap.

v. Ramdohr, Friedr. Wilhelm Basilius. Charis oder ueber das Schone und die Schonheit in den nachbildenden Künsten. 2 Bde Leipzig 1793. 8°.

— **Charis, oder über das Schöne u. Schönh. in d. nachbild. Künsten. 2 Thle. 8. Leipz. Dyk. 793.**

v. Ramdohr, **Fr. Wilh. Balth.: Jurist. Erfahrungen od. Repertor. d. wichtigst. Rechtsmaterien in alphabet. Ordn., erläut. rücksichtl. auf positiv. Recht u. Gesetzgeb. durch die merkwürdigst., z. Theil noch ungedr. Erkenntn. des Ober-Appellat.-Gerichts zu Celle, verglichen mit dem Code Napoléon, dem Projet de code civil de l'an V. u. dem preuss. Landrechte. 3 Thle.** *Hannover*, **Hahn. 808—10. gr. 8 (3 Thl.)**

— moral. Erzählungen. 2 Thle. 8. Leipz. 799. Dyck. 1 ℛ 8 gr. (2r Thl. Auch u. d. T.: der Aufenthalt am Garigliano 2c. 1 ℛ 8 gr.)

— üb. Malerei u. Bildhauerarbeit in Rom; f. Liebhaber d. Schönen in der Kunst. 3 Thle. gr. 8. Leipz. 787. 2e Aufl. 798. Weidmann. 4 ℛ Holl. Pap. 6 ℛ

— Organisation verschied. Stände u. Gewalten in monarch. Staaten. 1r Bd. 8. Hannov. 801. Hahn. 1 ℛ 12 gr. A. u. d. T.: über die Organisation d. Advocatenstandes.

v. Ramdohr, Fr. Wlh. Bas., s. Kaiser Otto III.

— Studien zur Kenntniß d. schönen Natur, d. schönen Künste, d. Sitten u. d. Staatsverfassung auf e. Reise nach Dänemark. 1r Thl. gr. 8. Hannov. 792. Helwing. 1 ℛ 8 gr. Schreibp. 1 ℛ 12 gr.

§ * **RAMDOHR,** Frdr. Wilh. Basilius v. (1752—1822), Venus Urania. Ueber die Natur der Liebe, über ihre Veredlung u. Verschönerung. 3 Thle. in 4 Bdn. Mit 3 schönen Kpfrn. (nach Ramberg von Bolt gest.). Leipzig 1798. Gr 8°. (6 Rthl.) Zahm. (12 Mk. Bielefeld; 9 Mk. Kühl, 16 Mk. Max Harrwitz, 1906.)
Geschätztes Werk, wohl das ausführlichste über diesen Gegenstand. I 351 S. II 421 S. III. 1. 439 S. III. 2 358 S. I. Naturkunde der Liebe. II. Aesthetik der Liebe. III. Geschichte der Geschlechtsverbindung u. Liebe.

— **Venus Urania üb. die Natur der Liebe, ihre Veredlung 2c. 3 Thle. gr. 8. Leipz. 798. Göschen. 6 ℛ 12 gr.**

Ramdohr, Fritz, Referendar: Der Charakter, Inhalt und Umfang des Unterhaltsanspruches aus §§ 1601 ff. BGB. Borna-Leipzig 1909: Noske. IX, 59 S. 8°
Marburg, Jur. Diss. v. 1. April 1909, Ref. André
[Geb. 6. Okt. 85 Langenselbold; Wohnort: Wiesbaden; Staatsangeh.: Preußen; Vorbildung Gymn. Wiesbaden Reife O. 04; Studium: Marburg 4, München 1, Marburg 1 S.; Rig. 28. Jan. 09.] [U 09. 3137

Ramdohr, G., über Styracin und Styron. Inaugural-Dissertation. gr. 8. (40 S.) Marburg 857. (Göttingen, Vandenhoeck und Ruprecht's Verlagsh.) * <

Ramdohr, H. A., Arcachon, Biarritz, Pau, Amélie-les-Bains u. Hyères als Winterstationen f. Lungenkranke. Nach Reiseeindrücken geschildert. 8. (VIII, 53 S.) Leipzig 886. Bredow n. 1. 20

— **Arco u. die Riviera als Winterstationen f. Lungenkranke. 8. (VIII, 92 S.) Ebend. 886. n. 1. 80**

Ramdohr HA, die Heilgymnastik. (Gesundheitsbücher, illustrierte 23) Leipzig 1893

Ramdohr. Die Heilgymnastik (Aus „Weber's Illustrierte Katechismen", Nr 220.) Leipzig 1893.

Ramdohr, H. A., die Heilgymnastik, gemeinverständlich dargestellt. 8. (XVI, 220 S. m. 116 Abbildgn.) Leipzig 893. J. J. Weber. n. 3. —; geb. in Leinw. n. 4. —

Ramdohr, H. A., die Typhus-Epidemie im Königl. Sächs. 1. Ulanen-Regiment Nr. 17 zu Oschatz im Herbst 1882. Eine aetiolog. Studie, mit einem kurzen klin. Berichte als Anhang. gr. 8. (III, 64 S. mit 7 Abbild. und 1 lithogr. Taf.) Leipzig 884, Baensch. * 1 80

Ramdohr, Hermann

Ramdohr, Herm., das Familienfideikommiß im Gebiete des preußischen allgemeinen Landrechts. (X, 724 S.) gr. 8. Berlin 909. F. Vahlen. 14.—; geb. n 16. —

Ramdohr, Herm., Grundriß des bürgerlichen Rechts, systematisch dargestellt. (Neue [Titel-]Ausg.) 2 Bde. 8. Breslau (905). M. & H. Marcus. Geb in Leinw. n. 9. –
1. (VII, 464 S.) [901.] 4 —. — 2. (VIII, 635 S.) [902.] 5. —

Ramdohr, H., Grundriß f. das Studium des deutschen Privatrechts, nach der Legalordng. des bürgerl. Gesetzbuchs f. das Deutsche Reich systematisch dargestellt. 2 Bde. gr. 8. Posen, J. Jolowicz. n. 14. —; geb. n. 15. 85

1. Allgemeiner Theil u. Recht der Schuldverhältnisse. (VII, 464 S.) 901. n. 6. —; geb. n. 6. 85
2. Sachenrecht, Familienrecht, Erbrecht. Sachregister für beide Bde. (VIII, 635 S.) 902. n. 8. —; geb. n. 9. —

Ramdohr, Jh. Chr., († ...) Abriß e. Magazin-Bienenstandes. Mit 1 Kpft. 8. Gotha 779. 2e Ausg. 790. Veränderte, verm. u. vervollkomm. Magazin-Bienen-Behandlung, als die 3e Aufl. des Abrisses. Mit 2 neuen Kpf. 8. Ebd. 797. 4e A., mit Anmerkk. v. Jh. Köllner. Mit 2 Kpf. 8. Ebd. 812. Ettinger. 16 gr

Ramdohr, Joh. Chr., Magazin-Bienen-Behandlung, mit Anmerkungen begleitet von J. Köllner. 4te Aufl. mit 2 Kupfert. 8. Gotha, Ettinger. 812.

Ramdohr, K. C., Abr. f. Magazinbienenstandes. 8. Gotha, Ettinger. 797.

Gedichte bei verschiedenen Gelegenheiten, gehalten in der Loge Friedrich zur Tugend [in Brandenburg a. H.] vom Br [Karl] Ramdohr. Bei dessen Scheiden aus Brandenburg der hochw. Loge übereignet. Brandenburg: Wiesike 1851. 60 S. 8°
23 Gedichte.

Ramdohr, Karl August

— Abbildungen der Anatomie der Insekten, herausgegeben von der naturforschenden Gesellschaft in Halle. 1s—4s Hft. gr. 4. Halle, Hendel. 809–10. (1s–3s à 2 Rthlr. 4s 1 Rthlr. 12 gr.)

— Abhandl. üb. die Verdauungswerkzeuge d. Insekten; hrsgg. von d. naturforsch. Gesellsch. in Halle. Mit 30 Kpft.: Abbildd. zur Anatomie der Insekten. gr. 4. Halle 809—811. (Leipz., Fr. Fleischer). 10 ℛ

KARL AUGUST RAMDOHR, Abhandlung über die Verdauungswerkzeuge der Insecten. Herausgegeben von der naturforschenden Gesellschaft zu Halle. Mit XXX Kupfertafeln. Halle 1811. Johann Christian Hendel. 4°.

— — dasselbe ohne Kupf.

Ramdohr, Karl Aug., die einträglichste u. einfachste Art d. Bienenzucht. Durch vergleich. Versuche ermittelt u. mit Beispielen belegt. gr. 8. (3¼ B. u. 1 Tab. Fol.) Berlin 833, Schüppel.

Ramdohr, K. A., mikrograph. Beyträge z. Entomologie u. Helminthologie. 1r Thl. m. K. gr. 4. Halle, Hemmerde. 805.
(auch unter d. Titel: Beytr. z. Naturgesch. einig. deutschen Monoculusarten.)

Ramdohr, Karl Aug., mikrograph. Beitrr. zur Entomologie u. Helminthologie. 1r Thl. Mit 6 Kpft. gr. 4. Halle 805. Schwetschke u. S. 16 gr (A. u. d. T.: Beitrr. zur Naturgeschichte deutscher Monoculusarten).

Ramdohr, Karl Aug., Beyträge zur Naturgeschichte einiger deutscher Monoculusarten; der mikrograph. Beyträge zur Entomologie und Helminthologie. Th. 1. Mit Kupfern. Halle 1805, 8.

Ramdohr, Carolus Hermannus: Quo jure Alexander Macedoniae rex Magni nomen meruerit disquiritur.
Halle-Wittenberg, Phil. Diss. v. 19. Aug. 1826
Geb. [Jerichow 20. 2. 1804]
Ms. fehlt.

Ramdohr, Ludw., zur Anwendung überhitzter Wasserdämpfe in der Industrie. gr. 8. (8 S.) Halle 879. (Hofstetter.) n.n. — 50

Ramdohr, Ludw., Feuerungskunde od. Theorie u. Praxis d. Verbrennungs-Processes u. der Feuerungs-Anlagen in allgemein verständlicher Darstellung. Mit 25 in den Text gedr. Abbildgn. gr. 8. (VI, 120 S.) Halle 887. Knapp. n. 2. —

—— die Gasfeuerung oder die rationelle Construction industrieller Feuerungs-Anlagen. Nach dem Französ. von A. Fichet und unter Berücksicht. der in Deutschland erzielten Betriebsresultate bearb. 1. Thl. gr. 8. (VII, 115 S. mit 3 Stnt. in gr. Fol.) [Halle 875.] Leipzig, Knapp. *

—— dass. — unter besond. Berücksicht. der Kalkbrennerei und der Thonwaaren-Industrie. 2. Thl. gr. 8. (VIII, 202 S. mit 8 Stnt. in qu. Fol.) Leipzig 877, Knapp. *

Ramdohr, L., die Gasfeuerung oder die rationelle Construction industrieller Feuerungs-Anlagen. Nach dem Französ. von A. Fichet und unter Berücksicht. der in Deutschland erzielten Betriebsresultate bearb. 2. (Titel-)Aufl. 2 Thle. gr. 8. [Leipzig 881, Knapp.] Karlsruhe, J. Bielefeld's Verlag. * 8 —

Inhalt:
Thl. 1. (VIII, 115 S. mit 3 Stnt.) *ℳ 3.
» 2. Bau, Einrichtung und Wartung der Gaserzeugung im Allgemeinen. Einrichtung von Gaserzeugern für verschiedene Brennstoffe. Kalkofen mit Gasfeuerung. Die Gasfeuerung bei Brennöfen für Thonwaaren aller Art und für Porcellan. Nebenapparate. Nachträge. (VIII, 202 S. mit 8 Stnt.) *ℳ 5.

Ramdohr, L., das Leuchtgas als Heizstoff in Küche u. Haus. Mit 47 in den Text gedr. Abbildgn. gr. 8. (V, 62 S.) Halle 887. Knapp. n. 2. —

—— die Maschinen. Eine allgemeine Maschinenlehre in populärer Darstellung für angehende Techniker, sowie für Fabrikbesitzer, Gewerbtreibende, Cameralisten und Gebildete aller Stände. Nach Emile With's „Les machines, leur histoire, leur description, leurs usages" frei bearb. Mit ca. 800 (eingedr.) Holzschn. 1. Bd. 1.—7. Heft. gr. 8. (XXIV, S. 1—410.) [Halle 876.] Leipzig, Knapp. à Heft *ℳ 1,60. *
Nicht weiter erschienen.

Ramdohr, Walt., Ernstes u. Heiteres v. unseren Kindern. Gedichte, den deutschen Müttern gewidmet. (87 S.) 8. Magdeburg 908. J. Neumann. Geb. in Leinw. 2.—; Luxusausg. n 3. —

— Schneekönigs Liebestat am Christabend. Ein Weihnachtsmärchen m. Gesang in 2 Aufzügen. Musik v. C. Kühnhold. (Textbuch.) (31 S.) 8. Magdeburg (910). C. E. Klotz. 1.25; Klavierauszug. (14 S.) 34,5×27 cm. 2.50; einzelne Rollenex. — 50

Ramdohr, Walther, approb. Arzt aus Braunschweig: Aus d. Pathol. Institut d. Hzgl. Krankenhauses zu Braunschweig. ⟨Prof. Beneke.⟩ Ueber Milzcysten und ihre Beziehung zu Rupturen der Milzkapsel. *Berlin 1901: G. Reimer (auf d. Umschl.: Kiel 1901: H. Fiencke).* (23 S.) 8° ¶(Aus: Virchow's Archiv, Bd 164.)
Kiel, Med. Diss. v. [13. Mai] 1901

Adress-Buch der Stadt Wolgast. Bearb. auf Grund amtl. Unterlagen von Wilhelm Ramdohr, Stadtsecr in Wolgast. Anh. Adress-Buch d. Ostseebades Zinnowitz. *Wolgast: H. Elsners Nachf 1902* (108, XXXIV, 18 S.) 8° [F.]
[Sondert.] Adress-Buch u. Wohnungs-Anzeiger f. Zinnowitz. Bearb. von R[obert] Zastrow. Wolgast (1902).

v. Rämbonck, Jos., s. Ghesquier.

Rame, Louise de la, s. †Ouida.

Rameau, B[arthélemy]. Le Vallais historique. Châteaux et seigneuries. par l'Abbé B. R..., avec une Préface de M. l'Abbé (J[ean]) Gremaud.... gr.-8. Sion 1885 (*Umschlag* 1886).

Rameau, B., abbé. Le Valais historique. Châteaux et Seigneuries. Avec une préface de *J. Gremaud.* In 4°, 126 p. Sion, Galerini. 3 —
— Le même. In-fol. oblong, 62 p. et 47 photographies. Sion, Galerini. En feuilles 100 —
Demi-reliure 120 —

Rameau, Jean, die Hexe, s.: Universal-Bibliothek.

— die Letzten aus dem Hause Montberthier (Ame Fleurie), s.: Engelhorn's allgem Romanbibliothek. 15. Jahrg.

Rameau, Jean, das Magdalenenhaar, s.: Engelhorn's Romanbibliothek, 12. Jahrg.

Rameau, Jean, die Rudelprinzeisin, s.: Engelhorn's allgemeine Roman-Bibliothek. XXI, 25. 26.

— der Roman e. Arztes. Autoris. Uebersetzg. v. Ludw. Wechsler. 8. (205 S.) Leipzig 901. Literar. Anstalt. n. 2.50

Rameau. Jean. Mariens Roman, s.: Universal-Bibliothek.

— die Rose v. Granada. Aus d. Franz. v. Adf. Neuhoff. 8. (382 S.) Berlin 897. Vita, Deutsches Verlagshaus. n. 2. 50

[J.] Jean **Rameau.** Die Rose von Granada. A. d. Französ. v. Adolf Neuhoff. *Berlin: Romanwelt 1897.* (2 Bl., 382 S.) 1 Bd 8. [97. 8679

Gavotte mit 6 Variationen von J[ean] P[hilippe] **Rameau.** Für Violine u. Klavier arrangiert von Emil Kross. (Leipzig: Bosworth & Co. 1900.) (9, 3 S.) 4° [Kopft.]
(Morceaux Célèbres. Transcriptions pour Violon ... No 9.)
(Blätter u. Blüten. Violon & Piano. No 86.) [07. 6906

J[ean] Ph[ilippe] **Rameau.** 5 Klavierkonzerte '(Pièces de clav en concerts, 1741, f. Klavier, Violine '[Flöte]' u. Gambe oder 2. Viol.)' m. Begleitg e. zweiten Klaviers hrsg. v. Dr Hugo Riemann. *Leipzig: Steingraber [1893].* (49 S.) 1 Bd 4.
— Edition Steingräber No 286. [96. 3229

J[ean] Ph[ilippe] **Rameau.** Platea oder Die eifersüchtige Juno (Platée ou Junon jalouse). Ballet-Comödie in 2 Akten u. 1 Vorspiel. (Paroles de [Jacques] Autreau.) Für d. moderne Bühne neu bearb. u. hrsg. Musikal. T. von Hans Schilling[-Ziemssen]. Deutscher Text von Felix Schlagintweit. Textbuch. Als Ms. gedr. München 1902: (Knorr & Hirth). 32 S. 8° [11. 19058

Rigaudon [aus d. Oper] Dardanus, Tambourin und Gavotte v. J[ean] Ph[ilippe] **Rameau.** F. Pianof. bearb. v. Hans Bussmeyer. *Leipzig: Steingräber [1893].* (15 S.) 1 Bd 4.
— Edition Steingräber. No 288. [96. 3230

5 Suiten für Pianoforte v. J[ean] P[hilippe] **Rameau.** Hrsg. v. Dr Hugo Riemann. *Leipzig: Steingräber [1893].* (73 S.) 1 Bd 4.
— Edition Steingräber. No 287. [96. 3231

Rameau, Rob., der Erfolg im Leben u. die Macht des persönlichen Einflusses. (Der persönl. Erfolg. — Menschliche Macht. — Die Macht des Hypnotismus. — Ausübung des menschl. Magnetismus. — Energie, Gedankenkraft. — Heilung aller Krankheiten.) 1.—6. Taus. (126 S.) 8. Dresden (906). F. Casper & Co. n. 3.—

Rameau, Séraphin: Nouveau Dictionnaire français-allemand et allemand-français, tiré des meilleurs auteurs qui ont écrit dans ces deux langues. Edition stéréotype. I. Partie, français-allemand. Brünn: Winiker 1864. 743 S. 8°

Rameau, Séraphin: Nouveau Dictionnaire français-allemand et allemand-français. Brünn: Winiker 1865. 707 S. 8°

Rameau, Seraph., neues Wörterbuch der französischen und deutschen Sprache nach den besten Quellen bearb., enth.: alle Wörter der Schrift- und Umgangssprache, die Bildung der besondern Redeweisen, ihre verschied. Bedeutung im eigentl. und figürl. Sinne etc. — Nouveau dictionnaire français-allemand et allemand-français. 2 Thle. Ster.-Ausg. Lex.-8. (XII und 1450 S.) Leipzig 866, Günther.

Ramée, Dan., die Baukunde. Praktisches Handbuch zum Gebrauche für Bautechniker u. Bauherren. Nach dem franz. Werke deutsch bearb. von Emil O. Tafel. Mit 444 (eingedr.) Holzschn. Stuttgart 870. Kröner. gr. 8. (XV, 488 S.) n. 2 *ᴙ*

Ramée, Louisa de la, s. Ouida.

Ramée, Mme. Marie Louise de, s.: Ouida.

Ramel. Journal. ou témoignage de l'adjutant-général ....., commandant de la garde du corps legislatif de la république française, l'un des déportés à la Guyanne après le 4 sept. 1797. Sur quelqu faits relatifs à cette journée, sur le transport, le séjour et l'évasiones de quelques uns des déportés. Avec une carte 8. Leipzig 1799.

Geschichts-Erzählung der schrecklichen Deportations-Reise Barthelemy's, Pichegrü's und anderer französischen Gesetzgeber nach Cayenne und deren wunderbare Rettung. Von Jacob Peter **Ramel.** Aus dem Französischen. Altona. 1799. 8°

Ramel, Geschichtserzähl. d. schreckl. Deportationsreise Barthelemy, Pichegrü u. and. franz. Gesetzgeb. nach Cayenne, a. d. Franz. 8. Altona. (Hoffmann, Hamb.) 799.

Ramel, Geschichtserzähl. d. schreckl. Deportationsreise Barthelemy, Pichegrü u. and. französ. Gesetzgeber nach Cayenne; aus d. Französ. (von A. Wichmann). 8. Leipz. 799. (Aue in Altona). 16 gl

— — dass. gr. 8. Leipz. Jacobäer. 799.

Ramelow, C. A., über die Entstehung d. ersten organischen Lebens. 8. (16 S.) München 872. Kaiser. n. — 30

Ramelow, H., Reiseberichte über Brasilien. Für die deutsche Industrie erstattet. Hrsg. vom Zentralverband Deutscher Industrieller. H. 1. Berlin, 1906. 85 S. mit 11 Taf.

Ramer, Lucas [prakt. Arzt von Wallenstadt]: Ein Fall von Pyocolpos lateralis neben uterus bicornis. Wallenstadt 1898. 38 S. 8°.
Zürich. Med. Diss. 1897/98.

Ramers, C., manuale precum in usum juventutis studiosae. Edit. I. et II. Treviris 855. Braun. 16. (XV, 248 S. u. 1 Stahlst.) n. 10 ngr.; Velinp. n. 15 ngr.

RAMERS, Caspar (Heuheim): Des Origenes Lehre von der Auferstehung des Fleisches. Eine historisch-dogmatische Abhandlung.- Trier: Lintz 1851. 3 Bl.,78 S.
2.8.1851 - Urk (Titel: Origenis doctrina de resurrectione carnis.); F 44
Diss.Ingolst.-Landsh.-Mchn.

Ramers, C., des Origenes Lehre von der Auferstehung des Fleisches. Eine historisch-dogmat. Abhandlung. gr. 8. (VI u. 78 S.) Trier 851, Lintz. 12 ngr.

Ramersdorf, Perlach u. die neuen Glocken. Ein ländliches Kulturbild aus der Umgegend Münchens vom J. 1881. Von *L. W.* Mit 5 (blattgr. Holzsch.-)Abbild. München 1882. 8°. 52 S. in Einfass. Cart.

Ramfeld, Kurt, Referendar: Das gesetzliche Erbrecht des Fiskus nach geltendem Reichsrechte. Borna-Leipzig 1910: Noske. VIII, 53 S. 8°
Leipzig, Jur. Diss. v. 3. Dez. 1910
[Geb. 3. Aug. 81 Meißen; Wohnort: Meißen; Staatsangeh.: Sachsen; Vorbildung: Fürstensch. Meißen Reife O. 01; Studium: Leipzig 8 S.; Rig. 11 Juli 06.] [U 11. 2923

Ramhofisky, Johann Heinrich. Drey Beschreibungen. Erstens: Des Königlichen Einzugs Maria Theresia, Andertens: Der Erb-Huldigung Drittens: Ihro Königlichen Majestät Königlich-Böhmischen Crönung beschrieben durch Johann Heinrich Ramhofisky Prag, gedruckt bey Carl Franz Rosenmüller (1743).
Tit., 2 – 2 – 21 S., Tit., 12 S., Tit 70 S., 15 Taf. in Kupferst 2°
Zeichner: Joh Josephus Dietzler; Stecher: M Tyroff, J A Pfeffel, M H Rentz
Vinet 684.

Ramhofsky, Johann Heinrich. Drey Beschreibungen. Erstens Des Königlichen Einzugs. Welchen Maria Theresia, zu Hungarn und Böheim Königin In Dero Königliche Drey Prager-Stadte gehalten; Andertens. Der Erb-Huldigung. Welche die gesammte Stände des Konigreichs Böheim abgeleget; Drittens Ihro Majestät Koniglich-Böhmischen Crönung; So alles auf Ihro Königlichen Majestät Befehl ausführlich und gründlich beschrieben worden Durch Hrn. Johann Heinrich Ramhofsky Prag, gedruckt bey Carl Franz Rosenmuller [1743]
Tit 1 Bl., Sondertit., 21 S Sondertit 12 S., Sondertit 70 S m 1 Kupferst 14 Taf. in Kupferst. 2
Zeichner Joh. Jos. Dietzier Stecher Joh. Andr. Pfeffel, Mart. Tyroff, H. M. Rentz.
Entspricht Sbe 29, doch es fehlt die Taf Altstädter Markt u. das Titelkupfer.
Vinet 684.
Abb 149

Ramhofsky, J. H., Alterthum und Abstammung des böhmischen Geschlechts der Korzensky von Tereschau. Wien 1747.

Ramhorst, Friedrich [aus Bremen] Das Altenglische Gedicht vom Heiligen Andreas und der Dichter Cynewulf .. Berlin, Buchdr. v Gustav Schade (Otto Francke 1885). 4 + 72 + 2 S. 8°
Berlin, Phil. Fak, Inaug. Diss. v 23. Dez. 1885.

Ramhorst, Frdr., das altenglische Gedicht vom heil. Andreas u. der Dichter Cynewulf. Untersuchungen. gr. 8. (72 S.) Leipzig 886. Fock. n. 1. 20

Ramhorst, Frdr., das Versicherungswesen, s.: Buch, das praktische.

Rami, Etui-Lexikon zum Nachdenken u. Vergnügen. 12. (1 B.) Weimar 839. [Leipzig, Schreck.]

Rami, F. C., de aquilarum imperii biga. 4. Lemgo, Meyer. 716.

Rami, Ion., tract., qui Ulyssem et Outinum unum esse ostend. 8. Copenh. Rotlev. (Proft.) 716.

Rami, Petr., de moribus Gallorum liber. C. praef. J. Th. Freigii. Basil. s. a. (1574) 8. 12 gr.

Ramien, Th., Sappho u. Sokrates od. Wie erklärt sich d. Liebe d. Männer u. Frauen zu Personen d. eigenen Geschlechts? gr. 8. (35 S.) Leipzig 896. M. Spohr. n. 1. —

Ramier, Friedrich (Wilhelm) Alexander (Berlin), Nonnulla de pathologia epilepsiae. Diss. pathol. Berlin (Herman) 20. IX. 1838. 27 S. u. Biogr. (M.: S. Pelz). (3.—) 27598
Oppon.: Scholler, Schulz, Goeden. — Gew.: Joh. Jakob Voeltzcke, Theophil Ramier (Vater).

Ramière, H., der Apostolat des allerheiligsten Herzens Jesu. Ein Weihegeschenk für die Beförderer u. Beförderinnen des Gebets-Apostolats. Aus den Franz. übers. von J. M. Röder. Trier 868. Groppe. 16. (245 S.) n. 12 *ngr.*

Ramière, H., die neun Dienste d. allerheiligsten Herzens Jesu, zum Gebrauche der Mitglieder d. Gebets-Apostolates. Aus dem Franz. m. Erlaubniß d. Verf. v. J. M. Röder. 16. (44 S.) Saarlouis 883. Stein. — 15

— der Gebetsapostolat, ein Bund frommer Christenherzen, um in Gemeinschaft mit dem Herzen Jesu den Triumph der Kirche u. das Heil der Seelen zu erzielen. Aus dem Französ. von J. M. Röder. Saarlouis 865. Stein. 8. (XIV, 276 S.) 15 *ngr.*

—— Handbüchlein des Gebetsapostolates. Aus dem Französ. 32. (125 S.) Saarlouis 865, Stein. *

Ramière, H., Rosenkranz des Apostolates. Zum Gebrauche der Mitglieder des Gebetsapostolates und des lebend. Rosenkranzes. Aus dem Französ. 18. (VI und 30 S.) Saarlouis 865, Stein. *

Ramieri u. Pialma; e. italien. Novelle vom Verf. des „Wilhelm v. Raschwitz“. 12. Cöln ... Imhoff-Schwarz. 5 Sgr.

Ramiew, H., d. Symbolik in Gerh. Hauptmanns Märchendrama: Die versunkene Glocke. gr. 8. (23 S.) Mainz 897. (H. Quasthoff.) n. — 50

Ramin, Alfred von, Bürgermeister: Die Eigenschaft als Rittergut in Preußen, in ihrer rechtlichen Bedeutung historisch entwickelt. Charlottenburg 1910: Gertz. VIII, 86 S. 8°
Leipzig, Jur. Diss. v. 4. April 1910
[Geb. 23 Febr. 80 Jarchow b. Kolberg; Wohnort: Beelitz, Mark; Staatsangeh.: Preußen; Vorbildung: Gymn. Wiesbaden Reife O. 99; Studium: Berlin 7 S.; Rig. 24 Juli 06.] [U 10. 2837

Ramin, F., Morgenandachten im Anschluß an die Evangelien u. Episteln des Kirchenjahres f. evangel. höhere Schulen. gr. 8. (VII, 141 S.) Leipzig 890. J. Baedeker. n. 1. 50

Wir haben ein festes, prophetisches Wort. Predigten über freie Texte f. alle Sonn- u. Festtage d. Kirchenjahres von Ferdinand **Ramin**, Pfarrer *Groß-Lichterfelde: H. W. Gebel 1903.* (355 S.) 8° [F.] 04. 1336

Ramin, Gustav, Versicherungsverständiger aus Wusterhausen a. Dosse Das **Verhältnis** der Versicherung des eigenen Lebens zu fremden Gunsten zu den unentgeltlichen Zuwendungen. *Spandau 1902: Hopf.* (62 S.) 8° [Ant. u. F.]
Wurzburg, Jur. Diss. v 1902

Ramin, Otto *Friedrich August* [aus Westerthal (Schleswig-Holst.)] Über die Folgezustände der einfachen Pleuritis... Berlin, C. Vogt's Buchdr., *1893;* 32 S., 1 Bl. 8.
Berlin, Med. Fak., Inaug.-Diss. v 12 Mai 1893

Raming, s. a. Ramming.

Raming, P., lerne Deutsch. I. Tl. Deutsches Lesebuch nebst Fibel. Ausg. A m. deutsch-russ. Wörterverzeichnis. (79 S.) 8. Riga 906. N. Kymmel. Kart. — 60

Raming, P., lerne Deutsch. I. Tl. Deutsches Lesebuch nebst Fibel u. deutsch-russisch-lett. Wörterverzeichnis. (96 S.) 8. Riga 906. N. Kymmel's Verl. Kart. n. — 60

Ramino, L., d. Kunst d. Kartenlegens. In leicht faßl. Weise dargest. gr. 16. (42 S.) Oranienburg 898. E. Freyhoff. — 60

Ramirez, Andr. Pinto, und Ludwig de Ponte, das wundersame Leben der ehrw. Jungfrau Marina v. Escobar, s. Sammlung der vorzüglichsten mystischen Schriften.

Ramiro

— **oder die Heyrath des Teufels, 8. Florenz (Anspach) 789. (Haucisen) 7 sgl.**

Ramiro und Gianetta; ein teuflisches Matrimonial-Fragment. Florenz [Ansbach] 1789 [Berl.] 1797. V: *Macchiavelli, Nic.* B: *Lehndorff-Bandels, August Adolf Leop. Graf von.* (Sembritzki, Die Ostpreuss. Dichtg. 1908, S. 373) (GGr VII, 636) (Zeitschr. f. Büch. N. F. 15, 1923, S. 119)

Ramiro und Gianetta, ein teuflisches Matrimonial-Fragment aus den Ehestands-Acten der Hölle bearbeitet, von Adramelech dem ältern, fünfte Aufl. 8. Florenz, (Berlin) 797. (Fellisch) 10 sgl.

Ramiro u. Gianette; e. teufl. Matrimonialfragment. 8. Berl. Felisch. (Belitz.) 797.

Ramiros Tagebuch, s. a. Donamar.

Ramiros Tageb., a. alten Papieren e. Freundes d. Grafen Donamar, herausg. v. Feodor Adrianow. 8. Lpz. Martini. 804.

RAMIS, Karl (München): Über die psychischen Ursachen der Geisteskrankheiten.- München 1839. 3.8.1837 - Urk (Titel: De animi morborum causis psychicis.); F 63
Diss. Ingolst.-Landsh.-Mchn.

Ramis Ibrahim, Aly (Umschlagt.: Ali) Bey, approb. Arzt aus Cairo: Zur Kenntniss der akuten gelben Leberatrophie, insbesondere der dabei beobachteten Regenerationsvorgänge. *München: J. F. Lehmann 1901.* (34 S.) 8° ¶ [Aus: Münchener Med. Wochenschrift, 1901.]
München, Med. Diss. v. 1901

Ramis de Pareia, Bartolom., Musica praotica, hrsg. v. Johs. Wolf, s.a. Publikationen der internationalen Musikgesellschaft. 2. Hft.

Ramis de Pareia s.a. Wolf, Johannes.

Musica Practica Bartolomei Rami de Pareia. Bononiae impressa opere et industria ac expensis magistri Baltasaris de Hiriberia MCCCCLXXXII. Nach den Originaldr. d. Liceo music. hrsg. von Johannes Wolf. *Leipzig: Breitkopf & Härtel 1901.* (XVI, 116 S.) 8°
= Publikationen d. Internat. Musikgesellschaft. Beih. 2. [01. 9358

Ramisch, August [kommissar. Lehrer]: Versuch einer neuen Theorie der excentrischen Zug- und Druckbelastung. *Aachen* (1890); S. III–XXII, 1 Taf. 4°
Aachen, R m. Fachklassen (früh. k. GwS), OP 1890

Ramisch (F. C.). Beobacht. ueber Samenbildung ohne Befruchtung am . . . Mercurialis annua. Prag, 1837 8°

Ramisch, F. X., Naturgeschichte des Thierreichs f. Kinder u. den ersten Unterr. überhaupt. 1. u. 2. Lfg. gr. 8. (8 B.) Prag 834, Haase Söhne. à

Ramisch, F. X., Naturgeschichte d. Thierreiches f. Kinder u. den ersten Unterr. überh. Fortges. v. Karl Borziwog Presl. 3 Bde. gr. 8. Prag, Haase Söhne.
Bd. 1. Die Säugethiere u. Vögel. Von F. X. Ramisch. 9 Lfgn. (36 B. u. 465 Abbild. in Holzschn.) 835—40. 1 Thlr. 21 Gr.
" 2. Die Reptilien, Amphibien u. Fische. Von Karl Borziw. Presl. 8 Lfgn. (31½ B. u. 143 Holzschn.) 837—41. 1 Thlr. 16 Gr.
" 3. Die Insekten. Von H. M. Schmidt-Göbel. 9 Lfgn. (36 B. u. viel. Holzschn.) 841—44. 1 Thlr. 21 Gr.

Ramisch, Frz. X., de Gastromalacia et Gastropathia infantum. 8maj. Prag 824. Krauss. (G. Haase, Söhne). 20 gr; (a. Cnobloch in Leipz.) 18 gr

Ramisch, G., u. P. Göldel, Bestimmung der Stärken, Eisenquerschnitte u. Gewichte v. Eisenbetonplatten. Zahlen-Tafeln f. freiauflieg., halb- u. ganz eingespannte Platten u. beliebig gewählte Spannungswerte f. Eisen u. Beton, u. f. Säulen aus Eisenbeton. (42 S.) gr. 8. Berlin 906. Tonindustrie-Zeitung.
Geb. in Leinw. 3. —

Ramisch, Jacob, a. St. Tönis bei Krefeld: Studien zur niederrheinischen Dialektgeographie. Marburg 1906: R. Friedrich. (69 S.) 8° ¶ (Aus: Deutsche Dialektgeographie, Berichte und Studien über G. Wenkers Sprachatlas des Deutschen Reichs, hrsg. von F. Wrede, Heft 1 (Marburg 1906).)
Marburg, Phil. Fak., Ref. Vogt, Diss. v. 1. Mai 1906
[Geb. 12. Juli 81 St. Tönis; Wohnort: St. Tönis; Staatsangeh.: Preußen; Vorbildung: Gymn. Crefeld Reife O. 01; Studium: Marburg 2, Bonn 2, Marburg 3 S.; Rig. 24. Mai 05.]

Ramisch, Jac., Studien zur niederrheinischen Dialektgeographie, s.a. Dialektgeographie, deutsche. I.

Studien zur niederrheinischen Dialektgeographie von Jacob Ramisch Mit 1 Kt u. 3 Pausbl. Marburg Elwert 1908. 69 S. 8°
(Deutsche Dialektgeographie. H. 1. [1].) [09. 131

Raemisch, G., kurze Zusammenstellung der wichtigsten Bestimmungen über das Verfahren bei den Schöffengerichten. gr. 8. (8 S.) Liegnitz 881. Krumbhaar. — 15

Raemisch, Georg (Wuischka/Lausitz), Ad Saxon. decision. XI. de anno 1746. Diss. prior. Präs. Heinr. Gottfried Bauer. Leipzig (Langenheim) 15. IX 1770. 12 S. (4.—) 27550
Gew.: Jakob Johann Joseph Vuosky von Baerenstamm.

Ramlau, Max, Gerichtsass. bei d. Kgl. Staatsanwaltschaft am Landgericht II zu Berlin: Wie wird im Deutschen Reiche die Enthauptung vollstreckt? *(Berlin [1900]: W. Peck.)* (IV, 104 S.) 8° [F.]
Rostock, Jur. Diss. v. [10. Apr.] 1900

Ramlau, Th., Wanda. Berlin 870. Seehagen. 8. (III, 208 S.) 5 ngr

Ramleh als Winteraufenthalt. Leipzig 1900. V: *Ludwig Salvator Erzherzog von Österreich.* MV: *Botti, Giuseppe.* (Berlzu 1918, I, 199)

Ramler, Karl Wilhelm, s. Schüddekopf, Carl.

Ramler, Karl Wlh., († d. 19. März 1798.) das Alexanderfest, od. die Gewalt der Musik. 8. Berl. 770. Voß. 1 gr

– s. Anakreon: Auserlesene Oden . . .

— auserles. Anmerk. z. Erklär. d. Horaz v. J. H. Voß. gr. 8. Cöln, Rommerskirchen.

– (Übers.), s. Auszug des englischen Zuschauers.

– s. Batteux, Charles: Einleitung in die schönen Wissenschaften.

— über die Bildung der deutschen Nenn- u. Beiwörter. gr. 8. Berl. 796. Maurers B. 16 gr

Ramler, Karl Wilhelm (Hrsg.), s.a. Blumenlese, Lyrische.

* Ramler, Karl W., lyrische Blumenlese. 2 Thle. mit Vignetten. gr. 8. Leipz. Weidmann. 774 u. 78. (Ir 1 Rthlr. 8 gr. IIr 1 Rthlr. 6 gr.)
Holl. Pav.

— lyrische Blumenlese. 2 Bde. 8. Leipz. Weidmann. 776–78.
Holl. Pav.

Ramler, Briefwechsel, s.: Gleim, Joh. Ludw. Wilh.

Ramler, Briefwechsel m. Gleim, s.: Bibliothek d. litterarischen Vereins in Stuttgart. (Gleim.)

– (Hrsg. u. Übers.), s. Catullus, C. Valerius: Catullus in einem Auszuge.

Ramler, K. W., Cephalus und Procris. Melodrama. 8. Berl. 778. Rottmann. 4 gr

— Cyrus und Cassandra. Singspl. mit Musik. gr. 4. Fol. Halle, Hendel. 3 gr

— Einleit. in d. schön. Künste u. Wiss. 8. Görl. Anton. 798.

— kurzgefaßte Einleit. in die schönen Künste u. Wissenschaften. 8. Görl. 798. N. unveränd. Ausg. 8. Halle 829. Anton. 6 gr

Ramler, Karl Wilh., kurzgefaßte Einleitung in d. schönen Künste und Wissenschaften. Neue, unveränd. Ausg. 8. (6½ B.) Halle 829, Anton.

— Einleit. in d. schön. Wissensch., a. d. Franz. d. Hrn. Batteux. 4 Bde. gr. 8. Leipzig, Weidmann. 798.
Holl. Pap.

* — Einleitung in die schönen Wissenschaften, nach d. Franz. d. Hrn. Batteux, mit Zusätzen vermehrt. 4 Bde. 5te verb. Aufl. 8. Leipz. Weidmann. 802.
Schreibp.

— Fabellese. 3 Bde. 8. Leipzig, Weidmann. 783–90. (1r u. 2r 1 Rthlr. 16 gr. 3r 18 gr.)
Holl. Pap. (1r u. 2r 2 Rthlr. 16 gr. 3r 1 Rthlr. 8 gr.)

— Fabeln u. Erzähll. aus verschied. Dichtern, Fortsetzung d. Fabellese. 8. Leipz. 797. (Maurers B. in Berl.) 1 Rthlr. Holl. P. 1 Rthlr. 6 gr.

— Fabeln u. Erzähl. a. versch. Dichtern. Fortf. d. Fabellese. 8. Ebend. (~~Maurer~~ in Berl.) 797. Kuhr.
Holl. Pap.

Ramler, Karl Wlh., Gedächtnißrede auf Bernh. Rhode. Mit Kpf. gr. 8. Berl. 798. Maurers B. 6 gr.

— Gedichte. 8. ... 6 gr.

— Gedichte d. Freundschaft, s. Gedichte.

— lyrische Gedichte. 8. Berl. 772. Voß. 1 Rthlr.

– s. G e s s n e r , Salomon: Auserlesene Idyllen.

– s. G e s s n e r , Salomon: Der erste Schiffer.

– s. G l a u k u s : Wahrsagung.

– (Hrsg.), s. G ö t z , Jh. Nikl.: Vermischte Gedichte.

– (Übers.), s. H i e r o c l e s : Scherzreden.

– (Übers.), s. H o r a t i u s Flaccus, Quintus: Oden. 1819.

— Huldigung, auf die, d. Königs v. Preußen Friedr. Wilhelms am 2. Oct. 1786 in d. Akad. d. Wissensch. zu Berlin vorgelesen. 8. Berl., Voß. 1 gr.

— Hymne an die Liebe. 4. Berl. 768.

— Geßners Idyllen, s. Geßner.

– s. I n o ; eine Kantate.

— Cantate auf d. Krönung Friedrich Wilhelms II. 8. Berl. 787.

— geistl. Cantaten. 8. Berl. 760. 2e A. 768. 3e A. 770. Voß. 6 gr.

— s. Krieg, der.

– s. K u h , Ephraim Moses: Hinterlassene Gedichte.

– s. L e s s i n g , Gotthold Ephraim: Briefwechsel mit Ramler . . .

– (Hrsg.), s. L i c h t w e r , Magnus Gottfried: Auserlesene und verbesserte Fabeln und Erzählungen.

– (Hrsg.), s.a. L i e d e r der Deutschen mit Melodien.

* RAMLER, Karl Wilh. — L i e d e r d e r D e u t s c h e n (gesammelt u. in 4 Büchern hrsg. von —). Mit reizendem Frontispice u. 8 Kopf- u. Schlussvign. (J. W. M e i l sc.). Berlin, bey G. L. Winter, 1766. 8° 3 Bll. Vorber u. 366 S. (In Berlin Yf 2396; auch in der Berliner Magistratsbibl.)

– (Hrsg.), s. L o g a u , Friedrich von: Sinngedichte.

— der Mai. Ein Hirtengesang, comp. v. H. Harries. 4. Altona 793. Hammerich. 12 gr.

– s. M a r t i a l i s , Marcus Valerius: Gedichte.

— kurzgefaßte Mythologie, od. Lehre von d. fabelhaften Göttern, Halbgöttern u. Helden d. Alterthums. 2 Bde. Mit 14 Kpft. 8. Berl. 790. 2e A. 808. 3e A. 816. 4e A. ... 5e A. 821. Maurers B. 1 Rthlr. 4 gr. Schrbp. 1 Rthlr. 16 gr. Holl. P. 2 Rthlr. 12 gr. Schweiz. P. 3 Rthlr. 8 gr. 6e verb. u. verm. Aufl. Mit 16 Kpft. 8. Ebd. 833. (832.) Rücker. 1 Rthlr. 6 gr.

Karl Wilhelm Ramler's Kurzgefaßte Mythologie oder Lehre von den Göttern und Heroen der Römer Griechen und Aegypter. Nebst 1 Anh., Andeutgn zu allegorischen Bildern enthaltend. Mit 108 Abb. 6. verb. u. verm. Aufl — Berlin Rücker 1833 X. 394 S. 8°

—— kurzgefaßte Mythologie, oder Lehre v. d. Göttern u. Heroen der Römer, Griechen u. Aegypter. Nebst e. Anh., Andeutungen zu allegor. Bildern enthalt. 6., verb. u. verm. Aufl. M. 108 Abbildn. auf 16 Kpfrt. (4.) 8. (25¼ B.) Berlin 833, [Rücker u. Püchler.]

Ramler's, Karl Wilh., kurzgefaßte Mythologie der Griechen, Römer u. Aegypter. Nebst einem Anhang, Andeutungen zu allegor. Bildern enthltd. 7. neubearb. Aufl. Mit in den Text gedr. Abbildungen (in Holzschn.). Berlin 869. Oehmigke's Buchh. 8. (VIII, 431 S.) 1 Thlr. 7½ ngr.

Ramler, s.: National-Litteratur, deutsche, Bd. 216.

— Ode an die Venus Urania. 4. Berl. 770.

— Oden. 8. Berlin, Voß. 768.

— Oden a. d. Horaz, s. Horaz.

— Oden aus d. Horaz. 8. Berl. 769. (Groß in Halberst.) 8 gr.

— Oden auf Joseph II. 4. Berl. 769.

— allegor. Personen, zum Gebr. der bildend. Künstler, von B. Rhode. Mit 32 Kpf. 4. Berl. 788. N. Aufl. 809. Akad. B. 1 Rthlr. 16 gr. fein Pap. 2 Rthlr. 8 gr.

— allegorische Personen, zum Gebrauch der bildenden Künste, als ein Anhang nebst Register zur Mythologie, für die Besitzer d. 1sten Aufl. 8. Berlin, Maurer. 791.
Schreibp.
Holl. Pap.
Velinp.

— Poësies lyriques, trad. de l'allem. 8. Berl. 777. Voss. 16 gr.

– s. P t o l e m ä u s und Verenice.

— Pygmalion, eine Cantate. 8. Berl. 768. Voß. 1 gr.

– s. S a m m l . der besten Sinngedichte der deutschen Poeten.

— Schlachtgesang. 8. Berl. 778.

Ramler, der Tod Jesu, s. a. Breitkopf und Härtel's Text-Bibliothek Nr. 27.

—d. Tod Jesu, Cantate. 8. Zürich 768. (Orell). 2 gl

—d. Tod Jesu, ein Oratorium. gr. 8. Salzb. 782. Duyle. 1 gl

— poet. Werke. 2 Bde. m. K. gr. 8. Berl. Sander. 800. Velinp.
Velinp. gr. 4.

Ramler, (K. W.,) poetische Werke. 2 Thle. (Neue Taschenausg.) Berl. 826, Sander.

– (Hrsg.), s. Wernicke, Chr Überschriften.

Ramlo, Marie Conrad -, s. Conrad - Ramlo

Ramm, v., die Leitung u. Ertheilung d. Reitunterrichts bei einem Feld-Artillerie-Regiment, auf Grund. der Reitinstruktion f. die königl. preuß. Kavallerie u. der gegebenen höheren Bestimmungen. gr. 8. (XII, 241 S.) Berlin 877. Mittler & Sohn. n. 4. 40

Ramm, A., das neue Gerichtswesen auf geschichtlicher Grundlage. Ein gemeinverständl. Vortrag. gr. 8. (48 S.) Lieberose 879. (Berlin, Puttkammer & Mühlbrecht.) n. 1. 20

Ramm, A., der Quasikontrakt nach den Quellen und sein Werth für Wissenschaft und Gesetzgebung. gr. 8. (VII, 100 S.) Leipzig 882, Roßberg'sche Buchh. * 3 —

Ramm, Axel, Göteborg's Bestrebungen für's Gemeinwohl. 8 (53 S. m. 1 Abbildg.) Göteborg 902. (Wettergren & Kerber.) n.n. 1. 65

Göteborgs handel, sjöfart, kommunikations- och bankväsen 1875–1900. Statist Mitteilungen betr Gothenburgs Handel, Schiffahrt, Transport-Geld- u Versicherungs-Wesen 1875–1900. Af Axel Ramm. *Göteborg Wettergren & Kerber 1902* (VIII, 124 S.) 8° [illegible]

— statistische Mitteilungen betr. Gothenburgs Handel, Schiffahrt, Transport-, Geld- u. Versicherungs-Wesen 1875 – 1900. (In schwed. u. deutscher Sprache.) gr. 8. (VIII, 124 S.) Ebd. 902. n. 2. —

Ramm, Aug. Leop. Abbildungen von allen Uniformen der Königl Preussischen Armee unter der Regierung Sr Majestät Friedrich Wilhelm III Berlin 1800. 8°.

Ramm, A[ugust] L[eopold]. Tabellarische Nachweisung von allen Regimentern und Korps der Königlich Preußischen Armee unter der Regierung Sr. Majestät Friedrich Wilhelm III zur Erläuterung der Abbildungen von denen Militair-Uniformen in illuminirten Kupfern dargestellt von A L. Ramm Berlin, bei Johann Friedrich Unger [1800]
Kupfertit Tit 2 Bl 45 S 9 Bl Zwischentit (1 Bl fehlt), 142 Taf. in kol Kupferst 8

RAMM, Bernhard Johann Julius (Preetz): Ueber einen Fall von Cystosarkoma proliferum seu phyllode.- München: Wolf 1883. 26 S.
5.4.1883 - Urk; Chr 1882/83,18
Diss.Ingolst.-Landsh.-Mchn.

Ramm, Christian Augustin (Greifswald), De magistratu caute in decernendis poenis arbitrariis procedente. Diss. jur. Präs. Christ. Conrad Wilhelm Friderici. Greifswald (A. F. Röse) 10. IV. 1767. 16 S. (4.—) 27599

Ramm, E . Die Arten und Rassen des Rindes. Von Professor Dr. E. Ramm. 32 in feinstem Farbendruck ausgeführte Abbildungen mit kurzem Text. — 2 Tafeln gr.-fol. in Umschlag u. II + 50 S. Text 8. Stuttgart, Eugen Ulmer, 1901 (*Tafeln o. J.). [M. 12. —]

Text u. d. T.: Text für die Wandtafeln der Rinderrassen, 32 von C H Votteler gezeichnete und in Farbendruck ausgeführte Abbildungen, von Dr. E. Ramm, Professor an der Kgl. landw. Akademie Bonn-Poppelsdorf.

Titel auf den Tafeln: Ramm, Wandtafeln farbiger Abbildungen der Rinderrassen. 2 Tafeln. Gez. von Ch Votteler. Kunstanstalt von A. Gatternicht in Stuttgart. Verlag von Eugen Ulmer in Stuttgart.

Ramm, E., die Arten u. Rassen des Rindes. 2 Tle. 1. Tl.: Text m. 28 Abbildgn. u 3 Karten üb. die Verbreitg. der Rinder-Rassen. 2. Tl.: Atlas m. 32 im feinsten Farbdr. ausgeführten Rassebildern. gr. 8. (X, 283 u. III S.) Stuttgart 901. E. Ulmer.
Geh. u. in Mappe n. 20 —; geb. u. in Mappe n. 21.—

Ramm, E., Konstruktion u. Betrieb e. einf. amerikanischen Getreidehauses (Silospeicher) v. 2500 Ctr. Fassungsraum, in Holz ausgef. M. bautechn. Plänen, e. Kostenvoranschlag u. 8 in d. Text gedr. Abb. Lex.-8. (22 S.) Stuttgart 896. E. Ulmer. n. 1. 50

— die Landwirtschaft in d. Verein. Staaten v. Nord-Amerika. Mit bes. Berücksicht. d. f. d. einheim. Landwirtschaft brauchb. techn. Methoden, d. wirtschaftl. Lage d. amerikan. Farmers, d. d. Auswanderern sich eröffn. Aussichten u. d ferneren Konkurrenzfähigkeit d. amerikan. Landwirtschaft. Mit 94 in d. Text gedr. Abb., 10 Taf. u. 1 (farb.) Karte d. Verein. Staaten v. Nord-Amerika. gr. 8. (VIII, 274 S.) Ebd. 895. n. 6. —; Einbd. n.n. — 70

— s.: Milch-Zeitung.

— u. H. Buer, Nachrichten aus den hervorragendsten Pferdezuchtgebieten des In- u. Auslandes. Statistik der Pferdezucht u. -Haltg., Gestütswesen, Organisation der Züchtervereiniggn., Einrichtg. der Stutbücher u. sonst. Förderungsmittel der Pferdezucht, zum Gebrauche für Vorstände u. Beamte v. Züchtervereiniggn., Pferdezüchter, Lehranstalten, speziell f. das Studium der Tierzuchtinspektoren nach den neuesten Publikationen bearb. Mit 112 in den Text gedr. nach Photogr. prämiierter Zuchtpferde hergestellten Abbildgn. gr. 8. (XVI, 312 S.) Leipzig 901. R. C. Schmidt & Co. Geb. in Leinw. n. 10. —

Ⓢ Ramm, E., u. H. Buer, Nachrichten a. Pferdezuchtgebieten. 901. (PB2 32.) Jetzt: Hannover, M. & H. Schaper.

— u. Parey, deutsches Rinder-Merkbuch. Einrichtg., Führg. u. Leistg. der hervorragendsten Zuchten Deutschlands, Hollands u. d. Schweiz. M. 102 Rinder-Portraits im Text u. 8 Farbendr.-Taf. gr. 8. (VIII, 129 S.) Berlin 898. P. Parey. Kart. n. 2. 50

— Wandtafeln farbiger Abbildungen der Rinderrassen. (Gezeichnet v. C. H. Votteler.) 2 Taf. à 52×69 cm. Nebst Text. gr. 8. (III, 50 S.) Stuttgart 901. E. Ulmer. n. 12. —; auf Leinw. in Mappe n. 14. 40

Ramm, Eberhard: Die Hagelversicherungsfrage in Württemberg. Tübingen, Verl. d. H. Laupp'schen Buchh., 1885; VI + 124 S. u. 5 Beil. auf 8 + VIII + VIII S. u. 2 Kart. auf 1 Taf. 8°.
Tübingen, Staatsw. Fak., Inaug.-Diss. v. 1885.
(Nur in beschränkter Zahl für den Austausch.)

Ramm, Eberh., die Hagelversicherungsfrage in Württemberg. Mit 5 Beilagen u. 2 Karten. gr. 8. (VI, 142 S.) Tübingen 885. Laupp. n. 3. —

Aus Estlands rothen Tagen. Erlebnisse von Ernst v. Ramm. (Helsingfors: Lilius & Hertzberg; Berlin: K. Schnabel 1906.) (50 S.) 8° [illegible]

Ramm, Friedrich, approb. Arzt aus Preetz i. Holst.: Zur Casuistik der Transposition der grossen arteriellen Gefässe des Herzens. *Kiel 1899: C. Janssen.* (14 S.) 8°
Kiel, Med. Diss. v. [20. Dez.] 1899

Ramm, Friedrich Theophil (Lübeck) [Auctor]
Dissertatio inauguralis juridica de concursu hypothecicae generalis prioris et posterioris in rebus post utramque adquisitis.
Giessae [6.] Juni 1791: Joh. Jac. u. Joh. Wilh. Braun. 28 S. 4°
pro gradu doctoris et summis in utroque jure honoribus capessendis.

Ramm, Gerta v., goldene Äpfel. Märchen in Versen. Mit Bildern von Anna v. Wahl. 1.—3. Aufl. (Je 51 S. m. 5 farb. Vollbildern.) 26,5×23,5 cm. Dorpat (909). F. Bergmann. Geb. 5. —

Ramm, Gerta v.: Aus Karins Tagebuch. Erinnergn e. Kindes aus d. Revolutionszeit in Estland 1905 u. a. Reval, Lpz. '10. 27 S.

Ramm, Gerta v., aus e. kleinen Welt. (Umschlagzeichnung von A. v. Wahl. Vignetten von E. v. Roskull.) (VII, 68 S.) 8. Jurjew-Dorpat 905. E. Bergmann. n. 1.80; geb. in Leinw. n. 2.40

Ramm, Heinr., Bohnenhülsenthee. Mittheilungen f. Aerzte u. Kranke. 8. (14 S.) Preetz 898. J. M. Hansen. n. —60

Bohnenhülsenthee. Mittheilgn f. Aerzte u. Kranke v. Dr [Heinrich] Ramm, Preetz. *Preetz J. M. Hansen 1899.* (14 S.) 8° [F.]

Ramm, Bohnenhülsentee. Mitteilungen f. Aerzte u. Kranke. (6. Taus.) (11 S.) gr. 8. Preetz 906. J. M. Hansen. (Kiel, R. Cordes.) n. 1.—

— s.a. **Bohnensuppe, die.**

[F.] Die „Bohnensuppe" Bohnenhülsenthee als erstes Diureticum u. als Heilmittel (Vf.: Dr. Heinrich **Ramm.**) .. *Preetz J. M. Hansen 1896.* (8 S.) 1 Bd 8. 98. 866

Die „Bohnensuppe" als erstes Diureticum und als Heilmittel (von [Heinrich August] **Ramm**). Preetz. 1893. 8°

Ramm, J. W., der Geist der drei preußischen Regulative vom 1., 2. und 3. Octbr. 1854. Drei Vorträge vor einer Lehrer-Versammlung gehalten. gr. 8. (62 S.) Erfurt 855, Keyser'sche Buchh.

— **die 18 Psalmen des Regulativs vom 2. Octbr. 1854, bearb. für Schule u. Haus.** Erfurt 857. Keyser. gr. 8. (VIII, 62 S.) 6 ngr.

Ramm, Johanna, die Fleischfrage. „Verwendet die Überreste, damit nichts verloren geht!" Speisen 2. Wahl od. die zweckmäß. Zubereitung d. kalten Fleisches — Wild, Geflügel u. Fisch —, sowie aus Bratenknochen zubereitete alltägl. Suppen. Winke zur Sparsamkeit. 8. (80 S.) Wiesbaden 888. Bechtold & Co. n. 1.—

— **Hamburger Kochbuch** f. die bürgerliche u. feine Küche, nebst Speisezettel für die einzelnen Jahreszeiten. Eine gründl. u. prakt. Anleitg. f. Hausfrauen u. Köchinnen. 2., verm. Aufl. gr. 8. (XXXII, 350 S.) Hannover-Linden 890. Manz. 3.50; geb. n. 4.50

Ramm, Johanna, Hamburger Kochbuch f. d. bürgerl. u. feine Küche, nebst Speisezettel f. d. einz. Jahreszeiten. E. gründl. u. prakt. Anleitg. f. Hausfrauen u. Köchinnen. 3., verm. u. verb. Aufl. 8. (XXXII, 530 S.) Hamburg 891. L. Gräfe & Sillem. Geb. in Leinw. n. 4.50

Auch u. d. T.: Praktisches Kochbuch ɩc.

— **praktisches Kochbuch** f. die bürgerliche u. feine Küche, nebst Speisezettel f. die einzelnen Jahreszeiten. 2. u. 3., verm. Aufl. gr. 8. (XXXII, 530 S.) Ebd. 890. 3.50; geb. n. 4.50

Praktisches Kochbuch für die bürgerliche und feine Küche, nebst Speisezettel f. d. einzelnen Jahreszeiten. Eine gründl. u. prakt. Anleitung f. Hausfrauen u. Köchinnen von Johanna **Ramm**. 4. verm. u. verb. Aufl. mit 8 Taf. Berlin: H. Schild [1904]. (XXXII, 530 S.) 8° [F.]

— **Ludwig** (Berlin), De metempsychosi Pharisaeorum et num illa ex scriptura Novi Testamenti adstrui possit. Diss. Präs. Paul Ernst Jablonski. Frankfurt/Oder (S. G. Alex) 22. IX. 1735. 30 S. (—.—) 27601

Gew.: Samuel von Coccejus, Daniel Ernst Jablonski, Heinrich August Steinberg, Johann Arnold Nolten. — Widm. v.: Paul Ernst Jablonski.

Ramm, Malka, aus Melitopol (Russland): Aus dem anatomischen Institute der Universität zu Bern. (Laboratorium von Herrn Prof. Zimmermann.) Über die Zotten der Mundlippen und der Wangenschleimhaut bei Neugeborenen. Mit 4 Figuren im Texte und 1 Tafel. Wiesbaden 1905. 42 S. 8°. [13. VII. 04.]

Bern. Med. Diss. 1905/1906.

Ramm, Malka. Über die Zotten der Mundlippen und der Wangenschleimhaut beim Neugeborenen. Diss. Med. Bern. Mit 4 Figuren im Texte und 1 [Doppel-]Tafel. [Sep.-Abdr aus: Anatomische Hefte. Abteilung I. Heft 87 = Band 29, Heft 1.] *Kopftitel*: Aus dem anatomischen Institute der Universität zu Bern. ⟨Laboratorium von Herrn Prof. (K[arl] W[ilhelm]) Zimmermann. 42 S. 8 Wiesbaden, J. F. Bergmann, 1905.

Ramm, Rud., aus Uetersen **Beiträge zur Kenntnis der französischen Umgangssprache des 17. Jahrhunderts.** *Kiel 1902: H. Fiencke.* (XII, 147 S.) 8°

Kiel, Phil. Diss. v [5. Juli] 1902

RAMM, Sigmund: Über die Frage der Anwendbarkeit von Düngung im forstlichen Betriebe. - Stuttgart 1893. III, 50 S.

Ramm, S., üb. die Frage der Anwendbarkeit v. Düngung im forstlichen Betriebe. gr. 8. (III, 50 S.) Stuttgart 893. E. Ulmer. n. 1.20

Ramm, Walter: Jean-Jacques Ampères lyrische Dichtungen. Berlin: Weidmann 1904. (22 S.) 4°

Berlin, Humboldt-G OP 1904 (62)

Ramm, Walter, aus Berlin: Zur Lehre von den Ideen in Schopenhauers Ästhetik. Berlin 1905: W. Pormetter. (43 S.) 8°

Erlangen, Phil. Fak., Ref. Falckenberg, Diss. v. 26. Jan. 1905

[Geb. 30. Apr. 75 Berlin; Staatsangeh.: Preußen; Vorbildung: Franz. Gym. Berlin Reife M. 93; Studium: Berlin 8 S.; Rig. 26. Jan. 05.]

Ramm, Walter, Dr.: Zur Lehre von den Ideen in Schopenhauers Ästhetik. Berlin: Weidmann 1905. (43 S.) 8°

Berlin, Humboldt-G OP 1905 (61)

Verzeichniss der Bücher der Bibliothek der Grossen National-Mutterloge in den Preussischen Staaten, genannt zu den drei Weltkugeln [in Berlin]. [Zsgest. von Adolf Ramme u. Friedr. Wilh. Püttner.] [Nebst] Nachtr. [Berlin] 1885: [Berg], 1905: [Denter & Nicolas]. 8°

Verz. VI, 340 S. 1885; Nachtr. VII, 149 S. 1905. cf. L. 28 (1905) S. 144 (P. Fischer).

Ramme, Gustav [Dr.]: Die wichtigsten Schutzeinrichtungen der Vegetationsorgane der Pflanzen. I. Tl. Berlin, R. Gaertner, 1895; 26 S. 4.

Berlin, Friedrichs-RG, OP 1895 (96)

Ramme, Gustav [Dr.]: Die wichtigsten Schutzeinrichtungen der Vegetationsorgane der Pflanzen. II. Tl. [Forts. d. P-Beil. 1895.] Berlin, R. Gaertner, 1896; 25 S. 4.

Berlin, Friedrichs-RG, OP 1896 (95)

Ramme, Gust., d. wichtigsten Schutzeinrichtungen d. Vegetationsorgane d. Pflanzen, 1. u. 2. Tl. Progr. 4. (26 u. 25 S.) Berlin 895. 96. R. Gaertner. à n. 1.—

Ramme, Gust., über die Verbindungen des Phosphors mit Schwefel. Inaugural-Dissertation. Inaugural-Dissertation. gr. 8. (30 S.) Berlin 879. (Göttingen, Vandenhoeck und Ruprecht's Verlag.) *

Ramme, Wilhelm, a. Königslutter: Zur Anatomie und Physiologie von Actinopteris radiata mit besonderer Berücksichtigung des Einrollungsmechanismus. Kiel 1908: A. F. Jensen. (29 S.) 8°
Kiel, Phil. Fak., Ref. Reinke, Diss. v. 26. Mai 1908
[Geb. 6. Juni 83 Königslutter; Wohnort: Braunschweig; Staatsangeb.: Preußen, Vorbildung: Oberrealsch. Braunschweig Reife M. 04; Studium: Leipzig 3, Kiel 3 S.; Rig. 21 Dez. 07.]

Rammeiser, Frz., Kostümreigen u. Reigentänze f. Bühne u. Saal. 2 Hefte. (31 u. 25 S. m. Fig.) 8. Leipzig (909). G. Richter. à 1. 50

Rammelberg, Kurt, aus Wolmirstedt. Gehalt der Orchideenknollen zu verschiedenen Jahreszeiten. *Erlangen 1899: A. Vollrath.* (44 S.) 8°
Erlangen, Phil. Diss. v 2. Nov. 1899

Rammelmeyer, Martha, harmonische Erziehung u. deren Vorbedinggn. 8. (30 S.) Locarno 900. (Luzern, J. M. Albin.) n. — 40

Rammelmeyer, Martha. Vegetarische Küche. Ein praktischer Leitfaden zur Einführung in die veget. Lebensweise und Kochkunst. VIII + 92 S. 8. Bern, Wagner, [1904]. [geb. fr. 2. —]

Rammelmeyer, Frau Martha. Vegetarische Küche. Ein praktischer Leitfaden zur Einführung in die vegetarische Lebensweise und Kochkunst. 5. Aufl. VIII + 106 S. 8. Bern, Wagner, [Dezember 1904]. [geb. fr. 2. —]

Rammelmeyer, (Frau) Martha. Wie kocht man ohne Alkohol? Ein Ratgeber für Hausfrauen zur Vermeidung des Alkohols in der Küche. Von M'R', Kuranstalt Friedenfels bei Sarnen. Anhang (des ... Buches «Vegetarische Küche», unveränderter Abdruck). IV + 16 S. 8. Bern, Wagner (*Umschlag*: Verlag und Expedition «Die Gesundheit»), [1905].

Rammelsberg, Carl Friedrich. Festschrift zu seinem 50jähr. Doktorjubiläum, hrsg. vom Akadem. Chemikerverein zu Berlin 8. (45 S.) Berlin 887. Grosser. n. — 60

CARL FRIEDRICH RAMMELSBERG. FESTSCHRIFT. zu seinem 50jährigen Doktorjubiläum herausgegeben vom Akademischen Chemikerverein zu Berlin. Berlin 1887 Verlag der Deutschen Chemiker-Zeitung. (Eugen Grosser) 8°

Rammelsberg, Carl Friedrich, Geh. Reg.-R., ord. Prof. . . . zu Berlin. Stuttg. 1900. V: *Bauer, Max.* (Berl)

Rammelsberg. Virtutis praemiae Sanctuarium honoris. Ordenszeichen, Rammelsberg del. G P. Busch fec. 4°

Rammelsberg, C., s. 1) J. Dumas, die Philosophie d. Chemie. 2) J. F. W. Johnston, Abriß einer Geschichte rc.

Rammelsberg, C, s. Rammelsberg, Karl Friedrich

Rammelsberg, F., s. Rammelsberg, Karl Friedrich.

Rammelsberg, Johann Wilhelm. Beschreibung Aller sowohl noch heutiges Tages florirenden als bereits verloschenen Geist- und Weltlichen Ritter-Orden in Europa Nebst denen Bildnissen derer Ordens-Zeichen in Zehen Theilen abgefasset und herausgegeben Berlin, den 1 August 1744.
Titelkupfer. Tit., 20 - 114 S. 33 Taf. in Kupferst. 8°
Stecher G P. Busch.

Rammelsberg, Karl Friedrich

Rammelsberg, C. F., chemische Abhandlungen 1838—1888. gr. 8. (VIII, 463 S.) Berlin 888. Habel. n. 10. —; geb. n.n. 12. —

Rammelsberg, C. F., Anfangsgründe der quantitativen mineralog. u. metallurg. analyt. Chemie durch Beispiele erläutert. Als Einleitung zu H. Rose's Handbuch der analyt. Chemie f. Anfänger bearb. gr. 8. (20 B.) Berlin 845, Lüderitz'sche Vrlgsh.

— Anfangsgründe der quantitativen mineralog. u. metallurg. analyt. Chemie durch Beispiele erläutert. Als Einleitung zu H. Rose's Handbuch der analyt. Chemie für Anfänger bearb. gr. 8. Ebend. 846. 2 ℔

Rammelsberg (C.), Ueber den letzten Ausbruch des Vesuvs am 8. December 1861. (Zeitschr. der Deutschen Geologischen Gesellschaft, 1862.) Berlin 1862. 8.

– Beiträge zur chemischen Kenntniss mehrerer Mineralkörper (Kobellit, Kobaltnickelkies u.s.w.) (Aus d. Monatb. d. kgl. Akad.) Berlin 1862. 8°

– Vergleichende Bemerkungen über die Krystallform organischer Verbindungen vom Typus des Ammoniaks. (Aus Poggendorff's Ann., 114 Vol) Leipzig 1862. 8°

Rammelsberg, C.. Bemerkungen über die Zusammensetzung des Epidots. (Aus dem Journal für prakt. Chemie. Vol. 43.) Leipzig 1838. 8°

– Ueber die krystallogr. und chemischen Beziehungen zwischen Augit und Hornblende und verwandten Mineralien. (Aus d. Monatsber. d. k. Akad.) Berlin 1858. 8°

– Ueber das Bleihornerz und den Matlockit, ein neues Bleierz aus Derbyshire. (Aus Poggendorff's Ann. Vol. 85.) Leipzig 1852. 8°

Rammelsberg, Car. Frid. (geb. Berlin 1. 4. 1813): De cyanogenii connubiis nonnullis. Berolini (1837). (30 S.) 8°
Berlin, Phil. Diss. v. 21 Aug. 1837

RAMMELSBERG, CARL FRIEDRICH.
Einführung in das Studium der qualitativen chemischen Analyse. Achte gänzlich umgearbeitete Auflage der Rammelsberg'schen qualitative Analyse. Herausgegeben von C. Friedheim. Berlin, 1894. 8vo.

Rammelsberg, C. F., Elemente der Krystallographie f. Chemiker. Mit 151 Holzschn. gr. 8. (VIII, 208 S.) Berlin 883. Habel. n. 5. —

Rammelsberg, C. F., die neuesten Forschungen in der krystallographischen Chemie zugleich als Supplem. zu dem Handbuch der krystallographischen Chemie. Mit 207 in den Text eingedr. Holzschn. Leipzig 857. Förstner. gr. 8. (VIII, 228 S.) n. 2 ℔. 20 ngr.

– Die neuesten Forschungen in der Krystallographie und Chemie, zugleich als Supplement zu dem Handbuch der Krystallographie. Leipzig 1857. 8°

Rammelsberg, C. F., Gedächtnissrede auf Heinrich Rose. [Aus: Abhandlungen der k. Akad. d. Wiss. zu Berlin.] Berlin 865. (Dümmler's Verlag.) gr. 4. (31 S.) n. 11 ngr.

Rammelsberg, C. Geschichte der neuern Fortschritte der Chemie. Berlin, 1837.

Rammelsberg, C. F., die Gewinnung von Gold u. Silber, s.a. Sammlung gemeinverständlicher wissenschaftlicher Vorträge.

Rammelsberg C, die Gewinnung v. Gold u Silber. (Sig wiss. Vortr. 379) Berlin 1881

Rammelsberg, C. Grundriss der Chemie. Berlin, 1867

——— (C. F.), Grundriss der Chemie gemäss den neueren Ansichten. 3. Aufl. Berlin 1873.

Rammelsberg. C. F., Grundriss der Chemie gemäss den neueren Ansichten. 4. verb. Aufl. gr. 8. (VI, 415 S.) Berlin 874. Habel. n. 6. 60

— Grundriss der Chemie gemäss den neueren Ansichten. 5., verb. Aufl. gr. 8. (VIII, 373 S.) Berlin 881. Habel. n. 6. 60

— Grundriss der unorganischen Chemie gemäss den neueren Ansichten. Berlin, 1867. 8vo.
Dritte Auflage. Berlin, 1873.
Vierte Auflage: Grundriss der Chemie gemäss den neueren Ansichten. Berlin, 1874.
Fünfte Auflage. Berlin, 1881. 8vo.

— **Grundriss** der unorganischen Chemie gemäss den neueren Ansichten. 1. u. 2., unveränd. Aufl. Berlin 867. Lüderitz' Verlag. gr. 8. (VI, 299 S.) n. 1 ℛ 6 ngr

Rammelsberg, C. F., Handbuch der krystallographischen Chemie. gr. 8. (XVI und 410 S. mit 8 Tab. in qu. Fol.) Berlin 854(55.) [Leipzig,] Förstner'sche Buchh. *

— **Handbuch** der krystallographischen Chemie. Mit 401 in den Text eingedr. Holzschn. Berlin 855. (Leipzig,) Förstner. gr. 8. (XVI, 410 S. u. 14 S. Tab. in Fol.) n. 3 ℛ. 25 ngr

— Handbuch der krystallographischen Chemie. Berlin, 1855. 8vo.
Supplement. Leipzig, 1857.
Also under the title Die neuesten Forschungen in der krystallographischen Chemie.

— **Handbuch** der krystallographisch-physikalischen Chemie. 1. Abth. Elemente u. anorgan. Verbindgn. Mit 219 (eingedr.) Holzschn. gr. 8. (XVI, 615 S.) Leipzig 881. Engelmann. n. 14. —

— dasselbe. 2. Abth. Organische Verbindung. Mit 124 (eingedr.) Holzschn. gr. 8. (XVI, 532 S.) Ebend. 882. n. 14. —

Rammelsberg, C. F., **Handbuch** der Mineralchemie. Leipzig 860. Engelmann. Lex.-8. (LXXI, 1039 S.) 6 ℛ

— **Handbuch** der Mineralchemie. 2. Aufl. 2 Thle. gr. 8. (VI, 136 u. XV, 748 S.) Leipzig 875. Engelmann. n. 19. —

— — Dasselbe. 2. Aufl. I.: Allgem. Theil. II.: Spez. Theil. Leipzig 1875. 8°.

— **Handbuch** der Mineralchemie. Ergänzungshft. zur 2. Aufl. gr. 8. (III, 276 S.) Leipzig 886. Engelmann. n. 7. — (Hauptwerk m. Ergänzungshft.: n. 26. —)

Rammelsberg, C. F., Handbuch d. **Mineralchemie**. 2. Suppl. zur 2. Aufl. gr. 8. (VII, 475 S.) Leipzig 895. W. Engelmann. n. 14. — (Hauptwerk m. 1. u. 2. Suppl.: n. 40. —)

Rammelsberg (C. F.), Handwörterbuch des chemischen Theils der Mineralogie. Abth. 1 und 2. Berlin 1841. 8. — Supplementband 1—5. Ibid. 1843 bis 1858. 8.

RAMMELSBERG, CARL FRIEDRICH.
Handwörterbuch des chemischen Theils der Mineralogie. Berlin, 1841. 8vo. Vier Supplemente, Berlin, 1843–49. 8vo.
Handbuch der Mineralchemie. Berlin, 1860.
Zweite Auflage. Leipzig, 1875. 2 vols., 8vo. Ergänzungsheft zur zweiten Auflage. Leipzig, 1886.
A sequel to Rammelsberg's Handwörterbuch des chemischen Theils der Mineralogie.

Rammelsberg, C. F., Handwörterbuch d. chem. Theils d. Mineralogie. 2 Abthln. A—Z. gr. 8. (50½ B.) Berlin 841, [C. G. Lüderitz'sche Vrlsbuchh.]

— **Handwörterbuch** des chemischen Theils der Mineralogie. 1—3. Supplement. — A. u. d. T.: Repertorium des chemischen Theils der Mineralogie. 1. Hft. 1841—43; 2. 1843—45., u. 3. 1845—47. gr. 8. Berlin, Lüderitz'sche Vrlgsh. [1. (10½ B.) 843., 2. (11¾ B.) 45., 3. (10 B.) 47. à 1 Thlr.]

Rammelsberg, C. F., Handwörterbuch des chemischen Theils der Mineralogie. 4. Supplement. A. u. d. T.: Repertorium des chemischen Theils der Mineralogie. 4. Heft. 1847—1849. gr. 8. (VI und 272 S.) Berlin 849, C. G. Lüderitz'sche Vrlgsh.

— **Handwörterbuch** des chemischen Theils der Mineralogie. 5. Suppl. A. u. d. T.: Repertorium des chemischen Theils der Mineralogie. 5. (letztes) Heft: 1849—1853. gr. 8. (X und 270 S.) Berlin 853, C. G. Lüderitz'sche Vrlgsh.
Der Preis des vollständ. Werkes ist 10 Thlr. 9 Ngr.

Rammelsberg, C. Ueber die Identität des Leucophans und Melinophans. (Aus den Sitzungsb. d. k. Akad.) Berlin 1856. 8.

Rammelsberg, C.: Ueber die Isomorphie der Sulfate von Kadmium, Didym und Yttrium; und über das jodsaure Natron-Chlornatrium. (Aus Poggendorff's Annalen, 115 Vol.) Leipzig 1862. 8°

Rammelsberg, C. Zur Krystallform des Mejonit's. (Aus Poggend. Annalen.) Leipzig 1855. 8°

— Ueber die Krystallform des Thialdins und einiger seiner Salze. (Aus Poggend. Ann.) Leipzig 1856. 8°

— Ueber die Krystallform und die Zusammensetzung des Vanadin-Bleierzes. (Aus Poggend. Ann.) Leipzig 1856. 8°

— **Lehrbuch** der Krystallkunde oder Anfangsgründe der Krystallographie, Krystallophysik u. Krystallochemie. Ein Leitfaden beim Studium der Chemie u. Mineralogie. Mit 250 in den Text eingedr. Holzschn. u. 3 lith. Taf. (in qu. Fol.) Lex. 8. (VIII u. 236 S.) Berlin 852, Förstner. n. 2⅔ ℛ

— **Lehrbuch** der chemischen Metallurgie. gr. 8. (VIII und 376 S.) Berlin 850, C. G. Lüderitz'sche Vrlgsh.

Rammelsberg, C. F., **Lehrbuch** der chemischen Metallurgie. 2. umgearb. Aufl. Berlin 865. Lüderitz' Verlhdlg. gr. 8. (VII, 480 S.) 3 ℛ

— **Lehrbuch** der Stöchiometrie u. der allgem. theoretisch. Chemie. gr. 8. (24½ B.) Berlin 842, Lüderitz'sche Vrlgsh.

— **Leitfaden** für die qualitative chemische Analyse mit besond. Rücksicht auf Heinr. Rose's Handbuch der analyt. Chemie. (4. Aufl.) f. Anfänger bearb. 1. u. 2. Aufl. gr. 8. (à 9⅓ B.) Berlin 843, 47, Lüderitz'sche Vrlgsh. à * —

— **Leitfaden** für die qualitative chemische Analyse, mit besonderer Rücksicht auf Heinr. Rose's ausführliches Handbuch der analyt. Chemie für Anfänger bearb. 3. Aufl. Berlin 854. C. G. Lüderitz. gr. 8. (VI, 148 S.) 22½ ngr

— **Leitfaden** für die qualitative chemische Analyse, mit besond. Rücksicht auf Heinr. Rose's ausführl. Handbuch der analyt. Chemie für Anfänger bearb. 4. Aufl. gr. 8. (VII und 152 S.) Berlin 860, Lüderitz'sche Verlagsbuchh.

— **Leitfaden** für die qualitative chemische Analyse, mit besond. Rücksicht auf Heinrich Rose's ausführl. Handbuch der analyt. Chemie für Anfänger bearb. 5. Aufl. gr. 8. (VI und 151 S.) Berlin 867, Lüderitz' Verlag. *

— **Leitfaden** f. die qualitative chemische Analyse. f. Anfänger bearb. 6. Aufl. gr. 8. (VI, 155 S.) Berlin 874. Habel. n. 2. 80

— **Leitfaden** f. die qualitative chemische Analyse, f. Anfänger bearb. 7. Aufl. gr. 8. (VI, 166 S.) Berlin 885. Habel. n. 3. —

Rammelsberg, C. F., Leitfaden der qualitativen chemischen Analyse, 8. Aufl., s.: Friedheim, Carl, Einführung in das Studium der qualitativen chemischen Analyse.

—— Leitfaden für die quantitative chemische Analyse besonders der Mineralien und Hüttenprodukte durch Beispiele erläutert. 2., umgearb. Aufl. gr. 8. (VIII und 323 S.) Berlin 863, Lüderitz' Verlag.

—— Leitfaden für die quantitative chemische Analyse, besonders der Mineralien und Hüttenproducte, durch Beispiele erläut. 3. umgearb. Aufl. gr. 8. Ebendas. 874.

— Leitfaden f. die quantitative chem. Analyse, besonders der Mineralien u. Hüttenprodukte, durch Beispiele erläutert. 4. Aufl. gr. 8. (X, 242 S.) Ebend. 886. n. 6. —

— Leitfaden f. die quantitative Analyse, 5. Aufl., s.a. Friedheim, Carl. Leitfaden.

—Leitfaden für die quantitative chemische Analyse, unter Berücksichtigung von Massanalyse, Gasanalyse und Elektrolyse. Fünfte gänzlich umgearbeitete Auflage, von C. Friedheim. Berlin, 1897. 8vo. III

Rammelsberg, C. F., Leitfaden f. die quantitative Analyse, 6. Aufl., s.: Friedheim, Carl.

Rammelsberg, C.. üb. die Meteoriten u. ihre Beziehung zur Erde, s.a Sammlung gemeinverständl. wissenschaftl. Vorträge.

Rammelsberg C, uber die Meteoriten und ihre Beziehung zur Erde. (Sammlung gemeinverständlicher wissenschaftlicher Vorträge 151) Berlin 1872

— — üb d. Meteoriten u. ihre Beziehgn z. Erde 1873. —.35

– Ueber einige nordamerikanische Meteoriten. (Aus dem Monatsb. d. k. Akad.) Berlin 1861. 8°

Rammelsberg, C. F., über die Mittel Licht und Wärme zu erzeugen, } s.a. Sammlung gemeinverständl. wissenschaftl. Vorträge.

Rammelsberg CF, über die Mittel Licht und Wärme zu erzeugen. (Sammlung gemeinverständlicher wissenschaftlicher Vorträge 23) Berlin 1866

— — üb d. Mittel Licht u. Wärme zu erzeugen. 2. Aufl. 1872. —.45

Rammelsberg, C. F., üb. die chemische Natur der Glimmer. [Aus: „Abhandlgn. d. k. preuss. Akad. d. Wiss. zu Berlin".] gr. 4. (84 S.) Berlin 889. (G. Reimer.) n. 3. 50

—— die chemische Natur der Meteoriten. gr. 4. (88 S.) Berlin 870, (Dümmler's Verlag.) *
Aus: Abhandlungen der k. Akademie der Wissenschaften zu Berlin, besonders abgedruckt.

Rammelsberg, C., die chemische Natur der Meteoriten. 2. Abhandlg. [Aus: „Abhandlgn. d. k. Akad. d. Wiss. zu Berlin".] gr. 4. (64 S.) Berlin 879. Dümmler's Verl. in Comm. n. 3. — (1. u. 2.: n. 7. 50)

— die chemische Natur der Mineralien. gr. 8. (89 S.) Ebend. 886. n. 3. —

— üb. die chemische Natur der Turmaline. [Aus: „Abhandlgn. der k. preuss. Akad. d. Wiss."] gr. 4. (75 S.) Ebd. 890. n. 3. 50

—— s. Percy, John, die Metallurgie.

Rammelsberg, C.: Die Pseudomorphosen in Leucitform von Böhmisch-Wiesenthal. (Aus d. Zeitschr. d. deutsch. geol. Gesellsch.) Berlin 1861. 8°

— Repertorium des chemischen Theils der Mineralogie. 5. Heft. 1849—1853. A. u. d. T.: 5. Supplement zu dem Handwörterbuch des chem. Theils der Mineralogie. Berlin 853. C. G. Lüderitz. gr. 8. (X. 270 S.) 1 ℛ𝓉. 15 ngr.

Rammelsberg, C.: Chemische Untersuchung des Meteorsteins von Klein-Wenden. (Aus Pogg. Ann.) Leipzig 1844. 8°

– Untersuchung einiger natürlichen und künstlichen Verbindungen der Phosphorsäure. (Aus Poggendorff's Ann.) Leipzig 1845. 8°

– Ueber die krystallographischen und chemischen Verhältnisse des Humits (Chondrodits) und Olivins. (Aus Poggendorff's Ann. Vol. 86.) Leipzig 1852. 8°

– Ueber den Zoisit und seine Beziehung zum Epidot. (Aus Poggend. Ann.) Leipzig 1857. 8°

– Ueber die Zusammensetzung des Beudantits. (Aus Poggendorff's Annal. Vol. 100.) Leipzig 1857. 8°

Rammelsberg (C.), Ueber die Zusammensetzung des Hauyns und der Lava von Melfi am Vulture. Berlin 1860. 8. (Z. d. deutsch. geol. Ges.)

– Ueber die Zusammensetzung des Stauroliths. (Aus d. Ber. d. k. Akad. d. Wiss.) Berlin 1861. 8°

– Ueber die Zusammensetzung des Titaneisens, so wie der rhomboedrisch u. oktaedrisch krystallisirten Eisenoxyde. (Aus Pogg. Ann.) Leipzig 1858. 8°

Rammelt, Gottlieb

Rammelt G.: Vermischte oeconomische Abhandlungen z. Besten d. Landwirthschaft u. Gärtnerey ... [Th. 1]. Halle 1768. 364 S,
— — 3 Th., Th. 2-3 m. Tit.: Gemeinnützige Abh. z. Besten d. G. u. L. Sst. 1768-74.
(2. Knollen-, Zwiebel- u. zasichte Gewächse. — 3. Unterricht v. Küchen- u. Baumgärten).

Rammelt, Gtl., († 1776.) vermischte ökonom. Abhandll. zum Besten d. Landwirthschaft u. Gärtnerei. 3 Thle. 8. Halle 768 —74. Trampe. (Hahn in Hannov.) (à 9 gr) 1 ℛ 3 gr

Rammelt, Gottl., vermischte ökonom. Abhandl. z. Besten d. Landwirthschaft u. Gärtnerei. 3 Thle. 8. Halle, 1770—74. (Hannover, Hahn.) à — 11¼. 1. 3¾

Rammelt, Gustav [Dr.]: Christus „die Wahrheit, das Licht und das Leben" im Evangelium des Johannes. Weißenfels, Buchdr. v. L. Kell, 1897; 1—8 S. 4.
Weissenfels, PG, OP 1897 (262)

Rammelt, Gustavus: Ueber die zusammengesetzten Nomina im Hebraeischen. Halis Saxonum 1883: Ploetz. 32 S. 8°
Halle-Wittenberg, Phil. Diss. v. [7. Aug.] 1883
Geb. Webau (Kr. Weissenfels) 13. 10. 18[53]. V.
Im Buchhandel Halis Sax. (Leipzig: Fock) 1883.

Rammelt, Gust., üb. die zusammengesetzten Nomina im Hebraeischen. 8. (32 S.) Halis Sax. 883. (Leipzig, Fock.) n. 1. —

Rammelt, Johannes

Rammelt, *Karl* Johannes [aus Weissenfels a. S.]: Die Frage nach dem Urheber der Zerstörung Magdeburgs 1631 ... (Erscheint vollst. als Heft 36 von: Hallesche Abh. z. neueren Gesch. hrsg. v. G. Droysen.) Halle a. S., Druck v. E. Karras, 1897; 2 Bl., 29 S., 1 Bl. 8.
Halle, Phil. Fak., Inaug.-Diss. v 13. März 1897

Rammelt, Johannes Wer hat Magdeburg zerstört? (1631) Vortrag gehalten im Thüringisch-Sächsischen Verein für Geschichte und Altertumskunde. S. 3—15. 4. Melanchthon-Gymn. *Wittenberg* 1910 (351). Progr

Rammelt, Johannes: Wer hat Magdeburg zerstört? ⟨1631.⟩ Vortrag. Wittenberg 1910: Wattrodt. S. 1—15. 4°
Wittenberg, Melanchthon-G OP 1910 (351) [S 10. 349

Rammelt, Wilhelm [pr. Arzt in Giebichenstein]: Ein Beitrag zur Beurteilung der klinischen Nasenrachenpolypen. (Univ.-Ohrenklinik zu Halle a. S.) .. Giebichenstein, Buchdr. v. Benthin & Krüger, 1888; 26 S. + 1 Bl. 8°
Würzburg, Med. Fak., Inaug.-Diss. v. 1888

Rammensée, Chr., Rundsicht vom Aussichts-Turme auf dem Labyrinth. 48,5×45 cm. Steindr. Hof 893. R. Lion. n. — 40

Rammensee, Fritz, gepr. Rechtspraktikant in Hof a. S.: Das Aufsichtsrecht der Staatsgewalt ⟨Landesstaatsgewalt und Reichsgewalt⟩ bei der Arbeiterversicherung. Borna-Leipzig 1907: R. Noske. (74 S.) 8°
Erlangen, Jur. Fak., Ref. Rieker, Diss. v. 30. Juli 1907
[Geb. 2. Febr. 79 Hof a. S.; Wohnort: Hof; Staatsangeh.: Bayern; Vorbildung: Gymn. Hof Reife M. 99; Studium: Erlangen 4, Greifswald 1, Bonn 1, Würzburg 2 S.; Rig. 19. Juli 07.]

Rammers, F., Hauptmann Garbas, s. Bachem's Novellen-Sammlung.

Rammers, F., Gertrud, s.: Bachem's Novellen-Sammlung.

Ramming, Frhr. v., Feldzeugmeister. Wien s. a. 8.

Ramming, s.: Handbuch der Kirchenstatistik f. das Königr. Sachsen.

Rammings kirchlich-statistisches Handbuch für das Königr. Sachsen. Dazu als Anh.: ein Verzeichniß der evangelisch-luther. Pfarr-Vicare u. Candidaten der Theologie u. des Predigtamts im Königr. Sachsen, ein alphabet. Verzeichniß sämmtl. Ephorieen im Königr. Sachsen mit Angabe des Kreisdirections-Bezirks ꝛc. Nach handschriftl. Angaben u. amtl. Quellen bearb. von Karl Ehrig. 8. Ausg. Beigefügt sind: ein Orts- u. ein Namen-Register sowie Nachträge u. Berichtigungen. Dresden 865. Ramming. gr. 8. (IV. 508 S.) 2 ℛ︁

„Ramming", s.: Handbuch d. Schul-Statistik f. d. Königr. Sachsen.

Ramming oder **Raming,** Chr. Lebr. Fürchteg., s. Kalender f. Prediger u. Schullehrer.

Ramming, H., die Spinnerei-Industrie nach ihrem neuesten wissenschaftlichen und praktischen Zustande, s. a. Schauplatz, neuer, der Künste und Handwerke. 281. Bd.

Ramming H, die Spinnerei-Industrie nach ihrem neuesten Zustande. Mit Atlas. (Schauplatz der Künste und Handwerke 281) Weimar 1867

Ramming, K., s. Haan, Wlh., kirchl.-statist. Handbuch des Königr. Sachsen.

Ramming, Karl, Verzeichniß aller im Königr. Sachsen befindl. Prediger ꝛc. s. W. Haan.

(Ramming, Wilhelm Baron.) Der Feldzug in Ungarn und Siebenbürgen. im Sommer des Jahres 1849. Mit Karten und Plänen. gr 8. Pesth 1850.

— — Ein österreichischer Commentar zu der russischen Darstellung des ungarischen Revolutionskrieges. Zugleich ein Supplement zu dem Werke: „Der Feldzug in Ungarn und Siebenbürgen 1849" 8. Pesth 1851.

(Ramming v Riedkirchen, Wilhelm Freiherr v., k. k. FML.) Ein Beitrag zur Darstellung der Schlacht von Solferino am 24. Juni 1859. Als Manuscript gedruckt. 8. Wien 1861.

(v. **Ramming.**) Ein Beitrag zur Darstellung der Schlacht von Solferino am 24. Juni 1859. (190.) 8. M. 4 Krtn. Wien 1861.

Rammingen [Schlagwort]

Rammingen, s.: Geognostische Karten (Württemberg).

Rammler, Ludwig [pr. Arzt aus München]: Beitrag zur Kenntniss des Tetanus traumaticus ... München, Druck v. C. A. Seyfried & C., 1893; 54 S. 8.
München, Med. Fak., Inaug.-Diss. v. 1893

Rammler's, Otto Fedr., deutscher Reichs-Universal-Briefsteller od. Musterbuch zur Abfassg. aller in den allgemeinen u. freundschaftl. Lebensverhältnissen sowie im Geschäftsleben vorkomm. Briefe, Documente u. Aufsätze. Ein Hand- u. Hilfsbuch f. Personen jedes Standes. 45. umgearb. u. von neuem stark verm. Aufl. v. H. Th. Traut. gr. 8 (VIII, 572 S.) Leipzig 875. O. Wigand. n. 2. 50

—— Deutscher Reichs-Universal-Briefsteller oder Musterbuch zur Abfassung aller in den allgemeinen und freundschaftl. Lebensverhältnissen, sowie im Geschäftsleben vorkommenden Briefe, Documente und Aufsätze. Ein Hand- und Hilfsbuch für Personen jeden Standes. Nebst folgenden Zugaben: 1) Das deutsche Reich. 2) Deutsche Classiker. 3) Stammbuchsaufsätze. 4) Der Hausarzt. 5) Die Hausfrau als Gattin und als Mutter. 6) Die Blumensprache. 7) Der Seidenbau. 8) Die Bienenzucht. 9) Die Verfälschungen der nothwendigsten Bedürfnisse des menschlichen Lebens. 10) Der Rechenhelfer. 11) Fremdwörterbuch. 45. umgearb. und von Neuem stark verm. Aufl. von H. Th. Traut. gr. 8. Ebendas. 875. ℳ 2,50.; geb.

Rammler's, Otto Friedr., Deutscher Reichs-Universal-Briefsteller oder Musterbuch zur Abfassung aller in den allgemeinen und freundschaftl. Lebensverhaltnissen, sowie im Geschäftsleben vorkommenden Briefe, Documente und Aufsätze. Ein Hand- und Hilfsbuch für Personen jeden Standes. Nebst folgenden Zugaben: 1) Das deutsche Reich. 2) Deutsche Classiker. 3) Stammbuchsaufsätze. 4) Der Hausarzt. 5) Die Hausfrau als Gattin und Mutter. 6) Die Blumensprache. 7) Der Seidenbau. 8) Die Bienenzucht. 9) Die Verfälschungen der nothwendigsten Bedürfnisse des menschlichen Lebens. 10) Der Rechenhelfer. 11) Fremdwörterbuch. 46.—48. umgearb. und von Neuem stark verm. Aufl. von H. Th. Traut. gr. 8. Leipzig 876—79, O. Wigand. ℳ 2,50.; geb.

Rammler's, Otto Friedr., deutscher Reichs-Universal-Briefsteller oder Musterbuch zur Abfassung aller in den allgemeinen und freundschaftl. Lebensverhältnissen sowie im Geschäftsleben vorkommenden Briefe, Dokumente und Aufsätze. Ein Hand- und Hilfsbuch für Personen jedes Standes. 49.—52. umgearb. und von neuem stark verm. Aufl. von H. Th. Traut. gr. 8. (VIII, 572 S.) Leipzig 880—82, O. Wigand. ℳ 2,50.; geb. 3 50

Rammler's, Otto Friedr., deutscher Reichs-Universal-Briefsteller oder Musterbuch zur Abfassung aller in den allgemeinen und freundschaftl. Lebensverhältnissen, sowie im Geschäftsleben vorkommenden Briefe, Dokumente und Aufsätze. Ein Hand- und Hilfsbuch für Personen jeden Standes. 53.—57. umgearb. und von neuem stark verm. Aufl. von H. Th. Traut. gr. 8. (VIII, 572 S.) Leipzig 883—87, O. Wigand. ℳ 2.50.; geb. 3 50

Rammler's, Otto Friedr., deutscher Reichs-Universal-Briefsteller od. Musterbuch zur Abfassg. aller in d. allgem. u. freundschaftl. Lebensverhältnissen, sowie im Geschäftsleben vorkomm. Briefe 2c. 58.—63. umgearb. u. v. neuem stark verm. Aufl. v. H. Th. Traut. gr. 8. (VIII, 572 S.) Lpz. 889—92, O. Wigand. 2 50; geb. 3 50

Rammler's, Otto Frdr., deutscher Reichs-Universal-Briefsteller od. Musterbuch zur Abfassg. aller in den allgemeinen u. freundschaftl. Lebensverhältnissen, sowie im Geschäftsleben vorkomm. Briefe, Dokumente u. Aufsätze. Ein Hand- u. Hülfsbuch f. Personen jedes Standes. 64., umgearb. u. v. neuem stark verm. Aufl. v. H. Th. Traut. gr. 8. (VIII, 584 S.) Leipzig 894. O. Wigand. 2. 50; geb. 3. 50

Rammler's, Otto Frdr., deutscher Reichs-Universal-Briefsteller od. Musterbuch zur Abfassg. aller in den allgem. u. freundschaftl. Lebensverhältnissen, sow. im Geschäftsleben vorkomm. Briefe, Dokumente u. Aufsätze. E. Hand- u. Hülfsbuch f. Personen jedes Standes. 68., umgearb. u. v. neuem stark verm. Aufl. v. H. Th. Traut. gr. 8. (VIII, 584 S.) Leipzig 898. O. Wigand. 2. 50; geb. in Leinw. 3. 50

Rammler, Otto Fr., Universal-Briefsteller, oder Musterbuch zur Abfassung aller im Geschäfts- und gemeinen Leben, so wie in freundschaftl. Verhältnissen vorkomm. Aufsätze. Mit e. Deutschen u. Franz. Titular-Buche. Ferner: Auslegung verschied. juridischer, kaufmänn. und aus fremden Sprachen entlehnter Wörter u. Ausdrücke 2c. 8. Leipzig 834. Otto Wigand. 3/4 ℛ — 3e verb. Aufl. gr. 12. Ebd. 836. 1/2 ℛ — 6e ganz umgearb., stark verm. Aufl. 8. Ebd. 838. 1/2 ℛ — 7e Aufl. 839. 1/2 ℛ — 8e verm. Aufl. 840. 1/2 ℛ

Rammler, Otto Fr., Universal-Briefsteller, oder Musterbuch zur Abfassung aller im Geschäfts- u. gemeinen Leben, sowie in freundschaftl. Verhältnissen vorkomm. Aufsätze. Ein Hand- u. Hilfsbuch für Personen jeden Standes. Nebst e. Anhange, enthaltend: Deutsche Classiker. Prakt. Lehrbuch zum Declamiren und Unterricht über alle Formen der Dichtkunst. 9. ganz umgearb., stark verm. Aufl. gr. 8. Leipzig 841, O. Wigand. 1/2 ℛ — 10. ganz umgearb., stark verm. Aufl. Lex.-8. Ebend. 843. 1/2 ℛ — 11. umgearb. u. verm. Aufl. gr. 8. Ebend. 844. 1/2 ℛ — 12. umgearb. u. verm. Aufl. v. Wlh. Hoffmann. gr. 8. Ebend. 846. 3/4 ℛ

Rammler's, Otto Frdr., Universal-Briefsteller od. Musterbuch zur Abfassung aller in den allgemeinen u. freundschaftl. Lebensverhältnissen, sowie im Geschäftsleben vorkommenden Briefe, Documente u. Aufsätze. Ein Hand- u. Hülfsbuch f. Personen jeden Standes. Nebst drei Zugaben, enth. deutsche Classiker, als prakt. Lehrbuch über die deutsche Sprache u. insbesondere zum Declamiren; Stammbuchaufsätze u. ein Fremdwörterbuch. 13. umgearb. u. stark verm. Aufl. Hrsg. von Wilh. Hoffmann. gr. 8. (IV u. 522 S.) Leipzig 847, O. Wigand. — 14. Aufl. gr. 8. (IV u. 522 S.) Ebd. 847. — 15. Aufl. gr. 8. (IV u. 522 S.) Ebd. 847. — 16. Aufl. gr. 8. (IV u. 522 S.) Ebd. 847. — 17. Aufl. gr. 8. (IV u. 522 S.) Ebd. 848. — 18—22. Aufl.? — 23. Aufl. gr. 8. (IV u. 522 S.) Ebd. 850. — 27. umgearb. u von Neuem stark verm. Aufl gr. 8. (VI u. 569 S.) Ebd 852. 3/4 ℛ

Rammler's, Otto Friedr., Universal-Briefsteller, oder: Musterbuch zur Abfassung aller in den allgem. und freundschaftlichen Lebensverhältnissen, sowie im Geschäftsleben vorkommenden Briefe, Dokumente und Aufsätze. Ein Hand- und Hülfsbuch für Personen jeden Standes. Nebst drei Zugaben, enth. deutsche Classiker, als prakt. Lehrbuch über die deutsche Sprache und insbesondere zum Declamiren; Stammbuchsaufsätze und ein Fremdwörterbuch. 17—26. Aufl. 1847—50. und 27., umgearb. und von Neuem verm. Aufl. gr. 8. (VIII und 569 S.) Leipzig 851(52,) O. Wigand.

Rammler's, Otto Friedr., Universal-Briefsteller oder Musterbuch zur Abfassung aller in den allgem. u. freundschaftl. Lebensverhältnissen, sowie im Geschäftsleben vorkommenden Briefe, Documente u. Aufsätze. Ein Hand- u. Hülfsbuch für Personen jeden Standes 2c. Nebst drei Zugaben, enthaltend Deutsche Classiker, als prakt. Lehrbuch über die deutsche Sprache u. insbesondere zum Declamiren; Stammbuchsaufsätze u. ein Fremdwörterbuch. 28. umgearb. u. von Neuem stark verm. Aufl. 853. (VIII, 569 S.) 22 1/2 ngr. — 30. Aufl. 856. — 32. u. 33. Aufl. Leipzig 857. O. Wigand. Lex.-8. (VIII, 594 S.) 25 ngr.

Rammler's, Otto Friedr., Universal-Briefsteller oder Musterbuch zur Abfassung aller in den allgem. u. freundschaftlichen Lebensverhältnissen, sowie im Geschäftsleben vorkommenden Briefe, Documente und Aufsätze 2c. Supplementband. Enthltd.: 1. Der Hausarzt — Die Gesundheitspflege. 2. Die Hausfrau als Gattin und als Mutter. 3. Die Dienstherrschaften u. die Dienstboten 2c. 2c. Leipzig 854. O. Wigand. Lex.-8. (IV, 210 S. m. Holzschn. im Text.) 12 ngr.

Rammler's, Otto Frdr., Universal-Briefsteller oder Musterbuch zur Abfassung aller in den allgemeinen und freundschaftlichen Lebensverhältnissen, sowie im Geschäftsleben vorkommenden Briefe, Documente u. Aufsätze. Ein Hand- und Hülfsbuch für Personen jedes Standes. 34. Aufl. 859. — 35. Aufl. 861. — 36. umgearb. und von Neuem stark verm. Aufl. Leipzig 863. O. Wigand. gr. 8. (VIII, 565 S.) 25 ngr.

Rammler, Otto Friedr., Universal-Briefsteller oder Musterbuch zur Abfassung aller in den allgem. u. freundschaftl. Lebensverhältnissen, sowie im Geschäftsleben vorkomm. Briefe, Documente u. Aufsätze. Ein Hand- u. Hilfsbuch für Personen jedes Standes. 37—40., umgearb. u. von Neuem stark verm. Aufl. von H. T. Traut. Leipzig 865—67. O. Wigand. Lex.-8. (VIII, 560 S.) 25 ngr.; Velinp. 1 ℛ 7 1/2 ngr.

Rammler's, Otto Friedr., Universal-Briefsteller oder Musterbuch zur Abfassung aller in den allgemeinen und freundschaftl. Lebensverhältnissen sowie im Geschäftsleben vorkommenden Briefe, Documente und Aufsätze. Ein Hand- und Hilfsbuch für Personen jeden Standes, enth. eine Einleitung über die Sprache; die Grammatik nebst einer Geschichte der deutschen Sprache — die Lehre über den Briefstyl 2c. 41.—44. umgearb. und von Neuem stark verm. Aufl. von H. Th. Traut. Lex.-8. (VIII, 560 S.) Leipzig 868—75, O. Wigand.

Rammler's, Otto Frdr., Universal-Briefsteller od. Musterbuch zur Abfassg. aller in den allgemeinen u. freundschaftl. Lebensverhältnissen, sowie im Geschäftsleben vorkomm. Briefe, Dokumente u. Aufsätze. Ein Hand-, Haus- u. Hilfsbuch für Personen jedes Standes u. für die verschiedensten Lagen des Lebens. 78. (310.—320. Taus.) nach neuzeitl. Anfordergn. umgearb. Aufl. Mit Unterstützg. jurist. u. kaufmänn. Fachleute hrsg. v. Th. Werner. (VII, 476 S.) gr. 8. Leipzig (907). O. Wigand. (Urspr. Pr. 3.—; geb. 3. 75)

Rammlow, J. C., Maulbeerbaumzucht u. Seidenbau, od. Handbuch zum vollständigen Selbstunterricht für Gutsbesitzer, Landwirthe 2c. Mit Berücksichtig. des beschleunigten Aufziehungsverfahrens der Seidenwürmer nach Cam. Beauvais. gr. 8. (16 1/2 B. u. 3 Zeichn.) Berlin 845, Moeser u. Kühn. *

Rammlow, J. C., Seidenzucht u. Maulbeerbaum. Eine Denkschrift f. d. Grundbesitzer u. Landwirth, insbesond. f. Preußens patriot. Adel. gr. 8. (3 3/4 B.) Berlin 840, (Logier.)

Rammoser, Georg

—— das Fastengebot der kathol. Kirche. Ein Kanzelvortrag. Mit Anmerkungen erläutert. gr. 8. (4 1/2 B.) Regensburg 842, Manz.

Der katholische Gottesdienst im Urchristenthum. Von Dr. Georg Rammoser, Officiator u. Religionsl. — 1838. Ebend. — S. III—XII.
Progr. Straubing.

—— die triumphirende, leitende u. streitende Kirche, in drei Kanzelvorträgen. gr. 8. (5¼ B.) Regensburg 842, Manz.

—— Mutterleid u. Mutterfreud. Ein Kanzelvortrag gr. 12. (1 B.) München 842, (Lentner'sche Buchh.) *

— Predigt, s. Predigten, acht, bei der Jubelfeier 2c.

Rammoser, Geo., Predigt üb. d. Ablaß, als Einleit. z. Feier d. 1100jähr. Jubiläums d. Diözese Regensburg, geh. d. 23. Aug. 1840 in d. Kathedralkirche zu Regensburg. gr. 8. (2 B.) Regensburg 840, Manz.

RAMMOSER, Georg (Augsburg): De ratione, quae intercedit inter regnum dei internum et externum. (Titel nach der Urkunde)
9.7.1836 - Urk: P 43
Diss. Ingolst.-Landsh.-Mchn.

—— das allerheiligste Sakrament des Altars in der kathol. Kirche u. die Gegenlehre außer ihr. Dargestellt in zusammenhäng. Kanzelvorträgen. gr. 12. (4½ B.) München 842, (Lentner'sche Buchh.) *

—— die heil. Schrift u. die Erblehre der kathol. Kirche. Zwei Kanzelvorträge. Mit Anmerkgn. erläutert. 12. (3½ B.) München 843, Lentner'sche Buchh.

—— die Sprache des Glaubens. Drei Predigten. 12. (3 B.) München 844, Lentner'sche Buchh.

Rammoser, Dr. Gg. (Pred. an der St. Michaels-Hofkirche zu München), Herr Hofrath *Thiersch* und die Transsubstantiation d. kathol. Kirche. Eine Beleuchtung seiner Schrift „Protestantismus und Kniebeugung", in dogmatischer Beziehung. München, Lentner, 1844. Gr. 8°. Ppb. mit 6 Beibdn. (früher im Besitz des Bened. Mich. Daller).
Tit., 1 Bl. Inh., 124 S. — Vgl. die Nrn. 24—26 u. 354—355 d. Cat.

—— Herr Hofrath Thiersch u. die Transsubstantiation der kathol. Kirche. Eine Beleuchtung seiner Schrift: „Protestantismus u. Kniebeugung" in dogmat. Beziehung. gr. 8. (8 B.) München 844, Lentner'sche Buchh.

Rammoser, Geo., was lehrte der h. Corbinian im Bayernlande? Eine Festpredigt nebst Anmerkungen. 12. (4⅓ B.) München 844, Lentner'sche Buchh.

Rammow, Siegfried, Marine-Oberassistenzarzt a. Berlin: Aus d. Psychiatrischen u. Nervenklinik zu Kiel. Beitrag zum Begriff der Alkoholparalyse. Kiel 1906: E. Göttsch. (27 S.) 8°
Kiel, Med. Fak., Ref. Siemerling, Diss. v. 27. Okt. 1906
[Geb. 18. Febr. 79 Berlin; Wohnort: Berlin; Staatsangeh.: Preußen; Vorbildung: Luisen-Gymn. Berlin Reife M. 98; Studium: Berlin 7, Tübingen 2 S.; Coll. 25. Sept. 06; Approb. 14. Juli 03.]

Rammrath, Albert [aus Brilon '(Westf.)']: Ueber Wanderniere m. bes. Berücks. d. operativen Behandlg ... Berlin, Buchdr. v. G. Schade, *1894;* 30 S., 1 Bl. 8.
Berlin, Med. Fak., Inaug.-Diss. v. 4. Mai 1894

Rammstedt, s.: Chirurgie des Unterleibes.

Rammstedt, Frid(ericus) Constant(iuus): De carcinomate epitheliode. Halis Saxonum (1856): Heynemann. 28 S. 8°
Halle-Wittenberg, Med. Diss. v. 14. Aug. 1856
Geb. Wettin (Saalkr.) 5. 5. 1831. V.
Verf. erlebte die Diplomerneuerung 1906 als Geheimer Sanitätsrat in Hamersleben (Kr. Oschersleben).

Rammstedt, Konrad

Rammstedt, *Wilhelm* Conrad [aus Hamersleben, Kr. Oschersleben]: Über tiefe seitliche Cervicalrisse und deren Behandlung ... Halle a. S., Hofbuchdr. v. C. A. Kaemmerer & C., 1893; 27 S., 2 Bl., 1 Taf. 8.
Halle, Med. Fak., Inaug.-Diss. v. 23. Juni 1893

Rammstedt, Otto, Staatl. appr. Nahrungsmittelchemiker u. Apotheker, Assistent am Institut für Pharmacie u. Nahrungsmittelchemie d. Univ. Jena: Ueber die Wertbestimmung narkotischer Drogen und ihrer Zubereitungen. Die Anwendbarkeit der Pikrolonsäure zu diesen Bestimmungen und zur Bestimmung alkaloidhaltiger Arzneien. Einige Salze der Pikrolonsäure. Rudolstadt 1907: Mänicke & Jahn. (104 S.) 8°
Jena, Phil. Fak., Ref. Matthes, Diss. v. 13. Mai 1907
[Geb. 21. Juli 77 Hausberge (Westf.); Wohnort: Jena; Staatsangeh.: Preußen; Vorbildung: Gymn. Gütersloh Reife O. 01; Studium: Jena 10 S.; Rig. 12. Jan. 07.]

Rammstein, A., das l'Hombre-, Whist- u. Boston-Spiel, oder faßliche Anleitung zur Selbsterlernung dieser drei beliebten Spiele, mit vollständiger Uebersicht aller dabei gültigen Regeln und Gesetze der feineren Beziehungen, und Beschreibung einzelner merkwürdiger Spiele. 2. verm. und verb. Aufl. gr. 12. Königsberg 841, Bon. ⁵⁄₁₂ ℛ

Rammstein, Fd. Leop., Cours académique de langue française etc. A. u. d. T.: Academischer Cursus zur Erlernung der franz. Sprache, nebst der Kunst des Briefwechsels u. einem historischen Gemälde der drei Jahrhunderte der franz. Literatur. 1r Bd. in 4 Abthll. 3e umgearb. u. verm. Aufl. gr. 8. Prag 834, 35. (Wien, Gerold.) 2 ℛ

Rammstein, (F. L.,) Cours théoretique et pratique de langue française à l'usage des Allemands. — Theoret. prakt. Cursus z. Erlernung d. französ. Sprache 1r bis 3r Bd. 1e—3e Abthlg. gr. 8. Prag 820—25, (Calve.) Rthlr.

Rammstein, (F. L.,) Cours théoretique. 4r Bd. 1e Abtheilung. A. u. d. Titel: Tableau hist. de la littérature etc. gr. 8. Prag 825, Calve.

Rammstein, Fd. Leop., Cours théoretique et pratique de langue française à l'usage des Allemands. Theoret.-prakt. Cursus zur Erlernung d. französ. Sprache. 1r Thl. Allgem. Sprachlehre. gr. 8. Wien ... N. Aufl. 827. Gerold. 1 ℛ 16 gr 2r Thl: Idéologie et Lexigraphie. gr. 8. Ebd. N. A. 828. 1 ℛ 16 gr 3r Thl.: Syntaxe, Substantif et Adjectif, ou Modification. gr. 8. Ebd. N. A. 831. 1 ℛ 16 gr

— Cours théoretique et pratique de la langue française etc. Tom. IV. A. u. d. T.: Theoret. u. pract. Cursus zur Erlernung der franz. Sprache 2c. Neue umgearb. u. verm. Aufl. 4r Bd. Syntaxe der Zeitwörter u. der unveränderl. Wörter. Construction und Interpunction. gr. 8. Wien 833. Gerold. n. 1⅓ ℛ

Rammstein, Ferd. Leop., Cours théoretique et pratique de langue française etc. IV Ts. — A. u. d. T.: Theoret. u. pract. Cursus z. Erlernung d. franz. Sprache, nebst d. Kunst d. Briefwechsels u. e. histor. Gemählde d. drey Jahrhunderte d. franz. Litteratur, nach d. besten franz. Sprachforschern u. klass. Autoren z. Gebr. f. Deutsche 2c. bearb. Neue, umgearb. u. beträchtlich verm. Aufl. 4 Bde. gr. 8. Prag. (Wien, Gerold.)
Tom. I. Grammaire universelle (en 4 Livrs.) (43¾ B.) 834, 35. 2 Thlr.
- II. Idéologie et Lexigraphie. (38½ B.) 828. 1 Thlr. 16 Gr.
- III. Syntaxe, substantif et adjectif, ou modification. (32½ B.) 831. 1 Thlr. 16 Gr.
- IV. Syntaxe des verbes, adverbes, prépositions, conjonctions et interjections. (32 B.) 833. 1 Thlr. 8 Gr.

Rammstein, Ferd. Leop., Dialogues à l'usage des Allemands etc. III Ts. — A. u. d. Tln.: Conversation sociale, musicale, chevaleresque. — Gespräche u. Uebungen f. Deutsche, die sich in d. französ. Conversationssprache üb. gesellschaftl., musikal., ritterl. Gegenstände vervollkommnen wollen. Nach d. besten Autoren in dies. Fache bearb. (3 Thle.) 8. (49 B.) Prag 840, Scheib. Thlr.

— (Übers.), s. F o r b i n , H. v.: Reise nach dem Morgenlande.

— Idéologie grammaticale ou Métaphysique du Language des français. Grammatikal. Ideologie od. Metaphysik d. Sprache d. Franzosen; nach Destutt-Tracy, Domergue u. Lemare. (Aus d. 2n Bd. des Cours de Langue abgedr.) gr. 8. Wien 827. Gerold. 12 gr

— nouveau Manuel epistolaire français etc., s.a. L. *Philipon* de la Madeleine.

Rammstein, F. L., nouveau Manuel epistolaire français par L. Philippon de la Madeleine, faisant suite au cours théorétique et pratique de langue française à l'usage des allemands. Tom. I et II. gr. 8. Pragae, Calve. 821.

– s. Noël: Cours de littérature ...

Rammstein, Ferd. Leop., Questionnaire grammatical ou cours de grammaire française en questions et réponses. — Grammatikal. Frage- u. Antworts-Buch z. Gebrauch f. Deutsche, welche die französ. Sprache in der möglichst kürzesten Zeit gründlich erlernen, u. sich selbst zu strengen od. Lehramts-Prüfungen vorbereiten wollen. 1. u. 2. Curs. gr. 8. Prag, (Scheib.) [1. (27½ B.) 843., 2. (25½ B.) 44. à * 1 Thlr.] Thlr. *

— le Secretaire français etc. III Tomes. — Tom. I. A. u. d. T.: Der franz. Sekretär, oder franz. Correspondenz-Cursus für das gesellschaftl. Leben, und für die Commerzial- und Industrial-Geschäfte, nebst e. Formularbuche für öffentliche Notare etc. gr. 8. Prag 837, 38. Eggenberger. 7/8 ℛ

— dass. Tom. II. Der franz. Sekretar für die Commerzial- und Industrial-Geschäfte. gr. 8. Ebd. 838. 3/4 ℛ

— dass. Tom. III. A. u. d. T.: Der franz. Sekretär für die gerichtl. Angelegenheiten, oder Formularbuch für öffentl. Notare. gr. 8. Ebd. 838. 1 ℛ (Alle 3 Thle. ungetrennt nur 2 ℛ) — 2e unverand. Ausg. 3 Thle. gr. 8. Ebd. 840. Scheible. 2 ℛ

—— le secrétaire français. III Ts. Der französ. Sekretär, od. französ. Correspondenz-Cursus f. d. gesellschaftl. Leben, u. f. d. Commerzial- u. Industrial-Geschäfte, nebst e. Formularbuche f. öffentl. Notare. 3 Thle. 1. Aufl. 838. u. 2., unveränd. Ausg. gr. 8. (à 36 B.) Prag 840, Scheib. Zusamm. nur à A. A. u. d. Ttln.:

Thl. 1. Der franz. Sekretär, od. franz. Correspondenz-Cursus f. d gesellschaftl. Leben. (13 B.) 21 Gr.
" 2. Der franz. Sekretär f. d. Commerzial- u. Industrial-Geschäfte (9 B.) 18 Gr.
" 3. Der franz. Sekretär f. d. gerichtl. Angelegenheiten od. Formularbuch f. öffentl. Notare. (14½ B.) 1 Thlr.

Rammstein, Ferd. Leop., le secrétaire français ou cours de correspondance française pour la vie sociale et pour les affaires de commerce et d'industrie, suivi d'un formulaire des notaires publics. Tome I.: Secrétaire pour la correspondance sociale. 3. Edition. Revue et considérablement augmentée. A. s. l. t.: Der französische Sekretär oder französ. Correspondenz-Cursus für das gesellschaftliche Leben und für die Commerzial- und Industrial-Geschäfte, nebst einem Formularbuche für öffentliche Notare. 1. Thl.: Sekretär für den gesellschaftl. Briefwechsel. 3. Aufl. Durchges. und beträchtlich vermehrt. gr. 8. (VIII und 190 S.) Prag 852, Scheib. Thlr.

Rammstein, Ferd.-Léop., Tableau historique de la littérature française, avant, pendant et après le siècle des Medicis et de François I., le siècle de Louis XIV et le XVIII. siècle; précédé d'un discours sur l'universalité de la langue française, par Antoine de Rivarol, discours, qui jadis a remporté le prix à l'académie royale des sciences de Berlin; choisi et arrangé à l'usage de ses auditeurs de la seconde année de son cours théorique et pratique de langue française, et augmenté de notes historiques et biographiques. Nouvelle édition. 1. Livr. gr. 8. (S. 1—68.) Prague 831, (André.) *

Rammstein, J., das l'Hombre- und Boston-Spiel, oder: Faßliche Anleitung zur Selbsterlernung dieser beiden beliebten Spiele, mit vollständ. Uebersicht aller dabei gültigen Regeln u. Gesetze etc. 8. Königsberg 837. Bon. 5/12 ℛ

Rammstein, J. (od. A.), das l'Hombre-, Whist- u. Boston-Spiel, od. faßl. Anleit. z. Selbsterlern. dies. drei beliebten Spiele, mit vollständ. Uebersicht aller dabei gült. Regeln u. Gesetze d. feineren Beziehungen, u. Beschreib. einzelner merkwürd. Spiele. 1. Aufl. 8. (5¼ B.) 837., 2., verm. u. verb. A. gr. 12. (4⅙ B.) Königsberg 841, Bon.

Ukiškos draugistes ivairiûse kraštûse. Ramojaus sutaisita. Tilžeje: [Selbstverl.] 1901. (38 S.) 8°
[Deutsche Genossenschaften nach d. bisherigen Erfahrungen. Verf. von Ramojus.] [os. 1197: 10

Ramón y Cajal, s.a. **Cajal, Ramón y**

Beitrag zum Studium der medulla oblongata, des Kleinhirns und des Ursprungs der Gehirnnerven v. S[antiago] **Ramón** y Cajal, Prof. an d. Univ. Madrid. Deutsche v. Vf. erweit. Ausg. besorgt v. Johannes Bresler, Oberarzt ... zu Freiburg i. Schl. M. e. Vorwort v. E[manuel] Mendel, Prof. an d. Univ. Berlin. *Leipzig: J. A. Barth 1896.* (VI, 139 S.) 1 Bd 8. 56. 3232

Die Structur des Chiasma opticum nebst einer allgem. Theorie der Kreuzung der Nervenbahnen v. Dr. S[antiago] **Ramón** y Cajal, Prof. an d. Univ. Madrid. Aus d. Span. übers. v. Dr. J[ohannes] Bresler, Oberarzt, Freiburg i.Schl. Mit e. Vorw. v Dr. P(aul) Flechsig, Prof. an d. Univ. Leipzig. M. 12 Abb Leipzig: J. A. Barth 1899. (VI, 66 S.) 4° (8°)

Studien über die Hirnrinde des Menschen von S[antiago] **Ramón** y Cajal. Aus d. Span. übers. von J[ohannes] Bresler. Mit Abb. u. d. Bildn. d. Verf. H. 1–5. Leipzig: J. A. Barth 1900–06. 5 Bde 4°(8°)
1. Die Sehrinde. 1900. 2. Die Bewegungsrinde. 1900.
3. Die Hörrinde. 1902. 4. Die Riechrinde beim Menschen u. Säugetier. 1903.
5. Vergleich. Strukturbeschreibung u. Histogenesis d. Hirnrinde. Anat.-physiol. Betrachtungen über d. Gehirn. Struktur u. Nervenzellen d. Gehirns. Sach- u. Namenreg. zu H. 1–5. 1906. [c6. 1908

Studien über Nervenregeneration [Textura del sistema nervioso] von Prof. Dr. S[antjago] **Ramón** y Cajal, übers. von Dr. Johannes Bresler. Mit 60 Abb. Leipzig: J. A. Barth 1908. (196 S.) 4°(8°) [o8. 6339

Ramon de la Sagra, (Directeur du jardin des plantes de la Havane etc.) cinq mois aux Etats-Unis de l'Amérique du Nord, depuis le 29 Avril jusqu'au 25 Septembre 1835; Journal de voyage. Trad. de l'Espagnol par M. René Baïssas. Mit 4 Steindr. gr. in-8. Paris et Strasb. 837. Levrault. 2¼ ℛ

Ramon, de la Sagra, Don, zur Reform d. Strafanstalten. Beschreibung d. berühmtesten Straf- u. einiger Wohlthätigkeits-Anstalten v. Nordamerika. Nach dem Reisetagebuche des Spaniers, deutsch bearb. v. Ludw. Hain. gr. 8. (3½ B.) Quedlinburg 846, Basse.

Ramond, s.a. **Carboniere.**

Ramond de Carboniere, physikal. Beschreib. der französ. u. span. Pyrenäen etc. 2 Thle. Mit Anh., Kart. u. Kpf. gr. 8. Straßb. 789. Akad. B. (Hinrichs in Leipz.) 2 ℛ

Ramond. Louis-François, baron de Carbonnières s. Coxe, William: Lettres ... u. Travels in Switzerland .... Basil, Paris 1802 – [Devonshire, Elizabeth Hervey Duchess of.] Scizze einer mahlerischen Reise durch die Schweiz. Bern 1816.

Ramond de Carbonnieres. Louis François Elisabeth Reise nach den höchsten französischen und spanischen Pyrenäen, oder physikalische, geologische und moralische Beschreibung der Pyrenäen ... ihrer Bewohner deren Geschichte. Sitten, Lebensart etc. nebst einer Vergleichung dieser Gebirge mit den Alpen etc. Als ein Gegenstück zu dessen Beobachtungen über die Alpen. Aus dem Französischen unter der Aufsicht des Verfassers übersetzt. Bd. 1, 2. Mit Landcharten und einem Kupfer Strasburg 1789. 1 Bd. XVI. 309: 182 S. 8°

Ramoneur, le, Prince et le Prince Ramoneur. Comédie. 8. Leipz. Sommer.

Ramorino, F., De duobus Persii codicibus qui inter ceteros Laurentianae bibliothecae servantur. Gel. 1904. 81 S. 1.—

Ramorino, F., Cornelio Tacito nella storia della coltura. Gel. 1898. 2. 111 S.

Ramorino, F., Teognide di Megara. S.-A. 1875. 54 S. 1.—

Ramorinus, Felix, in Platonis Protagoram explanationes. gr. 8. (95 S.) Turin 880. Loescher. n. 1.60

RAMOSZYNSKI, Wilhelm von (Tarnkov/Galizien): De functione arteriarum cordis. (Titel nach der Urkunde)
4.8.1854 – Urk: F 68
Diss. Ingolst.-Landsh.-Mchn.

Rampa, Franz Konstantin· Über

— — die Gefahren, welche die heranwachsende Jugend bedrohen Mahnwort. (Vf. *Franz Constantin Rampa.*) Neue Auflage. Ingenb. (so!) 1884. (In Zürich, Stadtbibl.)
Anon.-Lex. V p. 295 (nach Cat. genannter Bibl.).

Rampa, Frz. Konst., die Weihe des katholischen Priesters. Predigt bei der Jubelfeier des hochw. Hrn. Decan Alois Rüttimann, bischöfl. Commissar, Domherr u. Pfarrer, gehalten den 28. Sept. 1879 in Tuggen. 8. (18 S.) Einsiedeln 879. Benziger. — 35

Rampach, I. Iac. de, Palaestra sacra rom. germ. imperii Architribunalium tripart. fol. Vien. Schilgen. 726.

Rampacher, Gesetz, betr. d. allgem. Fortbildungsschule u. d. Sonntagsschule, sow. sonst. Bestimmungen üb. d. Volksschule v. 22. März 1895 u. Verfügung d. Ministeriums d. Kirchen- u. Schulwesens z. Ausführung d. vorgen. Gesetzes v. 25. März 1895. Bearb. u. erläut. gr. 8. (IV, 35 S.) Stuttgart 895. J. B. Metzler's Verl. n. — 60

Rampacher, das württembergische Gesetz vom 25 Juni 1894 betr. die Amtsenthebung dienstunfähiger Körperschaftsbeamten vom Amte. — Das württembergische Gesetz vom 25. Juni 1894 betr. die Pensionsrechte der Körperschaftsbeamten u. ihrer Hinterbliebenen. Hrsg. u. erläutert. gr. 8. (31 S.) Ulm 894. J. Ebner. n. — 60

Rampacher, Gesindeordnung f. das Königr. Württemberg. (Anlage zu dem Ausführungsgesetz zum bürgerl. Gesetzbuch u. zu dessen Nebengesetzen.) Gesetz v. 28. VII. 1899, Reg.-Bl. Nr. 22 vom 9. VIII. 1899. Mit Erläutergn. gr. 8. (22 S.) Ulm 899. J. Ebner. n. — 50

— die Gewährleistung wegen Mängel beim Handel m. Vieh. Nach dem bürgerl. Gesetzbuch f. das Deutsche Reich u. der kaiserl. Verordng. v. 27. III. 1899. Ein Leitfaden f. die Besitzer v. Pferden, Eseln, Mauleseln u. Maultieren, von Rindvieh, Schafen u. Schweinen. gr. 8. (17 S.) Ulm 900. J. Ebner. n. — 40

RAMPACHER: Das Jagd- und Fischereirecht im Königreich Württemberg. - Ulm 1900. 83 S.

Das Nachbarrecht auf Grund des württembergischen Ausführungsgesetzes zum Bürgerlichen Gesetzbuch und zu dessen Nebengesetzen, vom 28. Juli 1899, Art. 218 bis 254, in Kraft tretend mit 1 Jan. 1900 Erläut vom Reg.R a. D. Rampacher. *Ulm J Ebner 1899* (30 S.) 8° Lp. 1033 4

Rampacher, das Nachbarrecht auf Grund d. württemb. Ausführungsgesetzes zum bürgerl. Gesetzbuch u. zu dessen Nebengesetzen, vom 28. VII. 1899, Art. 218—254, in Kraft tretend m. 1. I. 1900 an Stelle der m. diesem Zeitpunkt außer Wirksamkeit tret. Vorschriften des 4. Abschnittes der neuen allgem. Bauordng. vom 6. X. 1872 u. des Gesetzes vom 15. VI. 1893, betr. das landwirtschaftliche Nachbarrecht. Mit Erläutergn. 8. (36 S.) Ebd. 899. n. — 80

— das landwirtschaftliche Nachbarrecht nach dem württembergischen Gesetz vom 15. Juni 1893. 12. (31 S.) Stuttgart 893. J. B. Metzler's Verl. n. — 20

— die im Königr. Württemberg geltenden gesetzlichen Vorschriften üb. 1) das Jagdrecht u. die Ausübung der Jagd; 2) der Ersatz des Wildschadens (m. e. Anh. üb. die diesbezügl. Vorschriften in den Nachbarstaaten Bayern u. Baden); 3) die Hegezeit des Wildes; 4) den Schutz nützlicher Vögel; 5) die Fischerei. Mit erläut. Bemerkgn. 8. (83 S.) Ebd. 900. n. 1.—

Rampacher, Eberhard Hermann, aus Karlsruhe i. B.: Über Jodoso-, Jodo- und Jodiniumverbindungen des Para-Tertiärbutyljodbenzols. *Freiburg i. B. 1900: K. Henn.* (60 S.) 8°
Freiburg i. B., Phil. Diss. v. 1900

Rampacher, H., Militär-Normal-Inder. enthltd. sämmtliche noch in Geltung befindliche Normalien, welche das K. Württemberg. Militär betreffen, vom J. 1817 bis zum Beginn des J. 1856. Stuttgart 856. Ed. Hallberger. 8. (VI, 267 S.) n. 1 *M*.

Rampacher, Karl F W.

Rampacher, C. F. W., die Instruktion zu Abhaltung der Ruggerichte in den Gemeinden vom 15. November 1844 mit den dieselbe abändernden, ergänzenden oder erläuternden, überhaupt hierauf bezüglichen Gesetzen, Verordnungen und Normalien in 179 Beilagen nebst einer Legende über die der Bürgerschaft zu publicirenden Gesetze und Verordnungen nach dem neuesten Stande der Gesetzgebung. Mit alphabetischem Sachregister. gr. 8. (IV und 280 S.) Stuttgart 856, Metzler'sche Buchh. *

Rampacher, L., s.: Vorlagen f. Brandmalerei.

Rampe, die. Theater-Jahrbuch des Verbandes deutscher Bühnenschriftsteller 1911. (201 S.) gr. 8. Berlin, Concordia. 4.—; geb. 5.—

Rampe, C. Nic., Widerleg. d. Terminist. u. Pietist. 4. Rostock. Fritsch. 733.

Rampel, Emerich

— Abhandl. von d. Laster d. Trunkenheit. 8. Brünn 812. Traßler. 1 *fl*.

Rampel, Emerich, Gedanken e. zur christl. Religion bekehrten Juden an seinen Bruder. 8. Iglau 792. 2e A. 8. Brünn 811.

Rampelmann, Gerh. Henr. (geb. Wadersloh [illegible]. 5. 1800): De scorbuto. Berolini (1824). (31 S.) 8°
Berlin, Med. Diss. v. 30. Okt. 1824

Rampelt: Stephan Bathori von Somlyo. Ein siebenb. Fürstenbild.—Mediasch, Progr. 1863

Rampendahl, R., Deutsch-Englisch. Ein Hilfsbuch für Deutsche zur leichten Erlerng. u. prakt. Anwendg. der engl. Sprache. 13., gänzlich umgearb. Aufl. v. Burckhardt, der kleine Engländer. 8. (XII, 160 S.) Leipzig 901. C. F. Amelang. Geb. in Leinw. n. 1. 80

Rampendahl, Robert

Rampendahl, *Jacobus Johannes Eberhard August Robert:* Eine Würdigung der Ethik Hutchesons ... Leipzig-Reudnitz, Druck v. O. Schmidt, 1892; 65 S. 8.
Leipzig, Phil. Fak., Inaug.-Diss. v [20. Juni] 1892

RAMPF, Michael F. (München): Der Brief Judae des Apostels und Bruders des Herrn. Historisch, kritisch, exegetisch betrachtet.- Sulzbach: Seidel 1854. IV,432 S.
12.3.1853 - F 44
Diss. Ingolst.-Landsh.-Mchn.

Rampini, Christian. Ueber Abkömmlinge des Benzyliden-p-Toluidins. (Bern) München, 1896. 32 S.

Rampis, Pancr., offene Antwort auf den Offenen Brief des Herrn Chorregenten u. k. Seminarlehrer Winkler. Ein Beitrag zur Geschichte unserer kirchenmusikal. Zustände u. Fragen. Eichstätt 867. Weissenburg, Meyer's Buchh. 8. (56 S.) 5 *ngr*.

Rampis, Pancratius Hansl, od. der verlorene Sohn. Singspiel in 2 Thln. Zunächst f. Gesellenvereine, dann f. jede in christl. Sinne geleitete kleinere Bühne. Musik v. P. R. 2. Aufl. 12. (24 S.) Nebst 8 Musiknummern. qu. Lex.-8. (29 S.) Augsburg 893. B. Schmid's Verl. 1. 25

— dasselbe, s.a. Dilettanten-Bühne, katholische.

— Missa in honorem St. Willibaldi. [Musik-Beilage der „Fliegenden Blätter für kathol. Kirchen-Musik."] Regensburg 870. Pustet. qu. Fol. (16 S.) 9 ngr.

Rampis, Pankrat., der gescheidte Nazl, s.: Dilettantenbühne, katholische.

— Missa Newman. Nr. 4. Für 4 Singstimmen u. Orgel. Luxemburg 861. Gebr. Heintze. gr. 4. (32 S.) n. 24 ngr.

* Ramplacant. Ein echtes Gemälde. unserer Tage. Schausp. in 3 Aufz. 8. Elberf. Büschler. 810.

Rampold, Friedr., über d. Bäder u. Kurorte d. Königr. Württemberg. gr. 8. (5¼ B. u. 1 Tab.) Berlin 838, [Klemann.]
Aus: Jahrbücher f. Deutschlands Heilquellen etc., hrsg. v. Gräfe u. Kalisch. Jahrg. 1838., besonders abgedruckt.

— die oriental. Brechruhr in München u. an andern Orten. gr. 8. (19 B.) Stuttgart u. Tübingen 838, Cotta'sche Buchh.

Rampon, der Turner, s. Rauber.

Ramsau bei Schladming in Steiermark. Wien 1904. V: *Keller, Gregor.* (EB)

Ramsau bei Schladming in Steiermark. (64 S. m. Abbildgn., 1 Taf. u. 1 Kartenskizze.) kl. 8. Wien 905. H. Kirsch. n. — 80

Ramsauer, A., siehe: *Fedoroff, D.*

Ramsauer, C., die göttliche Eingebung der heiligen Schrift. Ein Conferenz-Vortrag [erweitert]. 8. (32 S.) Oldenburg 875. Schulze. — 60

Ramsauer, C., Festreden bei der Einweihung der neuen Kirche zu Burhave, s.: Hansen.

— die Ordnung des Heils u. der Seligkeit. Ein Leitfaden für den Confirmanden-Unterricht, nach G. Ch. Fuhrmann frei bearb. 8. (24 S.) Oldenburg 877. Büttmann & Gerriets. cart. n. — 40

— die Ordnung des Heils und der Seligkeit. Ein Leitfaden für den Confirmanden-Unterricht nach G. G. Fuhrmann frei bearb. 2. Aufl. 8. (23 S.) Oldenburg 880, Bültmann und Gerriets. geb. **

Ramsauer, die Ordnung d. Heils u. der Seligkeit. Ein Leitfaden f. den Confirmanden-Unterricht nach G. G. Fuhrmann frei bearb. 3. Aufl. 8. (24 S.) Oldenburg 885. Bültmann & Gerriets. cart. n.n. — 50

Ramsauer, C., die Ordnung d. Heils u. der Seligkeit. Ein Leitfaden f. den Konfirmanden-Unterricht, nach G. G. Fuhrmann frei bearb. 4. Aufl. 12. (24 S.) Oldenburg 892. Bültmann & Gerriets. Kart. n. — 55

Ramsauer, C., die Petition des Oldenburger Kirchenrathes. Ein Sendschreiben an alle evangelisch-luther. Gemeindeglieder des Herzogth. Oldenburg u. insbesond. an die Kirchenräthe u. Synoden. Oldenburg 870. Schulze. gr. 8. (16 S.) 3 ngr.

— Predigt am Bußtage gehalten. gr. 8. (16 S.) Ebend. 871. — 30

— Predigt gehalten am Friedensfeste, den 18. Juli 1871. gr. 8. (15 S.) Ebend. 871. — 30

— Predigt am Sedantage. 8. (15 S.) Oldenburg 875, Schulze'sche Hofbuchh.

Ramsauer, C., Referat über den neuen hannoverschen Katechismus und über den Katechismus von Dr. Ernesti, gehalten in der Herbstversammlung des evangelisch-lutherischen Pastoralvereins zu Oldenburg. Oldenburg 862. Stalling. gr. 8. (24 S.) 3 ngr.

Ramsauer, C., Soll der Katechismus Luthers auf dem Seminar und in den Schulen noch gelehrt werden? Wider Pastor Brake. gr. 8. (24 S.) Oldenburg 873, Schulze'sche Buchh. *

Ramsauer, C., 95 Thesen zu nochmaliger und nunmehr gründlicher Revision unsrer noch lange nicht gründlich genug revidirten Kirchenverfassung. gr. 8. (24 S.) Oldenburg 859, (Stalling.) *

Ramsauer, C., Wahl-Predigt gehalten in der St. Lamberti-Kirche zu Oldenburg über Joh. 14, 6, am 14. Febr. 1869. Ebend. 869. 8. (15 S.) 3 ngr.

— wie sollen wir unsere Predigt machen? Ein Conferenz-Vortrag, geh. auf der evangelisch-luther. Pastoral-Versammlg. zu Bremen am 3. Octbr. 1871. gr. 8. (29 S.) Ebend. 872. n. — 50

Ramsauer, C., über die Wirkungen sehr kurzwelligen ultravioletten Lichtes auf Gase u. üb. e. sehr reiche Quelle dieses Lichtes, s.: Sitzungsberichte d. Heidelberger Akademie d. Wissenschaften. Mathem.-naturw. Kl. 1910, 28. (Lenard, P.)

Ramsauer, Carl, s. Ramsauer, Karl

(F) Ramsauer, E., Der Eheteufel. Drei Eheschicksale. 8°. (296 S.) Wien Konegen 1910. K 4.80, geb. K 6.—

Ramsauer, F[ranz]: Die Alpen in der griechischen und römischen Literatur. *Burghausen (1901): L. Russy.* (71 S.) 8°
Burghausen, k. humanist. G, P 1901 *

Ramsauer, F[ranz]. Die Alpen in der griechischen und römischen Literatur Programm des Königl. humanistischen Gymnasiums Burghausen für das Schuljahr 1900 1901 71 S. 8 Burghausen, Leo Russy'sche Buchdr — *Aufdruck* Carl Beck, Verlag, Leipzig —, [1901]. [M. 1 —]

— Die antike Vulkankunde. 41 S. 8. Kgl. hum. Gymn. *Burghausen* 1906.
A. Vulkanische Herde in Griechenland und außerhalb Europas. B. Der Aetna. 1. Der Aetna in der Mythologie. 2. Antike Nachrichten über die Gestalt und die Ausbruchserscheinungen des Aetna. C. Die liparischen Inseln. D. Der Vesuv. E. Die Inseln im Golfe von Neapel. F. Sonstige ehemalige vulkanische Herde in Italien. G. Antike Erklärungen der Entstehungsursache der vulkanischen Eruptionen.
Progr.

Ramsauer, F[ranz]: Die antike Vulkankunde. Burghausen (1906): W. Trinkl. (41 S.) 8°
Burghausen, k. G P 1906*

Ramsauer, Frz., Hans v. Wildenstein, s.: Kanzler, G. J.

Ramsauer, Herm., das Weidwerk in Oesterreich, s.: Volkmann, Heinr.

Ramsauer, (J.,) die Formen-Maaß- u. Körperlehre, od. die Elemente d. Geometrie, methodisch bearb. Mit 13 Steintaf. 8. Stuttg. 826, v. Cotta.

Ramsauer, J., Zeichnungslehre. 2 Thle. Mit 31 Platten und Steinabdr. gr. 8. Stuttgart, Cotta. 821.

Ramsauer, Joh., die Liebe in Erziehung u. Unterricht. Ein Büchlein f. Eltern u. Lehrer, namentlich f. Mütter aus d. gebildeten Ständen. Zum Andenken Pestalozzi's u. zu seinem 100jähr. Geburtstage. gr. 8. (19½ B. u. 27 Stnt.) Meurs 846, Rhein. Schulbuchhandlung. *
Führt auch den Umschlagtitel: Buch für Mütter.

Ramsauer, Johs., Pestalozzi u. s. Anstalten, s.: Quellenschriften, pädagog., Bd. 8.

Ramsauer, Johs., kurze Skizze meines pädagog. Lebens. Mit besond. Berücksichtig. auf Pestalozzi u. seine Anstalten. gr. 8. (7 B.) Oldenburg 838, Schulzesche Buchh.

Ramsauer, J.: Kurze Skizze meines pädagogischen Lebens. Mit bes. Berücks. auf Pestalozzi u. seine Anstalten. Oldenburg 1838. 103 S.
— — 2. Aufl. 1880. 101 S.

Ramsauer, Johannes. Kurze Skizze meines pädagogischen Lebens. Mit besonderer Rücksicht auf ([Johann] Heinrich) Pestalozzi und seine Anstalten. 2. Aufl. Mit einem Vorwort von Professor Dr [Gerhard] von Zezschwitz. 8. Oldenburg 1880.

Ramsauer, Johs., kurze Skizze meines pädagogischen Lebens. Mit besonderer Rücksicht auf Pestalozzi u. seine Anstalten. 2. Aufl. Mit einem Vorwort von v. Zezschwitz. 8. (XVI, 102 S.) Oldenburg 880. Schulze. n. 1.60

[F.] Kurze Skizze meines pädagogischen Lebens. M. bes. Berücks. auf Pestalozzi u. s. Anstalten. Von Johannes **Ramsauer.** *(Langensalza: F. G. L. Gressler 1897.)* (VI S., 1 Bl., 86 S., 1 Bl.) 1 Bd 8.
— **Quellenschriften,** Pädagogische. Bd 3. [97. 5190

Ramsauer, Karl

Ramsauer, Carl, Dr. phil., a. Osternburg: Experimentelle und theoretische Grundlagen des elastischen und mechanischen Stosses. Leipzig: J. A. Barth [1909]. S. 417—494. 8° [Umschlagt.] ¶ (Aus: Annalen d. Physik. Folge 4. Bd 30.)
Mit: Einladung zur ... Probe-Vorlesung ... d. 30. Okt. 1909 ... Thema: Das Wesen der α-Strahlen. Heidelberg (1909): Hörning. 1 Bl. 8°
Heidelberg, Naturw.-math. Hab.-Schr. v. 1909 [U 10. 2217
(Nicht für den Austausch)

Ramsauer, Carl, cand. phil. aus Osternburg: Ueber den Ricochetschuß. *Voorde 1903: O. Krohn.* (42 S.) 8°
Kiel, Phil. Diss. v. [31. Jan.] 1903

Ramsauer, L., die Pflege der Stenographie im Heere. (8 S.) 8. Wolfenbüttel 905. Heckner. nn — 10
Sonderabdruck aus: „Festschr. zum VIII. deut. Stenographentage."

Ramsauer, Otto, „Es war lauter Sonntag", s.: Kinderfreund, der. Nr. 46.

Ramsauer, Otto, der Friede u. die Freude der Kirche. Lieder. Hrsg. v. J. P. Lange. 16. (96 S.) Zürich 851, Höhr in Comm. n. 12 ngr

Ramsauer, O., Kinder-Geschichten. Stuttgart 859. J. F. Steinkopf. 16. (205 S.) 12 ngr

Ramsauer, Otto, Kindergeschichten. 2 Aufl. Mit 6 (chromolith.) Bildern. gezeichnet v. Sophie Linder. gr. 16. (205 S.) Stuttgart 875. J. F. Steinkopf. 1. 80

Ramsauer, Otto, Kinder-Geschichten. Mit 4 (farb.) Bildern. 12. (128 S.) Herborn 894. Buchh. des Nass. Colportagevereins. n. — 60; in Bibliotheksbd. n. — 90; eleg. geb. n. 1. —

— dasselbe, s.a. **Kinderfreude.**

Ramsauer, Paul, aus d. Tagebuche e. Chinakriegers. (104 S. m. Abb.) 8. Wolfenbüttel (904). Heckner. n.n. 2. —

Ramsauer, Peter, Referendar in Bremen: Die Abtretung zukünftiger Forderungen. Göttingen 1907: Dieterich. (93 S.) 8° [F.]
Göttingen, Jur. Fak., Ref. Detmold, Diss. v. 3. Mai 1907
[Geb. 29. Juli 83 Oldenburg im Großh.; Wohnort: Oldenburg; Staatsangeh.: Oldenburg; Vorbildung: Gymn. Oldenburg Reife O. 02; Studium: Tübingen 3, Berlin 2, Göttingen 1 S.; Rig. 17. Jan. 07.]

Ramsauer, Pet., der Arbeitertag in Oldenburg vom 14. Novbr. 1869. Ein Bericht, auch in der Ausscheidung des Unwesentlichen, in der Kürzung des Weitläufigen, in Darstellung u. Ausdruck unparteiischer Wahrheit bestrebt, zur selbstständigen Beurtheilung der gegenwärt. Arbeiterbewegung erstattet. Oldenburg 870. Schulze. gr. 8. (102 S.) n.n. 2½ ngr

Ramsauer, Pet., die schmalspurige Eisenbahn Ocholt-Westerstede, ihre Entstehung, Entwicklung u. Zukunft Denkschrift, verf. u. veröffentl. im Auftr. d. Westersteder Gemeinderaths. gr. 8. (38 S.) Oldenburg 897. Schulze. n. — 60

Ramsauer, Peter, Petroleum. Vortrag, gehalten im Beamtenverein in Oldenburg. 8. (47 S.) Oldenburg 886, Schulze'sche Hofbuchh. * 1 20

— das Project e. Eisenbahn von Jever nach Carolinensiel, zugleich e. Beitrag zur Lösg. der Frage der Lokalbahnen u. deren Finanzirg. Mit e. (autogr.) Übersichtskarte. 8. (61 S.) Jever 886. Mettcker & Söhne. n. — 60

— Reform d. Grunderbrechts. Vortrag, geh. im Central-Ausschuß d. oldenburg. Landwirthschafts-Gesellschaft. 8. (30 S.) Ebd. 896. n. — 50

Ramsauer, Peter, die Reichseisenbahnfrage. 1. u. 2. Aufl. 8. (32 S.) Oldenburg 878. Schulze. n. — 60

Ramsauer, Walther, appr. Arzt a. Oldenburg i. Gr.: Aus d. chirurg. Abteilung d. städt. Krankenhauses in Solingen. Oberarzt Dr. Hülsmann. Zur Technik der Nervennaht: Einscheidung der Distanznaht durch ein Venenstück. Bonn 1907: J. Trapp. (28 S.) 8°
Bonn, Med. Fak., Ref. Garrè, Diss. v. 6. Nov. 1907
[Geb. 22. Febr. 74 Oldenburg; Wohnort: Solingen; Staatsangeh.: Oldenburg; Vorbildung: Gymn. Oldenburg Reife O. 94; Studium: Erlangen 4, Würzburg 1, Berlin 1, Kiel 15 S.; Coll. 6. Nov. 07; Approb. 1. Aug. 06.]

v. *Ramsay*, new Cyropaedia, or the travels of Cyrus. 8. Dresd. 801. Walther. 20 gr

v. Ramsay, Versuch üb. die Constitution v. England. 8. Frkf. u. Leipz. 768. (Montag u. W. in Regensb.) 6 gr

Ramsay, Andreas Michael von, Reisender Cyrus, verdeutscht durch Johann Mattheson, Hamburg (1728)
s.a. Johann Mattheson.

Ramsay, A. M. v., Reisender Cyrus, welcher die höchste Weisheit seiner Zeiten, sowol in Staats-Sachen, als Philosoph und übernatürlichen Dingen erforschet. Nebst Abhandlung von der Gottesgelahrtheit und Dichtkunst der Alten von Mattheson. 8⁰. Hamburg, Seel. Thom. v. Wiesings Erben, 1728.

— reisender Cyrus rc. 8. Frankf. 746.

— Gespräche des Cyrus m. d. Pythagoras rc. 8. Nürnb. 737.

Ramsay, v. Fenelon's Leben. Aus dem Französ. mit einigen Anmerkungen u. Beilagen begleitet ... Coblenz 1826. Ü: *Diepenbrock, Melchior von.* (Görres, Briefe III, 295) (Zeitschr. f. Büch. N. F. 15, 1923, S. 119)

— Fenelon's Leben; aus d. Franzöf. mit einigen Anmerkk. u. Beilagen begl. v. ***. gr. 12. Coblenz 826. Hölscher. 18 gr

Andreas Michael **Ramsays** Rede über die Freimaurerei (Discours prononcé à la reception des Frée-Maçons). Von Br. Wilhelm Begemann. Leipzig 1907: B. Zechel. (61 S.) 8° [J.] (07. 7477

— Reisen des Cyrus ꝛc. a. d. Franz. 8. Wismar, Bödner. 745.

— Reisen des Cyrus; aus d. Französ. neu übers. 8. Basel 779. Flick. (Neukirch). 1 ℔

Die Reisen des Cyrus, eine moralische Geschichte Nebst einer Abhandlung über die Mythologie und alte Theologie. Von dem Ritter von Ramsay [d i Andrew **Ramsay**] Aus dem Französischen übers. v Matthias Claudius, mit einer Vorrede des Asmus. Breslau 1780 8°

— Dieselb. nebst e. Abhandl. üb. die Mythologie; aus d. Französisch. übers. u. mit e. Vorrede versehen v. M. Claudius. 8. Bresl. 780. (Wohler in Ulm). 1 ℔

Ramsay, M. A., Die Reisen des Cyrus. eine moralische Geschichte. Nebst einer Abhandlung uber die Mythologie und alte Theologie, von dem Ritter von Ramsay Doctor der Universität zu Oxford. Aus dem Französischen übersetzt von Mathias Claudius. mit einer Vorrede des Asmus. Ulm, Wohler. 1795. 8. VIII. 445 S.

Ramsay, Andr. v., die Reisen d. Cyrus. A. d. franz. u. engl. Orig. neu übers. u. mit e. Vorw. begleitet v. J. N. Müller. gr. 12. (16 B.) Carlsruhe 841, Müller'sche Hofbuchh.

— the Travels of Cyrus. II Vol. 8. Leipz. Sommer. 802.

— les Voyages de Cyrus, ou la nouv. Cyropédie av. un disc. sur la mythologie. 8. Wism. Bödner. 763.

— — l. m. 8. Butzo, Bödner. 765.

— — l. m. 12. Barth, Leipz. 768.

— — l. m. II Vol. 8. Paris. (Sommer, Leipz.) 802.

Ramsay, Aug., Finnland. Handbuch für Reisende. Autor. Übersetzung aus d. Schwed. v. Max Soiling. Hrsg. v. finnländ. Touristenverein. 12. (XIX, 180 S.) Helsingfors 896. (Leipzig, Voss' Sort.) Geb. n. 3 —

RAMSAY, David 1749 - 1815
Geschichte der Amerikanischen Revolution aus den Acten des Congresses der vereinigten Staaten von Dr David Ramsay, vormaligem Mitgliede des Congresses.
Aus dem Englischen [von Günther Karl Friedrich Seidel]
Erster [- Vierter] Theil.
Berlin: Voss. 1794 [- 1795]. 8°
New York Public Library
Übers. v. The History of the American Revolution, Philadelphia 1789.
Sabin 67688. Baginsky 1231. Palmer.
Günther Karl Friedrich Seidel, 1764-1800
Darin enthalten:
Günther Karl Friedrich SEIDEL, Die Staatsverfassung der Vereinigten Staaten von Nordamerika und historische Beiträge und Belege zu der Geschichte ihrer Revolution. Von G. K. F. Seidel . . X, 404 S. [als Bd. 4].

Ramsay, Ebba de, guided step by step, a revised edition of the narratives „Step by step onward"; „A few more steps" and „Steps in Sweden", with 3 (lith.) prints. 16. (167 S.) Hamburg 884. Jenichen. cart. n. 1. —

Ramsay, Ebba de, treasures of the snow. 8 flowers. Collected during swedish polar expeditions. (1. series.) Chromolith. gr. 8. Hamburg 882. (Jenichen.) In Mappe. n. 5. —

RAMSAY, Henrik

Zur Kenntnis der Guanidosäuren. Helsingfors 1909. IV + 45 pg. 8:o. **Diss. Hels.**

Ramsay, James: Behandlung der Negersklaven in den Westindischen Zuckerinseln vorzüglich der englischen Insel St Kitts (Nach J Ramsay, Essay on the treatment and conversion of African slaves on the Sugar Islands. London 1784.) in: Beiträge zur Völker- und Länderkunde Th. 5. S. 3—74. Leipzig 1786. 8°

Ramsay, M A., s. Ramsay, Andreas Michael

Ramsay, Sir William, Beobachtungen üb. die Unbeständigkeit des Radiumbromids, s.: Mitteilungen der Radium-Kommission der kaiserl. Akademie der Wissenschaften. IV.

Ramsay, Sir William, einige Betrachtungen üb. das periodische Gesetz der Elemente. Vortrag auf der 75. Versammlg. deutscher Naturforscher u. Aerzte zu Cassel. (29 S. m. 1 Abbildg.) gr. 8. Leipzig 903. J. A. Barth. n. 1. —

Ramsay, Wilh., u. E. T. Nyholm, Cancrinitsyenit u. ein. verw. Gesteine aus Kuolajärvi. (Bulletin de la commission géologique de la Finlande.) gr. 8. (12 S. m. 4 Fig.) Helsingfors 895. (Leipzig, M. Weg.) n.n.n. 50

Moderne Chemie [Modern Chemistry]. Von Sir William **Ramsay** Ins Deutsche übertr von Dr Max Huth T 1 2 Halle W Knapp 1905-06. 2 Bde 8°
1 Theoret. Chemie 1905 2 Systemat Chemie 1906. [05. 14:41 9

— moderne Chemie. 2 Tle. Ins Deutsche übertr. v. Max Huth. 8. Halle, W. Knapp. n. 5. —; geb. n. 6. —
I. Theoretische Chemie. (V, 151 S. m. 9 Abbildgn.) 905. n. 2. —; geb. n. 2.50
II. Systematische Chemie. (V u. S. 153—396) 906. n. 3. —; geb. n. 3.50

— Moderne Chemie. I. Tl. Theoretische Chemie. Ins Deutsche übertr. v. Max Huth. 2. Aufl. (V, 158 S. m. 9 Abbildgn.) 8. Halle 908. W. Knapp. 2.—; geb. in Leinw. 2.50

Decomposition of water by radium. By W[illiam] **Ramsay**. Upsala & Stockholm: Almqvist & Wiksell; Berlin: R. Friedländer & Sohn 1905. (3 S.) 8°
— Meddelanden från K. Vetenskapsakademiens Nobelinstitut. Bd 1, No 1. [05. 11066 9

— Einleitung in das Studium der physikalischen Chemie. Deutsch v. Max Iklé. (83 S.) 8. Leipzig 908. J. A. Barth. 1.60

Die Gase der Atmosphäre [Gases of the atmosphere] und die Geschichte ihrer Entdeckung. Von Sir William **Ramsay**, Prof. 3. Aufl. Ins Deutsche übertr. von Dr. Max Huth, Chemiker. Mit 8 Abb. Halle: W Knapp 1907. (VI, 160 S.) 8° [07. 6728 3

— Die edlen u. die radioaktiven Gase. Vortrag, geh. im österreich. Ingenieur- u. Architekten-Verein zu Wien. (39 S. m. Abbildgn.) gr. 8. Leipzig 908. Akadem. Verlagsgesellschaft. 1.40; kart. 1.80

Ramsay jun., Will., investigations on the toluic a. nitrotoluic acids. Inaugural dissertation. gr. 8. (27 S.) Tübingen 872. (Fues.) n. — 50

Ramsay, W., kurzes Lehrbuch der Chemie nach den neuesten Forschungen der Wissenschaft, unter Mitwirkg. des Verf. bearb. v. G. C. Schmidt. 8. (X, 446 S. m. vielen Abbildgn.) Anklam 893. A. Schmidt. n. 4.50; geb. in Leinw. n. 5.40

Der Meteorit von Bjurböle bei Borgå von Wilhelm **Ramsay** u. L. H. Borgström. Mit 20 Fig. *Helsingfors 1902: (K. Malmström in Kuopio).* (28 S.) 8°
— Bulletin de la Commission géologique de Finlande. No 12. [03 6009

Ramsay, Wilh., u. L. H. Borgström, der Meteorit v. Bjurböle bei Borgå. (Bulletin de la commission géologique de Finlande.) gr. 8. (28 S. m. 20 Fig.) Helsingfors 902. (Leipzig, M Weg.) n.n. 1. —

Ramsay Sir William, In: Mitteilungen der Radium-Kommission der Kaiserl. Akademie der Wissenschaften in Wien. 4. Beobachtungen uber die Unbeständigkeit des Radiumbromids. S. 117 Ha. 943 . —.20
Separatabdruck

Vergangenes und Künftiges aus der Chemie [Essays biographical and chemical]. Biograph. u. chem. Essays von Sir William **Ramsay**. Deutsche, um e. autobiogr. Skizze verm. Ausg. übers. u. bearb. von Wilhelm Ostwald Leipzig: Akad. Verl.-Gesellsch. 1909. VI, 290 S. 8°

[J.] Paulus in der Apostelgeschichte. Von W[illiam] M[itchell] **Ramsay,** Prof. of Humanity, Aberdeen In deutscher Übs. v. H. Groschke. (Vorr.: Th. Zahn.) *Gütersloh. C. Bertelsmann 1898.* (x S., 1 Bl., 335 S.) 1 Bd 8. [98. 6636

Ramsberg, Gust., divagations poétiques. Bern 870. Wyss. gr. 8 (108 S.) n. 20 *ngr.*

Ramsberger, Thomas (geb. Krauchenwies in Sigmaringen 2. . . 1825) De morbo Brightii Berolini (1851) (20 S.) 8°
Berlin, Med. Diss v. 22. Dez 1851

Ramsbotham, über die Behandl. der Entbundenen, s. Sammlung auserwählter Heilformeln.

Ramsbuscheck (O.). Automobilgaragen. Anlage u. Einrichtg. (VII, 110 S. m. 98 Fig.) Berlin. 1909. geb. M. 4.—

Ramsch, Jh. Gf., s. **Geschichte d. Grafen v. Oggersweil.**

Ramschak, Ludwig (Hrsg.), s. Sport- und Jagdzeitung.

– (Red.), s. Zeitschrift, Österreichische, für Hippologie und Pferdezucht.

Ramschanowsky, R. B., offenes Sendschreiben an Johannes Ronge, zeitigem Volks-Restaurateur ꝛc. in Breslau. gr. 8. (1 B.) Breslau 846. (Marienburg, Dormann.)

Ramseier, rationelle Haustierfütterung u. Mastung m. Rücksicht auf die Stroh- u. Kraftfutteranwendung. 8. (24 S.) Bern 893 K. J. Wyß. n. — 40

– Dass., s.a. Ramseyer

Ramsey, A., Tachygraphia, od. Geschwindschreibekunst, nebst e. Anh. von der Cryptographia, od. Geheimschreibekunst; aus d. Engl. Leipz., Centr.-Compt. 6 *gl.*

Ramseyer. Rationelle Haustier-Fütterung und -Mastung. Mit Rücksicht auf die Stroh- und Kraftfutter-Anwendung. Kl. in-8°. 24 p. Bern, K. J. Wyss. 1893. -- 50

– Dass., s.a. Ramseier

Ramseyer, (Friedr[ich] Aug[ust]), und Kühne, (Johannes). Vier Jahre in Asante. Basel 1875 *s.a.* Gundert, H[ermann].

Ramseyer u. Kühne, vier Jahre in Asante. Tagebücher aus der Zeit ihrer Gefangenschaft. Mit dem Bilde der Gefangenen (Holzschntaf.), e. (lith.) Karte u. e. (lith.) Plan v. Kumase (in gr. 4.) Bearb. v. H. Gundert. 2. verb. u. verm. Aufl. gr. 8. (VIII, 295 S.) Basel 875. Missionsbuchh. n. 2. 40

Ramseyer, Fritz, Album d. Basler Missionsgesellschaft. 80 Ansichten v. d. Goldküste (Westafrika) nach Orig.-Aufnahmen v. R. qu. gr. 8, (IX S. Text.) Neuchâtel 895. Gebr. Attinger. n. 4. 50

Ramseyer, Joh[ann] Ulrich. Der Gesang, das Leben und Lieben unserer Singvögel (**Umschlag:* Unsere S', ihr G', Leben und Lieben). Nach eigener vieljähriger Beobachtung. VIII + 83 S. 8. Aarau, Emil Wirz, 1908. [cart. fr. 1. —]

Ramseyer, J. Ul., ‚Der siebefach Präsident', } s.a. Sammlung schweizer. Theaterst.

Ramseyer, J[ohannes] Ul[rich]. «Der siebefach Präsident» oder «Wi mes tribt, so geit's». Volksstück in Berner Dialekt in vier Aufzügen. 39 S. 8. Bern, Ch. Künzi-Locher, 1904. [fr. 1. 20]
Sammlung schweizerischer Theaterstücke. Nr. 3.

Ramseyer, (J[ohannes]) Ul[rich]. Unter der Wettertanne oder Wie ein Surnibel kuriert wird Humoreske in Bernerdialekt in einem Aufzuge, für 1 Herr und 1 Dame von W. (**Umschlag*. J.) Ul. Ramseyer 11 S. 8. Bern, Ch. Künzi-Locher, 1904. [fr. —. 60]
Sammlung schweizerischer Theaterstücke Nr 1

– Dass., s.a. Sammlung schweizerischer Theaterstücke

Ramshorn, Carl, s. Ramshorn, Karl

Ramshorn, J., neues u. untrügl. Heilmittel gegen die Bleichsucht. 8. (19 S.) Heilbronn 848, Drechsler. 1/4 *ngr* — Nach vieljähr. eigener Erfahrung. 2. Aufl. gr. 12. (19 S.) Stuttgart 850, Lubrecht & Co. 4 *ngr*

Ramshorn, J. F., Bemerkungen zu den beiden Schriften: „An d. evangel. Geistlichkeit Deutschlands, insbesond. d. Hrzgth. Sachsen-Altenburg," u. „Gedanken e. alten Pfarrers." Eine offene Erwiderung. gr. 8. (2 1/4 B.) Leipzig 840, [Geuther.]

—— Fragstücke üb. d. Leidensgeschichte Jesu Christi, nebst e. Fragstücke üb. d. Reformationsgesch. Dr. M. Luthers; als Fortsetz. d. Fragstücke auf d. christl. Texte. 8. (2 1/2 B.) Altenburg 840, Helbig.

— Fragstücke über die Leidensgeschichte Jesu Christi, nebst e. Fragstücke über die Reformationsgeschichte Dr. Luthers. 2. Aufl. 8. Ebend. ... 1/6 *ngr*

—— die loosenden Kriegsknechte am Kreuze d. Herrn. Pred. geg. d. Laster d. Spielsucht. gr. 8. (1 1/4 B.) Altenburg 841, Helbig.

—— Nonnulla pro defendendo N. Testam. ingenio, ex occasione Dissertat. ven. D. Boehmii: Nonnulla de ingenio N. Testam. cont. 8maj. (2 1/8 B.) Altenburgi 841, Helbig.

Ramshorn, Joh. Fr., Fragstücke auf die christl. Feste, zunächst f. Schulkinder, aber auch e. Festbüchl. f. alle fromme Christen. 8. (2 B.) Lucka 833 (Leipzig, Reclam.)

—— der kleine Katechismus Lutheri neu bearb. in Fragen u. Antworten, mit Sprüchen d. heil. Schrift, nebst e. Anh. 8. (7 1/2 B.) Lucka 833. (Leipzig, Reclam.)

Ramshorn, Johann Gottlob Ludwig, s. Bröder, Christian Gottlob: Kleine lateinische Grammatik.

— **Johann Gottlob Ludwig,** De corona civica et laureis ante domum Caesaris Augusti, ad illustranda quaedam auctiorum classicorum loca, praesertim verba Ovidii, Metam. I. 562. 563. Dresden (H. Gerlach) (4. II.) 1800. 22 S. (3.25) 27606
Gew.: Franziskus Volkmar Reinhard.

Ramshorn, Jh. Glo. Ldw., latein. Elementarbuch nach einer neuen Methode u. mit Rücksicht auf seine kleinere latein. Grammatik. gr. 8. Leipz. 825. W. Vogel. 21 *gl.*

Ramshorn, J. G. L., **Martials** 28. Epigramm des 10. Buchs übersetzt u. erklärt, n einer Beschreibung der Geburtstagsfeier bei den alten Römern. Gel. 1800. 8 S. 4°

— s. Eutropius breviarium.

Ramshorn, (Joh. Gtlo.) Ludw., Geschichte d. Alterthums, s. Flathe, L., Lehrbuch d. allgem. Gesch., 1. Bd.

— lateinische Grammatik. gr. 8. Leipz. 824, W. Vogel.

Ramshorn, Ludw., latein. Grammatik. 2 Thle. 2., umgearb., verb. u. verm. Ausg. gr. 8. (73 1/2 B.) Leipzig 830, Vogel.

—— synonym. Handwörterbuch d. latein. Sprache. Breit gr. 8. (27 B.) Leipzig 835, Baumgärtners Buchh.

— vindicatur locorum quorundam Ciceronis, Caesaris, Taciti integritas, nonnulla Ciceronis atque Herodoti illustr. Programma. 4. Altenb. 826, (Schnuphase). 3 gl

Ramshorn, Johann Gottl. Ludwig (Altenburg), De statuarum in Graecia multitudine diss. subjuncta explicatione locorum Herodoti I, 25 et 14, de basi Glauci Chii ferruminata et de Thesauris Delphicis. Altenburg (Offic. Aulic.) 1814. 26 S. (3.50) 27605
Gew.: Heinrich Ferdinand von Ende, Johann Bernhard Christoph Eichmann, Herrmann Gottf. Demm, Christoph Wolf, Carl Leopold von Beust, Christian August Laurich.

Ramshorn, L., s. Phaedri fabularum etc.

— latein. Schulgrammatik. gr. 8. Leipz. 826. W. Vogel. 1 ß

— latein. Synonymik, s. G. Dumesnil.

—— latein. Synonymik. Nach Gardin-Dumesnil's „Synonymes latins" neu bearb. u. verm. 2 Thle. Als neue Aufl. der „Allgem. latein. Synonymik" v. Ernesti. gr. 8. (40 u. 42 B.) Leipzig 831, 33, Baumgärtner. à 3 Thlr. 12 Gr.

— Latein. Synonymik. Nach Gardin-Dumesnil's Synonymes latins neu bearbeitet u. vermehrt. 2r Thl. Lex.-8. Leipzig, 833. Baumgärtner. 3½ ß (Beide Thle. 7 ß — Vgl. G. Dumesnil. Thl. II. S. 81.)

— de verbis Latinorum deponentibus. Praemissa est epistola ad H. C. A. Eichstadium et ad C. G. L. Grossmannum, 8maj. Leipz. 830. W. Vogel. 4 gl

Ramshorn, Karl

Ramshorn, Carl, Deutscher Dichtersaal. Ein Deklamationsbuch f. deutsche Volksschulen zusammengestellt. gr. 8. (XII u. 292 S.) Leipzig 848, Hirschfeld. ½ ß

—— de rei publicae Romanae forma, qua L. Cornel. Sulla Dictator totam rem Romanam Ordinibus, Magistratibus, Comitiis commutavit, quaestio philolog. praem. secund. decorata. 8maj. (4 B.) Lipsiae 835, [Jackowitz.]

Ramshorn, Carl, Frauen-Portraits. 2. völlig umgearb. u. verm. Aufl. der Schrift: „Geschichtsbilder aus der Frauenwelt". 16. (362 S. m. 2 Holzschntaf.) Leipzig 873. G. Körner. 3. —; geb. 4. —; Velinpap. geb. 9. —

Ramshorn, Karl, Geschichte d. Deutschen, von d. ältesten Zeiten bis auf uns. Tage. (6 Lfgn.) 16. (25 B. u. 12 Stnt.) Leipzig 841, 42, Brandes. *

Ramshorn, Carl, Geschichte der merkwürdigsten deutschen Frauen. 2 Bde. 16. Leipzig, [Brandstetter.] [1. (24⅞ B.) 842. 1 Thlr. 10 Ngr., 2. (28⅞ B.) 43. 1 Thlr. 15 Ngr.] Hrbgef. Pr. *

Ramshorn, Carl: Geschichte der merkwürdigsten deutschen Frauen. Bd 1. 2. — Leipzig: Einhorn 1842. 43. 8° 1: Pb 6300

— Geschichte der Hellenen, ihrer Verfassungen und Cultur, von den ältesten Zeiten bis auf die Unterjochung Griechenlands durch die Römer, nebst einem kurzen Abriß der Geschichte Griechenlands bis auf unsere Zeiten, für Schulen u. zum Privatgebrauche dargestellt. gr. 8. Leipzig 836. (Gebhardt u. Reisland.) 1⅓ ß

—— Geschichte v. Spanien. Für Gebildete aus allen Ständen erzählt. 3 Bdchn. 8. Leipzig, Kollmann. à ¾ Thlr.
Bdchn. 1. Aelteste Geschichte. (13¾ B. u. 1 Stahlst.) 839.
" 2. Mittlere Geschichte. (14¼ B. u. 1 Stahlst.) 839.
" 3. Neueste Geschichte. (14 B. u. 1 Stahlst.) 840.

—— Geschichte des deutschen Volkes für deutsche Frauen. 2., verb., verm. und bis auf die neueste Zeit fortgeführte Aufl. gr. 16. (VI und 457 S. mit 1 Stahlst. und 5 lithogr. Portr.) Grimma 851. [Wurzen,] Verlags-Comptoir. *

— Geschichtsbilder aus der Frauenwelt, s. a. Jugendbibliothek, historische. 4. Bd.

— — Geschichtsbilder aus der Frauenwelt. 2e Aufl. mit 6 color. Portraits. Ebd., o. J. (1847). 12°. (12 Sgr Heberle, Cöln, 1870.)

Ramshorn, Carl, die Gliederung der deutschen Volksschule in größeren Städten. Als Mscr. gedr. Leipzig 865. Wilfferodt. gr. 8. (118 S.) n. 16 ngr.

Ramshorn, Karl, Griechisch-Deutsches Handwörterbuch, für Schulen und zum Privatgebrauche bearbeitet. Stereotyp-Ausg. In 8 Lfrg. breit gr. 8. Leipzig 837, 38. B. Tauchnitz jun. 2 ß

—— griechisch-deutsches Handwörterbuch. 2. Stereotypausg., vermehrt durch ein Verzeichniß der Verba in —μι u. der unregelmäßigen Zeitwörter. Lex.-8. (44⅛ B. u. 1 Tab.) Leipzig 842, Bernh. Tauchnitz jun.

—— griechisch-deutsches Handwörterbuch. 3. Ster.-Ausg. gr. 8. (X und 691 S. mit 1 Tab. in qu. Fol.) Leipzig 851, B. Tauchnitz.

—— dass. — Nebst einem Verzeichniß der bemerkenswerthesten Eigennamen. Ster.-Ausg. gr. 8. (VI und 531 S.) Ebds. 852.

Ramshorn, Carl, griechisch-deutsches Handwörterbuch. 4. Stereot.-Ausg. Leipzig 857. B. Tauchnitz. br. gr. 8. (6 Bl., 691 S. u. 2 Tab. in 8. u. 4.) 1 ß. 15 ngr.

Johannes-Gruss. [Unterz.: Karl] **Ramshorn.** [Leipzig] o. J.: [Leiner]. 2 Bl. 8° [Umschlagtit.]
Gedicht: „Johannes grüsst!" ...

— Kaiser Joseph II. und seine Zeit. 10 Liefg. Lex.-8. (Mit 10 Stahlst.) Leipzig 844, 45, Ph. Reclam jun. à n. ¼ ß

Ramshorn, Dr. C., Kaiser Joseph II. u. seine Zeit. Mit zahlreichen Illustr. 2. verm. Aufl. gr. 8. Lfg. 1—5. (S. 1—320) (compl in 8 bis 9 Lfrgn.) Prag, Lehmann. [1860] à 50 kr.

Ramshorn, Dr. Carl, Kaiser Joseph II. und seine Zeit. Mit zahlreichen Illustrationen. 2. verm. Aufl. 6—8. Lfg. gr. 8. (S. 321—515.) Prag, Lehmann. [1861] à 50 kr.
—— dasselbe complet. Mit 8 Porträts und 46 Illustrationen in Holzschnitt. gr. 8. (VIII. 515 S.) Ebds. 5 fl.
Leinwdbd. 5 fl. 50 kr.

— Kaiser Joseph II. und seine Zeit. Mit 8 Portr. u. 46 Illustr. in Holzschn. 2. verm. Aufl. Leipzig 861. (Voigt & Günther. Lex.-8. (VIII, 515 S.) n. 2 ß 20 ngr.

— Kaiser Joseph II. u. seine Zeit. 2. verm. Aufl. Leipzig 869. E. J. Günther. Lex.-8. (VIII, 515 S. mit eingedr. Holzschn. u. 8 Holzschntaff.) 1 ß 24 ngr.

— Lebensbeschreibungen aus der Weltgeschichte für untere Bürgerschul-Classen. gr 8. (VIII u. 182 S.) Leipzig 850, Thomas. n. 16 ngr.

— Lebensbeschreibungen aus der Weltgeschichte nebst einem Anh.: „biographische Skizzen aus der sächsischen Geschichte" für Bürgerschulen bearb. 2. verb. u. verm. Aufl. Leipzig 857. Thomas. gr. 8. (VI, 194 S.) n. 12 ngr.

— Lebensbeschreibungen aus der Weltgeschichte. 3. vielfach verm. Aufl. Mit dem wohlgetroffenen Portrait d. deutschen Kaisers Wilhelm (in Holzschn.) gr. 8. (VIII, 212 S.) Leipzig 871. Leuckart. n. 1. 50; Ausg. f. Sachsen (228 S.) n. 1. 50

—— Leipzig u. seine Umgebungen, s. Leipzig.

—— deutsches Lesebuch, s. Lesebuch.

Ramshorn, Carl, deutsches Lesebuch für Bürgerschulen. 2., gänzlich umgearb. Aufl. 1. Abthl. für die unteren Classen. 8. (VIII und 336 S.) Leipzig 855, Thomas. *
Vgl.: Lesebuch, deutsches, für Bürgerschulen.

—— deutsches Lesebuch für Bürgerschulen. 2., gänzlich umgearb. Aufl. 2. Abthl. für die obern Classen. gr 8. (VI und 362 S.) Leipzig 858, Thomas. *
1. Abthl. 2. Aufl. Ebendas. 1855. * 16 Ngr.

— deutsches Lesebuch für Bürgerschulen. 1. Abth. für die unteren Classen. 3. Aufl. Leipzig 862. Thomas. gr. 8. (VIII, 336 S.) n. 16 ngr.

— deutsches Lesebuch f. Bürgerschulen. 3. vielfach verb. Aufl. Abth. f. die oberen Classen. gr. 8. (VIII, 332 S.) Leipzig 871. Leiner. n. 2. —; geb. n. 2. 25

Schröter, Heinr. Aug. Ludw.: [Lied.] Dem gel. Br. Schröter an seinem 60jähr. ▭ Jubiläum den 5. Oct. 1875. [Unterz.:] [Karl] Ramshorn. [Leipzig 1875: Leiner.] 2 Bl. 8⁰ [Umschlagtit.]
Ohne Noten: „Auf, Brüderschaar von nah und fern . . .“

Ramshorn, Carl, Maria Theresia und ihre Zeit. 10 Lfgn. Lex.-8. (VIII und 639 S. mit 10 Holzschnt. in Tondr., 10 Portr. und 50 Illustr. in eingedr. Holzschn.) Leipzig 859—61, Voigt und Günther. à Lfg. * 10 Ngr. Thlr *

—— Maria Theresia und ihre Zeit. Volks-Pracht-Ausg. 12 Lfgn. Lex.-8. (VIII, 639 S. mit eingedr. Holzschn. und 10 Holzschntaf.) Leipzig 869, C. J. Günther. à Lfg. 60 Pf. 7 20

— der Mensch, nach seinem Körper und seinem Geiste dem Kinde gezeichnet. 2. (Titel-)Ausg. Leipzig (852.) 855. Arnold. 8. (XII, 111 S.) n. 5 ngr.

- s. Pölitz, K. H. L., Geschichte Preußens.

—— die emser Punktation u. die Sache der deutsch-kathol. Gemeinden in ihrem Verhältniß zum Protestantismus. 8. (6 B.) Leipzig 845, Friese. *

— erstes Schulbuch. Zunächst für die untersten Elementarklassen der III. Bürgerschule zu Leipzig bestimmt. 853. — 2. verb. Aufl. Leipzig 857. Thomas. 8. (XVI, 184 S. m. Holzschn. im Text.) n. 10 ngr.

— erstes Schulbuch. Für die untersten Elementarclassen in Bürgerschulen. 3. Aufl. Leipzig 862. Thomas. 8. (XVI, 184 S. m. Holzschn.) n. 10 ngr.

— erstes Schulbuch. Für die untersten Elementarclassen in Bürgerschulen. 4. Aufl. Leipzig 869. Thomas. 8. (XVI, 184 S. mit eingedr. Holzschn.) n. 10 ngr.

—— zweites Schulbuch. Zunächst für die oberen Elementarklassen der III. Bürgerschule zu Leipzig bestimmt. 8. (IV und 236 S.) Leipzig 854, Thomas. *

—— zweites Schulbuch. Für die oberen Elementar-Classen in Bürgerschulen. 2. Aufl. 8. (236 S.) Leipzig 859. Thomas. *

—— dass. — V. Classe. 2. Aufl. 8. (22 S.) Ebendas. 858. *

—— dass. — VI. Classe. 2. Aufl. 8. (20 S.) Ebendas. 858. *

—— zweites Schulbuch. Für die oberen Elementar-Classen in Bürgerschulen. 3. Aufl. 8. (IV und 235 S.) Leipzig 867, Thomas. *

— ausgewählte Schulreden. gr. 8. (IV, 191 S.) Jena 875. Mauke. n. 4. —

Ramshorn, Carl, ausgewählte Schulreden. 2. Aufl. gr. 8. (IV, 191 S.) Jena 876, Mauke's Verlag. *

— der deutsche Sprach-Unterricht in seiner Abstufung in den verschiedenen Classen von Bürger- und Volksschulen, zunächst für die sechs Hauptclassen der III. Bürgerschule in Leipzig bestimmt. I—VI. Classe. (6 Hefte.) Leipzig 854. Thomas. 8. (27, 21, 29, 34, 22, 20 S.) Jede Classe n. 2 ngr.

— — V. Classe. 2. Aufl. — VI. Classe. 2. Aufl. Ebend. 858. 8. (22, 20 S.) Jede Classe n. 2 ngr.

—— der deutsche Sprach-Unterricht in seiner Abstufung in den verschiedenen Classen von Bürger- und Volksschulen, zunächst für die sechs Hauptclassen der 3. Bürgerschule in Leipzig bestimmt. 2. Classe. 2. Aufl. 1862., 4. Classe. 3. Aufl. 1868. und 6 Classe. 3. Aufl. 1862. 8. (21 S., 34 S., 20 S.) Leipzig, Thomas. à Classe * 2 Ngr. *

— der deutsche Sprach-Unterricht in seiner Abstufung in den verschiedenen Classen v. Bürger- u. Volksschulen, zunächst f. die 6 Hauptklassen der 3. Bürgerschule in Leipzig bestimmt. 3. Classe. 3. Aufl. gr. 8. (29 S.) Leipzig 871. Leiner. n. — 20

— dasselbe. 5. Classe. 4. Aufl. gr. 8. (22 S.) Ebend. 874. n. — 20

— dasselbe. 6. Classe. 5. Aufl. gr. 8. (20 S.) Ebend. 872. n.n. — 25

— die Sünden unserer Erziehung. 8. (135 S.) Leipzig 848, O. Wigand. ½ ℔

— tabellarische Uebersicht der Geschichte, zunächst nach der allgemeinen Geschichte für Schule und Haus von Karl Wlh. Boettiger bearb. für Bürger- und Realschulen. I. Section. Alte Geschichte. x—476. Lex.-8. Leipzig 842, R. O. Schulze. n. 4 ngl

— aus der Volksschule. Eine Jubiläums-Schrift zur Erinnerg. an die ersten 25 Lebensjahre [23. April 1849 bis 23. April 1874] der 3. Bürgerschule zu Leipzig unter dem Directorat d. Verf. gr. 8. (100 S.) Ebend. 874. n. 1. 50

— Weihnachtsbilder. 16. (VI, 172 S.) Leipzig 870. Weber. geb. n. 3. —

— die allgemeine Weltgeschichte in Tabellen, s. Fd. Korb.

—— allgemeine Weltgeschichte f. die Jugend. 3 Abthlgn. gr. 8. Leipzig, Baumgärtners Buchh.
Abthl. 1. Alte Geschichte. (12½ B. u. 1 Karte d. alten Welt.) 846. 18 Ngr.
" 2. Mittlere Geschichte. (12 B. u. 1 Karte.) 847. 15 Ngr.
" 3. Neue Geschichte. (14½ B. u. 1 Karte zur Geschichte der neuen Zeit.) 847. 18 Ngr.

— kleine Weltgeschichte für Bürgerschulen. 2. verm. u. verb. Aufl. Leipzig 855. Baumgärtner. gr. 8. (4 Bl., 220 S.) 15 ngr.

— kleine Weltgeschichte für Bürgerschulen. 3. Aufl. Leipzig 864. Baumgärtner. gr. 8. (VII, 223 S.) 15 ngr.

— kleine Weltgeschichte für Bürgerschulen. 3. Aufl., neue, durch die Geschichte der neuesten Zeit vervollständ. Ausg. 1872, und 4. Aufl. gr. 8. (III, 235 S.) Leipzig 875, Baumgärtner's Buchh. 1 50

Ramshorn, Carl, kleine Weltgeschichte f. Bürgerschulen. 6. Aufl. gr. 8. (III, 235 S.) Leipzig 884. Baumgärtner. cart. 1. 20

— kleine Weltgeschichte für mittlere Bürgerschulen. gr. 8. (VII und 211 S.) Leipzig 849, Baumgärtner's Buchh.

— die Weltgeschichte in Tabellen nebst Tafeln zum Auswendiglernen u. histor. Fragen zum schriftl. Beantworten f. Schulen. hoch 4. (5 1/2 B.) Leipzig 844, Teubner.

Ramshorn, Ludw., s. Ramshorn, Johann Gottlob Ludwig

Ramshorn, Mor., deutsch-spanischer Briefsteller. Muster zu Briefen jeder Art in deutscher u. span. Sprache. 12. (208 S.) Stuttgart 899. P. Neff Verl. Geb. in Leinw. n. 3. -

Ramshorn, Mor., deutsch-spanischer Briefsteller. Muster zu Briefen jeder Art in deutscher u. span. Sprache. (Neue [Titel-]Ausg.) (190 u. 208 S.) kl. 8. Berlin-Schöneberg [899] 907. Langenscheidt's Verl. Geb. in Leinw. 3. —

Ramshorn, Mor., elementi di grammatica tedesca attinti della lettura di luoghi classici scelti, accomodati alla ortografia odierna. 8. (VII, 266 S.) Altenburg 883. Wermann. n. 2. 40

Epistolario español-alemán. Modelos de cartas de toda clase en ambas lenguas, yuxtapuestos. Por M[oritz] **Ramshorn,** Prof. en Leipzig. Estugarda P. Neff [1899]. (208 S.) 8° [F.]
[Nebent.] Deutsch-Span. Briefsteller Von M Ramshorn. [ob. 8080

— Deutsch-spanischer Familien-Briefsteller. Muster v. Privatbriefen jeder Art in deutscher u. span. Sprache. (Neue [Titel-]Ausg.) (190 S.) kl. 8. Ebd. [899] 907. Geb. in Leinw. 1. 50

— kurz gefaßte u. leicht verständl. Grammatik der italien. Sprache, s.: Miniatur-Bibliothek.

— kurzgefaßte Grammatik der spanischen Sprache. 12. (IV, 94 S.) Stuttgart 900. P. Neff Verlag. Geb. in Leinw. 1. 25

— dasselbe, s.a. Miniatur-Biblioth.

— Kurzgefaßte Grammatik der spanischen Sprache. (Neue [Titel-]Ausg.) (IV, 94 S.) kl. 8. Ebd. [900] 907. Geb. in Leinw. 1. 25

Handbuch der spanischen Umgangs-Sprache. Von Moritz **Ramshorn,** Oberl. zu Leipzig, u. Manuél del Pino, Prof. in Madrid. Stuttgart: P. Neff 1901. (704 S.) 8° [F.]
[Nebent.:] Manual de la conversación alemana y española. Por M. Ramshorn [ob. 8081

— u. Manuel del Pino, Handbuch der spanischen Umgangssprache. (Neue [Titel-[Ausg.) (V, 704 S.) kl. 8. Ebd. [901] 907. Geb. in Leinw. 4. —

— Deutsch-spanischer Handels-Briefsteller. Vollständ. deutsch-span. Handelskorrespondenz. (Neue [Titel-] Ausg.) (208 S.) kl. 8. Ebd. [899] 907. Geb. in Leinw. 1. 80

– Spanisch-deutsche Handels-Correspondenz, s. Miniatur-Bibliothek.

Ramshorn, M., Spezial-Wörterbuch, s.: Echo der italien. Umgangssprache.

Ramshorn, M., Wörterbuch, s.: Echo der italienischen Umgangssprache.

Ramshorn, Richard, appr. Arzt: Ueber einen Fall von Carbolnekrose und über Experimente zur Feststellung der Dosis, welche genügt, diese Veränderung der Haut zu erzeugen. Leipzig 1905: B. Georgi. (34 S.) 8°
Leipzig, Med. Fak., Ref. Hoffmann, Diss. v. 24. Juni 1905
[Geb. 29. Jan. 78 Neapel; Wohnort: Bautzen; Staatsangeh.: Sachsen; Vorbildung: Thomasgymn. Leipzig Reife O. 99; Studium: Leipzig 10 S.; Coll. 30. Juni 05; Approb. 12. Juli 04.]

Ramshorn, Willy, bacc. jur., Referendar: Voraussetzungen und juristische Natur des Vertrags bei der Versicherung für fremde Rechnung. Leipzig 1910: Buchdr. Gutenberg. IV, 46 S. 8°
Leipzig, Jur. Diss. v. 22. Juni 1910
[Geb. 23. Mai 85 Leipzig; Wohnort: Leipzig; Staatsangeh.: Sachsen; Vorbildung: Thomassch. Leipzig Reife O. 04; Studium: Leipzig 9 S.; Rig. 25. Juni 09.] [U 10. 2838

Ramsler, Henry Wadsworth Longfellow. gr. 8. (61 S.) Tübingen 882, Fues.
Aus: Correspondenzblatt für die Gelehrten- und Realschulen Württembergs, besonders abgedruckt.

Ramsler, C., u. Rausch, E., Festschrift zum 11. Deutschen Turntag, verb. m. d. Einweihung d. Georgii-Denkmals in Eßlingen a. N., 21. bis 24. 7. 1805, 8 S., 8°.

Ramsler, Daniel Friedrich (Cannstatt/Württemberg), De lite contestata commoda plerumque incommoda nunquam. Präs. Nikolaus Hieronymus Gundling. Halle/Magdeburg (Chr. Henckel) Nov. o. J. 56 S. (4.75) 27607

— — Dasselbe. Halle / Magdeburg (Chr. Henckel) Nov. (7. XII.) 1720. 56 S. 27608
Widm. v.: Nikolaus Hieronymus Gundling.

— — Dasselbe. Halle / Magdeburg (Chr. Henckel) Nov. (7. XII.) **1720. 56** S. (—.—) **27609**

Ramsler, G., erstes Lesebuch, od. gründl. Anleit. z. Lesenlernen, gestützt auf d. Lautirmethode u. auf vieljähr. Erfahrn. im Gebiete dies. Unterrichtsgegenstandes. 1. u. 2. Thl. gr. 12. Bern 838, Dalp.
Thl. 1. Vorübungen zum mechan. Lesen. (3¾ B.) 6 Gr.
" 2. Einleitung in d. Grammatik. (6 B.) 14 Gr.

Ramsler, G., erstes Lesebuch oder gründliche Anleitung zum Lesenlernen, gestützt auf die Lautirmethode und vieljährige Erfahrung. 1. Thl.: Lautir- und Leseübungen. 2. Aufl. Beträchtlich verm. und mit Zugabe eines kurzen Leitfadens für den ersten Schreibunterricht versehen. 12. (II, 98 und 24 lithogr. S.) Bern 852, Dalp'sche Buchh. *

— dass. — 2. Thl. 2., verm. und verb. Aufl. 12. (IV und 332 S.) Ebds. 852. *

Ramsler, Jh. Fr., († d. 27. Oct. 1758.) erleichterte griech. Grammatik, vornehmlich zum Nutzen d. Schulen. 8. Stuttg. 750. Metzler. 18 kr

— Johann Friedrich (Stuttgart), De jure corporis evangelicorum suae religionis deputatos imperiales seorsum eligendi. Präs. Gottfried Daniel Hoffmann. Tübingen (Fues) Sept. 1775. 62 S. (—.—) 27611

— **Joh. Friedrich** (Mercklingen), Principia philosophiae autore G. G. Leibnitio. Präs. Johann Conrad Creiling. Tübingen (J. Sigmund) Aug. 1722. 24 S. (—.—) 27610

Ramsler, K., Kurze Geschichte des Turnerbunds Eßlingen und Geschäftsbericht für das Vorjahr 1909, Eßlingen 1910, 16 S., kl.-8°.

Ramsler, Karl, Geschichte des Mittleren Neckarstädte-Turngaues, Untertürkheim 1907, 29 S., 8°.

Ramson, Jh. Wlh., d. Juden. Ein Wort f. Unpartheiische. 8. Pirna 804. Friese. 5 gr

Ramspeck, Jac Chr. Specimen de Cambyse, Persarum rege. 4. Basilae 1740.

Ramspeck, Jac. Christoph, [Basel]. Biga remediorum praestantissimorum, puta infusi resinosi atque olei Cajeput. Basel, Med. Diss. 1745.

Ramspeck, Jac. Christoph, als Bewerber um die anatom.-bot. Professur. Selectarum observationum anatomico-physiologicarum atque botanicarum specimen agonisticum secundum. Basel, Med. Diss. 1752.

Ramspeck, Frau Lise, Sternröschens Leid u. Freud. Das bunte Bilderbuch. Märchenspiele. (67 S.) 8. Berlin-Friedenau (909). Bureau Fischer. 1.—

Ramspeck, Lise, der Weg zum Manneshergen. Prakt. Kochbuch in lust. Reimen. 8. (VIII, 90 S.) Stuttgart 898. Schwabacher. Geb. in Leinw. n. 1.50

Rampspek, s. Rampspeck

Ramsperger, Arthur [pr. Arzt aus Trochtelfingen (Hohenzollern)] Über primäre Darmresection bei gangränösen Hernien. München, k Hof- u. Univ-Buchdr Dr C. Wolf & Sohn, 1890; 38 S. 8°
München, Med. Fak., Inaug.-Diss. v 1890

Ramsperger, Edw., zur Wahlreform. gr. 8. (55 S.) Zürich 881. Schmidt. n. 1. —

Ramsperger, Gustav. Gesch d New-Yorker Deutschen Apotheker Vereins .. 1. Okt 1851-1901. NY, 1901.

Ramsperger, Jakob [Einj.-Freiw. Arzt im k. b. 1. Inf.-Reg. König]: Bericht über die in den Jahren 1884—1888 auf der internen Station der kgl. Universitäts-Augenklinik zu München behandelten Augenverletzungen. . . . München, Buchdr. v. M. Ernst, 1890; 127 S. 8°
München, Med. Fak., Inaug.-Diss. v. 16 90

Ramsperger, Karl, approb. Arzt aus Freiburg i. B.: Zur Kenntnis des sog. Endothelioms der Pleura. *Freiburg i. B. 1903: K. Henn.* (42 S.) 8°
Freiburg i. B., Med. Diss. v. 1903

Ramstedt, Eva, Beiträge zur Kenntnis des Verhaltens gedehnter Flüssigkeiten. (16 S.) 8. Uppsala 908. (Berlin, R. Friedländer & Sohn.) nn — 60
Sonderabdruck aus: „Arkiv f. matematik, astronomi och fysik".

Ramstedt, G. H., bergtscheremissische Sprachstudien, s.: Mémoires de la société finno-ougrienne. XVII.

Ramstedt, G. J., mongolische Briefe aus Idiqut-Schähri bei Turfan. Mit e. Einleitg. von A. v. Le Coq. (S. 838—848 m. 1 Taf.) Lex. 8. Berlin 909. G. Reimer. — 50
Sonderabdr. aus: „Sitzungsber. d. preuss. Akad. d. Wiss."

Ramstedt, G. J., über die Konjugation des Khalkha-Mongolischen. Akademische Abhandlg. (XV, 119 S.) gr. 8. Helsingfors 902. (Leipzig, O. Harrassowitz.) n.n. 3. 50
Sonderabdruck aus: „Mémoires de la société finno-ougrienne".

— dasselbe, s.a. Mémoires de la société finno-ougrienne. XIX.

Über die Konjugation des Khalkha-Mongolischen von G. J. **Ramstedt** (in Helsingfors). *Helsingfors. Finn. Litteraturges. 1903.* (XV, 126 S.) 8°
— Toimituksia. Suomalais-ugrilaisen Seuran 19. (o). 1860

— das Schriftmongolische u. die Urgamundart. Phonetisch verglichen. (55 S.) gr. 8. Helsingfors 902. (Leipzig, O. Harrassowitz.) n n. 3. —
Sonderabdruck aus: „Journal de la société finno-ougrienne".

— Kalmückische Sprachproben, s.a. Mémoires de la société finno-ougrienne. XXVII, 1.

Kalmückische Sprachproben gesammelt u. hrsg. von G[ustaf] J[ohn] **Ramstedt**. T 1. Helsingfors: Soc finno-ougrienne 1909 8°
(Suomalais-ugrilaisen Seuran Toimituksia. 27, I.)

Ramstorfer, K. A., Musterpläne für Rinderstallungen und deren innere Einrichtung. 4°. (14 Tafeln mit Textbeilage.) †
Prag: Calvé 1908 in Umschlag K 4.—

RAMSTRÖM, [Oskar] M[artin].
Untersuchungen und Studien über die Innervation des Peritoneum der vorderen Bauchwand. Wiesbaden 1905. 8:o. (S. 351—443, pl. 32—45.) (Ur: Anatomische Hefte, herausg. von Fr. Merkel u. R. Bonnet, II. 89.)
Diss. Lund. med.

Ramtour, Gust., der Examinator in d. brandenburg.-preuß. Geschichte. Ein Hülfsb. f. Lehrer u. Schüler in Stadt- u. Landschulen; nach d. 4. Aufl. v. F. Wormbaum's brandenburg.-preuß. Geschichte bearb. gr. 8. (9¾ B.) Breslau 839, [Leipzig,] Hentze.

—— der Examinator in d. deutschen Sprache. Ein Vorbereitungs- u. Wiederholungsbüchelchen beim Unterr. in d. deutschen Sprache, vorzugsweise als Anh. z. theoret.-prakt. Schulgrammatik v. Joh. Christ. Aug. Heyse, f. Lehrer u. Schüler bearb., nebst e. Vorw. v. Fr. Rösselt. gr. 8. (7¾ B.) Breslau 838, [Leipzig,] Hentze.

—— 88 geograph. Lehrstunden, od. d. erste Curs. in d. Erdbeschreib. Ein Vorbereitungs- u. Wiederholungsbüchelchen in Fragen u. Antworten f. Schüler d. beiden untersten Gymnasialklassen u. größ. Bürgerschulen. 8. (7½ B.) Glogau 836, Flemming.

Raemund, Florimund, synops. omn. controversiar. III Pts. 4. Colon. Schleb. 717.

Ramus, Chr., catalogus numorum veterum graecorum et latinorum musei regis Daniae. Disposuit, descripsit et aen. tab. anecdotos illustravit. P. I. numi regionum, populorum, urbium, regum. P. II. Vol. I. et II. moneta Romanorum. 4maj. Kopenh. 816. Gyldendal. (Perthes u. B. in Hamb.) 18 ₰ (bei Schubothe). 20 ₰ Velinp. 23 ₰ 8 gr

— von geschnitt. Steinen u. d. Kunst sie zu graviren. 8. Kopenh. 800. Brummer. 2 gr

Ramus, Johann Paul [Praes.], s. Weisius, Kaspar Abraham: Disputatio philosophica II. de corporis cum anima in sentiendo commercio.

Ramus, Pierre, Michael Bakunin. 8°. Zürich, Verlag „Der Weckruf", 1906. (Bibliographische Bibliothek, 1.)

— Kritische Beiträge zur Charakteristik von Karl Marx. 8°. Berlin, Verlag „Anarchist" (Otto Wendt), 1906. (Deutsche Arbeiterbibliothek, 4.)

Ramus, Pierre (Rud. Grossmann), die historische Entwicklung der Friedensidee u. des Antimilitarismus, s.a. Kultur u. Fortschritt.

— Die historische Entwicklung der Friedensidee und des Antimilitarismus. 8°. Gautzsch bei Leipzig, Fel. Dietrich, 1908. (Kultur u. Fortschritt, 153.)

— Francisco Ferrer (10. I. 1859—13. X. 1909). Sein Leben u. sein Werk. Nach authent. Quellen u. Materialien, insbesondere nach den dokumentar. Veröffentlichgn. des „Comité de défense des victimes de la répression espagnole" bearb. (IV, 116 S. m. 1 Bildnis.) 8. Paris 910. Leipzig, Teichmann & Co. 1.-

Francisco Ferrer. Sein Leben und sein Werk. Nach authentischen Quellen und Materialien, insbesondere nach den dokumentarischen Veröffentlichungen des „Comité de défense des victimes de la répression espagnole", bearbeitet von Pierre Ramus. Paris: Verlag „Die freie Generation" 1910. 1 Taf., IV, 116 S. 8°.

— Generalstreik u. direkte Aktion im proletarischen Klassenkampfe. Mit e. besond. Berücksicht. des Grossstreiks v. Schweden etc. des deutschen Bergarbeiterstreiks zu Mansfeld. (63 S.) gr. 8. Berlin 910. F. Kater. — 30

Ramus, P., s. Generation, die freie.

William Godwin, der Theoretiker des kommunistischen Anarchismus. Eine biogr. Studie mit Ausz. aus s. Schriften u. e. Skizze über d. sozialpolit. Literatur d. Anarcho-Sozialismus s. Zeit von Pierre **Ramus.** Mit Geleitwort von Dr. W[alter] Borgius. Leipzig: F. Dietrich 1907 (85 S.) 8° [07. 8083]

William Godwin, der Theoretiker des kommunistischen Anarchismus. Eine biograph. Studie m. Auszügen aus seinen Schriften u. e. Skizze üb. die sozialpolit. Literatur des Anarcho-Sozialismus seiner Zeit. Mit Geleitwort v. W. Borgius. (IV, 85 S.) 8. Leipzig 907. Oetzsch-Gautzsch, Fel. Dietrich. 1.50; m. Bildnis 1.75

— s.: Jahrbuch der freien Generation.

— Nach 40 Jahren. Historisches Gedenkblatt zur vierzigjährigen Gründung der Internationalen Arbeiter-Association. 8°. London, Kommunist. Arbeiterbildungsverein, 1905.)

Ramus, Pierre [d. i. Rudolf Grossmann]: Mutterschutz und Liebesfreiheit. 1. Aufl. — Berlin: Communist. Verlagsanst. 1907. 11 S. 8°

— Vide: Urheberschaft (Die) des kommunistischen Manifests.

Ramwald, Bad, im Pustertale und seine nähere Umgebung. Mit historisch-topographischen Notizen ... Innsbruck 1908. V: *Wörndle, Heinrich von.* (margr)

(Ræmy, Alfred.) Lexikon Bern und Oberland. Behörden. — Geographie. — Hauptereignisse. — Nekrologie. — Notabilitäten. — Handels-Übersicht. — Miscellanea. 80 S. 8. Bern, A. Ræmy, 1900 (*Umschlag:* 1901). (fr. 4. —)

(Ræmy, Alfred.) Canton de Fribourg: Aperçu géographique — Résumé historique — Réformes — Économies — Circonscriptions électorales — Justices de paix — Professions. 1901. [Couverture illustrée.] 70 p. 8. (Posieux près Fribourg, Alfred Ræmy; Impr. Ott & Bolliger, Berne.) (fr. 3. —)

(Ræmy, Alfred.) Canton de Fribourg: Collège St-Michel - Gymnase. Pensionnat des Jésuites (Ancien) - Orphelinat - Écoles - Séminaire - Anciens élèves, Nomenclature. Université - Lycée - Musée cantonal, Pérolles. 1902. IV + 32 p. 8. (Posieux près Fribourg, Alfred Ræmy; Typogr. Säuberlin & Pfeiffer, Vevey.) (fr. 2. —)

(Raemy, Alfred.) Dictionnaire du canton de Fribourg. Géographie, Chronologie ..., Paroisses, Communes ..., Professions, Commerce, Industrie, Répertoire. 8. Fribourg 1897.

[Raemy, Alfred.] Dictionnaire géographique, historique et commercial du Canton de Fribourg, divisé par districts, justices de paix, paroisses et communes .... 8. Fribourg 1886.

(Raemy, A[lfre]d.) Von den essbaren, verdächtigen, giftigen Erdschwämmen ... *s.* (Raemy, A[lfre]d.) Traité des champignons.... Neuchâtel 1888.

(Ræmy, Alfred.) Familles bourgeoises (du) Canton de Fribourg. Nomenclature par communes — Répertoire alphabétique — Statistique. 1901. II + 66 p. 8. (Posieux près Fribourg, Alfred Ræmy, éditeur [impr. Ott & Bolliger, Berne].) (fr. 4. —)

(Raemy, Alfred.) Illustrations. Suisse Romande et Canton de Berne. Notabilités, Célébrités. Nécrologie. Bienfaisance, Philanthropie. Aperçu financier Notices 1898-99. 8. *s. l.* [1898].

(Raemy, Alfred.) Institutions de bienfaisance existantes [dans le] Canton de Fribourg. Hospice cantonal. Nécrologie. Divers. 8. *s. l.* (1898).

Raemy, Alfred. Geographisch-geschichtliches und Handels-Orts-Lexikon des Kantons Bern. Nach Amtsbezirken und Kirchgemeinden eingetheilt .... 8. Freiburg 1890.

(Raemy, Alfred.) Livre d'Or du Canton de Fribourg (à la fin du XIXme siècle). Nomenclature des bourgeois de la ville de Fribourg, des anciennes familles patriciennes et des notabilités et célébrités du Canton. [Avec 5 planches.] 4. Fribourg 1898.

(Ræmy, Alfred.) Traité-abrégé (des) Champignons Suspects — Comestibles — Vénéneux; Truffes. Cueillette — Culture — Conservation. (Miscellanea:) Commerce-Industrie ([de la] Suisse romande, Aperçu). 38 p. 8. Fribourg, E. Bonny, 1902. (fr. 3. —)

(Raemy, Alfred.) Die Urschweiz. Orts-Lexikon der Kantone Luzern, Schwyz, Unterwalden, Uri und Zug. Geographische, historische Ortsnotizen, Behörden, Angabe der hauptsächlichsten Handelshäuser. [Umschlag illustriert.] 8. Sitten 1891.

Raemy, Charles [de]. L'atmosphère et les stations météorologiques. Notions élémentaires de météorologie en deux conférences. 4. Fribourg, Neuchâtel, Genève 1881

Ræmy, Charles de. Les bords du Rhin, la Belgique et l'Angleterre. Choses vues et vécues par L'abbé Charles de Ræmy, Curé... [à] Fribourg (Suisse). 16 p. 8. Fribourg, Galley, 1901. fr. —. 50 [*puis* fr. —. 30]

Raemy, Ch[arles de]. Le chevalier d'Appenthel (1768–1796), officier fribourgeois, mort au service étranger. Tableau de la société à la fin du 18me siècle. Mémoire lu à la Société fribourgeoise d'histoire. 8. Fribourg en Suisse, Neuchâtel, Genève 1879.

Raemy, Ch[arles de]. Le climat de Fribourg d'après les observations faites à la station météorologique de Bourguillon pendant les années 1879 à 1894. [E.] 8. [Fribourg 1894.]

Raemy, Ch[arles de]. Établissements dus à l'initiative privée pour l'éducation de l'enfance ouvrière (de la) ville et (du) canton de Fribourg. 19 p. 8. Fribourg, Galley, 1902.

Raemy, Ch., le bienheureux Nicolas de Flue patron de la Suisse. Etude historique et religieuse dédiée au peuple Suisse. [Extrait des Monatrosen.] gr. 8. (15 S.) Luzern 871. Raeber. — 30

Raemy, Ch[arles de]. Madame de Maintenon ([née] Françoise d'Aubigné) et Louis XIV. Conférence donnée... à Fribourg, le 20 février 1880. 8. Fribourg en Suisse, Neuchâtel, Genève 1880.

Ræmy, Ch. Madame de Maintenon et Louis XIV. Conférence donnée à la salle de la Grenette à Fribourg le 20 Février 1880. In-18°, 33 p. Fribourg, J. Labastrou. 1880 **— 70**

Raemy, C[harles de]. Notice biographique sur Mr Edouard Stoecklin (1809–1857), curé de Neuchâtel.... 8. (Fribourg [1857].)

Raemy, Ch[arles] de. Notice historique et statistique [sur la] ville de Fribourg. Offert aux étrangers ([par les] propriétaires [de]) l'Hôtel-Pension Kurhaus-Schœnberg. 8. Fribourg 1896.

Raemy, [Charles de]. Notre-Dame de Fribourg. Notice historique sur ce sanctuaire de Marie. Souvenir du mois de Marie. 8. Fribourg 1860.

Ræmy, Charles de. Une page de l'histoire Fribourgeoise: L'Avoyer (François) d'Arsent. Drame en 5 actes et en vers par l'abbé Ch' de R'.... 63 p. 8. Fribourg, Ed. Hodel, 1905. [fr. 1. —]

Ræmy, Charles de. Les trois Sanctuaires de Marie dans la Ville de Fribourg. Etude historique. II + 48 p. 8. Fribourg (en Suisse), A. Galley, 1904. (fr. —. 50)

Ræmy, Charles (l'abbé). La vérité dans la démocratie au moyen de la représentation proportionnelle de toutes les opinions. Petit in-8°, 32 p. Fribourg, J. Labastrou. 1880 **— 70**

Raemy, C[harles de]. La vérité sur les faits contemporains. Réponse à M. Frédéric de Rougemont..., suivie d'une lettre de deux aumôniers français. 8. Fribourg et Neuchâtel 1871.

Raemy, Etienne *s.* Raemy de Bertigny, Héliodore. La Gruyère. Fribourg... 1867.

Raemy de Bertigny, Ant[oine]. Mémoires pour servir à l'histoire du Canton de Fribourg durant les 70 dernières années, 1796 à 1866. 8. Fribourg 1869.

Raemy de Bertigny, Héliodore. L'abbaye de Rheinau. Souvenirs d'un séjour fait à Rheinau au printemps de 1856. 8. Fribourg 1856.

Raemy de Bertigny, Héliodore. Abrégé de la vie du bienheureux Pierre Canisius.... Suivi d'une formule de prières composées par le Bienheureux, de litanies et d'une oraison en son honneur. 8. Fribourg en Suisse 1865.

Raemy de Bertigny, Héliodore. Bulle, un chapitre de la Gruyère. [Extrait de La Gruyère..., par H' R' de B'.] 8. Fribourg 1867.

Raemy de Bertigny, Héliodore. Le Bienheureux Pierre Canisius.... Avec des notes et des documents historiques. 8. Fribourg en Suisse.

[1re éd. Avec 1 planche.] 1865.

2me éd. avec appendice [ainsi que des illustrations et 3 planches]. (1897.)

Raemy de Bertigny, Héliodore. Chapelles et pèlerinages célèbres dans le canton de Fribourg. ([2] brochures.) 8. Fribourg (Suisse) 1853.

(1re brochure.) Extrait de la Chronique Fribourgeoise publiée ... et annotée par H' R' de B'.

[2de] (Nouvelle brochure). Supplément de la Chronique Fribourgeoise....

Raemy de Bertigny, Héliodore. Les eaux de Tarasp et Schuls et Notices sur l'Engadine. 8. Fribourg 1861

Raemy de Bertigny, Héliodore. Friburgum Helvetiorum Nuythoniæ = Chronique fribourgeoise du dix-septième siècle, publiée, traduite du latin, annotée et augmentée de précis historiques par H' R' de B'.... (18 Livraisons.) 8. Fribourg en Suisse 1852 (–1854).

Auteur présumé de la Chronique: Henry Fuchs, chanoine de St. Nicolas à Fribourg [1624–1689].

Raemy de Bertigny, Héliodore. La Gruyère. Description, histoire, légendes et souvenirs, par H' R' de B' Continué par son frère le R. P. Etienne Raemy.... 8. Fribourg, Bulle..., Romont 1867.

(Raemy de Bertigny, Héliodore.) Guide-itinéraire à Fribourg, dans ses environs, la plaine, la montagne et la Gruyère. Avec [des illustrations,] une carte du canton et des adresses pour le commerce. 8. Fribourg, Genève 1856.

Raemy de Bertigny, Héliodore. Montbarry, un chapitre de la Gruyère. [Extrait de: La Gruyère..., par H' R' de B'.] 8. (Fribourg 1867.)

[Raemy de Bertigny, Héliodore.] Notice sur la vie et les écrits de Ch(arles)-L(ouis) de Haller, ancien membre du Conseil secret et du Conseil souverain de Berne.... Décédé à Soleure, le 20 mai 1854. D'après les documents authentiques fournis par la famille de M. de H', et écrits en partie de la main du défunt, publiée dans le Chroniqueur, paraissant à Fribourg, sous la direction de M. H' R' de B'. Avec des adjonctions. 8. Fribourg 1854.

Raemy de Bertigny, Héliodore. Précis général de l'histoire ecclésiastique du Canton de Fribourg, avec des notices sur le diocèse de Lausanne. (1re Partie ou Introduction [seule parue].) [Extrait de: Friburgum Helvetiorum Nuythoniæ... par H' R' de B'....] 8. Fribourg 1853.

Raemy de Bertigny, H[éliodore], et Perroulaz, E[tienne]. St-Nicolas de Fribourg. Notice descriptive, historique et religieuse sur cette collégiale. 8. (Fribourg (Suisse) 1853.)

(Raemy de Bertigny, Héliodore, [et] Castella, Félix.) Sources minérales et bains du Lac Noir dans le Canton de Fribourg (Suisse). [Avec 1 planche.] 8. Fribourg 1868.

Ranalli, Ferd., giardinetto di cognizioni intorno alle belle arti in Italia. Tolte dall' istoria che delle stesse pubblico. Con aggiunte ed annotazioni scelte dagli scritti Giorg Vasari e di altri istorici. Ad uso delle giovinette. gr. 8. (VII, 448 S.) München 871. Stahl. n. 2. 40

Rancé. Ein Roman von Gustav vom See. 3 Thle. 8. (50 B.) Leipzig 845, Wienbrack.

v. Rance, Amand J., Auslegung d. Regel des heil. Benedict. 4. Augsb. 753. M. Rieger. 1 ₰

— Ermahnungsreden. 4. Augsb. 750. M. Rieger. 1 ₰ 4 gr

Ranch: Anthropologische Studien 38 S. – Augsburg, St., Progr 1870

Rancha, die, im Thale. — Eine Mutter. Von Frdr. v. Känel. — D. Forsthaus. Erzählg. v. Jak. Ganß. 8. (128 S. m. 4 Farbdr.) Berlin 898. Schriftenvertriebsanstalt. Kart. 1. 20

Rancheraye, de la, s. la Barque.

Ranchini, Wilhelm

Ranchin, W., de Successione ab intestato. 8. Lips. Jacobäer. 771.

Ranchin, W., tractatus de successionibus ab intestato, in quo jus Gallicum cum Romano edocetur. Praef. est C. H. Breuning 8. Leipz. 771. (Aue in Altona). 8 gr

Ranchini, Wilhelm, Tractatus de successionibus ab intestato in quo jus Gallicum cum Romanoedocetur praefatus est Christ. Heinr. Breuning (Leipzig). Leipzig (Chr. Fr. Rumpf) (1. XII. 1770). 1771. 181 S. u. Index I—III. (5.—) 27614
Widm. v.: Peter Rozel.

Ranchner, A., **Vorlagen f. den bautechnischen Fach-Unterricht an der kgl. Industrie-Schule u. der damit verbundenen Baugewerk-Schule München, s.: Herdegen, Fr.**

Ranchner, F., und F. Bratsch, Zur Anatomie des Rückenmarkes, s. Bratsch.

RANCHNER, Ferdinand (Dinkelscherben): De medulla spinali. (Titel nach der Urkunde)
29.3.1855 - Urk; F 68
Diss.Ingolst.-Landsh.-Mchn.

Ranciglio, Wilh., Betrachtungen üb. die Detail-Ausbildung der k. k. Feld-Batterien. Mit 6 Tab. (in qu. 4.) gr. 8. (V, 49 S.) Wien 876. Seidel & Sohn. n. 1. 20

Ranck, Alois v: Das bayerische Berggesetz vom 13. Aug. 1910 nebst einem d. Ausführungsbestimm. u. d. oberbergpolizeil. Vorschriften enth. Anh. Handausg. mit Erl., systemat. Inhaltsverzeichn. u. ausführl. Sachreg. 2. Aufl. München u. Berlin 1911. 8° *[1. Aufl. 1900.]*

Ranck, Chr., Geschichte der Gartenkunst, s. a. Aus Natur u. Geisteswelt.

Geschichte der Gartenkunst. Von Chr. Ranck, Reg.Baumeister a. D. Mit 41 Abb. Leipzig. Teubner 1909. 100 S. 8°
(Aus Natur u. Geisteswelt. Bdch. 274.) [09. 13019

— **Kulturgeschichte des deutschen Bauernhauses, s. a. Aus Natur u. Geisteswelt.**

Ranck, Chr. Kulturgeschichte des deutschen Bauernhauses. Mit 70 Abbildungen im Text. VIII + 104 + *Verlagsanzeige* 16 S. 8. Leipzig, B. G. Teubner, 1907. (M. 1. —, geb. 1. 25)
Aus Natur und Geisteswelt. Sammlung wissenschaftlich-gemeinverständlicher Darstellungen. Bändchen 121.
Darin S. 23/8. 40f. 45. 49. 51/6 60f. 67 etc. die Schweiz *betr.*

Rancke, s. a. Ranke.

Rancke, Bemerkungen über die Rhythmen und den Dialekt der griechischen Tragiker als Bruchstücke einer Einleitung in diese Dichter f. d. I. Cl. d. Gymn. Pr. 1881. 80 S. 4°.

Rancke, J. M., Exempelbuch zum gemeinnützl. Rechnen für Bürger- u. Landschulen. 2. oder d. früheren Beispielsamml. ganz umgeänd. u. verm. 10. Aufl. 8. Oldenburg 841, Stalling. n. 3¾ ngr — 11. Aufl. 844. ⅙ ₰

Rancke, J. M., Exempelbuch z. gemeinnützl. Rechnen f. Bürger- u. Landschulen. 11. Aufl. 8. (16 B.) Oldenburg 844, Stalling.

Rancke, J. M., Exempelbuch zum gemeinnützlichen Rechnen für Bürger- und Landschulen. 14. Aufl. 8. (255 S.) Oldenburg 856(57), Stalling. *

RANCKEN, Dodo

Beiträge zur Kenntnis der Körpertemperatur des Menschen. Leipzig 1908. IV + 74 pg. 8:o. Diss. Hels.

Rancy, Ch. v., Lehrbuch der landwirthschaftlichen Buchführung. Für den Selbstunterricht u. mit besonderer Rücksicht auf die praktische Anwendung, nach den neuesten Principien bearb. 2. Aufl. Berlin 859. Adolf u. Co. Lex.-8. (2 Bl., 217 S.) 1 ₰. 15 ngr

Rand, Mc Nally & Co.'s officielle Eisenbahnkarte der Vereinigten Staaten von Nord-Amerika, Canada und Mexico. Lithogr. und color. Imp.-Fol. Leipzig 887, G. Weigel. * 3 —

Rand, Mc Nally & Co.'s illustrirter Führer durch Chicago u. die columbische Weltausstellung. gr. 16. (172 S. m. Abbildgn. u. farb. Plane.) Chicago u. New York 893. (Berlin. D. Reimer.) n. 1. 25

Rand, McNally und Comp.'s new official Railroad Map of the United States and Canada. Chromolithogr. Imp.-Fol. Chicago 881. (Leipzig, G. Weigel.) * 3 —

Rand, Edward Kennard, Joh. Scottus, s. a. Quellen u. Untersuchungen zur latein. Philologie des Mittelalters. 1, 2.

Johannes Scottus von Edward Kennard Rand, Prof. 1. Der Kommentar d. Johannes Scottus zu d. Opuscula Sacra d. Boethius. 2. Der Kommentar d. Remigius v. Auxerre zu d. Opuscula Sacra d. Boethius. München: C. H. Beck 1906. (X, 106 S.) 8°
— Quellen u. Untersuchungen z. lat. Philol. d. Mittelalters. Bd 1, H. 2. [06.13302]

Rand, Edward Kennard, A. B., A. M. (U. S. A.): **Der dem Boethius zugeschriebene Traktat de fide catholica.** *Leipzig 1901: B. G. Teubner.* (S. 405—438.) 8° ¶(Aus: Jahrbücher f. class. Philol., Suppl. Bd 26. — Erscheint vollst. ebenda.) München, Phil. Diss. v. 1901

Rand, Osc., die „weiße Taube". Humoreske aus dem Soldatenleben. (81 S.) 8. Leipzig 908. Reform-Verlag. 1.—; geb. 1. 50

Randa, Anton

Randa, Ant., Beiträge zum österreichischen Wasserrechte. 2., verm. Aufl. gr. 8. (67 S.) Prag 878. Rziwnatz. n. 1. 60

— der Besitz mit Einschluß der Besitzklagen nach österreichischem Rechte, mit Berücksichtigung des gemeinen Rechtes, des preußischen, französischen u. italienischen, des sächs. u. zürcher. Gesetzbuches. 3., durchgeseh. u. verm. Aufl. gr. 8. (XXIV, 696 S.) Leipzig 879. Breitkopf & Härtel. n. 12. —

Randa, Ant., der Besitz nach österreichischem Rechte mit Berücksichtigung des gemeinen Rechtes, des preuß., franzöf. u. sächs. Gesetzbuches. Leipzig 865. Breitkopf & Härtel. gr. 8. (XVI, 384 S.) 2 ℛ

Randa, Ant., der Besitz nach österreichischem Rechte m. Berücksicht. d. gemeinen Rechtes, d. preuß., franz. u. italien., d. sächs. u. züricher Gesetzbuches. 2., durchgeseh. u. durch die Besitzklagen verm. Aufl. gr. 8. (XXIV, 647 S.) Leipzig 876. Breitkopf & Härtel. n. 12. —

Randa, Ant. Ritter v., der Besitz nach österr. Rechte, m. Berücksicht. d. gemeinen Rechtes, d. preuß., französ. u. italien., d. sächs. u. züricher. Gesetzbuches. 4., durchgeseh. u. verm. Aufl. gr. 8. (XXXIX, 814 S.) Leipzig 895. Breitkopf & Härtel. n. 15. – ; geb. in Halbfrz. n.n. 16. 50

Randa, Ant., das Eigenthumsrecht nach österreichischem Rechte m. Berücksicht. d. gemeinen Rechtes u. der neueren Gesetzbücher. 1. Hälfte. gr. 8. (XII, 466 u. Beilage V S.) Leipzig 884. Breitkopf & Härtel. n. 9. —; geb. n.n. 10. 50

Randa, Ant., das Eigenthumsrecht m. besond. Rücksicht auf die Werthpapiere des Handelsrechtes nach österreichischem Rechte m. Berücksicht. des gemeinen Rechtes u. der neueren Gesetzbücher. 1. Hälfte. 2., zum Theil umgearb. Aufl. gr. 8. (XVI, 564 S.) Leipzig 893. Breitkopf & Härtel. n. 9. —; geb. n.n 10. 50

— der Erwerb der Erbschaft nach österreichischem Rechte, auf Grundlage des gemeinen Rechtes, mit Berücksichtigg. des preuß., französ., sächs. u. Züricher Gesetzbuches. Ein Beitrag zur Beurtheilung des österreich. Entwurfs eines Gesetzes über den Erbschaftserwerb vom Jahre 1866. Wien 867. Manz' Verl. gr. 8. (V, 149 S.) n. 1 ℛ

— über einige zweifelhafte Fragen d. Genossenschaftsrechtes vom 9. April 1873, Z. 70 R. G. Bl. Nebst e. Anh. üb. die Gebührenfrage. [Rev. u. m. e. Anh. versehener Separatabdr. aus der allg. österr. Gerichtszeitg.] gr. 8. (35 S.) Wien 874. Manz. n. — 80

Randa, Ant. Ritter v., Das Gesetz v. 16. I. 1910, Nr. 20 RGBl. üb. den Dienstvertrag der Handlungsgehilfen u. anderer Dienstnehmer in ähnlicher Stellung. Vorausabdr. aus der 2. Aufl. des österr. Handelsrechtes. (III, 52 S.) gr. 8. Wien 910. Manz. 1. 30

— über die Haftung der Eisenbahnunternehmungen für die durch Eisenbahnunfälle herbeigeführten körperlichen Verletzungen oder Tödtungen von Menschen nach dem Gesetze vom 5. März 1867 Z. 27 R. G. Bl. [Aus der allgem. österreich. Gerichts-Zeitung.] Ebend. 869. gr. 8. (28 S.) n. 8 ngr.

Randa, Ant., Ueber die Haftung der Eisenbahnunternehmungen für die durch Eisenbahn-Unfälle herbeigeführten körperlichen Verletzungen oder Tödtungen von Menschen nach dem Gesetz vom 5. März 1869. 8⁰. Wien 1869.

Randa, Ant. Ritter v, das österreichische Handelsrecht m. Einschluß des Genossenschaftsrechtes. Deutsche Ausg., bearb. unter Beihilfe v. Berth. Joh. Wolf. 2 Bde. (VI, 243 u. XII, 336 S.) gr. 8. Wien 905. Manz. n. 11. 40

— zur Kritik des Gesetzentwurfes betr. die Aufhebung der Wuchergesetze. Ein Ruf an unsere gesetzgeb. Körperschaften. Zugleich ein Beitrag zur Auslegung der §§. 1333 u. 1336 d. a. b. G. B. Ebend. 868. gr. 8. (28 S.) n. 8 ngr.

— — Zur Lehre von den Zinsen und der Conventionalstrafe. Mit Rücksicht auf das österreichische Gesetz vom 14. Juni 1868 und das norddeutsche Bundesgesetz vom 14. November 1867. (Separat-Abdruck aus der allgemeinen österreichischen Gerichts Zeitung.) gr 8 (41 S.) Ebd. 1868 60 kr

— Rechtsgutachten in Sachen der Bank in Schaffhausen gegen die Herren Blattmann-Stokar u. Heinr. Moser in Schaffhausen wegen Forderung aus Bürgschaft. gr. 8. (19 S.) Schaffhausen 876. (Schoch.) — 75

Die Schadensersatzpflicht nach österreichischem Rechte mit Bedachtnahme auf ausländ. Gesetzgebungen. Mit e. Anh. über Automobilrecht. Von Dr. Anton Rᵗ v. **Randa**. Wien Manz 1907. (VIII, 237 S.) 8° [F.] [07. 13214

— Die Schadenersatzpflicht nach österreichischem Rechte m. Bedachtnahme auf ausländische Gesetzgebgn. Mit e. Anh. üb. das österreich. Automobilgesetz vom 9. VIII. 1908 im Vergleiche m. dem betreff. rechtsdeutschen Entwurfe. 2., verm. Aufl. (VIII, 269 S.) gr. 8. Ebd. 908. 5.35; geb. n 6. 40
1. Aufl. (VIII, 237 S.) 907. 4.80.

Die Wassergenossenschaften nach österreichischem Rechte m. Bezug auf d. ungarische u. ausländ. Wassergesetzgebg. Von Dr. Anton Rᵗ v. **Randa**, o. Prof. an d. böhm. Carl-Ferdinandsuniv., . Zugl. e. Nachtrag z. 'Oesterr. Wasserrecht' dess. Vfs. *Prag: F. Řivnáč 1898.* (4 Bl., 43 S.) 1 Bd 8. [98. 6901

— **das österreichische Wasserrecht m. Bezug auf ungarische u. ausländische Wassergesetzgebungen. 3., umgearb. u. verm. Aufl. gr. 8. (VIII, 211 S.) Prag 891. F. Řivnáč. n. 4. 40**

Randa, P Hippolyt (Weltpriester u. Burger d. kön. freien Grenzstadt Taus), Denkwürdigkeiten aus dem westlichen Böhmerwalde u. ausführl. Geschichte des *Marianischen Wallfahrtsortes zu Neukirchen bei heil. Blut, am Böhmerwalde, in Niederbaiern.* Mit 3 lith. Bildern (Taus; St. Wenzelskapelle b. Fürthel u. die Wallfahrtskirche d. hl. Anna am Tannaberge; Neukirchen) versehen. Mit bischöfl. Approbation. Druck von G. Prunar in Taus. — Selbstverlag. 1873. 12⁰. Eleg. grün. Srsb.
2 Bll., 322 S., 1 Bl. Err — Ueber die vorige Nr. s. hier S. 178—180.

Randal od. die unerwartete Grofzmuth, ein Drama in 2 Handlungen. Frankf. a. M. 1778. 8o.

– Dass., s.a. Randel

Randal, Erich Siegfr., dem Wahren, Schönen, Guten! Novelle. (90 S.) kl. 8. Dresden 905. E. Pierson. n. 2. —; geb. n. 3. —

Randau, Paul, die Fabrikation der Emaille u. das Emailliren. Anleitung zur Darstellung aller Arten Emaille für technische u. künstlerische Zwecke u. zur Vornahme des Emaillirens auf praktischem Wege. Für Emaillefabrikanten, Gold- u. Metallarbeiter u. Kunst-Industrielle. Mit 8 (eingedr. Holzschn.-)Abbildgn. 8. (IV, 221 S.) Wien 880. Hartleben. 3. —

Randau, P., die Fabrikation der Emaille u. das Emailliren. Anleitung zur Darstellung aller Arten Emaille f. techn. u. künstler. Zwecke u. zur Vornahme d. Emaillirens auf prakt. Wege. Für Emaillefabrikanten, Gold- u. Metallarbeiter u. Kunstindustrielle. 2. Aufl. 8. (VIII, 238 S.) Wien 890. Hartleben. n. 3. —; geb. n. 3. 80

RANDAU, Paul
(F) Die Fabrikation der Emaille und Das Emailliren. Anleitung zur Darstellung aller Arten Emaille für technische und künstlerische Zwecke und zur Vornahme des Emaillirens auf praktischem Wege. Für Emaillefabrikanten, Gold- und Metallarbeiter und Kunstindustrielle. Von Paul Randau. Mit 16 Abbildungen. 3. verbesserte und erweiterte Auflage. [Chemisch-technische Bibliothek. Bd. 65.] Wien. Pest. Leipzig. Hartleben. 1900. 8° VIII, 215 S. fl. 1.65, geb. fl. 2.10

Randau, Paul, die Fabrikation des Emails u. das Emaillieren. Anleitung zur Darstellg. aller Arten Email für techn. u. künstler. Zwecke u. zur Vornahme des Emaillierens auf prakt. Wege. Für Emailfabrikanten, Gold- u. Metallarbeiter u. Kunstindustrielle. 4., verb. u. erweit. Aufl. (VIII, 240 S. m. 19 Abbildgn.) 8. Wien 909. A. Hartleben. 3.– ; geb. 3 80

Randau P. die farbigen, bunten und verzierten Gläser. (347 S) (Bibliothek Chemisch-technische 286) Wien 1905

Randau, Paul, die farbigen, bunten u. verzierten Gläser. Eine umfass. Anleitg. zur Darstellg. aller Arten farb. u. verzierter Gläser, der vielfarb. irisier. u. metallisch schimmernden Mode- u. Luxusgläser. (XIV, 347 S. m. 17 Abbildgn.) 8. Wien 905. A. Hartleben. n. 5.—; geb. n. 5. 80

Randbemerkungen des Erzherzogs Albrecht über die Schlacht von Solferino. Mitgeteilt von FML. E. v. K. Wien 1909. V: *Krismanić, Erwin Ritt. v.* (EB)

Randbemerkungen des Erzherzogs Albrecht üb. die Schlacht v. Solferino. Mitgeteilt von FML. E. v. K. (28 S.) gr. 8. Wien (909). (L. W. Seidel & Sohn.) 1.—
Sonderabdruck aus: „Danzer's Armee-Zeitg."

Rand-Bemerkungen zu Baron Ramming's 1861 zu Wien erschienenen »Beitrag zur Darstellung der Schlacht von Solferino«. Wien 1862. V: *Ringelsheim, Joseph Freiherr v.* (Auctions-Kat. Gilhofer & Ranschburg-Wien XI.)

Randbemerkungen zu den Betrachtungen üb. die sogenannten Grundrechte des deutschen Volkes von v. d. Kettenburg (v. L. Fromm). gr. 8. (24 S.) Schwerin 849, Kürschner (jetzt: Hildebrand). n. 1/6 ₰

Randbemerkungen zu dem Entwurf eines Gesetzes für den Norddeutschen Bund, betreffend das Urheberrecht an Werken der Literatur und Kunst an geographischen, naturwissenschaftlichen, architektonischen und ähnlichen Abbildungen, sowie an photographischen Aufnahmen nach der Natur. Als Manuskript gedruckt. Weimar 1869. V: *Boehlau, Herm.* (cb)

Randbemerkungen, katholische, zu einigen Erscheinungen der neuesten antikatholischen Literatur. Eine Beleuchtung der Angriffe auf kathol. Lehren, Einrichtungen und Institute, auch den Jesuiten-Orden. gr. 16. (XIII und 93 S.) Mainz 853, [Wirth und Comp.]

Randbemerkungen zum Monzambano. (Verfassung des deutschen Reiches.) Zur Erinnerg. an Samuel v. Pufendorf. (Gest. den 26. Oktbr. 1694.) 8. (74 S.) Berlin 894. Puttkammer & Mühlbrecht. n. 1.—

Randbemerkungen zu der Broschüre: die Verfassungspartei u. das Ministerium Hohenwart. gr. 8. (15 S.) Wien 871. Wallishausser'sche Buchh. — 30

Siemens-Schuckert Werke G. m. b. H. Die Schachtanlage Zollern II der Gelsenkirchener Bergwerks-Aktien-Gesellschaft. Von Bergassess. **Randebrock**, Marten. ([Essen] 1905.) (14 S.) 2° [Kopft.]
Aus: Glückauf. Jg. 1905, No 25.
[c6. 1909 9

Randebrock, August, aus Recklinghausen (Westf.): Zur Kenntnis des p-Chlor-m-bromanilins und des p-Chlor-ana-bromchinolins. *Freiburg i. B. 1900: H. Epstein.* (46 S.) 8°
Freiburg i. B., Phil. Diss. v. 1900

Randebrock, Otto [approb. Arzt]: Ueber das Recidiv des Typhus abdominalis nebst Mittheilung eines Falles von einem zweifachen Typhusrecidiv .... München, Druck v. M. Ernst, 1888; 36 S. + 1 Bl. 8°
München, Med. Fak., Inaug.-Diss. v. 1888

Randebrock, O., über das Recidiv des Typphus abdominalis nebst Mittheilung eines Falles von einem zweifachen Recidiv. Inaug.-Diss. gr. 8. (37 S.) München 888. (Ernst.) n. — 60

Randebrock, P., Die Schachtanlage Zollern II der Gelsenkirchener Bergwerks-Aktien-Gesellschaft. Berlin, 1905. 14 S. mit Abb.

Randegger, J[ohannes]

Randegger, J. Alpenland mit den angrenzenden Gebieten von Central-Europa. 1 : 500 000 Zürich 1885. 9 Bl. c. L. Sch.

Randegger, J., topographische Karte des Bez. Zürich, nach den eidgenöss. Aufnahmen und neuesten Ergänzungen bearb. 1 : 40,000. Chromolithogr. gr. Fol. Zürich 885, (Wurster und Comp.) Auf Leinw. * 4 —

Randegger, J. Reisekarte der Schweiz. Nach den neuesten Materialien bearbeitet im Maassstabe 1 : 600,000. Zürich, Wurster & Co. 1882.
Aufgezogen 2 50
Unaufgezogen 1 50

Randegger's, J., Reisekarte der Schweiz. Nach den neuesten Materialien bearb. 1 : 600,000. Neue revid. Ausg. 1886—1888. Chromolithogr. und color. qu. gr. Fol. Zürich, Wurster und Comp. * 1 20
Auf Leinw * 2 –

Randegger, J. Reisekarte der Schweiz. 1 : 600 000 Neue Ausg. Chromolith. Fol. Zürich, J. Wurster & Cie. 1886 1 50
auf Leinwd. 2 50

Randegger, J. Reisekarte der Schweiz. Massstab 1 : 600,000. (Ausgabe 1888). Zürich, J. Wurster & Cie. Unaufgezogen 1 50, aufgezogen 2 50

Randegger, J. Reisekarte der Schweiz. Nach den neuesten Materialien bearb. 1 : 600,000. Farbendruck. Neue Ausgabe 1891. Gr. in-fol. Zürich, J. Wurster & Co. 1 50 ; auf Leinwd. 2 50

Randegger's, J., Reisekarte der Schweiz. Nach den neuesten Materialien bearb. 1 : 600,000. Ausg. 1892. Farbendr. u. color. (41×60,5 cm.) Zür. 892, J. Meier, vorm. Wurster u. Comp. * 1 20
Auf Leinw. * 2 —

Randegger, J. Reisekarte der Schweiz 1 : 600 000. 65/43 cm. Zürich, Geographisches Institut von J. Meier. 1893. Unaufgezogen 1 50
Aufgezogen 2 50

Randegger. Reisekarte der Schweiz. 1 : 600,000. Zürich, Geograph. Institut v. J. Meier. 1898. offen 1 50; auf Lwd. gez. 2 50

Randegger, J[ohannes]. J. Randegger's Reisekarte der Schweiz. Nach den neuesten Materialien bearb. im Massstab von 1 : 600,000. [Neue Aufl.] 1 Bl. quer-fol., *auf Lwd. aufgez.* 8. Zürich, Geographisches Institut von J. Meier, 1904. Unaufgezogen fr. 1. 50, Aufgezogen fr. 2. 50

Titel auf dem Blatt: Randegger's Reisekarte der Schweiz. Reduction 1 : 600,000. 105/586 mm. Topogr. Anstalt Winterthur. J. Schlumpf ... in Winterthur.

(J.) **Randegger's** Reisekarte der Schweiz. (Nach d. neuesten Materialien bearb.) Reduction 1:600,000. *(Zürich: J. Meier 1904); Top. Anst. J. Schlumpf, Winterthur.* (1 Kartenbl. 58×40 cm.) 8° [kol.] [03. 13076

Randegger, J. Siehe: „Schul- und Handkarte".

Randegger's Schul- und Handkarte des Kantons Thurgau. 1 : 150,000. Chromolithogr. qu. Fol. Zürich 881, (Wurster und Comp.) * — 80

Randegger, J. Schulkarte der Schweiz, mit besonderer Berücksichtigung für die Primarschulen bearbeitet, unter Mitwirkung hervorragender Schulmänner. Winterthur, Wurster, Randegger & Cie. 1882.

—— Schulkarte der Schweiz, mit besond. Berücksicht. für die Primarschulen bearb. unter Mitwirkung hervorragender Schulmänner. 1 : 600,000. Ausg. A. mit einheitl. Grenzcolorit. Chromolithogr. qu. gr. Fol. Ebendas. 884. ** — 50
" Ausg. B. mit Flächencolorit der Cantone ** — 60
Ausg. C., orohydrograph. und polit. Karte, getrennt in 2 Bl. ** 1 —
Ausg. D., für Sekundarschulen, mit erweiterter Nomenklatur und einheitl. Grenzcolorit ** — 80
Sämmtliche Ausg. sind mit französ. Nomenklatur zu gleichen Preisen erschienen.

Randegger, J. Wandkarte des Alpenlandes mit den angrenzenden Gebieten von Central - Europa. 1 : 500,000. 9 Blatt. Zürich, J. Wurster & Cie. Chromolithogr. In-fol. 1886.
Oro-hydrograph. Ausgabe 22 50
Politische Ausgabe 30 —

Randegger, Mayer, Racconto degli avvenimenti memorabili occasionanti la Pasqua. Traduz. riveduta e corretta. (Hebräisch und Italienisch.) 8. (84 S.) Vienne, stamp. Adalb. della Torre 1853.

Randegger, Mayer —. Racconto degli avvenimenti memorabili occasionati la Pasqua. Traduzione riveduta e corretta dall' Eccellentissimo Signor — —. 8. (82 pag. und Note.) Vienna. Stamperia d' Adalberto della Torre. 1853.

Randeinfassungen, Initialen und Zierleisten für den Buchdruck. Herausgegeben von der Reichsdruckerei. Serie 1 und 2. (62 T) fol Berlin 1884. 88

Randel, oder die unerwartete Großmuth. Drama (von Eymes). 8. Frankf. 778. Eichenberg. 3 gl.

– Dass., s.a. Randal

Randel, A. F., s. Randel, Johann Adolph Friedrich

Randel, Johann Adolph Friedrich

Randel, A. F., Annalen d. Staatskräfte v. Europa rc. in tabellar. Uebersicht, fortges. v. F. L. Brunn. I. 1s| 2s Heft, die öster. Monarchie. Fol. Berl. Quien. 792-805. (1s 20 gr. 2s 1 Rthlr. 4 gr.)

Randel, Jh. Andr. Fr., († d. 21. März 1793.) Annalen d. Staatskräfte von Europa rc., in tabellar. Uebersicht, fortges. von Fr. L. Brunn. 1r Thl. 1s Stck. Das deutsche Reich. 2s Stck. Die östreich. Monarchie. Fol. Berl. 792—805. (Schlesinger). 2 rß

– s.a. Staatskunde, Neueste, von Spanien.

Randel, J. A. F., neue Staatskunde v. Spanien. 2 Bde. Leipzig, Sommer. (a. Kummer) 797. Ritbsr.

– s.a. Übersicht, Statistische, der Reiche und Staaten von Europa.

[RANDEL, Johann Adolph Friedrich] 1738 - 1793
Statistische Übersicht der vornehmsten Deutschen und sämmtlichen Europäischen Staaten in Ansehung ihrer Grösse, Bevölkerung, ihres Finanz- und Kriegeszustandes mit einem Anhang gleichen Inhalts über den Nordamerikanischen Freystaat.
[Berlin.] 1786. XIV, 162 S. 2°.
Lippische Landesbibliothek Detmold
Kayser, VI, 5: mit Verfasser und Ort.

(Randel, Adolph Fr.)· „Statistische Uebersicht der vornehmsten teutschen und europäischen Staaten, in Ansehung ihrer Grösse, Bevölkerung, ihres Finanz- und Kriegs-Zustandes. Mit einem Anhange gleichen Inhalts über den nordamerikanischen Freistaat", Berlin 1786. — Neue Auflage, 1. Teil 1 Abteilung, herausgegeben vom Verfasser, u. d. T.. „Annalen der Staatskräfte von Europa", Berlin 1792; 2. Abteilung, bearbeitet von Fr Leop. Brunn, Berlin 1805.

Randel, Jh. Andr. Fr., s. Randel, Johann Adolph Friedrich

Randel, W., der Bandwurm in naturhistor., patholog. u. therapeut. Hinsicht rc. Eine Monographie f. Aerzte u. Nichtärzte. Hrsg. v. Friedr. Thon. 8. (8½ B. u. 1 Stnt.) Weimar 841, Voigt.

Randel, Wilhelm Heinrich (Marburg/Hessen), De scarlatina. Diss. med. Jena (Schlotter) 24. I. 1828. 33 S. (3.50) **27616**

Randenborgh, van, Predigt zur Eröffng. der kirchl. Konferenz in d. Kurmark, s.: Lahusen, die Charakterbildg des Geistlichen.

Randenborgh, G. H. van, Fest-Predigt nebst Geschichte der evangelischen Gemeinde Burg als ein Beitrag zur Bergischen Reformationsgeschichte. Nach seinem Tode, mit einem Anhange, das sel. Leben und Sterben desselben, und die Grabrede enthltd., herausg. von seinen Freunden E. Fr. Ball und Keller. Barmen 855. Sartorius. 8. (99 S.) n. 10 ngr.

Randenführer. Der R'. Wegweiser auf den Hochflächen des schweizerischen Randengebietes und zu den wichtigsten Aussichtspunkten. Hrg. von Freunden der Heimathkunde. 8. Schleitheim 1879.

Randenschau
s.a. Schleitheimer Bote.

Randenschau. Volkstüml. Monatsschrift für Geschichte, Sage, Kunst und Naturschönheiten der vom Randen überblickten Landesgegenden. Hrsg. unter Mitwirkung von Freunden der Heimatskunde von S. Pletscher. 1. Jahrg. 1886. 12 Nrn. (Bog.) gr. 8. Schaffhausen, Rothermel und Comp. *
Erscheint nicht mehr.

Jacobus Randerath. Theses selectae ex philosophia rationali sive logica, quas ... praeside Jacobo Randerath aa. ll. et philosophiae magistro eiusdemque in principali Athenaeo Marchio-Badensi professore publico et ordinario ornati et eruditi adolescentes I. Joannes Henricus Hauber, Marchio-Badensis, II. Leopold. Antonius Josephus Gimmi, Weingartensis, III. Franciscus Joachimus Zeyer, Euchstad., IV. Carolus Wilhelmus Dürfeldt, Steinbacensis, publice defendendas suscepere. In Aula Principalis Athenaei Marchio-Badensis Soc. Jesu die IX. Septembris anno MDCCXXI. Horis ante et post meridiem consuetis.
Argentorati typis viduae Michaelis Storckii. 4°. 8 S. Rastatt, P 1721

Randermann, J., nautische Tafeln m. Gebrauchs-Anweisgn. u. Beispielen in deutscher u. engl. Sprache, berechnet u. entworfen. Lex.-8. (XXXVIII, 78 S. m. Fig.) Bremerhaven 898. L. v. Vangerow. Geb. in Leinw. n. 7. —

Randewig, R[einhold]

Randewig, R., Aufgaben f. den Unterricht in der Befestigungslehre m. Lösungen u. Skizzen f. Offiziere aller Waffen. Mit 18 Skizzen im Text. (VI, 63 S.) 8. Berlin 909. E. S. Mittler & Sohn. 1.50

Randglosse, Kas., (Fr. Bernritter), Reden u. Dialogen, hinten e. Receptbüchlein. 1s Bdchn. 8. Cöln. (Tübing.) 788. (v. Cotta). 8 ℊ

Randglossen zur moral., satyr. u. krit. Anatomie d. Schriften auf Gellerts Tod ꝛc., (v. W. H. F. Abrahamson). 8. Leipz. 771. (Proft in Kopenh.) 2 ℊ

Randglossen in Bezug auf kavalleristische Ausbildung von M. J. R. gr. 8. (III, 99 S.) Hannover 884, Helwing'sche Verlagsh. *

Randglossen, bajuwarische, v. ***. gr. 8. (III, 116 S.) Leipzig 894. Renger. n. 2. —

Randglossen zur modernen kaufmännischen Bildung. Hrsg. von der „Handels-Akademie Leipzig" (Ludw. Huberti). I. gr. 8. Leipzig 897. Verlag d. Handels-Akademie. n. — 50

„Was heisst u. zu welchem Ende besucht man d. Handels-Akademie?" Stimmen aus d. Fachwelt in Aeussergn. v. E. Auberlé, R. Beigel, O. W. Beyer u. a. gesammelt u. zusammengest. v. Ludw. Huberti. 1.—5. Taus. (96 S. m. Abb.)

— zu den im schwab. Merkur wiederholt bekränzten Schriften Briefe zweier Freunde, des Bruder Stuttgarters an den Bruder Leipziger über die Motive des Bischofes von Rottenburg u. die beiden Vorschläge: zur Verständigung, u. z. Güte in Sachen der gemischten Ehen m. besond. Rücks. auf Würtemberg; nebst e. Excursus üb. das gemeine erbärmliche Schmählibell: die Ultras in Kirche u. Staat, mitgetheilt aus d. Papieren e. Scholiasten. gr. 8. (5 B.) Augsburg 842, Reichel.ℓ

Randglossen zu Dr. Georg Em. Haas Flugschrift: Ueber den Zustand der österreichischen Universitäten mit besonderer Beziehung auf die Wiener Hochschule mit einem vertraulichen Schreiben als Einleitung von U. S. W. Leipzig 853. Baensch. (Gräbner.) gr. 8. (30 S.) 6 ngr.

Randglossen zum Russisch-Türkischen Kriege. 1878. V: *Przibram, Ludwig Ritter von.* (Ludwig Ritter von Przibram, Erinnerungen eines alten Oesterreichers. II. Stuttg. u. Leipzig 1912. II, 75)

Randglossen aus der Laienbibel üb. die Souverainität u. den Predigereid im dänischen Staate. gr. 8. (16 S.) Hamburg 850, Hoffmann & Campe. 4 ngr.

Randglossen zur deutschen Literaturgeschichte. Der Literaturbilder 8.—11. Bdchn. Hrsg. v. Ant. Breitner. kl. 8. Wien, Dorfmeister. n. 8.40

8. Marie Eugenie delle Grazie. Von Hans Widmann. — Ludwig Jacobowski. Von Herm. Sieglerschmidt. — Wilhelm v. Scholz. Von Bruno Sturm. — Pro domo u. Anderes. Von Ant. Breitner. Mit Autographen v. Grazie, Scholz u. Jacobowski. (64, 56, 48 u. 37 S.) (903.) n. 1.80
9. Josef Lauff. Mit Autograph des Dichters. Von Bruno Sturm (50, 148 S.) (903.) n. 1.80
10. Moderne Salzburger Dichter. Von Hans Widmann. Mit Autograph v. Hans Seebach. (XXXI, 111 S.) (904.) n. 1.80
11. Guido List. Mit Portr. u Autograph des Dichters Ueber „Danton u. Robespierre" v. Bruno Sturm. Mit Autograph von Clotilde Gstirner v. Aichenau (Minona). Ueber Max Klinger. Von Norb. Pfretzschner. (160 S.) 905. Kart. n. 3. —

Die früh. Hefte erschienen u. d. T.: Literaturbilder der Gegenwart.

M R**.** [Meine Randglossen.] Eisenach 1772. 73. 76. 3. Aufl. 1783. 1807. Zwoter Theil. In anderer Manier von einem Biedermann, dem eine Fortsetzung gut schien. Eisenach 1788. V: *Göchhausen, Ernst Aug. Anton von.* (GGr) (MGT) (Heine, Roman in Deutschl. Halle 1892. S. 24f.)

— nothwendige, z. den Betrachtt. üb. die Kriegskunst ꝛc., (v. F. L. Berenhorst). 8. Leipz. 802. Gr. Fleischer. 14 ℊ

Randglossen zur königlich bayerischen Proclamation vom 10. Juni 1849. Von einem Mitgliede der aufgelösten Volkskammer. O. O. [1849]. V: *Waibel, Alois Adalbert.* (wen S. 206)

Randglossen eines Protestanten zu der Schrift des Hrn. Hofr. Thiersch üb. Protestantismus u. Kniebeugung. 8. (1¾ B.) Augsburg 844, Wolff'sche Buchh.

— zu den Thümmel-Prozessen von einem altpreußischen Juristen. gr. 8. (20 S.) Halle 888, Strien. *
Bal.: Thümmel, W.

Randglossen zum Dr. Huller'schen Votum zur Reform des deutschen Schulwesens in Bayern im Geiste der päpstl. Encyclica von einem alten Praktikus aus dem niederen schwäb. Walde. München 865 Lentner'sche Buchh. gr. 8. (17 S.) 3 ngr.

Randglossen zu den politischen Wandelungen der letzten Jahre. Aus den Papieren eines deutschen Abgeordneten. Bromb. 1878. V: *Braun-Wiesbaden, Carl.* (Dn) (Kat. d. Bibl. d. dtsch. Reichstages. Berlin 1882.)

Randglossen zu den politischen Wandelungen der letzten Jahre. Aus den Papieren eines deutschen Abgeordneten. gr. 8. (XVIII, 255 S.) Bromberg 878. Fischer. n. 4. —

Randglossen zu Prof. Nebberts Werken „In Sachen Thümmel", „Das Wort sie sollen lassen stahn!" „Papst und Papsttum", oder eine traurige Gestalt im röm. Professorenmantel. Von Anti-Leo. 1.—3. Aufl. 8. (16 S.) Barmen 888, Wiemann.
Vgl.: Thümmel, W.

Randhahn, Kurt, a. Waldau ⟨Kr. Weissenfels⟩: Ein Beitrag zur Kenntnis der Bunzlauer Tone. Halle a. S. 1907: C. A. Kaemmerer & Co. (65 S., 2 Taf.) 8°
Halle, Phil. Fak., Ref. Volhard, Diss. v. 20. Sept. 1907
[Geb. 28. Nov 74 Waldau; Wohnort: Eisenberg (Sachsen-Altenburg); Staatsangeh.: Sachsen-Altenburg; Vorbildung: Christians-Gymn. Eisenberg Reife O. 94; Studium: Berlin Techn. Hochsch. 3, Univ. 2, München 1, Berlin 3 S.; Rig. 18. Juni 07.]

Randhahn, Walther: Der Wettbewerb der deutschen Braunkohlen-Industrie gegen die Einfuhr der böhmischen Braunkohle. Jena: Fischer 1908. 119 S., 1 Kt. 8°
¶ Auch als: Mitteilungen d. Gesellschaft f. wirtschaftl. Ausbildung. N. F. H. 3.
Aachen, Dr.-Ing.-Diss. v. 25. 6. 1908

Randhahn, Walth., der Wettbewerb der deutschen Braunkohlen-Industrie gegen die Einfuhr der böhmischen Braunkohle, s. a. Mitteilungen der Gesellschaft f. wirtschaftliche Ausbildung. N. F. 3.

Der Wettbewerb der deutschen Braunkohlen-Industrie gegen die Einfuhr der Böhmischen Braunkohle. Von Dr. ing. Walther **Randhahn**. Mit 3 Kurven u. 1 Karte. Jena: G. Fischer 1908. (119 S.) 8°
=**Mitteilungen** d. Gesellschaft f. wirtschaftl. Ausbildung. N. F. H. 3.

Randhan, Johann Ehrenfried (Rötha/Meißen), De corpore delicti medice indagando. Präs. Ernst Gottlob Bose. Leipzig (Sommer) 31. I. 1783. 23 S. (3.75) 27617

— **Johann Friedrich** (Weißenfels), Doctrinae physiologorum de lactis origine brevis recensus. Präs. Christian Gotthold Eschenbach. Leipzig (Richter) (3. II.) 1799. 16 S. (3.75) 27618
Gratulationsschrift für Johann August Tittmann (Bühla/Hannover).

— — De secundarum extractione eiusque apto et tempore et modo. Specimen inaug. Weißenfels (Severin) 4. IV. 1800. 46 S. (4.—) 27619
Gew.: Christian David Leonhardi, Carl Christian Friedrich Menz, Christian Friedrich Richter, Johann Ehrenfried Randhan (Vater)

— — Dasselbe. Weißenfels (Severin) 4. IV. 1800. 46 S. (4.—) 27620
Gew.: Christian David Leonhardi, Carl Christian Friedrich Menz, Christian Friedrich Richter, Johann Ehrenfried Randhan (Vater) — Advers.: J. C. A. Clarus, C. G. Kayser, J. C. W. Keller, G. L. Brauer.

— **Wilhelm Ludwig** (Weißenfels), De synocho systematis sensibilis. Diss. med. Präs. Ernst Platner. Leipzig (Fr. Richter) 8. III. 1811. 45 S. (3.75) 27621
Gew.: Amadeus Wilh. Toepelmann, Johann Friedrich Randhan (Bruder).

Randich, Fortunat, de Astro montano antidoto veneni animalis κατ' ἐξοχὴν viperini. 8maj. (4 B.) Viennae 840, (Volke.)

Randig, Jo. Christian (Zittau/Lausitz), De febrium intermittentium curationibus antiquis. Diss. med. Präs. Johann Heinrich Schulze. Halle/Magdeburg (J. Chr. Hilliger) Mai 1737. 32 S. (3.75) 27622
Widm. v.: Johann Ephraim Schencke (Oppon.).

Randin, Léon. Ein Schweizer in der Fremdenlegion. Autorisierte Übersetzung aus dem Französischen von Hedwig Correvon. [Mit 8 Tafeln und illustriertem Umschlag.] 346 S. 8. Zürich, Orell Füssli, [1910]. [fr. 4.50, geb. 5.50]

Randl, A., u. Alb. **Carjel**, Bicyclisten-Abenteuer. Zeichnungen v. Hans Wlach. 8. (20 lith. Blatt m. eingedr. Text.) Wien 891. (C. Daberkow.) Kart. n. 1.—

Randl, J., Homilien u. Predigten. 8. Münch. 800. Lentner. 9 gr

Randlinger, Stephan, Präfekt im erzbisch. Klerikalsem.: Die Feindesliebe nach dem natürlichen und positiven Sittengesetz. Eine histor.-ethische Studie. Paderborn: Schöningh 1906. X, 168 S. 8° ¶ (Gekr. Preisschr. v. 1901. Ersch. als Buch ebd.)
München, Theol. Diss. v. 23. Juli 1910, Ref. Wirthmüller
(Nur in beschränkter Anzahl für den Austausch)
[Geb. 6. Dez. 75 Feldkirchen b. Trostberg; Wohnort: Freising; Staatsangeh.: Bayern; Vorbildung: Gymn. Freising Reife Juli 97; Studium: Phil. Freising Lyz. 2, Theol. München 6 S.; Rig. 23. Juli 10.] [U 10. 3435

Randolf, R., Dir wie mir, s. **Universal-Bibliothek** Nr. 1579.

Randoll, J., die Geometrie des Handwerkers. Lehrbuch f. Volksschulen u. gewerbl. Unterrichtsanstalten, sowie als Anleitg. f. den Handwerker zum Selbstunterricht, ausführl. Hilfs- u. Übungsbuch zur Gesellen- u. Meisterprüfg. Eine Umgestaltg. der Formen- u. Raumlehre im Sinne der modernen Pädagogik in 5 Heften. 1. u. 2. Heft. 8. Leipzig (909). Seemann & Co. Kart. 3. 30
1. Die Maßeinheiten in Theorie u. Praxis m. zahlr. praktischen Beispielen. (VIII, 68 S. m. Abbildgn.) Kart. 1. 20
2. Planimetrie m. zahlreichen praktischen Beispielen. (VII, 108 S. m. Abbildgn.) Kart. 2. 10

Randolph, H.: Beitrag zur Kenntnis der Tubificiden. ca. 1892.

Randolph, Harriet, aus Philadelphia: The regeneration of the tail in Lumbriculus. ([S. A. aus:] Journal of morphology. Vol. VII. S. 317—344. m. Taf. XIX—XXII.) Boston Ginn & Cie 1892. 1 Bl., S. 317—344 m. 4 Taf., 2 Bl. 8°.
Zürich, Phil. Diss. [v. 12. April 1893].

Randolph, J., üb. die Sünde. Altes in neuer Beleuchtung. [Ein Vortrag.] 8. (24 S.) Leipzig 889. Fr. Richter. n. — 40

Randolph, O., Casanova's Gefangenschaft u. Flucht aus den Bleikammern zu Venedig, s.: **Universal-Bibliothek**.

Randolph County Zeitung: 1868—1869. Chester, IL
Weekly Edited & published by J. W. Dean & Co., 1868—69.

Random, Roderick, the adventures of, by T. Smollet. 8. London. (Leips. Fr. Fleischer in comm.) 817.

Random, Roderic, les Aventures. II Part. 8. Lausanne, Pott. 782.

— Roderich, Begebenh. a. d. Engl. 2 Thle. 8. Hamb. 770.

Random, Roderichs, Begebenheiten, aus dem Engl. 2 Theile, mit Kupf. 8. Dresden, 774/75. Hilscher. 1 Rthl.

— — 8. Wien, Alops Doll. 802.

Random, Roderich; ein Seitenstück zum Gil Blas ... Berlin 1790. V: *Smollett, Tobias George.* Ü: *Mylius, Wilhelm Christhelf Siegmund.* (MGT) (GGr)

— Roderich, ein Seitenstück zum Gil Blas von Santillana, neu übersetzt von Mylius, 2 Theile, mit Kupf. von Chodowiecki, 8. Berlin, 790. Himburg. 3 Rthl.

— Aus d. Engl. übersetzt von Mylius. 2 Theile. 8. Berlin, Himburg. 791. (Reimer.)

Randon Roderic, s. Smollet.

Randow [Schlagwort]

Randow, Kreis, s.: **Kreiskarten**.

Randow [Verfasser]

Randow, Adolf von, approb. Arzt aus Ostrowo i. P.: Der **Einfluß** der Schutzpockenimpfung auf Schwangere, Wöchnerinnen, Neugeborene und Kranke. *Greifswald 1904: H. Adler.* (36 S.) 8°
Greifswald, Med. Diss. v. 26. Febr. 1904

Randow, Alb. v., die Landesverweisungen aus Preußen und die Erhaltung des Deutschthums an der Ostgrenze. gr. 8. (38 S.) Leipzig 886, Duncker und Humblot. *
Aus: Schmollers Jahrbuch für Gesetzgebung ꝛc., besonders abgedruckt.

Randow, Albert von. Das neue Gewerbe-Gesetz für den Kanton Zürich, im Lichte seiner Entwicklung dargestellt und glossirt. In-8°, 61 S. Zürich, Cäsar Schmidt. 1881.

Randow, H., s.: Assecuranz-Almanach.

Randow, H. Der Feuerversicherungs-Verband deutscher Fabriken in Berlin. Berlin 1897.

Randow, Herm., Landflucht. Roman. (236 S.) 8. Straßburg 908. J. Singer. 3. —

Randow, Herm. v., Saalburg. Roman. (IV, 404 S.) 8. Leipzig (905). P. List. n. 3. —; geb. n. 4. —

Randow, R. v., nützlicher Rathgeber f. Stubengärtner, bey Auswahl d. schönsten Gewächse und deren zweckmäß. Behandlung, größtentheils nach eigenen Erfahrn. bearb. 8. (17 B.) Leipzig 828, Baumgärtner.

Randstriche u. Nesselreime. Von ***. 8. (208 S.) Leipzig 888. Friedrich. n. 3. —

Randzeichnungen; e. Buch, dem d. Verf. Leser wünscht, v. G. Merkel. 8. Berl. Frölich. (Dunker u. H.) 802.

Randzeichnungen zu der Broschüre: Das Gefecht von Frohnhofen, Laufach u. Weiler am 13. Juli 1866, von einem Augenzeugen, mit 1 lith. Karte. [Aus der allgem. Militär-Zeitung.] Von einem norddeutschen Offizier. Darmstadt 866. Schorkopf. gr. 8. (12 S.) 3 ngr.

Randzeichnungen zu Janssen's Geschichte des deutschen Volkes. Ein Nachtrag zu *G. E. Lessing's* Rettungen. (Ohne besond. Tit.) 34 S. Beibl.
Durchaus ultramontaner Standpunkt.

Randzeichnungen, komische, zum ewigen Juden von Eug. Sue. Aus dem Französ. 1. Liefg. gr. 8. (Mit Holzschn.) Bruxelles 845, Haumann et Co. n. 1/3 ₰

Ranelli, Fd., s. Biblioteca dell' Italiano.

Raner, e. romant. Tragödie, v. Dr. G. F. Chr. Wendelstadt. gr. 8. Hadamar, N. Gel. Buchh. 814.

Ranert, Josef —. Anleitung zur Seidenerzeugung. Zur Förderung der vaterländischen Seidenindustrie. Verfaßt von — —. 8. (58 S. 1 Taf.) Prag. Druck der C. Vetterl'schen Buchdruckerei. 1854.

Ranert, Jos. Die Seidenzucht im Kleinen. Zum Unterrichte für Anfänger derselben und zunächst für die Schuljugend. 8. (30 S. 1 Tab.) Prag, Vetterl'sche Buchdruckerei 1853.

Ranfft, s.a. Ranft

Ranfft, J. O., Karte von Bautzen mit Umgebung. 1 : 70,000. Chromolithogr. Fol. Bautzen 882, Rühl. * — 30

—— Plan von Bautzen mit Umgebung. Chromolithogr. qu. gr. Fol. Mit Strassenverzeichniss. 16. (4 S.) Ebendas. 881. ** 1 —

Ranfft, J. O. Plan v. Bautzen m. Umgebung. 1 : 6500. Farbendr. 43×54 cm. Mit Strassenverzeichnis. 12. (4 S.) Ebd. 891. * 1 —

PAPSTTHUM, Das antichristliche, in der sieben-ten Posaune vorgestellt unter dem Bilde des zweyhörnigten Thieres (von *Joh. Georg Ranfft*). O. O. 1750.
Anon.-Lex. III. p. 254 (nach Meusel). — Rar!

Ranfft, M., et C. G. Cleemann, De masticatione mortuorum in tumulis. Lps. 4°. 1725

Ranfft, Michael [Praes.], s. Cleemann, Christian Gottfried: De masticatione mortuorum in tumulis.

Ranftii, Mich., de masticatione mortuorum in tumulis liber. Lips. 728. 8.

Ranfft, Michael (Hrsg.), s. Acta Lipsiensium academica.

(Ranfft, Michael, R.) Der genealogische Archivarius. Auf das Jahr 1736. Welcher vom XXII bis XXX. Theile alles was sich in diesem Jahre unter den jetztlebenden hohen Personen in der Welt veränderliches zugetragen hat. Mit Einrückung vieler Lebens-Beschreibungen, und anderer curieusen Nachrichten von mehr denn 1000 hohen Standespersonen, wie auch denen jüngst verstorbenen Gelehrten sorgfältig anmerket: Ans Licht gestellt von M R. 8. Leipzig 1736.

— vollständ. Beschreib. d. Ruff. Reichs u. aller dazu gehör. Länder, Völker u. Oerter ꝛc. gr. 8. Leipz. 767. (Brockhaus). 1 ₰

Ranft, Mich., († d. 18. April 1774.) corpus doctrinae evangel.-luther. s. comp. theol. thetico-polemicae, c. praefat. Chr. G. Jöcher. II Prts. 8. Leipz. 754, 55. (Brockhaus). 1 ₰ 2 ℊℊ

Ranft, Mich., corpus doctrinae evang.-luther. s. compend. theol. thetico-polemicae. II Pts. 8. Lips. Heinsius. (Gleditsch) 755.

Ranft, M., der lieben Alten Einfalt in Erdichtung verschiedener Umstände bei d. Geb. Chr., die nicht schriftmässig sind. Zeiz. 1740. 4.

— deutl. Erklärung d. 9., 10. u. 11. Kap. der Epistel Pauli an die Römer. 8. Leipz. 761. (Brockhaus). 6 ℊℊ

— Erkl. d. 9. 10. u. 11ten Kapit. P. an d. Römer. 8. Leipz. Heinsius. (Gleditsch) 761.

– s.a. Geschichte, Merkwürdige, und Denkwürdigkeiten.

– Geschichte
— —, Merkwürdige, und Denkwürdigkeiten, welche sich in den Jahren 1755 bis 1768 zugetragen haben, aus authentischen Nachrichten (von *Michael Ranft*). Leipzig, Heinsius, 1769—70. 8°. (1 fl.)
Cat. Monath II. Nürnb. 1783. p. 83; Anon.-Lex. II. p 212, wo auch das folgende Werk (nach Kayser).

– Geschichte
— —, Merkwürdige, und Denkwürdigkeiten, bestehend in seltsamen Vorfällen, Beispielen von Tugenden u. Lastern, die sich von 1769 bis 1775 zugetragen (von *Michael Ranft*). 3 Thle. Leipzig, Heinsius u. Kummer, 1769—76. 8°. (2 fl. 54 xr.) (l. c.)

— v. Kauen u. Schmatzen d. Todten. 8. Leipzig, Martini. 734.

– s. Leben des wohlthätigen Philosophen Königs Stanislai Lescinsky

– s. Leben des berühmten Fürsten Menschikow.

(Ranft, M.) Merckwürdiges Leben und Schicksal des Königs Stanislai. Von M. R. (1080) 8. Frankfurt 1736.

Ranft. Leben des Grafen Moritz von Sachsen, Marschalls von Frankreich. 8 Leipzig 1746. 8. Frankfurt 1751.

— **Leben u. Schr. d. sächs. Doctoren d. Theologie. 8. Leipz. Deer. 742.**

(Ranft, Michael.) Leben und Thaten des chursächsischen Staatsministers und General-Feldmarschalls Jacob Heinrich Grafen v. Flemming. 8. Naumburg u. Zeitz 1732.

– s.a. L e b e n und Thaten des Fürsten Leopold .

(Ranft, Mich.) Leben und Thaten des Fürsten Leopold von Anhalt-Dessau 8 Frankfurt 1750.

(Ranft.) Leben und Thaten sowohl des Marschalls von Lowendahl bis an seinen Tod, als der beyden Herzoge und Marschälle von Noailles und Richelieu bis auf jetzige Zeit. 8. Leipzig 1754. — Verm. u. verb. Aufl (474) 8. ib. 1760.

– s. L e b e n und Thaten des berühmten Grafen Moritz von Sachsen.

Ranft, Mich. Leben und Thaten des Feldmarschalls Magnus Stenbock. 8. Leipzig 1757.

Ranft, Mich. Lebensbeschreibung des russischen Kaisers Peters III. 8 Leipzig 1773

– s. L e b e n s g e s c h i c h t e der vier schwedischen Generale: Rehnschild . . .

Ranft, Mich. Lebensgeschichte des Fürsten Menschikow 8. Leipzig 1774

Die merkwürdige Lebensgeschichte derer vier berühmten Schwedischen Feldmarschalle, Grafen R e h n s c h i l d, S t e e n b o c k, M e y e r f e l d und D ü c k e r, nebst dem angefügten merkwürdigen Leben und jämmerlichen Ende des bekannten Generals J o h a n n R e i n h o l d P a t k u l s. Zur Erleuterung vieler wichtigen Umstände der Geschichte Königs Caroli XII von Schweden, ans Licht gestellet von einem Liebhaber der neuesten Historie [d. i.: Michael Ranft]. Leipzig. 1753. 8°.

– s. L e b e n s g e s c h i c h t e, Merkwürdige, aller Kardinäle der Römisch-Catholischen Kirche . . .

– s. L e b e n s g e s c h i c h t e, Die merkwürdige, des unglücklichen Russischen Kaisers Peters des Dritten.

(Ranft, Mich.) Merkwürdige Lebens- und Regierungsgeschichte Ludovici I, Königs von Spanien. 8 Leipzig 1728.

– (Hrsg.), s.a. N a c h r i c h t e n, Genealogisch-historische, von den allerneuesten Begebenheiten . . .

(Ranfft, Michael, R.) G e n e a l o g i s c h - h i s t o r i s c h e N a c h r i c h t e n, von den allerneuesten Begebenheiten, welche sich an den europäischen Höfen zugetragen, worinn zugleich vieler Standes-Personen und anderer berühmter Leute Lebens-Beschreibungen vorkommen, als eine Fortsetzung des genealog.-histor Archivarii. 1.—84. Theil **1739—1745.** (7 Bde., jeder Band enthält 12 Theile und ein Register.) (Fortgesetzt unter dem Titel:) 8. Leipzig 1739—1745.

– (Hrsg.), s.a. N a c h r i c h t e n, Neue genealogisch-historische . . .

(— —) N e u e g e n e a l o g i s c h - h i s t o r i s c h e N a c h r i c h t e n, von den vornehmsten Begebenheiten, welche sich an den europäischen Höfen zugetragen, worinn zugleich vieler Standes-Personen Lebens-Beschreibungen vorkommen. 1.—36. Th. **1750—1753;** 49—108. Th **1754—1759;** 121.—146. Th **1760—1762.** (10 Bde.) (Fortgesetzt unter dem Titel:) 8. Leipzig 1750—1762

(— — [bis 148. Teil 1774.]) F o r t g e s e t z t e n e u e g e n e a l o g i s c h - h i s t o r i s c h e N a c h r i c h t e n, von den vornehmsten Begebenheiten, welche sich an den europäischen Höfen zugetragen, worinn zugleich vieler Standes-Personen Lebens-Beschreibungen vorkommen. 1—96. Th. **1762—1769;** 109.—118. Th. **1771** (fehlt Register), 133.—144. Th. **1773;** 157.—165. Th. **1775—1776** (fehlt Register). (11 Bde.) 8. Leipzig 1762—1776.

– s. P a t r i o t, Der sächsische . .

RANFFTL (F. A.). Cat. horti bot. . . . salisburgensi . . . [Salisburgi, 1786 ?] 8°. Suppl. pro anno, 1786.
Given in Pritzel, Thes. 2. p. 454 only, by error as in England.

Ranft, zwey Ernten-Dankpredigten. 8. Altenburg, Schnuphase. 816. à 2 Gr.

Ranft, Art., die Praxis der Heimphotographen, s.a. E n z y k l o p ä d i e der Photographie. 70. Heft.

Die Praxis der Heimphotographen. Von Artur Ranft Mit 5 Abb. Halle a. S. Knapp 1910. 36 S. 8°
(Encyklopädie d. Photographie H 70) [10, 2.9?]

Ranft, C. S., s. R a n f t, Karl Sam.

Ranft, Fr., Procent-Berechnung von ein Viertel ein Halb u. s. w. pro Cent v. 1 Pfennig bis 100,000 Rthlr. Mit Angabe der Bruchpfennige. 4. Hannover, Helwing. 820.

Ranft, G., Dekorations-, Frei- u. Stabübungsreigen, s.: Reigensammlung III Serie Nr. 1.

Ranft, Jh. Fr.

Ranfft u. Seelig, Bemerk. üb. d. Cultur u. Charakterist. der Aurikel. 1. u. 2te Lief. 8. Erfurt, Keyser. 798-800.

— u. J. T. W. Seelig u. J. S. Schröter, Bemerkk. üb. d. Kultur u. Charakteristik der Aurikel. 1e u. 2e Liefer. 8. Erf. 799—800. Keyser. 12 gr

Ranft, Joh. Fr., s. B e m e r k u n g e n u. Regeln über die Kultur und Charakteristik der Aurikel.

RANFT, J. F.: Ueb. d. Beweis d. peinl. Sachen nach posit. Grundsätz. ***Freyb.*****, Craz u. Gerlach. 802. 8. (21 Gr.)**

— über d. Beweis in peinl. Sachen, nach positiven Gesetzen u. philosoph. Grundsätzen. 8. Freiberg 802. Craz u. G. 21 gr

Ranft, Jh. Fr., († d. 3. Juni 1801.) Versuch üb. Armenpflege. 8. Freiberg 788. N. A. 800. Craz u. G. 20 gr

R a n f t, J. F. „Versuch über die Armenpflege in Dörfern und Städten", Freiberg 1799 (Craz).

Ranft, Jh. Fr. Ueber eine neue Vertheilung der Steuerschocke in Sachsen. 8°. Freiberg, Craz u. G., 1799.

Ranft, Jh. Gf., (Cand. d. Theologie), Auswahl seiner Poesien. 8. Leipz. 821.

Ranft, Julius Gebhard (Großstechau/Altenburg), De jure retentionis. Diss. Präs. Johann Gottfried Müller. Leipzig (Staritz) 6. V. 1817. 40 S. (4.—) 27623
Widm. v.: Johann Gottfried Müller.

— — Spicilegium ad legem decemviralem de poena furti concepti. Leipzig (J. C. Werther) 21. I. 1819. 25 S. (3.50) 27624

(—). — **Ordinarius senior et reliqui doctores facultatis jur. Lipsiensis summos in utroque jure honores viro Julius Gebhard Ranft indicunt. — Praemittitur Quaestio LXXVIII.** Leipzig (Dürr) 5. II. 1819. 16 S. mit Biogr. v. Ranft (Großstechau/Altenburg) (M.: J. Ch. Coith). (3.50) 27625

(—). — Dasselbe. Leipzig (Dürr) 5. II. 1819. 16 S. mit Biogr. v. Ranft (Großstechau/Altenburg) (M. J. Ch. Coith). (3.50) 27626
Mit Widmungstafel v.: Johann Christian Rosenmueller, August Cornelius Stockmann, Samuel Friedrich Junghans, Christian Gottlob Biener Leipzig (J. C. Werther Domin. Septuages. 1819

Ranft, Karl Sam., († 1792.) Beschreib. zum Riß e. zum gesunden Wachsthum der Pflanzen sehr vortheilhaften Nelken- u. Aurikelstellage, s.a. **Beschreib.**, u. setze hinzu: auch bei Craz u. G. 6 gr

Beschreibung
— z. Riss e z. gesunden Wachsthum d. Pflanzen sehr vortheilhaften Nelken- u. Aurikel-Stellage etc. (Von Carl Sam. Ranft). Mit Kpf. 8. Freiberg, 1788. Craz u. Gerlach. — 7½

Ranft, M. G. F., die Worte, mit welchen der Herr in Hinsicht der diesjähr. Erndtegaben zu uns redet. Eine Erndte-Dankpredigt. Leipz., Mag. f. Ind. 4 gr

Ranft, Max, a. Helmsdorf b. Pirna (übergekl.: a. Chemnitz): Der Philosoph Karl Christian Friedrich Krause als Erzieher. Halle a. S. 1907: C. A. Kaemmerer & Co. (141 S.) 8°
Halle, Phil. Fak., Ref. Ebbinghaus, Diss. v. 29. Juli 1907
[Geb. 14. März 74 Chemnitz; Wohnort: Helmsdorf b. Pirna; Staatsangeh.: Sachsen; Vorbildung: Gymn. Chemnitz Reife O. 93; Studium: Theol. Leipzig 10 S.; Rig. 25. Juni 07.]

Ranft, Max, die Insel Wollin u. das Seebad Misdroy. Histor. Studie. gr. 8. (II, 43 S.) Misdroy 901. R. Schück. n. — 75

Ranft, Mich., s. Ranfft

Ranft, Theodor, a. Beuern: Der Einfluß der französischen Revolution auf den Wortschatz der französischen Sprache. Darmstadt 1908: C. F. Winter. (168 S.) 8°
Gießen, Phil. Fak., Ref. Behrens, Diss. v. 31. Jan. 1908
[Geb. 15. Dez. 80 Beuern; Wohnort: Gießen; Staatsangeh.: Hessen; Vorbildung: Realgymn. Gießen Reife O. 99; Studium: Gießen 8 S.; Rig. 29. Juli 05.]

Ranftl, Joh., Ludwig Tiecks Genoveva, s.a. Studien, Grazer, zur deutschen Philologie. VI.

Ludwig Tiecks Genoveva. Als romant. Dichtung betrachtet v Dr. Johann **Ranftl.** (Graz: 'Styria' 1899.) (XII, 258 S.) 8°
(Studien, Grazer, z. deutschen Philologie. H. 6.)

Rang, vaterländische Geschichte, s.: Rudolph, A.

Rang, Chrn., die Gemeindekirche. Laiengedanken üb. e. evangel. Kirchenbaustil. gr. 8. (67 S.) Posen 894. F. Ebbecke. n. 1. —

Rang, Christian [Landgerichts-Referendar zu Köln]: Die Haftung des Schuldners für Dritte nach gemeinem Recht .... Bonn, Univ.-Buchdr v. C. Georgi, 1886; VI + 72 S. 8°.
Bonn, Jurist. Fak., Inaug.-Diss. v. 24. Jul. 1886.

Rang, Christian, die Haftung des Schuldners für Dritte nach gemeinem Recht. Diss. Bonn 1886, Emil Strauss. 8° VI, 72 S.

Rang, Friedr., Kann die Polizei das Strafmittel der körperlichen Züchtigung entbehren? Versuch einer richtigen Beantwortung dieser Frage mit Rücksichtnahme auf den Standpunkt der Praxis. Erlangen 853. Palm. gr. 8. (VI, 82 S.) 10 ngr.

Rang, Friedrich, s. Nürnberg's Dichterhalle.

Rang, Frdr., die Polizei-Aufsicht u. ihre Folgen. Ein Versuch. Hrsg. v. Mor. Max. Mayer. 8. (88 S.) Nürnberg 848. (Riegel & Wießner.) n. 8 ngr

Rang, J. G., Ansichten u. Bemerkungen üb. Konsumtions- u. Produktionssteuer in Bezug auf landwirthschaftl. Verhältnisse. gr. 8. (2 B.) Mainz 834, Kupferberg.

Rang, Philipp Christian [Praes.], s. Müller, Philipp Jakob: De pluralitate mundorum.

Rang, Zdenko, u. **Emil Carmine,** praktische Anleitung zur zollamtlichen Abfertigung ausländischer u. inländischer Güter, zur Verfassung der Warenerklärungen u. zur statistischen Anmeldung bei den k. k. Zollämtern, zusammengestellt zum Gebrauche f. Fabrikanten, Handel- u. Gewerbetreibende, Spediteure, Zolldeklaranten bei den Eisenbahnen u. der Schiffahrt, Zollagenturen, f. die bei der Güterabfertigg. intervenier. Postorgane, f. Privatparteien, Handelsschulen, Zoll-, Finanz- u. Finanzwachbeamte, Finanzwachangestellte u. f. die k. k. Zollämter. (IV, 229 S.) gr. 8. Prag 909. Wien, M. Perles. 3. 60; geb. n 5. 40

Rang, Z., u. E. **Carmine,** Praktische Anleitung zur zollamtlichen Abfertigung ausländischer u. inländischer Güter, zur Verfassung der Warenerklärungen u. zur statistischen Anmeldung bei den k. k. Zollämtern, zusammengestellt zum Gebrauche f. Fabrikanten, Handel- u. Gewerbetreibende, Spediteure, Zolldeklaranten bei den Eisenbahnen u. der Schiffahrt, Zollagenturen, f. die bei der Güterabfertigg. intervenier. Postorgane, f. Privatparteien, Handelsschulen, Zoll-, Finanz- u. Finanzwachbeamte, Finanzwachangestellte u. f. die k. k. Zollämter. (IV, 229 S.) gr. 8. Prag(-Smichow, Westbahnhof), Zd. Rang. 1909 3. —; geb. 4. 40.

Rangabé

—— s.a. **Rhangabé.**

Rangabé, Uebersichtsplan der Stellung des Garde-Corps vor Paris. Fol. Ebendas. 872. *

Rangabé, Alex. Rizo

Rangabé, A. R., antiquités helléniques ou répertoire d'inscriptions et d'autres antiquités découvertes depuis l'affranchissement de la Grèce. Vol. II. Athènes 855. (Leipzig, Gerhard.) gr. 4. (2 Bl., VIII, 1098 S. u. 11 lith. Taf. in 4. u. Fol.) n. 12 Thlr.
Vol. I. Ebend. 842. n. 6 Thlr.

Rangabé, Alex. Rizo, die Aussprache des Griechischen. gr. 8. (47 S.) Leipzig 881. Friedrich. n. 2. —

— dasselbe. 2., verm. Aufl. gr. 8. (55 S.) Ebend. 882. n. 2. —

Rangabé, A. R., Contes et nouvelles. Traduction du grec autorisée par l'auteur. Tome I: Gloomymouth. — Le notaire d'Argostoli. — Les deux sœurs. 8. (XVI, 264 S.) Wien 876, [Faesy und Frick.] (Frick.) *

— Dukas. Tragödie in 5 Aufzügen. Aus dem Griechischen übers. von O. A. Ellissen. 8. (VIII, 240 S.) Breslau 881. Schottländer. n. 4. —; geb. n. 5. —

Rangabé, A. R., Emaëh u. and. Erzählgn., s.: Eckstein's Reise-Bibliothek.

Rangabé, Alex. Rizo, und Dan. Sanders, Geschichte der neugriechischen Litteratur, s.a. Geschichte der Weltlitteratur in Einzeldarstellungen.

— u. Dan. **Sanders,** Geschichte der neugriechischen Litteratur von ihren Anfängen bis auf die neueste Zeit. gr. 8. (V, 158 S.) Leipzig 884. Friedrich. n. 3. —

Rangabé, Alex. Rizo, die Hochzeit d. Kutrulis. Lustspiel. Vom Autor selbst aus dem Neugriech. ins Deutsche übertr. 8. (VI, 141 S.) Breslau 883. Schottländer. n. 2. —; geb. n. 3. —

— Leïla, s.: Universal-Bibliothek.

— der Fürst v. Morea. Uebers. v. A. Ellissen u. vom Autor selbst revidirt. 8. (339 S.) Breslau 884. Schottlaender. n. 3. —; geb. n. 4. —

Rangabé, A. P., Λόγος κατα τὴν ἐπέτειον ἑορτὴν τῆς τοῦ Ὀθωνείου Πανεπιστημειοὺ καθιδρύσεως. 1861. 32 S. u. 1 Plan. 1.—

—— der Notar von Argostoli, s.a. Haus-Bibliothek.

Rangabé, A. R., der Notar von Argostoli. Leïla. Zwei Novellen. 8. (288 S.) Breslau 888. [Schottländer.] Schlesische Verlagsanstalt. n. 4. 50; geb. n. 5. 50

Rangabé, A. R., der Notar v. Argostoli. Eine Kriminalgeschichte. 2. Aufl. (96 S.) 8. Berlin (908). O. Janke. — 50

—— Novellen. Vom Verf. autoris. Uebers. aus dem Griechischen. 8. (301 S.) Ebendas. 886. *ℳ 4.50.; geb. *

— précis d'une histoire de la littérature néo-hellénique, s.: Calvary's philologische u. archaeologische Bibliothek.

Rangabé, A. R., die beiden Schwestern u. andere Novellen, s.a. Kürschner's, Jos., Bücherschatz.

Rangabé, Alex. Rizo. Die beiden Schwestern u. andere Novellen. Aus dem Neugriech. 8. (258 S.) Bresl. 889, [Schottländer]. Schles. Buchdruckerei. * 4 —; geb. * 5 —

— Serlendis. D. Najade. D. Gefängnisse, s.: Kürschner's Bücherschatz.

—— die dreißig Tyrannen. Schauspiel in 5 Aufzügen. Aus dem Griech. übersetzt von O. A. Ellissen. 8. (VII, 258 S.) Breslau 883, Schottländer. *ℳ 4.; geb. *

— der Volksverführer. Epische Dichtg. in 5 Gesängen. Aus dem Griech. v. O. A. Ellissen. 8. (94 S. m. Bild d. Verf.) Berlin 888. Freund & Jeckel. n. 2. —

— der Vorabend. Dramatisches Gedicht. Aus dem Griechischen übers. von O. A. Ellissen. 12. (VII, 275 S.) Breslau 882. Schottländer. n. 3. —; geb. n. 4. —

Rangabé, Cléon, die Bilderstürmer. Drama in 5 Akten. Deutsch v. Karl Dieterich. gr. 8. (167 S.) Charlottenburg 898. M. Simson. n. 2. —

Die Bilderstürmer Drama in 5 Akten von Cléon Rangabe. Deutsch von Karl Dieterich. *Charlottenburg M Simson* (übergekl. *Berlin F Borschull 1898*). (167 S.) 8° [F.] (ns. 7480 11

Rangabé, Cléon, die Bilderstürmer. Eine Tragödie in 5 Akten. Uebers. u. f. die deutsche Bühne bearb. v. Rud. Presber. (225 S.) gr. 8. Berlin (906). Concordia. n. 4. —; geb. n. 5. —; Luxusausg. geb. n. 25. —

— Harald, Fürst d. Waräger, s.: Universal-Bibliothek.

Rangabé, Cleon, Kaiser Heraklios. Drama in 5 Akten. Mit Anmerkgn. Ins Deutsche übertr. von Claudia u. Fanny Birndt. 4. (VI, 88 S. m. Abbildgn.) Berlin C. (An der Stadtbahn 45) 900. Director L. G. Schrecker. 3. —

Rangabé, Cléon, die Herzogin v. Athen, s.: Universal-Bibliothek.

Die Liebe wacht. Lustspiel in 2 Akten von Cleon Rangabé. In's Deutsche übertr. von C[laudia] & F[anny] Birndt. *Berlin: L. G. Schrecker 1900.* (62 S.) 8° [F.] [01. 10883

— aus dunklen Tiefen. Dichtungen. Aus den "Αλγη metrisch ins Deutsche übertr. v. Karl Macke. (XXXI, 159 S. m. Abbildgn. u. Bildnis.) kl. 8. Breslau 905. Berlin, S. Schottlaender's schles. Verlagsanst. n. 3. —; geb. n. 4. —

Rangabé, Emil Rhisos

Rangabé, E. Rh., Erinnerungen aus dem deutsch-französischen Kriege 1870/71, s.a Universal-Bibliothek.

[Rangabé, Emil Rhisos]: Erinnerungen aus dem deutsch-französischen Krieg 1870/71 von einem Griechen in preuß. Diensten [d. i. Emil Rhisos Rangabé]. Autor Übers. aus d. Griech. von Hans *Müller* Leipzig (1889). 8°

Rangabé, Rizo, Ausgrabung beim Tempel der Hera unweit Argos. Ein Brief an Prof. Ross in Halle. Mit einem lithogr. Plane des Heraeon. gr. 8. (24 S.) Halle 855, G. Schwetschke. *

Range, die Berliner. Ein litterar. Geschmacks-Barometer v. Hypotinos. 1.—10. u. 11.—20. Taus. gr. 8. (à 47 S.) Berlin (901). Fussinger. n. — 50

Range, Franz: Die Entwicklung des Merseburger Domkapitels von den Anfängen bis zum Ausgang des 14. Jahrhunderts. Hildesheim 1910: Lax. 152 S. 8°

Greifswald, Phil. Diss. v. 8. Juni 1910, Ref. Bernheim

[Geb. 6. Okt. 85 Hildesheim; Wohnort: Hildesheim; Staatsangeh.: Preußen; Vorbildung: Gymn. Josephinum Hildesheim Reife O. 06; Studium: Freiburg i. B. 1, München 2, Berlin 1, Greifswald 3 S.; Rig. 15. Dez. 09.] [U 10. 1635

Range, Jh. Ant. Dav., († d. 12. Jan. 1808.) Beicht- u. Communionbuch. Mit Kpf. gr. 8. Bresl. 801. Gehr. 4 gl.

— Erklärr. u. Predigten üb. die Sonn- u. Festtags-Evangelien. 4 Thle. gr. 8. Liegnitz 795, 96. (J. F. Korn in Bresl.) 2 ß

— Erklär. u. Pred. üb. d. S. u. F. Evang. 4 Thle. gr. 8. Breslau, Korn d. ält. 797.

— Gesch. d. Stadt Guhrau. 8. Bresl. 801. (J. F. Korn). 4 gl.

— ist denn kein Verein unter d. christl. Religionspartheien möglich ꝛc.? 8. Glogau 802. Neue Günter'sche B. 4 gl.

— s. Mart. Luther, Katechismus nach d. Bedurfniß unserer Zeit.

— Predigten üb. S. u. F. Evang. 4 Thle. gr. 8. Ebend. 801.

— was soll ich glauben, was soll ich hoffen? 1r Bd. gr. 8. Bresl. 802. J. F. Korn. 8 gl.

Range, Max, Oberarzt in d. Kais. Schutztruppe f. Kamerun: Aus d. stationären Abt. der Universitätsanst. f. Hydrotherapie. (Leiter: Brieger.) Beitrag über Entstehung und Verlauf des primären Lungenkrebses. Leipzig 1909 Lehmann. 22 S. 8°

Leipzig, Med. Diss. v. 9. Juli 1909, Ref. Hoffmann

[Geb. 5. Sept. 80 Lubeck Wohnort: Kamerun, Staatsangeh.: Preußen u. Lubeck Vorbildung Gymn Lubeck Reife O. 99; Studium: Marburg 1, München 3, Leipzig 1, Berlin 5 S., Coll. 20. Juli 09. Approb. 25. Sept. 05.] [U 09. 2847

Range (Paul). Die Diamantfelder bei Luderitzbucht. M. 3 Abb. u. 1 Kt.-Sk 1 : 800 000 Berlin 1909 11 S
Aus Deutsches Kolonialblatt 1909, No 22

Range, Paul, aus Lubeck Das Diluvialgebiet von Lübeck und seine Dryastone. Nebst einer vergleichenden Besprechung d. Glazialpflanzen führenden Ablagerungen uberhaupt. Mit 1 Skizze d. weiteren Umgebung Lübecks u. 3 Textfig. *Halle a. d. S. 1903: E. Karras.* (IV, 161—272 S.) 8° (Aus Zeitschr f. Naturwissenschaften, Bd 76.)

Leipzig, Phil Diss. v. 1903

Range, Paul, der Untergrund des pathologischen Instituts der königl. Charité zu Berlin. (S. 457—461 m. 2 Fig.) Lex. 8. Berlin (N. 4. Invalidenst. 44) 907. Vertriebsstelle d. kgl. geologischen Landesanstalt. nn — 30

Sonderabdruck aus: „Jahrb. d. preuss. geol. Landesanst."

Range, Guilelmus: De enchondromate. Halis (1848) Schmidt. 17 S., 1 Taf. 8° (4°)
Halle-Wittenberg, Med. Diss. v. 14. März 1848
Geb. Frankfurt a. d. Oder 3. 1. 1826. V.

Rangen: Des Pyrrhos Z u g nach Sicilien. 18 S. Düren, Progr 1862. 4°

Rangen. Der Zug des Pyrrhus nach Sicilien 4 Duren 1863

Rangen, Joseph [Prof. Dr.]: Das Archontat und Aristoteles' „Staatsverfassung der Athener". *Ostrowo, Druck v. Th. Hoffmann, 1895;* 1 -24 S. 4.
Ostrowo, k. G, Festschr 1895 (163)

Rangen, Jos Einrichtung und Gliederung des deutschen Unterrichts in den unteren, mittleren und oberen Klassen der Gymnasien. I Teil. 19 S. **Progr.** *Tremessen* 1880.

Rangen, Joseph [Dr.]: Phönizien. Nach den neueren Forschungen. Land u. Volk, Kunst, Religion. *Ostrowo, Th. Hoffmanns Buchdr., 1893;* 27 S. 4.
Ostrowo, k. G, OP 1893 (162)

Rangen, Wilhelm Joseph, s. R a n g e n , Joseph

Ranger, Achaz Christian [Praes.], s. H a l l e r von Hallerstein, Philipp Jakob De patriciis, vulgo: Denen Adelichen Geschlechtern.

Rangger, Lorenz

Rangger, Lor., Kriegserlebnisse des Bauersmannes u. Patrioten R., genannt Stubacher von Völs bei Innsbruck, in den J. 1796 bis 1814. Nach dem Orig.-Mskr im Pfarrarchiv v. Völs hrsg. von Ferd. v. Scala. 8. (VIII, 103 S. m. Bildn.) Innsbruck 902. Wagner. n. 1.50

Rangir- u. Güterbahnhof, der neue, der schweizer. Centralbahn in Basel. Eine Beleuchtung des Gutachtens des Oberbauraths A. Thommen. Mit 1 Plan. 42 Stn. 8. Basel, Druck v. F. Riehm. 1874.

Rang- und Quartierliste, allgemeine, für das VIII., IX. und X. Armeecorps und die Reserve-Infanterie-Division des deutschen Bundesheeres für 1859. Zusammengestellt und herausg. unter Mitwirkung von C. Fachinger von H. Kreisler. Arolsen, (Speyer.) 8. (VIII, 312 S.) n. 1 ₰ 15 ngr.

— — für 1860. Zusammengestellt von H. Kreisler. Lübeck, Dittmer. gr. 8. (VIII, 230 S.) n. 1 ₰ 15 ngr.

— — auf das Jahr 1861. Herausg. von H. Kreisler. Lübeck, v. Rohden in Comm. gr. 8. (IV, 226 S.) n. 1 ₰ 10 ngr.

Rang- u. Altersliste der höheren Beamten des Reichseisenbahnamts, der Verwaltung der Reichseisenbahnen u. der Verwaltung der preussischen u. der in preuss.-hessischer Betriebsgemeinschaft stehenden Staatseisenbahnen (einschl. der Rechnungs-Direktoren, Verkehrs-Inspektoren u. Telegraphen-Inspektoren). Hrsg. v. Frz. Woas. gr. 16. (VIII, 171 S.) Wiesbaden 900. F. Woas. Geb. in Leinw. n.n. 2. 50

Rang- und A n c i e n n e t ä t s - **Liste**

— — der königl. preußischen Armee u. d. XIII. (kgl. württemberg.) Armeekorps f. 1898. M. d. Anciennetäts-Listen d. Generalität u. d. Stabsoffiziere u. e. Anh., enth. d. kaiserl. Schutztruppen. Nach d. Stande vom 1. V. 1898. Auf Befehl Sr. Maj. d. Kaisers u. Königs. Red.: Die kgl. Geheime Kriegs-Kanzlei. gr. 8. (XXIV, 1315 S.) Ebd. 898. n.n. 7. 50; in Pappbd. n.n. 8. 50; durchsch. n.n. 10. 50; geb. in Leinw. n.n. 9.

— — d. XIII. (königl. württembergischen) Armee-Korps f. 1898. Nebst Angabe d. nicht im Armee-Korps-Verband befindl. Offiziere, Militär-Behörden etc. Nach d. Stande vom 10. V. 1898. 8. (V, 156 S.) Stuttgart 898. J. B. Metzler's Verl. n. 2. 50; kart. n. 2. 90; geb. in Leinw. m. Goldschn. n.n. 5. —

Rang- und Anciennetäts-Liste des Offizier-Corps der Inspektion der Jäger und Schützen [inkl. Reserve- und Landwehr-Offiziere, sowie Portepee-Fähnriche] und des reitenden Feldjäger-Corps. 1883. Zusammengestellt im Bureau der Inspektion. Geschlossen am 1. Aug. 1883. gr. 8. (37 S.) Berlin 883, Mittler und Sohn. *

Jahr 1884 ist nicht erschienen.

Rang- u. Anciennetäts-Liste d. Offizier-Corps der Inspection der Jäger u. Schützen [inkl. Reserve- u. Landwehr-Offiziere sowie Portepee-Fähnriche] u. d. reitenden Feldjäger-Corps. 1885. [Fortsetzung der bezügl. Liste vom J. 1883.] Geschlossen am 15. Septbr. 1885. gr. 8. (37 S.) Berlin 885. Mittler & Sohn. n. 1. —

—— —— dass. — 1887. [Fortsetzung der bezügl. Liste vom J. 1885.] Geschlossen am 6. Juli 1887. gr. 8. (37 S.) Ebendas. 887. *

—— —— dass. — 1888. [Fortsetzung der bezügl. Liste vom J. 1887.] Geschlossen am 6. Aug. 1888. gr. 8. (56 S.) Ebendas. 888. *

Rang- u. Anciennetäts-Liste d. Offizier-Corps der Inspection der Jäger u. Schützen [einschl. Reserve- u. Landwehr-Offiziere, sowie Portepee-Fähnriche] u. d. Reitenden Feldjäger-Corps. 1890. [Fortsetzung der bezügl. Liste vom J. 1889.] Geschlossen am 2. Aug. 1890. gr. 8. (52 S.) Berlin, Mittler & Sohn. n. 1. —

Rang- u. Anciennetäts-Liste d. Offizier-Corps der Inspection der Jäger u. Schützen (einschließl. Reserve- u. Landwehr-Offiziere, sowie Portepee-Fähnriche) u. d. Reitenden Feldjäger-Corps. 1892. Zusammengestellt im Geschäftszimmer der Inspection. Geschlossen am 14. Septbr. 1892. gr. 8. (47 S.) Berl. 892, Mittler u. Sohn. * 1 —
1889, 1890 u. 1891. Ebd. à * 1 —.

Rang- u. Anciennetäts-Liste des Offizier-Corps der Inspektion der Jäger u. Schützen (einschl. Reserve- u. Landwehr-Offiziere, sowie Portepee-Fähnriche) u. des Reitenden Feldjäger-Corps. 1894. Zusammengestellt im Geschäftszimmer der Inspektion Geschlossen am 26. Septbr. 1894. gr. 8. (49 S.) Berlin 894. E. S. Mittler & Sohn. n. 1. —

Rang- u. Anciennetäts-Liste d. Offizierkorps d. Inspektion d. Jäger u. Schützen (einschl. Reserve- u. Landwehr-Offiziere, sow. Portepee-Fähnriche) u. d. Reitenden Feldjägerkorps. 1898. Zusammengest. im Geschäftszimmer d. Inspektion. Geschl. am 20. IX. 1898. gr. 8. (51 S.) Ebd. 898. n. 1. —

— — der Reserve-Landwehr-Regimenter [1. u. 2. Berlin] Nr. 35. Abgeschlossen im Juni 1885. 8. (II, 94 S.) Berlin 885. Eisenschmidt. n.n. 1. —

Rangliste

— der k. b a y e r i s c h e n Armee. für das Jahr 1811 Zum Besten der Invaliden-Anstalt. 8. München 1811.

Rang-Liste der Kgl. baier. Armee für 1811 u. 1823. München 1811. 1823.

R a n g l i s t e der Kgl. Preussischen Armee für 1793. 8. M 1 Taf. Berlin 1793. - ib. 1794. 1795. 1799.

R a n g l i s t e der k. p r e u s s i s c h e n Armee für das Jahr 1799 und 1803. (2 Bde.) 8. Berlin 1799 und 1803.

— der kön. preuß. Armee f. d. J. 1802—6. 2e Aufl. 8. Berl. 828. (Mittler). (à 8 gr) 2 ₰ Die Berichtigungen zur 1n Aufl. apart. 1 gr

Rangliste der Kgl. Preuß. Armee f. d. J. 1806, mit Nachrichten üb. d. nachher. Verhältniß der darin aufgeführt. Officiere u. Militair-Beamten. 2. Aufl. mit den seit dem Erscheinen eingetret. Veränderungen u. ermittelten Berichtign. Redig. v. Müller. 8. (24 B.) Berlin 828, (Mittler.)
Die Berichtigungen zur 1. Aufl. apart, 1 Gr.

Rangliste der Königl. Preuß. Armee für das Jahr 1806. — Namen-Register mit Nachrichten über das nachherige Verhältniß der darin aufgeführten Officiere und Militair-Beamten, enthaltend die Seitenzahl eines Jeden in beiden Auflagen. 8. Berlin 835. Mittler. 1/6 ₰
vgl. Rang- und Quartierliste ...

Rangliste der königl. preußischen Armee u. des XIII. (königl. württemberg.) Armeekorps f. 1902. Mit den Dienstalterslisten der Generale u. der Stabsoffiziere u. e. Anh., enth. das Reichsmilitärgericht, die ostasiat. Besatzungs-Brigade, die Marine-Infanterie, die kaiserl. Schutztruppen u. die Gendarmerie-Brigade in Elsaß-Lothringen. Nach dem Stande vom 1 VI. 1902. Auf Befehl Sr. Maj. des Kaisers u. Königs. Red.: Kriegsministerium, Geheime Kriegs-Kanzlei. gr. 8. (XXVI, 1354 S.) Berlin, E. S. Mittler & Sohn. n.n. 7. 50; in Pappbd. n.n. 8. 50; u. durchsch. n.n. 10. 50; geb. in Leinw. n.n. 9. —
Vergl.: Rang- u. Quartierliste.

Rangliste der königl. preuß. Armee u. des XIII. (königl. württembergischen) Armeekorps f. 1906. Mit den Dienstalterslisten der Generale u. der Stabsoffiziere u. e. Anh., enth. das Reichsmilitärgericht, das ostasiat. Detachement, die Marine-Infanterie, die kaiserl. Schutztruppen, die Gendarmerie-Brigade in Elsaß-Lothringen. Nach dem Stande vom 6. V. 1906. Auf Befehl Sr. Maj. des Kaisers u. Königs. Red.: Kriegsministerium, Geheime Kriegs-Kanzlei. (XXVI, 1394 S.) 8. Berlin, E. S. Mittler & Sohn. n.n. 7. 50; in Pappbd. n.n. 8. 50 u. durchsch n.n. 10. 50; geb. in Leinw. n.n. 9. —

Rangliste der Königlich Preussischen Armee und des 13 (Königlich Württembergischen) Armeekorps für 1908 u. 1914 Mit Dienstalterslisten der Generale und der Stabsoffiziere Berlin (1908 1914) 8°

— der königl. preußischen Armee u. des XIII. (königl. württembergischen) Armeekorps f. 1910. Mit den Dienstalterslisten der Generale u. der Stabsoffiziere u. e. Anh., enth. das Reichsmilitärgericht, die Marine-Infanterie, die kaiserl. Schutztruppen, die Gendarmerie-Brigade in Elsaß-Lothringen. Nach dem Stande vom 6. V. 1910. Auf Befehl Sr. Maj. des Kaisers u. Königs. Red.: Kriegsministerium, Geheime Kriegs-Kanzlei. (XXVI, 1448 S.) 8. Berlin, E. S. Mittler & Sohn. nn 7.50; in Pappbd. nn 8.50 u. durchsch. nn 10.50; geb. in Leinw. nn 9. -

—— der königl. sächs. Armee von den J. 1850—52. 8. Dresden. (Leipzig, Fr. Fleischer.) [1850. (VI und 157 S.) 1851. (VI und 190 S.) 1852. (VII und 206 S.) à ** 22½ Ngr.] **

Rangliste der Königl. Sächsischen Armee vom Jahre 1853—58. Dresden. (Leipzig, Fr. Fleischer.) 8. (53.: VII, 202 S.; 54.: VII, 208 S.; 55.: VIII, 211 S.; 56.: VIII, 214 S.; 57.: VIII, 219 S.; 58.: VIII, 223 S.) Jeder Jahrg. nn. 22½ ngr

Rangliste der Königl. Sächsischen Armee vom Jahre 1859—64. Dresden. (Leipzig, Fr. Fleischer.) 8. (VIII, 231 S.; VIII, 235 S.; VIII, 228 S.; VIII, 232 S.; VIII, 222 S.; VIII, 212 S.) Jeder Jahrg. nn. 22½ ngr

– der Königl. Sächsischen Armee von dem Jahre 1865. Dresden, Höckner. (Leipzig, Fr. Fleischer.) 8. (VIII, 212 S.) cart. n. 22½ ngr

— — 1866. Ebend. 8. (VIII, 215 S.) cart. n.n. 25 ngr

— — 1867. 1. u. 2., veränd. Aufl. u. 1868. Ebend. 8. (VIII, 266 S. u. X, 254 S.) Jeder Jahrg. n. 27½ ngr

— — 1869 u. 1870. Ebend. gr. 8. (X, 268 u. X, 273 S.) Jeder Jahrg. n.n. 25 ngr

— — der k. sächsischen Armee (XII. Armee Corps des norddeutschen Bundesheeres) vom Jahre 1869—1895. (21 Bde.)
8. Dresden 1869—1895.

Rangliste der k. sächsischen Armee (XII Armee-Korps des deutschen Heeres) für das Jahr. (Fortsetzung.) 1896—1905. (Fur das Jahr 1899 die Nachträge 1—3 beigebunden.) (10 Bde.)
8. Dresden 1896—1905.

Rangliste der königl. sächsischen Armee. [XII. Armeecorps d. norddeutschen Bundesheeres] vom J. 1871. 8. (XI, 380 S.) Dresden 871. (Höckner—Leipzig, Fr. Fleischer.) n.n. 2. 50

— dasselbe vom J. 1872. 8. (XI, 368 S.) Ebend 872. n.n. 2. 75

— dasselbe vom J. 1873—1876. 8. (à ca. 365 S.) Ebend. 873—76. à n.n. 3. -

Rangliste der königlich sächsischen Armee [XII. Armee-Corps des deutschen Heeres] vom Jahre 1878. 8. (XII, 372 S.) Dresden 878. (Burdach. — Höckner. — Leipzig, F. Fleischer.) cart. n.n. 3. —

— dasselbe, vom Jahre 1879. 8. (XII, 371 S.) Ebend. 879. cart. n.n. 2. 75

Rangliste der königl. Sächsischen Armee [12. Armee-Corps des Deutschen Heeres] vom J. 1880—1884. 8. (XII, 374; XII, 381; XII, 384; XIV, 399; XV, 409 S.) Dresden, (Burdach — Höckner. — Leipzig, F. Fleischer.) cart. à Jahrg. **

Rangliste der königl. sächsischen Armee [XII. Armee-Corps des deutschen Heeres] vom J. 1885 und 1886. 8. (XV, 420; XV, 417 S.) Dresden 885, (Warnatz und Lehmann. — Leipzig, F. Fleischer.) à Jahrg. cart. **

—— dass. — vom J. 1887. Nebst Verzeichniß der königl. sächs. Reserve- und Landwehr-Offiziere rc. nach ihren Patenten. 8. (XV, 445; Verzeichniß 77 S.) (Ebendas.) cart. und geh. **

—— der königl. sächsischen Armee [XII. Armee-Corps des deutschen Heeres] vom J. 1888. 8. (XV, 453 S.) (Ebendas.) cart. **

— der königl. sächsischen Armee [XII. Armeecorps d. deutschen Heeres] f. d. J. 1890. 8. (XIV, 470 S.) Dresden, (Heinrich). cart. n. 4. —

—— der königl. sächsischen Armee [XII. Armee-Corps d. deutschen Heeres] f. d. J. 1892. [Nach dem Stande vom 1. Febr.] 8. (XIV, 413 S.) Dresd., (Heinrich. — Höckner's Sort. — Lpz., Fleischer). cart. * 4 —

Rangliste der königl. sächsischen Armee (XII. Armee-Corps des deutschen Heeres) f. d. J. 1894. (Nach dem Stande vom 1. Jan.) 8. (XIV, 423 S.) Dresden 894. (C. Heinrich.) Kart. n. 4. —

Rangliste der königl. sächsischen Armee f. das J. 1899. (Nach d. Stande v. 1. I.) 8. (XIV, 461 S.) Dresden 898. (C. Heinrich. — Leipzig, F. Fleischer Verl.) Kart. n. 4. —

— der königl. sächsischen Armee f. d. J. 1902. (Nach dem Stande vom 1. I.) 8. (XVI, 481 S.) Dresden (C. Heinrich). Kart. n. 4 —

— der königl. sächsischen Armee f. d. J. 1906. (Nach dem Stande vom 1. I. 1906. (XIV, 506 S.) 8. Dresden (C. Heinrich). Kart. n. 4. —; Nachtrag (8 S.) n. — 15

— der königl. sächsischen Armee f. d. J. 1910 (nach dem Stande vom 24. XII. 1909). Hrsg. vom Kriegsministerium, Abteilg. f. die persönl. Angelegenheiten. (XIV, 158 S.) 8. Dresden, (C. Heinrich). Geb. 4. —

— des XIII. (königl. württembergischen) Armee-Korps f. 1902. Mit den Dienstalters-Listen der Offiziere, Sanitätsoffiziere u. Beamten des Aktiven- u. Beurlaubtenstandes sowie Angabe der nicht im Armeekorps-Verband befindl. Offiziere, Militärbehörden xc. Nach dem Stande vom 5. V. 1902. 8. (IV, 181 S.) Stuttgart, J. B. Metzler. n. 2. 50; kart. n. 2. 90; geb. in Leinw. m. Goldschn. n n. 5. —
Vergl.: Rang- u. Quartierliste.

— des XIII. (königl. württembergischen) Armeekorps f. 1906. Mit den Dienstalterslisten der Offiziere, Sanitätsoffiziere u. Beamten des aktiven Dienst- u. Beurlaubtenstandes sowie Angabe der nicht im Armeekorps-Verband befindl. Offiziere, Militär-Behörden xc. Nach dem Stande vom 6. V. 1906. (IV, 192 S.) 8. Stuttgart, J. B. Metzler. n. 2. 50; kart. n. 2. 90; geb. in Leinw. m. Goldschn. n. 5. —

— des XIII. (königl. württembergischen) Armeekorps f. 1910. Mit den Dienstalterslisten der Offiziere, Sanitätsoffiziere u. Beamten des aktiven Dienst- u. Beurlaubtenstandes, sowie Angabe der nicht im Armeekorps-Verband befindl. Offiziere, Militär-Behörden xc. Nach dem Stande vom 6. V. 1910. (IV, 212 S.) 8. Stuttgart, J. B. Metzler. 2. 50; geb. 2. 90

— X. Armeekorps einschließlich Reserve u. Landwehr. Adreßbuch-Rangliste der Offiziere, Beamten u. Behörden, Geschäftszimmer u. Kasinos der dem X. Armeekorps zugehör. Truppenteile u. Militärbehörden, sowie des großherzogl. oldenburg. u. des herzogl. braunschweig. Hofes. 17. Ausg. Stand vom 1. XI. 1910. (IV, 162 S.) kl. 8. Hannover, Hartmann & Co. (Durch Schmorl & v. Seefeld Nachf.) 2. 40

— der Baubeamten 1883. Enth.: I. Reichs-Baubeamte, II. Königl. Preuss. Baubeamte, III. Regierungs-Baumeister, als Anh. IV. Maschinen-Techniker u. höhere Verwaltungs-Beamte der Staatseisenbahnen. Bearb. in e. Kreise v. Betheiligten. Mit e. Vorwort v. Frz. Woas. 8. (XVI, 200 S.) Saarbrücken 884. (St. Johann-Saarbr., Bock & Seip.) n. 2. —

— der Baubeamten. Enth.: I. Reichs-Baubeamte, II. königl. preuss. Baubeamte, III. Regierungs-Baumeister. 1886. Hrsg. v. Frz. Woas. 8. (IV, 180 S.) Berlin 886. (Leipzig, Heitmann.) n. 3. —

Rangliste der Baubeamten. Enth.: I. Reichs-Baubeamte, II. Königl. Preuss. Baubeamte, III. Regierungs-Baumeister. 1889. Hrsg. v. Frz. Woas. 12. (202 S.) Berlin, Frz. Woas. n.n. 3. —

— der Baubeamten. Enth.: I. Reichs-Baubeamte. II. Königl. preuss. Baubeamte. III. Regierungs-Baumeister. 1898. Hrsg. v. Frz. Woas. 12. (229 S.) Wiesbaden 898. F. Woas. n n. 2. 50

— der Baubeamten. Enth.: I. Reichs-Baubeamte. II. Königl. preuss. Baubeamte. III. Regierungs-Baumeister. 1901/2. Hrsg. v. Frz. Woas. 12. (VIII, 232 S.) Wiesbaden [F. Woas]. Feller & Gecks. n.n. 2. 50

Rangliste d. preussischen, elsass-lothringisch. u. Reichs-Baubeamten. Begründet von Frz. Woas. Fortgeführt v. Albin Eckhardt. XV. Ausg. Nach d. Stande vom März 1910. Auf Grund amtl. Materials verfasst. Hinsichtlich d. Baubeamten d. allgem. Bauverwaltg. durchgesehen in den Bureaux der Bauabteilgn. des Ministeriums der öffentl. Arbeiten. (VI, 215 S.) kl. 8. Marburg, K. Cauer. 2. 50

— der preussischen u. Reichsbaubeamten. Begründet von Frz. Woas. Auf Grund amtl. Materials verf. Hinsichtlich der Baubeamten der allgem. Bauverwaltung durchgesehen in den Bureaus der Bauabteilgn. des Ministeriums d. öffentl. Arbeiten. 1906/7. XII. Ausg. (V, 254 S.) kl. 8. Marburg, K. Cauer. n. 2. 50; geb. n. 3. —

Rangliste von Beamten der Kaiserlich Deutschen Marine. Abgeschl. am 30. April 1893. Zsgest. nach amtl Quellen. Berlin 1893. 8°.

— von Beamten der kaiserl. deutschen Marine. (2. Jahrg. 1894.) Abgeschlossen im Mai 1894. Zusammengestellt nach amtl. Quellen. gr. 8. (VII, 109 S.) Ebd. 894. n. 2. —; geb. n.n. 2. 50

[J.] Rangliste von Beamten der Kaiserlich Deutschen Marine. Abgeschlossen im Juli 1898. Redig. im Reichs-Marine-Amt. *Berlin: E. S. Mittler & Sohn 1898.* (VII, 134 S.) 1 Bd 8. (pt. 9369

Rangliste von Beamten der Kais. Deutschen Marine. Berlin 1899, 1900. 8°

— von Beamten der kaiserl. deutschen Marine f. d. J. 1902. Nach dem Stande Mitte Mai 1902. Red. im Reichs-Marine-Amt. gr. 8. (XII, 204 S.) Ebd. n. 1.50; geb. in Leinw. n.n. 2. —

— von Beamten der kaiserl. deutschen Marine f. d. J. 1906. Nach dem Stande von Ende Mai 1906. Red. im Reichs-Marine-Amt. (XV, 268 S.) 8. Ebd. n. 2. 50; geb. in Leinw. n. 3. —

— von Beamten der kaiserl. deutschen Marine für d. J. 1910. Nach dem Stande vom 15. V. 1910. Red. im Reichs-Marine-Amt. (XV, 327 S.) 8. Ebd. 2. 25; geb. in Leinw. n 2. 75

Berichtigte Rangliste der Preussischen Generalität und Stabsoffiziere, nebst einer Nachricht von dem gegenwärtigen Zustand der Kaiserl. Russischen Kriegsmacht. 8. Berlin 1783.

Rangliste, deutsche, (kleine Rangliste) des aktiven Offizierkorps der deutschen Armee u. seines Nachwuchses, umfassend königl. preuß. Armee, XIII. königl. württemberg. Armeekorps, königl. sächs. u. königl. bayer. Armee, ferner Marine-Infanterie, kaiserl. Schutztruppen, ostasiat. Detachement u. Reichsmilitärgericht. Abgeschlossen am 14. XI. 1908. (VI, 428 S.) 8. Oldenburg (908). G. Stalling's Verl. 2.75; geb. in Leinw. 3. 50

— deutsche, umfassend das gesamte aktive Offizierkorps (einschließlich der wiederverwendeten Offiziere z. D.) der deutschen Armee u. Marine u. seinen Nachwuchs nach dem Stande v. 26. XI. 1909. (VIII, 559 S.) 8. Oldenburg (909). G. Stalling's Verl. 2. 75; geb. in Leinw. 3.50

Rang- u. Dienstalters-Liste des Offizierskorps der Inspektion der Jäger u. Schützen (einschl. Reserve- u. Landwehr-Offiziere, sowie Fähnriche) u. des Reitenden Feldjägerkorps. 1900. Zusammengestellt im Geschäftszimmer der Inspektion. Geschlossen am 20. XI. 1900. gr. 8 (53 S.) Berlin 900. E. S. Mittler & Sohn. n. 1. —
Nicht mehr im Handel.

Rangliste des aktiven Dienststandes der königl. preuss. Armee und des XIII. (k. württemb.) Armeekorps. Mit den Dienstalterslisten der Generale und Stabsoffiziere und einem Anhang enthaltend das Reichsmilitärgericht, das Armee-Oberkommando in Ostasien, das Ostasiatische Expeditionskorps, die Marine-Infanterie und die kaiserlichen Schutztruppen. Nach dem Stande vom 1. Oktober 1900, 1. Juni 1901 und 1902, 6. Mai 1903 und 1904. (5 Bde.)
8. Berlin 1900—1904

Rangs- und Eintheilungs-Liste des E. H. Rainer 59. Linien-Infanterie-Regiments. Gestellt bis 3. April 1857. J. Oberers lith. Anstalt. (27 S. litographirt. 4.)

Rangs- und Eintheilungs-Liste des k. k. Generalstabes. November 1884, 1885, Mai 1886, 1887, März 1900. (5 Bde.)
8. Wien 1884—1900

Rangs- und Eintheilungs-Liste S. M. Kriegs-Marine. Richtig gestellt bis 15. Novbr. 1876. 8. (101 S.) Wien 876. (Pola, Schmidt.) ** 1 20
—— —— dass. — Richtig gestellt bis 15. Aug. 1877. 8. (103 S.) Wien 877. (Ebendas.) ** 1 20
—— —— dass. — Richtig gestellt bis 15. Aug. 1878. 8. (103 S.) Wien 878. (Ebendas.) ** 1 20
—— —— dass. — Richtig gestellt bis 15. Mai 1879. 8. (103 S.) Wien 879. (Ebendas.) * 1 35

Rangs- und Eintheilungs-Liste der k. k. Kriegs-Marine. Richtig gestellt bis 15. Mai 1876; ferner bis 15. Februar, 15. Mai, 15. August, 15. November 1878—1895. 8. Wien 1878—1895.

Rangs- und Eintheilungs-Liste der k. k. Kriegs-Marine. 1880—1885. 8. (à Jahrg. ca. 120 S.) Wien, (Pola, Schmidt.) à Jahrg. *

Rangs- und Eintheilungs-Liste der k. k. Kriegs-Marine. Richtig gestellt bis 15. Mai 1885. 8. (128 S.) Wien 885. (Pola, Schmidt.) *

—— —— dass. — Richtig gestellt bis 15. Novbr. 1885. 8. (126 S.) (Ebendas.) 885. *

—— —— dass. — Richtig gestellt bis 15. Mai 1886. 8. (126 S.) Ebendas. 886. *

Rangs- u. Eintheilungs-Liste der k. k. Kriegs-Marine. Richtig gestellt bis 15. Mai 1889. (147 S.) 889. * 1 —; bis 15. Febr. 1890. (137 S.) 890. * 1 20; bis 1. Aug. 1890. 8. (139 S.) Wien 890. (Triest, Schimpff.) ** 1 —
Die Fortsetzung ist in der k. k. Hof- u. Staatsdruckerei in Wien erschienen, es sind jedoch alle Jahrgänge vergriffen.

Rangs- und Eintheilungs-Liste der k. und k. Kriegs-Marine. Richtig gestellt bis 15. November 1889. 8. (137 S.) —.50
Wien: Hof- u. Staatsdruckerei.

Rangs- und Eintheilungsliste der k. u. k. Kriegs-Marine. Richtiggestellt bis 15. Mai 1890. 8. (139 S.) Ebd. —.50

Rangs- und Eintheilungs-Liste der k. und k. Kriegs-Marine. Richtig gestellt bis 1. August 1890. 8. (139 S.) Ebd. —.50

Rangs- und Eintheilungs-Liste der k. u. k. Kriegs-Marine. Richtig gestellt bis 15. Mai 1891. 8. (145 S.) Ebd. —.50

Rangs- und Eintheilungs-Liste der k. u. k. Kriegsmarine. Richtig gestellt bis 1. September 1891. 8. (145 S.) Ebd —.50

Rangs- und Eintheilungsliste der k. und k. Kriegs-Marine. Richtig gestellt bis 15. November 1891. 8. (146 S.) Ebd —.50

Rangs- und Eintheilungs-Liste der k. u. k. Kriegs-Marine. Richtig gestellt bis 15. Mai 1892. 8. (156 S.) Ebd —.50

Rangs- und Eintheilungs-Liste der k. u. k Kriegs-Marine Richtig gestellt bis 15. November 1892. 8. (173 S.) Ebd —.50

Rangs- und Eintheilungsliste der k. u. k. Kriegsmarine. Richtig gestellt bis 15. Februar 1893. 8. (171 S.) Ebd. —.50

Rangs- und Eintheilungs-Liste der k. u. k. Kriegs-Marine. Richtiggest. bis 15. Mai 1893. 8. (190 S.) Ebd —.50

Rangs- und Eintheilungsliste der k. und k. Kriegs-Marine. Richtig gestellt bis 1. Sept. 1893. 8. (186 S.) Ebd

Rangs- und Eintheilungsliste der k. u. k. Kriegs-Marine. Richtig gestellt bis 15. November 1893. 8. (185 S.) Ebd. —.50

Rangs- und Eintheilungs-Liste der k. u. k. Kriegs-Marine. Richtig gestellt bis 15. Mai 1894. 8. (197 S.) Ebd —.50

Rangs- u. Eintheilungs-Liste der k. u. k. Kriegs-Marine. Richtig gestellt bis 1. Septbr. 1894. 8. (190 S.) Wien, (Hof- u. Staatsdruckerei). n. 1 —

Rangs- und Eintheilungs-Liste der k. u. k. Kriegs-Marine. Richtig gestellt bis 15. November 1894. 8. (209 S.) Ebd —.70

Rangs- und Eintheilungs-Liste der k. u. k. Kriegs-Marine. Richtig gestellt bis 15. Mai 1895. 8. (210 S.) Ebd —.70

Rangs- und Eintheilungs-Liste der k. u. k. Kriegs-Marine. Richtig gestellt bis 15. November 1895. 8. (209 S.) Ebd —.70

Rangs- und Eintheilungsliste der k. und k. Kriegs-Marine (Fortsetzung.) Richtig gestellt bis 15. Mai, 1. September, 15. November, 1896; 1. März, 15. Mai, 1. September, 15. November 1897; 15. Februar, 10. Mai, 1. September, 15. November 1898; 15. Februar, 15. Mai, 1. September, 15. November 1899; 1. März, 15. Mai, 1. September, 15. November 1900; 15. Februar, 1. August, 10. November 1901; 16. Mai, 16. September 1902, 1. Jänner, 12. Juni 1903 und 1. Jänner, 14. Juni, 27. September, 15. November 1904. (30 Bde.)
8. Wien 1896—1904

Rangs-Eintheilungsliste der k. u. k. Kriegs-Marine. Richtig gestellt bis 15. Mai 1896. 8. (209 S.) Wien: Hof- u. Staatsdruckerei. —.70

Rangs- und Eintheilungs-Liste der k. u k. Kriegs-Marine. Richtig gestellt bis 15. Mai 1896. 8. (209 S.) Ebd —.70

Rangs-Eintheilungs-Liste, der k u. k Kriegs-Marine. Richtiggestellt bis 1. September 1896 8. (212 S.) Ebd —.70

Rangs-Eintheilungs-Liste der k. u. k. Kriegs-Marine. Richtiggestellt bis 15. Mai 1897. 8. (21 S.) Ebd —.70

Rangs- und Eintheilungs-Liste der k. u. k. Kriegs-Marine. Richtig gestellt bis 1. September 1897. 8. (212 S.) Ebd —.70

Rangs- und Eintheilungs-Liste der k. u. k. Kriegs-Marine. Richtig gestellt bis 15. November 1897 8. (212 S.) Ebd. .70

Rangs- und Eintheilungs-Liste der k. u. k. Kriegs-Marine. Richtig gestellt bis 15. Februar 1898. 8. (212 S.) Ebd. -.70

Rangs-Eintheilungs-Liste der k. u. k. Kriegs-Marine. Richtiggestellt bis 15. Mai 1898. 8. (212 S.) Ebd —.70

Rangs- u. Eintheilungs-Liste d. k. u. k. Kriegs-Marine. Richtig gestellt bis 1. IX. 1898. 12. (213 S.) Wien 898. (Hof- u. Staatsdruckerei.) n. 1.40

Rangs- und Eintheilungs-Liste der k. u. k. Kriegs-Marine. Richtig gestellt bis 15. November 1898 8. (214 S.) Ebd. —.70

Rangs- und Eintheilungs-Liste der k. und k. Kriegs-Marine. Richtig gestellt bis 15. Februar 1899. Wien. 1899. Hof- und Staatsdruckerei. 8°. 212 S. fl. —.70

Rangs- und Eintheilungs-Liste der k. und k. Kriegs-Marine. Richtig gestellt bis 15. Mai 1899 Wien. 1899. Hof- und Staatsdruckerei. 8° 212 S. fl. — 70

Rangs- und Eintheilungs-Liste der k. und k. Kriegsmarine. Richtig gestellt bis 1. September 1899. Wien. 1899. Hof- und Staatsdruckerei. 8°. 200 S. fl. —.70

Rangs- und Eintheilungsliste der k. u. k. Kriegs-Marine. Richtig gestellt bis 15. November 1899. Wien. 1899. Hof- und Staatsdruckerei. 8°. 201 S. fl. 70

Rangs- und Eintheilungs-Liste der k. und k. Kriegs-Marine. Richtig gestellt bis 15. Mai 1900. Wien. 1900. Hof- und Staatsdruckerei. 8°. 206 S. K 1.40

Rangs- und Eintheilungs-Liste der k. und k. Kriegs-Marine. Richtig gestellt bis 1. September 1900. Wien. 1900. Hof- und Staatsdruckerei. 8°. 205 S. K 1.40

Rangs- und Eintheilungs-Liste der k. und k. Kriegs-Marine. Richtig gestellt bis 15. November 1900. Wien. 1900. Hof- und Staatsdruckerei. 8°. 205 S. K 1.46

Rangs- und Eintheilungs-Liste der k. und k. Kriegs-Marine. Richtiggestellt bis 15. Februar 1901. Wien. 1901. Hof- und Staatsdruckerei. 8°. 207 S. K 1.40

Rangs- und Eintheilungs-Liste der k. und k. Kriegs-Marine. Richtiggestellt bis 15. Mai 1901. Wien. 1901. Hof- und Staatsdruckerei. 8°. 208 S. K 1.40

Rangs- und Eintheilungliste der k. k. Kriegs-Marine. Richtiggestellt bis 1. August 1901. Wien. 1901 Hof- und Staatsdruckerei. 8°. 208 S. K 1.40

Rangs- und Eintheilungs-Liste der k. und k. Kriegs-Marine. Richtig gestellt bis 10. November 1901. Wien. 1901. Hof- und Staatsdruckerei. 8° 208 S. K 1.40

Rangs- und Eintheilungs-Liste der k. und k. Kriegs-Marine. Richtiggestellt bis 15. Februar 1902. 8°. (207 S.) K 1.40 Wien. Hof- u. Staatsdruckerei.

Rangs- u. Eintheilungsliste der k. u. k. Kriegs-Marine. Richtig gestellt bis 16. IX. 1902. 12. (208 S.) Wien (Hof- u. Staatsdruckerei.) n. 1.40

Rang- u. Einteilungsliste der k. u. k. Kriegs-Marine. Richtig gestellt bis 12. VI. 1903. (222 S.) 12. Wien (Hof- u. Staatsdruckerei.) n. 1.40
Fortsetzung, s.: Einteilungsliste.

Rang- u. Einteilungsliste der k. u. k. Kriegsmarine. Richtiggestellt bis 6. IX. 1910. (244 S.) gr. 8. Wien 910. Hof- u. Staatsdruckerei. 2.—

Rang und Eintheilungs-Liste der bei der k. ung. Landwehr in Dienstverwendung stehenden Officiere des Generalstabes, der dem Generalstabe zugetheilten k. ung. Landwehr-Officiere und der beim Generalstabe in Evidenz stehenden Officiere des Truppenstandes. Mai 1902. 8. Budapest 1902.

Rangs- und Eintheilungs-Liste des k. k. 44. Linien-Infanterie-Regiments Erzherzog Albrecht. Prag, 1855. Druck der k. k. Hof-Buchdruckerei von Gottlieb Haase Söhne. (18 S. qu. 4.)

Rangs- und Eintheilungsliste des k. k. 60. Linien-Infanterie-Regiments Prinz Gustav v. Wasa. Wien. 1856. Mechitharisten-Buchdruckerei. (16 S. qu. 4.) geh.

Rang und Eintheilungsliste der Offiziere, Kadetten und länger dienenden Unteroffiziere des k. u. k. Infanterieregiments Erzherzog Eugen Nr. 41 8. Czernowitz 1901.

Rangs- und Eintheilungs-Liste sämmtlicher Stabs- u. Ober-Offiziere des k. k. 7 Linien-Infanterie-Regiments. Klgft., Leon, 1863—66. 4 Hefte.

Rangs- und Eintheilungsliste sämmtlicher Herrn Stabs- und Ober-Offiziere, Stabs-Parteien, Feldwebels, Kadeten und Expropriis des E. H. Rainer Ferdinand 59. Linien Infanterie-Regiments. Gestellt bis 11. Dezember 1855. Oberers Lithogr. in Salzburg. (27 S. 1 Bl. 4.)

Rangliste aller Generale rc. d. franzöſ. Armee. 8. Frkf. 796. Behrens, 10 𝔎

Rangliste der Preuss. Generalstät, nebst Nachricht von dem gegenwärtigen Zustande der Russischen Kriegsmacht. 1783.

Rangsliste der russischen Generalstabs-Officiere. Richtig gestellt bis 25. October 1879. (In russischer Sprache.)
kl. 8. St. Petersburg 1879.

Rangs Liste der k. k. Genie-Waffe. (Donation Liechtenstein.)
8. Wien 1865.

(Claus v.) Bredow – (Ernst v.) Wedel. Historische Rang- und Stammliste des deutschen Heeres. Bearb. von Claus v Bredow, Gen.Major z. D) Berlin: A. Scherl (1905). (XXI, 1442 S.) 8° [F.]

Rangliste der Intendantur-Beamten in der kgl. preuss. Armee und der kaiserl. Marine pro 1873—1875. gr. 4. (à 15 S.) Berlin, Mittler und Sohn. à Jahrg. * 1 —

— der Intendantur-Beamten in der königl. preuss. Armee u. kaiserl. Marine pro 1874—1876. gr. 4. (à 15 S.) Berlin, Mittler & Sohn. à n. 1. —

Rang- u. Klassenliste der kgl. Aufschlag-Verwalter, Aufschlag-Einnehmer u. Steueraufseher vom 1. Juli 1890 ab. Von e. kgl. Aufschlag-Einnehmer. 12. (51 S.) Würzburg, Staudinger. n. — 45

—— kleine, der königl. sächsischen Armee [XII. Armeecorps des deutschen Heeres]. Enthaltend: Eintheilung des XII. Armeecorps mit Angabe sämmtlicher Offiziere und Anciennitätsliste nach der Neueintheilung vom 1. April 1887. 8. (40 S.) Leipzig, v. Biedermann. **

—— kleine, der königl. sächsischen Armee [12. Armeecorps des deutschen Heeres]. 1888. 2. Ausg. 8. (40 S.) Ebendas. **

— kleine, der königl. sächsischen Armee [XII. Armeecorps d. deutschen Heeres]. 1890. 4. Ausg. 8. (40 S.) Leipzig, v. Biedermann. n. — 40

Rangliste, kleine, d. königl. sächsischen Armee [XII. Armee-Corps d. deutschen Heeres]. 1892. 6. Ausg. 8. (40 S.) Lpz., v. Biedermann.
Beide sächs. Ranglisten, die große u. die kleine, erscheinen jährlich. * — 40

— kleine, der königl. sächsischen Armee (XII. Armee-Corps des deutschen Heeres). 1894. 9. Ausg. Abgeschlossen am 1. Mai. 8. (40 S.) Leipzig 894. F. W. v. Biedermann. n. — 40

— kleine, der königl. sächsischen Armee (XII. Armeecorps d. deutschen Heeres). 1898. 13. Ausg. Abgeschlossen am 1. VI. 8. (48 S.) Leipzig 898. F. W. v. Biedermann. n. — 50

— kleine, der königl. sächsischen Armee (XII. u. XIX. Armeekorps des deutschen Heeres). 1902. Abgeschlossen am 1. VI. 17. Ausg. 8. (47 S.) Leipzig, F. W. v. Biedermann. n. — 50

— kleine, der königl. sächsischen Armee. (XII u. XIX. Armeekorps des deutschen Heeres). 1906. Abgeschlossen am 1. VI. 21. Ausg. (48 S.) 8. Leipzig, F. W. v. Biedermann. n. — 50

— kleine, der königl. sächsischen Armee (XII. u. XIX. Armeekorps des deutschen Heeres). 1910. Abgeschlossen am 1. VI. 25. Ausg. (47 S.) 8. Leipzig, F. W. v. Biedermann. — 50
Erscheint nicht mehr.

Rangliste, Kleine, des aktiven Offizierkorps der deutschen Armee und seines Nachwuchses, enthaltend die Kgl. Preußische Armee mit dem XIII. (Württembergischen) Armeekorps, die Kgl. Sächsische und Kgl. Bayerische Armee, ferner das Reichsmilitärgericht, das Ostasiatische Detachement, die Marine-Infanterie und die Kaiserlichen Schutztruppen. Ausg. 1907. Oldenburg, 1907. 297 S.

— der Corps- u. Oberrossärzte u. Personal- u. Garnisonverzeichniss d. deutschen Veterinär-Corps, s.: Veterinär-Kalender, deutscher.

— der mittleren Laufbahn der kgl. preuss. Zoll- u. Steuerverwaltung f. d. J. 1905, hrsg. v. A. Struck. (III, 96 S.) gr. 8. Berlin 905. E. Schneider. n. 1. 25
Bisher u. d. T.: Stand- u. Rangliste der königl. preuss. Verwaltung der Zölle u. indirekten Steuern. II. Tl.

— des Norddeutschen Lloyd Bremen. Ausg. vom 1. VIII. 1906. (71 S.) 8. Bremerhaven, Schipper, Mocker & Co. n.n. 1. 25

— des Norddeutschen Lloyd Bremen. Ausg. vom 1. VIII. 1906. Mit Nachtrag vom 1. VIII. 1907. (71 u. 22 S.) 8. Bremerhaven, A. Mocker. nn 1. 50

Rangliste der Kais. Deutschen Marine. Jg 1874 ff. Berlin. 8°.

Rangliste der kaiserlich deutschen Marine 1880—1895. Auf Befehl Seiner Majestät des Kaisers und Königs. Redaction: Die kaiserliche Admiralität. (16 Bde.) 8. Berlin 1880—1895.

—— der kaiserl. deutschen Marine f. d. J. 1892. [Abgeschlossen am 30. Novbr. 1891.] Red. im Marine-Kabinet. gr. 8. (VI, 178 S.) Berl. 892, Mittler u. Sohn. * 2 50; geb. ** 3 20
Erscheint jährlich; bis 1891 u. d. T.: Rang u. Quartier-Liste — Nachträge, apart à * — 50; für die Abnehmer des Hauptwerks kostenlos.

—— dass. — Nachtrag. [Abgeschlossen 25. Mai 1892.] gr. 8. (48 S.) Ebd. 892. ** — 50; f. Abnehmer der Rangliste kostenlos.

Rangliste der Kaiserl. Deutschen Marine für 1894—99. Berlin.

— der kaiserl. deutschen Marine f. d. J. 1895. Abgeschlossen am 30. Novbr. 1894.) Auf Befehl Sr. Maj. des Kaisers u. Königs. Red. im Marine-Kabinet. gr. 8. (VI, 214 S.) Berlin 894. E. S. Mittler & Sohn. n. 2. 50; geb. in Leinw. n.n. 3. 20

Rangliste der kaiserlich deutschen Marine (Fortsetzung) für das Jahr 1896—1900. (Mit je 1 Nachtrag für 1896—1898: für die Jahre 1899 und 1900 je 2 Ausgaben.) Auf Befehl seiner Majestät des Kaisers und Königs. Redaction Die kaiserliche Admiralität. (14 Bde.)
8. Berlin 1896—1900.

— d. kaiserl. deutschen Marine f. d. J. 1899. (Abgeschl. am 30. XI 1898.) Auf Befehl Sr. Maj. d. Kaisers u. Königs. Red. im Marine-Kabinet. gr. 8. (VI, 246 S.) Berlin 898. E. S. Mittler & Sohn. n. 2. 50; geb. in Leinw. n.n. 3. 20

— der kaiserl. deutschen Marine f. d. J. 1899 Nachtrag. (Abgeschlossen am 25. V. 1899.) Auf Befehl Sr. Maj. des Kaisers u. Königs. Red. im Marine-Kabinet. gr. 8. (71 S.) Berlin, E. S. Mittler & Sohn. n. — 60
Hauptwerk Ebd. 898. n. 2. 50; geb. n. 3. 20.

— der Kais. Deutschen Marine für 1900 und vom 8. Mai 1900. Berlin 1900. 8°

— dasselbe f. d. J. 1902. Nachtrag. Nach dem Stande vom 21. X. 1902. Auf Befehl Sr. Maj. des Kaisers u. Königs. Red. im Marine-Kabinet. gr. 8. (VI, 175 S.) Ebd. n. 1. 50
Hauptwerk erschien u. d. T.: Rang- u. Quartierliste.

Rangliste der kaiserlich deutschen Marine für das Jahr 1903 u 1904. (Mit je 1 Nachtrag für 1903 u. 1904.) Auf Befehl Seiner Majestät des Kaisers und Königs. Redigiert im Marine-Kabinet. (4 Bde.)
8 Berlin 1903—1904.

— der kaiserl. deutschen Marine f. d. J. 1906. Mit einem Anh., enth. d. Deckoffiziere. Nach dem Stande vom 5 V. 1906. Auf Befehl Sr. Majestät des Kaisers u. Königs. Red. im Marine-Kabinett. (XV, 280 u. 66 S.) 8. Berlin, E. S. Mittler & Sohn. n. 2. 50; geb. in Leinw. n. 3. 25

— dasselbe. Nachtrag. Nach dem Stande vom 27. X. 1906. Auf Befehl Sr. Maj. des Kaisers u. Königs. Red. im Marine-Kabinett. (200 S.) 8. Ebd. n. 1. 50

— der kaiserl. deutschen Marine für d. J. 1910. Mit e. Anh., enth. die Deckoffiziere. Nach dem Stande v. 9. V. 1910. Auf Befehl Sr. Maj. d. Kaisers u. Königs. Red. im Marine-Kabinett. (XV, 327 u. 79 S.) 8. Berlin, E. S. Mittler & Sohn. 2.50; geb. in Leinw. n 3. 25

— dasselbe. Nachtrag. Nach dem Stande vom 3. XI. 1910. Auf Befehl Sr. Maj. des Kaisers u. Königs. Red. im Marine-Kabinett. (236 S.) 8. Ebd. 1.50; geb. n 2. 25

— sämmtlicher Oberste der Armee nach dem Armeerang, dann Stabs-Oberofficiere u. Cadeten der Linien- u. Grenz-Infanterie, Jäger, Cavallerie, Artillerie u. Genie m. Berücksicht. der erfolgten Vereinigg. der Concretual-Statuse der Linie u. Grenz-Infanterie endlich der m. Wartegebühr beurlaubten zur Friedensanstellg. vorgemerkten u. der Reserve-Officiere. Auf den Standes-Abschluss m. 15. Mai 1873. gr. 8. (136 S.) Lemberg 873. (Teschen, Prochaska.) n.n. 1. 50

Rangliste der Offiziere des Beurlaubtenstandes der Königlich Preußischen Armee nach Waffengattungen getrennt, mit Angabe d. Patente, d. Wohnungen u. d. Zivilstellungen zsgest. von [Siegmund] Radziejewski. Jg [1] 1905. Berlin 'Die Yacht' (1905). 8° (05. 908)

— der Offiziere des Beurlaubtenstandes der königl. preußischen Armee nach Waffengattungen getrennt, mit Angabe der Patente, der Wohnungen u. der Zivilstellungen. Nach dem Stande vom 19. X. 1906 zusammengestellt v. Radziejewski. Jahrg. 1906. 2 Bde. gr. 8. Berlin, Verlag Dr. Wedekind & Co. Geb. à n. 4. 50; in 1 Bd. n. 6. —
1. Infanterie m. Marineinfanterie u. Jäger. (V, 324 S.)
2. Kavallerie, Feld- u. Fußartillerie, Pioniere, Verkehrstruppen, Train. (IV, 25? S.)

— der Offiziere der Feld-Artillerie, nebst Anciennetäts-Listen der Generalität u. Stabs-Offiziere. April 1887. gr. 8. (39 S.) Berlin, Mittler & Sohn. n. — 40

— der Grossherzoglichen Mecklenburg-Schwerin'schen Officiere. Wismar 862. Gundlach. (1 Tab. in gr. Fol.) n. 7⅓ ngr.

— — (Neue Ausg.) Ebend. 864. n. 10 ngr.

Rangliste der Grossherzogl. Mecklenburg-Schwerin'schen Officiere. 3. Aufl. Wismar 865. Gundlach. 1 Tab. in gr. Fol. n. 10 ngr.

Rang- u. Quartier- sowie Anciennetäts-Liste der kaiserl. Marine f. d. J. 1875. [Abgeschlossen am 1. Juni.] Red.: Die kaiserl. Admiralität. gr. 8. (V, 106 S.) Berlin 875. Mittler & Sohn. n. 2. –

Rang- und Quartier-, sowie Anciennetäts-Liste der kaiserlichen Marine für das J. 1876. [Abgeschlossen am 1. Decbr. 1875.] Mit Genehmigung Sr. Maj. des Kaisers und Königs. Redact.: Die kaiserl. Admiralität. gr. 8. (V, 104 S.) Berlin 877, Mittler und Sohn. * 2 —
—— —— dass. — für die J. 1877/78. [Abgeschlossen am 1. Decbr. 1877.] gr. 8. (V, 107 S.) Ebendas. 878. * 2 —
—— —— —— dass. — für das J. 1879. [Abgeschlossen am 1. Decbr. 1878.] gr. 8. (V, 113 S.) Ebendas. 879. * 2 —
—— —— —— dass. — für das J. 1880. [Abgeschlossen am 1. Decbr. 1879.] gr. 8. (V, 117 S.) Ebendas. 880. * 2 —

Rang-, Quartier- und Anciennetätsliste der Offiziere und Offizier-Aspiranten in der Königlich Preußischen activen Armee und Marine. Mit Einschluß der Veränderungen bis zum April 1863. Berlin 863. Voß. gr. 8. (VIII, 184 S.) n. 20 ngr.

Rangliste (1817 ff.:) Rang- und Quartierliste der Königlich Preußischen Armee (1894 ff.:) und des 13. (Königlich Württembergischen) Armeekorps. (1844 ff.:) Nebst den Anciennitäts-Listen der Generalität und der Stabsoffiziere. Berlin. 103 Bde
Für die Jahre 1794—97. 1799. 1802—05. 1806. 1817. 1819. 1821—23. 1825—27. 1830—63. 1865—1912.

Rang- u. Quartierliste d. k. preuß. Armee f. d. J. 1817—32. Redig. v. Kriegsr. Müller. 8. Berl., (Mittler). 1817—28 à 20 Sgr, 1829—32 à 1 ℛ 3 Sgr

Rang- u. Quartier-Liste der Königl. Preuß. Armee für die Jahre 1833—1840. Mit Genehmigung d. Königs. Redact.: Kriegsrath Müller. Mit Tabellen: Uebersicht der Armee-Eintheilung ꝛc. 8. Berlin 833—40. Mittler. (à n. 1⅛ ℛ) 9 ℛ

Rang- u. Quartier-Liste der Königlich Preuß. Armee für das Jahr 1841—1846. Mit Genehmigung Seiner Majestät des Königs. Redacteur: Kriegsrath Müller. 8. (Mit Tabellen.) Berlin 841—46, Mittler. à n. 1⅛ ℛ baar à 1 ℛ

Rang- u. Quartier-Liste der K. Preuß Armee f. die Jahre 1847—1852. Nebst den Anciennetäts-Listen der Generalität, Stabs- u. Subaltern-Officiere. 1847 u. 1848. Red.: Müller. 1849—1852. Red.: Die Königl. Geh. Kriegs-Kanzlei. 8. (47 : 588 S. mit lithochrom. Titel u. 1 Tab. in Fol. 48 : 508 u. LXXVI S. mit 1 Tab. in Fol. 49 : 609 S. mit 1 Tab. in Fol. 50 : 526 u. LXXXVIII S. mit 1 Tab. in Fol. 51 : 600 S. mit 1 Lithochrom. u. 1 Tab. in Fol. 52 : 601 S. mit 1 Tab. in Fol.) Berlin, Mittler & Sohn. à n. n. 1 ℛ

Rang- und Quartier-Liste der Königlich Preussischen Armee. Nebst den Anciennetäts-Listen der Generalität, Stabs- und Subaltern-Officiere Redaction Die Königliche Geheime Kriegs-Kanzlei. Für das Jahr 1852, 1860 u. 1862 Berlin. (1852, 1860 u. 1862.) 8°
—— Nebst den Anciennetäts-Listen der Generalität und der Stabs-Offiziere der Armee und der Flagg- und Stabs-Offiziere der Marine. Für das Jahr 1865. ebd. (1865.)

Rang- und Quartier-Liste der königl. preuß. Armee für das Jahr 1853—56. Nebst den Anciennetätslisten der Generalität und Stabs-Officiere. Red.: die königl. geheime Kriegs-Kanzlei. gr. 12. Berlin, Mittler und Sohn. [1853 (491 S. mit 1 Tab. in Fol.) 1854 (502 S. mit 1 Tab. in Fol.) 1855 (514 S. mit 1 Tab. in Fol.) 1856 (532 S. mit 1 Tab. in qu. Fol.)] à Jahrg. *

Rang- und Quartier-Liste der königl. preußischen Armee für die J. 1868—1874. Nebst den Anciennetäts-Listen der Generalität und der Stabs-Offiziere der Armee. Redact.: Die königl. geheime Kriegs-Kanzlei. gr. 8. (1012; 1003; XII, 1209; XIII, 1103; XIII, 936; XII, 916 S., mit je 1 Tab. in Fol.) Berlin, Mittler und Sohn. 1868 und 1869 à ** 8 50
1870 und 1871 à **ℳ 4,50.; 1872 ** 5 —
1873 und 1874 à **ℳ 6.; geb. ** 7 —
—— —— dass. — für das J. 1875. Auf Befehl Sr. Maj. des Kaisers und Königs. Redact.: Die kgl. geheime Kriegs-Kanzlei. gr. 8. (XII, 928 S. mit 1 Tab. in Imp.-Fol.) Ebendas. **ℳ 6; geb. ** 7 —
geb. in rothe Lwnd. ** 7 25
geb. und durchschossen ** 9 —

—— —— Ergänzungen, s. Notizen, biographische.

Rang- und Quartier-Liste der königl. preußischen Armee für 1876/77. Nebst den Anciennetäts-Listen der Generalität und der Stabs-Offiziere der Armee. Auf Befehl Sr. Maj. des Kaisers und Königs. Redact.: Die königl. Geheime Kriegs-Kanzlei. gr. 8. (XII, 942 S. mit 1 Tab. in Imp.-Fol.) Berlin 877, Mittler und Sohn. ** ℳ 6.; geb. ** 7 —
geb. und durchschossen ** 9 —
geb. in rothe Leinw. ** 7 25

Rang- u. Quartier-Liste der königlich preußischen Armee für 1878. Nebst den Anciennetäts-Listen der Generalität u. der Stabs-Offiziere der Armee. Auf Befehl Sr. Maj. des Kaisers u. Königs. Red.: Die königl. Geheime Kriegs-Kanzlei. gr. 8. (XII, 952 S. mit 1 Tab.) Berlin 878. Mittler & Sohn. n.n. 6. —; geb. n.n. 7. —; geb. u. durchschossen n.n. 9. —; in rothe Leinw. geb. n.n. 7. 25

— — dasselbe, für 1879. gr. 8. (XII, 955 S. m. 1 Tab.) Ebend. 879. n.n. 6. —; geb. n.n. 7. 50; geb. u. durchschossen n.n. 9. 50; in rothe Leinw. geb. n.n. 7. 75

Rang- und Quartier-Liste der königl. preußischen Armee für 1880 und 1881. Nebst den Anciennetäts-Listen der Generalität und der Stabs-Offiziere der Armee. Auf Befehl Sr. Maj. des Kaisers und Königs. Redact.: die königl. Geheime Kriegs-Kanzlei. gr. 8. (XII, 962; XII, 968 S. mit je 1 Tab.) Berlin, Mittler und Sohn. à Jahrg. **
cart. à Jahrg. **
geb. in rothe Leinw. à Jahrg. **

—— —— dass. — für 1882—1885. Nebst den Anciennetäts-Listen der Generalität und der Stabs-Offiziere der Armee. Auf Befehl Sr. Maj. des Kaisers und Königs. Redact.: die königl. Geheime Kriegs-Kanzlei. gr. 8. (XII, 980; XII, 974; XII, 976; XII, 971 S. mit je 1 Tab.) Ebendas. à Jahrg. *
cart. à Jahrg. *
durchsch. à Jahrg. *
geb. in rothe Leinw. à Jahrg. *

Rang- und Quartier-Liste der königl. preußischen Armee für 1886—1888. Nebst den Anciennetäts-Listen der Generalität und der Stabs-Offiziere der Armee. Auf Befehl Sr. Maj. des Kaisers und Königs. Redact.: die königl. Geheime Kriegs-Kanzlei. gr. 8. (XII, 977; XII, 952; XXII, 958 S. mit mit je 1 Tab.) Berlin, Mittler und Sohn. à Jahrg. **
cart. à Jahrg. **
geb. in Leinw. à Jahrg. **

—— —— dass. — für 1886. Nachtrag. Die aus dem herzogl. braunschweig. Militär-Contingent in das königl. preuß. Heer eingereihten Truppentheile ꝛc. enthaltend. gr. 8. (8 S.) Ebendas. 886. **

—— —— dass. — für 1887. Ergänzung. [Enthaltend die laut allerh. Cabinets-Ordres vom 11. und 22. März 1887 für den 1. April cr. anbefohlenen Neuformationen.] gr. 8. (52 S.) Ebendas. 887. *

— — der königl. preußischen Armee f. 1890. Mit den Anciennetäts-Listen der Generalität u. der Stabs-Offiziere. Auf Befehl Sr. Maj. d. Kaisers u. Königs. Red.: Die königl. Geheime Kriegs-Kanzlei. gr. 8. (XX, 1038 S. m. 1 Tab.) Ebd. n.n. 7. —; in Pappbd. n.n. 8. —; durchsch. n.n. 10. —; in Leinw. n.n. 8. 50; ermäßigter Preis n.n. 4. —; in Pappbd. n.n. 5. —; in Leinw. n.n. 5. 50

—— desgl. — f. den aktiven Dienststand. Mit den Anciennetäts-Listen der Generalität u. der Stabs-Offiziere, sowie e. Anh., enth. die Reserve-Offiziere der neuformirten Truppentheile. Nach dem Stande vom 1. April 1890. Redact.: die königl. Geheime Kriegs-Kanzlei. gr. 8. (XVIII, 514 S. m. 1 Tab.) Ebd. 890. ** 4 25
geb. in Leinw. ** 5 50; in Pappbd. u. durchsch. ** 6 50

Rang- u. Quartier-Liste der königl. preußischen Armee f. 1892. Mit den Anciennetäts-Listen der Generalität u. der Stabs-Offiziere. Nach dem Stande vom 1. April 1892. Auf Befehl Sr. Maj. d. Kaisers u. Königs. Redact.: die königl. Geheime Kriegs-Kanzlei. gr. 8. (XX, 1102 S. m. 1 Tab.) Berl. 892, Mittler u. Sohn. ** 7 — In Pappbd. ** 8 —; durchsch. ** 10 —; geb. in Leinw. ** 8 50
Erscheint jährlich; bis 1890 im Januar; seit 1891 im April jeden Jahres.

Rang- u. Quartier-Liste der königl. preußischen Armee f. 1893. Mit den Anciennetäts-Listen der Generalität u. der Stabs-Offiziere. Nach dem Stande vom 1. Apr. 1893. Auf Befehl Sr. Maj. d. Kaisers u. Königs. Red.: die königl. Geheime Kriegs-Kanzlei. gr. 8. (XX, 1141 S. m. 1 Tab.) Berlin 893. E. S. Mittler & Sohn. n.n. 7. —; in Pappbd. n.n. 8. —; durchsch. n.n. 10. —;
geb. in Leinw. n.n. 8. 50

— — der königl. preußischen Armee f. den aktiven Dienststand. Mit den Anciennetäts-Listen der Generalität u. der Stabs-Offiziere. Nach dem Stande vom 12. Oktbr. 1893. Auf Befehl Sr. Maj des Kaisers u. Königs. Red.: die königl. Geheime Kriegs Kanzlei. gr. 8. (XVIII, 541 S.) Ebd. 893. n.n. 4. —; in Pappbd., durchsch. n.n. 6. 25; geb. in Leinw. n.n. 5 25

— — der königl. preußischen Armee u. des XIII. (königl. württembergischen) Armeekorps f. 1894. Mit den Anciennetäts-Listen der Generalität u. der Stabsoffiziere. Nach dem Stande vom 20. Mai 1894. Auf Befehl Sr Maj. des Kaisers u. Königs. Red.: die königl. Geheime Kriegs-Kanzlei. gr. 8. (XXIV, 1277 S. m. 1 Tab.) Ebd. 894. n.n. 7. 50; in Pappbd. n.n 8. 50; durchsch. n.n. 10. 50; geb. in Leinw. n.n. 9. —

Rang- und Quartier-Liste der k. preussischen Armee und des XIII. (k. württembergischen) Armeecorps für 1894 und 1895. Mit den Anciennetäts-Listen der Generalität und der Stabsofficiere Nach dem Stande vom 20. Mai 1894.

Rang- und Quartier Liste der k. preuss. Armee und des XIII (k württemb.) Armeecorps für (Fortsetzung.) 1896—1899 (und Nachtrag vom 6. October 1899); 1900 (7 Mai.) (6 Bde.)
8. Berlin 1896—1900.

Rang- u. Quartierliste der königl. preußischen Armee u. des XIII. (königl. württemb.) Armeekorps f. 1900. Mit den Dienstalters-Listen der Generalität u. der Stabsoffiziere u. e. Anh., enth. die kaiserl. Schutztruppen. Nach dem Stande vom 7. V. 1900. Auf Befehl Sr. Maj. des Kaisers u. Königs. Red.: die königl. Geheime Kriegs-Kanzlei. gr. 8. (XXVIII, 1367 S.) Ebd. n.n. 7. 50; in Pappbd. n.n. 8. 50; durchsch. n.n. 10. 50; geb. in Leinw. n.n. 9. —
Fortsetzung s.: Rangliste.

— — der k. preussischen Armee und Marine. Nebst den Anciennetäts-Listen der Generalität und Stabs-Officiere. (10 Bde.)
8. Berlin 1844—1853.

— — der k. preussischen Armee und Marine für das Jahr 1854—1893. Nebst den Anciennetäts-Listen der Generalität und der Stabs-Officiere der Armee und der Flagg- und Stabs-Officiere der Marine. Mit Genehmigung Sr. Majestät des Königs. Redaction: die königl. geheime Kriegs-Kanzlei. (50 Bde.) 8. Berlin 1854—1893.

Rang- und Quartier-Liste der Königl. Preußischen Armee und Marine für das J. 1853—58. Nebst den Anciennetäts-Listen der Generalität u. Stabs-Officiere. Red.: die Königl. Geh. Kriegs-Kanzlei. Berlin, Mittler u. Sohn. 12. (53.: 491 S. u. 1 Tab.; 54.: 502 S. u. 1 Tab.; 55.: 514 S. u. 1 Tab.; 56.: 532 S. u. 1 Tab.; 57.: 543 S. u. 1 Tab.; 58.: 561 S. u. 1 Tab. in Fol.) Jeder Jahrg. nn. 1 ℛ︎.

—— der königl. preußischen Armee und Marine für die J. 1857—60. Nebst den Anciennetäts-Listen der Generalität und Stabs-Officiere. Redig. von der königl. geh. Kriegs-Kanzlei. Mit 1 Tab. in qu. Fol. 8. Berlin, Mittler und Sohn. [1857 (543 S.) 1858. (561 S.) 1859 (552 S.) 1860 (611 S.)] à Jahrg. **

—— dass. — Nachtrag. Die seit dem Erscheinen qu. Liste eingetretenen und bis incl. 15. Octbr. d. J. allerhöchst befohlenen Veränderungen enthaltend. Nebst einer Uebersicht der mit der einstweiligen Stellvertretung der Commandeure der Landwehr-Bataillone beauftragten inactiven Stabsoffiziere rc. Redig. von der königl. geh. Kriegs-Kanzlei. 8. (98 S.) Ebendas. 860. **

—— dass. — für das J. 1861. Nebst den Anciennetäts-Listen der Generalität und Stabs-Offiziere. Redig. von der königl. geh. Kriegs-Kanzlei. 8. (626 S. mit 1 Tab. in qu. Fol.) Ebendas. **

Rang- und Quartierliste der königlich preußischen Armee und Marine für die J. 1862—65. Nebst den Anciennetäts-Listen der Generalität und Stabsoffiziere. Redact.: Die Königl. Geh. Kriegs-Kanzlei. 8. [1862. (624 S. mit 1 Tab. in qu. Fol.) 1863. (632 S. mit 1 Tab. in qu. Fol.) 1864. (672 S. mit 1 Tab. in qu. Fol.) 1865. (688 S. mit 1 Tab. in qu. Fol.)] Berlin, Mittler und Sohn. à Jahrg. **

— — 1866. Nebst den Anciennetäts-Listen der Generalität u. der Stabs-Offiziere der Armee u. der Flagg- u. Stabs-Offiziere der Marine. Ebend. 8. (809 S. mit 1 Tab. in qu. Fol.) n.n. 1 ℛ; cart. n.n. 1 ℛ 5 ngr.

— — 1867. Ebend. 8. (834 S. mit 1 Tab. in qu. Fol.) n.n. 1 ℛ 5 ngr.; cart. n.n. 1 ℛ 10 ngr.

— — 1868 u. 1869. Ebend. 8. (1012 S. mit 1 Tab. in qu. Fol. u. 1003 S. mit 1 Tab. in qu. Fol.) Jeder Jahrg. n.n. 1 ℛ 5 ngr.

Rang- u. Quartier-Liste der königl. preußischen Armee u. Marine f. d. J. 1870/71. Nebst den Anciennetäts-Listen der Generalität u. der Stabs-Offiziere der Armee u. der Flagg- u. Stabs-Offiziere der Marine. Red.: die königl. Geh. Kriegs-Kanzlei. gr. 8. (XII, 1209 S. m. e. Tabelle in qu. Fol.) Berlin 871. Mittler & Sohn n.n. 4. 50

— — dasselbe f. d. J. 1872. 8. (XIII, 1103 S. m. e. Tab. in qu. gr. Fol.) Ebend. 871. n.n. 5. —; geb. n.n. 5. 75

— — dasselbe f. d. J. 1873. gr. 8. (à ca. XIII, 936 S. m. 1 Tab. in Fol.) Ebend. 874. 75. à n.n. 6. —; geb. à n.n. 7. —

— — dasselbe f. d. J. 1875. gr. 8. (XII, 928 S. m. 1 Tab. in Imp.-Fol.) Ebend. 875. n.n. 6. —; geb. n.n. 7. —; geb. u. durchschossen n.n. 9. —; in rothe Leinw. geb. n.n. 7. 25

Rang- und Quartierliste des XIII. (k. württembergisches) Armeecorps. Mit Genehmigung des k. Kriegsministeriums herausgegeben und nach amtlichen Quellen bearbeitet durch Kriegsministerial-Registrator Vester. Mit 1 Taf. 8. Stuttgart 1873.

—— des 13. [königl. württembergischen] Armeekorps, mit Angabe der nicht im Armeekorps-Verband befindl. königl. württembergischen Offiziere, Militär-Behörden rc. [Aufgestellt am 10. März 1876.] gr. 8. (V, 98 S.) Stuttgart 876, (Metzler'sche Buchh.) * 2 —

—— dass. — [Aufgestellt am 10. März 1877.] 8. (98 S.) (Ebendas.) 877. * 2 —

—— dass. — [Aufgestellt am 1. März 1878.] 8. (V, 103 S.) (Ebendas.) 878. * 2 —

— — des 13. [königl. württembergischen] Armeekorps, mit Angabe der nicht im Armeekorps-Verband befindlichen königl. württemberg. Offiziere, Militair-Behörden. [Aufgestellt am 17. März 1879.] 8. (V, 103 S.) Stuttgart 879. (Metzler's Verl.) n.n. 2. —

—— des 13. [königl. württembergischen] Armeekorps für 1880—1885. Nebst Angabe der nicht im Armeekorps-Verband befindl. Offiziere, Militair-Behörden rc. 8. (V, 103; V, 118; V, 118; V, 117; IV, 120; IV, 120 S.) Stuttgart, Metzler'sche Buchh. à Jahrg. *

— — des XIII. [königl. württembergischen] Armee-Corps f. 1886. Nebst Angabe der nicht im Armeecorps-Verband befindl. Offiziere, Militair-Behörden rc. 8. (IV, 120 S.) Stuttgart 886. Metzler's Verl. n.n. 1. 80

—— dass. — für 1887. Nebst Angabe der nicht im Armee-Corps-Verband befindl. Offiziere, Militair-Behörden rc. 8. (IV, 126 S.) Ebendas. *
Tekturen dazu (12 S.) **

—— dass. — für 1888. Nebst Angabe der nicht im Armee-Corps-Verband befindl. Offiziere, Militär-Behörden rc. 8. (IV, 126 S.) Ebendas. *

— — des XIII. [königl. württembergischen] Armee-Corps f. 1890. Nebst Angabe der nicht im Armee-Corps-Verband befindl. Offiziere, Militair-Behörden rc. 8. (IV, 146 S.) Stuttgart, Metzler's Verl. n. 2. 50

—— des XIII. [königl. württembergischen] Armee-Corps f. 1892. Nebst Angabe der nicht im Armee-Corps-Verband befindlichen Offiziere, Militär-Behörden rc. 8. (IV, 148 S.) Stuttg. 892, Metzler's Verlag. * 2 40; cart. * 2 80
Erscheint jährlich.

— — d. XIII. (königl. württembergischen) Armee-Korps f. 1894. Nebst Angabe der nicht im Armee-Korps-Verband befindl. Offiziere, Militär-Behörden rc. Nach dem Stande vom 15. Mai 1894. 8. (V, 156 S.) Stuttgart 894. J. B. Metzler's Verl. n. 2. 40

— — des XIII. (kgl. württembergischen) Armee-Korps f. 1901. Mit den Dienstalters-Listen der Offiziere, Sanitätsoffiziere u. Beamten des Aktiven- u. Beurlaubtenstandes sowie Angabe der nicht im Armeekorps-Verband befindl. Offiziere, Militärbehörden rc. Nach dem Stande vom 1. V. 1901. 8. (IV, 176 S.) Stuttgart, J. B. Metzler. n. 2. 50; kart. n. 2. 90; geb. in Leinw. m. Goldschn. n.n. 5. —
Fortsetzung s.: Rangliste.

Rang- u. Quartier-Liste des 3. Armee-Korps u. Genealogie des deutschen Kaiserhauses. Berichtigt bis 10. X. 1904. (15 S. m. 1 Abbildg.) gr. 8. Berlin 904. H. Muskalla. —15

Rang- u. Quartier-Liste des 3. Armee-Korps u. Genealogie des dtschn. Kaiserhauses. Berichtigt bis 8. X. 1910. (15 S. m. 1 Abb.) gr. 8. Berlin 910. H. Muskalla. —10

Rang- u. Quartierliste d. K. Pr. Armeen f. d. J. 1822—28. 8. Berl. (Mittler.) à 20 gr.

Rang- u. Quartierliste der deutschen Berufsfeuerwehr-Offiziere nach dem Stande vom 1. IV. 1899, zusammengestellt v. Hans Rohrlack. Hrsg. von der techn. Zeitschrift Feuer & Wasser, Frankfurt a. M. 8. (10 S.) Frankfurt a/M. (R. Hülsen). n. —80
Vergriffen.

—— für das VIII., IX. und X. deutsche Bundesarmee-Korps und die Reservedivision auf das J. 1861. Hrsg. von H. Kreisler. gr. 8. (IV und 226 S.) Lübeck, (v. Rohden'sche Buchh.) *

— — des Garde-Korps u. Genealogie des deutschen Kaiserhauses. Vollständig umgearb. u. berichtigt bis 10. X. 1904. 27. Jahrg. (15 S. m. 1 Abbildg.) gr. 8. Ebd. 904. n. — 15

— — des Garde-Korps und Genealogie des deutschen Kaiserhauses. Vollständig umgearb. u. berichtigt bis 8. X. 1908. 31. Jahrg.) 15 S. m. 1 Abbildg.) gr. 8. Berlin 908. H. Muskalla. — 15

— — der kaiserl. deutschen Marine, s. a. Rangliste.

— — der kaiserlich deutschen Marine f. d. J. 1886. [Abgeschlossen am 1. Novbr. 1885.] Red.: Die kaiserl. Admiralität. gr. 8. (V, 123 S.) Berlin 885. Mittler & Sohn. n. 2. 50; Einbd. n. n. — 60

—— —— dass. — für das J. 1887. Abgeschlossen am 1. Novbr. 1886. Redact.: Die kaiserl. Admiralität. gr. 8. (V, 134 S.) Ebendas. *ℳ 2.50.; geb. **

—— —— dass. — für das J. 1888. Abgeschlossen am 1. Novbr. 1887. Redact.: Die kaiserl. Admiralität. gr. 8. (V, 143 S.) Ebendas. *ℳ 2.50.; geb. **

—— —— dass. — für das J. 1889. [Abgeschlossen am 27. Novbr. 1888; die Seedienstzeit ist bis 31. Oktbr. 1888 berechnet.] Auf Befehl Sr. Maj. des Kaisers und Königs. Redact.: Die kaiserl. Admiralität. 8. (VI, 159 S.) Ebendas. * geb. **

Rang- u. Quartierliste der kaiserl. deutschen Marine f. d. J. 1891. [Abgeschlossen am 30. Novbr. 1890; die Seedienstzeit ist bis 31. Oktbr. 1890 berechnet.] Auf Befehl Sr. Maj. d. Kaisers u. Königs. Red.: Das Ober-Kommando der Marine. gr. 8. (VI, 175 S.) Berlin 890. Mittler & Sohn. n. 2. 50; geb. n.n. 3. 20

Rangliste (1890. 1900—02: Rang- und Quartierliste) der Kaiserlich Deutschen Marine. Red.: Das Ober-Kommando d. Marine, (1900 ff.:) im Marine-Kabinett. Für d. J. 1890. 1894—1912. [Mit Nachträgen.] Berlin: Mittler. 21 Bde

Rang- und Quartierliste der kaiserlich deutschen Marine. Nachtrag für das Jahr 1900; für das Jahr 1901 und 1902. (Mit je 1 Nachtrag für 1901 und 1902.) Auf Befehl Seiner Majestät etc. (wie vor.) (5 Bde.)
8. Berlin 1900—1902

— — der kaiserl. deutschen Marine f. d. J. 1902. Nach dem Stande vom 1. V. 1902. Auf Befehl Sr. Maj. des Kaisers u. Königs. Red. im Marine-Kabinet. gr. 8. (VI, 285 S.) Berlin, E. S. Mittler & Sohn. n. 2. 50; geb. in Leinw. n.n. 3. 25
Vergl.: Rangliste.

—— —— der Kaiserlichen Marine für das J. 1874. gr. 8. (IV, 47 S.) Berlin 874, Mittler und Sohn. * 1 25

Rang- und Quartierliste der kaiserlichen Marine für das Jahr 1874, 1875. Mit Genehmigung Seiner Majestät des Kaisers und Königs. Redaction: die kaiserliche Admiralität. (2 Bde.)
8. Berlin 1874—1875.

— — der kaiserlichen Marine für das Jahr 1881. [Abgeschlossen am 1. Novbr. 1880.] Auf Befehl Sr. Maj. des Kaisers u. Königs. Red.: Die kaiserl. Admiralität. gr. 8. (VI, 122 u. Nachtrag 27 S.) Berlin 880. Mittler & Sohn. n. 2. 50; geb. n.n. 3. 10

—— —— dass. — für das J. 1882. [Abgeschlossen am 1. Oktbr. 1881.] Auf Befehl Sr. Maj. des Kaisers und Königs. Redact.: Die kaiserl. Admiralität. gr. 8. (VI, 122 S.; Nachtrag 29 S.) Ebendas. *ℳ 2,50.; geb. **

—— —— dass. — für das J. 1883. [Abgeschlossen am 1. Octbr. 1882.] Redact.: Die kaiserl. Admiralität. gr. 8. (VI, 126 S.) Ebendas. *ℳ 2,50.; geb. *

—— —— dass. — für das J. 1884. [Abgeschlossen am 1. Novbr. 1883.] Redact.: Die kaiserl. Admiralität. gr. 8. (VI, 110 S.) Ebendas. *ℳ 2,25.; geb. ** Nachtrag. (28 S.)

—— —— dass. — für das J. 1885. [Abgeschlossen am 1. Novbr. 1884.] Redact.: Die kaiserl. Admiralität. gr. 8. (VI, 117 S.) Ebendas. *ℳ 2,50.; geb. *

Rang- u. Quartierliste der Offiziere des Beurlaubtenstandes der königl. preußischen Armee f. 1888. Abgeschlossen am 18. Aug. 1888. gr. 8. (IV, 337 S.) Berlin, Mittler & Sohn. n.n. 1. 75; geb. n.n. 2. 60

Rang- u. Quartierliste d. Offiziere, Sanitäts-Offiziere u. Militär-Beamten d. kgl. Haupt- u. Residenzstadt Breslau. 4. Jahrg. Nach d. Stande v. 1. XI. 1898. gr 8 (23 S.) Breslau 898. Hirt's Sort. n. — 70

— — der Offiziere, Sanitäts-Offiziere u. Militär-Beamten der königl. Haupt- u. Residenzstadt Breslau. 8. Jahrg. Nach dem Stande vom 15. XI. 1902. gr. 8. (21 S.) Breslau, Hirt's Sort. — 75

— — der Offiziere, Sanitäts-Offiziere u. Militär-Beamten der königl. Haupt- u. Residenzstadt Breslau. 11. Jahrg. Nach dem Stande vom 20. XI. 1905. (30 S.) kl. 8. Breslau 905. Hirt's Sort. n. — 75

— — der Offiziere, Sanitäts-Offiziere u. Milit.-Beamten der königl. Haupt- u. Residenzstadt Breslau. 16. Jahrg. Nach dem Stande vom 25. XI. 1910. (29 S.) kl. 8. Breslau 911. Hirt's Sort. — 75

—— —— der Reserve-Landwehr-Regimenter [1. und 2. Berlin] Nr. 35. Abgeschlossen im Juni 1885. 8. (II, 94 S.) Berlin 885, Eisenschmidt. **

Rangliste

— aller Regimenter d. preuß. Armee. 8. Berl. 806. Himburg. 16 gr

Rangliste d. höheren Reichs-Post- u. Telegraphen-Beamten nach dem Stande v. 1. IV. 1906. Früher: Verzeichnis der Beamten der Reichs-Postverwaltg., welche die höhere Verwaltungsprüfg. bestanden haben, hrsg. von Herm. Heideprim. Fortgeführt nach den amtl. Veröffentlichgn. 6. Jahrg. (VIII, 174 S.) gr. 8. Wiesbaden, R. Bechtold & Co. n. 2. —

— der höheren Reichs-Post- und Telegraphenbeamten nach dem Stande vom 1. IV. 1910. Früher: Verzeichnis der Beamten der Reichs-Postverwaltg., welche die höh. Verwaltungsprüfg. bestanden haben, hrsg. von Herm. Heideprim. Fortgeführt nach den amtl. Veröffentlichgn. 10. Jahrg. (XX, 175 S.) gr. 8. Wiesbaden, R. Bechtold & Co 2. 50

Rangliste, schematisirte, aller Amtsstellen der neuen gerichtl. u. polit. Eintheilung des Königr. Böhmen. 1 — 4. Hft. Von Carl Hennig u. Frdr. Tempsky. 2. verb. Aufl. gr. 8. (115 S.) Prag 849, Calve. (à n. 1/6 ₰) n. 2/3 ₰

— der Schutztruppe f. Südwestafrika u. des Marine-Expeditionskorps. Nach dem Stande vom Juni 1904. (8 S.) 8. Berlin, E. S. Mittler & Sohn. n. — 20

— der süddeutschen u. sächsischen Staats-Baubeamten. Hrsg. v. Albin Eckhardt. II. Ausg. 1905/06. (IV, 144 S.) kl. 8. Marburg, K. Cauer. n. 1. 50

Rangliste der Süddeutschen und Sächsischen Staatsbaubeamten. 3. Ausgabe. (168 S.) Marburg 1907

— der süddtschn. u. sächsischen Staatsbaubeamten. Auf Grund amtl. Materials verf. Hrsg.: Albin Eckhardt. V. Ausg. (V, 152 S.) kl. 8. Frankfurt a/M. (Kantstr. 8) 910. A. Eckhardt. 2. 20

Rangsliste der k. k. Herren Stabs- und Ober-Offiziere, Stabs-Parteien, k. k. Kadeten, Regiments-Kadeten, Expropriis und Feldwebels des Erzh. Ludwig 8. Inf. Rgts. 8. (8 Bl. 1 Tab.) Iglau, Joh. Rippl, 1853.

Rangs Liste der Stabs und Oberofficiere der technischen Artillerie. Abgeschlossen mit 1 September 1856 (Lithographiert) (Donation Liechtenstein.) 8. Wien 1856.

Rangsliste der Herren Stabs- und Ober-Offiziere des Kaiser-Jäger-Regiments. 4. Innsbruck, Dr. von Felizian Rauch, 1853.

Rangs-Liste der Herren Stabs- und Ober-Offiziere des Kaiser-Jäger-Regiments Innsbruck. Felician Rauch's Buchdruckerei (5 Bl. 4) 1855.

Rangsliste der Stabs- und Oberoffiziere. Kaiser-Jäger-Regiment. Innsbruck am 1. Jänner 1856. Rauch'sche Buchdruckerei. (4 Bl. 4.)

Rangsliste der Stabs- und Oberoffiziere des Kaiser-Jäger-Regiments. Innsbruck, 1. Jänner 1857. (Ohne Druckort.) (10 S. 4.)

Rang-Liste der Königlich preußischen Staabs-Officiers sowohl der Infantrie als Cavallrie im März 1781. [Hs.]
1 Heft

— u. Standliste d. Kurhessisch. Armee. 8. Cassel 820. (Krieger). 16 gr.

Rangliste, Vollständige, aller Generäle und General Adjutanten in der Armee der französischen Republik. (Mit kurzen biographischen Skizzen.) Nebst einer Liste aller Generale, die seit Anfang der Revolution ein Kommando geführt haben, vor dem Feinde geblieben, gestorben, hingerichtet oder ausgewandert sind. Aus dem Französischen. 8. Frankfurt a. M. 1796.

Rang- u. Wohnungsliste f. sämmtl. Kommandobehörden u. Truppentheile d. XV. Armeekorps. Abgeschlossen Ende Novbr. 1898. Hrsg. v. M. Hartfuß. 12. (II, 68 S.) Straßburg 898. Straßburger Druckerei u. Verlagsanstalt. n. 1. 20

Rang- u. Wohnungsliste f. sämmtliche Kommandobehörden, Truppentheile u. Militär-Verwaltungsbehörden XV. Armeekorps (umfassend die Garnisonen: Bischweiler, Bitsch, Dieuze, Hagenau, Molsheim, Mutzig, Pfalzburg, Saarburg, Saargemünd, Schirmeck, Schlettstadt, Straßburg, Weißenburg, Zabern). Unter Benutzg. amtl. Materials hrsg. von M. Hartfuß. Jahrg. 1902/03. 4 Hfte. 12. (à ca. 90 S.) Straßburg, Schlesier & Schweikhardt. 1. 50; einzelne Hfte. n. — 50

Rang- u. Wohnungsliste f. sämtliche Kommandobehörden, Truppenteile u. Militär-Verwaltungsbehörden XV. Armeekorps. Standorte: Bischweiler, Bitsch, Dieuze, Hagenau, Molsheim, Mutzig, Mülheim i. B., Neubreisach, Pfalzburg, Saarburg, Saargemünd, Schirmeck, Schlettstadt, Straßburg, Ulm a. D., Weißenburg, Zabern. Unter Benutzg. amtl. Quellen hrsg. v. A. Katzwinkel. 6. Jahrg. 1906/07. 4 Hefte. (à ca. 100 S.) kl. 8. Straßburg, Schlesier & Schweikhardt. à n. — 50

Rang- u. Wohnungsliste für sämtliche Kommandobehörden, Truppenteile und Militär-Verwaltungsbehörden XV. Armeekorps. Standorte: Bischweiler, Bitsch, Breisach, Dieuze, Hagenau, Molsheim, Mutzig, Müllheim i. B., Neubreisach, Pfalzburg, Saarburg, Saargemünd, Schirmeck, Schlettstadt, Straßburg, Ulm a. D., Weißenburg, Zabern. Unter Benutzung amtl. Quellen hrsg. v. A. Katzwinkel. 9. Jahrg. 1909/10. 4 Hefte. (à ca. 103 S. m. 1 Bildnis.) kl. 8. Straßburg, Schlesier & Schweikhardt. à — 50
Fortsetzung, s.: Wohnungsliste.

Rangliste der Kgl. Pr. Zoll- und Steuerverwaltung. Verz. der in d. Lokalverwaltung etatsmässig angestellten Beamten ... hrsg. von A. Struck, Ober-Steuer-Kontroleur a. D. Für d. Jahr 1902/3. *Berlin: E. Schneider 1902.* 8°

— **Stand-** u. **Rangliste** d. K. Preuss. Verwaltung d. Zölle u. indirekten Steuern. T. 2. [illegible]

Ranglisten der Generale und Stabsoffiziere, dann der Hauptleute, Rittmeister und Lieutenants des aktiven Dienststandes der königl. bayerischen Armee. Nach amtl. Quellen zusammengestellt von M. F. 2. Aufl. Nach dem Stande vom 12. Dezbr. 1887. gr. 8. (92 S.) München 888, (Behrens und Hoffmann.) **

Rangs-Listen des k. k. Heeres nach dem Concretual-Status. 1860. Wien 869. k. k. Hof- u. Staatsdruckerei. gr. 8. (III, 246 S.) n. 24 ngr.

Rangs-Listen des k. k. Heeres nach dem Concretualstatus 1869. 8. (II u. 246 S.) Wien, k. k. Hof- und Staatsdruckerei. 1869. 1 fl. 20 kr.

Rangs-Listen des k. k. Heeres nach dem Concretual-Status 1869. Wien 1869. 246 S.

Rangs-Listen des k. k. Heeres nach dem Concretual-Status 1869 (Beilage zum k. k. Militär-Schematismus für das Jahr 1869.) 8. Wien 1869.

— der königl. preußischen Marine aus den J. 1848 bis 1864. Anh.: Abdr. der in dem vorbezeichneten Zeitraum erschienenen geschriebenen „Listen der königl. preußischen Marine" f. die J. 1854, 1855, 1857 u. 1858. Hrsg. von dem Ober-Kommando der Marine. Dezbr. 1893. 1. u. 2. Aufl. gr. 8. (XII, 83; IV, 20; 23, 32 u. IV, 24 S.) Berlin 894. E. S. Mittler & Sohn. n.n. 4. 25; geb. n.n. 5. —

Rangs Listen der Oberstlieutenants, Majore, Hauptleute und Rittmeister, der Linien- und Grenz-Infanterie, der Jäger-Truppe und der Kavallerie, dann der Unterlieutenants der Feld-Jäger-Bataillons, im Concretual-Status. (Juni 1867) (Donation Liechtenstein.) gr 8. Wien 1867.

Rangs-Listen der Obristlieutenants, Majore, Hauptleute und Rittmeister der Linien- und Grenz-Infanterie, der Jäger-Truppe und der Kavallerie; dann der Oberlieutenants und Unterlieutenants der Feld-Jäger-Bataillone im Concretual-Status; ferner der Oberlieutenants und Unterlieutenants des Tiroler-Jäger-Regiments. (Juni 1867.) 4. (124 S.) Wien, Administration des Kamerad in Comm. 1867. 1 fl., netto baar 80 kr

— der aktiven Offiziere und Offiziere à l. s. der Kgl. bayer. Armee. Hrsg. v. Kriegsministerium 1904, 1906, 1908, 1910, 1912. München 1904—1912.

Ranglisten der aktiven Offiziere u. der Offiziere à la suite der königl. bayerischen Armee. Vers. nach dem Stande vom 20. V. 1906. (145 S.) 8. München (Th. Ackermann. — Liter.-artist. Anstalt. — J. Lindauer). Kart. n. 1. 80

Ranglisten der aktiven Offiziere u. der Offiziere à la suite der königl. bayerischen Armee. Hrsg. vom Kriegsministerium, Abteilg. f. persönl. Angelegenh., nach d. Stande v. 12. V. 1910. (153 S.) 8. München (910). (Th. Ackermann. — J. Lindauer. — Th. Riedel.) Kart. 1. 80

Ranglisten der Offiziere d. aktiven Dienststandes der königl. bayerischen Armee. Zusammengestellt v. M. F. 3.—5. Aufl. Nach dem Stande vom 21. Juni 1889; 20. Febr. 1891, u. 30. März 1892. gr. 8. (92; 94; 95 S.) Münch. 892. (Literarisch-artistische Anstalt). * 2 —

Ranglisten der Offiziere d. aktiven Dienststandes der königl. bayerischen Armee. Zusammengestellt v. M. F. 7. Aufl. Nach dem Stande vom 12. März 1894. gr. 8. (96 S.) München 894. (Th. Ackermann. — Literar.-artist. Anstalt.) n.n. 2. —

Ranglisten d. Offiziere d. aktiven Dienststandes d. königl. bayerischen Armee. Zusammengestellt v. M. F. 11. Aufl. Nach dem Stande vom 25. III. 1898. gr. 8. (106 S.) München 898. (Th. Ackermann. — Literar.-artist. Anstalt.) n. 2. 70

Ranglisten der Offiziere des aktiven Dienststandes der kgl. bayerischen Armee. Zusammengestellt v. M. F. 14. Aufl. Nach dem Stande vom 15. III. 1902. gr. 8. (111 S.) München (Th. Ackermann. — Literarisch-artist. Anstalt. — J. Lindauer). n. 2. 80

— zwei, d. preußischen Heeres 1713 u. 1740, s.: Beiheft zum Militär-Wochenblatt.

— dasselbe, s.: Mittheilungen aus dem Archiv d. königl. Kriegsministeriums.

Rango, Friedrich Ludwig von

v. Rango, Fr. Ldw., Cecilie; e. Biographie. 1r Thl. 8. Berl. 819. (Lehnhold in Leipz.) 1 ℛ

Rango, L. von, Cecilie. Eine Biographie. 1r Thl. 8. Berlin, Voß in Comm. 819.

— Denkmal d. verhängnißvollen Jahre 1813, 14 u. 15. Jedem deutschen Biedermann gewidmet. Mit 8 Bildnn. u. 2 histor. Kpf. 12. Berl. 817. Verfasser.

Rango, Ludw. Fr. v., der zuverläss. Führer durch Potsdam u. seine Umgebungen, mit besond. Hinsicht auf d. Eisenbahn. Mit dem Umschl.-Ttl.: Ganz Potsdam sammt d. Eisenbahn f. Zehn Silbergroschen. 12. ($5\frac{1}{3}$ B. u. 1 Plan.) Berlin 839. [Nordhausen, Büchting.]

— der zuverlässige Führer durch Potsdam u. seine Umgebungen, mit besond. Hinsicht auf die Eisenbahn. Mit dem neuesten lithogr. Plane der Stadt, und dem Umschlagstitel: Ganz Potsdam sammt der Eisenbahn für Zehn Silbergroschen. 12. Berlin 839. Liebmann u. Comp. $\frac{1}{3}$ ℛ

— u. Fr. Barth, Gedichte. 12. Berl. 815. Mittler. 18 gl

— neueste allgem. Geographie u. Statistik von Europa. Nach d. neuesten u. besten Hülfsquellen bearb. Für die Brigade-Schulen der kön. preuß. Armee. gr. 8. Berl. 817. Mittler. 14 gl

v. Rango, Fr. Ldw., Geschichte Gustav Adolphs des Großen, Königs von Schweden. Mit d. Bildniß Gustav Adolphs des Großen. 3e Ausg. (in 4 Lfrgg.) gr. 8. Ronneburg 835. Weber. n. $1\frac{1}{3}$ ℛ

v. Rango, (Ritter Fr. L.,) Gustav Adolph der Große, König von Schweden. Ein histor. Gemälde. Mit Bildniß. gr 8. Leipz. 824, Hartmann.

Rango, Fr. Ludwig v., k. preuss. Major a. D. etc Gustav Adolph der Grosse, König von Schweden. 2. Aufl. (Mit dem Bildniss Gustav Adolph des Grossen.) 8. Ronneburg 1832.

Rango, Fr. Ludw. v., Gustav Adolph d. Große, König v. Schweden. Ein histor. Gemälde. Mit Bildniß. 2. Ausg. 832. 2 Thlr. 8 Gr., u. 3. A. (à $85\frac{1}{4}$ B.) gr. 8. Ronneburg 835, Weber.

– (Hrsg.), s. Phantasiestücke eines sächs. Communalgardisten.

— — Tagebuch meiner Reise nach Rio de Janeiro in Brasilien, und zurück, in den Jahren 1819 und 1820. 1r Theil. Mit 3 Kupfert. gr. 8. (Leipzig, Baumgärtner in Comm.) 821.

Rango, Fr. Lud. von: Tagebuch meiner Reise nach Rio de Janeiro in Brasilien und zurück in den Jahren 1819 und 1820. In Briefen. 2. Aufl. — Ronneburg Weber 1832. X, 198 S. [1. Aufl. 1821.]

— — Tatenjá od. d. protest., deutsche Colonie am Rio St. Francesko in Brasilien. Histor. Roman. 4 Bdchn. 12. (20 B.) Berlin 841, Bers. (Danz.)

— Uebersicht der Schlachten u. Gefechte, Capitulationen u. and. merkwürd. Begebenheiten des Krieges von 1813 u. 14. Mit Bildnn. u. 2 Kpf. 12. Berl., Mittler. 16 gl

v. Rango, L. Uebersicht der Schlachten u. Gefechte, Kapitulationen u. anderer Begebenheiten des Krieges von 1812—1814. Berlin 1818.

v. Rango, Ldw. Fr., dramat. Werke. (1r Thl. Die Pfandbriefe; Lstspl. — 2r Thl. Die Bürgschaft; ein Drama.) 2 Thle. mit 1 Kpf. gr. 12. Berl. 819. (Lehnhold in Leipz.) 1 ℛ 12 gl

— — dramatische Werke. 1r u. 2r Theil. 1r Theil enth. die Pfandbriefe, ein Lustspiel in 1 Aufzuge. — Röschen. — 2r Thl. die Bürgschaft, Drama in 5 Akten. Mit 1 Kupf. 8. (Berlin, Voß in Comm.) 819. à 22 Gr. Rthlr.

Rango, Konrad Tiburtius

Rango, Conrad Tiburtius u. (Respond.) **Laurentius** Schwantaeus (Colberg/Pommern), Vita C. J. Caesaris. [Frankfurt/Oder] (S. Eichorn) o. J. (—.—) 27628
Widm. v.: Conrad Tiburtius Rango (dtsch.), L. Range (Bruder, dtsch., Valentin Gadebusch (dtsch.).

Rango, L(udw Fr.) von, s. R a n g o , Friedr Ludw von

Rango, Mart., origines Pomeraniae. 4. Frft. Ernst. 707.

Rangordnung, Badische, f. d. höhere Dienerschaft. 8. Karlsr. 803. Macklot. 3 gr

Rangordnung u. **Bezüge der k. k. Staats**-Beamten nach dem Gesetze v. 19. IX. 1898. 12. (8 S. m. farb. Abbildgn.) Wien (898). G. Freytag & Berndt. n.n. —25

Bernischer Kantonalschützenverein. Feldsektions-Wettschiessen vom 22 Juni 1902. (Rangordnung.) 26 S. 8.

Rang-Ordnung, Die, im Königreiche Würtemberg vom 18. October 1821. . . . Tübingen 1842. V: *Hauff, C.* (Heyd)

— der Civildienerschaft im kön. preuß. Staat. gr. 8. Berl. 798. (Flittner). 6 gr Hbd. Pr. 4 gr

Rangordnung d. Civildienerschaft in k. preuß. Staat. gr. 8. Berlin, W. Oehmigke. 798.

„Rangordnung für die Civildienerschaft in den preussischen Staaten, aus alten und neuen Urkunden", Berlin 1799 — Vorhanden. Preuß. Staatsbibliothek Berlin.

ΡΑΓΓΟΥ-ΒΑΝΣΑ ἢ Γενεαλογία τὸν Ράγγον μεταφρασθεῖσα ἐκ τοῦ Βραχμάνικοῦ παρὰ Δημητρίου Γαλάνου. Νῦν πρῶτον Ἑλληνιστὶ ἐκδοθεῖσα, καὶ Μετὰ προλεγομένων καὶ παρατηρήσεων αὐξηθεῖσα, δαπάνῃ μὲν καὶ μελέτῃ Γεωργίου Κ. Τυπάλδου. Ἐπιστασίᾳ δέ καί διορθώσει Γ. Ἀποστολίδου Κοσμετου. gr. 8. (LXXXVIII u. 277 S.) *Ἐν Ἀθήναις* 850. (Leipzig, T. O. Weigel.) n. 2 ₰

Sr. Königl. Majestät in Preussen neues **Rang-Reglement.** [Dat.:] Cölln a. d. Spree, den 21. April 1713. **fol.**

Königliches Preußisches **Rang-Reglement.** (Gegeben Cölln a. d. Spree, den 16. 11. 1708.) Cölln a. d. Spree : Liebpert 1708. **fol.**

Rangs-Eintheilungsliste der k und k K r i e g s m a r i n e , s. R a n g - und Eintheilungs - L i s t e...

Rangsliste, s. R a n g l i s t e

Rangs- u. Eintheilungsliste, s.: **Rang- u. Einteilungsliste.**

Ranglisten, s. R a n g l i s t e n

Rangstreit, der, Operette von Matthesius. 8. Chemnitz, Stößel. 784.

Rangstreit, der; Operette. gr. 8. Leipz., Andreä. 3 gr

Rangstreit der Kaufmannsdiener, Apothekergesellen und Kellerer entschieden vom Nachrichter vom Schottenthor . . . 4°. V: *Ambros, M.* (seligsberg) (Hdschr. Mitth. von Gustav Gugitz, Wien) (Biblport)

RANGSTREIT d e r K a u f m a n n s d i e n e r , A p o t h e k e r g e s e l l e n , M a r k i e r u n d K e l l e r e r , e n t s c h i e d e n v o m N i c h t r i c h t e r a m S c h o t t e n t h o r E i n b l a t t d r u c k. (Gedichte.) O. O. u. J. (ca. 1800). 4⁰. Sehr selten! (60 Pfg. B. Seligsberg, Bayreuth, 1906; jetzt vielleicht 6 Mk. werth.)

Rangstreit, der, der Trink-Geschwister Wasser, Bier, Thee, Kaffee, Wein u. Brandwein, üb. ihre wechselseit. Vorzüge, Gedanken u. Rathschläge üb. Dasjenige, was in dieser viel beunruhigten Zeit vorzüglich noth thut. Den preiswürd. Mäßigkeits-Vereinen gewidmet. gr. 8. (71 S.) Neuwied 848, Heuser. 1/4 ₰

Rangsucht u. Wahnglaube. Erzählung in Briefen von H. Clauren. 8. Dresden, Arnold. 821.

Rangverhältnisse, die, der wissenschaftl. gebildeten Staatsbeamten im Königr. Sachsen nach der Denkschrift zur Besoldungsordnung (königl. Dekret Nr. 46) u. nach dem Staatshandbuch auf d. Jahr 1909. Vergleichende Betrachtgn. e. Laien-Statistikers. (15 S.) 8. Dresden 909. C. A. Koch. —40

Ranieri u. Pialma; e. ital. Novelle. 8. Cöln, Haas u. Sohn. (Fabricius)

Ranieri und Pialma. Eine italiänische Novelle vom Verf. des »Wilhelm v. Raschwitz«. Cöln o. J. [ca. 1795]. V: *Timme, Christian Friedrich.* (BGE VI³, 361)

Ranis [Schlagwort]

Ranis, s.: Thüringen.

Ranis [Verfasser]

Ranis, Friedem. Christian Dan., Oratio de purjoris latinitatis cultura a ceteris liberalis doctrinae studiis non sejungenda. Jena (Keller) 10. IX. 1768. 16 S. (4.50) 27631
Gew.: Jo. Popponi von Greiner, Jakob Friedrich von Fritsch, Achat Ludw. Carl Schmid. — Widm. v.: Christoph Michael Poventius.

Ranis, Gerh. Gottf., crit. analysis pronominum personal., suffixor. chald. hebr. 8. Ienae. 734.

— **Gerhard Gottfried**, De peccati natura et adaequata mensura. Diss. theol. [Präs.] Joh. Paul Hebenstreit. Jena (Muller) Febr. 1708. 44 S. (4.75) 27632

Ranis, Gerhard Gottfried [Praes.], s. V o l z , Johann Daniel: De gloria Dei absoluta sive essentiali Oder: Von der wesentlichen Ehre Gottes.

Ranis, Heinrich Christoph. Anweisung zur Fechtkunst. Berlin, bei August Myhus 1771 XLVIII + 232 S., 4 Taf. in Kupferst. 8°
Bestimmt für die Fechtkunst an den Universitäten.
Gelli S 274

Ranisch, Christian (Görlitz/Lausitz), De rhedis meritoris Vulgò Von Landkutschen. Disput. jur. Präs. Friedrich Philippi. Leipzig (J. Georg) Mai 1685. (4.75) 27633
Widm. v.: Friedrich Philippi, Joh. Christoph Lichtner, Joh. Christian Seyler, Johann Adolff Seyler (dtsch.), Johann Wunderlich (Bruder, dtsch., Gottfried Foerster, Adolff Zschachel (dtsch.).

— — Dasselbe. Leipzig (Schede) 29. V. 1685. Rec 1720. ((4.75) 27634

Ranisch, J. J., Abhandlung von dem den erlauchten Grafen von Waldburg im h. röm. Reich zustehenden Erb - Truchsessen - Amt und Titel. Königsberg? 1721. 4.

G e s c h i c h t e

— — des Grafen von Oggersweil, geschrieben im Tone unserer Zeit (von *Joh. Gfr. Ranisch*). Mit Kpfrn. Leipzig (o. Adresse), 1794. 8°.
Tit. m. Vign., 2 Bl. Vorr u. 328 S. „Einiges etwas frei. — Kayser p. 93 citirt. „Münster, Coppenrath", eod. a. Das Anon.-Lex. II. p. 196 hat „Berlin 1794" und „Ramisch" (?) als Verfasser.

— **Johann Jakob** (Königsberg/Preußen), De praeparatoriis judicii in foris Prussiae. Disput. inaug. Präs. Wilhelm Hieronymus Bruckner. Jena (Muller) 4. VIII. 1717. 47 S. (4.75) 27635

Ranisch, Sal., (✝ d. 29. April 1766.) schriftmäß. Abhandl. von d. Dienste d. Engel bei d. Eheverbindungen d. Frommen, über 1. Mos. 24, 7—40. 4. Altenb. 753.

—Abhandl., worinnen d. wunderbaren Spuren d. göttl. Verhütung aus d. verhinderten Raube d. Sächs. Prinzen, zur Verherrl. Gottes u. zum Andenken dieser Geschichte, gezeigt werden. 8. Altenb. 755.

— **Salomon** (Altenburg), Commentatio historica de servio Claudio grammatico olim Romano, sui ipsius medico ad C. III. Soet. de illust. gramm. Altenburg (Richter) 7. VI. 1753. 12 S. (4.25) 27636
Gratulationsschrift für Georg Heinrich Koenigsdoerfer u. Friedrich August Schumann.

— — (Chemnitz), De Lucae et Josephi in morte Herodis Agrippae consensu Ad Act. Apost. XII, 19—23. et Ant. Jud. XIX, 7. Disput. histor.-critica. Präs. Jo. August Ernesti. Leipzig (Langenheim) 28. IV. 1745. 22 S. (4.50) 27637
Widm. v.: Jo. August Ernesti.

— — Dasselbe. Editio secunda. Leipzig (Langenheim) 28. IV. 1745. 1761. 22 S. (4.50) 27638
Widm. v.: Jo. August Ernesti.

– s. H a r d i o n : Heil. Geschichte.

Ranisch, M. Sal., histor. krit. Lebensbeschreibung Hans Sachsens, ehemals berühmten Meistersänger zu Nürnberg. 8. Altenb. (Akadem. Bchhdl. in Jena) 765.

— histor.:krit. Lebensbeschreib. Hans Sachsens, ehemals berühmt. Meistersängers zu Nürnberg. 8. Altenb. 765. (Hennings in Neisse). 20 gr

Historischkritische Lebensbeschreibung Hanns Sachsens welche zur Erläuterung der Geschichte der Reformation und deutschen Dichtkunst ans Licht gestellet hat M. Salomon Ranisch Altenburg, in der Richterischen Buchhandlung. 1765 8° Mit Hans Sachs' Portrait.

—Lobschrift auf d. griech. Weltweisen Cebes. 4. Altenb. 753.

– s. S e n e c a , Lucius Annaeus: Sententiae.

—commentatio mythologica pro suppliciis sceleratorum aeternis, adversus novissimum ἀποκατάστασεως auctorem scripta. 4. Altenb. 750.

– s. T r e m o u i l l e , De la: Predigten.

Ranisch, Wilh., s.: Eddalieder.

Eddalieder mit Grammatik, Übers. u. Erl. von Dr Wilhelm **Ranisch**. Neudr Leipzig Göschen 1900. 138 S. 8°
(Sammlung Göschen 171) A 11.0331

— **s.: Eddica minora.**

Ranisch, Wilh., s.: **Gautrekssaga, die.**

Ranisch, Wilhelm [aus Memel] Zur Kritik und Metrik der Hamþismál. Berlin. Mayer & Müller, 1888. 2 Bl. + 81 S. + 1 Bl. 8° Berlin. Phil. Fak. Inaug Diss. v. 13. Okt 1888

Ranisch, Wilh., die Volsungasaga. Nach Bugge's Text m. Einleitgn. u. Glossar hrsg. gr 8. (XVIII, 216 S.) Berlin 891. Mayer & Müller. n. 3 60

Ranisch, Wilh., die **Volsungasaga. Nach Bugges** Text m. Einleitg. u. Glossar hrsg. 2. unveränderte Aufl. (Anastat. Neudr.) (XVIII, 218 S.) gr. 8. Berlin [891] 908. Mayer & Müller. 3. 60

— Walhall, s.: Doepler d. J., E.

Ranitz, August Carl, Introductio in Habacuci Vaticinia. Leipzig (Franc) 1808. 30 S. (4.—) 27639
Gew.: Jo. Go. Gottl. Maerker, Jo. Fried. Eulenstein, Carl Fried. Siegel, Carl Aug. Theoph. Keil (Präs.) et sodales: I. D. Kruiger, H. A. Schott, F. A. Wolf, C. G. Roessler, C. A. G. Emmerling, F. A. Neumann, L. F. O. Baumgarten-Crusius, C. G. Hammer.

Ranitz, Karl Aug., (✝ d. 7. Aug. 1814.) commentatio de libris Ciceronis acad. adjuncta disputat. crit. de capite Imo libri IIdi Ciceron. acad. spurio. 4maj. Leipz. 809. (Fr. Fleischer). 8 gr

— — (Leipzig), De libris Ciceronis academicis commentatio adiuncta disputatione critica de capite primo libri secundi Ciceronis academicorum spurio. Leipzig (C. A. Solbrig) 1809. 35 S. mit Namen. (3.50) 27640

Ranitzsch, de Simone Musaeo, Joannis Musaei theolog. Jenen. prouvo. Jenae 1863.
Schul-/Univ.-Schrift

Ranitzsch, H., das großherzogl. Lehrerseminar zu Weimar in dem ersten Jahrhundert seines Bestehens. Eine Gedenkschrift. gr. 8. (115 S. m. 1 Taf.) Weimar 888. Böhlau. n. 1. 60

Ranitzsch, H., der Unterricht in der Volksschule nach Lehrstoff, Lehrmitteln, Lehrverfahren und Lehrziel. Bearb. von Lehrern des großherzogl. Seminars zu Weimar und zur 100jähr. Jubelfeier desselben hrsg. gr. 8. (XXIV, 272 S.) Weimar 888. Böhlau. * 3 60

Rank, A., siehe: *Orelli, Conrad von.*

Rank, Anton. 1. Beiträge zur Kenntnis der sulfatreduzierenden Bakterien; 2. Schwefelwasserstoffbildung im Passugger Mineralwasser. Diss. Phil. [II.] Univ. Zürich. [Mit 1 Tafel.] *Kopftitel:* Aus dem Hygien.-Bakteriol. Laboratorium des eidg. Polytechnikums Zürich. Vorstand: Prof. Dr. O[tto] Roth. 66 S. 8. Zürich, Gebr. Leemann & Co., 1907.

Rank, Bodo, aus Berlin Aus d. Pathol.-anat. Institut zu Erlangen. Ueber einen Fall von geheilter Hydro-Pyonephrose. *Berlin 1901: G. Reimer.* (13 S.) 8° ¶ (Aus Virchow's Archiv f. pathol. Anat. u. Physiol., Bd 164, 1901.)
Erlangen, Med. Diss. v 6. März 1899

Rank, Carl, s. Rank, Karl

Rank, Ch, s. Ranck, Chr

Rank, Emil, die Eisenbahn-Tariftechnik, s.a. Schriften üb. Verkehrswesen.

Die Eisenbahn-Tariftechnik. Von Emil Rank, Insp. d. österr Nordwestbahn. *Wien: A. Hölder 1902* (139 S.) 8°
Aus Oesterreich. Eisenbahn-Zeitung. 1902
= Schriften über Verkehrswesen Reihe 1, H 1

Rank, Emil, d. Eisenbahntarifwesen in s. Beziehg. zu Volkswirtschaft u. Verwaltg. Mit e. Vorworte v. Emil Sax. gr. 8. (XVIII, 779 S.) Wien 895. A. Hölder. n. 18. —

Rank, E., Grundsätze f. den Abschluss v. Eisenbahn-Tarifcartellen. gr. 8. (144 S. m. 1 Karte.) Wien 890. Hartleben. n. 2. 25

— Grundzüge des Eisenbahntarifwesens unter besond. Berücksicht. der Verhältnisse Österreichs. gr. 8. (VIII, 176 S.) Wien 900. A. Hölder. n. 3. 60

Rank, G. F., Bürger u. Aristokrat. Charaktergemälde in 5 Aufz. 2. Aufl. (Für Bühnen Manuscript.) 8. (8½ B.) Leipzig 846, Otto Wigand.

Rank, G. F., die Patrizier. Schausp. in 5 Aufz. 2. Aufl. (Für Bühnen Manuscript.) 8. (8½ B.) Leipzig 846, Otto Wigand. Thlr.

Rank, G. F., dramatische Zeitbilder. 1. Bd. — A. u. d. Ttln.: Der Emporkömmling, od. Bürger u. Aristokrat. Charaktergemälde in 5 Aufz. — Die Patrizier. Schausp. in 5 Aufz. 8. (17½ B.) Leipzig 836, Otto Wigand. *

Rank, Gebr., Plan üb. Erbauung einer Turnhalle im Anwesen des M. T. B. München, München 1905, 9 Bl.

Rank, Georg, Die Streckenblockeinrichtungen. Mit zahlreichen Abbildungen und 6 Tafeln. Gr.-8. (79 S.) 1.20
Wien: Hof- u. Staatsdruckerei 1898.

Rank, Jos., Achtspännig, s.a. Familien-Bibliothek, deutsche.

Rank, Jos., Achtspännig. Volksroman. 2 Thle. 8. (VIII und 401 S.) Leipzig 856(57,) Mendelssohn.

Rank, Jos., Achtspännig. Volksroman. 2 Thle. Leipzig 857. Mendelssohn. 8. (IV, 178; IV, 223 S.) 2 ℛ.

Rank, Jos., Bartel, das Knechtlein, s.: Verein f. Verbreitung guter Schriften, Zürich. Nr. 34.

Rank, Jos., das Birken-Gräflein. Muckerl, der Taubennarr, s. Universal-Bibliothek Nr. 1077.

Rank, Jos., aus dem Böhmerwalde. 8. (19¾ B.) Leipzig 842, [Brandstetter.]

Rank, Jos., aus dem Böhmerwalde. 8. Leipzig 842, Einhorn. 1 ℛ

Rank, Joseph. Aus dem Böhmerwalde Leipzig 1843: Einhorn.
Wiederaufgenommen in den 1. Band (1. Hälfte) seiner Sammlung. Aus dem Böhmerwalde Bilder und Erzählungen aus dem Volksleben. 3 Bde. Leipzig 1851. — Neudruck mit Ergänzungen Josef Rank, Aus dem Böhmerwalde und Volkskundliche Beiträge aus Ranks übrigen Werken. Prag 1917 Calve LIX, 417 S [Beiträge z. deutsch-böhm. Volkskunde 5, 2] Mit Einleitung von Karl Wagner

Rank, Jos., aus dem Böhmerwalde. Bilder u. Erzählungen aus dem Volksleben. 1. Gesammtausg. 3 Bde. gr. 12. (XVIII u. 1255 S.) Leipzig 851, Brockhaus. 5 ℛ

— vier Brüder aus dem Volke. Ein Roman aus Oesterreichs jüngsten Tagen. 2 Thle. 8. (30 B.) Leipzig 844, [Brandstetter.]

Rank, Jos.: Burgei, s. Album. Bibliothek deutscher Originalromane.

— ein Dorfbrutus. Charakterbild. 2 Thle. Glogau 861. Flemming. 16. (X, 403 S.) 1 ℛ

Rank, Jos., Erinnerungen aus meinem Leben, s.a. Bibliothek deutscher Schriftsteller aus Böhmen, Bd. 5.

[J.] Erinnerungen aus meinem Leben. Von Josef Rank. M. Portr (Hrsg. August Sauer.) *Prag, Wien, Leipzig: F. Tempsky 1896.* (410 S. einschl. Portr., 1 Bl.) 1 Bd 8.
= Bibliothek deutscher Schriftsteller aus Böhmen. Bd 5.

Rank, Josef (I.), der Erzähler des Böhmerwaldes, s. Sammlung gemeinnütziger Vorträge.

— Florian. Eine Erzählung 2 Thle. Leipzig 853. Herbig. 8. (208; 248 S.) 2 ℛ.

— die Freunde, s.a. Album. Bibliothek deutscher Originalromane 2c.

— — Roman. 2. durchges. Aufl. 2 Bde. Leipzig 855. Herbig. 8. (287; 286 S.) 1 ℛ. 20 ngr.

— Geschichten armer Leute. Stuttgart 853. Mäcken. 8. (2 Bl., 243 S.) 1 ℛ. 5 ngr.

— neue Geschichten aus dem Böhmerwalde. 8. (330 S.) Wien 847, Tendler. n. 1⅓ ℛ — 2. wohlf. Ausg. 8. (XII u. 325 S.) Wien 848, Tendler & Co. Leipzig, Fr. Volckmar. ¾ ℛ

— Von Haus zu Haus. Kleine Dorfchronik. gr. 16. (III und 171 S.) Leipzig 856, Voigt und Günther. *

Rank, Jos., der Hauskobold, s. National-Bibliothek, deutsch-österreichische.

– Hausmittel der Liebe, s. Album. Bibliothek deutscher Originalromane.

— das Hofer-Käthchen. Erzählung. Miniatur-Ausg. Leipzig 854. Brockhaus. 16. (2 Bl., 231 S.) n. 24 ngr.

— Sein Ideal. Erzählung in 2 Büchern. Zwickau 856. Thost. 8. (234 S.) 1 ℛ.

— Kaiser Karl d. Große, s. Belehrungen, unterhaltende.

Rank, Jos., im Klosterhof. Roman. 2 Bde. 8. (IV, 195 u. IV, 235 S.) Stuttgart 875. Hallberger. 6. —

Rank, Jos., im Klosterhof. Roman. 2.(Titel=)Aufl. 2 Bde. 8. (IV, 195 u. IV, 235 S.) Stuttgart (1875) 877. Deutsche Verlags=Anstalt. n. 6. —

Der Mann von Hersfeld oder: Unter fremder Fahne. Schauspiel in 2 Aufz. von Josef **Rank**. (Neue Aufl.) (Hersfeld): A. Webert 1907. (42 S.) 8° [Umschlagt. F.] [07. 3404 4

– Ein guter Mensch, s. Album Bibliothek deutscher Originalromane.

— Moorgarden. Eine Erzählung. 8. (VI u. 230 S.) Stuttgart 851, Frz. Köhler. 1 ₰

— eine Mutter vom Lande. Erzählung. gr. 12. (288 S.) Leipzig 848, Brockhaus. 1 ₰ 6 ngr.

Rank, Jos., die Nachbarn zur Rechten u. Linken, s.: Verein zur Verbreitung guter Schriften, Zürich. Nr. 64.

— siehe: Pilger, der poetische, durch Deutschland u. die Schweiz.

— Poláci a Rusové. Uvahy Slovanské. Ebend. 863. 8. (IV, 56 S.) n. 7 ngr.

—— poetisches Reise-Album, s. a. Reise-Album.

— poetisches Reise=Album. Leipzig 855. Brockhaus. 8. (VIII, 156 S.) n. 10 ngr.

— Sage und Leben, s. Album. Bibliothek deutscher Originalromane zc.

—— Schillerhäuser. 8. (VI und 191 S.) Leipzig 856, Brockhaus. *
Aus: Brockhaus' Reise-Bibliothek.

—— Schön=Minnele. Erzählung. 8. (494 S.) Leipzig 853, Herbig.
Vgl.: Album. Hrsg. von J. L. Kober.

— Schön Minnele. Erzählung. 2 Thle. 853. 2 ₰. — 2. billige (Titel=)Ausg. Ebend. 855. (3 Bl., 494 S.) 1 ₰. 20 ngr.

— der Seelenfänger. Roman. 8. (215 S.) Ebend. 875. 3. —

Rank, Josef

Der Seelenfänger. Roman. 2. Aufl.
Stuttgart, Leipzig: Dt. Verl.-Anst. 1878. 215 S. 8°

— kapesní slovník novinářský, v němž se nacházejí zvláště slova z cizích jazykův. Prag 862. Kober. gr. 16. (VIII, 368 S.) n. 26½ ngr.

— Stein=Nelken. Bilder aus dem Stadt= u. Volksleben. Leipzig 867. Weber. 8. (III, 332 S.) n. 1 ₰ 15 ngr.

Rank, Josef, Kleines Taschenwörterbuch der böhmischen und deutschen Sprache. Böhmisch-deutscher Theil. 1867. 12. (416 S.) Prag, Haase Söhne. 1 fl. 20 kr., geb. 1 fl. 50 kr.
1866

—— kleines Taschenwörterbuch der böhmischen und deutschen Sprache. Böhmisch=deutscher Theil. 16. (416 S.) Prag 867, Haase Söhne. *

Rank, Jos., kleines Taschenwörterbuch der böhmischen u. deutschen Sprache. 2 Thle. 2. Aufl. 12. (428 u. 432 S.) Prag 882. Haase. à n. 3. —

Rank, Josef, Kleines Taschenwörterbuch d. böhm. und deutschen Sprache. I. Böhmisch-deutscher Theil. 2. verm. u. verbess. Aufl. kl. 8. (427 S.) Prag, A. Haase. 1 fl. 50 kr. II. Deutsch-böhm. Theil. 2. verm. u. verbess. Auflage. kl. 8. (427 S.) 1 fl. 50 kr.
1883

Rank, Jos., kleines Taschenwörterbuch der böhmischen u. deutschen Sprache. 2 Thle. 3., verm. u. verb. Aufl. 12. Prag, A. Haase. à n. 2. —; Einbd. in Halbfrz. à n.n.n. — 40
1. Böhmisch-deutscher Thl. (444 S.) 890.
2. Deutsch-böhmischer Thl. (435 S.) 891.

Rank, Jos., kurzgefaßtes Taschenwörterbuch d. böhm. u. deutschen Sprache. 5. verm. u. verb. Aufl. des kleinen Taschenwörterbuches. 2 Tle. kl. 8. Prag (909). A. Haase. à 3.—; geb. à 3. 45
1. Böhmisch=deutscher Tl. (IV, 400 S.)
2. Deutsch böhmischer Tl. (IV, 408 S.)

— neues Taschenwörterbuch der böhmischen und deutschen Sprache nach Jungmann, Šumavský u. A. — Nový slovník kapesní jazyka českého i německého. 2 Thle. (Deutsch=böhmischer Thl. — Böhmisch=deutscher Thl.) — Ebend. 863, 64. 16. (VIII, 968 S.; VI, 1002 S.) Jeder Thl. n. 1 ₰ 27 ngr.

— neues Taschenwörterbuch der böhmischen u. deutschen Sprache nach Jungmann, Šumavský u. A. — Nový slovník kapesní jazyka českého i německého. — Böhmisch=deutscher Theil. 2., verm. u. verb. Aufl. Prag 865. Verl. der Bohemia. 16. (VI, 1002 S.) n. 1 ₰ 27 ngr. geb. n. 2 ₰ 6 ngr.

Rank, Josef, Neues Taschenwörterbuch der böhmischen und deutschen Sprache nach Jungmann, Šumavský u. A. Böhmisch-deutscher Theil 2. verm. u. verb. Aufl. 32. (1002 S.) Prag, Haase Söhne 2 fl. 5 kr.
1865

—— neues Taschenwörterbuch der böhmischen und deutschen Sprache nach Jungmann, Sumavsky, Wenig und Anderen. 2 Thle. 2. Aufl. 1871, und 3. verm. und verb. Aufl. gr. 16. (560; 444 S.) Prag 874, Verlag der Bohemia. à Thl. *ℳ 7. * 14 — geb. à Thl. *ℳ 8. * 16 —
Kleines Taschenwörterbuch. 2 Thle. Ebendas. 1867. à Thl. *ℳ 2,40.; geb. *ℳ 3.

Rank, Jos., Neues Taschenwörterbuch d. böhm. u. deutsch. Sprache. II. deutsch-böhm. Theil (díl německo český). Mit einem Anhang: Uebersicht d. deutschen Sprachlehre. 4. verm. u. verb. Aufl. 16. Prag, A. Haase. 4 fl.
1885

— neues Taschenwörterbuch der böhmischen u. deutschen Sprache nach Jungmann, Šumavsky u. a. 2 Thle. 5., verm. u. verb. Aufl. (Mit e. Anh.: Uibersicht der böhm. Sprachlehre.) 12. Ebd. à n. 8. —; Einbd. in Halbfrz. à n.n.n. 1. 20
1. Böhmisch-deutscher Thl. (VIII, 1104 u. XVI S.) 887.
2. Deutsch-böhmischer Thl. (VII, XVI, 1048 S.) 892.

Neues Taschenwörterbuch der böhmischen und deutschen Sprache nach Jungmann, Sumavsky u. anderen von Josef Rank. 1. 2. Prag: A. Haase 1892-1895. 2 Bde. 8°
I. Böhm.-deutscher Th. 6. verm. u. verb. Aufl. 1895.
II. Deutsch-böhm. Th. 5. verm. u. verb. Aufl. 1892.

— neues Taschenwörterbuch d. böhm. u. deutschen Sprache, nach Jungmann, Šumavský u. A. 1. böhmisch-deutscher Thl. 6., verm. u. verb. Aufl. M. e. Anh.: Uebersicht der böhm. Sprachlehre. 12. (XVI, 1112 S.) Prag 895. A. Haase. n. 8. —; Einbd. in Halbfrz. n.n.n. 1. 20

– neues Taschenwörterbuch d. böhmischen u. deutschen Sprache nach Šumávský, Jungmann, Sanders u. Anderen. II. Deutsch-böhm. Thl. 6. verm. u. verb. Aufl. 12. (VIII, XVI, 1076 S.) Prag (901). A. Haase. n. 8. —

Rank, J., Neues Taschenwörterbuch der böhmischen und deutschen Sprache. I. Böhmisch-deutscher Teil. 7. Aufl. 8°. (XVI, 1136 S.) K 8.—

Prag: Haase 1904.

— neues Taschenwörterbuch der böhmischen u. deutschen Sprache nach Šumavský, Jungmann, Sanders u. Anderen. I. Böhmisch-deutscher Tl. 7., verm. u. verb. Aufl. (XVI, 1136 S.) 16. Prag (904). A. Haase. n. 8. —; Einbd. n.n n. 1. 20

Rank, Josef: Neues Taschenwörterbuch der böhmischen und deutschen Sprache. 7. Aufl. Prag
T. 1. Böhmisch-Deutsch. (1910)

– Neues Taschenwörterbuch der böhmischen u. deutschen Sprache nach Šumavský, Jungmann, Sanders, Duden u. Anderen. II. Deutsch-böhmischer Tl. 7. verm. u. verb. Aufl. (XVIII, 1083 S.) fl. 8. Ebd. (910). 6. 80; Einbd. nnn 1. —

— Taschen-Wörterbuch der böhmischen und deutschen Sprache nach Šumavský u. Anderen neu bearb. Deutsch-böhmischer Thl. — Kapesní slovník jazyka českého a německého. Díl německočeský. Prag 860. Haase Söhne. 16. (VIII, 767 S.) 1 ₰ 15 ngr.

—— kurze Uebersicht der boehmischen Sprachlehre und Rechtschreibung. (Böhmisch und deutsch.) 16. (16 S.) Prag 875, [Verlag der Bohemia.] Haase. * — 20

— dasselbe. 3. verm. u. verb. Aufl. gr. 16. (1. Hälfte 560 S.) Ebend. 874. n. 7. —

— auf Um- u. Irrwegen, s.: Spamer's, O., neue Volksbücher.

—— Verzeichniß aller in Oesterreich erschienenen Bücher in slawischer Sprache, s. Catalog, österreichischer.

— Johannes Volkh 2c., s.a. Album. Bibliothek deutscher Originalromane.

Rank, Josef

Johannes Volkh.- Hausmittel der Liebe.- Ein guter Mensch.- 3 Erzählungen.
Leipzig: Günther 1867. 199 S. 8°

—— Waldmeister. Roman. 3 Bde. 8. (47⅓ B.) Leipzig 846, Geo. Wigand.

Rank, Josef. Aus meinen Wandertagen. kl. 8. (293 S.) 1864. Ebds. 1 fl. 50 kr.

Rank, Jos., aus meinen Wandertagen. gr. 16. (294 S.) Wien 864, Typographisch-literarisch-artistische Anstalt. *

—— Weißdornblüthen aus dem böhmerwälder und wiener Volksleben. 8. (354 S.) Leipzig 848, Hinrichssche Buchh.

—— ausgewählte Werke, s.o. Familien-Bibliothek, deutsche.

— ausgewählte Werke. Gesammt-Ausg. 1—7. Thl. Glogau 859, 60. Flemming. 16. Jeder Thl. 15 ngr.
1. 2. Thl. Achtspännig. Volksroman. 2 Thle. 2. Aufl. (432 S.)
3. 4. Thl.: Aus Dorf und Stadt. Neue Bilder und Erzählungen. 2 Thle. (493 S.)
5. 6. Thl.: Die Freunde. Roman. 2 Thle. 3. Aufl. (XII, 432 S.)
7. Thl.: Von Haus zu Haus. Kleine Dorfchronik. 2. Aufl. (219 S.)

Rank, Karl

RANK, Carl (Stuttgart): Zur Lehre von der Poliomyelitis anterior acuta adulterum.- Leipzig: Hirschfeld 1880. 1 Bl.,22 S.
14.11.1879 - Urk (Titel: De poliomyelitide anteriore acuta adultorum.); Chr 1879/80,14
Diss.Ingolst.-Landsh.-Mchn.

Rank, O. F., der Flußkrebs, s.: Bibliothek f. Naturfreunde.

Rank, Otto, der Künstler. Ansätze zu e. Sexual-Psychologie. (56 S.) gr. 8. Wien 907. L. Heller & Co. 2. --

-- Der Mythus v. der Geburt des Helden, s.a. Schriften zur angewandten Seelenkunde. 5. Heft.

Der Mythus von der Geburt des Helden. Versuch e. psychol. Mythendeutung von Otto **Rank**. Leipzig & Wien. Deuticke 1909. 93 S. 8°
(Schriften z. angewandten Seelenkunde H. 5) log. 7364

Rank, W., Stossseufzer und Gedankensplitter. 16. (32 S.) Prag 888. (Dominicus.) n. — 48

Rånk Der Toggenburger Rånck, Und derer Beantwortung, In zwey Theil .. zusammen getragen Von einem ... Fürstl. St. Gallischen Beambteten Mit Beylag der darzu dienlichen abcopierten Brieffschafften. 4. St. Gallen 1708.

Ranke. – Leopold v. Ranke

—— an seinem 90. Geburtstage, s. Toeche, Th.

Ranke, Leop. v., Gedächtnissrede auf ihn, s.: Giesebrecht, W. v.

—— Gedächtnisrede auf ihn, s. Sybel, H. v.

Ranke, zur Erinnerung an Prof. Dr. Heinrich Heppe, s.: Wolff.

Ranke: P. M. Kawerau. Berlin 1875. S. 45—48. Berlin, Kgl. Realschule, Vorschule u. Elisabethschule P 1875.

Ranke: Ernst Ferdinand Yxem's Leben. 24 S –Berlin Fr.W., Progr. 1867

Ranke: Carl Otfried Müller, ein Lebensbild. 18 S. 4° – Berlin, Elis., Progr. 1870.

Ranke (Berlin), Zu den Schul-Feierlichkeiten, welche in dem Kgl. Friedrich-Wilhelm-Gymnasium Statt finden werden, ladet ein der Direktor. — Voran geht: Zumpt, A. W., De Livianorum librorum inscriptione et codice antiquissimo Veronensi commentatio. Berlin (A. W. Hayn) 28. IX. 1859. 56 S. mit Namen. (3.25) 27641

— Zu den Schul-Feierlichkeiten in dem Kgl. Friedrich-Wilhelm-Gymnasium ladet ein der Direktor. — Voran geht: Milton's Comus, übersetzt und mit einer erläuternd. Abhandlg. begleitet von Immanuel Schmidt. Berlin (A. W. Hayn) 27. IX. 1860. 62 S. mit Namen. (3.—) 27642

Ranke, (Nathanael) Allwill. (geb. Quedlinburg 1. 2. 1828): De diabete mellito. Berolini (1854). (38 S.) 8°
Berlin, Med. Diss. v. 27. Apr. 1854

Ranke, Bruno, prakt. Arzt aus Friesack: **Ueber Darmabknickung** bei Pericystitis der Gallenblase. *Leipzig 1903: B. Georgi.* (40 S.) 8°
Leipzig, Med. Diss. v. (5. Mai) 1903

Ranke, Carl Ferdinand, s. Ranke, Karl Ferdinand

Ranke, Carl Friedrich, s. Ranke, Karl Friedrich

Ranke, Ernst

Ranke, E., Carmina academica. Marburg 866. Ehrhardt. 8. (78 S. mit 1 Steintaf.) cart. n. 20 ngr.

Ranke, Ernst, Chorgesänge zum Preis d. h. Elisabeth, aus mittelalterl. Antiphonarien m. Bearbeitg. der alten Tonsätze durch Müller, Odenwald u. Tomadini hrsg. [Festschrift zum 600. Jahrestage der Einweihg. der Elisabethkirche.] gr. 8. [VIII, 66 S. m. 1 Lichtdr.) Leipzig 883. Breitkopf & Härtel. n. 2. 40

Ranke, Ernst, Chorgesänge zum Preis d. h. Elisabeth aus mittelalterl. Antiphonarien m. Bearbeitg. der alten Tonsätze durch Müller, Odenwald u Tomadini hrsg. [Festschrift zum 600. Jahrestage der Einweihg. der Elisabethkirche.] 2. Abth. m. Beiträgen v. Commer. gr. 8. (S. 67—242.) Leipzig 884. Breitkopf & Härtel. n. 5. 60

— Codex Fuldensis, s. Codex.

— Specimen codicis novi testamenti Fuldensis. Pr. 1860. 26 S. m. 2 Taf. 4°.

—— zur Erinnerung an Prof. Dr. Heinr. Heppe, s. Wolff.

Ranke, Ernst, der Fortbestand des herkömmlichen Pericopenkreises vom geschichtlichen und practisch-theologischen Standpunct aus beleuchtet. gr 8. (VIII und 137 S.) Gotha 859, F. A Perthes. Thlr. *

— Curiensia evangelii Lucani fragmenta latina e membranis eruta atque adnotationibus illustrata, quibus accedit tabula photographica. Pr. 1872. 16 S. m. 1 Taf. 4°. 1.—

Ranke, Ernst, Stutgardiana versionis sacrarum scripturarum latinae antehieronymianae fragmenta, edidit atque adnotationibus criticis instruxit E. R. gr. 4. (VIII, 28 S. mit 2 Taf.) Wien 888, Braumüller. * 2 —

—— Fragmenta antiquissimae evangelii Lucani versionis latinae. E membranis Curiensibus edita atque adnotationibus criticis instructa. Accedit tabula photographica. Praeit ejusdem carmen saeculare pridie calendas Augustas A. MDCCCLXXII inclytae universitati literarum Monachiensi nomine rectoris et senatus univ. lit. Marburgensis oblatum. gr. 4. (41 S.) Wien 874, Braumüller. * 3 —

Illustri Universitati literarum Bononiensi . . . octava saecularia celebranti gratulatur Universitatis literarum Marburgensis rector cum senatu. — Insunt Ernesti Ranke antiquissimae veteris testamenti versionis latinae fragmenta Stutgardiana nuper detecta . . Marburgi, typ. acad. Fridericianis, 1888; VIII + 28 S. u. 2 Taf. 4°

— fragmenta versionis latinae antehieronymianae, s. Fragmenta.

— fragmenta versionis sacrarum scripturarum latinae Antehieronymianae e codice manuscripto eruit atque adnotationibus criticis instruxit. Editio libri repetita, cui accedit appendix. Wien 868. Braumüller. 8. (IV, 210 S. mit 3 chromolith. Taff. in 4. u. Fol.) n. 2 Thlr.

Ranke, E., Latinae Vet. Test., versionis antehieronymianae fragmenta e cod. Fuldensi eruta atque adnotationibus criticis instructa, quibus accedit tabula lithographica. Pr. 1856. 51 S. u. 1 Tafel. 4°. 2.—

— Latinae Vet. Test. versionis antihieronymianae fragmentorum fasciculus III. Pr. 1858. 68 S. 4°. 1.50

— Latinae Vet. Test. versionis antehieronymianae fragmentorum fasciculus IV, cui accedit tabula photolithographica. Pr. 1868. 82 S. und 1 Taf. 4°. 1.50

—— Gedichte, dem Vaterland gewidmet. Frühjahr 1848. 8. (36 S.) Erlangen 848. [Frankfurt a. M., Heyder und Zimmer.]

— Marburger Gesangbuch, s. Gesangbuch.

— horae lyricae. Praeit Conradi Celtis effigies (Photolith.) 8. (92 S.) Ebend. 874. geb. n. 2. 40

—— Lieder aus großer Zeit. 1. Aufl. (36 S.) 1872, und 2. verm. Ausg. gr. 8. (54 S.) Marburg 875, Elwert's Verlag. * 80 Pf.; geb. * 1 20

— wider das Lügenbuch der Enthüllungen. Aufklärendes Sendschreiben an eine Landgemeinde. 8. (8 S.) Bamberg 850, Buchner. 1½ ngr

Ranke, Ernst, Mittheilungen in Sachen des kirchlichen Streites in Oberhessen. Marburg 858. Elwert. gr. 8. (25 S.) 4 ngr.

—— par palimpsestorum Wirceburgensium. Antiquissimae veteris testamenti versionis latinae fragmenta e codd. rescriptis eruit ed. explicuit. Accedunt 2 tabulae photolithogr. gr. 4. (XIV, 434 S.) Wien 872, Braumüller. geb. * 40 —

— das kirchl. Perikopensystem aus den ältesten Urkunden der römischen Liturgie dargelegt u. erläutert. Mit einer Vorrede v. (Carl Imman.) Nitzsch. gr. 8. (XIV, 412 u. XCII S.) Berlin 847, G. Reimer. 2⅓ Thlr.

Ranke, Ernst, Rhythmica. Praeit Hugonis Grotii effigies (in Heliogravure). 12. (128 S.) Wien 881. Braumüller. cart. n. 3. —

Ranke, Ernst, die Schlacht im Teutoburger Walde. 2. Aufl. gr. 8. (15 S.) Marburg 876, Elwert'sche Verlagsh. * — 60
Die 1. Aufl. war nicht im Handel.

— offenes Sendschreiben an die lutherische Geistlichkeit des Consistorialbezirks Marburg. Nebst einem Anh. Marburg 858. Elwert. gr. 8. (IV, 40 S.) 6 ngr.

—— das Buch Tobias, metrisch übers., s. Buch Tobias, das.

Ranke, Ernst, an das deutsche Volk. Ein Zuruf. (Gedicht.) gr. 8. (14 S.) Erlangen 848, Heyder. 3 ngr

— kritische Zusammenstellung der innerhalb der evangel. Kirche Deutschlands eingeführten neuen Pericopenkreise mit einer Abhandlung über Mabillons gallikan. Lectionar als Einleitung. gr. 8. (X u. 190 S.) Berlin 850, G. Reimer. 1 Thlr.

Ranke, F

Ranke, F., Rückerinnerungen an Schulpforte [1814—1821]. gr. 8. (IV, 186 S.) Halle 874. Buchh. d. Waisenh. n. 2. 50

Ranke, F De Xenophontis vita et scriptis commentatio. 26 S. – Berlin, Joach., Progr 1851

Ranke, F. L., August Hermann Francke, s.: Vorträge, sechs, geh. zum Besten der Herberge zur Heimat in Nürnberg.

Ranke, Ferdinand, s.a. Ranke, Karl Ferdinand

— August Meineke. Ein Lebensbild. gr. 8. (IV, 175 S.) Leipzig 871. Teubner. n. 3. —

Ranke, Fd., s. Schneider, A. F. H., Elementarbuch d. Engl. Sprache.

Ranke, [Friedrich]: Beiträge zur Kritik der Prologe des Terenz. Anklam (1908): Poettcke. 19 S. 8°
Anklam, G OP 1908 (181) [S 08. 364

Ranke, Frdr., s.: Geschichte, die, v. Gisli dem Geächteten.

Ranke, Frdr., die großen Jahre 1870 u. 1871 dem deutschen Volke u. seiner Jugend ins Gedächtniß gerufen. Gekrönte Preisschrift. 8. (39 S.) Nördlingen 873. Beck. n.n. — 25

— s.: Knaben, des, Wunderhorn.

Ranke, Fridericus, Hochensis Periplecomenus sive de Epicuri, Peripateticorum, Aristippi placitorum apud poetas comicos vestigiis. *Marpurgi Catt. 1900: Friedrich.* (88 S.) 8°
Marburg, Phil. Diss. v [7 Juli] 1900

— Deutsches Sagenbuch. s.: Leyen. Frdr. v. der.

Ranke, Friedrich, a. Lübeck: Sprache und Stil im Wälschen Gast des Thomasin von Circlaria. (Berlin: Mayer & Müller 1907.) (52 S.) 8° ¶ (T. 1 d. eingereichten Arbeit; d. Rest erscheint in der „Palaestra".)
Berlin, Phil. Fak., Ref. Roethe, Diss. v. 12. Okt. 1907
[Geb. 21. Sept. 82 Lübeck; Wohnort: München; Staatsangeh.: Lübeck; Vorbildung: Katharineum Lübeck Reife O. 01; Studium: Göttingen 3, München 3, Berlin 5 S.; Rig. 14. Febr. 07.]

— Sprache u. Stil im Wälschen Gast des Thomasin v. Circlaria. s.a. Palaestra. 68.

Sprache und Stil im Wälschen Gast des Thomasin von Circlaria Von Friedrich Ranke Berlin Mayer & Müller 1908 173 S. 8°
(Palaestra 68.) Ing. 1872 4

— Die deutschen Volkssagen. s.a. Sagenbuch. deutsches. 4. Tl.

Die deutschen Volkssagen von Friedrich Ranke. München: C H. Beck 1910. XVII, 294 S. 8°
(Deutsches Sagenbuch. T 4.)

Ranke, Friedr. G. Rede, gehalten zur Geburtstagsfeier Sr. Majestät des Königs am 15. October 1846. 8 S .
Neu-Ruppin, Progr. 1847

Ranke, Friedr. Heinr., Abschieds-Predigt üb. 1. Joh. 2, 28, gehalt. in Rückersdorf am 3. Sonnt. n. Ostern 1834. gr. 8. (1 B.) Nürnberg, Raw.

Ranke, Friedr. Heinr., Abschiedsworte. Predigt. Ansbach 866. (Junge.) gr. 8. (14 S.) n. 2 ngr.

— s. Bunyan, J., des Christen Wallfahrt nach der himml. Stadt.

— Gebete über Worte der heiligen Schrift. Frankfurt a. M. 867. Heyder & Zimmer. 8. (VIII, 320 S.) n. 1 ℛ

Ranke, Frdr. Heinr., ich will euch nicht Waisen lassen; ich komme zu euch. Predigt zum Schluß der verein. Generalsynode zu Ansbach, am 22. Februar 1849 gehalten. gr. 8. (16 S.) Erlangen 849, Heyder. 1/12 ℛ

Ranke, Frdr. Heinr., Jugenderinnerungen m. Blicken auf das spätere Leben. gr. 8. (428 S.) Stuttgart 877. J. F. Steinkopf. n. 5. —

Ranke, Frdr. Heinr., Jugenderinnerungen m. Blicken auf das spätere Leben. 2. Aufl. 8. (IV, 462 S.) Stuttgart 886. J. F. Steinkopf. n. 5. —; geb. n. 6. —

Ranke, Friedr. Heinr., das Leben in Christo. Predigten über die Episteln des Kirchenjahres. 3 Thle. gr. 8. Frankfurt a. M., Heyder und Zimmer. [1. (IV und 224 S.) 853., 2. (III und 231 S.) 854., 3. (III und 224 S.) 855. à Bd. * 18 Ngr.] *

— Predigten. 1r Thl. gr. 8. Erlangen 837. Heyder. 1/2 ℛ — 2e Aufl. 840. 1/2 ℛ

Ranke, Fr. Hnr., Predigten. 2., 3. (letzter) Thl. gr. 8. Erlangen 841, 42, Heyder. (à 1/2 ℛ) 1.—3. Thl. 1 3/4 ℛ

— Predigten. 2. u. 3. Thl. 2. Aufl. gr. 8. (2: VI u. 179 S. 3: VIII u. 278 S.) Erlangen u. Frankfurt a. M. 847. 51, Heyder & Zimmer. 2: 1/2 ℛ 3: 3/4 ℛ (3 Thle. 1 3/4 ℛ)

Ranke, Frdr. Heinr., Predigten. 1. Thl. 3. Aufl. Frankfurt a. M. 861. Heyder & Zimmer. gr. 8. (VIII, 182 S.) 15 ngr.

— Predigten aus dem J. 1848. Ein Zeugniß gegen den Geist der Revolution u. des Abfalls von Gott. gr. 8. (VI u. 251 S.) Erlangen 849, Heyder. n. 1/2 ℛ

— Gotthilf Heinrich v. Schubert. Mittheilungen über die letzten Tage desselben. 1. u. 2. Abdr. Berlin 860. Schlawitz. gr. 8. (20 S.) n. 7 1/2 ngr.

Ranke, Friedr. Heinr., die Schwierigkeiten d. christl. Predigt-Amtes in uns. Zeit. Eine Synodal-Rede. gr. 8. (1 1/2 B.) Nürnberg 837, Raw'sche Buchh. Thlr.

— s. Sonntagsblatt.

— Sprüche, Lieder u. Katechismus f. d. Kleinen. 2., verb. Ausg. 8. (2 B.) Nürnberg 839, Raw'sche Buchh.

— Untersuchungen üb. den Pentateuch, aus d. Gebiete d. höheren Kritik. 1. Bd. gr. 8. (17 1/2 B.) Erlangen 834, Heyder.

— Untersuchungen üb. d. Pentateuch, aus d. Gebiete d. höh. Kritik. 2. Bd. 8. (24 1/2 B.) Erlangen 840, Heyder.
1. Bd. Ebendas. 1834. 1 Thlr. 6 Gr.

— Vater, verkläre deinen Namen! Predigt am 15. Oktbr. 1848 zu Ansbach gehalten. gr. 8. (15 S.) Erlangen 848. [Frankfurt a. M., Heyder und Zimmer.]

Ranke, Fr. H., des Christen Wallfahrt nach der himmlischen Stadt, s.: Bunyan, John.

— woran wir vor allen Dingen festzuhalten haben in unserer entscheidungsvollen Zeit. Predigt am 12. März 1848 zu Ansbach gehalten. gr. 8. (16 S.) Erlangen 848. [Frankfurt a. M., Heyder und Zimmer.]

— das Wunder von Bethania. Zwei Predigten. Ansbach 862. Junge. gr. 8. (24 S.) n. 4 ngr.

Ranke, Friedr. Heinr., Zeugniß von Christo. Predigten über die Evangelien des Kirchenjahrs. 1. Thl. gr. 8. (25 B.) Erlangen 846, Heyder.

— Zeugniß von Christo. Predigten über die Evangelien des Kirchenjahres. 2. Sammlung. gr. 8. (VIII und 373 S.) Erlangen 848. [Frankfurt a. M., Heyder und Zimmer.]
1. Sammlung. Ebendas. 1846. 1 Thlr.

— Zeugniß von Christo. Predigten über die Evangelien des Kirchenjahres. 2. Sammlung. gr. 8. (VIII u. 373 S.) Ebd. 849. 1 ℛ

Ranke, Fritz

Ranke, F., Die Doloneia. (Ilias lib. X). Diss. 1881. 82 S. 1.20

— u. Jul. Ranke, Präparation zu Ovids Metamorphosen, s.: Krafft u. Ranke, Präparationen.

Ranke, Fritz, u. Jul. Ranke, Präparationen, s.: Krafft u. Ranke's Präparationen f. die Schullektüre.

Ranke, Fritz Homerische Untersuchungen. I. Die Doloneia. 82 S. 8. Progr. Goslar 1881.

Ranke, Geo., die Sicherung v. Bahnabzweigungen m. besond. Berücksicht. der Industriegeleise, s.: Vorträge u. Abhandlungen, technische.

Ranke, H. (Hrsg.), s. Abhandlungen, Münchener medicinische. Reihe 2.

Ranke, H. v., Arbeiten aus d. kgl. Universitätskinderklinik, s.: Abhandlungen, Münchener, medicin.

Ranke, H., zur Aetiologie der Diphtherie, s.: Zur Aetiologie der Infectionskrankheiten.

Ranke, H., Beobachtungen und Versuche über die Ausscheidung der Harnsäure beim Menschen im physiolog. Zustande und in einigen Krankheiten, sowie unter dem Einflusse des schwefelsauren Chinins. Geschrieben pro facultate legendi. München 858. Kaiser. gr. 8. (48 S.) n. 10 ngr.

Ranke, H., Bericht üb. die Anwendung d. Liernur'schen Systems in Prag. Vortrag, gehalten in der Versammlg. d. polytechn. Vereins zu München am 11. April 1870. gr. 8. (20 S.) München 870. A. Ackermann. — 30

Ranke, H., Bericht über die Anwendung des Liernur'schen Systems in Prag. Vortrag, gehalten in der Versammlung des polytechn. Vereins zu München am 11. April 1870. gr. 8. (20 S.) München 870, Fleischmann'sche Buchh.

— Cholera-Infections-Versuch an weissen Mäusen, s.: Mittheilungen u. Auszüge aus dem ärztl. Intelligenzblatt.

— über Hochäcker. [Aus: „Beiträge zur Anthropologie u. Urgeschichte Bayerns".] gr. Lex.-8. (40 S. m. 2 Taf. u. 18 Karten.) München 893. F. Bassermann. n. 6.—

Ranke, Dr. H. (Univ.-Prof. u. prakt. Arzt), zur Cloakenfrage. Ein Vortrag. Veröffentl. vom landwirthschaft. Bezirks-Comité der Haupt- u. Residenzstadt München. München 1805. 8⁰. 24 S. Cart.

Ranke, H., Laufzorn. München 1872.

Ranke, Dr. H. 8 Tage bei unseren Verwundeten in den entlegeneren Spitälern. München 1866. 29 S.

Ranke, H., über das Thymol und seine Bedeutung bei der antiseptischen Behandlung der Wunden, s. Sammlung klinischer Vorträge.

—— zwei Vorträge, s. Zur Münchener Canalisationsfrage.

Ranke, Hans Rudolf: Ueber Beugungsluxation der Lendenwirbel. Halle (1873): Plötz. 28 S. 8°
Halle-Wittenberg, Med. Diss. v 15. Okt. 1873
Geb. Kaiserswerth (Rheinprov.) 31. 5. 1849. V

Ranke, Hans: De pressione intraarticulari genus experimentorum et in cadavere et in vivo homine institutorum pars prior. Halis Saxonum [1876]: Ploetz. 52 S., 1 Taf. 8°
Halle-Wittenberg, Med. Hab.-Schr. v 20. Mai [1876]

Ranke, Hnr., s. Jh. Bunian, des Christen Wallfahrt ꝛc.

Ranke, Herm., Babylonian legal and business documents from the time of the first dynastiy of Babylon chiefly from Sippar, s.: Expedition, the Babylonian, of the University of Pennsylvania. A. VI. 1.

— Keilinschriftliches Material zur altägyptischen Vokalisation. (96 S.) Lex. 8. Berlin 910. G. Reimer. 5. —
Sonderabdruck a.: „Abhandlgn. d. preuss. Akad. d. Wiss "

— Early Babylonian personal names from the published tablets of the so-called Hammurabi dynasty, s.: Expedition, the Babylonian, of the University of Pennsylvanian. D III

Ranke, Hermann, aus Lübeck Die Personennamen in den Urkunden der Hammurabidynastie. Ein Beitrag zur Kenntnis d. semit. Namenbildung. T. 1. *München 1902: F. Straub.* (53 S.) 8° ¶ (Das Verzeichnis sämtlicher Personennamen soll demnächst erscheinen.)
München, Phil. Diss. v. 1902

Ranke, Herm., die Personennamen in den Urkunden der Hammurabidynastie. Ein Beitrag zur Kenntnis der semit. Namenbildg. gr. 8. (VII, 52 S.) München 902. H. Lukaschik. n. 2.50

— s.: Texte u. Bilder, altorientalische, zum Alten Testamente.

RANKE, Johann (Ansbach): De fluminis electri nervorum instrumento, cui nomen est magnetoelectromotor, tetanisatorum incrementis. (Titel nach der Urkunde)
28.10.1861 - Urk: F 70
Diss. Ingolst.-Landsh.-Mchn.

Ranke, Johann Friedrich

Ranke, J. Fr., Erzählungen f. Kleinkinderschulen, die unteren Klassen der Elementarschulen u. Familien, od. Sammlung wahrer Erzählungen von Thieren u. Menschen, sowie Fabeln u. Mährchen, zunächst für 3—10jähr. Kinder. 1. Aufl. (17¾ B.) 845. 15 Ngr. u. 2., verm. Aufl. gr. 8. (18¾ B.) Kaiserswerth 846. (Berlin, J. A. Wohlgemuth, Verl.) **

Ranke, Joh. Fr., Erzählungen für Kleinkinderschulen, die unteren Klassen der Elementarschulen u. Familien, oder Sammlung wahrer Erzählungen von Thieren u. Menschen, sowie Fabeln, Mährchen u. and. Dichtungen, zunächst f. 3—10jähr. Kinder. 2. verm. Aufl. 8. (XII u. 288 S.) Kaiserswerth 847. (Berlin, J. A. Wohlgemuth.) baar ½ ₰

Ranke, J. Fr., Erzählungen für Kleinkinderschulen, die unteren Klassen der Elementarschulen und Familien, oder Sammlung wahrer Erzählungen von Thieren und Menschen, sowie Fabeln, Mährchen und andere Dichtungen, zunächst für 3—10jährige Kinder 3., verb. und verm. Aufl. gr. 8. (XII und 304 S.) Kaiserswerth 857. (Berlin, J. A. Wohlgemuth.) **

Ranke, Joh. Fr., die Erziehung und Beschäftigung kleiner Kinder in Kleinkinder-Schulen und Familien, oder: Anleitung, Kinder in den ersten Lebensjahren zu erziehen, durch Spielen, Arbeiten und vorbereitenden Unterricht zu beschäftigen, mit besonderer Berücksichtigung der Kleinkinderschule nach der Erfahrung bearb. 2., verm. und verb. Aufl. 8. (VIII und 200 S.) Düsseldorf 853, Scheller. Thlr. * —

Ranke, Joh. Frdr., die Erziehung und Beschäftigung kleiner Kinder in Kleinkinderschulen und Familien. Anleitung, Kinder in den ersten Lebensjahren zu erziehen, durch Spielen, Arbeiten und vorbereitenden Unterricht zu beschäftigen, mit besonderer Berücksichtigung der Kleinkinderschule nach der Erfahrung bearb. 3. verm. u. verb. Aufl. Elberfeld 863. Bädeker. gr. 8. (VIII, 200 S.) n. 12 ngr.

Ranke, Joh. Friedr., die Erziehung und Beschäftigung kleiner Kinder in Kleinkinderschulen und Familien. Anleitung, Kinder in den ersten Lebensjahren zu erziehen, durch Spielen, Arbeiten und vorbereitenden Unterricht zu beschäftigen, mit besond. Berücksicht. der Kleinkinderschule nach der Erfahrung bearb. 4. Aufl. 1870. * ℳ 1,50., und 5. verm. und verb. Aufl. 8. (VII, 248 S.) Elberfeld 875, Bädeker'sche Buchh. *

Ranke, Joh. Fr., die Erziehung u. Beschäftigung kleiner Kinder in Kleinkinderschulen u. Familien. Anleitung, Kinder in den ersten Lebensjahren zu erziehen, durch Spielen, Arbeiten u. vorbereitenden Unterricht zu beschäftigen, mit besonderer Berücksichtigung der Kleinkinderschule nach der Erfahrung bearb. 6., verm. u. verb. Aufl. 8. (VII, 246 S.) Elberfeld 879. Bädeker. n. 1. 80

Ranke, Joh. Fr., die Erziehung und Beschäftigung kleiner Kinder in Kleinkinderschulen und Familien. Anleitung, Kinder in den ersten Lebensjahren zu erziehen, durch Spielen, Arbeit und Unterricht zu beschäftigen. Mit besond. Berücksicht. der Kleinkinderschule bearb. 7. ganz umgearb. Aufl. 8. (VII, 396 S.) Elberfeld 886, Bädeker'sche Buchh. * 3 —

Ranke, Joh. Fr., die Erziehung u. Beschäftigung kleiner Kinder in Kleinkinderschulen u. Familien. Anleitung, Kinder in den ersten Lebensjahren zu erziehen, durch Spielen, Arbeit u. Unterricht zu beschäftigen. Mit besond. Berücksicht. der Kleinkinderschule bearb. 7., (2., ganz umgearb.· verb. u. verm. Aufl. 8. (VII, 395 S.) Elberfeld 891. Baedeker. n. 3. —; geb in Leinw. u. 3. 60

Ranke, Joh. Fr, die Erziehung u. Beschäftigung kleiner Kinder in Kleinkinderschulen u. Familien. 9. verb. u. verm. Aufl. gr. 8. (VII, 388 S.) Elberfeld 899. Baedeker. n. 3. —; geb. n. 3. 60

Ranke, Joh. Fr., die Erziehung u. Beschäftigung kleiner Kinder in Kleinkinderschulen u. Familien. 10. Aufl. (VII, 338 S.) gr. 8. Elberfeld 908. A. Martini & Grüttefien. n. 3. —; geb. n. 3. 60

— Fibel f. den Schreiblefeunterricht. 8. (48 S.) Düsseldorf 852, Scheller. n. 3¹

—— Fibel für den Schreiblefeunterricht. 2., verm. und verb. Aufl gr. 8. (62 S.) Düsseldorf 857. Elberfeld, Bädeker'sche Buchh.

Wird zu des Verf. „Die deutsche Sprache als Unterrichtsgegenstand ꝛc." gratis geliefert.

—— Fibel für den Schreiblefeunterricht. 3. Aufl. 8. (62 S., wovon 12 lithogr.) Elberfeld 866, Bädeker'sche Buchh. *

Ranke, Joh. Friedr., Fibel für den Schreiblefeunterricht. 4. nach den Angaben eines prakt. höheren Schulmannes verb. Aufl. Die Orthographie nach den ministeriellen Bestimmungen. 8. (II, 64 S.) Elberfeld 880, Bädeker'sche Buchh. geb. * — 40

— kleine Gesanglehre für Schüler der Volksschule. Kaiserswerth 860. (Elberfeld, Bädeker.) 16. (16 S.) 1½ ngr.

—— kleine Gesanglehre für Schüler der Volksschule. 2., verm. Aufl. 8. (16 S.) Elberfeld 867, Bädeker'sche Buchh.

—— kleine Gesanglehre für Schüler der Volksschule. 3. verm. Aufl. 8. (16 S.) Ebendas. 880. * — 15

— kleine Gesanglehre f. Schüler der Volksschule. 4. Aufl. 8. (18 S.) Ebd. 895. — 15

— Geschichten für die Kinderstube u. Kleinkinderschule. 8. (VIII, 332 S.) Elberfeld 881. Bädeker. n. 2. 40

Ranke, Joh. Fr., Geschichten f. d. Kinderstube u. Kleinkinderschule. Gesammelt u. erzählt. 2. Aufl. gr. 8. (VIII, 332 S.) Elberfeld 897. Baedeker. n. 2. 40; geb. in Leinw. n. 2. 80

Ranke, Joh. Fr., Geschichten f. die Kinderstube u. Kleinkinderschule. Gesammelt u. erzählt v. R. 4. Aufl. (VIII, 332 S.) gr. 8. Elberfeld 911. A. Martini & Grüttefien. 2.40; geb. 2. 80

Ranke, J. F., wahre Geschichten v. Tieren, s.: Unterhaltungs-Bibliothek f. Kinder.

—— 24 biblische Geschichten für den ersten Religionsunterricht. Im engen Anschluß an die in gleichem Verlage erschienenen „Biblischen Wandbilder für den Anschauungsunterricht und die Kinderstube" erzählt. gr. 8. (V, 101 S.) Leipzig 880, J. Naumann. * 1 20

—— die Gründung, Unterhaltung und Leitung von Krippen, Bewahranstalten und Kleinkinderschulen. [7. ganz umgearb. und bedeutend erweit. Aufl. des 3. Tls. der Erziehung und Beschäftigung kleiner Kinder.] 8. (IV, 187 S.) Elberfeld 887, Bädeker'sche Buchh. *M 2.40.; geb. * 3 —

— biblische Historien mit Sprüchen, Gebeten und Liederversen, für die untere Stufe des Religions-Unterrichts. (Abdr. aus „der erste Religions-Unterricht".) Bielefeld 855. Velhagen u. Klasing. 8. (2 Bl., 160 S.) n. 6 ngr.

—— biblische Historien in Worten der heil. Schrift mit Sprüchen, Gebeten und Liederversen für die untere und mittlere Stufe des Religions-Unterrichts. 2. Aufl. 8. (IV und 136 S.) Bielefeld 860, Velhagen und Klasing. *

—— biblische Historien in Worten der heiligen Schrift mit Sprüchen, Gebeten und Liederversen für die untere und mittlere Stufe des Religions-Unterrichts. 3. Aufl. 8. (IV und 140 S.) Bielefeld 866, Velhagen und Klasing. *

—— biblische Historien in Worten der heiligen Schrift mit Sprüchen, Gebeten und Liederversen für die untere und mittlere Stufe des Religions-Unterrichts. 4. Aufl. 1870, und 5. Aufl. 8. (IV, 140 S.) Bielefeld 873, Velhagen und Klasing. *

—— biblische Historien in Worten der heiligen Schrift mit Sprüchen, Gebeten und Liederversen für die untere und mittlere Stufe des Religions-Unterrichts. 6. Aufl. 8. (140 S.) Bielefeld 877, Velhagen und Klasing. * — 40

—— biblische Historien in Worten der Heiligen Schrift mit Sprüchen, Gebeten und Liederversen für die untere und mittlere Stufe des Religions-Unterrichts. 8. Aufl. 8. (IV, 147 S.) Bielefeld 887, Velhagen und Klasing. * — 40

— biblische Historien in Worten der heil. Schrift m. Sprüchen, Gebeten u. Liederversen f. die untere u. mittlere Stufe d. Religions-Unterrichts. 9 Aufl. 8. (III, 147 S.) Bielefeld 893. Velhagen & Klasing. n. — 40

— biblische Historien in Worten der hl. Schrift m. Sprüchen, Gebeten u. Liederversen für die untere u. mittlere Stufe des Religions-Unterrichts. 11. Aufl. (IV, 147 S.) 8. Bielefeld 906. Velhagen & Klasing. n. — 40

—— Leitfaden für den Unterricht in der Geographie in Mittelschulen, Präparandenanstalten, Lehrerseminarien und höheren Töchterschulen. gr. 8. (VIII, 160 S.) Ebendas. 873. *

— Leitfaden für den Unterricht in der Geschichte in höheren Töchterschulen. 1. u. 2. verb. Aufl. Ebend. 867. gr. 8. (XV, 195 S.) n. 16 ngr.

—— Leitfaden für den Unterricht in der Geschichte in höheren Töchterschulen. 3. verb. und verm. Aufl. 8. (XV, 190 S.) Bielefeld 882, Velhagen und Klasing. * 1 60

—— christliche Lieder mit zwei-, drei- und vierstimmig gesetzten, bewährten, meist sehr leichten Melodieen für Schüler der Oberklasse der Volksschule und Erwachsene. qu. 8. (48 S.) Düsseldorf 849, Schaubsche Buchh.

—— christliche Lieder für Schule und Haus. 1. Heft. 2., verb. und verm. Aufl. qu. gr. 8. (32 S.) Düsseldorf 856(58). (Elberfeld, Bädeker'sche Buchh.)

Ranke, Joh. Frdr., christliche Lieder für Schule und Haus. 1. Heft. 3. verm. u. verb. Aufl. Elberfeld 862. Bädeker. (32 S.) 3 ngr.

Ranke, J. Fr., christliche Lieder für Schule u. Haus. 1. Heft. 4., verm. u. verb. Aufl. Bielefeld 867. Belhagen & Klasing. qu. 4. (32 S.) 3 ngr.

— christliche Lieder für Schule und Haus. 2. Heft. Düsseldorf 856. (Elberfeld, Bädeker.) qu. gr. 8. (32 S.) 3 ngr.

—— dass. — 2. Heft. 1. Aufl. 1858. und 2. Aufl. qu. gr. 8. (42 S.) Ebendas. 860.

—— dass. — 2. Heft. 3., verm. Aufl. qu. gr. 8. (42 S.) Ebendas. 866. *

—— dass. — 3. Heft. A. u. d. T.: geistliche liebliche Lieder. 44 Lieder aus dem Diaconissen-Liederbuche mit 2- und 3stimmig gesetzten Melodien nebst einem Anh. von 39 Chorälen mit Rhythmus. qu. 4. (32 S.) Bielefeld 867, Belhagen und Klasing.

—— christliche Lieder für Schule und Haus. 1. Heft. 5. verm. und verb. Aufl., und 2. Heft. 4. und 5. verm. Aufl. qu. gr. 8. Elberfeld 871,75, Bädeker'sche Buchh. [1. Heft. (32 S.) * 30 Pf.; 2. Heft. (44 S.) * 40 Pf.] *

— dasselbe. 2. Hft. 5. verm. Aufl. qu. gr. 8. (44 S.) Ebend. 874. n. — 40

—— christliche Lieder für Schule und Haus. 1. und 2. Heft. 6. verm. und verb. Aufl. gr. 8. Elberfeld, Bädeker'sche Buchh. [1. Heft. (32 S.) 876. * 30 Pf.; 2. Heft. (44 S.) 878. * 40 Pf.] * — 70

—— christliche Lieder für Schule und Haus. 2 Hefte. 7. verm. und verb. Aufl. qu. gr. 8. Elberfeld, Bädeker'sche Buchh. [1. Heft. (33 S.) 880. * 30 Pf.; 2. Heft. (45 S.) 882. * 40 Pf.] * — 70

—— christliche Lieder für Schule und Haus. 2. Heft. 8. verm. [Ster.-]Aufl. qu. gr. 8. (49 S.) Elberfeld 887, Bädeker'sche Buchh. * — 40
1. Heft. Ebendas. 1880. * 30 Pf.

—— Christliche Lieder f. Schule u. Haus. 1. Heft 10. [Ster.-] Aufl. u. 2. Heft 9. [Ster.-]Aufl. qu. gr. 8. (40; 48 S.) Ebd. 892,90. à Heft * — 40; * — 80

— christliche Lieder f. Schule u. Haus. 1. u. 2. Hft. qu. gr. 8. Elberfeld, Baedeker. à — 40
1. 11. (Ster.-) Aufl. (40 S.) 894. — 2. 10. (Ster.-) Aufl. (40 S.) 893.

— christliche Lieder f. Schule u. Haus. 1. u. 2. Hft. qu. gr. 8. Ebd. à n. — 40
1. 12. (Ster.-) Aufl. (40 S.) 897.
2. 11. (Ster.-) Aufl. (48 S.) 896.

— christliche Lieder f. Schule u. Haus. 2. Hft. 13. (Ster.-) Aufl. 37.—41. Taus. qu. gr. 8. (48 S.) Ebd. 902. n. — 40

— geistliche liebliche Lieder mit zwei- u. dreistimmig gesetzten Melodien nebst e. Anh. v. 39 Chorälen m. Rhythmus. Der christl. Lieder f. Schule u. Haus. 3. Hft. 2., verm. Aufl. qu. 8. (32 S.) Bielefeld 872. Belhagen & Klasing. — 30

— geistliche liebliche Lieder mit zwei- u. dreistimmig gesetzten Melodien, nebst einem Anh. von 39 Chorälen mit Rhythmus. [Der Christl. Lieder f. Schule u. Haus 3. Hft.] 3. Aufl. qu. gr. 8. (32 S.) Bielefeld 877. Belhagen & Klasing. — 30

— geistliche liebliche Lieder f. Schule u. Haus m. zwei- u. dreistimmig gesetzten Melodieen. Der christl. Lieder f. Schule u. Haus 3. Hft. 6. Aufl. qu. gr. 8. (32 S.) Bielefeld 889. Belhagen & Klasing. — 30

— geistliche liebliche Lieder f. Schule u. Haus m. zwei- u. dreistimmig gesetzten Melodieen. Der christl. Lieder f. Schule u. Haus III. Hft. 7. Aufl. qu. gr. 8. (32 S.) Bielefeld 892. Belhagen & Klasing. — 30

— geistliche liebliche Lieder f. Schule u. Haus m. 2- u. 3stimm. gesetzten Melodieen. D. christl. Lieder f. Schule u. Haus III. Hft. 9. Aufl. qu. gr. 8. (32 S.) Bielefeld 898. Belhagen & Klasing. — 30

— geistliche liebliche Lieder f. Schule u. Haus m. 2- u. 3stimmig gesetzten Melodieen. Der christl. Lieder für Schule u. Haus III. Hft. 10. Aufl. qu. gr. 8. (32 S.) Bielefeld 900. Belhagen & Klasing. — 30

Ranke, Joh. Fr., Geistliche liebliche Lieder f. Schule u. Haus m. 2- u. 3stimmig gesetzten Melodien. Der christl. Lieder f. Schule u. Haus. III. Heft. 12. Aufl. (32 S.) qu. gr. 8. Bielefeld 905. Belhagen & Klasing. — 30

— Geistliche liebliche Lieder f. Schule u. Haus m. 2- u. 3stimmig gesetzten Melodien. Der christl. Lieder f. Schule u. Haus III. Heft. 13. Aufl. (32 S.) 14,5×23 cm. Bielefeld 907. Belhagen & Klasing. — 30

—— geistliche und weltliche Lieder mit leichter Clavierbegleitung. 100 Lieder aus „Christliche Lieder für Schule und Haus", „Liederbuch für Mädchenschulen" und „Liederbuch für Kleinkinderschulen". qu. 4. (IV, 90 S.) Bielefeld 869, Belhagen und Klasing. cart. *

— geistliche u. weltliche Lieder m. leichter Clavierbegleitung. 111 Lieder aus „Christl. Lieder f. Schule u. Haus", „Liederbuch f. Mädchenschulen" u. „Liederbuch f. Kleinkinderschulen". 2., verm. Aufl. qu. 8. (IV, 96 S.) Ebend. 874. n. 1. 25

— geistliche u. weltliche Lieder m. leichter Klavierbegleitung. 115 Lieder aus „Christliche Lieder f. Schule u. Haus", „Liederbuch f. Mädchenschulen" u. „Liederbuch f. Kleinkinderschulen". 3. Aufl. qu. gr. 8. (IV, 112 S.) Bielefeld 883. Belhagen & Klasing. cart n. 1. 25

— Lieder u. Spiele für Kleinkinderschulen u. Kinderstuben. Unter Mitwirkung von Jul. Alb. Ranke gesammelt, bearb. u. hrsg. gr. 8. (VIII, 144 S.) Gütersloh 879. Bertelsmann. n. 2. 25

— Liederbuch für Mittel- und Oberklassen in Mädchenschulen. Bielefeld 861. Belhagen & Klasing. 8. (48 S.) 3 ngr.

— Liederbuch für Mittel- u. Oberklassen in Mädchenschulen. 2. Aufl. Ebend. 868. 8. (48 S.) 3 ngr.

— Liederbuch f. Mittel- u. Oberklassen in Mädchenschulen. 3., verb. u. verm. Aufl. 8. (52 S.) Ebd. 886. n. — 30

—— Methode der Erziehung und Beschäftigung kleiner Kinder in Kleinkinderschulen und Familien, oder: Anleitung Kinder vom 2.—6. Jahre zu erziehen, durch Spielen und vorbereitenden Unterricht zu beschäftigen, mit besond. Berücksicht. der Kleinkinderschule nach der Erfahrung bearb. 8. (VI und 173 S.) Düsseldorff 818, Schaub'sche Buchh. *

— Naturkunde für kleine Kinder. Stoffe zu Anschauungs- u. Sprechübungen in Kleinkinderschulen u. Unterklassen der Volksschulen. Elberfeld 867. Bädeker'sche Buchh. 8. VIII, 208 S.) 10 ngr.

— Naturkunde für kleine Kinder. Stoffe für Anschauungs- u. Sprechübungen in Kleinkinderschulen u. Unterklassen der Volksschulen. 2., verb. Aufl. gr. 8. (XI, 208 S.) Elberfeld 877. Bädeker. n. 1. 60

—— Naturkunde für kleine Kinder. Stoffe für Anschauungs- und Sprechübungen in Unterklassen der Volksschulen und Unterhaltungen mit Kindern in der Kleinkinderschule. 2. Tl. 8. (VIII, 272 S.) Elberfeld 884, Bädeker'sche Buchh. * 2 —
1. Thl. Ebendas. 1877. *ℳ 1,60.

—— Naturkunde für kleine Kinder. Stoffe für Anschauungs- und Sprechübungen in Unterklassen der Volksschulen und Unterhaltungen mit Kindern in der Kleinkinderschule. 1. Tl. 3. verm. und verb. Aufl. 8. (VIII, 236 S.) Ebendas. 885. * 1 80
2. Tl. Ebendas. 1884. *ℳ 2.—.

— Naturkunde f. kleine Kinder. Stoffe f. Anschauungs- u. Sprechübgn. in Unterklassen der Volksschulen u. Unterhaltgn. m. Kindern in der Kleinkinderschule. 1. Tl. 4., verm. u. verb. Aufl. gr. 8. (VIII, 251 S.) Elberfeld 894. Baedeker. n. 1. 80

— Naturkunde f. kleine Kinder. Stoffe f. Anschauungs- u. Sprechübgn. in Unterklassen der Volksschulen u. Unterhaltgn. m. Kindern in d. Kleinkinderschule. I. Tl. 5. unveränd. Aufl. (VIII, 251 S.) gr. 8. Elberfeld 903. A. Martini & Grüttefien. n. 1. 80

—— aus der Praxis für die Praxis in Kinderstube und Kleinkinderschule. 8. (IV, 120 S.) Ebendas. 878. * 1 20

—— dass. — Unter Mitwirkung von Jul. Alb. Ranke bearb. und hrsg. II. 8. (IV, 132 S.) Ebendas. 879. * 1 20

— aus der Praxis f. die Praxis in Kinderstube u. Kleinkinderschule. I. 2., verb. u. verm. Aufl. (IV, 146 S.) 8. Ebd. 902. n. 1. 50

— der erste Religions-Unterricht in Schule und Haus. Biblische Historien mit Sprüchen, Gebeten und Liederversen für die untere Stufe des Religions-Unterrichts nebst einer Anleitung zur Ertheilung desselben wie zum Gebrauch der Historien in Schule und Haus für Lehrer, Lehrerinnen und Mütter. Bielefeld 855. Velhagen und Klasing. 8. (XI, 192 S.) n. 12½ ngr.

—— der erste Religions-Unterricht in Schule und Haus. Biblische Historien mit Sprüchen, Gebeten und Liederversen für die untere und mittlere Stufe des Religions-Unterrichts, nebst einer Anleitung zur Ertheilung desselben *rc.* 2., verb. Aufl. 8. (X und 212 S.) Bielefeld 860, Velhagen und Klasing. * —

—— der erste Religions-Unterricht in Schule und Haus. Biblische Historien mit Sprüchen, Gebeten und Liederversen für die untere und mittlere Stufe des Religions-Unterrichts, nebst einer Anleitung zur Ertheilung desselben wie zum Gebrauch der Historien in Schule und Haus für Lehrer, Lehrerinnen und Mütter. 3., verb. Aufl. 8. (XI, 229 S.) Ebendas. 872. *

— der erste Religionsunterricht in Schule u. Haus. Biblische Historien m. Sprüchen, Gebeten u. Liederversen f. die untere u. mittlere Stufe d. Religionsunterrichts, nebst e. Anleitg. zur Erteilg. desselben, wie zum Gebrauch der Historien in Schule u. Haus f. Lehrer, Lehrerinnen u. Mütter bearb. 4., verb. u. verm. Aufl. 8 (XII, 263 S.) Bielefeld 884. Velhagen & Klasing. n. 1. 25

— Scherz u. Ernst in Wort u. Bild für Kinderstube u. Kleinkinderschule. gr. 8. (IV, 156 S. m. eingedr. Holzschn.) Hamburg 881. Agentur des Rauhen Hauses. cart. n. 2. —

— Scherz u. Ernst in Wort u. Bild, f. Kinderstube u. Kleinkinderschule gesammelt. 2., verm. Aufl. gr. 8. (III, 172 S.) Hamburg 890. Agentur d. Rauhen Hauses. cart. n. 3. —

Ranke, Joh. Fr., die deutsche Sprache als Unterrichtsgegenstand in der deutschen Volksschule. Handbuch f. Lehrer u. Lehrerinnen beim Unterrichte im Sprechen, Verstehen, Schönschreiben, Rechtschreiben, Aufschreiben u. Lesen. gr. 8. (VIII u. 240 S.) Düsseldorf 852, Scheller. n. ⅚ ℔

— die deutsche Sprache als Unterrichtsgegenstand in der deutschen Volksschule. Handbuch für Lehrer und Lehrerinnen beim Unterrichte im Sprechen, Verstehen, Schönschreiben, Rechtschreiben, Aufschreiben u. Lesen. 2. (Titel-)Ausg. Düsseldorf (852.) 858. (Elberfeld, Bädeker.) gr. 8. (VIII, 240 S.) n. 25 ngr.
„Fibel" und „Uebungsbuch f. d. Unterricht im Rechtschreiben" werden hierzu gratis beigegeben.

— die deutsche Sprache als Unterrichtsgegenstand in der deutschen Volksschule. Handbuch für Lehrer u. Lehrerinnen beim Unterrichte im Sprechen, Verstehen, Lesen, Schönschreiben *rc.* 2., verm. u. verb. Aufl. gr. 8. (VII, 232 S.) Mit: Uebungsbuch für den Unterricht im Rechtschreiben, in der Sprachlehre, im Briefschreiben u. in den Geschäfts-Aufsätzen. 3., verb. u. verm. Aufl. Ebend. 869. gr. 8. (56 S.) n. 28 ngr.; das Uebungsbuch apart n. 3 ngr.

— Stoffe zu Unterhaltungen m. kleinen Kindern im Anschluß an die Hey-Speckterschen Fabeln. Für Mütter, Kleinkinderlehrerinnen u. Lehrer an Unterklassen v. Elementarschulen. 2 Hfte. gr. 8. (IV, 394 S. m. Holzschn.) Gotha 883. 84. F. A. Perthes. à n. 2. —

— begleitender Text zu O'Lviers Bilder-Bibel in 60 bildlichen Darstellungen. Für Mütter zum Gebrauch in der Kinderstube bearb. gr. 8. (134 S.) Gotha 882. F. A. Perthes. n. 2. —

— Uebungsbuch f. den Unterricht im Rechtschreiben u. Aufschreiben. 8. (32 S.) Ebd. 852. n. ¹⁄₁₂ ℔

—— Uebungsbuch für den Unterricht im Rechtschreiben, Briefschreiben und in den Geschäftsaufsätzen. 2., verb. und verm. Aufl. gr. 8. (32 S.) (Düsseldorf) 858. Elberfeld, Bädeker'sche Buchh.
Wird zu des Verf. „Die deutsche Sprache als Unterrichtsgegenstand" gratis geliefert.

—— Uebungsbuch für den Unterricht im Rechtschreiben, in der Sprachlehre, im Briefschreiben und in den Geschäfts-Aufsätzen. 4. verb. und verm. Aufl. Die Orthographie nach den ministeriellen Bestimmungen. 8. (62 S.) Elberfeld 880, Bädeker'sche Buchh. * — 30

Ranke, Joh. Friedr., Umschau in Heimat und Fremde. Anleitung zur Behandlung von Wilke's Bildertafeln für den Anschauungsunterricht in Kleinkinder- und Elementarschulen. gr. 8. (IV, 122 S.) Braunschweig 880, Wreden. * 1 35

—— der Unterricht in den weiblichen Handarbeiten. Für Lehrerinnen, Schulaufseher und Mütter. 8. (IV und 40 S.) Bielefeld 862, Velhagen und Klasing.

—— des Kindes erster Unterricht aus Gottes Wort, angeschlossen an die 41 Bilder der kaiserswerther Bilderbibel. Eine Vorstufe zu dem ersten Religionsunterrichte. 8. (X und 78 S.) Bielefeld 861, Velhagen und Klasing. Thlr.

—— des Kindes erster Unterricht aus Gottes Wort, angeschlossen an die 41 Bilder der Kaiserswerther Bilderbibel. Eine Vorstufe zu dem ersten Religionsunterrichte. 2. verb. Aufl. 8. (VIII, 76 S.) Ebendas. 873.

— des Kindes erster Unterricht aus Gottes Wort, angeschlossen an die 41 Bilder der Kaiserswerther Bilderbibel. Eine Vorstufe zu dem ersten Religionsunterrichte. 3. Aufl. 8. (VIII, 80 S.) Kaiserswerth 890. Buchhandlung der Diakonissen-Anstalt. n. — 80

Ranke, Joh. Mich., de Lüde von'n Diek. (192 S.) gr. 8. Bremen 908. Rolandverlag. nn 2.80; geb. nn 3.50

Ranke, Johs., Anfänge der Kunst, s.a. Sammlung gemeinverständl. wissenschaftl. Vorträge.

Ranke J. Anfänge der Kunst. Anthropologische Beiträge zur Geschichte des Ornaments. (Sammlung gemeinverständlicher wissenschaftlicher Vorträge 318) Berlin 1879

Zum Andenken an Hermann Schaaffhausen. (Verf.: J[ohannes] Ranke.) (Bonn [1893]: Georgi.) 42 S. 8°
[Umschlagt.]
Aus: Jahrbücher d. Ver. von Altertumsfreunden im Rheinlande. H. 94. 1893.

Ranke, J., Anleitung zu anthropologisch-vorgeschichtlichen Beobachtungen im Gebiet der deutschen u. österreichischen Alpen, s.a. Anleitung zu wissenschaftlichen Beobachtungen auf Alpenreisen.

Ranke, Joh. (Dr.). Anleitung zu anthropologisch-vorgeschichtlichen Beobachtungen im Gebiet der deutschen und österreichischen Alpen. In-8°, 462 S. Mit 1 Karte u. 56 Illustrationen. München, Lindauer'sche Buchhandlung. 1881

Ranke, J., s.: Anleitung zur deutschen Landes- u. Volksforschung.

Ranke, Johs., s.: Archiv f. Anthropologie.

Ranke, Johs., s.: Ueber die Aetiologie d. Typhus.

Ranke, Johs., Beiträge zur physischen Anthropologie der Bayern. Mit 16 Taf. u. 2 Karten. Lex.-8. (X, 168; 296 u. 35 S.) München 883. Literar.-artist. Anstalt. cart. n. 16. —

Ranke, Johs., Beiträge zur physischen Anthropologie der Bayern. II. Bd. Ueber einige gesetzmäss. Beziehgn. zwischen Schädelgrund, Gehirn u. Gesichtsschädel. Zugleich als Leitfaden f. kraniometr. Untersuchgn., namentlich Winkelmessgn. nach der deutschen Methode. Lex.-8. (V, 132 S. m. 30 Taf.) München 892. F. Bassermann. Kart. n. 12. —
(I u. II.: n. 28. —)

— s.: Beiträge z. Anthropologie u. Urgeschichte Bayerns.

—— das Blut, s.a. Naturkräfte, die.

Ranke, J. Das Blut. Eine physiologische Skizze. München 1878. 323 S. m. Abb.

— Diluvium u. Urmensch, s.: Meyer's Volksbücher.

Ranke, J., die Ernährung d. Menschen, s.a. Naturkräfte, die.

Ranke, Dr. Johannes, die Ernahrung des Menschen. Mit Porträt Just. v. Liebig's (dem das Buch gewidm.). München 1876. Kl. 8°. Hlwdb. VIII—384 S

Ranke, Johs., Grundzüge der Physiologie des Menschen mit Rücksicht auf die Gesundheitspflege u. das pract. Bedürfniss des Arztes bearb. Leipzig 868. Engelmann. Lex.-8. (XX, 803 S. mit 207 eingedr. Holzschn. u. einem vollständ. Register.) n. 4 ₰ 10 ngr.

Ranke, Johs., Grundzüge der Physiologie des Menschen mit Rücksicht auf die Gesundheitspflege und das prakt. Bedürfniss der Aerzte und Studirenden zum Selbstgebrauch bearb. 2., umgearb. Aufl. gr. 8. (XXII, 942 S. mit 270 eingedr. Holzschn.) Leipzig 872, Engelmann. *

— Grundzüge der Physiologie d. Menschen m. Rücksicht auf die Gesundheitspflege. Für das prakt. Bedürfniss der Aerzte u. Studirenden zum Selbststudium. 3. umgearb. Aufl. Mit 265 (eingedr.) Holzschn. gr. 8. (XXIV, 951 S.) Leipzig 875. Engel- n. 14. —

— Grundzüge der Physiologie des Menschen mit Rücksicht auf die Gesundheitspflege. Für das rakt. Bedürfniss der Ärzte u. Studiren den zum Selbststudium bearb. 4., umgearb. Aufl. Mit 274 (eingedr.) Holzschn. gr. 8. (XXIV, 1066 S.) Leipzig 881. Engelmann. n. 14. —

Die überzähligen Hautknochen des menschlichen Schädeldachs. Von Johannes Ranke. München: K. Akademie 1899. (190 S.) 4°
Aus Abhandlungen d. k. bayer. Akad. d. Wiss. 2. Cl. Bd 20, Abth. 2. [07 1325 II

Die akademische Kommission für Erforschung der Urgeschichte und die Organisation d. urgeschichtl. Forschung in Bayern durch König Ludwig I. Festrede geh. in d. öffentl. Sitzung d. K. b. Akad. d. Wiss. zu München am 28. März 1900 von Johannes Ranke. München: K. b. Akad. 1900. (107 S.) 4° [00. 11356

Ranke, Johs., die akademische Kommission f. Erforschung der Urgeschichte u. die Organisation der urgeschichtlichen Forschung in Bayern durch König Ludwig I. Festrede, geh. in der öffentl. Sitzg. der k. b. Akademie der Wissenschaften zu München zur Feier ihres 141. Stiftungstages am 28. III. 1900. gr. 4. (107 S. m. 3 Karten.) München 900. (G. Franz' Verl.) n. 3. —

— die Lebensbedingungen der Nerven. Nach Untersuchungen aus dem Laboratorium des Reisingerianum's in München als Fortsetzung der Studien über Tetanus hersg. Ebend. 868. gr. 8. (VIII, 181 S.) n. 1 ₰ 10 ngr.

Ranke, Johs., der Mensch, s.a. Naturkunde, allgemeine.

— der Mensch. 1. u. 2. Bd. [Allgemeine Naturkunde 2. u. 5. Bd.] Lex.-8. Leipzig 886.87. Bibliograph. Institut. à n. 14. —; Einbd. à n. 2. —
1. Entwickelung, Bau u. Leben d. menschl. Körpers. Mit 583 Abbildgn. im Text u. 24 Aquarelltaf. v. Emil Eyrich, Geo. Klepzig, Gust. Mützel u. Adrian Walker u. a. (XIV, 616 S.)
2. Die heut. u. die vorgeschichtl. Menschenrassen. Mit 408 Abbildgn. im Text, 6 Karten u. 8 Aquarelltaf. v. Ernst Heyn, Geo. Klepzig, H. Magnussen rc. (X, 613 S.)

— der Mensch. 2., gänzlich neu bearb. Aufl. 26 Hfte. Lex.-8. Leipzig 894. Bibliograph. Institut. à n. 1. —
(In 2 Halbfrzbdn. à n. 15. —)
1. Bd. Entwickelung, Bau u. Leben d. menschlichen Körpers. Mit 650 Abbildgn. im Text u. 26 Farbendr.-Taf. von W. Epold, Emil Eyrich, Geo. Klepzig u. a. 13 Hfte. (XVI, 639 S.)
2. Bd. Die heutigen u. die vorgeschichtlichen Menschenrassen. Mit 748 Abbildgn. im Text, 6 Karten u. 9 Farbendr.-Taf. v. W. Epold, Emil Eyrich, Geo. Klepzig. 13 Hfte. (XII, 676 S.)

— s.: Sammlungen, die anthropolog. Deutschlands.

— über altperuanische Schädel von Ancon u. Pachacamác, gesammelt v. J. K. H. Prinzessin Therese v. Bayern. gr. 4. (122 S. m. Abbildgn. u. 9 Taf.) Ebd. 900. n. 5. —
Sonderabdruck aus: „Abhandlgn. d. k. bayr. Akad. d. Wiss."

Ranke, Johs., über altperuanische Schädel v. Ancon u. Pachacamác. II. Abhandlg.: Die Schädel der Gaffronschen Sammlg. (S. 547—658 m. 9 Taf.) Lex. 8. München 909. G. Franz' Verl. 5.
Sonderabdr. aus: „Abhandlgn. d. bayer. Akad. d. Wiss."

Ranke, Johannes. Frühmittelalterliche Schädel und Gebeine aus Lindau. Ein Beitrag zur Geschichte der Schadeltypen in Bayern. 8. (München 1897.)
Sitzungsberichte der königl. bayer. Akademie der Wissenschaften. Mathematisch-physikalische Classe ([Jahrgang] 1897 Heft 1.)

— Stadt- u. Landbevölkerung verglichen in Beziehung auf die Grösse ihres Gehirnraumes. Mit 3 (lith.) Taf. [Aus: „Beiträge zur Biologie, Jubil.-Schrift f. Geh.-R. v. Bischoff".] Lex.-8. (24 S.) Stuttgart 882. Cotta. n. 1. —

—— Tetanus. Eine physiolog. Studie. gr. 8. (VIII und 468 S.) Leipzig 865, Engelmann. *

— **Tetanus. Eine physiolog. Studie. 2. Bd. 2. Hft. Die Blutvertheilung u. der Thätigkeitswechsel der Organe. Eine Studie zur Physiologie u. Hygicine nach Untersuchgn. aus dem Laboratorium d. Reisingerianum's in München. gr. 8. (VIII, 190 S.) Ebend. 871. 3. 75 (I—II, 2.: n. 15. 75)**

- (Red.), s. Versammlung, Die allgemeine, der deutschen Gesellschaft für Anthropologie, Ethnologie und Vorgeschichte zu Kiel.

— s.: Weltgeschichte.

— **die doppelten Zwischenkiefer des Menschen.** gr. 8. (S. 497—508 m. Abbildgn.) München 902. (G. Franz' Verl.) n. — 20
Sonderabdruck aus: „Sitzungsber. d. bayer. Akad. d. Wiss."

Ranke, Josef (Hrsg.), s. Heimath, Die.

Ranke, Josef Fr., s. Ranke, Johann Friedrich

Ranke, Jul. Alb., Präparation zu Homers Odyssee, s.: Krafft u. Ranke, Präparationen f. die Schullektüre griechischer u. lateinischer Klassiker.

Ranke, Jul. Alb., s.: Präparationen f. die Schullektüre griech. u. latein. Klassiker.

Ranke, J. A., Präparationen f. die Schullektüre griechischer u. lateinischer Klassiker, s.: Krafft.

Ranke, Karl [Dr. aus München]: Muskel- und Nervenvariationen der dorsalen Elemente des Plexus ischiadicus der Primaten. (M. 2 Taf.) ... (Aus: Arch. f. Anthropol., Bd. XXIV.) Braunschweig, Druck v. F. Vieweg & Sohn, 1896; 29 S., 2 Taf. 4.
München, Med. Fak., Inaug.-Diss. v. 1896

Ranke, Karl Ueber Punktions-Flüssigkeiten ... Würzburg, Druck d. Thein'schen Buchdr (Stürtz), 1886; 30 S. 8°.
Würzburg, Med. Fak., Inaug.-Diss. v. 1886.

Ranke, Karl Ernst, Anthropologische Beobachtungen aus Zentralbrasilien. (148 S. m. 13 Taf.) Lex.-8. München 906. (G. Franz' Verl.) n. 4. —
Sonderabdruck aus: „Abhandlgn. d. k. bayer. Akad. d. Wiss."

Anthropologische Beobachtungen aus Zentralbrasilien. Von Karl Ernst Ranke. (Mit 13 Taf.) (München Akad. d. Wiss., Franz in Komm. 1907.) 148 S. 4°
(Abhandlungen d. Kgl. Bayer. Akad. d. Wiss. Math.-phys. Kl. Bd 24, Abt. 1, [1].) A 12.10728

Ranke, Karl Ernst, über die Einwirkung des Tropenklimas auf die Ernährung des Menschen, auf Grund von Versuchen im trop. u. subtrop. Südamerika dargestellt. gr. 8. (95 S.) Berlin 900. A. Hirschwald. n. 2.40

Ranke, Karl Ferdinand

- s. Beckmann, W. A.: Jugendbilder.

—— und Frz. Kugler, Beschreibung u. Gesch. d. Schloßkirche zu Quedlinburg u. der in ihr vorhand. Alterthümer. Nebst Nachrichten üb. d. St. Wipertikirche bei Quedlinburg, die Kirche zu Kloster Gröningen, die Schloßkirche zu Gernrode, die Kirche zu Frose, Drübeck, Huyseburg, Conradsburg etc. Hrsg. v. W. C. Fricke. gr. 8. (11½ B. u. 8 Taf.) Berlin 838, (Gropius'sche Buchh.) *

Ranke, Car. Ferd., Chrestomathie a. latein. Dichtern etc., s. Chrestomathie etc.

— Chrestomathie aus Lateinischen Dichtern, vorzüglich aus Ovidius. Mit e. vollständ. Wortregister begleitet. 2. verm. u. verb. Aufl. gr. 8. Quedlinburg 841. (Franke.) $\frac{7}{12}$ ℔

Ranke, Carl Ferd., Chrestomathie aus latein. Dichtern, vorzüglich aus Ovidius. Für Gymnasien und Realschulen hrsg. und mit einem vollständ. Wortregister begleitet. 3., verm. und verb. Aufl. gr. 8. (IV und 226 S.) Berlin 850, G. Bethge. Thlr. -

Ranke, Ferd., Chrestomathie aus lateinischen Dichtern, vorzüglich aus Ovidius. Für Gymnasien und Realschulen hrsg. und mit einem vollständ. Wortregister begleitet. 4., verm. und verb. Aufl. gr. 8. (VI und 241 S.) Berlin 862, G. Bethge. [Weber.] * -

Ranke, Ferd., Chrestomathie aus lateinischen Dichtern vorzüglich aus Ovidius. Für Gymnasien u. Realschulen hrsg. u. m. e. vollständ. Wortregister begleitet. 5. verm. u. verb. Aufl. gr. 8. (VIII, 240 S.) Berlin 873. Weber. n. 2. 25

Ranke, Ferd., Chrestomathie aus lateinischen Dichtern vorzüglich aus Ovidius. Für Gymnasien und Realschulen hrsg. und mit einem vollständigen Wortregister begleitet. 5. verm. und verb. Aufl. gr. 8. (VIII, 240 S.) Berlin 874, Weber. *

Ranke, C. F. Johann Julius Hecker, der Gründer der Königlichen Realschule in Berlin. 42 S. . . .
Berlin, K. R. Sch., Progr. 1847

Ranke, C. Ferd. De libris historicis Novi Testamenti. 34 S.
Berlin, Fr. W. G., Progr. 1855

Ranke, C. Ferd. De nubibus Aristophanis. 34 S.
Berlin, F.W., Progr. 1844

Ranke, C. F., De Hesiodi operibus et diebus commentatio. Pr. 1838. 50 S. 4°.

—— de Hesiodi operibus et diebus comment. 4maj. (7 B.) Gottingae 838, Vandenhoeck et Ruprecht.

Ranke, C. F., De lexici Hesychiani vera origine et genuina forma commentatio. 1831. 145 S.

—— de lexici Hesychiani vera origine et genuina forma commentat. 8maj. (9½ B.) Quedlinburgi 831, Becker.

Ranke, C. Ferd.: Plan und Bau des Johanneischen Evangeliums. 24 S.– Berlin F. W. G., Progr. 1854.

Ranke, C. F. Pollux et Lucianus. Comment. (Leben und Verhältniß beider zu einander.) 37 S. . . . .
Quedlinburg, Progr. 1831

Ranke, Car. Ferd., Pollux et Lucianus. Commentat. 4maj. (5 B.) Quedlinburgi 831, Basse. Thlr.

Ranke, C. F., Ueber Sophokles. Pr. 1852. 20 S. 4°. 1.20

— Hesiodeische Studien. Pr. 1840. 49 S. 4°. 1.20

— Carl Ferdinand (Quedlinburg), Friese, Albert, De tentatione Jesu commentatio qua ad examinis publici solemnia omnes scholae patronos ac fautores invitat. Quedlinburg (Bass) 25./26. IX. 1834. 18 S. mit Namen. (3.25) 27643

Ranke, [Karl Ferd.], Ueberblick über die Geschichte der Realschule [d. i. die Königliche Realschule zu Berlin.] Berlin 1861. 8° (4°).
Berlin, Kgl. Realschule, P 1861.

—— über den Ursprung Quedlinburgs. Ein histor. Versuch. Progr. gr. 4. (2¼ B.) Quedlinburg 833, Basse.

Ranke, Carl Ferd., de Aristophanis vita commentatio. Edit. nova. 8maj. (25⅜ B.) Lipsiae 845, Geuther.

—— de Cornelii Nepotis vita et scriptis commentat., s. a. Sachse, Jo. Fr., Programma.

Ranke, C. F. De Cornel. Nepotis vita et scriptis comment. 46 S.
Quedlinburg, Progr. 1827

– s. Ziemann, A.: In Demosthenem de bello Philippi olynthico commentatio.

Ranke, C. F. [Züge der Einheit und Harmonie zwischen Schule und Haus]. 23 S. . . . . .
Berlin, K.R. Sch., Progr. 1843

Ranke, Karl Friedrich

Ranke, Carl Friedr., Ansichten über die Reform der Schule. Den Gebildeten im Volke zur Prüfung vorgelegt. gr. 8. (52 S.) Wittenberg 849, Kölling.

Ranke, Karl Frdr., Ansichten über die Reform der Schule. Den Gebildeten im Volke zur Prüfung vorgelegt. gr. 8. (52 S.) Wittenberg 850, Kölling. ¼ ₰

Ranke, L. F., Gedenkbüchlein f. meine lieben Konfirmanden. 2. Aufl. 12. (67 S.) Gütersloh 885. Bertelsmann. n. — 50

Ranke, L. F., Gedenkbüchlein f. meine lieben Konfirmanden. 3. Aufl. 12. (64 S.) Gütersloh 891. C. Bertelsmann. n. — 50

Ranke, L. F., Gedenkbüchlein f. meine lieben Konfirmanden. 4. Aufl. 12. (71 S.) Gütersloh 899. C. Bertelsmann. n. — 50

Ranke, L. F., s.: Klopstock's Messias.

— Luther als Bibelübersetzer. Vortrag, geh. bei der volkstüml. Lutherfeier des evangel. Bundes am 13. XI. 1904 in der St. Marienkirche zu Lübeck. (19 S.) 8. Lübeck 905, Lübcke & Nöhring. n. — 25

Ranke, Leopold v. Abhandlungen und Versuche. Erste Sammlung. (24. Bd. Aus: „Ranke's sämmtlichen Werken".)
8. Leipzig 1872.

—— Abhandlungen und Versuche. 1. Sammlung. 2. Aufl. gr. 8. (VI, 239 S.) Ebendas. 877. * 6 40
Inhalt:
I. Die großen Mächte. — II. Zur Kritik preußischer Memoiren. — III. Ueber den Fall des brandenburgischen Ministers v. Danckelmann. 1697. 1698. — IV. Ueber die erste Bearbeitung der Geschichte der schlesischen Kriege von König Friedrich II. — V. Ueber den Briefwechsel Friedrichs des Großen mit dem Prinzen Wilhelm IV. von Oranien und mit dessen Gemahlin Anna, geb. Prinzeß von England. — VI. Zur Geschichte der politischen Theorien. — Anhang: De historiae et politices cognatione atque discrimine oratio (nebst deutscher Uebersetzung).
Aus: Sämmtliche Werke, besonders abgedruckt.

—— Abhandlungen und Versuche. Neue Sammlung. Hrsg. von Alfr. Dove und Thdr. Wiedemann. gr. 8. (X, 598 S.) Leipzig 888, Duncker und Humblot. * 12 —

—— s. Aus den Briefen L. v. R.'s an seinen Verleger.

— Briefwechsel Friedrich des Grossen mit Wilhelm v. Oranien, s. a. Briefwechsel.

Ranke, Leop. v: Briefwechsel Friedrich des Großen mit dem Prinzen Wilhelm IV. von Oranien und mit dessen Gemahlin Anna, geb. Princeß Royal von England. Berlin 1869.
(S.-A. a.: Abhandlungen d. Kgl. Akad. d. Wiss. zu Berlin. 1868.)

—— aus dem Briefwechsel Friedrich Wilhelm IV. mit Bunsen. 1. Aufl. gr. 8. (X, 874 S.) 1873. *M 9., und 2. unveränd. Aufl. 8. (VII, 238 S.) Ebendas. 874. *M 4.; geb. *

Ranke, Leop., neun Bücher preußischer Geschichte. 1. Bd. (1—3. Buch.) 1. Aufl. 1847. und 2. Aufl. gr. 8. (XVI und 497 S.) Berlin 848, Veit und Comp. Thlr. *

—— dass. — 2. und 3. Bd. (4—9. Buch.) gr. 8. Ebds. [2. (X und 490 S.) 3. (XI und 492 S.) 848. à Bd. * 2 Thlr.] *

—— zwölf Bücher preußischer Geschichte. 5 Bde. gr. 8. (XX, 522; VI, 606; VI, 370 S.) Leipzig 874, Duncker und Humblot. *

—— zwölf Bücher preußischer Geschichte. 5 Bde. 2. Aufl. gr. 8. Leipzig, Duncker und Humblot. [1. und 2. Bd. (1. und 2. Buch.) Genesis des preuß. Staates. (XX, 522 S.) 878; 3. und 4. Bd. (5.—9. Buch.) (VI, 607 S.) 879; 5. Bd. (10.—12. Buch.) (VI, 370 S. mit Gesammtregister.) 874.] *M 25.; geb. *
Aus: Sämmtliche Werke, besonders abgedruckt.

Ranke, Leop. v., zwölf Bücher preußischer Geschichte. 5 Bde. in 3 Tln. 2. Aufl. (Anastatischer Neudr.) gr. 8. Leipzig (900). Duncker & Humblot. n. 25. —
1. 2. Genesis des preußischen Staates. (XX, 522 S.) 878.
3. 4. 5. bis 9. Buch. (VI, 607 S.) 879.
5. 10. bis 12. Buch. (371 S.) 879.

Ranke, Leop. v., Charakterbilder aus dessen historischen Werken. 8. Frankfurt 868, [Völcker's Verlag.] * 2 40
geb. 3 60

Ranke, Leopold. De historiae et politices cognatione atque discrimine Berolini 1836. (19 S.) 4° * Wieder abgedr. mit deutsch. Übersetzung in d Verf. „Samtl Werke" 3. Gesamtausg. Bd 24 1877 S. 269-293.
Berlin. Phil. Fak., Antrittsprogr. v. 1836

— Leopold, Oratio de historiae et politices cognatione atque discrimine. Berlin ((Schade)) 1836. 19 S. (3.75) 27644

—— Denkwürdigkeiten des Staatskanzlers Fürsten v. Hardenberg bis zum J. 1806. 1.—4. Bd. gr. 8. (XVI, 633; IX, 619; VII, 453 S. und Anhang 108 S.) Ebendas. 877. *
geb. *

—— dass. — 5. (Schluß-)Bd. A. u. d. T.: Actenstücke zu den Denkwürdigkeiten des Fürsten v. Hardenberg. gr. 8. (670 S.) Ebendas. 877. * ℳ 16.; geb. *

— über die Epochen der neueren Geschichte. Vorträge, dem Könige Maximilian II. v. Bayern im Herbst 1854 zu Berchtesgaden geh. Hrsg. v. A. Dove. gr. 8. (XXVIII, 238 S.) Ebd. 888. n. 6. 40; geb. n. 8. —

— über die Epochen der neueren Geschichte. Vorträge, dem Könige Maximilian II. v. Bayern im Herbst 1854 zu Berchtesgaden geh. Hrsg. v. Alfr. Dove. 2. Sonderabdruck, der „Vorträge" 5. Aufl. gr. 8. (VI, 144 S.) Ebd. 899. n. 3. 60; geb. n. 4. 60

Ranke, Leop. v., über die Epochen der neueren Geschichte. Vorträge, dem Könige Maximilian II. v. Bayern im Herbst 1854 zu Berchtesgaden geh. Hrsg. v. Alfr. Dove. 3. Sonderabdr. der „Vorträge" 6. Aufl. (VI, 144 S.) 8. Leipzig 906. Duncker & Humblot. n. 3. 60; geb. n. 4. 60

Die Erhebg. Preußens im J. 1813 u. die Rekonstruktion d. Staates, j.a. Universal-Bibliothek.

Ranke, Leop. v. Die Erhebung Preussens im Jahre 1813 und die Rekonstruktion des Staates. Eingel. u. hrsg. von Otto *Kaemmel*. Leipzig [1908.] 8°.

— Friedrich der Große. Friedrich Wilhelm IV. Zwei Biographien. [Aus: „Allg. deutsche Biographie".] gr. 8. (VII, 170 S.) Ebend. 878. n. 4. 80; geb. n. 7. 80.

— Fürsten u. Völker von Süd-Europa im 16. u. 17. Jahrh. 1r Bd. gr. 8. Hamb. 827. Fr. Perthes. 2 ℛ 20 𝔊

Ranke, Leop., Fürsten u. Völker v. Süd-Europa im 16. u. 17. Jahrh. Vornehmlich aus ungedr. Gesandtschafts-Berichten. 2. Bd. — A. u. d. T.: Die röm. Päpste, ihre Kirche u. ihr Staat im 16. u. 17. Jahrh. 1. Bd. gr. 8. (33½ B.) Berlin 834, Duncker u. Humblot.
1. Bd. Hamburg, Fr. Perthes. 1827. 2 Thlr. 20 Gr.

Ranke, Leop., Fürsten und Völker von Süd-Europa im 16. u. 17. Jahrhundert. Vornehmlich aus ungedruckten Gesandtschafts-Berichten. 1r Bd. 2e Aufl. gr. 8. Berlin 837. Duncker u. Humblot. 2⅚ ℛ

— dass. 2r—4r Bd. A. u. d. T.: Die römischen Päpste, ihre Kirche und ihr Staat im 16. u. 17. Jahrhundert. 3 Bde. gr. 8. Ebd. 834—36. 2e Aufl. 838, 39. 8⅔ ℛ

Ranke, Leop., Fürsten u. Völker v. Süd-Europa im 16. u. 17. Jahrh. Vornehmlich aus ungedr. Gesandtschafts-Berichten. 4 Bde. 2. Aufl. gr. 8. Berlin, Duncker u. Humblot. [1. (30 B.) 837. 2. (33½ B.) 838. à 2⅚ Thlr., 3. (35½ B.) 3 Thlr., 4. (33½ B.) 839. 2⅚ Thlr.]
Der 2—4. Bd. a. u. d. T.:
Die röm. Päpste, ihre Kirche u. ihr Staat im 16. u. 17. Jahrh. 3 Bde

—— Fürsten u. Völker von Süd-Europa im 16. u. 17. Jahrhundert. Vornehmlich aus ungedruckten Gesandtschafts-Berichten. 2. Bd. A. u. d. Ttl.: Die römischen Päpste, ihre Kirche u. ihr Staat im 16. u. 17. Jahrh. 1. Bd. 3. Aufl. gr. 8. (33½ B.) Berlin 844, Duncker u. Humblot.

Ranke, Leop., Fürsten und Völker von Süd-Europa im 16. und 17. Jahrhundert. Vornehmlich aus ungedruckten Gesandtschafts-Berichten. 2. Bd. 4. Aufl. A. u. d. T.: Die römischen Päpste, ihre Kirche und ihr Staat im 16. und 17. Jahrhundert. 1. Bd. 4. Aufl. gr. 8. (XVII und 520 S.) Berlin 854, Duncker und Humblot.

—— dass. — 3. Bd. 4. Aufl. A. u. d. T.: Die römischen Päpste, ihre Kirche und ihr Staat im 16. und 17. Jahrhundert. 2. Bd. 4. Aufl. gr. 8. (VII und 573 S.) Ebds. 856.

Ranke, Leop., Fürsten und Völker von Süd-Europa im 16. und 17. Jahrhundert. Vornehmlich aus ungedruckten Gesandtschafts-Berichten. 1. Bd. A. u. d. T.: Die Osmanen und die spanische Monarchie im 16. und 17. Jahrhundert. 3. Aufl. gr. 8. (XXV und 493 S.) Berlin 857, Duncker und Humblot.

—— dass. — 4. Bd. 4. Aufl. A. u. d. T.: Die römischen Päpste, ihre Kirche und ihr Staat im 16. und 17. Jahrhundert. 3. Bd. 4. Aufl. gr. 8. (IV und 564 S.) Ebendas. 857.
2. und 3. Bd. 4. Aufl. Ebendas. 1854 und 1856. 5 Thlr. 25 Ngr.

— Fürsten u. Völker von Süd-Europa im 16. und 17. Jahrhundert. Vornehmlich aus ungedruckten Gesandtschafts-Berichten. 2—4. Bd. A. u. d. T.: Die römischen Päpste, ihre Kirche u. ihr Staat im 16. u. 17. Jahrh. 3 Bde. 5. Aufl. Leipzig 866,67. Duncker & Humblot. gr. 8. [1. Bd. (XVII, 520 S.) n. 2 ℛ 15 ngr., 2. Bd. (VII, 573 S.) n. 2 ℛ 20 ngr., 3. Bd. (VI, 589 S.) n. 2 ℛ 25 ngr.] n. 8 ℛ

—— Genesis des preußischen Staates. Vier Bücher preußischer Geschichte. gr. 8. (XX, 522 S.) Ebendas. 873. *

von Ranke, Leopold. Genesis des Preussischen Staates. Vier Bücher Preussischer Geschichte. Leipzig 1874. 8°.

— Deutsche Geschichte im Zeitalter der Reformation. 1r—3r Bd. gr. 8. Berlin 839, 40. Duncker u. Humblot. 8⅔ ℛ

— Deutsche Geschichte im Zeitalter der Reformation. 1.—3. Bd. 2. Aufl., u. 4. u. 5. Bd. gr. 8. Ebend. 842, 43. (1. 2. 5⅔ ℛ 3. 3 ℛ 4. 5. 5⅔ ℛ) 1.—5. 14⅓ ℛ

— Deutsche Geschichte im Zeitalter der Reformation. 6. Bd. (Urkunden.) gr. 8. (IV u. 595 S.) Berlin 847, Duncker u. Humblot. 3⅓ ℛ (1—6: n. 17⅔ ℛ) — 5 Bde. 3. Ausg. gr. 8. (1: XIV u. 389 S. 2: VI u. 386 S. 3: XIV u. 489 S. 4: VIII u. 421 S. 5: VIII u. 447 S.) Ebd. 852. (à n. 1½ ℛ) n. 7½ ℛ

— —, deutsche Geschichte im Zeitalter der Reformation. 7 Bände mit Ergänzungsband. Leipzig 1869. 8.

Deutsche Geschichte im Zeitalter der Reformation. Von Leopold von Ranke. 5. Aufl. Bd. 1—6. Leipzig 1873. = Leopold von Ranke's Sämmtliche Werke Bd. 1—6. 8°

—— deutsche Geschichte im Zeitalter der Reformation. 6 Bde. 6. Aufl. gr. 8. (XII, 351; VI, 391; XI, 435; VII, 395; VII, 383; VIII, 376 S.) Ebendas. 880,81. à Bd. * ℳ 5. * 30 —
geb. in 3 Halbfrzbde. * 36 —

Ranke, L. v: Deutsche Geschichte im Zeitalter der Reformation. 7. Aufl. Bd 1—6. Leipzig 1894

— — Zur deutschen Geschichte. Vom Religionsfrieden bis zum dreissigjährigen Kriege. (Von Ranke's Werke VII. Bd.)
8. Leipzig 1869.

— zur deutschen Geschichte. Vom Religionsfrieden bis zum 30jähr. Krieg. 2. Aufl. gr. 8. (VI, 303 S.) Ebend. 874. n. 6. —

— zur deutschen Geschichte. Vom Religionsfrieden bis zum 30jähr. Kriege. 3. Aufl. gr. 8. (VI, 303 S.) Ebd. 888. n. 6. —

—— zur Geschichte Deutschlands und Frankreichs im 19. Jahrh. Hrsg. von Alfr. Dove. gr. 8. (XIX, 623 S.) Leipzig 887, Duncker und Humblot. * 12 —

—— englische Geschichte vornehmlich im 16. und 17. Jahrhundert. 1—3. Bd. gr. 8. Berlin, Duncker und Humblot. [1. Bd. (XVIII und 606 S.) 859., 2. Bd (VI und 569 S.) 860., 3. Bd. (IV und 584 S.) 861. à Bd. * 3 Thlr. 20 Ngr.] *

—— englische Geschichte vornehmlich im 16. und 17. Jahrhundert. 1. Bd. 2. Aufl. und 4.—7. Bd. gr. 8. Leipzig, Duncker und Humblot. [1. Bd. (XVIII und 610 S.) 862. * 3 Thlr. 20 Ngr., 4. Bd. (VI und 496 S.) 863. * 3 Thlr. 10 Ngr., 5. Bd. (V und 604 S.) 865. * 3 Thlr. 20 Ngr., 6. Bd. (VI und 582 S.) 866. * 3 Thlr. 20 Ngr., 7. Bd. (VI und 545 S.) 868. * 4 Thlr.] *
2. und 3. Bd. Ebendas. 1860,61. * 7 Thlr. 10 Ngr.

Englische Geschichte vornehmlich im siebzehnten Jahrhundert. Von Leopold von Ranke. 8°
Bd. 1. 4. Aufl. Leipzig. 1877.
Bd. 2. 3. Aufl. ebd. 1870.
Bd. 3—9. 2. Aufl. ebd. 1870—72
= Leopold von Ranke's Sämmtliche Werke Bd. 14—22

—— englische Geschichte vornehmlich im 17. Jahrh. 9 Bde. Ebendas. [1. und 2. Bd. 4. Aufl. (XVI, 347; VI, 405 S.) 877; 3.—9. Bd. 3. Aufl. (VI, 339; VI, 396; IV, 374; IV, 367; IV, 294; VI, 318; VI, 369 S.) 877—79.] à Bd. * ℳ 5. * geb. in Halbfrzbd. *

— Französische Geschichte vornehmlich im 16. u. 17. Jahrhundert. 1. Bd. gr. 8. (X u. 580 S.) Stuttgart 852, Cotta. n. 3 ℛ

— französische Geschichte vornehmlich im 16. u. 17. Jahrh. 2. Bd. 854. (IV, 546 S.) — 2. Aufl. Stuttgart 857. Cotta. gr. 8. (IV, 552 S.) n. 3 ℛ.

— — 3. u. 4. Bd. Ebend. 855, 56. gr. 8. (IV, 565; IV, 560 S.) Jeder Bd. n. 3 ℛ.

— französische Geschichte vornehmlich im 16. und 17. Jahrhundert. 5. (letzter) Bd. Stuttgart 861. Cotta. gr. 8. (2 Bl., 533 S.) n. 3 ℛ

—— französische Geschichte vornehmlich im 16. und 17. Jahrhundert. 4. Bd. 2. Aufl. gr. 8. (IV und 564 S.) Stuttgart 862, Cotta'sche Buchh. *
1.—3. Bd. 2. Aufl. und 5. Bd. Ebendas. 1856—61. * 12 Thlr. [Frankfurt a. M., J. Baer.]

Französische Geschichte vornehmlich im sechzehnten und siebzehnten Jahrhundert. Von Leopold von Ranke.
Bd. 1—3. 4. Aufl. Leipzig. 1876—77
Bd 4 Mit Verbesserungen. ebd. 1869
Bd. 5. Umgearb. u. verm. ebd. 1870.
Bd. 6. Briefe der Herzogin von Orleans. ebd. 1870.
Leopold von Ranke's Sämmtliche Werke Bd. 8—13. 8°

Ranke, Leopold. Französische Geschichte vornehmlich im XVI und XVII. Jahrhundert. 1.—5. Bd. 4. Auflage; 6. Bd. 2. Auflage. (6 Bde.) 8. Leipzig 1876—1877

— französische Geschichte vornehmlich im 16. u. 17. Jahrh. 6 Bde. 3. Aufl. gr. 8. (VIII, 504; IV, 496; IV, 514; IV, 506; IV, 447 u. XXVI, 504 S.) Stuttgart 877—79. Cotta. à n. 10. —

— zur Geschichte v. Oesterreich u. Preußen zwischen den Friedensschlüssen zu Aachen u. Hubertusburg. gr. 8. (VIII, 384 S.) Ebend. 875. n. 7. 20

—— zur Geschichte d. italien. Poesie. Gelesen in d. k. Akad. d. Wissensch. gr. 4. (11¼ B.) Berlin 837, (Duncker u. Humblot.)

— zur venezianischen Geschichte. gr. 8. (IV, 361 S.) Leipzig 878. Duncker & Humblot. n. 7. 20

— Geschichte Wallensteins. 1. u. 2 Aufl. Ebend. 869,70. gr. 8. (XII, 532 S.) n. 3 ℛ 20 ngr.

Geschichte Wallensteins. Von Leopold von Ranke. 3. Aufl. Leipzig. 1872. — Leopold von Ranke's Sämmtliche Werke Bd. 23. 8°

—— Geschichte Wallensteins. 3. und 4. Aufl. gr. 8. (X, 371 S.) Ebendas. 872,80. * 7 20

Ranke, Leop. v., Geschichte Wallensteins. 5. Aufl. gr. 8. (X, 371 S.) Leipzig 895. Duncker & Humblot. n. 7. 20; geb. in Halbfrz. n. 9. 20

— Geschichte Wallensteins. 6., durchgeseh. Aufl. (VIII, 371 S.) gr. 8. Ebd. 910. 7.20; geb. in Leinw. 8. 40

Ranke, Leop., Geschichten der romanischen u. german. Völker von 1494—1535. 1r Bd. gr. 8. Berl. 824. Reimer. 1 ℛ 20 𝔤𝔯

—— Geschichten der romanischen und germanischen Völker von 1494 bis 1514. 2. Aufl. gr. 8. (XXX, 323 S.) — Zur Kritik neuerer Geschichtschreiber. 2. Aufl. gr. 8. (VIII, 174 S.) Ebendas. 874. *

Geschichten der romanischen und germanischen Völker von 1494 bis 1514. Von Leopold von Ranke. 2. Aufl. Leipzig. 1874 = Leopold von Ranke's Sämmtliche Werke Bd. 33. 34. 8°

— Geschichten der romanischen u. germanischen Völker von 1494 bis 1514. Zur Kritik neuerer Geschichtschreiber. 3. Aufl. gr. 8. (XXX, 323 u. VIII, 174 S.) Ebend. 885. n. 10. —

— Geschichtsbilder aus Leop. v. Rankes Werken. Zusammengestellt von Max Hoffmann. (VIII, 399 S. m. Bildnis.) gr. 8. Ebd. 905. n. 6. —; geb. in Leinw. n. 7. —

— s.: Geschichtschreiber, die, der deutschen Vorzeit.

— Hardenberg u. die Geschichte des preußischen Staates von 1793—1813. 2. Aufl. der in dem Werke „Denkwürdigkeiten des Staatskanzlers Fürsten v. Hardenberg" den eigenhänd. Memoiren Hardenbergs beigegebenen histor. Darstellungen des Herausgebers. (In 3 Bdn.) 1. u. 2. Bd. gr. 8. (XVI, 331 u. 318 S.) Ebend. 880. à n. 6. 40

— s. Jahrbücher d. deutschen Reichs.

— zur Kritik neuerer Geschichtschreiber. Eine Beilage zu vorsteh. Werke. gr. 8. Berl. 824. Reimer. 20 𝔤𝔯

— Zur Kritik neuerer Geschichtschreiber. 2. Aufl. gr. 8. (VIII, 174 S.) Leipzig 874. Duncker & Humblot. n. 10. —

Zur Kritik neuerer Geschichtschreiber. Von Leopold von Ranke. 2. Aufl. Leipzig 1874. 8° = desselben Sämmtliche Werke. Bd. 33 u. 34.

— zur eigenen Lebensgeschichte. Hrsg. v. A. Dove. gr. 8. (XII, 731 S.) Ebd. 890. n. 14. —; geb. n. 16. —

— Lichtstrahlen aus s. Werken, s.: Winckler, Arth.

Ranke, Leop. v., die deutschen Mächte und der Fürstenbund. Deutsche Geschichte von 1780 bis 1790. 2 Bde. Lex.-8. (X, 407; VIII, 388 S.) Leipzig 871,72, Duncker und Humblot.
à Bd. *M 8,40. * 16 80
geb. * 20 —

Die deutschen Mächte und der Fürstenbund. Deutsche Geschichte von 1780 bis 1790. v. Leopold von Ranke. 2. Ausg. Leipzig 1875. = Leopold von Ranke's Sämmtliche Werke. Bd. 31 u. 32. 8°.

Ranke, Leopold. Die Osmanen und die spanische Monarchie im XVI. und XVII. Jahrhundert. 3. Aufl. (Aus: „Fürsten und Völker von Süd Europa im XVI. und XVII. Jahrhundert. Vornehmlich aus ungedruckten Gesandtschafts-Berichten" 1. Bd.)
8. Berlin 1857.

Die Osmanen und die spanische Monarchie im 16. und 17. Jahrhundert. Von Leopold von Ranke. 4. Aufl. des Werkes „Fürsten und Völker von Süd-Europa". Leipzig 1877. = Leopold von Ranke's Sämmtliche Werke. Bd. 35 u. 36. 8°.

Ranke, Leop. Die römischen Päpste im 16. u. 17. Jahrhundert. 3 Bde. 8°. Berlin, Duncker u. Humblot, 1838 (2. Aufl.).
Bd. 1 p. 404: Finanzen.

Ranke, Leopold. Die römischen Päpste, ihre Kirche und ihr Staat im XVI. und XVII. Jahrhundert. 4. Aufl. (3 Bde.)
8. Berlin 1854—1857.

— die römischen Päpste in den letzten 4 Jahrhunderten. 1—3. Bd. 6. Aufl. gr. 8. (XIV, 336, VI, 377 u. VI, 433 S.) Ebend. 874. n. 10. —

— die römischen Päpste in den letzten vier Jahrhunderten. 3 Bde. 7. Aufl. gr. 8. (XIV, 336; VI, 377; IV, 208; 325 S.) Leipzig 878, Duncker und Humblot. à Bd. *M 5,40.*
geb. *

Ranke, Leop. v., die römischen Päpste in den letzten 4 Jahrhunderten. 7. Aufl. Text-Ausg. (in 1 Bd.). gr. 8. (VIII, 750 S.) Leipzig 878. Duncker & Humblot. n. 10. —

— die römischen Päpste in den letzten vier Jahrhunderten. 3 Bde. 8. Aufl. gr. 8. (XIV, 336; VI, 377; VI, 208 und Analekten nebst Register rc. 330 S.) Leipzig 885, Duncker und Humblot.
* 18 —
geb. in 1 Bd. * 21 —

— die römischen Päpste in den letzten vier Jahrhunderten. 9. Aufl. 3 Bde. gr. 8. (XIV, 336; VI, 377; VI, 208 u. 330 S.) Ebd. 889. n. 18. —; geb. n. 21. —

— die römischen Päpste in den letzten vier Jahrhunderten. 10. Aufl. 3 Bde. gr. 8. (XIV, 336; VI, 377 u. VI, 208 u. 330 S.) Ebd. 900. n. 18.—; geb. in Halbfrz. n. 21 —

Die römischen Päpste in den letzten vier Jahrhunderten von Leopold v. Ranke. 11. Aufl. Bd 1–3. Leipzig Duncker & Humblot 1907. 8°
Ist auch Bd 37–39 von Ranke Werke 11. Aufl. (09. 10590

— die serbische Revolution. Aus serbischen Papieren u. Mittheilungen. M. 1 Charte v. Serbien. 8. (16½ B.) Hamburg 829, Fr. Perthes.

— die serbische Revolution. Aus serbischen Papieren u. Mittheilungen. 2. Ausg. gr. 8. (26¼ B.) Berlin 844, Duncker u. Humblot. *

Serbien und die Türkei im neunzehnten Jahrhundert. Von Leopold von Ranke. Leipzig 1879. = Leopold von Ranke's Sämmtliche Werke. Bd. 43 u. 44. 8°.

v. Ranke, Serbien u. d. Türkei im 19. Jahrh. Leipzig 879.
2. vollst. umgearb. Aufl. d. „Serb. Revolution".

Ranke, Leopold v. Historisch-biographische Studien. Cardinal Consalvi. Savonarola und die florentinische Republik gegen Ende des XV. Jahrhunderts. Filippo Strozzi und Cosimo Medici, der erste Grossherzog von Toscana. Don Carlos, Prinz von Asturien, Sohn König Philipps II. von Spanien.
8. Leipzig 1878.

— historisch-biographische Studien. (Anastatischer Neudr.) gr. 8. (XI, 544 S.) Ebd. [877.] (900). n. 11. —

Svmmo artis historicae recte tractandae avctori ... historicorvm Germaniae principi Leopoldo a Ranke solennia semisaecvlaria venerabvndi congratvlantvr ordinis philosophorvm in vniversitate Fridericia Gvilelmia Rhenana professores PP. OO. Bonnae d. XX Febr. a. 1867 ... [Bonnae, typ. C. Georgii] (1867). 1 Bl. qu.-2.

Ranke, L. v. Ursprung u. Beginn der Revolutionskriege 1791 u. 1792. (379.) 8. Leipzig 1875. 8,80. — 2. A. (VIII. 302.) 8. ib. 1879. 7,20.

v. Ranke, L. Der Ursprung des siebenjährigen Krieges. (X. 272.) 8. Berlin 1870. 6.40.

— der Ursprung des siebenjährigen Krieges. gr. 8. (X, 272 S.) Ebendas. 871. * 6 40
geb. * 7 80

— über d. Verschwörung gegen Venedig, im J. 1618. Mit Urkunden aus d. Venezian. Archive. gr. 8. (12¼ B.) Berlin 831, Duncker u. Humblot.

— Weltgeschichte. 1.—5. Thl. gr. 8. Ebendas. * 96 —
geb. * 111 —

Inhalt:

Thl. 1. Die älteste historische Völkergruppe und die Griechen. 2 Abthlgn. 1. und 2. Aufl. (VIII, 375; IV, 300 S.) 881; 3. Aufl. (XII, 378; VI, 302 S.) 883. *M 18.; geb. in 1 Bd. *M 21.
" 2. Die römische Republik und ihre Weltherrschaft. 2 Abthlgn. 1. und 2. Aufl. (VI, 413; IV, 416 S.) 882; 3. Aufl. (VI, 415; VI, 416 S.) 883. *M 20.; geb. in 1 Bd. *M 23.
3. Das altrömische Kaiserthum. Mit krit. Erörterungen zur alten Geschichte. 2 Abthlgn. 1. und 2. Aufl. (VIII, 546; XI, 356 S.) 883; 3. Aufl. (VIII, 551; VIII, 356 S.) 883. *M 21.; geb. in 1 Bd. *M 24.
4. Das Kaiserthum in Constantinopel und der Ursprung romanisch-germanischer Königreiche. 2 Abthlgn. 1.–3. Aufl. (VI, 445; VI, 368 S.) 883. *M 20.; geb. in 1 Bd. *M 23.
5. Die arabische Weltherrschaft und das Reich Karls des Großen. 2 Abthlgn. 1.—3. Aufl. (VI, 325; VI, 306 S.) 884. *M 17.; geb. in 1 Bd. *M 20.

— Weltgeschichte. 1.—4. und 6.—9. (Schluß-)Thl. gr. 8. Ebendas. * 141 —

Inhalt:

Thl. 1. Die älteste historische Völkergruppe und die Griechen. 2 Abthlgn. 4. Aufl. (XII, 380; VI, 304 S.) 886. *M 18.—.; geb. *M 21.—.
" 2. Die römische Republik und ihre Weltherrschaft. 2 Abthlgn. 4. Aufl. (VI, 416; VI, 416 S.) 886. *M 20.—.; geb. *M 23.—.
" 3. Das altrömische Kaiserthum. Mit krit. Erörterungen zur alten Geschichte. 2 Abthlgn. 4. Aufl. (VIII, 551; XI, 356 S.) 886. *M 21.—.; geb. *M 24.—.
Thl. 4. Das Kaiserthum in Constantinopel und der Ursprung romanisch-germanischer Königreiche. 2 Abthlgn. 4. Aufl. (VI, 445; VI, 368 S.) 888. *M 20.—.; geb. *M 23.—.
" 6. Zersetzung des karolingischen, Begründung des deutschen Reiches. 2 Abthlgn. 1.—3. Aufl. (VI, 337; VI, 278 S.) 885. *M 17.—.; geb. in 1 Bd. *M 20.—.
" 7. Höhe und Niedergang des deutschen Kaiserthums. Die Hierarchie unter Gregor VII. 1.—3. Aufl. (X, 348 S.) 886. *M 9.—.;

geb. *M 11.50.

" 8. Kreuzzüge und päpstliche Weltherrschaft. [XII. und XIII. Jahrh.] Hrsg. von Alfr. Dove, Geo. Winter, Thdr. Wiedemann. 1.—3. Aufl. (XVI, 655 S.) 887. *M 17.—.; geb. *M 20.—.

" 9. 1. Abthl.: Zeiten des Uebergangs zur modernen Welt [14. und 15. Jahrh.] Hrsg. von Alfr. Dove und Geo. Winter. (X, 275 S.) — 2. Abthl.: Ueber die Epochen der neueren Geschichte. Vorträge, dem Könige Maximilian II. von Bayern gehalten. Hrsg. von Alfr. Dove. Nebst Gesammtregister zum 1.—9. Thl., bearb. von G. Winter. 1.—3. Aufl. (XXVIII, 528 S.) 888. *M 19.—.; geb. *M 22.—.

5. Bd. in 2 Abthlgn. 1.—3. Aufl. Ebendas. 1884. *M 17.—.; geb. *M 20.—.

Ranke, L. v: Weltgeschichte . . .

T 5. Die arabische Weltherrschaft und das Reich Karls des Großen. Abt. 1. 2 1889

T 6. Zersetzung des karolingischen, Begründung des Deutschen Reiches. Abt. 1. 2. 1891

T. 7. Höhe und Niedergang des deutschen Kaiserthums. Die Hierarchie unter Gregor VII. 1893

T. 8. Kreuzzüge und päpstliche Weltherrschaft. (12. und 13. Jahrh.). Hrsg. von A. Dove u. a. 1898

— Weltgeschichte. 6. Thl. 2 Abthlgn. u. 7 Thl. gr. 8. Leipzig, Duncker & Humblot. n. 26. — ; geb. n. 31. 50

6. Zersetzung d. karolingischen, Begründung d. deutschen Reiches. 4. Aufl. 2 Bde. (VI, 337 u. VI, 278 S.) 891. n. 17 —; geb. n. 20. —

7. Höhe u. Niedergang d. deutschen Kaiserthums. Die Hierarchie unter Gregor VII. 4. Aufl. (X, 348 S.) 893. n. 9. — ; geb. in Halbfrz. n.n. 11. 50

— dasselbe. 1. Thl. 2 Abthlgn., 2. Thl. 2 Abthlgn. u. 8. Thl. gr. 8. Ebd. n. 55. — ; geb. in Halbfrz. n. 64. —

1. D. älteste histor. Völkergruppe u. d. Griechen. 2 Abthlgn. 5. Aufl. (XII, 380 u. IV, 302 S.) 896. n. 18. —; in 1 Bd. geb. n. 21. —

2. D. röm. Republik u. ihre Weltherrschaft. 2 Abthlgn. 5. Aufl. (à VI, 416 S.) 898. n. 20. — ; in 1 Bd. geb. n. 23. —

8. Kreuzzüge u. päpstl. Weltherrschaft (XII. u. XIII. Jahrh.). Hrsg. v. Alfr. Dove, Geo. Winter, Thdr. Wiedemann. 4. Aufl. XVI, 655 S.) 898. n. 17. — ; geb. n. 20. —

Ranke, Leopold von. Weltgeschichte. Text-Ausg. 4 Bände. 8. Leipzig 1895.

Band 4. Mit einem Anhang: Aufsätze zur eigenen Lebensbeschreibung. Tagebuchblatter

— Weltgeschichte. Text-Ausg. 2., unveränd. Aufl. 4 Bde. gr. 8. (762, 508, 737 u. 961 S.) Leipzig 896. Duncker & Humblot. à Bd. n. 10.—; geb. i. Halbfrz. à n. 12.50

Erschien auch in 25 Lfgn. à n. 1. 60. Einzelne Lfgn. od. Bde. werden nicht abgegeben.

Ranke, L. v: Weltgeschichte. 1.—3. Aufl. Leipzig

T. 9. Abt. 1. Zeiten des Ueberganges zur modernen Welt. (14. und 15. Jahrh.). Hrsg. von A. Dove und G. Winter. 1888. (Anastatischer Neudruck von 1900).

Abt. 2. Ueber die Epochen der neueren Geschichte. Hrsg. von A. Dove. Nebst Gesammtreg. zu T. 1—9. Bearb. von G. Winter. 1888. (Anastatischer Neudruck von 1900).

— Weltgeschichte. Text-Ausg. 3., unveränd. Aufl. 4 Bde. (762, 598, 787 u. 961 S.) gr. 8. Ebd. 910. 40.—; geb. in Halbfrz. 50. —

Ranke's, Leop. v., sämmtliche Werke. 1—18. Bd. Leipzig 867—70. Duncker & Humblot. gr. 8. Jeder Bd. n. 1 ℛ 15 ngr.

1—6. Bd. Deutsche Geschichte im Zeitalter der Reformation. 4. Aufl. 6 Bde. (1. Bd. XII, 350 S., 2. Bd. VIII, 395 S., 3. Bd. XI, 435 S., 4. Bd. VIII, 395 S., 5. Bd. VII, 388 S., 6. Bd. VII, 375 S.)

7. Bd. Zur deutschen Geschichte. Vom Religionsfrieden bis zum 30jährigen Krieg. (VI, 303 S.) Einzeln n. 2 ℛ

8—13. Bd. Französische Geschichte, vornehmlich im 16. u. 17. Jahrh. 6 Bde. (1. Bd. X, 419 S., 2. Bd. VI, 410 S., 3. Bd. VI, 422 S., 4. Bd. VI, 423 S., 5. Bd. VI, 374 S., 6. Bd. Briefe der Herzogin v. Orleans. XXVIII, 365 S.)

14—18. Bd. Englische Geschichte, vornehmlich im 17. Jahrh. 5 Bde. (1. Bd. 3. Aufl. XIV, 347 S., 2. Bd. 3. Aufl. VI, 308 S., 3. Bd. 2. Aufl. VIII, 339 S., 4. Bd. 2. Aufl. VI, 396 S., 5. Bd. 2. Aufl. VI, 374 S.)

Ranke, Leop. v., sämmtliche Werke. 19—34. 37—39. Bd. gr. 8. Leipzig 871—75. Duncker & Humblot. à n. 4. 50

19—22. Englische Geschichte vornehmlich im 17. Jahrh. 6—9. Bd. 3. Aufl. (VI, 367; VI, 294; VI, 318 u. VI, 369 S.)

23. Geschichte Wallenstein's. 3. Aufl. (X. 371 S.)

24. Abhandlungen u. Versuche. 1. Sammlg. (VI, 298 S.) Einzelpr. n. 6. 40.

25—29. 12 Bücher preußischer Geschichte. 1—5. Bd. (XX, 522; VI, 606 u. VI, 308 S.)

30. Zur Geschichte v. Oesterreich u. Preußen zwischen den Friedensschlüssen zu Aachen u. Hubertusburg. (VIII, 384 S. u. Register zum 25—29. Bd. S. 309—370.)

31. 32. Die deutschen Mächte u. der Fürstenbund. Deutsche Geschichte von 1780 bis 1790. 2. Ausg. (XII, 568 S.)

33. 34. Geschichte der romanischen u. germanischen Völker von 1494 bis 1514. 3. Aufl. (XXX, 328 S.) Zur Kritik neuerer Geschichtschreiber. 2. Aufl. (VIII, 174 S.)

37—39. Die römischen Päpste in den letzten 4 Jahrh. 1—3. Bd. 6. Aufl. gr. 8. (XIV, 336; VI, 377 u. IV, 433 S.)

Ranke's, Leop. v., sämmtliche Werke. 35., 36., 41—47. Bd. gr. 8. Leipzig 877—80. Duncker & Humblot. à n. 4. 50

35. 36. Die Osmanen u. die spanische Monarchie im 16. u. 17. Jahrh. 4., erweit. Aufl. des Werkes: „Fürsten u. Völker von Süd-Europa." (XVIII, 579 S.) Einzelpr. n. 12. —

41. 42. Historisch-biographische Studien. (XI, 544 S.) Einzelpr. n. 11. —

43. 44. Serbien u. die Türkei im 19. Jahrh. (XIV, 558 S.) Einzelpr. n. 12. —

45. Ursprung u. Beginn der Revolutionskriege 1791 u. 1792. 2. Aufl. (VIII, 302 S.) Einzelpr. n. 7. 20

46. 47. Hardenberg u. die Geschichte des preußischen Staates von 1793—1813. 2. Aufl. der in dem Werke „Denkwürdigkeiten des Staatskanzlers Fürsten von Hardenberg" den eigenhändigen Memoiren Hardenberg's beigegebenen historischen Darstellung des Hrsg. 1. u. 2. Bd. (XVI, 331 u. 318 S.)

Ranke's, Leop. v., sämmtliche Werke. 30.—32., 35., 36. und 40.—46. Bd. gr. 8. Leipzig, Duncker und Humblot. à Bd. * 4 50

Inhalt:

Bd. 30. Zur Geschichte von Oesterreich und Preußen zwischen den Friedensschlüssen zu Aachen und Hubertusburg. (VIII, 334 S. und Register zum 25.—29. Bd. S. 309—370.) 875.

" 31. 32. Die deutschen Mächte und der Fürstenbund. Deutsche Geschichte von 1780 bis 1790. 2. Ausg. (XII, 568 S.) 875.

" 35. 36. Die Osmanen und die spanische Monarchie im 16. und 17. Jahrh. 4. erweit. Aufl. des Werkes: „Fürsten und Völker von Süd-Europa". (XVIII, 579 S.) 877. Einzelpr. *M 12.

" 40. 41. Historisch-biographische Studien. (XI, 544 S.) 877. Einzelpr. *M 11.

" 42. Zur Venezianischen Geschichte. (VI, 361 S.) 878. Einzelpr. *M 7.20.

Ranke's, Leop. v., sämmtliche Werke. 48.—54. Bd. gr. 8. Leipzig, Duncker & Humblot. In 1. Gesammt-Ausg. à Bd. n. 4. 50; in 2. u. 3. Gesammt-Ausg. à n. 5. —; Einzelpreis à n. 6. —

48. Hardenberg u. die Geschichte d. preußischen Staates v. 1793—1813. 2. Aufl. der in dem Werke „Denkwürdigkeiten d. Staatskanzlers Fürsten v. Hardenberg" den eigenhänd. Memoiren Hardenberg's beigegebenen histor. Darstellg. d. Herausgebers. 3. Bd. Mit e. Denkschrift Hardenberg's üb. die Reorganisation d. preuß. Staates vom J. 1807. (VI, 441 S.) 881.

49. 50. Zur Geschichte Deutschlands u. Frankreichs im 19. Jahrh. Hrsg. v. A. Dove. (XIX, 623 S.) 887.

51. 52. Abhandlungen u. Versuche. Neue Sammlg. Hrsg. von A. Dove u. Th. Wiedemann. (X, 598 S.) 888.

53. 54. Zur eigenen Lebensgeschichte. Hrsg. v. A. Dove. (XII, 731 S.) 890.

— dasselbe. 2. Gesammtausgabe. 1—9. Bd. gr. 8. Ebend. 873. 74. à n. 5. —

1—6. Deutsche Geschichte im Zeitalter der Reformation. 1—6. Bd. 5. Aufl. (XII, 351; VI, 391; XI, 435; VII, 395; VII, 381 u. VII, 375 S.)

7. Zur deutschen Geschichte. Vom Religionsfrieden bis zum 30jahr. Krieg. 2. Aufl. (VI, 363 S.)

8. 9. Französische Geschichte vornehmlich im 16. 17. Jahrh. 1. u. 2. Bd. (X, 419 u. 410 S.)

— dasselbe. 3. Gesammtausg. 1—6. Bd. gr. 8. Ebend. 881. à n. 5. —

Deutsche Geschichte im Zeitalter der Reformation. 6 Bde. 6. Aufl. (XII, 351; VI, 391; XI, 435; VII, 395; VII, 388 u. VIII, 376 S.) In 3 Hfzbdn. geb. n. 36. —

Ranke's, Leop. v., sämmtliche Werke. 3. Gesammtausg. 37. u. 38. Bd. gr. 8. Leipzig 885. Duncker & Humblot. à n. 5. —
Die römischen Päpste in den letzten vier Jahrhunderten. 1. u. 2. Bd. 8. Aufl. (XIV, 336 u. VI, 377 S.) Einzelpr. à n. 6. —

Ranke's, Leop. v., sämmtliche Werke. 3. Gesammtausg. 1.—6. Bd. gr. 8. Leipzig 894. Duncker & Humblot. n. 30 —; in 3 Halbfrzbdn. n. 36. —
Deutsche Geschichte im Zeitalter der Reformation. 6 Bde. 7. Aufl. (XII, 351; VI, 391; XI, 435, VII, 395; VII, 383 u. VII, 376 S.)

Ranke's, Leop. v., sämmtliche Werke. 4. Gesammtausg. 1.—6. Bd. Deutsche Geschichte im Zeitalter der Reformation. 6 Bde. 8. Aufl. (XII, 351; VI, 391; XI, 435; VII, 395; VII, 383 u. VII, 376 S.) gr. 8. Leipzig 909. Duncker & Humblot. 32.—; in 3 Leinw.-Bdn. 36. —

—— histor.-politische Zeitschrift, s. Zeitschrift.

—— s. Zu L. v. R.'s Heimgang.

Ranke, Otto, a. Lübeck: Beiträge zur Lehre von der Meningitis tuberculosa. Gotha 1906: Engelhard-Reyher. (100 S.) 8°
Heidelberg, Med. Fak., Ref. Bonhoeffer, Diss. v. 1908
[Geb. 1 April 80 Lübeck; Wohnort: Heidelberg; Staatsangeh.: Preußen; Vorbildung: Gymn. Lübeck Reife O. 99; Studium: Göttingen 1, München 5, Kiel 2, Heidelberg 3 S.; Coll. 23. Juli 04; Approb. 7. Juli 04.]

Ranke, Otto v., s.: Centenarfeier f. Hofprediger Professor Dr. theol. Otto v. Gerlach.

Ranke, Otto, Dr., Assistent an der psychiatrischen Klinik: Über Gehirnveränderungen bei der angeborenen Syphilis. Jena 1908: G. Fischer. (97 S.) 8°
Mit: Einladung zur ... Probe-Vorlesung ... d. 17. Juli 1908 ... Thema: Ueber den heutigen Stand der Histopathologie der Hirnrinde. Heidelberg (1908): J. Hörning. (1 Bl.) 8°
Heidelberg, Med. Fak., Hab.-Schrift v. 1907

Ranke, O. v., halte was Du hast! 12 Predigten. gr. 8. (VIII, 87 S.) Berlin 887. Buchhandlung der Berliner Stadtmission. n. 1. —

Ranke, Otto v., der kleine Jünglingspsalter. Kurze Betrachtungen über ausgewählte Psalmen und Psalmenstellen, nach den Sonntagen des Kirchenjahres geordnet. Unter Mitarbeit vieler Freunde hrsg. gr. 8. (VIII, 120 S.) Berlin 881, (Wiegandt und Grieben.) * 1 —

—— die evangelischen Jünglingsvereine in Deutschland. Ihre Aufgabe und ihre Bedeutung für die Gegenwart. Vortrag, gehalten am 6. Septbr. 1886 in der Centralhalle in Leipzig bei Gelegenheit des 25jähr. Stiftungsfestes des Evangelisch-luther. Jünglingvereins in Leipzig. gr. 8. (20 S.) Ebendas. 887. * — 25

Ranke, Otto v., das Potsdamsche große Militär-Waisenhaus. Ansprachen u. Aufsätze, Erinnergn. u. Ermahngn. gr. 8. (IV, 118 S. m. 2 Abbildgn.) Potsdam 894. Riegel. n. 1. 25

Ranke, v., das St. Elisabeth-Siechenhaus 1856—1906. Eine kurze Jubiläumsschrift zum 19. XI. 1906. Im Auftrage des Kuratoriums des St. Elisabeth-Siechenhauses. (III, 79 S. m. Abbildgn.) 8. Berlin 906. Buchh. des ostdeutschen Jünglingsbundes. n. 1. —

Ranke, R, Ueber den latein. Unterricht auf Realschulen. Pr. 1869. 29 S. 4°. —.80

Ranke's, Wilh., alte christliche Bilder, photographisch dargestellt. 1. Heft mit 3 Bildern der altflandr. Schule. gr. Fol. (3 Photograph. mit 3 S. Text.) Berlin 861, (Dümmler's Buchh.) * *

Ranke, Wilh., der Geldwerth der Forstberechtigungen, zum Zwecke der Ablösung berechnet. 1. Aufl. (IV und 78 S. mit 1 Tab. in Fol.) 1855. und 2., verm. Aufl. gr. 8. (IV und 76 S.) Breslau 856, [Korn.] *

—— Licht, Freiheit, Vaterland! gr. 8. (52 S.) Berlin 861, (Dümmler's Buchh.) *

—— die Verirrungen der christlichen Kunst. 1. Aufl. und 2., verm. Aufl. gr. 8. (56 S.) Breslau 855, [Korn.] *

—— dass. — 3., verm. Aufl. gr. 8. (V und 58 S.) Leipzig 856, Müller. *

— Verirrungen der christlichen Welt. 857. (54 S.) — 2. verm. Aufl. Leipzig 857. T. O. Weigel. gr. 8. (64 S.) n. 10 gr.

Ränke, die; od. List über List. Lustsp. 8. Freyberg, Craz u. G. 790.

Ränke, die; Lstspl. in 5 Akt. Nach d. Engl. v. Chr. Hnr. Schall. 8. Leipz. 798. Dyck. 10 gr.

Ränke und Schwänke, neue, verbunden mit komischen Vorträgen. gr. 16. (72 S.) Mügeln 876. (Leipzig, G. Senf.)

Ränke u. Schwänke, neue, verbunden m. komischen Vorträgen. gr. 16. (72 S.) Mügeln 877. (Leipzig, G. Senf.) — 50

Ränke u. Schwänke. Lustsp. in 3 Aufz. von Lembert. 8. Leipz. Hartmann. (in Comm.) 813.

Ränke u. Schwänke, die, der Schleichhändler, s. Blanchard.

Ränke, Unerhörte, der Jansenisten und erzboshafte Lehren des Jansenismus . . . Augsb. u. Freyb. i. Br. 1766. V: *Berger v. Charancy, Georg Lazarus.* (AarK)

Ränke, Hans, aus Gotha: Über die Sprache des französischen Wallis in der Zeit vom 11. bis 14. Jahrhundert, dargestellt nach romanischem Sprachgut in lateinischen Urkunden. *Halle a. S. 1903: (Engelhard-Reyher in Gotha).* (69 S.) 8°
Halle, Phil. Diss. v. 1903

Ranken, Albert von, oder wem das Glück nicht will, der sucht es vergebens, aus den Papieren des Grafen von P... 8. Berlin, 796. Hartmann. 23 sgl.

v. Ranken, Albert. 8. Berl. 797. Hartmann. 18 gr.

RANKEN, Albert v., oder wem (so!) das Glück nicht will, der sucht es vergebens. Aus den Papieren des Grafen von P***. Berlin, Auf Kosten des Verf. 1797. 8°. 284 S. Zahm.
Müller-Fraureuth (mit der unrichtigen Jahrz. „1796") „Mit besonderer Vorliebe stellen sich übrigens auch die in deutschem Boden wurzelnden Räuberbanden in den Dienst der Revolution: der zum Mörder gewordene „Albert von Ranken" kommt mit der Bande, zu der er flüchtete, einem benachbarten Staate zu Hülfe, der eben um seine Freiheit ficht; er thut Wunder der Tapferkeit, wird tötlich verwundet und stirbt.

Ranken u. Zweige. 24. (6 Chromolith.) Leipzig 880. Baldamus. n. — 90

Ranker, Joh., die Krankenpflege im Hause. Mit e. Einleitg. des Hrsg. (20 S.) 8. Berlin 909. Buchh. Vorwärts. -- 50

Rankin, Emily, Hel. Cameron. Erzählung für die Jugend. Nach d. Engl. v. Tinette Homberg. 12. Crefeld 846, Schüller. geb. 1/2 ₰

Rankin, Emily, Helene Cameron. Erzählung f. die Jugend. Nach dem Engl. v. Tinette Homberg. 12. (171 S.) Crefeld 847, Schüller. 1/2 ₰

Rankin, Harrison, der Herzlose. Dem Engl. nacherzählt v. G. R. Bärmann. 2 Thle. kl. 8. (33 1/2 B.) Braunschweig 839, Westermann.

Rankin, Walter M. [aus Newark (U. S. A.)]: Über das Bojanus'sche Organ der Teichmuschel. (Anodonta cygnea, Lam.) . . . Jena, Gustav Fischer, 1889; 1 Bl. + 38 S. 8°
München, Phil. Fak., Inaug.-Diss. v. 1890

Rankine Patent Speisewasser-Reiniger für Land- und Schiffskessel. Hrsg. von The Rankine Patent Feed Water Filter Co., Ltd. Liverpool (1901)

Rankine, Will. John Macquorn, Handbuch der Bauingenieurkunst. Nach der 12. Aufl. des engl. Orig.-Werkes deutsch bearb. von Frz. Kreuter. 5 Lfgn. gr. 8. (XIV, 922 S. mit zahlreichen in den Text gedr. Illustr.) Wien 879,80, Lehmann und Wentzel. à Lfg. * ℳ 3. *

Rankine, Will. John Macquorn, Handbuch der Bauingenieurkunst. Nach der 12. Aufl. des engl. Orig.-Werkes deutsch bearb. v. Frz. Kreuter. Mit zahlreichen in den Text gedr. Illustr. gr. 8. (XIV, 922 S.) Wien 880. Spielhagen & Schurich. n. 15. —

Rankine, Will. John Macquorn, Handbuch der Bauingenieurkunst. Nach der 12. Aufl. d. engl. Orig.-Werkes deutsch bearb. v. Frz. Kreutor. Mit zahlreichen in den Text gedr. Illustr. 2. Ausg. 10 Lfgn. gr. 8. (XIV, 922 S.) Wien 883. Spielhagen & Schurich. à 1. 50

Rankine, Will. John Macquorn, Handbuch der Bauingenieurkunst. Nach der 12. Aufl. d. engl. Orig.-Werkes deutsch bearb. v. Frz. Kreutor. 3. wohlf (Titel-)Ausg. gr. 8. (XIV, 922 S. m. Illustr.) Wien 892. Spielhagen & Schurich. n. 6. —; geb. in Leinw. n. 7 20

Rankine, M. A manual of civil engineering. London, 1873.
dgl. deutsche Ausgabe von F. Kreuter. Wien, 1880.

Rankow, Ralph, aus Stille u. Sturm. (126 S.) 8. Leipzig 905. Modernes Verlagsbureau. n. 2. —

Rankweil [Schlagwort]

Rankweil, s.: Schweiz, Atlas.

Rankweil [Verfasser]

v. Rankweil, Th. Lir., alte Schwäbische Geschichten, sammt Chronik e. ungenannten Autors, von Päpsten, deutschen Kaisern u. Königen 2c. Mit Anmerkk. hrsgg. v. Jh. Reinh. Wegelin. 4. Lindau 761.

Rankwert, Frdr., der Erfolg im Leben u. in der Gesellschaft, s.: Bibliothek des Erfolges. I.

— s.: Erwerbsjahrbuch, großes.

Ránlom, Josephine v., Aufblick zu den Sternen-Welten. Als untrüglicher Führer, alle am Himmel prangenden, dem unbewaffneten Auge sichtbaren Sternbilder auf die leichteste Weise auffinden u. erkennen zu lernen. Nach mehrjähr. eignen u. sorgfältigen Beobachtungen f. Damen 2c. qu. 4. (22 1/2 B., 43 Stnt., 13 Sternkarten u. lith. Ttl.) Wien 846, Schaumburg u. Comp.

Rannacher, Albert: Das bürgerliche Wohnhaus in Meißen. Meißen: Verein f. Geschichte d. Stadt Meißen; Mosche in Komm. [1910]. 102 S., 24 Taf. 8° ¶ Aus: Mitteilungen d. Vereins f. Geschichte d. Stadt Meißen. Bd 8, H. 1
Dresden, Dr.-Ing.-Diss. v. 18. 5. 1909

Ranneforth, H., Jubiläumsturnier der Berliner Schachgesellschaft 13.—28.X.1907. Bericht u. Partien. (IV, 188 S. m. Diagr.) gr. 8. Potsdam (907). A. Stein. 1. -

Schach-Kalender 1911 (VI, 128 S., Schreibkalender u. 16 S. m. Diagr.) kl. 8. Ebd.
Geb. in Leinw. 1. 25

Ranneforth, H., s.: Wochenschach, deutsches.

Rannel, System der Geographie Herodots, s. Bredow, Untersuchungen.

Ranner, Gf Cph.

— s. Aristophanes ecclesiazusae.

Ranner, Gf. Cph., kurzgefaßte Beschreib. der Nürnbergischen Stadtbibliothek mit einigen Beilagen u. dem Abdruck e. Handschrift, d. Handb. d. H. Augustins in einer alten deutschen Uebersetzung enthaltend. gr. 8. Nürnb. 821. (v. Ebner). 16 gl

Ranner, G. Ch., kurzgefaßte Beschreibung der Nürnbergischen Stadtbibliothek mit einigen Beylagen und dem Abdruck einer Handschr. d. Hndb. d. H. Augustins in einer alten deutschen Uebersetzung enthaltend. gr. 8. Nürnberg, Lechner. 821.

Rannicher J., uber die Gewerbefreiheit. Pest 1872

Rannicher, J., Handbuch des evangelischen Kirchenrechtes mit besonderer Rücksicht auf die evangelische Landeskirche Augsburger Bekenntnisses in Siebenbürgen. 1. Heft, die Einleitung enth. Hermannstadt 859. Steinhaußen. Lex.-8. (XI, 79 S.) 12 ngr.

Rannicher, J., die neue Verfassung der evangelischen Landeskirche Augsburger Bekenntnisses in Siebenbürgen auf Grundlage amtlicher Quellen dargestellt. 2. verm. Aufl. mit einem Anhang, enthltd. die Darstellung des „Entwurfes zu einem Gesetze über die Vertretung und Verwaltung der Kirchenangelegenheiten der Evangelischen beider Bekenntnisse im Königreich Ungarn, der serbischen Woiwodschaft und dem Temescher Banate." Hermannstadt, 857. (Steinhaussen.) gr. 8. (79 S.) 9 ngr.

Ranniger, Cajus (Holstein), De probatione per testes, in fideicommisso nuncupativo, minus solenni, juxta L. fin. C. de fideic. nulla. Diss. inaug. Präs. Ernst Jo. Fried. Mantzel. Rostock 12. IV. 1753. 17 S. (4.25) 27645
Widm. v.: Ernst Jo. Fried. Mantzel, Ernst Valent. Friedlieb.

Ranniger, C. F. G., de vi pactorum dotalium etc. 8maj. Götting. 804. Brose. 4 gl

— **Johann Detloff Markus** (Schwerin/Mecklenburg), Comment. jur. quaestionem continens An et quatenus pater peculium liberorum adventitium alienare possit. Göttingen (J. Chr. Dieterich) 1797. 39 S. (4.25) 27646

Pirna: Geschichte der Freimaurervereine in Pirna. Festschrift zur 50jährigen Jubelfeier am 10. Okt. 1896. Unter Mitw. mehrerer Br. Br. zsgest. von [Ludw. Theod.] **Ranniger.** [Pirna 1896: Eberlein.] 7 S. 4⁰ [Umschlagtit.]

Ranniger, Theodor [Hülfsarzt an d. k. Sächs. Heilanst. Sonnenstein]: Ueber Gefässveränderungen bei Dementia paralytica. . . Jena, Druck v. B. Engau, 1890; 36 S. 8⁰
Jena, Med. Fak., Inaug.-Diss. v. [25. Febr.] 1890

Ranninger, Franz [Assist.]: Über die Allitteration bei den Gallolateinern des 4., 5. und 6. Jahrhunderts. Landau, Buchdr. K. & A. Kaussler, 1895; 55 S. 8.
Landau, k. humanist. G, P 1895*

Ranninger, Rud., Milchviehzucht auf Leistung. Vom Lehrkörper des „Franzisco Josephinum" preisgekrönt. (48 S.) gr. 8. Wien 908. W. Frick. — 80

Ranninger, Wilhelm [aus Windsheim]: Über Hydramnion Nürnberg, Druck v. J. L. Stich, 1897; 36 S. 8.
Erlangen, Med. Fak., Inaug.-Diss. v. 31. Jan. 1896

Rannow, Karl, aus Potsdam: Die im Französischen substantivierten Participia Perfekti Passivi lateinischer starker Verba. *Kiel 1903: P. Peters Nchf.* (212 S.) 8⁰
Kiel, Phil. Diss. v. [20. Febr] 1904

Rannow, M., der Satzbau d. althochdeutschen Isidor im Verhältniss zur lateinischen Vorlage, s.: Schriften zur germanischen Philologie.

Rannow, Maximilianus [Marchicus]: Studia Theocritea . . . . Berolini, Berl. Buchdr.-Actien-Gesellschaft, Setzerinnenschule d. Lette-Vereins, 1886; 2 + 53 + 3 S. 8⁰.
Berlin, Phil. Fak., Inaug.-Diss. v. 24. Jul. 1886.

Rannow, Max., studia Theocritea. Dissertatio inauguralis. gr. 8. (53 S.) Berlin 886. (Mayor & Müller.) n. 1. 20

Ranojević, N., 2. Beitrag zur Pilzflora Serbiens. (S. 347—402 m. Fig.) gr. 8. Berlin 910. R. Friedländer & Sohn. 3. —
Sonderabdruck aus: „Annales mycologici".

Ranold, Viktorie, das liebe Christkind ist das Heil der Kinder, — Jugenddramen f. Töchterschulen, s.: Theater, kleines.

— **Maria,** die Hochgebenedeiete. Allen Verehrern der hehren Gottesmutter, insbesondere den deutschen Frauen u. Jungfrauen gewidmet. 8. (75 S.) Graz 888. Styria. n. — 80; geb. m. Goldschn. n. 1. 30

Ranold, Victorie, Monegundis v. Tours, s.: Theater, kleines.

Ranolder, Joann., Hermeneuticae biblicae generalis principia rationalia, christiana et catholica. Fünfkirchen, 1834, gr. 8°
Zweite unveränderte Aufl. Budapest, 1859. Sehr geschätzt. C. v. Wurzbach, Biogr. Lex. des Kaisertums Österr., 1872, Bd. 24, S. 348, weiß von dem Buche zu berichten, daß „desselben sich der berühmte Perrone und seine Nachfolger in Rom als Leitfaden zu ihren Vorlesungen bedienten und daß es in England, Irland, Belgien, in der Schweiz, an mehreren Anstalten in Deutschland, ja sogar in Amerika als Vorlesebuch benützt wird. Im Jahre 1865 veranstaltete der Buchhändler Spithöver in Rom mit des Autors Gestattung eine 3. Ausgabe." Vgl. auch (Tüb.) Theol. Quartalschr. 1840. S. 605 f.

Ranolder, Jo., Hermeneuticae bibl. generalis principia rationalia christ. et cathol. Selectis exemplis illustrata usibus auditor. exhibet. 8maj. (27¼ B.) Quinque-Ecclesiis 838. (Lipsiae, Frohberger.) *

Ranolder, Joh. Elisabeth (Gisela) Herzogin in Baiern, erste Königin von Ungarn. Blätter der Erinnerung an die völkerbeglückende Vermählung Sr. k. k. apostol. Maj. Franz Joseph I. mit Ihrer königl. Hoh., der durchlauchtigsten Prinzessin Elisabeth, Herzogin in Baiern. gr. 4. (120 S. mit 5 Stnt. in Ton- und Golddr.) Wien 854, (Seidel.) *

Ransauer, M., Dr. J. Feßler, Bischof v. St. Pölten, s.: Deutschlands Episcopat in Lebensbildern.

Ransauer, M., der heilige Maximilian, Bischof v. Lorch u. Martyrer, Apostel Oesterreich's. gr. 16. (38 S.) Wien 878. Kirsch. n. — 48

Ränsch, Alexander Hans, Referendar in Plauen i. V.: Der ein Erwerbsgeschäft selbständig betreibende Minderjährige ⟨nach bürgerlichem Rechte⟩. Weimar 1908: R. Borkmann. (VIII, 33 S.) 8⁰ [J.]
Leipzig, Jur. Fak., Diss. v. 24. Juli 1908
[Geb. 20. Febr. 80 Chemnitz; Wohnort: Plauen i. V.; Staatsangeh.: Sachsen; Vorbildung: Gymn. Plauen Reife O. 99; Studium: Freiburg i. B. 1, München 2, Leipzig 5 S.; Rig. 9. Febr. 04.]

Ränsch, Ludw., kurze Darstellung der großen Feuersbrunst, welche die Stadt Hamburg vom 5. bis 8. Mai 1842 heimgesucht hat. gr. 8. (1 B.) Deßau 842, Fritsche u. Sohn. *

Ranschburg, Paul, u. Ludw. **Hajós,** neue Beiträge z. Psychologie d. hysterischen Geisteszustandes. Kritisch-experiment. Studien. gr. 8. (III, 131 S. m. Abb.) Wien 897. F. Deuticke. n. 2. 50

Raenschel (E. A.). Nomenclator botanicus. . . . Ed. 3. Lips. 1797. 8⁰.
Editions 1. and 2. were published anonymously.

Ranschoff, S., commentatio inaug. physiologica exhibens nonnulla de Catameniis. 4. Götting. 818. Brose. 6 gGr

Ransleben, einige Aufsätze f. Freunde d. Gärtnerei. Mit 3 Taf. gr. 8. Berlin, 1811. Decker. — 15

Ransleben, Elisab., der Haldenhof. Märchen. (20 S.) gr. 8. Kiel 908. Elisab. Ransleben. n. 1. —

Ransohoff, Albert [Assistenzarzt d. Anst.]: '(Aus Dr. Oestreicher's Privat-Irrenanstalt in Nieder-Schönhausen.)' Chloralamid als Hypnoticum bei Geisteskranken ... Marburg, gedr. bei L. Schumacher in Berlin, 1896; 40 S., 1 Bl. 8.
Marburg, Med. Fak., Inaug.-Diss. v. 17. Jan. 1896

Ransohoff, Dav (geb. 14. 12. 1832): De chloroformii in arte obstetricia usu. Berolini (1855). (28 S.) 8⁰
Berlin, Med. Diss. v. 27. März 1855

Ransohoff, Fritz, aus Paderborn: Zur Kenntnis des Rutheniums. Cassel 1905: Jul. Kreß. (52 S.) 8⁰
Erlangen, Phil. Fak., Ref. Fischer, Diss. v. 10. Febr. 1905
[Geb. 17. Aug. 80 Paderborn; Staatsangeh.: Preußen; Vorbildung: Gymn. Dortmund Reife O. 99; Studium: Leipzig 1, München 2, Würzburg 2, Berlin 1, Straßburg 2, Gießen 1, Erlangen 3 S.; Rig. 10. Febr. 05.]

Ransohoff, Georg [aus Bielefeld]: Über Johann Georg Jacobis Jugendwerke ... (Th. 1.) Berlin, Buchdr. v. G. Schade, *1892;* 59 S. 8.
Berlin, Phil. Fak., Inaug.-Diss. v. 26. Febr. 1892

Ransohoff, Geo., üb. Johann Georg Jacobis Jugendwerke. Diss. gr. 8. (59 S.) Berlin 892. (Speyer & Peters.) n. 1. —

Ransohoff, Max [aus Westfalen]: Ueber die Verteilung des Absorptionsvermögens einiger einfacherer Kohlenstoffverbindungen im ultraroten Gebiete des Spektrums ... Berlin, C. Vogts Buchdr., *1896;* 31 S., 1 Taf. 8.
Berlin, Phil. Fak., Inaug.-Diss. v. 16. Jan. 1896 [vielm. 1897]

Ransohoff, Paul, Referendar aus Nieheim (Kr. Höxter): Die Hinterlegung zum Zwecke der Schuldbefreiung nach Gemeinem Rechte und dem Rechte des B.G.B. *Göttingen 1901: W. F. Kaestner.* (IV, 154 S.) 8°
Göttingen, Jur. Diss. v. [18. Nov.] 1901

Ransohoff, Paul, die Hinterlegung zum Zwecke der Schuldbefreiung nach gemeinem Rechte u. dem Rechte des B.G.B. Diss. gr. 8. (IV, 154 S.) Göttingen 901. (Vandenhoeck & Ruprecht.) n. 3. 20

Ransome, Cyril, Short studies of Shakespeare's plots, hrsg. von Konr. Meier, s.: Hamann's, Alb., Schulausgaben. Nr. 5.

Japan in transition. A comparative study of the progress, policy, and methods of the Japanese since their war with China. By Stafford Ransome. With 4 maps and ill. *London & New York: Harper & Brothers 1899* (XIX, 339 S.) 8° [99. 10074]

v. **Ranson**, Jos., Algebra, nach neuen Grundsätzen bearbeitet. gr. 8. Münch. 800. Nürnb. 808. Stein. 9 gl

— allgem. Auflösung d. wichtigsten Aufgaben, welche bei Berechnung von Entfernungen, Flächen u. deren Theilung durch Trigonometrie vorkommen. Mit 4 Kpft. 8. Nürnb. 809. Stein. 8 gl (Aus d. kl. Schriften besond. abgedr.)

— Beschreib. d. von ihm neuerfund. Mykrometers. Mit 1 Kpf. 4. Nürnb. 809. Stein. 2 gl

— (s. Briefe über die wichtigsten Gegenstände d. Lebens im Geist d. Zeit x.

R(anson), J. v., Briefe üb. d. wichtigsten Gegenstände d. Lebens, im Geiste der Zeit u. ihrer Bedürfnisse. gr. 4. (5½ B.) München 833, Jaquet.

— die Fluxionsrechnung, als Fortsetzung meiner Parallele zu Magolds mathemat. Lehrbuch. Ein drittes Sendschreiben an die Akademiker zu Landshut. gr. 8. Münch. 821. J. Lindauer. 1 gl

— die Fluxions-Rechnung als Leitfaden zur richtig. Beurtheilung des Geistes u. Zweckes des Infinitesimal Calculs. 8. Münch. 824. (Fleischmann). 5 gl

— über die gereinigte Metaphysik d. Algebra. 8. o. O. u. Jahr.

— Parallele zu Magolds mathemat. Lehrbuche. 1r Thl. gr. 8. Münch. ... 2e T. 820. J. Lindauer. 3 gl

— kleine mathemat. Schriften. Mit Kpf. 8. Nürnb. 809. Stein. 12 gl

. ... v. **Ranson**: e. Sendschreiben an Fries, dess. Vers. e. mathemat. Naturphilos. betreff. *Münch.*, Fleischmann. 823. gr 4° 4 gl

v. Ranson, Jos., ein Sendschreiben an Herrn Hofrath Fries, dessen Versuch einer mathemat. Naturphilosophie betreff. gr. 4. Münch. 824. (Fleischmann). 4 gl

— ein zweites Sendschreiben an die Herrn Academiker in Landshut. gr. 8. Münch. 821. J. Lindauer. 1 gl

— die sphärische Trigonometrie in ihren Grundsätzen vereinfacht u. erweitert, reducirt auf die Elemente d. Ebenen. Mit 4 Steinabdr. gr. 8. Münch. 819. J. Lindauer. 10 gl

Hat Newton e. Naturphilos. begründet? Drei Vorless. v. R. (**Ranson.**) *Münch.*, (Lentner in C.) 826. gr 4. 5 gl

Ransoné, Johann Hubert René (geb. am 31 März 1847 in Köln): Ueber einige Beziehungen des Chinin [!] zum Blute ... Bonn, Buchdr. v. P. Neusser 1871. 2 Bl., 46 S., 1 Bl. 8.
Bonn, Med. Fak., Diss. v. 12 Dez. 1871

Ransoné, René, approb. Arzt aus Bonn-Poppelsdorf: Aus d. gynäkol. Klinik zu Bonn. Ueber einen **Fall** von angeborner Oesophagus-Atresie. *Bonn 1900: J. Trapp.* (21 S.) 8°
Bonn, Med. Diss. v. [28.] Juli 1900

Ransonnet, Frz. Josef

Ransonnet, F. J., theor. u. prakt. Rechenbuch. gr. 8. Straub. v. Schmidt. (Heigl u. C.) 804.

Ransonnet, Frz. Jos., theoret. u. prakt. Rechenbuch f. alle Stände gr. 8. Straubing. 804. Schmidt. (Schorner). 4 gl

Ransonnet-Villez, Eug. v., Ceylon. Skizzen seiner Bewohner, seines Thier- u. Pflanzenlebens in den Ebenen u. Hochgebirgen u. Untersuchungen des Meeresgrundes mit der Taucherglocke nahe der Küste. Mit 26 Illustr. in Schwarz- u. Farbendr. Braunschweig 868. Westermann. (XI, 162 S. mit 26 Steintaff. in Tondr., wovon 6 in Buntdr.) n. 10 ℳ

Ransson, Mme. Urbain, tableau-guide, par genres et par siècles, des principaux faits et noms de la littérature française. (1 Bl.) 40×64 cm. Marburg 908. N. G. Elwert's Verl. Gebrochen in 8. — 60

Rant, Guido. Die Franziskaner der österreichischen Provinz, ihr Wirken in Nieder-Österreich, Steiermark und Krain bis zum Verfalle der Kustodie Krain und ihrer Klöster (1596). ([Mit] Anhang: Regesten und Urkunden.) Diss. Dokt. Theol. Freiburg (Schweiz) von P. G' Rant O. F M. .... 137 S. 8. Stein in Krain, Ant. Slatnar, 1908.

Rant, Guido, O. F. M., die Franziskaner der österreich. Provinz, ihr Wirken in Nieder-Österreich, Steiermark u. Krain bis zum Verfalle der Kustodie Krain u. ihrer Klöster (1596). (137 S.) 8. Stein in Krain 908. (Laibach, Kathol. Buchh.) nn 2. 80

Rant, Matthias, Beschreibung der gewöhnlichsten der Obstzucht schädlichen Insekten. Den Obstzüchtern zur Belehrg. u. zum alltägl. Gebrauche. gr. 8. (59 S. m. Illustr.) Laibach 884. (Wien, Frick.) n. — 60

Räntsch, Ludw., die Wunder der Sympathie. Die Kunst durch Besprechg. allerlei Krankheiten zu heilen, nebst e. Anzahl sympathet. Mittel u. die Anwendg. d. animal. Magnetismus. 2. Aufl. 16. (54 S.) Oranienburg 884. Freyhoff. n. — 50

Räntsch, Ludw., die Wunder der Sympathie. Die Kunst, durch Besprechg. allerlei Krankheiten zu heilen, nebst e. Anzahl sympathet. Mittel u. der Anwendg. des animal. Magnetismus. Gesammelt u. f. jeden, der zu dieser Heilmethode Glauben u. Vertrauen hat, hrsg. 3. Aufl. 12. (54 S.) Berlin 901. E. Freyhoff. n. — 50

Räntsch, Margarete, a. Berlin: **Untersuchungen über die Glätte von Kleiderstoffen.** Würzburg 1907: H. Stürtz. (17 S.) 8°
Würzburg, Med. Fak., Ref. Lehmann, Diss. v. 11. Aug. 1908
[Geb. 18. Nov. 80 Berlin; Wohnort: Würzburg; Staatsangeh.: Preußen; Vorbildung: Luisen-Gymn. Berlin Reife M. 01; Studium: Freiburg i. B. 2, München 2, Berlin 2, Würzburg 4 S.; Coll. 13. März 07; Approb. 21. Dez. 06.]

Rantz, Konrad

Rantz, Conr Der Accusativ bei Virgil. I Th. Ein Beitrag zur lateinischen Syntax. 36 S. – Düren, Progr 1871

Rantz, Konrad, Prof. Dr **Proben von Übersetzungen ins Lateinische für die obersten Gymnasialklassen. Nebst Erläuterungen.** [T. 1.] *Düren: W. Solinus in Komm. 1899.* (30 S.) 4°
Duren, G, P 1899 (458)

Raentz, Paul, Ornamente. 1. u. 2. Lfg. qu. gr. Fol. (à 6 lith. Taf.) Berlin 851. 52, Schröder. (à 1 1/2 ₰) 3 ₰

— dies. 5. Lfg. qu. gr. Fol. (6 lith. Taf.) Berlin 852, Hermes. n. 2 ₰; einzeln à Blatt n. 1/3 ₰

v. Rantzau, Graf, Verf. von: Ueber den Entwurf des Mecklenburg. Staatsgrundgesetzes, siehe: Entwurf.

Rantzau, Adelheid Luise Gräfin zu

Rantzau, A. L. Gräfin zu, die Chronik v. Pronstorf. Ein Beitrag zur schleswig-holstein. Adels- u. Kirchspielgeschichte. Aus dem Pronstorfer Gutsarchiv u. einigen anderen Quellen zusammengestellt. (99 S.) gr. 8. Lübeck (902). Lübcke & Nöhring. n. 1. 50

Rantzau, Adeline Gräfin zu, der Dritte. Roman. 3. Tausd. (291 S.) 8. Berlin 910. M. Warneck. 4.—; geb. in Leinw. 5. —

Rantzau, A., Feuer. Erzählung. schmal gr. 8. (218 S.) Berlin 902. A. Goldschmidt. 3.—; geb. in Leinw. 3. 50

Rantzau, Adeline Gräfin zu, Hans Kamp. Roman. (269 S.) 8. Berlin 906. M. Warneck. n. 3.—; geb. in Leinw. n. 4. —

Hans Kamp. Roman von Adeline Gräfin zu **Rantzau**. 2. Aufl. Berlin: M. Warneck 1906. (269 S.) 8° [F.] [06. 11606

— Hans Kamp. Roman. 3. u. 4. Aufl. (269 S.) 8. Ebd. 909. 3.—; geb. in Leinw. 4. —

Ein unmöglicher Mensch. Roman von Gräfin Adeline zu **Rantzau**. Berlin: M. Warneck 1906. (329 S.) 8° [F.] [06. 1919

— Ein unmöglicher Mensch. Roman. 4. Aufl. (329 S.) 8. Ebd. 907. 3.—; geb. in Leinw. 4. —

Christliche Streiflichter auf die moderne Bühne v Adeline Gräfin **Rantzau**. (Gütersloh 1907) 8° Ausschnitt aus Beweis des Glaubens im Geistesleben der Gegenwart, hrgg v Emil Pfennigsdorf. Bd 43. November 1907

— Aus dem Untergrund d. Lebens. Novelle. 4. u. 5. Aufl. (202 S.) 8. Ebd. 908. 3.—; geb. in Leinw. 4. —
1 3. Aufl. (200 S.) Ebd. 908. 3.—; geb. 4.—.

— ein Zehnmarkstück, s.: Ormond, Vikt., Erlebnisse e. Hugenottenflüchtlings.

Rantzau, Gräfin A., s. Zeiten, neue.

Rantzau, Carl von. s. Rantzau, Karl v

Die Lage der schleswig-holsteinischen Landwirtschaft nach dem Abschluss der neuen Handelsverträge. Referat, gehalten in der Plenarversammlung (der Landwirtschaftskammer) zu Kiel am 17. März 1905 von dem Vorsitzenden [Christian] Grafen zu **Rantzau**. Kiel. 1905. Bei Protokoll der 30. Plenarversammlung. Kiel. 1905. 4°

Rantzau, Christian Detlev Carl Graf zu (Hrsg.), s.a. Actenstücke zur Geschichte der Aufhebung der Leibeigenschaft i.d. Herzogthümern Schleswig u. Holstein.

Actenstucke zur Geschichte der Aufhebung der Leibeigenschaft in den Herzogthumern Schleswig und Holstein (Von Christian Grafen zu **Rantzau**.) Hamburg. 1798. 8°

Ueber die einländischen Kolonien der Europäer, vom Herrn Grafen [Christian Detlev Karl] zu **Ranzau** auf Aschberg. Ausschnitt aus Berlinische Monatsschrift, Juli. Berlin. 1792. 8°.

v. Ranzau, Graf Chr. Detl. Karl, († d. 23. Febr. 1812.) histor. Versuch üb. Leibeigenschaft, s.a. Versuch.

Historischer Versuch über die Leibeigenschaft [v Christian Detlef Karl Graf zu **Rantzau**]. Hamburg. 1797 8°.

Rantzau, Daniel Graf zu: **Der „bedingte" Erbverzicht des Prinzen von Wales auf die Thronfolge im Herzogtum Sachsen-Koburg-Gotha.** *Greifswald 1903: J. Abel.* (35 S.) 8°
Greifswald, Jur. Diss. v. [30. Aug.] 1903

Rantzau's, Heinr. v., Buch üb. die Erhaltung der Gesundheit. Zum Privatgebrauch f. seine Söhne verf. Hrsg. v. Dethlev Silvius aus Holstein. In demselben werden kurze u. nützl. Vorschriften üb. die Diät, üb. Reisen, die Uebergangsjahre u. üb. die besten Mittel gegen ansteck. Krankheiten gegeben. Nach der 4., verm. u. verb. Aufl. bearb. v. Leop. Ewer. gr. 8. (IV, 101 S.) Berlin 891. Fischer's medicin. Buchhandlg. n. 2. —

Rantzau, Heinr. Graf zu, zur Organisation des Militär-Radfahrwesens. 8. (VI, 46 S.) Berlin 894. Liebel. n. — 80

Rantzau, Karl v.

Rantzau, Das Haus. Eine **Familien-Chronik.** Celle 1865. V: *Rantzau, Carl von.* (ADB 27. 276)

Das Haus Rantzau. Eine Familien-Chronik. [Von Carl von Rantzau.] (Celle.) [1866.] 8°.

a) **Inventarium** der wailandt Frau Dorotheen, dess wailandt Herrn Detleff Rantzowen auff Heiligenstedden, Collmer, Drage, Hasselburg Erbgesessen, Hinterbliebenen Wittwen, gesampten nachlasses, an Rittersitzen, Liegenden Gründen etc. etc., in kegenwerth und mit Consens etc der Herrn Caien von Ahlefelden, Christian Rantzowen, Henrich von Ahlefelden und Bartram Reventlowen, respective in Ehe- und Vätterlicher Kuratel Ihrer Frawen Margreten von Ahlefeldin, Dorotheen Rantzowin, und Christinen Reventlowen etc. im Jahr 1647. den 19. Martij und in folgenden tagen auff dem Hause Drage verfertiget und auffgerichtet. (Bl. 1—37; Bl. 38: Vier Unterschriften und drei Siegel. Bl. 39—40 leer.) Fol.

b) **Erbtheilung** der Sehl. Frawen Fr. Dorothen Rantzowin gesambte Verlassenschafft geschehen, vnd verrichtet zwischen den vier H. Schwieger Sohnen Herrn Cajen von Ahlefelden, Herrn Christian Rantzowen, Herrn Henrich von Ahlefelden, vnd Herrn Bertram Reventlowen in Ehe- und Väterlichen Curatel Ihrer respective Ehelichen Haussfrawen Fr. Margreten, Fr. Christinen, Fr. Dorotheen, und 3. Sohnen J. Benedict, Detleff, vnd Baltzers. In Anno 1647 den 22. Martij vnd folgenden tagen auff dem Hause Drage. (Bll. 41—67; Bl. 68: Vier Unterschriften und drei Siegel.) Bl. 69. Appendix oder Absonderliche designation. Papierhandschrift des 17. Jahrh. Bl. 1—69 u. leere Bll. ungezählt. Fol.

Lichtfunken! Aphorismen von N[atalie] v. Rantzau. *Bitterfeld & Leipzig: F. E. Baumann [1902].* (65 S.) 8° [F.]

Rantzau, N. v., Lichtfunken! Aphorismen. (64 S.) 8. Bitterfeld (903). Schmiedeberg, F. E. Baumann. — 75

Rantzau v. Breitenburg, Konrad

RANTZAU VON BREITENBURG, CONRAD, Bericht von den in Winter 1824 auf 1825 in der Herrsch. Breitenburg erlittenen groszen Wasserschäden, den dagegen getroffenen Anstalten und Rechenschaft über die Verwendung der zur Erleichterung dieses Unglücks eingekommenen milden Gaben. Hamburg. 1826. P.

Rantzau-Breitenburg, Kuno Graf zu, die für die Landgemeinden nothwendigen Abänderungen der Gemeinde-Ordnung für die Herzogth. Schleswig-Holstein vom 16. Aug. 1869. Eine Denkschrift. Kiel 870. v. Maack. gr. 8. (27 S.) 4½ ngr.

Rantzau-Breitenburg, Kuno Graf zu, Armin Sage. (Gedicht.) gr. 8. (15 B.) Heidelberg 839. (Mannheim, Schwan- u. Götz'sche Hofbuchh.) *

Bericht, die Grafschaft Rantzau und das Gut Drage im Herzogthum Holstein als Antheile des Rantzau-Breitenburger Familien-Fideikommisses betreffend. Zur Ergänzung der 1840 bei Oswald in Heidelberg gedruckten Schrift „Berichtigungen falscher Nachrichten i. d. S." v. Kuno Graf zu **Rantzau.** Als Manuscript gedruckt. Lübeck. 1865. 8°.

RANTZAU-BREITENBURG, KUNO, Vorläufige Berichtigung und Widerlegung einiger früher und kürzlich erneut verbreiteten falschen Nachrichten die Grafschaft Rantzau, deren Besitz und Rechtszustand betreffend. Heidelberg. 1840. (M. 2 Bilag).

—— vorläufige Berichtigung u. Widerlegung einiger früher u. kürzlich erneut verbreit. falschen Nachrichten, die Grafschaft Ranzau, deren Besitz u. Rechtszustand betreff. gr. 8. (6½ B. u. 1 Stammtaf.) Heidelberg 841, C. F. Winter. *

(——) Briefe üb. d. Geschichten Besessener neuerer Zeit v. Just. Kerner. Nebst e. Anh. üb. d. neuesten Schriften dess., betit.: „Einige Erscheinungen aus d. Nachtgebiet d. Natur" u. „Nachrichten von d. Vorkommen d. Besessenseins rc." gr. 12. (6 B.) Heidelberg 836, Groos. *

zu Ranzau Breitenburg, Kuno Graf, des teutschen Reiches Einheit an Haupt u. Gliedern. gr. 12. (45 S.) Hamburg 848, Hoffmann & Campe. ¼ ℛ

Referat des Grafen [Christian] zu **Rantzau**-Rastorf betr die Schleswig-Holsteinische Gemeinnützige Siedlungsgenossenschaft. [Kiel.] 1909 4°

Antwort-Schreiben eines Edelmannes aus der Ferne [d. i. Graf Christ. Emil zu **Rantzau**-Rastorf] an seinen Freund in Holstein, die Reception betreffend. o. O. u. J. Siehe in: Von der sogenannten Adelichen Reception in Holstein. o. O. 1770. Nr. 1. 8°

RANTZAU-RASTORFF, C. F. GRAF ZU. Ein Brief Von treuer Hand, erweiset in der That, Daß Uber diesen Tod Die Freundschafft Schmertzen hat. Berlin, Gedruckt bey Johannes Grynaus. 1735. 3 Bl. (Gedicht in Alexandrinern.). — Fol.

Denckwürdige Reisebeschreibung, Nach Jerusalem, Cairo in Aegypten und Constantinopel. Worinnen Die remarquabelsten Begebenheiten etc. etc. fürgestellet werden durch Heinrich **Rantzowen.** Hamburg. 1704. 8°.

Ranucio d'Aletes, d., Lebensgesch., od. d. entlarvt. Mönche. 2 Thle. 8. Hamb. 748.

Ranudo, Don, s. Colibrados.

Ranvier's, L., technisches Lehrbuch der Histologie. Uebers. v. W. Nicati u. H. v. Wyss. Mit zahlreichen (eingedr.) Holzschn. (In ca. 6 Lfgn.) 1. Lfg. gr. 8. (IV, 138 S.) Leipzig 877. F. C. W. Vogel. n. 3. —

Ranvier's, L., technisches Lehrbuch der Histologie. Uebers. v. W. Nicati u. H. v. Wyss. 2—6. Lfg. Mit Holzschn. im Text. gr. 8. (S. 139 - 898.) Leipzig 877—82. F. C. W. Vogel. à n. 3. —

Ranvier's, L., technisches Lehrbuch der Histologie. Uebersetzt v. W. Nicati u. H. v. Wyss. 7. [Schluss-] Lfg. Mit 55 Abbildgn. im Text. gr. 8. (VIII u. S. 897—1026.) Leipzig 888. F. C. W. Vogel. n. 5. — (cplt.: n. 24. —)

Ranyard, L. N., das noch fehlende Glied, oder: Die Bibelfrauen in den Häusern der Armen Londons. Aus dem Engl. übertragen von M. B. Mit einem Vorwort von W. Boegehold. Berlin 862. W. Schultze. 8. (VII, 206 S.) 20 ngr.

Ränz, Eduard —. Zur Feier der Vermählung Sr. k. k. Apost. Majestät unseres allergnädigsten Kaisers Franz Joseph I. mit Ihrer königl. Hoheit der durchlauchtigsten Prinzessin Elisabeth von Baiern, den 24. April 1854. 8. (2 Blätter.) Pesth. 1854. Druck von J. Beimel und Basil Kozma.

Ranzan, Pet., Leben des heil. Vincenz aus dem Prediger-Orden. [1354—1419.] Aus dem Latein. übers. von Ludw. Graf Coudenhove. Mainz 869. Kirchheim. 8. (VIII, 221 S.) 15 ngr.

Ranzani, C.

— **Elementi di Ornithologia.** IX Voll. con 32 tavole in rame. gr. 8. Zürich 823—26. (Orell). 16 ℛ 12 gr

Ranzani, C., Elementi delle storia naturale dei Mammiferi. III Voll. Con XIII tavole in rame. gr. 8. Zürich, (Orell). 5 ℔

—elementi di Zoologia. XIII Tom. con fig. gr. 8. Zürich 819. (Orell). 21 ℔ 16 gℓ

—introduzione generale allo studio della Zoologia. Con IV tavole in rame. gr. 8. Zürich, (Orell). 1 ℔ 16 gℓ

—Memorie di storia naturale. Deca prima; con VI tavole in rame. 4. Zürich, (Orell). 2 ℔

Ranzau, s. Rantzau

Ranzau-Breitenburg, s. Rantzau-Breitenburg

Ränzel u. Wanderstab, oder Reisen nach Gefühl u. Laune. Von G. A. v. Maltitz. 1ste Samml. 8. Berlin, Schmidts Wtbe u. Sohn. 821.

Ranzenberger, Friedrich Wilhelm, aus Wettelsheim. Die Rechte und Pflichten der offenen Handelsgesellschafter aus dem inneren Rechtsverhältnis der Gesellschaft. *Weissenburg a. S. 1899: C. F. Meyer.* (56 S.) 8°
Erlangen, Jur. Diss. v 3. Nov 1899

Ranzenberger, *Johann* Georg [aus Weissenburg a/S.]: Über Iso-Amidoxime und ein Spaltungsprodukt des Carbanilido-β-Anisyl-N-Aldoxims ... Erlangen, kgl. bayer. Hofbuchdr. v. A. Vollrath, 1896; 32 S., 2 Bl. 8.
Erlangen, Phil. Fak., Inaug.-Diss. v 29. Juli 1896

Ranzi, C., das Verfahren vor den Civilgerichten des Türkischen Reiches. gr. 8. (IV, 220 S.) Wien 900. Manz. n. 4. —

Ranzi, E., biologische Studien bei malignen Tumoren der Menschen u. Tiere, s.: Kraus, Rud.

Ranzoni, die Sünden der Väter, — der Weg durch Dornen, f. Saat und Garben.

Ranzoni, Emerich, Wiener Bauten. 8. (102 S.) Wien 873. Lehmann & Wentzel. n. 2. —

Ranzoni, Emmerich, drei Geschichten. Mit 12 Orig.-Illustr. (in Lichtdr.) von Ed. Grützner, Karl Karger, Matthias Schmid und Initialen sowie Randzeichnungen von F. Langhammer. gr. 8. (IV, 208 S.) Wien 881, Manz'sche Hofverlagsb. geb. mit Goldschn. *

Ranzoni, Emerich, Jagd und Schiessstand. Drei Erzählungen. Mit in Heliogravuren ausgeführten Bildern nach Originalen von Hugo Kaufmann, Franz von Pausinger und Hans Schliessmann. Gr.-8. (141 S.) In Leinwand gebunden * 6 —
Wien: Wallishausser'scher Verlag 1891.

Ranzoni, Emerich, Jagd- u. Schiessstand. 3 Erzählgn. Mit (6) in Heliograv. ausgeführten Bildern nach Originalen v. Hugo Kauffmann, Frz. v. Pausinger u. Hans Schliessmann. 4. (III, 141 S.) Wien 892. A. W. Künast. Geb. in Leinw. n. 12. —

— vor fünfzig Jahren, f. Bibliothek für Ost und West.

Ranzoni, Emerich, moderne Malerei. Eine Studie. 8. (63 S.) Wien 895. A. Hartleben. n. 1.80

— Malerei in Wien m. e. Anh. üb. Plastik. 8. (144 S.) Ebend. 873. n. 2. —

— d. Schöne u. d. bild. Künste. 8. (VII, 472 S.) Ebd. 896. n. 7. 20; geb. in Leinw. m. Goldschn. n.n. 9. —

— f.: Schriftstellerhaus.

— Zoddel. Lebensgeschichte eines Hundes. Illustrirt v. Ludw. Voltz. gr. 4. (55 S. m. 7 Steintaf.) Wien 879. v. Waldheim. cart. n. 7. —

Ransov, I. Leop., de jure conjugum in bona. 4. Kil. 711.

Raobin, ..., f. Verschiedenes zum Lesen.

* Raollo, Signore de Crequi, Azione tragicomica in 5 atti e in prosa, di Casari. 8. Triest, Geistinger. 796.

Raonkilde, A., Judith Fürste, f. Bibliothek der Gesamt-Litteratur des In- und Auslandes, Nr. 286 und 287.

Raoul, Der tolle. Baden-Baden [1910]. V: *Fraenten, K.* (Berlzu 1915, I, 1094)

Raoul v. Houdenc, sämmtliche Werke. Nach allen bekannten Handschriften hrsg. v. Mathias Friedwagner. 1. Bd. Meraugis v. Portlesguez. Altfranzös. Abenteuerroman. Zum 1. Mal hrsg. M. Unterstützg. d. kaiserl. Akademie d. Wissenschaften in Wien. gr. 8. (XC, 295 S.) Halle 897. M. Niemeyer. n. 10. —

Raoul v. Houdenc, sämtliche Werke. Nach allen bekannten Handschriften hrsg v. Mathias Friedwagner II. Bd. La vengeance Raguidel. Altfranzös. Abenteuerroman. Mit Unterstützg der kaiserl. Akademie der Wissenschaften in Wien. (CCVII, 368 S.) gr 8. Halle 909 M. Niemeyer 16. —

Raoul de Mont-Saint-Jean od. D. Gefangene v. Mansurah, f.: Legenden u. Erzählungen, burgund.

Raoul-Rochette, Désiré

Raoul-Rochette s. Rochette, Raoul.

Raoul-Rochette, Geschichte d. Schweizer-Revolution in d. J. 1797—1803. Aus d. Französ. gr. 8. Stuttg. 814. v. Cotta. 1 ℔ 12 gℓ

Raoul-Rochette, Geschichte d. Schweizer-Revolution in d. J. 1797 bis 1803. Aus d. Französ. gr. 8. Stuttgart 824, v. Cotta.

Raoul-Rochette, Désiré, Lettres archéologiques sur la peinture des Grecs. Ouvrage destiné à servir de supplément aux peintures antiques du même auteur. 1re Partie. Mit 2 Kpfrtaf. gr. in-8. Paris 840. (Leipzig, Brockhaus et Avenarius) n. $2^{7}/_{12}$ ℔

Raoul-Rochette, M., 3. mémoire sur les antiquités chrétiennes des Catacombes. 8-A. 1838. 260 S. m. 9 Taf. 4°. 8.—

Raoul-Rochette, Mémoires d'archéologie comparée asiatique, grecque et étrusque. I. Mémoire: Sur l'Hercule assyrien et phénicien considéré dans ses rapports avec l'Hercule grec principalement à l'aide des monuments figurés. gr. 4. (404 S. mit 8 Kpfrtaf., wovon 1 in Bundr., u. 1 lithochrom. Taf.) Paris 848. (Franck.) n. 4 1/2 ₰

—— Mémoires de numismatique et d'antiquité. gr. in-4. (33 B. u. 5 Münztaf.) Paris 840. (Leipzig, Brockhaus et Avenarius.) *

— Monumens inédits d'antiquité figurée Grecque, Etrusque et Romaine, recueillis pendant un voyage en Italie et en Sicile, dans les années 1826 et 27. II Voll. avec 200 Planches. 1 ère et 2 ème Livr. Royal-Fol. Mit 25 Steintaf. Paris (Leipz.) 828. (Brockhaus). 12 ₰ 6 ℊℊ

— Monumens inédites d'antiquité figurée grécque, étrusque et romaine, recueillis pendant un voyage en Italie et en Sicile, dans les années 1826 et 1827. 2 Vols. Avec 200 planches. Ire Partie. Cycle héroïque. (Livr. III—VI. Fol. Paris 833. Brockhaus et Avenarius. VI Livr. n. 33 ₰

— s. Synchronismus.

RAPAICS, Raymundus: De praecipuis restitutionis circumstantiis. — (1869) 70 S. 4° (Handschr.) Diss. 267
Diss. Wien, Univ.

Rapalii, Stan., Via ad eloquentiam. 8. Colon. (Wolf, Augsb.) 736.

Rapaport, Mordché W., s. Rappaport, Mordché Wolf

Rapaport-Hartstein, M., Toldoth ho-Ramban, Mos. Nachmanides Leben u. Werke. (In hebr. Sprache.) gr. 8. (44 S.) Krakau 898. (Frankfurt a/M., J. Kauffmann.) n. 1. 20

Rapenegger, s. Rappenegger

Rapet, J. J., populäres Handbuch der Moral, s. Mayer, F.

Rapet, J. J., populäres Handbuch der Moral u. Volkswirthschaft, s.: Volkswirthschaft f. Jedermann.

Rapet, J. J. Volkswirthschaft für Jedermann. Frei bearbeitet von F Mayer 5. A. Berlin 1873.

Raphael, Briefe aus dem jetzigen französischen Kriege ... Wien 1800. N. A. Wien 1808. V: *Schwaldopler, Johann.* (GGr) (MGT) (Ky) (WBL)

Raphael, Briefe aus d. jetzigen franzöf. Kriege. Seitenstück z. Grafen Donamar v. Bouterweck, (von J. Schwaldopler). 2 Bdchen. 8. Wien 800. Ant. Doll. 1 ₰ 4 ℊℊ

Raphael; e. Gesch. a. d. letzten französ. Kriege, v. Schwaldopler. m. K. 2 Thlr. 8. Wien, Anton Doll. (Liebeskind, Lpz. in Commiss.) 808.

— od. d. stille Leben, v. Aug. Lafontaine. 8. Halle, Ruff. 809.
bess r Papier.
Velinpap.

Raphael. Ein histor. Lustsp. in Alexandrinern in 3 Akte, von Castelli. 8. Wien, Geistinger. 811.

Raphael, oder die heiligen Engel im Dienste der Menschen auf Erden. Ein Betrachtungs- und vollständiges Gebetbuch für alle Stände, besonders für die Jugend von dem Verf. von „Gethsemane und Golgatha," „Nazareth und Bethlehem." Mit 1 Stahlst. Mainz 864. Kupferberg. 16. (XVIII, 486 S.) 21 ngr.

Raphael. Zeitschrift für die reifere Jugend und das Volk. Jg. 1-54 Donauwörth 1879-1932

Raphael. Illustrirte Zeitschrift für die reifere Jugend u. für das Volk. Red.: J. Oesch. 1—4. Jahrg. 1879—1882. à 52 Nrn. (B. m. eingedr. Holzschn.) gr. 4. Donauwörth, Buchh. des kathol. Erziehungsvereins. à Jahrg. n. 2. 50

Raphael. Illustrirte Zeitschrift f. die reifere Jugend u. das Volk. Red.: L. Auer. 5—8. Jahrg. 1883—1886. à 52 Nrn. (B. m. eingedr. Holzschn.) gr. 4. Donauwörth, Auer. à Jahrg. n.n. 2. 50

Raphael. Illustrierte Zeitschrift f. die reifere Jugend u. das Volk. Red.: L. Auer. 9. u. 10. Jahrg. 1887. 1888. à 52 Nrn. (B. m. eingedr. Holzschn.) gr. 4. Donauwörth, Auer. à Jahrg. n.n. 2. 50

— dasselbe. Red.: J. M. Schmidinger. 11. u. 12. Jahrg. 1889. 1890. à 52 Nrn. (B. m. eingedr. Holzschn.) gr. 4. Ebd. à Jahrg. n.n. 2. 50

Raphael. Illustr. Zeitschrift f. die reifere Jugend u. das Volk. Red.: J. M Schmidinger 13.—16. Jahrg. 1891—1894. à 52 Nrn. (Bog.) gr. 4. Donauwörth, L. Auer. à Jahrg. n. 2. 50; in 13 Heften zu gleichem Preise.

Raphael. Illustr. Zeitschrift. f d. reif. Jugend u. d. Volk. Red.: J. M. Schmidinger. 17.—20. Jahrg. 1895—1898. à 52 Nrn. (Bog.) gr. 4. Donauwörth, L. Auer. à Jahrg. n.n. 2. 50
Kann auch halbjährlich u. in 13 Hftn. bezogen werden.

Raphael. Illustrierte Zeitschrift für die reifere Jugend u. das Volk. Hrsg.: Ludw. Auer. Red.: Jos. Schmidinger. 21.—24. Jahrg. 1899—1902. à 52 Nrn. gr. 4. (à ca. 8 S.) Donauwörth, L. Auer. à Jahrg. n. 2. 50

Raphael. Illustrierte Zeitschrift f. die reifere Jugend u. das Volk. Hrsg.: Ludw. Auer. Red.: Jos. Schmidinger. 25.—28. Jahrg. 1903—1906. à 52 Nrn. (à Jhrg. IV, 416 S.) gr. 4. Donauwörth, L. Auer. à Jhrg. n. 2. 50

Raphael. Illustrierte Zeitschrift f. die reifere Jugend u. das Volk. Hrsg.: Ludw. Auer. Red.: Jos. Schmidinger. 29. -32. Jahrg. 1907—1910. à 52 Nrn. (à 8 S.) 32,5×24 cm. Donauwörth, L. Auer. à Jahrg. 2. 50

Raphael: 1887— ?
Roman Catholic. Middleton lists as monthly. Timpe as weekly. Enzlberger states that it was a juvenile paper edited by P Schleier, but that it had a very brief existence
Milwaukee, WI

Raphael. Ein Gedenkbüchlein f. Confirmanden der amerikanisch-luther. Kirche v. F. L. 16. (142 S. m. Musikbeilage.) Milwaukee, Wisc. 888. (Dresden, H. J. Naumann.) geb. n. 1. —

— oder ständiger Reisegefährte f. die studierende Jugend u. gebildete Laien. Ein vollständ. kathol. Gebetbuch. 16. (VI, 136 S. m. 1 Lichtdr.) Frankfurt a/M. 892. A. Foesser Nachf. Geb. n. 1. 35

Raphael von Aquilas, oder Tugend gegen Verhängniß, Tragödie in 4 Abtheilungen von C. T. Beil. 8. Mannheim, Schwan und Göß. 819.

RAPHAEL. Der Engel Raphael. Das ist: Unbeschwerlicher Reiss-Gesell Allen Zum himlischen Vatterland wandererten Christen Täglich zum nützlichen Gebrauch bey sich habende Heylsame Ermahnungen. Caschau 1735: J. H. Frauenheim. 195 (1) S. - 230 mm

Raphael, der Erzengel, s. Weidemann, G. F.

Raphael, s. a. Esther.

Raphael, Esther, oder die Proselytin, eine dialogisierte Familiengeschichte ... Görlitz 1797. V: *Gersdorf, Charl. Eleonore Wilhelmine von.* (Ky) (Ol.) (MGT) (Schl)

— Esther, od d. Proselyten; e. dialogisirt. Familiengesch. v. d. Verf. d. Familie Walberg. 2 Thle. 8. Görlitz, Anton. 797.

Raphael, Esther, oder die Proselyten, eine dialogisirte Familiengeschichte von der Verf. der Familie Walberg (Frau von Gersdorf), 2 Theile, 8. Görlitz, 797. Hermsdorf. 1 Rthl.

Raphael's Leben, s. Grimm, H.
Vgl.: Rafael.

Raphael et Michel Ange, deux Candélabres, d'après le concours ouvert entr'eux p. les papes Leon IX. et Jules II. Ier Cah. fol. Paris, (Strasb. Levrault) Rthlr.

Raphael v. Salvatara, s. a. Räubermädchen, das, 2r Thl.

Raphael von Salvatara oder der Mann ohne Liebe. Leipzig 1800. V: *Horn, Franz.* (Ky) »1807« (MGT)

Raphael von Salvatara oder der Mann ohne Liebe. Leipzig 1817. V: *Hahn.* (BGE VII[a], 60)

Raphael Sanzio und die Madonna im Grünen. Vortrag, gehalten am 25. April 1867 von Wilhelm Wymetal. 8. (20 S.) Wien, Braumüller. 1867 30 kr.

Raphael Sanzio's v. Urbino, Leben und Werke. s. a. Braun, G. C.

Raphael, Leben u. Werke, von J. G. Braun. gr. 8. Wiesbaden, Schellenberg. 815.

Raphaels Schatten. Aus d. Papieren e. großen Malers. Geboren 1802, gestorben 1890. (Von Mich. Beer). 8. Stuttg. 827. v. Cotta. 9 gl

Raphael Sanzio, s.a. Raffaello Sanzio

Raphaels Bilder zur bibl. Gesch. d. Alten Testaments. 10 Hefte (à 4 Kupfer und je 1 Blatt Text.) quer gr. 4. Prag, Bohmann. cmplt. 1 Thlr. 16 ngr. — 3 fl. Chines. Papier 2⅓ Thlr. — 4 fl. 30 kr.

Raphael's Darstellungen aus der Fabel von Amor u. Psyche in der Farnesina zu Rom. An Ort u. Stelle gezeichnet, und radirt u. herausgeg. von Frz. Schubert. 5 Hfte. à 5 Blätter. ½ Roy.-Fol. München 842—45, Roller; Leipzig, Rud. Weigel. n. 13 ₰ — dass. 2. Gesammtausg. in 1 Bde. Mit 25 Bl. Fol. München 846, Roller. geb. 6 ₰

Raphael Santi's Decken-Gemälde der Stanza dell-Eliodoro im Vatican. Nach den Zeichngn. Niccola Consoni's gest. v. Ludw. Gruner u. Thdr. Langer. Mit erläut. Vorw. v. C. Ruland. Hrsg. v. Ludw. Gruner. qu. gr. Fol. (7 S. m. 5 Stahlst. u. 1 Chromolith.) Dresden 875. (Leipzig, Arnold.) n. 40. —

(Raphael.) — Die Fabel der Psyche den Bildern Raphaels in der Farnesina nacherzählt von Hugo v. Blomberg. Berlin 862. Schauer. gr. 4. (10 Photogr., 1 lith. Taf. u. 19 S. Text.) 8 ₰

Raphael Sanzio, die heilige Familie. Gestochen von Saml. Amsler 1836. Gedruckt von H. Felsing. Roy.-Fol. München 836. Literarisch-artistische Anstalt. n. 7 ₰

— Leben der Psyche in der Villa Farnesina zu Rom. Photographien nach den Orig.-Zeichngn. von Tom Dieck mit dem Texte von G. F. Waagen. Berlin 864. Photograph. Gesellschaft. Fol. (11 Photogr., 1 Lithogr. u. 7 S. Text.) 20 ₰

—— Leben der Psyche in der Villa Farnesina zu Rom. Photographien nach den Orig.-Zeichnungen von Tom Dieck mit dem Texte von G. F. Waagen. gr. Fol. (11 Photogr. und Text 7 S. mit 1 Stnt.) Berlin 865, Photographische Gesellschaft.
Vgl.: Rafael.

Raphael's Loggien. 8. (14 Photolithogr.) Dresden 873, Patzig. In Carton. 15 —

Raphael's Meisterwerke. 38 Blatt in Kpfrst. nach den Originalen in Rom, Neapel, Florenz, Bologna, Mailand, Dresden, Berlin, Wien u. München. Text v. H. A. Weiske. gr. 4. (12 S.) Leipzig 886. A. H. Payne. In Leinw.-Mappe. 26. —

Raphael, Psyche. 32 Compositionen nach dem Mährchen des Apulejus. [Gestochen v. Adf. Gnauth.] 1. Lfg. 2 Hälften. qu. Imp. 4. (2 S. u. 4 Lith.) Stuttgart 852. H. Köhler. (à n. 6 ngr) n. 12 ngr

Raphael, Psyche. 32 Compositionen nach dem Mährchen des Apulejus. (Gest. von Adf. Gnauth.) 2—8. Liefg. Stuttgart (854.) H. Köhler. qu. gr. 4. (124 S. Text in 8.) Jede Liefg. von 4 lith. Bl. n. 12 ngr

— — (Wohlfeile Ausg. in 4 Liefgn.) Ebend. (855.) qu. gr. 4. (32 lith. Bl.) n. 1 ₰. 10 ngr

Raphael's 6 Tag- u 6 Nachtstunden. (12 T) (Köpfe) grfol in Mappe. Glauchau (1883)

— Werke, siehe: Landon, G. A., Gemälde-Gallerie.

Raphael, ..., Erstlinge meiner Leyer, eine Neujahrsgabe an Günstige. 8. Hamb. 817. Perthes u. B. 12 gl

Raphaël, s.: Lehrbriefe, hermetische, üb. die grosse u. die kleine Welt.

Raphael, Alex., üb. die diuretische Wirkung einiger Mittel auf den normalen Organismus, nebst Bestimmg. der „Jodzahl" einiger Harne. Diss. gr. 8. (94 S. m. 1 graph. Taf.) Jurjew (Dorpat) 891. (E. J. Karow.) n. 2. 75

Raphael, Alfred [aus Berlin]: Die Sprache der Proverbia que dicuntur supra natura feminarum .... Berlin, Buchdr. v. Gustav Schade (Otto Francke) (1887); 50 S. + 1 Bl. 8°.
Berlin, Phil. Fak., Inaug.-Diss. v. 6. Aug. 1887.

Raphael, Alfred, die Sprache der Proverbia que dicuntur supra natura feminarum. Diss. Berlin 1887, Mayer & Müller. 8°. 50 S.

Raphael, F. Charles, Isolationsmessungen u. Fehlerbestimmungen an elektrischen Starkstromleitungen. Autoris. deutsche Bearbeitg. v. Rich. Apt. gr. 8. (X, 186 S. m. 118 Fig.) Berlin 900. J. Springer. — München, R. Oldenbourg. (Auslieferg. durch Springer.) Geb. in Leinw. n. 6. —

Raphael, Felix, appr. Arzt aus Berlin: Untersuchungen über alimentäre Glykosurie. *Berlin 1899: L. Schumacher.* (30 S.) 8° (Aus: Zeitschrift f. klinische Medicin, Bd 37, H. 1 u. 2.)
Freiburg i. B., Med. Diss. v. 1899

Raphael, G., s. Raphel, Ge.

Raphael, Hans [aus Berlin]: Ueber complicierte Depressionsfracturen ... München, Druck v. Knorr & Hirth, 1894; 27 S. 8.
München, Med. Fak., Inaug.-Diss. v. 1894

[Raphael, Philippus]: •De humanitatis consideratione, quam legislator Moses in legibus de servitio inter Hebraeos editis, secutus sit. 50 S. 4° (2°) Halle-Wittenberg, Phil. Diss. v 27. Jan. 1857
Geb. [Neumark (Kr. Löbau, Westpr.) 22. 6. 1822]

Raphaelis a S. Iosepho, Conciones de S. Scapulari. fol. Augsb. Wolf. 740.

Raphael-Kalender f. junge Arbeiter auf d. J. 1892 u. 1893. Zusammengestellt v. Jos. Maurer. 1. u. 2. Jahrg. 16. (à Jahrg. 96 S. m. 1 Farbendr.) Donauwörth, Auer. à Jahrg. * — 20

Raphael-Kalender f. junge Arbeiter auf d. J. 1895. Zusammengestellt v. Jos. Maurer. 4. Jahrg. 16. (96 S. m. 1 farb. Titelbild.) Donauwörth, L. Auer. n. — 20

Raphael-Kalender f. junge Arbeiter auf d. J. 1897. Zusammengest. v. J. M. Schmidinger. 6. Jahrg. 16. (95 S. m. 1 Bildn. im Text u. 1 Titelbild.) Ebd. n. — 20

Raphael-Kalender f. junge Arbeiter auf d. J. 1903. Zusammengestellt v. J. M. Schmidinger. 12. Jahrg. gr. 16. (96 S.) Donauwörth, L. Auer. Geb. n. — 30

Raphael-Kalender f. junge Arbeiter auf d. J. 1905. Zusammengestellt v. J. M. Schmidinger. 14. Jahrg. (95 S.) 16. Ebd. Geb. n. — 30
Erscheint nicht mehr.

Raphaels, Julius

Anleitung zum Photographiren. (Vf.: J. R[aphael]s.) 9., vollkommen umgearb. Aufl. *Düsseldorf: E. Liesegang 1896.* (65 S., 1 Bl.) 1 Bd 8. [96. 1939

Raphaels, J., künstler. Photographie. gr. 8. (128 S. m. 1 Taf.) Düsseldorf 895. E. Liesegang. n. 1. 50

Raphaels, Jul. (Raph. Ed. Liesegang), Photographie f. Maler. gr. 8. (60 S.) Düsseldorf 899. Leipzig, E. Liesegang. n. 1. 50

Raphel, Ge., Die Kunst Taube und Stumme reden zu lehren. Düneb. 8°. *Haller*, Bibl. anat. II, 120.

Raphael, G., die Kunst, Taube u. Stumme reden zu lehren. Mit e. Vorrede v. K. A. Cäsar u. e. Briefe Wlh. Kerger's. Mit Anmerkk. herausgg. v. A. F. Petschke. 8. Leipz. 801. (W. Rauck). 1 *ß*

Raphel, G., d. Kunst Taube u. Stumme reden zu lehren, m. Anm. herausg. v. A. F. Petschke. 8. Leipz. Sommer. 801.

Raphel, Heinrich (Lüneburg), De nominibus Germanicis Feode et Lehen. Observat. jur. feud. theor.-pract. spec. I. Präs. Franziskus Carl Conradi. Helmstedt (Buchholtz) 17. XI. 1733. 14 S. (3.50) 27647
Widm. v.: Franziskus Carl Conradi.

— Jo. Georg (Lüneburg), De libris combustis actor. XIX, 19. Helmstedt (P. D. Schnorr) (Jan. 1735). 15 S. (4.25) 27648
Gratulationsschrift für Christoph August Heumann.

Raphelius, Georg: Annotationes

— — ex Herodoto in V. et N. T. Luneb. 731. 8. 16 gr.

Raphelius, Geo., annotationes in s. script. 8. Luneb. Stern. 731.

— — in Nov. Test. ex Polybio et Arriano. 8. Hamb. Bohn. 715.

Raphelii, G., Annotationes in N. T. ex Xenophonte. Hamb. 709. 8. 6 gr.

— — in N. T. ex Xenophonte. 8. ibid. 720.

Raphelius, G De genealogia J. Christi. – Luneb. 1727

— d. Proph. Jeremias in Wochenpred. erkl. 2 Thle. Lüneburg, Stern. 717–724.

Raphson, I., demonstrat. de Deo. 8. Lips. Gleditsch. 712.

«Rapide». Lokalfahrtenplan für Bern und Umgebung. [1. Ausgabe.] 1. Okt. 1905 bis 30. April 1906. IV S. 8. + 2 S. fol., *zus.-gefaltet* 8. (Bern, Genossenschafts-Buchdr.,) Komm. J. Zollinger. fr. —

Rapin, Skizzen zum Einzeichnen geburtshülflicher u. gynäkologischer Befunde, s.: Conrad.

Rapin, G. J., s. Rapin, René

Rapin, P., Jesus, das Muster der christl. Vollkommenheit. Aus d. Franz. gr. 12. Innsbruck 836. (Regensburg, Manz; auch Augsburg, Kollmann.) 1/2 *ß*

Rapin, P., Jesus, das Muster d. christl. Vollkommenheit. Aus d. Franz. gr. 12. (6 1/6 B.) Innsbruck 837. (Regensburg, Manz.)

— kurz. Begr. od. Kern der Historie v. England bis zu dem Tode der Kön. Anna. 8. Copenh. Proft. 749.

— allgem. Geschichte v. England. Mit e. Vorrede herausgg. v. Sam. Aug. Baumgarten u. K. F. Pauli. 11 Bde. gr. 8. Halle 752—60. (Beer in Leipz.) 30 *ß* 6 *g*

Rapin, Paul de Thoyras, hist. d'Angleterre av. continuat. jusqu'au regne de Georg II. X Vols. 12. à la Haye. (Varrentrapp in Frankf. a. M.) 6 *ß* 16 *g*

— — le même. III Vol. av. Chart. gr. 4. Haye. (Varrentrapp et W. à Francf.) 730.

Rapin, Paul de Thoyras, Hist. d'Angleterre, avec continuat. jusqu' au Règne de Georg II. IV Vol. fol. Basel, Flick. 746.

— allgem. Historie von England, m. e. Vorrede v. Baumgarten. 11 Bde. gr. 4. Halle. (Beer in Leipzig) (Graffé in Weißenfels) 755–60.

Rapin, Ren., et Carol. Noceti, Eclogae, ad usum Scholarum. 8. Augsb. M. Rieger. 753.

Rapin, René. Glaube der heutigen Christen durch den Geist des wahren Christenthums erneuert . . . A. d. Franz. . . . Augsburg 1769. Ü: *Jäger, Anton.* (Jes)

Rapin, Renatus, Glaube d. Christen durch d. Geist d. Christenthums erneuert. 8. Augsb. 769. (M. Rieger). 13 *g*

Rapin, René. Vergleichung des Demosthenes mit dem Cicero a. d. Frz. übersetzt von einem adelichen Jüngling. Ü: *Zichy, Carl Graf.* (WrDiar 17. I. 1767) (BiblPort)

— Vergleichung d. Demosthenes mit d. Cicero; aus d. Französ. 8. Augsb. 766. (Kranzfelder). 6 *g*

Rapin, G. J., Vergleichung des Demosthenes m. d. Cicero, a. d. Franz. 8. Augsb. Veith.

Rapin, René. Vergleichung Homers mit Virgilen übersetzt von einem adelichen Jüngling. Augsburg 1766. Ü: *Wildenstein, Frz. Joseph Graf.* (WRDiar 1767, 17/I) (KY 4/429; 6/241) (BiblPort)

— Vergleich. d. Homer mit d. Virgil; aus d. Französ. 8. Augsb. 766. Kranzfelder. 6 gr

— Vergleich. d. Thucydides mit d. Livius; aus d. Französ. 8. Augsb. 767. Kranzfelder. 6 gr

— Vergleichungen großer Männer des Alterth., d. sich in d. Wissensch. hervorgethan haben. 2 Thle. 8. Wien, (Böhme in Leipz.) 768.

— Vergleichungen großer Männer d. Alterthums, die sich in d. Wissenschaften hervorgethan haben. 2 Thle. 8. Wien 768. (Cnobloch in Leipz.) 2 ℛ

Rapiport, Joseph. Über Karbonatosalze der Diaethylendiaminkobaltreihe. Diss. Phil. [II.] Univ. Zürich. 41 S. 8. Zürich, J. J Meier, 1909.

Rapiport, L., die Atoxyl-Behandlung d. Syphilis. (10 S.) gr. 8. Leipzig 908, Verlag der Monatsschrift f. Harnkrankh. — 60

· Über Tripperbehandlung u. einige modifizierte Heilungsmethoden. (10 S. m. 1 Abbildg.) gr. 8. Ebd. 907. — 60

2 Sonderabdrucke aus: „Monatsschr. f. Harnkrankh."

Rapke, Karl

Führer durch Königsberg i. Pr. und seine Umgebung (mit Ill.), hrsg. von Dr. C[arl] Rapke u. W[ilh.] Sahm, bearb. nach amtl. Quellen u. unter Benutzung d. einschlägigen Litteratur, nebst Stadtpl. *Königsberg i. Pr.: Haasenstein & Vogler [1904].* (72, 24 S.) 8° [F.] [04. 10576 10

Rapke, Karl, die Perspektive u. Architektur auf den Dürer'schen Handzeichnungen, Holzschnitten, Kupferstichen u. Gemälden, s.a. Studien z. deutsch. Kunstgeschichte. 39.

Rapke, Karl, Prorektor Die Perspektive und Architektur auf den Dürer'schen Handzeichnungen, Holzschnitten, Kupferstichen und Gemälden. *Strassburg 1902: J. H. E. Heitz.* (45 S.) 8° ¶ (Erscheint erweit. u. mit Abb. in Studien zur deutschen Kunstgesch.)
Königsberg, Phil. Diss. v. 14. Aug. 1902

Rapmund, Carl, s. Rapmund, Karl

Rapmund, Eberhard, Oberarzt in d. Schutztruppe f. Deutsch-Süd-West-Afrika: Aus d. Eisenbahnheilst. Stadtwald-Melsungen. Chefarzt: Roepke. Über den Wert der lokalen Tuberkulinproben für den militärärztlichen Dienst. Melsungen (1900): Bernecker. 32 S. 8°
Marburg, Med. Diss. v. 11. Aug. 1909, Ref. Brauer
[Geb. 20. Juni 75 Rahden, Kr. Lübbecke; Wohnort: Deutsch-Süd-West-Afrika; Staatsangeh.: Preußen; Vorbildung: Gymn. Minden Reife Juli 97; Studium: Berlin K. W. A.] [U 09. 3150

Rapmund, Erich, appr. Arzt, Minden i. W., Assistenzarzt im Hannov. Pionier-Bataillon Nr. 10: Die Meningitis cerebrospinalis epidemica im Grossherzogtum Hessen mit besonderer Berücksichtigung des Jahres 1905. Minden i. W. 1907: J. C. C. Bruns. (36 S., 4 Taf.) 8°
Gießen, Med. Fak., Ref. Kossel, Diss. v. 30. Sept. 1907
[Geb. 10. Aug. 79 Nienburg a. d. Weser; Wohnort: Minden; Staatsangeh.: Preußen; Vorbildung: Gymn. Korbach Reife O. 00; Studium: Berlin Kaiser-Wilhelms-Akad. 4, Univ. 1, Gießen 4 S.; Coll. 20. Juni 07; Approb. 8. Aug. 05.]

Rapmund, F., die finanzielle Betheiligung des preußischen Staats bei den preußischen Privateisenbahnen. Im Auftrage des Ministers für Handel etc. unter Benutzung amtlicher Quellen. Berlin 869. v. Decker. gr. 8. (VI, 220 S.) n. 22½ ngr.

Rapmund, F., die finanzielle Betheiligung d. preußischen Staates bei den preußischen Privateisenbahnen. Im Auftrage d. Ministers f. Handel, Gewerbe u. öffentl. Arbeiten unter Benutzg. amtl. Quellen dargestellt. 2. Aufl., bearb. v. W. Weyde. gr. 8. (VII, 280 S.) Berlin 876. v. Decker. n. 3. —

Rapmund, Fritz, Gerichts-Assessor in Berlin: Die Anfechtung des Zuschlagsbeschlusses wegen Irrtums über die Höhe des Meistgebots. Berlin 1905: W. Pilz. (VIII, 36 S.) 8° [F.]
Rostock, Jur. Fak., Ref. Wachenfeld, Diss. v. 20. Juni 1905
[Geb. 3. Apr. 77 Berlin; Wohnort: Berlin; Staatsangeh.: Preußen; Vorbildung: Sophiengymn. Berlin Reife O. 96; Studium: Berlin 3, Freiburg i. B. 1, Berlin 2 S.; Rig. 19. Nov. 04.]

Rapmund, Karl

Rapmund, Carl: Aus d. Eisenbahnheilstätte Stadtwald-Melsungen. Chefarzt: Roepke. Die Fortschritte der bakteriologischen Diagnostik der Lungentuberkulose durch Uhlenhuths Antiforminverfahren und Muchs modifizierte Gramfärbung. Melsungen (1910): Bernecker. 30 S. 8°
Marburg, Med. Diss. v. 2. Dez. 1910, Ref. Brauer
[Geb. 8. Juni 80 Halle a. S.; Wohnort: Heilstätte Stadtwald b. Melsungen; Staatsangeh.: Preußen; Vorbildung: Gymn. Wertheim Reife Juni 04; Studium: Halle, Freiburg i. B., Göttingen, Leipzig zus. 12 S.; Coll. 22. Juli 10.] [U 11. 3418

Rapmund, Karl Otto, s. Rapmund, Otto

Rapmund, Otto (Hrsg.), s.a. Arzt, Der beamtete, und ärztliche Sachverständige.

Rapmund, Otto, der beamtete Arzt u. ärztliche Sachverständige. Mit besond. Berücksicht. der deutschen Reichs- u. preuss. Landesgesetzgebg. Unter Mitarbeit v. A. Cramer u. G. Puppe. (In 2 Bdn. od. ca. 10 Lfgn.) 1.—6. Lfg. gr. 8. (1. Bd. 516 S. u. 2. Bd. S. 1—96.) Berlin 900—902. Fischer's medicin. Buchh. à n. 2. —

Rapmund, Otto, der beamtete Arzt u. ärztliche Sachverständige. Mit besond. Berücksicht. der deutschen Reichs- u. preuss. Landesgesetzgebg. Unter Mitarbeit v. A. Cramer, G. Puppe u. Paul Stolper. 7.—10. Lfg. (2. Bd. S. 97—536 m. 1 farb. Taf.) gr. 8. Berlin 902—904. Fischer's medicin. Buchh. à n. 2. —; (Vollst. erh. Preis: n. 20. —)

Bericht über den derzeitigen Stand der ländlichen Gesundheitspflege im Reg.-Bez. Minden. Im amtl. Auftr. erstattet von Dr. [Otto] Rapmund. Minden i. W. 1908: J. C. C. Bruns. (21 S.) 8° [F.] [08. 16...

Rapmund, Otto, die gesetzlichen Bestimmungen über den Verkehr m. Arzneimitteln, Giften u. Geheimmitteln außerhalb der Apotheken; unter besond. Berücksicht. der im Reg.-Bez. Minden darüber erlassenen besonderen Vorschriften. Im amtl. Auftrage zum Gebrauche f. Verwaltungsbehörden u. Medizinalbeamte, sowie f. die in Betracht komm. Geschäftsinhaber zusammengestellt. 2. Aufl. (IV, 94 S.) 8. Minden 910. J. C. C. Bruns. Kart. 1. 40

Gebühren einschliesslich Reisekosten und Tagegelder für gerichtsärztliche, medizinal- und sanitätspolizeiliche Verrichtungen im Königreich Preussen. Zum Gebr f. Medizinalbeamte ... zsgest. u. erl. von Geh. Med.R. Dr [Otto] Rapmund. Leipzig: Thieme 1909. 78 S. 8° A 12. 18234

Rapmund, O., s.: General-Bericht üb. das öffentliche Gesundheitswesen d. Reg.-Bez. Minden.

Rapmund, O., 1. Gesammt-Bericht üb. das öffentliche Gesundheitswesen d. Reg.-Bez. Aurich, insbesondere die J. 1883, 1884 u. 1885 umfassend. gr. 8. (VII, 297 S.) Emden 887. Haynel. n. 5. —

— das Gesetz vom 9. März 1872, betr. die den Medicinalbeamten f. die Besorgung gerichtsärztlicher, medicinal- od. sanitätspolizeilicher Geschäfte zu gewährenden Vergütungen, in der Fassg. der königl. Verordng. vom 17. Septbr. 1876 u. d. Ergänzungsgesetzes vom 2. Febr. 1881. Im Auftrage d. Vorstandes d. preuß. Medicinalbeamten-Vereins erläutert. 8. (IV, 52 S.) Berlin 889. Fischer's medicin. Buchhandlg. n. — 75

— das öffentl. Gesundheitswesen, s.a. Hand- u. Lehrbuch der Staatswissenschaften. III. 6.

Das öffentliche Gesundheitswesen. Von Dr. O[tto] Rapmund, Reg.R. in Minden i. W. Allgem. Teil. *Leipzig: C. L. Hirschfeld 1901.* 8°
— Hand- u. Lehrbuch d. Staatswissenschaften. Abt. 3, Bd 6. [01. 7703

Das öffentliche Gesundheitswesen in Preußen unter Berücks. der einschlägigen Reichsgesetzgebung Bearb. vom Hrsg. (Otto Rapmund). *Berlin: Fischer 1904.* (V, 516 S.) 8°
— Arzt, Der beamtete, u. ärztl. Sachverständige. Bd 2. [04. 20453

— s.: Kalender f Medizinalbeamte.

Rapmund, Otto: Ueber den Medianschnitt. Halle (1868): Plötz. 33 S. 8°
Halle-Wittenberg, Med. Diss. v. 13. Juni 1868
Geb. Zörbig (Kr. Bitterfeld) 16. 4. 1845. V.
Verf. erlebte die Diplomerneuerung 1918 als Geheimer Medizinalrat, Professor, Regierungs- und Medizinalrat a. D. in Minden i. W., vgl. Anh. Nr. 447.

— s.a. Medizinal- u. Gesundheitswesen, das preussische, in den J. 1883—1908.

Rapmund, [Karl Otto], Das Preussische Medizinal- und Gesundheitswesen in d. J. 1883—1908. Berlin 1908. 8°.
Festschrift z. Feier d. 25jähr. Bestehens d. Preuss. Medizinalbeamten-Vereins.

— u. E. Dietrich, ärztliche Rechts- u. Gesetzkunde. Unt. Mitwirkg. v. J. Schwalbe. (In 2 Lfgn.) 1. Lfg. gr. 8. (VIII, 296 S.) Leipzig 898. G. Thieme. n. 8. 60

— u. E. Dietrich, ärztliche Rechts- u. Gesetzkunde. Unter Mitwirkg. v. J. Schwalbe. 2. Lfg. gr. 8. (VIII u. S. 297—820.) Leipzig 899. G. Thieme. n. 8. 60; (kplt. n. 7. 20; geb. in Halbfrz. n. 8. 80)

— das Reichs-Impfgesetz nebst Ausführungsbestimmgn. Zum Gebrauch f. Verwaltungsbehörden, Medicinalbeamte, Aerzte u. Impfärzte zusammengestellt u. erläutert. gr. 8. (VI, 133 S.) Ebd. 889. n. 2. 50; geb. n. 3. 25

— Vorschriften betr. die Abgabe stark wirkender Arzneimittel, sowie die Beschaffenheit u. Bezeichng. der Arzneigläser u. Standgefässe in den Apotheken. Unter Berücksicht. der in den einzelnen Bundesstaaten erlass. Verordngn. zum Gebrauche f. Aerzte, Apotheker u. Medizinalbeamte erläutert. gr. 8. (22 S.) Ebd. 892. * — 50

— die gesetzlichen Vorschriften üb. die Schutzpockenimpfung. Reichs-Impfgesetz, nebst den dazu gehör. Bundesrats-Beschlüssen u. den in den einzeln. Bundesstaaten erlassenen Ausführungsbestimmgn. Zum Gebrauch f. Ärzte, Impfärzte, Medizinalbeamte u. Verwaltungsbehörden zusammengestellt u. erläutert. gr. 8. (79 S.) Leipzig 900. G. Thieme. n. 1. 20; geb. n. 1. 50

— die neuen preussischen Vorschriften vom 4. I. 1905 f. das Verfahren der Gerichtsärzte bei den gerichtlichen Untersuchungen menschlicher Leichen. Mit Erläutergn. (IV, 48 S.) gr. 8. Berlin (905). Fischer's medicin. Buchh. n.n. 1. —
Sonderabdruck aus: „Ztschr. f. Medizinalbeamte".

Rapmund, Otto, s.: Zeitschrift f. Medizinalbeamte.

Rapnal, Staatsveränderungen von Amerika, a. d. Franz. gr. 8. Leipz. Schwickert. 782.

Rapok. D. Allernotwendigste f. d. freiw. Krankenträger. Straßburg 1898.

Rapok, Otto Beitrag zur Statistik der Geschwülste. Unter besonderer Berücksichtigung der Ätiologie mit Ausschluss der Cystengeschwülste und der Drüsenhyperplasien. Leipzig, Druck v J. B. Hirschfeld, 1890; 2 Bl. + 79 S. 8°
Strassburg. Med. Fak., Inaug.-Diss. v. 1890

Rapolla, F.: De Icto s. de ratione discendi interpretandique juris, civilis libb. II. *Neap.* (726) 766. 8. — Rapolla, Fr.: D. Rechtsgelehrte, od. üb. d. Art u. Weise, wie das Civilrecht rictig erlernt u. erklärt wird; a. d. Lat. m. e. Vorr. u. Anmerkk. v. L. F. Griesinger. *Stuttg.* Erhard u. Löfflund. 792. 8. (20 Gr.)

Rapolla, Frz., der Rechtsgelehrte, od. üb. die Art u. Weise, das Civilrecht zu erlernen; aus d. Latein. v. L. F. Griesinger. 8. Stuttg. 792. (Hoffmann); (a. Löflund). 20 gl

Rapoport, S. R., Beleuchtung des Hirsch-Frankl'schen Streites. (In hebräischer Sprache.) Prag 861. (Schalek.) gr. 8. (36 S.) n. 10 ngr.

Rapoport, Salomo Jehuda L.

Rapoport, Sal. Jeh. L., Abhandlung über Abraham bar Chijja ha-Nasi, s. Abraham bar Chijja ha-Nasi.

Rapp, G. H., sein Haus u. seine Gäste, s. Ströhmfeld, Gust.

Kolonie Rapp (Die). 8°. Basel 1848.

Rapp, philosoph.-geschichtl. Abhandlung üb. d. behaupt. nachtheil. Einfluß d. Aufheb. d. kathol. Klöster auf Religiosität u. Wissenschaft, nebst Gedanken üb. d. Zulässigkeit d. Wiedererrichtung v. kathol. Klöstern, u. endl. d. Besorgnisse wegen d. Wiederauflebens d. Jesuiten. gr. 8. (3 B.) Stuttgart 841. (Leipzig, Jackowitz.) *

Rapp, zur Reform d. neusprachlichen Unterrichts, zunächst an der lateinlosen Realschule. [Auszug aus e. Vortrag, geh. auf der diesjähr. Stuttgarter Reallehrerversammlung.] gr. 8. (18 S.) Tübingen 885. Fues. n. — 40

Rapp u. Fischer, Vorträge, gehalten bei der General-Versammlung der „Hahnemannia" am 24. Febr. 1870 zu Stuttgart. Stuttgart 870. (Belser's Sort.) gr. 8. (23 S.) n. 2⅓ ngr.

Rapp (A.) u. W. Rosenstein. Die Fliegerschule. (Volckmann's Bibl. f. Flugwesen. I. (kart. M. 2.—

A. Rapp de Platonis re gymnastica comment. histor. paedag. Hammon. 1824. 4.

Rapp, Adolf Die Beziehungen des Dionysoskultus zu Thrakien und Kleinasien. 37 S. Progr. Karl G. *Stuttgart* 1882

Rapp, Adolf, a. Stuttgart: Die öffentliche Meinung in Württemberg von 1866 bis zu den Zollparlamentswahlen, März 1868. Stuttgart 1907: W. Kohlhammer. (85 S.) 8° [F.]
Tübingen, Phil. Fak., Ref. Busch, Diss. v. 1. März 1907
[Geb. 26. Nov 80 Stuttgart; Wohnort: Stuttgart; Staatsangeh.: Württemberg; Vorbildung: Karls-Gymn. Stuttgart Reife M. 99; Studium: Tübingen 2, München 1, Berlin 2, Tübingen 4 S.; Coll. 22. Nov. 06.]

Rapp, Adf. die Württemberger u. die nationale Frage 1863—1871, s.a. Darstellungen aus der württembergischen Geschichte. 4. Bd.

Rapp, Adolf, Dr.: Die Württemberger und die nationale Frage 1863—1871. Stuttgart: Kohlhammer 1910. XV, 483 S. 8°
¶ (Ersch. als: Darstellungen aus d. Württ. Gesch. Bd 4.)
Tübingen, Phil. Hab.-Schr. v. 1910 [U 10. 4262
(Nicht für den Austausch)

Rapp, August

Derselbe. Zur Geschichte der Anstalt. 18 S. Ettlingen, P 1858

August Rapp. Die Helvetier im Jahr 58 v. Chr. Eine historisch-philologische Abhandlung. I. Teil. 56 S
Derselbe. Die Helvetier im Jahr 58 v. Chr. II. Teil. 53 S.
„ Die Helvetier im Jahr 58 v. Chr. III. Teil. 47 S.
Donaueschingen, P 1863–1865

Rapp, Aug. Die Helvetier i. J. 58 v. Chr. 3 Th. (56, 53, 47) S. Rastatt 1863 64 65

August Rapp. Die deutsche Rechtschreibung und Satzzeichnung (Orthographie und Interpunktion). I. Abschnitt: Die deutsche Rechtschreibung. S. 1—28.
Ettlingen, P 1855

Derselbe. Die deutsche Rechtschreibung und Satzzeichnung. II. Abschnitt: Die Satzzeichnung. S. 29—47 Ettlingen, P 1856

August Rapp. Historisches Register zu C. J. Caesars Denkwürdigkeiten des gallischen und Bürgerkriegs. I. Abt. 64 S.
Derselbe. Historisches Register zu C. J. Caesars Denkwürdigkeiten. II. Abt. 65 S.
Offenburg, P 1850.1851

C. Rapp. Elemente der astronomischen Positionsbestimmung mit dem Kreismikrometer. 68 S. Mannheim, P 1861

Rapp, C. A., frankfurter Jahrbücher 2c., s. Jahrbücher.

Rapp, C Moritz, s. Rapp, Karl Moritz

Rapp, Carl, s. Rapp, Karl

Rapp, Chrn., der praktische Schuh- und Stiefelmacher, oder gründliche Anweisung zur Verfertigung aller seit neuerer Zeit vorkommenden Stiefeln und Schuhe, sowie Geheimnisse der Schuhmacherei, alle Nebenzweige auf's Vortheilhafteste auszuüben 2c. Für Meister, Gesellen und Lehrlinge, Zunftvorstände und Gewerbeschulen. Mit in den Text gedr. Holzschn. Tuttlingen 857. Kling. 8. (VI, 146 S.) 18 ngr.

Rapp, Conrad, s. Rapp, Konrad

Rapp, E., Das Lab rum u. der S nnen-Cultus. S.-A. 1865. 81 S. u. 1 Taf. 1.20

Rapp, C. Fr., die biblische Geschichte, od. die Geschichte der Entstehung des Reiches Gottes bei dem israelit. Volk durch Jesus Christus. Mit Anschließung an die Sprüche der 3. Abthl. des württemberg. Spruchbuches z. Gebrauche f. Lehrer u. Schulen bearb. (II.) 8. (12 B.) Stuttgart 842, Köhler.

Rapp, C. Fr., die biblische Geschichte, oder: Die Geschichte der Entstehung des Reiches Gottes bei dem israelit. Volk und durch Jesus Christus. Mit Anschließung an die bibl. Sprüche zum Gebrauche für Lehrer und Schulen bearb. Neue (Titel-)Ausg. 8. (VIII und 182 S.) Stuttgart 850, H. Köhler.

—— der biblische Religionsunterricht bei Anfängern. In fortgehender Erklärung d. Sprüche der 1. u. 2. Abthl. des württemberg. Spruchbuches z. Gebrauche f. Lehrer u. Schulen bearb. (I.) 8. (6¼ B.) Stuttgart 842, Köhler.

—— der biblische Religionsunterricht bei Anfängern. In einer fortgehenden Erklärung bibl. Sprüche zum Gebrauche für Lehrer und Schulen bearb. Neue (Titel-)Ausg. 8. (VIII und 94 S.) Stuttgart 850, H. Köhler.

Rapp, C. Fr., christl. Religionsunterricht f. Lehrer u. Schulen, dargest. in Erklär. d. Sprüche d. 4. Abthl. d. württemb. Spruchbuches, so weit dies. d. christl. Glaubenslehre enth. 8. (8¾ B.) Schwäb. Hall 841, Haspel'sche Buchh. *

—— die christl. Sittenlehre, od. die Beschreibung des in der Menschheit gegenwärtigen Reiches Gottes. In zusammenhäng. Erklärung der Sprüche des württemberg. Spruchbuches, so weit dieselben die christl. Sittenlehre enthalten, z. Gebrauche der Lehrer u. Schulen bearb. (III.) 8. (10 B.) Stuttgart 842, Köhler.

—— die christliche Sittenlehre. In zusammenhängender Erklärung bibl. Sprüche zum Gebrauche der Lehrer und Schulen bearb. Neue (Titel-)Ausg. 8. (XVI und 141 S.) Stuttgart 851, H. Köhler.

RAPP, Eugen (Biberach): Beiträge zur Casuistik der Gehirntumoren.- München: Gradinger 1883. 34 S.
23.5.1883 - Urk (Titel: De cerebri tumoribus.); Chr 1882/83,18
Diss.Ingolst.-Landsh.-Mchn.

Rapp, F., Geheimnis d. Zuschneidekunst, bearb. als Lehrbuch d. Damen-Bekleidg. gr. 8. (23 S. m. 20 Fig., 1 Tab. u. 1 Massstab.) Schaffhausen 897. (P. Meili.) In Leinw. kart. n.n. 5. —

— dasselbe (f. Herren-Bekleidung) als Einheits-System od. Centrum-Mass. gr. 4. (48 S. m. 45 Fig., 2 Tab. u. 1 Massstab.) Ebd. 897. In Leinw. kart. n.n. 16. —

Rapp, F(erdinand): Ueber abnorme Nitroderivate von Phenolen und deren Umwandlungsprodukte. *Heidelberg 1898: J. Hörning.* (56 S.) 8°
Heidelberg, Naturw.-math. Diss. v. [16. Juli] 1898

Rapp, Franz, von Bühl (Baden). Ueber die specifische Wärme und die Schmelzwärme des Wassers. Uster A Diggelmann Dr 1883. 43 S. 8°
Zürich, Phil. Diss. [v. 10. Dec 1883].

Rapp, Franz Xaver, aus Hardheim ⟨Baden⟩: Regenerative Vorgänge an Muskeln und Drüsen, sowie eigenartige Rückbildungsprozesse am Deckepithel eines Amputationsstumpfes der Zunge. ⟨Zugleich ein Beitrag zur Lehre vom Recidiv.⟩ *Würzburg 1901: A. Boegler.* (28 S.) 8°
Würzburg, Med. Diss. v. 1901

Rapp, Frdr., Handbuch des deutschen Proceß-Verfahrens für den Bürger u. Geschäftsmann. Nebst einem Anh. von Mustern zu amtsgerichtl. Proceßschriften, Kostentafeln u. dem Gerichtsvollzieher-Tarif. 7. Aufl. 8. (VI, 122 S.) Leipzig 879. Leiner. cart. n. 1. —

Rapp, Frdr., Handbuch des gerichtlichen Prozeß-Verfahrens f. den Bürger u. Geschäftsmann. Mit e. Anh. v. Mustern zu Prozeßschriften, Kostentafeln u. Erläutergn. zu den Kostengesetzen. 9., gänzlich umgearb. Aufl. (IV, 158 S.) kl. 8 Leipzig 903. O. Leiner. Kart. n. 1. —

—— Leitfaden für den Gerichtsschreiber durch die deutsche Civilprozeßordnung. 1.—9. Aufl. 8. (VIII, 108 S.) Ebendas. 878,79. *

Rapp, Frdr., Leitfaden durch d. bürgerliche Gesetzbuch f. gerichtl. u. Verwaltungs-Beamte. 1.—6. Hft. gr. 8. (176 S.) Berlin 898. J. J. Heine. n. 2. 40

— Leitfaden durch das bürgerliche Gesetzbuch f. gerichtl. u. Verwaltungs-Beamte. 7. Hft. gr. 8. (VII u. S. 177—228.) Berlin 899. [J. J. Heine.] J. Guttentag. n. — 80; (kplt. n. 3. 20; geb. in Leinw. n. 3. 80)

—— Taschenbuch für den Bürger und Geschäftsmann vor Gericht. 8. verb. Aufl. mit einem Anhang von Mustern zu amtsgerichtl. Proceßschriften, Kostentafeln, dem Rechtsanwalts-Gebühren- und dem Gerichtsvollzieher-Tarif. kl. 8. (126 S.) Ebendas. 884. *
Die 1.—7. Aufl. erschien u. d. T.: Rapp, Friedr., Handbuch des deutschen Prozeß-Verfahrens für den Bürger und Geschäftsmann. Ebendas. 1879. *ℳ 1.—.

Rapp, Friedr., die Civilproceß-Ordnung als Leitfaden im Studium und als Handbuch für den praktischen Gebrauch für den Gerichtsschreiber. 10. gänzlich umgearb. Aufl. kl. 8. (VII, 120 S.) Leipzig 886, Leiner. *
Die vorhergehenden Aufl. u. d. T.: Rapp, Fr., Leitfaden für den Gerichtsschreiber. Ebendas. 1878,79. *ℳ 1.—.

Rapp, Frdr., die Civilprozeß-Ordnung, als Leitfaden im Studium u. als Handbuch zum praktischen Gebrauch f. den Gerichtsschreiber bearb. 11., verm. Aufl. 8. (VIII, 116 S.) Leipzig 891. O. Leiner. Kart. n. 1. 30

Rapp, Frdr., die Civilprozeß-Ordnung als Leitfaden im Studium u. zum praktischen Gebrauch f. den Gerichtsschreiber. 12., gänzlich umgearb. Aufl. 12. (VIII, 136 S.) Leipzig 900. O. Leiner. Kart. n. 1. 50

Rapp, Frdr., die Civilprozeß-Ordnung als Leitfaden im Studium u. zum praktischen Gebrauch f. den Gerichtsschreiber. 13., verb. Aufl. (IV, 136 S.) 8. Leipzig 903. O. Leiner. Kart. n. 1. 80

Rapp, Frdr., die Zivilprozeß-Ordnung als Leitfaden im Studium u. zum praktischen Gebrauch f. den Gerichtsschreiber. Neu bearb. unter Berücksicht. der Zivilprozeßnovelle vom 1. VI. 1909 v. Jac. Knoop. 14., verb. Aufl. (IV, 168 S.) kl. 8. Leipzig 909. O. Leiner. Geb. in Leinw. 2. 40

Rapp, G.

— geistl. Lieder f. Künstler. gr. 12. Tübing. 825. Laupp. 4 Gr.

Rapp, G. A., Versuch einer rechtl. Prüfung d. sogenannten bürgerl. Rechte u. Verfassungsverhältnisse d. Frankfurter Judengemeinde ꝛc. Denkschrift. 8. Frankf. a. M. 817. (Boselli). 4 Gr.

Rapp, Geo., deutsche Ahnen in Romanzen aus Gesch. u. Sage. 8. (12¼ B.) Stuttgart 839, Ebner u. Seubert.

Rapp, Geo., Augustinus. Ein Gedicht. Stuttgart 863. S. G. Liesching. 16. (122 S.) 12 ngr.; cart. 15 ngr.

Rapp, Geo., Augustinus. Ein Gedicht. 16. (122 S.) Stuttgart 863. [Gotha, Schloeßmann.] 12 Ngr.; cart. mit Goldschn.

Rapp, G., s.: Augustinus, des heil., Bekenntnisse.

Rapp, Geo., s. a. Auswahl aus Gerh. Tersteegens Schriften.

—— Auswahl aus Gerh. Terstengen's Schriften, nebst dem Leben dess. gr. 12. (20 B.) Essen 841, Bädeker.

Rapp, Geo., Beiträge zur Diagnostik der Klappenaffectionen des Herzens, mit Rücksichtnahme auf die Ansicht von Prof. Dr. C. Canstatt über die organ. Fehler der Valvula bicuspidalis sowie auf die Skoda'sche Lehre über die Entstehung der Herztöne. gr. 8. (48 S.) Würzburg 842, Halm.

Rapp, Geo., Beiträge zur Diagnostik der Klappenaffectionen des Herzens, mit Rücksichtnahme auf die Ansicht v. Prof. Dr. C. Canstatt über die organischen Fehler der Valvula bicuspidalis sowie auf die Skoda'sche Lehre über die Entstehung der Herztöne. gr. 8. (48 S.) Würzburg 849, Halm's Sortiments-Buchhandlung. ¼ Thlr.

—— Christuslieder. Passions- u. Oster-Gesänge. 8. (6 B.) Stuttgart 836, J. F. Steinkopf.

Rapp, Geo., die Dichterweihe. Ein episches Gedicht in 5 Gesängen. 8. (16 B., 1 Ttl.-Vign. gest. v. J. Lips, u. 6 Holzschn.-Vign.) Constanz 829, [Glukher.]

Rapp, G., die Dichterweihe. Ein episches Gedicht in fünf Gesängen. 8. Constanz 829. Wallis. 1 Thlr. 12 Gr.

Rapp, Geo., Eisenbahn-, Militär- u. andere Geschichten. 8. (III, 114 S.) Dresden 901. E. Pierson. n. 2. —; geb. n. 3. —

— u. Wierer, Erfahrungen über Einathmungen der Schwefeläther-Dämpfe, gemacht u. mitgetheilt. Mit 1 Lithogr. gr. 8. (20 S.) Bamberg 847, Züberlein. n. 4 ngr.

Rapp, Geo., „Hurra". 3. Infanterie-Regiment Nr. 102 „Prinzregent Luitpold v. Bayern" u. 4. Infanterie-Regiment Nr. 103, früher Brigade Kronprinz, zum 200 jähr. Stamm-Jubiläum. 1709/1909. (52 S.) 8. Zittau 909. W. Fiedler. — 50

Rapp, Geo., der Kampf Oesterreichs unter Erzherzog Karl gegen die Franzosen unter Jourdan in der Oberpfalz 1796 mit besonderer Rücksichtnahme auf die Kriegslage in und um Amberg und Sulzbach. Ein Gedenkblatt für das deutsche Volk aus seinen trübsten Tagen, bearb. nach gleichzeit. Quellen. gr. 8. (40 S.) [Amberg 886.] München, E. Pohl's Verlag. *

Rapp, Geo., die medizinische Klinik und ihr Verhältniss zur praktischen Medizin. gr. 8. (40 S.) Tübingen 853, Laupp'sche Buchh.

Rapp, Gg., geschichtliche Mittheilungen über die Stadt Amberg, u. ihre Nachbarstädte, m. besond. Rücksichtnahme auf deren Handel u. Erwerbsquellen. gr. 8. (49 S.) Amberg 881. Habbel. n. — 60

— s. Savonarola: Erweckliche Schriften.

—— Witukind. Eine Erzählung aus den Sachsenkriegen Karls des Großen. 8. (284 S.) Stuttgart 864. [Gotha, Schloeßmann. — Prag, Taussig.] cart.

Rapp, Geo., Witukind. Eine Erzählung aus den Sachsenkriegen Karls d. Großen. 2. Aufl. Bearb. u. m. einem Vorwort begleitet v. Armin Stein. 8. (VIII, 318 S. m. 1 Holzschntaf.) Leipzig 882. Lehmann. n. 3. 60; geb. n. 4. 60

Wort, Ein, zur Beherzigung veranlasst durch die jüngsten Vorgänge in München (von *Georg Rapp*). O O 1847
Anon.-Lex. IV. p. 413. (Mitth. Grolig's.) — Selten!

Rapp, Gottlob Christian (Stuttgart), De sensu determinismi innoxio. Präs. August Fried. Boeck. Tübingen (Schramm) (23.) Aug. 1784. 31 S. (4.25) 27649
Widm. v.: August Fried. Boeck.

— Diss. de sensu indeterminismi innoxio. 4. Tübing. 784.

Rapp, Gli. Chr., († d. .. Aug. 1794.) üb. die Untauglichkeit d. Princips d. allgem. u. eigenen Glückseligkeit z. Grundgesetze d. Sittlichkeit. 8. Jena 791. Mauke. 6 Gr.

Rapp, Hnr., s. Geheimniß d. Steindrucks.

Rapp, Jac., unsere natürlichen Wasserläufe. Wasser- u. Geschiebebewegg., Form des selbstgeschaffenen u. des abgeänderten Bettes derselben, m. besond. Berücksicht. der Rheincorrection. Hydrotechnische Studien aus den Papieren des ehem. kgl. bayer. Oberbaurathes Georg Lavale. (58 S., 20 S. Tabellen u. 10 Taf.) Lex.-8. Weilheim 883. (München, A. Buchholz.) n.n. 5. —

— **Jakob Friedrich** (Hohentwiel), De perfectione mundi graduali. Präs. Gottfried Ploucquet. Tübingen (Fues) Okt. 1767. 20 S. (4.25) 27650
Widm. v.: Gottfried Ploucquet.

Rapp, Jean

— Denkwürdigkk. aus d. Leben. Von ihm selbst geschrieben. Verdeutscht u. mit Anmerkk. begleitet v. Fr. Dörne. 8. Danzig 824. Lohde. 16 Gr.

Rapp. Des Generals Rapp Denkwürdigkeiten. A. d. Franzos. 8. Gotha 1824 — Denkwürdigkeiten aus dem Leben des französischen Generals Rapp. Deutsch m. Anm. von Fr. Dörne. 8. Danzig 1824

— s. Denkwürdigkk. aus d. Tagebuche d. General Rapp.

— Memoiren ꝛc., s. a. Denkwürdigkeiten aus d. Leben ꝛc.

Rapp, des General, Memoiren, s. a. Napoleon I.

Rapp, [Jean]. Die Memoiren des General Rapp, Adjutanten Napoleon I. Geschrieben von ihm selbst. Uebertragen von Oskar Marschall v. Bieberstein. Mit dem Bildniss [Tafel] des General Rapp ([und] Anhang). XVI + 346 S. 8. Leipzig, H. Schmidt & C. Günther, 1902. (br. M. 6. —, geb. M. 7. 50)
Darin Vieles über den Marschall [Alexandre] Berthier, Fürsten von Neuchâtel, *S. 8 f. über den* früheren Schweizer Major de Roussillon, *S. 21 f. über den Cardinal* [Joseph] Fesch; *S. 342—346:* Das Manifest des Herzogs Ferdinand von Braunschweig ... 1792 *(vgl. S. 79—81); etc.*

Rapp. Mémoires du général Rapp, aide-de-camp de l'empereur Napoléon. Écrits par lui-même, publiés par sa famille. 8. Paris, Francfort s. l. M 1823. — 8. Paris, Leipsic 1823 — 8. Bruxelles 1823. — Berlin 1823. — 2 v. Paris 1826.

Rapp, Général, Memoires, ecrits par lui-même, et publiés par sa famille. gr. 8. Paris 823. Reimer in Berl. 1 ℛ 20 gℊ Schrbp. 2 ℛ

Rapp, Joh. Nep., Lehrbuch der Arithmetik, mit den nöthigen Uebungs-Aufgaben für Latein- und Gewerbeschulen, sowie für Privat-Lehrinstitute und insbesondere für den Selbstunterricht. gr. 8. (VII, 199 S.) Ingolstadt 877, Ganghofer. *

Rapp, Joh. Nep., Lehrbuch der Arithmetik, m. den nöth. Uebungs-Aufgaben für Latein- u. Gewerbschulen, sowie für Privat-Lehrinstitute u. insbesondere für den Selbstunterricht. 2., verb. Aufl. gr. 8. (VII, 199 S.) Ingolstadt 879. Ganghofer. n. 1. 60

Rapp, Jos., Tirol im J. 1809. Nach Urkunden dargestellt. gr. 8. (VIII u. 876 S.) Innsbruck 852. (Wagner.) n. 2⅔ ℛ

Rapp Joseph Tirol im Jahre 1809 Nach Urkunden dargestellt (Zeitschrift des Ferdinandeums 3. Folge. Heft 1–3) 8. Innsbruck 1852

Rapp. Joseph. Ueber Tirols Wiederkehr an Oesterreich in den Jahren 1813 und 1814. von Doktor Josef R'.. (Zeitschrift des Ferdinandeums 3. Folge. Heft 5.) 8 Innsbruck 1835

RAPP, Joseph Anton (Bamberg): Ueber das Kindbett-Fieber.- Bamberg: Reindl 1835. 42 S. 17.3.1834 - Urk (Titel: De puerperali.); F 61
Diss. Ingolst.-Landsh.-Mchn.

Rapp, K. Ch., Leitfaden der Naturgeschichte für Volksschulen. gr. 8. (89 S. m. eingedr. Holzschn.) Tauberbischofsheim 879. Lang. cart. n.n. -- 50

Rapp, Karl

Rapp, Carl, approb. Arzt aus Biberach Aus d. Tübinger Universitäts-Augenklinik. Zur Casuistik der direkten Verletzungen des Sehnerven in der Augenhöhle. *Tübingen: F. Pietzcker 1903.* (27 S.) 8°
Tübingen, Med. Diss. v. 1903

Rapp, Karl Moritz

(Rapp, C. Mor.,) s. a. † Jovialis.

Rapp, Mor., das goldene Alter der deutschen Poesie. 2 Bde. Tübingen 861. Laupp. gr. 8. (XII, 702 S.) 2 ℛ 22½ ngr.

Rapp-Jovialis, †(Moritz Rapp.) Atellanen. Dramatische Arbeiten. 2. Samml. 16. (30½ B.) Stuttgart u. Tübingen 842, Cotta'sche Buchh.
1. Samml. Ebendas. 1836. 1 Thlr. 10 Ngr.

—— Geschichte des griechischen Schauspiels vom Standpunkt der dramatischen Kunst. gr. 8. (VIII und 407 S.) Tübingen (861) 62, Laupp'sche Buchh.

Rapp, Mor., vergleichende Grammatik. Encyclopädische Abtheilung. 1. Bd. gr. 8. (XII und 256 S.) Stuttgart 852, Cotta'sche Buchh.

—— dass. — (2. Bd.) A. u. d. T.: Grundriß der Grammatik des indisch-europäischen Sprachstammes. 2. Bd. 2 Hälften. gr. 8. (XV und 180, VI und 180 S. mit 2 lithochrom. Sprachkarten in qu. gr. 4.) Stuttgart 855, Cotta'sche Buchh. Thlr.
Die 1. Hälfte des 2. Bandes wurde a. u. d. T.: Wurzelbüchlein. Die weitest verbreiteten Sprachwurzeln des indisch-europ. Stammes. 21 Ngr. ausgegeben.

Rapp, Mor., vergleichende Grammatik. 3. morphologische Abthlg.: Der Verbal-Organismus der indisch-europäischen Sprachen. 3 Bde. Stuttgart 859. Cotta. 8. Jeder Bd. 1 ℛ
Inhalt: 1. Bd.: Das indische, das persische und das slawische Verbum. (VII, 223 S.) — 2. Bd.: Das griechische und das romanische Verbum. (VII, 296 S.) — 3. Bd.: Das gothische, das scandische und das sächsische Verbum. (VII, 216 S.)

Rapp, C. Mor., † (Jovialis,) die vergleichende Grammatik als Naturlehre. 4 Bde. gr. 8. Stuttgart u. Tübingen, Cotta'sche Buchh. Thlr.
A. u. d. Tteln.:
Bd. 1. Versuch e. Physiologie d. Sprache, nebst histor. Entwicklung d. abendländ. Idiome nach physiolog. Grundsätzen. (26 B.) 836. 2 Thlr.
" 2. Die Sprachen d. Mittelalters physiol. entwickelt. (17½ B.) 839. 1 Thlr. 6 Gr.
" 3. Die lebenden Sprachen griech.-röm.-goth. Zunge physiolog. dargest. (29½ B.) 840. 1 Thlr. 12 Gr.
" 4. Supplemente zu K. M. Rapp's Physiologie d. Sprache. (1?½ B.) 841. 1 Thlr. 12 Gr.
Inh. I. Die Physiologie d. Sprache. II. Die Dichtungsformen d. Mittelalters, rhythmisch u. phonatisch nachgebildet.

Rapp, Mor., Grundriß der Grammatik des indo-europäischen Sprachstammes. 1. Bd. A. u. d. T.: Vergleichende Grammatik. Encyclopädische Abth. gr. 8. (XII u. 256 S.) Stuttgart 852, Cotta. 1 ℛ

Rapp, Mor., Grundriß der Grammatik des indisch-europäischen Sprachstammes. 2. Bd. Stuttgart 855. Cotta. gr. 8. 1 ℛ. 18 ngr.
1 Hälfte: Wurzelbüchlein. Die weitest verbreiteten Sprachwurzeln des indisch-europ. Stammes. (XV, 180 S.) 21 ngr.
2. Hälfte: Vergleichende Grammatik. Encyclopädische Abtheilung. 2. Bd. Mit 2 (lith. u. color.) Sprachkarten. (VI, 180 S.) 27 ngr.

– s. Plautus Lustspiele.

– s. Shakespeare Schauspiele.

rapp. Mor. Der Spielberg in Brünn, histor. beschrieben. (47) 8. M. 2 Tafln. Brünn 1873 0,80.

Rapp, C. Mor., dramat. Studien. 1s Stck.: die Prager Schlacht. 8. Stuttg. 827. (Brodhag). 21 gℊ

Rapp, (Mor.,) dram. Studien. 1s Stck: die Prager Schlacht. 8. Stuttg. 827, Franckh.

Rapp, Mor., Studien über das englische Theater. 1. und 2. Abthl. gr. 8. (XXI und 285 S.) Tübingen 862, Laupp'sche Buchh.

Rapp, C. Mor., Versuch e. naturwissenschaftl. Beleuchtung d. Verhältnisses zwischen antiker Prosodie u. d. modernen Sprachaccent. gr. 8. Stuttg. 827. v. Cotta. 3 gℊ

Rapp, Karl Mor., Versuch einer Physiologie der Sprache, nebst historischer Entwicklung der abendländ. Idiome nach physiologischen Grundsätzen. 1r Bd. A. u. d. T.: Die vergleichende Grammatik als Naturlehre. Erster oder physiologischer Theil. gr. 8. Stuttgart 836. Cotta. 2 ℛ

—dass. 2r Bd. A. u. d. T.: Die Sprachen des Mittelalters physiologisch entwickelt. gr. 8. Ebd. 839. 1¼ ℛ

—dass. 3r Bd. A. u. d. T.: Die lebenden Sprachen griechisch-römisch-gothischer Zunge, physiol. dargest. gr. 8. Ebd. 1½ ℛ

Rapp, Karl Mor., Versuch einer Physiologie der Sprache, nebst historischer Entwicklung der abendländischen Idiome nach physiologischen Grundsätzen. 4. Bd. gr. 8. Stuttgart u. Tübingen 841, Cotta'sche Buchh. 1½ ℛ (1—4: 6¼ ℛ)

Rapp, Konrad

Rapp, Conr., die Marmeladenfabrikation nach engl. Verfahren. (115 S. m. 44 Abbildgn.) gr. 8. Magdeburg 906. Schallehn & Wollbrück. 4.50; geb. 5. —

Rapp, L., der Baumwart. Anleitung zur Pflege der Obstbäume für Freunde des Obstbaues u. zum Unterrichte der Baumwärter. Mit 40 (eingedr.) Holzschn. 8. (VIII, 80 S.) Kaiserslautern 879. Kayser. n. 1. 20

Rapp, Lucian, Pädagogisches. Winke u. Weisgn. für Erzieher u. Lehrer. (VIII, 148 S.) 8. Graz 906. Styria. n. 1. 20

Rapp, Ludw., topographisch-historische Beschreibung des Generalvikariates Vorarlberg. 1. Bd. Dekanat Feldkirch. 1. Abth. 9 Hfte. gr. 8. (III, 864 S.) Brixen 892—894. A. Weger. à Hft. n. 1. 20

— dasselbe. 2. Bd. 1. u. 2. Hft. gr. 8. (S. 1—192.) Ebd. 894. à Hft. n. 1. 20
Bildet die Fortsetzung zu Tinkhauser, Beschreibung der Diöcese Brixen.

Rapp, Ludw., topographisch-histor. Beschreibg. d. Generalvikariates Vorarlberg. 2. Bd. Dekanat Feldkirch. 3.—9. (Schluß-)Hft. gr. 8. (III u. S. 193—864.) Brixen 895. 96. A. Weger. à Hft. n. 1. 20; (2. Bd. kplt.: n. 10. 80)

— dasselbe. 3. Bd. Dekanat Bregenz. 7 Hfte. gr. 8. (III, 672 S.) Ebd. 897. 98. à Lfg. n. 1. 20; (I.—III.: n. 29. 80)

Rapp, Ludw., topographisch-historische Beschreibung des Generalvikariates Vorarlberg. IV. Bd. Anh. zum Dekanat Bregenz. Dekanat Dornbirn. — Dekanat Bregenzerwald. 1. Abth. 1.—8. Hft. gr. 8. (III, 768 S.) Brixen 899—902. A. Weger. à n. 1. 20; (I—IV, 8. n. 39. 40)

— kulturgeschichtliche Bilder aus Tirol. gr. 8. (IV, 127 S.) Ebd. 892. n. 1. 20

Tirol: Freimaurer in Tirol. Histor. Skizze von Ludw. **Rapp.** Innsbruck: Wagner 1867. 190 S. 8⁰
Recens: L. 25 (1866) S. 330—331; Bh. 10 (1867) S. 84—86 (J. G. Findel); Reform 2 (1867) S. 175—176; FZ. (Wien) 4 (1877) S. 165 (G. Brabbée).
cf. FZ. 21 (1867) S. 53—54; MW. Ser. 2 Jg. 4 (1867) No 14; Z. 26 (1896) S. 68—70 (G. Treu).
Tt. 407. Umfasst den Zeitraum 1780—1795. Zum grössten Teil schon in der Zeitschr.: „Kathol. Blätter aus Tirol" 1866 veröffentl.

Rapp, Ludw., Hippolytus Guarinoni, Stiftsarzt in Hall. Ein tirol. Kulturbild aus dem 17. Jahrh. (40 S.) 8. Brixen 903. A. Weger. n. — 80

Rapp, Ludw., die Hexenprocesse u. ihre Gegner aus Tirol. Ein Beitrag zur Kulturgeschichte. 8. (176 S.) Innsbruck 874. Wagner. n. 1. 20

Rapp, Ludw. Die Hexenprozesse u. ihre Gegner in Tirol. 2. verm. Aufl. Mit dem Bildnisse Tartarotti's. gr. 8. (V, 171 S.) Brixen 891, Weger. * 1 60

Eine Jakobiner-Verschwörung in Tirol. Episode aus der neuern Tiroler Geschichte. Von Ludw. **Rapp.** Innsbruck: Wagner 1876. 67 S. 8⁰
cf. FZ. 30 (1876) S. 303.
Tt. 894. Berichtet von einem Geheimbund, der im J. 1794 zu Innsbruck bestand, unter mancherlei der Frmrei nachgebildeten Formen u. Symbolen revolutionäre Tendenzen verbarg, aber entdeckt wurde.

Rapp, Ludw., eine Jakobiner-Verschwörung in Tirol. Episode aus der neuern Tiroler Geschichte. gr. 16. (67 S.) Innsbruck 878, Wagner'sche Universitäts-Buchh. *

Rapp, L., Königin Magdalena von Oesterreich, s. Vereins-Gaben der Marianischen Gesellschaft.

Rapp, Ludwig, *Weltpriester.* Königin Magdalena von Oesterreich, Stifterin des königl. Stiftes zu Hall in Tirol. Ein Lebensbild aus dem sechzehnten Jahrhundert. Mit einem Stahlstiche: Porträt der Königin Magdalena. Herausgeg. von der Marianischen Gesellschaft zur Verbreitung guter Schriften in Innsbruck. Mit Approbation des F. B. Ordinariates Brixen. *Innsbruck* 1858. Druck der Vereinsbuchdruckerei des *J. Aufschlager.* VIII, 248 S., 16 S. 8⁰. 1 fl.
Auch u. d. T.: „Vereins-Gaben der Marianischen Gesellschaft zur Verbreitung guter Schriften in Innsbruck." 1. Band.

RAPP, Ludwig
(F) Königin Magdalena von Oesterreich, Stifterin des königlichen Stiftes zu Hall in Tirol. Ein Lebensbild aus dem sechzehnten Jahrhundert, dargestellt von Ludwig Rapp. Mit Approbation des f. b. Ordinariates Brixen. 2. Auflage. Mit 3 Bildnissen. Brixen. 1899. Weger. 8⁰. VII, 260 S. fl. 1. -

Rapp, L., Schicksale d. Servitenklosters bei Volders in Tirol in den Kriegsjahren 1703, 1805 u. 1809. Nach den handschriftl. Diarien od. Tagebüchern dieses Klosters hrsg. gr. 8. (46 S.) Brixen 886. Weger. n. — 80

Rapp, Ludw., die Statuten der aeltesten bekannten Synode von Brixen im Jahre 1511. [Aus: „Zeitschr. d. Ferdinandeums".] 8. (45 S.) Innsbruck 878. Wagner. n. — 80

— s.: Tinkhauser's, G., topographisch-historisch-statistische Beschreibung der Diöcese Brixen.

Rapp, Frau Maria, s.: Barr, M. J.

Rapp, Mart., üb. die Phenyl- u. Kresylester der Phosphorsäure u. ihre Nitrirung. gr. 8. (57 S.) Tübingen 883. (Fues.) n. 1. 60

Rapp, Max [approb. Arzt aus Ichenhausen]: Beitrag zur Herniotomie und zur Radicaloperation der Hernien . . . München, K. Hof- u. Univ.-Buchdr. v. Dr. C. Wolf & Sohn, 1886; 26 S. 8⁰.
München, Med. Fak., Inaug.-Diss. v. 1886.

Rapp, *Max* William Shakespeare oder Francis Bacon? I. Hälfte. 4 (19 S.). 1887 II. Hälfte. 4 (S. 2—32).
Progr Rg. u. Realanstalt *Ulm* 1886 (zu 551). 1888 (zu 565).

Rapp, William Shakespeare od. Francis Bacon? 2 Tle. gr. 4. (19 u. 32 S.) Colberg 887 u. 89. Warnke. à n. 1.—

Rapp, Moritz, s. R a p p , Karl Moritz

RAPP, Raimund
Praktische Anleitung zur Ausübung des Gummidruckes von Raimund Rapp. Wien. 1900. R. Lechner (Wilh. Müller). Gr.-8° 7 S. K —.60

Rapp, Rudolf, Assist. am hygien. Institut d. Univ. München, aus Ichenhausen **Beziehungen des Sauerstoffs zur Gährthätigkeit der lebenden Hefezellen.** *München 1898: R. Oldenbourg.* (59 S.) 8°
München, Phil. Diss. v 1898

Rapp, Susanne, Gottfried v. Straßburg. Schauspiel in 5 Aufzügen. 8. (XVI, 78 S.) Straßburg 893. (G. L. Kattentidt.) n. 2. —

Burkard Keller Ein Lied aus alter Zeit gedichtet von Susanne **Rapp.** Straßburg G. Fischbach 1893. (73 S.) 8° [J.]

Rapp, Thdr., Genoveva, s.: Jugend- u. Volksbühne.

Rapp, Wilh., die Cetaceen, zoolog.-anatom. dargest. gr. 8. (12 B. u. 8 Stnt.) Stuttgart u. Tübingen 837, Cotta'sche Bh.

Rapp, Wilhelm. Erinnerungen eines Deutsch-Amerikaners an das alte Vaterland: In Reden und Briefen. Chicago: Druck der Franz Gendeler Printing Co., 1890. DLC

Rapp. W[ilhelm] von. Die Fische des Bodensees, untersucht und beschrieben von W. v (* *Theil 2*: Prof. W. von) R'.... Mit sechs Tafeln color Abbildungen. [2 Theile.] Stuttgart 1854.
[Theil 1 Text] 8
[Theil 2. Tafeln] quer-fol

Rapp, Wilhelm [Praes.], s. F l a n d e r , Hermann:
De gangraena scroti.

--Illustrierte Geog v N- u Süd-A nach d besten u neusten Quellen. 4th ed Phila, c 1854

Rapp, Wilh., illustrirte Geographie von Nord- und Süd-Amerika. Nach den neuesten u. besten Quellen bearb. Philadelphia 855. Weik. (Leipzig, Köhler.) 12. (VIII, 390 S. m. Holzschn. im Text u. 26 Holzschnitttaf.) 1 ℛ. 15 ngr.

Rapp, Wilhelm [Praes.], s. H e t s c h , Albert:
De sede sanguinis post mortem.

Rapp, Wilhelm [Praes.], s. K i n z e l b a c h , Franz Karl Fried.:
Aphorismen über Kinderkrankheiten.

Rapp, Wilhelm [Praes.], s. M e e b o l d , Christian:
Chemische Untersuchung des Faserstoffs und des gelben elastischen Gewebes.

Rapp, Wilh., über d. Polypen im Allgemeinen, u. die Actinien insbesond. Naturhistor. Versuch. M. 3 col. Kpfrt. gr. 4. (8¼ B.) Weimar 829, Landes-Indust.-Comptoir.

--(ed). Selbstbiog v Thomas Jefferson, mit einem Anhange. Nach dem Englischen bearbeitet v W Rapp. Phila, 1853.

Rapp, Wilh. v., anatomische Untersuchungen über die Edentaten. gr. 4. (10½ B. u. 9 Stnt.) Tübingen 843, Fues, Vrlgsh.

v. Rapp, Wilh., anatomische Untersuchungen über die Edentaten. Mit 10 Steindrtaf. (wovon 3 col. in gr. 4. u. qu. gr. Fol.) 2. verb. u. verm. Aufl. gr. 4. (IV u. 108 S.) Tübingen 852, L. F. Fues. 3 ℛ 4 ngr

—— die Verrichtungen d. fünften Hirnnervenpaars. M. 3 Stnt. gr. 4. (4 B.) Leipzig 832, Voss.

Rapp, Wilhelm. Dichterische Versuche. n.p., 1867. UC

Rapp, Wilhelm Ludwig [Praes.], s. E l b e n , Otto:
Ueber das delirium tremens und seine Behandlung.

Rapp-Jovialis, Moritz, s. R a p p , Karl Moritz

Rappaport, Achill., die Einrede aus dem fremden Rechtsverhältnis. Eine Untersuchung auf dem Gebiete des gemeinen, sowie des deutschen u. österreich. bürgerl. Rechts. (274 S.) gr. 8. Berlin 904. J. Guttentag. n. 6. —

Rappaport, Bruno, die Einfälle der Goten in das römische Reich bis auf Constantin. gr. 8. (VI, 138 S.) Leipzig 899. C. L. Hirschfeld. n. 4. 40

— hat Zosimus I, c. 1—46 die Chronik des Doxippus benutzt? Lex.-8. (16 S.) Leipzig 902. Dieterich. n. — 80
Sonderabdruck aus: „Beiträge z. alten Geschichte".

Rappaport, Bruno, Berolinensis **De Gotorum usque ad Decium** imperatorem mortuum incursionibus. *(Lipsiae 1899: J. B. Hirschfeld.)* (32 S.) 8° ¶ (Soll in deutscher Sprache vollst. erscheinen.)
Berlin, Phil. Diss. v 29. Juli 1899

Rappaport, Edmund: A u c t i o n s - C a t a l o g einer Universal-Sammlung. Th. 1 2 – (Berlin 1908. Masching & Kantorowicz.) 8°
[Umschlagt..] Rappaport Münz-Auction.

Rappaport, Fel., s.: **Rundschau,** Wiener.

Rappaport Felix: Die Spinoza Romane.
II. 1909 PN 2746 Diss. Wien, Univ. 310

— die Verwandlungen des Dionysus. In 6 Bildern. Mit e. Vorspiel. qu. gr. Fol. (9 Licht-Ton-Bilder m. 4 Bl. Text.) München 900. Verlagsanstalt F. Bruckmann. In Mappe n. 18. —

Rappaport, Mordché Wolf, aus Lemberg (Österreich): Chr. W. D o h m. Ein Beitrag zur Geschichte der Nationalökonomie. Borna-Leipzig 1907. 145 S. 8°. [5. II. 07.]
Bern. Phil. Diss. 1907/08.

Rappaport, Mordché Wolf. Chr(istian) W(ilhelm von) Dohm (1751—1820). Ein Beitrag zur Geschichte der Nationalökonomie. Diss. Phil. Bern. 145 S. 8. Borna-Leipzig, Robert Noske, 1907.

Rappaport, Mordché W., Chr. W. Dohm, der Gegner der Physiokratie u. seine Thesen. (143 S.) gr. 8. Berlin 908. Puttkammer & Mühlbrecht. 3. —

Rappaport, Mor., Bajazzo. Ein Gedicht. Leipzig 863. Arnold. 16. (224 S.) 27 ngr.

— hebräische Gesänge. Metrisch nachgebildet. Leipzig 860. C. L. Fritzsche in Comm. (C. F. Schmidt.) 8. (VIII, 112 S.) n. 18 ngr.

Rappaport, M., Goethe. Seinen Manen geweiht. (Ein Gedicht.) gr. 8. (2¾ B.) Wien 832, (Beck.)

Rappaport, Moritz, aus Kattowitz, approb. Arzt: **Ueber die Laparotomie** bei tuberkulöser Peritonitis. *Leipzig 1900: B. Georgi.* (32 S.) 8°
Leipzig, Med. Diss. v. (30. Mai) 1900

Rappaport, Mor., Mose. Episches Gedicht. gr. 8. (11⅓ B.) Leipzig 842, Brockhaus.

Rappaport Moriz: Das Problem des Zufalls. II. 1906 PN 1987 Diss. Wien, Univ. 109

Rappaport, Philipp, eine alte Reichsstadt, wie sie war u. wird, Nordhausen, s.a. Wie wir unsre Heimat sehen. 7. Bd.

Eine alte Reichsstadt, wie sie war und wird. Briefe an e. Freund von Philipp **Rappaport**, Nordhausen. Mit Federzeichn. d. Verf. Leipzig K G. Th. Scheffer; Nordhausen · G. Wimmer 1907 (53 S.) 8° [ℑ]
= **Wie wir unsre Heimat sehen.** Bd 7. 07 9206

— **Die materialistische Weltanschauung. 16°. St. Louis, Verlag des Freidenkerbundes, 1903.**

Rappaport, Philip. Ein Wort an d Arbeiter über d Frage d Silberfreiprägung. NY. 1896. Also in English.

(Philipp A.) **Rappaport.** Der Dom zu Wetzlar. (Wetzlar Wetzlarer Anzeiger, 1910. 4 Bl. 4°
Aus Festschrift z. Feier d. Wiederherstellung d. Domes am 10. Dez 1910. A 12. 6626

Rappaport, S. L., hinterlassene Schriften. I. Polemik gegen Geiger's Urschrift. (In hebr. Sprache.) Krakau 869. (Herzog.) gr. 8. (IX, 242 S.) n.n. 1 *ℛ* 15 *ngr.*

Rappaport, Samuel, aus Lemberg. **Spinoza** und Schopenhauer. *Halle a. S. 1899.* (148 S.) 8°
Halle, Phil. Diss. v. 1899.

Rappaport, Sam., **Spinoza** u. Schopenhauer. Eine krit.-histor. Untersuchg. m. Berücksicht. des unedierten Schopenhauerschen Nachlasses dargestellt. gr. 8. (V, 148 S.) Berlin 899. [R. Gaertner.] Weidmann. n. 3. —

Rappard, Carl Heinrich. Ein Lebensbild. Von seiner Gattin. (VIII, 439 S. m. 7 Taf.) 8. Gießen 910. Buchh. der Pilgermission. Geb. in Leinw. 4.—; m. Goldschn. 4.50

Rappard, Aug. v., Selbstbiographie d. k. preuß. Oberlandesgerichts-Präsidenten Dr. Friedr. Wilh. v. Rappard &c. Mit Anmerkn. u. e. ergänz. Fortsetz. d. Lebensgeschichte. gr. 8. (7½ B.) Hamm 837, Schulz'sche Buchh. *

[F.] **von Rappard,** *Axel Otto* [Referendar in Ehrenbreitstein]: Die Rechtsgrundlagen der Gebietsveränderungen und Grenzregulierungen nach Preussischem Staatsrecht ... Greifswald, Druck v. J. Abel, 1894; 36 S. 8.
Greifswald, Jur. Fak., Inaug.-Diss. v. 1894

Rappard, C. v., des Klerikalismus unfehlbare Ueberwinderin. Resultate langjähr., vorurtheilsfreier Forschung im Auslande auf dem Gebiete der Lehre Allan Kardec's, ihrer Phänomenalität, Wissenschaft und Philosophie. 1. und 2. Aufl. gr. 8. (35 S.) Chemnitz 877,78, Kramer. *

Rappord, Carl ..., s. Rappord, Karl ...

Rappard, Dora, geb. Gobat, fort, fort, mein Herz, zum Himmel! Gedichte. 12. (XV, 348 S.) Basel 899. Kober. n. 2. 40; geb. in Leinw. n. 3. 20; m. Goldschn. n. 3. 60

— Fort, fort, mein Herz, zum Himmel! Gedichte. 2. Aufl. 4.—6. Taus. (XV, 352 S.) kl. 8. Basel 908. Kober. 2. 40; geb. 3. 20; m. Goldschn. 3. 60

Rappard, Frau Dora, geb. Gobat, Frauendienst, s.: Pfeil, Gräfin.

Rappard, Dora, geb. Gobat, im Heiligtum. Lieder u. Gedichte zu Jesu Preis. Gesammelt. 8. (XV, 432 S.) Basel 888. Spittler. n. 3. —; geb. n. 4. —; m. Goldschn. n. 4 40

(**Rappard**-Gobat, Dora.) Carl Heinrich Rappard. Ein Lebensbild. Von seiner Gattin. [Mit 7 Tafeln und illustriertem Umschlag.] VIII + 439 S. 8. Giessen, Buchh. der Pilgermission, Für die Schweiz Kober ..., Basel ..., 1910. [geb. M. 4 —]

Rappard, C. v., s.a. Ewald, Fritz.

Ein modernes Aschenbrödel oder Talentlos. Schwank in 1 Aufz von Fritz **Ewald**. Landsberg a. W. Volger & Klein [1905]. (20 S.) 8° [ℑ]
= **Damen Bühne,** Volger's. No 5. 07. 1751

Ein modernes Aschenbrödel oder Talentlos. Schwank in 1 Aufz. von Fritz **Ewald**. Landsberg a. W. Volger & Klein [1905] (20 S.) 8° [ℑ]
= **Vereins-Bühne,** Volger's. No 5. 07. 1958

Die Unverstandenen Humorist Zeitbild in 2 Aufz von Fritz **Ewald**. Trier Paulinus Dr. 1908. 20 S. 8°
(Theater-Bibliothek Bdch 13.) 09. 3846

Rappard, E. v. Wandkarte v. Deutschland. Berlin 1870. Imp.-Fol. 4 Bl. Lith. u. kol.

Rappard, F v

Rappard, F. v., die Provinz Hannover, nach ihrer historischen Entwickelung kartographisch dargestellt. Fol. Berlin 868, Selbstverlag. [Leipzig, Schneider.] ** — 75

Rappard, F. v., Kaiser-Parade-Karte von Düsseldorf zum 2. und 3. Septbr. 1877. 1 : 25,000. 9 Bl. Lithogr. Fol. Barmen 877. (Leipzig, Schneider.) * *M* 7.; color. * 9 —

Ahrweiler. — **Rappard, F. v.,** Karte der Kreise Ahrweiler, Bonn, Köln, Euskirchen und Rheinbach. 1 : 80,000. Lithogr. Imp.-Fol. Köln 887, Warnitz und Comp. * 1 —

Rappard, F. v., Karte des Kreises Bitterfeld auf Grund der Generalstabs-Karte nach amtl. Materialien bearb. und hrsg. 1 : 100,000. Fol. Berlin 868, Selbstverlag. [Leipzig, Fr. Schneider.] ** *M* 1,50.; color. ** 1 75

— Karte der Kreise Breslau, Brieg, Namslau, Nimptsch, Strehlen und Ohlau auf Grund der General-Stabs-Karte und nach amtl. Materialien bearb. und hrsg. 1 : 100,000. Fol. Ebendas. 868. ** *M* 2.; color ** 2 25

Rappard, F. v., Karte von Deutschland. 1 : 900,000. 4 Bl. Fol. Berlin 869, Selbstverlag. [Leipzig, Fr. Schneider.] **

Rappard, F v., Karte von Deutschland. M. 1 900000. 4 Bll. Lith. u. kolor Berlin 1877. . . . . Thr. Ma .

Rappard, F v., Karte von Europa mit allen Eisenbahnen. 1 1,087,000. Fol. Berlin 870. [Leipzig, Schneider.] ** 2 25

Rappard Fv, Karte von Europa mit allen Eisenbahnen. Berlin 1871

— **Karte vom Harz,** vom Kreise Halberstadt und der Grafschaft Wernigerode. 1 : 100,000. Fol. Ebendas. 870. ** 1 50
color. ** 1 75

Rappard, F. v., Karte vom Harz, vom Kreise Halberstadt und der Grafsch. Wernigerode. 1 : 100,000. Lithogr. Imp.-Fol. Köln 887, Warnitz und Comp. * 1 —
color. 1 50

Rappard, F. v., kleine Karte von Deutschland mit allen Eisenbahnen. 1 : 5,200,000. gr. 4. Berlin 869, Selbstverlag. [Leipzig, Schneider.] ** — 10

—— Karte vom Kreise Königsberg. 1:100,000. Fol. Ebendas. 870. **M 2.; color. ** 2 25

—— Karte vom Kreise Lebus. 1:100,000. Fol. Ebendas. 870. **M 2.; color. ** 2 25

—— Karte des Kreises Lübben. 1:100,000. Fol. Ebendas. 870. **M 2.; color. ** 2 25

Rappard, F. v., Karte von Palästina. 1:350,000. Fol. Berlin 870, Selbstverlag. [Leipzig, Schneider.] ** 1 50
color. ** 2 —

—— dass. — 1:875,000. gr. 4. Ebendas. 869. ** — 10

Rappard, F. v., Karte des preussischen Staates und des norddeutschen Bundes. 1:900,000. 2 Bl. Fol. Berlin 869, Selbstverlag. [Leipzig, Schneider.] ** 3 50

v. Rappard, F., topographische Karte der Umgegend v. Mainz. 1. Sect.: Findtheim - Schierstein. 2. Sect.: Mainz - Hochheim. 2 lith. u. color. Blätter in gr. Fol. u. lith. Titelblatt in qu. Fol. Mainz 851, v. Zabern. Auf Leinw. n. 2½ ß

v. Rappard, F. Topographisch - statistische Karte des Regierungs - Bezirks Aachen. 1 80 000. 1859. 6 Bl. c. L. und 1 Uebersichtsbl.

Rappard, F. v., topographisch-statistische Karte des Reg.-Bez. Aachen nach den bei der königl. Regierung vorhandenen Karten und nach anderen amtl. und sonstigen zuverlässigen Mittheilungen bearb. und hrsg. 1:80,000. 6 Bl. Fol. Berlin 869, Selbstverlag. [Leipzig, Fr. Schneider.] * 8 40
color. Ausg. ** 9 —
Prachtausg. ** 12 —

Hieraus die Karten der Kreise. 1:100,000: Aachen und Düren; Heinsberg und Erkelenz, Jülich und Geilenkirchen; Eupen und Montjoie; Schleiden; Malmedy. à **M 1,50.; color. à **M 1,75.

v. Rappard, F. Topographisch - statistische Karte des Regierungs - Bezirks Coblenz. 1 80 000. Berlin 1867. 10 Bl. c. L. Ft. u. Sch. und 1 Uebersichtsbl.

—— topographisch-statistische Karte des Reg.-Bez. Coblenz auf Veranlassung der königl. Regierung, auf Grund der Generalstabs-Karte etc. bearb. 1:80,000. 9 Bl. Fol. Ebendas. 869. ** 9 —
color. Ausg. **M 11.; Prachtausg. ** 17 —

Hieraus die Karten der Kreise. 1:80,000: Kreuznach und Meisenheim; Simmern und St. Goar; Cochem und Zell; Coblenz und Mayen; Adenau und Ahrweiler; Neuwied, Altenkirchen; Coblenz. à *M 2.; color. à **M 2,25.

—— topographisch - statistische Karte des Reg.-Bez. Magdeburg mit der Grafschaft Wernigerode und den anhaltischen Herzogthümern. 1:100,000. Neue revid. Ausg. 12 Bl. Fol. Ebendas. 868. **
color. Ausg. **M 18.; Prachtausg. **

Hieraus die Karten der Kreise Magdeburg und Wanzleben; Aschersleben; Calbe; Salzwedel und Gardelegen; Oschersleben; Halberstadt und Grafschaft Wernigerode mit dem Harz. à **M 1,50.; color. Ausg. à **M 1,75. Jerichow I.; Jerichow II.; Neuhaldensleben und Wolmirstedt, Osterburg und Stendal. à **M 2.; color. Ausg. à **M 2,25.

v. Rappard, F. Topographisch - statistische Karte des Regierungs - Bezirks Oppeln. 1 100 000. Berlin 1862. 12 Bl. c. L. Ft. und 1 Uebersichtsbl.

Rappard, F. v., topographisch-statistische Karte des Reg.-Bez. Oppeln auf Veranlassung der königl. Regierung und nach deren Karten etc. hrsg. 1:100,000. Neue revid. Ausg. 12 Bl. Fol. Berlin 868, Selbstverlag. [Leipzig, Schneider.] **M 12.; color. **M 18.; Prachtausg. **

Hieraus die Karten der Kreise: 1:100,000 Oppeln; Creutzburg und Rosenberg; Gross-Strelitz und Lublinitz; Neustadt und Falkenberg; Pless und Rybnik. à **M 1,50.; color. à **M 1,75.; Tost-Gleiwitz und Beuthen; Ratibor, Cosel und Leobschütz; Neisse, Grottkau und Münsterberg. à **M 2.; color. à **M 2,25.

v. Rappard, F. Topographisch - statistische Karte des Regierungsbezirks Potsdam. Auf Grund der Generalstabskarte nach amtlichen Materialien bearbeitet. 1 100 000. Berlin 1864. 17 Bl. c. L.

Rappard, F. v., topographisch-statistische Karte des Reg.-Bez. Potsdam auf Veranlassung der königl. Regierung, auf Grund der Generalstabs-Karten etc. bearb. Neue revid. Ausg. 1:100,000. 17 Bl. Fol. Berlin 868, Selbstverlag. [Leipzig, Schneider.] **
color. Ausg. **M 30.; Prachtausg. **

Hieraus die Karten der Kreise: Niederbarnim und Berlin; Prenzlau; Templin; Angermünde; Ober-Barnim; Teltow mit Potsdam; Beeskow - Storkow; Jüterbogk - Luckenwalde; Zauch - Belzig; Ost-Havelland; West-Havelland mit Brandenburg; Ruppin; Ost-Priegnitz; West-Priegnitz. à **M 2.; color. Ausg. à **M 2,25.

v. Rappard, F. Topographisch - statistische Karte des Regierungs - Bezirkes Stettin. Auf Veranlassung der Königl. Regierung und nach deren Karten und amtlichen Materialien, sowie nach anderen zuverlässigen Angaben bearbeitet. 1 300 000. Stettin 1862. 4 Bl. c. L. nebst 1 Uebersichtskarte c. L.

Rappard, F. v., Karte der Umgegend von Angermünde, Greifenberg, Schwedt und Vierraden. 1:100,000. Fol. Berlin 869, Selbstverlag. [Leipzig, F. Schneider.] ** 50 Pf.; color. ** — 75

Rappard, F. v., Karte der Umgegend von Berlin. 1:100,000. Fol. Berlin 868, Selbstverlag. [Leipzig, Schneider.] **
color. **

Rappard, F. v., Karte der Umgegend von Brandenburg. 1:100,000. Fol. Berlin 869, Selbstverlag. [Leipzig, Schneider.] ** 50 Pf.; color. ** — 75

Rappard, F. v., Karte der Umgegend von Freienwalde, Wrietzen und Neustadt-Eberswalde. 1:100,000. Fol. Berlin 869, Selbstverlag. [Leipzig, Schneider.] ** 50 Pf.; color. ** — 75

Rappard, F. v., Karte der Umgegend von Magdeburg auf Veranlassung der königl. Regierung bearb. und hrsg. 1.100,000. qu. 4. Berlin 869, Selbstverlag. [Leipzig, Schneider.] ** — 50
color. ** — 75

Rappard, F. v., Karte der Umgegend von Perleberg, Wittenberge und Wilsnack. 1:100,000. Fol. Berlin 869, Selbstverlag. [Leipzig, Schneider.] ** 50 Pf.; color. **

Rappard, F. v., Karte der Umgegend von Potsdam. 1:100,000. Fol. Berlin 869, Selbstverlag. [Leipzig, Schneider.] ** — 50
color. ** — 75

—— Karte der Umgegend von Ruppin, Lindow und Gransee. 1:100,000. Fol. Ebendas. 869. ** 50 Pf.; color. ** — 75

—— Karte des Kreises Wittenberg auf Grund der Generalstabs-Karte nach amtl. Materialien bearb. und hrsg. 1:100,000. Fol. Ebendas. 868. **M 1,50.; color. ** 1 75

Rappard, F. v., Plan der Stadt Aachen nebst Burtscheid. 1:5000. Neue revid. Ausg. 2 Bl. Fol. Berlin 868, Selbstverlag. [Leipzig, Schneider.] **M 6.; color. **
Prachtausg. in Carton **

Rappard, F. von, Der Preussische Staat nach der Dichtigkeit seiner jüdischen Bevölkerung, kartographisch dargestellt im Auftrage der Gesellschaft zur Beförderung des Christenthums unter den Juden bearb. u. herausg. Berlin 1863. . . . (Br. Mus.)

—— der preussische Staat nach der Dichtigkeit seiner jüdischen Bevoelkerung kartographisch dargestellt. 1:2,666,666. Fol. Ebendas. (863)69. ** 25 Pf.; Prachtausg. ** — 50

Rappard, F. v., Synodal-Karte der evangelischen Kirche der Rheinprovinz. 1:600,000. Lithogr. und color. Imp.-Fol. Nebst Text. gr. 8. (40 S.) Langenberg 879, Joost. cart. * 4 50

Rappard, F. von, Übersichts-Karte zu dem Verzeichniss der Zweig-Vereine des vaterländischen Frauen-Vereins. Berlin [1870?] . . . . (Br. Mus.)

—— die Wahlen zum preussischen Abgeordnetenhause am 3. Juli 1866. Legislatur-Periode 1866/69 kartographisch dargestellt. Fol. Ebendas. 866. ** 1 —

Rappard, F. v., die Wahlen für den norddeutschen Reichstag am 31. Aug. 1867 nebst Nachwahlen kartographisch dargestellt. (Ausg. vom 10. Septbr. 1867.) Nr. 1. Lithogr. u. illustr. Berlin 867. F. Schulze's Buchh. gr. Fol. 7½ ngr.

—— Wand-Karte zur Entwickelungs-Geschichte des Brandenburg-Preussischen Staates. 4 Bl. Fol. Mit Hülfs-Lehrbuch dazu. 4. (4 S.) Ebendas. 874. * 5 50

— — Wand-Karte des Preuss. Staates und des Norddeutschen Bundes. Berlin, Selbstverlag. (Leipzig, Schneider.) 1870. Fol.

Rappard, Friedrich Wilhelm v.

Rappard, Fr. Wilh. von, über das Brauchbare in der französischen Criminalgerichtsverfassung und Prozeßordnung zur Aufnahme in das Preuß. Rechtssystem. gr. 8. Cölln, Rommerskirchen. 817.

—systemat. Darstell. d. französ, Proceßordnung u. Gerichts-verfass. 2 Bde. gr. 8. Essen u. Duisb. 813. Bädecker. 2 ℳ

v. Rappard, Fr. Wlh., Selbstbiographie, s. Aug. v. Rappard.

Rappard, Friedr. Wilh. v.: Ueber das öffentliche Verfahren im Civil-Prozeße u. wie, bey dessen Einführung die Gerichte im Königl.-preuss. Staate am zweckmaßigsten einzurichten. Hamm [1818].

Rappard, Heinrich (Crefeld/Rheinpr.), De catheterismo tubae Eustachianae. Diss. med. Berlin (Nietack) 9. III. 1836. 32 S. mit Biogr. (M.: G. v. Felbert). (3.25) 27651
Oppon.: M. Bruch, M. J. Nettekoven, L. Kuerfgen.

Rappard, Karl v.

Rappard, Carl v., der Spiritismus u. sein Programm, dargelegt v. e. Deutschen. gr. 8. (58 S.) Leipzig 883. (Rübe.) n. — 50

Rappard, Carl v., der Spiritismus u. sein Programm, dargelegt v. e. Deutschen. (Nebst Anweisg. zum spiritist. Experimente.) Hrsg. von C. v. R. [Aus: „Licht, mehr Licht"] gr. 8. (58 S.) Waltershausen 893. (Leipzig, M. Spohr.) n. 1. —

Rappard, Carl v., der Spiritismus u. sein Programm. 2. Aufl. gr. 8. (72 S.) Leipzig 898. [M. Spohr.] E. Fiedler. n. 1. 50

— Studien u. Phantasien. gr. Fol. (1 Radierg., 1 Steindr. u. 14 Lichtdr. m. 1 Bl. Text.) München 897. Verlagsanstalt F. Bruckmann. In Halbleinw.-Mappe n. 25. —

Rappard, Karl Heinrich

Rappard, C. H., siehe: *Glaubensbote.*

Rappard, C. H. 50 Jahre der Pilgermission auf St. Chrischona. 1840—1890. Gedenkschrift zur Feier d. 50jähr. Bestandes der Anstalt. 8. (VIII, 272 S. m. Abbildgn.) Basel 890, Jaeger u. Kober. * 1 — geb. * 1 60

Rappard, C. H., 50 Jahre der Pilgermission auf St. Chrischona. 1840—1890. Gedenkschrift zur Feier d. 50jähr. Bestandes der Anstalt. 8. (VIII, 272 S. m. Abbildgn.) Basel 890. Spittler. n. 1. —; geb. n. 1. 60

Rappard, C. H., voir: *Messagère de Crischona.*

Rappard, C. H., die Pilger-Mission zu St. Chrischona. 2. verm. Aufl. d. Gedenkschrift: „Fünfzig Jahre d. Pilger-Mission". (VIII, 287 S. m. 7 Vollbildern.) 8. St. Chrischona (908). (Gießen, Buchh. der Pilger-Mission.) nn 1.80; geb. in Leinw. nn 2. 50

Rapparee, der große, s.: Familien-Bibliothek.

Rappawi. Ant. A.. s.: Kunstwarte, die.

Rappe, Carl, s. Rappe, Karl

Rappe, Jh., Lebenskunst, od. einzig wahrer Weg f. jeden Menschen, seine Bestimmung hier auf Erden sicher zu erreichen. 2e vollend. Aufl. 16. (Leipz. Köhler). 4 gr

Rappe, Joh., der Mensch u. s. Verhältnisse, aphoristisch dargestellt ꝛc. 2te Aufl. 8. Dortmund, Mallinckrodt. 815.

— der Mensch u. seine Verhältnisse, aphoristisch dargestellt ꝛc. 2e Aufl. 8. Dortm. 815. (Wundermann in Hamm). 8 gr

Rappe, Joh., Pharos. 12. (1⅔ B.) Dortmund 840, Krüger.

Rappe, Karl

Rappe, Carl, approb. Arzt aus Corbach Über Gefäße in den Herzklappen. *Göttingen 1904: L. Hofer.* (24 S.) 8°
Gottingen, Med. Diss. v [31 Mai] 1904

Rappe, Carl, über Gefässe in den Herzklappen. (Diss.) (24 S.) 8. Göttingen 904. (Vandenhoeck & Ruprecht.) n. — 60

Rappe, Thorborg, über Pflege, Erziehung u. Unterricht schwachsinniger (idiotischer) Kinder. Ratschläge u. Anweisgn. Genehmigte Uebersetzg. aus dem Schwed. v. Ingeburg Hansen. Mit e. Nachwort von P. Chr. Hansen. (90 S. m. Bildnis.) gr. 8. Kiel 904. Lipsius & Tischer. n. 1. 80

Rappel aus der brennenden Zone . . . Riga 1793. V: *Fölkersahm, Georg Friedrich von.* (R-N)

Rappel, Ant., Übersicht üb. die Feld-, Gebirgs-, Belagerungs-, Festungs- u. Küstengeschütze u. deren Munition. (III, 105 S.) kl. 8. Ödenburg 908. (Wien, L. W. Seidel & Sohn.) 3. —

Rappel, Johann B

Ueber die erste olynthische Rede des Demosthenes. Von J. B. Rappel, K. u. P. — 1825. Landshut, Storno. — S. 3—10.
Progr Landshut

Rappel, Ulrich J., de Chicago: Sur les potentiels explosifs et la rigidité diélectrique de l'air. Fribourg 1909 108 S. et quatre planches. 8°
Freiburg i. Schw. Math.-naturw. Diss. 1908/09

Rappenau [Schlagwort]

Rappenau, s.. Geologische Karten. Spezialkarte (Baden).

Rappenecker, Joseph, a. Freiburg i. B.: Logische Gliederung des platonischen Phaedon. Freiburg i. Br. 1906: Charitas-Druckerei. (84 S.) 8°
Freiburg i. B., Phil. Fak., Ref. Übinger, Diss. v. 27. April 1906
[Geb. 11. März 79 Freiburg i. B.; Wohnort: Freiburg i. B.; Staatsangeh.: Baden, Vorbildung: Gymn. Lörrach; Studium: Freiburg i. B. 7 S.; Rig. 25. Nov 05.]

Rappenecker, Karl: Über die Reibungskoeffizienten von Dämpfen und ihre Abhängigkeit von der Temperatur. Freiburg i. B. 1909: Caritas-Dr. 46 S. 8°
Freiburg i. B., Phil. Diss. v. 29. Nov. 1909, Ref. Himstedt
[Geb. 10. Febr. 86 Freiburg i. B.; Wohnort: Freiburg i. B.; Staatsangeh.: Baden; Vorbildung Friedrichs-Gymn. Freiburg i. B. Reife Juli 05; Studium Freiburg i. B. 8 S., Rig. 16. Juli 09.] [U 10. 1080

Ph. Rappenegger. Aurelia Aquensis. Die Stadt Baden als römische Niederlassung. 37 S. Mannheim, P 1853

Ph. W. Rappenegger. Die römischen Inschriften, welche bisher im Grossherzogtum Baden aufgefunden wurden. I. Abt. S. 1—44 des Programms. Mannheim, P 1845

Derselbe. Die römischen Inschriften, welche bisher im Grossherzogtum Baden aufgefunden wurden. II. Abt. S. 45—106. Mannheim, P 1846

Rappenegger, Ph. W., Sitten u. Gebräuche der Griechen im Alterthume. Für d. Schulunterr. u. Selbstgebr. gr. 8. (17 B.) Heidelberg 828, A. Oßwald.

Rappenegger, Ph. W., Sitten und Gebräuche der Griechen im Alterthume. Für d. Schulunterricht u. Selbstgebrauch. Wohlf. Schul-Ausg. gr. 8. Heidelberg 836. Vereins-Verlag. 5/6 ℳ

Rappenegger, Ph. W., Sitten u. Gebräuche d. Griechen im Alterthume. Für d. Schulunterr. u. Selbstgebr. Wohlf. Schul-Ausg. gr. 8. (18 B.) Heidelberg 836, [C. F. Winter.]

Rappenhöner, Stadt Neuss mit nächster Umgebung. Angefertigt im J. 1873. Fol. Cöln und Neuss [Dusseldorf] 874, Schwann's Verlag. * 3 —
Auf Pappe *ℳ 4.; auf Lnwd. * 4 50

Rappenhöner, Jos., die Körperleiden u. Gemüthsbewegungen Christi. Eine christologische Studie. gr. 8. (IV, 130 S.) Düsseldorf 878. Schwann. n. 1. 50

Rappenhöner, Jos., allgemeine Moraltheologie. 2 Tle. gr. 8. Münster i/W. Aschendorff. n. 5. —
1. Die Lehre üb. Freiheit, Gesetz, Gewissen. (188 S.) 891. n. 2. 75
2. Die Lehre üb. das Sittliche, sittlich Gute, sittlich Böse. (III, 156 S.) 893. n. 2. 25

Rappenkrieg, der. Anfang, Mittel und End. Alles von dem Ehren- und Nothvesten Herrn Hauptmann Andr. Ryff ganz wahrhaftig und ordentlich beschrieben Ao. 1594. Mit 1 Kpfr. 8. Zürich 833, Hanke. ¼ ℳ

Rappenkrieg Der R' im Jahre 1594 (Basel) *s.* [Burckhardt Abel]

Rappeport, Theodor [aus Lodz (Russ.-Polen)]: I. Beitrag zur Kenntnis der Pyrimidine und Kyanidine. II. Versuch zur Darstellung des Orthonitrobenzimidoaethers. Berlin 1900. 55 S. 8°.
Bern. Phil. Diss. 1900/1901.

v. Rapperschwyl, Mathilde, ob. das unversöhnl. Rachgespenst. 8. Leipz. 800. (Liebeskind). 12 gr

Rapperswil et ses environs *sc*[Helbling, Carl].

Rapperswil et ses environs. Publié par la Société de Développement de Rapperswil. Davos-Platz [1907]. V: *Helbling*, *Carl*. (BBullSchw 7, 1907)

(Polit Gemeinde Rapperswil.) Gutachten und Antrag des Gemeinderathes.... 4.
... betreffend Betheiligung der polit. Gemeinde Rapperswil an der Finanzirung des Gaswerkes. (1903 Februar 21.) 4 S. OᵍSGa
.. betreffend Einführung der Steinkohlengas-Beleuchtung resp. Abschluss eines Konzessionsvertrages mit der Firma Carl Francke in Bremen. (1902 November 1.) 7 S.

Politische Gemeinde Rapperswil. Rechnungen und Vermögensausweis ..., nebst Voranschlag und Steuerplan.... [*je* Mit 1 Tabelle.] 8.
Rechnungen ... (1900/1901) auf 30. Juni 1901, nebst Voranschlag ... pro 1901/1902. (1901 Oktober 19.) I + 16 S. Rapperswil, F Steiner-Nater, 1901.
Rechnungen ... (1901/1902) auf 30. Juni 1902, nebst Voranschlag ... pro 1902/1903. (1902 Oktober 8.) I + 17 S. Rapperswil, H. Gasser-Akeret, 1902.

Rapperswil, Grafen von. [Zürich 1901.] V: *Diener*, *Ernst*. (Zuwachsverz. d. Bibliotheken in Zürich 1898 ff.)

Rapperswil und oberer Zürichsee *sc*[Helbling, Carl].

Rapperswil und oberer Zürichsee. Herausgegeben vom Verkehrs- und Verschönerungsverein Rapperswil. Davos-Platz [1907]. V: *Helbling*, *Carl*. (Bibliogr. Bull. d. Schweiz 1907.)

Rapperswyl et ses environs *s.* Fuhrer fur Rapperswyl ...

Rappert, G. M., Chronik der Kriegsereignisse in der Stadt Hammelburg 1866. Hammelburg 867. Würzburg. Kellner. gr. 8. (VII, 100 S. mit 1 Holzschntaf.) n. 9 ngr

Räpple, F. H., die neue Arzneitaxe Sachsens v. 9. July 1830, nebst einigen damit in Bezug stehenden Kgl. Sächs. Medicinalgesetzen; beleuchtet. gr. 8. (1 B.) Leipzig 830, Voß.

Rappold: Abendunterhaltungen in Gesprächen eines Landpfarrers mit einigen Wahrheit liebenden Männern.
s. Abendunterhaltungen...

Rappold, Jakob [Ansprache an die Schüler bei Beginn des Schuljahres.] S. 57—58. 8. **Progr.** K. k. Elisabeth-Gymn. *Wien* 1901

Rappold, J., Aufgaben zu lateinischen Stilübungen, s.: Süpfle, Karl Frdr.

Rappold, *Jakob* Beiträge zur Kenntnis des Gleichnisses bei Aischylos, Sophokles und Euripides. 8 (27 S.).
Progr. Staatsg. im IV Bezirk *Wien* 1886

Rappold, J., Beiträge zur Kenntnis d. Gleichnisses bei Aischylos, Sophokles u. Euripides. Lex.-8. (27 S.) Leipzig 887. Fock. n. 1. —

Rappold, J., Beiträge z. Hygiene. Revision uns. Mittelschulen. 1. Hft. gr. 8. (11 S.) Wien 895. A. Pichler's Wwe. & Sohn. n. — 40

Rappold, Jakob:
Bericht über die Abschiedsfeier für den zum Landesschulinspector ernannten Director Dr August Scheindler. 8 (S. 58—60).
Progr. K. k. Elisabeth-G. *Wien* 1897

Rappold, *Jakob*: *Bericht über die Feier des Namensfestes Ihrer Maj. der Kaiserin Elisabeth am 19. Nov. 1896.* 8 (S. 57—58).
Progr.

— Chrestomathie aus griechischen Classikern. Zur Erleichterg. u. Förderg. des Übersetzens aus dem Stegreife zusammengestellt. 12. (X, 93 S.) Wien 893. C. Gerold's Sohn. Kart. n. 1. 40

Rappold, J., Chrestomathie aus griech. Classikern. Zur Erleichterg. u. Förderg. des Übersetzens aus dem Stegreife zusammengestellt. 2., verm. Aufl. 12. (VI, 163 S.) Wien 901. C. Gerold's Sohn. Kart. n. 2. —

— Chrestomathie aus lateinischen Classikern. Zur Erleichterg. u. Förderg. des Übersetzens aus dem Stegreife zusammengestellt. 12. (XIV, 193 S.) Ebd. 893. Kart. n. 2. —

— dasselbe aus lateinischen Classikern. Zur Erleichterg. u. Förderg. des Übersetzens aus dem Stegreife zusammengestellt. 2. Aufl. 8. (XII, 193 S.) Ebd. 901. Kart. n. 2. —

Rappold, *Jakob*: Zum Euripidestext. 8 (S 3—22).
Progr. K. k. Elisabeth-G. *Wien* 1900.

— die am Gymnasium auswend. zu lernenden deutschen Gedichte. F. d. Schul- u. Privatunterricht m. erklär. Anmerkgn. u. m. Fragen zur Einprägg. u. Vertiefung vers. 1.—3. Classe. 2., unveränd. Aufl. gr. 8. (X, 28; VI, 34 u. VI, 32 S.) Ebd. 898. 97. à n. — 32

— die am Gymnasium auswendig zu lernenden deutschen Gedichte. Für den Schul- u. Privatunterricht m. erklär. Anmerkgn. u. m. Fragen zur Einprägg. u. Vertiefg. versehen. 4. Classe. 2. Aufl. gr. 8. (VI, 46 S.) Wien 899. A. Pichler's Wwe. & Sohn. n. — 40

Rappold, Jak. Die Gleichnisse bei Aischylos, Sophokles und Euripides. 3 Teile 44, 36, 47 SS. 8. G. *Klagenfurt* 1876. 1877 1878.
Progr.

Rappold, J., unsere Gymnasialreform. Kritische Bemerkgn., Erwäggn. u. Vorschläge zum revidierten Lehrplane vom J. 1884 nebst den dazu gehör. „Instructionen" u. zu den „Weisungen" vom J. 1885. gr. 8. (80 S.) Wien 886. Pichler's Wwe. & Sohn. n. 1 20

Rappold, J., unser Gymnasium. Erwägungen u. Vorschläge zu Methode u. Lehrplan. gr. 8. (91 S.) Wien 881. Pichler's Wwe. & Sohn. n. 2. 40

Rappold, *Jakob* Über eine Jugendschrift. 8 (S. 3—8). Der Invalide. (Umschlagtitel: Eine Jugenderzählung). 8 (S. 9—30).
Progr. K. k. Staatsg. im IV Bezirk *Wien* 1892.

Rappold, J., Sophokles Philoktetes. Mit Einleitung und Anmerkungen für den Schulgebrauch herausgegeben. I. Theil. Einleitung und Text. Gr.-8. (IV, 75 S.) —.44
— - II. Thl. Anmerkungen. Gr.-8. (48 S.) —.30
Wien: Hölder 1891.

Rappold, Jak.: Das Reflexivpronomen bei Aesch. Soph. u. Euripides. 58 S. 8° – Klagenfurt, Progr. 1873

RAPPOLD, J.
(F) Schlüssel zu Rappold's „Vorbereitung für die Aufnahmsprüfung der Gymnasien und Realschulen aus der deutschen Sprache und dem Rechnen". Von J. Rappold. 2., durchgesehene Auflage. Wien. 1901. Pichler's W. & S. Gr.-8°. 41 S. K —.80

Rappold, J., Textkritisches zu Ovids Schriften. S.-A. 1881. 17 S. —75

— die **Vorbereitung** f. die Aufnahmsprüfung der Gymnasien u. Realschulen aus der deutschen Sprache u. dem Rechnen. gr. 8. (VI, 50 S.) Wien 893. A. Pichler's Wwe. & Sohn. n. —80; Schlüssel (41 S.) n. —80

RAPPOLD J.
(F) Die Vorbereitung für die Aufnahmsprüfung der Gymnasien und Realschulen aus der deutschen Sprache und dem Rechnen. Von J. Rappold. 2. durchgesehene Auflage. Wien. 1899. Pichlers W. & S. 8°. 50 S. fl. —.40

— **Vorbereitung** f. d. Aufnahmsprüfung der Gymnasien u. Realschulen aus der deutschen Sprache u. dem Rechnen. Schlüssel. 2., durchgeſ. Aufl. gr. 8. (41 S.) Ebd. 901. n. —80

— die Vorbereitung f. die Aufnahmsprüfung der Gymnasien u. Realschulen aus der deutschen Sprache u. dem Rechnen. Mit Schlüssel, die Beantwortg. der gestellten Fragen u. Aufgaben enth. 3., in der neuen Rechtschreibg. bearb. Aufl. (VI, 50 u. 41 S.) 8. Wien 904. A. Pichler's Wwe & Sohn. n. 1. 60

(F) **Rappold, J.,** Die Vorbereitung für die Aufnahmsprüfung der Gymnasien und Realschulen aus der deutschen Sprache und dem Rechnen. 4. Aufl. 8°. (50 S.) K .60
Wien: Pichler 1907.

(F) **Rappold, J.,** Die Vorbereitung für die Aufnahmsprüfung der Gymnasien und Realschulen aus der deutschen Sprache und dem Rechnen. 5. Aufl. 8°. (V, 50 S. mit Beilage) K 1.60
Wien: Pichler 1908.

Rappold, J., die Vorbereitung f. die Aufnahmsprüfg. der Gymnasien u. Realschulen aus der deutschen Sprache u. dem Rechnen. Mit Schlüssel, die Beantwortung der gestellten Fragen u. Aufgaben enth. 6. Aufl. (VI, 50 u. 41 S.) 8. Wien 910. A. Pichler's Wwe. & Sohn. 1. 60

— gymnasial-pädagogischer **Wegweiser.** Für Candidaten u. Anfänger d. Gymnasiallehramtes zusammengestellt. gr. 8. (31 S.) Ebend. 883. n. —80

— gymnasialpädagogischer **Wegweiser.** 2., stark verm. Aufl. gr. 8. (III, 130 S.) Ebd. 894. n. 2. 40

Rappold, Jenny

— Sagen aus Kärnten. Zusammengestellt u. theilweise neu erzählt. 8. (XIV, 266 S.) Augsburg 887. Amthor. n. 3. —

Rappold, Jenny, Kärtner Sagen. — Im Walde. Zwei Schwestern. Ein Geburtstagswunsch, s.: Volks- u. Jugend-Bibliothek.

Rappold, Jenny, im Walde. Zwei Schwestern. Ein Geburtstagswunsch, s. a. Pichler's Jugendbücherei. 12. Bdchn.

(F) **Rappold, J.,** im Walde. Zwei Schwestern. Ein Geburtstagswunsch. Drei Erzählungen. [Pichler's Jugendbücherei. Bd. 12.] 8°. (77 S.) geb. K 1.—
Wien: Pichler 1904.

Rappold, N[iclaus]. **Unsere Kriminalpolizei. Die Einheit im Zusammenwirken der Stadt- und Kantonspolizei auf dem Platze Zürich. Zeitgemässe Betrachtungen und praktische Beiträge zur Regelung der Angelegenheit. II + 72 S. 8. Zürich, Arnold Bopp, 1903.**

Rappolstein; eine Wundersage aus dem Mittelalter . . . Zürich 1836. V: *Dürrbach, G.* (Cat. d. Stadtbibl. Zürich. Zürich 1864-79.)

Rappolt

— **Immanuel Friedrich** (Brackenheim), De numero specierum juris in re, et praesertim: an possessio illis sit annumeranda. Diss. jur. Präs. Heinr. Gottfr. Scheidemantel. Stuttgart (Typ. Acad.) (13.) April 1786. 10 S. (5.—) 27656
Widm. v.: Heinr. Gottfr. Scheidemantel.

Rappolt, Wilhelm Gottlieb

Rappolt, Wlh. Gll., († d. 21. Dec. 1808.) dilucidationes analyseos finitorum Kaestnerianae. 4. Tübing. 768.

— Sätze v. Luft, Feuer, Licht u. Wärme. 4. Stuttg. 781.

— Sätze aus d. Statik, Mechanik u. Hydrostatik. 4. Stuttg. 779 u. 80.

— üb. die Stärke rund gewobener Seile, wie sie nach Muschenbroekischen Grundsätzen zu Bühlhof bei Calw verfertigt werden. 8. Tübing. 795. b. Cotta. 4 ℋ

Rappolt, W. G., üb. Stärke rundgewobener Seile. 8. Tübingen, Cotta. 796.

— theses ex analysi infinitorum. 4. Stuttg. 778.

— theses ex mathesi pura et applicata. 4. Stuttg. 777.

— phys. et mathem. Theses. 4. Stuttg. 776.

— de variationibus barometricis. 4. Stuttg. 775.

Rappolt, Wilhelm Johann, s. Rappolt, Wilhelm Gottlieb

Rappoltstein, Alfr. de, l'Alsace-Lorraine. 1870—1884. gr. 8. (44 S.) Basel 884. Bernheim. n. 1. —

— Elsass-Lothringen 1870—1884. gr. 8. (42 S.) Ebend. 884. n. 1. —

Rappoltstein, Joh. Jak. v., s. Horning, W.

Rappoltsweiler [Sachliches OW]

Rappoltsweiler u. das Carolabad, s.: Woerl's Reisehandbücher.

Rappoltsweiler [Schlagwort]

Rappoltsweiler, s.: Hohkönigsburg. — Vogesen.

Rappoport, Ch., zur Charakteristik d. Methode u. Hauptrichtgn. d. Philosophie d. Geschichte, s.a. Studien, Berner, zur Philosophie u. ihrer Geschichte.

Zur Charakteristik der Methode und Hauptrichtungen der Philosophie der Geschichte. Von Dr Ch. **Rappoport.** *Bern: A. Siebert 1896.* (2 Bl., 106 S., 1 Bl.) 1 Bd 8.
= **Studien,** Berner, z. Philosophie u. ihrer Geschichte. Bd III. [97. 4083

— d. sociale Frage u. d. Ethik. Hrsg. v. socialpolit. Verein Bern. 1. u. 2. Aufl. gr. 8. (48 S.) Bern 895. W. Goepper. n. — 70

Rappoport, Ch., Die sociale Frage und die Ethik. gr. 8⁰. Bern, Goepper u. Lehmann, 1895.

Palästina-Studien Ein wissenschaftl. Buch über alle Verhältnisse Palästina's. Bearb., gesammelt u. unter Mitw. der grösster Fachmännern [!]. Von Ch. **Rappoport.** Jerusalem. [Selbstverl.] 1908. 62 S. 8⁰

Rappoport, Ch., siehe: *Studien, Berner, zur Philosophie.*

Rappoport, Chassia, aus Dwinsk (Rußland): **Ueber die Opium-Urethancombination.** ⟨Aus dem medizinisch-chemischen und pharmakologischen Institute der Universität Bern. (Direktor: Prof. Bürgi.)⟩ Berlin, L. Schumacher, 1911. 12 S. 8⁰ S.-A. aus der Zeitschrift für experimentelle Pathologie und Therapie. Bd. 9 [24 XII 10.]
Bern. Med Diss. 1910 11

Rappoport, Eugen, approb. Arzt aus Barmen: **Aus d. Laboratorium d. med. Klinik zu Bonn. Ueber den Einfluss verschiedener Medicamente und des Spargels auf die Harnsäureausscheidung** *Bonn 1900: J. Trapp.* (33 S.) 8⁰
Bonn, Med Diss. v. [4. Aug.] 1900

Rappoport, Perla [aus Niozin (Tschernigow) Russland]: Über Spondylitis cervicalis. Zürich 1900. 41 S. 8⁰.
Zurich. Med. Diss. 1899/1900.

Rappoport, S. [Ancien élève de l'école des langues orientales, élève titulaire de l'école des hautes-études de Paris]: La liturgie samaritaine office du soir des fêtes. Texte samaritain et traduction arabe précédé d'une étude sur la liturgie samaritaine, son origine et son rapport avec celle des Juifs, des Caraïtes, des Chrétiens et des Musulmans. Paris 1900. 76 S. 8⁰.
Basel. Phil. Diss. 1900/1901.

Rapport administratif du commissaire général suisse à l'exposition universelle de Paris en 1889. In-8⁰. Berne, Impr. S. Collin. 1890

Rapport administratif du commissaire général de la Suisse à l'exposition universelle de Vienne en 1873. gr. 8. (130 S.) Schaffhausen 874. Baader. n. 2. 25

Canton de Berne. Rapport sur l'administration de l'État pendant l'année 1900. VI + 297 p. 4. Berne, Stæmpfli & Cie, 1901.

Canton de Berne. Rapport sur l'administration de l'État pendant l'année 1901. VI + 225 p. 4. Berne, Stæmpfli & Cie, 1902

Canton de Berne. Rapport sur l'administration de l'État pendant l'année 1902. VI + 279 p. 4. Berne, Stæmpfli & Cie, 1903.

Rapport des Agricoles de Fellenberg. gr. 8. Luzern 809. Anich. 1 ₰ 2 gr

Rapport des Agricoles de Fellenberg. gr. 8. Luzern, Aurich. 809.

Association de cautionnement pour le canton de Berne. 8 (Berne, Büchler & Co.)
9e rapport annuel. Année de gestion 1900. 42 p. [1901.]
10e rapport annuel. Année de gestion 1901. 45 p. [1902.]

Association de cautionnement pour le canton de Berne. 11e rapport annuel. Année de gestion 1902. 48 p. 8. (Berne, Bühler & Werder, [1903].)

Chemins de fer du Jura Bernois. 2me rapport annuel pr. 1872/73. 23 pp. in-4. **Berne,** impr. W. Gassmann. 1873.

Caisse de Prévoyance suisse (Schweizer. Sterbe- und Alterskasse) (à Bâle). 8.
19e Rapport annuel pour 1900. [4 p.] (1901.)
20e Rapport annuel pour 1901. [4 p.] (1902.)

Société suisse des Commerçants. 4. Zurich, Aschmann & Scheller.
28e Rapport annuel du Comité central 1900/1901 (Exercice du 1er mai 1900 au 30 avril 1901). [Avec 1 tableau.] IV + 17 p. 1901.
29e Rapport annuel du Comité central 1901/1902 (Exercice du 1er mai 1901 au 30 avril 1902). [Avec 1 tableau.] IV + 17 p. 1902.

Rapport annuel, 3e, du comité directorial de la fédération ouvrière suisse et du secrétariat ouvrier suisse pour l'année 1889. Les institutions de la protection ouvrière par le conseil municipal de Paris. In-8⁰. 74 p. Winterthur, Dépôt en comm. des soeurs Ziegler. 1890. 1 —

Bibliothèque Nationale Suisse (à Berne). 6e rapport annuel 1900—1901 présenté par la Commission de la Bibliothèque. 36 p. 8. Berne, Haller, 1902.

Conseils de Prud'hommes de Saint-Imier. 3e rapport annuel sur l'Exercice [de] 1900. 6 p. 8. Saint-Imier, Ernest Grossniklaus, 1901.

Conseils de Prud'hommes de Saint-Imier. 4e rapport annuel sur l'Exercice [de] 1901. 8 p. 8. Saint-Imier, Ernest Grossniklaus, 1902.

Conseils de Prud'hommes de Saint-Imier. 5e rapport annuel sur l'Exercice [de] 1902. 6 p. 8. Saint-Imier, Ernest Grossniklaus, 1903.

Ecole Ménagère de Saint-Imier. 6e *et* 7e *et* 8e Rapport annuel sur l'exercice du 1er Mai 1900 au 30 Avril 1901 *et* du 1er Mai 1901 au 30 Avril 1902 *et* du 1er Mai 1902 au 30 Avril 1903. 12 *et* 11 *et* 11 p. 8. Saint-Imier, Ernest Grossniklaus, 1901 *et* 1902 *et* 1903.

Fabrique suisse d'uniformes à Berne (succursale à Zurich). 11e *et* 12e Rapport annuel. Année 1900/1901 (juin 30) *et* 1901/1902 (juin 30). à II + 6 p. 4. Berne, Neukomm & Zimmermann, 1901 *et* H. Jent, 1902.

Funiculaire Bienne-Evilard. 5e rapport annuel pour l'exercice de 1900. 16 p. 4. Bienne, W. Gassmann, 1901.

Funiculaire Bienne-Evilard. 6e rapport annuel pour l'exercice de 1901. 16 p. 4. Bienne, W. Gassmann, 1902.

Funiculaire Bienne-Evilard. (7e) Rapport annuel pour l'exercice de 1902. 16 p. 4. Bienne, W. Gassmann, 1903.

Société des Missions évangéliques de Bâle. 86e *et* 87e *et* 88e rapport annuel (1900 *et* 1901 *et* 1902), présenté le 3 juillet 1901 *et* le 2 juillet 1902 *et* le 1er juillet 1903 par Th[eodor] Oehler, inspecteur. [*chacun* Avec cartes et illustrations.] à IV + 48 p. 8. Bâle, Fr. Reinhardt, 1901 *et* 1902 *et* 1903.

Société Suisse des Monuments Historiques. Rapport annuel — présenté ... par le prof. Dr J(osef) Zemp. 4. Zurich, Schulthess & Cie
... pour 1900. II + 52 p. 1901
... pour 1901. II + 34 p. 1902.

Société Suisse de Propriétaires de chaudières à vapeur. 8.
32e Rapport annuel 1900. [Avec des figures et 2 planches.] II + 165 p. Lucerne, H. Keller, 1901.
33e Rapport annuel 1901. [Avec des figures et 4 planches.] II + 167 p. Wald, H. Hess, 1902.

Union Chrétienne française de jeunes gens de Bâle. 21e rapport annuel. Exercice 1900—1901. 1901 Avril 2. 15 p. 8.

Union suisse du commerce et de l'industrie. 31. rapport annuel sur l'exercice avril 1900/mars 1901. 10 p. 4. Zurich, Berichthaus, 1901.

Union suisse du commerce et de l'industrie. ... Rapport annuel sur l'exercice.... 4. Zurich, Berichthaus.

32. Rapport... Avril 1901/Mars 1902. [Avec 1 tableau.] 9 p. 1902.
33. Rapport... Avril 1902/Mars 1903. 9 p. 1903.

Union suisse des paysans et Secrétariat suisse des paysans. 3e rapport annuel. 1900. 36 p. 8. Berne, K.-J. Wyss, 1901. [fr. 1. 20]

Publications du Secrétariat suisse des paysans. No. 10.

Union suisse des paysans et Secrétariat suisse des paysans. 4e rapport annuel. 1901. 58 p. 8. Berne, K.-J. Wyss, 1902. [fr. —. 80]

Publications du Secrétariat suisse des paysans. No. 13.

Union suisse des paysans et Secrétariat suisse des paysans. 5e rapport annuel. 1902. 47 p. 8. Berne, K.-J. Wyss, 1903. [fr. 1. —]

Publications du secrétariat suisse des paysans. No. 17.

(Confédération) suisse. Rapport présenté à l'Assemblée fédérale par le Conseil fédéral suisse sur sa gestion pendant l'année 1900. [Avec 23 tableaux et 1 carte.] II + 878 p. 8. ([Berne, C.-J. Wyss,] 1901.)

(Confédération) suisse. Rapport présenté à l'Assemblée fédérale par le Conseil fédéral suisse sur sa gestion pendant l'année 1901. ([Avec 23 tableaux, 1 carte et] Annexe...: Postulats des conseils législatifs.) II + 817 + *Annexe* 6 p. 8. ([Berne, C.-J. Wyss,] 1902.)

Banque cantonale de Berne. Rapport pour l'exercice de 1900. [Avec 1 tableau.] IV + 24 p. 4. Berne, Stæmpfli & Cie., 1901.

Banque cantonale de Berne. Rapport pour l'exercice de 1901 *et* de 1902. [*chacun* Avec 1 tableau.] IV + 25 *et* IV + 26 p. 4. Berne, Stæmpfli & Cie., 1902 *et* 1903.

Banque des Chemins de fer Orientaux à Zurich. 4. Zurich, Art. Institut Orell Füssli.

11e Rapport. Exercice du 1er Juillet 1900 au 30 Juin 1901. 24 p. 1901.
12e Rapport. Exercice du 1er Juillet 1901 au 30 Juin 1902. 22 p. 1902.

Banque des Chemins de fer Orientaux à Zurich. 13e Rapport. Exercice du 1er Juillet 1902 au 30 Juin 1903. 22 p. 4. Zurich, Art. Institut Orell Füssli, 1903.

Banque fédérale (Société anonyme), Zurich. 37e rapport. Exercice 1900. II + 41 p. 4. Zurich, J. Leemann, 1901.

Banque fédérale (Société anonyme), Zurich. 38e rapport. Exercice 1901. II + 41 p. 4. Zurich, J. Leemann, 1902.

Rapport du Bureau fédéral des assurances sur les entreprises privées d'assurances en Suisse en 1886, s. Bericht des eidgenössischen Versicherungsamtes.

Rapport du bureau fédéral des assurances sur les entreprises privées d'assurances en Suisse en 1888. Publié conformement à la décision du conseil fédéral suisse du 28 avril 1890. In-4°. LXVI, 135 p. Bern, Schmid, Francke & Co. 4 —
1890.

Rapport du bureau fédéral des assurances sur les entreprises privées d'assurances en Suisse en 1889. Publié conformément à la décision du conseil fédéral suisse du 1er mai 1891. In-4°. LXIV, 135 p. Bern, Schmid, Francke & Co.
1891. 4 —

Rapport du bureau fédér. des assurances sur les entreprises privées d'assurances en Suisse en 1890. Publié conformément à la décision du conseil fédéral suisse du 22 avril 1892. In-4°. LXXXIV, 117 p. Bern, Schmid, Francke & Co.
1892. 4 —

Rapport du Bureau fédéral des assurances sur les Entreprises privées d'assurances en Suisse en 1891. Publié conformément à la decision du conseil fédéral suisse du 5. Mai 1893. Gr. in-4°. 192 p. Bern, Schmid, Francke & Co. 2 50
1893.

Rapport du Bur. féd. des assurances sur les entreprises privées en matière d'assurances en Suisse en 1893. Publié conformément à la décision du conseil féd. suisse du 29. Avril 1895. In-4°. LXXI, 149 p. Berne, Schmid, Francke & Co.
1895. 2 50

Rapport du bureau fédéral des assurances sur les entreprises privées en matière d'assurances en Suisse en 1894. Publié conformément à la décision du Conseil fédéral suisse du 4 mai 1896. In-4°. II, XCIX et 127 p. Berne, Schmid, Francke & Co. 1896. 2 50

Rapport du bureau fédéral des assurances sur les entreprises privées en matière d'assurances en Suisse en 1895. Publié conformément à la décision du Conseil fédéral Suisse du 30 avril 1897. In-4°. CXVII, 127 p. Berne, Schmid & Francke. 1897. 2 50

Rapport au bureau fédéral des assurances sur les entreprises privées en matière d'assurances en Suisse en 1898. Publié conformément à la decision du conseil fédéral suisse du 19 Juin 1900. In-4°. XCV et 160 p. Bern, Schmid & Francke. 2 50
1900.

Rapport du bureau fédéral des assurances sur les sociétés privées d'assurances en Suisse en 1886. In-4°, 188 S. Bern, Schmid Franke & Cie. 4. —
1888.

— à Cathérine II sur le gouvernement de l'État, s.: Bibliothek, russische.

Chemin de fer du Saint-Gothard. 29e rapport 1900. [Avec tableau graphique de 3 pages et couverture illustrée.] II + 85 + II + 43 p. 4. Lucerne, J. Burkhardt, 1901.

Chemins de fer du Jura Bernois. 1. rapport pr. 1871/72. 19 pp. in-4. Bienne, impr. W. Gassmann.
1872.

Association (*1901-1902:* Société) suisse pour l'Avancement de la Protection internationale des ouvriers. Rapport du Comité.... 8.

... sur l'activité de la société pendant l'année (1re de son existence, 27 juin 1900-1901 (juin 30). II + 7 p. Berne, Neukomm & Zimmermann, 1901.
... sur ses travaux pendant l'année 1901-1902 (Juin 30). (2e Exercice.) II + 5 p. Payerne, A. Itten, 1902.

Association suisse pour (l'avancement de) la protection internationale des ouvriers. Fascicule No 19. 8. Berne, Ott & Bolliger, 1907. [fr. —. 30]

Fascicule No 19: Rapport du Comité sur l'activité de l'Assn. Année 1906. 43 p. 1907.

Les Fasc. No 15, 16 et 18 n'ont pas paru en français. — Fascicule 17 s. Vereinigung. Schweizerische V. zur Förderung des internationalen Arbeiterschutzes...

Association suisse pour (l'avancement de) la protection internationale des ouvriers. Fascicule No 26. 8. Bienne, C. Schweizer & Cie, 1908. (fr. —.30)

Fascicule No 26: Rapport du Comité sur l'activité de l'Ass'. Année 1907. 44 p. 1908.
Les Fasc. No 20—25 n'ont pas paru en français.

Association suisse pour (l'avancement de) la protection internationale des ouvriers. Fascicule No 28. 8. Bienne, C. Schweizer, 1909. (fr. —.60)

Fascicule No 28: Rapport du Comité sur l'activité de l'Ass'. Année 1908. 63 p. 1909.
Le Fascicule No 27 n'a pas paru en français.

Association suisse pour (l'avancement de) la protection internationale des ouvriers. Fascicule No 30. 8. Bienne, Impr. C. Schweizer; En vente à la Libr. de la Société suisse du Grutli, Zurich, 1910. (fr 1.—)

Fascicule No 30: Rapport du Comité sur l'activité de l'Ass'. Année 1909. 46 p. 1910.
Le Fascicule No 29 n'a pas paru en français.

Rapport du Comité central de secours (aux mondés) sur ses opérations et spécialement sur la collecte et la répartition des dons en nature. Au haut Conseil fédéral. [Avec 2 tableaux. E.] 8. ([Berne] 1869.)

Société suisse d'assurance sur la vie. 4. Bâle, François Wittmer.

(25e) Rapport du Comité Central pour l'année 1900. [Avec 1 tableau.] II + 35 p. 1901.
(26e) Rapport du Comité Central pour l'année 1901. II + 24 p. 1902.

Société suisse d'assurance sur la vie. (27e) Rapport du Comité Central (à Bâle) pour l'année 1902. II + 29 p. 4. Bâle, François Wittmer, 1903.

Rapport du Comité central suisse pour l'envoi de semences aux agriculteurs victimes de la guerre. 1871. 8. Soleure.

Rapport des Commissaires fédéraux dans le Canton du Valais fait au haut Directoire fédéral, et renfermant l'historique de ce qui s'est passé dans cet État dès le 1 Avril jusqu'au 15 Juin 1839 [E.] fol. *s. l.* [1839].

(Confédération suisse.) Rapport de la Commission du Conseil des Etats sur la gestion du Conseil fédéral et du Tribunal fédéral pendant l'année 1900. Du 14 mai 1901. II + 57 p. 8. [Berne, C.-J. Wyss.]

Rapport de la commission du conseil des états concernant la publication d'une carte murale pour les écoles de la Suisse. ⟨Du 18 novembre 1893.⟩ [E.] 8. ([Berne] 1893.)

Rapport de la Commission du Conseil national sur le Conflit avec l'Autriche. ⟨Du 26 Juillet 1853.⟩ [E.] 8. [Berne 1853.]

Rapport de la Commission du Conseil national *et* du Conseil des Etats concernant l'incident diplomatique survenu entre la Suisse et l'Italie. ⟨Du 22 avril 1902.⟩ *et* ⟨Du 24 avril 1902.⟩ 7 p.) *et* 14 p. 8. Berne, C.-J. Wyss, *et* [Berne, C.-J. Wyss,] 1902.

(Confédération suisse.) Rapport de la Commission du Conseil national sur la gestion du Conseil fédéral et du Tribunal fédéral pendant l'année 1901. Du 26 mai 1902. II + 51 p. 8. [Berne, C.-J. Wyss.]

Rapport de la Commission du Conseil national concernant la position de la Confédération en présence de la situation européenne. ⟨Du 14 juillet 1866.⟩ [E.] 8. [Berne 1866.]

École d'Horlogerie et de Mécanique, Saint-Imier. Rapport de la Commission. 8.

35e année scolaire 1900-1901. 20 p. Saint-Imier, J. Bischofberger, 1901.
36e année scolaire 1901-1902. [Avec 2 tableaux.] 20 p. Saint-Imier, Ernest Grossniklaus, 1902.

École d'Horlogerie et de Mécanique, Saint-Imier. Rapport de la Commission. 37e année scolaire 1902-1903. 24 p. 8. Saint-Imier, J. Bischofberger, 1903.

Rapport de la Commission de viticulture chargée par la direction de l'interieur du canton de Berne de visiter les vignobles du canton fin août et commencement de septembre 1875. Berne 1876: Stämpfli. 86 S. 8°

Rapport sur les comparaisons qui ont été faites à Paris en 1859 et 1860 de plusieurs kilogrammes en platine et en laiton avec le kilogramme prototype en platine des Archives Imperiales. — Etudes sur les diverses circonstances qui peuvent influer sur l'exactitude des pesées par Regnault, Morin et Brix. Berlin 1861. 4. —

Société Suisse de la Paix. Rapport et compte-rendu. Année 1902 (du 1er mai 1901 au 9 mars 1902) *et* Année 1903 (du 10 mars 1902 au 19 avril 1903). Procès-verbal des délibérations de l'Assemblée des Délégués du 9 mars 1902 à Olten *et* du 19 avril 1903 à Olten (*d. i.* Baden). 16 *et* 25 p. 8. Berne, W. Wälchli, 1902 *et* 1903.
Le Rapport de 1900/1 n'a pas été publié à part.

Société des forces électriques de la Goule à St-Imier. 7e Rapport et Comptes au 31 Décembre 1900. 18 p. 4. Saint-Imier, J. Bischofberger, 1901.

Société des forces électriques de la Goule à St-Imier. 8e Rapport et Comptes au 31 Décembre 1901. 19 p. 4. Saint-Imier, J. Bischofberger, 1902.

Société des forces électriques de la Goule à Saint-Imier. 9e Rapport et Comptes au 31 décembre 1902. 19 p. 4. Saint-Imier, Ernest Grossniklaus, 1903.

Banque fédérale à Berne. 7. Rapport du Conseil d'Administration, présenté à l'assemblée générale des actionnaires, le 11. Mars 1871. Exercice 1871. Berne, impr Rieder & Simmen. 12 pp. in 4. avec 7 tables. **1871**

Rapport du Conseil d'Etat du Canton du Tessin sur les désastres causés par les inondations survenues du 27 Septembre au 4 Octobre 1868. ⟨Du 9 Octobre 1868.⟩ ([Avec] Suppléments au rapport précédent. ⟨Du 15 *et* 23 Octobre 1868.⟩) [E.] 8. ([Berne] 1868.)

Rapport du Conseil-Exécutif au Grand-Conseil de la République de Berne sur la situation politique actuelle du Canton. (Berne, le 1 Septembre 1845.) 8. *s. l.*

Automobiles, Application de la loi sur la reponsabilité des entreprises de chemins de fer à la circulation. Rapport du Conseil fédéral. ⟨Du 15 décembre 1902.⟩ 21 p. 8. [Berne, C.-J. Wyss,] 1902.

(Confédération suisse.) Rapport du Conseil fédéral à l'Assemblée fédérale sur le Compte d'État de l'année 1900. ⟨Du 30 avril 1901.⟩ [Avec 11 tableaux.] II + 289 p. 8. Berne, C.-J. Wyss, 1901.

(Confédération suisse.) Rapport du Conseil fédéral à l'Assemblée fédérale sur le Compte d'État de l'année 1901. ⟨Du 6 mai 1902.⟩ [Avec 11 tableaux.] II + 313 p. 8. Berne, C.-J. Wyss, 1902.

(Confédération suisse.) Rapport du Conseil fédéral à l'Assemblée fédérale sur le Compte d'État de l'année 1902. ⟨Du 8 mai 1903.⟩ [Avec 11 tableaux.] II + 325 p. 8. Berne, C.-J. Wyss, 1903.

Rapport du Conseil fédéral à l'Assemblée fédérale sur les mesures prises dans l'intérêt de la neutralité. ⟨Du 1. Juillet 1859.⟩ ([Avec annexe:] Rapport supplémentaire.... Du 13 Juillet 1859.) [E.] 8. [Berne 1859.]

Rapport du Conseil fédéral à l'Assemblée fédérale suisse, concernant le conflit avec l'Autriche. ⟨Du 8 Juillet 1853.⟩ 8.
Ed. A: [E.] *20 p.* [Berne 1853.]
Ed. B: *22 p.* (Berne [1853].)

Rapport du Conseil fédéral au Conseil des États sur une pétition des officiers de la ci-devant légion anglo-suisse, concernant une réclamation au Gouvernement britannique pour solde de retraite arriérée. ⟨Du 25 octobre 1865.⟩ [E.] 8. [Berne 1865.]

Rapport du Conseil fédéral aux Conseils législatifs de la Confédération concernant la question de la Vallée des Dappes. [Avec 2 cartes.] 8. Berne 1859.

Alimontation de l'armée (suisse). Rapport du Conseil fédéral sur l'emploi de produits agricoles indigènes. Postulats nos 533, 534 et 557. ⟨Du 12 juin 1902.⟩ 28 p. 8. [Berne, C.-J. Wyss,] 1902.

Rapport du Conseil fédéral Suisse à l'Assemblée fédérale sur le conflit entre la Suisse et l'Autriche. ⟨Du 16 janvier 1854.⟩ 8. (Berne.)

Rapport du Conseil fédéral (suisse) à l'Assemblée fédérale sur la participation de la Confédération à l'œuvre des bureaux de placement et des institutions destinées à protéger les ouvriers contre le chômage. ⟨Du 8 novembre 1904.⟩ 111 p. 8. [Berne, C.-J. Wyss,] 1904.

— du conseil fédéral suisse aux gouvernements des états qui ont participé à la subvention de la ligne du St. Gotthard sur l'état actuel de l'entreprise. 2. éd. 1. année. hoch 4. (19 S. m. 4 chromolith. Taf. in hoch 4. u. Fol.) Zürich 874. Orell, Füssli & Co. n. 4. 80

— dasselbe. 1. vol. Register. hoch 4. (10 S.) Ebend. 874. n. — 60

Rapports du conseil fédéral suisse aux gouvernements des états qui ont participé à la subvention de la ligne du St-Gothard sur la marche de cette entreprise pendant le septième exercice du 1 oct. 1881 au 30 juin 1882. Vol. 10. Register. In-fol. Zürich, Orell Füssli & Cie. 1 25 1883.

Rapport du Département fédéral de Justice et Police au Conseil fédéral au sujet d'un mémoire rédigé par M. le Conseiller national Louis Wuilleret et appelant l'intervention du Gouvernement français dans les affaires intérieures de la Suisse. ⟨Du 25 janvier 1874.⟩ (— R' du D' féd' de J' et P' au C' féd' concernant l'Appel des catholiques suisses aux Puissances.. . ⟨Du 29 j' 1874.⟩ Arrêté du C' féd' au sujet du mémoire: App' des cath' s' aux puissances.... ⟨Du 29 j' 1874.⟩ [E.] 8. ([Berne] 1874.)

(Bureau central de police.) Rapport du Département fédéral de Justice et Police au Conseil fédéral Suisse ([concernant] la création d'un Bureau central de police). ⟨Du 20 mars 1901.⟩ 24 p. 8.

Rapport du Département militaire au Conseil fédéral sur l'épidémie de fièvre typhoïde qui a sévi à la suite des manœuvres du IVe corps d'armée en automne 1902. ⟨Du 20 février 1903.⟩ Annexe au rapport du Conseil fédéral sur sa gestion en 1902. [Avec 2 tableaux et 1 plan.] 112 p. 8. [Berne, C.-J. Wyss,] 1903.

(Canton de Berne.) Rapport de la Direction des finances... concernant le budget des recettes et des dépenses pour l'année 1901. ⟨Décembre 1900.⟩ 7 p. 4.

Projet de loi sur les apprentissages. Rapport de la Direction de l'intérieur au Conseil-exécutif, pour être transmis au Grand Conseil (du canton de Berne). ⟨Janvier 1902.⟩ (*Avec:* Projet du Conseil-exécutif, du 15 janvier 1902.) 12 p. 4.

Rapport de la direction de la justice et de la police au Conseil-exécutif du Canton de Berne (sur le résultat qu'ont eu jusqu'à ce jour les recherches faites dans le but de constater le sort et le montant de l'ancien trésor bernois). 4. (Berne 1851.)

Chemins de fer du canton de Berne. Rapport des la direction concernant 1., la justification financière de la Compagnie du Jura Bernois, et 2., l'apport des lignes de l'État comme participation à l'entreprise du réseau jurassien. 120 pp. in-4. Berne, impr. Rieder & Simmen. 1873.

Rapport du Directoire fédéral à la haute Diète sur l'intervention du Directoire dans le Canton du Valais. Lucerne, le 22 Juin 1844. [E.] fol. *s. l.*

Bureau fédéral des Assurances. Rapport sur les Entreprises privées en matière d'Assurances en Suisse. Publié conformément à la décision du Conseil fédéral suisse. 4. Berne, Comm. Schmid & Francke (Impr. Stæmpfli & Cie). [*à* fr. 2. 50]
1899. Publié — — suisse du 28 mai 1901. [Avec 1 tableau.] II + LXIV + 135 p. 1901.
1900. Publié — — du 27 mars 1902. [Avec 8 tableaux.] II + LXII + 136 p. 1902.

Bureau fédéral des Assurances. Rapport sur les Entreprises privées en matière d'Assurances en Suisse en 1899. Publié conformément à la décision du Conseil fédéral suisse du 28 mai 1901. II + LXIV + 135 p. 4. Berne, comm. Schmid & Francke (Impr. Stæmpfli & Cie.), 1901. [fr. 2. 50]

Bureau fédéral des Assurances. Rapport sur les Entreprises privées en matière d'Assurances en Suisse en 1901. Publié conformément à la décision du Conseil fédéral suisse du 22 mai 1903. II + LXXVIII + 136 p. 4. Berne, Comm. Schmid & Francke (Impr. Stæmpfli & Cie.), 1903. [fr. 2. 50]

Rapport sur l'état de la Statistique dans la Saxe-Royale. S. l. [1867.] V: *Petermann, Ldw. Th.* (Kat. d. stat. Bureaus. Dresden 1890.)

— à Mgr. l'Evêque de Strasbourg sur les écrits de M. l'Abbé Bautain. 8maj. Paris 839. (Mainz, Kirchheim, Schott et Thielmann.) n. 7/12 ₰

Fédération des Sociétés fribourgeoises d'agriculture. 53e Année. Rapport de 1900 — Verband der landwirtschaftlichen Gesellschaften des Kantons Freiburg. Bericht 1900. 103 p. 8. Fribourg, Impr. de l'Œuvre de Saint-Paul, 1901.

Fédération suisse des syndicats professionnels. Rapport du 1er janvier 1900 au 31 décembre 1901. 83 p. 8. Zurich, Impr. de la Société suisse du Grutli, 1902.

Comité d'initiative pour le perfectionnement des procédés de l'industrie boîtière (à Bienne). Rapport Général. De juillet 1899 à fin janvier 1902. IV + IV + 77 p. 8. Bienne, C. Schweizer & Cie. 1902.

Rapport général présenté par la commission d'agriculture sur la situation agricole du grand-duché de Luxembourg en 1861. Luxemburg 862. (Buck.) 4. (92 S.) 15 ngr.

Rapport général fait au Conseil exécutif de la république de Berne concernant les menées des refugiés politiques et autres étrangers en Suisse et plus particulièrement dans le canton de Berne, 1836.

Banque foncière du Jura à Bâle. 21e rapport de gestion. 21e exercice 1900. II + 16 p. 4. Bâle, Kreis, 1901.

Banque foncière du Jura à Bâle. 22e rapport de gestion. 22e exercice 1901. II + 16 p. 4. Bâle, Kreis, 1902.

Banque foncière du Jura à Bâle. 23e rapport de gestion. 23e exercice 1902. II + 16 p. 4. Bâle, Kreis, 1903.

Banque hypothécaire suisse à Soleure. 12e rapport de gestion pour l'exercice de 1900. IV + 12 p. 4. Soleure, Impr. Union, 1901.

Banque hypothécaire suisse à Soleure. 13e rapport de gestion pour l'exercice de 1901. IV + 12 p. 4. Soleure, Impr. Union, 1902.

Banque hypothécaire suisse à Soleure. 14e rapport de gestion pour l'exercice de 1902. IV + 12 p. 4. Soleure, Impr. Union, 1903.

Banque populaire du district de Moutier (à Moutier). Rapport de gestion pour l'exercice de 1900 et comptes acceptés ... le 26 mars 1901. 8 p. 4. Moutier, Ad. Imhoff, 1901.

Banque populaire du district de Moutier (à Moutier). Rapport de gestion pour l'exercice de 1901 et comptes acceptés ... le 2 avril 1902. 8 p. 4. Moutier, Urbain Bilat.

Banque populaire du district de Moutier (à Moutier). Rapport de gestion pour l'exercice de 1902 et Comptes acceptés ... le 25 mars 1903. 8 p. 4. Moutier, Tripet & Froidevaux, 1903.

Banque populaire suisse (à Berne). 32e rapport de gestion pour l'année 1900. [Avec 2 tableaux.] IV + 52 p 4. Berne, Lack Aeschlimann & Jost, (1901).

Banque populaire suisse (à Berne). 33e rapport de gestion pour l'année 1901. [Avec 2 tableaux.] IV + 56 p. 4. Berne, Lack Aeschlimann & Jost, 1902.

Banque populaire suisse (à Berne). 34e rapport de gestion pour l'année 1902. [Avec 1 portrait et 2 tableaux.] IV + IV + 58 p. 4. Berne, Lack Aeschlimann & Jost, 1903.

Bureau international des Administrations télégraphiques à Berne. Rapport de gestion. à 17 p. fol.
32e année 1900 (et Budget pour 1901).
33e année 1901 (et Budget pour 1902).

Chemin de fer Berne-Neuchâtel (Ligne directe). 4e et 5e et 6e rapport de gestion concernant l'exercice 1900 et 1901 et 1902. 24 et 64 et 64 p. 4. Berne, Stalder & Sieber, 1901 et 1902 et Stæmpfli & Cie., 1903.

Chemin de fer régional Tramelan-Tavannes. 17e rapport de gestion 1900. 29 p. 4. Tramelan, A. Zachmann-Vuille, 1901.

Chemins de fer Jura-Simplon. 11e rapport de gestion. 1900. IV + 208 p. + p. 120a. 4. Berne, Stæmpfli & Cie, 1901.

Fédération du Personnel des Entreprises suisse de transport. 6me rapport de gestion du Comité fédératif V. P. S. T. pour l'année 1900 ([et] Rapport sommaire du Secrétariat général V. P. S. T. sur l'exercice 1900/1901. — 1901 mai.) 16 p. 4.

Caisse de secours en cas de maladie du personnel des Entreprises suisses de transport. 5e Rapport de gestion et Compte annuel de l'Administration centrale 1900. Edition française-italienne. -- Cassa ammalati del personale addetto alle Imprese di trasporto svizzere. 5a Relazione e Conto annuale dell' Amministrazione centrale 1900. Edizione francese-italiana. II + 28 p. 8. St-Gall, Impr. Merkur, 1901.

Département fédéral des Postes et des Chemins de fer. Rapport sur sa gestion en 1900. II. Administration des postes. 38 p. 8. [Berne, C.-J. Wyss,] 1901.

Département fédéral des Postes et des Chemins de fer. Rapport sur sa gestion en 1901. II. Administration des Postes. 33 p. 8. [Berne, C.-J. Wyss,] 1902.

Département fédéral des Postes et des Chemins de fer. Rapport sur sa gestion en 1902. II. Administration des postes. 36 p. 8. [Berne, C.-J. Wyss,] 1903.

Département militaire fédéral. Rapport sur sa gestion.... 8. [Berne, C.-J. Wyss.]
...en 1900. [Avec 3 tableaux.] 158 p. (1901.)
...en 1901. [Avec 3 tableaux.] 140 p. (1902.)

Direction de l'agriculture du canton de Berne. Rapport sur la gestion pendant l'année 1900 et 1901 et 1902. II + 19 et II + 15 et II + 17 p. 4. Berne, Stæmpfli & Cie., 1901 et 1902 et 1903.

Direction de l'instruction publique du canton de Berne. Rapport sur la gestion pendant l'année scolaire 1900/1901. II + 37 p. 4. Berne, Stæmpfli & Cie., 1901.

Direction de l'instruction publique du canton de Berne. Rapport sur la gestion pendant l'année 1901. II + 15 p. 4. Berne, Stæmpfli & Cie., 1902.

Direction de l'instruction publique du canton de Berne. Rapport sur la gestion pendant l'année 1902. II + 26 p. 4. Berne, Stæmpfli & Cie., 1903.

Direction de l'intérieur du canton de Berne. Rapport sur la gestion pendant l'année 1900 et 1901 et 1902. II + 28 et II + 21 et II + 27 p. 4.

Direction des travaux publics du canton de Berne. Rapport sur la gestion pendant l'année 1900 et 1901 et 1902. II + 22 et II + 23 et II + 25 p. 4. Berne, Stæmpfli & Cie., 1901 et 1902 et 1903.

Rapport der englischen Gewehr-Prüfungskommission über Adoption des Hinterladungs-Gewehres von Martini-Henry für den Militärdienst. <Nach dem Orig. übs.> Frauenfeld 1869. 71 S.

Rapport sur le groupe XXVI: Education, enseignement, instructions. IId. partie. 8. Schaffh., C. Baader. 1875 2. —

Rapport sur le groupe XVI de l'exposition nationale suisse à Zurich 1883; Produits bruts. Gr. in-8°. Zurich, Orell Füssli & Cie. 1 25

Rapport entre la nouvelle Jérusalem celeste et la nouvelle Jérusalem terrestre ... Tübingen 1840. V: *Oegger, Wilh.* (Ky)

— entre la nouvelle Jerusalem, celeste et la nouvelle Jérusalem terrestre; ou le Seigneur avec nous, (par Oegger). Livr. 1. gr. in-8. Tübingen 840. Zu-Guttenberg. 1 fl 7 x

Rapports entre la Nouvelle Jérusalem céleste et la Nouvelle Jérusalem terrestre; ou le Seigneur avec nous, par l'intermediaire de Anna et Casp. Lineweg. 2. Livr. gr. in-8. (15 B.) Tubingue 841, Zu-Guttenberg Vrlsh.
1. Livr., vgl. Hofaker, Ludw. (II.), Elilytha ꝛc.

Rapport sur l'inondation du Rhin pendant l'été de 1871, et sur les secours portés aux inondés, présenté le 23 août 1872 par le Chef du Département de l'Intérieur du Canton de St-Gall. [Avec 1 tableau.] 8. St-Gall 1872. 46 pp.

Subventions de la Confédération aux traitements des agents forestiers subalternes. Rapport de l'Inspection fédérale des forêts au Département fédéral de l'Intérieur ⟨Du 1er septembre 1902.⟩ 10 p. 8. [Berne, C.-J. Wyss.]

Rapport. ... R' International sur le Mouvement Syndical,.... Publié par le Secrétaire International des Centres Nationaux Syndicaux (– *2: C' N' des Syndicats —, C[arl] Legien). 8. Berlin, Ed. de la Commission Générale des Syndicats d'Allemagne ⟨C. Legien⟩. [je M. 1.50]

Premier R'..., 1903. ... [Avec 7 tableaux.] 108 p. 1904.
Deuxième R'..., 1904. ... [Avec 3 tableaux.] 156 p. 1906.

Rapport. Troisième R' International sur le Mouvement Syndical, 1905. Publié par le Secrétaire International des Centres Nationaux des Syndicats (C[arl] Legien). 122 + XXII p. 8. Berlin, Ed. de la Commission Générale des Syndicats d'Allemagne ⟨C. Legien⟩, 1907. [M. 1.50]

Rapport. Quatrième R' International sur le Mouvement Syndical, 1906. Publié par le Secrétaire International des Centres Nationaux des Syndicats (C[arl] Legien). 133 + XXIV p. 8. Berlin, Ed. de la Commission Générale des Syndicats d'Allemagne ⟨C. Legien⟩, 1908. [M. 1.50]

Rapport. Cinquième R' International sur le Mouvement Syndical, 1907. Publié par le Secrétaire International des Centres Nationaux des Syndicats (C[arl] Legien). 166 + XXIV p. 8. Berlin, Ed. par la Commission Générale des Syndicats de l'Allemagne ⟨C. Legien⟩, 1909. [M. 1.50]

Rapport an den Kaiser. Von dem Oberbefehlshaber der Armee d. 15. [27.] Sept. 1831 ... 1831 O. O. V: *Paskiewitsch*, *Erivanski*. (Pr)

— von d. geheimen Commission, angest. v. Unterparlement rc. 2 Thle. 8. Hannover, Helwing. 756.

— à sa Majesté le Roi de Suède, par son Ministre d'état, sur les relat. polit. de la Suède avec la France, avec la dernière déclaration de guerre. 8. Braunschw. 813. Pluchart. 8 gl

— à sa Majesté le Roi de Suède par son Ministre d'état et des affaires étrangères, en date de Stockholm le 7. Jan. 1813. 4. Hannov., Hahn. 8 gl (Vergl. Bericht).

— dass. Franz. u. Deutsch, herausg. von Kotzebue. 8. Königsb. Nicolovius. 814.

Rapport de la majorité de la commission du Conseil des Etats chargée d'examiner la question de la remise des frais de guerre du Sonderbund. Du 28 juillet 1852. [E.] 8. (Berne [1852].)

Société française de Bienfaisance et de Secours Mutuels de Berne. Rapport sur la marche de la Société (pendant l'année 1900 *et* 1901). 13 *et* 14 p. 8. Berne, J. Martin & Cie, 1902 *et* 1902.

Rapport mensuel No. 12—24 du conseil fédéral suisse sur l'état des travaux de la ligne du St. Gotthard au 30 novbre 1874. Fol. (à 4 S.) Bern 874, Dalp'sche Buchh. [Zürich, Orell, Füssli und Comp.] à Rapport * — 20

Rapport mensuel Nr. 25 à 36 du conseil fédéral suisse sur l'état des travaux de la ligne du St.-Gothard du 31 octbre. jusqu'au 30 novbre. 1874. Fol. (à 4—5 S.) Bern 875, (Dalp'sche Buchh.) à * 20 Pf. *

Rapport mensuel Nr. 37—114 du Conseil fédéral suisse sur l'état des travaux de la ligne du St.-Gothard. Fol. (à Nr. ca. 10 S.) Bern 876—85. (Zürich, Orell, Füssli und Comp.) à Nr. *

Rapport mensuel Nr. 97—120 du conseil fédéral suisse sur l'état des travaux de la ligne du St.-Gothard. Fol. (Nr. 97. 10 S.) Bern 881. 82. Zürich, Orell, Füssli & Co. n. 12. —

— du ministre de la guerre Duc de Feltre à Napoléon sur le résultat de la belle campagne de 1812. 8. Braunschw. 813. Pluchart. 6 gl

Rapport, procès-verbal et propositions de la commission du conseil national sur l'élaboration d'une loi fédérale concernant l'alcool. 7. novembre 1886. 8° 55 p. Berne 1886.

Rapport et proposition du Conseil Fédéral à l'Assemblée fédérale au sujet des contributions fribourgeoises. (Berne, le 7 mars 1850) [E.] 8. [Berne 1850]

([Canton] de Berne.) Rapport et propositions de la commission d'économie publique concernant le compte rendu de l'administration de l'État pour l'année 1900 ⟨Novembre 1901⟩ *et* 1901 ⟨Juillet 1902⟩ *et* 1902 ⟨Juillet 1903⟩. 6 *et* 8 *et* 8 p. 4.

Rapport et Propositions présentés au Grand-Conseil de la République de Berne, par la Commission spec. chargé d'examiner l'affaire de la Dotation de Berne. 8. ($32^3/_4$ B.) Berne 836, [Fischer.]

Administration des postes suisses. Rapport sur le résultat de ses comptes en 1900. [Avec 6 tableaux.) 32 p. 8. [Berne, C.-J. Wyss, 1901.]

Administration des Postes suisses. Rapport sur le résultat de ses comptes en 1901. [Avec 6 tableaux.] 32 p. 8. [Berne, C.-J. Wyss, 1902.]

Administration des Postes suisses. Rapport sur le résultat de ses comptes en 1902. [Avec 6 tableaux.] 34 p. 8. [Berne, C.-J. Wyss, 1903.]

— de St. Just au Comité de Salut public au mois de Mai. 8. Francf. Eslinger.

Rapport über die Schlacht bei Idstedt den 24sten und 25sten Juli 1850. Eine Uebersetzung des dänischen officiellen Rapports, nebst einer Uebersichtskarte der Gegend zwischen Flensburg und Schleswig. Copenhagen. [1851?] 8°

Rapport über die Schlacht bei Idstedt den 24. u. 25. Juli 1850. Eine Uebersetzung des dän. officiellen Rapports, nebst einer (lith.) Uebersichtskarte der Gegend zwischen Flensburg u. Schleswig. gr. 8. (48 S. mit 1 Tab. in Fol.) Copenhagen 851, Reitzel. n. $^2/_3$ ℳ

Rapport über die Schlacht bei Idstedt den 24. u. 25 Juli 1850. Uebers. des dänischen offiziellen Rapports. 1. u. 2. Ausg. (48.) 8. M. 1 Krte. Kopenhagen 1851. 48 sk.

Société anonyme des Bains du Lac, à Versoix. Rapport (1900) *et* sur l'exercice 1901 *et* sur l'exercice 1902. *miméogr.* [3 *et* 3 *et* 2 p.] 4. (1901 *et* 1902 *et* 1903.)

Société française de bienfaisance à Bâle. Rapport sur l'exercice 1900 *et* 1901 *et* 1902. 15 *et* II + 15 *et* II + 15 p. 8. Bâle, Hermann Krusi (*1900: les Fils de Chr. Krüsi), [1901 *et* 1902 *et* 1903].

Société suisse d'industrie électrique à Bâle. 5e rapport pour l'exercice 1900. 16 p. 4.

Société suisse d'industrie électrique à Bâle. 6e rapport pour l'exercice 1901. 18 p. 4. (1902.)

Société suisse d'industrie électrique à Bâle. 7e rapport pour l'exercice 1902. 16 p. 4. (1903.)

Rapport sommaire sur l'activité du Bureau international de rélations maçonniques de 1903 à 1910. Présenté à la Réunion internationale de Bruxelles le 10 septembre 1910. Berne 1910: Büchler & Co. 14 S. 8⁰. [Umschlagtit.]

—— statistique de la commission centrale pour la navigation du Rhin 1867 et 1868. gr. 4. (III, 110 S.) Mannheim [Strassburg] 869, Schneider. * 6 —

Rapport sur les travaux de la quatrième assemblée de la Grande-Loge suisse Alpina, tenue le 3 et le 5 octobre 1850 à l'Or. de Berne. Zürich 1850: Orell, Füssli & Co. 47 S. 8⁰.

Compagnie des Chemins de fer du Jura Bernois.
11. Rapport trimestriel. 10 p. 4. Bienne, impr. W. Gassmann. 1876

Rapport trimestriel du conseil féderal suisse aux gouvernements des états qui ..., s. Rapports

Union des villes suisses. [à 4 p.] fol.
Rapport sur l'exercice 1900/1901. (1901 août 27.)
Rapport de Gestion du Comité. Année 1901-1902. (1902 septembre 15.)

RAPPORT von Wien. Ein periodisches Blatt 52 Stücke. Wien 1788—89. 8⁰.
Karajan's Bibl. 11 no. 5292. — Rar!

Le **Rapporteur** des événements militaires et politiques. 1788. Ouvrage périodique Num. 1. 2. Vienne: Gassler 1788. 8⁰

Rapporto della Commissione del Consiglio nazionale e del Consiglio degli Stati circa l'incidente diplomatico sorto fra la Svizzera e l'Italia. ⟨Del 22 aprile 1902.⟩ e ⟨Del 24 aprile 1902.⟩ 7 p. e 14 p. 8. [Berna, Stämpfli & Cie,] 1902.

Rapporto sulla situazione sfavorevole dell' Austria nel commercio mondiale e sui mezzi per porvi rimedio fatto dal comitato istituito in seguito a sovrano rescritto del 9. Febbr. 1864. (Comitato Revoltella.) Triest 865. (Münster.) gr. 8. (VII, 180 S. mit 1 Tab. in Imp.-Fol.) n. 20 *ngr.*

Agence télégraphique suisse [à Berne]. Rapports .... 8.
... sur le 6e exercice (1900). II + 10 p. Berne, Jent & Co, 1901.
... sur le 7e exercice (1901). 10 p. Berne, H. Jent, 1902.

Rapports de Camus, Baucal, Quinette, Lamarque. 8. Berl. 796. Unger. 16 *gl.*

Monopole de l'alcool. Rapports des cantons sur l'emploi des 10 % (*1899:* destinés à combattre l'alcoolisme,) de leur part aux recettes.... 8. [Berne, C.-J. Wyss,] 1901.
... pour l'année 1898. 9e message adressé par le Conseil fédéral à l'Assemblée fédérale.... ⟨Du 18 mars 1901.⟩ [Avec 2 tableaux.] 79 p.
... en 1899. 10e message — — fédérale.... ⟨Du 24 juin 1901.⟩ 81 p.

Rapports de la chambre cantonale bernoise du commerce et de l'industrie, s.: Berichte der kantonalen bernischen Handels- u. Gewerbekammer.

Rapports du Comité International de Bâle pour secours aux prisonniers de guerre 1870–1871 (4 Rapports.) 8. Bâle (1870–) 1871.
(4e et dernier R. accompagné d'une carte et d'un plan.)

Rapports de la commission composée des ingénieurs étrangers, invités à examiner les travaux de régularisation, exécutés sur les rivières hongroises. (Ungarisch und französ.) gr. 4. (IV, 347 S. mit 14 lithogr. Plänen und Zeichnungen in Mappe.) Budapest 879, (Kilian's Universitäts-Buchh.) * 18 —

Rapports des Commissions du Conseil national et du Conseil des Etats suisse, avec l'arrêté féderal, concernant la position de la Confédération dans l'état actuel de l'Europe. ⟨Du 3 et 5 Mai 1859.⟩ [E.] 8. [Berne 1859.]

Rapports des commissions d'experts sur les causes et l'importance des dommages causés en 1868 par les inondations dans les Cantons d'Uri, de St Gall ... et du Valais. Berne 1869 *s.* Pièces concernant les inondations en automne 1868 [5e partie.]

Rapports et Différences entre les principes de la doctrine du Dr. Quesnay et de celle d'Adam Smith. Tirés des oeuvres posthumes d'un célèbre Savant et publiés p. (G.) Fr. Weidemann. gr. in-8. (5¼ B.) Mersebourg 832, Weidemann.

Rapports généraux [Présentés au] 2me Congrès international de l'enseignement du dessin à Berne (2 au 6 Août) 1904 = Berichte [An den:] 2. internationaler Kongress zur Förderung des Zeichenunterrichts = Papers [Read at the] 2nd international Congress for the development of teaching of drawing. [Mit Figuren.] 480 p. 8. Berne, Büchler & Co., 1904.

Rapports des gouvernements cantonaux sur l'exécution de la loi fédérale concernant le travail dans les fabriques, s.: Berichte d. Kantonsregierungen üb. d. Ausführg. d. Bundesgesetzes betr. d. Arbeit in d. Fabriken.

Rapports entre la Nouvelle Jérusalem céleste et la Nouvelle Jérusalem terrestre, s. Rapport

— **des inspecteurs fédéraux des fabriques et des mines,** s. a. Berichte d. eidg. Fabrik- u. Bergwerkinspektoren.

Rapports des inspecteurs fédéraux des fabriques et des mines concernant leurs fonctions officielles dans les années 1898 et 1899. Publiés par le département fédéral de l'industrie. Gr. in-8⁰. II, 294 p. avec gravures et tableaux. Aarau, H. R. Sauerländer & Co. 1900. 4 —

Rapports au ministre sur la collection des documents inédits de l'histoire de France et sur les actes du comité des travaux historiques. 4. (184 S.) Paris 874. Didot & Co. n.n. 5. —

— **et procès-verbaux** des réunions du conseil permanent international pour l'exploration de la mer. Vol. III.—VI. Lex.-8. Kopenhagen, (A. F. Høst & Søn). n.n. 89. 50
III. Éd. allemande. Gesamtbericht üb. die Arbeit der Periode Juli 1902—Juli 1904. Mit 10 Anlagen. (III, 17, X, 29, 8, XXI, 12, 41, 29, 49, 56, 11, 139 u. 63 S. m. Fig., 10 Taf. u. 7 Karten.) 905. n.n. 17. —
IV. Juillet 1904—juillet 1905. (In engl. Sprache m. deutscher Uebersetzg.) (IV, XXXVII, 103 u. 73 S. m. 1 Karte.) 906. n.n. 4. 50
V. Bericht üb. die Tätigkeit der Kommission C2 [Geschäftsführer C. G. Joh. Petersen] in der Periode Febr. 1903 bis März 1906. Mit 5 Taf u. 8 Karten. (III, 274 S.) 906. n.n. 11. 25
VI. Juillet 1905—Juillet 1906. (IV, LI, 40 u. 75 S. m. 15 Taf.) 906. n.n. 6. 75

— et procès-verbaux des réunions du conseil permanent international pour l'exploration de la mer. (Zum Tl. in deutscher Sprache.) Vol. VII—XII. Lex. 8. Kopenhagen, (A. F. Høst & Søn). nn 74. 35

VII. Rapports et procès-verbaux des réunions. Vol. VII. Juillet 1906—juillet 1907. (IV, XXXVIII, 190 u. 116 S.) 907. nn 6. 75

VIII. Bericht üb. die Lebensverhältnisse u. den Fang der nordischen Seehunde. Von Johs. Hjort, u. N. Knipowitsch. Mit 9 Taf. u. 3 Karten. (III, 125 S.) 907. nn 9. —

IX. Bericht üb. die Tätigkeit der Kommission C I (Geschäftsführer Dr. Filip Trybom) in der Periode Febr. 1903—Juli 1907. Mit 1 Karte. (III, 120 S.) 908. nn 5. 65

X. Rapport sur les travaux de la commission A dans la période 1902—1907 (Rapporteur: Joh. Hjort) avec des cartes et figures. (IV, 159, 62, 38, 277, 229, 39, 25 u. 10 S.) 909. nn 28. 15

XI. Juillet 1907—Juillet 1908. (III, XXV, 176 u. 31 S. m. Fig. u. 7 Karten.) 909. nn 11.

XII. Juillet 1906—Juillet 1909. (IV, XVI, 100, 29, 42, 32, 82, 17, 47 u. 49 S. m. Fig.) 910. nn 13. 80

Rapports de la Russie avec l'Europe, considérés au point de vue moral et politique. (En langue russe.) Leipzig 869. Brockhaus' Sort. n. 12 ngr.

Rapport trimestriel du conseil fédéral Suisse aux gouvernements des états qui ont participé à la subvention de la ligne du St. Gothard. Première année. No. 1—6. Berne, I. Dalp, libraire-éditeur, fol. No. 1—3 fr. 10; No. 4 fr. 3. 50; No. 5 fr. 10; No. 6 fr. 1. 50. Registre du I. vol. 75 cts. 1874.

Rapport trimestriel du Conseil fédéral suisse aux gouvernements des états qui ont participé à la subvention de la ligne du St.-Gothard sur la marche de cette entreprise dans la période du 1 Juillet au 30. Septbre. 1874. No. 8. Fol. Berne, J. Dalp. 1875. 3. —

— trimestriels du conseil fédéral suisse aux gouvernements des états qui ont participé à la subvention de la ligne du St. Gothard sur la marche de cette entreprise. Nr. 1—13. hoch 4. Zürich 874—76. Orell, Füssli & Co. n. 46. 40

1—3. Dans la période du 1. Octobre 1872 au 30. Juin 1873. 2. éd. (20 S. m. 1 Steintaf. in qu. gr. 4.; 10 S. m. 2 Steintaf. in qu. 4.; 16 S. m. 8. Steintaf. in hoch 4. u. Fol.) n. 8. —

4. Dans la période du 13. Juillet au 30. Septembre 1873. (13 S. m. 2 Chromolith. in Fol.) n. 3. —

5. Dans la période du 1. Octobre au 31. Décembre 1877. (24 S. m. 9 lith. u. chromolith. Taf. in hoch 4. u. Fol.) n. 8. —

6. Dans la période du 1. Janvier au 31. Mars 1874. (10 S. m. 1 chromolith. Karte in qu. 4.) n. 1. 20

7. Dans la période du 1. Avril au 30. Juin 1874. (12 S. m. 3 Steintaf. in Fol. u. gr. Fol.) n. 1. 60

8. Du 1. Juillet au 30. Septbre. 1874. (18 S. m. 2 Steintaf. in gr. Fol.) n. 2. 40

9. Du 1. Octbr. au 31. Décbr. 1874. (18 S. m. 1 Steintaf. in qu. gr. Fol.) n. 1. 60

10. Du 1. Janvier au 31. Mars 1875. (13 S. m. 2 Steintaf. in qu. Fol.) Nebst Spezialbeilage: Geolog. Tabellen u. Durchschnitte. 2. Lfg. (12 S. Tab. u. 5 Steintaf. in qu. gr. Fol.) n. 9. —

11. Du 1. Avril au 30. Juin 1875. (24 S. m. 1 chromolith. Karte in qu. gr. Fol. u. 1 chromolith. Plan in Imp.-Fol.) n. 4. 50

12. Du 1. Juillet au 30. Septbr. 1875. (20 S. m. 1 Steintaf. in qu. gr. Fol.) n. 2. 60

13. Du 1. Octobre au 31. Décembre 1875. (16 S. m. 2 chromolith. Taf. in Imp.-Fol.) n. 4. 50

Rapports trimestriels du conseil fédéral suisse aux gouvernements des états qui ont participé à la subvention de la ligne du St. Gothard sur la marche de cette entreprise. Register zu Bd. 3. [Rapports trimestriels Nr. 9—12.] Fol. (8 S.) Zürich 876. Orell, Füssli & Co. n. — 80

— trimestriel Nr. 14—38 du conseil fédéral suisse aux gouvernements des états qui ont participé à la subvention de la ligne du St.-Gothard sur la marche de cette entreprise dans la période du 1 janv. 1876 au 30 June 1881. Fol. Ebend. 877—82. n. 144. 20

14. Dans la période du 1 janv. au 31 mars 1876. (33 S. m. 3 Steintaf. in Imp.-Fol.) n. 6. —

15. Dans la période du 1 avril au 30 juin 1876. (19 S. m. 1 Steintaf. in Imp.-Fol.) n. 2. 60

16. Dans la période du 1 juillet au 30 sptbre. 1876. (38 S. m. 2 Steintaf. in qu. gr. Fol.) n. 3. 20

17. Dans la période du 1 octbre. au 31 décbre. 1876. (27 S. m. 1 chromolith. Karte in qu. gr. Fol.) n. 4. —

18. Dans la période du 1 janv. au 31 mars 1877. (28 S. m. 1 Steintaf.) n. 2. 60

19. Dans la période du 1 avril au 30 juin 1877. (20 S. m. 2 Steintaf.) n. 5. —

20. Dans la période du 1 juillet au 30 septembre 1877. (40 S. m. 2 Steintaf. in qu. Imp.-Fol.) n. 5. —

21. Du 1er octobre au 31 décembre 1877. (34 S. m. 1 chromolith. Karte.) n. 5. —

22. Du 1er janvier au 31 mars 1878. (20 S. m. 1 Karte in Kpfrst. u. 1 lith. Längenprofil.) n. 9. 60

23. Du 1er avril au 30 juin 1878. (31 S. m. 2 Steintaf. in qu. gr. Fol.) n. 5. —

24—27. Du 1er juillet 1878 au 30 juin 1879. (145 S. m. 9 Steintaf. u. 1 chromolith. Karte in qu. gr. Fol.) n. 20. 60

28. 29. Du 1er juillet au 30 décbre. 1879. (117 S. nebst Register zum 7. Bd. VIII S. m. 10 Steintaf.) n. 15. —

30—33. Du 1er janv. au 31 décbre. 1880. (285 S. m. 24 Steintaf. u. 1 Chromolith.) n. 31. —

34. 35. Du 1er janvier au 30 juin 1881. (104 S. m. 9 Steintaf.) à n. 5. 60

36. 37. Du 1er juillet au 31 décbre. 1881. (109 S. m. 2 Tab. u. 10 Steintaf.) n. 14. 80

38. Du 1er janvier au 31 mars 1882. (38 S. m. 1 Tab. u. 1 Steintaf.) n. 3. 60

Rapport trimestriel Nr. 39 du conseil fédéral suisse aux gouvernements des états, qui ont participé à la subvention de la ligne du St.-Gothard sur la marche de cette entreprise dans la période du 1er avril au 31 mai 1882. Fol. (28 S. m. 1 chromolith. Eisenbahnkarte.) Zürich 882. Orell Füssli & Co. Verl. n. 5. 60

— dasselbe. Nr. 40. Planches du rapport final. Fol. (16 lith. u. chromolith. Taf.) Ebend. 883. n. 16. —

— dasselbe. Table alphabétique de matières du dixième et dernier volume. Fol. (8 S.) Ebend. 883. n. 1. —

Rappresentazione, una sacra, in Logudorese. ristampata del Mario Sterzi, s.: Gesellschaft f. roman. Literatur.

Rapprochement du Raskol avec l'orthodoxie russe, s.: Bibliothek, russische.

Raps, A.: Elektrische Befehlsübermittelung an Bord. Berlin 1901

Raps, Aug. [aus Cöln a. Rh.]: Zur objectiven Darstellung der Schallintensität. . Leipzig, Johann Ambrosius Barth, 1889; 38 S. + 1 Bl. u. 2 Taf. 8°

Berlin, Phil. Fak., Inaug.-Diss. v. 2. Febr. 1889

Raps, Georg [aus Köln a./Rhein]: Beiträge zur Kenntniss des Orthocymols und einiger Orthocymyl-alkyl-ketone. . . . Freiburg i. B., Univ.-Buchdr. v H. M. Poppen & Sohn, 1890; 66 S., 1 Bl. 8°

Freiburg i. B., Phil. Fak., Inaug.-Diss. v. 1890

RAPS Georg. Erlauterungen d. Lehrbegriffs d. Naturrechts. Wien 1794 95

Raps, Ios., Dissertatio theologica de notis ecclesiae. Moguntiae 1783, 78 pp., in 8°.
Recens. Nova biblioth. Frib. VII, 470—2.

Rapsak, Alex., der Zauberkünstler, s.a. Mück's praktische Taschenbücher. 17 Bd.

(F) Rapsak, A., Der Zauberkünstler. [Mück's praktische Taschenbücher. Nr. 17.] 8°. (80 S.) K —.60
Wien. Szelinski 1906.

Räpsaet, s. Raepsaet.

Rapsilber, Karl Christian

Rapsilber, Carl Christian (Leipzig), De donationum inter conjuges celebratorum revocatione juris Romani et Saxonici observationes. Präs. August Cornelius Stockmann. Leipzig (Richter) 27. VI. 1805. 34 S. (3.75) 27658
Widm. v.: **August Cornelius Stockmann.**

[F.] Berliner Gewerbe-Ausstellung 1896. Offizieller Führer durch die Spezial-Ausstellung Alt-Berlin. Von Maximilian **Rapsilber**, Kunstreferent d. 'Kleinen Journal'. M. 1 Pl. u. 25 Abb. nach Originalzeichngn. *Berlin: Verl. d. 'Kleinen Journal' [1896].* (2 Bl., 215 S.) 1 Bd 8. [96. 4979

Rapsilber, Max: Offiz. Führer durch die Spezial-Ausstellung Alt-Berlin auf d. Berliner Gewerbe-Ausstellung 1896. Mit 1 Plan u. 25 Abb. nach Orig.-Zeichngn.
Berlin: (H. Steinitz.) 1896. (IV, 149 S.) 8°

Rapsilber, M., die vornehme Gastlichkeit der Neuzeit, s.: Vollmer, Rich.

Rapsilber, M., Ernst Moritz Geyer u. sein künstlerisches Schaffen, s.: Koch's Monographien. V.

— Alfred Grenander, s.a. Architekturwelt, Berliner. 4.

Alfred Grenander. (Verf. M[aximilian] **Rapsilber**.) Berlin E. Wasmuth 1904 (42 S.) 4°
Berliner Kunst.)
= **Architekturwelt**, Berliner. Sonderh. 4. [05. 898

Rapsilber, Maximilian. Der Hof Wilhelms des Zweiten von Maximilian Rapsilber. Hrsg. von Michaelis & Meier Hamburg. Willi Simon (1910).
126 S m zahlr Abb. 4°

— Melchior Lechter, s.a. Architektur-Welt, Berliner. 3.

(Berliner Kunst.) M[aximilian] **Rapsilber**. Melchior Lechter. *Berlin: E. Wasmuth 1904.* (93 S.) 4°
= **Architekturwelt**, Berliner Sonderausg. 3. [04. 3103

Alfred Messel. (Von M[aximilian] **Rapsilber**.) Berlin: E. Wasmuth 1905. (92 S.) 4° [Umschlagt. F.]
= **Architekturwelt**, Berliner Sonderh. 5. [06. 2286

— James Pitcairn-Knowles. Ein Charakterbild aus d. modernen Kunstleben. 12. (47 S.) Berlin 895. G. Siemens. — 75

— das Reichstags-Gebäude. Seine Baugeschichte u. künstler. Gestaltg., sow. e Lebensabriss s. Erbauers Paul Wallot. M. 18 Lichtdr. nach Orig.-Aufnahmen. 4. (52 S.) Berlin 895. Leipzig, Cosmos. Geb. in Leinw. n. 4.—

Rapsilber, Max., das Reichstagshaus in Berlin. Eine Darstellung der Baugeschichte u. der künstler. Ausgestaltg. des Hauses. Mit 2 Illustr. u. dem Bildniß des Erbauers. 8. (80 S.) Berlin 894. G. Siemens. n. 1. 50

— Stephan Sinding. Mit 35 Mattkunstdr.-Bildern, 35 Orig.-Reproduktionen, 2 Gravuren u. 7 Textillustr. nach Handzeichngn. (80 S. m. 1 Bildnis.) 31,5×25 cm. Berlin-Halensee (910). O. Beckmann. 6.—; geb. in Leinw. 8.—; in Luxusbd. 25.—

— das Werk Alfred Messel's s.: Architekturwelt, Berliner. 5.

— Friedrich Ernst Wolfrom. Ein Gedenkblatt zum 50. Geburtstage des Künstlers. (104 S. m. Abbildgn. u. 1 Bildnis.) gr. 8. Gross-Lichterfelde 907. Verlag der Arbeiter-Versorgg., A. Troschel. 6.—

„Oekonomische Rapsodien; oder Abhandlung über verschiedene landwirthschaftliche Gegenstände, so in Schriften entweder gar nicht oder doch nicht hinlänglich abgehandelt werden", 2 Teile, Dresden 1791, 1792.

Rapson, E. J., Indian coins, s.a. Grundriss d. indo-arischen Philologie u. Altertumskunde, II, 3 B.

Indian coins by E. J. **Rapson**. W. 5 plates. *Strassburg: K. J. Trübner 1897* (a. d. Umschl.: *1898*). (1 Bl., 41 S., 5 Taf. m. je 1 Erl.-Bl.) 1 Bd 8.
= **Grundriss** d. indo-arischen Philologie u. Altertumskunde. Bd II. H. 3. B. [97. 8365

Rara. Eine Bibliothek d. Absonderlichen. Hrsg. v. Hanns Heinz Ewers u. Heinr. Conrad. 1. Bd. 8. Stuttgart, R. Lutz. 3.—; geb. in Leinw. n 4. 25
1. **Hat Napoleon gelebt? Und andere kuriose Geschichten. Von Frdr. M. Kircheisen. (Ausstattung von Paul Lang.) (232 S. m. 1 Bildnis.) 910.**

Rara magnetica 1269—1599. P(etrus Peregrinus) de Maricourt. F(rancisco) Falero. P(edro) Nunes. J(oão) de Castro. G(eorg) Hartmann. M(artin) Cortés. G(erhard) Mercator. R(obert) Norman. W(illiam) Borough. S(imon) Stevin. (M. Originalt.) M. e. Einl. (v. G[ustav] Hellmann). *Berlin: A. Asher & C. 1898.* 24 S., 2 Bl., 12, 5, 1, 15, 2, 2 S., 7 Bl., 22 S., 31 Bl., 7 S., 1 Facs). 1 Bd 8.(4.)
= **Neudrucke** v. Schriften u. Karten üb. Meteorologie u. Erdmagnetismus. No 10. [98. 2198

RARETÉ, ſchöne! Schöne Spiehlewerk! Schöne Murmelthier! Allons, feiff Murmelthier, feiff! d. i. cathol. Replic oder Gegen-antwort, auf di ſo betitult-Unwiderlegl. etc. Widerlegung disſeitiger Apologiae vor dem Ertzhaus Öſterreich, die Religion betreffend. Erſter Teil. Zu einem Schau-Spihl von K. Bruſtfleck, Th. Blaufuß und Don Giſchott etc. 4°. Gedruckt zu Conſtantinopel auf der neuen Belz-, Pulver-, Papier- alte Weiber- und Druckmühl in Verlag Barthel Hupfauff, 1730.
Weller I, 76 (1730). Selten.

RARETÉ, Schöne! Schöne Spiehlewerck! Schöne Murmelthier! Allons, feiff Murmelthier, feiff! das ist catholische Replic oder Gegen-Antwort auf die so betitult: Unwiderlegliche Widerlegung diesseithiger Apologiae, oder abgenöthigter Defensionsschrift vor das Ertzhaus Oesterreich, die Religion betreffend. Erster Theil, vorgestellet in einem Schauspiel v. denen gut Römisch- u. österreichisch-Gesinnten resp. Superintendenten u. Wortsdienern in dem African. Neu-Spanien zu Goa, Namens Kilian Brustfleck, Thoma Blaufuss und Don Gischott-Cavallero de la Manca, sämmtlichen Rittern des güldenen Sporn, u. angebrannten Ellenbogens ein baar Zwerch-Finger ober dem Nacken. Zusammen getragen auf den Redoutten zu Franckfurt, Nürnberg, Ulm u. Stralsundt. Gedruckt zu Constantinopel auf der neuen Beltz-Pulver-Papier- alte Weiber- u. Druck-Mühl etc. 1730. — *Der 2. Theil* u. d. Titel: Bucephalus das Fassnacht-Ross, womit der Arlequin verschiedene curieuse Avantüren gehabt, d. i. der catholischen Replic anderer Theil, continuirt in Form eines Schau-Spiehls. O. O. 1730. 4°. 91 S. (5 fl. 24 xr. L. Rosenthal, 1873; jetzt theurer!)
Vieles im Wiener Dialekt. Burleske dramatische Satyre von großer Seltenheit. Nicht in Gottsched's Vorrath. Weller, Lex. Ps. p. 88 hat „(1730)".

Rarey's, J. S., Dressurmethode, s. Krane's, Frhr. v., Beurtheilung des Pferdes beim Ankauf.

Rarey's, des amerikanischen Rossebändigers, Geheimniß, die wildesten und bösartigsten Pferde sofort zu bändigen. Nebst mehreren wichtigen Mittheilungen über das Dessiren und Abrichten der Pferde und vielen bisher geheim gehaltenen Pferderecepten. Von C. v. H. 1. u. 2. Aufl. u. 3. verb. u. verm. Aufl. Mit einem Anhang: Die moderne Kunst der Zähmung wilder Pferde. Von J. S. Rarey. Nach der 4. zu Ohio in Nordamerika erschienenen Aufl. des Orig. Mit Mr. Rarey's Portr. (in Holzschn.) Berlin (858.) Streerath u. Co. 16. (VIII, 84 S.) verklebt n. 1 ₰.

Rarey, (J. S.), des amerikanischen Rossebändigers, Geheimniß, die wildesten und bösartigsten Pferde sofort zu bändigen. Von C. v. H. 3. verb. u. verm. Aufl. Mit einem Anhang: Die moderne Kunst der Zähmung wilder Pferde. Nach der 4. zu Ohio in Nord-Amerika erschienenen Aufl. des Origin. Mit Mr. Rarey's Portr. (in Holzschn.) Berlin 859. Streerath & Co. 16. (VIII, 84 S.) n. 1 ₰

—— die Kunst wilde Pferde zu bändigen. (Aus dem Engl.) 1. und 2. Aufl. 8. (VIII und 68 S.) Wien 858, Gerold's Sohn. *

— Kunst die wildesten und bösartigsten Pferde sofort zu bändigen. Aus dem Engl. 1—3. Aufl. Braunschweig 858. Vieweg. 12. (VIII, 57 S.) n. 10 ngr.

— die moderne Kunst der Pferdezähmung. Nach der amerikan. Original-Ausg. Berlin (858.) Sacco. (48 S. u. lith. Portr.) 10 ngr.

— die Kunst des Pferdebändigens und der Pferdedressur nebst Anleitung zum Fahren u. zum Zureiten der Pferde. 4. Aufl. Mit ausführl. Erläuterungen u. Zusätzen nach den mündl. Unterweisungen Rarey's durch den Secretair der ersten Rarey-Subscription von 5000 Guineen. Aus dem Engl. Mit 8 größeren u. 14 in den Text gedr. Abbildgn. (Holzschn.) Braunschweig 858. Vieweg. 8. (XIII, 258 S.) n. 20 ngr.

— die Kunst der Pferdebändigung und Pferdedressur. Aus dem Engl. Mit 33 Originalzeichngn. (Holzschn. im Text) von A. Beck. Leipzig 859. Weber. 16. (VIII, 99 S.) n. 10 ngr.

— die Kunst der Pferdezähmung. Aus dem Engl. übers. von J. Schönemann. Berlin 858. Besser's Verlhdlg. 8. (2 Bl., 64 S.) n. 5 ngr.

Rarey's, Herrn, Pferde-Bändigung im Lichte ihres praktischen Werthes. Hippologische Betrachtungen über Zähmen und Thätigmachen überhaupt, nebst specieller Anleitung zur Longe-Arbeit und zum Einführen mit dem lebendigen Wagen. Von einem k. k. Offizier. Wien 859. Gerold. 8. (IV, 64 S.) 15 ngr.

***Rarissima* Romanorum a Julio Caesare ad Heraclium usque numismata, q. ex omni genere metallorum difficile reperta et maximo in pretio sunt. Nürnb. 777. Raw. 4 gl.**

Rarität, Die dritte, s. Erzählungen aus dem illustr schweizer. Unterhaltungsblatt. Bd. 11.

Schöne Rarität, schöne Spielewerk. Jahrmarktsflugblatt: Kl. Kupfer mit 2 Sp. Text in Typendruck. O. O., Dr. u. J. (Nürnberg.) Fol. 20.—

Neujahrsflugblatt auf das Jahr 1788. Das Kupfer (55:66 mm) stellt einen Guckkasten dar, in den zwei Kinder hineinsehen, darunter gestochen: Vor ein wenig Gelt, kan Sie seh, die verkërte Welt. Schöne Raritet: Schöne Spilawerk. Der Text ist ein Jahrmarktslied (12×6 Verse); beginnt: Herren, Dames and Mamsellen / Wollen zahlreich sich einstellen .. Es verherrlicht ausführlich den 28. Aufstieg des Luftschiffers Blanchard auf der Judenbühl in Nürnberg am 12. Nov. 1787. Nicht bei Liebmann-Wahl.

Raritäten. Ein hinterlassenes Werk ... [Berlin] 1778—85. V: *Wegener, Carl Friedrich.* (Ky) (BGE)

Raritäten, ein hinterl. Werk d. Küsters zu Rummelsburg. 9 Thle. 8. Berlin, Maurer. 779-85. (1r-5r à 8 gr. 4r-9r à 12 gr.)

RARITÄTEN. Ein Werk der drei geschwornen Brüder. Im Zusammenhang geschrieben von denn (!) Reisenden Stelvertreter (!) Grimse. 2 Theile. Kopenhagen 1787 8°.

So angef. in einem Cat. Köhler's in Lpz. 75 Pfg., jetzt viel theurer! Satyre auf Sittenzustände. Höchst selten!

Raritäten oder satyrische Aufsätze und lustige Betrachtungen. Grätz 1792. V: *Wegener, Carl Fch.* (BiblPort)

Raritäten, od. satyrische Aufsätze u. lustige Betrachtungen 2 Thle. 8. Grätz, Kienreich. (Reinicke in Lpz.) 792. -

Raritäten, od. Unterhaltungen f. Jedermann, besteh. in histor. Aufsätzen, Erzählungen, Anekdoten, Naturereignissen, Wirthschafts- u. Haushaltungsgegenständen. 1—4. Bdchn. Mit Abbild. 8. (9, 9¼, 9¾ u. 10 B.) Breslau 831—34, Leuckart. à

Der Inhalt bildet auch den des „Allgem. Schles. Volkskalenders a. d. J. 1831—34."

Raritäten od. Unterhaltungen f. Jedermann. 5. Bdchn., besteh. in histor. Aufsätzen, Erzähln., Anekdoten, Naturereignissen, Wirthschafts- u. Haushaltungsgegenständen. Nebst Angaben aller Stipendien f. Studierende in Schlesien u. e. Aufsatze: üb. d. Verhalten bei Volkskrankheiten v. A. Gebel. (Auch schles. Volkskalender auf das Jahr 1835.) 8. (9 B.) Breslau 835, Leuckart.

1—4. Bdchn. Ebendas. 1831—34. à 6 Gr.

Raritäten, antiquarische. 1—4. (Bdchn.) Stuttgart 853. Scheible. 16. 1 ₰. 18 ngr.

1. Ueber die Probenächte der deutschen Bauermädchen, Von Friedr. Christ. J. Fischer. Wortgetreu nach der Ausg. von 1780. (100 S.) 14 ngr.
2. ספר שמוש תהלים Sepher Schimmusch Tehillim. Oder Gebrauch der Psalmen zum leiblichen Wohl der Menschen. Aus der praktischen Kabbala. Nebst einem Auszug aus einigen andern kabbalistischen Schriften. Mit 5 (lith.) Abbildgn. auf 4 Taf. Uebersetzt von Gfr. Selig, Lect. Publ. Acad. Lips. 1788. (158 S.) 16 ngr.
3. Panax, der biblische Wunder-Medicus; oder von den Grundursachen der Krankheiten und deren sicherer Heilung nach klaren und geheimnißvollen Anweisungen in der heil. Schrift. Von einem, der die Wunder solcher Arzneien bei gläubigem Gebete selbst erfahren und an Andern gesehen. Wortgetreu nach der Ausg. von 1787. (171 S.) 11 ngr.
4. Das heilige Kraut, oder die Kräfte der Salbey zur Verlängerung des menschl. Lebens. Von Dr. Joh. Hill. Aus d. Engl. wortgetreu nach der Ausg. von 1778. (48 S.) 7 ngr.

Raritäten von Berlin und merkwürdige Geschichten einiger Berlin'schen Freudenmädchen... Berlin 1792-98. V (Th. 1 u. 2): *Siede, Christian Friedrich.* (BGE) »1792—99« (Ky)

Raritäten von Berlin, od. merkwürd. Geschichte einiger Berliner Freudenmädchen. 5 Thle. (1r u. 2r Thl. von Jh. Chr. Siede). 8. Berl. 792—99. Schöne. 5 ₰

— v. Berlin, u. merkw. Gesch. einiger berlinischen Freudenmädchen. 5 Thle. 8. Berl. Matzdorf. (Schöne) 792-99. (hat a. d. Titel: Biographie der Freudenmädchen rc.)

—aus der Brieftasche d. braunen Robert. 8. Altona 800. Bechtold. 14 gl.

— a. Fabian Spaßvogels Guckkasten, sASchnalen u. Schnurren im poet. Gewande 2te Fortsetzung.

Raritäten, a. Fabian Spaßvogels Guckkasten. 2 Thle. (a. u. d. Tit.: Schnaken u. Schnurren im poet. Gewande od. Taschenb. f. Freunde d. Scherzes u. d. Laune. 1ste 2te Forts.) 12. Bresl. Gehr. 803. 804. (à 12 gr.) Rthlr.

— aus Fabian Spaßvogels Guckkasten (v. K. Jos. Krebs). 2 Thle. Bresl. 803, 4. Gehr.

RARITATEN über Raritäten, oder allerneueste Sammlung von allerhand artigen Histörchen, lustigen Gesundheiten, lächerlichen Briefen, kurzweiligen Reden, spasshaften Gedichten Liedern u. Glückwünschen. O. O. (Aurich) 1768. 8°.
Von grosser Seltenheit!

RARITATEN, schöne Schattenspiel an der Wand, schöne Spielewerk, Hechale (!) u. Mausefallen! Wer kauft? (Humorist. Annoncen.) O. O. (Nürnberg) 1800. 8° 4 Bll. (60 Pfg., B. Seligsberg, Bayreuth, 1906.) Selten!

Raritäten, schöne. Sprudel ächten Volkswitzes. 1. Heft. Berlin 861. Bittkow. 8. (80 S.) n. 5 ngr.

RARITATEN, Schöne, einiger vornehmen Höfe. Genff (!) 1705. 4°. 48 (falsch mit 50 beziff) S. (8 Mk. Rudolph Hönisch, Lpz., 1910, 18 Mk. Gust. Fock, 1910)
Seltener Traktat! Dass zwey Brüder, welche m. d. Churfürstl. Würde bekleidet seynd, bald nach einander wegen einerley Verbrechen aus Deutschland haben entweichen müssen. — Dass die Deutschen ihre Feinde so beständig lieben. — Dass König Ludwig XIV so lange lebet. — Dass ein König von Engeland (Jacob II.) als ein Flüchtling in Frankreich gestorben ist.

Schöne Raritäten aus der Rechenkunst von raren Aufgaben und inventionibus, compendieusen operationibus und curieusen Kunststückchen zur Ergötzung curieuser Gemüther, sonderlich aber zum Nutzen derer, welche sich in Zinn-, Silber- und Gold-Arbeit nicht wollen vervortheilen lassen, gezeigt von einem Liebhaber der mathematischen Wissenschaften. Budissin. Dav. Richter. 12. 1716.

§ **RARITÄTEN**, Schöne, zum Zeitvertreib der Mainzer Bürger 2 Bdchn. Marburg, Krieger, 1793. 8°. (In München Gall. rev. 775.)
Citirt Kayser unter Romanen, S. 99. — Sehr selten!

Raritätenbüreau f. gute Knaben u. Mädchen. 16 Bdchen. Mit 96 Kpf. 32. Chemnitz, Mauke. 2 ₰ Mit ill. Kpf. 3 ₰

Raritätenbureau für gute Knaben und Mädchen. Chemnitz 17?? V: *Lang, Frdr. Conr. (Carl).* (Ky)

Raritäten-Cabinet, jesuitisches, oder d. Wissenswürdigste v. d. berüchtigten Orden d. Gesellsch. Jesu. Nach d. besten ältern u. neuern Quellen f. Leser a. allen Ständen faßl. dargest. v. .... — A. u. d. T.: Kurze Gesch. der Jesuiten, nebst e. Uebersicht ihrer verderblichsten Lehren u. Grundsätze, ein. Charakteristik ihres Ordens, ein. Auszuges a. ihren geheim. Vorschriften u. e. Anh. v. Beispielen jesuit. Schurkereien. 8. (14½ B.) Quedlinburg 831, Ernst.

Raritäten-Cabinet, Jesuitisches, oder das Wissenswürdigste von dem berüchtigten Orden der Gesellschaft Jesu . . . Quedlinburg 1831. V: *Menadier, Friedrich.* (zu)

Raritäten-Cabinet (Leipziger). Gesammeltes Allerlei aus unserer Zeit für Stadt und Land. Red.: H. C. Kramer. 1. Jahrg. 1858. 52 Nrn. (à 1 Bgn.) Leipzig, Kramer. gr. 8. n. 1 ₰. 10 ngr.

RARITÄTEN-KABINETT, Neues, hrsg. von August *Leibrock*. Leipzig, Kollmann, 1827. 8°.
Reiche, mit vielen Studentenstreichen untermischte Schnurren-Sammlung.

Raritätenkabinet Ost-Westindisch.- u. ausländ. Sachen. 8. Hamb. Liebezeit. 707.

Raritätenkasten oder das Schicksal Napoleons und der französischen Armee in Leipzig am 19. October 1813. Eine anschauliche, poetische Darstellung der Hauptereignisse dieses ewig denkwürdigen Tages. Germanien, 1813. 8°. 12 S.
Goedeke VII, 860, 155. — Nur 10 S. sind in Max Perl's Berliner Juni-Auct.-Cat. 1912. no. 92 angegeben.

Raritaetenkasten. Von dem Manne mit der grossen Brille für unsere Tage. Experto crede Ruperto !! Leipzig 1798. V: *Münch, Johann Gottlieb.* (BGE VI³, 363/364)

Raritätenkasten d. Mannes mit d. großen Brille. 8. Leipz. 798. Weygand. 1 ₰ 4 ℊ

Raritätenkasten: 1850(-?) St.Louis, MO
Edited & published by Leopold Fr. Mader

* Arithmetischer Raritätenkasten, in welchem die curieuse Regula falsi und Potatorum nebst andern Arithmetischen Kunststücken zu sehen, von Arithmophilo. Leipzig, Dan. Gottfr. Fleischer. 12. 1714.

RARITÄTEN-KASTEN, CURIEUSER, In welchen vorgestellet wird Die Wind-Macherey, Als ein heute zu Tage uberhand genommenes Laster, Aus aufrichtiger Neigung zu allen Menschen herausgegeben. Von Einen Liebhaber der Wahrheit. Leipzig, MDCCXXXIII. (1733). *Kurioses Titelkupfer (mehrere Personen vor einem Guckkasten-Gehäuse über dem eine Windfahne steht)*, 7 Bl. 218 S. Mod. Pbd.
H.-C. VI. 36?

— curieus. d. Windmacherey ꝛc. 8. Leipzig, Zimmermann. 733.

* Neu vermehrter arithmetischer Raritäten-Kasten, in welchem die curieusen regula falsi, caeci und coss oder Algebra mit Zahlen, denen curieusen Liebhabern, welche von der Algebra noch nichts wissen, in curieusen Exempeln deutlich gewiesen wird, und bei dieser andern Auflage mit einigen künstl. Stücken aus der curieusen Buchstaben-Rechenkunst, geheime Briefe zu schreiben, vermehrt von Arithmophilo. Leipz. D. G. Fleischer. 12. 1716.

Raritätenkasten für Weltbürger . . . Leipz. 1798. V: *Münch, Joh. Gottlieb.* (Fiker)

Aus Biedermeiers Raritätenmappe. Fol. (80 Tafeln)
Wien: Wolfrum & Co 1907. K 43.20

Raron, A., praktische Beiträge zur Arzneimittellehre, enth. die neuesten Erfahrgn. üb. die Heilanzeigen der wichtigsten homöopath. Mittel. Eine Ergänzg. zu jeder Arzneimittellehre. br. 8. (VIII, 111 S.) Leipzig 872. Fr. Fleischer. n. 1. 50

Rās, (A. u. R.,) Weiß, Prüfung d. Prüfung, od. Bemerkk. üb. die Krug'sche Prüfung des von Haller'schen Sendschreibens. gr. 8. Mainz 822, Müller.

Rasael, Habacuc (C. G. Richter?), Die Chronika des Krieges im Königreiche Boheim, welchen i. J. nach der Zeitr. der Christen 1757 die bey Prag am 6. u. folgenden Tagen des Monaths Maji gehaltenen Schlacht verewigen in jüd. Styl zusammengeschrieben. Amsterdam 1757. 4. (24 S.)

Rascae, Chr. Fr.

— Aurifodina, s. Jh. *Trithemii.*

Rascae, Chr. Fr., († d. 13. März 1783.) Epigrammata. 4. (Erschien nach seinem Tode ohne Druckort (1783).)

Rasch, Herr Gustav, und sein Bruderstamm. Vom Verf. der actenmäßigen Beiträge zur Geschichte der Leiden des seines Amtes entsetzten schleswigschen Geistlichen Gustav Schumacher. Berlin 862. Heinicke. gr. 8. (70 S.) 7½ ngr.

Rasch, Hausbedarf für Freunde der Volkswohlfahrt, der Landwirthschaft und des Landlebens. Verden 859. (Hannover, Schmorl & v. Seefeld.) gr. 8. (73 S.) n. 6 ngr.

Rasch und Funk, Pläne der neuen Irrenanstalten zu Göttingen und Osnabrück, s. Funk.

Rasch, zur Statistik üb. die Verbreitung d. elektrischen Lichtes, s.: **Bunte, H.**

Rasch, Albert: Das Eibenstocker Stickereigewerbe unter der Einwirkung der Mode. (Teildr.) Marburg 1910: Laupp, Tübingen. VIII, 84 S. 8° ¶(Ersch. vollst. als: Zeitschrift f. d. ges. Staatswiss. Erg. H. 35.)
Marburg, Phil. Diss. v. 15. Juli 1910, Ref. Troeltsch
[Geb. 2. Sept. 81 Nordhausen a. H.; Wohnort: Dortmund; Staatsangeh.: Preußen; Vorbildung: Realgymn. Nordhausen Reife O. 01; Studium: Leipzig Handelshochsch. 4, Univ 3, Marburg 2 S.; Rig. 17 Juni08.] [U 10. 3382

Rasch, Alb., **das Eibenstocker Stickereigewerbe** unter der Einwirkung der Mode, s.a. **Zeitschrift** f. die gesamte Staatswissenschaft. 35. Erg.-Heft.

Die Eibenstocker Stickereigewerbe unter der Einwirkung der Mode. Von Albert **Rasch**. Tübingen: Laupp 1910. VII, 160 S. 8° (Zeitschrift f. d. gesamte Staatswissenschaft. Erg.H 35.) [10. 10859

Rasch, Betty, unsern Kleinen. Ein Bilderbuch. Mit Illustr. (Holzschnfarbendr.) von Heinr. Braun. 4. (16 Blatt.) München 882. Braun & Schneider. cart. n. 5. —

Rasch, Betty, unser'n Kleinen. Ein Bilderbuch. Mit Illustr. v. Heinr. **Braun**. 4. (15 Bl. in Chromo-Zinkogr.) München 886. Braun & Schneider. geb. n. 5. —

Aus d. von Bodelschwinghschen Anstalten f. Epileptische, Bethel b. Bielefeld. Ueber die Anwendung von Geheimmitteln bei Epilepsie (Fallsucht). Ein Warnruf ... Von Dr. Christian **Rasch**. Bethel b. Bielefeld: Anst. Bethel 1906. (43 S.) 8° [F.] [06. 1344 6

Rasch, Christian August (Weißenfels), De rescripto Diocletiani et Maximiani in lege XXIIII. Cod. Fam. ercisc. Präs. Quirin Gottlieb Schacher. Leipzig (Langenheim) 26. IV. 1770. 36 S. (4.25) 27661

Rasch, E., Prüfung v. Gussstahlkugeln. gr. 8. (16 S. m. Fig.) Berlin 900. (Polytechn. Buchh. A. Seydel.) n. 1.— Sonderabdruck aus: „Zeitschr. f. Werkzeugmaschinen".

* *Henrici Koehleri* diss. de indole fictionum hevristicarum, moralium praecipue, et mathematicarum oder von der Erfindungskunst in moralischen und mathematischen Dingen. Respond. *Erdm. Henr. Aug. Rasch.* Jen. 4. 1738.

— Erdmann Heinrich August (Merseburg/Meißen), De poena inficiationis, occasione dispositionis in ordin. proc. Sax. recogn. ad tit. XVI. Von der litis contestation § II. et III. Diss. Präs. Gustav Heinrich Mylius. Leipzig (I. Titius) 27. IX. 1725. 32 S. (4.25) 27662
Widm. v.: Gustav Heinrich Mylius.

— — Dasselbe. Leipzig (I. Titius) 27. IX. 1725. 32 S. (4.25) 27663
Gew.: Bernhard von Zech, Ludwig Adolph von Zech. — Widm. v.: Gustav Heinrich Mylius.

Rasch, Ewald

Rasch, E: Die gesetzmäßige Abhängigkeit der photometrischen Gesamthelligkeit von der Temperatur leuchtender Körper. Leipzig 1904

Rasch, Ewald, Bestimmung der kritischen Spannungen in festen Körpern. (11 S. m. 5 Fig.) Lex. 8. Berlin 908. G. Reimer. — 50
Sonderabdr. a.: „Sitzungsber. d. preuss. Akad. d. Wiss."

— Das elektrische Bogenlicht, s.a. **Elektrotechnik** in Einzeldarstellungen. 12. Heft.

Rasch E, das elektrische Bogenlicht. (176 S) (Elektrotechnik in Einzeldarstellungen 12) Braunschweig 1910

Rasch, E: Gasentladungen an elektrolytischen Glühkörpern. Leipzig 1903

Rasch, E: Die elektrische Gewinnung von Stickstoff-Verbindungen aus der atmosphärischen Luft. Berlin 1908

Rasch, E: Ueber die Grundbedingungen einer ökonomischen Lichterzeugung unter besonderer Berücksichtigung des Nernst-Lichtes. München 1900

Rasch, Ewald, fortschrittliche Prinzipien der Lichttechnik. (39 S. m. Fig.) gr. 8. Potsdam 903. Geschäftsstelle der Zeitschrift f. Elektrotechnik u. Maschinenbau.) n. 1. —
Sonderabdruck aus: „Ztschr. f. Elektrotechnik etc."

— zum Wesen der Erfindung, s. a. **Sammlung** gemeinverständl. wissensch. Vorträge.

Zum Wesen der Erfindung. Von E. Rasch, Oberingen. in Nürnberg. Hamburg: Verlagsanst. u. Dr. A.-G. 1899 (43 S.) 8°
= Sammlung gemeinverständl. wiss. Vorträge. N. F. Ser. 14, H. 324.

Rasch, F: Über die Pflege der Leibesübungen an den Schulen. Zeitz 1873. 25 S. Zeitz, Kgl. Stifts-Gymn. P 1873.

Rasch, Fr De ludo Troiae. 20 S. Progr. G. *Jena* 1882

Rasch, Franz

Rasch, Frz., s.: **Herdbuch, westpreussisches.**

Rasch, Franz, a. Jena: (Aus d. Augenklinik zu Jena.) Die in der Universitätsaugenklinik zu Jena im Jahre 1904 ausgeführten Operationen mit besonderer Berücksichtigung der Operationen am Tränensack. Jena 1905: Kämpfe. (22 S.) 8°
Jena, Med. Fak., Ref. Wagenmann, Diss. v. 24. Mai 1905
[Geb. 27. Okt. 81 Jena; Wohnort: Jena; Staatsangeh.: S.-Weimar; Vorbildung: Gymn. Jena Reife O. 00; Studium: Jena 5, Berlin 1, Jena 3 S; Coll. 13. Apr. 05; Approb. 4. März 05.]

Rasch, Franciscus: De productione brevium syllabarum in Homeri Iliade. Halis (1865): Heynemann. 42 S. 8°

Halle-Wittenberg, Phil. Diss. v 29. März 1865

Geb. [Düben (Kr. Bitterfeld) 16. 2. 1842]

Rasch, Frz., das westpreuß. Rind, s. a. Monographien landwirtsch. Nutztiere.

Das Westpreußische Rind von Fr(anz) Rasch, Zoppot Mit 6 Taf., 99 Abb. u. 3 Karten. *Leipzig: R. C. Schmidt & Co. 1904.* (88 S.) 4°(8°) [F.]
= Monographien landwirtschaftlicher Nutztiere Bd 2. 4 10977 10

Rasch, Friedrich: Über **Fremdkörpereinkeilung** im Pylorus, insbesondere über die Möglichkeit, den Fremdkörper durch die Bauchwand zu palpieren und durch Magenfüllung zu mobilisieren. *Greifswald 1904: J. Abel.* (29 S.) 8°
Greifswald, Med. Diss. v. 23. März 1904

Rasch, Frdr., lateinische Uebersetzungen deutscher Gedichte, m. Bemerkgn. (Lateinisch u. deutsch.) (84 S.) 8. Stade 904. F. Schaumburg. n. 1. 50

Rasch, Gust., der neue Advokat-Anwalt für Stadt u. Land der Rheinprovinz. Zuverlässiger Rathgeber in allen gerichtl. u. außergerichtl. Verkehrs- u. Geschäftsverhältnissen, nebst der französ. Gesetzgebung u. den dieselbe abändernden Gesetzen u. Verordnungen, dem in der Rheinprovinz geltenden gesammten Handelsrecht, der gesammten Gesetzgebung des norddeutschen Bundes, Formularbuch, Fremdwörterbuch &c. (In 30—34 Liefgn.) 1—10 Liefg. Berlin 870 Burmester & Stempell. gr. 8. (1. Bd. S. 1—480.) Jede Liefg. n. 3 ngr.

Rasch, Gust., der neue Advokat-Anwalt f. Stadt u. Land der Rheinprovinz. Zuverlässiger Rathgeber in allen gerichtl. u. außergerichtl. Verkehrs- u. Geschäftsverhältnissen, nebst der französ. Gesetzgebg. u. den dieselbe abänd. Gesetzen u. Verordngn., dem in der Rheinprovinz geltenden gesammten Handelsrecht, der gesammten Gesetzgeb. d. norddeutschen Bundes, Formularbuch &c. 11—36. Lfg. gr. 8. (2. Bd. 499 S. u. 3. Bd. S. 1—272.) Berlin 870. 71. Burmester & Stempell. à n. — 30

— nach Algier u. den Oasen v. Siban in der großen Wüste Sahara. 2. umgearb. Aufl. 2 Bde. 8. (VIII, 217 u. IV, 217 S.) Dresden 875. Baensch. n. 9. —

Rasch, Gust., meine Antwort auf die Schmähschrift der Königlich dänischen Regierung „Herr Gustav Rasch und sein Bruderstamm." Berlin 863. Janke. 8. (104 S.) n. 10 ngr.

Rasch, Gust., ein Ausflug nach Rügen, s. Weber's illustr Reise-Bibliothek.

Rasch, G[ustav], Dr., bisher Betriebsleiter d. elektr. Strassenbahn- u. Lichtanlage zu Gera, Reuss j. L.: Ueber die Berechnung der oberirdischen Zuleitung, des Stromverbrauchs und der Leitungsverluste elektrischer Bahnen. 1893. 22 S. 8°
Karlsruhe Te. H., Hab.-Schr. v. 18. 6. 1893

— vom schwarzen Berge. Montenegrinische Skizzen, Bilder u. Geschichten. 8. (240 S.) Ebend. 875. n. 4. 50

§ **RASCH**, Gustav (1825—78), Berlin bei Nacht. Culturbilder. Berlin, Hausfreund-Expedition, o. J. (1871). 8°. (1 Mk. 50 Pfg., W. H. Kühl, Berlin, c. 1885; 1 Mk. R. Kaufmann, Stuttg., 1898; 4 Mk. 50 Pfg. E. Frensdorff, 1908.)
2 Bll. u. 248 S. — Inhalt: E. Nacht in d. Berl. Verbrecherwelt, Berl. Kaffeeklappen, Zufluchtshäuser, das Todtenhaus, Razzia etc. etc.

Rasch, G., Berlin bei Nacht. 8. Berlin 874. Hamburg, Rudolphi. 2 —

— Berlin bei Nacht. Culturbilder. 8. (244 S.) Berlin 874. **Wedekind & Schwieger.** n. 2. —

— die Beweismittel für die in der Broschüre „das Victoriatheater u. die Intriguen des Theaterunternehmers Cerf" behaupteten Thatsachen. Berlin 860. Bosselmann. (Wiegandt & Hempel.) gr. 8. (23 S.) n. 4 ngr.

— die französische Bourgeois-Republik und der moderne Sozialismus. Einleitung. Der Kampf des Autoritätsprincips mit der Bourgeoisie. Berlin 853. Burmeister in Comm. 8. (36 S.) n. 5 ngr.

—— Vom verlassenen Bruderstamm. Das dänische Regiment in Schleswig-Holstein. 1. Bd. 1. und 2. Aufl. und 2. Bd br. 8. (XI und 199 S., V und 277 S.) Berlin (861) 62. Vogel und Comp. (Leipzig, Mittler.) à Bd 1 Thlr.

—— dass. — 3. Bd br. 8. (XII und 276 S.) Berlin 862. Janke. *

— — 3. Bd. Berlin 863. Janke. 8. (XII, 276 S.) n. 1 ℛ

—— vom verlassenen Bruderstamm. Das dän. Regiment in Schleswig-Holstein. 3 Bde. 3., umgearb. und vielfach verm. Aufl. 8. (XXXVII und 586 S.) Glogau 863, Flemming. à Bd. 15 Ngr.

— vom verrathenen Bruderstamme. Der Krieg in Schleswig-Holstein im Jahre 1864. 2 Bde. Leipzig 864. O. Wigand. 8. (XII, 509 S.) n. 2 ℛ 10 ngr.

Rasch, Gustav. Erklärung eines deutschen Flüchtlings aus Straßburg. Druck von F Reichardt u. Co. 1 Bl. Fol.
Flugblatt. Berlin, 8. Okt. 1848.

— aus meiner Festungszeit. Ein Beitrag zur Geschichte der preuß. Reaction. 1. u. 2. Aufl. Wien 868—70. Hartleben. 8. (VIII, 228 S.) 24 ngr.

— und K. Köhler, Forst- und Jagdbuch. Ein prakt. Handbuch für Forstbeamte, Landwirthe, Jäger u. Jagdliebhaber. Enthltd.: Das Ganze der Forstverwaltung u. des Jagdbetriebes, nebst allen darauf bezüglichen gesetzl. Bestimmungen. Berlin 858. Hayn. gr. 8. (VI, 315 S.) 1 ℛ. 15 ngr.

—— Frei bis zur Adria. Oesterreichische Regierungsgeschichte in Italien. br. 8. (X und 238 S.) Berlin 860, [Wiegandt und Hempel.] *

—— dass. — 2. Bd.: Leidensgeschichte Italiens unter österreich., päpstl. und bourbon. Herrschaft. Venetien. Modena. Rom. Neapel. Sicilien. 1 und 2. Aufl. 8. (X und 332 S.) Berlin 861, Vogel und Comp. (Leipzig, Mittler.)

—— dass. — 3. (Schluß-)Bd.: Die trauernde Königin der Adria. Leidensgeschichte des italien. Volkes in Venetien unter österreich. Herrschaft seit dem Frieden von Villafranca. Mit einem Anhang: Die Banditenwirthschaft in Rom und Neapel. 8. (XIX und 226 S.) Berlin 862, Schlingmann. *

— Frei bis zur Adria. Leidensgeschichte Italiens unter österreich., päpstl. u. bourbon. Herrschaft. Neue (Titel-) Ausg. Venetien. — Rom. — Neapel. Berlin (861) 866. Vogel & Co. 8. (X, 332 S.) n. 1 ℛ

— Kein Geld, kein Schweizer! Reise-Kalender für die Schweiz auf das J. 1858. Zum Schutz für deutsche Reisende herausgegeben. Mit einem Anhange: Tour durch Ober-Italien, 1 (lith.) Karte der Schweiz u. Ober-Italien, 4 (lith.) Touren-Karten u. dem neuesten Schweizer Eisenbahn-Fahrplan nebst (lith.) Eisenbahnkarte von Mittel-Europa (in 8. u. 4.). Berlin 858. Janke. 8. (2 Bl., 251 S.) n. 1 ₰.

Rasch, Gust., kein Geld, keine Schweiz! Reise-Kalender für die Schweiz. Ein Schatz für deutsche Reisende. Mit einem Anhang: Tour durch Ober-Italien, 1 (lithogr.) Karte der Schweiz und Ober-Italiens, 4 (lithogr.) Touren-Karten und dem neuesten schweizer Eisenbahn-Fahrplan nebst (lithogr.) Eisenbahnkarte von Mittel-Europa (in 8. und qu. 4.) (Neue Titel-Ausg.) 8. (251 S.) Berlin 858, Janke. *

— Kein Geld, keine Schweiz! Reise-Kalender für die Schweiz. Ein Schatz für deutsche Reisende. Mit einem Anh.: Tour durch Ober-Italien, 1 (lith.) Karte der Schweiz und Ober-Italiens, 4 (lith.) Touren-Karten und dem neuesten Schweizer Eisenbahn-Fahrplan nebst (lith.) Eisenbahnkarte von Mittel-Europa. Neue Ausg. Berlin 860. Janke. 8. (251 S.) n. 1 ₰

— das Gesetz über das unerlaubte Kreditgeben an Minderjährige, vom 2. März 1857. Mit Benutzung der Kommissions-Berichte und der Motive der Regierungs-Vorlage eingeleitet u. erläutert. 1—3. Aufl. Berlin (857.) Sacco. 8. (24 S.) 3 ngr.

—— die Gewerbegesetzgebung des preußischen Staates mit allen darauf bezüglichen, bis heute ergangenen abändernden und ergänzenden Bestimmungen. 1—4. Lfg. 8. (XX und S. 1—172.) Berlin 856, Wilhelmi. à Lfg. * 3 Ngr. *

—— die Gewerbegesetzgebung des preußischen Staates mit allen darauf bezüglichen, bis heute ergangenen abändernden und ergänzenden Bestimmungen. 5—9. Lfg. 8. (S. 173—452.) Berlin 857, [Seehagen.] [5—8. Lfg. à 3 Ngr., 9 Lfg. 6 Ngr.]
1—4. Lfg. Ebendas. 1856. * 12 Ngr.

— die Gewerbegesetzgebung des Preußischen Staates mit allen darauf bezüglichen, bis heute ergangenen abändernden und ergänzenden Bestimmungen. Ein prakt. Handbuch für Kaufleute, Fabrikanten und Gewerbtreibende aller Classen, in populärer u. systemat. Art dargestellt. Berlin 857. Bieler u. Co. 8. (XX, 452 S.) 1 ₰.

— die Gewerbe-Ordnung für den norddeutschen Bund vom 21. Juni 1869. Nebst der Anweisung zur Ausführung der Gewerbe-Ordnung. Mit Erläuterungen u. Anmerkungen nach den Motiven. 1. u. 2., durch die Instruction verm. Aufl. Berlin 869. Burmester & Stempell. gr. 8. (91 S.) 5 ngr.

— der Hauseigenthümer und Miether. Ein practisches Handbuch für jeden Vermiether u. Miether. Enthltd.: die gegenseitigen Rechte und Pflichten des Miethers und Vermiethers zu einander, das Prozeßverfahren in Mieths- u. Exmissionssachen auf Grund der neuen Gesetzgebung vom 2. Juli 1846, vom 2. Jan. 1849 u. vom 26. April 1851 rc. Berlin 856. Plahn. gr. 8. (1 Bl., 141 S.) n. 20 ngr.

Rasch, G., berühmte Häuser u. Paläste Dresdens. Historische Bilder u. Skizzen. Neue (Titel-)Ausg. 12. (240 S.) Dresden 889. v. Grumbkow. n. 1. 50

— dunkele Häuser und Straßen in London. 2 Bde. Ebend. 863, 64. 8. (VIII, 117 S.; VI, 114 S.) Jeder Bd. 15 ngr.

— die dunkeln Häuser Berlins. Berlin 861. Vogel & Co. (Leipzig, Mittler.) 8. (VII, 190 S.) 22½ ngr.

— — 2., verm. und vollständig umgearb. Aufl. Wittenberg 863. Herrosé. 8. (XI, 148 S.) n. 15 ngr.

— die dunkeln Häuser Berlins. 3. u. 4. Aufl. (Billige Volks-Ausg.) Wittenberg 867. Herrosé. gr. 8. (VII, 152 S.) n. 10 ngr.

— — 2. Bd. Berlin 865. Vogel & Co. 8. (III, 167 S) n. 20 ngr.

§ RASCH, Gustav (1825—78), Dunkle Hauser in Paris. Coburg, F Streit, 1865. 8⁰ 4 Bll. u. 236 SS. (In München Gall. sp. 150x.) (1 Mk. 50 Pfg. P. Neubner, 1888; 4 Mk. E. Frensdorff, 1907, 4 Mk. H. Streisand, 1908.)

Inhalt Pariser Spaziergänge. – Der Friedhof der Guillotinirten. — Der Kerker der Deportierten und zum Tode Verurtheilten. — Das Haus zum heiligen Lazarus. — Das Haus der Invaliden. — La prison des jeunes détenus. — Les madelonettes. — Ein Revolutionsgefängniss zur Zeit Robespierre's. — Das Zellengefängnis Mazas. — Das Irrenhaus in Charenton. — Das Schuldgefängniss. — Ein Findelhaus. — Die Conciergerie. — Der Palast des römischen Kaisers. — Das Haus der Armen und Elenden.

§ RASCH, Gust., Dunkele Häuser u. Strassen in London. 2 Bde. Wittenberg, R. Herrosé, o. J. (1863). 8⁰. (In München: Brit. 446u, 1 vol.) (75 Pfg. J. E. Mueller, Halle, 1896.)

—— dunkle Häuser und Straßen in London. 2 Bde. 8. (VIII und 117 S., VI und 114 S.) Wittenberg 863,64, Herrosé. à Bd. 15 Ngr.

— Hochlandsfahrten. Berlin 861. Janke. gr. 16. (IX, 206 S.) 20 ngr.

—— nach Ischl, Salzburg und Gastein! 2., mit (2 lithogr.) Plänen (in 8. und 4.) verm. Aufl. gr. 16. (VII und 206 S.) Berlin 861, Janke.

—— das neue Italien. (In 3 Bdn.) 1. Bd. gr. 8. (VII und 314 S.) Berlin 861,62, Vogel und Comp. (Leipzig, Mittler.)

—— das neue Italien. Neue (Titel-)Ausg. 8. (VII und 314 S.) Berlin (861)66, Vogel und Comp. *

—— die neue Konkurs-Ordnung, s. Konkurs-Ordnung, die neue.

— aus einem freien Lande. Ein Reisebuch durch Schweden. Wien 869. Hartleben. 8. (III, 231 S.) 20 ngr.

—— London bei Nacht. Culturbilder. gr. 8. (222 S.) Berlin 873, Wedekind und Schwieger. * 2 —

— nach den Oasen von Siban in der großen Wüste Sahara. Eine Reisebuch durch Algerien. Berlin 866. Vogel & Co. 8. (VIII, 400 S.) n. 1 ₰ 10 ngr.

— die Preußen in Elsaß u. Lothringen. 8. (VIII, 331 S.) Braunschweig 874. Bracke jr. n. 4. —

— der neue deutsche Rechts-Anwalt f. Stadt u. Land. Zuverlässiger Rathgeber in allen außergerichtl. u. gerichtl. Verkehrs- u. Geschäftsverhältnissen, nebst Briefsteller, Fremdwörterbuch u. e. ausführl. Formularbuch zur Anfertigg. aller mögl. Contracte u. Gesuche. 3., ganz neue, gänzlich u. zeitgemäß umgearb. Ausg., enth. die vollständ. preuß. Gesetzgebg. in ihrer heut. Gestalt. 5 Bde. 8. (VI, 570; 648, 406, 649 u. 160 S.) Berlin 875. E. Mecklenburg. 18. —

— der neue Rechtsanwalt für Stadt u. Land. Zuverlässiger Rathgeber in allen außergerichtl. u. gerichtl. Verkehrs- u. Geschäftsverhältnissen nebst Briefsteller, Fremdwörterbuch u. einem ausführlichen Formularbuch. Neue, gänzlich u. zeitgemäß umgearb. Ausg. einschließlich der in Hannover, Nassau, Hessen ꝛc. eingeführten Gesetzgebung, sowie der Gesetzgebung des norddeutschen Bundes. Berlin 868,70. Burmester & Stempel. gr. 8. (III, 444 S. u. Ergänzungsbd. 431 S.) n. 4 ℛ 9 ngr.

—— der neue Rechts-Anwalt für Stadt und Land. Zuverlässiger Rathgeber in allen außergerichtl. und gerichtl. Verkehrs- und Geschäftsverhältnissen nebst Briefsteller, Fremdwörterbuch und einem ausführl. Formularbuch. Neue, gänzlich umgearb. Ausg. einschließlich der in Hannover, Nassau, Hessen, Frankfurt und Schleswig-Holstein eingeführten Gesetzgebung sowie der Gesetzgebung des norddeutschen Bundes. 3 Bde. in 34 Lfgn. gr. 8. (II, 539; VII, 633; III, 444 S.) Berlin 870, Burmester und Stempell. à Lfg. * 30 Pf. * geb. *

Rasch, Gust., der neue Rechts-Anwalt für Stadt und Land. Ergänzungsband. 9 Lfgn. [Des ganzen Werkes 35.—43. Lfg.] gr. 8. (431 S.) Ebendas. 870. à Lfg. * 30 Pf. * geb. *

—— der Rechts-Anwalt für Stadt und Land. Ausführlicher Rathgeber für Jedermann im bürgerl. und geschäftl. Verkehr, sowie im Verkehr mit Verwaltungs- und Gerichtsbehörden. 30 Lfgn. gr. 8. (1. und 2. Bd. XII und 980 S., 3. Bd 460 S.) Berlin 860, Verlags-Comptoir. à Lfg. 3 Ngr.

Rasch, Gust., der Rechts-Anwalt für Stadt und Land. Ausführlicher Rathgeber im bürgerlichen und geschäftlichen Verkehr, sowie im Verkehr mit Verwaltungs- u. Gerichtsbehörden. 3 Bde. Berlin 861. Verlags-Comptoir. (Dominé.) gr. 8. (XII, 1396 S.) 2 ℛ 27 ngr.

—— der Rechts-Anwalt für Stadt und Land. Ausführlicher Rathgeber für Jedermann im bürgerl. und gesellschaftl. Verkehr, sowie im Verkehr mit Verwaltungs- und Gerichtsbehörden. Ergänzungsband. 1. und 2. Lfg. gr. 8. (96 S.) Berlin 863, Verlags-Comptoir. à Lfg. 3 Ngr.
1.—3. Bd. Ebendas. 1860. 3 Thlr.

Rasch, Gust., Regelg. der Motoren elektrischer Bahnen. gr. 8. (VIII, 140 S. m. 28 Fig.) Berlin 899. J. Springer. — München, R. Oldenbourg. (Auslieferung durch Springer.) Geb. in Leinw. n. 4.—

—— das dänische Regiment in Schleswig-Holstein. 2. (Titel-) Ausg. des Werkes: „Vom verlassenen Bruderstamm. 3. Bd." 8. (XII und 276 S.) Berlin 863, Janke.

— das dänische Regiment in Schleswig-Holstein. 2. Ausg. des Werkes „Vom verlassenen Bruderstamm. 3. Bd." Berlin 864. Janke. 8. (XII, 276 S.) 15 ngr.

Rasch, Gust., das preußische Regiment in Schleswig-Holstein. Kiel 866. Schröder u. Co. 8. (VI, 270 S.) n. 1 ℛ 2 ngr.

— vom spanischen Revolutionsschauplatze. Spanische Zustände, Charakteristiken u. Geschichte. Wien 869. Hartleben. 8. (III, 243 S.) 20 ngr.

— Baron Carl Scheel-Plessen. Wer er war und wer er ist? 2. Aufl. Hamburg 868. J. F. Richter. gr. 8. (42 S.) n. 6 ngr.

— aus dem Schuldbuch Louis Bonaparte's. (In 12 Liefgn.) 1—4 Liefg. Stuttgart 870. Kröner. gr. 16. (S. 1—256.) Jede Liefg. 5 ngr.

— aus dem Schuldbuch Louis Bonaparte's. 5—12. Lfg. gr. 16. (2. Bd. 256 u. 3. Bd. 251 S.) Stuttgart 871 Kröner. — 50

GARIBALDI, Giuseppe, General. — Rasch, Gust., Das Schwert Italiens. Lebensskizze des Generals Josef Garibaldi. 2 Bde. Berlin, o. J. 8°. (2 Mk. 50 Pfg. Mindestgebot, R. Zinke's Dresdner März-Auct. 1906, no. 1466:)

—— das Schwert Italiens. Lebensskizze des Generals Josef Garibaldi. 3 Bde. 8. (XII und 661 S.) Berlin 863, Nelte, Böltje und Comp.

—— dass. — 10 Lfgn. Lex.-8. (200 S. mit 8 Holzschntaf.) Leipzig 863,64, (Nein'sche Buchh.) à Lfg. 3 Ngr.

—— das heutige Spanien. 2. Ausg. 8. (VI, 269 S.) Stuttgart 871, Kötzle. [Kröner.] (ℳ 2.40.)

— das Preußische Straf-Gesetzbuch und der Preußische Straf-Prozeß in seiner neuesten Gestalt. Nebst allen darauf bezüglichen, bis heute erschienenen Gesetzen, Verordnungen und Judikaten des Königl. Ober-Tribunals. Erläutert und systematisch dargestellt. Berlin (854.) Sacco. 8. (IV, 188 S.) 15 ngr.

—— und G. Struve, zwölf Streiter der Revolution, s. Struve, G.

Rasch, Gust., Stromvertheilung f. elektr. Bahnen, s.: Bell, Louis.

— Südbayern, Salzburg, Salzkammergut, Tirol, Ober-Italien. Neues Handbuch fur Reisende. Mit 1 (lith.) Reisekarte von Europa, 1 (lith.) Plan von Munchen u. 8 (lith.) Touren-Karten (in 8. u. 4.). Berlin 858. Janke. 8. (X, 344 S.) n. 1 ℛ: 20 ngr.

— Südbayern, Salzburg, Salzkammergut, Tirol, Ober-Italien. Neues Handbuch für Reisende. Mit 1 (lith.) Reisekarte von Europa, 1 (lith.) Plan von München u. 8 (lith.) Touren-Karten. 3. Aufl. Berlin 860. Janke. 8. (X, 344 S.) n. 1 ℛ 20 ngr.

RASCH, Gust., Aus vergangenen Tagen. I. Reihe: Dresdener berühmte Häuser und Paläste. Dresden, o. J. Kl. 8° Zahm.
(Ldpr $3^1/_2$ Mk.) ($1^1/_2$ Mk. Kühl.)

—— aus vergangenen Tagen. Historische Bilder und Skizzen. 1. Reihe: Dresdener berühmte Häuser und Skizzen. 8. (240 S.) Dresden 875, Kaufmann's Verlag. *

— das Thüringerland und der Thüringerwald. Ein Reisebuch durch Thüringen in Skizzen u. Bildern. Mit 20 Stahlst. u. dem Panorama der Eisenbahn von Halle bis Eisenach. Leipzig 858. Haendel. gr. 8. (VIII, 192 S. u. 2 lith. Taf. in Fol.) cart. 1 ℛ. 15 ngr.; ohne Stahlst. 27 ngr.

— Touristen-Lust u. -Leid in Tirol. Tiroler Reisebuch. 8. (405 S.) Stuttgart 874. Simon. n. 5. 50

Rasch, Gustav [aus Mainz]: Magnetische Untersuchungen .... Wurzburg, Becker's Univ.-Buchdr., 1888; 20 + 1 S. 8°
Würzburg, Phil. Fak., Inaug.-Diss. v. 1888

— das Victoriatheater und die Intriguen des Theaterunternehmers Cerf. Berlin 860. Bosselmann. (Wiegandt & Hempel.) gr. 8. (28 S.) n. 5 ngr.

— die Völker der unteren Donau u. die orientalische Frage. Breslau 867. Kern's Verlag. 8. (XV, 364 S.) 1 ℛ 24 ngr.

—— von der Nordsee in die Sahara. 1. und 2. (Titel-)Aufl. br. 8. (V, 223 S.) Berlin 869,70, Hausfreund-Exped. [Posen, Merzbach.] * 2 —

— italienisches Wanderbuch. Die Alpenstraßen. — Die Seen. — Die venetianischen und lombardischen Städte. Nebst einem Anh.: Rothes u. schwarzes Buch der Gasthöfe. Berlin 861. Vogel & Co. 8. (VII, 258 S.) 1 ℛ 2½ ngr.

— die allgemeine deutsche Wechsel-Ordnung und der Wechsel-Prozeß in Preußen. Nebst allen darauf bezüglichen Gesetzen, Verordnungen, Judikaten des Königl. Ober-Tribunals, Tabellen, Erläuterungen, Erklärungen u. Formularen. Systematisch geordnet. Berlin (854.) Sacco. gr. 8. (62 S.) 10 ngr.

Rasch, H., französ. Lesebuch, s.: Kahlo, W.

Rasch, H. A. De [illegible] fictionum [illegible] [illegible] praecipue et mathematicarum. Jenae 1721. 4.

Rasch, Hermann [aus Hannover]: Ueber die Einwirkung von Ammoniak und Natriumaethylat auf das Valerolacton .... Strassburg, Verl. v. Karl J. Trübner, 1885; 2 + 27 S. 8°.
Strassburg, Math.-Naturw. Fak., Inaug. Diss. v. 1885.

Die Fabrikation der Weinsäure. Von Dr. Hermann **Rasch.** M. in d. Text gedr. Abb. *Berlin: J. Springer 1897.* (VIII, 94 S.) 1 Bd 8. [96. 40]

Rasch, Hermann, appr. Arzt a. Berlin: Die bimanuelle Impression des vorangehenden Kopfes bei plattem Becken. Berlin (1905): G. Schade. (28 S.) 8°
Berlin, Med. Fak., Ref. Olshausen, Diss. v. 13. Juli 1905
[Geb. 15. März 73 Berlin; Heimatsort: Berlin; Staatsangeh.: Preußen; Vorbildung: Sophien-Gymn. Berlin Reife O. 94; Studium: Berlin 9 S.; Coll. 4. Juli 05; Approb. 19. Apr. 05.]

Rasch, Herm., die Zündungen durch verdichteten Sauerstoff u. die Explosionsgefahr des Stickoxyduls. (86 S. m. Abbildgn.) 8. Weimar 904. C. Steinert. n. 1. 80

Rasch, Jul., das Freihaus am Dome. Roman aus der Mainzer Kurfürstenzeit. gr 8. (350 S.) Wiesbaden 886. Bechtold & Co. n. 5. —; geb. n.n. 6. —

Rasch, Jul., d. Geistermühle. Rhein. Novelle. 8. (44 S.) Rheinbach 897. Rudolstadt, A. Bock. n. — 60

[Umschlagt.:] [Ant. u. F.] Die Geistermühle. Rheinische Novelle v. Julius **Rasch** ... *Rheinbach b. Bonn: Lit. Bureau 1897.* (44 S.) 1 Bd 8. [97. 4358

Rasch, Jul., die Geistermühle. Rheinische Novelle. 8. (44 S.) Rheinbach 897. Göttingen, F. Wunder. n. — 60

Rasch, Jul., aus dem Lande der Magyaren. 8. (446 S.) Wiesbaden 883, Kunze's Nachf. *

Rasch, Jul., aus dem Lande der Magyaren. Roman. 2. Aufl. 8. (446 S.) Wiesbaden 886. Kunze's Nachf. 3. 60

Rasch, Jul. (Auguste Arens v. Braunrasch), Schloß Lichtenegg. Roman. 8. (612 S.) Wiesbaden 899. Lützenkirchen & Bröcking. n. 4. —; geb. n. 5. —

Rasch, K., die Zivilprozeßordnung f. das Deutsche Reich, s.: Struckmann, J. u. R. Koch.

Rasch, Kurt, Referendar: Die Haftung für den Einsturz von Gebäuden. Nach gemeinem Rechte und dem Rechte des Bürgerlichen Gesetzbuches für das Deutsche Reich. Greifswald 1905: J. Abel. (VI, 48 S.) 8° [F.]
Greifswald, Jur. Fak., Ref. Pescatore, Diss. v. 9. Juli 1905
[Geb. 26. Dez. 78 Stargard i. Pom.; Wohnort: Stargard; Staatsangeh.: Preußen; Vorbildung, Gymn. Freienwalde a./O. Reife M. 98; Studium, Berlin, Heidelberg, Greifswald, im ganzen 8 S., Rig. 28. Juli 04.]

Rasch, Maria, die hl. Elisabeth. Ein schlichtes Lebensbild zu den Wandgemälden M. v. Schwind's im Elisabethgang der Wartburg. (81 S. m. 5 farb. Abbildgn. u. 7 farb. Taf.) kl. 8. Leipzig (905). F. Jansa. n. 1. 60

— in der Hofapotheke. Erinnerungen e. alten Eisenacher Kindes. (82 S. m. 2 Taf.) kl. 8. Ebd. 905. n. — 80

— im Schloß. Erinnerungen e. alten Eisenacher Kindes. Neue Folge. (64 S. m. Titelbild.) 16. Ebd. 905. Kart. n — 80

Rasch, Paul, s. a. Aliscans.

Rasch, Paul, aus Gotha: **Aliscans.** 3. *Halle a. S. 1902: E. Karras.* (37 S.) 8° ¶(Erscheint vollst. bei M. Niemeyer in Halle.) — [Vgl. No 60 u. 1900/1901 Halle No 113.]
Halle, Phil. Diss. v. 13. Jan. 1902

Rasch, Paul: Untersuchungen über die Grundlagen der Philosophie Herbert Spencers. Magdeburg 1908: Friese. 19 S. 4°
Magdeburg, k. Dom-G OP 1908 (312) [S 08. 365

Rasch, Paul: Verzeichnis der Namen der altfranzösischen Chanson de Geste: Aliscans. Magdeburg 1909: Friese. 44 S. 8°
Magdeburg, k. Dom-G OP 1909 (328) [S 09. 372

— **Rudolph Joseph Leonhard** (Altenburg/Meißen), De restricta testatoris potestate. Diss. jur. Präs. Johann Christoph Schacher. Leipzig (Brandenburger) 20. IX. 1708. 72 S. (4.50) 27664
Teil I siehe Kübel, Joh. Ludwig (19 813).

— — **Dasselbe.** Leipzig (Brandenburger) 20. IX. 1708. 72 S. (4.75) 27665
Gew.: Joh. Georg Doehler, Jo. Franziskus Born, Christian August Hübner, Ludw. Adolph Zech. — Teil I siehe Kübel, Joh. Ludwig (19813).

— — **Dasselbe.** Diss. jur. altera. Leipzig (Brandenburger) 20. IX. 1708. 72 S. (4.75) 27666
Gew.: Joh. Georg Doehler, Jo. Franziskus Born, Christian August Hübner, Ludw. Adolph Zech. — Teil I siehe Kübel, Joh. Ludwig (19813).

Rasch, Stef., deutsche Telegraphen-Kurzschrift. gr. 16. (88 S.) Hannover 876. Rümpler. n. 1. 25

Rasch, Stef., deutsche Telegraphen-Kurzschrift. 12. (86 S.) Erfurt 883. Bartholomäus. n. — 60

Rasch, Valentin. Rigensis tumultus initia et progressus, mit ... Urkunden ... Riga 1855. B: *Napiersky, L. von.* (R-N)

Rasch, Wilh., zur Frage d. Versicherungswertes in der Feuerversicherung, s. a. Sammlung nationalökonomischer u. statistischer Abhandlungen.

Rasch, Wilhelm *Albert Hugo* [aus Ohrdruf]: Zur Frage des Versicherungswertes in der Feuerversicherung ... Jena, G. Fischer, 1892; VIII, 100 S. 8.
Leipzig, Phil. Fak., Inaug.-Diss. v. [28. Apr.] 1892

Rasch, W. Über den Nutzen der Lebensversicherung für den Landwirt. Halle 1891.

— versichere dein Leben! Mahnwort an jedermann, namentlich an den Landwirt. gr. 8. (16 S.) Halle 894. M Niemeyer. — 30

Rasch, H. Versichere dein Leben! Mahnwort an jedermann, namentlich an den Landwirt. Halle 1900.

Rasch-Nedden, Karl Wilh., Sprechmethode der Natur. Zum Nutzen u. Frommen derjenigen seiner Landsleute, welche auf rein konversationellem Wege e. fremde Sprache sprechen u. verstehen lernen wollen. In Gesprächsform. Deutsch u. Englisch.-Natures speaking method. — No. 1. gr. 8. (16 S.) Leipzig 873. Expedition der musikal. Gartenlaube in Comm. à — 50

Naesch, Arnold, soll d. Hausirhandel abgeschafft werden? 2. Aufl. gr. 8. (47 S.) Wien 897. R. Löwit n. — 60

Raschal, Sarah. Zur Statistik der in der geburtshülflichen Abteilung des Kantonalon Frauenspitals zu Bern vom 1. Januar 1874 bis zum 1. Jan' 1909 stattgehabten Zwillingsgeburten. Diss. Med. Bern. 16 S. 8. Bern, Otto Lanz, 1910.

Raschdorff (Hrsg.), s. M u s i k - Z e i t u n g, Neue.

Raschdorff, Julius C.

Raschdorff, Jul., Abbildungen deutscher Schmiedewerke. (In 6 Hftn.) 1. Hft. gr. Fol. (8 Kpfrtaf. m. 1 Bl. Text.) Berlin 875. Ernst & Korn. n. 10. —

Raschdorff, Jul., Abbildungen deutscher Schmiedewerke, aufgenommen u. mit Unterstützung des königl. hohen Ministeriums für Handel, Gewerbe u. öffentl. Arbeiten hrsg. 2—6. (Schluß-)Hft. Fol. (à 8 Kpfrtaf.) Berlin 877. 78. Ernst & Korn. à n. 10. —

— dasselbe. (Kleine Ausg.) 48 (Kpfr.-)Taf. Fol. (1 Bl. Text.) Ebend. 878. In Mappe. n. 30. —

Raschdorff's, J. C., Aquarell-Vorlagen f. d. techn. Hochschule zu Berlin. Baukunst der Renaissance. Villa. 2 Blatt à 61,5×48 cm. Farbendr. Berlin (890). E. Wasmuth. Auf Leinw. m. Stäben à n 3. —

— Bauausführungen im Stil der deutschen Renaissance. 20 Taf. in Stich. [Aus: „Architekton. Skizzenbuch".] Fol. Ebend. 879. In Mappe. n. 16. —

Raschdorff, J. C., s.: Baukunst der Renaissance.

Raschdorff, Jul. Das Bau-Recht in der Preussischen Rheinprovinz u. denj. Ländern, in welchen das BGB. Geltung hat. Neu bearb. nach Weyers Baurecht. 3. Aufl. Cöln Frühbuss 1867

Raschdorff, Jul., das Baurecht in der preuss. Rheinprovinz u. denjenigen Ländern, in welchen das bürgerl. Gesetzbuch Geltung hat. Neu bearb. nach Weyer's Baurecht. 3., verm. u. verb. Aufl. Cöln 867. DuMont-Schauberg'sche Buchh. gr. 8. (280 S. mit 33 eingedr. Holzschn.) n. 1 *Thlr* 15 *ngr.*

Raschdorff, Jul. C., das Bau-Recht in der preussischen Rheinprovinz und denjenigen Ländern, in welchen das bürgerliche Gesetzbuch Geltung hat. Neu bearb. nach Weyer's Baurecht. 4., verm. und verb. Aufl. gr. 8. (III, 293 S. mit 33 eingedr. Holzschn.) Cöln 869, DuMont-Schauberg'sche Buchh.

D o m zu Berlin entworfen von Prof. J[ulius] C. Raschdorff, Dombaumeister, unter Mitw. von Prof. O[tto] Raschdorff. Abb. d. Baumodelles im Massst. 1:25. Berlin 1896: Reichsdr. (9 Taf.) 2°

Raschdorff, J. C., s. Entwurf, ein, Sr. Maj. des Kaisers und Königs Friedrich III. zum Neubau des Domes und zur Vollendung des königl. Schlosses in Berlin.

Raschdorff J C, ein Entwurf des Kaisers und Königs Friedrich III. zum Neubau des Domes u z. Vollendung d. Kgl. Schlosses in Berlin. (2 Bl 9 T) grfol Berlin 1888

Raschdorff, J. C., Entwürfe u. Bauausführungen im Stile deutscher Renaissance. 2 Lfgn. Fol. (à 25 Bl. in Lichtdr.) Berlin 879. Wasmuth. In Mappe. à n. 20. —

Raschdorff, J., das Kaufhaus Gurzenich in Cöln. Nach seinem Umbau dargestellt. Mit 20 Taf. in Kpfrst. u. Lithogr. u. 1 Taf. in reichem Farbendr. Berlin 863. Ernst & Korn. gr. Fol. (2 Bl., 7 S.) n. 5 *Thlr* 20 *ngr.*

Raschdorff, J. C., rheinische Holz- u. Fachwerksbauten des XVI. u. XVII. Jahrh., nach Orig.-Zeichngn. v. J. C. R. hrsg. v. Otto Raschdorff. gr. 4. (55 Taf. m. 3 S. Text.) Berlin 895. E. Wasmuth. Kart. n. 18. —

Raschdorff, J. C., die Praemonstratenser-Abtei Knechtsteden. Mit 4 Kpfrn. u. vielen in den Text eingedr. Holzschn. Fol. (8 S.) Berlin 874. Ernst & Korn. n. 8. —

Raschdorff, J. C., Kaiser Friedrich III. Mausoleum zu Potsdam. Fol. (12 [1 farb.] Taf. m. VI S. Text.) Berlin 899. E. Wasmuth. Geb. in Leinw. n. 16. —

Raschdorff, J. C., s.: Palast-Architektur v. Ober-Italien u. Toscana vom XV. bis XVII. Jahrh.

Raschdorff, Otto, Berlin. Rundbild, vom neuen Dom aufgenommen. In Leporelloform. qu. gr. 4. (11 Bl. in Photogr.-Imitation.) Ebd. (900). In Mappe n. 7. 50; qu. 4. n. 5. —; qu. 12. n. 3. —

Raschdorff, O., s.: Ergebnisse, die, der Ausgrabungen zu Pergamon.

– (Hrsg.), s. H o l z b a u t e n , Rheinische, und Fachwerkbauten des 16. und 17. Jahrhunderts.

Raschdorff, Otto, s.: Palast-Architektur v. Oberitalien u. Toscana.

— d. Trajaneum, s.: Stiller, Herm.

Venedig. Mit Unterst. d. Kgl. Preuß. Minist. f. Handel u. öff. Arbeiten hrsg. von Otto **Raschdorff**, Prof., Berlin. Berlin: E. Wasmuth 1903. (16 S., 100 gez. Taf.) gr. 2°
— **Palast-Architektur** von Ober-Italien u. Toscana. [3.] [t.6. 1950] 10

Raschdorff, P., Übersichts-, Gruben- und Hüttenkarte des oberschlesischen (preußisch), Mährisch-Ostrau-Karwiner (österreichisch) und russisch-polnischen Industriebezirks. Gezeichnet von O. Melching. 1 : 125 000. Nebst Beiheft, enth. Ortschafts-, Gruben- und Hüttenverzeichnis. Kolberg, 1898. 57 S.

Rasche A Untersuchung der Flächen 2 Grades welche durch 2 windschiefe Geraden gehen. 1882 8
Diss. Münster

E r l ä u t e r u n g e n zu den Generalrubriken des Missales und des Breviers. Von Subregens [Bernhard] Rasche. Als Ms. gedr. Paderborn: Bonifacius-Dr. 1907. X, 254 S. 8°

Kirchliches S t u n d e n g e b e t und Meßopfer gemäß kirchlicher Vorschrift. Von Regens [Bernhard] Rasche. 2., verm. Aufl. Als Ms. gedr. Paderborn: Bonifacius-Dr. 1910. XII, 359 S. 8°

Rasche, Carl, s. R a s c h e , Karl

Rasche, Emil, s.: Rasche, K. Emil.

Rasche, Fr., Album von Berlin. qu. gr. 4. (16 lithogr. und ill. Bl.) Berlin 854, Nesselmann und Comp. *

Rasche, Friedr., Grundlehre des geometrischen und perspectivischen Zeichnens begründet durch Scala und Linientheilung. gr. 4. (15 S. mit 12 Stnt.) Berlin 858, Logier. *

Rasche, Hartm., Dr. Rupp's öffentl. Auftreten, dem deutschen Volke geschildert. 8. (6¾ B.) Königsberg 846, Theile.

Rasche, Hartm., Dr. Rupp's öffentliches Auftreten dem deutschen Volke geschildert. 8. (106 S.) Königsberg 847, Theile. ⅓ ℛ

Rasche, Johann Christoph

—Anleit. z. Briefwechsel d. Frauenzimmer mit Mannspersonen. 8. Nürnb. 777. Bauer u. R. 4 gr

— Anweis. z. Briefwechsel m. Frauenzimmern. 3 Thle. 8. Ebend. 775–77.

—Anweis. z. Briefwechsel d. Frauenzimmers mit Frauenzimmern. 8. Nürnb. 777. Bauer u. R. 4 gr

—prakt. Anweis. zu Briefen an Frauenzimmer. 8. Nürnb. 775. Bauer u. R. 4 gr

– s. W. Burkit · Erläuterungen.

—epistolarum obscurorum virorum volumina omnia. Tom. I. et II. 8. Frankf. 757.

– s. Etwas v. Ohngefähr.

– s.a. Etwas z. lehrr. Vergnügen.

Etwas

— — zum lehrreichen Vergnügen in gebundener und ungebundener Schreibart abgefasset (von *Joh. Chp. Rasche*). 2 Theile. Frankf. (Erfurt) 1754. 8°. 28½ Boger Selten!

Cat. Meissner. — Das Anon.-Lex. II. p. 72: „Erfurt 1753—54" (nach Meusel, Kayser, Adelung).

– s. Gellert: Samml. v. Fabeln.

– s. Geschichte Joh. von Calais.

– s. Gespräche, vier, im Reich d. Todten.

—Henneberg, das uralte Stammhaus, nach 200 Jahren vom Herzog Georg erneuert am 10. Aug. 1784; in e. Idyll geschildert u. mit Anmerkk. begleitet. 8. Meiningen 784.

—Karl d. Große, groß durch seine Bemühungen f. die Schulen d. Deutschen. 4. Meiningen 760.

– s.a. Kenntniß antiker Münzen.

— Kenntniſs antiker Münzen, nach Jobert und Bastie. Nürnb. 778. 79. 3 Thle. 8. 1 rthl. 22 gr. (I. 16 gr. II. 20 gr. III. 10 gr.)

– s.a. Kleinigkeiten.

Kleinigkeiten

— — (von *Joh. Chp. Rasche*). Helmstädt und Magdeburg, verlegts D. C. Hechtel. 1768. 8°.

Anon.-Lex. II. p. 363 (nach Adelung, W. v. Maltzahn, Meusel u. Kayser).

Rasche, Jh. Cph., († d. 21. April 1805.) Kunst, deutsche Briefe schön abzufassen. 2 Thle. 8. Frankf. u. Leipz. 761. 2e Aufl. 762. 3e Aufl. 8. Nürnb. 775. Bauer u. R. 12 gr

– s. Kunst, Nelken zu ziehen

—Leben d. Henneberg. Geschichtsschreibers Chr. Albr. Ercks. 4. Meiningen 761.

– s.a. Lexicon abruptionum

(Rasche). Lexicon abruptionum quae in numismatibus Romanorum occurrunt. Norimbergae 1777 8°.

Rasche, Jo. Christophorus. Lexicon universae rei numariae veterum et praecipue Graecorum ac Romanorum cum observationibus antiquariis geographicis chronologicis historicis criticis. Praefatus est Christ. Gottl. Heyne. Bd. 1 6, Theil 1. und 2 Supplementbände. 12 Bde. Leipzig 1785 1804. 8°.

— Lexicon universale rei numariae veteris. Lips. 785–94. 3 Tom. 7 Partes. 8. 33 rthl. 16 gr.

—lexicon universale rei nummariae veterum praecipue Graecor. et Romanor. etc. c. praef. C. G. Heyne. Tom. I—VI. P. I. Tom. VI. P. II. u. Tom. VII. P. I. et II. seu Supplem. I—III. 8maj. Leipz. 785—806. (Fr. Fleischer). 33 ℛ 16 gr Schrbp. 43 ℛ 4 gr

– s. B. Neukirch Satyren.

– s. Numismata rarissima.

—Oden. 8. (Frankf. a. M.) 758. 2 gr

– s. Ant Pansa, Abhandll.

– s. Samml v. Staatschriften.

— Schätzbark. antiker Münzen in Gold, Silber u. Bronze. 8. Nürnb. Monath u. K. 779.

– s. Urtheile üb. d. Verhalten d. Menschen.

—Roms vormal. Verfassung, z. Aufklär. alter Schriftsteller. 2 Thle. Mit Kpf. gr. 8. Nürnb. 778. Bauer u. R. 1 ℛ 12 gr

— Roms vormal. Verfass. z. Aufkl. alt. Schriftsteller, m. K. gr. 8. Nürnb. Raspe. 778.

Rasche, J. C., Roms vormalige Verfassung, zur Aufklärung alter Schriftsteller. Mit 19 Kupf. Nürnb. 778. 79. 2 Thle. 8. 1 rthl. 12 gr.

—♂ ♄ ♃ die große Zusammenkunft d. Saturnus u. Jupiters. 4. Nürnb. 762.

Rasche, K. Emil, Aufgaben zum Geschäftsaufsatz u. zur Buchführung in Fortbildungsschulen u. Gewerbeschulen f. die Hand der Schüler. Im Anschluß an die Musterbücher zu den Arbeitsheften f. Fortbildungsschüler bearb. 18 Hfte. gr. 8. Meißen 902. H. W. Schlimpert. à n. — 10

1. Das Tischlergewerbe. (6 S.) — 2. Zimmermann. (4 S.) — 3. Stellmacher. (4 S.) — 4. Schmied. (4 S.) — 5. Schlosser. (4 S.) — 6. Das Klempnergewerbe. (6 S.) — 7. Das Mechanikergewerbe. (6 S.) — 8. Das Maurergewerbe. (6 S.) — 9. Steinmetz. (4 S.) — 10. Das Schneidergewerbe. (6 S.) — 11. Das Tapeziergewerbe. (6 S.) — 12. Schuhmacher. (4 S.) — 13. Das Sattler- u. Riemergewerbe. (6 S.) — 14. Das Dekorationsmalergewerbe. (6 S.) — 15. Das Buchbindergewerbe. (6 S.) — 16. Das Fleischergewerbe. (6 S.) — 17. Das Bäckergewerbe. (6 S.) — 18. Produktenhandlung. (4 S.)

Rasche, Emil, Aufgaben zum Geschäftsaufsatz u. zur Buchführung nebst Kalkulationen in Fortbildungs- u. Gewerbeschulen f. die Hand der Schüler. Im Anschluß an die Musterbücher zu den Arbeitsheften f. Fortbildungsschüler hrsg. 1.—28. Heft. 2. u. 3. Monat. 8. Meißen (905). H. W. Schlimpert. à n. — 05

1. Das Tischlergewerbe. (6 S.) — 2. Das Zimmermannsgewerbe. (6 S.) — 3. Das Stellmachergewerbe. (4 S.) — 4. Das Schmiedegewerbe. (6 S.) — 5. Das Schlossergewerbe. (6 S.) — 6. Das Klempnergewerbe. (6 S.) — 7. Das Mechanikergewerbe. (4 S.) — 8. Das Maurergewerbe. (6 S.) — 9. Das Steinmetzgewerbe. Bearb. v. Arno Naumann. (6 S.) — 10.

Das Schneidergewerbe. (6 S.) — 11. Das Tapezierergewerbe. (4 S.) — 12. Das Schuhmachergewerbe Bearb. v. Arno Naumann. (8 S.) — 13 Das Riemer- u. Sattlergewerbe. (6 S.) — 14. Das Dekorationsmalergewerbe. (6 S.) — 15. Das Buchbindergewerbe. (6 S.) — 16. Das Fleischergewerbe. (6 S.) — 17. Das Bäckergewerbe. Bearb. v. Arno Naumann (8 S.) — 18. Das Produktenhändlergewerbe. (6 S.) — 19. Das Spielwarengewerbe. (4 S.) — 20. Das Kartonnagengewerbe. (4 S.) — 21. Die Posamentenfabrikation. (6 S.) — 22. Das Strumpfwirkergewerbe. (6 S.) — 23. Das Musikinstrumentenmachergewerbe. (6 S.) — 24. Das Buchdruckergewerbe. (6 S.) — 25. Das Uhrmachergewerbe. Bearb. v. Arno Naumann. (8 S.) — 26. Das Schnittwarenhandlergewerbe. (6 S.) — 27. Das Gärtnergewerbe. (6 S.) — 28. Das Glasergewerbe. Bearb. v Arno Naumann. (6 S.)

— dasselbe. 29.—40. Heft. Dreimonatiger Geschäftsgang 8. Ebd. (905). à n. — 15
29. Das Holzbildhauergewerbe. Bearb. v. Arno Naumann. (16 S.) — 30. Das Restaurateurgewerbe. (10 S.) — 31. Das Brauergewerbe. (10 S.) — 32. Das Barbier- u. Friseurgewerbe. (10 S.) — 33. Das Gerbergewerbe. Bearb. v. Aug. Kaul (12 S.) — 34. Das Böttchergewerbe. (10 S.) — 35. Das Kürschnergewerbe. Bearb. v. Arno Naumann. (18 S.) — 36. Das Bürstenmachergewerbe. Bearb. v. Arno Naumann. (18 S.) — 37. Das Gewerbe e. Landwirtes. (10 S.) — 38 Das Töpfergewerbe. Bearb. v. Arno Naumann. (18 S.) — 39. Das Korbmachergewerbe. Bearb. v. Arno Naumann. (18 S.) — 40. Das Photographengewerbe. (10 S.)

Rasche, Emil, Aufgaben zum Geschäftsaufsatz u. zur Buchführung in Fortbildungs- u. Gewerbeschulen f. die Hand der Schüler. Im Anschluß an die Musterbücher zu den Arbeitsheften f. Fortbildungsschüler bearb. 41.-54. (Schluß-)Heft. Dreimonatiger Geschäftsgang. 8. Meißen (907). H. W. Schlimpert. à — 15
41. Das Goldarbeitergewerbe. (8 S.) — 42. Das Stuttateurgewerbe. (8 S.) — 43. Das Konditorgewerbe. (8 S.) (907.) — 44. Das Installateurgewerbe. (8 S.) — 45. Ungelernte Berufe. Bearb. v. Ernst Ebert. (8 S.) — 46. Kupferschmiede-Gewerbe. Bearb. v. Ernst Ebert. (8 S.) — 47. Müller-Gewerbe. (9 S.) (907.) — 48. Feilenhauer-Gewerbe. Bearb. v. Arno Naumann. (10 S.) — 49. Dachdecker-Gewerbe. Bearb. v. Arno Naumann. (8 S.) — 50. Maschinenbauer. Bearb. v. Ernst Ebert. (8 S.) — 51. Hutmacher-Gewerbe. Bearb. v. Arno Naumann. (8 S.) — 52. Zahntechniker-Gewerbe. Bearb. v. Arno Naumann. (8 S.) — 53. Zigarrenhandlung u. -Fabrikation. Bearb. v. Ernst Ebert. (9 S.) — 54. Materialwarenhandlung. Bearb. v. Ernst Ebert (10 S.)

— der deutsche Aufsatz als Mittelpunkt e. einheitlichen Sprachunterrichts in der Volksschule. 2. Aufl. v.: Die Erzählg. im Aufsatzunterrichte d. Volksschule. (VI, 170 S.) 8. Dresden 905. A. Huhle. Kart. n. 2. —

— Bürgerkunde. Die Elemente der Gesetzeskunde u. Volkswirtschaftslehre. Ausg. A. Ein Leitfaden f. den Unterricht in sächs. Fortbildungsschulen u. zum Selbstunterricht, auf Grund des offiziellen Lehrplans f. die Fortbildungsschulen des Königr. Sachsen. 7. u. 8. verb. u. verm. Doppel-Aufl. (52 S.) gr. 8. Leipzig 910. [Dürr'sche Buchh.] E. Peter's Verl. — 40

— Zum Deutschunterricht. Anregungen zur Erteilg. e. einheitl., vereinfachten, prakt. u. geistbild. Sprachunterrichts. Zugleich Anmerkgn. zu den Neubearbeitgn. der Baron, Junghanns u. Schindlerschen deutschen Sprachschule. Unter Beihilfe der Neubearbeiter Fr. Gärtner, M. Krüger, F. Spanier u. Frz. Walther hrsg. (14 S.) gr. 8. Leipzig 910. J. Klinkhardt. — 50

Diktierstoffe. s.: Kunze, Bruno.

Rasche, E., die Elemente der Gesetzeskunde u. Volkswirtschaftslehre. Für den Unterricht in sächs. Fortbildungsschulen u. zum Selbstunterricht auf Grund d. offiziellen Lehrplans f. die Fortbildungsschulen d. Königr. Sachsen. gr. 8. (32 S.) Leipzig 888. Peter. n. — 20

Rasche, Emil, die Elemente der Gesetzeskunde u. Volkswirtschaftslehre. Ausg. A. Ein Leitfaden f. den Unterricht in sächs. Fortbildungsschulen u. zum Selbstunterricht, auf Grund des offiziellen Lehrplans f. die Fortbildungsschulen d. Königr. Sachsen bearb. 3., verm. u. verb. Aufl. gr. 8 (40 S.) Leipzig 895. E. Peter. n.n. — 25

Rasche, K. Emil, d. Elemente d. Gesetzeskunde u. Volkswirtschaftslehre. Ausg. A. Ein Leitfaden f. d. Unterricht in sächs. Fortbildungsschulen u. z. Selbstunterricht auf Grund d. offiziellen Lehrplans f. d. Fortbildungsschulen d. Königr. Sachsen. 1. Tl.: D. Wichtigste üb. Verfassg., Gesetzgebg. u. Verwaltg. d. Königr. Sachsen u. des Deutschen Reiches. 2. Tl.: Volkswirtschaftliche Lehren. 4., verb. Aufl. gr. 8. (40 S.) Leipzig 898. E. Peter. n.n. — 25

— die Elemente der Gesetzeskunde u. Volkswirtschaftslehre. Ausg. A. Ein Leitfaden f. den Unterricht in sächs. Fortbildungsschulen u. zum Selbstunterricht auf Grund des offiziellen Lehrplans f. die Fortbildungsschulen des Königr. Sachsen. 1. Tl.: Das Wichtigste üb. Verfassg., Gesetzgebg. u. Verwaltg. des Königr. Sachsen u. des Deutschen Reiches. 2. Tl.: Volkswirtschaftliche Lehren. 5. verb. Aufl. (40 S.) gr. 8. Leipzig (903). Dürr'sche Buchh. n.n. — 25

(B) — Die Elemente d. Gesetzeskunde u. Volkswirtschaftslehre. (903.) (KVz. 34.) Jetzt: Leipzig, E. Peter.

— u. K. Mischke, die Elemente der Gesetzeskunde u. Volkswirtschaftslehre. Ausg. B f. den Unterricht in preuß. Fortbildungsschulen u. zum Selbstunterricht. 1. Tl.: Das Wichtigste über Verfassg., Gesetzgebg. u. Verwaltg. des Königr. Preußen u. des Deutschen Reiches. — 2. Tl.: Volkswirtschaftliche Lehren. 2. Aufl. gr. 8. (45 S.) Leipzig (902). E. Peter. n. — 30

— d. Erzählg. im Aufsatzunterrichte der Volksschule. E. Sammlg. ausgef. Aufsatzübgn. im Anschluß an epische Musterstücke. gr. 8. (116 S.) Dresden 896. A. Huhle. n. 1, 30

— die Frage in ihrer Bedeutung f. e. geistbildenden Unterr. gr. 8. (32 S.) Frankfurt a/M. (900). Kesselring. n. — 60

Rasche, K. Emil, der Geschäftsaufsatz. Für die Fortbildungsschulen d. Grossherzogt. Hessen unter güt. Mitarbeit v. A. Lucius hrsg. 3 Tle. hoch 4. (à 20 S. m. eingeklebten Formularen.) Meissen 900. H. W. Schlimpert. à n. 1. —
1. (Für den 1. Jahrg.) Aus d. Geschäftsgange e. Schneidermeisters.
2. (Für den 2. Jahrg.) Aus d. Geschäftsgange e. Schlossermeisters.
3. (Für den 3. Jahrg.) Aus d. Geschäftsgange e. Tischlermeisters. Arbeitsheft dazu n.n. — 50

— d. Geschäftsaufsatz u. d. Buchführg. in d. Fortbildungsschule. 3 Arbeitshefte. (Formulare.) hoch 4. Ebd. 896. n.n. 1. 40
1. n. — 40. — 2. 3. à n.n. — 50.

— u. W. Pfeifer, der Geschäftsaufsatz u. die Buchführung in der Fortbildungsschule. Arbeits-Heft I u. II (f. den 1. u. 2. Jahrg.) m. eingedr. Formularen u. Angaben des Geschäftsganges nach den Musterbüchern. (à 28 S.) Lex. 8. Meissen (908). H. W. Schlimpert. à nn — 35

— Der Geschäftsaufsatz u. die Buchführung in der Fortbildungsschule. Arbeitsheft III (f. den 3. Jahrg.) m. eingedr. Formularen u. Angabe des Geschäftsganges nach den Musterbüchern. (44 S.) 34,5 ×21,5 cm. Ebd. (908). nn — 50

— dasselbe. Muster-Buch. 2 Tle. hoch 4. (à 20 S. m. eingeklebten Formularen.) Ebd. 896. à n. 1. —
1. (F. d. 1. Jahrg.) Aus d. Geschäftsgange e. Schneidermeisters.
2. (F. d. 2. Jahrg.) Aus d. Geschäftsgange e. Schlossermeisters.

— der Geschäftsaufsatz u. die Buchführung in der Fortbildungsschule. Musterbuch zu den Arbeitsheften f. Fortbildungsschulen. 2. Aufl. 3 Tle. hoch 4. (à 20 S. m. eingeklebten Formularen.) Ebd. 900. à n. 1. —
1. (Für d. 1. Jahrg.) Aus d. Geschäftsgange e. Schneidermeist.
2. (Für d. 2. Jahrg.) Aus d. Geschäftsgange e. Schlossermeist.
3. (Für d. 3. Jahrg.) Aus d. Geschäftsgange e. Tischlermeist. Arbeitsheft dazu n.n. — 50

— dasselbe. Muster-Buch zu den Arbeitsheften f. Fortbildungsschulen. 2. u. 3. Tl. Ebd. 908. à 1. —
2. (Für den 2. Jahrg.) 3. Aufl. Aus d. Geschäftsgange e. Schlossermeisters. (24 S. m. eingedr. Formularen.) Lex. 8.
3. (Für den 3. Jahrg.) 3. Aufl. Aus dem Geschäftsgange e. Tischlermeisters. (28 S.) 34,5×21,5 cm.

— dasselbe. Ausg. f. Bayern, s.: Rehm, J. B.

— dasselbe. Ausg. f. das Grossherzogt. Hessen. Unter güt. Mitarbeit v. A. Lucius hrsg. 2. u. 3. Tl. Meissen 908. H. W. Schlimpert. à 1. —
2. (Für den 2. Jahrg.) 3. Aufl. Aus dem Geschäftsgange e. Schlossermeisters. (24 S. m. eingedr. Formularen.) Lex. 8.
3. (Für den 3. Jahrg.) 2. Aufl. Aus dem Geschäftsgange e. Tischlermeisters. (28 S.) 34,5×21,5 cm.

— der Geschäftsaufsatz u. die Buchführung als Konzentrationsstoff f. den Fortbildungsschulunterricht (sowie Lehrstoffe aus den Geschäftsgängen v. 12 weiteren Gewerbebetrieben). 2. Nachtrag. (Buchführung, e. 3monat. Lehrgang umfassend, m. Kalkulation), sowie f. die bisher erschienenen 28 Gewerbe e. 2. u. 3. Monat der Buchführg. Lehrer-Ausg. (311 S.) gr. 8. Meißen 905. H. W. Schlimpert. n. 3. —

— Der Geschäftsaufsatz u. die Buchführung als Konzentrationsstoff f. den Fortbildungsschulunterricht sowie Lehrstoffe aus den Geschäftsgängen v. 14 weiteren Gewerbebetrieben. 3. Nachtrag (des ganzen Werkes 4. [Schluß-]Tl.). (Buchführung, e. 3monat. Lehrgang umfassend, m. Kalkulationen.) (III, 114 S.) gr. 8. Ebd. 908. 1. 50

— der Geschäftsaufsatz in d. ländl. Fortbildungsschule. Muster-Buch zu den Arbeitsheften f. Fortbildungsschüler. Unter Mitarbeit v. Rich. Bindhase, Rob. Fleischer u. Osw. Schleinitz hrsg. Ausg. B. gr. 4. (26 S. m. 20 Formularen.) Meissen 898. H. W. Schlimpert. n. 1. 50; Arbeitsheft dazu gr. 4. (24 S. Schreibpapier m. 2 S. Text, 1 Löschblatt u. 24 Formularen, resp. Briefumschlägen.) n.n. — 50

— Der Geschäftsaufsatz f. kleinere ländl. Fortbildungsschulen Hessens. Muster-Buch zu den Arbeitsheften f. Fortbildungsschüler. 3. Heft. Unter Mitarbeit v. Alb. Lucius hrsg. Ausg. B. (16 S. m. eingeklebten Formularen.) Lex. 8. Meissen 905. H. W. Schlimpert. 1. —

— der Geschäftsaufsatz als Konzentrationsstoff f. den Fortbildungsschulunterricht, sowie Lehrstoffe aus den Geschäftsgängen v. 18 Gewerbebetrieben. Ergänzungsheft zu den vom Verf. hrsg. Muster-Büchern zu den Arbeitsheften f. Fortbildungsschüler. gr. 8. (118 S.) Meißen 902. H. W. Schlimpert. n. 1. 50

— Gustav Adolf, s. a. Köhler's illustr. Jugend- u. Volksbibliothek, Bd. 64.

— Gustav Adolf. Geschichtl. Darstellg. seines Heldenlebens. Zur 300jähr. Jubelfeier des Geburtstages Königs Gustav Adolf v. Schweden, am 9. Dezbr. 1894. Für Jugend u. Volk bearb. 8. (80 S. m. Abbildgn.) Dresden 894. A. Köhler. n. — 50

— Handels-Geographie f. Fortbildungsschulen. Auf Grund der Bestimmgn. d. amtl. Lehrplanes f. die Fortbildungsschulen d. Königr. Sachsen bearb. gr. 8. (48 S.) Meißen 891. Schlimpert. n. — 25

Rasche, Emil, kleine Handelsgeographie. Ein Leitfaden f. den geograph. Unterricht an Handelsschulen, landwirtschaftl. Schulen u. verwandten Lehranstalten. Mit 2 Karten: Welttelegraphenlinien. gr. 8. (119 S.) Breslau 885. F. Hirt. n. 1. 25

— kleine Handelsgeographie. Ein Leitfaden für den geograph. Unterricht an Handelsschulen, landwirtschaftl. Schulen u. verwandten Lehranstalten. Mit 2 Karten: Welttelegraphenlinien. 2., verm. Aufl. gr. 8. (135 S.) Breslau 888. F. Hirt. n. 1. 25

— kleine Handelsgeographie. Ein Leitfaden f. den geograph. Unterricht an Handelsschulen, Landwirtschaftsschulen u. verwandten Lehranstalten. Mit 2 Karten: Welttelegraphenlinien. 3. verb. Aufl. gr. 8. (139 S.) Bresl. 891, F. Hirt. geb. ** 1 55

— kleine Handelsgeographie. Ein Leitfaden f. den geograph. Unterricht an Handelsschulen, Landwirtschaftsschulen u. verwandten Lehranstalten. Mit 2 Karten: Welttelegraphenlinien. 4., verm. u. verb. Aufl. gr. 8. (141 S.) Breslau 894. F. Hirt. Geb. in Leinw. n. 1. 60

— kleine Handelsgeographie. E. Leitfaden f. d. geograph. Unterricht an Handelsschulen, Landwirtschaftsschulen u. verw. Lehranst. M. 2 Karten: Welttelegraphenlinien. 6. u. 7., durchgeseh. Aufl. gr. 8. (152 S.) Breslau 898. F. Hirt. Geb. in Leinw. n. 1. 75

— kleine Handelsgeographie. Ein Leitfaden f. den geograph. Unterricht an Handelsschulen, Landwirtschaftsschulen u. verwandten Lehranstalten. Mit 3 Karten in Schwarzdr., 1 farb. Weltverkehrskarte, sowie 1 farb. Karte über die bedeutendsten Handelsgegenstände aus dem Tier- u. Pflanzenreiche. 8. u. 9., verb. u. erweit. Aufl. gr. 8. (160 S.) Leipzig 902. F. Hirt & Sohn. Geb. in Leinw. n. 2. —

— kleine Handelsgeographie f. Handelsschulen, kaufmänn. u. gewerbl. Fortbildungsschulen, Landwirtschaftsschulen u. verwandte Lehranstalten. Mit 6 Karten in Schwarzdr., 1 farb. Weltverkehrskarte, sowie 1 farb. Karte üb. die bedeut. Handelsgegenstände aus dem Tier- u. Pflanzenreiche. 10. u. 11., verb. u. erweit. Aufl. (164 S.) gr. 8. Leipzig 904. F. Hirt & Sohn. Geb. in Leinw. n. 2. —

— Handels- u. Wirtschaftsgeographie f. Handelsschulen, kaufmännische u. gewerbliche Fortbildungsschulen, Landwirtschaftsschulen u. verwandte Lehranstalten. Mit 9 Karten u. 4 Abb. in Schwarzdr., 1 farb. Weltverkehrskarte, sowie 1 farb. Karte üb. d. bedeutendsten Handelsgegenstände. 12.—14., verb. u. erweit. Aufl. (42.—53. Taus.) (176 S.) gr. 8. Leipzig 907. F. Hirt & Sohn. Geb. 2. —

— des deutschen Reiches große Heldenzeit. E. Lieder-Cyklus m. verbind. Textworten. Als Festgabe z. 25jähr. Jubelfeier d. deutschen Nationalfesttages am 2. Septbr. 1895 d. deutschen Schulen gewidmet. 8. (24 S.) Dresden 895. A. Huhle. n. — 20

Rasche, Emil, zwei Kostümball-Aufführungen in sommerl. Kleidg., s.: Fastnachts-Bühne.

— Land u. Volk der Japaner. gr. 8. (IV, 96 S.) Leipzig 897. W. Fiedler. n. 1. 20

Rasche, Emil, Lehrproben, s.: Berger, Gust., die Wortvorstellungen im deutschen Unterricht der Volksschule.

Rasche, K. E., deutsches Lesebuch f. gegliederte Volksschulen, s.: Putzger, F. W.

— H. Reichel, E. Sörgel, Lesebuch f. Fortbildungsschulen. Hrsg. v. prakt. Schulmännern. In 4. Aufl. neu bearb. gr. 8. (168 S. m. Fig.) Dresden 899. A. Huhle. Kart. n. — 80

— Lied hoch! E. Sammlg. v. Trinksprüchen, Prologen, Festliedern, Ansprachen, Festspielen u. Lieder-Cyklen m. verbind. Textworten. Den deutschen Männergesangvereinen gewidmet. 8. (76 S.) Berlin 895. E. Bloch. n. 2. 40

— Musterbuch zu Geschäftsaufsätzen, s.: Pfeifer, W.

— Produktion u. Handel m. besond. Berücksicht. der Verhältnisse des deutschen Reiches. Materialien zu e. vaterländ. Kultur- u. Wirtschaftsgeographie. gr. 8. (IV, 86 S.) Frankfurt a/M. (902). Kesselring. n. 1. 20

— u. O. Flechsig, die neue deutsche Rechtschreibg. Regelbuch u. Wörterverzeichnis nebst kurzen Erläutergn. der gebräuchl. Fremdwörter. Für den Schul-, Bureau- u. Privatgebrauch. gr. 8. (60 S.) Leipzig 902. Dürr'sche Buchh. n.n. — 25

— die notwendigsten Regeln u. Merksätze f. den deutschen Sprachunterricht in der Volksschule. Für die Hand der Kinder bearb. gr. 8. (46 S.) Leipzig 899. Dürr'sche Buchh. n. — 30

Rasche, Emil, die notwendigsten Regeln u. Merksätze f. den deutschen Sprachunterricht in der Volksschule. Für die Hand der Kinder bearb. 2., nach der neuen Rechtschreibung bearb. Aufl. (48 S.) gr. 8. Leipzig 903. Dürr'sche Buchh. n. — 30

— Aus dem Reiche neuster Dichtung, s.: Putzger, F. W.

— kleine Schulgeographie, s.: Hennig, L.

— deutsche Sprachschule, s.: Baron, M.

— der Wechsel. Eine prakt. Anleitung zur Einführg. in die Grundbegriffe der Wechsellehre. Auf Grund der „allgemeinen deutschen Wechselordng." f. den Unterricht in städt. Fortbildungsschulen u. zum Selbstunterricht bearb. gr. 8. (IV, 27 S.) Jena 890. Mauke's Verl. n. — 40

— der Wechsel. Eine prakt. Anleitg. zur Einführg. in d. Grundbegriffe der Wechsellehre. Auf Grund der „allgem. deutschen Wechselordng." f. den Unterricht an Fortbildungsschulen u. zum Selbstunterricht bearb. 2. verb. Aufl. gr. 8. (36 S.) Leipzig 900 H. Haacke. n. — 50

— Der Wechsel. Eine prakt. Anleitg. zur Einführg. in die Grundbegriffe der Wechsellehre. Auf Grund der „Allgemeinen deutschen Wechselordng." f. den Unterricht an Fortbildungsschulen u. zum Selbstunterricht bearb. 3., verb. Aufl. (37 S.) gr. 8. Sachsa 907. H. Haacke. — 60

— u. E. H. Walther, des Kindes Welt im Jahreslauf. Bilderbuch z. Erheiterg. u. Belehrung für Kinder von 5—9 Jahren. Text v. R., Bilder v. W. 4. (48 S. m. Abb. u. 6 Farbendr.-Taf.) Dresden 896. A. Köhler. Kart. 3. 50

Rasche, K. Emil, Worte fürs Leben. 10 Abschiedsreden zur Entlassg. abgeh. Fortbildungsschüler. gr. 8. (60 S.) Wittenberg 897. R. Herrosé. n. — 75

Rasche, Karl

Rasche, Carl (Berlin), Observatio quaedam de fluxu coeliaco syphilitico. Diss. med. Berlin (Brüschcke) 3. IV. 1829. 21 S. mit Biogr. (M.: Erhardt.) (3.—) 27667

Oppon.: C. E. Friese, F. Puellenberg, Ew. Schmidt. — Gew.: Kuhn, Gottfried Rasche (Vater).

Rasche, R., u. Reinh. Zimmermann, historischer Atlas. Zum Gebrauch beim Geschichtsunterricht in höheren Volksschulen. qu. 4. (12 lith. u. color. Karten.) Annaberg 874. Rudolph & Dieterici. n. 1. 35

Rasche, T. Christoph, s. Rasche, Johann Christoph

Rasche, T. Cph., s. Kunst. d., Nelken z. ziehen.

Rasche, Wilhelm

Rasche, Guilelmus: De Anthologiae Graecae epigrammatis quae colloquii formam habent. Monasterii Guestf. 1910: Aschendorff. 57 S. 8°

Münster, Phil. Diss. v. 18. Juli 1910, Ref. Sonnenburg

[Geb. 1 April 86 Salzkotten; Wohnort: Münster i. W; Staatsangeh.: Preußen; Vorbildung: Gymn. Paulinum Münster Reife O. 00; Studium: Münster 1, München 1, Münster 5 S.; Rig. 7 Mai 10.] [U 10. 3796

Rasché-Briod, Mme. A., et Angélique de Lagerström, panorama d'historiettes. Recueil de récits et entretiens. Nouv. éd. 8. (165 S.) Königsberg 876. Bon's Verl. n. 1. 25

Rasche-Briod, A., A. de Lagerström et A. de Möller, le trésor d'histoires ou le conteur français; dedié à tous nos petits amis de l'Allemagne. Königsberg 858. Bon's Verlag. gr. 8. (61 S.) n. 5 ngr.

Rasche-Briod, A., A. de Lagerström et A. de Möller, le trésor d'histoires ou le conteur français; dédié à tous nos petits amis de l'Allemagne. Nouvelle édit. Königsberg 866. Bon's Verlag. 8. (61 S.) n. 5 ngr.

Raschein, Paul, s. Alpenbahn, Die ostschweizerische.

Raschek Alfred: Die Stellung Odoakars und Theoderichs zur römischen Kirche.
II. 1898 PN 1122 Diss. Wien, Univ. 813

Raschen, Herm., die Weser, das erste deutsche Dampfschiff u. seine Erbauer. Ein Beitrag zur Geschichte der deutschen Schiffahrt u. des deutschen Schiffbaus. (52 S. m. 14 Abb.) Lex. 8. Berlin 908. J. Springer. 2. —
Sonderabdruck aus: „Jahrb. d. schiffbautechn. Gesellsch."

Raschen, Julius [aus London]: Über Indolderivate aus den Tolylhydrazinen Würzburg, Becker's Univ.-Buchdr., 1887; 24 S. 8°.
Würzburg, Phil. Fak., Inaug.-Diss. v. 1887.

Raschen, Julius, über Indolderivate aus den Tolylhydrazinen. Diss. Würzburg 1887, Stahelsche Univ.-Buchh. 8°. 24 S.

Rascher's Jahrbuch II. Hrsg. v. Konr. Falke. (VIII, 319 S. m. 4 Taf.) 8. Zürich 911. Rascher & Co. 4.50; geb. in Leinw. 5. 50
I. (XVI, 441 S. m. 16 Taf.) Geb. 7. —

Rascher, Hanns, appr. Arzt a. Augsburg: Ueber den Einfluß der Art der Ernährung auf die Säuglingssterblichkeit in München. München 1906: Kastner & Callwey. (22 S.) 8°

München, Med. Fak., Ref. v. Bollinger, Diss. v. 5. März 1906

[Geb 20. Okt. 80 Bruck b. München; Wohnort: Augsburg; Staatsangeh.: Bayern; Vorbildung: St. Anna-Gymn. Augsburg Reife Juli 00; Studium: Würzburg 2, München 8 S.; Coll. 5. März 06; Approb. 11. Sept. 05.]

Raschèr, J. M. Der Alpenbahn-Kompromiss vor der Volksabstimmung. In-8⁰, 3 Bog. Bern, R. F. Haller-Goldschach. 1879 — 50

Raschèr, J. M., der Gotthard als Eidgenosse. Ein Beitrag zur Frage der Bundessubvention an die Gotthardbahn. gr. 8. (64 S.) Bern 878. Krebs. 1. 20

Raschèr, J. M. Die Schweiz in der Staatsformfrage. Frei- u. Kleinstaatsideen. Gr. in-8⁰, 51 S. Glarus, Carl Ziegenhirt & Cie. 1886 1 50

Raschèr, J. M., die Schweiz in der Staatsformfrage. Frei- u. Kleinstaatsideen. gr. 8. (III, 51 S.) Mülheim 886. Ziegenhirt. n. 1. 20

Raschèr, J. M., die Schweizer-Frage hüben u. drüben. Ein Frei- u. Kleinstaats-Votum. 2., erweit. Ausg. d. Staatsformfrage. gr. 8. (62 S.) Leipzig 888. Ziegenhirt. n. 1. —

Rascher, J. M. v., der Schweizer Staat u. Preussen-Deutschland. Freistaat u. Königthum. gr. 8. (VIII, 188 S.) Berlin 893. Puttkammer & Mühlbrecht. n. 2. 50

Rascher, J. M. v., Staatsrath, Kammer u. Volk, s. a. Fragen d. öffentl. Lebens, I, 3.

[Umschlagt.:] [Ant. u. F.] J. M. v. **Rascher.** Staatsrath, Kammer und Volk. 4. Taus. *Berlin: Kritik-Verl. 1896.* (13 S.) 1 Bd 8.
— **Fragen** d. öffentlichen Lebens. H. 3. [96. 4494

de **Rascher**, J. M. W., De mania et melancholia puerperarum. 25 pp. Erf. 4°.
1794

Rascher, Jakob Martin von

Rascher, J. M. v., die Mineralquellen und Curanstalten zu Peiden im bündnerischen Alpenthale Lugnez. gr. 8. (56 S.) Chur 852, (Kellenberger'sche Buchh.)

RASCHER, Jakob Martin von (Chur): De structura uteri gravidi. (Titel nach der Urkunde) 29.4.1829 - Urk; F 39
Diss. Ingolst.-Landsh.-Mchn.

Rascher, Johann Martin

Rascher, J. M., Altes und Neues über Volk und Parteien im Bündnerland. 8. Zürich, C. Schmidt. 1874 —. 80

Rascher, Max. Eug., Gedichte. 12. (VII, 178 S.) Leipzig 890. Friedrich. n. 2. —

Rascher, Max Eug., Liebesrosen aus Süd u. Ost. Neue Gedichte. 8. (111 S. m. Bildnis.) Bamberg (901). (C. Hübscher.) n. 2. —; geb. n. 2. 75

Rascher, M[ax] E[ugen]. Mutterseelenallein oder Susi, des Kapellmeisters Töchterlein. Humoreske für 1 Dame ⟨Sängerin⟩ und 6 Herren Musikanten. Text von B[enjamin] Zweifel. Musik von M. E. Rascher. St. Gallen, Zweifel-Weber, [1901]. Stimmen und (7) Texte komplet, *für jede Besetzung*, fr. 5. —
Text: 11 S. 8. — Stimmen: (*zus.* 5 S. +) Besetzung A: Pariser-Besetzung *und* Besetzung B: Blechmusik (*je zus.* 12 S.) quer-4.

Mutterseelenallein oder Susi, des Kapellmeisters Töchterlein. Humoreske f. 1 Dame ⟨Sängerin⟩ u. 6 Herren Musikanten. Text von B. Zweifel. Musik von M. E. Rascher. [Textbuch.] St. Gallen: Zweifel-Weber [um 1903]. 11 S. 8°

Rascher, Otto [aus Zürich]: Das Contumazialverfahren in der Schweiz. Civilprozess-Gesetzgebung. Zürich 1899. XI, 134 S. 8°.
Zürich. Jur. Diss. 1898/99.

Rascher, Otto. Das Contumazial-Verfahren in der schweizer. Civilprozess-Gesetzgebung. Gr. 8°, XI, 134 S. Zürich, Ed. Rascher, (Meyer & Zeller's Nachf.) 1899 2 50

RASCHER, Sebastian (Weipelsdorf): De epistaxi.- Bambergae: Reindl 1837. 15 S. 20.7.1836 - Urk; F 63
Diss. Ingolst.-Landsh.-Mchn.

Raschette, W., über die Bedeutung u. den Einfluss des Berg- u. Hüttenbetriebes u. des Maschinenbaus auf die Productionskraft Russlands u. über die Mittel zur Hebung dieser Industriezweige daselbst. St. Petersburg 867. (Leipzig, Voss.) Lex.-8. (16 S.) n. 6 *ngr.*

Raschi, s. a.: **Salomo ben Isaac.**

Raschii (Salomonis Isaacidis) in pentateuchum commentarius. E codd. manuscriptis atque editis, auctoris in Talmud commentariis, fontibusque praeterea optimis critice primum edidit et auxit fontium indices locupletes variasque observationes adjecit A. Berliner. Berlin 866. (Cohn.) Lex.-8. (XX, 382 S.) n. 2 *ℛ* 15 *ngr.*

— der Kommentar des Salomo B. Isak üb. den Pentateuch. Nach Handschriften, seltenen Ausgaben u. dem Talmud-Kommentar des Verf. m. besond. Rücksicht auf die nachgewiesenen Quellen kritisch hergestellt v. A. Berliner. 2. ganz umgearb. Aufl. (XXIX, 452 S.) Lex.-8. Frankfurt a/M. 905. J. Kauffmann. n.n 10. —; geb. n.n. 12. —

Raschid, des abu (um 1068), Philosophie. Aus d. Arab. übers. u. erläutert v. Max Horten. (XII, 224 S.) gr. 8. Bonn 910. P. Hanstein. 5. —

Raschid Bey, Frau al, s.: Böhlau, Helene.

Raschig, Dr., Ein nächtliches Hagelwetter im verflossenen Sommer, ein Schreiben des G.-St.-Arztes —, und zwei problematische Fälle ausserordentlichen Hagels. (Gilbert's Annal. d. Physik, B. 72, St. 4, J 1822, St. 12.)

Raschig, Versuche zur Prüfung von Herrn Muncke's Erklärung des Elektro-Magnetismus. (Ein Schreiben von Gilbert.) (Aus: Ann. der Physik, B. 71, St. 1, J. 1822, St. 5.)

Raschig (Garnisonprediger), Worte am Grabe des am 12. Mai 1844 auf der Festung Königstein vom Blitze getödteten Tagearbeiters Jh. Gotth. Schneider. gr. 8. Pirna 844, Diller u. Sohn. (Leipzig, Friese.) n. 1/12 *ℛ*

Raschig, C. G., s. Raschig, K. G.

Raschig, Chr. Ehrg., († d. 24. März 1796.) Friedenspredigten. 8. Dresd. 763. Gerlach. 6 *gr*

— die Pflichten evangel. Christen ꝛc. Eine Predigt am Reformationsfeste. gr. 8. Leipz. 783. Jacobäer. 2 *gr*

— der Religionsfrieden. 4. Dresd. 755.

— Samml. besonderer Kanzelreden üb. e. Sonn- u. Festtags-Episteln u. andere Texte d. heil. Schrift. 3 Thle. 8. Dresd. 758—64. Gerlach. 1 *ℛ*

— Samml. geh. Predigten, od. Evangelien-Postille. 3 Jahrgg. 4. Dresd. 762. 1r Gerlach. (2 *ℛ* 8 *gr*) 2r Gröll. 764. (2 *ℛ* 8 *gr*) 3r Gerlach. 767. (2 *ℛ* 16 *gr*) 7 *ℛ* 8 *gr*

— Samml. v. Predigten üb. alle Sonn- u. Festtags-Evangelien. 4 Thle. gr. 8. Dresd. 776—78. Gerlach. (Beger). 3 *ℛ* 8 *gr*

— Warnung wider die abscheuliche Sünde d. Selbstmordes. 8. Dresd. 778.

Raschig, Christoph Eusebius

Raschig, Cph. Euseb., Handbuch d. innern prakt. Heilkunde z. Gebrauch bei seinen Vorlesungen. 1r Bd. 1s—4s Heft. 8. Leipz. 808—10. Hartknoch. 2 *ℛ* 2 *gr* Hbg. Pr. 1 *ℛ* 8 *gr* Schrbp. 2 *ℛ* 16 *gr* Hbg. Pr. 1 *ℛ* 18 *gr*

Raschig, Cp. Eus., Diss. de lunae imperio in valetudinem corporis humani nullo. 31 pp. Viteb. 4°. *Schlegel* et *Arnemann*, I, p. 142.
1787

— Untersuch. u. Erklär. d. allgem. patholog. therapeut. Grundlehren. 8. Dresden, Gerlach. (Beger) 803.

— Untersuchung u. Erklär. d. allgem. pathol.-therapeut. Grundlehren. 8. Dresd. 803. (Leipz., Weygand). 10 *gr*

Raschig, Ed., Selbsterkenntnis nach wissenschaftlichen Prinzipien, nebst einer offenen Frage an die Gebildeten unserer Zeit. 8. (XVI, 132 S.) Leipzig 882. (Barth.) n. 2. —

Raschig, Christoph Eusebius (Dresden), De respirationis utilitate maxime in removendo ex sanguine phlogisto posita. Wittenberg (A. Chr. Charisius) o. J. 15 S. (4.—) 27669
Gew.: Johann Gottfried Leonhardi.

Raschig, Frz. Ed., die Nothwendigkeit e. Radicalreform d. Erzgebirgischen Lyceen, dargest. gr. 8. (1½ B.) Schneeberg 851, Schumann.

– s. T. Livii, ab urbe condita libri.

— **Friedrich Gotthelf** (Finsterwalde/Meißen), De morbo scrofuloso. Diss. med. Präs. Georg Ernst Kletten. Wittenberg (Fr. I. Seibt) 9. VI. 1810. 26 S. (4.—) 27670
Gew.: Christoph Eusebius Raschig, Carl August Flemming.

Raschig, Fritz (geb. Brandenburg a. H. 8. 6. 1863) Über die Einwirkung der Kupferchloride auf Schwefelmetalle Berlin 1885. (32 S.) 8°
Berlin, Phil. Diss. v. 2. Febr 1885

Raschig, Gust., Blüten vom Lebensbaum. Vier Gaben. Mit dem Portr. des Verf. (in Stahlst.) Leipzig 855. Reclam sen. 16. (XIV, 131 S.) n. 20 *ngr.*

Raschig, Gust., drei Gedichte: An Sachsens Söhne. — An Deutschlands Söhne. — An Deutschlands Fürsten. gr. 8. (Dresden 818, Meinhold und Söhne.) *

Raschig, Hermann, Referendar aus Schneeberg. Vormerkungsfähige Ansprüche nach dem Reichsgrundbuchrechte nebst einem Überblick über das frühere Recht und den Entwickelungsgang bei Abfassung des Bürgerlichen Gesetzbuchs. *Borna-Leipzig 1903: R. Noske.* (VIII, 66 S.) 8°
Leipzig, Jur Diss. v 1903

Raschig, K. G., d. Fruchtgarten, od. kurze Uebersicht d. Regeln z. zweckmäss. Erziehung. Pflanzung u. Wartung d. Obstbäume u. d. Weinstocks u. z. Anlegung e. Obstgartens u. dessen Bewahrung durch lebendige Zäune. Nebst e. Verzeichnisse d. gemeinnütz. u. vorzügl. Obst- u. Weinsorten. 8. Frankfurt a. O., 1833. 2. Aufl. 1837 3. Aufl. 1838. (Tempel.) — 2

Raschig, C. G., der Fruchtgarten, od. kurze Uebersicht d. Regeln z. zweckmäß. Erziehung, Pflanzung u. Wartung d. Obstbäume u. des Weinstocks u. z. Anlegung eines Obstgartens u. dessen Bewehrung durch lebend. Zäune; nebst e. Verzeichnisse d. gemeinnütz. u. vorzügl. Obst- u. Weinsorten. 3. Aufl. 8. (2¾ B.) Frankfurt a. d. O. 838. [Berlin, Danz.]

Raschig, C. G., der Fruchtgarten, oder kurze Uebersicht der Regeln zur zweckmäß. Erziehung, Pflanzung und Wartung der Obstbäume und des Weinstocks und zur Anlegung eines Obstgartens u. dessen Bewehrung durch lebendige Zäune; nebst e. Verzeichnisse der gemeinnütz. u. vorzügl. Obst- u. Weinsorten. 3e Aufl. 8. Frankfurt a. d. O. 838. Tempel. 1½ *ℛ*

Raschig, K. G., neuestes vollständ. Handbuch d. Bienenkunde u. Bienenzucht; nebst e. Anleit. zur vortheilhaft. Verwendung d. Wachses u. d. Honigs. Als Anh. ein Bienenkalender u. e. Uebersicht der Litteratur d. Bienenzucht. Für Bienenwirthe u. Bienenfreunde. Nach d. vorzügl. Bienenschriftstellern u. eignen Beobachtungen u. Erfahrn. M. 4 Kpfrt. (Fol.) gr. 8. (20⅓ B.) Berlin 829, Amelang. Thlr.

Raschig, M., d. Obstbaumzucht im Kleinen u. Grossen, od. Anleit. z. besond. u. allgem. Obstbau, verbunden mit e. Anweis., wie Obstgärten vortheilhaft anzulegen, d. Obstbäume z. veredlen u. dies. zweckmäss. z. behandeln sind, nebst Beschreib. d. vorzügl. in Deutschland jetzt einheim. Obstsorten. gr. 8. Berlin, 1827. (Leipzig, Amelang.) (1½. —) — 15

Raschig, **Max** **Beitrag zur Charakteristik einer Mittelschule.** 23 S. **Progr.** *Schneeberg* 1878.

Raschig, Max [Oberl.]: **Erkenntnistheoretische Einleitung** in die Geometrie. Schneeberg, Druck v. C. M. Gärtner, 1890; S. 1—38, 1 Taf. 4°
Schneeberg, k. G m. Realklassen, OP 1890 (587)

Raschig, **Max**: **Zum Euler'schen Theorem der Polyedrometrie.** Schneeberg, Druck v. C. M. Gärtner, 1891; S. 19–24; 4°
Schneeberg, k. G m. Realkl., Festschr. 1891 (540)

Raschii, s. Raschi

Raschke, Abriß f. Predigten, die er 1738 u. 1739 gehalten. 8. Breslau. 740.

Raschke: Eine vergleichende Betrachtung beider Blütenzeiten der deutschen Dichtung. 35 S. – Teschen ev., Progr 1858

Raschke (Hrsg.), s. Blätter f. populäre Rechtskunde f. Männer u. Frauen aller Stände.

Raschke, E. Walther [aus Leipzig]: **Die Larve von Culex nemorosus.** Ein Beitrag zur **Kenntniss der Insekten-Anatomie und** Histologie (Aus Archiv f. **Naturgesch.) Berlin, Nicolaische** Verl.-Buchh., R Stricker, 1887; 2 Bl. + 31 S. u. 2 Taf. 8°
Leipzig, Phil. Fak., Inaug.-Diss. v 9. Dez. 1887

Raschke Hermann: Analyse der militärischen Theorien Xenophons.
II. 1893 PN 814 **Diss. Wien, U**[illegible]. 755

Raschke, Herm., Lehrbuch der Geschichte f. Mittelschulen, s.: Hannak, Eman.

Raschke, Herm., Mindest-Lehrstoff u. Normal-Lehrstoff als Grundlagen e. Mittelschulreform. (IV, 231 S.) gr. 8. Innsbruck 908. Wagner. 4. —

Raschke, J. Dav., Jubelschriften, bey d. 50 jähr. Amtsjubiläum. gr. 4. Breslau. 758.

Raschke, J. G., die Genossenschaften im Mittelalter u. die heut anzustrebenden Innungen. Ein Beitrag zur Orientirung in den sozial-politischen Wirren unserer Zeit. 1. u. 2. Aufl. gr. 8. (48 S.) Oldenburg 882. Bültmann & Gerriets. n. 1. —

Raschke, J. G., d. Pflege d. Zimmerpflanzen, s. a. Auerbach's, R., hauswirtschaftl. Volksbibliothek, Hft. 6.

Die Pflege der Zimmerpflanzen. Ratschläge f. Haus u. Schule. Von J. G **Raschke**, Lehrer ... in Berlin ... *Berlin-Steglitz: R. Auerbach [1897].* (19 S.) 1 Bd 8.
= **Volksbibliothek, Auerbach's Hauswirthschaftliche. H. 6.** (97. 300)

Raschke, Johann David, den Tag des neu-erlebten Friedens-Festes, suchte als einen neuen Wunder- und neuen Lob- und Danck-Tag, wegen des den 25 December 1745 geschlossenen Friedens aus dem Psalm 118 v. 23. 24. vorzustellen. Breslau 1746. 4. (45 Seit.)

Raschke, Kilian. Bauer Schlesische Bauern Adresse an den constitutionellen Central-Verein. Berlin, L Schlesinger 1 Bl. Fol.
Flugblatt. Berlin, 30. Mai 1848.

Raschke, Manuel: Deutsche Männer Bilder aus der Geschichte des deutschen Volkes von Hermann dem Cherusker bis auf unsere Tage. Mit 317 Originalholzschnitten aus J. F. Weber's xylographischer Anstalt in Leipzig. Hoch 4. (164 S.) Teschen, Prochaska. 1868.
(S. auch Männer, Deutsche.)

Raschke, Manuel, Proben und Grundsäze der deutschen Schreibung auß fünf Jarhunderten. Gesammelt und erläutert. Wien 862. (Förster &) Bartelmus. Lex.-8. (VIII, 63 S. u. 16 Tab. in Fol.) n. 16 *ngr.*

Raschke, Marie, die strafrechtliche Behandlung der Kinder u. Jugendlichen. (21 S.) gr. 8. Berlin (904). Verlag der Frauen-Rundschau. n. — 30

(Zur Reform des Strafrechts.) Die strafrechtliche Behandlung der Kinder und Jugendlichen von Dr. jur. Marie **Raschke**. 2. Aufl. Berlin: Frauen-Rundschau [1905]. (21 S.) 8°

– die strafrechtliche Behandlung der vermindert Zurechnungsfähigen. (35 S.) gr. 8. Ebd. (904). n. — 30

(Zur Reform des Strafrechts.) Die strafrechtliche Behandlung der vermindert Zurechnungsfähigen von Dr. jur. Marie **Raschke**. 4. Aufl. Berlin: Frauen-Rundschau [1905]. (35 S.) 8°

Raschke, Marie: Der Betrug im Civilrecht (Gemeines Civilrecht). Berlin s. a. 93 S. 8°. (S.-A. aus Rechts- und Staatswissenschaftliche Studien, Heft 16.)
Bern. Jur. Diss. 1899/1900.

Raschke, Marie, der Betrug im Civilrecht, s.a. Studien, rechts- u. staatswissenschaftliche. 6. Hft.

Der Betrug im Civilrecht (Gemeines Civilrecht und BGB.) Von Dr. Marie Raschke. Berlin: E. Ebering 1900. (114 S.) 8°
= Studien, Rechts- u. Staatswissenschaftliche. H. 6.

Raschke, Marie, das Eherecht, s.: Rechtskatechismen, populäre.

— das Eherecht, s.: Rosenfeld, Kurt.

— Das Ehescheidungsrecht, s.: Rechtskatechismen, populäre.

Raschke, Marie, d. Frau im neuen bürgerl. Gesetzbuch, s.: Proelß, Sera.

— Das eheliche Güterrecht, s.: Rechtskatechismen, populäre.

Raschke, Marie: Die Notwendigkeit der Einführung von Gesetzeskunde als obligatorischer Lehrgegenstand in Schulen. — Berlin: Dümmler 1897. 16 S. 8°

— s.: Rechtsbücher f. das deutsche Volk.

Raschke, Rechtskatechismen, s. Feld, Mietrecht.

Raschke, Rechtskatechismen, s. Meinhard, Auftrag.

Raschke, M., s. Rechtskatechismen, populäre.

RASCHKE, M., Die Vernichtung des keimenden Lebens. § 218 d. R. Str. G. B.) Berlin, o. J. 8°. (40 Pfg. Ludw Stark, München, 1912.)

— die Vernichtung des keimenden Lebens (§ 218 R.Str.G.B.). Zur Reform des Strafrechts. (26 S.) gr. 8. Berlin (905). Verlag der „Frauen-Rundschau". n. — 50

— das Vormundschaftsrecht, s.a. Rechtsbücher f. das deutsche Volk. 1. Bd.

Das Vormundschaftsrecht. Von Dr. jur. Marie Raschke. *Berlin: E. Ebering 1901.* (VII, 104 S.) 8° [F.]
— Rechtsbücher f. d. deutsche Volk. Bd 1. [01. 12816

— s.: Zeitschrift f. populäre Rechtskunde.

Raschke, R., Bekanntmachung des Reichskanzlers, betr die Invaliditäts- u. Altersversicherung v. Hausgewerbetreibenden der Textilindustrie, vom 1. März 1894. Erläutert v. R. gr. 8. (100 S.) Leipzig 894. A. Berger. n. 1. 60

Raschke, Reinh., s.: Warneyer's, Otto, Jahrb. d. Entscheidungen.

Raschke, Thdr., unsere Vaterstadt Charlottenburg. (64 S. m. 8 Abb. u. 1 eingedr. Karte.) 8. Charlottenburg (910). Schiller-Buchh. — 80

Raschke, W., üb. die Integration der Differentialgleichungen 1. Ordnung, in welchen die unabhängige Veränderliche explicite nicht vorkommt, durch eindeutige Functionen. gr. 8. (47 S.) Heidelberg 883. C. Winter. n. 1. 60
Diss. Heidelberg

Raschke, W., Sammlung v. Rechenaufgaben. s.: Bothe. Alb.

Raschke, W., Tafel giftiger u. verdächt. Pilze, s.: Tafeln, naturgeschichtl., f. Schule u. Haus.
— Tafel einheim. Schmetterlinge,

— Naturgeschichtl. Tafeln, s.a. Graser's naturwissenschaftl. u. landwirtschaftl. Tafeln.

Raschke, W., naturgeschichtl. Tafeln f. Schule u. Haus. Nr. 1, 3 u. 4. Farbdr. Annaberg, Graser. n. 3. 30
1. Tafel essbarer Pilze. (2. Aufl.) 51×79,5 cm. (902.) n. — 90
3. Tafel einheimischer Schmetterlinge. (2. Aufl.) 48,5×76 cm. (902.) n. 1. 20
4. Tafel einheimischer Käfer. 48,5×76 cm. (900). n. 1. 20; auf Leinw. n. 2. 50
Taf. 2 unt. d. Tit: Tafeln, naturgeschichtl. Ebd. 897. n. 1. 20.

Raschke, W., naturgeschichtl. Tafeln f. Schule u Haus. Nr. 1 u. 4. Farbdr. Annaberg, Graser. n. 2. 10
1. Tafel essbarer Pilze. 3. Aufl. 54×83 cm. (905). — 90
2. Tafel einheim. Käfer. 2. Aufl. 48,5×76 cm. (905.) 1. 20

Raschke, Walther: Die Zoologie in Konrad von Megenberg's Buch der Natur. T. 1. *(Annaberg 1898: C. O. Schreiber.)* (29 S.) 4°
Annaberg, k. RG, nebst PG, OP 1898 (573)

Raschke, Eduard, aus der Keilschrift in die Keilschrift. Allen, die den Apostrof lieben, zur warng. geschrieben. (34 S.) gr. 8. Rostock 904. (Stiller.) n. — 60

Raschke, F., Übungsbuch f. den Unterricht in der deutschen Rechtschreibung u. Sprachlehre. Für Kapitulantenschulen, Volksschulen u. zum Selbstunterricht 8. (III, 64 S.) Potsdam 894. A. Stein. Kart. n. — 40

Raschke, F., Übungsbuch f. den Unterricht in d. deutschen Rechtschreibg. u. Sprachlehre. Für Kapitulantenschulen, Volksschulen u. zum Selbstunterricht. 2. Aufl. 8. (III, 79 S.) Potsdam (901). A. Stein. Geb. n. — 50

Raschkow, Frid. (geb. Glogau 6. 3. 1843) De nutritione mutata ex usu acidi sulphurici. Berolini (1865). (34 S.) 8°
Berlin, Med. Diss. v. 1 Aug. 1865

Raschkow, Hermann, approb. Arzt aus Berlin: Aus d. Frauen-Klinik zu Kiel. Über die Bedeutung der künstlichen Frühgeburt bei Beckenenge für die Erhaltung des Kindeslebens. *Kiel 1901: H. Fiencke.* (39 S.) 8°
Kiel, Med. Diss. v. [2. März] 1901

Raschkow, Joseph (Breslau), De structura Laconici. Diss. med. Berlin (F. Nietack) 24. II. 1827. 23 S. mit Biogr. (M.: P. Richter.) (3.—) 27671
Oppon.: L. J. Catt, Heinr. Friedberg, J. E. Krieg. — Gew.: Maximilian Habicht

Raschkow, Isacus *(geb Breslau 15. 5. 1809)* Meletemata circa mammalium dentium evolutionem. Vratislaviae (1835). (20 S., 1 Taf.) 4°
Breslau, Med. Diss. v. 16. Okt. 1835

Raschkow, Richard: Aus der Breslauer chirurgischen Klinik des Herrn Geheimrat Prof. Dr. Mikulicz. Historische und klinische Beiträge zur örtlichen Behandlung der Hämorrhoïden. *Breslau (1898): Grass, Barth & C.* (57 S.) 8°
Breslau, Med. Diss. v. 2. März 1898

Raschkow, Rich., histor. u. klin. Beiträge zur örtl. Behandlg. der Hämorrhoïden. Diss. gr. 8. (57 S.) Breslau 898. (Schletter.) n. 1. 20

Raschkowski-Kontorowitsch, Freida. Über die Hörprüfungen schwachbefähigter Kinder der fünf Berner Spezialklassen 〈Brunnmattschulhaus, Breitenrain, Kirchenfeld, Länggasse, Matte〉. Diss. Med. Bern. 14 S. 8. Bern, Rösch & Schatzmann, 1910.

Raschofszky: Ein applikatorisches Beispiel, s. Cron, Karl

Raschofszky, Wilh., Kriegswaffen u. Feldsanitätsdienst, s.: Publikationen, militärärztliche. (Cron, Karl.)

— Übersicht der Theorie des Krankentransportes auf schiffbaren Flüssen, s.: Publikationen, militärärztliche.

v. Raschwitz, Wilhelm, od. Stufenleiter v. Unbesonnenheiten, (v. Chr. Fr. Timme). 3 Thle, (3r Thl. von e. andern Verf.) 8. Gotha 787—89. Ettinger. 3 ℛ 12 gr

Rasehorn, Paul [aus Biere bei Schönebeck a. E.]: Die Bestimmung der electrischen Leitungsfähigkeit einiger Salzlösungen auf elektrometrischem Wege. Halle a. S., Hofbuchdr. v. C. A. Kaemmerer & Co., 1889; 57 + 1 S. 8⁰
Halle, Phil. Fak., Inaug.-Diss. v [30. Jan.] 1890

Rasel, Eduard: Die oberpfälzer Kaolinindustrie. Amberg 1909: Böes. VIII, 59 S. 8°
Erlangen, Phil. Diss. v. 15. Nov. 1909, Ref. v. Eheberg
[Geb. 30. Okt. 83 Schnaittenbach; Wohnort: Schnaittenbach; Staatsangeh.: Bayern, Vorbildung: Gymn. Metten Reife 02; Studium: München 1, Berlin 2, München 4, Erlangen 4 S.; Rig. 14. Juli 09.] [U 10. 888

Rasemann, der Rathgeber für Pferdebesitzer beym Ankauf und zweckm. Behandlung d. Pferde, Kenntniß ihrer Schönheit und Fehler ꝛc. gr. 8. Chemnitz, Kretschmar. 820.

Rasemann: Die Römerzüge der beiden ersten Ottonen. 18 S. – Progr. Königsberg i.R. 1855

Rasenack, P., über die Verpuffungs- u. Verbrennungsprodukte v. Zelluloid, s.: Pf l, B.

Die B a d e - R e i s e nach Norwegen und Spitzbergen von Dr P[aul] **Rasenack**. Berlin. [Selbstverl] 1904 28 S 8⁰

Rasensport (Der.). Lex-8⁰. seit 1903. wöchentl.
Berlin. jährl. M. 6.—

Rasensport, der. Zeitschrift f. Fussball, Athletik, Lawn-Tennis, Eissport usw. Offizielles Organ des deutschen Fussball-Bundes, der deutschen Sport-Behörde f. Athletik, sowie v. 400 Rasensport-Verbänden u. Vereinen. Red.: F. Belien. 2. u 3. Jahrg. 1904 u. 1905. à 52 Nrn. (à ca. 12 S.) 4. Berlin (SW. 48, Friedrichstr. 231), Rich. Jacobs. à Jhrg. n. 6. —

§ **RASER**, J., B e m e r k u n g e n ü b e r d i e U n z u c h t u n d u n d d i e u n e h e l i c h e n G e b u r t e n. München 1830. 8⁰ (1 Mk. 50 Pfg. G. Priewe, Heringsdorf, 1895.)

§ **RASEREY** a u s L i e b e. E i n e G e s c h i c h t e a u s d e m s ü d l i c h e n F r a n k r e i c h. Strassburg, in der akadem. Buchhandlung. 1787 8⁰ 96 S. (Auch in Darmstadt E 3903.)

R a s e r e y a. Liebe; e. Gesch. 8. Strasb. (Hinrichs in Leipz.) 787.

RASEREYEN d e s 1 8. J a h r h u n d e r t s, e i n p h i l a n t h r o p i n i s c h e s D r a m a. Kosmopolis (Hermstädt in Rothenburg). 1782. (Gegen Basedow, B a h r d t und Trapp, kein Drama.)
Weller, fing. Druckorte. — Rarl

R a s e r e y e n d. Liebe, s. P a r o r i s m e n d. Liebe, v. K. G. Cramer 2 Thle.

Rasereien der Liebe. Arnstadt 1801. V: *Cramer, Carl Gottlob.* (BGE)

Atlante di demografia e geografia medica d'Italia in 78 tav. con note illustr. del Dott. Enrico **Raseri**. Roma: G. De Agostini & C. 1906. (X, 80 S., 78 Taf.) 4⁰(8⁰) [.6. 5030

R a s e w i t z, C. F., aufricht. Abr. d. ganzen kathol. Kirche. 4. Braunschw. Zilliz. 714.

Raesewitz, Geo. Chr. Ferd. a, Altchristliche Gedanken sive potius necessaria restitutio primaevae Ecclesiae christianae repraesentata per antiquo-christianas cogitationes super propositionibus ante multos annos in scripto circumlatis tandemque a. 1700 per typos evulgatis de conciliatione catholicae et protestanticae religionis facienda. Pars I. Brunsvigae 1709, in 4°.

Raesfeld, s.a. R a ë s f e l d

a Raesfeld, Albert. (Ferd. Maria) (geb. Bocholt in Westf. 3 8 1827)
De hernia Littrica Berolini (1852) (20 S.) 4⁰
Berlin, Med. Diss. v. 4. Aug. 1852

a Raesfeld, Alphonsus ⟨geb. am 2 Mai 1835 in Bocholt Westf.⟩: Symbola ad penitiorem notitiam doctrinae, quam Spinoza de substantia proposuit ... Bonnae, form. Carthausii (1858). 33 S., 1 Bl. 8.
Bonn, Phil. Fak., Diss. v. 4 Aug. 1858

Raesfeld, Ferd. v., das Rehwild. Naturbeschreibung, Hege u. Jagd der Rehe in freier Wildbahn. Mit 824 Textabbildgn. nach Zeichngn. v. Karl Wagner. (VII, 550 S.) Lex.-8. Berlin 906. P. Parey. Geb. in Leinw. n. 15. —

Raesfeld, F. v., das Rotwild. Naturbeschreibg, Hege u. Jagd d. heim. Edelwildes in freier Wildbahn. Mit 100 Textabb. u. 6 Farbentaf. nach Zeichngn. von Karl Wagner. gr. 8. (VIII, 394 S.) Berlin 899. P. Parey.
Geb. in Leinw. n. 14. —

Raesfeld, Ferd. v., das Rotwild. Naturbeschreibung, Hege u. Jagd des heim. Edelwildes in freier Wildbahn. 2., neubearb. u. verm. Aufl. Mit 180 Textabb. u. 6 Farbentaf. nach Zeichngn. v. Karl Wagner. (X, 583 S.) Lex. 8. Berlin 911. P. Parey. Geb. in Leinw. 20. —

Raesfeld, F. v., aus der Weidmannstasche. Jagdliche Zeit- u. Streitfragen. gr. 8. (V, 230 S.) Berlin 900. P. Parey.
Geb. in Leinw. n. 5. —

Raesfeld, Johann von (Bremen/Sachsen), De legato dotis constituendae. Diss. jur. Präs. Daniel Nettelbladt. Halle (Hendel) 2. X. 1750. Editio altera 1769. 35 S. (4.—) 27551

Raesfeld, Karl v., im Banne des Geheimnisses. Roman a. d. Engl. 8. (404 S.) Hamm 900. Breer & Thiemann. n. 4. —

Raesfeld, Karl v., die Hexe vom Hardenberg. Frei nach d. Engl. (382 S.) 8. Hamm (906). Breer & Thiemann. 4. —

— Der fliegende Holländer. Eine einfache Erzählg. aus vergangenen Zeiten. Frei nach dem Engl. (154 S.) 8. Ebd. (908). 1. 80

Raesfeld, Karl v, der Letzte seines Stammes. Historische Erzählung aus den Stürmen der Katholiken-Verfolggn. des XVI. Jahrh. in England. Autoris. Bearbeitg. nach d. engl. Original. 8. (180 S.) Hamm (900). Breer & Thiemann. n. 2. —; geb. in Leinw. n 2. 60

— Die L i e b e höret nimmer auf. Dem Engl. nacherzählt. (458 S.) 8. Ebd. (907). 4. 50

Raesfeldt, Anna Freiin v., viel Glück zum Feste! Dichtungen, aus der Familie f. die Familie gesammelt. (XIV, 200 S.) kl. 8. München 905. L. Finsterlin.
Geb. in Leinw. n. 3. 50

RAESFELDT, Ludwig Frhr. v.: Der Wald in Niederbayern nach seinen natürlichen Standortsverhältnissen. - Landshut o. J. 3 Tl. - Tl. 1: Der bayerische Wald. 112 S., 5 Taf. - Tl. 2: Der niederbayerische Anteil an der "fränkischen Alb" oder das Kelheimer Waldgebiet. 88 S., 5 Taf. Wenig veränd. Abdr. u. d. T : Das Kelheimer Waldgebiet nach seinen natürlichen Standortsverhältnissen. ebd. 1901. 88 S. - Tl. 3: Das niederbayerische Flach- und Hügelland. 126 S., m. Anh. - (XIII., XIV u. XV. Ber. d. Bot. Ver. Landshut)

Rasi, Luigi, die Duse. Autoris. Uebertragg. v. M. Gagliardi. (286 S. m. 43 Abbildgn.) 8. Berlin 904. S. Fischer, Verl. n. 3.—; geb. n.n. 4.—

Rasi, P. Sugli acrostici dell' Ilias latina. S.-A. 1898. 15 S. —.80

Rasi, P., In Claudii Rutilii Namatiani de reditu suo libros adnotationes metricae. S.-A. 1897. 48 S.

Rasi, P., In difesa di Ovidio (rec. „Die Gesetze der Wortstellung im Pentameter des Ovid. Leipz. 1894.) S.-A. 1895. 29 S. 1.—

Rasi, P., Judicia quae de satirae Latinae origine et de Lucilio in satiris I, 4 et 1C Q. Horatius Fl. protulit verane sunt an falsa? Diss. 1886. 122 S.

— Dell' omeoteleuto latino. Ak. 1891. 80 S.

Rasi, P., Osservazioni sull' uso della allitterazione nella lingua latina. Ak. 1889. 89 S.

— La stilistica nello studio del latina. 1898. 58 S.

RASIBUS oder PROCES (!), welcher den Capuciner-Bärten gemacht worden, eine Satyre, entworffen von einem aus dem Kloster entlauffenen Mönch, aus dem Französ. übersetzt. O. O. 1760. 94 S. 8°. (1 Mk. 80 Pfg. Lehmann & Lutz, 1884; jetzt theurer!)

Interessantes Curiosum, in Form eines Dialogs zwischen „Alexis" u. „Lysander", nebst Anhang (Dissertation in deutscher Sprache): De jure barbae, sive Vom Bart-Rechte (S. 65—93). Mit 1 Kupf.

Orig.: Le Rasibus, ou le Procès fait à la Barbe des Capucins par un Moine défroqué. Cologne, Pasquin Resuscité, 1680. in-12°, de 110 pp. (2 Rthl. Julius Möllinger, Breslau, Cat. 3. [vers 1862].)

Permoser 1704, p. 96; Bibl. Ludovici (bibliop.) Contin. Vitemb. 1705; Journal des Scavans de Anno 1714. mens. Febr. p. 236; Observatt. misc. St. 34. p. 765.

Rasim, Eman. Anton. (geb. Ellguth in Schles. 16. 2. 1839): De herniae cruralis aetiologia et diagnosi. Berolini (1863). (31 S.) 8°

Berlin, Med. Diss. v. 17. Aug. 1863

Rasim, Fed., Gesetzentwurfsvorschlag zur Regelung des deutschen Apothekergewerbes. Ein Beitrag zur Lösung dieser brenn. Tagesfrage auf d. Wege zur Niederlassungsfreiheit. gr. 8. (69 S.) Breslau 900. J. Hainauer. n. 1.—

Rasina, Fr. Jos., Plaudereien vom Hohentwiele herab. Den Bewohnern und Touristen des Hegaues gewidmet. 12. (112 S. mit 1 Stint. und 1 synchronist. Tab.) Donaueschingen 880. (Offenburg, Trube.) *

RASIŃSKI, FAUSTIN. Ueber die Condensationsproducte aus Phenolen und Essigsäure, und über eine einfache Darstellungsmethode der Säureäther der Phenole. (Bern) Leipzig, 1882.

Rechte und Pflichten der Kritik. Philosophische Laien-Predigten f. d. Volk d. Denker v. C. E. **Rasius**. *Leipzig: W Engelmann 1898.* (VI S., 1 Bl., 171 S.) 1 Bd 8. [98. 4348 Mr

Rask, Rasmus Christian

Rask, R. K., († d. 14. Nov. 1832.) üb. d. Alter u. die Echtheit der Zend-Sprache u. des Zend-Avesta, u. Herstellung d. Zend-Alphabets; nebst einer Uebersicht d. gesammten Sprachstammes, übersetzt v. Fr. H. v. d. Hagen. Mit e. Schrifttaf. 8. Berl. 826. Duncker u. H. 10 Sgr

Rask, Rasmus, kurzgefaßte Anleitung z. altnordischen od. altisländischen Sprache. (Uebers. v. Ludolf Wienbarg.) 8. (6 B.) Hamburg 839, Hoffmann u. Campe.

Rask, R. C. Kurzgefasste Anleitung zur altnordischen oder altisländischen Sprache. [A. d. Dän.] Hamb. 1839. Ü: *Wienbarg, Ludolph Chn.* (BrMm) (Gi)

Rask, Erasm., a Grammar of the Danish language for the use of Englishmen, together with extracts in prose and verse. 8. Copenhagen 830. (Brummer.) n. 1 Thlr

Rask, E. Chr., a Grammar of the Anglo-Saxon tongue, with a praxis. A. new Ed. enlarged and improved by the author. Translated from the Danish by B. Thorpe. gr. 8. Kopenh., (Schubothe). 2 Thlr 16 Sgr

Rask, Erasmus, a grammar of the icelandic or old norse tongue translated from the Swedish by George Webbe Dasent. gr. 8. (17½ B. u. 1 Schrifttaf.) London 843. (Frankfurt a. M., Jäger'sche Buchh.) *

— Frisische Sprachlehre, bearbeitet nach dem nämlichen Plane, wie die Isländische und Angelsächsische. Aus d. Dän. übersetzt, u. mit e. Vorwort über die Wichtigkeit des Sprachstudiums für eine gründl. Forschung im Gebiet der Rechts- und Staatswissenschaften begleitet von F. J. Buß. 8. Freiburg 834. Fr. Wagner. ¾ Thlr

Rask, R. K., Undersögelse om det gamle nordiske eller islandske Sprogs Oprindelse. Et af det Kongelige Danske Videnskabers Selskab kronet Prisskrift. (Rask Untersuchung über die Entstehung der alten nordischen oder isländischen Sprache. Eine von der Kön. Gesellschaft der Wissenschaften zu Copenhagen gekrönte Preisschrift.) gr. 8. Copenhagen, Gyldendal.

Rask, E. Chr., die Verslehre der Islaender. Verdeutscht v. G. Chr. Fr. Mohnike. gr. 8. (5½ B.) Berlin 830, Reimer.

Rask, Rasmus Christian. Die alte ägyptische Zeitrechnung ... A. d. Dän. ... Altona 1829. Ü: *Lübker, Detlev Lorenz.* (Ky)

— die alte ägyptische Zeitrechnung, nach d. Quellen neu bearb. Aus d. Dän. neu übersetzt (v. D. L. Lübker); mit Zusätzen d. Verfassers. 8. Altona 829. Aue. 15 Sgr

—— die alte ägyptische Zeitrechnung, nach d. Quellen neu bearb. A. d. Dän. neu übers., mit Zusätzen d. Verf. 8. (10 B.) Altona 830, Aue.

—— die älteste hebräische Zeitrechnung bis auf Moses, nach d. Quellen neu bearbeitet. A. d. Dän. übers. v. Gtli. Mohnike. gr. 8. (8 B. u. 1 Karte.) Leipzig 836, Barth.
Aus der: Zeitschrift f. histor. Theologie, 6. Bd., besond. abgedruckt.

Raška [Schlagwort]

Raška, s. **Serbien.**

Raška [Verf.]

Raška, Zone 32 col. 23. [Specialkarte von Serbien.] 1 : 75.000. 55×39 *cm*
Wien. Lechner (Müller) 1902

Raška, Joh., die Chronologie der Bibel im Einklange mit der Zeitrechnung der Egypter u. Assyrier. gr. 8. (XIV, 354 S.) Wien 878. Braumüller. n. 6. —

Ráskai, Desider, die Bakteriurie, s. **Klinik**, Wiener. 1905. VIII.

Die Bakteriurie. Klin. Studie von Dr. Desider **Ráskai**. Berlin, Wien: Urban & Schwarzenberg 1905. (S. 229–248.) 8°
— **Klinik**, Wiener. 1905, H. 8. [05. 11899

„Minerva" ▭ Könyvtárá. Militarismus und Freimaurerthum von Desider Ráskai. Vortrag, gehalten in der Fest-arb.·. der ▭ „Minerva" am 30. Dec. 1902 und am 13. Jan. 1903. Kézirat. Ms. Budapest: Neumayer 1903. 31 S. 8° [Umschlagtit.]
Recens: O. 28 (1903) S. 79, abgedr. FZ. 57 (1903) S. 136.

Raske, die chemische Zusammensetzung der Eiweisskörper. (2 S.) 33×24 cm. Berlin 909. J. Goldschmidt. — 40
Sonderabdruck aus: „Deut. medizin. Presse".

Raske, F., de rosa aurea omnique aevo sacra. (s. l.) 1728. 4.

Raske, Karl, Beitrag zur Stereochemie der 2.5-Diketopiperazine, s.: Fischer, Emil.

Raske, Karl: Der Bettler in der schottischen Dichtung. (Berlin: Mayer & Müller 1908.) VII, 104 S. 8°
Berlin, Phil. Diss. v. 1. Okt. 1908, Ref. Brandl
[Geb. 11. Nov 82 Charlottenburg; Wohnort: Charlottenburg; Staatsangeh.: Preußen; Vorbildung: Kaiserin-Augusta-Gymn. Charlottenburg Reife O. 02; Studium: Berlin 12 S.; Rig. 23. Juli 08.] [U 09. 255

Raske, Karl [aus Rugenwalde]: Zur chemischen Kenntniss des Embryo .... Berlin, Buch- u. Kunstdr. v. Hugo u. Hermann Zeidler. 20 + 8 S. 8°
Berlin, Med. Fak., Inaug.-Diss. v. 10. Febr. 1886.

Raske, Karl, Dr. med. a. Berlin: Die Überführung der β-Vinylacrylsäure in Aminosäuren. Über einige Polypeptide, Derivate der α-Aminobuttersäure. [Berlin] (1905: G. Schade.) (29 S.) 8°
Berlin, Phil. Fak., Ref. Fischer, Landolt, Diss. v. 24. Juni 1905
[Geb. 23. Dez. 63 Rugenwalde; Heimatsort: Berlin; Staatsangeh.: Preußen; Vorbildung: Luisenstädtisches Gymn. Berlin Reife O. 83; Studium: Berlin 7 S.; Rig. 25. Mai 05.]

(**Rasky,** Ladislaus, k. u. k. Hauptmann.) Die Wehrmacht Bulgariens auf Grundlage ihrer Entwicklung dargestellt von R. (Mit 2 Beilagen.) 8. Wien 1904.

Ra·ky, die Wehrmacht der Türkei. Mit 8 Skizzen. (VIII, 187 S.) gr. 8. Wien 906. (L. W. Seidel & Sohn.) n. 6. —

Rasmus, Adam Ebert, — über die fabelhafte Urgeschichte von Frankfurt a. d. O., s. Mittheilungen des historischen Vereins für Heimatkunde zu Frankfurt a. d. O.

Rasmus, Arno, Referendar in Düben a. d. M.: Der Unterschied zwischen dem Erfinderrecht und dem Urheberrecht, insbesondere dem gewerblichen Urheberrecht. Borna-Leipzig 1906: R. Noske. (IX, 29 S.) 8° [J.]
Breslau, Jur. Fak., Ref. Dahn-Beyerle, Diss. v. 14. April 1906
[Geb. 5. Sept. 81 Braubach a. Rh., Kr. St. Goarshausen; Wohnort: Düben; Staatsangeh. Preußen; Vorbildung: Gymn. Aschersleben Reife O. 02; Studium: Marburg 1 Halle 3. Breslau 2 S.; Rig. 21 Dez. 05.]

Rasmus, Berth., Diasporafahrten. Bilder aus dem Leben e. Posener Pastors. 1. u. 2. Aufl. (143 S.) 8. Leipzig (908). A. Strauch. 1.50; geb. 2.25

B **Rasmus,** Berth.: Diasporafahrten. L. '08. (K 86) Jetzt: L.: Strauch & Krey. (6L)

— Die Sensenmänner. Ernstes u. Heiteres aus der poln. Insurrektion v. 1848. (203 S.) 8. Ebd. (909). 2.—; geb. n 3. —

Rasmus, Eduard

Rasmus, Ed., Beiträge zur märkischen Gelehrten-Geschichte. (Aus Mittheilungen des historisch-statistischen Vereins.) Frankf. a. d. O. 867. (Berlin, Calvary & Co.) n. 10 ngr.

Rasmus, Eduard [Dir. Dr.]: Beiträge zur Geschichte des Alt- und Neustädtischen Gymnasiums zu Brandenburg a. H. I. Das neustädt. Lyceum '(1330—1797)'. Brandenburg a. H., J. Wiesikes Buchdr., 1897; 39 S., 1 Taf. 8.
Brandenburg, vereinigtes alt- u. neustädt. G, OP 1897 (68)

Rasmus, Eduard: Beiträge zur Geschichte des Vereinigten Alt- und Neustädtischen Gymnasiums zu Brandenburg a. H. II. Das Gymnasium (1797–1897). *Brandenburg a. H. 1898: J. Wiesike.* (31 S.) 8° [Fortsetzung d. P-Beilage 1897.]
Brandenburg, vereinigtes alt- u. neustädt. G, OP 1898 (68)

Rasmus, Edu. In Plutarchi librum qui inscribitur de Stoicorum repugnantiis coniecturae. 12 S. Progr. G. *Brandenburg* 1880.

Rasmus, Ed., in Plutarchi librum qui inscribitur De Stoicorum repugnantiis conjecturae. gr. 4. (12 S.) Brandenburg 880. (Berlin, Calvary & Co.) n. 1. 20

— In Pl. libros, qui inscr. Non posse suaviter vivi secundum Epicurum et adversus Celotem emendationes. Pr. 1863. 16 S. 4°. 1.50

Rasmus, Ed., in Plutarchi libros qui inscribuntur non posse suaviter vivi secundum Epicurum et adversus Colotem emendationes. Berlin 863. Calvary & Co. gr. 4. (16 S.) n. 10 ngr.

Rasmus, Ed. De Plutarchi libro qui inscribitur de communibus notitiis commentatio. 24 S. – Frankfurt a/O., Progr. 1872.

Rasmus, Ed., de Plutarchi libro, qui inscribitur de communibus notitiis commentatio. gr. 4. (24 S.) Francofurti 872. (Berlin, Calvary & Co.) n. 1. 20

Rasmus, Eduard. (Hem. Augustus) (geb. Berlin 12. 5. 1835) Aelianeorum fragmentorum specimen I. Berolini (1858). (30 S.) 8° • Der Rest der Arbeit ist von Rud. Hercher in seine Ausg. des Aelian, Leipzig: Teubner 1866 aufgenommen worden; vgl. t. 2. S. xviii.
Berlin, Phil. Diss. v. 1. Mai 1858

Rasmus, G.: Dr. Adolf Werner in seinem Wirken auf dem Felde der Gymnastik. Dessau 1848. 268 S.

Rasmus, G., Dr. Adolf Werner in seinem Wirken auf dem Felde der Gymnastik, Dessau 1848, 356 S., 8°.

Rasmus, Gustav, Gedichte. 8. (11¼ B.) Leipzig 841, Hunger.

Rasmus, Gust., die geregelten Leibesübungen in Bezug auf die physische Erziehung der Jugend. Für Eltern, Lehrer und Erzieher hrsg. 1. Aufl. (XII und 84 S.) 1847. * 8 Ngr. und 2., veränd. wohlf. Ausg. gr. 16. (VI und 81 S.) Leipzig 849, H. Fritzsche.

Rasmus, Gust., die Schillerfeier. Ein fliegendes Blatt für das gesammte Deutschland. gr. 8. (12 S.) Dessau 857, Neubürger

Rasmus, G., die Schillerfeier. Ein fliegendes Blatt für das gesammte Deutschland. Dessau 859. Neubürger. gr. 8. (12 S.) 2½ ngr.

— ein Wort an meine Landsleute als Hinweis auf die 100jährige Jubelfeier des Regierungsantritts des hochsel. Herzogs Leopold Friedrich Franz. Lex.-8. (15 S.) Dessau 858, Baumgarten und Comp.

Rasmus, P.

— Mutterschutz u. Liebesfreiheit. (11 S.) 8. Berlin, Communistische Verlags-Anstalt. 1907 —. 20.

Rasmus, Paul, approb. Arzt aus Stralsund: Über die Bedeutung der Röntgenaufnahmen für die Heilung von Frakturen mit Berücksichtigung der in der chirurgischen Klinik zu Greifswald in dem Zeitraume vom 1. April 1899 bis 31. März 1901 vorgekommenen Unterschenkelfrakturen. *Greifswald 1902: J. Abel.* (34 S.) 8°
Greifswald, Med. Diss. v. 29. März 1902

Rasmus, *Rudolf Anton* Richard *Benno* [app. Arzt aus Zawadda '(West-Pr.)']: Ein Fall von Gonitis tabica. Beitrag z. Casuistik d. tabischen Arthropathieen ... Leipzig, Druck v. A. Edelmann, Univ.-Buchdr., *1894;* 19 S. 8.
Leipzig, Med. Fak., Inaug.-Diss. v. 7. März 1894

Rasmushausen [Schlagwort]

Rasmushausen, s.: Preussen, Messtischblätter.

Rasmuss. die Rückwirkung der Geschäfte u. Verkehrsverhältnisse unserer Zeit auf das Unterrichtswesen. Dessau 1865
Schul-/Univ.-Schrift

Rasmussen, Cornelius, s. Rasmussen, Kornelius

Rasmussen, Emil, Camillo Cantori u. seine Frauen. Roman. 2. Aufl. (342 S.) 8. Berlin-Charlottenburg (910). A. Juncker's Verl. 4.—; geb. n 5. —

Rasmussen, Emil, ein Christus aus unseren Tagen. Ein Kulturbild aus Italien. Deutsch v. Arth. Rotenburg. (233 S. m. Abbildgn. u. 1 Bildnis.) 8. Leipzig 906. J. Zeitler. n. 4. —; geb. in Halbperg. n. 6. —

— Der kalte Eros. Roman aus der röm. Campagna. (Die Übertragg. aus dem Dän. besorgte Emilie Stein.) (410 S.) 8. Stuttgart (909). Charlottenburg, A. Juncker's Verl. 5. —

— Jesus. Eine vergleich. psychopatholog. Studie. Uebertr. u. hrsg. v. Arth. Rotenburg. (XXV, 167 S.) 8. Ebd. 905. n. 2. 60

Rasmussen, Emil Mafia. Roman aus d. modernen Sicilien. (Die Übers. besorgte Emilie Stein.) Berlin, Suttgart, Leipzig: Juncker (1908). 437 S. 8⁰

Rasmussen, J. L., Additamenta ad Historiam Arabum excerpta ex Ibn Nabatha, Nuveirio atque Ibn Koteibach. Arabice edidit et latine vertit. 8maj. Kopenh. 821. (Brummer). 3 ∤ Gyldendal das. 3 ∤ 8 ℊ

— Annales islamismi sive tabulae synchronistico-chronologicae chalifarum et regum orientis et occidentis. 4. Kopenh. 825. Brummer. 4 ∤

— de Orientis commercio cum Russia et Scandinavia medio aevo. 4. Kopenh. 825. Brummer. 18 ℊ

— historia praecipuorum arabum regnorum rerumque ab iis gestarum ante islamismum e codicibus manuscriptis arabicis biblioth. regiae Havniensis. 4. Kopenh. 817. Brummer. 2 ∤ 12 ℊ (Gyldendal das.) 2 ∤ 16 ℊ

Rasmussen, Knud, neue Menschen. Ein Jahr bei den Nachbarn des Nordpols. Einzig autoris. Uebersetzg. v. Elsbeth Rohr. Mit 5 Zeichngn. v. Graf Harald Moltke u. 1 Portr. (VIII, 191 S.) 8. Bern 907. A. Francke. n. 3. 60

Rasmussen, Kornelius

Neujahrswunsch an die Grossloge „Zur Sonne" [Unterz.:] Cornelius Rasmussen. Christiania o. J.: Bentzen & Sohn. 2 Bl. 8⁰. [Umschlagtit.]
„Schon in die Zeiten der Nacht ist gegangen" ...

Rasmussen, Pet., der perfekte Däne, s.: Cray's, O, Sammlg. v. Sprachführern, Hft. 10.

Rasmussen, Peter, den fuldkomne Dansker. Der perfekte Däne. Eine Anleitung, in 14 Tagen Dänisch richtig lesen, schreiben u. sprechen zu lernen. Mit beigefügter Aussprache. 16. (210 S.) Berlin 886. Berliner Verlags-Anstalt. n. -- 80; geb. n. 1. 10

[Ant. u. F.] Den fuldkomne Dansker. Der perfekte Däne. E. Anleitg in 14 Tagen Dänisch richtig lesen, schreiben u. sprechen zu lernen ... M. beigefügter Aussprache v. Peter **Rasmussen,** Cand. jur., Kgl. geschworn. Translateur u. Dolmetscher ... 2. verb. Ausg. *Schweidnitz & Leipzig: C. Lerch [1897].* (210 S.) 1 Bd 8.
— **Sammlung,** O. Cray's, v. Sprachführern. No 10. [97. 7307

Rasmussen, Sara, Klöppelbuch. Eine Anleitung zum Selbstunterricht im Spitzenklöppeln. 4. (48 S. mit 10 Phototypien, 2 lithogr. Taf. und zahlreichen Holzschn.) Kopenhagen, Höst und Sohn. *

Rasmussen, Sara, Klöppelbuch. Eine Anleitg. zum Selbstunterricht im Spitzenklöppeln. Mit 10 Phototypien, 2 lith. Taf. u. zahlreichen Holzschn. 4. (48 S.) Kopenhagen 884. Höst & Sohn. n. 9. - -

— Klöppelbuch. E. Anleitg. zum Selbstunterr. im Spitzenklöppeln. Mit 10 Phototyp., 2 lith. Taf. u. zahlr. Holzschn. 4. (48 S.) Ebd. 897. n. 5. —

Rasmussen, Sara, Collection Nora. Altnord. Stickereien auf woll. Java-Gewebe, Congreß-Canevas oder Segeltuch. 18 Taf. in Farbendr. 4. (4 S. Text.) Kopenhagen 897. A. F. Höst & Sön. n. 3. --

Rasmussen, Th., Kurrent-Rundschrift, o. Reform der Rundschrift f. Schule u. Korrespondenz. qu. gr. 4. (16 Steintaf. m. 1 Bl. Text.) Wolfenbüttel 886. Zwissler. n. 2. —

Rasoir, Diss. de atra bile naturali et pr. Duisb. 4⁰. *Baldinger,* Ausg. I, 19.
1766

Räsonir-Hansl, Der Dessen Spaziergang bei dem Oktoberfest auf der Theresienwiese, Eisenbahn und in der Stadt München O J (ca 1838). 8⁰ (1 Mk. Emil Hirsch, 1904.)

Räsonnement, s. Raisonnement.

RASONNEMENTS, Paradoxen, Charaktere, Projekten (!) und Vorreden ohne Buch nebst zweien Dedikazionen. Eine Nascherei (so!) für die Modewelt. Berlin, Frankfurt u. Leipzig (Ife in Leipzig) 1786. 8⁰.
K. F. v. Kloden's Bibl. Berl. 1859. p. 78; Weller, fing. Druckorte.

Räsonnir-Lieder, zwölf. Gesammelt u. hrsg. v. J. J. Hohl. 3 Stimmen. qu. 8. (40 S.) Flawyl 847, Literarische Verlags-Anstalt. 12 ngr.

Rasor, Philipp Jakob (Worms)
De remedio revisionis adversus decreta extrajudicialia, quibus processus speciatim vero appelationis in Augustissimo camerae imperialis judicio denegantur.
Giessae 4. ante Kal. Sept. 1752: E. H. Lammers. LXXXII S. 4⁰
pro summis in utroque jure honoribus ... rite capessendis.

Rasori, Giovanni

Rasoris, Gesch. des epidem. Fiebers zu Genua. gr. 8. Wien, Camesina. 803.

Rasori, ..., Geschichte d. epidem. Fiebers zu Genua. gr. 8. Wien 803. (Heubner). 14 ℊ

— s. a. Geschichte der Brownischen Lehre.

Rasori, [Giovanni], [Pietro] **Deho** u. Joseph **Frank:** Geschichte der Brownischen Lehre in drey Aufsätzen. Aus d. Ital. von M[elchior] A[dam] Weikard. Frankfurt a. M. 1796. Getr. Pag.

1. Rasori: Rede uber d. Brownische Lehre.
2. Deho: Uber d. wirklich herrschende Hornviehseuche.
3. Frank: Uber d Lehre von Brown.

Rasori, (Giovanni): Rede über die Brownische Lehre. (Compendio della nuova dottrina medica. Dt.) Aus dem Italiänischen von M(elchior) A(dam) Weikard. 64 S., gbd.

Frankfurt am Main: Andreä 1796
(Geschichte der Brownischen Lehre in drey Aufsätzen. 1)
an: Monteggia, G(iovanni Battista): Briefe über Browns Elementa... (Lettera sulle Elementa medicinae. Dt.) 1796

JB 2.559

Rasori, Giov., Theorie d. Entzündung. A. d. Ital. übers. v. Runge. 2 Thle. gr. 8. Bremen 838, [Schünemann's Vrlsbh.] [1. (18 B.) 1½ Thlr., 2. (20½ B.) 1¾ Thlr.]

Rasorio, Giovanni

s.: Rasori, Giovanni

de Rasoumovsky, (G.,) Observations minéralogiques sur les environs de Vienne. Mit 10 ill. Kpf. Wien 822, Grund. (Fr. Fleischer in Leipz.)

Rasowsky, Graf, oder nicht alles ist falsch, was glänzt, s. a G. Reinbeck.

Rasowsky, Graf; od. nicht alles ist falsch was glänzt. Sittengem. in 4 Aufz. 8. Leipz. Rein. 805.

Rasp C, das Innungsgesetz. Text mit Anmerkungen. Nördlingen 1882

Rasp, C. u. A. Voit, Verzeichniss der . Strassen der kgl. Haupt- u. Residenzstadt München, mit Angabe der baupolizeilichen Verhältnisse. München 1851. 4°. Cart. 1 Bl. 51 S. à 2 Col.

Rasp, Carl, s. Rasp, Karl

Rasp, Geo., Erläuter. d. Lehrbegriffs d. Naturrechts. 1r theoret. 2r prakt. Thl. gr. 8. Wien 794, 95. Schaumburg u. C. 2 ₰ 16 gr.

*v. Rasp, K. Unternehmerverbände im Versicherungslexikon, nebst Ergänzungsband von Manes. Tübingen 1909 und 1913.

Rasp, Karl, Activ-Vermögen, Schulden u. Umlagen der bayerischen Gemeinden. [Aus: „Beiträge zur Statistik d. Königr. Bayern".] Lex.-8. (S. 137–253.) München 892. (J. Lindauer.) n. 1. —

Rasp, Karl, die Arbeiterversicherungsgesetzgebung f. das Deutsche Reich, s.: Landmann, Rob.

Rasp, Carl, Münchener Bauvorschriften mit den auf das Bauwesen bezüglichen feuer- u. reinlichkeitspolizeilichen Vorschriften u. den Dienstesinstruktionen für die technischen Organe der Baupolizeibehörde. Zusammengestellt u. m. Anmerkungen versehen. 8. (VIII, 212 S.) München 880. Lindauer. n. 2. 20

Rasp, Karl v., u. Herm. Rehm, Bemerkungen zur Frage der Verstaatlichung der Privat-Mobiliar-Brand-Versicherung in Bayern. (107 S.) 8. München 906. J. Lindauer. n. 2. 50

Rasp, Carl v., u. Herm. Rehm, Bemerkungen z. Frage der Verstaatlichung der Privat-Mobiliar-Brandversicherung in Bayern u. in einigen anderen Staaten. 3., ergänzte Aufl. (280 S.) 8. München 908. J. Lindauer. 2. 50

Rasp, Carl. Die Einwirkung der Seifen für sich und in Verbindung mit Phenol auf die Bakterien, vom chemischen Standpunkt aus betrachtet. Diss. Phil. Bern. ([Sep.-Abdr. aus:] Zeitschrift für Hygiene und Infektionskrankheiten [Band 58, Heft 1].) *Kopftitel:* ⟨Aus dem Institut zur Erforschung der Infektionskrankheiten in Bern.⟩ ⟨Direktor: Prof. Dr. W[ilhelm] Kolle.⟩ 23 S. 8. Leipzig, Veit & Comp., 1907.

— Ergebnisse der Krankenversicherungs-Statistik im Königr. Bayern f. d. J. 1890. [Aus: „Zeitschr d. bayer. statist. Bureau".] gr. 4. (18 S.) München 891. (J. Lindauer.) n. — 40

— dasselbe f. d. J. 1891. [Aus: „Zeitschr. d. bayer. statist. Bureau".] gr. 4. (17 S.) Ebd. 892. n. — 40

Rasp, Carl, Ergebnisse d. Krankenversicherungs-Statistik im Königr. Bayern f. d. J. 1892, 1893 u. 1894. [Aus: „Zeitschr. d. k. bayer. statist. Bureau".] gr. 4. (17, 23 u. 19 S.) München 893—895. (J. Lindauer.) à n. — 50

— die Ergebnisse der Viehzählung im Königr. Bayern, s.: Beiträge zur Statistik des Königr. Bayern.

— zur Finanzstatistik der bayerischen Gemeinden. [Aus: „Zeitschr. d. bayer. statist. Bureau".] gr. 4. (S. 41—55.) München 893. (J. Lindauer.) n. — 40

— **die Gemeinde-Umlagen im Königr. Bayern, s.: Beiträge zur Statistik d. Königr. Bayern.**

Geschichte und Einrichtung der amtlichen Statistik im Königreich Bayern. Hrsg. v. kgl. Statist. Bureau. (Vf. C[arl] Rasp, Oberregiergsr. im kgl. Staatsmin. d. Innern.) *München: G. Franz'sche Hofbuchdr. 1895.* (3 Bl., 335 S.) 1 Bd 8. (96. 74

— das bayerische Gesetz üb. öffentliche Armen- u. Krankenpflege vom 29. Apr. 1869 m. der Novelle vom 3. Febr. 1888. Handausg. m. Einleitg, Erläutergn. unter besond. Berücksicht. d. Verwaltungsgerichtshofes, den Vollzugsvorschriften u. Sachregister 8. (V, 144 S.) München 893. C. H. Beck. Kart. n. 1. 60

— das Innungsgesetz. Tit. VI. der deutschen Reichs-Gewerbeordnung in der Fassung des Gesetzes vom 18. Juli 1881, nebst dem vom Reichsamt des Innern veröffentlichten Entwurfe eines Innungsstatuts. Mit Einleitung, Anmerkungen u. Sachregister hrsg. 16. (VI, 123 S.) Nördlingen 882. Beck. cart. n. 1. 20

Rasp, Karl v., Kommentar z. Invalidenversicherungsgesetz, s.: Landmann, Rob. v.

Rasp, Karl v., Kommentar zum Krankenversicherungsgesetz vom 15. VII. 1883 in der Fassung der Novellen vom 10. IV. 1892, 30. VI. 1900 u. 25. V. 1903, nebst seinen Nebengesetzen u. den Vollzugsvorschriften f. das Königr. Bayern. Unter Zugrundelegg. des Kommentars zum Krankenversicherungsgesetz von v. R. in 2. Aufl. vollständig neu bearb. v. Karl. Meinel. (VIII, 489 S.) 8. München 903. C. H. Beck. Geb. in Leinw. n. 5. 50

— **Kommentar z. Unfallversicherungsgesetz f. Land- u. Forstwirthschaft v. 30. VI. 1900 nebst seinen Nebengesetzen. Unter Zugrundelegung des Kommentars zum Gesetz v. 5. V. 1886, betr. die Unfall- u. Krankenversicherg. der in land- u. forstwirthschaftl. Betrieben beschäftigten Personen von v. R., in 2. Aufl. m. besond. Berücksicht. der Verhältnisse in Bayern vollst. neubearb. v. Karl Meinel.** gr. 8. (X, 520 S.) München 902. C. H. Beck. Geb. in Leinw. n. 7. —

— das Krankenversicherungsgesetz vom 15. Juni 1883 in der Fassung der Novelle vom 10. April 1892, s.: Landmann, Rob, u. Karl Rasp, die Arbeiterversicherungsgesetzgebung f. das Deutsche Reich.

— das Reichstags-Wahlgesetz nebst Wahlreglement u. Anlagen, sowie den f. Bayern ergangenen Vollzugsvorschriften. Mit Erläutergn. hrsg. 16. (XXI, 140 S.) München 890. Beck. cart. n. 1. 20

— die öffentlichen Sparkassen im Königr. Bayern im J. 1890. [Aus: „Zeitschr d bayer. statist. Bureau".] gr. 4. (40 S.) München 892. (J. Lindauer.) n. — 40

— dasselbe im J. 1891. [Aus: „Zeitschr. d. bayer. statist. Bureau".] gr. 4. (41 S.) Ebd. 893. n. — 40

— d. öffentl. Sparkassen im Königr. Bayern im J. 1892. [Aus: „Zeitschr. d. k. bayer. statist. Bureau".] gr. 4. (41 S.) Ebd. 894. n. — 50

— dasselbe im J. 1893, m. e. Anh. üb. Beruf d. Sparkasseneinleger. [Aus: „Zeitschr. d. k. bayer. statist. Bureau".] gr. 4. (53 S.) Ebd. 895. n. — 50

— Statistik der Reichstagswahlen v. 1890 in Bayern. [Aus: „Zeitschr. d. bayer. statist. Bureau".] gr. 4. (19 S.) Ebd. 890. n. — 40

— dasselbe v. 1893. [Aus: „Zeitschr. d. bayer. statist. Bureau".] gr. 4. (23 S.) Ebd. 893. n. — 40

Rasp, Karl, die land- u. forstwirthschaftliche Unfall- u. Krankenversicherung nach dem Reichsgesetz vom 5. Mai 1886 u. dem bayerischen Ausführungsgesetz vom 5. Apr. 1888. gr. 8. (X, 477 S.) München 889. Beck. n. 5. —

— die zwangsweise Veräusserung landwirthschaftlicher Anwesen in Bayern. Nach dem Stande des J. 1890 m. einigen Rückblicken. [Aus: „Zeitschr. d. bayer. statist. Bureau".] gr. 4. (12 S.) Ebd. 891. n. — 40

— dasselbe. Nach dem Stande des J. 1891 m. einigen Rückblicken. [Aus: „Zeitschr. d. bayer. statist. Bureau".] gr. 4. (12 S.) Ebd. 892. n. — 40

— d. zwangsweise Veräusserung landwirthschaftl. Anwesen in Bayern im J. 1892 u. 1893 m. ein. Rückblicken. [Aus: „Zeitschr. d. k. bayer. statist. Bureau".] gr 4. (11 u. 12 S.) Ebd. 893. 94. à n. — 50

— dasselbe im J. 1894. [Aus: „Zeitschr. d. k. bayer. statist. Bureau".] gr. 4. (15 S.) Ebd. 895. n. — 50

— die Versicherungs-Statistik im Königr. Bayern f. d J 1889. [Aus: „Zeitschr. d. bayer. statist. Bureau".] gr. 4. (9 S.) Ebd. 891. n. — 40

— dasselbe f. d. J. 1890. [Aus: „Zeitschr. d. bayer. statist. Bureau".] gr. 4. (10 S.) Ebd. 892. n. — 40

— d. Versicherungs-Statistik im Königr. Bayern f. d. J. 1891, 1892 u. 1893. [Aus: „Zeitschr. d. k. bayer. statist. Bureau".] gr. 4. (à 12 S.) Ebd. 893 —895. à n. — 50

— die Wahlen zum bayerischen Landtag im Juli 1893. [Aus: „Zeitschr. d bayer. statist. Bureau".] gr. 4. (25 S.) Ebd. 893. n. — 40

— (Hrsg.), s. Zeitschrift des Königlich bayerischen statist. Büreaus

Rasp, Karl Wilhelm

Rasp, Carl Wilh., Beiträge zur Geschichte der Stadt Lemberg. [Aus: „Sitzungsber. d. k. Akad. d. Wiss."] Lex.-8. (132 S.) Wien 871. Gerold's Sohn in Comm. n. 2. —

— Beschreibung der Stiftungen d. städtischen Bürgerspitals St. Lazar in Lemberg. [Aus: „Sitzungsber. d. k. Akad. d. Wiss."] Lex.-8. (40 S.) Ebend. 876. n. — 50

Raspail, François Vincent

Raspail, ..., Abhandl. über die Bildung d. Embryo in den Gräsern, u. Versuch e. Classification dieser Familie. Aus dem Französ. mit Anmerkk. v. C. B. Trinius. Mit 2 lithograph. Taf. gr. 8. St. Petersb. 826. (Schwetschke u. S. in Halle). 1 ₰ 16 gr

Raspail's neues Heilverfahren oder theoretische und praktische Anweisung zur Selbstbehandlung der meisten heilbaren Krankheiten und zur Selbstbereitung der einfachen, billigen u. bewährten Heilmittel der neuen Schule. 1. u. 2. Aufl. 853. — 3. Aufl. 854. — 4. Aufl. Nach der 30. Aufl. des Orig. übers. Leipzig 855. Matthes. 8. (XII, 260 S.) n. 20 ngr

Raspail's, Dr., neues Heilverfahren oder theoret. u. prakt. Anweisung zur Selbstbehandlung der meisten heilbaren Krankheiten u. zur Selbstbereitung der einfachen, billigen u. bewährten Heilmittel der neuen Schule. 5. Aufl. Nach der 30. Aufl. des Orig. übers. Zerbst 866. Römer & Sitzenstock. 8. (XII, 248 S.) n. 20 ngr

Raspail's neues Heilverfahren od. theoretische u. praktische Anweisung zur Selbstbehandlung der meisten heilbaren Krankheiten u. zur Selbstbereitung der einfachen, billigen u. bewährten Heilmittel der neuen Schule. 6. Aufl. Nach der 30. Aufl. des Orig. übers. 12. (XII, 248 S.) Leipzig 881. Matthes. geb. n. 2. —

Raspail, François Vincent.
Naturgeschichte des Insekts der Krätze ... a. d. Franz. ... Leipz. 1835. Ü: *Kunze, Gustav.* (EBHN)

Raspail, F. V., Naturgeschichte d. Insekts d. Krätze. Vergleich. Untersuchn. A. d. Franz. mit Anmerkn. v. G. K. gr. 8. (2½ B. u. 2 ill. Kpfrt.) Leipzig 835, Voss. *

Raspail, F. V., neues Schutz- u. Heilverfahren gegen die Cholera u. die tausendfach erprobte, wahrhaft wunderthätige Wirksamkeit derselben. 8. (28 S.) Leipzig 852, Hinze. n. 4 ngr

— der Selbstarzt, oder Doctor u. Apotheker im eignen Hause. Eine zuverlässige Anweisung, sich vor Krankheiten zu schützen u. von ihnen zu befreien. Nach der 13. Aufl. aus dem Franz. 8. (XLVI u. 314 S.) Leipzig 847, Michelsen. ¾ ₰

— der Selbstarzt oder Doctor und Apotheker im eigenen Hause. Eine zuverlässige Anweisung sich vor Krankheiten zu schützen und durch Selbstbereitung aller Mittel von ihnen zu befreien, auch bei unheilbaren und chronischen Krankheiten sich wenigstens möglichst Erleichterung zu verschaffen. Nach der 28. bedeutend verm. Ausg., aus dem Französ. Leipzig 854. Michelsen. (Mierisch.) 8. (VIII, 300 S.) 22½ ngr

Raspail, F. V., der Selbstarzt oder Doctor und Apotheker im eigenen Hause. Eine zuverlässige Anweisung sich vor Krankheiten zu schützen und durch Selbstbereitung aller Mittel von ihnen zu befreien, auch bei unheilbaren und chronischen Krankheiten sich wenigstens möglichst Erleichterung zu verschaffen. Nach der 32., bedeutend verm. Ausg., aus dem Französ. 8. (VIII und 300 S.) Leipzig 859, [Michelsen.] —

Raspail, F. V., der Selbstarzt oder Doctor und Apotheker im eigenen Hause. Eine zuverlässige Anweisung sich vor Krankheiten zu schützen und durch Selbstbereitung aller Mittel von ihnen zu befreien, auch bei unheilbaren und chronischen Krankheiten sich wenigstens möglichst Erleichterung zu verschaffen. Nach der 32., bedeutend verm. Ausg., aus dem Französ. Leipzig 859. Mierisch. 8. (VIII, 300 S.) 22½ ngr

Raspail, F. V., der Selbstarzt oder Doctor und Apotheker im eigenen Hause. Eine zuverläss. Anweisung sich vor Krankheiten zu schützen und durch Selbstbereitung aller Mittel von ihnen zu befreien, auch bei unheilbaren und chron. Krankheiten sich wenigstens möglichst Erleichterung zu verschaffen. Nach der 35., bedeutend verm. Ausg., aus dem Französ. 8. (VI und 318 S.) Leipzig 862, Kittler. -

Raspail, F. V., der Selbstarzt oder Doctor u. Apotheker im eigenen Hause. Eine zuverlässige Anweisung sich vor Krankheiten zu schützen u. durch Selbstbereitung aller Mittel von ihnen zu befreien, auch bei unheilbaren u. chronischen Krankheiten sich wenigstens möglichst Erleichterung zu verschaffen. Nach der 40., bedeutend verm. Ausg. Leipzig 868. Kittler. 8. (VI, 318 S.) 22½ ngr

Raspail, F. V., der Selbstarzt od. Doctor u. Apotheker im eigenen Hause. Eine zuverläss. Anweisg. sich vor Krankheiten zu schützen u. durch Selbstbereitg. aller Mittel v. ihnen zu befreien, auch bei unheilbaren u. chron. Krankheiten sich wenigstens möglichst Erleichterg. zu verschaffen. Nach der 49. bedeutend verm. Ausg., aus dem Franz. 8. (VI, 318 S.) Leipzig 873. Kittler. 2. 25

Raspail, F. V., d. Selbstarzt od. Doctor u. Apotheker im eig. Hause. E. zuverläss. Anweisg., sich vor Krankheiten zu schützen u. durch Selbstbereitg. aller Mittel v. ihnen zu befreien, auch bei unheilbaren u. chron. Krankheiten sich wenigstens möglichst Erleichterg. zu verschaffen. Nach der 40., bedeut. verm. Ausg., aus dem Franz. 8. (VI, 318 S.) Leipzig 897. A. Pfalz. 3. —; geb. 4. —

Raspail, F. V., neues System d. Chemie organ. Körper, auf neue Methoden d. Beobachtung gegründ. A. d. Franz. übers. u. mit einigen Anmerkn. begl. v. Friedr. Wolff. M. 12 Kpfrt. (z. Theil gr. 4., wovon 6 col.) gr. 8. (53¼ B. u. 1 B. Tab. gr. Fol.) Stuttgart 834, [Beck u. Fränkel.]

Raspail, Xavier, Napoleon III. zu Baybel am 30. Aug. 1870. Aus dem Französischen. gr. 8. (14 S.) Hamburg 882. (Kriebel.) n. — 20

Raspe: Vorträge u. Reden. Güstrow 1864. 29 S. 4⁰
Schul-/Univ.-Schrift

Raspe, C Die Glaubensanalogie. 11 S. Progr. G. *Güstrow* 1882

Raspe, Carl, s. Raspe, Karl

Raspe, Eman., das Verbrechen der Calumnia nach römischem Rechte. gr. 8. (VIII, 216 S.) Rostock 872. Stiller. n. 3. —

Raspe, F Ueber die Vermehrung der Leuchtkraft des Leuchtgases durch Benzindampf Rostock, 1862

Raspe, Ferd., nautischer Almanach für das J. 1878, enth. Angaben über Declination der Sonne, über Zeitgleichung, Tafeln zur Berechnung der Zeit des Hochwassers, sowie einige wichtige Schifffahrtsverordnungen. gr. 8. (39 S.) Rostock 877, Stiller'sche Hofbuchh. * 1 —
Andere Jahrgänge sind nicht erschienen.

Raspe, Fr. Wilh., Offenes Rundschreiben der Mitglieder des Central-Comité der deutschen Vereine in der Schweiz. Ein ernstes Wort an alle Socialdemokraten. 8⁰. Zürich, Schabelitz, 1870.

Raspe, Frz., die christliche Sonntagsfeier nach dem Inhalt der heiligen Schrift und der lutherischen Bekenntnißschriften dargestellt. Rostock 864. Stiller. gr. 8. (93 S.) n. 10 ngr

Raspe, Frz., die Wortstellung der latein. Sprache. gr. 8. (6 B.) Leipzig 844, Hahn'sche Vrlgsbuchh.

Raspe, Frdr., Heilquellen-Analysen für normale Verhältnisse u. zur Mineralwasserfabrikation berechnet auf zehntausend Theile. (In ca. 20 Lfgn.) 1. Lfg. hoch 4. (VIII, 24 S.) Dresden 882. Baensch. n. 1. —

Raspe, Frdr., Heilquellen-Analysen, f. normale Verhältnisse u. zur Mineralwasserfabrikation berechnet auf zehntausend Theile. 2—20. Lfg. hoch 4. (IX—XXXV u. S. 25—510.) Dresden 883—85. Baensch. à n. 1. —

Raspe, Friedrich: Über die Konstitution der Linolensäure. Halle a. S. 1909: Waisenhaus. 33 S. 8°
Halle, Phil. Diss. v. 10. März 1909, Ref. Vorländer
[Geb. 19. März 86 Berlin; Wohnort: Berlin; Staatsangeh.: Preußen; Vorbildung: Königstädt. Realgymn. Berlin Reife M. 04; Studium: Halle 2, Heidelberg 4, Halle 2 S.; Rig. 27. Febr. 09.] [U 09. 1690

Raspe, Friedrich Christian (Schlesien), De hydroceles curationibus variis. Halle (Bathe) 1799. 22 S. (3.75) 27673

Raspe, G. C H.: Bericht über die Bibliothek, die Hansensche Bildersammlung, die Musikaliensammlung u. Jubelstiftung der Domschule. Güstrow 1815. 22 S. 4⁰
Schul-/Univ.-Schrift

Bericht [von G. C. H. Raspe] über die am 21. Mai 1855 begangene Feier des 50jährigen Bestehens der unter Constitution der Grossen National-Mutterloge der preussischen Staaten, gen. Zu den drei Weltkugeln arbeitenden St. Johannis-Freimaurer-Loge Phöbus Apollo im Or. zu Güstrow. Bützow [1855]: Werner. 32 S. 8⁰
cf. FZ. 9 (1855) S. 221—222.
Tt. 469. Als Beil. zum Mitglverzeichn. 1855 erschienen.

Raspe, G. C. H., Einiges zur Antigone d. Sophokles nebst e. Anh. üb. den Ajas. 4. (42 S.) Güstrow 874. (Berlin, Calvary & Co.) n. 1. 50

Raspe, G. C. H., zur Erinnerung an Dr. Joh. Frdr. Besser, Oberschulrath u. Dir. d. Dom- u. Bürgerschule 2c. zu Güstrow. gr. 8. (16 S.) Güstrow 847, Opitz & Co. 3 ngr

Raspe, G. C. H., zum Gedächtnisse M. Phil. Melanchthons. Rede, gehalten im Hörsale der Domschule zu Güstrow am 19. April 1860. Güstrow 860. Opitz & Co. gr. 8. (17 S.) n. 5 ngr

Zum Gedächtnisse des Br. Friedr. Piper. Trauer-Rede, gehalten in der St. Joh.-Loge Phöbus-Apollo i. O. z. Güstrow den 7. März 1860 von G. C. H. Raspe. Güstrow 1860: Ebert's Erben. 20 S. 8⁰ [Umschlagtit.]
Abgedr. in: FZ. 14 (1860) S. 388—390, 394—398.
Tt. 969.

Raspe, G. C. H., Die Kämpfe zwischen Heraclius I. und Chosroës II. Pr. 1876. 24 S. 4⁰. 1.—

Raspe, G. C. H. Katalog der Domschulbibliothek. I. Allgemeine Wissenschaftskunde u. vermischte Schriften. Litteraturkunde. Philosophie. Geographie. Ethnographie und Statistik. Reisen. Geschichte. Klassische Philologie. 39 S. Progr. G. *Güstrow* 1883.

Raspe. G C H Grammatische Kleinigkeiten. Pr. 1871. 28 S. 4⁰.

Raspe, G. C. H., der deutsche Krieg. Rede gehalten im Hörsaal der Domschule zu Güstrow am 18. Octbr. 1870. Güstrow 870. (Opitz & Co.) gr. 8. (16 S.) n. 2½ ngr

Raspe, G. C. H., Quaestiones Sophocleae. Part. I. Pr. 1848. 88 S. 4⁰.
— — Part. II. (De Sophoclis Ajace.) Pr. 1858. 16 S. 4⁰.

Raspe, G. C. H, Der sogenannte Schiffskatalog in der Ilias. Pr. 1869. 18 S. 4⁰.

— Commentatio de versu 2. Ajacis Sophoclei. Pr. 1878. 20 S. 4⁰.

Raspe's, G. R., Lebensgeschichte. (Aus Martini u. Chemnitz Conchylienkabinet abgedr.) Mit dessen Bildn. Roy.-4. Nürnb. 787. Bauer u. R. 12 gr.

Raspe, Gust. Car. Henr., de Eupolidis *Δήμοις* ac *Πόλεσιν*. Commentat. praem. orn. 8 maj. (7½ B.) Lipsiae 832, Lehnhold.

Raspe, H., zur Erinnerung an den Alten. Seinen Schülern u. Freunden gewidmet. 8. (20 S.) Güstrow 887. Opitz & Co. n. — 25

Raspe, H., s. a. Gesetzsammlung f. die Mecklenburg-Schwerin'schen Lande.

(Raspe, H.): Gesetzsammlung für die Mecklenburg-Schwerin'schen Lande. 3. Folge, umfassend den Zeitraum von 1857 bis zur Gegenwart. Wismar. 5 Bde

Bd 1. Cameralsachen. 1893.
„ 2. Justizsachen. 1894.
„ 3. Militärsachen u. Polizeisachen 1. 1895.
„ 4. Polizeisachen 2, Kirchensachen, Unterrichts- u. Bildungsanstalten, Staatsrechtl. Sachen. 1895
„ 5. Nachträge, Reg. 18[illegible].

Raspe, Karl

Raspe, C[arl] (Landbaumeister): Beschreibung des neuen Schulgebäudes. S. 3—6, 4 Taf. 4.
Progr.

Raspe, Max [app. Arzt aus Schwerin i. M., Assist. am hygien. Inst. zu Rostock]: Ueber den Einfluss des Sonnenlichtes auf Mikroben ... Schwerin, Druck d. Bärensprungschen Hofbuchdr., 1891; 54 S. 8.
Rostock, Med. Fak., Inaug.-Diss. v. [22. Aug.] 1891

Raspe, Otto, cand. med. aus Greifswald i. P.: **Über Darmcarcinome.** *Greifswald 1899: J. Abel.* (32 S.) 8°
Greifswald, Med. Diss. v. 28. März 1899

Raspe, Rudolf Erich

— Anmerkk. üb. Klotzens Schrift v. Nutzen u. Gebr. d. geschn. Steine u. ihrer Abdrücke. 8. Cassel 768.

Raspe, Rud. Erich, s. Bäuerin, Die verlorne.

Raspe, Rud. Erich, († 1794.) Beitrag z. allerältesten u. natürl. Historie v. Hessen 2c. Mit Kpf. gr. 8. Cassel 774. Cramer. 6 ℛ

Raspe, Rud. Erich, s. Favart, Solimann.

– s. Gesetzbuch der Gentoo's.

Raspe, Rud. Erich, s. a. Hermin u. Gunilde.

§ * HERMIN und Gunilde, eine Geschichte aus den Ritterzeiten, die sich zwischen Adelepsen und Usslar am Schäferberge zugetragen, nebst einem Vorberichte über die Ritterzeiten u. einer Allegorie. (Verf.: *Rud. Erich Raspe*, geb. 1737 zu Hannover, † 1794 in Irland.) Mit Titelkpf. (Licht fec.). Leipzig, bey M. G. Weidmanns Erben u. Reich, 1766. 8°. (In Berlin 2 Expll.: Yl 8251, an Yl 7586; in München: P. o. germ. 1123 h, mit Beibdn.; auch in Darmstadt: E 4649.)
86 S. (incl. Tit., 1 Bl. Zuschr. an den „Prinzen Carl Ludewig Friedrich v. Mecklenburg-Strelitz", S. 5 bis 28 „Vorbericht über die Ritterzeiten, und die Barbarey derselben", S. 29—52 das Gedicht in 89 vierzeil. Strophen, S. 53—86 „Allegorie" = erklärende Abhandlung). Gunilde ist „die Mode", Hermin „der Stolz des menschlichen Herzens."
„Eine im ernsthafteren Ton des Tasso und Ariosto von mir geschriebene traurige Mordgeschichte", nennt sie der Verfasser. Hierzu schrieb Dan. Schiebeler eine Parodie, in: Auserlesene Gedichte. Hrsg. von Joh. Joach. Eschenburg, Hamburg 1773. 8°, titulo: „Harlekin und Kolombine, eine Geschichte, die sich in einem Thal ohn weit Bergamo zugetragen."

Raspe. R. E. Specimen Historiae naturalis Globi terraquei, praecipue de novis e Mari natis Insulis. Amsterdam und Leipzig. 1763. 8.

— specimen historiae naturalis globi terraquei, c. fig. 8. Amsterd. 763. Schreuder. 20 ℛ

– s. Leibnitz, œuvres philosophiques.

[Raspe, Rudolf Erich]: Münchhausen [Baron Munchausens narrative of his marvellous travels and campaigns in Russia]. Ill. von Wilhelm Stumpf. Berlin: Fischer & Franke [1902]. (25 Bl.) 8° [Umschlagt.]
— Jungbrunnen. 37. [05. 19308

Raspe, R. E., s.: Münchhausen, d. Freiherrn v., wunderbare Reisen u. Abenteuer.

— Reise nach England in Rücksicht auf Manufakturen, bildende Künste, Industrie u. d. Eigenthümliche in d. Sitten u. Verfassungen d. Engländer. 8. Berl. 785.

Raspe, R. E., u. G. A. Bürger, d. Frhr. Münchhausen wunderbare Reisen u. Abenteuer zu Wasser u. zu Lande. Mit 8 Holzschn.-(Taf.) 16. (138 S.) Berlin 874. Kobligk. n. 1. 50; geb. n. 2. 25

Des Freiherrn [Karl Friedrich Hieronymus] v. Münchhausen wunderbare Reisen und Abenteuer zu Wasser und zu Lande [Bⁿ Munchhausen's narrative of his marvellous travels and campaigns in Russia]. Nach G[ottfried] A[ugust] Bürgers Uebers. d. engl. Orig. von Rudolf Erich **Raspe** bearb. von Hans Willy Mertens. Hamm i. W.: Breer & Thiemann [1905]. (120 S.) 8° [F.]
— **Bibliothek,** Kleine. No 98/99. [06. 5038 G

(Rudolf Erich **Raspe:**) Des Freiherrn [Karl Friedrich Hieronymus] von Münchhausen wunderbare Reisen u. Abenteuer zu Wasser und zu Lande, wie er dieselben bei einer Flasche im Zirkel seiner Freunde selbst zu erzählen pflegte (Baron Munchausen's narrative of his marvellous travels and campaigns in Russia). Deutsch von Gottfried August Bürger. Für d. reifere Jugend neu hrsg. (Vorr.: Wilhelm Spohr.) Köln a. Rh.: H. & F. Schaffstein [1906]. (78 S.) 8° [F.]
— **Volksbücher,** Schaffsteins, f. d. Jugend. Bd 16. [06. 19538

Des Freih. v. Münchhausen wunderbare Reisen und Abenteuer wie er dieselben ... selbst zu erzählen pflegte. (Bⁿ M's narrative of his marvellous travels and campaigns in Russia). Zuerst gesammelt und engl. hrsg. von R[udolf] E[rich] **Raspe.** Übers. u. erw. von G[ottfried] A[ugust] Bürger 12 Aufl. d. Originalausg. d. deutschen Bearb. Mit Federzeichn. nach Hosemann. Leipzig: Dieterich 1897. (XXII, 160 S. 8°

Wunderbare Reisen zu Wasser und Lande, Feldzüge und lustige Abentheuer des Freyherrn von Münchhausen, wie er dieselben bey der Flasche im Zirkel seiner Freunde selbst zu erzählen pflegt [Rud. Erich **Raspe:** Baron Munchausens narrative of his marvellous travels and campaigns in Russia]. Aus d. Engl. nach d. neuesten Ausg. übers., hier u. da erw. u. mit noch mehr Kupfern gezieret. 2. verm. Ausg. London 1788. (Neudruck. Hrsg.: Hans v. Müller. Leipzig: Insel-Verl. 1906.) (217 S.) 8° [F.] [06. 8919

– s. Zuschauer, Der Casselsche.

Raspe, Theodor, a. Rostock: Die Nürnberger Miniaturmalerei bis 1515. München 1905: C. Wolf & Sohn. (81 S.) 8° ¶ [Erschien selbst. als: Studien z. deutsch. Kunstgeschichte H. 60.]
München, Phil. Fak., Ref. Riehl, Diss. v. 20. März 1905
[Geb. 18. Mai 79 Rostock i. M.; Wohnort: Rostock; Staatsangeh.: Mecklenburg-Schwerin; Vorbildung: Gymn. Rostock Reife O. 00; Studium: Dresden T.H. 1, Charlottenburg T.H. 1, Rostock 2, München 6 S.; Rig. 23. Jan. 05.]

Raspe, Thdr., die Nürnberger Miniaturmalerei bis 1515, s. a. Studien zur deutschen Kunstgeschichte. 60. Hft.

Die Nürnberger Miniaturmalerei bis 1515 von Theodor **Raspe.** Mit 10 Lichtdrucktaf. u. 1 Textabb. Straßburg: J. H. E. Heitz 1905 (IV, 78 S.) 8°
= Studien z deutschen Kunstgeschichte. H. 60.

Rasper, A., Procent-Tabelle, zur Bestimmung der, bei Ablösung von Bau-Verpflichtungen von jetzt ab zu zahlenden jährlichen Rente f. eine in gewissen Zeiträumen wiederkehrende Bau-Ausgabe, nach dem Zinsfuße von 4 Procent berechnet. Roy.-4. (1½ B. u. 9 Tab.) Breslau 843, G. Ph. Aderholz.

Raspi, Eug., Emancipiert. Nach den Aufzeichngn. e. Professors der Sociologie f. e. Dame des XX. Jahrh. mitgeteilt. 8. (66 S.) Zürich 894. Verlags-Magazin. n. 1. —

— Zürich u. der Zürich-See, s.: Welt- u. Reisebibliothek, illustr., „Städte u. Landschaften in Wort u. Bild".

Raspo, saFelseneck.

Raspo von Felseneck oder der Gottesgerichts-Kampf aus dem 11. Jahrhundert. Vom Verfasser des Kasper von Spada. Berlin 1794. Neue unveränderte Auflage. Berlin 1800. V: *Durach, Joh. Bapt.* (KY 8/180) (Berl 1795. »N. A. 1800«) (Neue Deutsche Bibliothek 27/49) (GGr V/518, Nr. 24/10; 511, Nr. 10/60) (BiblPort)

Raspo v. Felseneck, od. d. Gottesgerichtskampf. Vom Verf. d. „Konrad v. Kaufungen", (J. B. Durach). 2 Thle. 8. Berl. 795. N. A. 800. (Rauck). 1 ₰ 4 g.

Raspopoff, E. P., Die moderne Produktionsweise und die Arbeiterschutzgesetzgebung. Diss. 8⁰. Bern 1896.

Raess, Mgr. André. Rixheim 1905. V: *Raess, Simon.* (Hessische Biographien, hgbn. von Herman Haupt. Darmstadt. II/4, 1926, S. 299)

Raess, André, et l'oeuvre de la propagation de la foi. gr. 8. (157 S.) Rixheim 902. (Strassburg, F. X. Le Roux & Co.) n. 1. —

Räss, Andreas

– s. Bibliothek u. neue Bibliothek d. kathol. Kanzelberedsamkeit.

– s. Boulogne Sämmtl. Predigten.

– s. A Butler. Leben der Väter u. Märtyrer

– s. Carron, der Glaubensbekenner.

– s. Carron Die tugendhaften Schüler.

– (Übers.), s. Chateaubriand, François René Auguste Vicomte de. Denkwürdigkeiten, Briefe und Urkunden . .

– s. Feste, Die, des Herrn.

Räß, A., u. N Weis. Die Feste des Herrn, s. Butler, A

Räß, Andr., u. N. Weiß, die Feste des Herrn, s. (Butler, J.)

– s. Guillet, Entwürfe.

– s. K. L v Haller, Sendscheiben.

– s. Helden, die christl., in der französ. Staatsumwälzung.

Räß, Andr., hin zu Rom, s.: Dpis w.

– s. Katholik, eine religiöse Zeitschrift.

Räß, Andreas, Die Konvertiten seit der Reformation nach ihrem Leben u. nach ihren Schriften dargestellt. Freiburg i. Br., Herder in Komm., 1866—80, Lex.-8°, 13 Bde samt Registerband zu den ersten 10 Bänden, CXLII, 7844 S., 90, ermäß. Preis 30 Mk.

Bd. I–XIII einzeln 7,20 Mk. Der Registerband, bearb. von Ferd. Janner, 1872, Lex. 8°, 172 S., 2,40 Mk.

Bd. I. Vom Anfange der Reformation bis 1566. 1866, XVI u. 606 S. — Bd. II: Von 1566—1590. 1866, X u. 596 S. — Bd. III: Von 1590—1601. 1866, VIII u. 622 S. — Bd. IV Von 1601—20. 1867, X u. 540 S. — Bd. V: Von 1621—38. X u. 608 S. — Bd. VI: Von 1639—53. 1868, X u. 588 S. — Bd. VII: Von 1653—70. 1868, VIII u. 584 S. — Bd. VIII: Von 1670—99. 1868, XII u. 636 S. — Bd. IX: Von 1700—47. 1869, X u. 546 S. — Bd. X Von 1746—98. 1871, VI u. 658 S. — Bd. XI (Erster Nachtrag): Vom Anfange der Reformation bis 1566. 1873, VIII u. 523 S. — Bd. XII (zweiter Nachtrag): Von 1566—1800. 1875, VI u. 570 S. — Bd. XIII (dritter Nachtrag): Vom Anfange der Reformation bis zum Beginne des 19. Jahrh. Mit einem alphabet. Inhaltsverzeichnisse der Bde I–XIII. 1880, XX u 596 S. — Referate: Chilianeum Bd. 8, S. 399—405 (Bd. I). Katholik 1866, Bd. 1 S. 204—14; 763 f.; 1867, Bd. 1 S. 378—81; 1869, Bd. 2 S. 764—7 (Bd. I—IX). (Bonner) Theol. Littbl. 1866, S. 271—7, 910—4 (Bd. I—V; Referent: Kampschulte). Litt. Handw. 1866, S. 63—5; 258—9; 1867 S. 14—5, 197—8; 488; 1868 S. 188; 480; 1869 S. 417—9; 1872 S. 236—7; 1881 S. 136—7 (Bd. I–XIII; Referent: Hülskamp). (Tüb.) Theol. Quartalschr. 1867, S. 352—5 (Bd. III). (Wiener) Allg. Littztg 1866, S. 251—8; 1867 S. 255—6; 271—2; 311—2. 1868, S. 363—4; 377—8 (Bd. I—VI). Hist.-pol. Bl. Bd. 59, S. 116—23 (Bd. I—II); Bd. 72 S. 776—96 (Bd. III—X); Bd. 87 S. 874—80 (Bd. XIII).

Räß, Andr., die Convertiten seit der Reformation nach ihrem Leben u. aus ihren Schriften dargestellt. (In 12 Bdn.) 1—9. Bd. Freiburg im Br., Herder'sche Verlagshandl. gr. 8. Jeder Bd. 2 ₰ 12 ngr.

Inhalt:

Bd. 1. Vom Anfang der Reformation bis 1566. (XVI, 607 S.) 866.
» 2. Von 1566—1590. (IX, 596 S.) 866.
» 3. Von 1590—1601. (VIII, 621 S.) 867.
» 4. Von 1601—1620. (IX, 540 S.) 867.
» 5. Von 1621—1638. (IX, 608 S.) 867.
» 6. Von 1639—1653. (X, 588 S.) 868.
» 7. Von 1653—1670. (VIII, 584 S.) 868.
» 8. Von 1670—1699. (XII, 636 S.) 868.
» 9. Von 1700—1747. (X, 546 S.) 869.

Räß, Andreas, die Convertiten seit der Reformation nach ihrem Leben u. aus ihren Schriften dargestellt. 10—12. Bd. Von 1746—1800. gr. 8. (VI, 658; VI, 522 u. IV, 570 S.) Freiburg 871—75. Herder. à n. 7. 20

— dasselbe. Personen- u. Sachregister zu den 10 Bdn. der „Convertiten". gr. 8. (VII, 172 S.) Ebend. 872. n. 2. 40

Räß, Andr., die Convertiten seit der Reformation, nach ihrem Leben und aus ihren Schriften dargestellt. 13. (Schluß-)Bd. [3. Nachtrag]: Vom Anfang der Reformation bis zum Beginn des 19. Jahrh. Mit einem Inhaltsverzeichniß der Bde. 1—13. gr. 8. (XVIII, 596 S.) Freiburg i. Br. 880, Herder'sche Verlagsh. * 7 20

1.—12. Bd. Ebendas. 1866—75. *ℳ 88,80.

Räß u. Weis, Leben der Heiligen Gottes; ein Auszug aus dem großen Leben der Väter. 2 Bde. od. 4 Thle. 2. Aufl. gr. 8. 1. Bd. Januar bis Juni, nebst den bewegl. Festen des Kirchenjahres. (IV u. 384 S. mit 1 Stahlst.) 2. Bd. Juli bis Dezbr. (... S. mit 1 Stahlst.) Mainz 848, Kirchheim & Schott. 2⅓ ₰

Räß, Andr., und Nikol. Weis, Leben der Heiligen Gottes. Neu bearb. von J. Holzwarth. 2 Bde. gr. 8. Mainz, Kirchheim. [1. (IV und 816 S. mit 1 Stahlst.) 854., 2. (758 S. mit 1 Stahlst.) 855. à Bd. 1 Thlr. 6 Ngr.]

Räß, Andr., und Nikol. Weis, Leben der Heiligen Gottes. Neu bearb. von J. Holzwarth. 2 Bde. 2—4., verb Aufl. gr. 8. (IV und 1562 S. mit 2 Stahlst.) Mainz 857—61, Kirchheim.

Räß, Andr., und Nik. Weis, Leben der Heiligen Gottes. Neu bearb. von J. Holzwarth. 2 Bde. 4. Aufl. 860. — 5. verb. Aufl. Mainz 863. Kirchheim. gr. 8. (IV, 1562 S. u. 2 Stahlst.) 2 ₰ 12 ngr.

Räß, Andr., u. Nik. Weis, Leben der Heiligen Gottes Neu bearb. v. J. Holzwarth. 6. verb. Aufl. 2 Bde. Main. 868. Kirchheim. gr 8. (IV, 806 u. 756 S. mit je 1 Stahlst.) 2 ₰ 12 ngr.

— u. Nikol. Weis, Leben der Heiligen Gottes. Neu bearb. v. J. Holzwarth. 2 Bde. 7. verb. Aufl. gr. 8. (IV, 806 u. 756 S.) Mainz 874. Kirchheim. n. 7. 20

— u. Nik. Weis, Leben der Heiligen Gottes. Neu bearb. von J. Holzwarth. 2 Bde. 8., verb. Aufl. gr. 8. (IV, 806 u. 756 S. m. 2 Stahlst.) Mainz 879. Kirchheim. 7. 20

Räß, Andr., u. Nik. Weis, Leben d. Heiligen Gottes. Neu bearb. v. J. Holzwarth. 1. Bd. 12., verb. Aufl. gr. 8. (IV, 806 S.) Mainz 897. F. Kirchheim. n. 3. 60

Räß, Andr., u. Nik. **Weis**, Leben der Heiligen Gottes. Neu bearb. v. J. Holzwarth. 2. Bd. 10. Aufl. gr. 8. (756 S.) Mainz 901. F. Kirchheim. n. 3. 60

— u. Nikol. Weis, Leben der Heiligen Gottes. Neu bearb. v. J. Holzwarth. 2 Bde. gr. 8. Mainz, Kirchheim & Co. 4.—; geb. in Leinw. 6.—; in Halbldr. 7. —
I. 13. verb. Aufl. (IV, 808 S.) (903.)
II. 11. bis 13. Aufl. (756 S.) (908.)

Räß, Dr. Andr., u. Dr. N. **Weis**, religiös-kirchliches Leben in Frankreich während d. 17. u. 18. Jahrh. 1r Bd. A. u. d. T.: Denkwürdigkk. aus d. Kirchengeschichte v. Frankreich im 17. Jahrh.; od. Darstell. der in diesem Zeitraume gestifteten religiösen Anstalten ꝛc. Nach d. Französ. d. Picot. 1r u. 2r Bd. gr. 8. Frankf. a. M. 828, 29. Hermann. (à 1 ₰ 12 gr) 3 ₰

— — religiös-kirchl. Leben in Frankreich während d. 17. u. 18. Jahrh. 1. u. 2. Bd. — A. u. d. T.: Denkwürdigkeiten a. d. Kirchengeschichte v. Frankreich im 17. Jahrh.; od. Darstellung der in dies. Zeitraume gestift. religiös. Anstalten, u. der Beispiele d. Eifers, d. Frömmigkeit u. Nächstenliebe. N. d. Franz. d. Picot. 2 Bde. gr. 8. (32 u. 33¼ B.) Frankfurt a. M. 828, [Kettembeil.] à

Räß, A., u. N. Weis: Leben der Väter, s. Butler, A.

— und Weiß, katholische Lehre und protestant. Ansicht. Prüfung der Schrift des Pfarrer Karl Fikenscher, die protestant. Kirche gegen den Weihbischof Wittmann in Regensburg vertheidigt. gr. 8. Regensburg 832. (Kollmann in Augsburg.) ¼ ₰

Räß, Dr. Andr. u. Dr. N. **Weis**, kathol. Lehre u. protestant. Ansicht. Prüfung d. Schrift d. Herrn Dr. C. Fick(k)enscher ꝛc. „Die protestant. Kirche gegen Herrn Weihbischoff(f) Wittman in Regensburg, vertheidigt." gr. 8. Regensb. 832. Pustet. 8 gr

– s. G. W. v. Leibnitz, System.

Räß, Dr., s. Moser's, Frz. Jos., gesammelte Kanzelreden.

—— —— Predigtentwürfe, s. Predigtentwürfe.

— Predigtentwürfe. 2 Bde. Neue wohlf. (Titel-) Ausg. gr. 8. 1. Die zehn Gebote Gottes. (XVI u. 552 S.) 2. Die heiligen Sakramente der Taufe, der Firmung u. des Altars ꝛc. (XIV u. 656 S.) Constanz (837. 38) 850, Meck. 1⅔ ₰

Räß, die religiösen Privatversammlungen od. d. sogen. Konventikel, mit besond. Bezieh. auf d. Umgegend v. Karlsruhe, beleuchtet. 2., mit e. Anh. verm. Aufl. 8. (3¾ B.) Nürnberg 830, Raw'sche Buchh.

— u. Dr. N. Weis, Prüfung d. Prüfung, od. Bemerkk. üb. die Krug'sche Prüfung d. v. Haller'schen Sendschreibens. gr. 8. Mainz 822. Müller. 12 gr

– s. Rechtfertigung d. kathol. Kirche ...

– s. P. J. de la Roche: Kanzelreden.

– s. Rothensee, der Primat des Papstes.

Was sagt die Geschichte dazu? Ein Nachtrag zur Reformationsfeier vom 1 Oktober 1817, verfaßt von einem Freunde der Wahrheit u. Bruderliebe, herausgeg. u. mit Anmerkungen begleitet von Räß u. Weis. Mainz, Stenz, 1823, 8°, 405 S.
Recens. Felders Littztg 1823, Bd. 3 S. 396—406.

– s. Thayer ..., Bericht.

Raeß, Carl v., s. Raeß, Karl v.

Räss, Hubert Josef

Raess, s.: Silva.

Räß, H., die Waldertragsregelung gleichmäßigster Nachhaltigkeit in Theorie u. Praxis. gr. 8. (XIX, 420 S. m. 47 graph. Taf. u. 2 Karten.) Frankfurt a/M. 890. Sauerländer. n. 7. —

– Waldversicherung, Forstbank u. rationelle Waldertragsregelung. Wichtig f. alle Waldbesitzer, Forstmänner u. Nationalökonomen. (52 S.) 8. Wiesbaden 908. Darmstadt. Forstbüro Silva. 1. —

Raess, H. J., Waldwegenetz u. Waldeintheilung im Gebirge. gr. 8. (34 S. m. eingedr. Holzschn. u. 1 chromolith. Karte in 4.) München 880. Rieger. n. 2. 25

Raeß, Karl v.

v. **Raeß**, (Carl,) Bruchstücke z. Theorie d. Straßenbaues. Mit 2 Kupfr. 8. Leutschau 825, (Wigand in Preßb.)

Rassasiés, les et les affamés en langue russe. 530 pp. en 12. Bâle et Genève. H. Georg. 5. —
1875

Rassau, Georg [app. Arzt in Wismar]: Aus d. patholog. Institute zu Kiel. Über Sarcomatose des Dünndarms. ... Kiel, Druck v. L. Handorff, 1891; 24 S., 2 Bl. 8°
Kiel, Med. Fak., Inaug.-Diss. v [2. Mai] 1891

Rassau, Geo., üb. Sarcomatose d. Dünndarms. Diss. gr. 8. (24 S.) Kiel 891. (Gnevkow & v. Gellhorn.) n. 1 20

Rassay, Dr. Robert, Der Geschichts-Unterricht an den österreichischen Mittelschulen. 8. (35 S.)
Wien: Hölder 1889. —.30

Rassay, Dr. Robert, Grundriß der Geschichte der österreichisch-ungarischen Monarchie zum Selbstunterricht und zur Vorbereitung für Prüfungen (Maturitäts-, Einjährig-Freiwilligen-, Lehramts- ꝛc.) 8. (X, 198 S.) 1.50
Wien: Hölder 1889.

Rassbach, Wilhelm, a. Wiesbaden: Über die Reaktionen des Schwefelbleis mit Bleisulfat und Bleioxyd. Marburg 1907: (E. Karras, Halle a. S.) (56 S.) 8°
Marburg, Phil. Fak., Ref. Zincke-Schaum, Diss. v. 19. April 1907
[Geb. 10. Okt. 84 Wiesbaden; Wohnort: Wiesbaden; Staatsangeh.: Preußen; Vorbildung: Oberrealsch. Wiesbaden Reife O. 03; Studium: Bonn 3, Marburg 6 S.; Rig. 12. Dez. 06.]

Rassegna geologica, s.: Zentralblatt, geologisches.

Rasse

Race der Juden, die, in Vergangenheit u. Gegenwart. (Besonders hier zu Lande.) Eine historisch-kritische Beleuchtung. München, J. M. Bauer, 1877. 12°. 16 S. Beibd.

Rassehunde. Eine Sammlg. naturgetreuer Abbildgn. v. 40 höchstprämiierten Rassehunden (aus Schuster, „Hundefreund", 3. Aufl.) (18 Taf.) gr. 8. Leipzig (901). Fritzsche & Schmidt. In Mappe n. 2 20

Rassek, Kurt

Rassek, Curt, aus Oosen Der 'Littauer' und die 'Königin von Frankreich', zwei Gedichte von Schondoch. *Breslau 1899: Bresl. Genossenschafts-Buchdr.* (48 S.) 8°
Breslau, Phil. Diss. v 15. Aug. 1899

Warum erteilt ein Teil des oberschlesischen Klerus den Beicht- u. Communion-Unterricht in deutscher Sprache? Eine Erwiederung auf d. Schrift d. Pfarrers Skowronski: 'In welcher Sprache muss d. Religionsunterr. erteilt werden?' Von Richard **Rassek**, Pfarrer. Selbstverl. ⟨Als Ms. gedr.⟩ *(Gleiwitz 1902: Neumann.)* (21 S.) 8° [03. 18:6 2

Warum erteilt ein Teil des oberschlesischen Klerus den Beicht- und Communion-Unterricht in deutscher Sprache? Eine Erwiderung auf d. Schrift d. Pfarrers Skowronski: 'In welcher Sprache muß d. Religionsunterr erteilt werden?' Von **Richard Rassek**, Pfarrer. 2. Aufl. *Gleiwitz B. Mittmann (1902).* (28 S.) 8° [03. 7180

Rassekennzeichen

— die, der Hunde. Nach offiziellen Festsetzgn. Reich illustr. v. Rich. Strebel. 2. Aufl. (115 S. m. 50 Taf.) 8. München [E. Ertel.] Frankfurt a/M., Kern & Birner. n. 3.—
Die 1. Aufl. war bearb. v. O. Grashey.

Rassekennzeichen der Hunde. Nach offiziellen Festsetzgn. 8. (XVI, 144 S. m. 66 Abbildgn.) München 892. (Leipzig, P. Ehrlich.) n. 1. 20

Rassekennzeichen der Hunde. Nach offiz. Festsetzgn. Mit zahlr. Abb. 2. Aufl. gr. 8. (XIV, 194 S.) München 895. J. Schön. n. 2. —

Rassekennzeichen der Hunde. Nach offiziellen Festsetzgn. 3. Aufl. (XII, 256 S. m. Abbildgn.) gr. 8. München 905. J. Schön. n 4. —

Rasselas, Prinz von. Aus dem Engl. Meissen 1786. V: *Johnson, Sam.* (DARP)

Rasselas, Prinz, a. d. Engl. 8. Meißen, Erbstein. (Gödsche.) 787.

Rassen, die, d. Hundes. I. Die deutsche Dogge. Hrsg. von E. v. Otto-Kreckwitz. Fol. (40 Taf. m. III S. deutschem, französ. u. engl. Text.) München 888. (Stuttgart, Metzler's Sort.) n. 10.—; geb. n. 15.—

Rassen, die menschlichen, u. die ältesten Völker, s.: Fragen, brennende.

Rasse-Pferde. Ein Studienalbum aus dem Material d. Circus Renz. 1.—3. Hft. qu. gr. 4. (à 6 Lichtdr.-Taf. m. 2 Bl. Text.) Berlin 896. Leipzig, Internationaler Kunstverlag M. Bauer & Co. à Hft. 5. —

Rasser, E. O., die Gesamtschule. Betrachtungen üb. Erziehungs- u. Ehereform. s. a. Abhandlungen, pädagogische. XIII, 4.

Die Gesamtschule. Betrachtungen über Erziehungs- und Ehereform. Von E. O. **Rasser**. Über Koedukation. Von Wilhelm Carl Bach. Bielefeld Helmich [1908]. 15 S. 8° [Umschlagt.]
(Pädagogische Abhandlungen. N F Bd 13, H 4.) [10. 2337

Rasser, Ferd., rationelle Wurstfabrikation. Gründliche und prakt. Anleitung zur schmackhaften Bereitung sämtlicher im Handel vorkommenden Wurstwaren aus gekochtem und rohem Fleische, sowie aller wurstähnl. Fabrikate und Delikatessen, nebst Anleitung zum Pökeln und Räuchern der verschiedenen Fleischarten für Metzger, Charcutiers und Hauswirte. Ster.-Ausg. 8. (56 S.) Reutlingen 884, Enßlin und Laiblin's Verlagsb. — 50

Rassfeld, Carl, s. Rassfeld, Karl

Rassfeld, F[riedrich]: Die Stellung der Negation non bei Catull. Ein Beitrag zur Erklärung des 68. Gedichts. *Höxter 1898: C. D. Flotho.* (3—9 S.) 4°
Höxter a. d. Weser, König Wilhelms-G, OP 1898 (373)

Rassfeld, Fridericus: De versibus suspectis et interpolatis fabulae Sophocleae quae inscribitur Oedipus Coloneus. Halis Saxonum 1883: Heidemann in Herford. 57 S. 8°
Halle-Wittenberg. Phil. Diss. v [1. Sept.] 1883
Geb. Blankenhagen (Kr Wiedenbrück) 16. 2. 1857. V.

Raßfeld, Frdr., s.: Wie erzieht u. bildet das Gymnasium unsere Söhne?

Raßfeld, Karl, u. Herm. **Wendt**, Bilder aus der Geschichte der Erziehung. Ergänzung zu dem Grundriß der Pädagogik f. Lehrerinnenbildungsanstalten u. zum Selbstunterricht. (IV, 52 S.) 8. Leipzig 905. B. G. Teubner. n. — 60

— — Grundriß der Pädagogik f. Lehrerinnen-Bildungsanstalten u. zum Selbstunterricht. (VIII, 310 S.) gr. 8. Ebd. 903. Geb. in Leinw. n. 3. 60

— u. Herm. **Wendt**, Grundriß d. Pädagogik f. Lehrerinnen-Bildungsanstalten u. zum Selbstunterricht. 2., verm. u. verb. Aufl. (X, 411 S.) gr. 8. Leipzig 907. B. G. Teubner. Geb. in Leinw. 4. 40

Rassfeld, Carl Zwei Monate Wallenstein'scher Kriegsführung September und October 1627 Halle a/S. 1882: Karras. 46 S. 8°
Halle-Wittenberg, Phil. Diss. v. 14. Jan. 1882
Geb. Gütersloh (Kr Wiedenbrück) 5. 8. 1855. V.

Rassfeld (Karl), s.: Verhandlungen der XX. Hauptversammlung des deutschen Vereins f. das höh. Mädchenschulwesen.

Rassiga, Eduard, approb. Arzt aus Neustadt a. Hardt: Über tödlich verlaufende Alkoholneuritis. *München 1903: C. Wolf & Sohn.* (36 S.) 8°
München, Med. Diss. v. 1903

Rassiga, Wilhelm, approb. Arzt aus Neustadt a. d. Hdt. (Rheinpfalz): Über Verknöcherung der Chorioidea. *Strassburg i. E. 1900: Ch. Müh & Co.* (50 S.) 8°
Strassburg, Med. Diss. v. 1900

Rassin, A., Sammlung der Gesetze und Verordnungen der Staatsregierung bezüglich der Organisation der Lebensverhältnisse der auf Cronsländereien i. d. Gouv. Saratow, Cherson, Taurien, Bessarabien usw. angesiedelten Landbesitzer. 339 S. St. Petersburg 1871

Rassler, Vindicatio contra vindicias hist. Tenzel. fol. Campid. (Augsb. Wolf) 714.

Rassler, Adalbert [app. Arzt aus Trebnitz in Schles.]: Aus d. med. Klinik zu Kiel. Beitrag zur Aetiologie des morbus gallicus. . . . Kiel, Druck v. Schmidt & Klaunig, 1891; 22 S., 1 Bl. 8°
Kiel, Med. Fak., Inaug.-Diss. v [7 Apr.] 1891

Rassler, Adb., Beitrag zur Aetiologie d. morbus gallicus. Diss. gr. 8. (22 S.) Kiel 891. (Gnevkow & v. Gellhorn.) n. - 80

Rassler, Chr., Controversia theologica de regula externa fidei divinae. Ingolstadt 1701, 8°, 415 S.
Dieselbe Schrift erschien bereits 5 Jahre früher u. d. T.: Controversia theologica de ultima resolutione fidei divinae. Dillingen 1696, 8°, 415 S. Vgl. Backer, V, 599. Hurter II, 1248.

Rassler, C., Controversia theol. de regula externa div. fidei. 8. Ingolst. Krüll. (a. Lindauer in München) 701.

— norma recti, seu de recto usu opinion. probabil. fol. ibid. 713.

Rassler, Frz., gründl. Lehrstück, wohl u. christl. zu leben. 2 Thle. 4. Ebend. 741.

Rassler, I. E., Pallas sagata et togata. fol. Augsb. I. Wolf. 719.

Rassler, M., Considerationes. 8. ibid. 714.

Rassmann, August: Ueber Fett-Harn. Halle a. S. 1880: Gebauer-Schwetschke. 56 S. 8°
Halle-Wittenberg, Med. Diss. v. 25. Okt. 1880
Geb. Klodebach bei Neisse 25. 9. 1854. V.
Aus: Zeitschrift f. d. ges. Naturwissenschaften. Bd. 53. Berlin 1880. S. 687—742.

Rassmann, Aug., die deutsche Heldensage und ihre Heimat. 1. Bd. A. u. d. T.: Die Sage von den Wölsungen und Niflungen in der Edda und Wölsungasaga. gr. 8. (XX und 423 S.) Hannover 856(57,) Rümpler. *

Raszmann, Aug., die deutsche Heldensage und ihre Heimat. 2. Bd. A. u. d. T.: Die Sagen von den Wölsungen und Niflungen, den Wilcinen und König Thidrek von Bern in der Thidrekssaga. gr. 8. (XLVII und 704 S.) Hannover 858, C. Rümpler. *
1. Bd. Ebendas. 1856. * 2 Thlr. 20 Ngr.

Raszmann, Aug., die Niflungasaga u. das Nibelungenlied. Ein Beitrag zur Geschichte der deutschen Heldensage. gr. 8. (VI, 258 S.) Heilbronn 877. Henninger. n. 5. —

Rassmann, Aug., Gotische Sprache und Literatur, in Ersch & Grubers Enc. Bd. 75. Leipzig 1862. . . . . (D.)

Raßmann, C., s. Raßmann, Ernst

Raßmann, Carl . . ., s. Raßmann, Karl

Raßmann, Christian Friedrich

Raßmann, Fr. (Hrsg.), s.a. Abenderheiterungen.

Raßmann, Fr. (Chr.), Abenderheiterungen. 8. Quedlinb. 816. Basse. 1 ℛ 8 𝒢

Raßmann, Chr. Fr., († 1831.) kathol. Andachten. 8. Münster 806.

Raßmann, Fr., deutsche Anthologie ꝛc. s.a. Anthologie.

Raßmann, (Fr.,) deutsche Anthologie oder Blumenlese aus d. Classikern d. Deutschen. Taschenausg. mit Kupf. 87 Bändchen. Zwickau u. Heidelberg 821—27, Engelmann. à (1r Bd. die Minnesänger. — 2r Bd. Boner u. Hartmann v. d. Aue. — 3r Bd. das Lied d. Nibelungen, in Ausz. — 4r Bd. Reineke Fuchs. — 5r Bd. Zatzikoven's Lancelot de Lac. — 6r Bd. Brant's Narrenschiff, Murners Schelmenzunft. — 7r Bd. Hans Sachs Gedichte. — 8r Bd. Paul Flemmings Gedichte. — 9r Bd Rollenhagens Froschmäusler, im Ausz. — 10r Bd. Luther; Fischart; Burkard; Waldis. — 11r Bd. Logaus u. Gryphs Gedichte. — 12r Bd. Abraham a. St. Claras Schriften. — 13r Bd. Weckherlins u. Martin Opitzs Gedichte. — 14r Bd. Liskov's Satyren. — 15r Bd. Brockes irdisches Vergnügen. 16r Bd. Bodmars Noachide u. Canitzs Gedichte. — 17r Bd. v. Hallers Gedichte. — 18r Bd. v. Hagedorn's Lieder. — 19r Bd. Rabners Satyren. — 20r Bd. Duschs moralische Briefe. — 21r Bd. Gellerts Fabeln. — 22r Bd. v. Kleists Gedichte. — 23r Bd. Winkelmanns Schriften. — 24r Bd. Lichtwers Fabeln. — 25r Bd. Kästners Epigramme. — 26r Bd. Gleims Poesien. — 27r Bd. Mösers patriotische Phantasien. — 28r Bd. Uz's Gedichte. — 29r Bd. Der Karschin Gedichte. — 30r Bd. Götzs Gedichte. — 31r Bd. Eberts Episteln. — 32r Bd. Klopstocks Oden. — 33r u. 34r Bd. Klopstocks Messias; im Ausz. — 35r Bd. Kants philosophische Schriften. — 36r Bd. Ramlers Gedichte. — 37r Bd. Zachariäs Poesien. — 38r Bd. Weiße's Gedichte. — 39r Bd. v. Zimmermanns Einsamkeit, Auszug. — 40r Bd. Moses Mendelsohns Phädon, im Ausz. — 41r Bd. Lessings Fabeln u. Lieder. — 42r Bd. Geßner's Idyllen. — 43r Bd. Musäus Volksmährchen; Auswahl. — 44r Bd. Burmanns Gedichte. — 45r Bd. Rosts Gedichte. — 46r Bd. Abts Werk vom Verdienst; im Ausz. — 47r Bd. Schubarts Gedichte. — 48r Bd. Blums Poesien. — 49r Bd. Mathias Claudius Gedichte. — 50r Bd. Lavaters Gedichte. — 51r Bd. Hirschfelds Landleben; im Ausz. — 52r Bd. Lichtenbergs Schriften. — 53r u. 54r Bd. Pfeffel's auserlesene Gedichte. 2 Thle. — 55r Bd. Herders Poesien; Auswahl d. besten. — 56r Bd. Garve's Schriften. — 57r Bd. Engels Schriften; im Ausz. — 58r Bd. v Dalbergs Schriften. — 59r Bd. Gotters Gedichte. — 60r Bd. Hölty's Gedichte. — 61r Bd. Bürgers Gedichte — 62r u. 63r Bd. Heinse's Ardinghello; im Ausz. 2 Thle. — 64r Bd. J. v. Müllers Briefe eines jungen Gelehrten; im Ausz. — 65r Bd. v. Hippel üb. d. Ehe, im Ausz. — 66r Bd. Bürde's Lieder. — 67r Bd. v. Alxinger's Gedichte. — 68r Bd. Blumauers Gedichte. — 69r Bd. Meißner's Fabeln. — 70r Bd. Meißner's Skizzen; Auswahl. — 71r Bd. Schillers auserlese Gedichte. — 72r Bd Fichte's Vorlesungen, Auswahl. — 73r Bd. Seumes Gedichte. — 74r Bd. Heydenreichs Gedichte. — 75r Bd. v. Collins Gedichte. — 76r Bd. Anton Walls Schriften. — 77r Bd. v. Sonnenbergs Gedichte. — 78r u. 79r Bd. Novalis auserwählte Schriften, 2 Thle. — 80r Bd Kosegarten's Gedichte. — 81r Bd. Apels Cicaden. — 82r Bd. v. Thümmels Gedichte. — 83r Bd. v. Stolbergs Gedichte. — 84r Bd. Jacobis Dichtungen — 85r Bd Kosegartens Dichtungen. — 86r Bd. E. Schulze's Gedichte. — 87r Bd Kotzebues Schriften; Auswahl. —)

— Astern. gr. 12. Altenb. 824. Literat.-Compt. 10 𝒢

— Auswahl neuer Balladen u. Romanzen berühmter Dichter. In 4 Büchern. 8. Helmst. 818. Fleckeisen. 1 ℛ 12 𝒢

— eine Blume auf d. Grab d. besten Jünglings Hundertmark. 8. Halberst. 790.

— Blumenlese südl. Spiele im Garten deutscher Poesie. Mit Vorwort eines bekannten neuen Dichters. gr. 8. Berl. 817. Nicolai. 20 𝒢

— deutscher Dichternekrolog, od. gedrängte Uebersicht d. meisten sowohl ältern als neuern verstorbenen deutschen Dichter, Romanenschriftsteller, Erzähler u. Uebersetzer, nebst Angabe ihrer Schriften. 8. Nordh. 818. (Lauffer in Leipz.) 1 ℛ 4 𝒢 Hbg. Pr. 1 ℛ

– s.a. Eduard an Fanny

Eduard

— — an Fanny; eine Heroide (von *Christian Friedrich Rassmann*). Halberstadt 1795. Zahm.
Anon.-Lex. II. p. 3 (nach Kayser u. Meusel).

Raßmann, Chr. Fr., Münsterischer Epigrammen-Cyklus. gr. 8. Essen 810. Bädecker. 2 𝒢

— Fastnachtsbüchlein für Alt u. Jung. 16. Hamm 821. Wundermann. 20 𝒢

Rassmann, Fr., Fastnachtsbüchlein für Jung und Alt. Hamm 1826. 8° Mit Titelkupfer nach Ramberg. 359 S. (15 Mk. F Waldau, Fürstenwalde, 1907.)
Enth. Harri Heine, Frescosonett (Meyer, Heine-Bibl. S. 18), ferner Gedichte v Hoffmann v. Fallersleben, Wilhelm Müller, Voss etc., sowie zahlreiche Carnevalberichte in Poesie und Prosa.

— s. Frühlingsgaben.

— Gallerie d. jetzt lebenden deutschen Dichter, Romanenschriftsteller, Erzähler, Uebersetzer aus neuen Sprachen, Anthologen u. Herausgeber belletristischer Schriften, begleitet z. Theil mit hin u. wieder ganz neuen biograph. Notizen. 8. Helmst. 818. Fleckeisen. 4 𝒢

— dessen 1e u. 2e Fortsetz. 8. Helmst. 819 u. 21. Fleckeisen. (1e 3 𝒢, 2e 7 𝒢) 10 𝒢

— dessen 3e od. 2e mehr erweit. Fortsetz. 8. Helmst. 821. Fleckeisen. 9 𝒢

Raßmann, C. Fr., lyrische Gedichte. 8. Halberstadt, Groß jun. 797. Rthlr.

Raßmann, Chr. Fr., Paul Gerhard. Dramat. Poesie. 8. Duisb. 812. Bädeker. 5 𝒢

— krit. Gesammtregister, od. Nachweisung aller, in d. deutschen Literaturzeitungen u. d. gelesensten Zeitschriften enthaltenen Recensionen, mit Andeutungen ihres Inhalts. Mit einer Vorrede von J. C. A. Rese. gr. 8. Leipz. 820. Engelmann. 1 ℛ 12 𝒢

– s. Geschenk f. Freunde d. Eislaufs.

— literar. Handwörterbuch d. verstorb. deutschen Dichter u. zur schönen Literatur gehör. Schriftsteller, in 8 Abschn., v. 1137 bis 1824. gr. 8. Leipz. 826. Lauffer. 2 ℛ 8 𝒢

— Heroiden d. Deutschen. Mit e. Vorrede v. anderer Hand. 8. Halberst. 824. Vogler in Potsd. 21 gGr.

– s. Hortensio.

RASSMANN, F., Kalliope. Sammlung lyrischer u. epigrammat. Gedichte. (Titel gestoch.) Münster 1806. 8° (7 Mk. 50 Pfg., eleg Hfz., B. Liebisch, Lpz., 1911.)

— Kalliope; eine Samml. lyrischer Gedichte. 8. Münst. 807. Waldeck. 1 Thlr.

— neuer Kranz deutscher Sonette. 8. Nürnb. 820. Schrag. 1 Thlr. 12 gGr. Hbg. Pr. 1 Thlr.

Raßmann, (Chr.) Friedr., †(Hortensio,) kurzgefaßtes Lexicon deutscher pseudonimer Schriftsteller, von d. ältern bis auf d. jüngste Zeit aus allen Fächern d. Wissenschaften. Mit e. Vorr. üb. d. Sitte d. literar. Verkappung v. J. W. S. Lindner. gr. 8. (16 B.) Leipzig 830, Nauck.

— Halberstadts Lob. 8. Halberst. 795.

— poetisches Lustwäldchen. 12. Cöln 817. Spitz. 18 gGr.

— Maja; eine Samml. vermischter Schriften. 8. Osnabr. 811. Crone. 1 Thlr. 8 gGr.

– s.a. Maitag mit Fanny.

MAITAG, Der, mit Fanny, eine Rhapsodie (von *Christian Friedrich Rassmann*). Halberstadt 1795. Rar!
Anon.-Lex. III p. 107 (nach Meusel u. Kayser)

— Mimigardia; ein poet. Taschenbuch auf d. J. 1810—12. 16. Münst., Waldeck. (à 20 gGr.) 2 Thlr. 12 gGr.

— der Morgengruß am 1. Mai; eine poetische Kleinigkeit. 12. Halberst. 795.

— — Musenalmanach. s. Musenalmanach.

— Hesperische Nachklänge, s. Nachklänge.

— Neujahrsgabe f. das J. 1815. gr. 8. Münst. 815. Coppenrath. 3 gGr.

— Pantheon deutscher jetzt lebender Dichter u. in die Belletristik eingreif. Schriftsteller ꝛc. 8. Helmst. 823. Fleckeisen. 1 Thlr. 18 gGr.

—— Pantheon d. Tonkünstler. Oder Gallerie aller bekannt., verstorb. u. lebenden Tonsetzer, Virtuosen, Musiklehrer, musikal. Schriftsteller etc. d. In- u. Auslandes. Nebst biograph. Notizen u. anderweitig. Andeutungen. 8. (18½ B.) Quedlinburg 831, Basse.

– s. Reineke, Fuchs.

—— die Romanzen u. Balladen d. neueren deutsch. Dichter. In 6 Büchern. gr. 12. (19½ B.) Quedlinburg 834, Basse.

— neue Samml. triolettischer Spiele. 12. Leipz. 817. Central-Compt. 12 gGr.

— Herrmanns Schatten; ein Beitr. z. Münsterschen Huldigungsfeier am 18. Oct. 1815. 8. Münst. 815. (Lpz., Schmidt). 3 gGr.

— — Herrmanns Schatten, ein Beytrag zur Münsterschen Huldigungsfeyer am 18. Oct. 1815. 8. Münster, Waldeck. 815.

— auserlesene poetische Schriften. 16. Frankf. a. M. 816. Hermann. 1 Thlr. 8 gGr. Hbg. Pr. 4 gGr.

— poet. Schriften. Ausgabe letzter Hand; ausgewählt, verm. u. verb. 8. Leipz. 821. Er. Klein. 1 Thlr.

— münsterländisches Schriftsteller-Lexikon, ein Beitrag z. Geschichte d. westphälisch. Literatur. 2 Thle. 8. Lingen, Jülicher. 814 u. 15.

— erster Nachtrag zu diesem Werke. 8. Ebend.

— — münsterländisches Schriftsteller-Lexicon. 2 Thle. nebst 1stem Nachtrag. 8. 814. 15. Ist jetzt Verlag von Coppenrath in Münster.

— — dessen 2ter Nachtrag. 8. Ebend. 818.

— Münsterländ. Schriftsteller-Lexicon; ein Beitrag z. Geschichte d. westphäl. Literatur. 3r Nachtrag. 8. Münster 824, Coppenrath.

– s. Serenaden, acht.

— Sommerfrüchte. 8. Münst. 812. Waldeck.

— Sonette d. Deutschen. 3 Thle. 8. Braunschw. 817. Schulbuchh. 4 Thlr. Velinp. 5 Thlr. 8 gGr.

— Streithorst u. Fischer; Scenen aus Elysium. 8. Halber 800.

— Taschenbuch auf das J. 1814. 1r Jahrg. Mit 1 Portr. 12. Düsseld. 814. Schreiner. 1 Thlr.

– s. Tempel der Liebe u. Freundschaft.

– s. Thüringer, der lustige.

– s. Thusnelda.

— Triolette. 8. Halberst. 796.

— Triolette d. Deutschen. gr. 8. Essen u. Duisb. 815. Bädecker. 6 gGr. N. Aufl. in 12. (Leipz., Centr.-Compt.) 10 gGr.

– s. Neue Triolette.

— Uebersicht derjenigen ältern u. neuern deutschen Dichter, welche Dichtungen nach d. heil. Schrift geliefert haben. 8. Helmst. 819. Fleckeisen. 4 gGr.

—— Uebersicht der aus d. Bibel geschöpft. Dichtungen älterer u. neuerer deutsch. Dichter; mit Einschluß derartig. Uebersetzn. Ein Wegweiser f. Literatoren, Freunde d. Dichtkunst, Geistliche u. Schullehrer. gr. 8. (6½ B.) Essen 830, Bädeker.

Raßmann, Ernst, Auflösungen zu den sämmtlichen Aufgaben in dem Rechenbuche für Handwerkerschulen, sowie zum Privatgebrauche für Bauhandwerker und andere Gewerbtreibende. 8. (44 S.) Münster 854, Coppenrath'sche Buchh.

Raßmann, Er., das Elementar-Schulwesen zu Münster, s. Verordnungen u. Bekanntmachungen d. Königl. Regierung zu Münster.

Raßmann, Ernst, Leitfaden beim Unterricht in der deutschen Grammatik für untere Klassen höherer Lehranstalten. 859. — 3. Aufl. München 863. Coppenrath. gr. 8. (VIII, 70 S.) 5 ngr.

Raßmann, E., Leitfaden beim Unterricht in der deutschen Grammatik für untere Klassen höherer Lehranstalten. 4—6., verb. u. verm. Aufl. Münster 865—67. Coppenrath'sche Buchhandl. gr. 8. (VIII, 80 S.) n. 6 ngr.

Raßmann, Ernst, Leitfaden beim Unterricht in der deutschen Grammatik für untere Klassen höherer Lehranstalten. 7.—9. verb. Aufl. (VIII, 85 S.) 1870—72; 10.—12. verb. Aufl. 8. (V, 86 S.) Münster 874—78, Coppenrath'sche Buchh. * — 60

Raßmann, Ernst, Leitfaden beim Unterricht in der deutschen Grammatik für untere Klassen höherer Lehranstalten. 13. Aufl. od. 1. Aufl. mit der amtlich angeordneten Rechtschreibung. gr. 8. (VIII, 128 S.) Münster 881. Coppenrath. n. — 80

Raßmann, E., Leitfaden beim Unterricht in der deutschen Grammatik für untere Klassen höherer Lehranstalten. 15., der veränd. Ausg. 2. Aufl., hrsg. von Jul. Treuge. gr. 8. (VII, 152 S.) Münster 888, Coppenrath'sche Buchh. *

Raßmann, E., Leitfaden beim Unterricht in der deutschen Grammatik, f. untere u. mittlere Klassen höherer Lehranstalten. 16., der veränd. Ausg. 3. Aufl., hrsg. v. J. Treuge. gr. 8. (VII, 160 S.) Münster i/W. 890. Coppenrath's Verl. n. — 80

Raßmann, E., Leitfaden beim Unterricht in der deutschen Grammatik f. untere u. mittlere Klassen höherer Lehranstalten. 17. Aufl., hrsg. v. Jul. Treuge. gr. 8. (VII, 157 S.) Münster i/W. 893. Coppenrath. n. 80; geb. in Halbleinw n. 1. 10

Raßmann, E., Leitfaden beim Unterricht in der deutschen Grammatik f. untere u. mittlere Klassen höherer Lehranstalten. 19., nach der neuen Rechtschreibg. bearb. Aufl., hrsg. v. Jul. Treuge. (VII, 162 S.) gr. 8. Münster 903. Univers.-Buchh. F. Coppenrath. Geb. n. 1. 20

—— deutsches Lesebuch für Handwerker-Fortbildungsschulen, nebst einer Anleitung zu Briefen und Geschäftsaufsätzen. 8. (VIII und 421 S.) Münster 855, Coppenrath'sche Buchh. *

— deutsches Lesebuch für untere Klassen höherer Lehranstalten. Ebend. 858. gr. 8. (XI, 432 S.) n. 18 ngr

—— deutsches Lesebuch für untere Klassen höherer Lehranstalten. gr. 8. (XI und 432 S.) Münster 859, Coppenrath'sche Buchh *

— deutsches Lesebuch für untere Klassen höherer Lehranstalten. 3. Aufl., neu bearb. u. hrsg. von E. Raßmann u. J. Treuge. gr. 8. (XI, 491 S.) Ebend. 882. n. 2. 40

— deutsches Lesebuch f. untere Klassen höherer Lehranstalten. 4. Aufl., neu bearb. u. hrsg. v. J. Treuge. gr. 8. (XVI, 517 S.) Ebd. 893. n. 2. 80; in Schulbd. n. 3. 40; m. Goldtitel n. 3. 50

— deutsches Lesebuch f. untere Klassen höh. Lehranstalten. 5. Aufl., neu bearb. u. hrsg. v. J. Treuge. (XVI, 539 S.) 8. Ebd. 904. Geb. n. 3. 50

Raßmann, Ernst, Nachrichten von dem Leben und den Schriften Münsterländischer Schriftsteller des 18. und 19. Jahrhunderts. gr. 8. (VIII und 409 S.) Münster 866, Coppenrath'sche Buchh. *

Raßmann, Ernst, Nachrichten von dem Leben u. den Schriften Münsterländischer Schriftsteller des 18. u. 19. Jahrh. Neue Folge. gr. 8. (VIII, 270 S.) Münster 881. Coppenrath. n. 4. — (1. u. 2.: n. 10. —)

—— Rechenbuch für Handwerker-Fortbildungsschulen, sowie zum Privatgebrauche für Bauhandwerker und andere Gewerbtreibende. 2., nach den gesetzl. Bestimmungen über das neue Gewicht und die neuen Münzfuße umgearb. Aufl. 8. (IV und 156 S. mit eingedr. Holzschn.) Münster 863, Coppenrath'sche Buchh. * Auflösungen dazu. (41 S.) *

Raßmann's Rechenbuch f. Handwerker-Fortbildungsschulen, sowie zum Privatgebrauche f. Bauhandwerker u. andere Gewerbtreibende. Auflösungen zu den sämtl. Aufgaben. 7. Aufl. v. Jul. Treuge. 8. (44 S.) Münster 885. Coppenrath. n. — 50

— Rechenbuch f. Handwerker-Fortbildungsschulen, sowie zum Privatgebrauche f. Bauhandwerker u. andere Gewerbtreibende. 8. [der umgearb. Ausg. 2.] Aufl. v. J. Treuge. gr. 8. (VII, 168 S.) Ebd. 890. n. 1. —

Raßmann's Rechenbuch für Handwerker-Fortbildungsschulen, sow. z. Privatgebrauche f. Bauhandwerker u. and. Gewerbetreib. 9. (d. umgearb. Ausg. 3.) Aufl., v. J. Treuge. gr. 8. (VII, 166 S.) Münster 897. Coppenrath. n. 1. —; geb. in Leinw. n.n. 1. 35; Auflösgn. dazu. 8., gänzl. umgearb. Aufl. v. Jul. Treuge. (43 S.) 897. n. — 50

—— Rechenbuch für Handwerkerschulen, sowie zum Privatgebrauche für Bauhandwerker und andere Gewerbtreibende. 8. (VI und 158 S.) Münster 854, Coppenrath'sche Buchh.

—— Rechenbuch für Handwerkerschulen, sowie zum Privatgebrauch für Bauhandwerker und Gewerbetreibende. 3.—6. nach den gesetzlichen Bestimmungen des deutschen Reiches über die neue Münz-, Maß- und Gewichts-Ordnung umgearb. Aufl. 8. (. . . S.) Ebendas. 877. * 1 —

—— dass. — Auflösungen. 8. (. . . S.) Ebendas. 877. * — 40

Raßmann, Ernst, kleine deutsche Sprachlehre zum Gebrauche f. Volks- u. Mittelschulen. 8. (VIII, 101 S.) Freiburg i. B. 872. Herder. — 75

Rassmann, Friedrich, s. Raßmann, Christian Friedrich

Rassmann, Georg Wilhelm, Oratio inaug., qua studium philosophiae a vulgari multorum contemtione vindicatur. Gent (A. J. Bounin) 11. XI. 1820. 32 S. (3.75) 27676

Rassmann, J., die Schule im deutschen Osten. Eine zeitgemässe schul-polit. Abhandlg. (III, 48 S.) gr. 8. Lissa 907. F. Ebbecke. n. — 75

Der Allgemeine Deutsche Schulverein zur Erhaltung des Deutschtums im Auslande. Zu s. 25jähr. Bestehen, 1881–1906. Von J. **Raßmann**, Rektor. Lissa i. P.: F. Ebbecke 1906. (32 S.) 8° [J.]
[Umschlagt.:] 25 Jahre Arbeit z. Erhaltung d. Deutschtums im Auslande. 1881–1906. 06. 7607

Raßmann, Karl Christian

Raßmann, Carl Chrstn., die höchst betrüb. Erfahrung, daß selbst im Schooße d. christl. Kirche noch immer Feinde d. Christenthums wandeln. Convents-Pred. üb. Philipper 3, 18, 19. gr. 8. (1½ B.) Cassel 835, Bohné. Thlr.

Raßmann, Karl Heinrich

— Hülfsbuch bei d. Gebrauche meines Unterrichts im reinen Christenthume rc. 8. Gießen 807. Heyer. 18 gr

Raßmann, Karl Hnr., Unterricht im reinen Christenthum, f. die Jugend. 8. Gießen 800. 2e Aufl. 805. Heyer. 4 gr

Raßmann, V. A critical analysis of Lord Byron's „English Bards and Scotch Reviewers." Geisenheim, H. B., 1874. 14 S. 4. *Progr.*

Rassmann, *Viktor* Analyse der Epopée „Les Martyrs" von Chateaubriand. I. Teil. 4 (XV S.). **Progr.** Rprg. *Saarlouis* 1886 (458).

Raßmann, (W. Ch. Carl,) Grundriß d. Vorbereitungswissenschaften f. d. Forstwesen In Fragen u. Antworten. Mit Abbild. u Tabellen. gr. 8. Frankf. (827) Jäger.

RASSMANN, W., Ch., Carl: Grundriß der Vorbereitungswissenschaften für das Forstwesen. In Fragen und Antworten. - Frankfurt 1827. XII, 422 S., m. Abb. u. Tab.

Rassmann, Wilhelm, gepr Nahrungsmittel-Chemiker in Freiberg i. Sa. Ueber **Einwirkung von Phosphoroxychlorid auf 3 Phenylpyrazolon sowie Darstellung von Iso-, Anti- und** Thiopyrin. *Freiberg 1902: Gerlach.* (38 S.) 8°
Rostock, Phil Diss v [16. Dez.] 1901

Raßmus, F: Die verschiedenen Arten der Dachrippenmesser [für Zuckerrüben]. Magdeburg 1883

Raßmus, F: Technische Neuerungen auf dem Gebiete der Zuckerfabrikation. Magdeburg 1882

Raßmus, F: Illustrirtes Transport-Album [für Zuckerfabriken]. Magdeburg 1881

Raßmus, F: »Vorwärts«. Beiträge zur rationellen Verbesserung der technischen Einrichtungen in Zuckerfabriken. Magdeburg (1888)

Raßmus, Theobald, o quae mutatio rerum! Reminiszenzen e. alten Jenensers. gr. 8. (XII, 168 S. m. 12 Illustr.) Leipzig 890. A. Lorentz. n. 3. —; geb. n. 4. —

Raßmus, Theobald (O. H. Lehmann), o quae mutatio rerum! Reminiszenzen e. alten Jenensers. 2. (Titel-) Aufl. gr. 8. (XII, 168 S. m. 12 Illustr.) Dresden 894. A. Beyer Geb. in Leinw n. 3. 50

Rassmus, Werner, a. Blankenburg a. Harz: **Beiträge zur Entwickelungsgeschichte der Verdickungen in den Epidermiszellen der Samen von Solanum-Arten. Göttingen 1907:** L. Hofer. (52 S., 4 Taf.) 8°
Göttingen, Phil. Fak., Ref. Peter, Diss. v. 29. Juli 1907
[Geb. 5. Okt. 81 Magdeburg; Wohnort: Blankenburg a. Harz; Staatsangeh.: Braunschweig; Vorbildung: Gymn. Blankenburg a. Harz Reife O. 02; Studium: Göttingen 10 S.; Rig. 20. Febr. 07.]

Raßnitz, Paul, im Zeichen Mercurs! Gedichte. 8. (166 S.) Leipzig 893. W. Friedrich. n. 2. —

Rassov, I. H., comment. in G. Obrechti exercitium juris antiqui. 8. Hamb. Autor. 726.

Rassov, Johann Heinrich (Gadeb./Mecklenburg), De **relaxatione juramentorum.** Diss. jur. Präs. Jo. Christian Schroeter. Jena (J. A. Muller) 20. XI. 1723. 36 S. (4.75) 27677
Gew.: Johann Jakob Fabrus. — Widm. v Gottlieb Stolle, A. G. Schnarmacher (dtsch.).

Rassow, f.: Beiträge zur Erläuterung des deutschen Rechts.

— Reichsgerichtsentscheidungen aus den Beiträgen zur Erläuterung des deutschen Rechts. (Red.: Rassow, Küntzel u. Eccius.) Bd. 24 bis 43 (1880—1900), soweit sie f. das geltende Recht v. Bedeutung sind, zusammengestellt. 2 Bde. gr. 8. (IV, 2551 S.) Berlin 902. F. Vahlen. n. 26. —; geb. n.n. 30. —

Rassow, Frau Adele, f.: Hindermann, Adele.

(Rassow, B.) Peter v. Henning. **Familiennachrichten aus dem Jahre 1870. (Leipzig 1909.) 8°.**

Rassow, B., s.: Zeitschrift f. angewandte Chemie.

Rassow, Berthold [Dr.]: Reduction von Oximido-Verbindungen ... Leipzig, J. A. Barth, 1895; 34 S. 8.
Leipzig, Phil. Fak., Hab.-Schr. v. 18. Dez. 1895

Rassow, Berthold *Leopold Peter* [aus Bergen auf Rügen]: Über die Zersetzung des dibrombernsteinsauren und des isodibrombernsteinsauren Kaliums. Leipzig, J A Barth, 1890; 19 S. 8°
Leipzig, Phil. Fak., Inaug.-Diss. v [23. Sept.] 1890

Rassow, Fritz, Barabbas. Dramatisches Bild in e. Szene. — Zwei Frauen. Eine religiöse Novelle. 12. (88 S.) Heidelberg 902. Heidelberger Verlagsanstalt u. Druckerei. n. 1. 50

Rassow, Fritz, die drei Gemälde des Lipps Tullian. 2 Bde. 1. u. 2. Aufl. (453 u. 314 S.) 8. Stuttgart 909. Deutsche Verlags-Anstalt. 6. —; geb. in Leinw. 8. —

— Mutter Grön. Schauspiel in 2 Akten. 8. (64 S.) Bremen 901. C. Schünemann. n. 1. 20

Rassow, Fritz: Lebensschlitten, s. A l b e r t, Eugen d'

Rassow, Fritz, Marlene. Titelschmuck v. Heinr. Vogeler. (86 S.) kl. 8. Leipzig 904. Insel-Verlag. 3. —; geb. n.n. 4. 50

— Morgen u. Abend. Gedichte. 12. (134 S.) Heidelberg 902. Heidelberger Verlagsanstalt u. Druckerei. n. 1. 50

— **die Sünderin ohne Schuld. Novelle in dramat. Form in 4 Bildern. Mit Buchschmuck v. Edm. Schaefer.** (201 S.) 4. Bremen (903). G. A. v. Halem. n. 5. —

Rassow, Fritz: Wie wir die Natur erleben, s. A l b e r t, Eugen d'

Rassow, *Daniel* Gustav [pr. Arzt]: Aus d. Greifswalder medizin. Klinik. Zur Aetiologie der Leberabscesse ... Greifswald, Druck v. J. Abel, 1895; 28 S., 1 Tab. 8.
Greifswald, Med. Fak., Inaug.-Diss. v. 16. Aug. 1895

Rassow, Hermann, Dir. Dr. **Antrittsrede am 17. (auf d. Umschl.: 16.)** Nov. 1900. *Burg 1901: A. Hopfer.* (S. 3—8.) 4°
Burg, k. Viktoria-G, P 1901 (248)

Rassow, (Hermann): Antrittsrede. Potsdam 1908: Krämer. S. 3--8. 4°
Potsdam, k. Viktoria-G OP 1908 (97) [S 08. 366

— **Zu Aristoteles. (Critica.) S.-A. 1888. 14 S.**

— **Beiträge zur Erklärung des VII. Buches der Nikomachischen Ethik des Aristoteles. Pr. 1868. 15 S. 4°. 1.—**

— Beitr. zur Erklärung und Texteskritik der Nikomach. Ethik des A. Pr. 1862. 32 S. 4°. 2.—

Rassow. Bemerkgn. üb. einige Stellen d. Politik d. Arist. Weim. 4. 15 p
Schul-/Univ.-Schrift 1864

Rassow Über die Beurtheilung des Homerischen Epos bei Plato und Aristoteles. 39 S.
Stettin, Progr. 1850

Rassow, Herm. (geb. Wolgast 1819): Aristotelis de notionis definitione doctrina. Pars prior Berolini (1843). (30 S.) 8° * Vollst. ersch Berolini Besser 1843.
Berlin, Phil. Diss. v. 28. Aug. 1843

Rassow, Herm., Aristotelis de notionis definitione doctrina. 8maj. (5 B.) Berlin 843, Besser, Verl. *

— **Emendationes Aristoteleae. Pr. 1861. 14 S. 4°.**

Rassow, H., d. deutsche Flotte u. d. deutsche Volk, s. a. Arbeiterbibliothek, Göttinger, 2. Bd.

Die deutsche Flotte und das deutsche Volk von Dr. H(ermann) **Rassow**, Gymn.Oberl. Göttingen Vandenhoeck & Ruprecht 1897. S. 98-128. 8° [Umschlagt.]
(Göttinger Arbeiterbibliothek. Bd 2, H 7 8.) (10. 4034

Rassow, Herm., Forschungen üb. die nikomachische Ethik d. Aristoteles. gr. 8. (VIII, 135 S.) Weimar 874. Böhlau. n. 3. 60

Rassow: Observationes criticae in Aristotelem. 32 S. – Berlin, J., Progr. 1858.

Rassow, Herm. Zwei Schulreden (gehalten am 22. März 1877 u. 19. März 1880). 12 S. **Progr.** G. *Weimar* 1881

Rassow, H. Deutschlands Seemacht. 5. Aufl. Elberfeld 1899. 8°.

Deutschlands **Seemacht**. Von Dr H[ermann] **Rassow**, Gymn.Oberl. in Elberfeld. 7 Aufl. Ausg E in Heftform. *Elberfeld: Baedeker 1900.* (32 S.) 8° [F.] (00. 1846 5

Deutschlands Seemacht. [Von Hermann] **Rassow**. 8. Aufl. Ausg. D in Plakatform. *Elberfeld: Baedeker [1900].* 1 Bl. gr. 2° (72×104 cm.) (01. 3030 11

Rassow, H., Deutschlands Seemacht. 10. Aufl. (18. Hunderttaus.) Ausg E in Heftform. 8. (32 S. m. 2 Fig.) Elberfeld 901. Baedeker. n. 10. —; Plakatausg., einseitig bedr., auf weißem Karton n. — 80; zweiseitig bedr., 10 Ex. n.n. — 10

Deutschlands **Seemacht**. Von Dr H[ermann] Rassow, Gymn.-Dir in Burg. 12 Aufl. Ausg E in Heftform. *Elberfeld: Baedeker 1902.* (32 S.) 8° [F.] 2. 11. 2

Deutschlands Seemacht Von H[ermann] **Rassow**, Gymn.Dir 14 Aufl. Ausg E in Heftform. Elberfeld Baedeker 1903. 32 S. 8° (09. 10314 5

Rassow, H., Deutschlands Seemacht. 16. Aufl. (16. Hunderttaus.) Ausg. E in Heftform. (40 S. m. 1 Fig.) 8. Elberfeld 905. A. Martini & Grüttefien. n. — 10

Rassow, H., Deutschlands Seemacht. Die neue Marine-Vorlage im Auftrage des Deutschen Flottenvereins erklärt und beurteilt. 19. Aufl. Elberfeld, 1905. 40 S.

Rassow, Dr. H. Deutschlands Seemacht. 22. Aufl. Elberfeld 1908. 40 S.

Rassow, H., Deutschlands Seemacht. 25. Aufl. (40. Hunderttausend.) Ausg. E in Heftform. (48 S. m. 5 Fig.) 8. Elberfeld 910. A. Martini & Grüttefien. — 10

Rassow, Hermannvs (geb. 1858 in Bergen auf Rügen): De Plavti svbstantivis (Cap. I–IV) ... Lipsiae, typ. B. G. Tevbneri 1881. 39 S. 8. ¶ Vollständig in Fleckeisens Jahrbüchern f. class. Philol. Suppl.-Bd XII 1881 S. 589–732. — Die ganze Arbeit erschien zugleich selbständig bei Teubner in Leipzig.
Bonn, Phil. Fak., Diss. v. 16 Juli 1881

Rassow, Herm., de Plauti substantivis. [Aus: „Jahrbb. f. class. Philol. 12. Suppl.-Bd."] gr. 8. (146 S.) Leipzig 881. Teubner. n. 3. 20

Rassow, J., Quaest. sel. de Euripideorum nuntiorum narrationibus. Diss. 1883. 74 S. 1.20

Rassow, Joh., Ernst Moritz Arndt. Seine Stellg. zur französisch-russ. Weltherrschaft, zu Preußen u. zur deutschen Verfassungsfrage. Ein Beitrag z. Entwickelg. d. nationalstaatl. Gedankens in Deutschland. (160 S.) 8. Greifswald 910. Brundken & Co. 3.—; geb. 4. —

Rassow, Johannes Analecta Euripidea. I. De interpolationibus Alcestidis. II. De collocatione particularum τέ, καί, οὔτε, οὐδέ in fabulis Euripideis. 4 (S. 3—29).
Progr. G. u. Rprg. *Greifswald* 1889 (127).

— Jul. Fried., Specimen Jur. Publ., quo jus legitimandi principius imperii asseritur ac vindicatur. Präs. Mich. Heinr. Gribner. Leipzig (I. Titius) 2. IV. 1705. 32 S. (4.50) 27079
Gew.: Johann Andreas Niebauer.

Rassow, Walt., Bau- u. Kunstdenkmäler d. Kreises Heiligenstadt, s.: Darstellung, beschreibende, der älteren Bau- u. Kunstdenkmäler der Prov. Sachsen. 28. Heft.

Beschreibende Darstellung der älteren Bau- und Kunstdenkmäler des Kreises Heiligenstadt. Bearb. von Walter Rassow, Kreisbauinsp. Halle a.S.: Hendel 1909. VIII, 404 S. 4°
(Beschreibende Darstellung d. älteren Bau- u Kunstdenkmäler d. Prov. Sachsen. H. 28.)

v. Rast, Frhr., Beleuchtung der seit 1816, 1837, 1842, 1844 kundgegebenen u. veröffentlichten Ansichten über Finanz- u. Staatsökonomie u. nach diesen nun zu gebenden Reformen u. radikalen Abänderungen sammt vollständigem Plane u. theilweisen Reglements eines wahrhaft nationalen Institutes, als bedingte Nothwendigkeit u. ausschließl. Mittel zur Wehre gegen alle bisher bestandenen Uebel u. das Treiben der Monopolisten. Nach praktischen Erfahrungen für Staat u. Volk gegeben. gr. 8. (IV u. 60 S.) Wien 848, Gerold in Comm. n. n. 14 *ngr.*

v. Rast, humoristisch-satyrischer Scherz in Knittelversen. [Als Manuscr. gedr.] (München 860. Franz.) 8. (28 S.) n. 8 *ngr.*

Rast, Hippologische Studien, s. Arbeiten d. dt. Gesellschaft f. Züchtungskunde.

Rast, A. Üb. Granat schuß-Verletzngn. Ebd.

RAST, Adolph Frh. von (München): De epistaxi.- Monachii: Giesser 1834. 16 S. 1.3.1834 - Urk; F 61
Diss. Ingolst.-Landsh.-Mchn.

Rast, *Johann* Albert [aus Etzenricht]: Über Cinnolin ... Erlangen, k. b. Hof- u. Univ.-Buchdr. v. F. Junge, 1897; 27 S. 8.
Erlangen, Phil. Fak., Inaug.-Diss. v. 10. März 1897

Rast, C. F., De cardialgia, vulgo vom Drucken in der Hertz-Grube. Regiom. 4°.
1713

Rast sen., Ferd. v., Beleuchtung der begonnenen jetzt bestehenden Corruption der Gesellschaft und wodurch diese gesteigert worden ist. München 859. Franz in Comm. gr. 8. (87 S.) n. 12 *ngr.*

Rast, Ferd. v. — Das Leben des Freiherrn Ferdinand v. Rast. Als Hinterlassenschaft des Verstorbenen u. auf dessen besonderes Ersuchen im Auftrage des Magistrats der Stadt Coburg herausg. Coburg 865. (Riemann'sche Hofbuchhandl.) gr. 8. (75 S.) n. 5 *ngr.*

Rast, Ferd., zur Theorie u. Praxis der Katechese, zugleich Bericht üb. den katechet. Kurs in Luzern. (435 S.) gr. 8. Luzern 909. (Räber & Co.) 5. —

Raſt, Fr. Wlh., Bemerkk. über Erziehungsanſtalten u. häusl. Erziehung in Deutſchland. 8. Lemgo 806.

Rast, Friedrich Wilhelm Leopold

— ſ. Andeutungen z. Heilung d. üblen Geruchs.

—— de potioribus caussis gangraenae senilis adjuncto novo ejus exemplo. 8maj. (2½ B.) Cizae 837, Webel.

Rast, Friedr. Wilh. Leopold (Zeitz), De chlorosi. Diss. med. Leipzig (Klaubarth) 8. XII. 1815. 24 S. (3.25) 27680
Gew.: Carl Gottlob Vogel.

Raſt, Fr. W. Leop., das ruſſ. Dampfbad in ſeiner Heilkraft, od. in welchen Krankheitszuſtänden iſt es heilſam u. in welchen ſchädlich? Für Aerzte u. Nichtärzte faßl. dargeſt. (Neue Ausg.) 8. (5 B.) Bautzen 810, Reichel. *

Friedrich Wilhelm Leopold Rast

Einige Worte über die wahre Bedeutung des russischen Dampfbades in heilkräftiger Hinsicht,... von Fr[iedrich] W[ilhelm] Leopold Rast. Zeitz: Webelsche Buchh. in Komm. 1829. VI, 76 S. 8°

RAST, Johann (Etzenricht): De carcinomate uteri.- Monachii: Giesser 1836. 12 S.
6.1.1836 - Urk; F 63
Diss. Ingolst.-Landsh.-Mchn.

Rast, Karl Friedrich Wilhelm (Pseud.), s. Becker, Ferdinand G.

Rast, Rudolf, Gymnasialassist. Die bayrische Politik in den Jahren 1640—1645. Kap. 1. Die bayrisch-französische Konferenz in Einsiedeln. *Ansbach 1901: C. Brügel & Sohn.* (27 S.) 8°
Ansbach, k. humanist. G, P 1901*

Rast, Rudolf, Gymnasialassist. Die bayrische Politik in den Jahren 1640—1645. Kap. 2. Die bayrische Politik während des Kurfürstentages von Nürnberg 1640. *Ansbach 1902: C. Brügel & Sohn.* (31 S.) 8° ¶ [Forts. d. P-Beil. 1901]
Ansbach, k. humanist. G, P 1902*

Rast, Rudolf, Gymnasialassist. Die bayrische Politik in den Jahren 1640—1645. Kap. 1 u. 2: Die bayrisch-französische Konferenz in Einsiedeln u. Die bayrische Politik während des Kurfürstentages von Nürnberg. *Ansbach 1902: C. Brügel & Sohn.* (59 S.) 8° ¶ [= Progr. Ansbach 1900 u. 1902]
München, Phil. Diss. v. 1902

RAST, Samuel Carl (Trostberg): De variis cataractae operandae methodis.- Solisbaci: Seidel 1835. 24 S.
22.7.1835 - Urk; F 61
Diss.Ingolst.-Landsh.-Mchn.

Rastatt [Sachl. OW]

Rastatt als Festung 1890. (Ansicht aus der Vogelschau). 1 Bl. c. L.

Rastatt [Schlagwort]

— s. a.: Baden. Karte. — Deutschland. Kürschner-Pelp.

Rastatt, s.a.Deutschland. Karte (Abt. Preussen).

Rastatt. s.a.Strassburg i/E.

Rastatt — Karte der Festung — und ihre nächste Umgebung. 25,000, Herausg. von Krom. 1 Bl.

Rastatt — Topographische Karte der Umgebung von — bearb. in 4 Blättern von der topogr. Abtheil. des Grossh. Generalstabs. 25,000. Carlsruhe 1864. Hievon die 2 nördlichen Blätter.

Copie eines Theiles des Stadtplanes von Rastatt aus dem Jahr 1798. 1 Bl. L.

Rastatt. Spitz, Engelb., Schulkärtchen m. Amtsbez. Rastatt. 1:200,000. 2. Aufl. 31×24 cm. Farbdr. Mit Text auf der Rückseite. Baden-Baden (899). Selbstverlag. n.n. — 15

Rastätter, Osk., einiges aus der Materiallehre d. Maler. Hrsg. v. Verband d. bad. Gewerbeschulmänner. (28 S.) gr. 8. Bühl 906. Konkordia. — 50

Rastawieckl, V Bericht über drei an Patent-Wellrohrkesseln und Cylinderkesseln vorgenommene Heiz- und Verdampfversuche, s. Hampel, H

Rastbichler, Jos. Frauengestalten Homers. 2 Teile. 30,33 SS. 8.
Progr. G. *Krems* 1879. 1880.

Rastbüchlein. Dichtungen aus allen Zeiten zur Einkehr und Selbstschau. Berlin 1867 [1863?]. H: *Forck, L.* (Kürschners Deutscher Litt.-Kalender XII [1890]) (Hdschr. Mitth. von Friedrich Müller, München)

Raſtbüchlein. Dichtungen aus allen Zeiten zur Einkehr u. Selbſtſchau. Berlin 867. Guttentag. 16. (XVI, 309 S.) n. 1 Thlr., geb. mit Goldſchn. n. 1 ⅓ 10 ngr.

Rastburg, s.: Arbesser v. Rastburg.

Rastede [Schlagwort]

Rastede, s.: Preussen, Messtischblätter.

Rastelbinder und Köchin. Komische Duo-Szene. Wien [1890]. V: *Bartl, Hans.* (EB)

Raſtelli, ..., kl. italien.-franzöſ. Wörterbuch. 8. Bern 800. Typ. Soc. 10 gr.

v. Raſtenberg, Adelheid; Trſpl. (v. Frau Thon geb. Röder). 8. Weimar 788. Hoffmann. 5 gr.

Rastenburg [Schlagwort]

Rastenburg, s.a.Geologische Karten. Karte (Preussen).

Rastenburg, Kreis, s.a.Königsberg, Reg.-Bez.

Rastenburg. Karte des Kreises Rastenburg im Reg.-Bez. Königsberg. Hrsg. von der kartogr. Abteilg. der königl. preuss. Landesaufnahme 1906. Aufgenommen vom königl. preuss. Generalstab 1862—68. Einzelne Nachträge bis 1905. 1:100,000. 52,5×68 cm. Farbdr. Berlin (R. Eisenschmidt). n.n. 2. —; ermäss. Preis n.n. 1. 50

Raster, die Königschießen, der Roland u. die Butterjungfer in Zerbst. Nebst e. Nachrede. Wahrheit u. Dichtung in e. gereimten Quodlibet. 2., durchgeseh. u. stark verm. Aufl. — (Raster's satyrische Gedichte.) gr. 12. (6⅚ B.) Dessau 835, Neubürger.

Raster, Hermann

--and Remack, Edmund (tr). Gen Butler in New Orleans. Von James Parton, nach d englischen Ausgabe NY, 1864.

Raster, Hermann. Einheit und Freiheit NY, 1863

--Mittelamerika - Staats-Lexikon, v10, xviii, 117-32.

--Reisebilder Berlin, 1891

--Reisebriefe Berlin, 1891

Rastignac, L. A., hirtlicher Unterricht v. d. christl. Gerechtigkeit. gr. 8. Salzb. 772. Mayr. 12 gl

[Russ.] **Rastlénie** gel'singforskoj policii. Sostavil ***. *Berlin: (H. Steinitz in Komm.) 1902.* (87 S.) 8°
[Auf d. Umschl.:] Verwesung d. Helsingfors'schen Polizei.

Rastlos, Johannes [Pseud.], s.a. A r e t i n, Christ. Freih. v. [wirkl. Name]

Rastlos, J., s.u. Oesterreicher in Baiern.

Rastlos, Johannes (d. i. Joh. Chp. Frhr. v. *Aretin*), die Oestreicher (!) in Baiern zu Anfang des XVIII. Jahrhunderts. Eine Geschichte für den baierischen Bürger und Landmann, aus einer gleichzeitigen Handschrift, mit Erläuterungen u. Urkunden begleitet von —, im hundertsten Jahre nach der Sendlinger Schlacht. Ulm 1805. 8°. Tit. oben beschrieb. Hübscher braun. Ldrb. Mit 2 Beibdn.
144 S. (incl. 18 S. urkundl. Beilagen). — Selten, wie die beiden folgenden Flugschriften!

Rasto Eduardo da

s. Eduardo da Rasto der kühne Seeräuber-Admiral ... 1822.

Rasto Herrmann da

s. Herrmann da Rasto der Tapfere, Sohn des Seeräubers Eduardo da Rasto ... 1828.

Rastoul de Mongeot, Alph.

—— Lamartine als Dichter, Redner, Geschichtsforscher und Staatsmann. Nach dem Französ. von Wilh. Schwan. 8. (207 S.) Paderborn 848, Junfermann'sche Buchh.

— Lamartine als Dichter, Redner, Geschichtsforscher u. Staatsmann. Nach dem Franz. v. W i l h. S c h w a n. 8. (207 S.) Paderborn 850, Junfermann. 18 ngr

Rastoul de Mongeot, A., Lamartine, poète, orateur, historien, homme d'état. gr. 16. (272 S.) Bruxelles 848, Muquardt. 1 ß

— Léopold I., roi des Belges; sa vie militaire et politique. 2. édition, ornée d'un portrait du roi, et d'un fac-simile de son écriture. gr. 12. (242 S.) Ebd. 850. n. 24 ngr

Rastrelmonti, Carl Maurizio, aggiunta alla tooria dell' istruzione educativa. Lezioni di greco fatto ai principianti del ginnasio con la lottura dell' Odissea di Omero secondo i principii etico-psicologici dolla pedagogia scientifica. Lex.-8. (IV, 96 S. m. 1 lith. Kartenskizze.) Leipzig 884. Teubner. n. 3. 60

Råstrup, A., Beantwortung der von der zur Regulirung der bäuerl. Verhältnisse allergnäd. angeordneten Commission vorgelegten Fragen. gr. 8. (Münster, Theissing in Comm.) 818.

Rasumowsky, s. Razoumowsky.

Rasumovsky, Gregor von. Versuch eines Systems von Übergängen der Natur im Mineralreiche. A. d. Franz. Dresden 1787. Ü: *Tzschoppe, Joh. Mich.* (MGT) (OL) (Gatterer, Repert. d. mineral. Litt. Giessen 1798—99. I, 248.)

Kalendar Slawiano-blgarskii odnyi — za wysokosnoto godiszcze 1856. S twrdje ljubopytny istoriezesky predmety ot Milan D. Raszič. Uiesen s 4. ksylografil. W Wienna Toposan na Mechitariskata Typografia. (80 S. 8.) (Slavisch-bulgarischer Volkskalender auf das Schaltjahr 1856. Von Milan. D. Raszič. Wien. Mechitharisten-Buchdruckerei.)

Raszynski, Ed. Denkwürdigkeiten des Johann Chrysostomus Passek aus den Regierungsjahren der Könige Johann Casimir, Michael Corybut und Johann IV von Polen v J 1656—1688 Deutsch von G A Stenzel 8 Breslau 1838.

Rat

Rath, Aerztlicher. Pyrmont [18??]. V: *Grahl, Gustav Adolph (Dieterich Christian).* (schr)

Der beste Rath für Oesterreich. Mit Bezugnahme auf die Schrift: Guter Rath für Oesterreich. Leipzig, Kühler 1848 27 S. 8.

— der beste, für Oesterreich. Mit Bezugnahme auf die Schrift: „Guter Rath für Oesterreich." 8. (27 S.) Leipzig 848, Winter. ⅙ ß

Rat, Frau, in ihren Briefen. Mit e. biograph. Einleitg. (128 S.) kl. 8. Leipzig (909). C. F. Amelang.
Geb. in Leinw. 1. —; in Ldr. 2. —

— eines Bruders an seine Schwestern, mit einigen moral. Versuchen, u. Fideliens Geschichte v. d. Frau Chapone; aus d. Engl. 8. Leipz. 776. Weidmann. 4 gl

Rath, christlicher, für jedes Haus, in drei geistreichen Büchlein aus alter Zeit, auf's Neue herausg. von E. F. K. Henkel. Nürnberg 855. Raw. 8. (2 Bl., 163 S.) n. 8 ngr

DEUTSCHER RAT
Nr 1 Berlin, den 15 April 1908. Jahrg 1 (Verantwortlich P Lic BOHN, Generalsekretär, Plötzensee Ausgabestelle des Blattes Geschäftsstelle der Deutsch evangelischen Vereine zur Förderung der Sittlichkeit, A Dartsch. Druck Thormann & Goetsch, Berlin.) 4°
Nr 2 Berlin, den 15 Mai 1909 Jahrg. 2 (ib. —)
Nr 3. Berlin, den 1 Oktober 1910. Jahrg. 3. (ib. —) (Ohne bes. Titelbl.)

Rat der deutschen Familie. Nachschlagebuch für prakt. Leben. Ärztlich revidiert. gr. 8. (117 S.) München 902. M. Rid. Kart. 1. 60

Rath, freundlicher, für Jünglinge beim Eintritt in den Gesellenstand. 8. (8 S.) Berlin 854, (J. A. Wohlgemuth.)

— des heil. Geistes f. junge Christen, nach Ps. 119, B. 19. 8. Frankf. Andreä. 777.

— Gottes, in d. heiligen Taufe. 8. Königsberg, Frommann. 755.

Rath Der Grosse R des Kantons St. Gallen hat das Kloster Pfafers aufgehoben 8. St Gallen 1841

Der Grosse Rath an die Ehrs. Kreise und Gemeinden. (Bericht über die Verhandl. u. Schlussnahmen dieser Behörde während der diessjährigen ordentlichen Sitzung). 27 Stn. 8.
Graubünden 1871.

Rath, guter, f. Alle, die fromm leben u. selig sterben wollen. In Sittenlehren u. Beispielen aus d. alt. u. neu. Testam. dargest. 8. (6¼ B.) Linz 837, (Haslinger.)

Rath, guter, f. das kindliche Alter, s.a.Fr. Heldmann, Kinderbibl.

Rath, guter, f. d. kindliche Alter. In e. Sammlung moral. Erzählungen aus d. Werken der Mme. Delafaye u. Lemaire deutsch bearb. 2 Bdchn. 16. (16½ B. u. 2 Kpfr.) Darmstadt 828, Leske. 10 Gr., m. ill. Kpfr.
Aus der „Neuen Kinder-Bibliothek rc." besond. abgedruckt.

Rath, guter, für Auswanderer nach Amerika. Von einem deutschen Auswanderer. Mittweyda ..., Billig. 1½ ngl

— guter, an die braven Freiwilligen d. preuß. Heeres. 8. Berl 815. Mittler. 3 gl

— guter, f. das weibl. Geschlecht, z. Aufklär. u. Belehr. üb. die wichtigsten Punkte ihrer Gesundheit u. Schönheit u. über die Erhaltung u. Befestigung derselben. 8. Leipz. 801. Joachim. 1 ß 4 gl

Rath, guter, f. Hauswirthe u. Oekonomen. 2 Stücke. 8. Eisenach 800, 801. (Bärecke). (à 9 gl) 18 gl

— guter, f. angeh. Hauswirthinnen, s. Kochbuch, oberrhein., 2. Thl.

Rath, guter, zum neuen Jahr für Heirathslustige. 8. (19 S.) Heidenheim 876. Rees. — 15

Rath, guter, über die erste Kinderpflege, für sorgsame Mütter. Erfahrungen der Großmamma in d. Wochenstube. In einer Sammlung ächter Familienbriefe. 2e wohlfeile Ausg. 8. Aarau 825, Sauerländer.
(Die 1ste Ausgabe hatte den Titel: „Die Großmama in d. Wochenstube.")

Rath, guter, für Krieger im Felde. New-York 862. (Philadelphia, Schäfer & Koradi.) 32. (64 S.) cart. n. 8 ngr

Rath, Guter, für Künstler und solche, die es werden wollen. O. O. [ca. 1890]. V: *Blümner, Hugo.* (zuwzür 1912)

— guter, an Landwirthe, üb. d. Verfütter. d. verschlemmten Heues u. Grummets, z. Verhüt. d. Rindviehseuche, herausg. v. d. Leipz. ökon. Societ. 8. Dresden, Gerlach. (Beger) 804.

— guter, an Landwirthe, üb. die Verfütterung des verschlämmten Heues u. Grummets, v. d. Leipziger ökonom. Societät. 8. Dresd. 804. 2e A. 813. (Leipz., Weyhand). 2 gl

Rath, guter, an Landwirthe, üb. die Verfütterung d. verschlammten Heues u. Grummets, von d. Leipziger ökonom. Societät. 2te Aufl. 8. Dresd. Beger. 813.

— guter, an Oesterreich. Mit Bezugnahme auf das Programm der liberalen Partei in Ungarn. 8. (38 S.) Leipzig 847, Jurany (jetzt: Kittler). ¼ ß

— guter, f. d. wichtigsten Punkte d. Ehestandes rc. 8. Wien. (Liebeskind in Leipz.) 805.

— guter, f. Schwindsüchtige. Anweis. wie man sich bei diesem Uebel zu verhalten hat, um seine Lage erträglich zu machen u. dabei eine Besserung zu bewirken. Nach vieljähr. Erfahr. gegeben v. e. Mitgenossen. gr. 12. Leipz. 830. Michelsen. 6 gl

— guter, f. Schwindsüchtige. — Anweisung, wie man sich bei dies. Uebel zu verhalten hat, um seine Lage erträglich zu machen u. dabei e. Besserung zu bewirken. Nach vieljähr. Erfahrungen gegeben v. e. Leidensgenossen. gr. 12. (2¼ B.) Leipzig 831, Michelsen. Thlr.

Guter Rath für See-Offiziere. Aus d. Engl. Danzig 1863. 8°.

Rath, Guter, an die Völker Europens bei der Nothwendigkeit, die Regierungsgrundsätze überall zu verändern. [A. d. Engl. des J. Barrow.] London [Hamburg] 1792. Ü: *Fahrenkrüger, Johann Anton.* (schr) (wr) (ky)

— guter, an d. Völker Europens, b. d. Nothwendigkeit, d. Regierungsgrunds. überall zu veränd., v. Barlow. 2 Thle. 8. Hamburg, Gundermann. 792-95. (à 10 gr.)

— guter, wie man sich mit wenig Kosten vor d. Ausbruche e. Feuersbrunst schützen könne. Nebst Vorschlägen, die Schindel- u. Strohdächer, so wie d. innere Holzwerk der Häuser, feuerfester als bisher zu machen. Von e. wahren Freunde d. Nützlichen. 8. (2¼ B.) Leipzig 8?4, [Böhme.]

— gutgemeinter, f. das baier. Landvolk, die Frage betreffend Ist das Zehentfixiren vortheilhaft? Von e. Freunde d. Landvolks. 8. Augsb. 831. (Krüll in Landsh.) 2 gl

— gutgemeinter, f. d. bayer. Landvolk, die Frage betreff.: Ist d. Zehentfixiren vortheilhaft? Von e. Freunde d. Landvolks. 8. (2 B.) Landshut 831. (Regensburg, Manz.)

Rath an junge Hausfrauen zur Führung eines Haushalts mit bescheidenen Mitteln. Düsseldorf [1891]. V: *Pröpper, Lovica v.* (Berl)

— f. junge Hausmütter d. Mittelstandes rc. (v. Christne. Doroth Gürnth). 8. Leipz. 807. Gr. Fleischer. 12 gl

— ein heilsamer, des heil. Geistes für junge Christen, nach Ps 119, B. 19. 8. Frankf. a. M. 777. Andreä. 4 gl

— heilsamer, und That in der Andacht d. heil. Ign. von Loyola. 12. Wien, Camesina. 764.

— des Herrn, ist wunderbar. Wahres u. Erlebtes. 10. Aufl. 32. (20 S.) Ronnenweier 871. (Barmen, Klein.) — 15

Rath u. Hülfe für Auswanderer nach Nordamerika. Von einem Sachverständigen. 3. verb. Aufl. 16. (15 S.) Tübingen 852. (Ulm, Gebr. Nübling.) 1 ngr

Rath u. Hülfe f. Bruchpatienten jedes Alters u. Geschlechts. Von e. prakt. Arzte. 2. u. 3., verb. Aufl. 8. (à 6¾ B.) Quedlinburg 842, 45, Basse. à *

Rat u. Hülfe bei eintretenden Krankheiten des landwirtschaftlichen Viehbestandes, sowie Belehrung üb. Ankauf u. Zucht. (340 S.) kl. 8. Bad Wildungen (905). (Leipzig, R. Streller.) Geb. in Leinw. n. 2. —

— **u. Hilfe** in Krankheitsfällen, s.: Miniatur-Biblioth.

Rath u. sofortige Hilfe für Hühneraugenleidende. 12. (7 S.) Krotoschin 882. Monasch & Co. n. — 25

Rath für die heranwachsende Jugend . . . Minden 1792. V: *Rischmüller, Franz Carl.* (MGT) (Adel)

Der kleine Rath des Kts. Graubünden evang. Theils an die evangel. Gemeinden desselben. (Kirchliche Verfassung). 11 Stn. 8. Graubünden 1874.

Der Kleine Rath an die Ehrs. Kreise und Gemeinden. 20 Stn. 8. Graubünden 1871.

Rath, Medicinischer, für Prediger, welche eine schwache Brust und Stimme haben . . . Leipz. 1813. V: *Klinkhardt, Ernst Frdr. Chn.* (Call) (EngM) (Ky)

— medicin., f. Prediger, welche eine schwache Brust u. Stimme haben ꝛc. (v. . . . Klinkhard, Pred. in Halbau). 8. Leipz. 813. Steinacker). 8 gr

— mütterl., an m. Tochter, s. a. Sintenis.

Rath, Mütterlicher, an meine Tochter, wie sie die glücklichste Gattin, Mutter und Hausfrau werden könne. Halle 1793. V: *Sintenis, Johann Christian Siegmund.* (Ky) (MGT)

— mütterl., an meine Tochter, wie sie die glückl. Gattin, Mutter u. Hausfrau werden könne, (v. Jh. Chr. S. Sintenis). 8. Halle 894. Hendel. 20 gr

Rath, Patriotischer, eines Competenten zu einer Landschaftskonsulentenstelle, an die Landesverfassung zu Stuttgart. O. O. 1804. V: *Ostertag, J. J.* (MGT)

Rath zur That. Ein ernstes Wort in ernster Zeit an das gesammte Schweizervolk über Sonderbund und Jesuiten. ‹Ausgegeben am 19. Juli.› 8. Biel 1847.

Rat und Tat. Mitteilungen aus dem Verein „Rat und Tat" e. V. [in Hamburg] an die Bbr. Freimaurer. [Red. von Franz Wilh. Viborg Bahnson u. Ferd. Kehlenbeck, [seit Jg. 4, Nr 3:] von Rich. Loewenhaupt und Ferd. Kehlenbeck.] Jg. 1—5. Hamburg [1904—1909]: Hartung & Co. 4°
1. 110 S, 1904—1905; 2. 108 S. 1906; 3. 90 S. 1907; 4. 122 S. 1908; 5. 116 S. 1909.

— zur That für Dienstboten u. auch für Herrschaften. Bern 868. Heuberger. 8. (IV, 72 S.) 7½ ngr

Rath, Treuer, an den lieben Landmann, bey diesen theuren Zeiten Erdäpfel zu pflanzen . . . O. O. [1795]. V: *Hörler.* (Cat. d. Stadtbibl. Zürich. Zürich 1864—97.)

Rath und Trost auf allerlei Leidenswegen. Eine Sammlung von Liedern u. Versen über das Leiden aus älterer und neuerer Zeit, von C. H. Ulm 861. Ebner in Comm. 16. (XII, 282 S.) 12 ngr

— u. Trost wider Noth u. Tod, aus Gottes Wort. 8. Budissin 773. Deinzer. 4 gr

— u. Trost f. bedrängte Seelen. Aus dem Tagebuche eines in der Schule der Erfahrung Vielgeprüften u. gestützt auf das göttliche Wort. gr. 18. (54 S.) Passau 849, Elsässer & Waldbauer. 4 ngr

— u. Mahnung, väterl., an die Dienstboten weibl. Geschlechts (Von Jak. Reus). 8. Mainz 821. Kupferberg. 3 gr

— e. Vaters an seinen studirenden Sohn. gr. 8. Nürnb. 791. Schneider u. W. 4 gr

— Warnung und Bitten an alle Regenten und Regierten. insbesondere der Deutschen. 8. Frankfurt a. M., Gebhard und Körber. 816.

— wohlgemeinter, z. Beförder. e. gottsel. Wandels; von e. kathol. Geistlichen. 12. Regensb. 824. 6e Aufl. 830. Augsb., Doll. (Landsh., Krüll). 2 gr

—— wohlgemeinter, z. Beförderung e. gottsel. Wandels. Von e. kathol. Geistlichen (Jos. Al. Rotermundt). 7—11., verm. Aufl. 12. (à 3 B.) Regensburg 831—40, Manz. à

Rath, wohlgemeinter, zur Beförderung eines gottseligen Wandels. Von einem kathol. Geistlichen. 13. Aufl. 12. (72 S.) Regensburg 856(57), Manz. *

Rath, Wolgemeinter Freundschaftlicher, an den Hrn. Verf. der Abhandlung: Über den unstatthaften Widerspruch . . . Rostock 1780. V: *Taddel, Hnr. Frdr.* (Koppe, Gel. Mecklenburg. Rostock u. Leipzig 1783—84.)

German Soc. of Maryland.

--Wohlgemeinter Rat d Dten Gesell v Maryland an Dte die irgend Interesse an der Auswanderung fühlen. Baltimore. 1834

—— wohlgemeinter, d. deutsch. Gesellschaft v. Maryland an Deutsche, die irgend ein Interesse an d. Auswanderung nach d. Vereinigten Staaten v. Nord-Amerika fühlen. gr. 8. (...) Nürnberg 835, Fr. Campe.

— wohlgemeinter, der Vorsteher der Deutschen Gesellschaft in New-York, an Deutsche, die nach den vereinigten Staaten von Nord-Amerika auszuwandern beabsichtigen. gr. 8. Basel 833. Schweighauser. n. 1/12 ℛ

Deutsche Gesellschaft der Stadt New York.
--Wohlgemeinter Rat d Vorsteher der Deutschen Gesell an Dte, die nach d VS v NA auswandern beabsichtigen. NY. 1833.

Rath, wohlgemeinter, der Vorsteher d. Deutsch. Gesellschaft in New-York an Deutsche, die nach d. Verein. Staaten v. N. Amerika auszuwandern beabsichtigen. 8. (1 B.) Osnabrück 833, Rackhorst.

—— dass., nebst e. „Ueberschlag der Reisekosten-Liste," mitzunehmender Gegenstände, u. e. Liste einzulegender Lebensmittel. 8. (2 B.) Solingen 833, Amberger.

—— dass. gr. 8. (1 B.) Stuttgart 833, Steinkopf.

—— wohlgemeinter, der Vorsteher der deutschen Gesellschaft in New-York, an Deutsche, die nach den verein. Staaten von Nord-Amerika auszuwandern beabsichtigen. Nebst einem Ueberschlag der Reisekosten rc. 3. Aufl. 8. (30 S.) Solingen 847, Amberger.

—— wohlmeinender, e. Protestanten an seine Glaubensgenossen bei d. 3. evangel. Jubelfeier 25. Jun. 1830. 8. (1½ B.) Stuttgart, [Beck u. Fränkel.]

— wohlmeinender, eines Protestanten an seine Glaubensgenossen bei d. 3n evangel. Jubelfeier, 25. Juni 1830. 8. Stuttg. 830. Löflund. 2 ℊ

(v. Raet.) Münsterische Geschichte. I. [Bis z. Verfall der Karolinger.] 8. Münster, Göttingen 1788 1,50.

RATAKOWSKI, Franz Benedikt: Bemerkungen und Erinnerung uber die dieses Jahr in dem akademischen Saal ausgestelte Kunstwerke. Und dann etwas von Antonio Allegori Correggio und Francesco Barola. (Von, o. V., Wien 1786. 1 vol. 24 S.

Ratanhiawurzel, die, und ihr Extract, eine tabellarisch-medizinische Darstellung in zwey Blättern, für eine noch weitere chemisch-ärztliche Prüfung jener so vielgerühmten neuen Erscheinung im Gebiete der vaterländischen Heilkunde. gr. Fol. Stuttgart, Sattler. 818.

Räte

Räthe, gute, an junge Leute, die nach Weisheit fragen. 8. Lpz. 789. Heinzmann u. C. 12 ℊ

Räthe der Krone, die. Eine zeitgemässe freimüthige Besprechung der Verhältnisse der bayerischen *Kabinetskassen*, von ***. (S.-A. einer Serie von 12 Artikeln aus dem „Nürnberger Anzeiger".) Nürnb., Hans Zeder & Co., o. J. (Vorr. der Verleger ist von Ende März 1880 dat.). 8°. Cart.*) 34 S. (incl. Titel in Einf.) Interessant.

— der Weisheit, od. Grundlehren d. Salomo für Geschäfte der Menschen. 8. Augsb. 779. (Haßlinger in Linz.) 14 ℊ

Rateb. Zeitschrift der Reichsarbeitsgemeinschaft technischer Beamtenverbände. Monatlich. Jg. 4. 1924 ff. Berlin

Ratenau, Das befreiete, ein Schauspiel in fünf Aufzügen. Leipz. 1775. V: *Blum, Joach. Christian.* (JI.) (Mn)

Ratengeschäft, das, u. sein Recht. Ein Beitrag zur Kritik d. Gesetzentwurfes betr. die Veräusserg. bewegl. Sachen gegen Ratenzahlg. Von J. M. [Aus: „Wochenschr. d. niederösterr. Gewerbever."] gr. 8. (33 S.) Wien 890. (Hölder.) n. 1. —

Ratenkasse zur Erwerbung werthvoller und nützlicher Gegenstände für Haus und Familie. 1. Serie. 40 Hefte. gr. 4. Berlin 880, Schäfer. à Heft 50 Pf. 20 —

Inhalt:

Serie 1. Retcliffe, L., Veronica, die Doppelgängerin, oder der Kampf um Weib und Gold. Historisch-romant. Erzählung aus der Gegenwart. (576 S.) — Cumming, John, Im Bann der Liebe. Erzählung aus unseren Tagen. (222 S.) — Retcliffe, L., Unschuldig verurtheilt. Sensationsroman. (191 S.)

Nicht weiter erschienen.

Raten-Rechnungsbuch, vollständ. Zins-, Besoldungs-, Handels-, Bestands-, Liedlohns-, u. Wirthschafts-, worin auf e. leichte u. schnelle Weise die Ratenbetreffe von jährl. 1 bis 60 Kreuzer, u. von 1 bis 1000 Gulden f. 1 bis 365 Tage, 1 bis 52 Wochen, 1 bis 12 Monate, u. 1 bis 4 Quartale aufgefunden werden können. Verfaßt von e. Kameralbeamten. gr. 8. (3 B.) Ulm 837, Nübling.

Ratfisch, Karl

Ratfisch, C(arl), appr. Arzt a. Garding: Ueber placenta praevia. Leipzig 1904: B. Georgi. (22 S.) 8°
Leipzig, Med. Fak., Ref. Zweifel, Diss. v. 8. Dez. 1904
[Geb. 27 Juni 49 Brüel, Meckl.; Wohnort: Garding, Schlesw.-Holstein; Staatsangeh.: Preußen; Vorbildung: Gymn. Wismar Reife O. 72; Studium: Rostock 12 S.; Coll. 19. Dez. 04; Approb. 11. Juni 78.]

Ratgeb, Jerg, s. Donner v. Richter, Otto.

Von der stete ampten und von der fursten ratgeben ein deutsches Lehr- und Spruchgedicht aus dem Anfange des 15 Jahrhunderts zum ersten Male hrgg v August Friedrich Christian Vilmar. Marburg 1835. 4°

Ratgeber

— s. a. Heitmann's Ratgeber.

Rathgeber, ..., s. Predigten, während der Fasten gehalten.

— der, od. das geheime Buch f. unfruchtbare Frauen: Anwendung u. Mittel, die Fruchtbarkeit unfruchtbarer Weiber zu befördern u. ihnen eine leichte Geburt zu verschaffen. 4e Aufl. 8. Naumb. 817. N. Aufl. 819. Wub. 16 ℊ (Knobloch in Leipz.) 12 ℊ

Westfälisch-Lippische Verkehrs-Zeitung (Nr. 3–6: Teutoburgerwald- und Westfälisch-Lippische Verkehrs-Zeitung, Nr. 7 ff.: Ratgeber verbunden mit Teutoburgerwald- u. Westfälisch-Lippischer Verkehrs-zeitung. Halbmonatsschrift f. alle Verhältnisse d. prakt., sozialen, wirtschaftl., industriellen u. künstlerischen Lebens). Red.: Gustav Thomas (Nr. 5–8: Emil Rothenberg). Jg. 1. Bielefeld: Thomas 1909. 4°

— Diensttaschenbuch f. Lademeister u. Anwärter (der deutschen Eisenbahnen). (144 S. m. Fig.) kl. 8. Berlin (910). O. Dreyer. — 35

— — dasselbe f. Lokomotivführer u. Heizer (der deutschen Eisenbahnen). (144 S. m. Fig.) kl. 8. Ebd. (910). — 35

— — dasselbe f. Stationsschaffner u. Pförtner (der deutschen Eisenbahnen). (144 S. m. Fig.) kl. 8. Ebd. (910). —35

— — dasselbe f. Weichensteller u. Bahnwärter (der deutschen Eisenbahnen). (144 S. m. Fig.) kl. 8. Ebd. (910). —35

— dasselbe f. Zugführer u. (-)Anwärter (d. deutschen Eisenbahnen) (144 S. m. Fig.) kl. 8. Ebd. (910). —35

Ratgeber, der. Ein Führer durchs Leben f. Alt od. Jung, Arm od. Reich, der nicht allein das Verlangen trägt, gesund an Geist u. Körper zu bleiben u. e. hohes Alter zu erreichen, sondern dessen Streben auch dahin geht, durch Fleiß u. Sparsamkeit es zu Wohlstand zu bringen u. die Pflichten der Nächstenliebe ganz zu erfüllen! (19 S.) 8. Zürich 910. E. Speidel. —50

Rathgeber für den Adjutanten in den verschiedenen Dienstverhältnissen desselben. Bearbeitet nach dem Handbuche des K. K. Oberlieutenants Urban. Berlin 1841. V: *Friederici, von.* (Russell II, 2, 108)

Rathgeber f. den Adjutanten in d. verschied. Dienstverhältnissen desselben. Bearb. nach d. Handb. d. k. k. Oberlieut. Urban. 8. (11½ B.) Berlin 841, [Mittler, Brlsh.]

Rathgeber für alle die an Brüchen, besonders des Unterleibes leiden ... Hamb. [1809]. V: *Albrecht, Joh. Frdr. Ernst.* (Call)

—der, für alle, die an Hartleibigkeit u. Verstopfung leiden; nach Montegre, Kämpf u. A. für Nichtärzte bearb. 8. Pesth 822. Hartleben. 6 gr

— für alle, welche an Hämorrhoiden, Flechten, Unterleibskrankheiten u. an Krankheiten, welche aus verdorbenem Blute entspringen, leiden. Von einem prakt. Arzte. Neue Aufl. 16. (60 S.) Altona 852, Verlagsbureau. 3 ngr (gleichen Inhalts mit: Wundram, Blutreinigungs-Kräuter; siehe dies.)

— für alle, welche an Hämorrhoiden, Gicht, Rheumatismus, Flechten, Drüsen, Unterleibskrankheiten und allen Krankheiten, welche aus verdorbenem Blute entspringen, leiden. Von einem prakt. Arzte. Neue verb. u. verm. Aufl. Altona 853. Verlags-Büreau. 16. (64 S.) n. 4 ngr

— für alle, welche an Hämorrhoiden, Gicht, Rheumatismus, Flechten, Drüsen rc. und allen Krankheiten, welche aus fehlerhaftem Blute entspringen, leiden. Von einem praktischen Arzte. Neue verb. u. verm. Aufl. Altona 861. Verlags-Bureau. 16. (70 S.) n. 5 ngr

Rathgeber für Alle, welche an übelriechendem Athem leiden. Nordhausen 1844. V: *Richter, Moritz Friedrich.* (Ky) (EngM)

Rathgeber f. Alle, welche an übelriechendem Athem leiden. (Von M. F. Richter.) 16. (5½ B.) Nordhausen 844, Fürst.

— f. alle, welche sich gegen die Cholera morbus schützen wollen Von e. prakt. Arzte (Dr. ... Schnitzer). 4e Aufl. 4 gr Mit 1 Uebersichtskarte d. Verheerungszuges dieser Krankheit. 8 gr 8. Bresl. 831. Pelz. 12 gr Nachtr. 2 gr

Rathgeber für alle, welche sich gegen die Cholera morbus schützen wollen. Breslau 1831. 5. Aufl. 1831. V: *Schnitzer, Adolph.* (Nowack, Schles. Schriftst.-Lex. Breslau 1836-43. V, 153.) (Ky) (EngM) (Call)

Ratgeber: Allgemeiner Ratgeber für Bürger und Landmann
(5) 1824 (7) Wochenblatt (8) Ebnat: Abraham Keller (10) Abraham Keller (13) BGSZ 1047

Rathgeber, allgemeiner, f. Freunde d. schönen Wissenschaften, od. Wörterbuch z. Verständlichkeit d. deutschen Dichter. 8. Erfurt, Knick. 812.

— allgemeiner gesundheitlicher. Beschreibung der bewährtesten Heilkräuter nebst deren Anwendg. bei allen Krankheiten, m. besond. Berücksicht. der Frauenleiden u. Kinderkrankheiten sowie des Naturheilverfahrens. (142 S. m. 1 farb. Taf.) kl. 8. Böhm. Kamnitz, R. Wollmann. 1910 Kart. 2. 50

— allgemeiner juristischer, für den preußischen Staatsbürger. Ein nothwendiges Handbuch für Kaufleute, Fabrikanten, Kapitalisten rc. Hrsg. von einem prakt. Juristen. 8. (56 S.) Hoyerswerda 852, Erbe. ¼ ℛ︎

—— allgem. medizinischer, f. Jedermann. Den besten Schriften entlehnt u. hrsg. v. e. prakt. Arzte. 6. Hfte. 8. (12 B.) Breslau 835, Pelz. (Leipzig, Hunger.)

Ratgeber f. Amateur-Photographen. Organ deutsch. u. österreich. Amateur-Photographen-Vereine. 8.—11. Jahrg. 1899—1902. à 24 Nrn. gr. 8. (à ca. 12 S.) Halle, H. Peter. à Jahrg. n. 3. 20

— f. Amateur-Photographen. Organ deutscher u. österreich. Amateur-Photographen-Vereine. 12.—15. Jahrg. 1903—1906. à 24 Nrn. (239, 268, 288 u. 288 S.) gr. 8. Halle, H. Peter. à Jhrg. n. 3. 20

- für Amateur-Photographen u. Photohändler. Organ v. „Camera", Weltverein zur Pflege u. Förderg. der Photographie. 16.—19. Jahrg. 1907—1910. à 12 Nrn. (287, 144, 143 u. 143 S.) gr. 8. Halle. H. Peter. à Jahrg. 3. 20

— amtlicher, f. Auswanderer nach Deutsch-Südwestafrika. Mit 1 Panorama, 31 Bildern u. 1 farb. Karte des Schutzgebietes. 2., veränd. Ausg. (VII, 112 S.) Lex. 8. Berlin 908. D. Reimer. 1.—

— dasselbe. 3. Aufl., s.: Deutsch-Südwestafrika.

Rathgeber, der, beim Anecken. Nebst e. Liede zur Aufmunterung. Allen Verehrern dieses Spiels gewidmet v. Verf. X. Y. Z. 8. Meißen, (Klinkicht). 2 gr

Rathgeber, der, in den verschiedensten Angelegenheiten der Oekonomie, der Haus- u. Landwirthschaft. 12. (3 B.) Neustadt-Eberswalde 842. (Berlin, Springer.) Thlr. *

— beim An- u. Verkauf sowie Abschätzung v. Sortimentsbuchhandlungen, von Ch. C. 8. (15 S.) Bremen 902. (E. v. Masars.) n.n.n. 1.—

(8) — beim An- u. Verkauf v. Sortimentsbuchhandlungen. '02. (H 01/06. K 32.) Jetzt: Bremen, W. Allstaedt. Vergr.

— bei Anschaffung von Haus- u. Familienbüchern. Verzeichnis der besten kathol. Haus- & Familienbücher nebst Familien-Zeitschriften. (24 S.) 8. München (903). J. Pfeiffer. — 15

für richtige Anwendung v. Heilkräutern, s.: Thalysia-Bibliothek.

— u. Anzeiger, f. Lehrer u. Lehrerinnen, Fortsetzg., s.: Erziehung u. Unterricht.

— f. Arbeiter. Eine Zusammenstellg. der wichtigsten Bestimmgn. aus den Arbeiter-Versicherungsgesetzen u. der bürgerl. Gesetzgebg. Im Anh.: Programm der sozialdemokrat. Partei Deutschlands u. das Wahlgesetz f. den deutschen Reichstag. (VIII, 308 S.) gr. 16. Leipzig. Leipziger Buchdruckerei. Geb. in Leinw. n. 1. 25

Ratgeber, der ärztliche, in Bild u. Wort. Atlas u. Hausbuch f. Gesunde u. Kranke. Unter Mitwirkg. v. G. Brühl, F Crämer, Karl Graßmann u. a. hrsg. v. Fr. Siebert. Mit 245 farb. Abbildgn. auf 74 Taf. u. 481 schwarzen Abbildgn. im Text. (XVI, 1024 S.) Lex.-8. München (905). J. F. Lehmann's Verl. Geb. in Leinw. n. 22. —; in 2 Bde. geb. n. 24. —

—— der ärztliche, bei Brunnenkuren, kalten u. warmen Bädern f. alle diejen., welche dies. zu gebrauchen benöthigt sind. Von e. prakt. Arzte. 8. (10 B.) Ulm 840, Ebner.

Rathgeber, der ärztliche, der electro-homöopathischen Heilmethode des Entdeckers Grafen Cesare Mattei, verfasst auf Wunsch des Hrn. Grafen, bereichert mit seinen neuesten Erfahrungen und versehen mit seinem (Lichtdr.-)Portr., von einem Freunde dieser Heilmethode. 2. Aufl. 8. (187 S. mit 1 Taf.) München 884. (Augsburg, Votsch.) 3 —

— ärztlicher. Neueste Nachrichten aus der wissenschaftl. Medizin in populärer Darstellg. Hrsg. v. P. Höckendorf. 1. Jahrg. Oktbr. 1899—Septbr. 1900. 12 Nrn. gr. 4. (à ca. 12 S.) Gr.-Lichterfelde-Berlin. Friedenau, Verl. d. ärztl. Ratgebers. n. 2. 40

— dasselbe. Unter Mitwirkung hervorrag. Universitätsprofessoren, Spezialärzte u. prakt. Ärzte hrsg. v. P. Höckendorf. 2.—4. Jahrg. Oktbr. 1900—Septbr. 1903. à 24 Nrn. gr. 4. (à ca. 8 S.) Friedenau-Berlin, Verl. des ärztl. Ratgebers. à Jahrg. n. 2. 40

— ärztlicher. Nachrichten aus der wissenschaftl. Medizin in populärer Darstellg. Unter Mitwirkg. v. Universitätsprofessoren, Spezialärzten u. prakt. Aerzten hrsg. v. P. Höckendorf. 5.—7. Jahrg. Oktbr. 1903—Septbr. 1906. à 52 Nrn. (IV, 400; IV, 420 u. IV, 360 S. m. Abbildgn.) 4. Naunhof, Verlag des ärztl. Ratgebers. à Jhrg. n. 4. —
Erscheint nicht mehr.

Ärztlicher Ratgeber. Volkstüml. Monatsschrift f. Gesunde u. Kranke. Schriftleit : Dr. F[riedrich] Dumstrey Jg. [1] Berlin Regenhardt 1908. 4°

– ärztlicher. Volkstümliche Halbmonatsschrift f. Gesunde u. Kranke. Schriftleiter: F. Dumstrey. 2. Jahrg. Oktbr. 1908—Septbr. 1909. 24 Hefte. (à ca. 16 S. m. Abb.) Lex. 8. Berlin, Verlag des ärztl. Ratgebers. 6. —
Erscheint nicht mehr.

— ärztlicher, bei allen Geschlechts-Krankheiten, nebst prakt. Bemerkgn. üb. deren Verhütg., Folgen u. Heilg. 12. (VII, 142 S.) Halle 897. W. Kutschbach. n. 1. 50

[J.] Aerztlichet Rathgeber bei allen Geschlechts-Krankheiten nebst prakt. Bemerkgn üb. deren Verhütg, Folgen u. Heilg . . 2. Aufl. *Halle a. S.: W. Kutschbach [1897].* (v S., 1 Bl., 142 S.) 1 Bd 8. [97. 758]

— ärztlicher, f. Gesunde u. Kranke. Hrsg. unt. d. Red. v. Ludw. Joscht v. Gilb. Anger. 1. u. 2. Bdchn. 8. Wien 896. G. Anger. n. 1. 50
1. D. Gesundheitspflege im Hause. Von Ludw. Joscht. (III, 66 S.) n. — 50
2. D. Geschlechtskrankheiten u. deren Heilg. Von Ludw. Joscht. (IV, 47 S.) n. 1. —

Rathgeber, ärztlicher, für Mütter, welche gesunde und kräftige Kinder aufzuziehen wünschen, nebst Angabe bewährter Heilmittel für Kinderkrankheiten. Neue Aufl. Aus dem Engl. übers. von A. W. 12. (VI und 88 S.) Quedlinburg 855, Ernst'sche Buchh.

Rathgeber, ärztlicher, in gesunden u. kranken Tagen. Nebst Ansichten u. Erfahrungen über die Cholera u. über bisher f. unheilbar gehaltene Krankheiten, als: Hundswuth, Epilepsie, Wassersucht u. Krankheiten d. Lungen ꝛc. Mit (lith.) Abbildg. einer mechan. Bettstelle u. zweier Inhalations-Apparate. 8. (IV u. 116 S.) Hamburg 850, Jowien. 12 ngr

Ratgeber, ärztlicher, f. Aachener Thermalkuren unter Berücksicht. v. Kuren in der Heimat. Verfasst v. e. Aachener Badearzte. (36 S. m. Abbildgn. u. 1 Plan.) 12. Aachen (904). J. A. Mayer. n — 50

— d. aufrichtige, f. d. Bürger u. Landmann, in häusl., bürgerl., gerichtl. u. Zunftangelegenheiten ꝛc. 8. Neustadt, Wagner. 811.

Rathgeber, d. schriftl. Aufsätzen. Ein Anh. z. berlin. Briefsteller. 8. Berlin, Himburg. 802.

— d. augenblickliche, in allen Geldgeschäften f. Geschäftsmänner aller Art; enthalt. Interessen-, Disconto-, Rabatt- u. Provisionsberechnung, Werthbestimmung aller bekannten Münzen, wie sie im österreich. Kaiserstaate u. im Auslande gelten ꝛc. gr. 8. Prag 813. Calve. 1 fl 8 kr

— bei der Auswahl v. Jugendschriften. Hrsg. v. der Jugendschriften-Kommission d. Lehrervereins zu Frankfurt a/M. Jahrg. 1889. gr. 8. (48 S.) Frankfurt a/M., Neumann. n. — 40

Ratgeber bei Auswahl von Sommerfrischen u. Sommerwohnungen in Thüringen. Mit Genehmigg. des Hauptvorstandes des Thüringerwald-Vereins u. unter Mitwirkg. sämtl. Zweigvereine bearb. (3. Aufl.) (X, 180 S. m. Abb.) 8. Eisenach 906. Hofbuchdr. Eisenach, H. Kahle. n. — 50

— dasselbe, im Gebiete des Thüringerwald-Vereins. Mit Genehmigung des Hauptvorstandes bearb. unter Mitwirkg. sämtl. Zweigvereine. Mai 1905. (119 S. m. Abb.) gr. 8. Leipzig-Plagwitz, Gebr Arnold. n. — 50

— bei Auswahl v. Sommerfrischen u. Sommerwohngn. in Thüringen. Mit Genehmigg. des Hauptvorstandes d. Thüringerwald-Vereines u. unt. Mitwirkg. sämtl. Zweigvereine bearb. (4. Aufl.) (XII, 186 S. m. Abb.) 8. Eisenach 907. Hofbuchdr. Eisenach, H. Kahle. nn — 50

— bei Auswahl v. Sommer-Wohnungen u. den Wanderungen im Gebiete der Ortsgruppen des Gebirgsvereins f. die Sächsische Schweiz. Hrsg. im Auftrage des Gesamtvorstandes vom Gebirgsverein f. die Sächs. Schweiz durch Forstmeister Schaal. 16. Jahrg. 1906. (115 S. m. Abbildgn. u. 1 Taf.) 8. Dresden, H. Henkler. n. — 20

— bei d. Auswahl v. Sommerwohnungen u. Wanderungen im Gebiete der Ortsgruppen des Gebirgsvereins f. die Sächsische Schweiz. Hrsg. im Auftrage d. Gebirgsvereins f. die Sächs. Schweiz. 20. Jahrg. 1910. (115 S. m. Abb. u. 1 farb. Taf.) gr. 8. Dresden, H. Henkler. — 20

— für Auswanderer nach Californien über Clima, Ankauf u. Ergiebigkeit des Bodens. Nebst den nöthigen Belehrungen über dieses Land u. die Reise dorthin. Mit 1 ausführlichen u. genauen (lith.) Karte (in Fol.) gr. 8. (IV u. 84 S.) Bremen 849, Geisler. 3/8 rthl

Rathgeber, Der, vor, während und nach der Begattung. O. O. 1816. V: *Becker, Gfr. Wilh.* (Imecourt)

Ratgeber für die Berufswahl. Hrsg. v. der hamburg. Gesellschaft zur Beförderg. der Künste u. nützl. Gewerbe (patriot. Gesellschaft). 2 Tle. 8. Hamburg, O. Meißner's Verl. 1. 70
1. Berufe f. schulentlassene Knaben. 2. Aufl. (179 S.) 907. 1. 20
2. Berufe f. schulentlassene Mädchen. (44 S.) 907. — 50

— bei der Berufswahl. Für die weibl. Jugend Leipzigs hrsg. v. der Gruppe Jugendfürsorge des Leipziger Lehrerinnen-Vereins. 8. Aufl. 16.—25. Tausend. (77 S.) kl. 8. Leipzig 909. A. Hahn. p nn — 15

— für die Berufswahl der weiblichen Jugend Dresdens. Bearb. v. Dresdner Lehrerinnen-Verein. 2. Aufl. (68 S.) kl. 8. Dresden 908. (A. Köhler.) nn — 15

Ratgeber für die Berufswahl schulentlassener Knaben. (170 S.) Hamburg 1905

— bei der Berufswahl f. junge Mädchen. Hrsg. vom Stettiner Lehrerinnen-Verein, Gruppe f. soziale Hülfsarbeit. (64 S.) kl. 8. Stettin 910. F. Burmeister. — 20

Rathgeber, Biedermann's, in Feld, Stall und Haus. Jg. 4—13. 1878—1887. Leipzig

Rathgeber im Briefschreiben und Buchführen. Für das Privat- u. Geschäftsleben, namentlich für den Handwerker bearb. Mit einer Sammlung von Briefen u. vielen, zum Geschäftsbetrieb u. zur Buchführung nöthigen Formularien. Schaffhausen 856. Schalch. 8. (X, 192 S.) n. 12 ngr.

—— der, f. den Bürger u. Landmann. Hrsg. v. C. W. Peschel. 1. Jahrg. 1829. 1. Hft. July. Mit Vign. 4. (4½ B. u. 1 Stndr.) Bunzlau, Appun.

— chemisch-technischer. Zeitschrift f. die gewerbl. u. wirtschaftlichen Interessen der Inhaber u. Leiter chemisch-techn. Unternehmgn. usw. Allgemeiner deutscher Anzeiger f. die chem. Industrie u. verwandte Gewerbebetriebe. (Deutsche chem. Wochenschrift.) 6. u. 7. Jhrg. 1905 u. 1906. à 24 Nrn. (à ca. 8 S.) 4. Berlin (Polytechn. Buchh. A. Seydel.) à Jhrg. n.n. 5. —
Vergl.: Wochenschrift, deutsche chemische.

— chemisch-technischer. Zeitschrift f. die gewerbl. u. wirtschaftl. Interessen der Inhaber u. Leiter chem.-techn. Unternehmgn. usw. Allgem. deutscher Anzeiger f. die chem. Industrie u. verwandte Gewerbebetriebe. (Deutsche chem. Wochenschrift.) Hrsg. u. Schriftleitg. v. Hans Braun. 8.—10. Jahrg. 1907—1909. à 24 Nrn. (à ca. 8 S.) 31×24 cm. Berlin, (A. Seydel). à Jahrg. nn 5. —

— dasselbe. 11. Jahrg. 1910. 12 Nrn. (144 S.) Lex. 8. Leipzig-R., A. Hoffmann. nn 5. —

—— f. evangel. Christen auf d. Lande, besonders f. Solche, welche zerstreut u. entfernt von einer Kirche ihres Glaubens wohnen. gr. 8. (4¾ B.) Nürnberg 844, Raw'sche Buchh.

— christlicher, für Dienende. (Bremer Verein zur Verbreitung kleiner christlicher Schriften.) Bremen 853. J. G. Heyse. 16. (112 S.) n. 5 ngr.

Rathgeber, christlicher, für Dienende. 2. Aufl. Bremen 865. (Noltenius.) 8. (116 S.) 3 ngr.

Rathgeber, christlicher, f. Dienende. 3. Aufl. 8. (126 S.) Bremen 885. (Morgenbesser.) n. — 60

— christlicher, f. junge Frauen u. Mädchen, welche sich in der Fremde ihr Brot verdienen u. e. Liste der helfenden „Freundinnen", Heimaten, Mägde-Herbergen, Heimat- u. Jungfrauen-Vereine, Stellenvermittlgn., Hospize, Erholungshäuser u. s. w. (109 S.) 16. Berlin (W. 9, Köthenerstr. 43), 905. Bureau des deutschen National-Vorstandes. Kart. n. — 30

— für deutsche Beamte. Monatschrift f. die Gesamtinteressen aller Beamtenklassen. Schriftleitg.: H. Lorenz. Jahrg. 1908. 12 Nrn. (à ca. 20 S.) Lex. 8. Berlin, (O. Nahmmacher). 1. 50
Erscheint nicht mehr.

— f. Damen, Hausväter u. Hausmütter. 1s Bdchn., sa Kunstbuch, gemeinnütz. 3s Bdchn.

— f. Damen, Hausväter u. Hausmütter. 1s Bdchen. 8. Carlsruh, Macklot. 810.

Rathgeber, der, für junge Damen in allen Liebes- und Heiraths-Angelegenheiten, zugleich eine Anweisung, um von den heirathslustigen jungen Männern nicht übersehen zu werden und am leichtesten und sichersten zu einem passenden Bräutigam zu gelangen. Nebst Antworten auf Heirathsanträge. Altona 861. Heilbutt. 8. (32 S.) n. 10 ngr.

— diätet. medic., f. Schwangere, Gebährende rc. v. e. prakt. Arzte. 8. Chemnitz, Jacobäer. (Mauke) 805.

— diätisch-medizin., f. Schwangere, Gebärende, Wöchnerinnen u. Säugende. Von e. prakt. Arzte u. Geburtshelfer. Neue wohlfeile Ausgabe. 8. Chemnitz, Starke. 814.

—— für die, welche nach Nordamerika auswandern wollen. Lex.-8. (½ B.) Trier 843, Gall.

Rathgeber für alle Diejenigen, welche an Harnbeschwerden u. Harnverhaltung sowie andern diesen Krankheiten zu Grunde liegenden Übeln . . . leiden. Quedlinburg u. Leipzig 1826. V: *Westphal, Carl.* (Hdschr. Mitth. von Friedrich Müller, München)

— f. alle Diejenigen, welche an Harnbeschwerden u. Harnverhaltung, so wie an den, diesen Krankheiten z. Grunde liegenden Uebeln leiden. 8. Quedl. 826, Basse.

—— für alle Diejen., welche an Harnbeschwerden u. Harnverhaltung, so wie an den diesen Krankheiten zum Grunde liegenden Uebeln leiden. 2., verb. Aufl. 8. (9 B.) Quedlinburg 828, Basse.

Rathgeber für alle diejenigen, welche an Harnbeschwerden und Harnverhaltung, sowie an den, diesen Krankheiten zu Grunde liegenden Uebeln . . . leiden. 2. Aufl. Quedlinburg 1830. V: *Westphal, Carl.* (Zuwachsverz. d. Bibl. Zürich 1898 ff. 8.)

—— für alle diejenigen, welche an Pollutionen leiden und sich davon befreien wollen. Nebst Anweisung, das geschwächte Zeugungsvermögen in kurzer Zeit vollkommen zu beseitigen. Von einem prakt. Arzte. Mit einem Anh. 3., verm. Aufl. 8. (VII und 80 S.) Quedlinburg 863, Ernst'sche Buchh. *

— für alle diejenigen, welche an Pollutionen leiden u. sich davon befreien wollen. Nebst Anweisung, das geschwächte Zeugungsvermögen in kurzer Zeit vollkommen zu beseitigen. Von einem prakt. Arzte. Mit einem Anhang von Mitteln über Impotenz, Unfruchtbarkeit, Hülfe u. Schutz gegen Onanie. 4., verm. Aufl. 16. (96 S.) Quedlinburg 880. Ernst. n. 1. —

— für alle diejenigen, welche an Pollutionen leiden u. sich davon befreien wollen. Nebst Anweisung, das geschwächte Zeugungsvermögen in kurzer Zeit vollkommen zu beseitigen. Von e. prakt. Arzte. Mit e. Anh. von Mitteln üb. Impotenz, Unfruchtbarkeit, Hülfe u. Schutz gegen Onanie. 5. Aufl. 12. (96 S.) Quedlinburg 890. Ernst. n. 1. —

— f. alle diejenigen, welche an Verschleimung d. Halses, der Lungen u. d. Verdauungswerkzeuge leiden, (v. C. Westphal). 8. Quedlinb. . . . 2e Aufl. 823. 5e Aufl. 827. 6e Aufl. 830. Basse. 8 *K*

—— für alle Diejenigen, welche an Verschleimung d. Halses, d. Lungen u. d. Verdauungswerkzeuge leiden. 7., verb. Aufl. 8. (4 B.) Quedlinburg 841, Basse.

RATHGEBER, Der, fur diejenigen, so heurathen wollen; oder Anweisung wie man mit seinem Ehegatten glücklich und zufrieden leben kann. Mit color. Titelbild. Frankfurt bei P. J Döring, o. J. (c. 1798). 16⁰ 23 S.

Rathgeber für diejenigen, welche an Verschleimung des Halses . . . leiden. Quedlinburg 1822. V: *Westphal, Carl.* (MGT) »für alle« (Ky) (EngM)

— f. d. ges. Druckindustrie, Buchbinderei u. verw. Gewerbe. Red.: Max Pellnitz. 1.—3. Jahrg. 1896—1898. à 26 Nrn. (à ca 2 Bog. m. Abb.) Leipzig, E. Herfurth. à Jahrg. n. 2. —
Kann auch vierteljährlich bezogen werden.

— für die gesammte Druckindustrie, Buchbinderei u. verwandte Gewerbe. Red.: Max Pellnitz. 4. Jahrg. 1899. 26 Nrn. gr. 4. (à ca. 20 S. m. Abbildgn.) Leipzig, E. Herfurth. n. 2. —

— dasselbe. 5. Jahrg. 1900. 26 Nrn. gr. 4. (à ca. 20 S. m. Abbildgn. u. Taf.) Ebd. n.n. 2. 50

— dasselbe. 6. u. 7. Jahrg. 1901 u. 1902. à 26 Nrn. gr. 4. (à ca. 16 S. m. Abbildgn. u. Taf.) Ebd. à Jahrg. n.n. 4. —

— für die gesamte Druckindustrie, Buchbinderei u. verwandte Gewerbe. Red.: Max Pellnitz. 8. Jahrg. 1. Viertelj. Jan.—März 1903. 12 Nrn. (à ca. 12 S.) gr. 4. Leipzig, E. Herfurth. n.n. 1. —
Erscheint nicht mehr.

— zur Einführung der erziehlichen Knabenhandarbeit. Hrsg. vom deutschen Verein f. Knabenhandarbeit. 8. (120 S.) Leipzig 902. (Frankenstein & Wagner.) — 75

[J.] Ratgeber zur Einführung der Volks- und Jugendspiele. Hrsg. v E[mil] v Schenckendorff in Görlitz u. Dr. med. F[erdinand] A[ugust] Schmidt in Bonn a. Rh. Vorsitzenden d. Zentral-Ausschusses f. Volks- u. Jugendspiele in Deutschland. 2., gänzl. umgearb. Aufl. der 'allg. unterrichtenden Mitteilgn'. (Bearb.: A[ug.] Hermann, Turninsp. in Braunschweig.) *Leipzig: R. Voigtländer 1896.* (58 S.) 1 Bd 8.
= Schriften, Kleine, d. Zentralausschusses f. Volks- u. Jugendspiele in Deutschland. H. 1. [97. 4377

Ratgeber zur Einführung der Volks- und Jugendspiele. Im Auftr. u. unter Mitw. d. Zentral-Ausschusses neu bearb. von Turninsp. Aug. Hermann in Braunschweig. 3., verb. u. verm. Aufl. Leipzig: R. Voigtländer 1898. (104 S.) 8° [J.]
= Schriften, Kleine, d. Zentral-Ausschusses f. Volks- u. Jugendspiele in Deutschland. II. 1 [98. 8004

— für Einjährig-Freiwillige-Aspiranten u. für Reserve-Officiere (-Cadetten) im k. u. k. Heere. Zusammengest. v. e. k. u. k. Militär-Beamten. M. e. Anh., betr. d. Uebernahme v. Einjährig-Freiwilligen u. Reserve-Officieren in d. Berufsstand. 8. (VIII, 118 S.) Wien 896. (Schworella & Heick.) n. 2. —

Rathgeber bei Einkäufen. 32. (2 S. in qu. 8.) Berlin 872. Grieben. geb. — 50

—— in Einkommensteuersachen. Eine Anleitung für Jedermann zur richt. Declaration, sowie zur wirksamen Reclamation. Mit Beispielen erläutert von einem Sachverständigen. 8. (VII, 103 S.) Dresden 888, Meinhold und Söhne. cart. * 1 —

—— in Einkommensteuersachen. Eine Anleitg. f. Jedermann zur richt. Declaration, sowie zur wirksamen Reclamation. 2. Aufl. (VII, 105 S.) 890; 3. Aufl. 12. (VII, 112 S.) Dresd. 892, Meinhold u. Söhne. cart. * 1 —

— für den Eintritt in die kaiserl. Marine, m. Beschreibg. sämmtl. Laufbahnen u. der Rang-, Gehalts- resp. Löhnungsverhältnisse. Nach den neuesten amtl. Quellen zusammengestellt. 8. (IV, 36 S.) Kiel (901). „Deutsche Marine-Zeitg." n. — 75

Rathgeber auf der Eisenbahn. Wie reist man selbständig u. geschützt gegen Unfälle aller Art? Berather f. alle vorkomm. Verrichtgn. u. Verhaltungs-Maßregeln vor u. während der Reise. Gesetzliche Bestimmgn. üb. Rechte u. Pflichten der Eisenbahn-Reisenden. Abhandlung üb. die Sicherheit auf den Eisenbahnen. Allgemeine Sicherungsmaßregeln f. Eisenbahn-Reisende gegen Unglücksfälle. Rathschläge f. das Verhalten bei eintret. Unfällen. Bearb. v. e. Eisenbahn-Beamten. gr. 8. (24 S.) Gaildorf 883. (Schwäb.-Hall, German.) n. — 40

— f. kathol. Eltern. Weber's Führer durch kathol. Pensionate, Lehr- u. Erziehungsanstalten f. d. Schulj. 1909 u. 1910. 6. Jahrg. Hrsg. unter Mitwirkg. hervorrag. Schulmänner u. der betr. Institutsvorstände. (IV, 131 S. m. Abb.) gr. 8. Baden-Baden (909). P. Weber. 2. —

—— für Eltern, Lehrer und Bibliothekvorstände bei der Auswahl von Jugendschriften. Hrsg. von der Jugendschriften-Kommission des Lehrervereins zu Frankfurt a. M. 2. Jahrg. 1883. 8. (IV, 67 S.) Frankfurt a. M., Wilcke. * — 50
—— dass. — 3. Jahrg. 1884/85. 8. (51 S.) Ebendas. * 1 —
1. Jahrg. u. d. T.: Verzeichniß der von der Jugendschriften-Kommission des Lehrervereins zu Frankfurt empfohlenen Bücher.

—— für Eltern, Lehrer und Bibliothekvorstände bei der Auswahl von Jugendschriften. Hrsg. von der Jugendschriften-Kommission des Lehrervereins zu Frankfurt a. M., Jahrg. 1887/88. gr. 8. (24 S.) Frankfurt a. M., Neumann. * — 40

Rathgeber, d. erfahrne; od. Auswahl d. neuesten allgem. nützl. Vorschriften, Mittel u. Kunststücke, siehe Kunstkabinet, physikal., ökonom., chem., techn. 3s.

— d. erfahrene, beim Einkauf d. Pferde. 8. Marb. 806. Krieger. 4 *K*

— der erfahrene, für Land-, Haus- und Gartenwirthschaft. Ein Hausbuch, für jede Familie berechnet. Zusammengetragen aus den neuesten Zeitschriften bester Aerzte, Landwirthe und großer berühmter landwirthschaftlicher Vereine von J. A. R. 2., unveränd. Aufl. Rheineck 800. (Leipzig, Werner.) gr. 8. (VIII, 104 S.) 14 ngr.

RATHGEBER, Der erfahrene, für Liebende oder die Kunst Liebe zu gewinnen und zu erwiedern. 3. Auflage. Leipzig 1847 8⁰. (1 Mk., Hfrz., Jos. Jolowicz, Posen, 1908.)
Zuerst gedr. c. 1840?

Der erfahrne *Rathgeber* f. Pferde-Besitzer od. Verhaltungsregeln, Recepte u. Operationsvorschriften .. Besonders f. Officier im Felde. Berl. 1801. 170 S.
[— neue Tit.-Aufl., m. Tit.:] Taschenbuch f. Pferde-Besitzer, od. Verhaltungsregeln, Recepte u. Operationsvorschriften . . . Besonders f. Officiere im Felde. Berl. u. Leipz. [1817]. 170 S.

— d. erfahrne f. Pferdebesitzer x. 8. Berl. Matzdorf. (Rauck) 801.

Anonym: „Der erfahrene Rathgeber beim Rechnen, für den Bürger und Landmann; oder 28 Tabellen, die die beim Ein- und Verkauf vorkommenden Fälle richtig ausgerechnet enthalten". Erfurt 1810 (Müller).

— der erfahrne, f. alle Stände, od. nützl. u. belehr. Handbuch f. Künstler, Handwerker 2c. Mit Abbildd. gr. 8. Bamb. 822. Wesché in Frankf. a. M. 18 gr

—— erfahrner, f. Frauen u. Köchinnen, enthalt. 216 Anweisungen zum Trocknen, Einmachen u. Aufbewahren aller Gartenfrüchte, nebst e. gründl. u. vollständ. Unterr. z. Besorgung d. Kellers u. d. Vorrathskammer, so wie z. Verrichtung d. gewöhnl. häusl. Geschäfte u. der zweckmäß. Anwend. verschied. Gesundheitsmittel. Neue Ausg. 8. (13½ B.) Quedlinburg 833, Ernst.

Rathgeber, erfahrner, f. Frauen u. Köchinnen, enth.: 212 Anweisn. z. Trocknen, Einmachen u. Aufbewahren aller Gartenfrüchte, nebst e. gründl. u. vollständ. Unterr. z. Besorg. d. Kellers u. d. Vorrathskammer 2c. 2., verb. Ausg. 8. (12 B.) Quedlinburg 840, Ernst'sche Buchh. Thlr.

— der erprobte, für Hausväter u. Hausmütter in d. Stadt u. beim einsamen Landleben, oder vollständ. Samml. erprobter Rathschläge, Recepte u. Mittel, wie man mit Ehren u. Vortheil die Geschäfte der Küche, des Kellers, des Gartens 2c. verrichten soll. Nebst e. medicin. Hülfsbuch. 2 Bde. gr. 8. Kaschau 825. Wigand. 2 ₰

— der, f. den Erwerb e. Hauses. Hrsg. vom Münchener Hausverwaltungs- u. Vermittlungsbureau. 12. (11 S.) München (900). (E. Scherzer.) 1. 50

Ratgeber beim Fabrikbetriebe. Zeitsparende Lehr- u. Nachschlagebücher f. die Bedürfnisse der gewerbl. Betriebe. 1. Bd. 8. Leipzig, M. Schäfer. Geb. in Leinw. n. 3. —
Die Triebwerke (Getriebe, Transmissionen). Erfahrungssätze u. Tabellen zur Verwendg. bei Anlage, Veränderg. u. Instandhaltg. der Triebwerke. Von Paul Köppe. Mit 270 Abbildgn. (VIII, 192 S.) 902.

— f. die Familie, s.: Für unsere Frauen.

—— für die christliche Familie m. dem Beiblatt: Jugendhort. Redact.: M. C. Neumann. 1. Jahrg. 1890. 24 Nrn., u. 2. Jahrg. 1891, 1. Sem. 12 Nrn. (à Nr. ¾ Bog.) gr. 4. u. Beiblatt (½ Bog.) gr. 8. Düsseld., Schwann. à Semester 1 20
Nicht weiter erschienen. — Das Beiblatt „Jugendhort" wird fortgesetzt (s. d.)

— in Feld, Stall u. Haus, s.a. Biedermann.

Rathgeber, der, in Feld, Stall und Haus. Eine Sammlung von prakt. Versuchen und Fortschritten in allen Zweigen der Landwirthschaft. Hrsg. von Rich. Biedermann. 1.—3. Jahrg. 1875—1877. à Jahrg. 12 Nrn. (Bog.) gr. 8. Leipzig, Schmidt und Günther. à Jahrg. * 3 —
—— dass. — 4. und 5. Jahrg. 1878 und 1879. à Jahrg. 12 Nrn. (Bog.) gr. 8. Leipzig, H. Voigt. à Jahrg. * 3 —

—— der, in Feld, Stall und Haus. Eine Sammlung von prakt. Versuchen und Fortschritten in allen Zweigen der Landwirthschaft. Hrsg. von Rich. Biedermann. 6. Jahrg. 1880. 1. Semester. 6 Nrn. (Bog.) gr. 8. Leipzig, H. Voigt. * 1 50
—— dass. — 6. Jahrg. 1880. 2. Semester. 6 Nrn. (Bog.) gr. 8. Leipzig, Leiner. * 1 50
Fortsetzung s. Biedermann, Rich.

— finanzieller. Organ f. Finanz- u. Versicherungswesen. Red.: P. Dalsasso. Hrsg.: R. Schoinstein. 1. Jahrg. Aug. 1891—Juni 1892. 36 Nrn (Bog.) gr. 4. Wien. (Leipzig, Literar. Anstalt A. Schulze.) n. 2. —

— dasselbe. Zeitschrift f. Finanz-, Bank- u. Versicherungswesen m. besond. Rücksichtnahme auf: Kapitals-Anlage u. Börse-Transactionen. Hrsg.: R. Bettelheim. Red.: L. Riedling. 2. Jahrg. Juli—Decbr. 1892. 36 Nrn. (Bog.) gr. 4. Ebd. n. 2. —

— dasselbe. Hrsg.: A. Bettelheim. Red.: Ferd. Schneid. 3. Jahrg. 1893. 36 Nrn. (1½ Bog.) gr. 4. Ebd. n. 4. —

— f. junge Frauen, in d. Stadt u. a. d. Lande, od. Rath Friedheims, Röschens ökonom. Wanderungen, m. M. K. 8. Leipz. Müller. (Sommer) 802.

Freier Ratgeber u Fuhrer d dten Auswanderers n d VS v N-A. Kreutznach, 1849

— der freundl., für Alle, die an Unverdaulichkeit u. Magenschwäche leiden od. sie fürchten; nach d'Aubenton, Hildebrand, Hufeland u. a. 8. Pesth 822, Hartleben.

— d. freundliche, f. Dienstboten aller Art, od. gut gemeinte Anleit., wie sich dienende Personen in ihrem Verhältniß benehmen müssen, um die Liebe, das Vertrauen u. die Achtung ihrer Herrschaften zu gewinnen. 8. Leipz. 817. Mag. f. Ind. 4 gr

— der freundliche, für Grund- und Hausbesitzer, dann für Mieth- und Bestandnehmer, oder: Wie verwerthet man, ohne Wucher, Localitäten 2c. zu noch höherem Zinsertrage, als seither, und wie wohnt man dennoch bequem und billig in Miethe? Mit dem Umschlagstitel: zwei zeitgemäße Winke. 8. Gratz 846, Ludwig. n. ⅓ ₰

— f. Fuhrwerks- u. Pferdebesitzer, enth. d. f. dieselben wichtigsten gesetzl. Bestimmgn., d. neuesten f. d. Fahr- u. Reitverkehr in Leipzig gelt. straßenpolizeilichen Vorschriften 2c. 8. (32 S. m. 1 Plan.) Leipzig 895. G. Kürsten. — 60

— in Gold- u. Rechtsfragen. 1. 2. u. 7.—9. Bd. 8. Leipzig, C E. Poeschel à n. 1. —; geb. n. 1. 50
1. Kapital-Anlage u. Wertpapiere. Ein Ratgeber bei Ankauf, Verwaltg. u. Aufbewahrg. v. Wert-Papieren. Mit e. Anh.: Die Börse u. ihre Geschäfte. Von Geo. Obst. 2. vollst. umgearb. Aufl. (13—16. Taus.) (99 S.) 906.
2. Der Depositen- u. Kontokorrentverkehr. Ein Ratgeber f. den Verkehr m. dem Bankier Allgemeinverständlich dargestellt. Von Geo. Obst. 5. veränd. u. verm. Aufl. (78 S.) 903.
7. Der Kaufmann u. seine Angestellten. Gemeinfassliche Darstellg. ihrer Rechte u. Pflichten. Von Thdr. Fuchs. (92 S.) 903.
8. Die Kaufmannsgerichte, ihre Verfassung u. ihr Verfahren. Zum prakt. Gebrauch f Kaufleute, Handlungsgehilfen u Kaufmannsgerichtsbeisitzer dargestellt. Von Walth. Graef. (95 S.) 904.
9. Die Bilanz. Die Arten u. Formen, der Zweck, das Wesen u. die Bedeutg. der kaufmänn. Bilanz. Leichtfassl. Anleitg. zum Lesen, Beurteilen u. Prüfen v. Bilanzen m. vielen prakt. Beispielen. Von Heinr. Brosius. (VIII, 64 S.) 906.
Die Hefte 3—6 erschienen ohne Sammeltitel.

— in Geld- u. Rechtsfragen, 10. u. 11. Bd. 8. Leipzig, C. E. Poeschel. 2.50; geb. 3. 50
Hessenius, C., Rechnungsführung im Haushalt. 1. Tl. Prakt. Anleitg. f. Eheleute zur Einteilg. ihres Einkommens. (VII, 100 S.) 907. (10. Bd.) 1.25; geb. 1. 75
— dasselbe. 2. Tl. Prakt. Anleitg. f. Eheleute zur Verwaltung ihres Vermögens. (X, 100 S.) 907. (11. Bd.) 1.25; geb. 1. 75

— für Gemeinde u. Ortsvorsteher in den Dörfern, Märkten u. Städten Baierns, die keinen Magistrat haben, ein Handbuch f. Gemeindeschreiber. 8. Regensb. 823, Daisenberger.

—— für Gemeinde- oder Ortsvorstände in d. Dörfern, Märkten u. Städten Bayerns, die keine Magistrate haben. Ein unentbehrl. Handb. auch f. die Gemeindeschreiber. 2., wohlf. Ausg. 8. (14 B.) München 829, Daisenberger.

Rathgeber, der gemeinnütz., beim Briefschreiben so wie bei Abfassung and., im bürgerl. Leben häufig vorkomm. schriftl. Aufsätze. Nebst e. Verzeichnisse der im gemein. Leben am häufigsten vorkomm. fremden Wörter, wie solche richtig zu schreiben sind. 2—4. Aufl. (à 13½ B.) 8. Eisenberg 829—31, Schöne. à

—— der gemeinnütz., beim Briefschreiben so wie bei Abfass. anderer, im bürgerl. Leben häufig vorkomm. schriftl. Aufsätze. Nebst e. Verzeichn. der im gem. Leben am häufigsten vorkomm. fremden Wörter, wie solche richtig zu schreiben sind. 5. Aufl. 8. (13½ B.) Eisenberg 836, Schöne'sche Buchh.

—— d. gemeinnützige, beim Briefschreiben, sowie bei Abfassung anderer im bürgerl. Leben häufig vorkomm. schriftl. Aufsätze. Nebst e. kurzen Anweisung z. Rechtschreiben u. e. Verzeichnisse d. im gemeinen Leben am häufigsten vorkommenden fremden Wörter, wie solche richtig zu schreiben sind. 6. u. 7. Aufl. (à 13½ B.) 843, 44. à 11¼ Ngr. u. 8., verb. u. verm. Aufl. 8. (13¾ B.) Eisenberg 846, Schöne'sche Buchh.

— der gemeinnützige, beim Briefschreiben, so wie bei Abfassung anderer im bürgerlichen Leben häufig vorkommenden schriftl. Aufsätze. Nebst einer kurzer Anweisung zum Rechtschreiben u. einem Verzeichnisse der im gemeinen Leben am häufigsten vorkommenden fremden Wörter, wie solche richtig zu schreiben sind. Vom Verf. des helfenden Freundes beim Schreibunterrichte. 8., verb. u. verm. Aufl. 8. (VI u. 208 S.) Eisenberg 850, Schöne. 12 ngr — 9. (Titel-) Aufl. 8. (VI u. 208 S.) Ebd. 851. ⅜ rf

— gemeinnütziger. Prakt. Wochenblatt f. Haus u. Küche, Gesundheitspflege, Land- u. Forstwirtschaft, Gartenbau, Tierzucht, insbesondere Vogel- u. Geflügelzucht, Bienenzucht, Ziegen- u. Kaninchenzucht ꝛc., Tierschutz, Sport, Gewerbe u. Industrie ꝛc. Red. A. Kellen. 1. Jahrg. Oktbr.—Dezbr. 1898. 13 Nrn. (à ca. 2 Bog.) hoch 4. Essen, Fredebeul & Koenen. — 60

— gemeinnütziger. Praktisches Wochenblatt f. Haus u. Küche, Gesundheitspflege, Land- u. Forstwirtschaft, Gartenbau, Tierzucht, insbesondere Vogel- u. Geflügelzucht, Bienenzucht, Ziegen- u. Kaninchenzucht ꝛc., Tierschutz, Sport, Gewerbe u. Industrie ꝛc. Red.: T. Kellen. 2.—5. Jahrg. 1899—1902. à 52 Nrn. Fol. (à ca. 16 S.) Essen, Fredebeul & Koenen. à Jahrg. 2. —

— gemeinnütziger. Prakt. Wochenblatt f. Haus u. Küche, Gesundheitspflege, Land- u. Forstwirtschaft, Gartenbau, Tierzucht, insbesondere Vogel- u. Geflügelzucht, Bienenzucht, Ziegen- u. Kaninchenzucht etc., Tierschutz, Sport, Gewerbe u. Industrie etc. Organ des rhein. Vogelschutz- u. Kanarienzüchter-Bundes, des Geflügelzucht-Vereins f. den Stadt- u. Landkreis Essen-Ruhr usw. Red.: T. Kellen. 6.—9. Jahrg. 1903—1906. à 52 Nrn. (à 16 S.) 4. Essen, Fredebeul & Koenen. à Jhrg. n. 2. —

— gemeinnütziger. Praktisches Wochenblatt f. Haus, Hof u. Garten. Red.: T. Kellen. 10.—13. Jahrg. 1907 bis 1910. à 52 Nrn. (à ca. 16 S. m. Abb.) 31×23,5 cm. Essen, Fredebeul & Koenen. à Jahrg. 2. —
Erscheint nicht mehr.

Gemeinnütziger Ratgeber für Stadt und Land Jahrgang 1, 1901? ?
Fortnightly supplement to Deutsche Post. Large quarto, each issue 8 pages.
Sao Lourenco do Sul

RATHGEBER für Genossenschaftagründungen des Bundes der Landwirthe. Berlin 1896. Druck von Wilhelm Isleib. 8° Dasselbe: Berlin 1901.

Ratgeber fur Genossenschaftagründungde des Bundes der Landwirte. Berlin 1898. LGK

—— der geprüfte u. vorsichtige, f. alle diejen., welche sich vor d. Cholera fürchten. Ein Trost- u. Hülfsbüchl. f. jede Familie. 8. (1 B.) Frankfurt a. M. 831, Döring.

Rathgeber und Hausfreund, Der sorgfältig geprüfte, oekonom.-praktische, ein höchst gemeinnütziges Taschenbuch für Jedermann . . . Gotha 1836. V: *Wölfer, Marius.* (EngOec) (Ky)

—— und Hausfreund, d. sorgfält. geprüfte, ökonomisch-praktische, e. höchst gemeinnütz. Taschenb. f. Jedermann, besond. aber f. Oekonomie-Wirthschaft treib. Haushaltungen. (Von M. Wölfer.) gr. 8. (5¾ B. u. 6 Zeichn.) Gotha 836, Hennings'sche Buchh.

— der gerichtliche, f. Hauseigenthümer u. Miether; von e. prakt. Juristen. 8. Berl. 826. Maurers B. 12 gr

— der gerichtliche, für Hauseigenthümer u. Miether; ein Hülfsbuch ꝛc. Von einem prakt. Juristen. 8. Berlin 828. Jetzt Heymann. ½ rf

Ratgeber auf dem Gesamtgebiete des Lebens. Hrsg Emil Rothenberg, Bielefeld. [Jg. 1], No 1 (Bielefeld) 1908: (E. Siedhoff). 4° [F.] (08.1912)

Rathgeber, Der, bei schriftlichen Geschäften, welche Vorsicht erfordern. Berlin 1802. V: *Knoblauch, Frdr. Heinr.* (Hitzig) (Ky) (MGT)

— bei schriftl. Geschäften, als Anh. z. Berlin. Briefsteller. 8. Leipz. 802. (W. Rauck). 4 gr (Centr.-Compt). 6 gr

— bey schriftl. Geschäften, als Anhang z. berlin. Briefsteller. 8. Leipz. Sommer. 802. Rthlr.

Anonym: „Der Rathgeber für das schöne Geschlecht, bey der Toilette sowohl als in ihrer Haushaltung", Leipzig 1807 (Verlagskompt.).

—— der gesellschaftliche. Ein Hülfsbüchlein zur gesellschaftl. Unterhaltung im freundschaftlichen Vereine. 8. Nürnberg, Stein. 816.

— d. gesellschaftliche. Ein Hülfsbüchlein z. gesellschaftl. Unterhaltung im freundschaftl. Vereine. 8. Nürnb. 816. 2e Aufl. Mit 1 Kpf. gr. 12. Ebd. 828. Bauer u. R. 16 gr

— d. gesellschaftliche, zur Erleichterung unterhaltender Spiele im freundschaftlichen Verein. 12. Nördlingen, Beck. (Feind in Leipz.) 810.

—— der gesellschaftl., e. Hülfsbüchl. z. gesellschaftl. Unterhaltung im freundschaftl. Vereine. 2., ganz umgearb. Aufl. M. 1 Titkpfr. gr. 12. (11½ B.) Nürnberg 828, Bauer u. Raspe.

Rathgeber, der gesetzkundige, für Ehe-, Erb- und Vormundschafts-, sowie Familien- und Eigenthums-Angelegenheiten im Gebiete des preußischen Landrechts. Zum prakt. Gebrauch für Jedermann, insbesondere für Familienväter, Eheleute, Vormünder ꝛc. Mit vielen Formularen zu Testamenten, Codicillen, Inventarien, Schenkungs-Verträgen, Anträgen und Klagen in Testaments- und Ehesachen, zu Schwängerungs-Alimentationsklagen, sowie zu Schemas in Vormundschafts-Angelegenheiten, Erziehungsberichten ꝛc. nach der deutschen Civilprozeß-Ordnung und den Ergänzungs-Gesetzen. 3. verb. Aufl. 8. (VIII, 184 S.) Mülheim 880, Bagel's Verlagsh. 1 50

Rathgeber, der gesetzkundige, in Ehe-, Erb- u. Vormundschafts-, Familien- u. Eigenthums-Angelegenheiten, sowie in Schöffen- u. Schiedsgerichts-Sachen im Gebiete des preußischen Landrechts. Zum prakt. Gebrauch für Jedermann, insbesondere für Familienväter, Eheleute, Vormünder ꝛc. Mit vielen Formularen zu Testamenten, Codicillen, Inventarien, Schenkungs-Verträgen, Anträgen u. Klagen in Testaments- u. Ehesachen, zu Schwängerungs-Alimentationsklagen, sowie zu Schemas in Vormundschafts-Angelegenheiten, Erziehungsberichten ꝛc. nach der deutschen Civilprozeß-Ordnung u. den Ergänzungs-Gesetzen. 4., verb. u. verm. Aufl. 8. (VIII, 204 S.) Mülheim 881. Bagel. 1. 60

—— der gesetzkundige, in Ehe-, Erb- und Vormundschafts-, Familien- und Eigentums-Angelegenheiten, sowie in Schöffen- und Schiedsgerichts-Sachen im Gebiete des preuß. Landrechts. Zum prakt. Gebrauch für jedermann, insbesondere für Familienväter, Eheleute, Vormünder ꝛc. Mit vielen Formularen zu Testamenten, Kodizillen, Inventarien ꝛc. 5. verb. und verm. Aufl. 8. (VIII, 210 S.) Mülheim 885, Bagel's Verlagsh. 1 60

Ratgeber, der gesetzkundige, in Ehe-, Erb- u. Vormundschafts-, Familien- u. Eigentums-Angelegenheiten, sowie in Schöffen- u. Schiedsgerichts-Sachen im Gebiete d. preußischen Landrechts. Zum prakt. Gebrauch f. jedermann, insbesondere f. Familienväter, Eheleute, Vormünder, Mündel, Geistliche, Erben, Rentner, Kapitalisten, Hausbesitzer, f. Geschworene, Schöffen u. Schiedsmänner. Mit vielen Formularen. 6., verb. u. verm. Aufl. 8. (VIII, 223 S.) Mülheim a/Rh. 890. Bagel. 1. 80

— der gesetzkundige, f. Familien-, Erb- u. Vormundschafts- sowie Eigenthums-Angelegenheiten im Gebiete d. preußischen Landrechts. Zum prakt. Gebrauch f. Jedermann insbesondere f. Familienväter, Eheleute, Vormünder 2c. Mit vielen Formularen zu Testamenten, Codicillen, Inventarien 2c. Hrsg. u. bearb. vom Verf. d. Haus- u. Geschäfts-Advokaten 2c. gr. 8. (VIII, 127 S.) Mühlheim a. d. R. 872. Bagel. 1. —

— für Gesunde u. Kranke. Volkstümliches Wochenblatt f. naturgemäße Heilweise u. Körperpflege. Hrsg. v. Max Lindner. 1.—4. Jahrg. Oktbr. 1889—Septbr. 1893. à Jahrg. 52 Nrn. (Bog.) gr. 4. [Lpz., M. Hesse.] Dresd., Bloem. à Jahrg. * 4 —
Der 1. Jahrg. ist v. Ewald Paul herausgegeben.

— für Gesunde u. Kranke. Volkstümliches Wochenblatt f. naturgemäße Heilweise u. Körperpflege. Unter Mitwirkg. hervorrag. Fachmänner hrsg. v. Max Lindner. 3. Jahrg. Oktbr. 1891 Septbr. 1892. 52 Nrn. (Bog.) gr. 4. Leipzig, M. Hesse. n. 4. —

— dasselbe. 4. Jahrg. 1. u. 2. Quart. Oktbr. 1892— März 1893. 26 Nrn. (Bog.) gr. 4. Ebd. n. 2. —

— dasselbe. 4. Jahrg. 3. Quart. April—Juni 1893. 13 Nrn. (Bog.) gr. 4. Dresden, Jul. Bloem. n. 1. —
Wurde im Juli 1893 mit dem „Gesundheitsrath" (Verlag des „Gesundheitsrath" in Stuttgart) verschmolzen

— für Gesunde u. Kranke, parteilose, illustr. Wochenschrift f. zielbewußte Körperpflege in Familie u. Schule. Unter Mitwirkg. hervorrag. Gelehrter u. Fachmänner hrsg. v. Arnold Braß. 1. Jahrg. Oktbr. 1899—Septbr. 1900. 52 Nrn. gr. 8. (à ca. 16 u. 8 S. m. Taf.) Wernigerode, Riedel & Co. 7. —

— f. Gesundheitspflege u. kleines Gesundheits-Lexikon, s.: Thalysia-Bibliothek.

—d. getreue u. aufrichtige, bei Augenkrankheiten, von e. prakt. Arzte. 8. Leipz. 801. Linke. 4 ℊℊ

— gewerblich-technischer. Zeitschrift f. Unfallverhütg., Gewerbehygiene u. Arbeiterwohlfahrt sowie f. Genehmigg., Feuersicherheit, Einrichtg. u. Betrieb gewerbl. Anlagen. Hrsg. unter Mitwirkg. des Vereins deutscher Revisions-Ingenieure von Werner Hoffter. 1. Jahrg. Juli 1901—Juni 1902. 12 Hfte. hoch 4. (à ca. 20 S. m. Abb.) Berlin, A. Seydel. n. 6. —

— dasselbe. Hrsg. unter Mitwirkg. des Vereins deutscher Revisions-Ingenieure v. Gust. Fischer. 2. Jahrg. Juli 1902—Juni 1903. 12 Hfte. hoch 4. (à ca. 16 S. m. Abbildgn.) Ebd. n. 10. —

— gewerblich-technischer. Zeitschrift f. die techn. u. wirtschaftl. Fragen der Industrie mit besond. Berücksicht. der Unfallverhütg., Gewerbehygiene u. Arbeiterwohlfahrt. Hrsg. unter Mitwirkung des Vereins deutscher Revisions-Ingenieure v. Ludw. Kolbe. 3.—6. Jahrg. Juli 1903—Juni 1907. à 24 Hefte. (à ca. 18 S. m. Abbildgn.) hoch 4. Berlin, A. Seydel.
3. Jhrg. n. 10. —; 4. Jhrg. n. 11. —; 5. u. 6. Jhrg. à n. 12. —

— gewerblich-technischer, Forsetzung, s.: Sozial-Technik.

— bei Gewittern, od. Verhaltungsregeln, wie man sich an allen Orten auch ohne Blitzableiter vor d. schädl. Folgen d. Blitzes sichern kann. 8. Pirna 807. Friese. 4 ℊℊ

— der, für Handwerker. Ein getreuer Führer durch alle Verhältnisse des Familien- u. Geschäftslebens insbesondere für den Handwerkerstand u. Geschäftsmann als die nützlichste Mitgabe auf seinen Lebensweg. Enth.: Deutsche Sprachlehre. — Der Briefsteller. — Buchhaltung. — 2c. Leipzig 863. Sturm & Koppe. gr. 8. (VIII, 552 S.) 1 ℛ 6 ngr.

— für das Haus. 1. u. 2. Hft. 12. Warnsdorf, A. Opitz. à n. — 20
1. Astronomisches, Erd- u. Völkerkunde, Wahlgesetz u. Wahlrecht, Gesammelte Winke f. Haus, Küche, Krankenstube, Landwirthschaft u. Literatur. (48 S.) 896.
2. Schlagworte, moderne. Gesammelte Winke für Haus, Küche, Krankenstube, Landwirthschaft, Rechtsgebiet. (47 u. IV S.) 897.

— für Hausbesitzer. Alphabetisch geordnete Sammlg. v. Ratsverordngn., Polizeiverfüggn. u. Gesetzes-Bestimmgn., die Hausbesitzer betr., besonders f. Leipzig u. Umgebg. Hrsg. v. allgem. Hausbesitzer-Verein zu Leipzig. gr. 8. (74 S.) Leipzig (Ritterstr. 4) 902. Allgemeiner Hausbesitzer-Verein. — 75

Ratgeber f. Hausbesitzer. Alphab. geordn. Sammlung v. Ratsverordngn., Polizeiverfüggn. u. Gesetzes-Bestimmgn., die Hausbesitzer betr., besonders f. Leipzig u. Umgebg. Mit Kalender f. d. J. 1905. Hrsg. vom allgem. Hausbesitzer-Verein zu Leipzig. (133 S.) kl. 8. Leipzig (Ritterstraße 4) 905. Allgem. Hausbesitzer-Verein. — 75

— f. Hausbesitzer. Alphabetisch geordnete Sammlg. v. Ratsverordngn., Polizeiverfüggn. u. Gesetzesbestimmgn. den Hausbesitz betr., besonders f. Leipzig u. Umgebung. Hrsg. vom allgemeinen Hausbesitzer-Verein zu Leipzig. 4. Aufl. (176 S.) kl. 8. Leipzig (Ritterstr. 4) 909. Allgemeiner Hausbesitzer-Verein. — 75

— für jeden Hausbesitzer, sein Haus gegen den lästigen Rauch zu sichern u. durch gute Schornsteine seine Feuerungs-Anlagen zu vervollkommnen. 8. Coblenz 827. (Gelehrte B.)

— f. jeden Hausbesitzer, sein Haus gegen d. lästigen Rauch zu sichern u. durch gute Schornsteine seine Feuerungs-Anlagen zu vervollkommnen. 8. Coblenz 827. (Hergt). 9 ℊℊ

— — für Hausbesitzer, wie das Personal-Einkommensteuer Bekenntniß verfaßt werden soll. Mit einem Bekenntniß Formulare, welches mit einem praktischen Beispiele ausgefüllt ist. Zweites Tausend. 8. (38 S.) —.20
Wien: Hölder 1898.

Ratgeber, der häusliche, in allen Angelegenheiten des täglichen Lebens. (48 S.) gr. 8. Budweis 910. Verlagsanstalt „Moldavia". — 20

— häuslicher. Praktisches Wochenblatt f. Hauswirtschaft u. Gesundheitspflege. Red.: R. Schneeweiß. 1. Jahrg. 1886/87. 52 Nrn. (B.) gr. 4. Breslau, (Zimmer). n.n. 3. —

Rathgeber, häuslicher. Praktisches Wochenblatt für Hauswirtschaft und Gesundheitspflege. Redakt.. Rob. Schneeweiß. 2. Jahrg. 1888. 52 Nrn. (à Nr. 1—1½ Bog.) gr. 4. Breslau, Schneeweiß. * 4 —

— häuslicher. Praktisches Wochenblatt f. alle deutschen Hausfrauen. 3.—6. Jahrg. 1889—1892. à Jahrg. 52 Nrn. (à Nr. 1—1½ Bog.) gr. 4. Vom 5. Jahrg. an mit „Mode u. Handarbeit". 26 Nrn. u. „Für unsere Kleinen". 26 Nrn. 8. Bresl., Schneeweiß.
3. u. 4. Jahrg. à * 4 —; 5. u. 6. Jahrg. à * 5 —

— häuslicher. Praktisches Wochenblatt f alle deutschen Hausfrauen. 5.-8. Jahrg. 1891—1894. à 52 Nrn. (à ca. 1½ Bog.) gr. 4. Nebst Mode u. Handarbeit. à 26 Nrn. u. Für unsere Kleinen. à 26 Nrn. 8 Breslau, R. Schneeweiß. à Jahrg. n. 5. —

— häuslicher. Prakt. Wochenblatt f. alle deutschen Hausfrauen. 9. Jahrg. 1895. 52 Nrn. (à ca. 20 S.) gr. 4. Nebst Mode u. Handarbeit. 26 Nrn. u. Für unsere Kleinen. 26 Nrn. 8. Breslau. Berlin, R. Schneeweiß. 5. —

— dasselbe. Prakt. Wochenblatt f. alle deutschen Hausfrauen. 10.—12. Jahrg. 1896—1898. à 52 Nrn. (à ca. 20 S. m. Abb.) gr. 4. Ebd. à Jahrg. 5. 60
Kann auch vierteljährlich bezogen werden.

— häuslicher. Praktische Mitteilgn. f. Handel, Gewerbe, Haus- u. Landwirtschaft, Küche, Keller u. Garten. Hrsg. u. Red.: Jos. Seidel. Jahrg. 1898 u. 1899. à 26 Nrn. gr. 4. (à ca. 8 S.) Wien (VII/2, Neustiftsgasse 3), J. Seidel. à Jahrg. 4. —

— dasselbe. Mit 5 Beilagen: Welt-Post, Handel u. Wandel — Spiel u. Sport — Feld u. Garten — Deutsche Mode u. Handarbeit. Hrsg. u. Red.: Jos. Seidel. Jahrg. 1900. 26 Nrn. gr. 4. (à ca. 20 S. m. Schnittmusterbog.) Ebd. n. 4. —

— häuslicher. Praktisches Wochenblatt f. alle deutschen Hausfrauen. 13.—16. Jahrg. 1899—1902. à 52 Nrn. gr. 4. (à ca. 20 S. m. Abbildgn.) Berlin, R. Schneeweiß. à Jahrg. 5. 60

— häuslicher. Prakt. Wochenblatt f. alle deutschen Hausfrauen 17.—20. Jahrg. 1903—1906. à 52 Nrn. (VIII, 880; VIII, 880; VIII, 900 u. VIII, 880 S m. Abbildgn.) 4. Berlin, R. Schneeweiß. à Jhrg. 5. 60
Auch in Ausg. f. Oesterreich-Ungarn.

— häuslicher. Praktisches Wochenblatt f. alle deutschen Hausfrauen. Illustr. Familien- u. Modenzeitg. Hrsg. v. Adf. Schneeweiß. 22.—25. (Jubiläums-)Jahrg. Oktbr. 1907—Septbr. 1911. à 52 Hefte. (à ca. 24 S. m. Abb. u. Schnittbog.) 33,5×24,5 cm. Berlin, H. Hillger. à Jahrg. 7. 80

—— für's Hauswesen. [Gratisbeigabe zur „Monika".] 4. Jahrg. 1886. 12 Nrn. (à Nr. ½ Bog.) Lex.-8. Donauwörth, Auer. * 1 —
—— dass. — 5. und 6. Jahrg. 1887 und 1888. à Jahrg. 26 Nrn. (Bog.) 4. Ebendas. à Jahrg. * 1 —

—— fürs Hauswesen. Redact.: Emy Gordon. 7.—10. Jahrg. 1889—1892. à Jahrg. 26 Nrn. (à Nr. ½ Bog.) gr. 8. Donauwörth, Auer. à Jahrg. * 1 —

Ratgeber fürs Hauswesen. Red.: Emy Gordon. 9.—12. Jahrg. 1891—1894. à 26 Nrn. (½ Bog.) gr 8. Donauwörth, L. Auer. à Jahrg. n. 1. —

— fürs Hauswesen. Red.: Emy Gordon. 13. u. 14. Jahrg. 1895—1896. à 26 Nrn. (à ca. 8 S.) gr. 8. Donauwörth, L. Auer. à Jahrg. n. 1. —
Seit 1897 mit „Monika" verschmolzen.

— hygienischer (vorm. hygien. Quartal). Monatlich (außer Juni, Juli u. Aug.) erschein. Organ f. naturgemäße Lebens-, Erziehungs- u. Heilweise. Schriftleitung: O. Zschommler. 3. Jahrg. 1902. 9 Nrn. gr. 8. (à ca. 32 S. m. Abbildgn.) Leipzig, O. Borggold. n. 1. 50
Vergl.. Quartal, hygienisches.

— hygienischer. Organ f. naturgemässe Lebens-, Erziehungs- u. Heilweise. Nachrichtenblatt des deutschen Einkaufsverbandes f. Gesundheitsartikel. Schriftleitg : Olga Zschommler. 4.—5. Jahrg. 1903 u. 1904. à 12 Nrn (à ca. 16 S.) gr. 8. Leipzig, O. Borggold. à Jhrg. n. 1.50

— dasselbe. Blätter f. naturgemässe Gesundheitspflege u. Erziehg. Organ der hygien. Gesellschaft zu Leipzig. Schriftleitg.: Olga Zschommler. 6. Jahrg. 1905. 12 Nrn. (à ca. 12 S.) 4. Leipzig (Johannisg. 10), K. Schmidt, Buchdr 1. 50
Erscheint nicht mehr.

Ratgeber für Jugendvereinigungen, hrsg. von d. Zentralstelle f Volkswohlfahrt Als Ms. gedr. Nr 1 (Berlin: Heymann 1907.) 8°

— für Jugendvereinigungen, hrsg. v. d. Zentralstelle f. Volkswohlfahrt. Schriftleitg.: Fr. Recke und seit 1910: Hans Weicker. 2.—4. Jahrg. April 1908—März 1911. à 6 Nrn. (3. Jahrg. 194 S.) gr. 8. Berlin, C. Heymann. à Jahrg. 1. —

—— der juristische, f. d. Volk. Eine Anleitung z. Abfassung aller gerichtl. u. außergerichtl. Schriftsätze ꝛc. Von e. prakt. Juristen. 2 Abthl. gr. 8. Nordhausen 846, Fürst.
Abthl. 1. Der Prozeß. (16½ B.) 846. 18 Ngr.
" 2. Die Contracte u. Erbschaftsregulirungen. (9¼ B.) 847. 15 Ngr.

—— juristischer, in möglich vorkomm. Fällen, nach den im Königr. Sachsen besteh. Gesetzen, bearb. f. den Bürger u. Landmann. 8. (10 B.) Leipzig 828, Fest.

— juristischer, für den Geschäftsmann. Eine kurzgefaßte Zusammenstellung des Wissenswertheſten aus der sächs. Rechtskunde, namentlich Anleitung zum Verfahren in Bagatellsachen. Nebst einem Anh., enth.: Kauf-, Pacht-, Mieth- u. Lehrverträge, Schuldverschreibungen ꝛc. Zusammengestellt von einem Sachverständigen. gr. 16. (VIII u. 32 S.) Zwickau 851, Gebr. Thost. ⅙ ₰

— juristischer, f. alle Verhältnisse im bürgerl. Leben sowie f. Industrie, Gewerbe, Handel u. Landwirtschaft. Organ f. Auskunfterteilg üb. Rechtsfragen u. zur allgemeineren Verbreitung der Rechtskenntnis. Red. unter Mitarbeiterschaft verschiedener anderer Juristen v. Heinrich. Jahrg. 1904. 18 Nrn. (à ca. 8 S.) hoch 4. Eberswalde, H. Langewiesche. n. 3. —
Erscheint nicht mehr.

Rathgeber für Kapitalisten, herausg. von Bankier Herm. Weiss. Monatlich 2 Nummern in-4°. Basel, Selbstverlag. 1878
Preis pr. Jahr für die Schweiz
für das Ausland

Rathgeber für Kapitalisten, nebst Verloosungs-Anzeiger, herausg. von Bankier Herm. Weiss. 1. Jahrg. 1879. Wöchentl. 1 Nr. hoch in-4°. Basel, Selbstverlag. 1879
Preis per Jahr für die Schweiz 6 —
f. d. Ausland 7 50

Der Ratgeber auf dem Kapitalmarkt. Wirtschaftlicher Kalender 1904—1905. Berlin. Ostern 1904.

— für Katholiken im Umgang mit Protestanten, s. a. Stimmen, katholische, aus der Schweiz.

Ratgeber für Katholiken im Umgang mit Protestanten. Herausgeg. vom Vorstande des schweizerischen Piusvereins. Zürich, Woerl, 1868. 8°. 134 S., 2. verb. Aufl., 65 Pf.
Vgl. Wiener Allgem. Litztg 1868, S. 386.

— in Kauf- u. Hypothekensachen oder wie hat man sich bei Erwerbung, Veräußerung u. bei Verpfändung von Grundstücken, sowie bei Cessionen u. Quittirung von Hypotheken-Forderungen zu verhalten, u. wie kann man sich vor Betrug u. Schaden dabei sichern? Für alle Bürger u. Landleute des Königreichs Sachsen. 8. (126 S.) Oschatz 852, Oldecop's Erben in Comm. n. ⅓ ₰

— für Kirchenvorstände in Hypothekenangelegenheiten v. e. prakt. Juristen. gr. 8. (35 S.) Tharandt 872. (Chemnitz, May.) n. — 60

—— für d. dienende Klasse. (Von C. F. Büttner.) 8. (3¼ B.) Königsberg 845, [Mangelsdorf u. Klähr.] *

— d. kleine, od. Receptbüchlein f. Landleute. 2 Thle. 12. Berl. Pauli.

— d. kleine, od. Receptbüchlein f. Landleute. 18. Heidelb 813. Meder. 2 gr

— kleiner, f. Müller. Hrsg. Theod. Fritsch. II. 16. Leipzig, Th. Fritsch. n. — 50
Wie macht man e. Testament? Besonders f. Müller-Kreise bearb. Von L. Platz. (64 S.) 905.

— kleiner, f. Müller. Hrsg.: Theod. Fritsch. III u. IV. 8. Leipzig, Th. Fritsch. Geb. 5. 50
III. 700 Prüfungs-Fragen f. freizusprechende Lehrlinge, gleichzeitig prakt. Führer des jungen Müllergesellen. Von Osw. Petzold. 2. erweit. u. verb. Aufl. (223 S. m. 154 Abb.) 909. 10. 1. 50
1. Aufl. (110 S.) 908. 1. —.
IV. Meister-Prüfungsfragen f. freizusprechende Gesellen. gleichzeitig praktischer Führer des jungen Müllermeisters. Von Osw. Petzold. (308 S. m. Abb.) 910. Geb. 4. —

— für die Konservativen im Deutschen Reich. Hrsg. im Auftrag u. unter Mitwirkg. der Leitg. der konservativen Partei. (160 S.) 12. Leipzig (908). Berlin, R. Hobbing. Kart. n. — 60

— der, für Conscribirte u. deren Verwandte; aus d. Französ. übers. 8. Hamb. 812. Campe. 8 gr

Rathgeber bei allen venerischen Krankheiten . . . Hamb. [1807]. V: *Albrecht, Joh. Frdr. Ernst.* (call)

— der, für Künste, Gewerbe, Haushaltung, Landwirthschaft, Gartenbau, Toilette u. geselliges Vergnügen, ein unentbehrl. Handbuch f. d. Bürger u. Landmann. 1r u. 2r Bd. 8. Bresl. 830. (Aderholz). 1 ß

—— der, f. Künste, Gewerbe, Haushaltung, Landwirthschaft, Gartenbau, Toilette u. gesell. Vergnügen, e. unentbehrl. Handb. f. den Bürger u. Landmann. 2 Bde. 1. Aufl. 830., u. 2. Ausg. (à 30¼ B.) 8. Breslau 834, Richter. à Thlr.

— der, für Künste, Gewerbe, Haushaltung, Landwirthschaft, Gartenbau, Toilette u geselliges Vergnügen. 2 Bde. 2e Ausg. 8. Breslau 834. (Berlin, Richter.) 1 ß — 1837 herabgesetzt auf ⅔ ß

—— der, f. Künste, Gewerbe, Haushaltung, Toilette, Landwirthschaft, Gartenbau u. gesell. Vergnügen. 8. (21 B.) Breslau 837, Richter'sche Buchh. *

— kurze, f. Gesunde u. Kranke. In leichtverständl. Darstellg. hrsg. v. der Frauenhülfe der Synode Beichlingen. Nr. 1 u. 2. kl. 8. Potsdam (905). Stiftungsverlag. à — 10
1. Wochenpflege, die. (15 S.) — 2. Säuglingspflege. (16 S.)

— kurzer, für auswanderungslustige Bauern u. Handwerker. Mit einem Anh., enth. Briefe v. Ausgewanderten. 12. (58 S. mit einer lith. u. color. Karte der Verein. Staaten.) Meurs 848, Dolle. 6 ngr

Kurzer **Ratgeber** für Gesunde und Kranke. In leichtverständl. Darstellung hrsg. von d. Frauenhülfe d. Synode Beichlingen. No 1. 2. Abdr. Potsdam: Stiftungsverl. [1907.] 8° [F.] 07. 11704

— kurzer, f. Gesunde u. Kranke. In leichtverständl. Darstellg. hrsg. v. der Frauenhülfe der Synode Beichlingen. Nr. 3 u. 4. kl. 8. Potsdam, Stiftungsverlag. à p — 10
3. Obacht bei Kinderkrankheiten. (20 S.) (907.)
4. Kampf gegen die Schwindsucht. (18 S.) (907.)

— kurzer, bei Rechtssachen des gewöhnlichen Lebens in den Vereinigten Staaten von Nord-Amerika. Auszug aus „Der amerikanische Sachwalter oder Rechtsformen-Buch für Deutsche. Von Delos W. Beadle. Bamberg 853. Buchner. gr. 8. (32 S.) 7½ ngr

— der, auf Landpartien oder Anweisung, wie man sich heiter und gemüthlich durch Veranstaltung von Spielen, Ausführung von Gesängen und Tänzen auf Landpartien amüsirt. Ein Handbuch für lebenslustige Leute. Berlin 859. Genrich. 16. (64 S.) 5 ngr

Rathgeber für Landwirthe rc., f. Noth- u. Hülfsbüchlein f. Landwirthe.

— der, im täglichen Leben und Verkehr. Eine Zusammenstellung der bei Aufnahme und Entlassung der Dienstboten, bei Wohnungs-Aufkündigungen und beim Ausziehen für die Residenzstadt Wien, Prag, Böhmen, Mähren und Schlesien, dann bei der Krankenaufnahme in das Krankenhaus zu Wien und Entrichtung der Verpflegungsgebühren bestehenden Patente und Verordnungen rc. gr. 8. Wien 842. (Dirnböck.) ½ ß

—— der, im tägl. Leben u. Verkehr. Eine Zusammenstellung der bei Aufnahme u. Entlassung der Dienstboten, bei Wohnungs-Aufkündigungen u. beim Ausziehen f. die Residenzstadt Wien, Prag, Böhmen, Mähren u. Schlesien, dann bei der Krankenaufnahme in das Krankenhaus zu Wien u. Entrichtung der Verpflegungsgebühren bestehenden Patente u. Verordnungen rc. gr. 8. (8¼ B.) Wien 845, (Dirnböck.)

Lechners Ratgeber für Photographen. Gr.-8°. (ill. X, 534 S.)
Wien. Lechner 1909

— für deutsche Lehrer u. Erzieher. Wissenschaftl. Sammelwerk für alle Unterrichtsfächer u. zur Fortbildg., hrsg. v. K. Hemprich u. R. Fritzsche. I. Reihe. 2., 3. u. 7. Bd. gr 8. Langensalza, J. Beltz. 10.90; geb. 13. 80
Erler, Joh., das Bilderbuch u. Werke bildender Kunst im Unterrichte. (269 S. m. Taf.) 911. (7. Bd.) 6.20; geb. 7. —
Franke, Th., Präparationen f. den Unterricht in Staats- u. Bürgerkunde in Volks-, Bürger- u. Fortbildungsschulen. (155 S.) 910. (3. Bd.) 2.50; geb. 3. 80
Reiniger, Max, der Geschichtsunterricht in der Volksschule Präparationen, nach den Grundsätzen der neueren Pädagogik bearb. 1. Tl. Von der deutschen Vorzeit bis zur Reformation. (136 S.) 911. (2. Bd.) 2.20; geb. 3. —
Die fehlenden Bände sind noch nicht erschienen.

Rathgeber, Leichtfaßlicher, für Beamte und Angestellte aller Berufszweige . . . wie das Personaleinkommensteuer-Bekenntnis verfasst werden soll. Wien 1898. V: *Pensch, Rudolph.* (EB)

— leichtfaßl., f. Beamte u. Angestellte aller Berufszweige, Geistliche, Pensionisten, Beamtenswitwen u. dgl., wie d. Personaleinkommensteuer-Bekenntnis verfaßt werden soll. M. e. Bekenntnis-Formular, welches m. e. prakt. Beispiele ausgefüllt ist. 8. (39 S.) Wien 898. A. Hölder. n. — 36

Rathgeber, Leichtfaßlicher, für Geschäftsleute, Schriftsteller . . . wie das Personaleinkommensteuer-Bekenntnis verfasst werden soll . . . Wien 1898. V: *Pensch, Rudolph.* (EB)

– dasselbe für Geschäftsleute, Schriftsteller, Künstler, Ärzte. 8. (46 S.) Ebd. 898. n. — 36

Rathgeber, Leichtfaßlicher, für Geschäftsleute, Schriftsteller, Künstler, Aerzte, wie das Personal-Einkommensteuer-Bekenntniß verfaßt werden soll. Mit einem Bekenntniß-Formular, welches mit einem praktischen Beispiele ausgefüllt ist. 12. (46 S.) —.20
Wien. Hölder 1898.

Rathgeber, Leichtfaßlicher, für Grundbesitzer, wie das Personaleinkommensteuer-Bekenntnis verfasst werden soll. Wien 1897. V: *Pensch, Rudolph.* (EB)

– dasselbe f. Grundbesitzer. 8. (44 S.) Ebd. 898. n. — 36

Rathgeber, Leichtfaßlicher, für Hausbesitzer, wie das Personaleinkommensteuer-Bekenntnis verfasst werden soll. Wien 1898. V: *Pensch, Rudolph.* (EB)

— dasselbe f. Hausbesitzer. 8. (38 S.) Ebd. 898. n. — 36

— leichtfaßl., um jedes Wort richtig zu schreiben u. auch Briefe u. alle im gemeinen Leben vorkommenden schriftl. Aufsätze gehörig anzufertigen. Ein Hülfsbuch f. d. Bürger u. Landmann. 8. Rathenow 822. Fluck. 10 ℊ

— der, leichtfaßl., um jedes Wort richtig zu schreiben u. auch Briefe und alle im gemeinen Leben vorkomm. schriftliche Aufsätze gehörig anzufertigen. 8. Rathenow (Berlin) 822. (H. Schultze.) 5/12 ℛ︀

Rathgeber, Leichtfaßlicher, wie das Personaleinkommensteuer-Bekenntnis über Renteneinkommen aller Art und das Rentensteuer-Bekenntnis verfasst werden sollen. Wien 1898. V: *Pensch, Rudolph.* (EB)

— leichtfaßl., wie d. Personaleinkommensteuer-Bekenntnis üb. Renteneinkommen aller Art u. d. Rentensteuer-Bekenntnis verfaßt werden sollen. M. e. Bekenntnis-Formular, welches mit einem prakt. Beispiele ausgefüllt ist. 8. (47 S.) Ebd. 898. n. — 36

Rathgeber, Leichtfaßlicher, wie das Personal-Einkommensteuer-Bekenntniß über Renten-Einkommen aller Art und das Renten-Steuer-Bekenntniß verfaßt werden sollen. Mit einem Bekenntniß Formulare, welches mit einem praktischen Beispiele ausgefüllt ist. Drittes Tausend. 8. (48 S.) - .20
Wien: Hölder 1898.

Ratgeber. Ein R' für alle Leidenden, von der Privatpoliklinik Glarus, ... in G' (Schweiz). [Illustrierte Reklame-Broschüre.] 64 S. 8. [Luzern, H. Keller, 1906.]

Ratgeber für durstige Leute. Bern 1910 *s.a.*(G[remminger], F[riedrich]).

Rathgeber für durstige Leute oder Leichtverständliche Anleitung, wie man sich in jedem Haushalt gute alkoholfreie Getränke billig herstellen kann. 3. Aufl. Bern 1910. V: *Gremminger, Friedrich.* (BBullschw 11, S. 113)

— der, für Liebende. 2e, mit Amor's Geburt, Lebenslauf, Sieg u. Triumph, so wie mit 20 bildl. Darstellungen verm. Aufl. 16. Leipzig 839. Hunger. (Gratz, Ludewig.) 7/12 ℛ︀

— für Liebende. Nebst e. Liebes-Briefsteller, der Deutg. der Blumensprache u. e. Geheimschrift f. Liebende. gr. 16. (40 S.) Wien 894. (Leipzig, Literar. Anstalt A. Schulze.) n. — 40

Rathgeber für Liebende. Nebst einem Liebesbriefsteller, der Deutung der Blumensprache, und einer Geheimschrift für Liebende. Wien [1910]. V: *Neidl, Julius.* (EB)

Ratgeber. Literarischer Ratgeber hrg. vom Kunstwart. Herausgeber: Ferdinand Avenarius. [Illustriert.] 8. München (**1903* Muenchen), Georg D. W. Callwey.
1902. [Mit 11 Tafeln.] IV + 96 S. (M. 1. —)
1903. [Mit 9 Tafeln.] IV + 136 S. [M. —. 50]

Ratgeber. Literarischer Ratgeber hrg. vom Kunstwart. Jahrg. 6, 1904. Herausgeber: Ferdinand Avenarius. [Mit Illustrationen und 3 Tafeln.] IV+164 S. gr.-8. Muenchen, Georg D. W. Callwey. [M. 1. —]

Ratgeber. Literarischer R' hrg. vom Kunstwart. Jahrg. 7, 1905. Herausgeber: Ferdinand Avenarius. [Mit Illustrationen und 9 Tafeln.] IV[+8]+ 172 S. gr.-8. Muenchen, Georg D. W. Callwey. [M. 1. —]

— literarischer. Hrsg. durch Ferd. Avenarius vom Dürerbund. Nebst: Literarischer Jahresbericht. Hrsg. vom Dürerbund. Weihnachten 1910. (168 u. 172 S. m. Abb. u. z. Tl. farb. Taf.) Lex. 8. München, G. D. W. Callwey. Geb. 1.80

— literarischer: Merkblatt f. Leihbibliotheken, Leseanstalten, Volksbüchereien üb. die neuesten Erscheingn. belletrist. u. populärwissenschaftl. Literatur. Unter Mitwirkg. hervorrag. Fachmänner hrsg. v. Otto Gramzow. 1. Jahrg. April 1909—März 1910. Lex. 8. 24 Nrn. (à ca. 12 S.) Magdeburg, C. E. Klotz. 16.—; erm. Pr. 4.—

— dasselbe, üb. die neuesten Erscheinungen belletristischer u. populär-wissenschaftlicher Literatur. Merkblatt f. Leser, Leihbibliotheken, Leseanstalten, Volksbüchereien. Unter Mitwirkg. hervorrag. Fachmänner hrsg. v. Otto Gramzow. 2. Jahrg. April 1910 — März 1911. 24 Nrn. (à ca. 12 S.) Lex. 8. Ebd. 16. —; erm. Pr. 4.—
Erscheint nicht mehr.

— literarischer, f. die Katholiken Deutschlands. 5. Jahrg.: Weihnachten 1906. Hrsg. v. Jos. Popp. (169 S.) gr. 8. München 906. Allgem. Verlags-Gesellschaft. n. — 70

Ratgeber. Literarischer R' für die Katholiken Deutschlands. Jahrg. 7, 1908. Herausgeber: Dr. Max Ettlinger. [Mit Illustrationen und 10 Tafeln.] IV + IV + 204 [+ zus. 94] S. 8. Kempten, München, Jos. Kösel. (M. 1. —)

— literarischer, f. d. Katholiken Deutschlands. 9. Jahrg. 1910. Hrsg.: Max Ettlinger. (IV, 201 S. m. z. Tl. farb. Taf.) gr. 8. Kempten, J. Kösel. 1. —

— literarischer, f. die kathol. Schüler höh. Lehranstalten (67 S.) 8. Wardt (903). J. Biesemann. n. — 20

— literarischer, f. Weihnachten 1902. Hrsg. v. der Red. der „Literar. Warte". gr. 8. (116 S.) München 902. (Allgemeine Verlags-Gesellschaft.) — 75

— für Lungenkranke, s.: Hausbücher, medizin. Nr. 8.

— für Lungenkranke auf Grund eigener Erfahrungen. Von Sanitas. gr. 8. (III, 51 S.) Budapest 898. (Wien, G. Szelinski.) n. 1. —

— — der lustige, f. Gesellschafter d. Nordhäuser.

— für junge Mädchen, insonderheit üb. Umgangsformen. Nach P. v. M.: „Gute Umgangsformen. Ein Ratgeber, insonderheit f. junge Männer". Von E. v. P. (64 S.) 8. Breslau (910). Ev. Buchh. p — 60; geb. — 80

— für Männer, um sich durch Anwend. ganz einfacher, blos mechan., f. jed. Stand, jed. Alter u. Lokal geeignete Hülfsmittel, von Unterleibsbeschwerden zu befreien u. e. hoh. Alter zu erreichen. Aus d. Erfahrungsschatz e. 70jähr. Mannes. 8. (2½ B.) Eisenach 841, Bärecke.

— für Männer in Schwächezuständen. Oder: Sichere Hülfe gegen unnatürliche Kraftlosigkeit. Von einem prakt. Arzte. 3., billigere Ausg. der „Sichere Hülfe für Männer." Weimar (854.) Jansen u. Co. 8. (32 S.) 7½ ngr

— für Männer in Schwächezuständen. Oder: Sichere Hülfe gegen unnatürliche Kraftlosigkeit. Von einem praktischen Arzte. 3., billigere Ausg. der „Sichern Hülfe für Männer." 8. (32 S.) Weimar 857. [Leipzig, Deckmann.]

Ratgeber d. Maschinenführers m. Kalendarium 1899—1901. Hrsg. v. d. Red. des Wochenblattes f. Papierfabrikation. 12. (IV, IV, 189 S. m. Fig.) Biberach 899. (Dorn.) Geb. in Leinw. n.n. 2. 50; in Ldr. n.n. 3. —

Rathgeber, Der medicinische, auf dem Lande . . . Sondershausen u. Ilmenau 1820. V: *Thon, Chn Frdr. Glieb.* (CALL) (KY) (MGT)

— d. medicinische, auf d. Lande, od. die bewährtesten Mittel d. ersten Aerzte bei d. gewöhnl. Krankheitszufällen d. Menschen ꝛc. In alphabet. Ordnung. 8. Sondersh. 820. 2e A. 8. Ilmenau 823. 3e A. 826. Voigt. 16 gr

— der medizinische, auf d. Lande, od. d. bewährtesten Mittel d. berühmtesten Aerzte in 72 Krankheitszufällen d. Menschen ꝛc. 4. Ausg. 8. (25 B.) Weimar 841, Voigt.

— medicinischer, f. J. W. Müller.

— in Militär-Angelegenheiten. (32 S.) gr. 8. Budweis (903). Verlagsanstalt „Moldavia". — 50

— naturheilkundiger. Blätter f. Gesundheitspflege z. Förderg. naturgem. Lebens- u. Heilweise. Hrsg. unt. Mitwirkg. bedeut. Naturärzte. Red.: Ed. Heeg. 1. Jahrg. Juli 1895—Juni 1896. 31 Nrn. (à ca. 8 S.) gr. 8. Halberstadt. (Leipzig, H. Hartung & Sohn.) n. 2. —

— dasselbe. 2. Jahrg. Juli 1896—Juni 1897. 24 Nrn. (à ca. 8 S.) gr. 8. Ebd. n. 2. —
Weiter nicht erschienen.

— für Nervenkranke, s.: Thalysia-Bibliothek.

— neuer ärztlicher. 1. (der alten Folge 3.) Jahrg. 1840. April—Dec. 30 Nrn. (½ Bog.) gr. 4. Breslau, Graß, Barth u. Comp. *

— neuer, f. Gesunde u. Kranke. Wochenschrift f. Volksaufklärg. in der Heilkunde u. Anleitg., die Krankheiten d. menschl. Körpers durch Luft, Wasser, Schwitzen, Diät, Bewegg. ꝛc. zu heilen. Hrsg. v. den Mitarbeitern der „Gesundheitsblätter". Red.: B. Winkler. 1. Jahrg. Oktbr. 1892—Septbr. 1893. 52 Nrn. (à ca. ½ Bog.) Lex.-8. Leipzig, Gesundheitsblätter-Verlag (Winkler) n. 4. —

— neuester, für Daguerreotypisten. (Nach Lerebours 4. Ausgabe.) Enthält zugleich die beste Anweisung zum Coloriren d. Lichtbilder. gr. 16. (3 B. u. 1 Stnt.) Leipzig 843, (Volckmar.)

— in d. Obstbaumzucht, v. ersten Keime an bis z. vollendeten Wachsthume d. Stammes, nebst Anzeige d. vorzügl. Obstarten etc. 8. Erfurt, 1816. (Otto.) — 11¼

— — der, in der Obstbaumzucht, vom ersten Keime an bis zum vollendeten Wachsthume des Stammes, nebst Anzeige der vorzüglichsten Obstarten ꝛc. 2te Aufl. 8. Erfurt, Maring. 816.

— für Officiere des Beurlaubtenstandes aller Waffen in ihren militärdienstlichen Verhältnissen. Nach amtlichen Quellen bearb. von G. H(einrici). Cassel 870. Leipzig, Luckhardt'sche Verlagsbuchh. gr. 8. (VII, 64 S.) n. 15 ngr

Ratgeber für die Offiziere der Reserve u. Landwehr in ihrem Beurlaubten-Verhältnisse. 16. (42 S.) Ansbach 889. Brügel & Sohn. cart. n. — 60

— für d. Offiziersburschen. E. Nachschlagebuch üb. alle in s. Dienst vorkomm. Verrichtgn. gr. 16. (39 S.) Magdeburg 897. B. Niemann. n.n. — 60

— ökonom., f. junge Frauen in d. Stadt u. auf d. Lande, od. Rath Friedheims, Röschens ökonom. Wanderungen. Mit ill. Kpf. 8. Leipz. 802. (W. Rauck). 1 ℛ

Rathgeber, Patriotischer, für den ungarischen Stadt und Landwirth. Zweite Ausgabe des Patriotischen Wochenblattes. Pest 1807. V: *Lübeck, Johann Carl.* (GGR VII/102, Nr. 198/36) (BIBLPORT)

— fürs evangelische Pfarrhaus. Red.: J. Paulus. 1. u. 2. Jahrg. 1897—1898. à 12 Nrn. (à ca. 16 S. m. Abb.) Fol. Stuttgart, Greiner & Pfeiffer. à Jahrg. 1. 50; f. d. deutschen evang. Pfarrhäuser unentgeltlich.

— beim Pferdekauf. Mit 2 lithogr. Taf. 16. Stuttgart 846, Hoffmann. geb. ½ ℛ

Rathgeber beim Pferdekauf. 16. (VIII und 56 S. mit 2 Stnt.) Stuttgart 847, Hoffmann'sche Vrlgsh. Thlr.

— phrenologischer, u. phrenolog. Bilder. Organ f. psycho-physiognom. Phrenologie zur Förderg. der Selbst- u. Menschenkenntnis u. Charakterveredlg. Anthropolog. Revue. Umfassend die leibl. u. geist. Natur d. Menschen, u. d. Anwendgn. dieser Kenntnis auf das prakt. Leben; m. spezieller Berücksicht. der Psychologie (Seelenkunde). Begründer: M. W. Ullrich. 1. Bd. Nr. 1 u. 2 (32 S. m. Abb.) Lex. 8. Berlin 909. 10. M. W. Ullrich. 1. —

— der, in d. Pockenkrankh., f. Eltern a. d. Lande. 8. Leipz. Supprian. (Mittler) 798.

— polizeilicher, oder Sammlung der in das gewöhnliche bürgerliche Leben ordnend eingreifenden Polizei-Gesetze rc. mit Rücksicht auf den Regierungsbezirk und die Stadt Erfurt zusammengestellt. 3. Ausg. Erfurt 853. Müller's Sorthdlg. (Bartholomäus.) 8. (XIV, 396 S.) n. 25 ngr

— pommerscher, f. Bienenkunde. Verbandsblatt des pommerschen Imkerverbandes u. vieler Einzelvereine im Deutschen Reich. Schriftleiter: A. Bohnenstengel. 8.—10. Jahrg. 1908—1910. à 12 Nrn. (à ca. 24 S.) gr. 8. Anklam, R. Poettcke Nachf. 2. —

Rathgeber, populärer, oder Noth- und Hilfsbuch für Wasserfreunde; mit specieller Berücksichtigung der Anwendung der Wasserkur in der Anstalt zu Herrenalb im Schwarzwalde. 8. Stuttgart 843, Becher. 8 ngl

Ratgeber: Der praktische Ratgeber
v. Wiler Bote.

— der praktische, f. Geschäfts- u. Privatleute, zugleich e. Briefsteller, Hand- u. Nachschlagebuch f. alle im Leben vorkomm. Geschäfte u. Geschäftsaufsätze. Mit e. alphabet. Verzeichniß v. Fremdwörtern nach ihrer Bedeutg. im Geschäftsleben. 8. (IV, 132 S.) Leipzig 886. Remboth. n. 1. —

Der Praktische Ratgeber für die Kranken-, Unfall- und Invaliden-Versicherung. Unter Mitw. von Sachverständ. hrsg. von Heinr Schneider, früher Rechnungsführer, Siegen i. W. Jg. 1–4, No 1–8. [Mehr nicht erschienen.] Siegen: H. Schneider 1903–06. 4 Bde 4° [Kopft. F.]
Verschmolzen mit Reformbl. f. Arbeiter-Versicherung. 07. 10354 6

— der praktische, f. die Kranken-, Unfall- u. Invaliden-Versicherung. Fortsetzg., s.: Reformblatt f. Arbeiterversicherung.

—— der praktische, im Obst- und Gartenbau. Wochenschrift für Gärtner, Gartenliebhaber und Landwirte. Redakt.: Johs. Böttner. 1. Jahrg. 1886. 52 Nrn. (à Nr. 1½ Bog.) gr. 4. Frankfurt a. O., Trowitzsch und Sohn. * 4 —

— der praktische, im Obst- u. Gartenbau. Illustrierte Wochenschrift f. Gärtner, Gartenliebhaber u. Landwirte. Red.: J. Böttner. 2.—5. Jahrg. 1887—1890. à 52 Nrn. (B.) gr. 4. Frankfurt a/O., Trowitzsch & Sohn. à Jahrg. n. 4. —

— der praktische, im Obst- u. Gartenbau. Illustrierte Wochenschrift f. Gärtner, Gartenliebhaber u. Landwirte. Red.: Johs. Böttner. 6.—9 Jahrg. 1891 — 1894. à 52 Nrn. (Bog.) gr. 4. Frankfurt a/O., Trowitzsch & Sohn. à Jahrg. n. 4 —

— d. prakt., im Obst- u. Gartenbau. Illustr. Wochenschrift f. Gärtner, Gartenliebhaber u. Landwirte. Red.: Johs. Böttner. 10.—13. Jahrg. 1895—1898. à 52 Nrn. (Bog.) gr. 4. Frankfurt a/O., Trowitzsch & Sohn. à Jahrg. n. 4. —
Kann auch vierteljährlich bezogen werden.

— der praktische, im Obst- u. Gartenbau. Red.: Johs. Böttner. 14.—17. Jahrg. 1899—1902. à 52 Nrn. gr. 4. (à ca. 8 S. m. Abbildgn.) Frankfurt a/O., Trowitzsch & Sohn. à Jahrg. n. 4. —

— der praktische, im Obst- u. Gartenbau. Illustrierte Wochenschrift f. Gärtner, Gartenliebhaber u. Landwirte. Red.: Johs. Böttner. 18. — 21. Jahrg. 1903 — 1906. à 52 Nrn. (VIII, 488; VIII, 488; VII, 484 u. VII, 488 S. m. Abb. u. je 4 Taf.) gr. 4. Frankfurt a/O., Trowitzsch & Sohn. à Jhrg. n. 4. —; geb. n. 5. —

— der praktische, im Obst- u. Gartenbau. Red.: Johs. Böttner. 22. Jahrg. 1907. 52 Nrn. (à ca. 8 S.) Lex. 8. Frankfurt a/O., Trowitzsch & Sohn. 4. —

Der praktische Ratgeber im Obst- u. Gartenbau. Jahrg. 19—32 Frankf. a. d. O 1904–17 4°
Generalregister Jahrg. 1886—1895. Sst 1896. 4°

— der praktische, f. gesunde u. kranke Tage, v. e. Volksfreunde, s. a. Sammlung kleiner Volksschriften Nr. 34.

Der praktische Ratgeber für gesunde und kranke Tage. Alte u. neue Haus- u. Heilmittel f. unser Volk gesammelt u. dargeboten von e. Volksfreunde. 1 Aufl. Barmen D B. Wiemann [1905]. (115 S.) 8°
= Sammlung kleiner Volksschriften. No 34 06. 14479

Ratgeber: Praktischer Ratgeber
① Für Land- und Hauswirtschaft · Bienenzucht, Obst-, Gemüse- und Blumenkultur · Gesundheitspflege (bis 12. 1906 ergänzend: Nützliche Winke für jede Familie zu Stadt und Land) ② Praktischer Ratgeber Bern (ab 5. 1. 1907) ④ Schweizerisches Familien-Wochenblatt (Zh) ⑤ 13. 6. 1900—21 8. 1915 ⑥ 4° ⑦ Wochenblatt ⑧ Bern: Nikl. Dürrenmatt-Egger ⑨ Unterhaltung und Belehrung. Illustrierte Monatsbeilage (1911—1914). Mode und Handarbeit (1910) ⑫ politisch neutrales Familienblatt ⑭ Be L ⑮ Das Blatt ist Beilage mehrerer schweizerischer Blätter z. B. der «Aargauer Nachrichten» der Zeitung «Der Freischütz», des «Anzeigers» (Lu III) des «Trienger Anzeigers»

Ratgeber, praktischer. Illustr. Zeitschr. f. Kellerwirtschaft u. Weinbau m. Berücksicht. der Schaumweinbereitung, Erzeugg. v. Süß-, Wermut- u. Bitterweinen, alkoholfreien Getränken, Wein-, Obst- u. Beerenbranntwein-Brennerei, Verwertung der Weinrückstände, auf Grund d. neuesten Erfahrungen u. der neuen Weingesetze. Hrsg. u red. v. Antonio dal Piaz. 1. Jahrg. 1910. 12 Nrn. (à ca. 36 S.) gr. 8. Wien, A. Hartleben. 9. —

Rathgeber praktischer, für Alle. Monatliche Sammlung neuester Recepte, Erfahrungen und Vorschriften für Gewerbe u. Künste, Land- und Hauswirthschaft. I. Jahrg. 1886. kl. 4°. Wien, Spielhagen & Schurich. Nr 1 Pro Jahrg fl. 3. —.

Ratgeber, praktischer, f. Amateur-Photographen. Offizielles Organ des Verbandes deutscher u. österr. Amateur-Photographen-Vereine etc. 2 u. 3. Jahrg. 1893. 1894. à 24 Nrn. (½ Bog.) gr 8. Halle, H. Peter. à Jahrg. n. 2 —

Ratgeber, prakt., f. Amateur-Photographen. Offic. Organ des Verbandes deutscher u. österr. Amateur-Photographen-Vereine etc. 4.—6. Jahrg. 1895—1897. à 24 Nrn. (à ca. 10 S.) gr. 8. Halle, H. Peter. à Jahrg. n. 2. —

— dasselbe. Red.: B. Karsten. 7. Jahrg. 1898. 24 Nrn. (Bog. m. Abb.) gr. 8. Ebd. n 3. 20
Kann auch vierteljährlich bezogen werden. — Das Centralblatt f. Liebhaber-Photographie wurde 1897 mit dem „Ratgeber" verschmolzen.

Ratgeber: Praktischer Ratgeber Bern
v. Praktischer Ratgeber.

— praktischer, f. Jedermann. April — Dezbr. 1905. 89 Nrn. (à ca. 8 S.) gr. 8. Leipzig (Ranstädter Steinweg 44), H. Hornig. n. 3. —

— praktischer, f. Land- u. Hauswirtschaft. Verf. f. die Mitglieder der St. Josefs-Bücherbruderschaft v. e. Fachmanne. Mit vielen Illustr. (256 S.) 12. Klagenfurt 896. Buchh. u. Kunsth. des St. Josef-Vereines. n. — 80

— prakt., der „Wiener Mode". 800 Rathschläge und Hilfsmittel für Haus u. Wirtschaft. M. e. Anh.: Die Kammerjägerei. schmal gr. 8. (III, 134 S.) Wien 898. Gesellschaft f. graph. Industrie. n. 1. 50

— praktischer, bei Steuer-Einschätzung u. Steuer-Reklamation, nebst preuß. Einkommensteuergesetz v. 19. VI. 1906/18. VI. 1907 (§ 23), sowie Ausführungsbestimmgn. u. Formularen. Von e. Steuersekretär. (64 S.) 16. Berlin (907). L. Schwarz & Co. — 60

—— prakt. u. unentbehrl., bei d. Obstbaumzucht. Ein Handb. üb. Obstbaumzucht, Erkenntniß d. Krankheiten d. Bäume u. deren Behandl., so wie üb. Abhaltung u. Vertilgung schädl. Thiere. Als Anh.: eine Anweis. z. Bereitung e. guten u. gesunden Obstessigs, so wie e. vollständ. Unterr. üb. d. Weinbau nach d. Methode Kecht's. Nach eigenen Erfahrn. u. d. besten Quellen bearb. v. e. Freunde d. Obstbaumzucht im Mansfeldischen. 8. (7 B. u. Holzschnn.) Sangerhausen 839, Rohland. (?) *

—— prakt. u. unentbehrlicher, bei d. Obstbaumzucht. Ein Handbuch üb. Obstbaumzucht, Erkenntniß d. Krankheiten der Bäume u. deren Behandlung, sowie üb. Abhaltung u. Vertilgung schädl. Thiere. Als Anhang: eine Anweisung z. Bereitung eines guten u. gesunden Obstessigs, sowie ein vollständ. Unterr. üb. d. Weinbau, nach d. Methode Kechts. 8. (6⅞ B. m. mehr. Holzschn.) Meißen 846, Gödsche.

Rathgeber, prakt. u. unentbehrl., bei d. Obstbaumzucht. Ein Handb. üb. Obstbaumzucht, Erkenntniss d. Krankheit d. Bäume u. deren Behandlung, sowie üb. Abhaltung u. Vertilgung schädl. Thiere. Als Anh.: e. vollständ. Unterricht üb. d. Weinbau nach d. Methode Kecht's. Von e. Freunde d. Obstbaumzucht im Mansfeld'schen. Mit Holzschn. 8. Sangerhausen, 1839. Neue Ausg. Meissen, 1846. (Leipzig, Lucius.) (— 12) — 4

— praktischer, für Vogel-, Geflügel-, Bienenzüchter u. -Liebhaber. Eine große Auswahl sehr empfehlenswerther Schriften über Vogel- u. Geflügelzucht, Stuben- u. Singvögel, Vogelschutzfrage, sowie über rationelle Bienenzucht. Mit einem Anhang über Kaninchenzucht. In 3 Abtheilungen oder 10 Rubriken systematisch zusammengestellt. Mit einem Vorwort von Otto Grundgeiger. gr. 8. (22 S.) Oehringen 881. Holthoff. — 60

— praktischer, zum Waschen u. Reinigen v. Garderoben, Uniformen, Dienstanzügen, Möbelstoffen, Teppichen, Handschuhen, Shlipsen, Straußfedern rc. im Hause. Hrsg. v. e. erfahrenen Fachmanne. 8. (40 S.) Leipzig 893. M. Busch. n. — 50

— der rechtschaffene, e. Moralschr. 4. Hamb. 728.

— der, in Rechtssachen. Ein prakt. Hand- u. Hülfsbuch für Juristen, Geschäftsmänner u. Kapitalisten. Nebst einer reichhaltigen Auswahl von Formularen fast jeder Gattung, Executions- u. Arrest-Gesuchen, Forderungs-Anmeldungen in Concursen rc. Herausg. von A. L. Leipzig 868, 869. Mathes. gr. 8. (VIII, 308 S.) n. 5 ngr.

— für Reform-Küche (fleischlose Kochkunst), s.: Thalysia-Bibliothek.

— für Reisende u. Auswanderer nach den Vereinigten Staaten v. Amerika unter besond. Berücksicht. der Reise üb. Stettin, m. Plänen u. Tabellen reichlich verseh. gr. 16. (158 S. m. 2 Steintaf. in hoch u. qu 4.) Stettin 871. (v. d. Nahmer.) n. — 75

—— der, f. junge u. alte Ritterguts-Pachter. In Briefen. 8. (6 B.) Leipzig 829, Lauffer.

Rathgeber bey rheumatischen Schmerzen ... Quedlinburg 1809. V: *Albrecht, Johann Friedrich Ernst.* (MGT) (Call)

—— schneller und sicherer, bei den gewöhnlichsten und am häufigsten vorkommenden Krankheiten und anderen dem Viehbesitzer sehr nachtheiligen Uebelständen des Rindviehes. Hrsg. für Rindviehbesitzer, Senner und Hirten von A. W. 8. (IV und 174 S.) Innsbruck 856(57), F. Rauch.

— für naturgemässe Schönheitspflege (Körperkultur, Kosmetik, Hygiena), s.: Thalysia-Bibliothek.

Rathgeber, Der, in der Schreibestunde, oder Aufsätze für Schulmeister ... Halle 1795. V: *Reinhardt, Justus Gottfried.* (Ky) (MGT)

— der, in d. Schreibestunde, v. J. H. Reinhard. 8. Halle, Gebauer. 808.

— f. Schüler-Bibliotheken u. Lehrmittel-Sammlungen der Volks- u. Fortbildungs-Schulen. Im Auftrage des bad. Lehrervereins hrsg. v. den Jugendschriften-Ausschüssen in Mannheim, Karlsruhe, Lahr. (IV, 96 S.) 8. Bühl 909. Konkordia. Kart. 1. 25

— für Schülerbüchereien. E. Verzeichnis geeigneter Jugendschriften m. Angabe aller f. d. Bücherwert wissenswerten Bemerkgn. Hrsg. v. d. Lehrkörpern d. Volks- u. Bürgerschulen in Leipa. 8. (45 S.) Leipa 896. J. Hamann. — 70

— für Schülerbüchereien. Ein Verzeichnis geeigneter Jugendschriften m. Angabe der, f. den Bücherwart wissenswerten Bemerkgn. Hrsg. v. den Lehrkörpern der Volks- u. Bürgerschulen in Leipa. 2., durchgeseh. u. verm. Aufl. (40 S.) 8. Leipa 905. J. Hamann. n. — 70

—— der, bei Schulfesten, Schulprüfungen, Confirmations- u. a. Schul-Feierlichkeiten. Ein Beitr. z. Schulmeisterklugheit. Für Lehrer an Volksschulen bearb.: von e. Lehrerverein. gr. 12. (9½ B.) Grimma 839, Verlags-Comptoir.

— der, für Schulkandidaten, Gehülfen u. Schulmänner. gr. 8. Brünn u. Ollmüs 812. Gastl. 1 ℳ

—— für alle Seereisende, um sie vor Seekrankheit zu schützen. Aus dem Engl. 16. (60 S.) Altona 852, Verlags-Bureau.

Hat gleichen Inhalt mit dem ebendas. 1851 erschienenen Buche: Kron-Essenz, die newyorker, rc.

— der sichere, in allen Liebes-, Ehe-, Geschlechts- u. Begattungs-Verhältnissen für beide Geschlechter. Mit 1 color. Kpfr. Altona 861. Heilbutt. 8. (84 S.) n. 20 ngr.

— zur Sicherung gegen und in Feuersgefahr. Zwickau 859. Verlagsbuchhdlg. des Volksschriften-Vereins. 8. (64 S.) 3 ngr.

— für christliche Soldaten. 2. Aufl. Berlin 868. (E. Beck.) 12. (127 S.) geb. 6 ngr.

— für christliche Soldaten. Hrsg. u. verlegt v. dem Haupt-Verein f. christl. Erbauungsschriften. 3. Aufl. 8. (120 S.) Berlin 870. (E. Beck.) geb. n. — 55

— f. den Sommer u. die Sommerfrische. Sonderheft d. Zeitschrift „Unser Hausarzt". Hrsg. v. C. H. Fehlauer. (II, 48 S. m. Abb.) gr. 8. Berlin-Zehlendorf (909). Verl. „Unser Hausarzt". p — 60

Rathgeber für Steuerpflichtige im Königreich Sachsen zum Schutz gegen Steuerüberschätzung ... Leipz. 1891. V: *Findel, Jos. Gabr.* (Ky)

— für Steuerpflichtige im Königr. Sachsen zum Schutz gegen Steuerüberschätzung. Mit e. Reklamationsformular. (Von J. G. Findel.) 8. (15 S.) Leipzig 891 J. G. Findel. n. — 20

— für Steuerpflichtige im Königr. Sachsen z. Schutz geg. Steuerüberschätzg. M. 6 Reklamationsformularen. (Von J. G. Findel.) 2. u. 3. Aufl. 8. (20 S.) Leipzig 896. J. G. Findel. — 30

— für das Studium des Französischen u. Englisch. Mit besond. Berücksicht. der Fachlehrerprüfgn. in Sachsen. Hrsg. v. Vorstande der Vereinigg. f. fremdsprachl. Unterricht (Abtlg. des sächs. Lehrervereins.) (51 S.) 8. Dresden 907. (C. Winter.) 1. —

— dasselbe. 2. Aufl., s.: Dietze, Erwin, Paul Kröher, Paul Starcke u. Otto Wagner, Ratgeber.

— der technische. Chronik u. Correspondenzblatt f. Maschinenbau, Elektrotechnik, Metallindustrie, Bauwesen, Textilindustrie u. chem. Gewerbe. 1. Jahrg. 1897. 24 Nrn. (à ca. 12 S. m. Abb.) Imp.-4. Berlin, M. Pasch. n. 10. —; einz. Nrn. n. — 50

— dasselbe (ohne Textilindustrie). 2. Jahrg. 1898. 24 Nrn (à ca. 20 S. m. Abb.) Imp.-4. Ebd. n. 10. —; einz. Nrn. n. — 50
Kann auch vierteljährlich bezogen werden.

— der technische. Chronik u. Correspondenzblatt f. Maschinenbau, Elektrotechnik, Metallindustrie, Bauwesen u. chem. Gewerbe. Red.: Fred Hood. 3. Jahrg. 1899. 24 Nrn. Imp.-4. (à ca. 12 S. m. Abbildgn.) Berlin, M. Pasch. n. 10. —

— alle Raupen zu tödten. 8. Leipz. 827. (W. Nauck). 4 gl.

— alle Raupen zu tödten. 8. Leipz. 827, Sommer.

—— der treue, e. Taschenb. f. Handwerksgesellen u. Lehrlinge. Hrsg. v. e. alten Meister. (Mit Vorw. v. C. H. G. Lommatzsch.) gr. 12. (11 B.) Annaberg 828, Hasper.

Rathgeber, der treue, f. Dienstboten, insbesond. f. angehende Dienstboten, von einem evangel. Geistlichen. 8. Sulzb. 824, v. Seidel.

Rathgeber, Der treue, f. Haus, Hof u. Familie. Nachschlagebuch f. Jedermann. gr 8. Liefg. 1—2. S. 1—64). Wien, Gebrüder Rubinstein. à 15 kr
1883

— der treue, in der Haus- u. Landwirthschaft. 8. Frkf. a. M., Jäger. 8 gl.

—— der treue, f. d. Leben. Wohlf. Ausg. 16. (9 B.) Leipzig 838, [Hunger.]

—— der treue, f. d. bürgerl. u. höhere Leben. 16. (9 B.) Leipzig 830, Magazin f. Industrie.

Rathgeber, Unbefugte, in Processen. [Riga 1811.] V: *Streich, Benjamin Traugott.* (R-N)

— der unentbehrliche praktische. Ein Schatzkästchen für Jedermann. Enth. eine nie versieg. Fundgrube nützlicher u. erprobter Rathschläge. gr. 8. (XII, 353 S.) Milwaukee, Wis. 881. (Philadelphia, Schäfer & Koradi.) geb. n. 5. —

— der unentbehrliche, bei der Vergleichung zwischen dem alten u. neuen Maß u. Gewicht. Nebst Preistab. Potschappel 870. Engelmann. 64. (64 S.) 1 ngr.

— der unentbehrliche, in dem Verkehr m. den Staats- u. Gemeinde-Behörden. Ein Handbuch für jedermann bei Abfassung von Gesuchen u. Beschwerden aller Art in allen Verwaltungs- u. Polizei-Angelegenheiten. Mit vielen Formularen. 1. u. 2. Aufl. 8. (VI, 138 S.) Neuwied 882. Heuser's Verl. cart. 1. 80

Rathgeber, Unentbehrlicher, für Alle, welche sich durch zweckmäßige Diät vor der asiatischen Cholera schützen wollen. Berlin 1831. V: *Hain, Dr.* (Russell XVI, I, 2, 1864)

—— unentbehrlicher, f. Alle, welche sich durch zweckmäß. Diät in Bezug auf Speisen u. Getränke vor d. asiat. Cholera schützen wollen. Von e. prakt. Arzte. gr. 8. (2 B.) Berlin 831, Nicolai.

—— unentbehrl., beim Ein- u. Verkauf, bei Berechn. v. Zinsen, Dividenten, Anlagen, Steuern, rc. nach d. neuen Münzfuß (der Thlr. zu 30 Neugr. od. 300 Pfenn., d. Neugr. zu 10 Pfenn.) von 1/4 bis mit 10,000 f. jeden Handwerks- u. Geschäftsmann rc. Nebst umständl., durch Aufgaben erläut. Anweis. 1/2 gr. 4. (20 B.) Zwickau 840, (Richter'sche Buchh.) *

—— unentbehrlicher, für Hausfrauen. 134 wohlerprobte und bewährte Recepte für die Küche, besond. zu allen Arten Kuchen und feinem Gebäck. Gesammelt von Ch. E. W. 8. (30 S.) Cassel 863, Vollmann'sche Buchh.

Ratgeber, unentbehrlicher, f. praktische Juristen u. Verwaltungs-Beamte im Geltungsgebiete d. preuß. allgem. Landrechts. E. bibliograph. Hülfsbuch. Abgeschlossen am 20. Decbr. 1894. gr. 8. (104 S.) Königsberg 895. W. Koch. n.n. — 60

— unentbehrlicher, für Kapital u. Grundbesitz im Subhastations-Prozesse auf Grund des Gesetzes vom 15. März 1869 bearb. u. mit Formularen zu allen dabei vorkommenden Anträgen nebst speciellem Kostentarif versehen von einem praktischen Juristen. Breslau 869. Maruschke & Berendt. gr. 8. (IV, 38 S.) n. 7½ ngr.

—— unentbehrl., der deutschen Sprache rc., s. a. Taschenbuch.

— unentbehrlicher, der deutschen Sprache, für das bürgerliche Geschäftsleben, oder leichtverständl. Handbuch eines gründl. Unterrichts, binnen Kurzem, ohne weitere Vorkenntnisse, richtig lesen, sprechen u. schreiben zu lernen, mit besond. Rücksicht auf den richtigen Gebrauch des: mir, Dir, ihm, Ihnen, Sie, mich rc. A. u. d. T.: Taschenbuch der deutschen Sprache rc. 8. Hamburg 835. Niemeyer. ½ rf.

Ratgeber bei Veranstaltung von Vergnügungen und Festlichkeiten in Turn-, Krieger-, Militär- und anderen Vereinen, Mühlhausen in Thür. 1891, 55 S., 8°

— bei Verdauungsleiden. Anh.: Die Kunst zu essen. Diätkuren bei verschiedenen Körperverhältnissen u. -Zuständen, s.: Thalysia-Bibliothek.

— bei Vergiftungen bis zur Ankunft des Arztes. Verzeichnis der bei Vergiftgn. zunächst anzuwend. Mittel, mitgeteilt v. der Samariter-Vereinigg. Braunschweig. 16. (7 S.) Braunschweig 899. (J. H. Meyer.) n. — 10

— für den öffentlichen Verkehr. Hilfs- u. Nachschlagebuch f. die Kreise Stadt Nordhausen, Grafsch. Hohenstein, Sangerhausen, Eckartsberga, Worbis, Heiligenstadt, Mühlhausen, Langensalza, Ilfeld, sowie den Braunschweig. Kreis Blankenburg u. die Unterherrschaften der Fürstenthümer Schwarzburg-Rudolstadt u. Sondershausen. Nach amtl. Quellen bearb. Abgeschlossen am 1. Dezbr. 1890. br. 8. (III, 51 S.) Nordhausen 891. (C. Haacke) n. — 80

— der, des Vermögens-Verwalters in Rechts-Geschäften nach Großherzogl. Badischen Gesetzen, welche die Sicherstellung von Vermögen in Kapital-Anlagen, Geltendmachung von Forderungen in Ganten, gerichtlichen Schuldbeitreibungen rc. zum Zweck haben; (nebst Geschäfts-Formularien). Verfaßt mit besonderer Rücksicht auf die Dienstverhältnisse, Pflichten u. Verantwortlichkeiten der Verwalter von Staats-, Stiftungs-, Gemeinde- und Privat-Pflegschafts-Vermögen. Freiburg im Br. 853. Wangler. 8. (IV, 139 S.) 14 ngr.

— der, in Verwaltungssachen u. Verwaltungsstreitigkeiten. Praktisches Hilfsbuch für den badischen Bürger zur eigenen Besorgung seiner verschiedenartigsten Angelegenheiten vor den Verwaltungsbehörden u. Gerichten, ohne Beihilfe eines Rechtsanwalts, mit einem Anh., enthaltend: viele Muster-Eingaben u. Belehrungen, die neue Gebühren-Ordnung für Anwälte in Verwaltungssachen u. Verwaltungsstreitigkeiten 2c. Freiburg 867. G. Mayer. 16. (XVII, 254 S.) cart. n. 15 ngr.

— der, in Verwaltungssachen u. Verwaltungsstreitigkeiten. Anleitung für den bad. Bürger zur eignen Besorgung der verschiedenen Angelegenheiten vor den Verwaltungsbehörden u. Verwaltungsgerichten. Mit vielen Muster-Eingaben. 8. (IV, 132 S.) Freiburg i/Br. 881. G. Mayer. 1. 80

Ratgeber für Volks- & Gemeindebibliotheken (mit Ausschluss von Jugendbibliotheken), hrg. von der Volksschriften-Kommission der Aarg. Gemeinnützigen Gesellschaften. 16 S. 8. Aarau, Buchdr. des Aargauer Tagblatt, 1904.

Ratgeber für Schweizerische Volksbühnen, hrg. von der Volksschriften-Kommission der Aarg. gemeinnützigen Gesellschaften. 2. Folge. 13 S. 8. Aarau, Emil Wirz, 1905.

Ratgeber für Schweizerische Volksbühnen, hrg. von der Volksschriften-Kommission der Aarg. gemeinnützigen Gesellschaften. 1.—3. Folge. 24 S. 8. Aarau, Emil Wirz, 1906.

— zur Vorbereitung auf die zweite Lehrerprüfung. Verf. v. Buth, Eggert, Gattermann, Hupfer u. Sieber. (154 S.) gr. 8. Leipzig 907. Dürr'sche Buchh. 2.20; geb. n 2.60

Rathgeber bei Wahl und Gebrauch landwirthschaftlicher Geräthe und Maschinen. Ein Leitfaden der landwirthschaftl. Geräthe und Maschinenkunde für den prakt. Landwirth. Mit einem Vorwort von E. Perels. 1. Aufl. 1867. * 28 Ngr. und 2., wohlf. (Titel-)Ausg. gr. 8. (VIII und 162 S. mit eingedr. Holzschn.) Berlin 868, Wiegandt und Hempel.

Rathgeber auf die Wanderschaft für Gesellen. 2. verbesserte Auflage. In-8°, 22 S. Lichtensteig, Buchdruckerei von F. Furrer. 1882

— u. Wegweiser, neuester Briefsteller und Gelegenheits-Dichter für Personen beiderlei Geschlechts 2c. Vom Verfasser des modernen Chirons. 8. Grätz 836. Kienreich. 7/12 ₰

Rathgeber und Wegweiser für Auswanderer nach den vereinigten Staaten ... Darmst. 1831. V: *Heldmann*, *Frdr.* (HS)

—— und Wegweiser f. Auswanderer nach d. verein. Staaten v. Nordamerika. 1. Aufl. (3½ B.) 831., 2., verm. Ausg. (4 B.) 8. Darmstadt 833, [Heyer'sche Brlsh.]

— für Wehr- u. Militairpflichtige [Gestellungspflichtige, Ersatzreserven 2c.] im Deutschen Reiche. In kurzer u. übersichtlicher Form gewonnene Auszüge 2c. aus den gesetzlichen Bestimmungen u. Verordnungen. 16. (32 S.) Dresden 880. Köhler in Comm. n. — 20

— der, wie man Stiefel u. Schuhe am längsten tragen, u. dadurch e. sichere alljährl. Ersparniß bezwecken kann. 8. Landsh. 819. Weber in Münch. 3 gr.

— für Winterabende zur Belustigung und Erheiterung in fröhlichen Kreisen. Berlin (858.) Nelte. 16. (30 S. u. 2 Tab. in 4.) 5 ngr.

Rathgeber für Winterabende zur Belustigung und Erheiterung in fröhlichen Kreisen. Berlin 859. Nelte, Böltje & Co. 16. (30 S. u. 2 Tab. in 4.) 5 ngr.

—— der wohlerfahrene, f. Heirathslustige, Eheleute, junge Wittwer u. Wittwen 2c. 8. (10 B.) Nordhausen 831, Fürst.

—— der wohlerfahrene, für Heirathslustige, Eheleute 2c. Neue Ausg. 8. (VII und 152 S.) Nordhausen 847, Fürst.

— der wohlerfahrene, für Heirathslustige, Eheleute 2c. Neue Ausg. 8. (VIII u. 152 S.) Nordhausen 852, Fürst. ⅓ ₰

— d. wohlerfahrene, beim Rechnen, f. d. Bürger u. Landmann, in Tabell. 4. Erf. 811. Müller. (Weygand in Leipz.) 8 gr.

— der, f. junge Zeichner, s. Valenciennes.

— zuverlässiger, od. sichre u. untrügl. Mittel, Ratten u. Mäuse zu vertreiben. 8. Leipz. 827. (W. Nauck). 4 gr.

— zuverlässiger, od. sichre u. untrügl. Mittel, Ratten u. Mäuse zu vertreiben. 8. Leipz. 827, Sommer.

Rathgeber, zuverläss., f. deutsche Landwirthe, die nach d. nordamerikan. Freistaaten auszuwandern beabsichtigen, wie solche sich vor ihrer Abreise aus d. Heimath sowohl, als auch hinsichtlich der Reise selbst u. nach ihrer Landung in d. neuen Welt zu verhalten haben. Nebst gründl. Andeutungen f. Handwerker, Kaufleute, Aerzte 2c., was solche in Nordamerika zu erwarten haben; so wie e. Schilderung der Sitten u. Gebräuche d. Nordamerikaner 2c. Von e. Deutschen, der lange Zeit in Amerika lebte. 1. Aufl. 833. 8 Gr., u. 2. A. (à 4 B.) Hanau 835, Edler.

Ratgeberin

— die, f. die Bräute, s. Amalia.

Rathgeberin, Die, für Bräute, die sich ihre Ausstattung anschaffen wollen ... Breslau 1805. V: *Gürnth*, *Christine Dorothea geb. Hentschel.* (MGT) (Schl)

Rathgeberin, die, f. Bräute, d. sich ihre Ausstattung anschaffen 2c. Ein Verf. d. Waarenkunde v. Amalien. 8. Breslau, J. F. Korn. 805.

Rathgeberin, Die erfahrene, in einer Reihe von Briefen einer Mutter an ihre Töchter. Flensburg 1792. V: *Frise*, *Conrad Heinrich.* (Kordes, Schlesw.-holst. u. eutin. Schriftst. Schleswig 1797.) (MGT) (Ky)

Rathgeberin, die erfahrne, in einer Reihe v. Briefen e. Mutter an ihre Tochter, (v. K. H. Friese). 8. Flensb. 792.

Rath [Sachl. OW], s. Rat

Rath [Verf.]

– s.a. Vom Rath

(Deutscher Verein gegen d. Mißbrauch geistiger Getränke. (E. V.)) Die Aufgaben der Gemeindeverwaltungen im Kampfe gegen den Alkoholismus. Von Stadtrat **Rath.** Vortrag. 2. Aufl. Berlin: Mäßigkeits-Verl. 1908. 71 S. 8° [10. 8555

Rath, ..., († ...) s. Grundsätze die Redner zu lesen.

Rath.
Die Rübenzucker-Industrie Oesterreichs. Prag, 1857.

Rath II, wer soll den Turnunterricht in der Volksschule ertheilen, u. wer soll ihn beaufsichtigen?, s. Abhandlungen, pädagogische.

Wer soll den Turnunterricht in der Volksschule erteilen, und wer soll ihn beaufsichtigen? Von **Rath** n-Gesenkirchen [!]. *Bielefeld: A. Helmich [1901].* (12 S.) 8° [F.]
— Abhandlungen, Pädagogische. H. 55. (01. 3841

Rath, Ant., Entwürfe v. Grabkreuzen u. Schrifttafel-Ständern aus Schmiedeeisen in allen Stilarten von d. Gotik bis z. nenesten Formengebung. I. Serie. 69 Taf. in Lichtdr. (Mit XII S. Text.) 35×22 cm. Wien (909). A. Schroll & Co. In Mappe 12. 50

— Kurzgefasste Stil- u. Formenlehre f. Tischler u. Schlosser, s.: Schriften des steiermärkischen Gewerbeförderungs-Institutes in Graz. 4. Heft.

Rath, Ant. Gust., gemeinfaßliche Darstellung der Erd- u. Himmelskunde. Mit 1 lith. Taf. (in qu. 8.) gr. 16. (135 S.) Lemberg 852, Winiarz. n. 13½ ngr.

— Lehrbuch f. Compagnie-Schulen d. k. k. österreich. Infanterie-Regimenter. In deutsch. u. poln. Sprache verfaßt u. herausg. A. u. d. T.: Książka zawierająca naukę dla szkół kompanii c. k. Austriackich pułkow piechoty. 2. verb. u. verm. Aufl. gr. 16. (223 S.) Ebd. 852. n. 18 ngr.

Rath, Carl, s. Rath, Karl

Rath, Carolom., († ...) historiae ecclesiasticae seculum I religionis et juris circa sacra, quod ante ac post legem scriptam obtinuit. 4. Bamb. 776.

Rath, David: Über Kopftrauma und Ohrerkrankung. Aus der Universitätsklinik für Ohrenkrankheiten zu Strassburg i. E. *Strassburg i. E. 1898: W. Friedrich.* (38 S.) 8°
Strassburg, Med. Diss. v. 1898

Rath, Emerich, der Gehsport. s.: Miniatur-Bibliothek f. Sport u. Spiel. (Otto, Heinr.)

Rath, Emerich, der Gepäckmarsch üb. 60 Kilometer u. warum ich siegte. (VII, 69 S. m. Abbildgn.) gr. 8. Berlin 906. Lebensreform. n. 1. —

Rath, Emil [aus Urach]: Die Grundformeln der allgemeinen Kurven- und Flächentheorie im Nicht-Euklid'schen Raum ... Tübingen, Druck v. H. Laupp jr. 1894; 41 S. 8.
Tübingen, Naturw. Fak., Inaug.-Diss. v. 1894

Rath, E(rich) von: Das Notverordnungsrecht des preußischen Landes- und des deutschen Reichsstaatsrechts. *Bonn a. Rh. 1904: S. Foppen.* (72 S.) 8°
Bonn, Jur. Diss. v. 6. Aug. 1904

Rath, Erich v., das Notverordnungsrecht des preussischen Landes- u. des deutschen Reichsstaatsrechts. Diss. (72 S.) 8. Bonn 904. L. Röhrscheidt. n. 1. 50

Pilzbuch. Enthaltend d. wichtigsten eßbaren Pilze mit Berücks. derjenigen giftigen, die e. Verwechselung mit d. ersteren leicht zulassen. Von Erich Rath. Mit 14 Taf. Abb. nach d. Natur von Joh. Fink in München. Langensalza: F. G. L. Greßler 1905. (16 S.) 8⁰

Rath, F., das Rechnen auf der Oberstufe, s.: Sammlung pädagogischer Vorträge.

Rath, Felix, approb. Arzt aus Göttingen: Ueber die in der Göttinger medizinischen Klinik in den Jahren 1893—1901 (inkl.) zur Beobachtung bezw. zur Behandlung gekommenen Fälle von Lebercirrhose. *Heidelberg 1903: Heidelb. Verlagsanst. u. Druckerei.* (28 S.) 8°
Göttingen, Med. Diss. v. [30. Aug.] 1903

Rath, Fel., über die in der Göttinger medizin. Klinik in den J. 1893—1901 (inkl.) zur Beobachtung bezw. zur Behandlung gekomm. Fälle v Lebercirrhose. Diss. (28 S) gr. 8. Heidelberg 903. (Göttingen, Vandenhoeck & Ruprecht) n. — 80

Rath, Fr. v., Napoleon Bonaparte, Kaiser der Franzosen. Geschichtlicher, nach den besten Quellen bearb. Versuch. Eingeführt durch F. C. Schlosser. 2 Thle. gr. 8. (51¾ B.) Stuttgart 843, Ebner u. Seubert.

Rath, Frz., aus dem Leben Onkel Jacob's. Humoristische Genrebilder u. Erzählgn. 8. (204 S.) Hamburg 884. Kramer. 3. —

Rath, Franz Bestimmung der Seehöhen von Orten auf geographischem Wege nach beobachteten Barometer und Thermometer-Ständen. Berechnet und das Curvensystem entworfen 1861 62. Neu geprüft und nach Vervollständigung und Einrichtung für den praktischen Gebrauch herausgegeben von Joh. G. Schoen. Wien 1870. 15 S., 1 Tf. 4°

Rath, Frz., Bestimmung der Seehöhen von Orten auf graphischem Wege nach beobachteten Barometer- u. Thermometer-Ständen. Berechnet u. das Curvensystem entworfen 1861—62. Neu geprüft u. nach Vervollständigungen u. Einrichtungen für den prakt. Gebrauch herausg. von Joh. G. Schoen. Wien 871. Beck'sche Univ.-Buchhandl. Schmal-Fol. (15 S. mit 1 Steintaf. in Imp.-Fol.) n. 1 rthl.

Rath, Frz., Bestimmung der Seehöhen von Orten auf graphischem Wege nach beobachteten Barometer- und Thermometer-Ständen. Berechnet und das Curvensystem entworfen 1861/62. Neu geprüft und nach Vervollständigung und Einrichtung für den prakt. Gebrauch hrsg. von Joh. G. Schoen. schmal Fol. (15 S. mit 1 Stnt. in Imp.-Fol.) Wien 871. Hölder. *

Rath, Franz Xav[er]: Practische Abhandlung über den steyermärkischen Weinbau. In zwey Abtheilungen nebst einem Anhang von kritischen Bemerkungen und der Gegenkritik des Verfassers. Grätz: Ludewig 1820. VIII, 203 S. – Frei 100* – – Dass. Grätz. Penz 1824. VIII, 203 S. – 17*. ÖNB

Rath, Frz. X., prakt. Abhandl. üb. den steuermärk. Weinbau. 8. Grätz 824. Miller. 15 gr.

BILDER aus Paris .... (von *Friedr.* Frhrn. *v. Rath*). 2 Bde. Ulm 1839. 8°. (1 Mk. 80 Pfg. A. Bielefeld, vor 1885.)
Anon.-Lex. I. p. 238 (nach Engelmann's Bibl. geogr.). Ueber öffentl. Volksfeste, Theater, Mode, Musik &c.

Rath, G. F., über d. Ursachen d. bei Pferden u. Rindvieh als Folge d. Aderlasses an d. großen Halsblutader (Drosselvene) häufig vorkomm. Aderfistel u. deren leichte Heilung ohne Operation. Für prakt. Thierärzte. 8. (1 B.) Quedlinburg 841, Basse.

Rath, Georg: Aus d. psychiatr. Klin. zu Bonn. **Beiträge** zur Lehre vom manisch-depressiven Irresein. **Bonn 1909:** Foppen. 33 S. 8°
Bonn, Med. Diss. v. 5. Juli 1909, Ref. Westphal
[Geb. 30. Okt. 82 Süchteln; Wohnort: Kalk; Staatsangeh.: Preußen; Vorbildung: Gymn. Kempen a. Rh. Reife O. 03. Studium: Freiburg i. B. 1, München 1, Kiel 1, Erlangen 3, Berlin 1, Bonn 3 S.; Coll. 12. Mai 09; Approb. 31. Mai 09.] [U 09. 300

Räth, Geo., Gesetzbuch für Handel und Gewerbe. 1. Hälfte: Das Wechselgesetz. Die neue Koncursordnung. Pesth (853.) Heckenast. gr. 8. (126 S.) n. 16 ngr.

Rath, Georg, „Klänge der Seele". Gedichte IfA

—— német-magyar és magyar-német műszótára az uj törvényhozásnak. I. Rész: Német-Magyar. Deutsch-ungarische und ungarisch-deutsche Terminologie der neuen Gesetzgebung. 2 Thle. Deutsch-ungarisch — Ungarisch-deutsch. gr. 8. Pesth, Heckenast's Verlag. [1. (VI und 154 S.) 853. * 16 Ngr., 2. (80 S.) 854. * 10 Ngr.] •

Ráth, Georg —. Deutsch-ungarische und ungarisch-deutsche Terminologie der neuen Gesetzgebung. Erster Theil: Deutsch-ungarisch. (Auch mit ungar. Titel.) Pest. Kiadja Heckenast Gusztáv. 1853. 8. (154 pag.)

Ráth, Georg —. Deutsch-ungarische und ungarisch-deutsche Terminologie der neuen Gesetzgebung. (Német magyar és magyar német műszótára — —.) 2. Theil. Ungarisch. Deutsch. 8. (80 S.) Pest. Kiadja Heckenast Gusztáv. 1854.

— das seit dem 1. Jäner 1853 gültige neueste Wechsel- und Concurs-Gesetzbuch für Ungarn, Croatien, Slavonien, die serbische Wojwodschaft und das Temescher Banat nach der allgem. Wechselordnung ꝛc. als nöthige Ergänzung der provisorischen Proceßordnung und des allgem. österreich. bürgerlichen Gesetzbuches. Für Advocaten, Richter, Juristen, Handel- und Gewerbtreibende in ein systematisches Ganze zusammengestellt, mit einer erläut. Einleitung, u. einem Anhange der bezüglichen Bestimmungen der h. Verordnung über die definitive Organisation der Gerichtsbehörden, und der neuen Jurisdictions-Norm versehen. Pesth 853. Geibel. Lex.-8. (VIII, 72 S.) n. 12 ngr.

Rath, Gerhard vom

– s.a. Vom Rath

Rath, G. vom, Arizona, s.: Sammlung v. Vorträgen.

Rath, G. vom, Arizona, das alte Land der Indianer. Studien u. Wahrnehmgn. Nach Vorträgen, geh. in Freundeskreisen. 2. (Titel-)Ausg. 8. (112 S.) Heidelberg 888. C. Winter. n. 1. 80

Rath, Gerh. vom, e. Ausflug nach Calabrien. Mit e. lith. Taf. (in qu. Fol.) u. e. Holzschn. gr. 8. (VII, 157 S.) Bonn 871. A. Marcus. n. 2. 50

Rath, G. vom, geognostisch-mineralogische Beobachtungen im Quellgebiete des Rheins. Mit 4 (lith.) Taf. (in 4.) (Abdr. aus der Zeitschr. d. deutschen geolog. Gesellsch. 1862.) Berlin 862. (Hertz.) gr. 8. (164 S.) n. 1 ℳ

— durch Italien u. Griechenland nach dem Heiligen Land. Reisebriefe. 2 Bde. 8. (XII, 336 u. VIII, 411 S.) Heidelberg 882. C. Winter. n. 12. —; geb. n. 14. —

—— durch Italien und Griechenland nach dem Heiligen Land. Reisebriefe. 2 Bde. 2. (Titel-)Ausg. 8. (XVII, 336; VIII, 411 S.) Heidelberg 888, C. Winter's Universitäts-Buchh. *ℳ 6.—.; geb. *

Rath, G. vom: Über das Gold, s. Sammlung gemeinverständl. wissenschaftl. Vorträge.

– Über den Granit, s. Sammlung gemeinverständl. wissenschaftl. Vorträge.

Rath, Gerh. vom, aus Mexiko, s.: Für die Feste u. Freunde d. Gustav-Adolf-Vereins.

— Pennsylvanien. Geschichtliche, naturwissenschaftl. u. soziale Skizzen. Nach e. Vortrage in Freundeskreisen. 8. (IV, 155 S.) Ebd. 888. n. 2. 80

Rath, Gerh. vom, Reisebilder aus Kalabrien, s. Für d. Feste u. Freunde d. Gustav-Adolf-Vereins, Nr. 186.

— Sach- u. Ortsverzeichnis zu den mineralogischen u. geologischen Arbeiten v. G. vom R. Im Auftrage der Frau vom Rath bearb. v. W. Bruhns u. K. Busz. gr. 8. (V, 197 S.) Leipzig 893. W. Engelmann. n. 6. —; geb. n.n. 7. —

—— Siebenbürgen. Reisebetrachtungen und Studien, s.a. Sammlung von Vorträgen.

— Siebenbürgen. Reisebeobachtungen u. Studien. Nach Vorträgen. 2. Ausg. 8. (V, 152 S.) Ebd. 888. n. 2. —

— naturwissenschaftliche Studien. Erinnerungen an die Pariser Weltausstellung 1878. [Sections étrangères.] 8. (XIV, 442 S.) Bonn 879. Cohen & Sohn. n. 5. —

— der Vesuv, s. Sammlung gemeinverständl. wissenschaftl. Vorträge.

Rath, Gust. v., üb. Anthracen u. Anthrachinon-Monocarbonsäure. gr. 8. (39 S.) Göttingen 875. (Vandenhoeck & Ruprecht.) n. – 80

Rath, H. K., Louis Napoleon III. im Spiegel der Wahrheit. Cöln (Berlin) 861. Nelte, Böltje & Co. 8. (15 S.) 2½ ngr.

Rath, Hanns Wolfgang (Pseud.), s.a. Schulz-Euler, Carl Friedrich

— Dir, Madonna. Passion. Resignation. (53 S. m. 1 farb. Taf.) kl. 8. Ebd. 908. 4.—; geb. 5.—; Luxusausg., geb. in Ldr. 20. —

-- der bunte Falter. Lieder aus d. Verklärg. (32 Bl.) 8. Frankfurt a/M. 909. C. F. Schulz. Geb. nnn 10. —

Rath, Hanns Wolfg., s.: In memoriam Detlev Liliencron.

— Lyra sacra. Neue Verse. Mit e. Titelbild nach e. Zeichng. v. Paolo Veronese. (92 S.) 8. Frankfurt a/M. 909. C. F. Schulz. Kart. 5.— ; Luxusausg. 25. —

— Von Schuft u. Lump, v. Mir u. Anderen, Mit e. Heiratsgesuch in Fettdruck u. dem wohltemperierten Martyrium des Verf. Auch e. Antobiographie. (48 S. m. 1 Abb.) gr. 8. Ebd. 909. 2.—; geb. 3. —

Rath, Heinr., übersichtliche Zusammenstellung der Hauptbestimmungen des deutsch-österreichischen Münzvertrags und der durch denselben herbeigeführten Münzänderungen. Eingehend u. leichtfaßlich erläutert u. mit einer kurzen Geschichte des deutschen Münzwesens eingeleitet. Passau 858. Exped. d. Frauendorfer Blätter. gr. 8. (28 S.) 4 ngr.

Rath, Heinr., übersichtliche Zusammenstellung der Hauptbestimmungen des deutsch-österreichischen Münzvertrags und der durch denselben herbeigeführten Münzänderungen. Eingehend und leichtfaßlich erläutert und mit einer kurzen Geschichte des deutschen Münzwesens eingeleitet. gr. 8. (28 S.) Passau 858, [Keppler's Verlag.]

Rath, Hugo, aus Leipzig-Reudnitz, Kgl. Sächs. Assistenzarzt im 10. Inf.-Reg. No 134 Ueber einen günstig verlaufenen Fall von querer Durchtrennung des hinteren Scheidengewölbes mit Eröffnung der Bauchhöhle bei der Cohabitation. *Leipzig 1903: B. Georgi.* (20 S.) 8°
Leipzig, Med. Diss. v. (6. März) 1903

Rath, J. M., Ahnenbilder. Zwei Erzählungen, als: 1. Das Gelübde d. blutigen Hand. 2. Die Sage v. d. letzten Edlen v. Hohenfox. 8. (22 B.) Nürnberg 831, Zeh.

Rath, J. M., Ahnenbilder. Zwei Erzähll.; als: 1) das Gelübde der blutigen Hand. 2) die Sage von d. letzten Edlen v. Hohenfox. 8. Nürnb. 832. Zeh. 1 ₰ 16 ℊ

Rath, (J. M.) Hammerschläge. 1r Thl. — A. u. d. T.: Vertheidigung v. Steenwyk, u. Jakobea, Königin der Niederlande. Zwei Erzählungen aus den Niederlandsgeschichten des 15ten u. 16ten Jahrh. 8. Nürnb. 826, Zeh.

— dess. 2r Thl. — A. u. d. T.: Jdrrü. Eine Novelle a. d. Zeit des Erdbebens zu Lissabon 1755. — Schuld u. Strafe. Erzählung aus d. ersten Fünftel des 15ten Jahrh. 8. Nürnb. 827, Zeh

Rath, Jh Adam Lebrecht

— s. Beschreib. d. Laaers bei P.Unitz.

Rath, Jh. Adm. Lebr., was thut Gott bei Feuersbrünsten? 8. Dresd. 786.

Rath, Joseph, Rechtspr. a. Weilheim (Oberbayern): Vorverträge aus dem Bürgerlichen Gesetzbuche. Borna-Leipzig 1906: R. Noske. (VIII, 47 S.) 8° [F.]

Erlangen, Jur Fak., Ref. Örtmann, Diss. v. 29. Juni 1900

[Geb. 3. Nov 68 Weilheim, Wohnort: Weilheim; Staatsangeh. Bayern, Vorbildung. Gymn. Ravensburg Reife Juli 96; Studium: München 6, Erlangen 2 S.; Rig. 24. Mai 05.]

RÁTH, JOSEF ANTON. Festpredigt bei der feierlichen Einweihung der grossen Sacristei und zweier Nebenkapellen der Pest-Leopoldstädter Basilika zum Interim-Gotteshause durch Seine Eminenz, den Hochwürdigsten Herrn Cardinal Johann Bapt. Scitovszky von Nagykér, Fürst-Primas von Ungarn, Erzbischof zu Gran am 10. Feber 1861 vollzogen. Gesprochen von Josef Anton Ráth Pfarrer zu St. Leopold. Vom Verfasser aus dem ungarischen Original Texte übersetzt. Pest 1861 Gustav Emich. 15 S. - 230 mm

Rath, Julius, Referendar a. Dortmund: Der Anspruch des Erbschaftsbesitzers auf Ersatz von Verwendungen nach den Vorschriften des Bürgerlichen Gesetzbuches. Borna-Leipzig 1907: R. Noske. (VII, 42 S.) 8° [F.]

Rostock, Jur. Fak., Ref. Bernhöft, Diss. v. 5. Nov. 1906

[Geb. 5. Apr. 81 Barmen, Wohnort: Dortmund, Staatsangeh.: Preußen; Vorbildung Gymn. Dortmund Reife O. 00; Studium: Tübingen 4, Bonn 2 S.; Rig. 2. Okt. 06.]

Rath, Julius, Gerichtsass. Der zivilrechtliche Schutz der Ehre Borna-Leipzig 1909 Noske. X, 74 S. 8°

Erlangen, Jur Diss. v. 23. April 1900, Ref. Oertmann

[Geb. 14 M[illegible] 8[illegible] Kempen i. d. Rheinprov; Wohnort Berlin; Staatsangeh.: Preußen V[illegible] Gymn Kempen Reife O. [illegible] Studium München 1, Bonn 2 Berlin [illegible] Genf [illegible] Rig 27 Jan. 09.] [C 09. 729

Rath, Julius, a. Krefeld: Über die hydrolytische Spaltung acetylierter Oxycarbonsäuren. Bonn (1906): R. Schade. (70 S.) 8°

Bonn, Phil. Fak., Ref. Anschütz, Diss. v. 28. Juni 1906

[Geb. 31 März 81 Crefeld; Wohnort: Bonn; Staatsangeh.: Preußen; Vorbildung Realgymn. Crefeld Reife O. 99; Studium: Berlin 4, Bonn 8 S.; Rig. 27 Juni 06.]

Rath, Karl

Rath, Carl, Beschreibung d. bei Erpfingen neu entdeckten Höhle. gr. 8. (1½ B., 1 Grundriß 1′ 6″ lang, u. 8½″ hoch u. Abbild. auf 2 Bl., qu. ½ gr. Fol.) Reutlingen 834, (Fleischhauer u. Spohn.)

Rath, Carl, Heimoaths-Bliemeln. Gedichte in schles. Mundart. 16. (III, 123 S.) Waldenburg i/Schl. 884. Georgi. n. 1. —; geb. n. 1. 20

Rath, Carl, Heimoats-Bliemeln. Gedichte in schles. Mundart. 2. Aufl. (III, 80 S.) 8. Schweidnitz (909). L. Heege. — 80; geb. 1. 20

Rath, Karl, Referendar: Die Lehre von der Auslobung nach dem Recht des Bürgerlichen Gesetzbuches für das deutsche Reich unter Berücksichtigung der wichtigsten gemeinrechtlichen Streitfragen. Wiesbaden 1904: C. Schnegelberger & Cie. (71 S.) 8°

Marburg, Jur. Fak., Ref. André, Diss. v. 22. Aug. 1904

[Geb. 3. Febr. 80 Wiesbaden; Wohnort: Wiesbaden; Staatsangeh.: Preußen; Vorbildung. Gymn. Wiesbaden Reife O. 99; Studium: Bonn, Berlin, München, Marburg, zus. 6 S.; Rig. 31. Juli 03.]

Rath, Karl, approb. Arzt aus Grevenbroich (Rheinld.): Aus d. Kgl. chirurg. Universitäts-Klinik zu Kiel. Ein Lymphangiom des Blinddarms, Exstirpation, Heilung. *Voorde b. Kiel 1904: O. Krohn.* (10 S.) 8°

Kiel, Med. Diss. v [25. Apr.] 1904

Rath, Karl Wilh., wo ist die wahre christl. Liebe zu suchen u. zu finden? Les petites Soeurs des Pauvres. Die Geringen Schwestern der Armen. Dem Centrum des preuß. Landtages gewidmet. gr. 8. (53 S.) Berlin 878. Germania. — 75

Rath, M. G., Marianische Ehrenkrone. Festgruß u. vollständiges Gebetbüchlein zu Ehren der unbefleckten Empfängnis Mariä. Mit Belehrg. u. Ablaßgebeten f. das v. Papst Pius X. verordnete 50jähr. Jubiläum. (VIII, 216 S. m. Titelbild.) 16. Mainz 904. Druckerei Lehrlingshaus. Geb. in Leinw. n. — 60

Rath, Marion, Gedichte. 2 geistl. Lieder. 4 Totenlieder. Wirklichkeit u. Phantasie. (VII, 82 S.) 8. Dresden (906). E. Pierson. n. 1. 50; geb. n. 2. 50

(Rath, Nikolaus): S t o l l und seine Neider in ihrem wahren Lichte. (Von –). o.V., Wien 1787. 1. vol. 19 S.

Rath, Otto vom

Rath, O. vom, s.: Abhandlungen, zoologische, August Weismann gewidmet.

— zur Biologie der Diplopoden. [Aus: „Berichte der naturforsch. Gesellsch. zu Freiburg i/B."] gr. 8. (39 S.) Freiburg i/B. 891. J. C. B. Mohr. n. 1. 20

(B) **Rath,** O. vom, Zur Biologie d. Diplopoden. 891. (KBL. 28.) Jetzt: Freiburg i. B., Speyer & Kaerner.

Rath, O. vom, üb. die Fortpflanzung der Diplopoden [Chilognathen]. [Aus: „Berichte der naturforsch. Ges. zu Freiburg i/Br."] gr. 8. (28 S. m. 1 Taf.) Freiburg i/Br. 890. J. C. B. Mohr. n. 1. 40

(B) — Über d. Fortpflanzg. d. Diplopoden [illegible] (KBL. 26.) Jetzt Freiburg i. B., Speyer & Kaerner.

Rath, P., s.: Hessel, P. v. d.

Rath, Paul. schädlicher u. nützlicher Einfluss der Festungen auf die Kriegführung. Dargestellt an den Kriegsereignissen im Bereiche d. venezian. Festungsvierecks v. 1796 bis 1866. Mit 4 Karten u. 2 Beilagen. (XV, 316 S.) gr. 8. Wien 909. L. W. Seidel & Sohn. 6. —

— Der Kampf in der italienischen Kultur. Taktisch-histor. Studie. (VII, 29 S.) gr. 8. Wien 907. C. W. Stern. 1. —

Rath, Paul, s. Wegweiser durch Pesth.

Rath, Philipp, Lehrbuch d. deutschen Buchhandels, s.: Paschke, Max.

Rath, R. Versuch einer Beurtheilung der in den Provinzialbriefen geschilderten sittlichen Differenzen zwischen Pascal und den Jesuiten vom Standpunkte der philosophischen Ethik. Diss. Jena 1879. 31 S.

Rath, Rud (geb. Berlin 27. 2. 1847) Beitrag zur Aetiologie der Berliner Typhus-Epidemie im Jahre 1872. Berlin (1873). (32 S.) 8°

* Berlin, Med. Diss. v. 29. März 1873

Rath, Rudolf Gotthold

— s. Cicero, opera philos.

Rathii, R. G., Diss. super Ovidii Eleg. III. 75. 76. Hal. 785. 8.

***Rath*, Rud. Gthld., († d. 9. Jan. 1814.) de grammaticis et rhetor. elocutionis Romanae praeceptis. P. I. 8maj. Halle 798. (Reinicke). 16 gl**

Rath, R. G., de grammaticis et rhetor. elocutionis rom. praeceptis. P. I. 8. maj. Halae, Ruff. 798.

Rath, S. Heinr., Familienschicksal. Erzählung aus dem ostgaliz. Volksleben. (110 S.) Strassburg 907. J. Singer. 2. 50

Rath, S. Heinr., zur Frauenfrage. Populär gehaltene Erwiderung auf den „Habituellen Schwachsinn des Mannes" von Heberlin. (III, 56 S.) 8. Dresden 905. E. Pierson. n. 1. —

Rath, Thuisc. Hermann (Nordhausen), De nympharum degeneratione ex casu quodam illustrata. Diss. med. Halle (C. Grunert) 1. X. 1838. 41 S. u. Biogr. (M.: A. Rieche.) (3.25) 27683
Oppon.: F. H. G. R. Allihn, G. R. P. Boschulte — Gew.: Peter Krukenberg, Ernst Blasius, Johann Philipp Rath (Vater).

Rath, W. E., theoret.-prakt. Grammatik d. latein. Sprache etc., s. **Guttmann, M. A.**

Rath, Wilhelm [app. Arzt aus Göttingen]: Ein Beitrag zur Casuistik der Hypophysistumoren. . . . Göttingen, Druck d. Dieterich'schen Univ.-Buchdr (W. Fr. Kästner), 1888; 62 S. u. 6 Tab. 8°
Göttingen, Med. Fak., Inaug.-Diss. v. 23. Jun. 1888

Rath, W., e. Beitrag zur Casuistik der Hypophysistumoren. Inaug.-Diss. gr. 8. (62 S. m. 6 Tab.) Göttingen 888. (Vandenhoeck & Ruprecht's Verl.) n. 2. 40

Rath, Wilhelm, Medizinalprakt.: Die Lappendammplastik und ihre Erfolge nach komplettem Dammriss. Zsgest. nach d. Materiale d. Univ.-Frauenklin. aus d. Jahren 1888—1907. Hannover [1908]: Jänecke. 32 S. 8°
Göttingen, Med. Diss. v. 18. Jan. 1909, Ref. Runge
[Geb. 27. Jan. 84 Hildesheim; Wohnort: Hannover; Staatsangeh.: Preußen; Vorbildung: Gymn. Hannover Reife O. 02; Studium: Göttingen 5, München 1, Berlin 2, Göttingen 2 S.; Coll. 12. Dez. 07; Approb. 12. Jan. 09.] [U 09. 1320

Rath, Wilhelm, aus Jacewo: Umwandlung penta- und hexacyklischer Ketone in Basen der Pyridinreihe. *Berlin 1900: G. Schade.* (62 S.) 8°
Göttingen, Phil. Diss. v. [18. Okt.] 1900

Rath, Wilh., Umwandlung penta- u. hexacyklischer Ketone in Basen der Pyridinreihe. Diss. gr. 8. (63 S.) Berlin 900. (Göttingen, Vandenhoeck & Ruprecht.) n. 1. 60

Rath, Willy, Hans Distelfink. Lustspiel in 3 Aufzügen. (103 S.) 8. Köln 900. A. Ahn. n. 2. —

Rath, Willy, Prinzessin Sida. Märchenkomödie in 1 Aufzug. 8. (III, 53 u. II S.) Braunschweig 896. Berlin, C. A. Schwetschke & Sohn. n. 1. —

DAS RATHAUS ZU ALSFELD. Herausgegeben vom Geschichts- und Altertums- verein der Stadt Alsfeld. (Mit Abbildungen) Alsfeld. Druck von F Ehrenklau. 8°

Rathhaus, das, zu Augsburg, erbaut von Elias Holl, 1620. 9 (Lichtdr.-)Taf. [Aus: „Bauschatz".] Fol. Wien 881. Lehmann. n. 6. —

Rathhaus in Basel 1904; herausgegeben im Auftrage des Baudepartements von Baselstadt. [Basel 1904.] V: *Vischer, Eberhard.* (Zuwachsverz. d. Bibl. Zürich 1898 ff. 8.) (BBullschw 4, 1904)

Das Berliner Rathhaus. Denkschrift des Magistrats zu Berlin zur Grundsteinlegung für das neue Rathhaus. Mit sieben Tafeln Abbildungen. Zweite Auflage. Berlin 1862. 4°.

Rathhaus, das, zu Bremen. Mittheilungen über die Geschichte seines Baues. Hersg. von der Abtheilung des Künstlervereins für Bremische Geschichte. [Aus: Bremisches Jahrbuch.] Bremen 866. Müller. gr. 8. (187 S. mit 1 Holzschntaf.) 1 M

Rathhaus, Das, zu Bremen. O. O. [1894]. Neubearb. O. O. [1897]. V: *Markgraf, Hermann.* (Kat. d. Druckschr. üb. Breslau. Breslau 1903. S. 86.)

Rathhaus, Das, zu Breslau. Breslau 1897. V: *Markgraf, Herm.* (Nent)

Rathhaus zu Breslau. — Erneuerungsarbeiten i. d. Jahren 1884-91. Amtl. Veröff. d. Stadt Breslau [Breslau 1898.] Fol.

Rathhaus, das, zu Hildesheim u. die Fresken v. Hermann Proll. 8. (24 S. m. 1 Lichtdr.) Hildesheim 893. A. Lax. n.n. — 60

Rathaus, das, in **München**. (Bearb. im statist. Amt der Stadt München, textl. u. techn. Ausarbeitg.: J. Divora.) (IV, 64 S. m. Abb., 5 Grundrissen u. 4 Panoramen.) 8. München 909. (J. Lindauer.) — 80

Rathaus, das neue, in Hamburg. 1.—4. Lfg. gr. 4. (à 12 Lichtdr.) Hamburg 896. 897. Strumper & Co. à Lfg. 6. —

Rathaus, das neue, in Hamburg. (61 T) 4° Hamburg 1900

— das neue, der landesfürstl. Stadt Korneuburg, erbaut 1894—1896 nach d. Plänen d. Architekten Max Kropf. gr. 8. (37 S. m. 6 Abb., 2 Grundrissen u. 1 Fksm.) Korneuburg (896). J. Kühkopf & Habel. n. 4. —

Rathhaus, Neues in Hamburg. Aufforderung zur Einreichung von Entwurfen. (Progr m 7 Tfln) Hamburg 1851 4

Rathhaus. Das R' der Stadt Rapperswil. Rapperswil 1871 sаH[elbling], F[elix].

Rathhaus, Das, der Stadt Rapperswyl. Rapperswyl 1871. V: *Helbling, Fel.* (Cat. der Stadtbibl. Zürich. Zürich 1864—97.)

Das **Rathaus** zu Regensburg. Die Stadt Regensburg, seit 100 Jahren Bayerns Krone huldigend, widmet dieses Werk d. bayerischen Stammlande. Regensburg: Habbel 1910. V, 183 S. 2°(4°) [11. 5393

[F.] Das **Rathhaus** zu Rheydt ... *Rheydt: W. R. Langewiesche 1897.* (3 Bl., 64 S., 10 Taf., 1 Portr.-Taf., 2 Pl.) 1 Bd 8.
— Chronik, Rheydter. Beil. (zu Bd 2). [97. 6309

Rathaus, das, zu Schwyz. Die maler. Ausschmückg. ausgeführt v. Ferd. Wagner. 14 Bilder in mehrfarb. Photodr. m. beschreib. Text v. J. Hardmeyer. gr. 8. (29 S.) Zürich 891. Art. Institut Orell Füssli, Verl. [2. —] ermässigt auf 1. 60

Das Rath- und Standehaus zu Itzehoe o. O. 1835. kolor Lithogr 1 Bl. Fol., 28: 40 cm

— das Wiener. (128 S. m. Abb.) kl. 8. Wien (909). Gerlach & Wiedling. 2. —

Rathausbaufrage, die, zu Leipzig im J. 1890. Denkschrift des Vereins Leipziger Architekten. Lex.-8. (16 S. mit 1 Taf.) Leipzig 890. (Hinrichs' Sort.) n.n. 1. —

Rathhäuser, Kirchen, Kapellen, Erbbegräbnisse, Amts- u. Pfarrgebäude, Vikariat. Ausgeführte u. projektirte Entwürfe in Façaden-Ansichten, Grundrissen, Quer- u. Durchschnitten. Mit Beiträgen von hervorragenden Architekten Deutschlands etc. Red.: Hittenkofer. [Aus: „Karl Scholtze's Façaden-Entwürfe".] hoch 4. (26 Steintaf. u. 3 lith. Beilagen in qu. gr. Fol., nebst 8 S. Text m. eingedr. Holzschn.) Leipzig 879. Scholtze. n. 20. —

Rathhäuser, die, der Stadt Wien seit 600 Jahren. Hrsg. v. der Gemeinde Wien. 12. (46 S. m. 13 Abbildgn.) Wien 893. (Leipzig, Literar. Anstalt A. Schulze.) n. 2. —

Rathausfrage, die. Votum der Burgerschaft. (30 S.) Stuttgart 1887

Rathhaus-Kapelle, die, zu Schweidnitz. In die Fascikel: „Schlesische Kirchen-Geschichte." Von ***. gr. 8. Schweidnitz 840. Franke. 1/4 ℛ

Rathhaus-Kapelle, die, zu Schweidnitz. In die Fascikel: „Schlesische Kirchen-Geschichte." Von *** gr. 8. (2½ B.) Schweidnitz 840, [Weigmann.]

RATHHAUSKELLER, Der Wiener Wien 1899. 8° (60 Heller Carl Greif, 1914.)

Rathhaus-Keller-Geschichten, Münchener. Humoristisch erzählt vom Münchener Kindl. [Illustrirt v. Peter Krämer.] gr. 8. (48 S. m. eingedr. Holzschn.) München 876. A. Ackermann in Comm. 1. 50

Rathhaus-Keller-Geschichten, Münchner. Humoristisch erzählt vom *Munchner Kindl.* (Illustrirt von *Peter Krämer.*) München, in Commiss. bei Adolf Ackermann, o. J. (c. 1880). 8°. Cart. *)
48 S. In Versen. Mit 18 Holzsch. Inh.: 1. Frühschoppen. 2. Köchinnen-Matinée 3. Der Flickschneider u. der Herr Pfarrer. 4. In Geschäften. 5. Künstlerleben. 6. Er will allein sein. 7. Der Professor u. seine Schülerin. 8. Abends beim Wein 9. Die schone Lina. 10. Freund Immergrün. 11. Aus Amerika.

Rathausneubau, der, der Stadt Bielefeld, veröffentlicht zu dessen Einweihg. am 12. X. 1904. (XII S. m. Abb. u. 30 Taf.) 4. Bielefeld (904). Velhagen & Klasing. n. 2. —

Der Rathaus-Um- und Neubau der Stadt Zeitz, veröffentl. z. Einweihung am 7 Okt. 1909. Zeitz (1909): Jubelt. 12 S., 17 ungez. Taf 4° [10. 1315

Ráthay, Emerich, über Austrocknungs- u. Imbibitionserscheinungen der Cynareen-Involucren. [Mit 1 (lith.) Taf.] [Aus: „Sitzungsber. d. k. Akad. d. Wiss."] Lex.-8. (12 S.) Wien 881. (Gerold's Sohn.) n. — 60

Ráthay, Emerich, über e. Bakteriose v. Dactylis glomerata L. gr. 8. (6 S.) Wien (899). (C. Gerold's Sohn.) n.n. — 10
Sonderabdruck aus: „Sitzungsber. d. k. Akad. d. Wiss."

— der Black-Rot. [Aus: „Jahresbericht u. Programm d. k. k. önolog. u. pomolog. Lehranstalt in Klosterneuburg".] gr. 8. (XXXIV S. m. 19 Abbildgn.) Klosterneuburg 891. (Wien, E. Sooding.) n. 1. —

Ráthay, Emerich, über die von Exoascus-Arten hervorgerufene Degeneration der Laubtriebe einiger Amygdaleen. Lex.-8. (16 S. mit 1 lithogr. Taf.) Wien 878, (Gerold's Sohn.) ** — 50
Aus: Sitzungsberichte der k. Akademie der Wissenschaften, besonders abgedruckt.

Ráthay E.: Ueber das Eindringen d. Sporidien-Keimschläuche d. *Puccinia malvacearum Mont.* in die Epidermiszellen d. *Althaea rosea.* 1881 (Rostr. Saml.).

— üb. e merkwürdige durch den Blitz an Vitis vinifera hervorgerufene Erscheinung. [Aus: „Denkschr. d. k. Akad. d. Wiss."] Imp.-4. (26 S. m. 2 Taf.) Wien 891. (F. Tempsky.) n. 2. 30

--- Ders. Erwächst aus der Einfuhr amerikanischer Schnittreben und Rebsamen nach Österreich-Ungarn die Gefahr einer Einschleppung des Black-Rot? Klosterneuburg 1891. 13 S. -- LB Brünn

— Die Gabler- oder Zwiewipflerreben. Eine vorläufige Mittheilung zur Erklärung der in Triest ausgestellten Erscheinungen der Gablerkrankheit, m. 1 Taf. 5 Klosterneuburg önol. Anst. 82.

Ráthay, E., die Geschlechtsverhältnisse der Reben u. ihre Bedeutung f. den Weinbau. Mit 2 lith. Taf. u. 18 Holzschn. gr. 8. (IV, 115 S.) Wien 888. Frick. n. 3. 60

— die Geschlechtsverhältnisse der Reben u. ihre Bedeutung f. den Weinbau. 2. Thl. Mit 8 lith. Taf. u. 8 Abbildgn. im Texte. gr. 8. (VII, 93 S.) Wien 889. W. Frick. n. 3. 60 (1. 2.: n. 7. 20)

Ráthay, Emerich, Getreidekörner, Mehl u. Brot. Mit e. lith. Taf. (in qu. 4.) gr. 8. (18 S.) Wien 874. Hölder. n. — 60

— über die Hexenbesen der Kirschbäume u. über Exoascus Wiesneri n. sp. [Mit 2 (lith.) Taf.] [Aus: „Sitzungsber. d. k. Akad. d. Wiss."] Lex.-8. (22 S.) Ebend. 881. n. 1. —

Ráthay, E., u. B. Haas, üb. Phallus impudicus (L.) u. einige Coprinus-Arten. Lex.-8. (27 S.) Wien 883. (Gerold's Sohn.) n.n. — 50

— Über die in Niederösterreich als Gabler oder Zwiewipfler bekannten Reben. 24. u. 6 Taf. ibd. 83.
Progr.

Die kalifornische Rebenkrankheit und die Brunissure (Bräunung). Wien. 1893.

— über nectarabsondernde Trichome einiger Melampyrumarten. [Mit 1 (lith.) Taf.] [Aus: „Sitzungsber. d. k. Akad. d. Wiss."] Lex.-8. (23 S.) Ebend. 880. n. — 60

— über den Unterschied zwischen Lied u. Spruch bei den Lyrikern d. 12. u. 13. Jahrh. gr. 8. (31 S.) Ebend. 875. n. — 60

— Untersuchungen über die Spermogonien der Rostpilze. [Aus: „Denkschr. d. k. Akad. d. Wiss."] Imp.-4. (51 S.) Ebend. 882. n. 2. —

Ráthay E.: Ueber einige autoecische u. heteroecische Uredineen. 1881. [Rostr. Saml.].

Ráthay, Emerich, welche neuen biologischen Beobachtungen üb. die Reblaus liegen vor, u. welche Art der Bekämpfg. läßt sich etwa auf dieselben gründen? [Aus: „Allg. Weinztg."] (Internationaler land- u. forstwirthschaftlicher Congreß zu Wien 1890, Hft. 117.) gr. 8. (12 S.) Wien 890. (W. Frick.) n. — 80

Der White-Rot (Weißfäule) und sein Auftreten in Österreich. Wien. 1892.

Rathay, [Joh.], über den Unterschied zwischen Lied und Spruch bei den Lyrikern des 12. und 13. Jahrh. gr. 8. (31 S.) Wien 875, Hölder. * — 60

Les crabes d'eau douce (Potamonidæ) par Miss Mary (J[ane]) **Rathbun.** P. 1-3. Paris: Masson & Cie 1905. 4°
= **Archives,** Nouvelles, du Muséum d'histoire naturelle. Sér. 4. T. 6, Fasc. 2, [2.] T. 7, Fasc. 2, [2.] T 8, Fasc. 1, [2.] [04. 8909

Rathcke, Paul [app. Arzt aus Leipzig]: Über anomale Furchen an der menschlichen Leber. E. vergleichend anatom. Studie . . Berlin, Berl. Buchdr.-Akt.-Ges., 1896; 31 S. [ohne Tafeln] 8.
Berlin, Med. Fak., Inaug.-Diss. v. 14. Aug. 1896

Rathe einmal, kleiner Franzos u. kleine Französin etc., s. Bible.

Rathe, Dr., Otto v. Rheinberg; romant. Erzählung aus der rhein. Geschichte z. Zeit Kaiser Rudolph I. 8. Leipz. 830. Kollmann. 21 ℛ

Rathe, Bruno, Medizinalprakt.: Aus d. Kgl. Frauenklinik zu Dresden. Ueber einen Fall von Extrauteringravidität im IX. Monat mit lebendem Kind. Leipzig 1909: Georgi. 25 S. 8°
Leipzig, Med. Diss. v. 31. März 1909, Ref. Zweifel
[Geb. 17. Sept. 79 Rastede; Wohnort: Dresden; Staatsangeh.: Preußen; Vorbildung: Gymn. Oldenburg Reife O. 03; Studium: Pharm. Straßburg 2, Med. Freiburg i. B. 2, Göttingen 2, Berlin 1, Halle 2, Berlin 3 S.; Coll. 28. April 09.] [U 09. 2848

Rathe, Hermann, Referendar in Hamburg: Unter welchen Voraussetzungen ist der Eingriff in nachbarliches Grundeigentum widerrechtlich und welchen Rechtschutz gibt es gegen solchen Eingriff nach B.G.B.? Altona-Ottensen 1904: Chr. Adolff. (75 S.) 8° [J.]
Rostock, Jur. Fak., Ref. Bernhöft, Diss. v. 30. Aug. 1904
[Geb. 8. März 79 Leipzig; Wohnort: Hamburg; Staatsangeb.: Hamburg; Vorbildung: Wilhelmgymn. Hamburg Reife M. 99; Studium: Berlin 1, Freiburg i. B. 1, Berlin 1, Kiel 3 S.; Rig. 28. Apr. 04.]

Rathe, J. C., (Jh. Ph. Stainhauser v. Treuberg,) Abhandl.: Ob den Herzogen in Baiern das jus regium in ecclesiastica zustehe? 4. Frankf. 762. Eßlinger. 4 gr

Rathe, Kurt, der figurale Schmuck d. alten Domfassade in Florenz. Ein Beitrag zur Entwicklungsgeschichte der Freifigur im Florentiner Trecento. (V, 127 S. m. 57 Vollbildern.) gr. 8. Wien 910. C. W Stern. 10. —

Rathe Kurt: Der statuarische Schmuck der alten Domfassade in Florenz. Diss. Wien, Univ.
D: Wien 1910.
1908 PN 2595 1900

Rathe, Luk., Betrachtungen bei dem neuesten Redaktionswechsel der pfälzer Zeitung. gr. 8. (14 S.) Heidelberg 855, Akademische Anstalt für Literatur und Kunst.

Rathe, Luk., Betrachtungen bei dem neuesten Redaktionswechsel der Pfälzer Zeitung. Heidelberg 855. K. Groos. gr. 8. (14 S.) 2 ngr

Räthe, s. Räte

Ratheim, C. von [Pseud.], s. Dereser, Anton

Rathel, F., der Schlossermeister, s. Schauplatz, neuer, der Künste und Handwerke, 30. Bd.

RAETHEL, W. C., Neu auffgelegte Frage, was von den einsamen Zusammenkünfften etc. zu halten? 12°.
Ohne nähere Ang. im Lpz. M. M. V. 1709. B. 2 a.

MORGENRÖTHE der duncklen Frage: was von heut zu Tag .... einschleichenden eintzeln Zusammenkünfften zu halten sey. (Vf.: *Wolfg. Christoph Räthel.*) Altdorff 1702. 12°. 6 Bogen. Rar!
Bibl. Ludovici (bibliop.) continuatio. Vitemb. 1705. — Das Anon.-Lex. III. p. 163 hat „Neustadt 1702" (nach Adelung, Weller, Fikenscher).

Rathen, M. C. v., Ja u. Nein, s.: Kühling's, A., Album für Liebhaber-Bühnen.

Rathenau, das befreyte,. Schausp. von Blum. 8. Lpz. Weygand. 775.

Rathenau, Fritz [Kammerger.-Ref.]: Zur Lehre vom fortgesetzten Verbrechen m. bes. Berücks. seiner Geltg nach d. Reichsstrafgesetzbuche ... Berlin, Buchdr. v. G. Schade, *1896;* 111 S., 1 Bl. 8.
Berlin, Jur. Fak., Inaug.-Diss. v. 3. Okt. 1896

Rathenau, Fritz, s. Lehre vom fortgesetzten Verbrechen m. bes. Berücksicht. seiner Geltung nach d. Reichsstrafgesetzbuche. Diss. gr. 8. (111 S.) Berlin 896. (E. Apolant.) n. 2. —

Rathenau, Fritz, d. Sachverständigenwesen in Patentprozessen, zugleich e. Beitrag zur Frage d. Errichtg. e. selbständ., gemischten Patentgerichtshofes. (63 S.) gr. 8. Berlin 908. C. Heymann. 1. —

Rathenau, F., Sach- u. Schlagwortverzeichnis, s.: Kohler, J., Handbuch des deutschen Patentrechts.

— Sondergerichtshöfe f. gewerblichen Rechtsschutz. (180 S.) gr. 8. Berlin 910. J. Guttentag. 5. —
Sonderabdruck aus: „Verhandlgn. d. 30. deut. Juristentages".

Rathenau, Kurt, a. Berlin: Der Einfluß der Kapitals- und Produktionsvermehrung auf die Produktionskosten in der deutschen Maschinen-Industrie. Halle a. S. 1906: (Lippert & Co., Naumburg a. S.). (56 S.) 8° ¶ (Erscheint vollst. 1906 als: Sammlung national-ökon. u. statist. Abhandl. d. staatswiss. Sem zu Halle a. S., Bd 53.)
Halle, Phil. Fak., Ref. Conrad, Diss. v. 13. Febr. 1906
[Geb. 9. Juni 80 Berlin; Wohnort Berlin, Staatsangeh. Preußen; Vorbildung: Gymn. Gotha Reife M. 99; Studium München T.H. 3, Charlottenburg T.H. 3, Berlin 2, Halle 2 S., Rig. 13. Nov 05.]

Rathenau, Kurt, der Einfluss der Kapitals- u. Produktionsvermehrung auf die Produktionskosten in der deutschen Maschinen-Industrie, s. a. Sammlung nationalökonomischer u. statistischer Abhandlungen. 53.

Der Einfluß der Kapitals- und Produktionsvermehrung auf die Produktionskosten in der deutschen Maschinen-Industrie. Von Dr. Kurt **Rathenau.** Jena G. Fischer 1906. (83 S.) 8°
= **Sammlung** nationalökon. u. statist. Abhandlungen d. staatswiss. Seminars zu Halle. Bd 53. [c6. 1980

Rathenau, Walther [aus Berlin]: Die Absorption des Lichts in Metallen. Berlin, Druck v H. S. Hermann, 1889; 24 S. + 1 Bl. 8°
Berlin, Phil. Fak., Inaug.-Diss. v. 28. Okt. 1889

Rathenau, Walth., Impressionen. 2.—4. Aufl. gr. 8. (à 257 S.) Leipzig 902. S. Hirzel. n. 3. ; geb. n. 4.50
1. Aufl. (256 S.) Ebd. 902. n. 3.—; geb. n. 4.50.

— u. Wilh. **Cauer,** Massengüterbahnen. (III, 158 S. m. 1 lith. Taf.) Lex. 8. Berlin 909. J. Springer. 3.80

Rathenau, Walth., Reflexionen. (3. Taus.) (271 S.) Lex. 8. Leipzig 908. S. Hirzel. 4.50; geb. 6. —
1. Aufl. (271 S.) 908. 3.—; geb. 4.—; 2. Aufl. (271 S.) 908. 4.—; geb. 5.50.

v. Rathenberg Die Wiedergeburt des Volkes in Staat und Kirche, eine Wiedergeburt aus dem Glauben. 8 S.
Putbus, Progr. 1850

Rathenow [Schlagwort]

Rathenow, s.: Deutschland. Kürschner-Peip. — Radfahrerkarten. Strassenprofilkarte

Rathenow [Verf.]

Rathenow, Erich: Ein seltener Fall von traumatischer Ureterverletzung mit Fistelbildung. Rostock 1909: Adler. 20 S. 8°
Rostock, Med. Diss. v. 31. Dez. 1909, Ref. Sarwey
[Geb. 22. April 83 Trebbin; Wohnort: Rostock; Staatsangeb.: Preußen; Vorbildung: Gymn. z. Grauen Kloster Berlin Reife O. 03; Studium: Berlin 3, München 1, Berlin 1, Kiel 2, Rostock 3 S.; Coll. 27. April 09; Approb. 21. Dez. 09.] [U 10. 3924

Räther, Heinr., einheitl. Darstellungsformen f. d. Tafelrechnen. Vortrag, geh. in d. pädagog. Abteilg. d. allgem. Breslauer Lehrervereins. gr. 8. (21 S.) Breslau 898. E. Morgenstern, Verl. n. — 40

Räther, Heinr., Lehrgang des Kopf- u. Tafelrechnens in typischen Beispielen v. den Anfängen bis zum Ausziehen der Wurzeln. Kleines Handbuch zu den Übungsheften v. Räther u. Wohl. (280 S. m. Fig.) 8. Breslau 907. E. Morgenstern, Verl. 2.50; geb. 3. —

— u. W. **Petri,** Rechenbuch f. zehnklassige höh. Mädchenschulen in 8 Heften. (Räther u. Wohl: Rechenwerk. Ausg. D. Neubearbeitung v. 1910.) Nach den ministeriellen Bestimmgn. v. 18. VIII. u. 12. XII. 1908 bearb. 8. Breslau, E. Morgenstern, Verl. 6.85
I. Die Zahlreihen 1—10 u. 1—20. Einführung in d. Zahlreihe 1—100. Von R. 4.—8. Taus. (28 S.) (910.) — 20
II. Die Zahlreihe 1—100. Einführung in die Zahlreihe 1—1000. Von R. 1.—3. u. 4.—8. Taus. (Je 32 S.) (909. 10.) — 20
III. Die Zahlreihen 1—1000 u. 1—1000000. Von R. 4.—8. Taus. (48 S.) (910.) — 30; Ergebnisse (20 S.) 909. — 50

IV. Mehrfach benannte Zahlen. Von R. 4.—8. Tauf. (52 S.) (910.) — 35; Ergebnisse (28 S.) (910.) — 50
V. Die gemeinen Brüche. Von R. 4.—8. Tauf. (64 S.) (910.) — 40; Ergebnisse (27 S.) (910.) — 50
VI. Abschluß der Dezimalbruchrechnung. Bürgerliche Rechnungsarten. Von R. 1.—3. Tauf (64 S.) (910.) 40, Ergebnisse (19 S.) (910.) — 50
VII. Arithmetik u. Geometrie f. die Klassen IV u. III v. P. Mit 163 Fig. (im Text u. auf 1 Taf.) 2. Aufl. (VI, 212 S.) 910. Geb. 2.40; Ergebnisse (32 S.) (910.) — 50
VIII. Arithmetik u. Geometrie f. die Klassen II u. I, v. P. (VI, 232 S. m. 122 Fig.) 910. Geb. 2.60; Ergebnisse (24 S.) (910.) — 50

Räther, H., Theorie u. Praxis d. Rechenunterrichts. Im Anschluß an das Uebungsbuch f. mündl. u. schriftliches Rechnen von H. Räther u. P. Wohl bearb. 1. Tl. Die Zahlenreihen 1—10, 1—20 u. 1—100. (IV, 108 S.) Breslau 890. Morgenstern, Verl. n. 1. 20

Räther, Heinr., Theorie u. Praxis des Rechenunterrichts. Im Anschluß an das Übungsbuch f. mündl. u. schriftl. Rechnen v. H. Räther u. P. Wahl bearb. 3 Tle. gr. 8. Breslau, E. Morgenstern, Verl. kplt. in 1 Bd.: n. 6. 50; geb. n.n. 7. 25
1. (IV, 108 S.) 891. n. 1. 20
2. Die Zahlreihe 1—1 000 000 u. die mehrfach benannten Zahlen. (IV u. S. 109—310.) 891. n. 2. —
3. Die Bruchrechnung im Zusammenhange u. die bürgerlichen Rechnungsarten. (IV u. S. 311—653.) 894. n. 3. 30

Räther, Heinr., Theorie u. Praxis des Rechenunterrichts. 3 Tle. gr. 8. Breslau, E. Morgenstern, Verl. n. 6. 50; in 1 Leinw.-Bd. n.n. 7. 25
1. Die Zahlreihen 1 bis 10, 1 bis 20 u. 1 bis 100. 2. Aufl. (IV, 116 S.) 899. n. 1. 20
2. Die Zahlreihe 1 bis 1000000 u. die mehrfach benannten Zahlen. 2. Aufl. (IV, 207 S.) 899.
3. Die Bruchrechng. im Zusammenhange u. die bürgerl. Rechnungsarten. 2. Aufl. (VIII, 360 S. m. Fig.) 900. n. 3. 30

Räther, Heinr., Theorie u. Praxis des Rechenunterrichts. 3 Tle. 3. verb. u. verm. Aufl. gr. 8. Breslau 904. E. Morgenstern, Verl. n. 6.50; geb. in 1 Leinw.-Bd. n.n. 7.25
1. Die Zahlreihen 1—10, 1—20 u. 1—100. (120 S.) 1. 20
2. Die Zahlreihen 1—1000 u. 1—1000000 u. die mehrfach benannten Zahlen. (207 S.) 2. —
3. Die Bruchrechnung im Zusammenhange u. die bürgerlichen Rechnungsarten. (366 S. m. Fig.) 3. 30

— Theorie u. Praxis d. Rechenunterrichts. Ein method. Handb. 1. Tl. Die Zahlreihen 1—10, 1—20 u. 1—100. 4. verb. Aufl. (120 S.) gr. 8. Ebd. 909. 1. 20

Räther, H., und P. Wohl, Übungsbuch für mündliches und schriftliches Rechnen: Neue Bearbeitung von Pflügers Übungsbuch für mündl. und schriftl. Rechnen. Größere Ausg. [A]. 6 Hefte. 2. Aufl. gr. 8. Breslau 888, Morgenstern's Verlag. [1. und 2. Heft. (24; 32 S.) à * 15 Pf.; 3. und 4. Heft. (48; 56 S.) à * 25 Pf.; 5. und 6. Heft. (64; 72 S.) à * 30 Pf.] * 1 40

—— —— dass. — Ergebnisse zum 3.—6. Heft. gr. 8. Ebendas. 888. [Zum 3. und 4. Heft. (16; 18 S.) à * 30 Pf.; zum 5. Heft. (24 S.) * 40 Pf.; zum 6. Heft. (32 S.) * 50 Pf.] * 1 50

— u. P. Wohl, Uebungsbuch f. mündl. u. schriftl. Rechnen. Neue Bearbeitg. v. Pflügers Uebungsbuch f. mündl. u. schriftl. Rechnen. Größere Ausg. (A). 6 Hfte. 2. Aufl. gr. 8. Ebd. 895. n.n. 1. 40
1. 31.—35. Tauf. (24 S.) n.n. — 15
2. 81.—90. Tauf. (32 S.) n.n. — 15
3. 109.—123. Tauf. (48 S.) n.n. — 25
4. 90.—104. Tauf. (56 S.) n.n. — 25
5. 78.—87. Tauf. (64 S.) n.n. — 30
6. 59.—68. Tauf. (76 S.) n.n. — 30

— u. P. Wohl, Uebungsbuch f. mündliches u. schriftliches Rechnen in 6 Heften. Größere Ausg. (A). Neue Bearbeitg. v. Pflügers Uebungsbuch f. mündl. u. schriftl. Rechnen. Gedruckt in neuer Rechtschreibg. 2. Aufl. gr. 8. Ebd. (903.) n. 1. 40
1. (Für Klasse 6.) Die Zahlreihen 1—10 u. 1—20. 86. bis 90. Tauf. (24 S.) n.n. — 15
2. (Für Klasse 5.) Die Zahlreihe 1—100. Anfänge des Bruchrechnens. 230.—239 Tauf. (32 S.) n.n. — 15
3. (Für Klasse 4.) Die Zahlreihen 1—1000 u. 1—1000000. Weitere Uebungen in den Anfängen des Bruchrechnens. 282.—291. Tauf (48 S.) n. — 25
4. (Für Klasse 3.) Mehrfach benannte Zahlen: Nicht decimale Währgn., Decimalbrüche, decimale Währgn., Durchschnittsrechng., Regeldetri, Zeitrechnung. 175.—226. Tauf. (56 S.) n — 25
5. (Für Klasse 2.) Gemeine Brüche, Decimalbrüche, Durchschnittsrechng., Regeldetri. 185—194. Tauf. (64 S.) n. — 30
6. (Für Klasse 1.) Bürgerliche Rechnungsarten. Aufgaben aus den Wissensfächern. 135.—139. Tauf. (76 S.) n. — 30

Räther, Heinr., u. P. Wohl, Übungsbuch für mündl. u. schriftl. Rechnen in 6 Heften. Größere Ausg. (A.) 8. Breslau, E. Morgenstern, Verl. 1. 40
I. Die Zahlenreihen 1—10 u. 1—20. 126.—130. Tauf. (24 S. m. Fig.) (910.) nn — 15
II. Die Zahlenreihe 1—100. 313.—317. Tauf. (32 S.) (910.) nn — 15
III. Die Zahlreihen 1 bis 1000 u. 1 bis 1000000. 356.—365. Tauf. (48 S.) (909.) — 25
IV. Mehrfach benannte Zahlen; nichtdezimale Währungen, Dezimalbrüche, dezimale Währungen, Durchschnittsrechng., Regelbetri, Zeitrechng. 272.—281. Aufl. (56 S.) (910.) — 25
V. Gemeine Brüche, Dezimalbrüche, Durchschnittsrechnung, Regelbetri. 225.—234. Tauf. (64 S.) (910.) — 30
VI. Bürgerliche Rechnungsarten. Aufgaben aus den Wissensfächern. 165.—169. Tauf. (76 S.) (910.) — 30

Räther, Heinr., u. P. Wohl, Uebungsbuch f. mündliches u. schriftliches Rechnen. Neue Ausg. A in 7 Heften 3.—7. Heft. Ergebnisse. gr. 8. Breslau 903. E. Morgenstern, Verl. n. 1.80
3. (16 S.) n. — 30. — 4. (23 S.) n. — 40. — 5. (29 S.) n. — 40. 6. (16 S.) n. — 30. — 7. (22 S.) n. — 40.

— — dasselbe. Neue Ausg. A in 7 Heften. Mit Anwendg. der neuen Rechtschreibg. gr. 8. Breslau 903. E. Morgenstern, Verl. n. 1. 65
1. Die Zahlreihen 1 bis 10 u. 1 bis 20. Der Ausgaben A u. F 86. bis 100. Tauf. (24 S.) n.n — 15
2. Die Zahlreihe 1 bis 100. Der Ausgaben A u. F 227. bis 251. Tauf. (32 S.) n.n — 15
3. Die Zahlreihen 1 bis 1000 u. 1 bis 1,000,000. Der Ausgaben A u. F 279. bis 303. Tauf. (48 S.) n. — 25
4. Mehrfach benannte Zahlen. Der Ausgaben A u. F 227. bis 251. Tauf (48 S.) n. — 25
5. Die gemeinen Brüche u. Dezimalbrüche. Der Ausgaben A u. F 185. bis 204. Tauf. (56 S.) n. — 30
6. Bürgerl. Rechnungsarten. Aufgaben a. d. Wissensfächern. Der Ausgaben A u. F 140. bis 159. Tauf. (56 S.) n. — 25
7. Fortsetzung der bürgerl. Rechnungsarten. Aufgaben aus den Wissensfächern. 1. bis 10. Tauf. (64 S.) n. — 30

— — dasselbe. Ausg. A in 7 (6) Heften. I.—VI. Heft. 8. Ebd. nn 1. 85
I. Die Zahlreihen 1—10 u. 1—20. 15.—19. Tauf. (24 S.) (910.) nn — 15
II. Die Zahlreihe 1 bis 100. 51.—65. Tauf. (32 S.) (909.) nn — 15
III. Die Zahlreihen 1 bis 1000 u. 1 bis 1000000. 62.—76. Tauf. (18 S.) (909.) — 25
IV. Mehrfachbenannte Zahlen. 49.—68. Tauf. (48 S.) (909.) — 25
V. Die gemeinen Brüche u. Dezimalbrüche. 41.—55. Tauf. (56 S.) (909.) — 30
VI. Bürgerliche Rechnungsarten. Aufgaben aus den Wissensfächern. 31.—33. u. 34.—43. Tauf. (66 S.) (909.) — 25

— — dasselbe. Ausg. A in 7 (6) Heften. Ergänzt nach den ministeriellen Weisgn. v. 31. I. 1908 durch regelmäßige Wiederholungsübgn. u. durch e. besonderes Ergänzungsheft zu weiterer Übg. in den bürgerl. Rechnungsarten. III.—VII. Heft. 8. Ebd. nn 1. 40
III. Die Zahlreihen 1—1000 u. 1—1000000. (49 S.) (910.) nn — 25
IV. Mehrfach benannte Zahlen. (49 S.) (910.) nn — 25
V. Die gemeinen Brüche u. Dezimalbrüche. (57 S.) (910.) nn — 30
VI. Bürgerliche Rechnungsarten. Aufgaben aus den Wissensfächern. 34.—43. Tauf. (57 S.) (910.) nn — 25
VII. Fortsetzung der bürgerlichen Rechnungsarten. Aufgaben aus den Wissensfächern. 11.—30. Tauf. Mit Anwendung der neuen Rechtschreibg. (65 S.) (910.) nn — 35

— — dasselbe. VI. u. VII. Heft in 1 Bde. (Abschlußheft f. 6klass. Schulen.) Bürgerl. Rechnungsarten. Aufgaben aus den Wissensfächern. (81 S.) 8. Ebd. (910). — 40

— — dasselbe. Ergänzungsheft. Weitere Aufgabengruppen a. d. bürgerl. Rechnungsarten. (20 S.) Ebd. (910). nn — 20

—— —— dass. — Kleinere Ausg. [B]. 6 Hefte. 8. Ebendas. 887,88. [1. Heft. 1.—10. Tausend. (24 S.); 2. Heft. 1.—24. Tausend. (32 S.); 3. Heft. 1.—32. Tausend. (32 S.); 4. Heft. 1.—34. Tausend. (32 S.); 5. Heft. 1.—27. Tausend. (36 S.); 6. Heft. 1.—25. Tausend. (36 S.) à Heft * 15 Pf. * — 90

—— —— dass. — Ergebnisse zum 3.—6. Heft. 8. (12; 11; 14; 16 S.) Ebendas. 887. à Heft * 20 Pf. * — 80

— — dasselbe. Kleinere Ausg. (B) für Landschulen. 6 Hfte. 8. Ebd. 895. à n.n. — 15
1. 21.—25. Taus. (24 S.) — 2. 31.—35. Taus. (32 S.)
3. 36.—40. Taus. (32 S.) — 4. 26.—30. Taus. (32 S.)
5. 24.—28. Taus. (36 S.) — 6. 14.—18. Taus. (40 S.)

— u. P. Wohl, Übungsbuch f. mündliches u. schriftliches Rechnen. Kleinere Ausg. B in 6 Hften. 6. Hft. 8. Ebd. n.n. — 15
Bürgerliche Rechnungsarten. Aufgaben aus den Wissensfächern. 39.—46. Taus., m. Berücksicht. des neuen Invalidenversicherungsgesetzes v. 13. VII. 1899, sowie des neuen Unfallversicherungsgesetzes v. 30. VI. 1900. (40 S.) (902.)

— — dasselbe in 6 Heften. Kleinere Ausg. (B). 1.—5. Heft. 8. Ebd. (903). à n.n — 15
1. Die Zahlreihen 1 bis 10 u. 1 bis 20. 51. bis 70. Taus. (24 S.)
2. Die Zahlreihe 1 bis 100. Anfänge des Bruchrechnens. 113. bis 137. Taus. Gedruckt in neuer Rechtschrbg. (32 S.)
3. Die Zahlreihen 1 bis 1000 u. 1 bis 1,000,000. Weitere Übg. in den Anfängen des Bruchrechnens. 126. bis 150. Taus. Gedruckt in neuer Rechtschreibg. (31 S.)
4. Mehrfach benannte Zahlen: Nichtdecimale Währgen., Decimalbrüche, decimale Währgn., Durchschnittsrechng., Regeldetri, Zeitrechng. 86. bis 100. Taus. Gedruckt in neuer Rechtschreibg. (32 S.)
5. Gemeine Brüche, Decimalbrüche, Durchschnittsrechng., Regeldetri. 74. bis 88. Taus. In neuer Rechtschreibg. (36 S.

— — dasselbe: Kleinere Ausg. (B.) 6 Hefte. 8. Ebd. nn — 90
I. Die Zahlreihen 1—10 u. 1—20. 112.—128 Taus. (24 S.) (910.) nn — 15
II. Die Zahlreihe 1—100. 198.—221. Taus. (32 S.) (910.) nn — 15
III. Die Zahlreihen 1—1000 u. 1—1000000. 211.—239. Taus. (32 S.) (910.) nn — 15; Ergebnisse (23 S.) (909.) 30
IV. Mehrfach benannte Zahlen: Nichtdezimale Währungen, Dezimalbrüche, dezimale Währungen, Durchschnittsrechng., Regeldetri, Zeitrechnung. 141.—152. Taus. (32 S.) (910.) nn — 15
V. Gemeine Brüche, Dezimalbrüche, Durchschnittsrechnung, Regeldetri. 109.—122. Taus. (36 S.) (909.) nn — 15
VI. Bürgerliche Rechnungsarten. Aufgaben aus den Wissensfächern. 70.—78. Taus. (40 S.) (910.) nn — 15

—— —— dass. — Ausg. C für höhere Schulen in 7 Heften. gr. 8. Ebendas. 888. [1. und 2. Heft. (24; 32 S.) à * 15 Pf.; 3. und 4. Heft. (48; 56 S.) à * 25 Pf.; 5.—7. Heft. (68; 80; 76 S.) à * 40 Pf.] * 2 —
—— —— dass. — Ergebnisse zum 3.—6. Heft. gr. 8. Ebendas. 888. [Zum 3. und 4. Heft. (16; 18 S.) à * 30 Pf.; zum 5. und 6. Heft. (40; 36 S.) à * 50 Pf.] * 1 60

— — dasselbe. Ausg. (C) f. höh. Schulen. 2.—7. Hft. gr. 8. Ebd. 895. n.n. 1.85
2. 7.—11. Taus. (32 S.) n.n. — 15
3. 4. 7.—11. Taus. (48 u. 56 S.) à n.n. — 25
5. 6. 7.—11. Taus. (68 u. 84 S.) à n.n. — 40
7. 4.—6. Taus. (76 S.) n.n. — 40

— — dasselbe. Ausg. (C) f. höh. Schulen. 6. u. 7. Hft. (in 1 Hft. für d. Oberklasse der Mittelschulen). gr. 8. (112 S.) Ebd. 895. n. — 60

— — dasselbe. Ausg. C in 7 Hftn. 6. u. 7. Hft. gr. 8. Ebd. Kart. n. — 60
(Für die Oberklasse der Mittelschulen.) Bürgerliche Rechnungsarten. Aufgaben aus den Wissensfächern. Quadrat- u. Kubikwurzel. 2. Aufl. (112 S.) (902.)

Übungsbuch fur mündliches und schriftliches Rechnen von H[einrich] **Räther** u. P[aul] Wohl. Ausg. f. höh. Schulen in 7 H. Ausg. C. H. 1. Breslau: E. Morgenstern [1903]. 8° [F.] (07. 13986 2

— — dasselbe. Ausg. C für höhere Schulen in 7 Heften. In neuer Rechtschreibg. 8. Ebd. n. 2. —
1. Die Zahlreihen 1 bis 10 und 1 bis 20. 20.—24. Taus. (24 S.) (904) — 15
2. Die Zahlreihe 1 bis 100. Anfänge d. Bruchrechnens. 31.—35 Taus. (32 S.) (903.) — 15
3. Die Zahlreihen 1 bis 1000 u. 1 bis 1000000. Weitere Übg. in den Anfängen des Bruchrechnens. 27.—31. Taus. (48 S.) (903.) — 25
4. Mehrfach benannte Zahlen: Nichtdecimale Währgn., Decimalbrüche, decimale Währgn., Durchschnittsrechng., Regeldetri. Zeitrechng. 27.—31. Taus. (56 S.) (903.) — 25
5. Gemeine Brüche, Decimalbrüche, Durchschnittsrechnung, Regeldetri. 28.—33. Taus. (68 S.) (903.) — 40
6. Bürgerliche Rechnungsarten, Flächenberechnungen. 22.—26. Taus. (84 S.) (903.) — 40
7. Wiederholungen u. Ergänzungen. Quadrat- u. Kubikwurzel. Körperberechnungen. 13.—17. Taus. (76 S.) (902.) — 40

Übungsbuch für mündliches und schriftliches Rechnen von H[einrich] **Räther** u. P[aul] Wohl. Ausg. C f. höh. Schulen in 7 H. H. 1. Breslau: E. Morgenstern [1908]. 8° [F.] (08. 8279 2

— — dasselbe. Ausg. f. höh. Schulen in 7 Heften. Ausg. C. 8. Ebd. nn 2. —
I. Die Zahlreihen 1—10 u. 1—20. 36.—38. Taus. (24 S. m Fig.) (910.) nn — 15
II. Die Zahlreihe 1—100. Anfänge des Bruchrechnens. 47.—50. Taus. (32 S.) (910.) nn — 15
III. Die Zahlreihen 1—1000 u. 1—1000000. 49.—51. Taus. (48 S.) (910.) — 25
IV. Mehrfach benannte Zahlen. Nichtdezimale Währungen, Dezimalbrüche, dezimale Währungen, Durchschnittsrechng., Regeldetri, Zeitrechnung. 42.—45. Taus. (56 S.) (910.) — 25
V. Gemeine Brüche. Dezimalbrüche, Durchschnittsrechnung, Regeldetrie. 47.—49. Taus. (68 S.) (910.) nn — 40
VI. Bürgerliche Rechnungsarten. Flächenberechnungen. 37—41 Taus. (84 S.) (910.) — 40
VII. Wiederholungen u. Ergänzungen. Quadrat- u. Kubikwurzel. Körperberechnungen. 18.—24. Taus. (76 S.) (910.) — 40

[Umschlagt., H. 7: Tit.:] [F.] Ausgabe D. Übungsbuch für mündliches und schriftliches Rechnen v. H[einrich] **Räther** u. P[aul] Wohl. Ausg. f. höh. Mädchensch. in 7 Heften nach d. minist. 'Bestimmgn üb. d. Mädchenschulw. v. 31. Mai 1894' bearb. H. 1—7. Ergebnisse zu H. 3—7. *Breslau: E. Morgenstern [1895].* 12 Bde 8.
1. D. Zahlreihen 1 bis 10 u. 1 bis 20. (24 S.)
2. D. Zahlreihe 1 bis 100. Anfänge d. Bruchrechnens. (32 S.)
3. D. Zahlreihen 1 bis 1000 u. 1 bis 1000000. Weitere Übg in d. Anfängen d. Bruchrechnens. (48 S.)
4. Mehrf. benannte Zahlen Nichtdecimale Währgn, erster Kursus d. Decimalbrüche decim. Währgn. (48 S.)
5. Die gemeinen Brüche. (42 S.)
5. Zweiter Kursus d. Decimalbr., Durchschnittsrechng, Regeldetri. Zeitrechng. (40 S.)
7. Bürgerl. Rechngsarten. Aufgaben a. d. Raumlehre. (1 Bl., 100 S.)
Ergebn. zu H. 3. (26 S.) Ergebn. zu H. 4. (34 S.) Ergebn. zu H. 5. (24 S.) Ergebn. zu H. 6. (18 S.) Ergebn. zu H. 7. (38 S.) (96. 1293

— — dasselbe. Ausg. f. höhere Mädchenschulen in 7 Hftn., nach den ministeriellen „Bestimmungen üb. das Mädchenschulwesen v. 31. V. 1894" bearb. Ausg. D. 3. Hft. Die Zahlreihen 1 bis 1000 u. 1 bis 1000000. Weitere Übg. in den Anfängen des Bruchrechnens. 2. Aufl. gr. 8. (42 S.) Ebd. (897). n. — 25

Übungsbuch für mündliches und schriftliches Rechnen von H[einrich] **Räther** u. P[aul] Wohl. Ausg. f. höh. Mädchenschulen in 7 H. nach d. minist. 'Bestimm. über d. Mädchenschulwesen v. 31. Mai 1894' bearb. [Neue] Ausg. D. H. 1. Breslau E. Morgenstern [1903]. 8° [F.] (07. 13989 2

Übungsbuch für mündliches und schriftliches Rechnen von H[einrich] **Räther** u. P[aul] Wohl. Ausg. f. höh. Mädchenschulen in 7 H. nach d. minist. 'Bestimmungen über d. Mädchenschulwesen v. 31. Mai 1894' bearb. [Neue] Ausg. D. 2. Aufl. H. 3. Breslau: E. Morgenstern [1903]. 8° [F.] (07. 13990 2

— — dasselbe. Ausgabe D f. höhere Mädchenschulen in 7 Heften. In neuer Rechtschreibg. 8. Ebd. n. 2.10

1. Die Zahlreihen 1 bis 10 u. 1 bis 20. (24 S.) (904.) — 15
2. Die Zahlreihe 1 bis 100. Anfänge des Bruchrechnens. (32 S.) (903.) n.n — 15
3. Die Zahlreihen 1 bis 1000 u. 1 bis 1 000 000. Weitere Übg. in den Anfängen des Bruchrechnens. 2. Aufl. (42 S.) (902.) — 25
4. Mehrfach benannte Zahlen: Nichtdecimale Währgn. 1. Kurs. der Decimalbrüche decimale Währgn. (48 S.) (902). — 25
5. Die gemeinen Brüche (42 S.) (902.) — 25
6. 2. Kurs. der Decimalbrüche, Durchschnittsrechnung, Regeldetri. Zeitrechnung. (40 S.) (903.) — 25
7. Bürgerliche Rechnungsarten. Aufgaben a. der Raumlehre. 15. bis 20. Tauf. (II, 106 S.) (903.) Kart. — 80

— — dasselbe. Ausg. D. Ausg. f. höhere Mädchenschulen in 7 Heften, nach den ministeriellen „Bestimmgn. üb. das Mädchenschulwesen v. 31. V. 1894" bearb. II.—VII. Heft. 8. Ebd. nn 1.95

II. Die Zahlreihe 1 bis 100. Anfänge des Bruchrechnens. 31.—34. Tauf. (32 S.) (909.) nn — 15
III. Die Zahlreihen 1 bis 1000 u. 1 bis 1000000 37.—39. Tauf. (42 S.) (909.) — 25
IV. Mehrfach benannte Zahlen: Nichtdezimale Währungen, erster Kurs. der Dezimalbrüche, dezimale Währgn. 38.—41. Tauf. (48 S.) (910.) — 25
V. Die gemeinen Brüche. 34.—38. Tauf. (42 S.) (909.) — 25
VI. 2. Kursus der Dezimalbrüche, Durchschnittsrechng., Regeldetri, Zeitrechnung. 27.—31. Tauf. (40 S.) (909.) — 25
VII. Bürgerliche Rechnungsarten. Aufgaben aus der Raumlehre. 30.—34. Tauf. (II, 108 S.) (910.) Kart. — 80

— — dasselbe. (Neue) Ausg. E in 3 Hftn. 8. Ebd. (901). n.n. — 55

1. Die Zahlenreihen 1 bis 10, 1 bis 20, 1 bis 100. (48 S.) n.n. — 15
2. Die Zahlenreihen 1 bis 1000 u. 1 bis 1 000 000. Mehrfach benannte Zahlen: Nichtdecimale Währgn., Decimalbrüche, decimale Währgn. (48 S.) n. — 20
3. Die Bruchrechnung im Zusammenhange: Gemeine Brüche, Decimalbrüche. — Bürgerliche Rechnungsarten. Aufgaben aus den Wissensfächern. (56 S.) n. — 20

— — dasselbe. (Neue) Ausg. (E). Ergebnisse zum 2. u. 3. Hfte. 8. (à 28 S.) Ebd. (901). à n. — 30

— — dasselbe. Ausgabe E in 3 Heften. 1. u. 2. Heft. 2. Aufl. Gedruckt in neuer Rechtschreibg. 8. Ebd. (903.) n.n — 35

1. Die Zahlreihen 1 bis 10, 1 bis 20, 1 bis 100. 16. bis 35. Tauf. (48 S. m. 1 Fig.) n.n — 15
2. Die Zahlreihen 1 bis 1000 u. 1 bis 1,000,000. Mehrfach benannte Zahlen: Nichtdecimale Währgn., Decimalbrüche, decimale Währgn., 16. bis 35. Tauf. (48 S.) n. — 20

Räther, Heinr., u. P. Wohl, Übungsbuch f. mündl. u. schriftl. Rechnen. Ausg. E in 3 Heften. 8. Breslau, E. Morgenstern, Verl. nn — 55

I. Die Zahlreihen 1—10, 1—20, 1—100. 87.—98. Tauf. (48 S. m. 1 Abb.) (910.) nn — 15
II. Die Zahlreihen 1—1000 u. 1—1000000. Mehrfach benannte Zahlen: Nichtdezimale Währgn., Dezimalbrüche, dezimale Währgn. 68.—97. Tauf. (48 S.) (910.) — 20
III. Die Bruchrechnung im Zusammenhange. Gemeine Brüche. Dezimalbrüche. — Bürgerliche Rechnungsarten. Aufgaben aus d. Wissensfächern. 57.—61. Tauf. (56 S.) (910.) — 20

— — dasselbe. Ausg. F in 7 Heften. Mit Anwendg. der neuen Rechtschreibg. gr. 8. Ebd. (903.) n. 1.55

1. Die Zahlreihen 1 bis 10 u. 1 bis 20. (24 S.) n.n — 15
2. Die Zahlreihe 1 bis 100. (32 S.) n.n — 15
3. Die Zahlreihe 1 bis 1000. (40 S.) n. — 20
4. Die Zahlreihe 1 bis 1,000,000. (40 S.) n. — 20
5. Mehrfach benannte Zahlen. (48 S.) n. — 25
6. Die gem. Brüche u. Dezimalbrüche. (56 S.) n. — 30
7. Bürgerl. Rechnungsarten. Aufgaben aus den Wissensfächern. (80 S.) n. — 30

— — dasselbe. 3.—7. Heft. Ergebnisse. gr. 8. Ebd. (903.) n. 1.80

3. (12 S.) n. — 30. — 4. (16 S.) n. — 30. — 5. (23 S.) n. — 40. 6. (29 S.) n. — 40. — 7. (22 S.) n. — 40.

— — dasselbe. Ausg. F in 7 Heften. 8. Ebd. nn 1.55

I. Die Zahlreihen 1—10 u. 1—20. 34.—43. Tauf. (24 S. m. Fig.) (910.) nn — 15
II. Die Zahlreihe 1 bis 100. 72.—96. Tauf.) (32 S.) (909.) nn — 15
III. Die Zahlreihe 1 bis 1000. 77.—97. Tauf. (40 S.) (909.) — 20
IV. Die Zahlreihe 1 bis 1 000 000. 65.—94. Tauf. (40 S.) (909.) — 20
V. Mehrfach benannte Zahlen. 74.—78. Tauf. (48 S.) (909.) — 25
VI. Die gemeinen Brüche u. Dezimalbrüche. 49.—68. Tauf. (56 S.) (909.) — 30.
VII. Bürgerliche Rechnungsarten. Aufgaben aus den Wissensfächern. 49.—60. Tauf. (80 S.) (910.) — 30

— Winkelmodell z. Darstellung aller Winkel v. 0° bis 360°, sowie der Nebenwinkel u. Scheitelwinkel. Mit Kreisscheiben u. Meßband zur induktiven Ermittelg. des Verhältnisses zwischen Durchmesser u. Umfang. (8 S.) 8. Breslau (909). Priebatsch. — 30

Raether, M. F., der Manöveronkel. Humorist. Erzählung aus dem Soldatenleben. 8. (75 S.) Baden-Baden 886, Sommermeyer. * — 50

Raether, Max, appr. Arzt a. Düsseldorf-Oberkassel: Über die Einwirkung verschiedener einwertiger Alkohole auf sensible Nerven und Nervenendigungen. Düsseldorf 1905: Gebr. Tönnes. (38 S.) 8°

Tübingen, Med. Fak., Ref. v. Grützner, Diss. v. 27. Juni 1905

[Geb. 24. Okt. 81 Rastatt; Wohnort: Oberkassel; Staatsangeh.: Preußen; Vorbildung: Gymn. Düsseldorf Reife O. 00; Studium: Tübingen 8, Berlin 1 S.; Coll. 17. Mai 05; Approb. 31. März 05.]

Raether, Walther. Über intravenöse Injektionen von Hydrargyrum formamidatum mit und ohne Hirudin. Aus dem medizinisch-chemischen und pharmakologischen Institut der Universität Bern.... Diss. Vet.-Med. Bern. 36 S. 8. Berlin, Kroll's Buchdr., 1910.

Ratherii libri selecti, s. Aurora.

Rathert, Karl

Rathert, Carl, approb. Arzt aus Dortmund: Über zwei Fälle von Magenkrebs mit Metastasen in den Ovarien. *Greifswald 1901: J. Abel.* (33 S.) 8°

Greifswald, Med. Diss. v. 28. Sept. 1901

Die Braut des Freimaurers. Enthüllungen aus dem Leben und Wirken der Freimaurer. Aus den hinterlassenen Papieren eines verstorbenen Freimaurers [d. i. Jos. von Rathewitz]. Hamburg: Richter 1874. 757 S. 8°.

Rathewitz, J. v., Enthüllungen aus dem Leben und Treiben der Jesuiten, s. Volksbibliothek, romantische.

Die drei Freimaurer. Enthüllungen aus dem Leben und Treiben derselben, seit dem Revolutionsjahre 1848. Als Seitenstück zu dem Leben und Treiben der Jesuiten. Aus den hinterlassenen Papieren eines verstorbenen Freimaurers [d. i. Jos. v. Rathewitz]. [Bd 1]. 2. Hamburg: Richter 1855—1856. 8°

1. 1855. 638 S.; 2. 1856. 640 S.

in: Romantische Volks-Bibliothek. 4. 5. 1855. 1856.

TB. 324.

Rathewitz, Jos. v., die Opfer der Jesuiten. Roman aus dem Leben u. Treiben der Gesellschaft Jesu. Nach den Originalpapieren e. Ausgewanderten. 17 Lfgn. gr. 8. (824 S.) Hamburg 873. 74. Richter. à — 30

Geistesblüthen, oder Erhabene und schöne Gedanken, aus ungedr. Quellen. Gesamm. in den Jahren 1842—1859. Von J[oh.] G[eorg] R[athfelder]. Stuttgart: Selbstverl., Urach: Cälius in Komm. [1860]. IV, 5—96 S. 8°
Tt. 1867. Aphorismen aus Vortr., die i. d. ▭ Wilh. z. aufg. S., Stuttgart gehalten wurden.

RATHGEB, Aloys (Ellwangen): Ein Fall von Graviditas interstitialis mit äusserer Überwanderung des Eies.- München: Ernst 1884. 24 S.
28.6.1884 - Urk (Titel: De graviditate interstitiali.); Chr 1ʳ34/85,19
Diss.Ingolst.-Landsh.-Mchn.

Rathgeb, Fr., allgemeiner Haus- u. Familiensekretär. Ein zuverlässiger Rathgeber für bürgerliche Söhne u. Töchter u. Familien, in ihren häuslichen, bürgerlichen, geschäftlichen, gesellschaftlichen, geistigen u. materiellen Angelegenheiten u. zugleich ein umfassendes Bildungsmittel für's praktische Leben. 6. Aufl. St. Gallen 868. Altwegg-Weber. 8. (708 S.) 1 ℛ 12 ngr. geb. in Halbleinw. 1 ℛ 20 ngr., eleg. geb. 1 ℛ 24 ngr.

Rathgeb, Fürsprech. Offenes Wort an die Vorsteherschaft der Hubgenossen zu Schwamendingen. Zürich 1869.

Berufs-Büchlein oder: Was sollen unsere Kinder werden? Führer durch 130 Berufsarten ... Auf Grund d. gesetzl. Bestimmungen bearb. von Heinrich **Rathgeb**. Hamm i. W.: Breer & Thiemann [1907]. (184 S.) 8° [F.]
[08. 4939 6

Rathgeb, Heinr., Berufs-Büchlein od.: Was sollen unsere Kinder werden? Führer durch die Berufsarten f. alle, die etwas werden wollen. Für Eltern, Vormünder, Geistliche u. Lehrer unentbehrlich. Auf Grund der neuen gesetzl. Bestimmgn. bearb. 2. verb. Aufl. (208 S.) 8. Hamm (910). Breer & Thiemann. 1.80; geb. in Leinw. 2.40

— Die Verjährung nach dem neuen bürgerlichen Gesetzbuche. Nebst Musterbeispielen f. das gerichtl. u. außergerichtl. Mahnverfahren für jedermann, namentlich für Handwerker u. Kaufleute. (86 S.) 16. Paderborn 908. Bonifacius-Druckerei. — 30

Rathgeb, J. G., Schulkatechesen zum Diöcesan-Katechismus für das Bistum Rottenburg. 1. Bd.: Vom Glauben und von den heil. Sakramenten bis zur Firmung einschließlich. 8. (XV, 491 S.) Freiburg i. Br. 888, Herder'sche Verlagsh. * 3 60

Rathgeb, J. G. Schulkatechesen zum Diöcesan-Katechismus f. das Bist. Rottenburg. 2. Bd. in 2 Hälften. Von den heiligen Sakramenten [vom Altarssakrament an], den Geboten u. dem Gebete. 8. (XX, 752 S.) Freib. i. Br. 889, Herder. à Hälfte * 2 80; * 5 60 geb. in Hlbfrz. ** 7 —
1. Bd. Ebd. 1888. * 3 60; geb. ** 5 —.

(**Rathgeb**, [Johann Jacob].) Offene Antwort an Dr. Joseph Schauberg. (Schwamendingen, den 27. Sept. 1851.) 8. [Zürich.]

Rathgeb, J., Musterstücke d. geistl. Wohlredenh. 4. Augsb. Wolff. 769.

Rathgeber [Sachl. OW], s. Ratgeber

Rathgeber [Verf.]

(**Rathgeber**,) Predigten, während der Fasten gehalten, s. Predigten.

Rathgeber, A., Palästina, Land und Volk. 1. Aufl. (92 S. mit 1 in Kpfr. gest. Karte in Imp.-Fol. 1853. und 2. Aufl. br. 8. (72 S. mit 1 Stnt. in Imp.-Fol.) Langensalza 856, Schulbuchhandlung des thüringer Lehrer-Vereins.

Rathgeber, A., Palästina, Land und Volk. 3. Aufl. 859. — 4. Aufl. Langensalza 861. Greßler. gr. 8. (72 S., 1 lith. Taf. u. 1 lith. Karte in Fol.) 18 ngr.

Rathgeber, Dr. Aug., die Hunnenschlacht am Frauenberge bei Sondershausen im J. 933. Ein Ritterschspl. in 4 Aufz. — und Catharina, die heldenmüthige Gräfin v. Schwarzburg; histor. Drama in 1 Akt. 8. Sondersh. 828. Eupel. 16 ggr

Rathgeber, Aug., s. Torkel Trane, leichter Sinn und Leichtsinn.

Rathgeber, C: „Ueber die ältesten Münzen Germaniens" (Aus „Bericht vom Jahre 1838 an die Mitglieder der deutschen Gesellschaft zur Erforschung vaterländischer Sprache und Alterthümer in Leipzig", herausgegeben von den Geschäftsführern der Gesellschaft A. L. Richter und C. A. Espe), Leipzig 1838.

Rathgeber, E., neuestes Tanz-Album. Anordnung, Kommando's u. Touren der modernen Salon-Tänze. 16. (54 S.) Berlin 880. Mode's Verl. geb. m. Goldschn. — 75

Rathgeber, E., neuestes Tanz-Album. Anordnung, Kommando's u. Touren d. modernen Salon-Tänze. 17. Aufl. 32. (53 S.) Berlin 887. S. Mode's Verl. — 75

Rathgeber, E., neuestes Tanz-Album. Anordnung, Kommandos u. Touren der modernen Salon-Tänze. 17. Aufl. 32. (54 S.) Berlin 890. Mode's Verl. — 75

Rathgeber, E., neuestes Tanz-Album. Anordnung, Kommandos und Touren der modernen Salon-Tänze. 20. Aufl. 32. (54 S.) Berlin 895. S. Mode's Verl. — 75

Rathgeber, E., neuestes Tanz-Album. Anordnung, Kommandos u. Touren der modernen Salon-Tänze. 23. Aufl. 16. (54 S.) Berlin (900). S. Mode's Verl. — 75

Rathgeber, E., neuestes Tanz-Album. Anordnung, Kommandos u. Touren der modernen Salon-Tänze. 26. Aufl. (54 S.) 16. Berlin (903.) S. Mode. n. — 75

Rathgeber, E., neuestes Tanz-Album. Anordnung, Kommandos u. Touren der modernen Salon-Tänze. 30. Aufl. (62 S.) 11×7,8 cm. Berlin (907). S. Mode. — 75

Rathgeber, Geo., Androklos, bisher borghesischer Fechter benannt, Bildsäule des kaiserl. Museums zu Paris. Mit einem Excurse über den Peplos des Aristoteles, Gründers der neuaiolischen Philosophie. Geschrieben als Gegenstück zu Lessing's Laokoon. Leipzig 862. R. Weigel. gr. 4. (XII, 257 S.) n. 5 ℛ

Rathgeber, Georg, Annalen der Niederländ. Malerei und Kupferstecherkunst. Von Rubens Abreise nach Italien bis auf Rembrandt's Tod. Fol. Gotha 8?9, 40. Müller. 5½ ℛ

Rathgeber, Georg, Annalen der niederländischen Malerei, Formschneide- u. Kupferstecherkunst. (3 Thle.) Fol. Gotha, Müller.

Thl. 1. Von den Brüdern van Eyck bis zu Albrecht Dürer's Anwesenheit in den Niederlanden. (1400—1520.) (27½ B.) 842. 3 Thlr.
2. Von Albr. Dürer's Anwesenheit in den Niederlanden bis zu Frz. Floris Tod. (1521—1570.) (30 B.) 843. 3 Thlr.
- 3. Von Frz. Floris Tod bis zu Peter Paul Rubens Abreise nach Italien. (1571—1600.) (30⅓ B.) 844. 3 Thlr. 15 Ngr.

Der bereits 1840 ebendas. erschienene Bd. dieses Werkes kostet 5 Thlr. 15 Ngr.

—— Aufbau d. niederländ. Kunstgeschichte u. Museologie. Annalen d. Baukunst u. Bildnerei. — A. u. d. T.: Niederländ. Münzen u. Medaillen d. herzogl. Museums zu Gotha. Mit einleit. u. fortführ. Zugaben. Hrsg. v. J. J. Leitzmann, Fol. (25 B.) Weissensee 839, Grossmann.

Rathgeber, Geo., Beschreibung d. Hrzgl. Gemälde-Gallerie zu Gotha, mit Berücksichtig. d. Chines. Kabinets, der Samml. d. Abgüsse v. Bildwerken, des Münzkabinets, der Samml. d. Zeichnungen, Miniaturgemälde, Holzschnitte u. Kupferstiche, der Bibliothek u. noch einer in d. Vorzimmern d. Naturalienkabinets befindl. Sammlung. Beim Studium d. Geschichte d. neuern Kunst als Leitfaden anwendbar. 3 Lfgn. gr. 8. Gotha, Müller. [1. 2. (20 B.) 834. 1 Thlr. 8 Gr., 3. (11 B.) 835. 16 Gr.]

— Bibliotheca Gothana. Section der abendländischen, mit Gemälden geschmückten Handschriften. gr. 8. Gotha 839. Müller. 1 Thlr.

— Gottheiten der Aioler. Mit Excursen kunstgeschichtlichen Inhaltes, auch mit dem Schema der Geschichte hellenischer Philosophie. Gotha 861. Thienemann. 4. (XXVIII, 692 S.) n. 7 Thlr. 20 ngr.

Rathgeber, Geo., Grossgriechenland u. Pythagoras. Gotha 866. (Windaus' Verlag.) 4. (713 S.) n. 7 Thlr.

— Laokoon. Geschrieben als Gegenstück zu Lessing's Laokoon. Leipzig 863. R. Weigel. gr. 4. (200 S.) n. 4 Thlr.

Rathgeber, Geo., 99 silberne Münzen der Athenaier aus der Sammlung zu Gotha. Nebst Prolegomenen über die altesten Münzen der Aioler, Dorier, Joner, e. Brief über den Ares d. Alkamenes u. e. zweiten Briefe über die unvollständig erhaltene Gruppe des Ares in der Villa Ludovisi zu Rom. Weissensee 858. Grossmann. 4. (LXXXIII, 212 S.) n. 2 Thlr. 24 ngr.

Rathgeber, Geo., Nike in Hellenischen Vasenbildern. Eine archäolog. Untersuchung. (1. Abth.) gr. Fol. (II u. 58 S.) Gotha 851, Müller. 2½ Thlr.

Rathgeber, Georg Ueber den Nordpol der Erde. Aus den Propylaeen der Reformaton der Wissenschaft des Hellenischen. Gotha 1868. 184 S. 8⁰

Rathgeber, Geo., über den Nordpol der Erde. Aus den Propylaeen der Reformation der Wissenschaft des Hellenischen. 4. (184 S.) Gotha 869, Windaus. [Leipzig, F. Hirt und Sohn.] *

—— Notti Napolitane. Notte prima. Ediz. II. — A. u. d. Ttl.: Sopra il simulacro del Mercurio sedente conservato nel Real Museo Borbonico in Napoli. 4 maj. (3 B.) Gotha 842, Müller. —

Rathgeber's, Geo., Schriften. 2. Lfg.: Anmerkungen zur 1. Lfg. Beschreibung und Auslegung der geflügelten Gestalten in den Werken der Kunst der Assyrer zu Niniveh, der Babylonier, Perser, Hebräer, Phöniker. Einleitung zur Untersuchung der samothrakischen und anderer hellenischen Mysterien. gr. Fol. (S. 61 — 188 oder 19 Bog.) Gotha 854, Müller.

1. Lfg. unter dem Titel: Nike in hellen. Vasenbildern etc. Ebendas. 1851. 2 Thlr. 15 Ngr.

—— archäologische Schriften. Nike in hellen. Vasenbildern. Zusammengesetzte und geflügelte Gestalten in den Denkmälern der Kunst der Babylonier, Assyrier, Phoiniker. Einführung des Volksstammes der Aioler in die seit I. Winckelmann's Zeit bis zum J. 1856 auf Dorier und Joner beschränkte Geschichte hellen. Kunst. Nebst einem Sendschreiben an die königl. preuss. Akademie der Wissenschaften zu Berlin und einem 2. Sendschreiben an die Pontificia accademia romana di archeologia. 3. (letzte) Lfg. gr. Fol. (XXXII und S. 189—523.) Ebds. 856(57.)

Rathgeber, Jul., Colmar u. Ludwig XIV. [1648—1715.] Ein Beitrag zur elsäss. Städtegeschichte im 17. Jahrh. Aus ungedruckten Chroniken gesammelt. gr. 8. (X, 211 S.) Stuttgart 873. Kröner. n. 3. —

— Colmar u. die Schreckenszeit. Ein Tagebuch u. Aktenstücke aus den Revolutionsjahren 1789—1796. Aus ungedruckten Quellen gesammelt. gr. 8. (VII, 116 S.) Ebend. 873. n. 2. —

Rathgeber, Jul., Erinnerungen an den Prinzen Max (v. Zweibrücken-Birkenfeld) u. an die schöne Straßburger Zeit. 8. (46 S.) Straßburg 892. (J. Noiriel's Buchh.) Kart. n. 1. —

Rathgeber, Jul., die Geschichte des Elsaß. Ein Buch für Schule und Haus. 1. und 2. verb. Aufl. 8. (VIII, 284 S.) Straßburg 878,82, Schultz und Comp. cart. *

Rathgeber, Jul., elsässische Geschichtsbilder aus der französischen Revolutionszeit. Ein Beitrag zur elsäss. Sittengeschichte. gr. 8. (V, 240 S.) Basel 886. Schneider. n. 4. —

— Schloss Grünstein in Stotzheim. Historische Notizen, gesammelt u. hrsg. gr. 8. (32 S.) Ebend. 882. n. 1. —

Rathgeber, J., der letzte deutsche Fürst v. Hanau-Lichtenberg, Landgraf Ludwig IX. v. Hessen-Darmstadt, e. Ahnherr Kaiser Wilhelm's II. Ein deutsches Fürstenleben. 8. (50 S.) Straßburg i/E. 890. Straßburger Druckerei u. Verlagsanstalt. n. — 60

— die Grafschaft Hanau-Lichtenberg. Eine elsäss. Volksschrift. 8. (273 S.) Straßburg 876. Trübner. n. 4. —

— der große Markgraf u. seine elsässischen Minister. [Von Andlaw, v. Berckheim, v. Berstett, v. Gayling, v. Altheim u. v. Türckheim.] Eine elsäss. Festgabe zur Freiburger Gewerbe-Ausstellung. 8. (48 S. m. 1 Bild.) Straßburg 887. Schmidt. n. 1. —

—— Münster im Gregorienthal. Ein Beitrag zur polit., kirchl. und kulturhistor. Geschichte des elsäss. Münsterthales. Bevorwortet von Aug. Stöber. 8. (190 S.) Straßburg 874, Trübner. *

— die Herrschaft Rappoltstein. Beiträge zur Geschichtskunde d. Ober-Elsasses, zum Theil aus urkundl. Quellen. 8. (IV, 222 S.) Straßburg 874. Wolff. n. 3. —

— elsässische Reformationsgeschichte. Ein evangel. Hausbuch. gr. 8. (IV, 254 S. m. 2 Holzschn.-Porträts.) Straßburg 885. Schmidt. n. 4. —; geb. n. 4: 80

—— Straßburger Revolutionserinnerungen. Eulogius Schneider. Großentheils nach ungedr. Quellen. gr. 8. (34 S. m. 1 Bildnis.) Straßb. i. E. 891, (Noiriel's Buchh.). * 1 —

— die handschriftlichen Schätze der früheren Straßburger Stadtbibliothek. Ein Beitrag zur elsäss. Bibliographie. gr. 8. (VIII, 216 S.) Gütersloh 876. Bertelsmann. n. 4. —

— Straßburg im 16. Jahrh. 1500—1598. Reformationsgeschichte der Stadt Straßburg dem evangel. Volke erzählt. Bevorwortet v. Karl Rud. Hagenbach. gr. 8. (VIII, 409 S.) Stuttgart 871. J. F. Steinkopf. n. 4. —

Rathgeber, Marie, neues bürgerliches Kochbuch. Zuverlässige u. gründl. Anleitg. wohlfeil u. schmackhaft zu kochen. Für angeh. Hausfrauen, Haushälterinnen u. Köchinnen. Nach langjähr. Erfahrgn. zusammengestellt. Mit den neuen Maßen u. Gewichten. gr. 16. (312 S.) Berlin u. Leipzig 874. H. Voigt. n. 1. 50

Rathgeber, Ph. A., Fasten-Predigten in den Feiertagskirchen vor einer Landgemeinde im Herzogthum Sachsen-Gotha gehalten. 2. verm. Aufl. 8. (72 S.) Gotha 847, Müller. 1/4 ℛ

Rathgeberin, s. R a t g e b e r i n

Rathgen, A. Die Japaner und ihre wirtschaftliche Entwickelung. Leipzig 1905. (»Aus Natur und Geisteswelt.« Sammlung wissenschaftlich-gemeinverständlicher Darstellungen. 72. Bändchen.)

Zum Düppeltage. Eine schwere Batterie d. Feldheeres im Jahre 1864. Von B[ernhard] Rathgen, Strassburg i. E. ⟨Mit 1 Karte.⟩ Berlin: A. Bath (1908). (41 S.) 8° [Umschlagt.]
Aus: Artilleristische Monatshefte. 1908, No 16. [08. 7853 8

Hermann v. Müller, 1832–1908. Lebensnachrichten, den Freunden mitgeteilt von d. Familie. (Verf.: B[ernhard] Rathgen, Gen.Lt. z. D.) Als Hs. gedr. Berlin [1908]: E. S. Mittler & Sohn. (85 S.) 8° [F.] [08. 18038

Rathgen, Frdr., die Konservirg. von Altertumsfunden, s.a. H a n d b ü c h e r d. kgl. Museen zu Berlin, Bd. 7.

Die Konservirung von Alterthumsfunden v. F r i e d r i c h Rathgen. M. 49 Abb. *Berlin: W. Spemann 1898.* (VI, 147 S.) 1 Bd 8.
(Handbücher d. Kgl. Museen zu Berlin. [No 7.]) [98. 11641

Rathgen, F: Die Konservierung von Alterthumsfunden. Berlin 1898
Nachtrag. Berlin 1905

Rathgen, Friedrich [aus Eckerförde]: Ueber p- und o-Toluolazo-α- und β-naphtol und die isomeren Hydrazinverbindungen .... Marburg, Druck v. Joh. Aug. Koch, 1886; 36 S. 8°.
Marburg, Phil. Fak., Inaug.-Diss. v. 16. Jul. 1886.

RATHGEN, G. G. R., An die Leser der von Bartels verfassten Schrift: Einige Bemerkungen über die öffentliche Erklärung des Kammerh. von Haffner. Altona. 1816. P.

Rathgen, Herrmann [!]. Zur Casuistik und Beurtheilung der nach Tarnier'schem Verfahren eingeleiteten Frühgeburt. Halle (1872): Plötz. 32 S. 8°
Halle-Wittenberg, Med. Diss. v. 26. Okt. 1872
Geb. Eckernförde (Schleswig-Holstein) 24. 7. 1847. V.

Rathgen, K. (Red.), s. V e r k e h r s - Z e i t u n g , Deutsche

Rathgen, Karl, s.: A b h a n d l u n g e n, volkswirtschaftliche, der badischen Hochschulen.

Rathgen, Karl, englische Auswanderg. u. Auswanderungspolitik im 19. Jahrh., s.a. S c h r i f t e n des Vereins für Socialpolitik.

[F.] Englische Auswanderung und Auswanderungspolitik im neunzehnten Jahrhundert. Von K a r l Rathgen. Einwanderg u. Einwandergsgesetzgebg in Nordamerika u. in Brasilien. Von Richmond M a y o - S m i t h (Übs.: Robert O p p e n h e i m) u. R. A. H e h l. (Vorr.: Eugen v. P h i l i p p o v i c h.) *Leipzig: Duncker & Humblot 1896.* (XI, 302 S.) 1 Bd 8.
— Schriften d. V e r e i n s f. Socialpolitik. [No] 72. [96. 6029

— Beamtentum u. Kolonialunterricht. Rede, geh. bei der Eröffnungsfeier des Hamburg. Kolonialinstituts am 20. X. 1908, nebst den weiteren bei der Eröffnungsfeier des Kolonialinstituts geh. Ansprachen. (95 S.) 8. Hamburg 908. Leipzig, L. Voss. 1. 80

— d. Entstehg. d. modernen Japan. Vortrag, geh. in d. Gehe-Stiftg. zu Dresden am 10. Oktbr. 1896. [Aus: „Staatswissenschaftl. Vorträge u. Jahrbuch der Gehe-Stiftg. zu Dresden".] gr. 8. (26 S.) Dresden 896. v. Zahn & Jaensch. n. 1. —

Rathgen, Karl, Die Entstehung der Märkte in Deutschland. Inaug.-Diss. Darmstadt 1881. 8. . . . . (BRG.)

Rathgen, Karl [aus Weimar]: Die Entstehung der Märkte in Deutschland. Darmstadt, Buchdruckerei von G. Otto. 1881. 8. 68 S.

Rathgen, Karl, s.: F e s t g a b e n f. Adolph Wagner.

— Die Japaner u. ihre wirtschaftliche Entwickelung, s.a. A u s Natur und Geisteswelt.

Die Japaner und ihre wirtschaftliche Entwickelung. Von K a r l Rathgen. Leipzig: B. G. Teubner 1905. (VII, 149 S.) 8° [F.]
— Natur, Aus, u. G e i s t e s w e l t. Bdch. 72. [05. 18394

R a t h g e n K, d. Japaner u ihr Wirtschaftsleb. (149 S) (A. Nat. u Gw 72) Leipzig 1905

— d. Kündigg. d. e n g l i s c h e n H a n d e l s v e r t r a g s u. ihre Gefahr f. Deutschlands Zukunft. [Aus: „Jahrbuch für Gesetzgebg."] gr. 8. (20 S.) Leipzig 897. Duncker & Humblot. n. — 40

Zur feierlichen Einführung des neuen Rectors der Universität am 18. Oct. 1896 ... ladet ein der zeit. Rector Ernst Küster Dr. d. Med., o. Prof. d. Chir. — Inhalt: Über den Plan eines britischen Reichszollvereins. Von Prof. Dr. Karl Rathgen. Marburg, Univ.-Buchdr. '(C. L. Pfeil)', 1896; 1 Bl., 33 S. 4.

— Staat u. Kultur der Japaner, s.a. M o n o g r a p h i e n zur Weltgeschichte. XXVII.

Staat und Kultur der Japaner. Von Prof. Dr. Karl Rathgen. Mit 1 Kunstbeil. u. 185 Abb. (Liebhaber-Ausg.) Bielefeld & Leipzig: Velhagen & Klasing 1907. (140 S.) 4°(8°) [F.]
— Monographien z. Weltgeschichte. 27. [08. 3108

Rathgen, Karl, Japans Volkswirtschaft u. Staatshaushalt, s.a. F o r s c h u n g e n, staats- u. socialwissenschaftliche.

— Japans Volkswirtschaft und Staatshaushalt. (Forsch. Staatsw. X, 4) Leipzig 1891

Rathgens, Vincenz v. Paul, s.: F ü r Feste u. Freunde d. inn. Mission. Hft. 12.

Rathhaus, s. R a t h a u s

R a t h h a u s e n. Das Frauenkloster R' in seinem Recht und seinen Bitten vor Volk und Grossen Rath des Kantons Luzern. 8. Schwyz 1867

Rathje, Arnold, s. R a t h j e , Johannes Karl Arnold

Rathje, Chr. F. H.. Deutsche Aufsätze f. die oberen Klassen v. Volks-, Mittel- u. höh. Mädchenschulen. f. Fortbildungsschulen wie auch zum Selbstunterricht. (159 S.) gr. 8. Kiel. (905.) R. Cordes. n. 2. —

Das Opfer der Ehrfurcht Ein analogisches Schauspiel mit Gesang bey dem Geburtsfest der Fürstin Ulrika Fridrika Wilhelmine Herzogin zu Schleswig Holstein unterthänigst dargebracht von der vereinigten Schauspieler-Gesellschaft u verfertiget v Georg Heinrich **Rathje.** Eutin 1784 8°

Rathje, Gust., kurzer Auszug der brandenburgisch-preußischen Geschichte für die einklassige Volksschule. gr. 8. (25 S.) Demmin 876, [Freund's Buchh.] Frantz. *

Rathje, Jacob, Gerichtsassessor a. Tondern: **Wer ist bei Abschluß eines Vertrages durch einen Vertreter dem Dritten gewährleistungspflichtig? ⟨Nach dem BGB.⟩** Borna-Leipzig 1906: R. Noske. (XII, 75 S.) 8°

Rostock, Jur. Fak., Ref. Bernhöft, Diss. v. 12. Mai 1906

[Geb. 25. Sept. 72 Tondern; Wohnort: Flensburg; Staatsangeh.: Preußen; Vorbildung: Gymn. Hadersleben Reife M. 95; Studium: München 2, Kiel 5 S.; Rig. 1 Febr. 04.]

Rathje, Johannes, a. Lüneburg: **Die Behördenorganisation im ehemals kurkölnischen Herzogtum Westfalen.** Kiel 1905: K. Jansen. (107 S.) 8°

Heidelberg, Phil. Fak., Ref. Marcks, Diss. v. 8. Jan. 1906

[Geb. 29. Dez. 79 Lüneburg; Wohnort: Kiel; Staatsangeh.: Preußen; Vorbildung: Realgymn. Lüneburg Reife O. 00; Studium: Kiel 1, Berlin 2, Gottingen 6 S.; Rig. 23. Febr. 05.]

Rathje, [Johannes Karl] Arnold, a. Lüneburg: **Neuere Untersuchungen der Fette von Lycopodium, Secale cornutum, Semen Arecae und Semen Aleuritis cordatae sowie der brasilianischen Pflanzenmilch Amapa.** Kiel 1908: K. Jansen. (87 S.) 8°

Straßburg, Math.-naturwiss. Fak., Ref. Schaer, Diss. v. 9. Jan. 1907

[Geb. 19. Juni 77 Lüneburg; Wohnort: Kiel; Staatsangeh.: Preußen; Vorbildung: Realgymn. Lüneburg Reife f. Obersekunda O. 95; Studium: Berlin 2, Kiel 3, Straßburg 2 S.]

Rathje, Richard, approb. Arzt aus Flensburg: **Aus d. chirurg. Universitätsklinik zu Kiel. Ein Fall schwerer septischer Infektion mit folgender ausgedehnter Gangrän der Oberlippe und rechten Gesichtshälfte. Melo- u. Cheiloplastik.** *Kiel 1901: H. Fiencke.* (17 S.) 8°

Kiel, Med. Diss. v [2. Juli] 1901

Räthjen, C., Christnachtfeier, s. Christnachtfeier.

— liturgische Feier der hohen Feste, s. Feier.

— liturgische Festfeiern, s. Christnachtfeier,

– Liturgische Festfeiern, s. Karfreitagsfeier

— 40 (lith.) Confirmationsscheine mit biblischen Bildern. Neu-Ruppin 859. — Berlin, W. Schultze in Comm. 4. nn. 15 ngr.

— — Entw. u. gez. von J. Frankl, in Holz geschn. von A. Gaber. 2. Aufl. Neu-Ruppin 860. — Halle, Petersen. — Berlin, W. Schultze. gr. 4. n. 20 ngr.

Rathjens, Ernst, Referendar a. Elmshorn: **Quittung und Mortifikationsschein für Schuldscheine ⟨§ 371, Abs. 2 d. B.G.B.⟩ nach dem Bürgerlichen Gesetzbuch.** Elmshorn 1906: (E. Koch.) (X, 131 S.) 8°

Rostock, Jur. Fak., Ref. Matthiaß, Diss. v. 10. Aug. 1906

[Geb. 15. April 81 Elmshorn, Kr. Pinneberg; Wohnort: Elmshorn; Staatsangeh.: Preußen; Vorbildung: Gymn. Glückstadt Reife O. 01; Studium: Tübingen 3, Paris 1, Kiel 3 S.; Rig. 20. Okt. 05.]

Rathke, A., Heimatskunde der Prov. Pommern. Mit Anh.: I. Abriß der Geographie. II. Bilder aus der vaterländ. Geschichte. 8. (40 S.) Potsdam 886. Rentel's Verl. n. — 20; m. lith. u. kolor. Kreiskarte n. — 25; Karte ap. n. — 10

Rathke, A., Heimatskunde der Prov. Pommern. Mit Anh.: I. Abriß der Geographie. II. Bilder aus der vaterländ. Geschichte. 2. Aufl. 8. (40 S.) Potsdam 890. Rentel. n. — 20; m. color. Kreiskarte n. — 25; Karte allein n. — 10

Rathke, A., Heimatskunde d. Prov. Pommern. M. Anh.: I. Abriß d. Geographie. II. Bilder aus der vaterländ. Geschichte. 3. Aufl. 12. (41 S.) Potsdam (894). Berlin, J. Rentel. n. — 20; m. 1 Kreis-Karte n. — 25; Kreiskarte allein n. — 10

Rathke's, Alb., Bibliothek für Zucker-Interessenten. 1.—7. und 7a Bd. gr. 8. Magdeburg, Rathke. geb. *

Inhalt:

Bd. 1. Verzeichniss der Rübenzuckerfabriken, Raffinerien und Candisfabriken im Deutschen Reiche, sowie in Oesterreich-Ungarn, Belgien, Holland, Dänemark, Schweden, England, Italien und Spanien. Nebst einem Adressbuch der Bezugsquellen von Bedarfs-Artikeln für Zuckerfabriken und Empfehlungs-Anzeiger einer Anzahl Firmen, welche mit der Zuckerfabrikation in Verbindung stehen. III.—V. Jahrg. Campagne 1886/87, 1887/88 und 1888/89. (III, 151; III, 160; III, 168 S. mit je 1 Karte der Zuckerfabriken und Raffinerien des Deutschen Reiches.) à Jahrg. *ℳ 8.—; ohne Karte à *ℳ 4.—.

» 2. Verzeichniss und Karte der Zuckerfabriken und Raffinerien in Russland. Nach amtl. Quellen neu bearb. IV. Jahrg. für die Campagne 1887/88. (... S.) *ℳ 6.—.

» 3. Deutscher Eisenbahntarif für die Beförderung von Rohzucker, sowie von Zucker aller Art zur Ausfuhr. Bearb. und hrsg. von Paul Koch. Ausg. für die Betriebsj. 1887/88 und 1888/89. (à Jahrg. 56 S.) à Jahrg. *ℳ 2.—.

» 4. Deutscher Eisenbahntarif für die Beförderung von Melasse. Campagne 1886/87. (... S.) *ℳ 1.50. (Erscheint nicht weiter.)

» 5. Tabelle, enthaltend: den Nicht-Zucker-Gehalt, den Nicht-Zucker-Quotienten und den Reinheits-Quotienten von Rübensaften von 15° bis 20° Brix. Aufgestellt und bearb. von M. Schwarzer. (57 S.) 886. *ℳ 3.—.

» 6. Betriebs-Ergebnisse von Actien-Zuckerfabriken der Campagne 1885/86 und 1886/87. Zusammengestellt nach eingesandten Berichten, den Veröffentlichungen im Staatsanzeiger, Herbertz' Zuckerindustrie durch S. v. Ehrenstein. I. und II. Jahrg. (à Jahrg. 15 S.) à Jahrg. * 50 Pf.

» 7. Gesetz betreffend die Besteuerung des Zuckers vom 9. Juli 1887, nebst Ausführungsbestimmungen. (32 S.) 888. In Leinw. cart. * 60 Pf.

» 7a. Anlagen und Muster-Formulare zu den Ausführungs-Bestimmungen zum Zuckersteuergesetz vom 9. Juli 1887. (IV, 111 S.) 888. *ℳ 2.—.

Rathke's, A., Bibliothek f. Zucker-Interessenten. 1.—4. u. 6.—9. Bd. gr. 8. Magdeburg, Rathke. n. 30. 55

1. Verzeichniss der Rübenzuckerfabriken, Raffinerien und Candis-Fabriken im Deutschen Reiche, sowie in Oesterreich-Ungarn, Belgien, Holland, Dänemark, Schweden, England, Italien u. Spanien. Nebst e. Bezugsquellen-Verzeichniss v. Bedarfs-Artikeln f. Zuckerfabriken u. Empfehlungs-Anzeiger e. Anzahl Firmen, welche m der Zuckerfabrikation in Verbindg. stehen. VII. Jahrg. Campagne 1890/91. (III, 185 S. m. 1 Karte der Zuckerfabriken u. Raffinerien d. Deutschen Reiches.) geb. n. 8. —; ohne Karte n. 4. —

2. Verzeichniss u. Karte der Zuckerfabriken u. Raffinerien in Russland. Nach amtl. Quellen neu bearb. IV. Jahrg. f. die Campagne 1887/88. (143 S.) n. 6. —

3. Deutscher Eisenbahntarif f. die Beförderung v. Rohzucker, sowie v. Zucker aller Art zur Ausfuhr. Bearb. u. hrsg. v. Paul Koch. Ausg. f. d. Betriebsj. 1890/91. (60 S.) geb. n. 2. —. — Nachtrag I. (8 S.) n. — 30. — Nachtrag II. (10 S.) n. — 40.

4. Deutscher Eisenbahntarif f. die Beförderung von Melasse. Campagne 1886/87. (55 S.) n. 1. 50

6. Betriebs-Ergebnisse v. Actien-Zuckerfabriken der Campagne 1888/89. IV. Jahrg. Zusammengestellt nach den Veröffentlichungen im Staatsanzeiger, Herbertz' Zuckerindustrie etc. durch S. v. Ehrenstein. (19 S.) n. — 75

7. Gesetz betr. die Besteuerung d. Zuckers vom 9. Juli 1887, nebst Ausführungsbestimmungn. (32 S.) In Leinw. cart. n. — 60

7a. Anlagen u. Muster-Formulare zu den Ausführungs-Bestimmungen zum Zuckersteuergesetz vom 9. Juli 1887. gr. 8. (IV, 111 S.) 888. n. 2. —

8. Uebersicht üb. die Eigenschaften der wichtigsten Zuckerarten. Von J. Bock. (1 Tabelle in Fol.) 889. n. 1. —

9. Muster, Herstellungsweise u. Zusammensetzung v. 21 Verbrauchszuckern. Hrsg. von K. Stammer. (16 S. m. 24 Zuckerproben in Pappkasten.) 890. n. 8. -

Rathke's, Alb. Bibliothek f. Zucker-Interessenten. 1., 3., 6.—10. Bd. gr. 8. Magdeb., Rathke.

1. Verzeichnis der Rübenzuckerfabriken, Raffinerien u. Candis-Fabriken im Deutschen Reiche, sowie in Oesterreich-Ungarn, Belgien, Holland, Dänemark, Schweden, England, Italien u. Spanien. Nebst e. Bezugsquellen-Verzeichnis. VII.—IX. Jahrg. Campagne 1890/91, 1891/92 und 1892/93. (III, 185, 135; III, 181, 163; III, 184, 163 S.) à Jahrg. * 4 —, mit Karte * 8 —.
3. Deutscher Eisenbahntarif f. die Beförderung v. Rohzucker, sowie v. Zucker aller Art zur Ausfuhr. Bearb. u. hrsg. v. Paul Koch. Ausg. f. d. Betriebsj. 1890/91, 1891/92 u. 1892/93. (60; 67; 67 S.) à Jahrg. * 3 —.
—— dass. — Ausg. f. d. Betriebsj. 1889/90. Nachtrag I. [Oktober 1889.] (12 S.) * — 50.
—— dass. — Ausg. f. d. Betriebsj. 1890/91. Nachtrag I. (8 S.) * — 30. — Nachtrag II. (10 S.) * — 40.
6. Betriebs-Ergebnisse v. Actien-Zuckerfabriken der Campagne 1887/88 und 1888/89. Zusammengestellt nach eingesandten Berichten, den Veröffentlichgn. im Staatsanzeiger, Herberts' Zuckerindustrie durch S. v. Ehrenstein. 3. u. 4. Jahrg. (23; 19 S.) 889,90. à Jahrg. * — 75.
7. Das Zuckersteuergesetz vom 31. Mai 1891, nebst den Ausführungsbestimmg. m. Einleitg., Anmerkgn. u. Anh., enth. die auf die Zuckersteuer bezügl. Bestimmgn. d. Vereinszollgesetzes, d. Begleitscheinregulativs u. d. Privatlagerregulativs, hrsg. v. Carl Hager. (XXXIV, 250 S.) 892. * 4 -
8. Bock, Joh. Uebersicht üb. die Eigenschaften der wichtigsten Zuckerarten. (1 Tabelle in Fol.) 889. * 1 —.
9. Muster, Herstellungsweise u. Zusammensetzung v. 24 Verbrauchszuckern. Hrsg. v. K. Stammer. (16 S. m. 24 Zuckerproben in Pappkasten.) 890. ** 8 —.
10. Statistische Tabellen d. Zuckercampagne 1891/92 u. 1890/91, umfassend die Hauptländer Europas u. Nordamerika. Bearb. v. M. Schwerin. (In deutscher, engl. u. franzos. Sprache.) (VI, 31 S.) 892. * 2 —

Rathke's, Alb., Bibliothek f. Zucker-Interessenten. 1., 3., 7. u. 10. Bd. Magdeburg, A. Rathke. Geb. in Leinw. n.n. 14. —

1. Verzeichnis der Rübenzuckerfabriken (Candis-Fabriken) u. Zucker-Raffinerieen im Deutschen Reiche, sowie in Oesterreich-Ungarn, Belgien, Holland, Dänemark, Schweden, England, Italien, Spanien, Rumänien u. Schweiz. Nebst e. Bezugsquellen-Verzeichnis v. Bedarfsartikeln f. Zuckerfabriken u. Geschäfts-Empfehlungs-Anzeiger. XI. Jahrg. Campagne 1894/95. gr. 8. (III, 224 u. 343 S.) 894. n. 4. —; m. 1 Karte der Zuckerfabriken u. Raffinerieen im Deutschen Reiche n. 8. —
3. Deutscher Eisenbahntarif f. die Beförderung v. Rohzucker, sowie v. Zucker aller Art zur Ausfuhr. Bearb. u. hrsg. v. Paul Koch. Ausg. f. d. Betriebsj. 1894/95. 8. (81 S.) 894. n. 3. —
7. Das Zuckersteuergesetz vom 31. Mai 1891, nebst den Ausführungsbestimmgn. m. Einleitg., Anmerkgn. u. Anh., enth. die auf die Zuckersteuer bezügl. Bestimmgn. d. Vereinszollgesetzes, d. Begleitscheinregulativs u. d. Privatlagerregulativs, hrsg. v. Carl Hager. (XXXIV, 250 S.) 892. n. 4. —
10. Statistische Tabellen der Zuckercampagnen 1890/91 bis 1893/94, umfassend die Hauptländer Europas u. Nordamerika. Bearb. v. M. Schwerin. 12. (5 S. m. 17 Tab.) 894. n. 3. —

Rathke's, Alb., Bibliothek f. Zucker-Interessenten. 1., 3. u. 12. Bd. gr. 8. Magdeburg, A. Rathke. Geb. in Leinw. n. 8. 50

1. Verzeichn. d. Rübenzuckerfabriken u. Zucker-Raffinerien im deutschen Reiche, sowie in Oesterreich-Ungarn, Frankreich, Russland, Belgien, den Niederlanden, Dänemark, Schweden, England, Italien, Spanien, Rumänien u. Nordamerika. Nebst e. Bezugsquellen-Verzeichnis v. Bedarfsartikeln f. Zuckerfabriken u. Geschäfts-Empfehlungs-Anzeiger. XV. Jahrg. Campagne 1898/99. (LVIII, 404 u. 183 S.) 898. n. 4. —
3. Deutscher Eisenbahntarif f. d. Beförderg. v. Rohzucker, sow. v. Zucker aller Art zur Ausfuhr. Bearb. u. hrsg. v. Paul Koch. Ausg. f. d. Betriebsj. 1895/96. 8. (83 S.) 895. n. 3. —
12. Aus d. Praxis der Zuckerindustrie. E. Rechenbuch für Chemiker, Techniker u. Siedemeister. Zusammengest. v. Otto Mittelstaedt. (43 S.) 896. n. 1. 50

Rathke's, Alb., Bibliothek f. Zucker-Interessenten. 12. Bd. 2., verm. u. verb. Aufl. gr. 8. Magdeburg 897. A. Rathke. Geb. in Leinw. n. 2. —

Aus d. Praxis d. Zuckerindustrie. Ein Beitrag zur chem. Betriebskontrole in d. Zuckerfabrikation v. Otto Mittelstaedt. (61 S.)

Rathke's, Alb., Bibliothek f. Zucker-Interessenten. 1. u. 12. Bd. gr. 8. Magdeburg, A. Rathke. Geb. in Leinw. n. 7. —

1. Verzeichnis der Rübenzuckerfabriken u. Zucker-Raffinerien im deutschen Reiche, sowie in Oesterreich-Ungarn, Frankreich, Russland (m. Finnland), Belgien, den Niederlanden, Dänemark, Schweden, England, Italien, Spanien, Rumänien, Bulgarien, Serbien, Türkei u. Nordamerika. Nebst e. Bezugsquellen-Verzeichnis von Bedarfsartikeln für Zuckerfabriken u. Geschäfts-Empfehlungs-Anzeiger. XIX. Jahrg. Campagne 1902/03. (III, VIII, 372 S.) 902. n. 4. —
12. Aus der Praxis der Zuckerindustrie. Ein Beitrag zur chem. Betriebscontrolle in der Zuckerfabrikation. Von Otto Mittelstaedt. 3. Aufl. (95 S.) 902. n. 3. —

Rathke's, Alb, Bibliothek f. Zucker-Interessenten. 1. Bd. 8. Magdeburg 906. A. Rathke. Geb. in Leinw. n. 4. —

Verzeichnis der Rübenzuckerfabriken u. Zucker-Raffinerien im Deutschen Reiche, sowie in Oesterreich-Ungarn, Frankreich, Russland (m. Finnland), Belgien, den Niederlanden, Dänemark, Schweden, England, Italien, Spanien, Rumänien, Bulgarien, Serbien, Türkei, Schweiz, Griechenland, Portugal u. Nordamerika. Nebst e. Bezugsquellen-Verzeichniss v. Bedarfsartikeln f. Zuckerfabriken u. Geschäfts-Empfehlungs-Anzeiger. XXIII. Jahrg. Campagne 1906/07. (XXIII, 446 S.)

Rathke's, Alb., „Bibliothek f. Zucker-Interessenten". 1. Bd. gr. 8. Magdeburg 910. A. Rathke. Geb. in Leinw. 4. —

1. Verzeichnis der Zuckerfabriken u. Raffinerien Deutschlands u. des Auslandes. Nebst e. Bezugsquellen-Verzeichnis v. Bedarfsartikeln f. Zuckerfabriken u. Geschäfts-Empfehlungs-Anzeiger. XXVII. Jahrg. Campagne 1910/1911. (XXVII, 432 S.)

Rathke, B., über die Principien der Thermochemie u. ihre Anwendung. [Mit besond. Berücksichtigung v. Berthelot's „Essai de mécanique chimique".] [Aus: „Abhandlgn. d. naturforsch. Gesellsch. zu Halle".] gr. 4. (31 S.) Halle 881. Niemeyer. n. 1. 60

Rathke, Bernhard

Rathke, B.: De duobus acidis selenium et sulfur una continentibus. Regimonti Pr. 1865 30 S.
Schul-/Univ.-Schrift

Rathke, Bernhard: Beiträge zur Kenntniss des Selens. Halle (1869) Plötz 57 S. 8°
Halle-Wittenberg, Phil. Hab.-Schr v. 21. Mai 1869

Rathke, F., Beyträge zur Gesch. d. Thierwelt. s. Schriften der naturforsch. Gesellschaft zu Danzig. 1s Heft.

Rathke, F.: Zwei Configurationen von Punkten, welche sich aus 5 resp. 6 beliebigen Punkten eines Kegelschnittes ergeben. 1885 8°
Diss. Marburg.

Rathke, Georgius, Berolinensis De Romanorum bellis servilibus Capita selecta. *(Berolini: G. Nauck 1904.)* (100 S.) 8°
Berlin, Phil. Diss. v. 27. Febr. 1904

Rathke, H. W

—— Bibliotheca Gothana. Section d. abendländ., mit Gemälden geschmückt. Handschriften. gr. 8. (2⅔ B.) Gotha 839, Müller.

Rathke, H. W., mathematische Tabellen. 8. (18 S.) Hildburghausen 886. (Gadow & Sohn.) n. 1. —

Rathke, Hnr., Abhandl. z. Bildungs- u. Entwickelungs-Geschichte des Menschen u. d. Thiere. 1r Thl. Mit 7 (z. Theil illum.) Kpft. gr. 4. Leipz. 832. W. Vogel. 2 ℔ Hieraus ist besonders abgedruckt: Anatom. Untersuchungen üb. die Geschlechtswerkzeuge des Menschen u. d. Säugthiere. Mit 4 (z. Theil ill.) Kpft. gr. 4. Ebd. 832. 1 ℔

Rathke, Heinr., Abhandlungen z. Bildungs- u. Entwickelungs-Geschichte des Menschen u. d. Thiere. 1. u. 2. Thl. gr. 4. Leipzig, Vogel. [1. (15 B. u. 7 theilw. ill. Kpfr.) 832. 2 Thlr., 2. (18½ B. u. 7 theilw. ill. Kpfr.) 833. 2 Thlr. 8 Gr.]

Rathke, Heinr., über den Bau und die Entwickelung des Brustbeins der Saurier. Ein Programm. Königsberg 853. (Bornträger) gr. 4. (26 S.) n. 10 ngr.

— Beiträge zur vergleich. Anatomie und Physiologie, s. Schriften der Naturforsch. Gesellschaft in Danzig, 4. Heft.

Rathke, Heinr., Beiträge zur Entwicklungsgeschichte der Hirudineen. Herausg. u. theilweise bearb. von Rud. Leuckart. Mit 7 Kpfrtaf. Leipzig 862. Engelmann. gr. 4. (IV, 116 S.) n. 4 ℛ 20 ngr.

— Beiträge zur Fauna Norwegens, s. Acta nova phys.-med. Acad. Caes. Leopold. Carol. XX. Pars I.

— Beitr. z. Geschichte d. Thierwelt. Ueber die Entwickelung d. Geschlechtewerkzeuge bei d. Wirbel-Thieren, s. a. Schriften d. naturforschenden Gesellschaft in Danzig.

Heinrich Rathke

Beiträge zur Geschichte der Thierwelt. Von Heinrich Rathke. Abth. 1-4. Danzig: C. H. E. Müller (2 ff.: Halle: Renger) 1820-27. 1 Bd 8°
(= [Neueste] Schriften der naturforschenden Gesellschaft zu Danzig. [Bd 1,] H. 1. 3. 4. Bd 2, H. 2.)
Abth. 1: 1820.
Abth. 2: Rathke: Über den Darmkanal und die Zeugungsorgane der Fische. 1824.
Abth. 3: Rathke: Beobachtungen und Betrachtungen über die Entwicklung der Geschlechtswerkzeuge bei den Wirbelthieren. 1825.
Abth. 4: 1827.

Rathke, Heinr., Bemerkungen üb. d. Bau d. Amphioxus lanceolatus, eines Fisches aus d. Ordn. d. Cyclostomen. gr. 4. (5 B. u. 1 Kpfrt.) Königsberg 841, Gebr. Bornträger. *

— Bemerkungen über den Bau des Dichelesthium sturionis und der Lernaceopoda stellata, s. Acta nova phys.-med. Acad. Caes. Leopold. Carol. XIX.

— Bemerkk. üb. d. innern Bau der Pricke od. des Petromyzon fluviatilis des Linneus. Mit Kpf. 4. Danzig. 826. Etwert. 1 ℛ 12 gr

Rathke Heinrich Bemerkungen über die Carotiden der Schlangen D 11 II .
Separatabdruck

— Bemerkungen über die Carotiden der Schlangen. Aus d. Denkschr. d. k. Akad. d. W. Wien 856. (Gerold.) gr. 4. (1 Bl., 22 S.) n. 15 ngr.

Heinrich Rathke

Beobachtungen und Betrachtungen über die Entwicklung der Geschlechtswerkzeuge bei den Wirbelthieren von Heinrich Rathke. Halle: Renger 1825. 146 S. 8°
(= Rathke: Beiträge zur Geschichte der Thierwelt. Abth. 3.)
(= [Neueste] Schriften der naturforschenden Gesellschaft zu Danzig. [1,] H. 4.)

—— Berichte von d. k. anatom. Anstalt zu Königsberg. 9. Bericht. Mit e. Beitrage z. vergleich. Anatomie d. Affen, v. Ernst Burdach. 8. (1½ B.) Königsberg 838, (Gebr. Bornträger.) *

— de Bopyro et Nereide, commentationes anatomico-physiologicae duae. Cum tabb. III. aeneis. 4 maj. Rigae et Dorpati 837. Frantzen. 2 ℛ, Velinp. 2½ ℛ

—— de Bopyro et Nereide, commentat. anatom.-physiolog. duae. 4maj. (7¾ B. u. 3 Kpfrt.) Rigae 837, [Kymmel.]

Rathke, Heinrich (Mitarb.):

s.: Burdach, Karl Friedrich: Die Physiologie als Erfahrungswissenschaft. Bd 1 - 2. Leipzig: 1826

JB 1.041

Rathke, Mart. Henr. (geb. Danzig Aug. 1793): De salamandrarum corporibus adiposis, ovariis, et oviductibus eorumque evolutione. Berolini (1818). (21 S.) 8°
Berlin, Med. Diss. v. [12.] Juni 1818

— üb. d. Darmkanal u. die Zeugungsorgane d. Fische, s. a. Schriften d. naturforsch. Gesellschaft in Danzig.

Heinrich Rathke

Über den Darmkanal und die Zeugungsorgane der Fische. Von Heinrich Rathke. Halle: Renger 1824. VI, 210 S. 8°
(= Rathke: Beiträge zur Geschichte der Thierwelt. Abth. 2.)
(= [Neueste] Schriften der naturforschenden Gesellschaft zu Danzig. [1,] H. 3.)

Rathke, Heinr., über die Entwickelung der Schildkröten. Untersuchungen. Mit 10 Steindrtaf. gr. 4. (XVI u. 267 S. mit eingedr. Holzschn.) Braunschweig 848, Vieweg & Sohn. n. 8 ℛ

Rathke, Heinr., Entwickelungsgeschichte d. Natter (Coluber Natrix). gr. 4. (20½ B. u. 7 Kpfrt.) Königsberg 839, Gebr. Bornträger. Thlr. *

Rathke, Heinr., Entwickelungsgeschichte der Wirbelthiere. Mit einem Vorwort von Alb. Kölliker. Lex.-8. (IX und 201 S.) Leipzig 861, Engelmann. *

— s. J. F. v. Eschscholtz, zoologischer Atlas.

— Miscellanea anatomico-physiologica. Fasc. I. Etiam s. titulo: De libellarum partibus genitalibus. Cum tabb. aen. III. 8maj. Königsb. 832. Gebr. Bornträger. 1 ℛ 8 gr

— zur Morphologie, Reisebemerkungen aus Taurien. Mit 5 Kpfrtaf., (wovon 4 ill. sind). gr. 4. Riga u. Dorpat 837. Frantzen. 4½ ℛ, Velinp. 5⅚ ℛ

—— zur Morphologie, Reisebemerkungen aus Taurien. gr. 4. (24½ B., 4 ill. u. 1 schw. Kpfrt.) Riga 837, [Kymmel.]

—— anatom. Untersuchungen üb. d. Geschlechts-Werkzeuge des Menschen u. d. Säugethiere. M. 4 (z. Theil ill.) Kpfrt. gr. 4. (6¼ B.) Leipzig 832, Vogel.
Aus den „Abhandln. zur Bildungs- u. Entwickelungs-Gesch. d. Menschen etc." 1. Thl. besond. abgedruckt.

Rathke H.: Anatomisch-philosophische Untersuchungen üb. den Kiemenapparat u. das Zungenbein d. Wirbelthiere. Riga u. Dorpat 1832. 133 S. 4 Tvl. 4°.

—— anatom.-philosoph. Untersuchungen üb. d. Kiemenapparat u. d. Zungenbein der Wirbelthiere. M. 4 Kpfrt. gr. 4. (17½ B.) Riga 832, Frantzen.

—— Untersuchungen über die Aortenwurzeln und die von ihnen ausgehenden Arterien der Saurier. gr. 4. (94 S. mit 6 chromolithogr. Taf.) Wien 856, (Gerold's Sohn.) *
aus: Denkschriften der k. Akademie der Wissenschaften, besonders abgedruckt.

—— Untersuchungen über die Aortenwurzeln und die von ihnen ausgehenden Arterien der Saurier. gr. 4. (94 S. mit 6 chromolithogr. Taf.) Wien 857, (Gerold's Sohn.) *
Aus: Denkschriften der k. Akademie der Wissenschaften zu Wien, besonders abgedruckt.

— Untersuchungen über die Arterien der Verdauungswerkzeuge der Saurier. (Aus den Abhdlgn. d. k. bayer. Akad. d. Wiss.) München 861. Franz in Comm. 4. (59 S.) n. 21 ngr.

—— Untersuchungen ueber d. Bildung u. Entwickelung d. Flusskrebses. M. 5 (Ill. u. schw.) Kpfrt. gr. Fol. (26½ B.) Leipzig 829, Voss.

Rathke, Heinr., Untersuchungen über die Entwicklung u. den Körperbau der Krokodile. Hersg. von Wilh. v. Wittich. Braunschweig 867. Vieweg & Sohn. gr. 4. (V, 275 S. mit 10 Steintaff. in Farbendr.) n. 4 ℛ

— Vorträge zur vergleichenden Anatomie der Wirbelthiere. Mit einem Vorwort von C. Gegenbaur. Leipzig 862. Engelmann. Lex.-8. (VI, 170 S.) 1 ℛ 15 ngr.

Rathke, M., die preußische Stempelsteuer. Ein gemeinverständl. Leitfaden f. den prakt. Gebrauch. 12. (III, 47 S.) Berlin 894. C. Heymanns Verl. Kart. n. — 80

Rathke, Martin Heinrich, s. Rathke, Heinrich

Rathke, Max, lang, lang ist's her! f. Novellen, norddeutsche.

Rathke, Paul, Bautischler- u. Ausbau-Arbeiten, s.a. Baugewerbe, d. gesamte.

[F.] Bautischler- und Ausbau-Arbeiten. Von Archit. Paul Rathke, Dir. d. Handwerkersch. in Dessau. *Potsdam & Leipzig: Bonness & Hachfeld [1897].* (111 S.) 8.
— Baugewerbe, Das gesamte. Bd II. Th. 2. [98. 1837

-- u. J. Steyrer, Dachdeckungen, s.a. Baugewerbe, Das gesamte.

Rathke, Paul: Dachdeckungen. Klempner- u. Dachdeckerarbeiten. Architekt – Neu bearb. von J. Steyrer. Potsdam & Leipzig: Bonness & Hachfeld [1897]. (231 S.) 8°
= Baugewerbe, Das gesamte. Bd. 4.

Dachdeckungen. Klempner- u. Dachdeckerarbeiten. Architekt Paul Rathke. Neu bearb. von J. Steyrer. *Potsdam & Leipzig: Bonneß & Hachfeld [um 1899].* (88 S.) 8° [F.]
— Baugewerbe, Das gesamte. Bd 3, [2.] [04. 1000

— Zimmerarbeiten, s.a. Baugewerbe, Das gesamte.

[F.] Zimmerarbeiten ... Arbeiten in Holz. Von Archit. Paul Rathke, Dir d. Handwerkersch. in Dessau. Th. [1.] 2. (In 10 Heften.) *Potsdam & Leipzig: Bonness & Hachfeld [1897].* 1 Bd 8.
[1.] (2 Bl., 168 S.)
2. [u. d. Sondert.:] Bautischler- u. Ausbau-Arbeiten. Von Rathke (111 S.)
— Baugewerbe, Das gesamte. Bd II. [98. 1837

Rathke, R., Uebungs-Vorschrift der freiwilligen Turner-Feuerwehr zu Lüneburg. Lüneburg 867. (Engel's Buchh.) gr. 8. (VIII, 24 S. mit 10 Steintaff.) n. 7½ ngr.

Rathke, Theophilus: Bellum Lamiacum.
Halle-Wittenberg, Phil. Diss. v. 21. Febr. 1863
Geb. [Buddern (Kr. Angerburg, Ostpr.) 28. 8. 1839]
Ms. fehlt.

Rathke, Wilhelm, Gerichtsrefer.: Die Auflösung einer offenen Handelsgesellschaft durch einen Gesellschaftsvertrag, nach dem alle Gesellschafter bis auf einen ausscheiden, und der verbleibende das Geschäft mit den Aktiven und Passiven übernimmt. Greifswald 1910: Wolfram. 34 S. 8°
Greifswald, Jur. Diss. v. 6. Aug. 1910, Ref. Frommhold
[Geb. 9. Jan. 85 Tempelburg, Wohnort: Greifswald; Staatsangeh.: Preußen; Vorbildung: Gymn. Dramburg Reife O. 04; Studium: Berlin 3, Heidelberg 1, Greifswald 3 S.; Rig. 21. Juli 10.] [U 10. 1540

Rathlef, Carl, s. Rathlef, Karl

Rathlef, E., poetische Erzählungen aus dem Tierleben. Für reifere Kinder. Mit Illustr. von Anna v. Wahl. 4. (40 S.) Berlin 889. [Deubner.] Bibliograph. Bureau. geb. n. 4. —

Rathlef, Eduard, Zur Diagnostik und Casuistik der epikraniellen Dermoidcysten. Diss. Dorpat. 8°. 63 pp. 1876.

Rathlef, Emil, Bilder aus der Bienenwelt m. Bezug auf Maeterlincks: „Das Leben der Biene". (III, 103 S.) 8. Dorpat 908. (K. Glück.) 1.50

Rathlef, Emil, Gesundheit u. Trost f. Schwindsüchtige. 20 Jahre Erfahrg. an mir u. anderen. gr. 8. (VIII, 328 S.) Stuttgart 902. A. Zimmer. n. 3. —

Rathlef, Emil, Goethe — pathologisch. (20 S.) gr. 8. Riga, 904. (Jonck & Poliewsky). n. — 80
Sonderabdruck aus: „Balt. Monatsschr."

Rathlef, Ernst Lorenz Michael

Rathlef, Ernst Lorenz Michael (Hrsg.), s.a. Abhandlungen, Auserlesene, über Gegenstände der Policey

Rathlef, Er. Lor. Mich.. „Auserlesene Abhandlungen über Gegenstände der Polizey, der Finanzen und Oekonomie, gezogen aus dem Hannöver. Magazin", Hannover 1786—1788, 3 Bände.

Rathlef, Er. Lor. Mich., († d. 14. Jan. 1791.) Beitrr. zur Oekonomie d. 18. Jahrhund. 8. Lüneb. 785. Mit n. T. 797. Herold u. W. 6 gr

— der Blumenkranz; eine Wochenschrift. 8. Hamb. 770.

— s. Brüder, die ungleichen, ec.

— vergl. Er. Christhold.

— s. Geiste, vom, d. deutschen Geschichte.

— s.a. vom Geiste der Criminalgesetze.

v. Geiste der Criminalgesetze (von *Ernst Lorenz Michael Rathleff*). Hamburg 1777. (In Rostock, Landesbibl.)
Anon.-Lex. IV p. 338 (nach Meusel) hat „Bremen 1777. 1790."

— v. Geiste d. Criminalgesetze. gr. 8. Bremen, Müller. 790.

— v. d. ältesten Hofämtern d. Hauses Braunschweig-Lüneburg. 4. Götting. 765. 8. Hannov. 780. Helwing. 3 gr

— von d. Leidenschaften, e. Gedicht. 8. Hannov. 770.

– s. Mohrin, die, zu Hamburg.

SCHUH, Der, Heroisch-komisches Gedicht (in 5 Gesängen). (Vf. *Ernst Lorenz Michael Rathlef*, 1743—91). Hannover, gedruckt und zu finden bey Hermann Adolph Wecken. 1772. 8⁰.
Lat. Lett. 70 S. (incl. Tit. u. 1 Bl. poet. Widm. an Mme. S.).
Rar! — Goedeke IV, 129, 12, 1.

— v. d. Verbesser. d. Feldbaues. 8. Lüneb. 775. Herold u. W. 3 Gr

RATHLEF, Ernst Lorenz Michael 1742 - 1791
Die Wilden, ein Drama mit Arien und Balleten, Für das Geburtsfest Sr. Majestaet des Koeniges, Hanover den 4 Junius, 1770.
von E. L. M. Rathlef.
Hannover: Hermann Adolph Wecken. [1770]. 32 S. 8⁰.
Ehem. Schloßbibliothek Radenín, jetzt Nationalmuseum Prag
Katalog der Teatralia-Sammlung Radenín, Nr. 1647

– s. Wilhelmine, oder d. Weg d. Treue.

Rathlef, Er. Lor. Mch., die Wolken. Drama. 8. Hannov. 770.

Rathlef, Ernst Ludwig

Rathlef, Er. Ldw., († d. 19. April 1768.) Akridotheologie od. histor.-theolog. Betrachtt. üb. die Heuschrecken. 2 Thle. 8. Hannov. 748—50. Richter. 13 Gr

— Betrachtungen üb. Wahrh. d. geistl. Wissensch. 2 Thle. 8. Wolfenb. Meißner. 737–38.

— d. erste Epistel an Philemon. 8. Brem. Förster. 789.

— Gesch. jetztlebend. Gelehrt. 12 Thle. 8. Zelle, Runge. 740–47.

— Geschichte d. Grafschaft Hoya u. Diepholz. 3 Thle. 8. Brem. 766, 67. Cramer. 15 Gr

— der Gottesgelehrte. 5 Bde. 4. Hannov. 757—59. (Dieterich in Götting.) 3 Thlr 8 Gr (Fortsetz. des „Theologen.")

— historia Autographorum apostolicorum. 8. Hannov. 752. (Eine Rede).

Rathleff, E. L., ex historia Judae Iscariot. Helmst. 1729. 4.

Rathlef, E. L., (praes. J. G. Lakemacher) de ritibus et formulis precum Pharisaei et publicani. Helmst. 1720. 4.

Rathleff, Ernst Ludwig (Hannover), De simulacro Nebucadnezaris aureo ad illustrandum Dan. III. 1. Diss. phil. Präs. Jo. Gottfr. Lakemacher. Helmstedt (Schnorr) 1. VII. 1730. 23 S. (4.75) 27686
Gew.: Gerlach Adolph von Münchhausen. — Widm. v.: Jo. Gottfr. Lakemacher.

— Sonntagsblatt. 2 Thle. gr. 8. Bremen 759. (Dieterich in Götting.) 12 Gr (Fortsetz. des „Gottesgelehrten.")

— (u. J. C. W. Meyer,) der Theologe, auf d. J. 1754, 55, 56. mit Beitrr. v. W. L. W. Dohm. 4. Gotha 756. (Dieterich in Götting.) 9 Thlr

— v. d. Versöhnenden in d. Leben Jesu, e. Preisschr. 8. Ebend. 756.

— was ist das Versöhnende in d. Leben Jesu? in e. Abhandl. üb. die im J. 1755 mitgetheilte Preisfrage. 8. Gotha 756. (Dieterich in Götting.) 8 Gr

Rathlef, G., Bismarck u. Oesterreich bis 1866 m. besond. Berücksicht. d. Sybel'schen Werkes. [Aus: „Balt. Monatsschrift".] Nebst e. Zusatzartikel: „Die Beurtheilg. der österreich. u. preuß. Politik im Sybel'schen Werke". gr. 8. (V, 92 S.) Reval 893. F. Kluge. n. 1. 50

Rathlef, Geo., die welthistorische Bedeutung der Meere, insbesondere des Mittelmeers. Histor.-topograph. Abhandlung. Dorpat 858. Gläser. gr. 8. (V, 181 S.) n. 1 Thlr.

Rathlef, Geo., zur Frage nach Bismarcks Verhalten in der Vorgeschichte des deutsch-französischen Krieges. (VII, 208 S.) gr. 8. Jurjew (Dorpat), 903. C. Glück. n 5.—

— historische Umrisse. Reval 853. F. Kluge. gr. 8. (XII, 278 S.) n. 1 Thlr. 10 ngr

Rathlef, Geo., das Verhältniss der kleinen Meisterchronik zum Chronicon Livoniae Hermanns v. Wartberge u. zur Reimchronik. gr. 8. (60 S.) Dorpat 875. (Schnakenburg.) n. 1. 20

—— das Verhältniss des livländischen Ordens zu den Landesbischöfen und zur Stadt Riga im 13. und in der ersten Hälfte des 14. Jahrh. gr. 8. (VII, 153 S.) (Ebendas.) 875. *

Coleoptera Baltica. Käfer-Verzeichniß d. Ostseeprovinzen nach d. Arbeiten von Ganglbauer u. Reitter. Hrsg. von H. v. Rathlef. (Vorr.: Oberl. Franz Sintenis.) (Jurjew ⟨Dorpat⟩: J. G. Krüger; Leipzig: K. F. Köhler in Comm.) 1905. (198 S.) 8°
— Archiv f. d. Naturkunde Liv-, Ehst- u. Kurlands. Ser. 2. Bd 12, Lfg 3.

Rathlef, Karl

Rathlef, Carl, die welthistorische Bedeutung der Meere, insbesondere des Mittelmeers. Historisch-geographische Abhandlung. gr. 8. (V und 181 S.) Dorpat 858, Glaeser's Verlag. *

Rathlef, K., Skizze d. orographischen u. hydrographischen Verhältnisse von Liv-, Esth- u. Kurland, ein geograph. Versuch. Mit 1 orograph. (lithochrom.) Karte, 1 hydrograph. (lith. u. col.) Karte u. 9 Höhenprofilen (auf 3 lith. Taf. in Imp. Fol.) gr. 8. (VI u. 220 S.) Reval 852, Kluge. n. 3 Thlr

Rathleff, E. L., s. Rathlef, Ernst Ludwig

Rathmann, B., die Belagerung von Stralsund. Novelle. 8. (15¾ B. u. Titlkpfr.) Leipzig 835. [Berlin, Klemann.]

Rathmann, B., die Belagerung von Stralsund. Novelle. Mit Titelkpfr. 8. Leipzig 835. Georg Wigand. 1¼ Thlr

Rathmann, Carl, s. Rathmann, Karl

Rathmann, (Henr. Frid.) Eduard. (geb. Wasserleben bei Wernigerode 6. 2. ..37): De acuta hepatis atrophia. Berolini (1862). (31 S.) 8°
Berlin, Med. Diss. v. 11. Aug. 1862

Rathmann, F(ranz), a. Bremerhaven: Die lautliche Gestaltung englischer Personennamen in Geffrei Gaimars Reimchronik „L' Estorie des Engles". Kiel 1906: H. Fiencke. (66 S.) 8°
Kiel, Phil. Fak., Ref. Körting, Diss. v. 20. März 1906
[Geb. 8. April 82 Bremerhaven; Wohnort: Vegesack; Staatsangeh.: Preußen; Vorbildung: Realgymn. Vegesack Reife M. 01; Studium: Marburg 3, Grenoble 1, Kiel 4 S.; Rig. 2. Dez. 05.]

Rathmann, Friedr., der Einzelrichter. Einige Worte über Gerichts-Organisation und Proceß-Ordnung. gr. 8. (67 S.) Berlin 872, C. Heymann's Verlag. *

Rathmann, Frdr., einige Worte über eheliches Güterrecht nach heutigem gemeinen Rechte in Deutschland. Chemnitz 859. Focke. gr. 8. (109 S.) n. 16 ngr.

Rathmann, Fridericus Ferdinandus De eclampsia infantum. Halis Saxonum (1864): Ploetz. 30 S. 8°
Halle-Wittenberg, Med. Diss. v. 4. Mai 1864
Geb. Delitzsch 7. [hs. V & Pförtner Stammbuch 6.] 10. 1838. V.

Rathmann, Fritz [aus Delitzsch]: Die Wassersekretion des Magens ... Leipzig, Druck v. A. Edelmann Univ.-Buchdr., 1897; 27 S. 8.
Leipzig, Med. Fak., Inaug.-Diss. v. 19. Mai 1897

Rathmann, H. R., s. Rathmann, Heinrich

Rathmann, Heinr. Die Abiturienten der Anstalt von 1835 bis 1885. S. 26—34. G. Fulda 1885.

— s. a. Beitrr. z. Lebensgesch. Basedow's.

Rathmann, H. R.: Beyträge zur Lebensgeschichte Johann Bernhard Basedows aus seinen Schriften und andern ächten Quellen gesammelt. Magdeburg 1791. 194 S.

— kurze Gesch. d. Schicks. Magdeb. im 18ten Jahrh. 8. Ebend. 801.

Rathmann, Hnr., († d. 14. März 1821.) Geschichte d. Stadt Magdeburg, von ihrer ersten Entstehung bis auf gegenwärtige Zeiten. 1r—3r Bd. u. 4n Bdes 1s u. 2s Heft. Mit 3 Kpf. u. 1 genetischen Grundriß. gr. 8. Magdeb. 800—817. Creutz. 7 ₰ 16 g̃l

Rathmann, H., Geschichte der Stadt Magdeburg von ihrer Entstehung an bis auf gegenwärtige Zeiten. 4n Bds. 1ste und 2te Abtheil. Mit 1 Kupf. gr. 8. Magdeburg, Creutz. 817.

— s. Geschichte der Schule zu Kloster Bergen.

Rathmann, H., die Herbergen zur Heimath nach ihrer bisherigen Entwickelung im Auftrage d. Central-Ausschusses f. die innere Mission der deutschen evangelischen Kirche dargestellt. gr. 8. (72 S.) Hamburg 876. Agentur d. Rauhen Hauses. n. — 80.

Rathmann, die Herbergen zur Heimath. Hamburg 883.

Rathmann, H., Machiavelli und seine Lehre im Verhältniß zum Christenthum und zu den Bestrebungen der Gegenwart. Nordhausen 862. Förstemann's Verlag. 8. (48 S.) n. 5 ngr.

— Predigten üb. Ausbildung d. Geisteskräfte. Mit e. Vorrede v. Abt Resewitz. 8. Berl. 789. Mylius. 20 g̃l

— kurze Ueberficht d. Schicksale Magdeburgs im 18. Jahrhund. 8. Magdeb. 801. Creutz. 6 g̃l

Rathmann, Heinrich Friedrich Eduard, s. Rathmann, Eduard

Rathmann, J., neue Schreib-Lese-Fibel, s.: Bartels, F.

Rathmann, Johs., Maria, die Mutter d. Herrn. Ein evangel. Lebensbild dargestellt in e. Vortrage. 16. (III, 67 S.) Chemnitz 870. Focke. geb. n. 1. —

Rathmann, Karl

Rathmann, Carl Thesen, an Stelle der später zu veröffentlichenden Dissertation Einiges zur Casuistik der Lehre von Placenta praevia. (Nebst Lebenslauf.) Halle (1870): Plötz. 2 Bl. 8°
Halle-Wittenberg, Med. Thesen v. 29. Juli 1870
Geb. Wetzenow (Kr Prenzlau) 12. 7. 1845. V
Die Diss. ist nicht ersch.

Rathmann, Otto [aus Delitzsch]: Zur Kenntnis der Geschwülste in der männlichen Brustdrüse ... Jena, G. Neuenhahn Univ.-Buchdr., 1892; 36 S. 8.
Jena, Med. Fak., Inaug.-Diss. v. [1. Apr.] 1892

Rathmann, Paul, die Nachtigall. Humorist. Gedichte. 8. (III, 108 S.) Hamburg 897. C. Kloß. Geb. in Leinw. n. 3. —

— Radler-Liederbuch. 12. (VIII, 92 S.) Berlin 898. Verlag Deutscher Automobil- u. Radfahrsport. Geb. in Leinw. n. 2. —

— Reales u. Ideales. Neue Gedichte. 8. (VI, 213 S.) Dresden 898. E. Pierson. n. 2. 50; geb. n. 3. 50

Radler-Liederbuch. Von Paul Rathmann. Berlin: 'Deutscher Radfahrsport' [1898] (VIII, 92 S.) 8° [F.]

Rathmann, Robert, Referendar: Die Haftung des Staates und der Grundbuchbeamten für Verletzungen der Amtspflicht der letzteren. Liegnitz 1904: C. Seyffarth. (VIII, 72 S.) 8° [F.]
Breslau, Jur. Fak., Ref. Beyerle, Diss. v. 1. Dez. 1904
[Geb. 14. Marz 79 Dittersbach; Heimatsort: Schömberg; Staatsangeh.: Preußen; Vorbildung: St. Matthias-Gymn. Breslau Reife O. 99; Studium: Breslau 1, Graz 1, Breslau 4 S.; Rig. 19. Juli 02.]

Rathmann, Wilh., s.: Amts-Tagebuch f. evangel. Geistliche.

Rathmann, W., zur Beurteilung der Probebibel, s.: Zeitfragen d. christl. Volkslebens.

Rathmann, W., s.: Botschaft, frohe.

— s.: Botschaft des Heils.

Rathmann, Wilhelm: Comenius und Herbart, e. vergleichende Studie. ⟨T. 1.⟩ *Zeitz 1903: R. Jubelt.* (S. 3—31.) 4° [F.]
Zeitz, k. Stifts-G, P 1903 (297)

Rathmann, Wilhelm: Comenius und Herbart, eine vergleichende Studie. T. 2. Zeitz 1904: R. Jubelt. (S. 1—29.) 4° [F.]
¶ [Forts. d. P-Beil. 1903.]
Zeitz, k. Stifts-G, P 1904 (301)

— s.: Dienet einander.

Rathmann, W. Die Ehescheidung nach dem Entwurf d. bürgerlichen Gesetzbuchs, s. a. Zeitfragen d. christlichen Volkslebens.

Rathmann, W.: Die Ehescheidung nach dem Entwurf des BGB. für das Deutsche Reich. Heilbronn 1889.
(Zeitfragen des christl. Volkslebens. Bd 14, H. 4.)

— Das Gebet zu Jesu, s.: Kirchlich-positiv.

— s.: Litteratur-Bericht f. Theologie u. die Bücherei des christlichen Hauses.

— deutsches Perikopenbuch. Predigtdispositionen zu den Texten sämtl. 22 deutschen Perikopensysteme. 1. Bd. 7 Lfgn. u. 2. Bd. 1. u. 2. Lfg. gr. 8. (S. 1—416.) Leipzig 901. 902. G. Strübig. à n. — 60;
(1. Bd. vollständig n. 4. —; geb. n.n. 6. —)

— deutsches Perikopenbuch. Predigtdispositionen zu den Texten sämtl 22 deutschen Perikopensysteme. 2. Bd. 3. bis 7. (Schluß-)Lfg. (III u. S. 417—639.) gr. 8. Leipzig 903. G. Strübig. à n. — 60
(2. Bd. vollst. n. 4. —; geb. n. 5. —)

— s.: Pfarr-Bibliothek.

— Pfarr-Bibliothek, s.: Ohly, Emil.

— die geistliche Schulaufsicht im Lichte unsrer Zeit, s.: Zeitfragen des christlichen Volkslebens.

— für d. Seelsorger an Krankenbetten. E. Gebetbuch im Anschluss an d. Kirchenjahr. [Sep.-Ausg. d. Anhänge z. Amts-Tagebuch f. evang. Geistliche 1894—1898] gr. 16. (III, 161 S.) Leipzig 897. G. Strübig. Geb. in Leinw. n. 1. 75

— für die Seelsorger an Krankenbetten. Ein Gebetbuch im Anschluss an das Kirchenjahr. 2. Tl.: Nach den altkirchl. Episteln. gr. 16. (III, 68 S.) Leipzig 899. G. Strübig. Geb. in Leinw. n. — 75
1. Tl. Ebd. 897. Geb. n. 1. 75.

Rathmann, W., zehn Jahre Civilstandsgesetz in Preußen, s.: Zeitfragen d. christl. Volkslebens.

Rathner, Ludw., kurzer Auszug aus der Geschichte Steyrs. (16 S.) 8. Steyr 905. (C. Lintl.) n.n. — 50

Rathol, Skizzen aus dem deutschen Segler-Leben. 8. (V, 150 S.) Kiel 901. Lipsius & Tischer. Geb. in Leinw. n. 3. —

Raths. Bemerkungen über den Gebrauch der englischen Participien auf ing. 17 S.
Rastenburg, Progr. 1859

Raths, Geschichtliches über den Streit zwischen den Anhängern der altklass. Litteratur und der modernen bis zum 17 Jahrhundert einschl. I. Tl. Pr. 1883. 18 S. 4⁰. — .90
— — II. Pr. 1884. 33 S. 4. — .20

Raths, Karl Ludwig

Raths, Car. Ludov. (geb. Elbing 15. 2. 1804) De graviditate varica Berolini (1828). 43 S. 8⁰
Berlin, Med. Diss. v. 16. Okt. 1828

Raths, Pet., die Theorie der Leydener Flasche nach Anleitung v. Green: „An essay on the application of mathematical analysis to the theories of electricity and magnetism." Inaugural-Dissertation. gr. 8. (47 S.) Jena 876. (Deistung.) n. 1. 20

Raths, Wilh. Ferd., einige Worte an Volksschullehrer zur Verbesserung des Schreibeunterrichts, nebst der Beschreibung der Kunst, unglaublich schnell zu liniiren. Mit 8 lithogr. Zeichn. 8. Königsberg 835. (Leipzig, Fort.) n. 1/6 Rthlr

Raths, Wilh. Ferd., einige Worte an Volksschullehrer z. Verbesserung d. Schreibeunterrichts, nebst d. Beschreib. d. Kunst unglaublich schnell zu liniiren. Ein Schreiben an d. Hrn. Pfarren B*** zu ***. 8. (1½ B. u. 8 Zeichn. auf 4 Bl.) Königsberg 835, Hartung. *

Rathsack, W., sieben Eichen. Festrede, in den Wall-Anlagen zu Malchin am 3. Septbr. 1872 geh. gr. 8. (12 S.) Malchin 871. Stiller. — 25

Rathsack, Wilhelmine, die mecklenburgische Küche. Erprobte Ratschläge u. Anweisgn. f. d. Frauenwelt. 8. (V, 196 S.) Berlin 901. W. Süsserott. Geb. in Leinw. n. 2. 60

Rathsack, Wilhelmine, die mecklenb. Küche. Erprobte Ratschläge u. Anweisgn. f. die Frauenwelt. 2. verm. u. verb. Aufl. (V, 214 S.) 8. Berlin (903). W. Süsserott. Geb. n. 2. 50

Ⓢ Rathsack, Wilhelmine, d. mecklenb. Küche. 903. (KVL 34.) Jetzt: Potsdam, A. Stein.

Ratheam Franz: Beitrag zur Beugung des Lichtes 10. Wien V R. 93. Progr.

§ **RATHSAMHAUSEN** (ps.), Grillen- und Seufzerbuch. Für unsere Zeiten eingerichtet von —. (Vignette m. Signet d. Verlegers.) Th. 1. (Männliche Seufzer.) Wien u. Leipzig. 1784. Bey Frdr. Aug. Hartmann. Kl. 8⁰. (In München: L. eleg. m. 629 g.)
69 S. (incl. 5 Bll. Vorst.) Enth. 42 satyr. (z. Th. zieml. freie) Betrachtungen, u. a.: Seufzer eines Bräutigams am Hochzeitmorgen; eines Mannes üb. d. Untreue seiner Gattin; eines Vaters bey der Kindtaufe; eines Neuvermählten; eines jungen Mannes, der ein altes Weib, ihres Reichthums wegen heyrathete; eines feurigen Jünglings, der hübsche Mädchen sieht; eines Liebhabers, der nicht deutsch tanzen kann, in der Redoute; eines alten ausgemergelten Wollüstlings üb. die Ankündigung des untrüglichen Verwahrungsmittels wieder (!) die Lustseuche; eines Friseurs, eines Liebhabers üb. d. Flatterhaftigkeit seines Mädchens etc.
Es erschien noch Th. 2: (Weibliche Seufzer.) Ibid. eod. a. 8⁰ (1—2 1 fl. 12 xr Th. Ackermann, München, vor 1875; jetzt theurer!)

— — Dasselbe (ohne Theilesangabe). Leipzig 1784. 8⁰. (⅔ Rthl., Scheible, vor 1875.)

v. Rathsamshausen, ..., s. Grundriß d. Hauptrevolutionen.

Rathsburg, Alfred, aus Stollberg i. E. Geomorphologie des Flöhagebietes im Erzgebirge. *Stuttgart 1904: Union.* (195 S.) 8⁰ (Erscheint mit Karten als: Forschungen zur deutsch. Landes- u. Volkskunde Bd. 15, H. 5.)
Leipzig, Phil. Diss. v. 1904

Rathsburg, Alfr., Geomorphologie des Flöhagebietes im Erzgebirge, s. a. Forschungen zur deutschen Landes- u. Volkskunde. XV.

Geomorphologie des Flöhagebietes im Erzgebirge. Von Dr Alfred **Rathsburg** in Leipzig. Mit 3 Übersichtskarten. Stuttgart: J. Engelhorn *1904.* (195 S.) 8⁰
— Forschungen z. deutschen Landes- u. Volkskunde. Bd 15, H. 5.

Rathsburg, Walter, bacc. iur., Referendar: Die Geschäftsführung der offenen Handelsgesellschaft. Borna-Leipzig 1909: Noske. VIII, 53 S. 8⁰
Leipzig, Jur. Diss. v. 4. Dez. 1909
[Geb. 17. März 85 Chemnitz i. S.; Wohnort: Stollberg, Erzgeb.; Staatsangeh.: Sachsen; Vorbildung: Gymn. Chemnitz Reife O. 04; Studium: Leipzig 7 S.; Rig. 29. Jan. 08.] [U 10. 2839

Rathscalender, s. Ratskalender

Rathschlag, s. Ratschlag

Rathschläge, s. Ratschläge

Rathschluß, s. Ratschluß

Rathsschreiber, s. Ratschreiber

Räthsel ...

— s.: Rätsel...

Rathsmann, A. J., s. *Sarbievii*, lyr. Gedichte.

Rathsmann, Rich., Kommentar zu R. Rathsmann's Dampfmaschinen-Rechenschieber, D. R. G. 15487, m. e. Anh. zur Bestimmg. d. Uebersetzungsverhältnisse u. Umfangsgeschwindigkeiten bei Seil-, Riemen- u. Räderbetrieb. gr. 8. (8 S. m. Instrument.) Bonn (892). (Wien, Spielhagen & Schurich.) n.n. 4. —

Rathwer, Kurt, wie man e. Schriftsteller wird, s.: Familien-Bibliothek.

Rätia. Mittheilungen der geschichtforschenden Gesellschaft von Graubünden. Herausg. von Conradin von Mohr und Chr. Kind. 1. Jahrg. Chur 863. (Antiquariatsbuchhandlung.) gr. 8. (294 S.) n. 1 *rf* 12 *ngr.*

Rätia, Mittheilungen der geschichtforsch. Gesellschaft von Graubünden. Hersg. von Conradin v. Moor u. Chr. Kind. 2. u. 3. Jahrg. Chur 864—65. (Antiquariatsbuchh.) gr. 8. [2. Jahrg. (294 S.) 3. Jahrg. (252 S.)] Jeder Jahrg. 1 *rf* 18 *ngr.*

Rätia. Mittheilungen der geschichtforsch. Gesellschaft von Graubünden. Hrsg. von Conradin v. Moor und Chr. Kind. 4. Jahrg. gr. 8. (294 S.) Chur 869, (Antiquariatsbuchh.)

Ratibor [Schlagwort]

Ratibor, s.a. Deutschland. Uebersichtskarte. — Kreiskarten. — Leobschütz.

Ratibor, Kreis, s.a. Oppeln, Reg.-Bez.

Ratibor-Czernitz, s.: Bergbau.

Ratibor. Hilscher, A., Karte d. Kreises Ratibor. 1:125,000. Farbendr. 36,5×30,5 cm. Ratibor 891. Simmich. n. 1. —

Ratibor. Hilscher, A., Wandkarte d. Kreises Ratibor. Für d. Schul- u. Privatgebrauch entworfen. 1:40,000. 6 Blatt. Farbendr. qu. gr. Fol. Ratibor 890. Simmich. Auf Leinw. m. Stäben. n. 12. 50

Ratich, Mich. Bf., heil. Kanzelreden z. Beförder. d. Erkenntniß d. Wahrheit z. Gottseligkeit. gr. 8. Bresl. 755. W. G. Korn. 8 *ß*

Ratichius, Wolfg., der Vorgänger des Amos Comenius, s.: Vogt, Gideon.

Ratichius, Wolfgang

Ratichius, Schriften, s.: Neudrucke pädagogischer Schriften.

Ratichius, Wolfg. (Wolfg. Ratke), s.a. Schriften, pädagogische, des Wolfgang Ratichius u. seiner Anhänger.

Pädagogische Schriften des Wolfgang **Ratichius** und seiner Anhänger. Ausgewählt u. hrsg. von A. Prall, Kreisschulinsp. in Hadersleben. *Breslau: F. Hirt 1903.* (80 S.) 8° [F.]
— **Schriften** hervorragender Pädagogen. II. 5.

Ratichianische [Wolfgang Ratichius] Schriften 1 2 Mit e. Einl. u Anm.) hrsg von Dr Paul Stötzner, Gymn.Oberl. in Zwickau.
Leipzig: R. Richter 1892-93. 2 Bde 8°
— Neudrucke pädagogischer Schriften 9. 12

Ratjen, Ernest, de hydrotherapia typhi abdominalis. Dissertatio inauguralis medica. Kiel 864. (Schwers'sche Buchh.) 4. (9 S. mit 11 Tabb. in qu. Fol.) 6 *ngr.*

Ratjen, Ernst, Myxoedema idiopathicum, s.: Festschrift zur Feier d. 80jähr. Stiftungsfestes d. ärztl. Vereins zu Hamburg.

Ratjen, Gustaf, Referendar: Der Mangel des rechtlichen Grundes. Begriffsbestimmung nach den Vorschriften des Bürgerlichen Gesetzbuchs über ungerechtfertigte Bereicherung. Borna-Leipzig 1907: R. Noske. (VIII, 72 S.) 8° [F.]
Heidelberg, Jur. Fak., Ref. Endemann, Diss. v. 25. Juli 1907
[Geb. 23. März 81 Cöln a. Rh.; Wohnort: Düsseldorf; Staatsangeh.: Preußen; Vorbildung: Kgl. Gymn. Kiel Reife O. 99; Studium: Heidelberg 1, Kiel 1, Heidelberg 2, München 1, Kiel 1 S.; Rig. 21. Juni 07.]

Ratjen, (H.,) de mora sec. juris Romani principia disseruit comment. I. 4. Kiel 824, Akadem. Buchh.

Ratjen, H., de mora sec. juris Romani principia disseruit. Comment. I. 4. Kiel. 824. (Perthes u. B. in Hamb.) 9 *ß*

Ratjen, Hans, „Deutsche, die nicht Deutsche sind". Der Kampf um die Reichsangehörigkeit. (VI, 88 S.) gr. 8. Hamburg 908. L. Gräfe & Sillem. 2. 50

Ratjen, Henning

Ratjen, H., Beitrag zur Geschichte der Kieler Universität. Kiel 859. Akademische Buchhdlg. gr. 8. (76 S.) n. 12 *ngr.*

Ratjen, H., über Bibliothekwissenschaft, s. Chr. Molbech.

— s. A. W. Cramer, kleine Schriften.

—— Johann Carl Heinrich Dreyer, Professor des deutschen Rechts und der Praxis in Kiel etc. und Ernst Joachim v. Westphalen, Rechtslehrer in Rostock, geh. Rath des grossfürstl. Holsteins und Curator der kieler Universität. Beitrag zur Geschichte der kieler Universität und der jurist. Literatur. gr. 8. (IV und 189 S.) Kiel 861, Akademische Buchh.

Ratjen, H., vom Einfluss der Philosophie auf die Jurisprudenz, besonders von der Benutzung der vier Arten des Grundes oder der Ursächlichkeit. Kiel 855. Akademische Buchhdlg. gr. 4. (12 S.) n. 4 *ngr.*

⊙ Johann Christian Fabricius, Professor in Kiel von 1775—1808, und Cäcilie geb. Ambrosius, die Freundin Klopstocks, verheirathete Fabricius 1771, verwittwet von 1808—1820 v. H. Ratjen. o. O u. J 8°, geb. in 4°

Zur Erinnerung an Nicolaus Falck. Von Henning Ratjen. (Aus der akademischen Monatsschrift 1850 mit einigen Ergänzungen abgedruckt.) Kiel. 1851. 8°.

Ratjen, Henning, s. Feier, Zur, des Geburtstages des Koenigs Frederik's VII ..

Ratjen, Henning, s. Feier, Die, des Geburtstages des Königs Wilhelm I . .

Ratjen, H., Geschichte der Universität zu Kiel. Kiel 870. Schwers. gr. 8. (XL. 184 S.) n. 1 ₰ 10 ngr.

Ratjen, H., zur Geschichte der Kieler Universitätsbibliothek gr. 4. (S. 1—64.) Kiel 862, (G. v. Maack's Verlag.) *

—— dass. — (Fortsetzung.) gr. 4. (III und S. 65—136.) (Ebendas.) 863.

Ratjen, H. Z. Geschichte d. Kieler Un. Bibliothek. 2 Stcke Kiel (1862-63.) Schul-/Univ.-Schrift 1863.

(Hat die stoische Philosophie bedeutenden Einfluss namentlich auf die in Justinian's Pandekten excerpirten juristischen Schriften gehabt?) An Nicolaus Falck zur fünfundzwanzigjährigen Amtsfeier (v Henning **Ratjen**.) Kiel. 1839. (Mit handschriftlichen Verbesserungen und Zusätzen des Verfassers!) 8°.

Ratjen, H., Johann Friedrich Kleuker u. Briefe seiner Freunde. Im Anhange zwei Briefe Imm. Kants an Hamann. gr. 8. (13½ B.) Göttingen 842, Dieterichsche Buchh. *

Ratjen, H., Johann Erich v. Berger's Leben. Mit Andeutn. u. Erinnerungen zu „J. E. v. Berger's Leben" v. J. R. gr. 8. (5⅛ B.) Altona 835, Hammerich.

— Aug. Chr. Heinr. Niemann, geb. am 30. Jan. 1761 zu Altona, gest. am 21. Mai 1832 in Kiel. (Udsnit af Neues staatsbürgerl. Mag. III).

—— Johann Rantzau und Heinrich Rantzau. Ein Vortrag, gehalten am 8. März 1862. Mit nachträgl. Bemerkungen. gr. 8. (59 S.) Kiel 862, [G. v. Maack's Verlag.] *

RATJEN, HENNING, Theses. Kiliæ. 1823. 4. P.

—— Verzeichniss der Handschriften der kieler Universitätsbibliothek, welche die Herzogthümer Schleswig und Holstein betreffen, s. Studien, nordalbingische.

Verzeichniss der Handschriften der Kieler Universitätsbibliothek, welche die Herzogthümer Schleswig und Holstein betreffen. Von Henning **Ratjen**.

Bd. 1: Handschriften zur allgemeinen Geschichte. Separat-Ausg. aus den Nordalbingischen Studien. Kiel. 1858.

Bd. 2 Zur speciellen Geschichte einzelner Districte und zu dem Rechte der Herzogthümer. Separat-Ausg. aus den Nordalbingischen Studien. ebd. 1858.

Bd. 3 Abth. 1 ebd. 1865, Abth. 2. Mit Vorwort, Inhaltsangaben, und mit Register ebd. 1866. 8°.

—— Verzeichniss der Handschriften der kieler Universitätsbibliothek, welche die Herzogthümer Schleswig und Holstein betreffen. 2 Bde. (Sep.-Ausg. aus den nordalbingischen Studien.) (Neue Titelausg.) gr. 8. (XLIII und 740 S.) Kiel (854)58, (Akademische Buchh.) *

— Verzeichniss der Handschriften der Kieler Universitätsbibliothek, welche die Herzogthümer Schleswig u. Holstein betreffen. 3. Bd. 2 Abthlgn. Kiel, (G. v. Maack's Verl.) gr. 8. [1. Abthl. (III u. S. 1—412.) 865. n. 2 ₰, 2. Abthl. (XXI u. S. 413—597.) 866. n. 1 ₰] n. 3 ₰

Ratjen, H., Verzeichniss v. Handschriften der Kieler Universitäts-Bibliothek. 1—4. Abth. 4. (65 S.) Kiel 873. (Universitäts-Buchh.) n. 1. 60

Zusammenstellung der für Preussen und die Herzogthümer Schleswig und Holstein erlassenen allgemeinen Gesetze wegen Anordnung von Provinzialständen mit Bemerkungen [v Henning **Ratjen**]. Leipzig 1831 8°

Rätier: Der freie Rätier v. Der freie Rhätier (II).

Ratier, F(élix) S(évérin) (Übers.):

s.: (Codex medicamentarius, sive pharmacopoea Gallica. Franz.) Pharmacopée française ou code des médicamens. Augmentée de notes par O(ssian) Henry junior. Paris et Londres: 1827

JB 1.644

Ratier, Félix Séverin. Versuch über die physische Erziehung der Kinder. Aus d. Französ. Berlin 1823. Ü: *Cohen*. (Russell XVI, I, 2, 1864)

Ratier, F. S., Versuch üb. die phys. Erziehung d. Kinder; ein gekr. Aufsatz. Aus d. Französ. 8. Berl. 823. Nicolai. 10 Gr

Ratification de deux actes intervenus entre les Etats appartenant à l'Union internationale pour la protection de la propriété industrielle. 8. [Berne, C.-J. Wyss.]

Message du Conseil fédéral. ⟨du 5 mars 1901.⟩ 26 p. 1901.

Arrêté fédéral. ⟨Du 25 juin 1901.⟩ (Entré en vigueur le 14 septembre 1902.) (24 p.) [1902.]

Ihro Kgl. Maj. von Schweden Ratification über den Tractat des mit Ihro Kays. Maj. von allen Reußen zu Abo geschlossenen ewigen Friedens. o. O. (1743.) 8°.

Ratification, Die, von Staatsverträgen. [Stuttgart u. Tübingen 1845.] V: *Wurm, Chn Frdr*. (Kat. d. Bibl. d. dtsch. Reichstages. Berl. 1882.)

Ratifikation zweier Vereinbarungen zwischen den Staaten der internationalen Union zum Schutze des gewerblichen Eigentums. 8. [Bern, Stämpfli & Cie.]

Botschaft des Bundesrates. ⟨Vom 5. März 1901.⟩ 28 S. 1901.

Bundesbeschluss. ⟨Vom 25. Juni 1901.⟩ (In Kraft getreten am 14. September 1902.) 36 S. [1902.]

Ratificationen. Hoch-Oberkeitliche R' Deß im Augusto 1712. Zwischen Denen Löblichen Orthen Zürich und Bern, An einem: Denne Lucern, Ury, Schwytz, Underwalden und Zug, Am anderen Theil In Arau geschlossenen Friedens-Tractats, Welcher , von gesambter Lobl. Eydgnoßchafft besiglet worden. 4. *o. O.*

Das kayserliche Ratifications-Recht bey Schlüssen der Reichscammergerichts-Visitationsdeputation in Anmerkungen wider Pütters Versuch einer richtigen Bestimmung des Kayserlichen Ratificationsrechts bey Schlüssen Reichsständischer Versammlungen. Nebst e. Anh. von der Kayserl. Allerh. Beywürkung u. Ratification bey Untersuchung der Kammergerichtlichen Revisionssachen. Frankfurt a. M. 1778.

Ratificationsrecht, d. kaiserl., bei Schlüssen der Reichskammergerichtsvisitationsdeputation. 4. Frankf. a. M. 778. Eichenberg. 4 Gr

Ratig, Fritz, a. Perleberg: Beiträge zur Alkalichlorid-Elektrolyse in wässeriger Lösung. (Berlin 1906: E. Ebering.) (77 S.) 8°
Berlin, Phil. Fak., Ref. Nernst, Diss. v. 14. Juli 1906
[Geb. 23. März 82 Perleberg; Wohnort: Neu-Staßfurt; Staatsangeh.: Preußen; Vorbildung: Realgymn. Perleberg Reife M. 01; Studium: Hannover T.H. 5, Berlin 3 S.; Rig. 21. Juni 06.]

Ratike, J. P., d. Christ u. d. Weltmann, in 2 Predigten. 8. Berlin, Himburg. 805.

Ratike, J. P., der Christ u. d. Weltmann, in 2 Predigten. 8. Berl. 805. (Recht). 6 gr.

Ratike, J. P., der Christ und der Weltmann. 8. Berlin. 805. Jetzt Liebeskind in Leipzig.

Ratio, Corporis juris reconcinnandi. S. l. 1705. V: *Leibniz, Gottfried Wilhelm Baron von.* (Plas)

Ratio disciplinae unitatis fratrum Augustanae Confessionis, oder Grund der Verfassung der evangelischen Brüderunität Augsburg.Confess. Barby u. Leipzig 1789. V: *Lorez (Loretz), Johann.* (Adel) (winer) (MGT) (Ky)

Ratio disciplinae unitatis fratrum A. C., od. Grund d. evangel. Brüderunität Augsburg. Confession (von J. Loretz.) 8. Barby 789. (Kummer in Leipz.) 12 gr. Schrbp. 14 gr. Holl. Pap. 16 gr.

Ratio educationis totiusque rei literariae per Regnum Hungariae et provincias eidem adnexas. Vindobonae 1777. Editio altera. Budae 1806. Ediito tertia. Posoni 1826. Editio quarta. Pestini 1828. V: *Tersztánszky, Daniel.* (WBL 44/14) (PK III/182) (BiblPort)

— educationis totiusque rei litterariae per regnum Hungariae et provincias eidem adnexas Tomus I. 8. maj. Vien. Trattner. 777.

— educationis totiusque rei litterariae per regnum Hungariae et provincias eidem adnexas. Tom. I. 8maj. Wien 777. Trattner. 1 Rthl. 8 gr.

— id. lib. 8. maj. Budae, Typ. 806.

Ratio facilis atque tuta narium curandi polypos. Viennae 1763. V: *Pallucci, Natale Giuseppe.* (EB)

Ratio jurisprudentiae hungaricae cum quibusdam locis ejus obscuris, ad ductum institutionem Kellmeniarum propositis. *Viennae.* 817. 8maj. (8 Gr.)

Ratio praelectionum Wolfianarum in mathesin et philosophiam universam ... Editio II ... Halae 1735. V: *Wolf, Chn Frh. von.* (EB)

Ratio sine ratione solidiore ratione castigata ... [Bamb.] 1764. V: *Kauffmann, Johann.* (Jes)

Ratio Studiorum et Institutiones Scholasticae Societatis Jesu per Germaniam olim vigentes collectae, concinnatae, dilucidatae a G(eorg) M(ichael) Pachtler S. J. T. I—IV *Berlin: A. Hofmann & C. 1887—1894.* 4 Bde 8.
I. Ab anno 1541 ad annum 1599. 1887 (LIII S., 1 Bl., 400 S., 4 Portr.)
II. Ratio studiorum ann. 1586, 1599, 1832. 1887 (VII, 524 S., 1 Kt., 1 Portr.)
III. Ordinationes Generalium et ordo Studiorum generalium ab anno 1600 ad annum 1772 1890. (XVIII, 486 S.)
IV. complectens monumenta quae pertinent ad gymnasia, convictus '(1600—1773)' itemque ad rationem studiorum '(anno 1832)' recognitam adornavit edidique Bernhard Duhr S. J. 1894. (XVIII, 621 S.)
— Monumenta Germaniae Paedagogica. Bd 2. 5. 9. 16.

Ratio et via recte atque ordine procedendi in literis humanioribus ... Monachii 1736. V: *Kropf (Kropff), Franz Xaver.* (Jes) (SO)

Ratio, Gotth., über die Sicherheit der Meß- u. andern Fundationen. Ein Auszug aus einer noch ungedruckten Schrift: über die Verwaltung der erzbischöfl. Diözese Breslau. gr. 8. (2¼ B.) Altenburg 846, Helbig.

Rationalis, Vigil., (K. Fr. W. Clemen), Rationalismus u. Supernaturalismus in ihrer Beziehung z. Christenthum u. z. protestant. Kirche rc. gr. 8. Leipz. 827. Baumgärtner. 16 gr. (A. u. d. T.: Licht u. Schatten im Lande d. Glaubens).

Rationalisme et critique. Deux esquisses de philosophie religieuse. 8. (80 S.) Neuchatel 873. Sandoz. n.n. — 80

Rationalismus, der, u. d. Mystizismus v. Standpunkte d. Politik. 8. (1¼ B.) Hildburghausen 834, Kesselring.

Rationalismus, der spekulative, und sein Beruf zu kirchlich praktischer Wirksamkeit. (Ein kleiner Beitrag zur Erörterung einer großen Frage.) Weimar 857. Böhlau. 8. (36 S.) n. 4 ngr.

Rationalismus u. Supernaturalismus in ihrer Beziehung z. Christenthum u. z. protestant. Kirche rc. gr. 8. Leipzig 827, Baumgärtner.

Rationalist

Rationalist, der christliche. Ein Wort zur Verständigung an gebildete Christen. gr. 8. (1¼ B.) Magdeburg 844, Creutzsche Bh.

—— der, kein evangel. Christ, s. Christhold, E.

Rationalist, Der, kein evangelischer Christ. Ein Wort der Liebe und des Ernstes ... Leipz. 1828. V: *Volkmann, Joh. Wilh.* (Ky) (Zu)

Rationalist, der, kein evangel. Christ. Ein Wort d. Liebe u. d. Ernstes v. e. Nicht-theolog. Gliede d. evangel. Gemeinde (J. W. Volkmann). gr. 8. (9 B.) Leipzig 828, Reclam.

Rationes et Motiva, Quinquaginta, Cur in tanta varietate Religionum ... sola Religio Romano-Catholica sit eligenda ... Tyrnaviae 1702. V: *Szent-Ivany, Martin.* (Jes)

Rationstarif. Umgearb. in Folge der Bestimmngn. üb. Gewährung v. Pferdegeldern v. 28. 3. 91. A. V. Bl. Nr. 5. S. 84. Beilage 2 zu § 73 Fr. N. V. Rglmts. gr. 8. (13 S.) Berl. 892, (Mittler u. Sohn). — 15

Rationstarif. Beilage 2— zu § 73 Fr. N. V. Rglmts. (Neuabdr.) gr. 8. (14 S.) Berlin 896. E. S. Mittler & Sohn. — 15

Ratisbona monastica Clösterliches Regenspurg, . . . vermehret u. biss auf d. J. 1752. fortgesetzet durch *Joannem Baptistam* . . . . Abbten allda . . . 4. Aufl Mit einen (') Libro Probationum, od. *Urkunden* versehen. 2 Thle. Mit 22 doppelblattgr. Kpftaf. (meist Siegel-Abbild.). Ibid., J. V Rädlmayr, 1752. 4°. Frzbde. m. Rückenvergold. u. Ex-libris (Eman. Comitis à Törring et Gronsfeld).

I 12 Bll., 620 S 8 Bll Reg II (Urkunden): 14 Bll, 553 S., 8 Bll. Reg., nebst 60 Bll. Appendix u. 22 Kpftaf. zu den 205 lat. u. deutsch. Urkk.

Ratisbona politica. Staatisches Regenspurg, d. i. . . . . dess erneuerten Mausolei od. herrlich-gezierten Grabs dess bayr. Apostels u. Blut-Zeugens Christi S. Emmerami, welches *Coelestinus*, Prälat zu St. Emmeram, beschrieben, 2 Thle. (1 vol.), 3. Druck, anjetzo abgetheilt durch *Anselmum*, Abbten daselbst. Regenspurg, J. B. Lang. 1729. 4°. Schöner Hpgmtb. m. Fileten, Prachtexpl. (7 fl. 60 kr östr. Auct. Graf v. Mohr no. 999.)

Reicht bis z. J. 1650. — 13 Bll Vorst. (incl. Frontisp. in Doppelformat u. schön gest Portr. Kurfürst Carl Albert s), 822 S., 3 Bll. Reg., 1 Bl. Err. Mit vielen interess., z. Th. gefalt Kpftaf — Judenfeindliches S. 242—302 — Das sogen. alte Mausoleum od. die Historia Emmerami war vom Abt Coelestinus 1680 schon das 5. Mal zum Druck befördert worden, bald aber wieder vergriffen.

Ratisbona rediviva Sive Genethliacon Ratisbonae . . . Neu-lebendes Regenspurg . . . Regenspurg 1714. V: *Hueber, Ferdinand.* (Jes)

Ratisbona u. Walhalla. Denkschr. auf d. Festfeier bei d. höchst erfreul. Anwesenheit Ihrer Kgl. Majestäten v. Bayern in Regensburg sowohl als bey d. Grundsteinlegung der Walhalla nächst Donaustauf am 16—19. Okt. 1830. M. 6 lith. Taf. gr. 8. (10 B.) Regensburg 831, Reitmayr.

Ratisbonne, des Israeliten Alphons, wunderbare Bekehrung. Uebersetzung eines Schreibens an die Erzbruderschaft des unbefleckten Herzens Mariä zu Paris. 8. Schaffhausen 842, Hurter. 1/8 ℛ

Ratisbonne, Advocat, . . ., üb. Erziehung. Eine gekr. Preisschrift; aus d. Französ. übersetzt v. Frz. Geiger. 8. Altdorf 830. Z'graggen. (Schmidt in Leipz.) 6 gr (3¼ B.)

Ratisbonne, Thdr., Antworten auf die Fragen eines Israeliten unserer Zeit. Autoris. Übersetzung von Frz. Endler. 8. (IV, 82 S.) Regensburg 890. Verlags-Anstalt. n. — 80

Ratisbonne, Thdr., Antworten auf die Fragen e. Israeliten unserer Zeit. Autoris. Uebersetzg. v. Frz Endler. 2. Aufl. (IV, 82 S.) 8. Regensburg 905. Verlagsanstalt vorm. G. J. Manz. n. — 80

Ratisbonne, Thdr., Betrachtungen über das gegenwärtige u. zukünftige Leben. Aus den Schriften der heil. Väter. Autoris. Uebersetzung. 16. (152 S.) Mainz 880. Kirchheim. — 75

Ratisbonne, Maria Thdr., Geschichte des heil. Bernhard. Nach der 2. französ. Ausg. übersetzt von Mich. Sintzel. 1. Bd. Mit 1 Stahlst. 8. Regensburg 843, Manz. 2 Bde. 1⅚ ℛ — Vergl. Bibliothek kathol. Bücher.

— dass. Aus d. Französ. nach der 2., sehr verm. u. verb. Aufl. übersetzt von L. A. Trebisch. 2 Thle. Mit 1 Lithogr. Innsbruck 844, Rauch (à ⅚ ℛ) 1⅔ ℛ

— dass. Aus dem Französ. übers. von Carl Reiching. 1. Bd. in 2 Abth. u. 2. Bd. gr. 8. Tübingen 843, Laupp'sche Buchh. 2⅙ ℛ — 2. verm. Aufl. mit 1 Bildn. gr. 8. Ebd. 846. 2⅙ ℛ

Ratisbonne, (Marie) Theod., Geschichte des heil. Bernhard. A. d. Franz. übers. von C. Reiching. 2 Bde. 1. Aufl. (42 B.) 843. u. 2., mit d. Bildniß des Heil. verm. Aufl. gr. 8. (41¾ B.) Tübingen 846, Laupp'sche Buchh. à

—— dass. Aus d. Französ. nach der 2., verm. u. verb. Aufl. übers. von L. A. Trebisch. Mit e. Vorw. des Verf. 2 Thle. gr. 8. Innsbruck 844, Rauch. [1. (24 B. u. 1 Stnt.) 2. (21¾ B.) à 25 Ngr.]

—— dass. übers. v. Mich. Sintzel, s. Bibliothek guter kathol. Bücher, 3. u. 4. Reihenfolge.

Ratisbonne, P. Theodor, Missionär. Manna für christliche Seelen. Kurze Betrachtungen auf alle Tage des Jahres für katholische Christen. Nebst den gewöhnlichen Andachts-Uebungen. Mit Approbation. Mit 2 Stahlstichen und 15 typographischen Bildern. Gr. in-8°, 576 S. Einsiedeln, Gebr. Benziger. 1882

Ratisbonne, Thdr., die christliche Mutter. Ein Wegweiser für alle Mütter, denen die Pflichten ihres Standes am Herzen liegen. Nach dem Französ. bearb. Mit 1 Stahlst. Regensburg 860. Manz. 8. (288 S.) 1⅓ ngr

Ratisbonne, Theodor, Strahlen der Wahrheit. Autorisierte Übersetzung. Mainz, Kirchheim, 1880, 16°. VII, 406 S., 1,80 Mk.

RATIU, Johannes. Lis de investitura. — (1868) 99 S. 8° (Handschr.)
Diss. Wien, Univ. Diss. 227

Ratke, Wilh., die Verbreitung der Pflanzen im allgemeinen u. besonders in Bezug auf Deutschland. gr. 8. (VI, 135 S.) Hannover 884. Helwing's Verl. n. 2. —

Ratke, Wolfg., s. Ratichius, Wolfg.

Ratković, Marius, Resultate aus den meteorolog. Beobachtungen in Pola, s.: Kesslitz, Wilh.

Ratkowski, die mikroskopische Technik im Dienste der Dermatologie, s.: Ledermann, R.

Ratkowski, Leopold [aus Gollub]: Beitrag zur Kenntnis der physiologischen Wirkung des Phenocollum hydrochloricum ... Berlin, Buchdr. v. G. Schade, *1891*; 31 S. 8.
Berlin, Med. Fak., Inaug.-Diss. v. 15. Aug. 1891

Ratkowski, L., Gesundheit u. Alkohol. Populärer Vortrag. (15 S.) 8. Berlin 906. (W. Buchholz.) — 15

Gesundheit und Alkohol. Populärer Vortrag von Dr. L[eopold] **Ratkowski**. Berlin: Maurer & Dimmick 1906. (15 S.) 8° [F.] [illegible]

Ratkowski, L., Gesundheit u. Alkohol. Jetzt: Berlin, E. Beyer. Erhöht. Pr. — 25.

Ratkowsky, Matth., Encyklopädie der Rechts- u. Staatswissenschaften als Einleitung in deren Studium. gr. 8. (VIII, 102 S.) Wien 890. Hölder. n. 2. —

Ratkowsky, Lösung der socialen Frage. Wien 868.

Ratkowsky, Mathias, die Lösung der sozialen Frage. Ein Vortrag. 2., verb. Aufl. (29 S.) 8. Wien (V/1, Schönbrunnerstr. 62) (905). Bildungs- u. Geselligkeitsverein „Gesunde Menschen". n. 1. —

Ratkowsky, Math., das Recht u. die Pflicht, die Czechen u. Slovenen zu germanisiren. gr. 16. (52 S.) Iglau 892. F. Rippl & Sohn. n. — 50

Ratkowsky, Matth. Geo., zur **Beseitigung** aller Staatsschulden, Defizits, sowie der indirekten Steuern im Allgemeinen u. der österreichischen insbesond. Verrückte Finanzpläne, entworfen im Narrenhause von einem groben Finanznarren u. bekrittelt von dem Finanzminister eines hochzivilisirten Staates. Aus den Briefsammlungen der Beiden zusammengestellt u. hersg. Wien 868. Beck'sche Univ.-Buchh. gr. 8. (118 S.) n. 18 nor.

Ratkowsky, Math. G., Post-Spar-Cassen m. Spar-Marken u. Post-Cassen-Scheinen. [Aus: „österreich. Oekonomist."] gr. 8. (23 S.) Wien 872. Gronemeyer in Comm. n. — 60

— zur Reform d. Erfinder-Rechtes. Vermittelnde Vorschläge. [Aus: „Oesterreich. Oekonomist."] gr. 8. (15 S.) Wien 870. Hölder. n. — 40

Ratkowsky, Matth. Geo., Zur Reform unserer Vermittelungs-Anstalten. (Aus dem „Oesterr. Oekonomist.") gr. 8°. Wien Beck'sche Univ. B., 1869.

—— zur Reform unserer Vermittelungs-Anstalten. gr. 8. (16 S.) Wien 870, Hölder. *

— die zur Reform der Wohnungs-Zustände in grossen Städten nothwendigen Massregeln der Gesetzgebung u. Verwaltg. Mit besond. Rücksicht auf die Verhältnisse Wiens. [Aus: „Oesterreich. Oekonomist."] gr. 8. (79 S.) Ebend. 871. n. 1. —

Ratkowsky, Math. G., Schulsparcassen m. Benutzung v. Sparmarken. [Aus: „Oesterr. Oekonomist".] gr. 8. (28 S.) Wien 875. Hölder. n. — 50

Ratkowsky, Math. Geo., zwei Vorträge über die Lösung der sozialen Frage, gehalten im sozial-demokrat. „Vereine zur Wahrung der Volksrechte." 8. (23 S.) Wien 868, (Hölder.) *

Ratkowsky, Matth. Geo., Zwei Vorträge über die Lösung der socialen Frage. 2. verb. Aufl. (u. d. T.: Die Lösung der socialen Frage). 8°. Wien, „Gesunde Menschen", 1905.

Ratmann, Fritz, Prologe u. Festgedichte f. evang. Jünglingsvereine, s. a. Aus d. Arbeit f. d. Arbeit, 1. Bdchn.

[F.] Prologe und Festgedichte für evangelische Jünglingsvereine und Vereine verwandter Art. Gesamm. u. hrsg. v. Fritz Ratmann *Berlin: Buchh. d. Ostdeutschen Jünglingsbundes [1898].* (48 S.) 1 Bd 8.
— Arbeit, Aus der, f. d. Arbeit Bdch. 1. 100 4075

Ratnavali, s.: Theater, indisches.

Ratner, experimentelle Untersuchungen üb. die physiologische Wirkung des Tabakrauches auf den Organismus. (S. 198—212 m. 2 Fig. u. 2 Taf.) gr. 8. Bonn 908. M. Hager. 1. 20
Sonderabdruck aus: „Archiv f. d. ges. Physiol."

Ratner, B., Seder Olam Rabba. Die grosse Weltchronik. Nach Handschriften u. Druckwerken hrsg., m. krit. Noten u. Erklärungen vers. Subventionirt v. d. „Zunz-Stiftg." in Berlin. gr. 8. (V, 151 S.) Wilna 897. (Frankfurt a/M., J. Kauffmann.) n. 4. 50

Ratner, David: Rubel- und Wechselkurse 1885—1895. Ein Beitrag zur Lehre von den auswärtigen Wechselkursen. *München 1898: Kastner & Lossen.* (65 S.) 8°
München, Staatswirtsch. Diss. v. 1898

Ratner, David, Rubel- u. -Wechselkurse 1885—1895. Ein Beitrag zur Lehre v. d. auswärt. Wechselkursen. Diss. gr. 8. (VII, 65 S.) München 898. (Dr. H. Lüneburg.) n. 1. —

Ratner, G., zur Metamorphose d. Darmes bei der Froschlarve. Diss. gr. 8. (36 S. m. 1 lith. Doppeltaf.) Jurjow (Dorpat) 891. (E. J. Karow.) n. 1 —

Ratner, Olga, aus Saratoff (Russland): Über Quecksilberbestimmungen im Urin. (Aus dem medizinisch-chemischen und pharmakologischen Institute der Universität Bern. Direktor: Prof. Bürgi.) Wien und Leipzig 1908. 16 S. 8°. S.-A. aus dem Archiv für Dermatologie und Syphilis. Bd. 91. Heft 2—3. [21 II. 09.]
Bern Med Diss. 1908,09

Ratner, Olga. Über Quecksilberbestimmungen im Urin. Diss. Med. Bern. (Hiezu zwei Abbildungen im Texte.) Separat-Abdruck aus dem Archiv für Dermatologie und Syphilis. Band 91, Heft 2—3. *Kopftitel:* Aus dem medizinisch-chemischen und pharmakologischen Institute der Universität Bern.... IV + 16 S. 8. Wien und Leipzig, Wilhelm Braumüller, 1908.

Ratner, Salomon [aus Mohileff a. Dniepr]: Über posthemiplegische Bewegungsstörungen ... Berlin, Buchdr. v. G. Schade, *1895;* 31 S. 8.
Berlin, Med. Fak., Inaug.-Diss. v. 15. März 1895

Ratoliska, Joh., Anleitung zum praktischen Polizeidienste in dringenden Momenten der Sicherheitspflege. gr. 8. (11 ⅛ B.) Brünn 846, Winiker's Buchh.

Ratoliska, Joh., das Instruktions-Verfahren im neuen Strafprozesse, nach dem prakt. Bedürfnisse dargestellt. gr. 8. (VI u. 454 S.) Teschen 850, Prochaska. 2 fl

Ratoliska, Johann —. Lexikon der Gebührengesetze, eine alphabetisch nach Materien geordnete Sammlung aller zu den Gebühren-Patenten vom 9. Februar und 2. August 1850, vom 6. September 1850 und vom 26. Jänner 1853 bis auf die neueste Zeit für sämmtliche Kronländer erschienenen Novellen und Erläuterungen über die Gebühren von Rechtsgeschäften, Urkunden, Schriften und Amtshandlungen, über die Stempel-Abgaben von Ankündigungen, Kalendern, Spielkarten und Zeitungen, dann über die Verwahrungsgebühren (Zählgeld, Depositen-Taxe), von — —. 1. Lieferung. Teschen. 1855. Druck von Karl Prochaska. (S. 1—96. 8.) (Das Werk wird in Lieferungen erscheinen.)

Ratoliska Johann — Lexikon der Gebührengesetze, eine alphabetisch nach den Materien geordnete Sammlung aller zu den Gebühren-Patenten vom 9. Februar und 2. August 1850, vom 6. September 1850 und vom 26. Jänner 1853 bis auf die neueste Zeit für sämmtliche Kronländer erschienenen Novellen und Erläuterungen über die Gebühren von Rechtsgeschäften, Urkunden, Schriften und Amtshandlungen, über die Stempel-Abgaben von Ankündigungen, Kalendern, Spielkarten und Zeitungen, dann über die Verwahrungsgebühren. (Zählgeld, Depositen-Taxe), von — —. 2te Lieferung. Teschen, 1856. Druck von Karl Prochaska. (S. 97—384. 8.) (Vgl. 2462/1855.)

Ratoliska Joh. — Lexikon der Gebührengesetze, eine alphabetisch nach Materien geordnete Sammlung aller zu den Gebühren-Patenten vom 9. Februar und 2. August 1850 und vom 26. Jänner 1853 bis auf die neueste Zeit für sämmtliche Kronländer erschienenen Novellen und Erläuterungen über die Gebühren von Rechtsgeschäften, Urkunden, Schriften und Amtshandlungen, über die Stämpel-Abgaben von Ankündigungen, Kalendern, Spielkarten und Zeitungen, dann über die Verwahrungsgebühren, (Zählgeld, Depositen-Taxe) von — —. 5te u 6te Lief. Teschen, 1856. Druck von Karl Prohaska. (S. 385—576. 8.)

Ratoliska, Johann — Lexikon der Gebührengesetze von — — 2. Bd. Troppau, 1857. Dr. von Alfred Traßler. (S. 769—1269. 8.)

Ratoliska, Johann. k. k. Landesgerichtsrath, Sammlung der vom Jahre 1857 bis zur neuesten Zeit erschienenen Novellen u. Erläuterungen zu den Gebührengesetzen vom 9. Februar. 2 August u 6 September 1850 u. vom 26. Januar 1853 über die Gebühren von Rechtsgeschäften. Urkunden, Schriften u. Amtshandlungen, die Stempel-Abgaben u. die Verwahrungsgebühren nebst einem Nachtrag vieler wenig bekannter Normalien von 1850—1857, als Completirung aller bisher vorhandenen Werke über diese in alle Zweige des Geschäftslebens eingreifenden Materien, zunächst zu Fontane von Felsenbrunn u. Anderen. gr. 8 (405 S.) Prag, Calve'sche Univ. B. (Fr. Becke.) 1863. 2 fl. 60 kr.

Ratoliska. Josef, Schule des geometrischen Zeichnens für Knaben-Bürgerschulen und verwandte Anstalten. Chrudim, 1890, bei Stanislaus Pospíšil's Eidam (Min.-Erl. v. 10. Juni 1893, Z. 11609.)

I. Heft (für die erste Classe). In Mappe sammt Text 3.50

II. Heft (für die zweite Classe). In Mappe sammt Text 4.50

III. Heft (für die dritte Classe). In Mappe sammt Text 6.—

Raton, Mart., ausführl. Abhandl. üb. die Zucht, Abrichtung u. Erziehung d. Hauskatze, u. Anleit., dieselben zu guten Mäuse- u. Rattenfängern zu machen. Aus d. Französ. übers. u. mit Zusätzen versehen v. Hnr. Maus, e. jungen Laienbruder. Nebst Anhang üb. die Krankheiten d. Katze u. deren Heilung. gr. 8. Ilmenau 830. Voigt. 8 ℊ

Raton, Mart., Abhandlung üb. d Hauskatze, s. Abhandlung.

Ratorp, G.A.L. Commentatio historica de rebus, quae inter Francos et Saxones a Chlodovaci aetate usque ad Pipinum mortuum intercesserunt. 16 S. – Progr Dortmund 1857.

Ratpert. Ratperti casus s. Galli. St. Gallen (1872) s. Geschichtsquellen. St. Gallische G. (Abtheilung) 2.

Ratpert, Vita Sancti Galli. gr. 8. (5 Bl. Fksm.-Drucke.) St. Gallen 897. (A. & J. Köppel.) 1.50

Ratscalender, s. Ratskalender

Ratsch, C., und Ernst Hentschel, Nachtrag zum evangelischen Choralbuch, s. Hentschel, Ernst.

Ratsch, C., Nachtrag zum evangel. Choralbuch von E. Hentschel, enthld. 40 meist ältere Melodien vorzügl. Kirchenlieder, vierstimmig für Orgel u. Pianoforte mit einfachen Zwischenspielen. Leipzig (858.) Merseburger. qu. 4. (2 Bl., 28 lith. S.) 12 ngr

Ratschky, Josef Franz

– s. Apollonion.

Ratschky, Jos. Frz., Bekir u. Gulroui; e. Schspl. 8. Wien 780.

Ratschky, Jos. Frz., († d. 31. Mai 1810.) die Bürgersweiber v. Weinsberg. 4. Wien 799. Schalbacher. 3 ℊ

– s. Claudian's Gedicht wider d. Rufinus.

Auf die dem Freymaurerorden von Kaiser Joseph dem Zweyten öffentlich bewilligte Duldung. Von J[os.] F[ranz] Ratschky. Wien 1785. 2 Bl. 8⁰ [Umschlagtit.]

Abgedr. in: Sammlung aller aus Gelegenheit d. k. k. Verordn. v. 16. Dez. 1785 z. Vorschein gekommenen Schriften d. Frmr. betr. 4 (1786) S. 311—318; WJ. 3, 1 (1786) S. 145 bis 148; Ratschky, J. F.: Gedichte. Neue verm. u. verb. Aufl. 1791 S. 224—227.

Recens: FZ. (Wien) 4 (1877) S. 142 (G. Brabbée).

Kl. 481. Selten. Gedicht: „Warum ertönt in jeder Maurerhalle . . .“

Frank: **An den Erzvater der allein seligmachenden Bayerischen Kirche. Herrn Pater Frank. München. Im Heumond 1780. [Unterz.:] J. F. Ratschky. 4 Bl. 8⁰. [Umschlagtit.]**

Sehr selten. — Satirische Beichte eines Freimaurers, in Gedichtform: „O du den zum Gewissenrath“ . . .

Abgedr. in: [Beyer, Bernh.:] Beiträge zur Bibliographie der freimaur. Literatur. [1916.] S. 58—59.

RATSCHKY, Josef Franz (v.), Gedichte. Mit hübscher Titel- u. Schlussvignette von J. Adam. Wien bey Rudolf Gräffer. 1785. 8⁰. 223 S. (6 Mk. A. Buchholz, München, 1906.)
Einiges frei. — Inh.-Angabe bei Goedeke VI, 537, 3

— Gedichte. 8. Wien 785. Neue verm. Ausg. 791. Sammer. (Blumauer). 1 ℛ

— neuere Gedichte. 8. Wien 805. (Blumauer). (Liebeskind in Leipz.) 12 ℊ Velinp. 1 ℛ

— — Neuere Gedichte. Wien, bei J. V. Degen, Buchdrucker und Buchhändler. 1805. 8⁰. VIII—249 S.
Einiges frei. — Inh.-Angabe bei Goedeke, l. c., 7.

Ratschky, J(oseph) F(ranz): An Herrn Dr.(Vincenz) Guldener von Lobes. (Gedicht.) 6 S. (S.137 - 142).

s.: Merkur, Der Neue Teutsche, vom Jahre 1798, hrsg.von C(hristoph) M(artin) Wieland. Bd 2. Weimar: 1798

JB 5.752

— — Kontroverspredigt eines Layen über die Frage: Warum sind die Mönche theils verachtet, theils verhasst? gehalten vor einer Versammlung von Ordensgeistlichen. Wien 1782. 8⁰. (3 Mk., stark beschn. Expl., Max Jaeckel, Potsdam, c. 1906.) Selten!

— d. Tyroler Landsturm. Eine Kantate. 8. Inspr. 799. Wagner. 2 ℊ

– s. Musenalmanach, Wiener.

Ratschky, J. F., Melchior Striegel. Ein heroisch-ep. Gedicht. Für Freunde der Freiheit u. Gleichheit. Mit 6 Holzschn. (-Taf.) nach Ramberg. Neue verb. Ausg. gr. 16. (116 S.) Leipzig 875. Dyk. — 50

— Melchior Striegel, heroisch-episch. Gedicht f. Freunde d. Frei- u. Gleichheit, (6 Gesänge). 8. Wien 794—96. Schaumburg u. C. 1 ₰ — Dass. neue verb. Aufl. Mit 6 Kpf. gr. 8. Leipz. 799. Göschen. 3 ₰ Velinp. 4 ₰

Ratschky, Jos. Frz., Melchior Striegel, heroisch-ep. Ged., f. Fr. d. Frey- u. Gleichheit, 6 Ges. 8. Wien, Schaumburg. (Liebeskind, Leipz. in Commiss.) 796, Rthlr.

— — dasselbe. 8. Wien, Wallishäuser.

— — dasselbe m. K. gr. 8. Leipz. Göschen. 799. Velinp.

— der Theaterkitzel. Lstspl. 8. Wien 784. Gerold. (Leipz., Wartig). 2 ℋ

— Weis u. Rosenfarb; ein Singspl. 8. Wien 773.

Ratschlag

Güterstation St. Johann. Ratschlag betreffend die Anlage und Benützung eines ... Verbindungsgeleises gegen die Elsässerstrasse hin und betreffend Anschluss von Industriegeleisen.... Dem Grossen Rate (des Kantons Basel-Stadt) vorgelegt den 10. Januar 1901. 19 S. 8.
[Ratschläge. N°] 1270.

Rathschlag und Beschlussesentwurf betreffend die Entschädigung derjenigen Beamten, welche in Folge der Trennung (des Kantons Basel) ihre Stellen verloren haben oder noch verlieren sollten. Dem E. Grossen Rath (des Kantons Basel-Stadttheil) eingegeben den 5 Mai 1834. 8. *o. O.*

Basler Stadttheater. Ratschlag betreffend Bewilligung eines jährlichen Staatsbeitrages. Dem Grossen Rate (des Kantons Basel-Stadt) vorgelegt den 12. Dezember 1901. ([Mit] Beilage: General-Rechnung 1900/1901 [und] Budget 1901/1902.) 21 S. 8.
[Ratschläge. N°] 1308.

Rathschlag betreff. die Birsig-Correction. Basel 1880 und 1885.

Rathschlag und Entwurf eines Grossrathsbeschlusses in unsern Angelegenheiten. E. E. Grossen Rath (des Kantons Basel) eingegeben den 19 Oktob. 1832. 8. *o. O.*

Wasserwerk auf dem Bruderholz. Ratschlag und Entwurf eines Grossratsbeschlusses betreffend den Bau eines grössern Reservoirs und die Anlage von Filtern. Dem Grossen Rate (des Kantons Basel-Stadt) vorgelegt den 10. Oktober 1901. — ([Mit] Planbeilagen... [2 Pläne].) 8 + 41 S. 8.
[Ratschläge. N°] 1291.

Strassenbahn Basel-Arlesheim-Dornach (Birseckbahn). Ratschlag und Entwurf eines Grossratsbeschlusses betreffend (Betrieb durch die kantonalen Strassenbahnen in Basel).... Dem Grossen Rate (des Kantons Basel-Stadt) vorgelegt den 24. Oktober 1901. 18 S. 8.
(Kanton Basel-Stadt.) [Ratschläge. N°] 1299.

Rathschlag und Entwurf betreffend eine obligatorische Volks-Sparkasse ... [Winterthur 1891.] V: *Hirzel*, *Frdr.* (Zuwachsverz. der Bibl. in Zürich 1898 ff.)

Ratschlag betreffend Erstellung eines Neubaus für die öffentliche Bibliothek. Dem Grossen Rate vorgelegt d. 13. Apr. 1893. (Basel 1893.) (26 S.) 8°

Gas-Anstalt in Basel. Rathschlag betreffend Erweiterung ders. 29. März 1871. 7 Stn. 8.

Rathschlag betreff. Erweiterung und Verbesserung der städtischen Wasserversorgung. Basel 1875.

Ratschlag betr. Förderung der Rheinschiffahrt. Dem Grossen Rate des Kantons Basel-Stadt vorgelegt den 25. II. 1909. (52 S.) 8. Basel (909). (C. F. Lendorff.) 1. —

Rathschlag und Gesetzesentwurf betreff. die Kanalisation der Stadt Basel. 1875.

Rathschlag und Gesetzesentwürfe betreffend 1) Gerichtsorganisation; 2) Betreibung u. Concurs; 3) Civilprocess; 4) Verfahren vor Polizeigericht; 5) Aufhebung der Landesordnung; 6) Steinsetzung u. Enthebung. Dem grossen Rathe vorgelegt den 22. Juni 1874. 305 Stn. 8. Basel-Stadt 1874.

Rathschlag und Gesetzesvorschlag betreffend die stattgehabten Aufregungen in unserm Kanton und die Wiederherstellung der Ruhe und gesetzlichen Ordnung. Von dem Kleinen Rath E. E. und W. W. Grossen Rath (des Kantons Basel) eingegeben den 3. October 1831 8. *o. O*

Kantonalbank (Basel). Ratschlag betreffend den Jahresbericht und die Rechnung pro 1899/1900. Dem Grossen Rate vorgelegt den 10. Oktober 1901. [3 S.] 4.
[Ratschläge. N°] 1285.

Kantonalbank (Basel). Ratschlag betreffend den Jahresbericht und die Rechnung pro 1901. Dem Grossen Rate vorgelegt den 5. Juli 1902. 3 S. 4.
[Ratschläge. N°] 1336.

Rathschlag betreff. die Koncession für eine Verbindungsbahn zwischen beiden Bahnhöfen. Basel 1870.

Ratschlag betreffend die Kosten der Wiesekorrektion und ein reduziertes Projekt für den Hochwasserdamm auf dem rechten Rheinufer längs der Klybeckinsel. Dem Grossen Rate (des Kantons Basel-Stadt) vorgelegt den 25. April 1901. 14 S. 8.
[Ratschläge. N°] 1278.

Neubau der mittleren Rheinbrücke und Korrektion von deren Zufahrtsstrassen in Gross- und Kleinbasel. Ratschlag. Dem Grossen Rate (des Kantons Basel-Stadt) vorgelegt den 19. Juni 1902. [Mit 3 Tafeln.] 24 S. 8.
[Ratschläge. N°] 1329.

Pumpwerk bei den Langen Erlen. Ratschlag betreffend ein generelles Projekt für die Erweiterung ... und betreffend Anlage von zwei neuen Brunnen.... ⟨Dem Grossen Rate (des Kantons Basel-Stadt) vorgelegt den 9. Mai 1901.⟩ [Mit 1 Plan.] 8 + 78 S. 8.

[Ratschläge. N°] 1281.

Ratschlag. Der R' der Regierung betreffend die Durchführung der Verlegung der Kleinbasler Teiche vor dem Grossen Rat (des Kantons Basel-Stadt) am 13. September 1906. Stenogramm der Verhandlungen ([mit] Anhang. [Hrg. vom Wassermeister der Kl' Teichkorporation, August Vuilleumier]). 26 S. 8. Basel, Franz Wittmer, 1906.

Ratschlag. Der R' der Regierung betreffend die Verlegung der Kleinbasler Teiche vor dem Grossen Rat am 7. Juli 1904. Stenogramm der Verhandlungen (mit zwei Beilagen, [hrg. von] Aug[ust] Vuilleumier, Wassermeister. 1904 August 22). 95 S. 8. Basel, Franz Wittmer.

Rathschlag betreffend eine Uebereinkunft mit Basel-Landschaft zu definitiver Erledigung der Ansprüche auf die Festungswerke. 8. *o. O.* (1863).

Rathschlag betreff. Verhältnisse und Betrieb der Eisenbahnstrecke Basel–St. Louis. Basel 1872.

Rathschlag und Vorschläge über die Revision der Verfassung (des Kantons Basel). Von dem Kleinen Rath E. E. und W. W. Grossen Rath eingegeben, den 7. Hornung 1831. 8. o O

Rathschlag betreff. die Wasserversorgung Basel. 1—3. 1863—65.

Ratschläge f. d. Abkochen am Lagerfeuer. [Aus: „Entwurf e. Verpflegungsvorschrift f. das preuß. Heer im Frieden. (Friedens-Verpflegungsvorschrift.)"] 12. (16 S.) Berlin 898. E. S. Mittler & Sohn. — 10

Ratschläge f. das Abkochen am Lagerfeuer. gr. 16. (16 S.) Berlin 902. E. S. Mittler & Sohn. — 10
Sonderabdruck aus: „Verpflegungsvorschrift f. das preuß. Heer im Frieden". (Friedens-Verpflegungsvorschrift.)

Ratschläge für den Abschluß von Verlagsverträgen. [Leipzig 1904.] (2 Bl.) 8°
— Schutzverein, Akademischer. [7.] [05. 5633 0

Rathschläge zur Abwehr der obschwebenden Finanznoth ... Stuttg. 1848. V: *Herdegen, Christoph.* (Ky)

Rathschläge zu Abwehr der obschwebenden Finanznoth v. Ch. Herdegen). 8. (24 S.) Stuttgart 848, Metzler 4 gr

Rathschläge für die socialistische Agitation. 8°. Hottingen-Zürich, L. Hübscher, s. a.

Ratschläge f. den Amtsrichter, v. e. Berufsgenossen. Berlin 890.

Rathschläge für die Anlegung von Blitzableitern und Anleitung für die Revision derselben vom 10. Nov 1877 1 Nov 1884 . Aus vom 20 Septbr 1887 Nr 4 der Druckschriften-Sammlung . D. Förderung des Feuerlöschwesens und der Feuersicherheit in der Provinz Sachsen Merseburg 1887 8°

Ratschläge und Anweisungen

— — f. einfache Volksschulen. 3. Ausg. 8. (62 S.) Ebd. 898. n. — 60

— u. Anweisungen f. die Volksschulen des Inspektionsbez. Auerbach. 3. Ausg. 8. (70 S.) Auerbach 898. P. G. Caspari. n. — 60

—— für die zweckmäßige Anwendung der Kainit-Düngung. Zusammengestellt v. der agrikulturchem. Abteilg. der Kaliwerke zu Staßfurt. gr. 8. (8 S.) Magdeb. 890, (Lpz., H. Voigt.) * — 20

— üb. Arbeit u. Erholung, s. a. Gewerbe-Bibliothek.

Ratschläge über Arbeit und Erholung. Hrg. von der Redaktion des «Schweiz. Gewerbe-Kalender». IV + 8 S. 8. Bern, Büchler & Co., 1901. fr. —. 30; von 10 Ex. an, à fr. —. 15
Gewerbe-Bibliothek. Nr. 9.

Ratschläge an Ärzte f. die Bekämpfung der akuten epidemischen Kinderlähmung (Poliomyelitis acuta infantum). Bearb. im kaiserl. Gesundheitsamte. (7 S.) 8. Berlin 910. J. Springer. p nn — 15

Ratschläge an praktische Ärzte wegen Mitwirkung an den Maßnahmen gegen die Verbreitung der Cholera. (Berlin: R. Schoetz [1905].) (3 S.) 8° [Kopft. J.]
— Anweisung d. Bundesrats z. Bekämpfung d. Cholera v. 28. Jan. 1904. Amtl. Ausg. Anl. 1. [06. 1033

Rathschläge, ärztliche, u. Winke, betr. die Seereise, den Aufenthalt auf der Insel Borkum u. den Gebrauch des Seebades. Von einem prakt. Arzte. Emden 866. Haynel. 8. (22 S.) n. 6 ngr

— ärztliche, u. Winke betr. die Seereise, den Aufenthalt auf der Insel Borkum u. den Gebrauch d. Seebades. Von e. prakt. Arzte. 4. Aufl. 16. (21 S. m. 1 lith. Karte in Fol.) Emden 873. Haynel. — 75

Rathschläge für Auswanderer nach Südbrasilien. Auf Veranl. d. Central-Ver. f. Handelsgeogr. u. Förderung deutscher Interessen im Auslande zu Berlin bearb. u. hrsg. von dessen Vorsitzenden Dr R[obert] Jannasch, unter Mitw. von Carl v. Koseritz [u. a.]. 4. umgearb. u. verm. Aufl. *Berlin: Allgem. Verl.-Agentur* 1896. (XIV, 128 S.) 8° [94.10979
[2. Aufl. 1885.]

RATSCHLÄGE zur sach- und stilgemässen Behandlung der alten Häuser Rothenburgs bei Umbauten und Renovationen, sowie Winke für Errichtung von Neubauten. (Mit Tafeln.) Herausgegeben und verlegt vom Verein Alt-Rothenburg 1899. quer 4°

Ratschläge zur Behandlung der griechischen Sprache an magyar. Gymnasien, angeknüpft an eine Kritik der Grammatik von Finkey, Soltész und Somossi. 14 S. 8°. – Gran, Progr. 1855.

Rathschläge und Bemerkungen. Die Pilgerreise nach dem gelobten Lande betreffend. Von einem Mitgliede der Pilgerschaar des Jahres 1856. Wien, 1857. Druck von Ant. Schweiger. (16 S. 8.)

— f. die erste Einrichtung e. jungen Haushalts, s. a. Volkswohl-Schriften. 30. Hft.

Ratschläge für die erste Einrichtung eines jungen Haushaltes. (72 S) (Volkswohlschriften 30) Leipzig 1900

Ratschläge für die Einrichtung des Rechtsstudiums. [Aufgestellt von d. Juristenfakultät der Friedrich-Wilhelms-Universität zu Berlin.] (Berlin 1904: G. Schade.) (5 S.) 8° [Kopft.]
(Nicht für den Austausch)

Rathschläge an Eltern üb. die Behandl. neugeborner Kinder. 8. Bern 786. Haller. 9 kr

Rathschläge für Eltern und Hauslehrer, die Erziehung eines Kindes ... betreffend. Breslau 1804. V: *Sauermann, Ernst Frdr. Wilh.* (Ky)

Rathschläge f. Aeltern u. Hauslehrer, d. Erziehung e. Kindes b. z. 12ten Jahre betreffend. 8. Breslau, Barth. 804. Rthlr.

— f. Eltern u. Hauslehrer, die Erziehung e. Kindes bis z. 12n Jahre betreffend, (v. ... Sauermann.). 8. Bresl. 804. Graß, B. u. C. 12 gr

— u. Erläuterungen f. die Studierenden der Mathematik u. Physik an der Universität Göttingen. Hrsg. v. der Direktion des mathematisch-physikal. Seminars. Neue Aufl. Herbst 1907. Mit e. Anh.: Statuten des mathemat. Lesezimmers. (31 S.) gr. 8. Leipzig 907. (B. G. Teubner.) 1. —

Merkblatt. Vaterländ. Frauen-Verein (Hauptverein). Ratschläge zur Ernährung und Pflege der Kinder im ersten Lebensjahr. (Berlin [um 1900]: Die Post.) (2 Bl.) 8° [Kopft. J.] [06. 1793 8

—— erprobte, bei chronischen Hautausschlägen, als: Finnen, kupfrigrothem Gesichte u. andern dergl. Uebeln. Nebst Anhang: Wie das Färben frühzeitig ergrauter Haare ohne Nachtheil vorzunehmen; wie das Wachsthum der Haare zu befördern, u. das Ausfallen derselben zu verhüten. Von W. S. gr. 12. (3½ B.) Prag 843, Haase Söhne, Verlgs.-Expedition.

— einzig erprobte, die Zähne v. Jugend bis in das höchste Alter ohne Zahnarzt gesund zu erhalten, das Schwitzen d. Füße zu verhüten, erfrorne Glieder zu heilen u. Hühneraugen oder Leichdornen leicht wegzuschaffen. 8. Leipz. 820. P. Vogel. 2 gr

Rathschläge, einzig erprobte, Zähne von Jugend auf bis in das späteste Alter ohne Zahnarzt gesund zu erhalten; das Schwitzen der Füße zu verhüten; erfrorne Glieder zu heilen und Hühneraugen oder Leichdornen leicht wegzuschaffen. 2e Aufl. 8. Leipzig 833. (Melzer.) 1/8 Rthlr

Rathschläge zur Erziehung der Jugend. Eltern u. Kinderfreunden gewidmet von M. v. M. 8. (III, 89 S.) München 886. Fritsch. n. 1. —; geb. n. 1. 60

Rathschläge u. Fragen an die Mitglieder von Th. v. Heuglin's Expedition nach Inner-Afrika. Im Auftrage des Comité's zusammengestellt von A. Petermann. Gotha 861. J. Perthes. 4. (34 S.) n. 10 ngr.

Rathschläge, freundliche, eines älteren mit dem Leben vertrauten Mannes an alle Ehepaare u. Eltern. Hamburg 860. (Agentur des Rauhen Hauses.) gr. 8. (20 S.) 3 ngr.

Rathschläge, Freundschaftliche, für deutsche Soldaten und Ratgeber für Leiter und Förderer der Soldatenmission. Kassel 1905. V: *Breidenbach, C.* (Berl)

— freundschaftl., z. Weisheit u. Tugend, a. d. Franz. 8. Breslau. 750.

Rathschläge u. Mittel, gemeinnütz., z. Beförderung d. häusl. Wohlstandes. Ein Handb. f. alle Stände, u. vorzüglich f. den Bürger u. Landmann. 8. (11½ B.) Jüterbog 833, Coldiz.

(Canton Basel-Stadt.) [Ratschläge, Gesetzesentwürfe, Commissionsberichte u. s. w.] Dem Grossen Rate vorgelegt. . 1901. [N°] 1267—1305, Jannar 10—Dezember 12.

Jede Nummer unter besonderem Titel.

[N°] 1267–1284. 1286–1301. 1303–1305; *wovon* 1281. 1282. 1286 *je mit Plan*-Beilage, 1303 *mit Text*-Beilage. (*zus.* 601 S.) 8. O Bas

[N°] 1285. Ratschlag betreffend... Kantonalbank. [3 S.] 4. — [N°] 1302. Übersicht der mutmasslichen Einnahmen... 1902. 13 + 51 S. 4. — 2 *Planbeilagen zu* [N°] 1273. fol.

(Kanton Basel-Stadt.) [Ratschläge, Gesetzesentwürfe, Kommissionsberichte u. s. w.] Dem Grossen Rate vorgelegt... 1902. [N°] 1306—1350, Januar 9 — Dezember 11.

Jede Nummer unter besonderem Titel.

[N°] 1306—1317. 1320—1335. 1337—1349; *wovon* 1318 *mit Text-Beilage*, 1329 *mit Plan-Beilagen*. (*zus.* 409 S.) 8.

[N°] 1318. Bericht des Preisgerichtes ... für den Neubau der mittleren Rheinbrücke..., 8 S. 4. — [N°] 1319. Verzeichniss der unerledigten Aufträge und Geschäfte des Grossen Rates.... [8 S.] 4. — [N°] 1336. Ratschlag betreffend ... Kantonalbank. [3 S.] 4.

— f. die Hausbesitzer der Stadt Bromberg bei der Ausführung der Wasserleitung u. Kanalisation in Haus u. Hof. Auf Anregg. der Wasserleitungs-Commission nach amtl. Quellen zusammengestellt. gr. 8. (20 S.) Bromberg 899. Mittler. n. — 40

— zur Kinder-Erziehung f. Eltern u. Kinderfreunde. Von e. beliebten Kinder-Arzte. Mit (eingedr.) Abbildgn. 8. (22 S.) Liegnitz 871. Kuhlmey. n. — 25

Rathschläge für die erste Kinderpflege. Hrsg. vom Verein für öffentl. Gesundheitspflege zu Schwerin. Plakat. 4. Schwerin 881, (Schmiedekampf.) **

— kurze, f. den Leiter e. Vereinstheaters, s.: Theater-Bibliothek f. Vereine.

Kurze **Ratschläge** für die Verwaltung von Volks-Bibliotheken. Berlin: Schriftenvertriebsanst. 1904. (16 S.) 8° [F.] [illegible]

Rathschläge der Land-Feuer-Societät des Herzogthums Sachsen für die Anlegung von Blitzableitern vom 10. November 1877 (Merseburg. 1877.) 8°.

Ratschläge der Land-Feuersozietät des preußischen Herzogtums Sachsen und der Provinzialstädte-Feuersozietät der Provinz Sachsen für die Verminderung der Feuersgefahr in der Anlage und beim Betriebe der Getreide-, Loh-, Öl- und Schneidemühlen und ähnlicher Gewerbe. Merseburg 1883.

— zur Leitung v. Versammlungen. Anleitung zur Benutzg. des Vereins- u. Versammlungsrechts. gr. 8. (48 S.) Berlin 893. Buchh. des „Vorwärts". n. — 20

Rathschläge an junge Leute, die nach Weisheit fragen . . . Leipz. 1789. V: *Heinzmann, Joh. Gg.* (MGT)

Rathschläge für junge Leute, welche sich zu Officieren bilden wollen . . . Zeitz 1800. V: *Bernewitz, Friedrich Wilhelm von.* (Ky) (MGT)

— f. junge Leute, welche sich zu Officieren bilden wollen, (v. F. W. v. Bernewitz). gr. 8. Zeitz 800. Webel. 12 gr.

Ratschläge für Neubekehrte Von d. Evangelisten d. Zeltmission. 3. Aufl. Geisweid i. W.: Deutsche Zeltmission [1908]. (16 S.) 8°

RATHSCHLÄGE eines Nimmerschlappen, oder die Kunst, die Vergnügungen der Wollust zu vervielfältigen. (Unsinniges priap. Machwerk.) Dritte verbess. Aufl. Berlin 1893. Verlag von Giovanni Boccaccio. 8° Br. (Mk. 2—; mit 6 „hochfeinen" Gravüren Mk. 6—.)

29 S. (incl. Tit.), 1 weißes Bl. — Lat. Lett. Zuerst gedr. 1891. (Verboten v L.-G. Wien, 21. IV 1896, § 516.) — Enth. 3 Capitel, wovon das 1., Betrachtungen des Herausgebers enthält. Die Ueberschriften von 2 u. 3 sind hier nicht wiederzugeben.

RATHSCHLÄGE eines Nimmerſchlappen oder: Die Kunſt, die Vergnügungen der Wolluſt zu vervielfältigen. Berlin 1901. Auf Koſten der Wwe. Fummel. Kl. 8°. 29 S. [Umſchlag: Brüſſel 1900.] Verb. d. Ldg. Chemnitz III A. 286/02.

Rathschläge, Nürnbergische, von der Frevelbuss, zur Erläuterung der Nürnbergischen Reformation und Privilegien . . . Ansbach 1774. V: *Held, Chph.* (Will) H: *Schnitzlein, Carl Wilh.* (Ky) (Holz)

— Nürnberg., von d. Frevelbuße, zur Erläuter. d. Nürnberg. Reformation u. Privilegien, ans Licht gestellt aus Handschriften (v. K. W. Schnizlein). 1r Thl. 4. Ansb. 774.

Rathschläge, Praktische, für den Amtsrichter . . . Berlin 1890. V: *Münsterberg, Emil.* (Centr XIX, 337)

Ratschläge, praktische, f. den Amtsrichter, v. e. Berufsgenossen. 8. (86 S.) Berlin 890. Vahlen. n. 1. 20

Rathschläge, Praktische, für Haus und Küche . . . Stäfa [1888]. V: *Kölla-Kind, W.* (Zuwachsverz. der Bibl. Zürich 1898 ff, 6.)

— praktische, f. Haus u. Küche. Den Frauen u. Töchtern unseres Volkes gewidmet v. e. Hausfrau (W. Kölla-Kind). 2., verm. u. verb. Aufl. 8. (191 S. m. Abbildgn.) Glarus 892. J. Vogel. 1. 50

— u. Mittheilungen, praktische, f. deutsche Einwanderer. Hrsg. v. der deutschen Gesellschaft der Stadt New York. Mit e. (lith.) Grundplane v. Castle Garden u. e. (lith.) Karte d. südl. Theiles der Stadt New York. 2. Ausg. 8. (IV, 51 S.) New York 883. (Steiger & Co.) gratis.

— practische, für jüngere Offiziere über die Ausbildung des Infanteristen im Feldbienst. Berlin 867. Mittler & Sohn. gr. 8. (27 S.) n. 4 ngr.

— — 2., verm. Aufl. Ebend. 870. gr. 8. (35 S.) n. 5 ngr.

— f. Stellungsuchende, s.: Wie bewerbe ich mich?

Ratschläge zum Studiengang in der Physik. Gießen 1906. (1 Bl.) 8° [Kopft.]
(Nicht für den Austausch)

Ratschläge für die Studierenden der **Mathematik.** Juli 1900, erneuert März 1904. *(Breslau 1904: Graß, Barth & Co.)* (2 Bl.) 8° [Kopft.]
(Nicht für den Austausch)

Ratschläge für die Studierenden der Mathematik an der Universität Bonn. (Unterzeichnet:) Die Professoren der Mathematik, theoretischen Physik und Astronomie an der Universität Bonn. (Bonn 1905: C. Georgi.) (8 S.) 8° [Kopft.]
[Nicht für den Austausch]

Ratschläge für die Studierenden der Mathematik und Physik an der Universität Kiel. Kiel 1909: Fiencke. 15 S. 8°
(Nicht für den Austausch) [U 10. 2406

Rathschläge für die Studierenden der theoretischen Physik an der Universität Königsberg i. Pr. Königsberg 1901. V: *Volkmann, Paul.* (Berl)

Rathschläge für das medicinische Studium (dat. Breslau, im Januar 1870). (Breslau 1870.) (1 Bl.) 8° [Kopft., F.]

Rathschläge, Die, der Herren Sulzer-Steiner und A. Bühler zum Aufbau der Nationalbahn ... 1876. O. O. [1876]. V: *Ziegler-Rothpletz, Theodor.* (Cat. der Stadtbibl. Zürich. Zürich 1864—97.)

Rathschläge f. die bakteriologische Untersuchung auf Cholera. Nach Angaben v. Pfuhl. gr. 16. (4 S.) Berlin 893. E. S. Mittler & Sohn. — 10

Rathschläge f. anthropologische Untersuchungen auf Expeditionen der Marine. Auf Veranlassg. d. Chefs der Kaiserlich Deutschen Admiralität ausgearb. v. der Berliner Gesellschaft f. Anthropologie Ethnologie u. Urgeschichte. (Aus „Zeitschrift f. Ethnologie".) gr. 8. (32 S.) Berlin 873. Wiegandt, Hempel & Parey. n.n. — 75

—— des Vaters, e. kleines Weihnachtsgeschenk f. gute Kinder. 8. (2½ B.) Hannover 829, Hahn.

Rathschläge und Warnungen für Auswanderer nach Nord-Amerika ... Augsb. 1846. V: *Ross, Georg von.* (CBH)

—— u. Warnungen f. Auswanderer nach Nord-Amerika. V. e. Amerikaner. 8. (4½ B.) Augsburg 846, Fahrmbacher.

Rathschläge eines Weltbürgers zu einer zweckmässigen ... Vereinigung beyder protestantischen Kirchen ... Frankf. a. M. 1803. V: *Horst, Georg Conr.* (GGr)

— **eines Weltbürgers** z. Vereinigung beider protestant. Religionspartheien. gr. 8. Frankf. a. M. 803. Jäger. 6 gl.

— **u. Winke für junge Volksschullehrer.** Gesammelte Aufsätze. Von e. Lehrerfreund. (48 S.) 8. Minden (903). C. Marowsky. n. — 60

Rathschläge, wohlgemeinte, dreier zu Bologna versammelter römischer Bischöfe die Reformation der päpstl. Kirche betreffend, gerichtet an Papst Julius III. im Jahre 1553; aus der latein. Urschrift übers. u. mit einem Nachworte begleitet v. L. K. Geibel. gr. 8. (2⅔ B.) Saarbrücken 844, Arnold.

Rathschläge, Wohlgemeinte — und Erläuterungen über das neue freiwillige Anlehen mit vorzüglicher Rücksicht auf die Landgemeinden und das Landvolk. Vorzüglich empfehlens- und beachtungswerth für Landseelsorger, Gemeinde-Vorstände, Notäre, Steuerbeamte und alle, die auf dem Lande leben. Von C. v. F. 8. (32 S. ungeheftet.) Wien. Mechitharisten Buchdruckerei. 1854.

Rathschläge, wohlgemeinte, der Verbreitung der Rindviehseuche vorzubeugen. Basel 1798. 4.

Rathschluß Gottes, über den, mit der Menschheit und der Erde. Ein exeget. Handbuch zum Studium sämmtl. Bücher der heil. Schrift. gr. 8. Schaffhausen 846, Hurter. ¾ ℔

über den Ratschluß Gottes mit der Menschheit und der Erde. Ein exegetisches Handbuch zum Studium sämtlicher Bücher der heil. Schrift. Schaffhausen, Hurter, jetzt Regensburg, Verl.-Anst., 1846, gr 8°. 18⅜ Bg., 2,25 Mk.

Rathschluß, über den, Gottes mit der Menschheit u. der Erde. Ein exegetisches Handbuch zum Studium sämmtlicher Bücher der heil. Schrift. 1. Bd. (2. Ausg.) Altes Testament. u. 2. Bd. Neues Testament. gr. 8. (294 u. 363 S.) Frankfurt a. M. 847, (Heyder &) Zimmer. (à n. ¾ ℔) n. 1½ ℔

Rathschluss, Der göttliche, das Haus Kur-Braunschweig auf den grossbritannischen Thron zu erheben ... Hamburg 1715 [1716]. V: *Dobbeler, Dietr. de.* (Myl) (Schr)

„Rath- und Bürgerschlüsse der Stadt Hamburg wegen Begründung der Bankvaluta 27¾ Mark Banko auf die Mark Feinsilber [statt auf Reichs-Speciesthaler], aus den Jahren 1770, 1780, 1790"

Raths- und Bürgerschlüsse des Jahres 1700 und des 18. Jahrhund. in ... Hamburg. Hamb. 1803. H: *Kühl, Hnr.* (MGT)

Raths- u. Bürgerschlüsse, hamburgische, mit getreuen Auszügen aller den Raths-Propositionen hinzugefügten Beilagen, hrsg. v. Pet. Dav. Lohmann. 5. Bd. von 1830 bis 1840, nebst General-Register üb. d. 1—5. Bd. gr. 4. (35½ B.) Hamburg 841, Meißner.
1—4. Bd. Ebendas. 1828—36. 16 Thlr.

Rath- u. Bürgerschlüsse, Hamburg., v. J. 1801 bis zu Ende d. J. 1825, mit getreuen Auszügen aller den Raths-Propositionen hinzugefügt. Beylagen, hrsg. v. P. D. Lohmann. 2 Bde. gr. 4. ... Hamburg 828, Meißner.

RATSCHN, D' (= Klatschweiber): 1. Ausg. v. 19. Februar 1881. Druck d. Joseph Kränzl, Verlag d. Rieder Liedertafel.
Verboten v. K.G. Ried, 1881. § 516.

Rathschreiber, der. Eine rheinische Geschichte. Mit 5 Bildern (Holzschntaf.). Hamburg 859. Agentur des Rauhen Hauses. 16. (138 S.) 7½ ngr

(1007—1907.) Die Zerbster **Ratschronik.** Neu hrsg. von Dr. H[ermann] Wäschke, Archivrat. Dessau: C. Dünnhaupt 1907. (121 S.) 4°(8°) [07. 10351

Ratschiller, Dr. Johannes, Predigten und kurze Ansprachen. V. Ist Christus wahrer Gott? 8. (153 S.) Salzburg: Mittermüller 1893.

[**Fingierter Titel:**] **Nürnberger Rathsdekret vom 15. März 1734, Deserteure betreffend.** o. O. u. J. Fol. Plakat.

[Fingierter Titel:] Nürnberger **Rathsdekret** vom 21. Mai 1759, Deserteure betreffend. o. O. u. J. Fol.

Räthsel. Im Juli 1784 zu Pfeffers gemacht. Chur 1784. V: *Lavater, Joh. Casp.* (Cat. d. Stadtbibl. Zürich. Zürich 1864—97.)

Räthsel, s. J. G. M(oser).

Räthsel. Von J. G. M. Stuttgart 1835. V: *Moser, Immanuel Gottlieb.* (Ky) (centr) (EF)

Räthsel von J. G. M(oser). Neue Samml. 16. (8 B.) Stuttgart 838, Köhler.
1. Samml. jetzt nur 16 Gr. — Vgl. Moser.

Räthsel, das. Ein deutsches Volksmärchen. Mit 6 Bildern in Oelfarbendruck. 8. (5 S.) Leipzig 873. Hartknoch. n. — 50

Rätsel. Eine moderne Liebesgeschichte in Versen v. Siddy. 8. (80 S.) Wien 887. Konegen. n. 1. —

— 800 neue, noch nie gedr., v. e. Kinderfr. 8. Flensburg, Korte. (Christiani in Schleswig) 797.

— 800 neue, noch nie gedruckte, v. e. Kinderfreunde. 8. Flensb. 797. Röhß u. K. 10 gl

PÖSING (Ungarn). — Ein Räthsel, an einem, in der königl. freyen Stadt Pösing, gefeyerten doppelten Hochzeitsfeste, aufgegeben. Den 21. Hornung 1791. Preßburg, gedruckt bei Sim. Peter Weber. 4°, 2 Bll. Sehr rar!
Goedeke VII, 75, 124.

Räthsel, auserlef. gute, mit Auflösungen. 3 Thle. 8. Erf. 791 —95. Keyser. 18 gl

Rätsel, biblische, s.: Kinderbibliothek.

—— und Charaden. Ein Neujahrsgeschenk f. 1829. 12. (3 B.) Königsberg 829. (Berlin, Th. Enslin.)

Räthsel u. Charaden. 8. (42 S.) Altona 885. (Harder's Verl.) n. 1. —

— — chinesische, ein Spiel mit Kupfern. Deutsch und Französisch. (No. 1. 1 Rthlr. No. 2. chines. Räthselspiel 1 Rthlr. 6 Gr. No. 3. 8 Gr. No. 4. 10 Gr. No. 5. 1 Rthlr. 6 Gr. No. 6. 16 Gr. No. 7. 10 Gr. No. 8. 16 Gr.) In Futteral. Wien, Müller. 818 — 820.

Räthsel und Charaden für Jung und Alt. Leipzig [1820]. V: *Löhr, Johann Andreas Christian.* (NN) (MGT)

— u. Charaden f. Alt u. Jung. 1r Thl. 8. Leipz. G. Fleischer.

— Charaden u. Logogryphen z. Uebung d. Scharfsinnes f. die Jugend. 16. Nürnb. 821. Campe. 4 gl

— Charaden u. Logogryphen zur Uebung des Scharfsinns, für die Jugend. 8. Nürnberg 833. ... ⅙ ℛ

Räthsel, Charaden u. Logogryphenbüchlein, siehe Langbein, A. F. E., der Taschengesellschafter.

— u. Charaden z. Nachdenken u. angenehmen Vergnügen. 8. Danzig 804. Goldstamm. 10 gl

— u. Charaden z. Schärfung d. Denkkraft f. die Jugend, auch z. Unterhaltung in geselligen Zirkeln. 8. Nürnb. 817. Campe. 10 gl

—— und Charaden z. Schärfung d. Denkkraft f. d. Jugend. Auch z. Unterhalt. in gesell. Zirkeln. Neue, verb. u. verm. Aufl. 8. (9 B. u. Titvign.) Nürnberg 834, Campe.

— drei, in Figuren dargest. Ein Spiel f. Kinder. Wien, (Müller). 1 ℛ 8 gl

Räthsel, die drey,. Tragikomödie in 5 A. nach Gozzi, von Fr. Rambach. 8. Leipz. Dyk. 798.

—— und Charaden, 300, f. Kinder v. 10—14 Jahren. Zu erheit. Denkübungen in Schulen u. zu angenehmer u. nützl. Unterhalt. in häusl. Kreisen. Nebst e. Anh. v. 60 f. denselben Zweck paff. Rechnungs-Beispielen. Gesammelt v. W. gr. 12. (5⅓ B.) Eßlingen 840, Dannheimer'sche Buchh.

— 300 neue. 8. Nürnb. 781. Bauer u. R. 6 gl

— 300 neue. 8. Nürnb. Raspe. 781

— 300, f. den Schulgebrauch. gr. 8. (IV, 72 S.) Wittenberg 894. R. Herrosé. Kart. n. 1. —

— 350 auserlef., größtenth. a. d. Kinderfr. Kartenform. Nürnb. Weigel. 780.

Rätsel, e. dunkles. Kriminal-Roman frei nach dem Engl. (104 S.) 8. Neuweißensee (905). E. Bartels. 1. —

Räthsel, 500 neue auserlef., f. Kinder, z. angenehm. Unterhaltung. Von e. Kinderfreunde gesamm. 3., verm. Aufl. gr. 12. (4⅔ B.) Nürnberg 828, Schneider u. Weigel.

Räthsel, Gereimte, aus dem deutschen Reich. Berlin 1876. V: *Pfizer, Gustav.* (Verlagskat. G. Reimer-Berlin 1895.)

— gereimte, aus dem Deutschen Reich. gr. 8. (XVI, 480 S.) Berlin 876. G. Reimer. n. 6. —

Räthsel, 100. Lösungsbeflissenen dargeboten v. dem Verf. der ausflieg. Worte. gr. 8. (96 S.) Neubrandenburg 884. Brünslow. n. 1. 20

Räthsel, 121, von J. G. M. Neue Sammlung. Stuttgart 1838. V: *Moser, Immanuel Gottlieb.* (centr VII, 534)

Räthsel, Hundert und fünfzig. Nürnberg 1779. V: *Stoy, Johann Sigismund.* (centr VII, 527) (Ky) (MGT)

— 150, (v. J. S. Stoy). 12. Nürnb. 779. Schneider u. W. ...

— 110 neu auserlesene, nebst Auflösung. 8. Wien, Gerold. 2 gl

Räthsel, das, ist gelöst! Einziges Radikalmittel zur gänzl. Vernichtung der Hühneraugen. Eine Anleitung, mit einem neu aufgefundenen, natürl., einfachen Mittel, die Leichdorn [Hühneraugen], sogleich u. für immer schmerzlos auszurotten. Von einem Dorfbader. gr. 16. Wien 850, Wenedikt in Comm. Verklebt. 4 ngl

— für Jung u. Alt, zum angenehmen Zeitvertreib. 12. (IV u. 96 S.) Augsburg 850, Jaquet. 6 ngl

— kleine, ein Geschenk f. Kinder. 8. Straubing. 808. Heigl. 3 gl

Räthsel für kleine u. große Leute v. S. H. 12. (159 S.) Bern 881. Haller. n. 1. 20; geb. n. 1. 80

RATHSEL der Liebe. Zürich. (1 Mk., neu, Carl Uebelen München, c 1892, ohne Jahrsangabe.)

— neue, von Aenigmatias (Frz. Brentano). gr.16. (VI, 192 S.) Wien 879. Gerold's Sohn. n. 2. 40

Rätsel, psychologische. 8. Tübingen, J. C. B. Mohr.
Zwei Anklagen wegen Mordes ohne objektiven Tatbestand. Von Haldy. Mit 1 Situationsplan. (S. 81—152.) 910. 1. — Sonderabdruck aus: „Pitaval d. Gegenwart".

Rätsel, die schönsten u. scherzhaftesten Rätselfragen. Knacknüsse f. Jedermann. 16. (96 S.) Reutlingen (900). R. Bardtenschlager. —20; bessere Ausg. — 50

— das, u. der unterbrochene Schwätzer. 2 Lustspiele v. C. W. Contessa. gr. 16. Berlin, Realschulbchhdl. 807.

— die, des Spiritismus. Erklärung der mediumist. Phänomene u. Anleitg., die Wunder der 4. Dimension ohne Medium u. Geister ausführen zu können. Mit Illustrationen v. Alb. Stadthagen. gr. 8. (IV, 103 S.) Leipzig (899). Ficker's Verl. n. 2. 50

—— Strassburger. Die erste zu Strassburg ums J. 1505 gedruckte deutsche Räthselsammlung, neu hrsg. von A. F. Butsch. gr. 8. (X, 38 S.) Strassburg 876, Trübner. *

Ein Bändchen Räthsel in Versen u. ihre Auflösungen 1794. 8⁰. 32 S. (1 Mk. 25 Pfg. B. Seligsberg, Bayreuth, 1906.)

— 400 neue, f. junge Gesellsch. 8. Wien, Gerold. 787.

— — Vierhundert neue, zur Unterhaltung für junge Gesellschaften. Mit reizender gestochener Titelvignette. Wien 1781. 8⁰. (2 Mk. 50 Pfg. Th. Ackermann, München, 1913.)

— 475 neue auserl., f. Kinder, v. e. Kinderfr., m. Charaden verm. 8. Nurnb. Schneider u. W. 805.

— 475 neue auserlesene, f. Kinder z. angenehmen Unterhaltung. N. Aufl. gr. 8. Nürnb. (827.) Schneider u. W. 8 gr

— 425 auserles., f. Kinder. gr. 8. Nürnb. Weigel. 805.

— Viertausend, sammt Auflösung. 8. Rottweil, Herder. 9 gr

Viertzig Rätzel in ain Nest, Und ein Zuegab auch zulest (so!). Dem curiosen Leser für ein Frühlings-Lust verehrt. Hallein 1721 8⁰. (1 fl. 21 xr. A. Coppenrath, Regensburg, vor 1875, jetzt theurer!)
Cat. J. N Fritz. Münch. 1770. p. 386. (ungenau). — Die „Zugab" enth. 15 „Aderlass-Gsängl".

—— die, der Vorwelt, s. a. Lindenschmit.

Räthsel, Die, der Vorwelt, oder: Sind die Deutschen eingewandert? Mainz 1846. V: *Lindenschmidt, Wilhelm.* (schles) (Ky) (Cat. d. Stadtbibl. Zürich. Zür. 1864-97.)

Räthsel, die, der Vorwelt, od.: Sind die Deutschen eingewandert? (Von W. Lindenschmidt.) Roy.-4. (12½ B., 5 Kart., viel. Holzschn. u. Ttlbild.) Mainz 846, v. Zabern. *

— das, unsrer Zeit. 2e Aufl. 8. Frankf. a. M., Körner. 4 gr

Räthsel, Das, unserer Zeit. O. O. [1813]. V: *Blumenhagen, Phil. Wih. Gg Aug.* (Roterm)

— das, unsrer Zeit. 4. Hannov. 814. Hahn. 3 gr

Räthsel, Zürcher. [Zürich, 187?.] V: *Meyer, Konrad.* (ZZ)

Räthsel, Charaden u. Logogryphen, 200 d. besten, nebst deren Auflösn. Als Anh.: 20 d. beliebtesten Gesellschaftsspiele. gr. 12. (4½ B.) Nordhausen 829, Fürst. Thlr.

— 200 neue, mit Auflösung. 12. Leipzig, Junius. (Linke) 799.

Räthsel, Zweyhundert neue, für junge Gesellllschaften beyderley Geschlechts. Zur Aufklärung u. Schärfung d. Verstandes. Zweyte Aufl. Mit hübsch. Titelvign., J. K. Mayr sc. Lindau, Frankfurt u. Leipzig 1781. 8⁰ (1 Kr. 20 H A. H Huber, Salzburg, 1908.)

— 200 neue, f. junge Gesellsch. beyd. Gesch. 8. Freyberg, Wagner, 781.

Räthsel-Bilder für Kinder unter 10 Jahren. Langensalza 860. Greßler. gr. 16. (11 lith. Taf. in Farbendr. mit Text.) 18 ngr.

Räthselbilder, Die, des Lebens, in moralischen Erklärungen . . . Wien 1831. V: *Grüner, V. R.* (Ky)

Räthselbilder des Lebens, die, in moralischen Erklärungen für die Jugend (von V. R. Gruner). Nach dem Alphabet geordnet. Mit 24 color. Kpfrn. 12. Wien (831). Bermann u. S. 1 Thlr

Räthselbilder aus den Tuilerien oder Pariser heiml. Begebenheiten in dem Zeitraum zwischen 1855—1867—1870. Geschrieben und zur gegenwärt. Epoche gewidmet von Linna v. Michl. 1.—5. Aufl. 16. (16 S.) Berlin 870,71, (Albrecht.)

Räthsel-Bilder-Fibel, zur Schärfung des Verstandes und zur Uebung im Nachdenken, dem früheren Knaben- und Mädchenalter gewidmet. Mit 7 color. Kupfern. 16. Leipzig 835, G. Fischer. ½ Thlr

Räthsel-Bilder-Fibel, zur Schärfung d. Verstandes u. z. Uebung im Nachdenken, dem früheren Knaben- u. Mädchenalter gewidmet. 16. (4½ B. u. 7 col. Kpfr.) Leipzig 835, [Serig'sche Buchh.]

Räthselbote, der, Zeitschrift z. Uebung des Verstandes. (1. Jahrgang.) Nr. 1 bis 26. (à ¼ B.) 8. Heilbronn 846, (Drechsler. Landherr.) *

Räthselbuch, Allgemeines, eine Sammlung moralischer, sinnreicher, witziger, scherzhafter Räthselfragen . . . Frankfurt 1833. H: *Ring, D.* (Ky)

Räthselbuch, allgemein., e. Sammlung moral., sinnreicher, witziger, scherzhafter Räthselfragen, Calembourgs, Anagrammen, Charaden, Homonymen, Logogryphen, Palindromen u. verschied. Arten Räthsel, nebst Auflösungen, mit belehr. Anmerkn. Zur angenehm. Erholung f. d. häusl. Leben. (Hrsg. v. D. Ring.) 2 Bdchn. 16. (18 B.) Frankfurt a. M. 834, Döring.

Rätselbuch m. Bildern. gr. 8. (6 Chromolith. m. eingedr. u. 4 S. Text.) Wesel 888. Dums. cart. — 80

Räthselbuch, das deutsche. Gesammelt von Carl Simrock. (1. Sammlung. Neue Ausg. und) 2. Sammlung. 8. (156 S.) Frankfurt a. M. 853, Brönner. à Sammlung 5 Ngr.

Räthselbuch, deutsches. Eine vollständ. Samml. d. besten deutschen Räthsel, Charaden u. Logogryphen. 1r Bd. gr. 8. Halle u. Berl. 812. Waisenhaus-B. 1 Thlr 12 gr Schrbp. 2 Thlr

— f. artige Kinder. 4. (12 farb. Taf. m. Text.) Leipzig 889. Fr. Pfau. cart. n. — 40

Rätselbuch. Das neue R'-B'. Für Jung und Alt. Neueste Ausgabe. 8 S. 8. [Spiez, G. Maurer, 1906.]

— neues, od. kurzweil. Fragen u. Antworten. Zum angenehmen Zeitvertreib, als zweiter Theil d. Buchs zum Todtlachen. 8. Münch., Jaquet. 1½ Kr

Räthselbuch, neues, od. kurzweilige Fragen u. Antworten. Zum angenehmen Zeitvertreib. 3. Aufl. gr. 12. (1⅓ B.) München 840. (Augsburg, Jaquet.)

Räthsel-Buch, neues, oder kurzweilige Fragen u. Antworten. Zum angenehmen Zeitvertreib. 5. Aufl. 12. (36 S.) Augsburg 851, Jaquet. 3 ngr

Räthsel-Buch, neues, oder kurzweilige Fragen und Antworten. Zum angenehmen Zeitvertreib. 6. Aufl. Augsburg 860. Jaquet. 12. (36 S.) 3 ngr

Räthselbuch, neues. Eine Sammlg. v. kurzweil. Räthseln nebst Auflösgn. 16. (24 S.) Berlin 891. Gebr. Radetzki. — 10

Räthsel- u. Charadenbuch, neues, 8. Bresl. 795. Gehr. 8 Kr

— ganz neues, auch Pfänderspiel, u. wie selbige aufgelöset werden können. N. Ausg. 8. Berl., Wolf. 4 Kr

Räthsel-Buch, neuestes. Eine Sammlg. der schönsten Räthsel, Charaden, Logogryphen, kurzweil. Fragen u. Antworten, Räthselrechngn. ꝛc. Zur Unterhaltg. in gesell. Kreisen. 2. Aufl. 32. (32 S.) Reutlingen 875. Enßlin & Laiblin. — 10

Rätsel-Buch, neuestes. Eine Sammlg. der schönsten Rätsel, Charaden, Logogryphen, kurzweil. Fragen u. Antworten, Rätselrechngn. etc. Zur Unterhaltg. in gesell. Kreisen. (32 S.) 16. Ebd. (905). — 25

Räthsel-Buch, neuestes deutsches. Zur Vertreibung der Langenweile in Gesellschaften. 1.—4. Aufl. 16. (32 S.) Chemnitz 874—80, Hager.

— für junge Personen beiderlei Geschlechts. 8. Augsb. 788, v. Jenisch u. St. 8 Kr

(Neudruck). Straßburger Räthselbuch. Die erste (?) zu Straßburg ums Jahr 1505 gedruckte deutsche Räthselsammlung neu hrsg. von A. F. Butsch. Straßburg, K. J. Trübner, 1876. 8° (In Hamburg, Stadtbibl.) (Mk. 4—.) (3 Mk. Brockhaus, 1890; 3 Mk. P. Neubner, 1892.) Vergriffen!

Räthsel- u. Charadenbuch, wunderschönes, nebst hübschen Gesellschafts- u. Pfänderspielen u. deren Auslösungen. Mit einem Anh. von poet. Scherzen. Mügeln 865. (Leipzig, Senf.) 8. (48 S.) 3 ngr

Räthsel- u. Charadenbuch, wunderschönes, nebst hübschen Gesellschafts- u. Pfänderspielen u. deren Auslösgn. Mit e. Anh. v. poet. Scherzen. 8. (48 S.) Mügeln 872. (Leipzig, G. Senf.) — 30

Räthsel- u. Charadenbuch, wunderschönes, nebst hübschen Gesellschafts- u. Pfänderspielen u. deren Auslösungen. Mit einem Anh. v. poet. Scherzen. gr. 16. (48 S.) Mügeln 877. (Leipzig, G. Senf.) — 30

Räthselbüchel, Angenehmes, zum Zeitvertreib lustiger Gesellschaften. Leipzig 1783. 8°. (In München: L. eleg. misc. 850, Beibd. 12.)

Räthselbüchlein mit dritthalbhundert Fragen und deren Antwort, womit man die melancholischen Mücken vertreiben und die lange Zeit kurz machen kann. Neue Aufl. 8. (20 S.) Reutlingen 855, Fleischhauer und Spohn.

Räthselbüchlein mit dritthalbhundert Fragen u. deren Antworten, womit man die melanchol. Mücken vertreiben u. die lange Zeit kurz machen kann. Neue Aufl. Reutlingen 865. Fleischhauer & Spohn. 8. (20 S.) 1 ngr

Räthselbüchlein m. dritthalbhundert Fragen u. deren Antworten, womit man die melanchol. Mücken vertreiben u. die lange Zeit kurz machen kann. Neue Aufl. 8. (20 S.) Reutlingen 874. Fleischhauer & Spohn. — 10

Rätselbüchlein, hochinteressantes, m. mehreren 100 Fragen u. Antworten zur Vertreibung des Trübsinns u. der Langeweile f. große u. kleine Kinder. 12. (16 S.) Berlin (899). (Berolina-Versand-Buchh.) — 10

Rätselbüchlein f. Kinder, s.: Kinderbibliothek.

Räthsel-Büchlein f. wißbegier. Kinder z. Weihnachtsgeschenke. 1. u. 2. Hft. 8. (2 B. u. 2 ill. Vign.) Siegen 835, 38, [Friedrich'sche Vrlsbuchh.] 7 Gr., hrbas. Pr.

Räthsel-Büchlein für kleine Leute. Mit (8 lith.) bunten, erklärenden Bildern zur Seite. Stuttgart (856.) Thienemann. qu. 4. (2 Bl., 11 S.) 11¼ ngr

Rätzel-Büchlein, Ein gantz neues, von allerhand schönen und nachdencklichen Rätzeln, die noch nie in Druck beysammen ausgegangen. O. O. 1710. 8°. (3 Mk., stark beschn. u. fleck. Expl., Völcker, Frf. a. M., Cat. 141.)

Räthselbüchlein, neues, f. Jung u. Alt. 16. (48 S.) Styrum 891. A. Spaarmann. — 20

Rätzel Büchlein in Reimen. Dreßden 1703. 8°
Bibl. Kielmans-Egg. I. p. 617 — Mit vorigem vielleicht einerlei.

Rätzel-Büchlein, Sponnagelneues. Dreßden und Leipzig, b. Joh. Cph. Miethen. 1703. 8°.
Bibl. J. A. Fabricii V I Hamb. 1738. p. 308. — War auch in der Bibl. Hoffmann's v. Fallersleb. Lpz. 1846.
Zuerst im Frf. Herbst-M V 1702. Bl. D 2 a, erwähnt, mit Angabe des Verlegers, aber abweichend „Spannagel-neues".

Räthselfragen, heitere, s. Miniatur-Bibliothek des Nützlichen und Angenehmen.

—— scherzhafte, u. Wortspiele. (Nebst Auflösungen.) 16. (5 B.) Brandenburg 846, Müller.

— scherzhafte, u. Wortspiele. [Calembourgs.] 2. sehr verm. Aufl. 32. (87 S.) Brandenburg 849, Müller. ½ Thlr

— u. Wort-Spiele, 450 pikante originelle u. launige, zur Erheiterung u. Unterhaltung in geselligen Kreisen. 16. Bautzen 850, Reichel. Verklebt. n. ⅛ Thlr

Räthsel-Fragen, 200 scherzhafte. (2—4. Aufl.) 8. (à 1 B.) Breslau 845—47, Verlags-Comptoir. à

—— 200 scherzhafte u. überraschende, für 1 Silbergroschen. 1. Samml. 8. (1 B.) Berlin 846, Schepeler.

Räthselfragen, 200, zur angenehmen und nützl. Unterhaltung für die Jugend. 16. (32 S.) Barmen 847. [Castrop,] Falkenberg.

— u. Wortspiele, 281 belustigende, nebst Antworten. 8. (16 S.) Crefeld 851, Klein. 1 ngr

Rätselfragen u. Wortspiele, 281 belustigende, nebst Antworten. 2. Aufl. 16. (24 S.) Krefeld 882. Klein. — 10

Räthselfreund, der. Sammlung v. 150 Räthseln, Charaden ꝛc. 16. (82 S.) Münster 873. Aschendorff. — 30

Räthselgarten, poet., 310 der besten Räthsel u. Charaden, von den namhaft. deutschen Dichtern. Hrsg. v. J. Günther. 12. (8½ B.) Quedlinburg 841, Ernst'sche Buchh.

Räthselhafte, der, oder die beiden Alten, v. G. Bertrand. 2 Thle. neue Aufl. 8. Gießen, Müller.

Räthselhafte, der, od. d. beyden Alten, v. G. Bertrand. 2 Thle. 8. Lpz. Cnobloch. 811.

Rätselkalender

Räthselcalender, Wienerischer, zur Schärfung des Witzes und Aufklärung des Verstandes für die Jugend auf das Schaltjahr 1776. Wien 1776. H: *Hell, M.* (Journal von und für Deutschland 9. St., S. 751) (Bespr. Realzeitung. Wien 1776. S. 106 bis 107) (BIBLPORT)

Räthselkranz. Eine Sammlung d. sinnreichsten u. zierlichsten Räthsel, v. Fürchtegott Frauenlob u. Rosamunden v. Hochheim, beff. Braut. gr. 12. (7 B.) Leipzig 832, Kayser.
Erschien bereits 1825 u. d. T.: Poetisches Irr-Gärtchen ꝛc.

Räthselkranz enthaltend 100 der besten Räthsel und Charaden. Quedlinburg 1834. V: *Pulvermacher, Christian Leopold Julius.* (Nowack, Schles. Schriftst.-Lexikon. Breslau 1836—43. I, 128.)

Räthsel-Kranz. Ein Taschenbüchlein z. Erheiterung gesell. Vereine. Von Sincerus Sphingius. kl. 12. (6½ B.) Warendorf 840. (Münster, Deiters.) *

Räthsel-Kurzweil für Jung und Alt. Basel 863. Schneider. 16. (30 S.) 2⅓ ngr.

Räthsel-Magazin für Denkfreunde. 16. Bern 841, Jenni Sohn. ¼ ℛ

Räthsel-Pumpe, scherzhafte. Enth. 200 komische u. überraschende Räthselfragen nebst Auflösungen. 1. Hft. 32. (32 S.) Berlin 849, J. Rocca. 1½ ngr.

Rätselreime, s.: Quellen.

Räthselsammlung, neueste, als Beitrag z. Unterhaltung u. Uebung d. Scharfsinnes. 2e Aufl. 12. Pirna 819. Friese. 14 ℊ

Räthselsammlung, Neueste, als Beytrag zur Unterhaltung und Uebung des Scharfsinnes . . . Peina. 2. Aufl. 1819. H: *Ziehnert, Amand (Johann Gottlieb Amadeus).* (MGT) (Ky) (OL)

Räthsel-Schatz, deutscher. Auserlesene Sammlung von Anagrammen, Charaden, Homonymen, Logogryphen u. Palindromen. Eine Nipptisch-Gabe. 32. (159 S.) Leipzig 877. Lenz. — 75; geb. n. 1. 25

Rätselschatz, neuer. Eine Sammlg. v. Rätseln zur Unterhaltg. v. Groß u. Klein. 1. Bdchn. 12. (48 S.) Leipzig 885. Rasch & Co. — 30

Rätselschatz, neuer. Eine Sammlung von Rätseln zur Unterhaltung von Groß und Klein. 12. (48 S.) Leipzig 886, Rasch und Comp.

— reichhaltigster. Sammlung von Räthseln, Charaden, Logogryphen, Homonymen, Palindromen, Anagrammen ꝛc. nebst deren Auflösungen. 16. (121 S.) Quedlinburg 880. Ernst. n. 1. —

Räthsel-Schule, die biblische, od.: wie Onkel Salomon u. die Kinder Nüsse knackten und köstliche Kerne fanden. 16. (157 S. m. e. Holzschntaf.) Cleveland 871. (Philadelphia, Schäfer & Koradi.) geb. n. 1. 50

Räthsel-Schule, die biblische, od. wie Onkel Salomon u. die Kinder Nüsse knackten u. köstl. Kerne fanden. [Nach der amerikan. Ausg.] 16. (III, 148 S.) Nürtingen 876. Stuttgart, Verlag der Evangel. Gemeinschaft. geb. in Halbleinw. — 50; in Leinw. — 60

Räthselspiel, das große chines., f. die elegante Welt. 1e u. 2e Lieferg. Jede mit 50 Kpf. in Etui. Leipz. 818. Mag. f. Ind. (à 1 ℛ 12 ℊ) 3 ℛ

— neues chines., f. Kinder, in 24 bildl. u. alphabet. Darstellungen. Mit 7 Holztäfelchen. Pirna, Friese. 12 ℊ

Räthselspiele, unterhalt., in Fragen u. Antworten volksthümlich alt u. neu, gesammelt v. C. H. W. 12. Merseb. 824. Sonntag. (Weidemann). 5 ℊ

Raths-Entschluss, der. od. Burger-Vergleich von München über die *Handwerks-Gerechtigkeiten*, die *Verleihung der Toleranzen*, die *Bürgerrechts-Taxen* u. die *magistratischen Amts-Taxen r Jahre 1769.* Ein Beitrag z. Geschichte der bürgerl. Gewerbe in München. O. O. (München) 1804. 8°. 78 S. Tit. gestemp. Ppb.

Rathsentschluß, der, od. Bürgervergleich v. München, über die Handwerksgerechtigkeiten ꝛc. gr. 8. Münch. 804. Fleischmann. 6 ℊ

Ratsherr, d. stumme, s.: Jugendbibliothek, stenograph. 4.

Rathsherrnwahl zu Abdera od. Demokrit im Rath. 8. Berlin. (Mösle, Wien) 789.

Ratskalender

Raths-Calender oder Allmanach a. d. J. 1799. Regensburg. Zeidler. Mit allegorischer Darstellung oben, einer Ansicht der Stadt Regensburg unten und 13 Wappen von Ratsmitgliedern an den Seiten, in Kupferstich, Bernh. Gottl. Fridrich sc. Ratisbon. Ein Blatt, rot u. schwarz gedruckt. Imp.-Fol. (84,5:41,5 cm). 25.—

Des Königlichen Stuhls und der Kaiserlichen freyen Reichs-Stadt Aachen **Raths- und Staatskalender** oder Schematismus. Aachen. 4 Bde
Auf d. J. 1781. 1782. 1787. 1792.

Raths- und Stadt-Kalender, Frankfurter. 8. Frankf. Varrentrapp u. W. (ist jedes Jahr zu haben) à

Verbesserter und Neuer Nürnbergischer Raths-Calender a. d. J. 1768. Nürnberg. Joh. Jos. Fleischmann. Mit einer Ansicht der Stadt Nürnberg und mit 34 Wappen der Consules und Scabini in Holzschnitt. Ein Blatt, rot und schwarz gedruckt. Imp.-Fol. (94,5:38 cm). 20.—

Verbesserter und Neuer Nürnbergischer Raths-Calender, a. d. J. 1772. Nürnberg. Joh. Jos. Fleischmann. Mit einer Ansicht der Stadt Nürnberg und mit 34 Wappen der Consules und Scabini in Holzschnitt. Ein Blatt, rot u. schwarz gedruckt. Imp.-Fol. (93,8:40,5 cm). 25.—

Verbesserter und Neuer Nürnbergischer Raths-Calender, a. d. J. 1773. Nürnberg. Joh. Jos. Fleischmann. Mit einer Ansicht der Stadt Nürnberg und mit 34 Wappen der Consules und Scabini in Holzschnitt. Ein Blatt, rot und schwarz gedruckt. Imp.-Fol. (93,8:40,5 cm). 25.—

Verbesserter und neuer Nürnbergischer Raths-Calender, a. d. J. 1782. Nürnberg. Joh. Jos. Fleischmann. Mit einer Ansicht der Stadt Nürnberg und mit 34 Wappen der Consules und Scabini in Holzschnitt. Ein Blatt, rot u. schwarz gedruckt. Imp.-Fol. (95,5:41,5 cm). 25.—

Verbesserter und Neuer Nürnbergischer Raths-Calender, a. d. J. 1783. Nürnberg. Joh. Jos. Fleischmann. Mit der Ansicht der Stadt Nürnberg und mit 34 Wappen der Consules u. Scabini in Holzschnitt. Ein Blatt, rot u. schwarz gedruckt. Imp.-Fol. (94:41,8 cm.) 25.—

Verbesserter und Neuer Nürnbergischer Raths-Calender, a. d. J. 1788. Nürnberg, Gg. Frch. Six. Mit einer Ansicht der Stadt Nürnberg und mit 34 Wappen der Consules u. Scabini in Holzschnitt. Ein Blatt, rot u. schwarz gedruckt. Imp.-Fol. (95,1:38,8 cm). 25.—

Verbesserter und Neuer Nürnbergischer Raths-Calender a. d. J. 1789. Nürnberg, Gg. Frch. Six. Mit einer Ansicht der Stadt Nürnberg und mit 34 Wappen der Consules und Scabini in Holzschnitt. Ein Blatt, rot und schwarz gedruckt. Imp.-Fol. (93:38,8 cm). 25.—

Verbesserter und Neuer Nürnbergischer Raths-Calender a. d. J. 1793. Nürnberg, Gg. Frch. Six. Mit ein'er Ansicht der Stadt Nürnberg und mit 34 Wappen der Consules und Scabini in Holzschnitt. Ein Blatt, rot u. schwarz gedruckt. Imp.-Fol. (94,7:40,7 cm). 25.—

Verbesserter und Neuer Nürnbergischer Raths-Calender, a. d. J 1797. Nürnberg, Gg. Frch. Six. Mit einer Ansicht der Stadt Nürnberg und mit 34 Wappen der Consules und Scabini in Holzschnitt. Ein Blatt, rot u. schwarz gedruckt. Imp.-Fol. (95,5:41 cm). 25.—

Ratskalender

Des h.r.Reichs freyen Wahl-und Handels-Stadt Franckfurt a.M. verbesserter Raths-und Stadt-Calender [Ratskalender] auf das Jahr... 1735. 1770. Franckfurt a.M.:Varrentrapp 1734-69. 8°

1735: [1734.]

1770: [1769.]

Ratskeller, der Leipziger. (VII, 87 S. m. Abbildgn.) kl. 8. Leipzig 904. (Roßberg'sche Buchh.) n.n. 1.—

Rathslinie, Die Rigaische.

Riga 1857. V: *Boethführ, H. J.* (R-N)

Rats- u. Bürgerlisten der Stadt Fulda. Im Auftrage des Fuldaer Geschichtsvereins bearb. u. hrsg. v. Jos. Kartels. (272 S.) gr. 8. Fulda 904. (Fuldaer Actiendruckerei.) 5.—

Ratslisten, die Konstanzer, des Mittelalters. Hrsg. v. d. bad. histor. Kommission. Bearb. v. Konr. Beyerle. gr. 8. (VII, 252 S.) Heidelberg 898. C. Winter. n.n. 8.—

Ratsprotocolle. Die Ratsprotok' des Kant. Schwyz.... Band 2. Schwyz 1908 s. Benziger, J[oseph] C[arl]. Die Ratsprotokolle.... [Heft 2.]

Rats-Register v. Plauen. Verzeichnis der Mitglieder d. Stadt-Rates zu Plauen i. V. aus den J. 1421—1890, nebst den Bildnissen v. 9 Bürgermeistern in Lichtdr. Zur Feier d. Amtsjubiläums d. Hrn. Oberbürgermstr. Dšk. Kuntze hrsg. v. Jul. Vogel, im Auftrage d. Altertumsvereins. gr. 8. (XII, 88 S.) Plauen i/V. 891. (F. E Neupert's Verl.) n.n. 1.80

Rats-Silber, das, der Stadt Frankfurt am Main. Hrsg. vom Magistrat. (Leitung der Herausgabe: F. Luthmer.) (12 Taf. m. III S. Text.) 68×49 cm. Frankfurt a./M. 909. H. Keller. In Mappe 24.—

Rathssilberzeug, Das, der

Stadt Lüneburg ... 2. Aufl. Berlin 1878. V: *Lessing, Jul.* (Cat. d. Stadtbibl. Zürich. Zürich 1864—97.)

Gouvernements Raths Sitzungs Protokolle (der deutschen Bundesfestung Mainz) vom 18 October 1858 an bis 12. Juni 1866. Nr 202—236. (Manuscript.) Fol. Mainz 1858—1866.

Nürnberger Ratsverlässe über Kunst und Künstler im Zeitalter der Spätgotik und Renaissance ⟨1449⟩1474–1618⟨1633⟩. Von Dr Th[eodor] Hampe. Bd 1. *Wien: K. Graeser & K^ie, Leipzig: B. G. Teubner 1904.* 8° = Quellenschriften f. Kunstgeschichte u. Kunsttechnik d. Mittelalters u. d. Neuzeit. N. F Bd 11. [04. 1530

Rathsverordnungen, Frankfurter, wie sich d. Hebammen bey Beyläuferinnen zu verhalten. Fol. Frankf. Andreä. 767.

Rathswappenkalender, Frankfurter, gr. Fol. m. K. (ersch. alle Jahre) Frankf. Jäger. mit Holzschnitt.

Rattazzi, Urb., die römische Frage. Rede gehalten in den Sitzungen der italien. Deputirtenkammer am 18., 19. u. 20. Decbr. 1867. (Nach stenograph. Berichten übersetzt.) Florenz 868. Löscher. 8. (88 S.) n. 8 ngr.

Ratte, François: Der heilige Alfonsus und der Redemptoristen-Orden. Hundert Jahre nach dem Tode seines Stifters. Mit Erlaubnis der Obern. Luxemburg: P Breithof 1887. 95, 1 S. 8°

Ratte, Frz., zum Andenken an Joseph Constantin Passerat, weiland General-Vicar der Redemptoristen, einem Gottesmanne aus unserer Zeit. Mit dem Bildnisse des gottseligen Mannes. 8. (118 S.) Dülmen 880. Laumann. — 75

Ratte, François: Kurze und leichtfassliche Anleitung zum betrachtenden Gebet nach dem h. Kirchenlehrer Alphonsus. Mit Gutheissung geistlicher Obrigkeit. Dülmen 1875 64 S. 16°

— les trois dernières années de la vie de S. Ex. Msgr. l'Archevêque Nicolas Adames, premier Évêque de Luxembourg, au couvent des Rédemptoristes, trad. de l'Allemand. 8. (74 S.) Ebd. 887. n. — 75

Ratte, François: Br. Bernards, Klausners zu Falkenberg, Aphorismen über katholische Behandlung der Bibel in Theorie und Praxis. Herausgegeben von seinem Nachfolger auf der Klause. Freiburg im Breisgau 1862. – X, 1, 335 S. 8°

Ratte, François: Praktische Ascese, vorgetragen im Luxemburger Seminar. Regensburg: Pustet 1875. 8°

Ratte, Frz., praktische Ascese, vorgetragen im Luxemburger Seminar. 2. vervollständ. Aufl. gr. 8. (VIII, 368 S.) Regensburg 875. Pustet. 3. —

Ratte, François: Kleine praktische Ascetik für Kleriker. Mit bischöflicher Gutheissung. Luxemburg: Pet. Brück 1873. 125, 2 S. 8°

Ratte, Frz., erbauliche Blätter aus den Jahrbüchern der Franziscaner in der mittleren Ordenszeit [1400—1600]. Mit 1 Stahlst. Mainz 863. Kirchheim. gr. 8. (XVI, 324 S.) 1 rß

Ratte, François: Erbauliche Blätter aus den Jahrbüchern der Franziskaner der mittleren Ordenszeit (1400–1600). Mit Erlaubnis der Obern. Mit einem Stahlstiche. Mainz 1864. XVI, 324 S. 8°

Ratte, Frz., Blumen aus dem Garten des heil. Dominicus. Paderborn 865. Schöningh. 8. (VII, 310 S. mit 1 Stahlst.) 18 ngr.

Ratte, François: Brot der Engel. Vollständiges Andachtsbuch für die Verehrer des allerheiligsten Altarssakramentes. Dülmen o. J 16°

Ratte, François. Zwei B r i e f e des ehrw. P. Jos. Passerat an die jungen Ordenspriester, welche sich im Jahre 1848 zu Lüttich unter der Leitung des berühmten Missionars P. Bernard auf die apostolischen Arbeiten vorbereiteten. Luxemburg: St. Paul -Druck o. J. 7 S. 16°

Ratte, François: Ein B ü c h l e i n vom lieben Gott und seinem heiligsten Willen. Neu übersetzt aus den Schriften des heiligen Kirchenlehrers Alphons von Liguori. Nebst den notwendigsten Gebeten. Mit Gutheissung geistlicher Obrigkeit. Regensburg 1875. 288 S. 32°

— ein Büchlein vom geistlichen Leben aus den sinnreichsten Gedanken der heil. Teresia zusammengestellt u. übers. Mit 1 Stahlst. Regensburg 868. Manz. 8. (346 S.) 18 ngr.

Ratte, Frz., der Redemptorist Karl Clemens. [1816—1886.] Ein noch unbekanntes Convertitenbild. 8. (VII, 123 S. m. Bildnis in Lichtdr.) Mainz 891. F. Kirchheim. n. 1. 50

Ratte, François: D e n k s p r ü c h e zur Belebung des Glaubens vom hl. Alphons von Liguori, Bischof und Kirchenlehrer. Übersetzt und zusammengestellt von einem Priester aus der Congr. des allerhl. Erlösers. Mit dem Bildnisse des Heiligen. Mit bischöflicher Genehmigung. Dülmen [1879]. 127 S. 16°

Ratte, François: Bruder D e o - g r a t i a s aus dem Kapuzinerorden oder Leben des hl. Felix v. Cantalizio. Mit dem Bildnisse des Heiligen von Mosler. Mit Erlaubnis der Obern. Paderborn 1866. 258, 2 S. 18°

— Bruder Deogratias aus dem Kapucinerorden oder Leben des heil. Felix v. Cantalizio. Paderborn 868. Schöningh. 16. (260 S. mit dem Bildnisse des Heiligen von Mosler, in Stahlst.) 12 ngr.

– s. D r u z b i c k i, Kaspar: Der Prüfstein solider Tugend.

Ratte, François, u. Jean Ambroise Zobel: F e s t g a b e zum 25jährigen Jubiläum der heil. Familie Jesus, Maria, Joseph. Kurzer Bericht über das Collegium der Redemptoristenväter und den Verein der heil. Familie in Luxemburg, nebst einer Festpredigt. Der Erlös ist für die Jubiläumsfahne. Luxemburg: V. Bück 1877. 80 S. 8°

Ratte, Frz., eine Gebetswoche des Marien-Verehrers, der sein ewiges Heil sicher stellen will. Vom heil. Kirchenlehrer Alphonsus. 1. und 2. Aufl. 24. (48 S.) Dülmen 879, Laumann'sche Verlagsh.

Ratte, Frz., eine Gebetswoche des Marien-Verehrers, der sein ewiges Heil sicher stellen will. Vom heil. Kirchenlehrer Alphonsus. 3. Aufl. 24. (48 S.) Dülmen 880, Laumann'sche Verlagsh. *

Ratte, Frz., e. Gebetswoche d. Marien-Verehrers, der sein ewiges Heil sicherstellen will. Vom hl. Kirchenlehrer Alphonsus. 5. Aufl. 24. (48 S.) Dülmen 885. Laumann. — 15

Ratte, Frz., C. Ss. Red., e. Gebetswoche des Marien-Verehrers, der sein Heil sicherstellen will. V. hl. Kirchenlehrer Alphonsus. 7. Aufl. 16. (44 S.) Dülmen 896. A. Laumann. — 15

Ratte, François: G r u n d s ä t z e für inneres Leben und Seelenleitung zum Andenken an Joseph Constantin Passerat, weiland General-Vicar der Redemptoristen, einen Gottesmann aus unserer Zeit, gesammelt. Mit dem phototypischen Bilde Passerat's. Zweite Auflage. Dülmen 1881. 118, 1 S. 8°

— „ich weiß, wem ich glaube." Ein Bet- u. Gedenkbuch für's katholische Volk. Mit 1 Stahlst. Regensburg 868. Manz. 16. (IV, 394 S.) 12 ngr.

Ratte, François: J e s u s ist wahrhaftig da! Fünfzehn kleine Betrachtungen aus den Schriften des ehrwürdigen Peter Julian Eymard, Stifters der Genossenschaft vom heiligen Sakramente, ausgewählt und übersetzt. Dülmen o. J. 172 S. 12°

— die heilige Katharina von Genua u. ihre wunderbaren Erkenntnisse von den Seelen im Fegfeuer. 16. (94 S.) Ebend. 882. n. — 20

– Dass. Zweite Auflage. Mit kirchlicher Druckerlaubnis. Ebd. 96 S. 16°

– Dass. Dritte Auflage. Ebd. 16°

— die heil. Katharina v. Genua u. ihre wunderbaren Erkenntnisse v. den Seelen im Fegfeuer. (4. Aufl.) 16. (96 S.) Dülmen 893. A. Laumann. — 30

Ratte, Fr., kleines illustr. Lebensbild der sel. Gerard Maria Majella, Laienbruders aus d. Redemptoristenorden. (1726—1755.) Text besorgt v. R. 3. Aufl. 16. (72 S. m. 1 Farbdr.) M. Gladbach 898. B. Kühlen. — 30; geb. — 50

– Dass. Mit 12 Bildern. 3. Aufl. M.-Gladbach 1893.

Ratte, F., d. hochsel. Hrn. Erzbischofs Nicolaus Adames, 1. Bischofs v. Luxemburg, drei letzte Lebensjahre im Kloster der Redemptoristen. Mit 4 Abbildgn. in Lichtdr. 8. (118 S.) Luxemburg 887. Schamburger. n. 1. 20

Ratte, François: Christliche L e b e n s w e i s h e i t. Aus den Schriften des hl. Franz von Sales. Mit einem wahren Bildnisse des Heiligen. Mit bischöflicher Gutheissung. Dülmen [1877]. 144 S. 16°

Ratte, François: Christliche L e b e n s w e i s h e i t. Aus den Schriften des hl. Franz von Sales, Bischofs und Kirchenlehrers. Mit dem wahren Bildnisse des Heiligen. Zweite Auflage. Mit Bischöfl. Approbation. Dülmen 1878. 144 S. 16°

— christliche Lebensweisheit. Aus den Schriften des heiligen Franz v. Sales, Bischofs u. Kirchenlehrers. Mit dem wahren (Stahlst.-) Bildnisse des Heiligen. 32. (144 S.) Ebend. 878. n. — 40

— christliche Lebensweisheit. Aus den Schriften d. heil. Franz v. Sales, Bischofs u. Kirchenlehrers. Mit dem wahren Bildnisse d. Heiligen. 2. Aufl. 16. (144 S.) Ebend. 886. n. — 40

Ratte, François: N e k r o l o g der ehrwürdigen Mutter Anna, geb. Clementine von Lasaulx, Oberin der Spital-Schwestern von der hl. Elisabeth zu Luxemburg, gestorben am 28. Dezember 1877. Luxemburg: Pet. Brück 1878. 61, 1 S. 8°

— orate fratres: „Betet u. seid Brüder." Ascetische Conferenzen gehalten im Luxemburger Seminar. Luxemburg 869. Brück. gr. 8. (VI, 119 S.) 12 ngr.

Ratte, François: Feurige P f e i l e oder: Liebesbeweise, die Jeus Christus uns im Werke der Erlösung gegeben. Mit einer Einleitung über die himmlische Kunst des innern Gebetes und einer Auswahl der schönsten Bittgebete des heiligen Kirchenlehrers Alphonsus. Mit Genehmigung des hochw. Bischofs von Luxemburg. Dülmen 1880. 186, 6 S. 16°

— feurige Pfeile od. Liebesbeweise, die Jesus Christus uns im Werke der Erlösg. gegeben. M. e. Einleitg. üb. die himml. Kunst d. innern Gebetes u. e. Auswahl der schönsten Bittgebete d. hl. Kirchenlehrers Alphonsus. 2. Aufl. 16. (208 S.) Dülmen 886. Laumann. n. — 40; geb. n. — 65

– Dass. Zweite Auflage. Ebd. 1890. 205 S. 16°

Ratte, Frz., C. SS. R., der Prüfstein solider Tugend, s.: Druzbicki, Kasp.

Ratte, François: Drei Tage dem Gebet und Nachdenken gewidmet. Ein Exercizienbüchlein für Weltleute. Geschöpft und neu übersetzt aus den Schriften des heiligen Kirchenlehrers Alphons von Liguori. Nebst Gebetbüchlein. Mit Gutheissung geistlicher Obrigkeit. Dülmen o. J. V, 2, 256 S. 16°

Ratte, François: Die Tugenden des heiligen Joseph, nach den Schriften der Heiligen und Gottesgelehrten, erklärt von J. Bouvy, Priester des Redemptoristenordens. Aus dem Holländischen. Mit Gutheissung der geistlichen Obrigkeit. Mit einem Stahlstich. Regensburg 1874. XVI, 312 S. 16°

— fünftägige geistliche Uebungen, e. Handbüchlein zum Privatgebrauche zunächst f. Ordensleute. Aus Nieberle's, weil. Franziskaners v. Augsburg, Octava seraphica neu geordnet u. übers. 16. (262 S. m. 2 Steintaf.) Einsiedeln 877. Benziger. — 60

Ratte, François: Ascetische Vorträge, gehalten im Luxemburger Seminar. Dritte Reihenfolge. Regensburg 1875. 136 S. 8°
Abdr. aus: Ratte: Prakt. Ascese. 2. Aufl.

— ascetische Vorträge, geh. im Luxemburger Seminar. 3. Reihenfolge. gr. 8. (136 S.) Regensburg 875. Pustet. 1. 10

Ratte, François: Johannes Cardinal Bona's kürzester Weg zu Gott. Deutsch. Mit Erlaubnis der Obern. Paderborn 1866. XXII, 428 S. 32°

Ratte, François: Vertrauliche Zwiegespräche mit Jesus im heiligsten Altarssakramente und mit der allerseligsten Jungfrau Maria. Empfohlen von J. Th. Laurent, Bischof von Chersones. 4. Auflage. Dülmen o. J. 544 S. 16°

Ratte, H., die Gnadenquelle der Christen. Ein vollständ. katholisches Gebetbuch für Kirche u. Haus. 24. (XVI, 608 S.) Dülmen 881. Laumann. 1. 20; geb. von n. 2. — bis n. 20. —

Ratte, H., die Gnadenquelle d. Christen. Ein vollständ. kathol. Gebetbuch f. Kirche u. Haus. 16. (XVI, 528 S. m. chromolith. Titel u. 1 Stahlst.) Dülmen 884. Laumann. n. 1. 20; geb. von n. 2. — bis n. 20. —

Ratte, H., d. Gnadenquelle d. Christen. Vollst. kathol. Gebetbuch. 14. Aufl. 16. (XVI, 496 S. m. farb. Titel u. 1 Stahlst.) Ebd. 897. Geb. n. 1. —

Ratte, H.: Die Gnadenquelle des Christen. Vollst. kath. Gebetbuch von H. Ratte, Priester. 15. Aufl. Dülmen: A. Laumann [1900]. (XVI, 496 S.) 8°

Ratte, H., die Gnadenquelle des Christen. Vollständiges kathol. Gebetbuch. 16. Aufl. (XVI, 496 S. m. farb. Titel u. Titelbild.) 11,5×7,5 cm. Dülmen 908. A. Laumann. Geb. in Leinw. 1. —

Ratte, H. Die Politik Ludwig des Deutschen im Kampfe mit seinem Vater und seinen Brüdern (21) 4. Bonn 1873

Rattenberg und seine Umgebung... Rattenberg 1889. 2. Aufl. 1897. V: *Schlechter, Max & Adalbert Steiner.* (MARGR)

Rattenberg u. seine Umgebung. Hrsg. vom Verschönerungs-Vereine in Rattenberg. 8. (60 S.) Innsbruck 889. (Wagner.) n. — 40

Rattenfänger: Der Rattenfänger
⑤ 12. 3. 1902—5. 9. 1902 ⑥ 2° ⑦ monatlich 2× ⑧ St. Gallen: V Schmid (12. 3.—20. 6. 1902); Rheineck: Indermauer'sche Buchdruckerei (15. 7.—5. 9. 1902) ⑫ freisinnig, antiklerikal ⑬ BGSZ: 1045, 1047 ⑭ SG: Kb; Be: L.

Rattenfängerfest, das, in Hameln am 28. und 29. Juni 1884, zur Feier des 600jähr. Gedenktages des Auszugs der Hameln'schen Kinder. 1. und 2. vervollständ. Aufl. gr. 8. (22 S.) Hameln 884, (Fuendeling.)

Der Rattenkönig: 1853- 1860 New York, NY
Edited & published by Friedrich G. Walther

Ratten-, Mäuse- Maulwürfe- Marder- etc. Vertilger, d. unfehlbare u. untrügl. 8. Heilbronn, 1825. 2. Aufl. 1827 3. Aufl. 1828. 4. Aufl. 1845. 5. Aufl. 1846. Landherr. — 6¼

Ratten-, Mäuse-, Maulwurfs-, Wanzen-, Motten-, Flöhe- u. Mücken-Vertilger, der unfehlbare. 3e verb. Aufl. 8. Ilmenau 825, Voigt.

— Mäuse-, Maulwürfe-, Marder- ꝛc. Vertilger. 3e A. 8. Heilbr. 826. Claß. 5 gr.

— Mäuse-, Maulwürfe-Marder ꝛc. Vertilger. 3e Aufl. 8. Heilbr. 827, Claß.

Ratten-, Mäuse-, Maulwürfe-, Marder-, Wiesel-, Wanzen-, Flöhe-, Ameisen- u. Mücken-Vertilger, der unfehlbare u. untrügliche, u. wohlmeinende Rathgeber vieler sicherer Mittel zur Vertilgung u. Vertreibung der Frösche u. Kröten, Grillen u. Heimchen u. s. w. (4. Aufl. (2⅔ B.) 845. u. 5., verm. u. verb. Aufl. gr. 8. (2 B.) Heilbronn 846, Landherr. à

— Mäuse- Maulwurfs-, Wanzen-, Motten-, Flöhe- u. Mücken-Vertilger, d. unfehlbare, nebst sichern Mitteln gegen Erdflöhe, Schnecken, Raupen etc. 8. Ilmenau, 1821. 3. Aufl. 1826. 4. Aufl. 1853. 5. Aufl. 1858. Weimar. Voigt. — 10

Ratten-, Mäuse-, Maulwurfs-, Wanzen-, Motten-, Flöhe- und Mücken-Vertilger, der unfehlbare. Nebst sichern Mitteln gegen Erdflöhe, Schnecken, Raupen ꝛc. Auf 30jähr. Erfahrung gegründet. 4., verm. und verb. Aufl. 8. (IV und 494 S.) Weimar 853, Voigt.

Ratten-, Mäuse-, Maulwurfs-, Wanzen-, Motten-, Flöhe- und Mücken-Vertilger, der unfehlbare. Nebst sichern Mitteln gegen Hamster, Erdflöhe, Schnecken ꝛc. Auf 30jähr. Erfahrung gegründet. 5., stark verm. und verb. Aufl. 8. (IV und 129 S.) Weimar 858, Voigt.

Ratten- und Mäuse-, als auch Hamster-, Maulwurfs-, Raupen-, Wanzen-, Flöhe- und Motten-Vertilger, der unfehlbare. Nebst sichern Mitteln gegen viele andere dem Hauswesen, dem Acker-, Wiesen- ꝛc. Bau schädlichen Thiere, wie namentlich gegen Ackerschnecken, Maulwurfsgrillen, Heimchen ꝛc. Auf 30jährige Erfahrung gegründet. 6. verm. u. verb. Aufl. Mit 18 Abbildgn. (auf 1 lith. Taf. in 4.) Weimar 864. Voigt. 8. (IV, 148 S.) 10 ngr.

Rattermann, Heinrich Armin

-- Blüten u Stachelfrüchte Epigrammatischsatyrische u gnomische Dichtungen v H. A. Rattermann [pseud. Hugo Reinmund]. Cinci. 1890

-- Chronik d Dten Lit Clubs v Cinci. humoristischer Vortr Cincinnati, 1881

Rattermann, H. A.: Die Deutschen in der amerikanischen Geschichte. *Festrede auf dem 8. Stiftungsfest des Deutschen Pionier-Vereins, 30. Mai 1876. In: Der Deutsche Pionier. Jg. VIII. Cincinnati, O. 1876—1877. S. 109—123.*

--Der anregende Einfl d Dten auf d Entdeckung d neuen Welt, u die von ihnen ausgehende Verbreitung d Kenntnis von A. Vortr geh bei Gelegenheit d Dten Tages, in Louisv am 16 Okt 1892. Cinci, 1892.

--D deutsche Einfluß auf d Organisation u Entwicklung der amerikanischen Schule Milwaukee, 1896

--Zur Feier d goldenen Hochzeit v Gustav u Sophie Körner Festgedichte Cincinnati, 1886.

--Festrede, geh beim Pflanzen d Bismarck-Eiche in Cinci, O. 10. April 1898 Cincinnati, 1898.

--Festrede bei Gelegenheit d Dten Tages, geh z Greenville, O. am 2. Okt 1895 Greenville, 1895.

--Gedenkreden, Vorträge u Abhandl, gelesen im Dten Litt Klub v Cinci. Cinci, 1893 Ms copy in the Rattermann Coll of the U of Illinois.

--(ed). Dt-anische Gedichte d 18. Jhrhdts aus dt-anischen Zeitungen entnommen. 40-p. ms, dep in the Rattermann Coll of the U of Ill.

--Aktienmäßige Gesch d Temperenz-Gesetzgebung im Staate Ohio. Cinci, 1889.

Rattermann, Heinrich. Geschichte der deutschen Gemeinde der Hoffnungsvollen Kirche in Boone County, Kentucky. Cincinnati, 1880.

--Gesch d Dten Lit Klubs v Cinci, O. Cincinnati, 1887

Rattermann, H. A., Geschichte d. großen amerikanischen Westens. Nach Quellen bearb. 1. Thl.: Von der Entdeckg. Amerika's bis zur Organisation der älteren Staatengruppe. [Abdr. d. „Volkskalender" f. 1876.] gr. 8. (III, 115 S.) Cincinnati, O. 1875. (Philadelphia 876. Schäfer & Koradi.) n. 3. —

--Andreas Gross, eine biographische Skizze Cincinnati, 1883

--Dr Johann Martin Henni, erster Bischof und Erzbischof v Milw Eine biog Skizze Cinci, 1882. Also in D dte Pion, v13 (1881-82) 379-86, 440-453, v14 (1882-83) 22-30, 62-68.

--Historia von d Ursprung und Wachstume Dte Lit Klub v Porkopolis, dessen Gesch vor drei Jahren anhub. Cincinnati, 1880

Gustav Körner, Deutsch-amerikanischer Jurist, Staatsmann, Diplomat und Geschichtschreiber. Ein Lebensbild, nach s. unveröffentl. Autobiogr., seinen Schriften u. Briefen bearb. .. von **H. A. Rattermann.** *Chicago: (Deutsch-Amerik. Hist. Ges.) 1903.* (S. 221–386.) 4°(8°) [F.]
Aus Rattermann Gesamm. Werke. Bd 11
— **Geschichtsblätter,** Deutsch-Amerikanische. Jg. 3. Beil. [04.18] 4

--Ein Leitfaden der dt-anischen Gesch. Vortr vor d Dt-Anischen Lehrertag, Chi, 2 Aug, 1883. Cinci, 1883. Also in D dte Pion, v15 (1883-1884) 179-89.

--and others. Gotthold Ephraim Lessing. Feier des 100 jhr Todestages desselben im Dten Lit Klub von Cinci. Cinci, 1881 Also in D dte Pion, v12 (1880-81) 467-81

--(ed) Deutsch-anisches Magazin. 1v Cincinnati, 1887

--Gen August Moor Ein Lebensbild. Cinci, 1885

--Das unterbrochene Opferfest; große romantische-heroische Oper in 2 Akten. Von Ch. F Huber neu verändert in Szene gesetzt v H. A. Rattermann Cincinnati, 1870.

--Anna Ottendorfer; eine dt-anische Philanthropin; biographische Skizze. Cincinnati, 1885

--Vater Rhein. Sonettkranz zum Maskenzug des Cinci Orpheus den 12. Feb 1872 Cincinnati, 1872

--Emil Rothe Sein Charakter, sein Leben u Wirken, dargestellt in den bei seiner Leichenfeier gehaltenen Reden Cincinnati, 1895.

--Theodor Sittel. Dt-anischer Arzt u Physiologe. Denkrede, geh im Dten Litt Klub v Cinci, am 18. Okt 1905. Cincinnati, 1911

Johann Bernhard Stallo, Deutsch-amerikanischer Philosoph, Jurist und Staatsmann. Denkrede, geh. im Deutschen Litt. Klub von Cincinnati 1901, von H A **Rattermann.** *Cincinnati, Ohio: Selbstverl. 1902.* (54 S.) 8° [F.] [02. 5904

--Die Stellung d Dten in d pol Parteien. Cincinnati, 1884.

--Adolph Strauch, der Begründer d landschaftlichen Friedhöfe. Eine biog Skizze Cincinnati, 1884.

--Karl August Varnhagen v Ense. Ein Lebensbild Cinci, 1885

Rattermann, Heinrich A. Die Vehme im Froschreiche: Fastnachtsschwank. Cincinnati, 1869. UC

--Die deutsche gegenseitige Versicherungs Gesell v Cinci. Denksch z 25-jhr Bestehen 10 Mai 1858 - 10. Mai 1908. Cinci, 1908.

Nord-amerikanische Vögel in Liedern. Für Familien- u. Schulgebr. Von H[einrich] A[rmin] **Rattermann.** Cincinnati, O.: Selbstverl. 1904. (136 S.) 8° [F.] [07. 11709

--Gen Johann Andreas Wagener: Eine biog Sk. Cinci, 1877

Rattermann, H. A. (Hugo Reimmund), gesammelte ausgewählte Werke. 1., 2., 4., 5., 8. u. 9. Bd. gr. 8. Cincinnati, O. (S. W. Cor. 12. and Walmut Streets), Selbstverlag. Geb. in Leinw. à 6. —
1. Oden, Lieder u. Gedichte vermischten Inhalts. 1. Thl.: Oden u. Lieder. (V, 394 S. mit Bildnis.) 908.
2. Balladen, Romanzen u. Gedichte vermischten Inhalts. 2. Thl.: Balladen, Romanzen u. vermischte Gedichte. (V, 419 S. m. Bildnis.) 906.
4. 5. Aphorismen u. Agrionien. Denksprüche u. Räthsel in Prosa u. Versen. 2 Thle. (308 u. 345 S.) 898. 908.
8. Denkreden u. Vorträge, geh. im deutschen litterar. Klub v. Cincinnati O. 1. Thl.: Shakspeareana, Musiker- u. Künstler-Biographien u. Vorträge. (421 S.) 910.
9. Dasselbe. 2. Thl. Einzelnes aus der deutschen Literaturgeschichte von Opitz bis Geibel. (437 S.) 910.

--Gesammelte ausgewählte Werke. 12v Cincinnati, 1906-14.

--Wie ist die passive Stellung d meisten dt-anischen Lehrer dem Lehrerbunde gegenüber zu beurteilen? Cincinnati, 1885.

--Adolph Zipperlen: Dt-anischer Arzt, Zoologe, Humorist u Reiseschriftsteller Denkrede geh im Dte Litt Klub in Cinci am 31 März 1905. Cincinnati, 1905.

Ratthay, Geo., memoria regum et bannorum regnor. Dalmatiae, Croatiae etc. 8. maj. Viennae, Cannesina. 772.

Ratthay de Nagy Tabor, Graf, memoria regum et bannorum. regnor. Dalmatiae, Croatiae etc. 8maj. Wien 772. (Heubner). 1 ₰ 8 gr.

Ratti, Giov., Pietro Aretino nella leggenda e nella storia, s.: Diskussionen, Zürcher, Nr. 1.

Ratti, Guido, aus Jauer: Ueber Behandlung der Kompressionsmyelitis bei Caries der Wirbelsäule mit Extension. *Berlin (1898): E. Ebering.* (30 S.) 8°
Berlin, Med. Diss. v. 11 Nov. 1898

Ratti, Johs. Maria, Uebung der Frömmigkeit für Mütter u. Kinder. Ein kathol. Gebet- u. Lehrbüchlein nach dem Ital. 18. (VI u. 300 S.) Mainz 852, Kirchheim & Schott. 1/6 ₰

Raettig, A., zur Heimathskunde. Die Herzogthümer Mecklenburg in geschichtl. u. geograph. Bildern. [Anh. zu dem vaterländ. Lesebuch f. die evangel. Volksschule Norddeutschlands] 3. erweit. u. bericht. Aufl. gr. 8. (64 S.) Halle 876. Buchh. d. Waisenh. n. — 40

Raettig, A., zur Heimatskunde des Großherzogth. Mecklenburg, s. Keck, H., u. C. Johansen, norddeutsches Lesebuch.

Raettig, A., Mecklenburg in geschichtlichen u. geographischen Bildern. 5. Aufl. gr. 8. (65 S.) Halle 884. Buchh. d. Waisenhauses. n. — 40; als Anh. zum Norddeutschen vaterländ. Lesebuch n.n. — 25

Raettig, A., Mecklenburg in geschichtlichen u. geographischen Bildern. gr. 8. (66 S.) Halle 888. Buchhandlg. d. Waisenhauses. n. — 40; als Anhang zum Vaterländischen Lesebuch n.n. — 25

Raettig, A., Mecklenburg in geschichtlichen u. geograph. Bildern. 7. Aufl. (Vaterländ. Lesebuch, Anh.) gr. 8. (66 S.) Halle 895. Buchh. d. Waisenhauses. n. — 40

Raettig, A., die Großherzogthümer Mecklenburg in geschichtlichen und geographischen Bildern. 4. revid. Aufl. gr. 8. (65 S.) Halle 880, Buchh. des Waisenhauses. *

Rättig, Agnes, siehe: Gedichte.

Rättig, Agnes, Kassandra. Episch-lyrisches Gedicht. (VIII, 224 S.) Berlin 871. Leipzig, Fest. n. 3. —

Rättig, Agnes, Kassandra. Episch-lyrisches Gedicht. 16. (VIII, 224 S.) Berlin 871, Schlingmann. *

Rättig, Agnes [Frau A. Schlingmann], das Recht der Thiere. Berliner Mittheilungen [im Lichte des Thierschutzes]. gr. 8. (32 S.) Hannover 884. Schmorl & v. Seefeld. n. — 50

Rättig, August (geb. Züllichau 4. 10. 1850): Ueber Parasiten des Froschblutes. Berlin (1875). (29 S.) 8°
Berlin, Med. Diss. v. 13. März 1875

Löbner, Heinr.: Nachruf an den vielgeliebten Br. Heinr. Löbner, gehalten an seinem Sarge im Logenhause zu Brandenburg (Havel) am 2. Febr. 1899 vom Br. [Berthold] Rättig. [Brandenburg a. H. 1899: Wiesike.] 4 Bl. 8° [Umschlagtit.]

Rättig, C., das Kommen des Herrn in Seiner Kirche. Eine Predigt, gehalten am 1. Advents-Sonntage 1844 in der Schloßkirche. gr. 8. (1 1/4 B.) Königsberg, Voigt. Thlr. *

Rättig, C., das Kommen des Herrn in Seiner Kirche. Eine Predigt, gehalten am 1. Advents-Sonntage 1844 in der Schloßkirche. gr. 8. Königsberg 845, Voigt. n. 1/6 ₰

—— zehn Predigten. 8. (9 3/4 B.) Gumbinnen 845, (Bönig.)* -

—— authentischer Protest der evangel. Kirche gegen die den symbol. Schriften angedichtete Geltung, als Beweis, daß die sogenannten symbol. Schriften nicht Bekenntniß-Schriften der evang. Kirche sind u. eben so wenig für Lehr-Vorschriften in derselben gelten können. gr. 8. (5 1/2 B.) Gumbinnen 845, Bönig.

—— die Zerstörung der Kraft des Evangeliums in der Kirche des Herrn, Predigt am 20. Sonnt. n. Trin. 1844 in der altstädtischen Kirche zu Gumbinnen gehalten. gr. 12. (1 B.) Königsberg 845, Voigt. *

Rättig, Carl, s. Rättig, Karl

Rättig, Ernestus. • Nonnulla loca, quae leguntur in Ciceronis de natura Deorum libris, inprimis in I. libri priore parte examinantur et vindicantur 39 Bl. 8° (4°)
Halle-Wittenberg, Phil. Diss. v [11. Dez. 1822]
Geb. [Züllichau 7. 1. 1796]

Rättig, H., G. E. Lessing's Bedeutung für unsere Zeit. Vortrag, geh. am 27. Febr. 1860. gr. 8. (16 S.) Torgau 881. (Jacob.) n. — 20

Rättig, Katechismus und Spruchsammlung für unsere Kinder. 4. Aufl. 8. (39 S.) Torgau 873, Jacob. *

Rättig, H., Katechismus u. Spruchsammlung f. unsere Kinder. 6. Aufl. 8. (40 S.) Torgau 887. Friedr. Jacob. cart. n. — 40

Rättig, Spruchsammlung für unsere Kinder, s. Spruchsammlung.

Rättig, Spruchsammlung für unsere Kinder. 3. Aufl. Torgau 867. Jacob. 8. (31 S.) cart. n. 2 1/2 ngr.

Rättig, H. Tiberius Nero Caesar im Verhältniß zu der fürstlichen Familie. 24 S. . . . .
Wittenberg, Progr. 1841

Raettig, Carolus Hermannus: • Commentatio de causis, quibus commotus Constantinus Magnus ad christianorum partes se contulerit. 30 S. 4°
Halle-Wittenberg, Phil. Diss. v. 25. Aug. 1827
Geb. [Züllichau (Neumark) 22. 12. 1804]

Raettig, Hugo, Arzt in Dresden: Statistische Mitteilungen über das Vorkommen der übertragbaren Geschlechtskrankheiten in Rostock für den Zeitraum 1897—1903. Rostock 1908: Adlers Erben. (34 S.) 8°
Rostock, Med. Fak., Ref. Pfeiffer, Diss. v. 23. Mai 1908
[Geb. 15. Juli 73 Wismar; Wohnort: Demitz-Thumitz b. Dresden; Staatsangeh.: Mecklenburg-Schwerin; Vorbildung: Gymn. Wismar Reife M. 92; Studium: Rostock 13 S.; Coll. 4. Sept. 06; Approb. 12. März 00.]

Rättig, Karl

Rättig, Carl, für Gesetz u. Recht im Gustav-Adolf-Vereine u. gegen Hrn. Dr. de Wette's Apologie der Berliner Irregularitäten nach den Grundsätzen der Baseler Logik. Zugleich mit Berücksichtigung der Vota der Hrn. Prof. Dr. Lücke u. Dr. Ullmann. gr. 8. (112 S.) Potsdam 847, Stuhr. 12 ₰

Rättig, Karl Hermann, s. Rättig, Hermann

Rattinger, D., der Papst u. der Kirchenstaat, s. Encyclica, die, Papst Pius IX.

Rattinger, Jos., der Dammbau als wesentliches Förderungsmittel der Landwirthschaft. 8. (12 3/4 B., 6 Tab. u. 2 Stnt.) Würzburg 844, Voigt u. Mocker. * -

Rattinger, Karl K., die Nutzhölzer der Vereinigten Staaten. Ihre Handels- u. Lokalbezeichngn., botan. Charaktere u. Verbreitungsgebiete. I. Tl.: Die Nadelhölzer. Speziell f. den Holzhandel bearb. Nach Mitteilgn. der „Division of forestry", U. S. Department of agriculture, Washington. (VIII, 43 S.) gr. 8. Wiesbaden 910. Darmstadt, Forstbüro Silva. 1.50

Rattke, Robert, a. Wilhelmshaven: Die Abstraktbildungen auf -heit bei Meister Eckhart und seinen Jüngern. Ein Beitrag zur Geschichte der deutschen wissenschaftlichen Prosa. ⟨Teildruck.⟩ Berlin 1906: E. Ebering (42 S.) 8°
Jena, Phil. Fak., Ref. Michels, Diss. v. 30. Juni 1906
[Geb. 26. Sept. 81 Sandau, Kr. Jerichow; Wohnort: Sandau; Staatsangeh.: Preußen; Vorbildung: Gymn. Wilhelmshaven Reife O. 00; Studium: Göttingen 3, Berlin 2, Jena 5 S.; Rig. 15. Juli 05.]

Rattke, W., Leitfaden f. den geometrisch-propädeut. Unterricht. gr. 8. (V, 29 S. m. eingedr. Fig. u. 2 Taf.) Hannover 886. Helwing's Verl. n. 1. —

Rattke, W Methodik des neusprachlichen Unterrichts von W Rattke, Rektor, Wilhelmshaven. Leipzig & Berlin: Teubner 1906. V, 98 S. 8°
(Methodik d. Volks- u. Mittelschulunterrichts. 1, 4.)

Rattke, W., Übungsaufgaben f. den propädeutischen Unterricht in der Geometrie. Als Ergänzg. zu seinem „Leitfaden f. den geometrisch-propädeut. Unterricht" hrsg. gr. 8. (23 S.) Hannover 887. Helwing's Verl. n.n. — 25

Rattke W.: Die Verbreitung d. Pflanzen im allgemeinen u. besonders in Bezug auf Deutschland. Hann. 1884. 135 S.

Rattner, Karl

Rattner, Carl [aus Mohilew a. Dniepor]: Ueber das Isopropylphenylketon. Zur Kenntniss der negativen Natur organischer Radicale . . Leipzig, Druck v. Hesse & Becker, 1888; 37 + 1 S. 8°
Göttingen, Phil. Fak., Inaug.-Diss. v. 30. Apr. 1888

Rattner, C., üb. das Isopropylphenylketon. Zur Kenntniss der negativen Natur organischer Radicale. gr. 8. (37 S.) Leipzig 888. Fock. n. — 75

Rattner, Zacharias, approb. Arzt aus Memel: Practische Versuche am Krankenbett über die diuretische und antihydropische Wirkung des Theocin ⟨Theophyllin⟩. *Würzburg 1903: V. X. Seubert.* (50 S.) 8°
Würzburg, Med. Diss. v 1903

Rattwitz, Carl Friedrich (Kamenz/Lausitz), De descriptione typis confecta cum in genere, tum quoad sigma musices in specie meditationes quaedam, ex naturali potissimum jure deductae. Leipzig (G. Mareti) 17. IV. 1828. 26 S. (4.—) 27687
Gew.: Carl Friedr. Christian Schunden.

Ratuszny. Anton: Tolstoj's sociale Anschauungen, insbesondere seine Eigentumslehre und ihr Verhältnis zur Lehre P. J Proudhons. Lemberg 1905. 118 + 2 S. 8°.
Freiburg i. Schw. Phil. Diss. 1905-1906.

Ratuszny, Anton. (Leo) Tolstoj's sociale Anschauungen, insbesondere seine Eigentumslehre und ihr Verhæltniss zur Lehre P[ierre-] J[oseph] Proudhons. Diss. Phil. Freiburg in der Schweiz. [Von] Rat' Anton. 120 S. 8. Lemberg, Buchdr. «Polonia», 1905.

Rátz, Alex., der belagerungsmässige [förmliche] Angriff gegen moderne Festungen vom strategischen, taktischen, artilleristischen u. fortifikatorischen Standpunkte. Mit einer (lith.) Taf. gr. 8. (VIII, 216 S.) Olmütz 881. Grosse in Comm. n.n. 3. 80

Ratz, C. E. J., alttestamentliche Psalmen in neutestamentlichen Liedern. 8. (VIII, 280 S.) Gotha 890. Schloeßmann. n. 2. 60; geb. n. 3. 60

Ratz Florian, Dr.: Über das Cinchotenin. S. 103. IIb. 477 . . . . vgr.
Separatabdruck

— Über die Einwirkung der salpetrigen Säure auf die Amide der Malonsäure und ihrer Homologen. 1. Abhandlung. 1. Teil. S. 112. IIb. 849 vgr.
— — 1. Abhandlung. 2. Teil. S. 113. IIb. 811 vgr.
Separatabdruck

— Über Nikotin und dessen optisches Drehungsvermögen. 1. Mitteilung. S. 114. IIb. 777 vgr.
Separatabdruck

— Über Nitroazetamid S. 114. IIb. 903 vgr.
Separatabdruck

Ratz, Fritz, Referendar a. Straßburg i. E.: Die erweiterte Rechtskraft. Borna-Leipzig 1908: R. Noske. (VIII, 91 S.) 8°
Heidelberg, Jur. Fak., Ref. Heinsheimer, Diss. v. 1908
[Geb. 9. Febr. 84 Saargemünd (Lothr.); Wohnort: Straßburg i. E.; Staatsangeb.: Elsaß-Lothringen; Vorbildung: Gymn. Mühlhausen Reife M. 03; Studium: Straßburg 2, Berlin 1, Straßburg 5 S.; Rig. 28. Febr. 08.]

Ratz, Heinrich, appr. Arzt aus Fürth i. B.: Therapeutische Untersuchungen über Glykosal. *Erlangen 1903: E. Th. Jacob.* (36 S.) 8°
Erlangen, Med. Diss. v. 26. März 1903

Ratz, Hermann [approb. Arzt aus Ostheim]: Über die Exarticulation des Unterschenkels im Kniegelenke . . . . Freiburg i. B., Univ.-Buchdr v. H. M. Poppen & Sohn, 1885; 23 S. 8°.
Freiburg i. B., Med. Fak., Inaug.-Diss. v. 1885.

Ratz, Hermann, über die Exarticulation des Unterschenkels im Kniegelenke. Diss. Freiburg i. B. 1885, Fr. Wagnersche Univ.-Buchh. 8°. 23 S.

Ratz, Karl, cand. med. aus Equarhofen: Ein Beitrag zur Casuistik der congenitalen Okklusionen des Dünndarmes. *Erlangen 1899: E. Th. Jacob.* (20 S.) 8°
Erlangen, Med. Diss. v. 7. Juli 1899 (hs.: 1898)

Ratz, Rudolf [app. Arzt aus Ottmannshausen bei Weimar]: Ueber Fieber bei Enteritis acuta. . . Wurzburg, P. Scheiner's Buchdr., 1890; 21 S. 8°
Würzburg, Med. Fak., Inaug.-Diss. v. 1890

Rátz, Stef. v., s.: Fauna, die, d. Balatonsees.

— — Zur Frage der Ankylostomiasis des Pferdes. S.-A. Ebd. 98.

Rátz, Stef. v., Leberegel in d. Milz d. Schafes. S.-A. Jena 98. Fischer.

— — Parasiten im Magen des Schweines. S.-A. Ebd. 99.

— — Über die pathogene Wirkung d. Barbonebakterien. S.-A. Ebd. 96.

Raetz, d. 2. Lesung d. Entw. e. B.G.B. u. Gegenüberstellung d. 1. Lesung. 2 Bde. 894—96.

Raetz, Otto: Über die Stellung der Hs. V ⟨Paris B. N. Nouv. acq. 10051⟩ in der Überlieferung der Geste des Loherains. Greifswald 1909: Adler. 69 S. 8°
Greifswald, Phil. Diss. v. 12. Aug. 1909, Ref. Stengel
[Geb. 5. Okt. 85 Berlin; Wohnort: Charlottenburg; Staatsangeh.: Preußen; Vorbildung: Städt. Oberrealsch. Charlottenburg Reife M. 03, Lateinvorprüfung Greifswald Dez. 08; Studium: Berlin 7, Greifswald 3 S.; Rig. 1. Mai 09.]
[U 09. 1554

Raetz, Otto, Wegweiser f. Hausbesitzer, s.: Thiele, Carl.

Rätz, Theodor

Raetz, Thdr., Anleitung zur Anfertigung dauerhafter und schöner Anstriche auf Stein, Metall, Holz u. Kalkputz. Berlin 855. R. Kühn. gr. 8. (39 S.) n. 7½ ngr

Raetz, Th., praktische Anleitung zur Projektions-Lehre für Kunst- und Gewerbe-Schulen wie auch zum Selbst-Unterricht für Bau-Eleven, Maurer, Zimmerleute ꝛc. Mit 8 (lith.) Fig.-Taf. Berlin 864. C. Heymann. gr. 4. (IV, 20 S.) 15 ngr

Raetz, Th., praktische Anleitung zur Projections-Lehre für Kunst-, Gewerbe- und Fach-Schulen, wie auch zum Selbst-Unterricht für Bau-Eleven, Maurer, Zimmerleute ꝛc. 2. verb. Aufl. gr. 4. (24 S. mit 8 lithogr. Fig.-Taf.) [Berlin 879, Bichteler und Comp.] Straßburg, Schultz und Comp.

Raetz, Th., praktische Anleitung zur Projektions-Lehre f. Kunst-, Gewerbe- u. Fach-Schulen, wie auch zum Selbstunterricht f. Bau-Eleven, Maurer, Zimmerleute ꝛc. Mit 8 (lith.) Fig.-Taf. 3. Aufl. gr. 4. (24 S.) Straßburg 883. Schultz & Co. 1. 50

—— praktische Anleitung zur Schatten-Construction für Kunst- und Gewerbe-Schulen wie auch zum Selbst-Unterricht für Bau-Eleven, Maurer, Zimmerleute ꝛc. gr. 4. (16 S. mit 6 lithogr. Fig.-Taf.) Berlin 864, C. Heymann's Verlag.

— Atlas zur Geometrie für Künstler und Handwerker. 8. Auflage. Berlin 1879

Raetz, Theod., Atlas der neuesten u. modernsten Zeichnungen f. Bau- u. Möbel-Tischler. 12 Lfgn. qu. f. (48 Stnt.) Berlin 843, 44, Heymann. à * 7½ Ngr. *

Raetz, Th., Geometrie u. deren Anwendung auf das technische Gewerbe f. Künstler u. Handwerker (Bau-Eleven, Klempner, Kupferschmiede, Maurer, Maschinenbauer, Mechaniker, Mühlenbauer, Schlosser, Steinmetzen, Tischler, Zimmerleute ꝛc.). Ein Lehrbuch f. den Schul- u. Selbstunterricht mit e. Atlas, enth. 465 Fig. auf 22 Taf. 10., verb. Aufl. gr. 8. (IV, 107 S. m. Fig.) Straßburg 894. Straßburger Druckerei u. Verlagsanstalt. Kart. n. 4 —

Raetz, Theod., Geometrie f. Künstler u. Handwerker. Ein Lehrb. z. Selbstunterr. gr. 8. (9¾ B. u. 19 Stnt.) Berlin 841, (Heymann.) *

—— Geometrie f. Künstler u. Handwerker. Ein Lehrbuch zum Selbstunterricht. 2., verb. u. verm. Aufl. gr. 8. (11½ B. u. 20 Stnt. mit 356 Fig.) Berlin 842, Heymann. *

Raetz, Theod., Geometrie für Künstler und Handwerker insbesond. für Architekten, Gürtler, Klempner u. m. A. Ein Lehrbuch zum Selbstunterricht. Mit 356 Fig. 3., verb. und verm. Aufl. gr. 8. (VIII und 176 S. mit 20 Stnt.) Berlin 848, (Geelhaar.) *

—— Geometrie für Künstler und Handwerker oder prakt. Anwendung der Geometrie und des geometr. Zeichnens auf die techn. Gewerbe. Zum Gebrauch für Bau-Eleven, Klempner, Kupferschmiede ꝛc. Ein Lehrbuch für den Schul- und Selbstunterricht. 4., gänzlich umgearb. und bedeutend verm. Aufl. 1. Lfg. gr. 8. (S. 1—64 mit 4 Stnt. in qu. gr. 4.) Berlin 852, (C. Heymann.)

Raetz, Th., Geometrie für Künstler und Handwerker oder praktische Anwendung der Geometrie und des geometrischen Zeichnens auf die technischen Gewerbe. Zum Gebrauch für Bau-Eleven, Klempner, Kupferschmiede, Maurer ꝛc. Ein Lehrbuch für den Schul- und zum Selbstunterricht. 5., gänzlich umgearb. und bedeutend verm. Aufl. 4 Lfgn. gr. 8. (216 S. mit 22 Stnt. in qu. 4.) Berlin 857. 58, (C. Heymann's Verlag.) à Lfg. * 10 Ngr. *

Raetz, Th., Geometrie für Künstler u. Handwerker oder prakt. Anwendung der Geometrie u. des geometr. Zeichnens auf die techn. Gewerbe. Zum Gebrauch für Bau-Eleven, Klempner, Kupferschmiede ꝛc. Ein Lehrbuch für den Schul- u. zum Selbstunterricht. 6., gänzlich umgearb. u. bedeutend verm. Aufl. Berlin 865. (C. Heymann's Verl.) gr. 8. (VI, 202 S. mit 465 Figg. auf 12 Steintaff. in qu. 4.) n. 1 ₰ 10 ngr.

Raetz, Th., Geometrie f. Künstler u. Handwerker od. prakt. Anwendg. der Geometrie u. d. geometr. Zeichnens auf die techn. Gewerbe. Zum Gebrauch f. Bau-Eleven, Klempner, Kupferschmiede ꝛc. Ein Lehrbuch f. den Schul- u. zum Selbstunterricht. Mit 465 Figuren auf 22 (lith.) Taf. (in 4.) 7., nach dem neuen Metermaße umgearb. u. bedeutend verm. Aufl. gr. 8. (VIII, 120 S.) Berlin 873. Bichteler & Co. n. 5. —

Raetz, Th., Geometrie für Künstler und Handwerker oder prakt. Anwendung der Geometrie und des geometr. Zeichnens auf die techn. Gewerbe. Zum Gebrauch für Bau-Eleven, Klempner, Kupferschmiede ꝛc. Ein Lehrbuch für den Schul- und zum Selbstunterricht. 7., nach dem neuen Metermaße umgearb. und bedeutend verm. Aufl. gr. 8. (VIII, 120 S. mit 465 Fig. auf 22 lithogr. Taf. in 4.) Berlin 873, Imme's Verlag. [Bichteler und Comp.] *

— Geometrie für Künstler u. Handwerker oder praktische Anwendung der Geometrie u. des geometrischen Zeichnens auf die technischen Gewerbe. Zum Gebrauch für Bau-Eleven, Klempner, Kupferschmiede ꝛc. Ein Lehrbuch für den Schul- u. zum Selbst-Unterricht. Mit 465 Fig. auf 22 (lith.) Taf. (in qu. gr. 4.). 8., nach dem neuen Metermaße umgearb. u. bedeutend verm. Aufl. gr. 8. (VIII, 120 S.) Ebend. 879. cart. n. 5. —

— Geometrie f. Künstler u. Handwerker oder prakt. Anwendg. der Geometrie u. d. geometr. Zeichnens auf die techn. Gewerbe. Zum Gebrauch f. Bau-Eleven, Klempner, Kupferschmiede ꝛc. Ein Lehrbuch f. den Schul- u. zum Selbstunterricht. Mit 465 Fig. auf 22 (lith.) Taf. (in 1 Bd. cart.). 9. Aufl. gr. 8. (VIII, 120 S.) Ebend. 883. cart. n. 5. —

—— Lehrbuch der Quadrat- u. Kubikrechnung zum prakt. Gebrauch f. Maurer, Zimmerleute, Tischler, Steinmetz, Klempner, Dachdecker u. m. A. 8. (10 B. u. 4 Figurentaf.) Berlin 844, (Heymann.) *

—— Lehrbuch der Quadrat- und Kubikrechnung zum praktischen Gebrauch für Maurer, Zimmerleute, Tischler u. m. A. 2., verb. Aufl. gr. 8. (VI und 146 S. mit mehreren Tab. und 4 lithogr. Figurent.) Berlin 855, (C. Heymann.) *

— Lehrbuch der geometrisch-technischen Zeichnenkunst oder prakt. Anleitung zur Projections- u. Schattenlehre für Bau-Eleven, Maurer, Zimmerleute ꝛc. überhaupt für alle, bei deren Kunst oder Gewerbe das geometr.-techn. Zeichnen erforderlich ist. 1. Thl.: Die Projectionslehre. Mit 16 (lith.) Figurentaf. gr. 4. (IV u. 60 S.) Berlin 847. (Geelhaar.) n. 1 ₰

— s. Perrot, Beschreibung der Mechanik.

—— J. B. v. Vignola's Säulen-Ordnungen für Kunst- und Gewerbe-Schulen wie auch zum Selbst-Unterricht für Bau-Eleven, Maurer, Zimmerleute ꝛc. gr. 4. (12 S. mit 10 lithogr. Fig.-Taf) Berlin 864, C. Heymann's Verlag.

—— die Schule des Schlossers oder Anleitung zur Erlernung des Zeichnens und Berechnens der Schlosser-Arbeiten, Anfertigung der Bau-Anschläge, Contracte, Rechnungen und Quittungen, Kenntniß der Metalle u. m. A. gr. 8. (IV und 84 S. mit 128 eingedr. Holzschn.) Berlin 855 (56,) (C. Heymann.) *

—— allgemeine praktische Treppenbaukunst, z. Gebrauch f. Zimmerleute, Tischler u. a. Baubeflissene, nebst e. Anhange, enthaltend: verschiedene nützliche Anweisungen u. Rezepte zum Beizen u. Poliren des Holzes ꝛc. (3 Lfgn.) gr. 8. (7 B. u. 18 Stnt. in qu. ½ Fol.) Berlin 842, (Heymann.) à Lfg. * 15 Ngr.) *

—— Vorbereitung zur Meister- und Gesellenprüfung der Klempner. gr. 8. (IV und 84 S. mit 150 eingedr. Holzschn.) Berlin 855, (C. Heymann.) *

—— Vorbereitung zur Meister- und Gesellenprüfung für Klempner. 2. Aufl. gr. 8. (IV und 76 S. mit eingedr. Holzschn. und 4 lithogr. Fig.-Taf. in gr. 4.) Berlin 863, (C. Heymann's Verlag.) *

– s. Zeitschrift, technische, für Klempner ꝛc.

Raetzdorff, Johann Samuel (Magdeburg), De morbo periodico generatim. Diss. med. Präs. Andreas Elias Büchner. Halle / Saale (Curt) 2. I. 1754. 48 S. (4.—) 27552
Widm. v.: Adam Nietzki, Leopold Friedrich Arnold Wisselink.

Rätze, Carl, s. Rätze, Karl

Rätze, Johann Gottlieb

— Ansichten v. d. Natürl. u. Uebernatürl. in der christl. Relig., n. e. Beurth. d. Schr.: Ueb. d. Religionsreden an die Gebildeten unter ihren Verächtern. 8. Zitt. Schöps. 803.

Rätze, Jh. Gli., Auszug aus d. neuen Testam. nach d. Zeitfolge u. Inhalt geordnet. 8. Zittau 807. Schöps. 20 gl Hbg. Pr. 10 gl

— Beylage z. Kants Kr. d. prakt. Vern. gr. 8. Chemnitz, Hoffmann. (Mauke.) 794.

— Beilage zu Kants Kritik d. prakt. Vernunft. gr. 8. Chemn. 794. (Starke). 10 gl

Rätze, Joh. Gtli., Beilage zu Hrn. D. Hahns Sendschreiben an Hrn. D. Bretschneider. Nebst e. Darstell. d. Unterschieds zwischen d. Religionsphilosophie d. Offenbarung u. d. Theologie. gr. 8. (5½ B.) Zittau 832. [Leipzig, Taubert.]

J. Gli. **Rätze**'s Betrachtt. üb. d. Kant. Rel. inn. d. Gr. d. bl. V. nebst e. Abhandl. üb. d. Skepticism. überh. u. üb. d. Kant. Sk. insbesond. *Chemnitz*, Hoffmann. 794. gr 8° 16 gl

— Betrachtt. üb. die Kantische Religion innerhalb d. Grenzen der bloßen Vernunft. gr. 8. Chemn. 794. (Mauke); (auch Starke das.) 16 gl Schrbp. 20 gl

— Betracht. üb. Kants Schr. d. Relig. innerh. d. Gr. x. gr 8. Ebend. 794.
Schreibp.

J. Gli. **Rätze**'s Kantische Blumenlese, od. solche Stellen a. K—'s Schrr., die f. Jederm. fassl., interess. u. lehrr. sind; nebst e. Abh. üb. d. Hauptresultate d. Kant. Philosoph. 1s Bdch. *Zittau*, Schöps. (799.) 2e vm. A. 813. 2s Bdch. Nebst e. Abhandl. üb. d. Wahrheitssinn u. d. Interesse an Wahrh. 801. 8° 1 ß

Rätze, J. G., Kantische Blumenlese, od. Stellen aus Kant's Schriften, die f. Jedermann verständlich, faßlich u. lehrreich sind. Nebst e. Abhandlung üb. die Hauptresultate d. Kantischen Philosophie. 1s. 2te verb. Aufl. 8. Zittau, Schöps. 813.
Schreibp.

Rätze, J. G., Blumenlese aus J. Böhmens Schriften. Nebst der Geschichte seines Lebens und seiner Schicksale. 8. Leipzig, Hartmann. 819.
Schreibpap.

— Blumenlese aus J. Böhmens Schriften. Nebst d. Geschichte seines Lebens u. seiner Schicksale. 8. Leipz. 819. (Lehnhold). 1 ß Schrbp. 1 ß 4 gl

— erläuternde Darstell. e. interessanten Gegenstände aus dem Gebiet d. Psychologie, Aesthetik, Moral- u. Religions-Philosophie. gr. 8. Halle 821, Anton.

— Erläuterungen einiger Hauptpunkte in Dr. Fr. Schleiermachers christl. Glauben, nach den Grundsatz d. evangel. Kirche im Zusammenhange dargestellt. gr. 8. Leipz. 823, Lauffer.

J. Gli. **Rätze**: d. Freiheit d. Willens, m. Hins. auf d. neuesten Einwendd. geg. dies. dargest. *Görl.*, Anton. 801. 8° 18 gl

— auserlesene Gesänge f. Schulen. 8. Görl. 806. (Schöps in Zittau). 4 gl

— auserl. Geschichten, Erzähl. u. Beysp., sowohl f. Bürger u. Landl. als a. f. ihre Schulen. 8. Görlitz, Anton. 805.

— die Heiligkeit u. d. Wunderthaten als d. höchsten u. gnügenden Beglaubigungsgründe d. Gottheit d. Welterlösers dargest. gr. 8. (2½ B.) Zittau 834, [Birr.]

— Herder gegen Kant, od. die Metakritik im Streite mit der Kritik der reinen Vernunft. 8. Leipz. 800. (Brockhaus). 18 gl

— Herder geg. Kant, od. die Metakritik im Streite m. der Kritik d. reinen Vernunft. 8. Leipz. Junius. (Gleditsch) 800.

Rätze, J. G., Inhalt, Zweck u. Wirkungen d. Versöhnungstodes Jesu. gr. 8. (1½ B.) Zittau 835, Birr.

— Ist Glückseligk. od. Tugend d. Bestimm. d. Menschen? 8. Leipz. Böhme. 794.

— Ist Glückseligkeit od. Tugend die Bestimmung d. Menschengeschlechts? 8. Leipz. 791. (Encbloch). 5 gl

Rätze, (J. G.,) die Constitutionsschen des Hrn. v. Haller, oder dessen inspirirte Ansichten vom Staate u. v. d. Kirche. gr. 8. Leipz. 822, Hartmann.

— die Constitutionsschen des Hrn. v. Haller, od. dessen inspirirte Religionsansichten vom Staate u. v. d. Kirche. gr. 8. Leipz. 822. (Lehnhold). 6 gl

— die seligmachende Kraft u. Wahrheit d. positiven, eigenthüml. Lehren d. christl. Offenbarung. gr. 8. (6 B.) Zittau 836, Birr.

— Lehrbuch d. christl. Religion f. d. untern Classen auf Gymnasien. Mit Vorbericht v. Fr. Lindemann. gr. 8. (9 B.) Leipzig 828, Teubner.

— die Nothwendigkeit, den Rationalismus u. sein Verhältniß z. christl. Offenbarung u. z. kirchl. Glaubensansicht auf d. Möglichste zu bestimmen. gr. 8. (3¼ B.) Zittau 834, [Birr.]

— die höchsten Principien der Schrifterklärung. 8. Leipz. 824, Lauffer.

— der christl. Religionsglaube in seiner Reinigkeit, ohne Zuthat aus d. speculativen Vernunft. Eine Erläuterung d. Harmsischen Schrift: Daß es mit der Vernunftreligion nichts ist. 8. Leipz. 820. (Lehnhold). 8 gl

— christl. Religionsphilosophie üb. d. göttl. Verehrung Jesu, die Gefangennehmung d. Vernunft, üb. d. christl. Glauben u. üb. d. sittliche Verderben d. menschl. Natur. 8. (5½ B.) Leipzig 832, [Berger's Vrlsbuchh.] 10 Gr., Schrbp.

— Stunden d. Muße, d. edlen Entschließung u. frohen Hoffnung f. Jünglinge. 8. Zittau 804. Schöps. 18 gl Auch u. d. T.: Taschenbuch d. Humanität.

— das Suchen nach Wahrheit od. Vergleichung d. kathol. u. protestant. Kirche mit d. apostol. der ersten christl. Jahrh. 8. Leipz. 823, Kollmann.

— Taschenbuch d. Humanität, s. oben Stunden d. Muße.

— d. Thesenstreit, od. Harms u. seine Gegner. Ein Beitrag z. Beendigung d. Streites zwischen d. Vernunftreligion u. d. Offenbarungsglauben. 8. Leipz. 818. Lehnhold. 10 gl

J. Gli. **Rätze**: d. Vernunftrecht im Gewande des Staatsrechts u. das Vorrecht. *Lpz.*, Lauffer. 823. 8° 14 gl

J. Gli. **Rätze**: was d. Wille d. Menschen in moralischen u. göttlichen Dingen aus eigner Kraft vermag, und was er nicht vermag; m. Rücks. auf *Schopenhauer's* Schrift: d. Welt als Wille u. Vorstell. *Lpz.*, Hartmann. 820. 8° 18 gl

—was d. Wille des Menschen in moral. u. göttl. Dingen aus eigener Kraft vermag u. was er nicht vermag. gr. 8. Leipz. 820. (Lehnhold). 18 gr

Rätze, Karl

Rätze, Carl [aus Zittau]: Zur Prognose der Sarcomoperationen.... Berlin, Buchdr. v. G. Schade, 1891; 42 S. 8°
Erlangen, Med. Fak., Inaug.-Diss. v. 4. März 1891

Raetze, Walther: Beiträge zur Kenntnis des p-Chlorbenzaldehyds. 1901. 57 S. 8° ¶ Etwas gekürzt in: Journal f. prakt. Chemie. Bd 173. N. F. Bd 65. 1902.
Dresden, Dr.-Ing.-Diss. v. 23. 7. 1901

Ratzeberger d. Jung., (Er. Chr. Trapp,) Beweis, daß Dr. Bahrdt Schuld an d. Erdbeben in Calabrien sei. 8. (Quedlinb.) 786. Ernst. 4 gr

Ratzeberger, Busso Ludolf

§ ANTIQUITÄTEN. (Stellenw. etwas freie Satyren [auch über Moden] von *Busso Ludolf Ratzeberger* [unter d. Vorr.], (d. i. *Johann Ludw. Anton Rust*). O. O. 1773. 8°. XXXVI 444 S. (5 Mk. 50 Pfg. Taussig, Prag, 1907.)
§ — — Dasselbe. 2 Thle. Nürnberg 1774. 8°.
— — Dasselbe. Th. (1). Zwoote (sic!) und verbesserte Aufl. O. O. (Nürnberg) 1775. 18 Bll., 444 S. (9 Mk. 50 Pfg. Max Perl's Berliner Octob.-Auct. 1907, no. 737.) Zweyter Teil (ist eine Gegenschrift). O. O. 1775. 8°.
„Der Verfasser von Th. 1 ist ein heftiger Gegner Lessing's und verdammt die Philologie und Archäologie als unnütze Spielerei und Bevorzugung des Heidnischen vor dem Christenthum." (Dr. Franz Schnitzer's Bibl. München 1902. No. 385.)
— — Novitäten. Dem Herrn Verfasser der Antiquitäten demüthigst zugeeignet. Bresslau 1775. 8°.
„Satyrische Entgegnung auf die Artikel: Aberglaube, Unglaube, Intoleranz, Orthodoxie, Heterodoxie, Journalisten, Buchhandel, Ehestand, Staatsregierung." (l. c.)

Ratzeberger, Matth., s. Ratzenberger, Matthäus

†Ratzeberger d. Jüngste, Sim., (Chrstn. Jac. Wagenseil,) literar. Almanach, s. Almanach.

Ratzeberger d. Jüngst., (Hofr. Wagenseil), literar. Almanach für 1827—1830. 4 Jahrg. Leipzig, jetzt Bade in Berlin. Alle 4 Jahrgänge 2 rß

Ratzeberger, Sim. (Fr. Nicolai,) liebreiche Anrede an alle seine Mitbürger, in- u. außerhalb Altona. 8. Berl. 770.

Ratzeburg [Sachliches OW]

(Ratzeburg.) Ansicht von der Ostseite. Aquarell. o. J. 1 Bl. Fol.

Ratzeburg, Mölln und Umgebung. Touristen-Führer. 16. (IV, 18 S. mit lithogr. Karte in qu. 4.) [Lübeck 876.] Hamburg, Seelig. *

Ratzeburg und Umgegend. Kleiner Touristenführer mit 2 Text-Illustrationen und 1 Karte. Hrgg. vom Gemeinnützigen Verein zu Ratzeburg. Ratzeburg. (1896.) 8°.

Ratzeburg [Schlagwort]

Ratzeburg, s.: Geologische Karten. Karte (Preussen).

Ratzeburg [Verfasser]

Ratzeburg, Christian

— Gewächskunde f. Freunde d. Landökonomie u. Thierarzneiz. e. period. Werk in Heften ꝛc. 16—36 Heft. 8. Berl. 797.

Ratzeburg, Chr., († d. 3. Jan. 1808.) Handbuch d. Zoopharmakologie f. Thierärzte. 2 Bde. gr. 8. Berl. 801, 3. Nauck. 2 ℛ 18 gr 2e umgearb. u. erweit. Aufl. v. Er. Ldw. Schubarth. 1r Thl. A. u. d. T.: Handbuch d. Apotheker- u. Receptirkunst f. Thierärzte. gr. 8. Ebd. 821. 1 ℛ

Ratzeburg, [Christian]: Vorlesungen über die Pharmazie. [um 1800.] Hs.

Ratzeburg, Hans, u. Florus Lichtenstein, die naturwissenschaftl. Fächer Chemie, Physik, Zoologie, Botanik in 750 Fragen u. Antworten f. das Tentamen physicum bearb. 4 Tle. gr. 8. München 902. Th. Ackermann. n. 1.60
1. Chemie. (VI, 73 S.) — 2. Physik. (VI, 80 S.)
3. Zoologie. (VI, 71 S.) — 4. Botanik. (VI, 64 S.)

Ratzeburg, Hans, appr. Arzt, z. Z. Altona: Aus d. Univ.-Frauenklinik zu Breslau. Über Vorkommen und Ätiologie der Arteriosklerose. Nebst einigen anhangsweisen symptomatischen Bemerkungen. Borna-Leipzig 1905: R. Noske. (58 S.) 8°
Breslau, Med. Fak., Ref. v. Strümpell, Diss. v. 3. Juli 1905
[Geb. 30. Jan. 82 Schwerin; Heimatsort: Schwerin; Staatsangeh.: Mecklenburg-Schwerin; Vorbildung: Gymn. Fridericianum Schwerin Reife O. 00; Studium: Kiel 4, München 1, Breslau 4 S.; Coll. 23. Mai 05; Approb. 30. Jan. 05.]

Ratzeburg, J., s. Ratzeburg, Julius Theodor Christian

Ratzeburg, Jul. A. H. C., vier Abschnitte aus einer Reise um die Erde. Berlin 856. A. Hirschwald. 8. (3 Bl., VIII, 130 S.) 21 ngr

Ratzeburg, J. A. H. C., nautischer Hand-Atlas, s. Heybrock, J. M.

Ratzeburg, J. A. H. C., Skizzen aus dem Privat-Tagebuche eines Seeofficiers. 1. Heft. Aufgenommen in Japan am Bord Sr. Maj. Schiff Gazelle. Berlin 864. Nicolai'sche Verlhdlg. gr. 8. (V, 73 S.) n. 12 ngr

Ratzeburg, J(ulius) T(heodor) C(hristian): Abbildung und Beschreibung der in Deutschland wild wachsenden und in Gärten im Freien ausdauernden Giftgewächse. Abth.1. Berlin: 1838

s.: Brandt, J(ohann) F(riedrich)

JB 1.284

Ratzeburg, Julius Theodor Christian (Berlin), Animadversiones quaedam peloriarum indolem definiendam spectantes. Diss. physiol.-botan. Berlin (Brüschcke) 19. II. 1825. 28 S. mit Biogr. (M.: W. Beer) u. 1 Taf. (3.25) 27688
Oppon.: O. Zimmermann, R. Goeppert, F. Brandt. — Gew.: C. A Rudolphi, H. F. Link, J. Horkel.

Ratzeburg, J. Th. C., Animadversiones quaedam ad peloriarum indolem definiendam spectantes. Acced. tab. aenea. 4maj. Berl. 825. (Dümmler). 14 gr

Ratzeburg, Jul. Thdr. Chr., Zur Charakteristik der früheren Zustände und Verwandlung der Lepidopteren, besonders der Mikrolepidopteren, s. Acta nova phys.-med. Acad. Caes. Leopold. Carol. XIX. Pars II.

—— die Forst-Insecten, od. Abbild. u. Beschreib. der in d. Wäldern Preussens u. d. Nachbarstaaten als schädl. od. nützl. bekannt geword. Insecten; in systemat. Folge u. mit besond. Rücksicht auf d. Vertilgung d. Schädlichen. 2 Thle. gr. 4. Berlin, Nicolaische Buchh.
Thl. 1. Die Käfer. 1. Aufl. (27 B., 22 Kpfr.- u. Stat., 2 Tab. u. viele Holzschn.) 837. * 6 Thlr., 2., mit Zusätzen u. Berichtigu. verm. A. (33 B., 22 Taf., 3 Tab. u. viel. Holzschn.) 839. * 6 Thlr. 20 Gr.
2. Die Falter. (32½ B., 17 Kpfr.- u. Stat.) [incl. 13 ill.] u. 3 B. Tab. u. Holzschn.) 840. * 7 Thlr.

—— dass. — 1. Nachtrag, od. Veränderungen d. 2. Ausg. aus d. 2. Ausg. dess. Werkes besond. abgedr. gr. 4. (8 B., mehr. Holzschn. u. Käferkalender, gr. Fol.) Ebds. 839. *

Ratzeburg J. Th. C.: Die Forst-Insecten od. Abbildung u. Beschreibung d. in den Wäldern Preussens u. den Nachbarstaaten als schädlich od. nützlich bekannt gewordenen Insecten . . 3 Th., Th. 1 2 . verm. Aufl. Berl. 1839-44. 4°.
(1 Die Käfer. 247 S. 22 Tvl. (8 delvis kol.). — 2. Die Falter. 252 S. 17 Tvl. (13 kol.). — 3. Die Ader-, Zwei-, Halb-, Netz- u. Geradflügler. 314 S. 16 Tvl. (14 delvis kol.).

— — 1 Nachtrag zu Bd. 1 od. Veränderungen d. 2. Ausg. Sst. 1839. 55 S. 4°.

Ratzeburg, Jul. Theod. Chrstn., die Forst-Insecten, od. Abbildung u. Beschreibung der in den Wäldern Preussens u. der Nachbarstaaten als schädlich oder nützlich bekannt gewordenen Insecten; in systemat. Folge u. mit besond. Rücksicht auf die Vertilgung der Schadlichen. 3. Thl. Die Ader-, Zwei-, Halb-, Netz- u. Geradflügler. gr. 4. (40⅞ B., 15 Stahlstichtaf., zum Theil ill., 1 Taf. m. Holzschn. u. 5 Tab.) Berlin 844, Nicolaische Buchh. *
1. u. 2. Thl. m. Nachtrag. Ebendas. 1839, 40. * 13 Thlr. 25 Ngr.

Ratzeburg, Jul. Thdr. Chrn., die Forst-Insecten od. Abbildg. u. Beschreibg. der in den Wäldern Preussens u. der Nachbarstaaten als schädlich od. nützlich bekannt gewordenen Insecten; in systemat. Folge u. m. besond. Rücksicht auf die Vertilgg. der schädlichen. 2. m. Zusätzen u. Berichtiggn. verm. Aufl. Neue billigere Ausg 30 Lfgn. gr. 4. (XVI, 247; VIII, 252 u. VIII, 314 S. m. Holzschn. u. 55 Kpfr.- u. Steintaf.) Wien (1839—44), 885. Hölzel. à n. 1. 80

Ratzeburg: Gewächskunde f. Freunde d. Landökonomie u. Thierarzenei. Ein periodisches Werk . . . Heft (1)-3 (1 Vol.). Berl. 1797-98. (296) S.

Ratzeburg. J. T. C., J. F. Brandt und P. Phöbus. Giftgewächse Deutschlands. Berlin 1838. 4.

Ratzeburg, J(ulius) T(heodor) C(hristian): Deutschlands phanerogamische Giftgewächse in Abbildungen und Beschreibungen. 2.Ausg. Berlin: 1838

s.: Brandt, J(ohann) F(riedrich)

JB 1.284

— s. Hayne, Fr. Glo., Darstellung u. Beschreibung d. Arzneigewächse.

— — les Hylophthires et leurs ennemis, ou description et iconographie des insectes les plus nuisibles aux forêts, ainsi que des autres animaux causant des dégâts dans les bois, avec une méthode pour apprendre à les détruire et à ménager ceux qui leur font la guerre. Manuel à l'usage des forestiers, des économes, des jardiniers et de tous ceux qui s'occupent de sylviculture. Trad. de l'allemand par de Corberon. Avec une explication des planches et un vocabulaire des mots techniques et peu usités, qui se trouvent dans cet ouvrage. Lex.-8. (17½ B., 6 ill. Stahlstichtaf., 2 Stnt., 2 Holzschn. u. 4 entomolog. Kalender.) Nordhausen 842, [Büchting.] *

— les hylophthires et leurs ennemis, ou description et iconographie des insectes les plus nuisibles aux forêts, ainsi que des autres animaux causant des dégâts dans les bois, avec une méthode pour apprendre à les détruire et à ménager ceux qui leur font la guerre. Manuel à l'usage des forestiers, des économes, des jardiniers et de tous ceux qui s'occupent de sylviculture. Trad. de l'allemand par le Comte de Corberon. Avec 6 planches gravées sur acier, coloriées avec le plus grand soin, 2 planches lith. noires, 2 gravures sur bois, 4 calendriers entomologiques (gr. in-4.), une explication des planches et un vocabulaire des mots techniques et peu usités, qui se trouvent dans cet ouvrage. Lex.-8. Nordhausen 842, Schmidt. n. 4 ℳ

— die Ichneumonen der Forstinsecten in forstl. u. entomolog. Beziehung; ein Anhang zur Abbildung u. Beschreibung der Forstinsecten. gr. 4. (29 B. u. 4 Taf. in Stahlst.) Berlin 844, Nicolaische Buchh. *

Ratzeburg, Jul. Theod. Chrstn., die Ichneumonen der Forstinsecten in forstl. und entomolog. Beziehung; ein Anhang zur Abbildung und Beschreibung der Forstinsecten. 2 Bd. enth. die 5., 6. und 7. Centurie gezogener Ichneumonen. gr. 4. (VIII und 238 S. mit 3 Kpfrt. in gr. 4., mehr. Tab. in Fol. und Holzschn.) Berlin 848, Nicolaische Buchh. Thlr. *

Ratzeburg, Jul. Theod. Chrstn., die Ichneumonen der Forstinsecten in forstl. und entomolog. Beziehung etc. 3. (letzter) Bd., abschliessend mit der 8., 9. und 10. Centurie. gr. 4. (XIX und 272 S. mit vielen eingedr. xylograph. und chalcograph. Abbildungen und 3 Tab. in qu. Fol.) Ebds. 852. *
1. Bd. Ebendas. 1844. * 3 Thlr.

— Lehre v. den Kennzeichen u. deren Benennung bei d. Mineralien, tabellar. angeord. u. f. Vorlesn. zusammengest. 1 Bl. Roy.-Fol. Berlin 829, (Hirschwald.)

Ratzeburg, J. T. C., die Nachkrankheiten und die Reproduction der Kiefer nach dem Frass der Forleule. gr. 8. (VIII und 46 S. mit eingedr. Holzschn.) Berlin 862, Nicolai's Verlag. *

— die Naturwissenschaften als Gegenstand des Unterrichts, des Studiums und der Prüfung. Zur Verständigung zwischen Lehrern, Lernenden und Behörden. Mit Beiträgen von Hampe, Fr. Köhler, Legeler, Lüben, Nördlinger, Phöbus, C. Rammelsberg, Saxesen, F. W. Schneider, Fr. Schulze. gr. 8. (LXXXVII und 482 S. mit eingedr. Holzschn.) Berlin 849, Nicolai'sche Buchh. *

— forstnaturwissenschaftliche Reisen durch verschied. Gegenden Deutschlands. Ein Rathgeber u. Begleiter auf Reisen u. beim natur- u. forstwissenschaftl. Unterrichte. Im Anhange Gebirgsboden-Analysen v. Ferd. Schulze. gr. 12. (20⅝ B., 1 Stnt. u. mehr. Holzschn.) Berlin 842, Nicolaische Bh.

Ratzeburg (J. T.). Reproduction der Kiefer nach Eulenfrass Berlin. 1862-7. 4°.

Ratzeburg, J. T. C., forstwissenschaftliches Schriftsteller-Lexikon. gr. 4. Berlin 872,78. Wien, Hölzel. (* ℳ 24.) * 12 —

Ratzeburg, J. T. C., forstwissenschaftliches Schriftsteller-Lexikon. 2 Hälften. gr. 4. Berlin, Nicolai's Verlag. [1. Hälfte. (XI, S. 1—232.) 872. * ℳ 11.; 2. Hälfte. (S. 233—516.) 873. * ℳ 13.] *

Ratzeburg, J. T. C., forstwissenschaftliches Schriftsteller-Lexikon. gr. 4. (X, 516 S.) Berlin 873. Nicolai's Verl. n. 24. —

Ratzeburg, J. T. C., die Standortsgewächse und Unkräuter Deutschlands und der Schweiz, in ihren Beziehungen zu Forst-, Garten- und Landwirthschaft und zu anderen Fächern. Lex.-8. (XXXV und 490 S. mit 12 Stnt. und 6 Tab. in qu. Fol. nebst 12 Bl. Erklärungen in 4.) Berlin 859, Nicolai'sche Verlagsh. *

— Tabelle üb. d. natürl. Abtheilungen d. verschied. Crystallisationssysteme. Nach C. S. Weiss (s. Abhandln. d. Acad. d. Wissenschn. in Berlin, a. d. J. 1814—1815), f. Vorlesn. zusammengest. u. durch Figuren erläut. gr. Fol. Berlin 829, Hirschwald.

Ratzeburg (J. T. C.), Tabelle über die Lehre von den Kennzeichen und deren Benennung bei den Mineralien. 1. Blatt.

— Untersuchungen üb. Formen u. Zahlenverhältnisse d. Naturkörper. M. 1 Kpfrt. gr. 4. (5 B.) Berlin 829, (Hirschwald.)

— die Waldverderber u. ihre Feinde, s.a. Judeich, J. F., u. H. Nitsche, Lehrbuch der mitteleuropäischen Forstinsektenkunde.

—— die Waldverderber u. ihre Feinde; od. Beschreib. u. Abbild. d. schädlichsten Forstinsecten u. d. übrigen schädl. Waldthiere, nebst Anweis. zu ihrer Vertilgung u. zur Schonung ihrer Feinde. Ein Handb. f. Forstmänner, Oeconomen, Gärtner, u. alle mit Waldbäumen Beschäftigte. Lex.-8. ($8\frac{1}{2}$ B., 6 col. Stahlst., 2 Stnt., 1 Holzschn. u. 3 Tab.) Berlin 841, Nicolaische Buchh. *

— die Waldverderber und ihre Feinde, oder Beschreibung u. Abbildung der schädlichsten Forstinsecten und der übrigen schädlichen Waldthiere, nebst Anweisung zu ihrer Vertilgung und zur Schonung ihrer Feinde. Ein Handbuch für Forstmänner, Oeconomen, Gärtner, und alle mit Waldbäumen Beschäftigte. Mit 6 in Stahl gestochenen, colorirten, 2 lith. schwarzen Tafeln u. 1 Holzschn. Lex.-8. Mit 3 Tabellen. Berlin 841, Nicolai'sche Buchh. n. $2\frac{1}{2}$ Thlr. — 2. mit Zusätzen u. Berichtigungen verm. Aufl. Mit 6 in Stahl gestochenen, colorirten, 2 lithogr. schwarzen Tafeln, 2 Holzschnitten u. 4 Insecten-Kalendern. Lex.-8. Ebend. 842. n. $2\frac{3}{4}$ Thlr.
Hieraus ist abgedruckt:
— Nachtrag hierzu, od. Veränderg. d. 2. Ausg. Nebst 1 entomol. Vademec. u. 1 Holzschn. Lex.-8. Ebd. 842. n. $\frac{1}{4}$ Thlr.

—— die Waldverderber und ihre Feinde, oder: Beschreibung und Abbildung der schädlichsten Forstinsecten und der übrigen schädlichen Waldthiere, nebst Anweisung zu ihrer Vertilgung und zur Schonung ihrer Feinde. Ein Handbuch für Forstmänner, Oeconomen, Gärtner und alle mit Waldbäumen Beschäftigte. 3., verm. und großentheils umgearb. Aufl. gr. 8. (XX und 155 S. mit 6 in Stahl gest., ill., 2 lithogr. schwarzen Taf., mehreren Holzschn. und 4 Insecten-Kalendern, nebst andern Beilagen.) Berlin 850, Nicolai'sche Buchh. *

Ratzeburg, J. T. C., die Waldverderber u. ihre Feinde oder Beschreibung und Abbildung der schädlichsten Forstinsecten und der übrigen schädlichen Waldthiere, nebst Anweisung zu ihrer Vertilgung u. zur Schonung ihrer Feinde. Ein Handbuch für Forstmänner, Oeconomen, Gärtner und alle mit Waldbäumen Beschäftigte. 4. gänzl. umgearb. rc. Aufl. Mit (10) color. u. schwarzen Kpfrtaf., Steintaf., mehreren Holzschnitten (im Text), Insecten-Kalendern rc. Berlin 856. Nicolai'sche Verlhdlg. gr. 8. (XXII, 138; VI, 112 S. u. 5 Tab. in 4.) n. 3 Thlr. 25 ngr.

Ratzeburg, J. T. C., die Waldverderber und ihre Feinde oder Beschreibung und Abhandlung der schädlichsten Forstinsecten und der übrigen schädlichen Waldthiere, nebst Anweisung zu ihrer Vertilgung und zur Schonung ihrer Feinde. Ein Handbuch für Forstmänner, Oeconomen, Gärtner rc. 5., vielfach verb. und verm. Aufl. Lex.-8. (XXII und 346 S. mit 1 Tab. in gr. 4., 6 ill. und 2 schw. Kpfrt., 2 Stnt., mehreren eingedr. Holzschn., 4 Insecten-Kalender in qu. gr. 4. rc.) Berlin 860, Nicolai'sche Verlagsh. Thlr. *

Ratzeburg, J. T. C., die Waldverderber u. ihre Feinde oder Beschreibung u. Abbildung der schädlichsten Forstinsekten u. der übrigen schädlichen Waldthiere nebst Anweisung zu ihrer Vertilgung u. zur Schonung ihrer Feinde. Ein Handbuch für Forstmänner, Oeconomen, Gärtner u. alle mit Waldbäumen Beschäftigte. 6., vielfach verm. u. verb. Aufl. Mit (6) color. u. (2) schwarzen Kpfrtaff., (2) Steintaff., mehreren (eingedr.) Holzschn., Insekten-Kalender rc. Berlin 869. Nicolai's Verl. gr. 8. (XVI, 457 S. mit 5 Tabb. in qu. 4.) cart. n. 4 Thlr.

Ratzeburg, J. T. C., die Waldverderber und ihre Feinde. Ein Handbuch für Forstmänner, Landwirthe, Gärtner und alle mit Waldbäumen Beschäftigte. 7. Aufl., in vollständig neuer Bearbeitung hrsg. von J. F. Judeich. Mit 10 nach der Natur color. und schwarzen Kpfrt., 40 (eingedr.) Abbildungen in Holzschn., 3 Insekten-Kalendern (Tab. in qu. Fol.) und 1 entomolog. Vademecum (Tab. in Fol.). gr. 8. (XVI, 523 S.) [Berlin 876, Nicolai'sche Verlagsh.] Wien, Hölzel. cart. *

— —, —— 8. Aufl. Wien 1885. 8.
Sieh: J. F. Judeich u. H. Nitsche, Lehrbuch d. Forstinsektenkunde. . . . .

—— die Waldverderbniss oder dauernder Schade, welcher durch Insektenfrass, Schälen, Schlagen und Verbeissen an lebenden Waldbäumen entsteht. Zugleich ein Ergänzungswerk zu der Abbildung und Beschreibung der Forstinsekten. 2 Bde. gr. 4. Berlin, Nicolai's Verlag. cart. *
Inhalt:
Bd. 1. Einleitung, Kiefer und Fichte. (X und 298 S. mit 35 Taf. in Farbendr. und Lithogr. und vielen eingedr. Holzschn.) 866. * 8 Thlr.
» 2. Tanne, Lärche, Laubhölzer und entomologischer Anh. (XVI und 464 S. mit 21 Taf. in Farbendr. und Lithogr., 5 Kpfrt., wovon 1 ill., und vielen eingedr. Holzschn.) 868. * 12 Thlr.

—— medizin. Zoologie, s. Brandt, J. F.

Ratzeburg, J(ulius) T(heodor) C(hristian): Medizinische Zoologie oder getreue Darstellung und Beschreibung der Thiere, die in der Arzneimittellehre in Betracht kommen in systematischer Folge hrsg. Bd 2. Berlin: 1833

s.: Brandt, J(ohann) F(riedrich)

JB 6.384

Ratzel, Christiane, eines Königs Ende. Roman. (218 S.) 8. Leipzig 910. [F. W. Grunow.] Berlin, G. Reimer. 8.—; geb. in Leinw. 4.—

Ratzel, Frdr., Anthropogeographie, s. Bibliothek geographischer Handbücher.

Ratzel, Frdr., Anthropo-Geographie oder Grundzüge der Anwendung der Erdkunde auf die Geschichte. gr. 8. (XVIII, 506 S.) Stuttgart 882. Engelhorn. n. 10. —

Ratzel, Frdr., Anthropogeographie. 2. Tl.: Die geograph. Verbreitg. d. Menschen. [Bibliothek geograph. Handbücher.] gr. 8. (XLII, 781 S. m. 1 Karte u. 32 Abbildgn.) Stuttgart 891. J. Engelhorn. n. 18. — (I u. II.: n. 28.)

Ratzel, Frdr., Anthropogeographie. 1. Tl.: Grundzüge der Anwendg. der Erdkunde auf die Geschichte. 2. Aufl. (Bibliothek geograph. Handbücher. Hrsg. v. Frdr. Ratzel.) gr. 8. (XVIII, 604 S.) Stuttgart 899. J. Engelhorn. n. 14.—

Anthropogeographie v Friedrich Ratzel. T 1 2 Stuttgart. 1909—12. 8°
1 Grundzüge der Anwendung der Erdkunde auf die Geschichte. 3. Aufl. 1909.
2 Die geographische Verbreitung des Menschen. Mit 1 Karte und 32 Textkärtchen 2. Aufl. 1912

Ratzel, Frdr., die chinesische Auswanderung. Ein Beitrag zur Cultur- u. Handelsgeographie. gr. 8. (XII, 272 S.) Breslau 876. Kern's Verl. n. 5. —

— s.: Beiträge zur Geographie d. mittl. Deutschland.

Ratzel, Frdr., Bericht der Central-Commission für wissenschaftliche Landeskunde von Deutschland. Erstattet beim 4. deutsch. Geographentage zu München. Berlin 1883. 8.
(Sep.-Abdr. aus d. Verhh. d. 4. deutsch. Geographentages zu München.) . . . . . . (D.)

Ratzel, Friedrich Die Bestimmung der Schneegrenze. ([S.-A.] Der Naturforscher 1886. 12. Juni.) Tübingen 1886. 3 S. 4°

Ratzel, Friedrich Das geographische Bild der Menschheit Eine Centennialbetrachtung (Deutsche Rundschau. Bd. 48 S 40—62.) Berlin 1885 23 S. 8°

— Bilder aus dem Kriege m. Frankreich, s.: Volksbücher, Wiesbadener.

— die afrikan. Bögen, ihre Verbreitg. u. Verwandtschaften. Lex.-8. (56 S. m. 5 Taf.) Leipzig 891. [S. Hirzel.] B. G. Teubner. n. 3.—; ermäss. Pr. n. 1.50

— die afrikanischen Bögen, ihre Verbreitung u. Verwandtschaften. Nebst e. Anh.: Ueber die Bögen Neu-Guineas, der Veddah u. der Negritos. Eine anthropogeograph. Studie. [Aus: „Abhandlgn. der k. sächs. Gesellsch. d. Wiss."] Lex.-8. (56 S. m 5 Taf.) Leipzig 891. S. Hirzel. n. 3. —

Ratzel, Friedrich: Deutschland. Einführung in die Heimatkunde. Leipzig 1888

Ratzel, Frdr., Deutschland. Einführung in d. Heimatkunde. Mit 4 Landschaftsbild. u. 2 Karten. 8. (VIII, 332 S.) Leipzig 898. F. W. Grunow. Geb. in Leinw. n. 2. 50

— Deutschland. Einführung in die Heimatkunde. Mit 4 Landschaftsbildern u. 2 Karten. 2. Aufl. (11.—15. Taus.) Durchgesehen u. ergänzt v. R. Buschick. (VIII, 332 S.) 8 Leipzig 907 [F. W. Grunow]. Berlin, G. Reimer. Geb. in Leinw. 3. —

Ratzel, Friedr., s. Emin-Pascha.

Ratzel, Frdr., die Erde u. das Leben. Eine vergleich. Erdkunde. 2 Bde. Lex.-8. Leipzig, Bibliograph. Institut. Geb. in Halbfrz. à n. 17. —; auch in je 15 Lfgn. à n. 1. —
1. Mit 264 Abbildgn. u. Karten im Text, 9 Kartenbeilagen u. 23 Taf. in Farbendr., Holzschn. u. Ätzg. (XVI, 706 S.) 901.
2. Mit 223 Abbildgn. u. Karten im Text, 12 Kartenbeilagen u. 23 Taf. in Farbendr., Holzschn. u. Ätzg. (XII, 702 S.) 902.

Ratzel, Fr., die Erde in 24 gemeinverständlichen Vorträgen über „Allgemeine Erdkunde." Ein geograph. Lesebuch. Mit Abbild. Stuttgart 881, Gera, Griesbach. 6 —

— s.: Festgaben f. Albert Schäffle.

Ratzel, Friedrich: Politische Geographie der Vereinigten Staaten von Amerika *unter besonderer Berücksichtigung der natürlichen Bedingungen und wirtschaftlichen Verhältnisse. 2. Aufl. München: R. Oldenbourg 1893. XIV (2) 763 S., Karten.*
= Die Vereinigten Staaten von Amerika. Von Friedrich Ratzel. Bd. II.

[F.] Politische Geographie. Von Dr. Friedrich Ratzel, Prof. . . zu Leipzig. M. 33 in den Text gedr Abb. *München & Leipzig: R. Oldenbourg 1897* (XX, 715 S.) 1 Bd 8. [97. 5613

Ratzel, Frdr., politische Geographie oder die Geographie der Staaten, des Verkehres u. des Krieges. 2. umgearb. Aufl. Mit 40 Kartenskizzen. (XVII, 838 S) gr. 8. München 903. R. Oldenbourg. n. 18. —; geb. in Leinw. n. 20. —

— Glücksinseln u. Träume. Gesammelte Aufsätze aus den Grenzboten. (VII, 515 S. m. Bildnis.) gr. 8. Leipzig 905. F. W. Grunow. n. 7. —; geb. in Leinw. n. 8. 50; in Halbfrz. n. 10. —

(B) — Glücksinseln u. Träume. 905. (KBL. 34.) Jetzt: Berlin, G. Reimer.

— s.: Großstadt, die.

Ratzel, Frdr., Grundzüge der Völkerkunde, s.: Meyer's Volksbücher.

Ex ordinis philosophorum mandato renuntiantur philosophiae doctores ... inde a d. primo m. Nov. a. 1890 usque ad d. ultimum m. Oct. a. 1891 creati. — Praemissa est Friderici Ratzel dissertatio: Ueber Karrenfelder im Jura und Verwandtes. Lipsiae, typ. A. Edelmanni, typogr. acad., *1891;* 43 S. 4.

Ratzel, F., zur Kritik der sogenannten „Schneegrenze". [Aus: „Leopoldina".] gr. 4. (8 S.) Leipzig 887. Engelmann. n. — 50

Ratzel, Dr F Kultur- und Staaten Karte von Afrika. 1 : 45 000 000. Gotha 1885 1 Bl. c. L. Fl.

Ratzel, Friedrich Ueber die geographische Lage. Eine politisch geographische Betrachtung.
in Feestbundel aan Dr P J. Veth aangeboden. S 257—261. Leiden 1894. 5 S. Fol.

— Die deutsche Landschaft, s.: Flugschrift, 55., des Dürer-Bundes zur ästhetischen Kultur.

Ratzel, Friedrich. Der Lebensraum. Eine biogeographische Studie. (Aus «Festgaben (*Umschlag:* Festgabe) für Albert Schäffle zur siebenzigsten Wiederkehr seines Geburtstages», S. 103—189.) IV + 88 S. 8. Tübingen, H. Laupp, 1901. [M. 2. 50]
Darin vieles über die Lebewelt der Alpen.

Das Meer als Quelle der Völkergrösse Eine polit.-geogr. Studie von Friedrich Ratzel. *München & Leipzig R. Oldenbourg 1900.* (85 S.) 8° [F.]
[00. 1525

— aus Mexico. Reiseskizzen aus den Jahren 1874 u. 1875. Mit einer Karte in Farbendr. gr. 8. (XIII, 426 S.) Breslau 878. Kern's Verl. n. 10. —; geb. n. 11. 50

Ratzel, Friedrich Gustav Nachtigal (F. A.) Allgemeine deutsche Biographie Bd. 23. (Leipzig 1886 8 S 8

Über Naturschilderung Von Friedrich Ratzel Mit 7 Bild. München & Berlin. R Oldenbourg 1904. (VIII, 394 S.) 8° [F.]

— über Naturschilderung. Mit 7 Bildern in Photograv. 1. u. 2. unveränd. Aufl. (à VIII, 394 S.) 8. München 904. 906. R. Oldenbourg. Geb. n. 7. 50

— Raum u. Zeit in Geographie u. Geologie, hrsg. v. Paul Barth, s. a. Bibliothek, natur- u. kulturphilosophische. 5. Bd.

Raum und Zeit in Geographie und Geologie. Naturphilos. Betrachtungen von Dr. Friedrich Ratzel, weil. Prof. zu Leipzig. Hrsg. von Dr. Paul Barth, Prof. zu Leipzig Leipzig: J. A. Barth 1907. (VIII, 177 S.) 8°
= Bibliothek, Natur u. kulturphilosophische. Bd 5. [07 3104

Ratzel, Frdr., wider die Reichsnörgler. Ein Wort zur Kolonialfrage aus Wählerkreisen gr. 8. (32 S.) München 884. (Oldenbourg.) — 30

— die Schneedecke besonders in deutschen Gebirgen, s. a. Forschungen zur deutschen Landes- u. Volkskunde.

Ratzel, Friedrich Die Schneedecke besonders in deutschen Gebirgen. Mit einer Karte und 21 Textillustrationen. Stuttgart 1889. 173 S
= Forschungen zur deutschen Landes- und Volkskunde Bd. 4. Heft 3. 8°.

Ratzel, Friedrich. Kleine Schriften. Ausgewählt und hrg. durch Hans Helmolt. Mit einer Bibliographie von Viktor Hantzsch. Band 1. Mit einem Bildnis F' Ratzels [Tafel] und zwei Tafeln. XXXVIII + 531 S. gr.-8. München und Berlin, R. Oldenbourg, 1906. [M. 12. —]
Darin S. 26—65: 1873. Gotthardreise im Winter; *S. 179—184:* Lombardische Landschaften; *S. 341—357:* In einem Bergkristall; *vgl. S. 84—110:* Die Wasserfälle, *S. 170—178* Der Berg, *S. 111 ff. 127 ff. 298 ff. etc. — s. auch S. XXIII. XXVIII/XXX. XXXII f.*

Ratzel, Friedrich. Kleine Schriften. Ausgewählt und hrg. durch Hans Helmolt. Mit einer Bibliographie von Viktor Hantzsch [als Anhang]. Band 2. Mit einem Bildnis F' Ratzels [Tafel] und sechs Textskizzen. XII* + 544 + *Anhang* LXII S. gr.-8. München und Berlin, R. Oldenbourg, 1906. [M. 13. —]

Darin S. 250—268: Über Karrenfelder im Jura und Verwandtes; *S. 311—346:* Die Alpen inmitten der geschichtlichen Bewegungen. *Vgl. S. 82—92:* Über die Entstehung der Erdpyramiden; *S. 173—204:* Höhengrenzen und Höhengürtel; *S. 94—115. 142—149. 205—214. 237—245 über* Schneegrenze, Firn, Dichtigkeit des Schnees, Gletscherkunde *etc. — s. auch S. 93. 450. 457 f. etc.*

Anhang u. d. T.: Ratzel-Bibliographie 1867—1905. ... Bearb. von Viktor Hantzsch. München und B'... 1906.

Ratzel, Friedr., Sein und Werden der organischen Welt. Eine populäre Schöpfungsgeschichte. 6 Hefte. gr. 8. (XI, 514 S. mit vielen in den Text gedr. Holzschn. und 1 Lithogr.) Leipzig 869, Gebhardt und Reisland. à Lfg. *ℳ 1,40. *

Ratzel, Fritz, Sein u. Werden der organischen Welt. Eine populäre Schöpfungsgeschichte. Mit vielen in den Text gedr. Holzschn. u. einer Lith. Neue (Titel=)Ausg. gr. 8. (XI, 514 S.) Leipzig (1869) 877. Fues. n. 4. —

Der Staat und sein Boden geographisch betrachtet. Von Friedrich Ratzel .. M. 5 Kartensk. im Text. *Leipzig: S. Hirzel 1896.* (1 Bl., 127 S.) 4. (8.)
— Abhandlungen d. Kgl. Sächs. Gesellschaft d. Wissenschaften. Philol.-histor. Cl. Bd. 17. No IV. [96. 4041]

— Städte= u. Culturbilder aus Nordamerika. 2 Thle. 8. (IX, 258 u. VIII, 265 S.) Leipzig 876. Brockhaus. n. 9. —; in 1 Bd. geb. n. 10. —

— die Vereinigten Staaten v. Amerika. 2. Bd. gr. 8. München 893. R. Oldenbourg. n. 15. —; geb. n.n. 18. —
Politische Geographie der Vereinigten Staaten v. Amerika unter besond. Berücksicht. der natürlichen Bedingungen u. wirtschaftlichen Verhältnisse. 2. Aufl. Mit 1 Kulturkarte u. 16 Kärtchen u. Plänen im Text. (XVI, 763 S.)

— die Vereinigten Staaten von Nord-Amerika. 1. u. 2. Bd. gr. 8. München 878. 80. Oldenbourg. n. 32. —; geb. n.n. 36. —
1. Physikalische Geographie u. Naturcharakter. Mit 12 (eingedr.) Holzschn. u. 5 Karten in Farbendr. (in 4.). (XIV, 667 S.) n. 14. —; geb. n.n. 16. —
2. Culturgeographie der Vereinigten Staaten von Nord-Amerika unter besonderer Berücksichtigung der wirthschaftlichen Verhältnisse. Mit 2 (eingedr.) Holzschn. u. 9 Karten in Farbendr. (XVI, 762 S.) n. 18. —; geb. n.n. 20. —

— s.: Veröffentlichungen, wissenschaftl., d. Vereins f. Erdkunde zu Leipzig.

— Völkerkunde, s.a. Naturkunde, allgemeine.

— Völkerkunde. 1. u. 2. Bd. [Allgemeine Naturkunde, 1. u. 2. Bd.] Lex.=8. Leipzig 886. Bibliograph. Institut. à n. 14. —; Einbd. à n.n. 2. —
1. Die Naturvölker Afrikas. Mit 494 Abbildgn. im Text, 10 Aquarelltaf. u. 2 Karten v. Rich. Buchta, Thdr. Grätz, Gust. Mützel 2c. (X, 96 u. 660 S.) 885.
2. Die Naturvölker Ozeaniens, Amerikas u. Asiens. Mit 391 Abbildgn. im Text, 11 Aquarelltaf. u. 2 Karten v. Rud. Cronau, Thdr. Grätz, Ernst Heyn 2c. (X, 815 S.)

— Völkerkunde. 2., gänzlich neubearb. Aufl. 1. Bd. Mit 590 Abbildgn. im Text, 15 Farbendr.= u. 13 Holzschn. Taf., sowie 2 Karten v. Rich Buchka, F. Etzold, Theod. Grätz u. a. Lex.=8. (XIV, 748 S.) Leipzig 894. Bibliograph. Institut. Geb. in Halbfrz. n. 16. —; auch in 14 Lfgn. à n. 1. —

Ratzel, Professor Dr. Friedrich, Völkerkunde. Zweite, gänzlich neubearbeitete Auflage. (Compl. in 28 Lieferungen oder zwei Bänden.) Mit 1200 Abbildungen im Text, sechs Karten und 55 Tafeln in Farbendruck und Holzschnitt. I. Bd. 1. Heft. Lex.-8. (S. 1—64)
Wien: Bibliograph. Institut 1894.

Ratzel, Professor Dr. Friedrich, Völkerkunde. Zweite, gänzlich neubearbeitete Auflage. (Complet in 28 Lieferungen oder zwei Bänden.) Mit 1200 Abbildungen im Text, sechs Karten und 55 Tafeln in Farbendruck und Holzschnitt. I. Bd. 2. Heft. Lex.=8. (S. 65—128)
Wien Bibliograph. Institut 1894

Ratzel, Professor Dr. Friedrich, Völkerkunde. Zweite, gänzlich neubearbeitete Auflage. (Complet in 28 Lieferungen oder zwei Bänden.) Mit 1200 Abbildungen im Text, sechs Karten und 55 Tafeln in Farbendruck und Holzschnitt. I. Bd. 4. Heft. Lex.=8. (S. 193—256)
Wien: Bibliograph. Institut 1894.

Ratzel, Professor Dr. Friedrich, Völkerkunde. Zweite, gänzlich neubearbeitete Auflage. (Complet in 28 Lieferungen oder zwei Bänden.) Mit 1200 Abbildungen im Text, sechs Karten und 55 Tafeln in Farbendruck und Holzschnitt. I. Bd. 5. Heft. Lex.=8. (S. 257—304)
Wien Bibliograph. Institut 1894.

Ratzel, Professor Dr. Friedrich, Völkerkunde. Zweite, gänzlich neubearbeitete Auflage. (Complet in 28 Lieferungen oder zwei Bänden.) Mit 1200 Abbildungen im Text, sechs Karten und 55 Tafeln in Farbendruck und Holzschnitt. I. Bd. 6. Heft. Lex.=8. (S. 305—352)
Wien Bibliograph. Institut 1894

Ratzel, Professor Dr. Friedrich, Völkerkunde. Zweite, gänzlich neubearbeitete Auflage. (Complet in 28 Lieferungen oder zwei Bänden.) Mit 1200 Abbildungen im Text, sechs Karten und 55 Tafeln in Farbendruck und Holzschnitt. I. Bd. 7. Heft. Lex.=8. (S. 353—400) —.62
— — I. Bd. complet. Mit 590 Abbildungen im Text, 15 Farbendruck= und 13 Holzschnitt=Tafeln sowie zwei Karten. Lex.=8. (XIV, 748 S.) In Halbfranzband geb. Wien: Bibliograph. Institut 1894.

Ratzel, Professor Dr. Friedrich, Völkerkunde. Zweite, gänzlich neubearbeitete Auflage. (Complet in 28 Lieferungen oder zwei Bänden.) Mit 1200 Abbildungen im Text, sechs Karten und 55 Tafeln in Farbendruck und Holzschnitt. I. Bd. 8. Heft. Lex.=8. (S. 401—448)
Wien: Bibliograph. Institut 1894.

Ratzel, Professor Dr. Friedrich, Völkerkunde. Zweite, gänzlich neubearbeitete Auflage. (Complet in 28 Lieferungen oder zwei Bänden.) Mit 1200 Abbildungen im Text, sechs Karten und 55 Tafeln in Farbendruck und Holzschnitt. I. Bd. 9. Heft. Lex.-8. (S. 449—496)
Wien Bibliograph. Institut 1894

Ratzel, Professor Dr. Friedrich, Völkerkunde. Zweite, gänzlich neubearbeitete Auflage. (Complet in 28 Lieferungen oder zwei Bänden.) Mit 1200 Abbildungen im Text, sechs Karten und 55 Tafeln in Farbendruck und Holzschnitt. I. Bd. 11. Heft. Lex.-8. (S. 545—608)
Wien Bibliograph Institut 1894

Ratzel, Professor Dr. Friedrich, Völkerkunde. Zweite, gänzlich neubearbeitete Auflage. (Complet in 28 Lieferungen oder zwei Bänden.) Mit 1200 Abbildungen im Text, sechs Karten und 55 Tafeln in Farbendruck und Holzschnitt. I. Bd. 13. Heft. Lex.-8. (S. 657—704)
Wien: Bibliograph. Institut 1894

— dasselbe. 2. Bd. 1. Hft. Lex.-8. (S. 1—64.) Ebd. 894. n. 1. —

— **Völkerkunde.** 2., gänzl. neubearb. Aufl. 2. Bd. M. 513 Abb. im Text, 15 Farbendr.- u. 13 Holzschn.-Taf., sow. 4 Karten v. Rich. Buchta, F. Etzhold, Theod. Grätz u. a. 2.—14. Hft. Lex.-8. (X u. S. 65—779.) Leipzig 895. Bibliograph. Institut. à Lfg. n. 1. — (kplt. geb. in Halbfrz.: n. 16. —)

Ratzel, Professor Dr. Friedrich, Völkerkunde. Zweite, gänzlich neubearbeitete Auflage. (Complet in 28 Lieferungen oder zwei Bänden.) Mit 1200 Abbildungen im Text, sechs Karten und 55 Tafeln in Farbendruck und Holzschnitt. II. Bd. 2.—3. Heft. Lex.-8. (II. Bd. S. 65—167)
Wien: Bibliograph. Institut 1895

Ratzel, Professor Dr. Friedrich, Völkerkunde. Zweite, gänzlich neubearbeitete Auflage. (Complet in 28 Lieferungen oder zwei Bänden.) Mit 1200 Abbildungen im Text, sechs Karten und 55 Tafeln in Farbendruck und Holzschnitt. II. Bd. 4. Heft. Lex.-8. (II. Bd. S. 178—224)
Wien: Bibliograph. Institut (Meyer) 1895

Ratzel, Professor Dr. Friedrich, Völkerkunde. Zweite, gänzlich neubearbeitete Auflage. (Complet in 28 Lieferungen oder zwei Bänden.) Mit 1200 Abbildungen im Text, sechs Karten und 55 Tafeln in Farbendruck und Holzschnitt. II. Bd. 5. Heft. Lex.-8. (II. Bd. S. 225—288)
Wien: Bibliograph. Institut 1895.

Ratzel, Professor Dr. Friedrich, Völkerkunde. Zweite, gänzlich neubearbeitete Auflage. (Complet in 28 Lieferungen oder zwei Bänden.) Mit 1200 Abbildungen im Text, sechs Karten und 55 Tafeln in Farbendruck und Holzschnitt. II. Bd. 9. Heft. Lex.-8. (II. Bd. S. 449—512)
Wien: Bibliograph. Institut 1895.

Ratzel, Professor Dr. Friedrich, Völkerkunde. Zweite, gänzlich neubearbeitete Auflage. (Complet in 28 Lieferungen oder zwei Bänden.) Mit 1200 Abbildungen im Text, sechs Karten und 55 Tafeln in Farbendruck und Holzschnitt. II. Bd. 10. Heft. Lex.-8. (II. Bd. S. 513—560)
Wien. Bibliograph. Institut 1895

Ratzel, Professor Dr. Friedrich, Völkerkunde. Zweite, gänzlich neubearbeitete Auflage. (Complet in 28 Lieferungen oder zwei Bänden.) Mit 1200 Abbildungen im Text, sechs Karten und 55 Tafeln in Farbendruck und Holzschnitt. II. Bd. 11. Heft. Lex.-8. (II. Bd. S. 561—624)
Wien: Bibliograph. Institut 1895.

Ratzel, Professor Dr. Friedrich, Völkerkunde. Zweite, gänzlich neubearbeitete Auflage. (Complet in 28 Lieferungen oder zwei Bänden.) Mit 1200 Abbildungen im Text, sechs Karten und 55 Tafeln in Farbendruck und Holzschnitt. II. Bd. 12. Heft. Lex.-8. (II. Bd. S. 627—672)
Wien Bibliograph. Institut 1895

Ratzel, Professor Dr. Friedrich, Völkerkunde. Zweite, gänzlich neubearbeitete Auflage. (Complet in 28 Lieferungen oder zwei Bänden.) Mit 1200 Abbildungen im Text, sechs Karten und 55 Tafeln in Farbendruck und Holzschnitt. II. Bd. 13. Heft. Lex.-8. (II. Bd. S. 673—736) à —.62

— — II. Band. Complet. Mit 513 Abbildungen im Texte, 15 Farbendruck- und 13 Holzschnitt Tafeln, sowie 4 Karten. Lex.-8. (X, 779 S.) In Halbfranzbd. geb.
Wien: Bibliograph. Institut 1895

Ratzel, Professor Dr. Friedrich, Völkerkunde. Zweite, gänzlich neubearbeitete Auflage. (Complet in 28 Lieferungen oder zwei Bänden.) Mit 1200 Abbildungen im Text, sechs Karten und 55 Tafeln in Farbendruck und Holzschnitt. I. Bd. 14. Heft und II. Bd. 1. Heft. Lex.-8. (I. Bd., S. 705—748, Register XIV S. und II. Bd., S. 1—64) Wien: Bibliograph. Institut 1895.

— **die Vorgeschichte** d. europäischen Menschen, s. a. **Naturkräfte, die.**

Ratzel, Vorgeschichte d. europäischen Menschen. München 874.

— **Wandertage** e. Naturforschers. 2 Thle. 8. Leipzig 873. 74. Brockhaus. à n. 5. —; geb. à n. 6. —
1. Zoologische Briefe vom Mittelmeer. Briefe aus Süditalien. (VIII, 333 S.)
2. Schilderungen aus Siebenbürgen u. den Alpen. (X, 282 S.)

— s.: **Weltgeschichte.**

Ratzel, s. Rätsel

Georg Friedrich Raetzel

Der geheimen Natur eröffnete Pforten und deroselben würckende Eigenschafften in Gut und Böse... beschrieben durch Georg Friedrich Retzeln [Raetzel] Blanckenburg 1718: Struve. 111 S. 8°

Georg Friedrich Raetzel

Die wahren Ursachen der itzo und sonst zu Herbst-Zeiten gemeiniglich starck grassirenden Seuche rothe Ruhr genandt, nebst beygefügten Unterricht wie man selbige am ersten...curiren...könne. ...von Georg Fri[edrich] Retzeln [Raetzel]. Blanckenburg: Struve 1719. 32 S. 8°

Beigeb.: Kurtzer Bericht von den Nutz und Gebrauch des Retzeliscnen Licht- und Lebens-Pulvers. Blanckenburg 1720.

Rätzel, Johann Christian (Naumburg/Meißen), Curatorem litis extraditionem rei mobilis tempore ordinat. proc. elector. Sax. veteris pignori datae et traditae, absque illius luitione, ad massam concursus temporibus recognitae primum orti in terris electoralibus Sax. inefficaciter petentem. Präs. Conr. Wilhelm Strecker. Erfurt (Grosch) 27. II. 1730. 29 S. (4.25) 27553

— — Dasselbe. Erfurt (Grosch) 27. II. 1730. 29 S. (4.25) 27554

Mit Widmungstafel v.: Christoph Ignatius von Guden, Dn. Placidus, Johann Philipp Streit. Erfurt (Grosch) 27. II. 1730.

Johann Konrad Raetzel

Catalogus oder Eine in ordentlichen Classen abgetheilete Specification vieler aus dem regno animali vegetabili und minerali, raren colligirten Naturel- auch einiger artificial-Cabinet-Stücke. ... Coll. von Johann Conrad Rätzeln [Rätzel]. Halberstadt [um 1730:] Schildbach. 48 S. 8°

Johann Konrad Raetzel

Catalogus oder Eine in ordentlichen Classen abgetheilete Specification vieler aus dem regno animali, vegetabili und minerali, raren colligirten Natural- auch einiger artifical-Cabinet-Stücke... aufgeleget von Johann Conrad Rätzeln [Rätzel]. Halberstadt [um 1735:] Bergmann. 46 S. 8°

Rätzell, das Gesetz vom 12. März 1869 betr. die Ausstellung gerichtlicher Erbbescheinigungen. Aus den Materialien erläutert. Berlin 870. C. Heymann. gr. 8. (15 S.) 3 Ngr.

Rätzell, Karl Benno

Raetzell, Carl Benno (geb Tilsit 11. 9. 1852) Ueber Hernia vesicae Berlin (1874). (34 S.) 8°
Berlin, Med. Diss. v. 23. Dez 1874

Ratzen, s. Razen.

Matthäi Ratzenbergers geheime Geschichte von den Chur- und Sächsischen Höfen und den Religions-Streitigkeiten seiner Zeit mit erläuternden und widerlegenden Anmerkungen ietzt zum erstenmal besonders herausgegeben von G. Th. Strobel. Altdorf, L. Schüpfel, 1774. 12 Bl. 136 S.

Ratzenberger, Mth., geh. Gesch. v. d. chur- u. sächs. Höfen, u. d. Religionsstreitigkeiten s. Z. 8. Altdorf. (Monath u. K. in Nürnb.) 775.

Ratzeberger's (Matth.), handschriftliche Geschichte über Luther u. seine Zeit mit literar., krit. u. histor. Anmerkungen zum ersten Male hrsg. v. Chr. Gotth. Neudecker. gr. 8. (VIII u. 284 S.) Jena 850, Mauke. 1 ½ Rthlr

* Ratzenberger, M., Vorschläge, s. Vorschläge.

Ratzenberger, Simon, jun. (Pseud.)

s.: Osterhausen, Johann Karl

Ratzenhofer, Gustav

Ratzenhofer, G., zur Beleuchtung der Occupation Bosniens und der Hercegovina. gr. 8. (43 S.) Wien 879, (Seidel und Sohn.) *

Aus: Organ der militär-wissenschaftlichen Vereine, besonders abgedruckt.

—— die Bildung und die Einrichtungen der k. k. österreichisch-ungarischen Kriegsmacht, s. Handbuch für Unteroffiziere des k. k. Heeres.

Ratzenhofer, Gust., die sociologische Erkenntnis. Positive Philosophie des socialen Lebens. gr. 8. (XII, 372 S.) Leipzig 898. F. A. Brockhaus n. 6. —

Ratzenhofer, Gust., positive Ethik. Die Verwirklichg. des Sittlich-Seinsollenden. gr. 8. (XIV, 337 S.) Leipzig 901. F. A. Brockhaus. n. 8. —; geb. n. 9. 50

— zur Frage der Reduction der continentalen Heere. [Aus: „Oesterr. militär. Zeitschr."] gr. 8. (23 S.) Wien 875. Seidel & Sohn. n. — 80

(Ratzenhofer, G., k. k. Oberlieut.) Das Gefecht der Infanterie. (Eine Reflexion.) Im Jänner 1873. Separat-Abdruck aus der „Oesterr milit. Zeitschrift" 8. Wien 1873.

Ratzenhofer, G., Handbuch f. die praktischen Uebungen der Infanterie u. Jägertruppe d. k. k. Heeres. 8. (183 S.) Teschen 875. Prochaska. n. 1. 60; geb. n. 2. —

— dasselbe. 2. verm. u. verb. Aufl. 8. (VIII, 163 S.) Ebend. 876. n. 2. —; geb. n. 3. —

Die Kritik des Intellects. Posit. Erkenntnistheorie. Von Gustav Ratzenhofer Mit 1 Fig. *Leipzig: F. A. Brockhaus 1902.* (IX, 166 S.) 8° [M. 3.—]

(Ratzenhofer, G., k. k. Oberlieut. im 2. Feld Jäger-Bataillon.) Die taktischen Lehren des Krieges 1870—1871. Von G. R. Mit 1 Taf. Geschrieben im Herbste 1871 Preisschrift. 8. Teschen und Wien 1873.

Ratzenhofer, Gustav, k. k. Hauptm. Moltke und Gambetta. Studie über die Kriegszüge Deutschlands und der französischen Republik 1870—1871. Mit 1 Taf. und 13 Skizzen. Separat-Beilage z. „Streffl. österr. milit. Zeitschrift". 4. Bd. — Wien 1882.

Ratzenhofer, Gustav: Der Positive Monismus und das einheitliche Prinzip aller Erscheinungen. Von —. Mit 3 Fig. Leipzig: F A. Brockhaus 1899. (XII, 157 S.) 8°

— Schaffung u. Einrichtung der k. k. österreichisch-ungarischen Kriegsmacht, s.: Handbücher für Unteroffiziere des k. k. Heeres.

Soziologie Positive Lehre von d. menschlichen Wechselbeziehungen. Von Gustav **Ratzenhofer** [sen.]. Aus s. Nachlasse hrsg. von s. Sohne (Dr. Gustav Ratzenhofer). Mit d. Bildn. d. Verf. Leipzig: F. A. Brockhaus 1907. (XV, 231 S.) 8° [F.] [07. 16100

— die Staatswehr. Wissenschaftliche Untersuchung der öffentlichen Wehrangelegenheiten. gr. 8. (XVI, 332 S.) Stuttgart 881. Cotta. n. 7. —

— spanischer Successions-Krieg, s.a. Feldzüge des Prinzen Eugen v. Savoyen.

Ratzenhofer, Gust. Spanischer Successionskrieg Feldzug 1704 (XXIII 908 300) 8. M 8 Krtn. [Feldzüge des Prinzen Eugen v Savoyen. I Serie. 6 Bd.] Wien 1879. 30,00.

— die praktischen Uebungen der Infanterie u. Jäger, s.a. Handbuch f. Unteroffiziere d. k. k. Heeres.

Ratzenhofer, G., k k. Oberlieut. Die praktischen Uebungen der Infanterie und Jäger. kl. 8. Teschen 1875.

— die praktischen Uebungen der Infanterie-Waffe. 3., verm. u. verb. Aufl. 8. (X, 179 S.) Teschen 881. Prochaska. n. 2. —; geb. n. 2. 60

Ratzenhofer, G., die praktischen Uebungen der Infanterie-Waffe. 4. verm. u. verb. Aufl. 8. (X, 193 S.) Teschen 885. Prochaska. n. 2. —; geb. n. 2. 60

— dasselbe. s.: Handbücher für Unteroffiziere des k. k. Heeres.

Ratzenhofer, Gust., Wesen u. Zweck der Politik. Als Theil der Sociologie u. Grundlage der Staatswissenschaften. 3 Bde. gr. 8. (X, 400, VII, 363 u. IX, 481 S.) Leipzig 893. F. A. Brockhaus. n. 20. —

Ratzenhofer, Wilh. Ritter v., Eusebia. Episches Gedicht. 8. (28 S.) Wien 878. Rosner. *

— Gedichte. 16. (80 S.) Wien 871. (Klemm.) n. 2. —

Ratzenhofer, Wilh. R. v., neue Gedichte. 8. (VIII, 173 S.) Wien 879. Rosner. n. 3. —

Ratzer, Joh. K., Gedichte. 16. (14½ B.) Brünn 846. (Wimmer.) *

Ratzer, Joh. K., Romanzen. 1. Lfg. 16. (20 S.) Brünn 861, Buschak und Irrgang.

Ratzer, Johann K. — Sonette. Ein Halbhundert, von — —. 8. (50 S.) Neutitschein. Schnellpressendruck von J. N. Enders. 1855.

Rätzer, Carl, s. Rätzer, Karl

Rätzer, Dav. Bhrd., s. H. Struve, Handbuch f. Mineralogen.

Rätzer, Karl

Rätzer, Carl s. Hoffnung und Wiedersehen. Bern 1839.

Rätzer, Kurt: Beitrag zur Casuistik der Insertio velamentosa. Leipzig 1910: Lehmann. 24 S. 8°
Leipzig, Med. Diss. v. 18. Juli 1910, Ref. Zweifel
[Geb. 30. Aug. 85 Mylau; Wohnort: Mylau; Staatsangeh.: Sachsen; Vorbildung: Realgymn. Plauen i. V. Reife O. 04; Studium: Leipzig 5, Jena 2, Leipzig 3 S.; Coll. 20. Juli 10.] [U 10. 3044

Ratzes, Das Bad, im Landgerichte Kastelreuth im Kreise Botzen in Tyrol; nähere Beschreibung desselben von einem practischen Arzte J. A . . . . Innsbruck 1831. V: *Ammerer, J.* (Margr)

Ratzinger, Georg

Ratzinger, G., Bauern einigt euch! Ein Mahnruf. gr. 8. (56 S.) Kempten 897. J. Kösel. n. — 60

Ratzinger, G., die Bierbrauerei in Bayern. gr. 8. (45 S.) Augsburg 885, Literar. Institut von Dr. M. Huttler. *
Aus: Augsburger Postzeitung, besonders abgedruckt.

— die Erhaltung d. Bauernstandes. Ein Reformprogramm d. hochsel. Grafen Ludwig zu Arco-Zinneberg, bearb. gr. 8. (XVI, 118 S.) Freiburg i/Br. 883. Herder. n. 1. 50

[F.] Forschungen zur Bayrischen Geschichte v. Dr. G[eorg] **Ratzinger**. *Kempten: J. Kosel 1898.* (VIII, 653 S.) 1 Bd 8. [97. 6138

RATZINGER, Georg (Rickering): Geschichte der kirchlichen Armenpflege.- Freiburg i.B.: Herder 1868. XIV,434 S.
8.8.1868 - Urk (Titel: De ecclesiae catholicae erga pauperes beneficentia expositio historica.); F 44; Chr 1868/69,12
Diss. Ingolst.-Landsh.-Mchn.

— Geschichte der kirchlichen Armenpflege. Gekrönte Preisschrift. 2. Aufl. gr. 8. (XIV, 616 S.) Ebend. 884. n. 8. —

(**Ratzinger, Georg.**) Das vatikanische Konzil u. die deutsche Wissenschaft. (Nach dem „Tagebuche“ des Prof. Friedrich gezeichnet.) Mainz, Kirchheim, 1872, gr. 8°, IV, 46 S.,

Ratzinger, Bäuerliches Leben im 13. Jahrhundert. München 1898

— Die Volkswirthschaft in ihren sittlichen Grundlagen. Ethisch-sociale Studien über Cultur und Civilisation. gr. 8°. Freiburg i. Br., Herder, 1881.

— die Volkswirtschaft in ihren sittlichen Grundlagen. 2., vollst. umgearb. Aufl. gr. 8. (XVII, 641 S.) Freiburg i/B. 895. Herder. n. 8. —; geb. in Halbfrz. n. 9. 80

Ratzinger, Ignaz

Versuch einer Geschichte der Studien-Anstalt in Neuburg a. D. Von Ignaz Ratzinger, G. P. — 1851 Ebend. — S. 1—20.
Progr. Neuburg.

Ratzka, Vitus, das Ausästen der Waldbäume od. die gartenmäß. Behandlg. der Forste. Mit 45 Fig. auf 8 (lith.) Taf. (in qu. 4.) gr. 8. (XVI, 82 S.) Pilsen 874. Maasch. n. 2. 40

Ratzky, J., the english correspondent. A collection of the most practical business letters etc. designed for daily use in the counting-room. 4. (124 autogr. S.) Berlin 879. R. Kühn. geb. n. 4. —

Ratzlo, J. F. N., Logarithmentafel für kaufmännische Berechnungen, nebst Anweis. z. deren Gebrauch. Fol. u. 8. Hamburg, (Herold.)

Ratzky, J. F. N., logarithmische Tabellen zur leichteren Berechnung des St. Petersburger Cours auf Hamburg ꝛc. 4. Lübeck, Niemann u. Comp. 810.

Ratzky, Johann Ludolph (Danzig), De lactis metastasi causa febris puerperarum nuperrime rursus defensa. Diss. med. Jena (Goepferdt) 5. II. 1789. 20 S. (4.—) 27689
Gew.: Johann Christian Manske.

Ratslaff, Ernst, aus Köslin: Über die Einwirkung primärer und sekundärer Amine auf Phosphoroxychlorid und Äthoxylphosphoroxychlorid. *Rostock 1901: C. Boldt.* (36 S.) 8°
Rostock, Phil. Diss. v. [18. Febr.] 1901

Rätzlingen [Schlagwort]

Rätzlingen, s.: Preussen. Messtischblätter.

Rätzl-Nest, Neulich Gefundenes, Dem Curiosen Leser, Für Ein Fasching- unnd Fasten-Duldt verehret. Zu finden Bey W. Kriner, Buchhandlern am Hällein, nechst Saltzburg, 1711. 8°. Rar! (In München: L. eleg. m. 625 m.) (2 Mk. 50 Pfg., mit 1 Beibd., Kirchhoff & Wigand, Lpz., 1892; jetzt theurer!)
Besaß auch Brentano und Haydinger. — W. v. Maltzahn 517 no. 2025.

RATZLOW, Christian Ludwig: Kurze Anweisung, den Kubikinhalt runder Bäume zu berechnen. Nebst einer Tabelle über den Kubikinhalt runder Holzstämme und einer Gewichtstabelle der bekanntesten Holzarten. Ein nothwendiges Büchlein für den Bauherrn etc. - Langensalza 1854. 19 S. -

Ratzlow, Ch. Ludw., kurze Anweisung den Cubikinhalt runder Baumstämme zu berechnen. Nebst einer Tabelle über den Cubikinhalt runder Holzstämme, und einer Gewichtstabelle der bekanntesten Holzsorten. Ein nothwendiges Büchlein für Bauherren, Zimmerleute, Stellmacher, Tischler, so wie auch eine nützliche Mitgabe an Schüler beim Scheiden aus der Volksschule. 1. Aufl. 1855. und 2. Aufl. gr. 8. (19 S.) Langensalza 856, Schulbuchhandlung des thüringer Lehrer-Vereins.
6. Aufl. ebd. 1877. 87 S., m. Holzschn. bearb. v. Emil Fleischhauer

—— Denkrechnen. Algebraische Aufgaben aus der Sammlung von Beispielen, Formeln ꝛc. von Meier Hirsch; für Freunde des Rechnens, besonders aber für Seminar-Präparanden, Seminaristen und Lehrer. 1. Aufl. 1853. und 2., verb. Aufl. 8. (96 S.) Langensalza 854, Schulbuchhandlung des thüringer Lehrer-Vereins.

—— Denkrechnen. Algebraische Aufgaben des zweiten Grades; für Freunde des Rechnens, besonders aber für Seminar-Präparanden, Seminaristen und Lehrer. 8. (IV und 79 S.) Langensalza 855, Schulbuchhandlung des thüringer Lehrer-Vereins.

—— 2. (Thl.) Algebraische Aufgaben des 2. Grades; für Freunde des Rechnens besonders aber für Seminar-Präparanden, Seminaristen u. Lehrer. 855. — 2. Aufl. Ebend. 856. 8. (IV, 79 S.) 9 ngr.

—— Denkrechnen. 1—3. (Heft.) Für Freunde des Rechnens, besonders aber für Seminar-Präparanden, Seminaristen, und Lehrer. 8. Langensalza 856, Schulbuchhandlung des thüringer Lehrer-Vereins. à Heft 9 Ngr.
Inhalt:
(Heft) 1. Algebraische Aufgaben aus der Sammlung von Beispielen ꝛc. von Meier Hirsch. 3., verb. Aufl. (90 S.)
" 2. Algebraische Aufgaben des zweiten Grades. 2. Aufl. (79 S. mit eingedr. Holzschn.)
" 3. Diophantische Aufgaben. (98 S.)

—— dass. — 3. (Heft.) Diophantische Aufgaben für Freunde des Rechnens, besonders aber für Seminar-Präparanden, Seminaristen und Lehrer. 2. Aufl. 8. (98 S.) Ebendas. 858.

Ratzlow, (Chr.) Ludw., Denkrechnen. I. Algebraische Aufgaben aus der Sammlung von Beispielen, Formeln ꝛc. von Meier Hirsch; für Freunde des Rechnens, besonders aber für Seminar-Präparanden, Seminaristen und Lehrer. 4., verb. Aufl. 8. (90 S.) Langensalza 859, Schulbuchh. von Greßler.

—— das neue preußische Gewicht vom 1. Juli 1858 ab. Für Lehrer und Gewerbetreibende an Aufgaben erläutert. 8. (74 S.) Langensalza 858, Schulbuchh. von Greßler.

—— Kubikrechnung. Faßliche Anweisung den kubischen Inhalt von Gebäuden und Kornmiethen behufs Versicherung gegen Feuersgefahr, von Mauerwerk, von Graben, von vierseitigem Bauholz ꝛc. zu berechnen. Nebst einer Tabelle über den Kubikinhalt runder Holzstämme, einer Gewichtstabelle der bekanntesten Holzsorten ꝛc. Ein Büchlein für Bauherrn, Ackerwirthe, Zimmerleute ꝛc. 1—3. Aufl. gr. 16. (91 S. mit eingedr. Holzschn.) Langensalza 858—61, Schulbuchh. von Greßler.

— Kubikrechnung. Faßliche Anweisung den kubischen Inhalt von Gebäuden und Kornmiethen behufs Versicherung gegen Feuersgefahr, von Mauerwerk, von Gräben, von vierseitigem Bauholz und runden Holzstämmen zu berechnen. Nebst einer Tabelle über den Kubikinhalt runder Holzstämme, einer Gewichtstabelle der bekanntesten Holzsorten und mehreren anderen gemeinnützlichen Notizen. Ein Büchlein für Bauherren, Ackerwirthe, Zimmerleute, Maurer ꝛc. 3. Aufl. 861. — 4. verm. Aufl. Langensalza 863. Greßler. 16. (88 S. m. Holzschn.) 6 ngr

Ratzlow, Chr. Ludw., Kubikrechnung. Faßliche Anweisung den kub. Inhalt von Gebäuden und Kornmiethen behufs Versicherung gegen Feuersgefahr, von Mauerwerk, von Gräben, von vierseit. Bauholz und runden Holzstämmen zu berechnen. Nebst einer Tab. über den Kubikinhalt runder Holzstämme ꝛc. 4. Aufl. 1863. und 5., verm. Aufl. 16. (88 S. mit eingedr. Holzschn.) Langensalza 865, Schulbuchh. von Greßler.

Ratzlow's Kubikrechnung. Faßliche Anweisg. den kub. Inhalt v. Gebäuden u. Kornmiethen behufs Versicherg. gegen Feuersgefahr, v. Mauerwerk, v. Gräben, v. vierseit. Bauholz u. runden Holzstämmen zu berechnen. Nebst e. Tabelle üb. den Kubikinhalt runder Holzstämme, e. Gewichtstabelle der bekanntesten Holzsorten, u. mehreren anderen gemeinnützl. Notizen. Ein Büchlein f. Bauherren, Ackerwirthe, Zimmerleute ꝛc., sowie auch e. nützl. Mitgabe f. Schüler beim Scheiden aus der Volksschule. Neu bearb. v. Emil Fleischhauer. 7. umgearb. Aufl. 16. (88 S. m. eingedr. Holzschn.) Langensalza 875. Schulbuchh. — 60

Ratzlow's Kubikrechnung. Faßliche Anweisung den kubischen Inhalt von Gebäuden u. Kornmiethen behufs Versicherung gegen Feuersgefahr, von Mauerwerk, von Gräben, von vierseitigem Bauholz u. runden Holzstämmen zu berechnen. Nebst einer Tabelle über den Kubikinhalt runder Holzstämme, einer Gewichtstabelle der bekanntesten Holzsorten u. mehreren anderen gemeinnützlichen Notizen. Ein Büchlein für Bauherren, Ackerwirthe, Zimmerleute ꝛc. Neu bearb. von Emil Fleischhauer. 8. Aufl. 16. (87 S. m. eingedr. Holzschn.) Langensalza 877. Schulbuchh. — 60

—— Rechenbuch mit Uebungsaufgaben für die Oberklassen der Volksschulen. 8. (64 S.) Langensalza 859, Schulbuchh. von Greßler.

—— Auflösungen dazu. 8. (26 S.) Ebendas. 859.

Ratzoumowsky, s. Razoumowsky.

Rätzsch, Heinr., Lehrbuch der deutschen Stenographie nach F. X. Gabelsberger's System. Hrsg. vom königl. stenograph. Institute in Dresden. 1—3., verm. Aufl. gr. 8. (XII und 226 S. mit 80 stenograph. Stat.) Dresden 860. 61. [Dietze.] *

Rätzsch, Heinrich, Lehrbuch der deutschen Stenographie nach F. X. Gabelsberger's System. Nach des Verf. Tode hrsg. vom königl. stenograph. Institute in Dresden. 4.—7., durchgeseh. Aufl. gr. 8. (XLVIII und 198 S. mit 80 lithogr. stenograph. Taf.) Dresden 862—66, G. Dietze. *

Rätzsch, Heinr., Lehrbuch der deutschen Stenographie nach F. X. Gabelsberger's System. Nach des Verf. Tode hrsg. vom königl. stenograph. Institute in Dresden. 8. Aufl. 1869, und 9. durchgeseh. und verm. Aufl. gr. 8. (XXXVIII, 198 S. mit 80 stenograph. lithogr. Taf.) Dresden 869, G. Dietze. *

Rätzsch, Heinr., Lehrbuch der deutschen Stenographie nach F. X. Gabelsberger's System. Mit Genehmigg. d. königl. sächs. Ministeriums d. Innern verfasst. Nach d. Verf. Tode hrsg. vom königl. stenograph. Institute in Dresden. Mit 80 stenograph. (lith.) Taf. 9. durchgesch. u. verm. Aufl. gr. 8. (LII, 198 S.) Dresden 873. G. Dietze. n. 4. —

Rätzsch, Heinr., Lehrbuch der deutschen Stenographie nach F. X. Gabelsberger's System. Mit Genehmigung des königl. sächs. Ministeriums des Innern verfasst. Nach des Verf. Tode hrsg. vom kgl. stenograph. Institute in Dresden. 10. verm. und nach den auf dem Stenographentage zu Leipzig beschlossenen Schreibweisen umgearb. Aufl. (LIV, 198 S. mit 81 stenograph., autogr. Taf.) 1876. * ℳ 4,50.; 11. verm. Aufl. gr. 8. (VIII, XLVIII, 198 S.) Dresden 879, G. Dietze. *

Rätzsch, Heinr., Lehrbuch der deutschen Stenographie nach F. X. Gabelsbergers System. Mit Genehmigung des königl. sächs. Ministeriums des Innern verfasst. Nach des Verf. Tode hrsg. vom königl. stenograph. Institute in Dresden. 12. neubearb. und verm. Aufl. gr. 8. (XII, LIX, 228 S. mit 87 stenogr. Taf.) Dresden 886, G. Dietze. *

Rätzsch, Heinr., Lehrbuch der deutschen Stenographie nach F. X. Gabelsberger's System. Mit Genehmigg. d. königl. sächs. Ministeriums d. Innern verf. Nach d. Verf. Tode hrsg. vom königl. stenograph. Institute in Dresden. Mit 87 stenograph. Taf. 13. (Titel-)Aufl. gr. 8. (XII, LXII, 228 S.) Dresden 891. G. Dietze. n. 6. —

—— kurzer Lehrgang der Stenographie nach F. X. Gabelsberger's System. 1.—13. Aufl. gr. 8. (IV und 108 S. mit 48 lithogr. stenogr. Taf.) Dresden 865—68, G. Dietze. *

—— kurzer Lehrgang der Stenographie nach F. X. Gabelsberger's System. 14.—28. Aufl. gr. 8. (IV, 60 S. mit 48 stenograph. lithogr. Taf.) Ebendas. 868—74. *

—— dass. — 29. und 30. Aufl. Mit Berücksicht. der auf dem Stenographentage zu Leipzig beschlossenen neuen Schreibweisen. gr. 8. (IV, 60 S. mit 49 stenograph. autogr. Taf.) Ebendas. 875. *

—— kurzer Lehrgang der Stenographie nach F. X. Gabelsberger's System. 31.—35. Aufl. Mit Berücksicht. der auf dem Stenographentage zu Leipzig beschlossenen neuen Schreibweisen. gr. 8. (IV, 60 S. mit 49 stenograph., autogr. Taf.) Ebendas. 876—78. *

Rätzsch, Heinr., kurzer Lehrgang der Stenographie nach F. X. Gabelsberger's System. 36.—38. Aufl. Mit Berücksicht. der auf den allgemeinen deutschen Stenographentagen zu Leipzig und Frankfurt a. M. beschlossenen neuen Schreibweisen. gr. 8. (IV, 60 S. mit 49 stenogr. Taf.) Dresden 880, G. Dietze. *

—— dass. — Mit 48 stenogr. Taf. und 158 Aufgaben zum Übertragen. Durchges. und bearb. von Rich. Rätzsch. 39.—43. Aufl. 8. (VI, 57 S.) Ebendas. 882—84. *

—— Lehrgang der Stenographie [Korrespondenz- und Debattenschrift] nach F. X. Gabelsberger's System. Neu bearb. von Rich. Rätzsch. 44.—48. Aufl. 8. (VIII, 72 S. mit 56 stenogr. Taf., 63 Übersetzungs- und 64 Leseaufgaben.) Ebendas. 885—87. *

—— Lehrgang der Stenographie [Correspondenz- u. Debattenschrift] nach F. X. Gabelsbergers System. Mit 56 stenogr. Taf., 63 Übersetzungs- u. 64 Leseaufgaben. Neu bearb. v. Rich. Rätzsch. 49. u. 54. durchgeseh. u. verb. Aufl. Ausg. m. österreich. Orthographie. 8. (VIII, 72 S.) Ebd. 889,92. * 1 50

—— dass. — 50.—53., 55. u. 56. durchgeseh. u. verb. Aufl. (m. deutscher Orthographie). 8. (VIII, 72 S.) Ebd. 889,92. * 1 50

— Lehrgang der Stenographie (Korrespondenz- u. Debattenschrift) nach F. X. Gabelsbergers System. Mit 56 stenograph. Taf., 63 Übersetzungs- u. 64 Leseaufgaben. Neu bearb. v. Rich. Rätzsch. 60. unveränd. Aufl. 8. (VIII, 72 S.) Dresden 895. G. Dietze. n. 1. 50; 54. Aufl. mit österreich. Orthographie. 892. n. 1. 50

Rätzsch, Heinrich, Lehrgang der Stenographie (Correspondenz- und Debattenschrift nach F. X. Gabelsberger's System) Nach den Wiener Beschlüssen von 1895 neu bearbeitet von Dr. Richard Rätzsch. 63. veränderte und vermehrte Auflage. Ausgabe mit österreichischer Orthographie. Dresden 1896. G. Dietze. (Min.-Erl. v. 30. Dec. 1895, Z. 27461) 1896. —.90

Rätzsch, Heinr., Lehrgang d. Stenographie (Korrespondenz- u. Debattenschrift) nach F. X. Gabelsbergers System. M. 58 stenograph. Taf., 63 Übersetzungs- u. 64 Leseaufgaben. Nach den Wiener Beschlüssen v. 1895 neu bearb. v. Rich. Rätzsch. 66. u. 67. unveränd. Aufl. 8. (VI, 76 S.) Dresden 897. 98. G. Dietze. n. 1. 50

Rätzsch, Heinr., Lehrgang der Stenographie (Korrespondenz- u. Debattenschrift) nach F. X. Gabelsbergers System. Nach den Berliner Beschlüssen von 1902 neu bearb. v. Rob. Fuchs. 78. u. 79. Taus. gr. 8. (VIII, 136 S.) Dresden 903. E. Haendcke. n. 1. 50; geb. n. 1. 80

Rätzsch, Heinr. Lehrgang der Stenographie (Verkehrs- u. Redeschrift) nach F. X. Gabelsbergers System. Nach den Berliner Beschlüssen v. 1902 neu bearb. v. Rob. Fuchs. 80. u. 81. Taus. (VIII, 135 S.) 8. Dresden 904. F. Jacobi. n. 1. 50; geb. n.n. 1. 80

Rätzsch, Heinr., Lehrgang der Stenographie (Verkehrs- u. Redeschrift) nach F. X. Gabelsbergers System. Nach den Berliner Beschlüssen v. 1902 neu bearb. v. Rob. Fuchs. 82. Taus. (VIII, 135 S.) 8. Dresden 908. F. Jacobi. 1.50; geb. n 1. 80

Raetzsch, Heinr., stenographisches Lesebuch nach Gabelsberger's System. 8. (VII und 80 S. und Uebersetzung 80 S.) Dresden 851(52,) Kuntze's Hofbuchh. **

Raetzsch, Heinr., stenographisches Lesebuch nach Gabelsberger's System. 8. (VIII u. 80 S. m. Uebersetzung 80 S.) Dresden 852, Kuntze. n. n. 1⅓ ß

Raetzsch, Heinr., stenographisches Lesebuch nach Gabelsberger's System. 2. verm. u. revid. Aufl. 853. — 3. (Titel-)Aufl. Dresden 856. Kuntze. 8. (88 lith. S. u. Uebersetzung VII, 74 S.) n. 24 ngr.

—— der Militairstenograph. Eine Sammlung militair-technischer Ausdrücke nach Gabelsbergers System. 1. Aufl. 1857. * * 7½ Ngr. und 2., verm. und nach den Beschlüssen der stenograph. Commission in Dresden revid. Aufl. 8. (IV und 20 lithogr. S.) Dresden 860, [Dietze.] *

—— stenographische Uebertragung der Schreib-Uebungen im Lehrbuch der deutschen Stenographie. 1.—3. Aufl. gr. 8. (55 lithogr. S.) Dresden 863—65, G. Dietze. *

—— stenographische Uebertragung der Schreibübungen im Lehrbuch der deutschen Stenographie. Hrsg. vom königl. stenograph. Institute in Dresden. 4. Aufl. 1869, und 5. Aufl. gr. 8. (II, 55 lithogr. S.) Ebendas. 873. *

— stenographische Uebertragung der Schreibübungen im Lehrbuch der deutschen Stenographie. Nach des Verfassers Tode hrsg. vom königl. stenographischen Institute in Dresden. 6., nach den auf dem Stenographentage zu Leipzig beschlossenen Schreibweisen umgeänd. Aufl. gr. 8. (64 autogr. S.) Ebend. 877. n. 1. 50

— stenographische Ubertragung der Schreibübungen im Lehrbuch der deutschen Stenographie. Nach d. Verf. Tode hrsg. vom königl. stenograph. Institute in Dresden. 7., v. R. Rätzsch durchgeseh. Aufl. gr. 8. (64 S.) Ebd. 887. n. 2. —

— stenographische Vorlegeblätter nach Gabelsberger's System. Herausg. vom Königl. Sächs. stenograph. Institute. 16 (lith.) Bl. uebst einem Schreibhefte. Dresden (858.) Adler u. Dietze. 8. n. 8 ngr.

— stenographische Vorlegeblätter nach Gabelsberger's System. Herausg. vom königl. sächs. stenograph. Institute. 16 (lith.) Blätter nebst einem Schreibehefte. 2—7. Aufl. Ebend. 859—64. 8. n. 8 ngr.

— stenographische Vorlegeblätter nach Gabelsberger's System. Herag. vom königl. sächs. stenograph. Institute. 16 (lith.) Blätter nebst einem Schreibehefte. 8. u. 9. Aufl. Ebend. 865—69. 8. In Couvert. n. 8 ngr.

—— stenographische Vorlegeblätter nach Gabelsberger's System. Hrsg. vom königl. sächs. stenograph. Institute. 16 (autogr.) Blätter nebst einem Schreibhefte. (48 S.) 10. Aufl. Mit Berücksicht. der auf dem ersten allgemeinen Stenographentage zu Leipzig beschlossenen neuen Schreibweisen. 8. Dresden 877, G. Dietze. In Mappe * 1 20
Schreibheft allein * — 30

Rätzsch, Richard

—— das System Arends, für Kenner des Gabelsberger'schen Systems im Auftrage des königl. sächs. stenogr. Instituts bearb. und krit. beleuchtet. gr. 8. (XV, 48 autogr. S.) Dresden 884, (G. Dietze.) *

Rätzsch, Rich., militairtechnische Ausdrücke, alphabetisch geordnet u. in stenograph. Schrift nach Gabelsberger's System übertr., nebst stenograph. Lesestücken militairstatist. u. propagandist. Inhalts. Unter Benutzg. d. v. seinem Vater verf. „Militairstenograph" bearb. u. hrsg. 8. (32 S.) Dresden 883. (G. Dietze.) n.n. — 30

Rätzsch, R., die „Dresdner Beschlüsse" vom J. 1857. Nach den Quellen in übersichtl. Weise zusammengestellt. Beilage zur Festschrift zur Feier d. 50jähr. Jubiläums d. königl. stenograph. Instituts in Dresden. gr. 8. (16 S., wovon 14 autogr.) Dresden 889. G. Dietze. n. — 65

Rätzsch, Rich., militärische Fachausdrücke u. Lesestücke System Gabelsberger. 2., umgearb. u. verm. Aufl. gr. 8. (24 S.) Dresden 893. G. Dietze. n. — 60

Rätzsch, Rich., militärische Fachausdrücke u. Lesestücke nach dem Gabelsbergerschen System. Nach den Berliner Beschlüssen v. 1902 bearb. v. Rob Fuchs. 3. Aufl. (42 S.) 8. Ebd. 905. n. — 60

Rätzsch, Rich., d. Stenographie im Dienste d. Heeres, s.: Sammlung v. Vorträgen aus d. Gebiete d. Stenographie.

Rau, Alb. Die Baupolizei. Eine gründl. Abhandlg. üb. das ganze Gebiet der Baupolizei, nebst e. Anh. üb. Statik u. Festigkeitslehre im Hochbau. gr. 8. (VIII, 121 S. m. 7 Taf.) Pforzheim 892, (Lpz., Rein.) * 4 50

Rau, Alb., die Baupolizei. Eine gründl. Abhandlg. üb. das ganze Gebiet der Baupolizei, nebst e. Anh. üb. Statik u. Festigkeitslehre im Hochbau, zum Studium u. prakt. Gebrauch f. Architekten u. Hochbautechniker, amtl. Bausachverständige, Verwaltungs-, Sanitäts- u. Gemeindebeamte, Parlamentarier, sowie sonst. Interessenten d. Baufaches. gr. 8. (VIII, 121 S. m. 7 Taf.) Pforzheim 892. A. Rau's Selbstverl. n. 4. 50

— dasselbe. Ratgeber f. das ganze Gebiet der Baupolizei, nebst e. Anh. üb. Statik u. Festigkeitslehre im Hochbau, zum Studium u. prakt. Gebrauch f. Architekten u. Hochbautechniker, amtl. Bausachverständige, Verwaltungs-, Sanitäts- u. Gemeindebeamte. Mit 7 Taf Zeichngn. 2. (Titel-)Aufl. gr. 8. (VIII, 121 S.) Karlsruhe 894. O. Nemnich. n. 2. 50; geb. n. 3. 50

Rau, Alb., das Feuerlöschwesen. [Aus: „Haarmann's Zeitschr. f. Bauhandwerker".] gr. 8. (48 S.) Halle 896. W. Knapp. n. 1.

Rau, Albr., Bibel u. Offenbarung. Mit besond. Bezugnahme auf Friedrich Delitzschs Vorträge: Babel u. Bibel. (IV, 58 S.) gr. 8. Delitzsch 903. C A. Walter. n. 1. —

Rau, Albr., Empfinden u. Denken. Eine physiolog. Untersuchung üb. d. Natur d. menschl. Verstandes. gr. 8. (II, 385 S.) Giessen 896. E. Roth. n. 8. —

Rau, Albr., die Entwicklung der modernen Chemie. Im Anschlusse an die Schrift: „Grundlage der modernen Chemie". gr. 8. (IX, 170 S.) Braunschweig 879. Vieweg & Sohn. n. 3. 60

Rau, Albr., die Ethik Jesu. Ihr Ursprung u. ihre Bedeutung vom Standpunkte des Menschentums. gr. 8. (VII, 221 S.) Giessen 899. E. Roth. n. 4. 50; geb. in Leinw. n. 5. 50

Rau (A.), Die Grundlage der modernen Chemie. Braunschweig 1877. 8. (Theorien der modernen Chemie. Heft 1.)

— die Grundlage der modernen Chemie. Eine historisch-philosophische Analyse. gr. 8. (VIII, 114 S.) Braunschweig 877. Vieweg & Sohn. n. 2. 40

Harnack, Goethe, D. Strauß und L. Feuerbach über das Wesen des Christentums. Eine krit. Darlegung von Albrecht Rau. *Delitzsch: C. A. Wagner 1903.* (49 S.) 8° [F.]

— die Lehre von der chemischen Valenz u. ihr Verhältniss zur electro-chemischen Theorie. Eine historisch-kritische Studie. [Aus: „Journ. f. prakt. Chemie".] gr. 8. (34 S.) Leipzig 879. Barth. — 60

Der moderne Panpsychismus. Eine summarische Kritik d. Idealismus u. seiner neuesten Entwickelungsphase. Von Albrecht Rau. *Berlin Gose & Tetzlaff 1901* (16 S.) 8°
Aus Deutsche Zeitschrift Jg. 14, H. 6 u. 7 {01. 8857 II

Rau, Albr., Friedrich Paulsen üb. Ernst Haeckel, s. a. Flugschriften des deutschen Monistenbundes. 3. Heft.

Friedrich Paulsen über Ernst Haeckel. Eine krit. Untersuchung über Naturforschung u. moderne Kathederphilosophie von Albrecht Rau. Brackwede i. W.: W. Breitenbach in Komm. 1906. (48 S.) 8° [F.]
= Flugschriften d. Deutschen Monistenbundes. H. 3. {07. 2458

Friedrich Paulsen über Ernst Haeckel. Eine krit. Untersuchung über Naturforschung u. moderne Kathederphilosophie von Albrecht Rau. 2. Aufl. Brackwede i. W.: Breitenbach in Komm. 1907. 48 S. 8°
(Flugschriften d. Deutschen Monistenbundes. H. 3.) {11. 13959 II

Rau, Albr., Ludwig Feuerbach's Philosophie, die Naturforschung und die philosophische Kritik der Gegenwart. gr. 8. (V, 249 S.) Leipzig 882, Barth. *

Reformation und Renaissance. Ein Beitrag z. Gesch. d. Los von Rom-Bewegung von Albrecht Rau. *Delitzsch: C. A. Walter [1903].* (116 S.) 8° {03. 6384 3

RAU, ALBRECHT.
Theorien (Die) der modernen Chemie. Braunschweig, 1877–84. 3 parts. 8vo. Part I. Die Grundlage der modernen Chemie. Part II. Die Entwickelung der modernen Chemie. Part III. Die Entwickelung der modernen Chemie. Neue Folge.
See also, in Section III, Rau, Albrecht.

Rau, Albr., die Theorien der modernen Chemie. 3. [Schluss-] Hft. Die Entwicklg. der modernen Chemie. Neue Folge. gr. 8. (XXVI, 349 S.) Braunschweig 884. Vieweg & Sohn. n. 7. — (cplt. n. 13. —)
Das 1. u. 2. Hft. bilden: Die Grundlage der modernen Chemie, n. 2. 40, u. Die Entwicklung der modernen Chemie, n. 3. 60.

— Das Wesen des menschlichen Verstandes u. Bewusstseins. Nach monist. u. dualist. Auffassg. kritisch dargestellt. (VII, 236 S.) gr. 8. München 910. E. Reinhardt. 4.50; geb. in Leinw. 5. 50

Rau, Alfred: Die Bernsteinsäure als Product der alkoholischen Gährung zuckerhaltiger Flüssigkeiten, nebst Studien üb. d. quantitative Bestimmg derselben ... München, Druck v. R. Oldenbourg, 1892; 20 S. 8.
Erlangen, Med. Fak., Inaug.-Diss. v. 1892

Rau, Ambrosius

— Bemerkk. üb. d. naturhistor. Mineralsystem d. Hrn. Fr. Mohs. gr. 8. Würzb. 821. Stahel. 9 gr.

— — enumeratio rosarum circa Wirceburgum et pagos adjacentes sponte crescentium, cum ear. definit., descript. et synon. secund. nov. meth. disposita et specie varietatibusque novis aucta. Cum tabula aen. 8. Norimb., Felsecker. 816.

Rau, Ambr., Lehrbuch der Mineralogie. Mit 1 Kpf. gr. 8. Würzb. 810. Stahel. 2 rf 20 gr.

Rau, A., Lehrbuch der Mineralogie. Mit 1 Kupf. gr. 8. Würzburg, Stahel. 818.

Rau, (A.) Lehrbuch der Mineralogie. 2e Aufl. gr. 8. Würzb. 826, Stahel.

— Progr. üb. d. techn. Theil d. Salzwerkskunde. gr. 8. Würzb. 809. Stahel. 8 gr.

Rau, B. S. v. Notizen aus dem Gebiete der Physik für Artilleristen. Mit Taf. Mainz 1829. 64 S. 4°

Rau, C. v., Geschichte d. Verbreitung d. Cholera u. ihrer Verheerungen in Asien, Afrika u. Europa, v. J. 1817 bis z. Ende d. J. 1831. M. 1 Karte (gr. Fol. u. ill.) gr. 8. (12 B.) Berlin 832, Reimer.
Aus dem „Archiv f. med. Erfahrung“ abgedruckt.

Rau, C. v., Hydrographische Karte vom Preussischen Staate und den angrenzenden Ländern Nord-Teutschlands. M. 1 : 1000000. Gestochen von J. C. Richter. Berlin, Schropp u. Co., 1826. 4 Bll. Roy.-Fol. (1 Rt.) . . . . . . (Br. Mus.)

Rau, C. v., Karte vom Preussischen Staate mit den angrenzenden Ländern Nord-Teutschlands. Revidirt u. nach den besten Materialien ergänzt bis auf die Gegenwart. M. 1 : 1000000. Berlin (C. Heymann; Mittler u. Sohn; Schropp u. Co.) 1828. Imp.-Fol. 4 Blatt in Kupferstich u. kolor. (2 Rt.) . . . . (Br. Mus.; RPA.)
Erschien ausserdem in folgenden Ausgaben

1. In commerzieller Hinsicht	2⅓ Rt.	4. Mit Bezeichnung der Ober-Landesgerichts-Bezirke	3⅓ Rt.
2. Nach Armee-Corps	1⅔ „	5. Nach Regierungsbezirken	1⅔ „
3. Nach Landwehrbegrenzungen	2 „	6. Mit Bezeichnung des Freimaurer-Ordens	2⅓ „

Rau, C. D. H., primae lineae historiae politices s. civilis doctrinae. 8maj. Erlangen, Palm und E. 816.

Rau, C. G., kurze Geschichte der deutschen Kaiser für die Jugend bearb. Mit 52 Kaiserbildern nach Werken deutscher Kunst. gr. 16. (VIII und 192 S. mit eingedr. Holzschn.) Stuttgart 860, Belser'sche Verlagsh. *

Rau, C. G., Handbuch der Realkenntnisse, enthaltend: Geographie, Naturlehre oder Physik, Naturgeschichte, Lehre vom Menschen, Geschichte. Für Schulen bearb. 8. (VIII und 230 S.) Stuttgart 853, Verlags-Magazin. Thlr. *

Rau, C. G., Charte von Württemberg. Zum Schulgebrauch. Zu Ludw. Völter's Geographie von Württemberg. 4 lithogr. Blätter in Roy.-Fol. Stuttgart 837. (Metzler.) 1 rf

Rau, C. G., Singtafel für Volks-, Real- und Latein-Schulen. 2 Blatt. Imp.-Fol. Stuttgart 876, Maier. *
Auf Leinw., lackirt und mit Stäben *

Rau, C. G., Singtafel für Volks-, Real- und Lateinschulen. Stuttgart 886, Jul. Maier, Sep.-Cto. In Carton *
Aufgezogen auf Leinen mit Stäben und lackiert *

Rau, C. G., erster biblischer Unterricht f. Kinder. In 52 Bildern gezeichnet von Jul. Nisle. 8. (7 B.) Stuttgart 844, Belser'sche Buchh. *

Rau, C. G., erster biblischer Unterricht. 2., verm. Aufl. gr. 16. (IV und 124 S. mit 52 Bildern in eingedr. Holzschn. für Kinder.) Stuttgart 851, Belser'sche Buchh. *

—— erster biblischer Unterricht mit 52 (eingedr. lithogr.) Bildern für Kinder. 3. Aufl. 8. (IV und 124 S.) Stuttgart 856(57,) Belser'sche Buchh. *

—— erster biblischer Unterricht mit 52 Bildern für Kinder. 3. Aufl. 1857. und 4. Aufl. gr. 16. (IV und 124 S. mit eingedr. Holzschn.) Stuttgart 860, Belser'sche Verlagsh. *

Rau, C. G., erster biblischer Unterricht mit 52 Bildern für Kinder. 5. Aufl. 8. (IV und 124 S. mit eingedr. Holzschn.) Stuttgart 864, Belser's Verlag. cart. *

Rau, C. G., erster biblischer Unterricht mit 52 Bildern (in eingedr. Holzschn.) für Kinder. 6. Aufl. Stuttgart 870. Belser's Verl. 16. (IV, 124 S.) cart. n. 16 ngr.

Rau, C. G., erster biblischer Unterricht mit 52 (eingedr. Holzschn.-) Bildern für Kinder. 7. Aufl. 8. (IV, 124 S.) Stuttgart 880, Belser'sche Verlagsh. cart. *

—— erster Unterricht im Zeichnen enth. die Elemente des Freihand-, Linear- und geometr. Zeichnens für Schulen und zum Selbstunterrichte. I. Heft: Geradlinige Figuren. Lex.-8. (10 Stnt. und 8 S. Text.) Stuttgart 851, Belser'sche Buchh.

— Vorschule des Zeichnens für Volksschulen Elementaranstalten und Privatunterricht. 1. Lfl. 2. Aufl. 24 (lith.) Wandtaf. mit 60 Fig. Göppingen (854.) (Stuttgart, Aue.) Fol. n. 20 ngr.

Rau, C. G., Wandkarte von Europa zum Unterricht in der Geographie, allgemeinen und bibl. Geschichte. 1 : 3,800,000. 4 Bl. 2. verb. Aufl. Chromolithogr. Imp.-Fol. Stuttgart 887, Alb. Müller. * 7 —
Auf Leinw. * 12 —

— Wand-Karte zum Unterricht in der biblischen Geschichte für Volksschulen. Lith. u. in Farben gedruckt. gr. Fol. (4 Blätter. Nebst Text in 8. u. d. T.: Geographische Uebersicht der für die biblische Geschichte wichtigsten Länder. Von A. Palm.) Stuttgart 845, Metzler'sche Buchh. 1 5/12 ₰

Rau, C. Gf.

Rau, Carl, s. Rau, Karl

Rau, Christian

(—). — Procancellarius **Christian Rau** sollemnia inaug. candidati Carl August Wilhelm Schroeter (Cöthen/Anhalt) publice indicit. Leipzig (C. Tauchnitz) 14. V. 1812. 22 S. mit Biogr. v. Schroeter (M.: M. S. C. Schlott.) (3.25) 27712
Enthält: Observatio juris civilis. Actione negotiorum gestorum mandatarium, qui fines mandati egressus est, adversus mandantem experiri non posse, ostenditur.

Rau, Christian [Praes.], s. Berthold, Samuel: Exerc. jur. civ. ad L. LXXIX d. ad legem falcidiam.

Rau, Christian [Praes.], s. Blümner, Heinrich: Elector Saxoniae juris Saxonici defensor.

Rau, Christian [Praes.], s. Carl, Karl Friedrich: De appropriatione feudorum sine consensu successoris in dominium directum nonnunquam invalida.

(—). — Procancellarius **Christian Rau** sollemnia inaug. candidati Carl Ernst Ludwig Hyttich (Bautzen / Lausitz) publice indicit simulque De principali caussa odii secundarum nuptiarum apud veteres disserit. (Leipzig (Klaubarth)) 16. VII. 1801. 15 S. mit Biogr. v. Hyttich (M.: J. C. W. von Dieskau.) (3.25) 27710

— — De litterarum investiturae caussis et prima origine. Orationi solemni. (Leipzig (Klaubarth)) 20. XII. 1786. 26 S. (4.—) 27692

Rau, Ch., D. de Aur. Arcad. Charisio. *Lps.* 773. 4.

Rau, Christian u. (Respond.) **Johann August Cleemann** (Chemnitz), De Claudio tryphonino juris consulto Romano. Leipzig (Langenheim) 19. X. 1768. 34 S. (4.25) 27713

Rau, Christian [Praes.], s. Dathe, Karl Theophil: De personis incertis ex testamento heredibus. Historia jur civ Romani.

Rau, Christian [Praes.], s. Deutrich, Christian Adolph De principum S. R. I secularum imprimis electoris Saxoniae dominio feudorum quae in vasallos suos conferunt directo, non prodominio.

(—). — Ordinarius senior et reliqui doctores facultatis jur. Lipsiensis procancellario **Christian Rau** summos in utroque jure honores cum spe suo tempore locum in collegio obtinendi viro Eduard Platner (Leipzig) indicunt. Leipzig (Klaubarth) 29. V. 1809. 20 S. mit Biogr. v. Platner (M.: D. Chr. Liebich.) (3.25) 27700
Enthält: Observatio juris civilis. Digesta etiam composita esse ex scriptis Juris consultorum Hadriano Imperatore anteriorum, adversus Joh. Gottl. Heineccium ostenditur.

Rau, Christian [Praes.], s. Einert, August. De donatione immodica coram competente judice insinuanda.

Rau, Christian [Praes.], s. Einert, Karl. De Papirio et jure Papiriano exercit. I

Rau, Christian [Praes.], s. Ermel, Friedrich Christian: Quae ponderanda sint in judicio de electione canonica rite ferendo? Accedunt observationes de formula capituli Wurcenensis hodierna.

Rau, Christian [Praes.], s. Eschenbach, Christian Gottlieb Wolffgang: De actione depositi adversus tertium possessorem.

— — De feudo dotalitii commentationem orationi solemni adeundi muneris caussa in auditorio jur. consultorum. Leipzig (Langenheim) 6. III. 1776. 24 S. (3.75) 27691

Rau, Christian [Praes.], s. Hiller, Johann Heinrich: De transitu et admissione legati. Exercit. juris gentium.

Rau, Christian (Leipzig), Historia juris civilis de peculiis. Leipzig (Langenheim) 5. IV. 1770. 44 S. (4.25) 27690

(—). — Procancellarius **Christian Rau** sollemnia inaug. candidati Friedrich Carl Hausmann publice indicit. (Leipzig (Klaubarth)) 10. II. 1791. 16 S. mit Biogr. v. Hausmann (Pirna) (M.: Chr. D. Pomsel.) (3.25) 27708
Enthält: De variis Saturninis jureconsultis.

Rau, Christian [Praes.], s. Knoetzschker, Johann Christian: De praerogativa S. R. I. principum electorum sine speciali imperatoris consensu terras imperii acquirendi ad illustrandum locum Aureae Bullae cap. X. §. 2. et 3. Exercit. jur. publ.

Rau, Christian [Praes.], s. Koch, Christian Traugott: De Aurelio Arcadio Charisio vetere jurisconsulto.

Rau, Christian [Praes.], s. Krumbhaar, Ludwig Amadeus: De vasallis imperii ab investitura feudorum quae tempore interregni a vicariis S. R. I. recognoverunt coram imperatore postea electo renovando immunibus. Exercit. jur. feudalis publ.

— — u. (Respond.) **Traugott Leberecht** Schneider (Bautzen/Lausitz), De lege mensia. Leipzig (Klaubarth) 23. XI. 1786. 58 S. (4.75) 27714

Rau, Christian [Praes.], s. Müller, Johann Gottfried: De legato debiti.

RAU, Ch.: Obs. jur. civ. de Novellarum Justiniani versionis latinae vulgatis auctore atque aetate. *Lps.* 813. 4.

(—). — Ordinarius senior et reliqui doctores facultatis jur. Lipsiensis procancellario **Christian Rau** summos in utroque jure honores cum spe suo tempore locum in collegio obtinendi viro Gustav Friedrich Haenel (Leipzig) indicunt. Leipzig (Breitkopf-Haertel) 3. V. 1816. 14 S. mit Biogr. v. Haenel (M.: E. Obermann.) (3.25) 27705
Enthält: Observationum juris feudalis specimen.

(—). — Dasselbe. Leipzig (Breitkopf-Haertel) 3. V. 1816. 14 S. mit Biogr. v. Haenel (M.: E. Obermann.) (3.25) 27706
Enthält: Observationum juris feudalis specimen. — Mit Widmungstafel für Haenel v.: Johann Christian Rosenmueller, Christian Rau, August Cornelius Stockmann, Christian Gottlob Biener. Leipzig (Breitkopf-Haertel Cant. 1816.

(—). — Ordinarius senior et reliqui doctores facultatis jur. Lipsiensis procancellario **Christian Rau** summos in jure honores cum spe suo tempore locum in collegio obtinendi candidato Jakob Ludwig Gaudlitz (Leipzig) indicunt. [Leipzig] (Saalbach) 17. XII. 1804. 24 S. mit Biogr. v. Gaudlitz (M.: L. Fl. Rivinus.) (3.25) 27696

(—). — Dasselbe. [Leipzig] (Saalbach) 17. XII. 1804. 24 S. mit Biogr. v. Gaudlitz (M.: L. Fl. Rivinus.) (3.25) 27697
Mit Widmungstafel für Gaudlitz v.: Gottfried August Arndt, Christian Rau, Christian Gottlob Biener, Heinrich Gottfried Bauer. Leipzig (Saalbach) 23. XII. 1804.

(—). — Ordinarius senior et reliqui doctores facultatis jur. Lipsiensis procancellario **Christian Rau** summos in jure honores cum spe suo tempore locum in collegio obtinendi candidato Johann Carl Gross (Leipzig) indicunt. Leipzig (C. Tauchnitz) 23. XII. 1803. 24 S. mit Biogr. v. Gross (M.: A. B. Pestalozzo.) (3.25) 27695

(—). — Ordinarius senior et reliqui doctores facultatis jur. Lipsiensis procancellario **Christian Rau** summos in utroque jure honores cum spe sou tempore locum in collegio obtinendi viro Friedrich Theophil Seydlitz (Leipzig) indicunt. Leipzig (Fr. Chr. Dürr) 4. IX. 1807. 18 S. mit Biogr. v. Seydlitz (M.: Chr. D. Lazer.) (3.25) 27699

— — Ordinarius senior et reliqui doctores facultatis jur. Lipsiensis summos in jure honores cum spe suo tempore locum in collegio obtinendi candidato Carl Ludolph Hansen (Leipzig) indicunt. Leipzig (C. Tauchnitz) 4. IV. 1803. 16 S. mit Biogr. v. Hansen (M.: Chr. Fr. Treitschke.) (3.25) 27693

— — Dasselbe. Leipzig (C. Tauchnitz) 4. IV. 1803. 16 S. mit Biogr. v. Hansen (M.: Chr. Fr. Treitschke.) (3.25) 27694
Mit Widmungstafel für Hansen v. Johann Friedrich Burscher, Heinrich Gottfr. Bauer, Christian Gottlob Biener, Christian Rau. Leipzig (C. Tauchnitz). 10 IV. 1803.

(—). — Procancellarius **Christian Rau** sollemnia inaug. candidati Carl Friedrich Carl publice indicit. (Leipzig) 22. III. 1787. 12 S. mit Biogr. v. Carl (Weissenfels) (M.: J. M. Mahler.) (3.25) 27707
Enthält: Ordo Equester apud Romanos, quo tempore ortus sit eiusmodi, qui interjectus quasi et medius inter Senatum et Plebem esset?

(—). — Ordinarius senior et reliqui doctores facultatis jur. Lipsiensis procancellario **Christian Rau** summos in utroque jure honores cum spe suo tempore locum in collegio obtinendi viro Carl Kuestner (Leipzig) indicunt. Leipzig (G. Bruder) 26. III. 1810. 23 S. mit Biogr. v. Kuestner (M.: M. A. Crayen.) (3.25) 27701
Enthält: Observatio juris civilis. Origo discriminis inter res sacras, religiosas et sanctas, adversus Augustinum a Leyser.

(—). — Dasselbe. Leipzig (G. Bruder) 26. III. 1810. 23 S. mit Biogr. v. Kuestner (M.: M. A. Crayen.) (3.25) 27702
Enthält: Observatio juris civilis. Origo discriminis inter res sacras, religiosas et sanctas, adversus Augustinum a Leyser. — Mit Widmungstafel für Kuestner v.: Carl Gottlob Kuehn, Christian Rau, Christian Gottlob Biener, Christian Daniel Erhard. Leipzig (G. Bruder) Palmarum 1810.

Rau, Christian [Praes.], s. Petermann, Karl Gottfried: De discrimine inter testamentum militare et testamentum pagani in hostico conditum.

RAU, Ch.: Von den Präsentationen d. Obersächs. Kreises zu den Assessoratsstellen b. d. kaiserl. R. K. G. *Regensb.*, Montag. 782. 4. (6 Gr.)

Rau, Christian [Praes.], s. Puttrich, Ludwig: Observationum juris civilis specimen.

(—). — Ordinarius senior et reliqui doctores facultatis jur. Lipsiensis procancellario **Christian Rau** summos in utroque jure honores cum spe suo tempore locum in collegio obtinendi candidatis Carl Einert u. August Einert (Leipzig) indicunt. Leipzig (C. Tauchnitz) 8. V. 1807. 26 S. mit Biogr. v. Einert, Carl u. August (M.: C. Fr. Kober.) (3.25) 27698
Enthält: Observatio juris civilis. Quando judex contra jus in thesi pronunciasse intelligatur?

Rau, Christian [Praes.], s. Rhaesa, Karl Gottlob: De querela inofficiosae donationis.

(—). — Procancellarius **Christian Rau** sollemnia inaug. candidati Christian August Michaelis (Leipzig) publice indicit. Leipzig (Klaubarth) 12. IV. 1804. 16 S. mit Biogr. v. Michaelis (M.: J. Chr. von Graf.) (3.25) 27711

Rau, Christian [Praes.], s. Starke, Christian Gottlob: Exercitatio iuris civilis ad 1. XXXI. § I. D. depositi vel contra.

Rau, Christian [Praes.], s. S t o c k m a n n , August Cornelius: De precario.

(—). — Procancellarius **Christian Rau** sollemnia inaug. candidati Christian Benjamin Weis (Leipzig) publice indicit simulque De superiori inferioris vasallo disserit. (Leipzig) 26. III. 1801. 17 S. u. Biogr. v. Weiss (M.: Chr. J. Schmidt.) (3.25) 27709

(—). — Ordinarius senior et reliqui doctores facultatis jur. Lipsiensis procancellario **Christian Rau** summos in utroque jure honores cum spe suo tempore locum in collegio obtinendi Heinrich Wilhelm Leberecht Crusius (Leipzig) indicunt. Leipzig (Vogel) 4. X. 1813. 14 S. mit Biogr. v. Crusius (M.: D. C. Ploss.) (3.25) 27703
Enthält: Observatio juris feudalis. Vasallum thesaurum, quem ipse in feudo inuenit, totum sibi vindicare posse, ostenditur.

(—). — Dasselbe. Leipzig (Vogel) 4. X. 1813. 14 S. mit Biogr. v. Crusius (M.: D. C. Ploss.) (3.25) 27704
Enthält: Observatio juris feudalis. Vasallum thesaurum, quem ipse in feudo inuenit, totum sibi vindicare posse, ostenditur. — Mit Widmungstafel für Crusius v.: Wilhelm Traugott Krug, Christian Rau, August Cornelius Stockmann, Christian Gottlob Biener. Leipzig (Fr. Chr. W. Vogel) 4. X. 1813.

Rau, Christoph Gottfried, s.a. R a u e .

— Anweis. z. Situationszeichnung f. junge Krieger. Mit 3 Pl. gr. 8. Friedrichst. u. Frberg 784. Gel. Händl. in Dessau. 12 gr.

Rau, C. Gf., Grundf. d. Artillerie, m. K. 8. Dresden, Walther. 786.

Rau, Curt Hermann, s. R a u , Kurt Hermann

(Rau, Dav. Wilh., J. U. L.) Dess *durchläuchtigsten Hauses Bayern genealog.-histor. Beschreibung*, worinnen dieses Höchsten Hauses Ursprung, dessen . . . . Stamm-Vatters Kaysers *Ludorici V.* (sic!) Historie u. Verdienste um das Reich, desselben Nachkommen, der Hertzogen von Ober- u. Nieder-Bayrn, die Erhebung zum Chur-Fürstenthum, und jetzo auf den Kayserl. Thron, mit mehrerem erläutert u. ausgeführet wird. Samt einer Vorred u. generalen Stamm-Tabellen. Von *D. W. R.* Augspurg, gedr. u. verlegt von Maxim. Sim. Pingitzer, 1742. 4⁰. Wasserfl. Ppb.
Portr. (Kaiser Karl VII. Albrecht), roth u. schwarz gedr. Tit., 2 Bll. Zuschr. (an den kais. wirkl. geh. Rath u. Reichs-Hofraths-Präsidenten Heinr. Carl Grafen zu Ostein), 3 Bll. Vorr., 52 S., 1 genealog. (roth u. schwarz gedr.) Tabelle (gefalt.).

— — De pari nexu civitatum imperialium cum S. R. imperio Von denen Freyen Reichs-Städten. Diss. inaug. Präs. Gabriel Schweder. Tübingen (H. Franck) 5. III. 1714. 80 S. (4.75) 27716

— — Dasselbe. Tübingen (H. Franckh) 5. III. 1714. 1715. 80 S. (4.75) 27717

— **David Wilhelm** (Ulm), De renunciationibus invalidis. Disput. jur. Präs. Joh. Georg Fichtner. Altdorf (Kohle) April 1712. 36 S. (4.25) 27715

— **Erhard Anton** (Ulm), De actibus voluntariae jurisdictionis. Diss. circul. IV. Präs. Johann Ernst Schroeter. Erlangen (Becker) 1749. 20 S. (4.25) 27718

— — De probatione religionis. Commentatio jur. Ulm (J. Fr. Gaum) 1753. 85 S. (5.—) 27719
Widm. v.: Präses.

Rau, Erh. Ant., comment. jurid., de probatione religionis. 4. Ulm, Stettin. 753.

Rau, Ernst Felix, s. R a u , Felix

Rau F.: Das Verhältnis der L.-B.-A. zu der Übungsschule. (Reisebericht.) 70 ibd. L.-B.-A. 78. Wiener-Neustadt.
Progr.

Rau, F. H., De praepositionis παρά usu. Diss. 1870. 84 S.
— — Compl. 1870. 98 S.

Rau, *Ernst* Felix [aus Stuttgart]: Aus d. Klinik f. Hautkrankheiten u. Syphilis zu Bonn. Ein Fall von Sclerodactylie . . . Bonn, Buchdr. v. A. Henry, 1896; 59 S. 8.
Bonn, Med. Fak., Inaug.-Diss. v [17] Juni 1896

Rau, Ferd., Geschichte des 1. Badischen Leib-Dragoner-Regiments Nr. 20 und dessen Stamm-Regiment, des Badischen Dragoner-Regiments v. Freystadt von 1803 bis zur Gegenwart. Auf Befehl des Regiments bearb. Nebst 4 (lithogr.) Uebersichtskarten, Skizzen und Plänen. gr. 8. (VII, 298 S.) Berlin 878, Mittler und Sohn. *

Rau, Handbuch f. den Kavallerie-Unteroffizier im Felddienst. Mit Skizzen im Text. 12. (VI, 76 S.) Berlin 894. E. S. Mittler & Sohn. n. 1 —

— Winke üb. die Ausbildung der Eskadron im Felddienst. Nebst zahlreichen Beispielen f. takt. Aufgaben u. Uebungsritte. 12. (IV, 123 S. m. 1. Karte.) Ebd. 894. n. 2. —

Rau, Fr., die Sache der approbirten Chirurgen in Bayern auf der Waage der Billigkeit. gr. 8. Augsb. 836. Kollmann. 5 gr.

[F.] **Rau,** Franz [stellvertr. Dir.]: *Lebensabriss des Direktors a. D. Prof. Dr. Joseph Kuhl.* Jülich, Druck v. J. Fischer, 1897; 12—13 S. 4.
Jülich, st. PG m. K. Kompatronat, P 1897 (463)

Rau, Frz., praktischer Lehrgang f. den Gesangunterricht an allgemeinen Volks- u. Bürgerschulen, enth. nach method. Grundsätzen geordnete Treffübgn, nebst e. Auswahl v. 1-, 2- u. 3stimm. Liedern. 5 Hfte. 8. Wiener-Neustadt, A. Folk. n. 1. 40
1. 3. u. 4. Schulj. 2. unveränd. Aufl. (40 S.) 894. n. — 24
2. 5. Schulj. (48 S.) 886. n. — 28
3. 6. Schulj. 2. unveränd. Aufl. (56 S.) 894. n. — 28
4. 7. Schulj. (54 S.) 886. n. — 28
5. 8. Schulj. 2. unveränd. Aufl. (74 S.) 894. n. — 32

— Lieder f. das 1. u. 2. Schuljahr. Vorstufe zu dessen „Praktischer Lehrgang f. den Gesangunterricht an allgemeinen Volks- u. Bürgerschulen". 8. (34 S.) Ebd. 887. n. — 24

Rau, Franz, specielle Methodik des Gesangsunterrichtes an Volks- und Bürgerschulen. 8⁰. (IV, 78 S.) Wr.-Neustadt, Eduard Wedl. 1887

— specielle Methodik des Gesangunterrichtes an Volks- u. Bürgerschulen. Zugleich als Commentar zu des Verf. „Praktischer Lehrgang f. den Gesangunterricht an allgemeinen Volks- u. Bürgerschulen" u. zur Vorstufe desselben. gr. 8. (IV, 78 S.) Ebd. 888. n. 1. 40

Rau, Frz., die drei letzten Schuljahre, s. a. Handbuch, methodisch-praktisches, f. den Volksschul-Unterricht.

Rau, Frz., die drei letzten Schuljahre. (Methodisch-prakt. Handbuch f. den Volksschul-Unterricht. Unter Mitwirkg. mehrerer Schulmänner hrsg. v. Jos. Ambros.) 1. u. 2. Aufl. gr. 8. (à IX, 406 S. m. Fig.) Wien 899. 902. A. Pichler's Wwe. & Sohn. n. 4.—; geb. n. 4.40

(F) Rau, F., Die drei letzten Schuljahre. 3. Aufl. [Methodisch-praktisches Handbuch für den Volksschulunterricht.] 8°. (IX 39 S. mit 4 Tafeln)
Wien: Pichler 1909

Rau Franz: Der Unterricht in der mathematischen Geographie auf der Oberstufe der allgemeinen Volks- und in der Bürgerschule. 25. Wiener Neustadt. Lehr Sem. 95.
Progr.

Rau, Franz De Aristophanis versibus Equitum 505, 506 non reiciendis. 4 S. Progr. Jülich 1881.

RAU, Friedrich (Leipheim): Die Sympathieen der Organe des menschlichen Körpers.- Ulm: Seitz 1842. 42 S.
14.4.1840 - Urk (Titel: De sympathia organorum corporis humani.); F 65
Diss.Ingolst.-Landsh.-Mchn.

Rau, Fr., die Sympathieen der Organe des menschl. Körpers. Inaugural-Abhandlung. gr. 8. (2¾ B.) Ulm 842. [Adorf, Müller's Buchh.]

Rau, G., lateinische Prüfungsaufgaben u. Formen f. Sexta (1. Lateinj.). (VII, 145 S.) gr. 8. Stuttgart 903. A. Bonz & Co. Geb. in Leinw. n. 1. 50

— dasselbe f. Quinta (2. Lateinj.). (VII, 134 S.) gr. 8. Ebd. 903. Geb. in Leinw. n. 1. 40

Rau, G., Vertheidigungsrede, s. Vertheidigungsrede.

Rau, G. H., Briefe zweier Freunde über Religion und Leben. Ein Weihgeschenk für Jünglinge und Jungfrauen aus den gebildeten Ständen. 8. Heilbronn 844, Landherr. ⅔ ₰

Rau, G. H., Disquisitio chirurgica de nova Herniae inaug. Praefatus est C. F. Graefe. 4. Berol. Maurer'sche Buchh. 813.

Rau, Georg

Deutsch-Süd-West-Afrika. Bilder aus d. Kriegen gegen d. Hereros u. Hottentotten. (Verf.: Georg Rau.) Mit e. Geleitworte d. Gen.Lt. z. D. [Lothar] v. Trotha. Schöneberg-Berlin: Stern & Schiele 1907. (2 Bl., 59 Taf., 2 Karten.) quer-8° (08. 18409

Christophorus Lehmann und seine Chronica der freien Reichsstadt Speier, großentheils nach urkundlichen Quellen geschildert von Georg Rau, L. P. u. Vorstand des k. Archivs-Conservatorium. — Zum Ausdruck genossenschaftlicher Theilnahme an der Dritten Säcularfeier der k. Studien-Anstalt in Zweibrucken im Aug. 1859 u. s. w. — 1859. Ebend. — S. III–IV u. 1–31.
Progr. Speier

Rede, bei der Feier des fünfzigjährigen Amts-Jubiläums des Kön. Hofraths, R. des L. u. G. zu Speier, Herrn Dr. Georg von Jaeger, R. des V. O. v. h. M., des Civil-V. O. d. b. Krone, sowie des L. O. am 14. Dec. 1851 gehalten von Georg Rau, L. P. u. Vorstand des k. Archiv-Conservatoriums. — 1851 Ebend. — S. 3–8.
Progr Speier.

Rede gehalten bei der zum Andenken an den verstorbenen k. Lyceal-Professor Rupert Jaeger von der hiesigen k. Studienanstalt am 12. Mai angeordneten Trauerfeier von Georg Rau, L. P. der Philos. u. Gesch. – 1851 Ebend — S. 3–8.
Progr. Speier

Die Regiments-Verfassung der freien Reichsstadt Speier, in ihrer geschichtlichen Entwickelung urkundlich geschildert von Georg Rau, L. P. der Philos. u. Gesch. — I. Abtheilung. — Von den frühesten Zeiten bis zur Einführung des Zunftregiments im J. 1349. — 1844. Ebend. — S. 1–40.
Progr. Speier.

Die Regiments-Verfassung der freien Reichsstadt Speier u. s. w. von Georg Rau, L. P. — II. Abtheilung. — Zünfte, Rath und Richter in Speier von 1349 bis 1689. — 1845. Ebend. — S. 1–38. [S. Nr. 981].
Progr. Speier.

Rau, Geo., der Retscherhof in Speier in seiner Oertlichkeit nach den Quellen geschildert. 8. (36 S. mit 1 lithogr. Beilage, den Grundriß der Retscherruine und ihrer nächsten Umgebungen enthaltend, in gr. 4.) Speyer 858, (Neidhard's Buchh.) *

—— Retscherhof und Königspfalz in Speier. Ein Beitrag zur geschichtl. Topographie Speiers. gr. 8. (V und 96 S. mit lithogr. Abbild. der Retscherruine und lithogr. Grundriß des Retscherhofes in gr. 8. und qu. gr. 4.) Speier 859, Neidhard's Buchh. *

Rau, Gottlieb Ludwig

s.: Rau, Gottlieb Martin Wilhelm Ludwig

Rau, Gottlieb Martin Wilhelm Ludwig

— Diss. de acido benzoico. 4. Erlang. 801.

— Anleit., zweckmäß. Krankheitsberichte zu verfertigen, f. beginnende Richtärzte. 8. Gießen 807. Heyer. 8 ₰

Rau, Gtli. Ludw., Beiträge z. homöopath. Heilkunst. 1. Hft. — A. u. d. T.: Ideen z. wissenschaftl. Begründ. d. Systems d. homöopath. Heilkunst. gr. 8. (12 B.) Giessen 834, Heyer, Vater.

Rau, Gli. Mt., s. a. Darstellungen, romant.

DARSTELLUNGEN, Romantische, aus der Familie Lindau (von *Gottlieb Mart. Wilh. Ludw. Rau*). Koburg 1798. 8°.
Anon.-Lex. I. p. 369 (nach Goedeke) — Kayser u. Scriba haben „1799"

ROSE, Albr Mor (d. i. *Gli. Mart. Wilh. Ludw. Rau*), Romantische Darstellungen aus der Familie Lindau. Coburg, bey (sic!) dem Meuselischen Lese-Institut. 1799. 8°
Tit. u. 260 S. — Zahm.

Rau, Gottlieb (Martin Wilhelm) Ludwig: Ueber die Erkenntnis und Heilung der gesammten Hämorrhoidalkrankheiten. Abth.1 - 2, 430 S., gbd.

Giessen: Heyer 1822

JB 3.382

Rau, Gtli. Ludw., über d. Erkenntniß u. Heilung d. Nervenfiebers. gr. 8. (32 B.) Darmstadt 829, Leske. Thlr.

Ueber die Reichische Fiebertheorie. Ein Versuch von Gottlieb Martin Wilhelm Ludwig Rau. Erlangen: Palm 1801. 172 S. 8°

– s. Franzesko Zabolini.

Rau, G. L., Gedichte. 8. Gießen, Heyer und L. 809.

—— Geschichte u. Bedeutung d. homöopath. Heilverfahrens in kurzem Abrisse dargest. gr. 8. (1½ B.) Gießen 833, Heyer, Vater.

Rau, G. M. W. L., Handb. z. Erkenntniß und Heilung der gesammten Hämorrhoidalkrankheit. 2 Thle. gr. 8. Gießen, Heyer, 821.

Rau, G(ottlieb) M(artin) W(ilhelm) L(udwig): Handbuch für Hebammen zur Selbstbelehrung und als Leitfaden beim Unterrichte. 190 S., gbd., 1 Taf.

Gießen u.Darmstadt: Heyer 1807

JB 3.832

— **Gottlieb Martin Wilhelm Ludwig**, Observationes ad pyretologiam Reichianam. Erlangen 1801. 41 S. (—.—) 27720
Gew.: Johann Christian Daniel von Schreber, Friedrich Wendt, Friedrich Heinrich Loschge, Friedrich Hildebrandt.

— observationes ad pyretologiam Reichianam. 8maj. Erl. 801. Palm. 4 gr. — Dass. ausführl. u. deutsch unt. d. T.: üb. d. Reichische Fiebertheorie. 8. Ebd. 801. 12 gr.

Rau, Gottlieb (Martin Wilhelm) Ludwig: Organon der specifischen Heilkunst. 392 S., gbd.

Leipzig: Schumann 1838

JB 2.623

Rau, Gtli. Ludw., Organon d. specif. Heilkunst. gr. 8. (25¼ B.) Leipzig 838, [T. O. Weigel.]

Rau, Gtl. Mt. Wlh. Ldw., Schilderungen. 8. Erlang. 800. Schubert. (Heyder). 1 ß (A. u. d. T.: Schilderungen vaterländ. Gegenden).

— s. F. Schlez, Naturgesch. 2r Thl.

—— Sendschreiben an alle Verehrer d. ration. Heilkunst, nebst Thesen üb. Homöopathik. 8. (2 B.) Giessen 836, [Heyer's Verl.]

Rau, (Gottl. Ludw.,) über d. Werth d. homöopathischen Heilverfahren. 8. Heidelb. 824, Groos.

—— über d. Werth d. homöopath. Heilverfahrens. 2., ganz umgearb. u. verm. Ausg. gr. 8. (18 B.) Heidelberg 835, Groos.

ZADOLINI, Franzesko (Roman), von *R. L. W. M. G.* (d. i. *Gottlieb Martin Wilh. Ludw. Rau*). Leipzig 1804. 8°.
Anon. IV. p. 424 (nach Meusel, Kayser, Goedeke, Scriba); l. c. p. 434 steht unrichtig „Zodalini".

Rau, Gust., Aufgaben u. Entwicklg. der deutschen Landespferdezucht im Vergleich zur Landespferdezucht in Frankreich u. Ungarn. Mit e. Anh.: Die Zucht des Anglo-Arabers in Frankreich u. die Zucht des Arabers in dem ungar. Staatsgestüt Bábolna. (IV, 100 S.) gr. 8. Stuttgart 909. Schickhardt & Ebner. 2. 50

— Die Not der deutschen Pferdezucht. Eine krit. Darstellg. der besteh. Verhältnisse u. Vorschläge zu e. Verbesserg. Mit vielen Tab. u. Stammbäumen. (VIII, 256 S.) gr. 8. 907. Stuttgart; geb. in Leinw. 4. 80

Das anglo-normännische Pferd. Mit besond. Berücks. s. Verwendung in Deutschland von Gustav Rau. Berlin: Deutsche Landwirtschafts-Ges. 1910. IX, 124 S. 8°
(Arbeiten d. Deutschen Landwirtschafts-Gesellschaft. H. 170.) [10. 16211]

Rau (G.). Die deutsche Pferdezuchten. Studien ueber die Abstammung ihrer Vertreter u. deren Typen auf Grund der Hamburger D. L. G. Ausstellung 1910. (219 S. m. Abb.). Lex. 8°. Stuttgart. 1910. geb. M. 8.— halb Leder 10.—

— Die deutschen Pferdezuchten. Studien üb. die Abstamm. ihrer Vertreter u. deren Typen auf Grund der Hamburger D. L.-G.-Ausstellg. 1910. Mit 52 Pferdeporträts (auf 13 Taf.) u. 219 Stammtaf. (X, 140 u. 89 S.) Lex. 8. Ebd. 911. Geb. in Leinw. 8.—; in Halbfrz. 10.—

Rau, H., das Geld. Nach Mich. Chevalier's national-ökonomischen Vorträgen. Lex.-8. (IV und 126 S.) Wien 858, Wallishausser'sche Buchh. *

Rau, H., die ländliche Urproduction und der Real-Credit. gr. 8. (III und 130 S.) Wien 856, Gerold's Sohn. *

H. K. Rau, Ueber die Landwirtschaft der Rheinpfalz und insbesondere der Heidelberger Gegend.
Karl Rau. 1792—1870, Nationalökonom in Erlangen und Heidelberg, bekannt durch die „Geschichte des Pfluges". Vergl. Nr. 61. Heidelberg 1830

Rau, Hans, s. a.: Sper, A.

Elisabeth Bathory, Die 'Blutgräfin' und verwandte Erscheinungen. Von Dr med. A. Sper [d. i. Hans Rau]. *Berlin: Berl. Zeitschr.-Vertrieb [1904]* (186 S.) 8° [F.] [04. 13030]

— Beiträge zu e. Geschichte der menschlichen Verirrungen. I. Bd. Die Verirrgn. in der Religion. (XVIII, 456 S.) gr 8. Leipzig (905). Leipziger Verlag. n. 10.—

Rau, Hans, Beiträge zu e. Geschichte der menschl. Verirrungen. II. Bd. Die Verirrgn. der Liebe. Studien zur Sexualpsychologie. (XXIV, 803 S.) gr. 8. Leipzig (907). Leipziger Verlag. 8.—

— dasselbe III. Bd., s.: Beiträge.

Rau, Hans, a. Würzburg: Beobachtungen an Kanalstrahlen. Würzburg 1906: H. Stürtz. (21 S.) 8°
Würzburg, Phil. Fak., Ref. Wien, Diss. v. 18. Dez. 1906
[Geb. 7. Nov. 81 Würzburg; Wohnort: Würzburg; Staatsangeh.: Bayern; Vorbildung: Gymn. Würzburg Reife Juli 01; Studium: T.H. München 5, Univ. Würzburg 7 S.; Rig. 24. Juli 06.]

Capri und die Homosexuellen. Eine psycholog. Studie von Dr A. Sper [d. i. Hans Rau]. 2. Aufl. *Oranienburg-Berlin: Orania-Verl. [1903].* (27 S.) 8° [04. 1 631]

— der Geschlechtstrieb u. seine Verirrungen. Ein Beitrag zur Seelenkunde. (118 S.) 8. Berlin (903). H. Steinitz. n. 2.—

Berühmte Giftmischerinnen. Von Dr med. A. Sper [d. i. Hans Rau]. *Berlin: Berl. Zeitschr. Vertrieb [1904].* (190 S.) 8° [F.] [04. 13031]

— die Grausamkeit m. besonderer Bezugnahme auf sexuelle Faktoren. (IV, 248 S. m. Abbildgn.) gr. 8. Berlin 903. H. Barsdorf. n. 4.—; geb. in Leinw. n. 5.—

— Die Grausamkeit m. besond. Bezugnahme auf sexuelle Faktoren. 2. völlig umgearb. Aufl. (VI, 272 S. m. 21 Abbildgn.) 8. Berlin 907. H. Barsdorf. 4.—; geb. 5.50

Franz Grillparzer und sein Liebesleben von Hans Rau. Mit zahlr. Portr. *Berlin: H. Barsdorf 1904.* (256 S.) 8° [03. 15756]

Rau, Hans, Liebesfreiheit! Urninge u. Tribaden. Ein Aufruf an das Volk. gr. 8. (28 S.) Oranienburg 903. Orania-Verlag. n. — 60

Lustmörder der Neuzeit. Von Dr med. A. Sper [d. i. Hans Rau]. *Berlin: Berl. Zeitschr. Vertrieb [1904].* (192 S.) 8° [F.] [04. 13030]

Rau, Hans (ed). Nützliches Reisebuch für A. Unentbehrliches Taschenbuch für Auswanderer nach A, nach eigenen Erfahrungen u den besten Quellen bearbeitet 4th imp ed. Ulm, 185-[?].

Der Marquis de Sade und der Sadismus. Von Dr med. A. Sper [d. i. Hans Rau]. *Berlin: Berl. Zeitschr.-Vertrieb [1904].* (183 S.) 8° [Ant. u. F.] [04.13955

— der Sadismus in der Armee. (64 S.) 8. Berlin 904. H. Bermühler. n. 1. —

— Sadismus u. Erzieher. Der Fall Dippold. Ein Sittenbild aus dem 20. Jahrh. (68 S.) gr. 8. Berlin 904. H. Barsdorf. n. 1. —

Gekrönte Verbrecher. Von Dr med. A. Sper [d. i. Hans Rau]. *Berlin: Berl. Zeitschr.-Vertrieb [1904]* (178 S.) 8° [Ant. u. F.] [04.13954

— was muß man v. der Phrenologie wissen? Allgemeinverständliche Darstellg. (72 S. m. Abbildgn.) gr. 8. Berlin (903). H. Steinitz. n. 1. —

— Wollust u. Schmerz, s. a. Bibliothek des Seelen- u. Sexuallebens.

Wollust und Schmerz. Eine psychol. Studie von Hans Rau. Oranienburg: Orania [1904]. (26 S.) 8° [F.]
— Bibliothek d. Seelen- u. Sexuallebens. Ser 1. H. 10. [06.2060

— kleines medizin.-hygien. Wörterbuch, s.: Gerling, Reinh.

Rau, Hnr., die Regeln des Participe passé auf eine leichtfaßliche Weise dargestellt, mit vielen Beispielen über alle vorkommende Fälle. 12. Heidelberg 846, Groos. 1/4 ß

Rau, Heinrich, Rechtspraktikant aus Zweibrücken Die Rückversicherung der Gegenwart. *Berlin 1900: E. S. Mittler & Sohn.* (92 S.) 8° [F.]
München, Staatswirtsch. Diss. v. 1901

Rau, Heinr., vergleichende Statistik des Handels der deutschen Staaten. gr. 8. (VII und 184 S. mit 2 Tab. in gr. 4. und qu. Fol.) Wien 863, Braumüller. *

Rau, Herib., die Apostelgeschichte des Geistes, s. Apostelgeschichte.

— zeitgemäßer Auszug aus dem Neuen-Testament. Aufgefaßt nach den Regeln der gesunden Vernunft. 8. Stuttgart 841, Cast'sche Buchh. 3/4 ß

Rau, Heribert, Beethoven. Historischer Roman. 4 Thle. Frankfurt a. M. 859. Meidinger & Co. 8. (2 Bl., 299; 2 Bl., 313; 2 Bl., 310; IV, 376 S.) 6 ß

—— Beethoven. Historischer Roman. 4 Thle. 8. (XVIII und 1318 S.) Frankfurt a. M. 859. [Leipzig, Thomas.] Früherer Pr. 6 Thlr. Ermäßigter Pr.

Rau, Heribert, Beethoven. Ein Künstlerleben. Culturhistorisch-biographisch geschildert. 2. Aufl. 4 Bde. Leipzig 869. Thomas. 8. (1. Bd. III, 196 S.; 2. Bd. IV, 210; 3. Bd. IV, 199 u. 4. Bd. IV, 267 S.) n. 2 ß

Rau, Heribert, Beethoven. Ein Künstlerleben. Kulturhistorisch-biographisch geschildert. 2 Bde. 3. Aufl. 8. (IV, 327 u. IV, 386 S.) Leipzig 887. Thomas. n. 6. —; pro 2 Einbde. à n.n. 1. —

Rau, Herib., Beethoven. Ein Künstlerleben. Kulturhistorisch-biographisch geschildert. 4. Aufl. 2 Bde. (IV, 349 u. IV, 405 S. m. 1 Bildnis.) 8. Leipzig (903). Th. Thomas. n. 7. 50; geb. n. 9. —

Rau, Heribert, Biographieen berühmter Männer der Vergangenheit. Für die Jugend bearb. br. 8. (304 S. mit 7. ill. Stnt.) Stuttgart 854(55,) Chelius.

Rau, Heribert, Briefe eines Affen an seine Brüder. 2. (Titel-) Aufl. 8. (332 S.) Hanau (846) 848, Edler. 1 ß (Die 1. Aufl. erschien anonym.)

— Erinnerungen an die Gründung einer deutsch-kathol. Gemeinde zu Frankfurt a/M., und ihren ersten öffentl. Gottesdienst. Nebst Predigt des Pfarrer Kerbler. gr. 8. Frankfurt a/M. 845, Körner. n. 6 1/2 ngl

— Deutsche Erzählungen. 2 Bde. 8. (342 u. 308 S.) Leipzig 851, Weber. n. 3 ß

Rau, Heribert, das Evangelium der Natur. Ein Buch für jedes Haus. 5. neu bearb. und verb. Aufl. Mit vielen in den Text gedr. Abbild. und dem Bildniß des Verf. (in Holzschn.). 12 Lfgn. gr. 8. (V, 755 S.) Leipzig 880, Thomas. à Lfg. * 50 Pf. *
Erschien früher anonym.

—— das Evangelium der Natur. Ein Buch für jedes Haus. 6. neu bearb. und verb. Aufl. 12 Lfgn. gr. 8. (V, 760 S. mit vielen in den Text gedr. Abbild. und dem Bildniß des Verf.) Ebendas. 885,86. à Lfg. * 50 Pf. * geb. in Leinw. ** ℳ 7.—.; in Halbfrz. **

Rau, Heribert, das Evangelium der Natur. Ein Buch f. jedes Haus. 7., neu bearb. u. verb. Aufl. Mit vielen in den Text gedr. Abbildgn. u. dem Bildniß d. Verf. gr. 8. (VII, 767 S.) Leipzig 891. Th. Thomas. n. 6. —; auch in 12 Lfg. à n. — 50

Rau, Heribert, das Evangelium d. Natur. Ein Buch f. jedes Haus. 8. Aufl. M. ca. 90 in d. Text gedr. Abb. u. d. Bildn. d. Verf. gr. 8. (V, 767 S.) Leipzig 897. Th. Thomas. n. 6. —
Erschien auch in 12 Lfgn. à n. — 50.

—— Feuerflocken der Wahrheit. Zwölf Predigten. gr. 8. (IV und 207 S.) Wiesbaden 854, Ritter. *

—— dass. — 2. Thl. gr. 8. (192 S.) Frankfurt a. M. 855, (Gebhard und Körber.) *

—— „Die Feuertaufe des heiligen Geistes, die unserem Jahrhundert geworden, ist die Freiheit des religiösen Gedankens!" Predigt über Gal. 5, 1. gr. 8. (14 S.) Mannheim 854. (Worms, Rahke.)

— der Fluch unserer Zeit. Sitten-Roman in 2 Thln. Leipzig 863. Thomas. 8. (VIII, 715 S.) 3 ß

— s. a. Freuden u. Leiden e. Commis Voyageur.

(Rau, Heribert)

Freuden und Leiden eines Commis Voyageur. Th. 2.
Stuttgart: Franckh 1844. 234 S. 8°

(Rau, Heribert)

Freuden und Leiden eines Commis Voyageur.
Stuttgart: Franckh 1885. 329 S. 8°

— der Friedensfürst. Historisches Gemälde aus Spaniens neuerer Geschichte. Aus den Papieren einer hochgestellten Dame. 2. (Titel-)Ausg. 2 Thle. Frankfurt a. M. (853.) 855. Gebhard u. Körber. 8. (331; 372 S.) n. 2 ß.

— der Friedensfürst. Histor. Roman aus Spaniens neuerer Geschichte. Neue Ausg. 2 Bde. 8. [Frankfurt a. M. 875, Schwelm.] (ℳ 6.)

— Garibaldi, Italiens Held und Schwert. Historisches Lebensbild. 3 Bde. 8. (IX und 1018 S.) Berlin 864, Janke.

Mayer, Wilh.: [Gedicht.] Zum 25jährigen maur.·. Jubel-Feste unseres geliebten Br. Wilh. Mayer. Den 28. Aug. 5853. [Am Ende:] Dem Jubilar gewidmet von **Heribert Rau.** [Mannheim 1853.] 1 Bl. 2⁰ [Kopftit.]
„Wenn aus der Zeiten tief verborg'nem Schoosse . . .“

Rau, Heribert, Gedichte. 8. Stuttg. 843, Franckh'sche B. 2 ꝑ

— Genial. Roman. 8. Frankfurt a/M. 844, Oehler. 1½ ꝑ

— Genial. Roman. (Neue Titel-Ausg.) 8. (290 S.) Frankfurt a. M. 849, Oehler. *

— allgemeine Geschichte der christl. Kirche von ihrem Entstehen bis auf die Gegenwart. Für das deutsche Volk. gr. 8. (29½ B.) Frankfurt a. M. 846, Literarische Anstalt.

— Geschichte des alten u. neuen Bundes nach den Urkunden der heil. Schrift bearb. Dem deutschen Volke gewidmet. 2 Thle. gr. 8. (1: VI u. 354 S. 2: VIII u. 336 S.) Heidelberg 847. 48, Groos. (à n. 1 ꝑ) n. 2 ꝑ — 2 Thle. 2. unveränd. (Titel-)Aufl. gr. 8. Ebd. (847. 48) 850. n. 2 ꝑ

Rau, H. *Geschichte berühmter Männer* der Vergangenheit. Für die Jugend bearbeitet von Heribert Rau. Weik & Wieck, Publishers & Importers. Philadelphia [darunter gestempelt] Mainz, bei Joseph Scholz [c. 1850]. 1 Bl. 304 S. mit 5 ganzseitigen, handkolor. Lithographien und lithogr. Titel mit kolor. Vignette. 8⁰ (fast quadratisch). Or.-Kartonbd. m. rotbraunem Moireepapierbezug und Goldornamentierung. 36.—
★ 1. Ausgabe. Betr. hauptsächlich die deutsche, bzw. mitteleurop. Geschichte, enth. aber z. B. auch einen längeren Abschnitt über Benj. Franklin (mit Bild: Franklins Einzug in Philadelphia), einen über Peter den Gr. usw. Die recht guten Bilder unbezeichnet. — Schönes Ex., Einband unbedeut. bestoßen.

— Geschichte des deutschen Volkes für das deutsche Volk. 1. Abdr. 1850. und 2. Abdr. 8. (VIII und 488 S. mit 1 Stnt.) Heidelberg 851, Groos.

— biblische Geschichten für die Jugend bearb. 12. (XII u. 306 S.) Ebd. 847. n. ⅓ ꝑ — 2. unveränd. (Titel-) Aufl. 12. Ebd. (847) 850. n. ⅓ ꝑ

Rau, Heribert, Girandolen. 2 Bde. 8. (35¼ B.) Stuttgart 841. [Frankfurt a. M., J. Baer.] 2 Thlr., hrbgſ. Pr. *

— Girandolen. 2 Bde. 8. Stuttgart 841, Cast'sche B. 2 ꝑ

Gott. Eine Blumenlese aus **Heribert Rau's** Werken von Weisser; am 19.VI. 81. o. O. [1881]. 4 S. 8⁰ [Kopftit.] (Arbeiten des Kränzchens z. „Eintracht im Wiesenthal“ [in Schopfheim]. 1.)

— Hölderlin. Culturhistorisch-biograph. Roman in 2 Thln. 8. (X und 640 S.) Leipzig 862, Thomas.

— Alexander v. Humboldt. Culturhistorisch-biographischer Roman in 7 Thln. 1—4. Thl. 8. (XXVIII und 1307 S.) Frankfurt a. M. 860. [Leipzig, Thomas.]

— dass. — 5—7. Bd. A. u. d. T.: Der Stern des Jahrhunderts Alexander v. Humboldt. 3 Thle. 8. (XXI und 854 S.) Leipzig 860, Thomas. à Bd. 1 Thlr. 15 Ngr.

— Alexander v. Humboldt. Culturhistorisch-biographischer Roman in 7 Thln. 860. — Neue (Titel-)Ausg. Leipzig 861. Thomas. 8. (XLIII, 2161 S.) n. 7 ꝑ 15 *ngr.*

Rau, Heribert, Alexander v. Humboldt. 3. Aufl. 8. (636 S.) Berlin 878, Janke. *

— Alexander v. Humboldt. 2. Aufl. gr. 8. (636 S.) Berlin 884. Janke. n. 1. —

— „In einer Zeit, in der man mit Blitzen denkt, soll man mit Blei nicht beten!“ Eine Predigt über Röm. 8, 14. gr. 8. (15 S.) Mannheim 854. (Worms, Rahke.)

— Kaiser und Narr. Histor. Roman. 3 Thle. gr. 12. Leipzig 845, Brockhaus. 5 ꝑ

Rau, Heribert, Deutschlands Kassandra. Der Raub d. Elsaß u. die Verwüstung der Pfalz unter Ludwig XIV. Historischer Roman. 8. (IV, 391 S.) Stuttgart 871. Moser. 6. —

— Deutschlands Kassandra. Der Raub des Elsaß und die Verwüstung der Pfalz unter Ludwig XIV. Historischer Roman. 8. (IV, 391 S.) Stuttgart 871, Vogler und Beinhauer. [Werther.]

Rau, Heribert, Katechismus der christl. Vernunft-Religion. Ein Leitfaden für den Religions-Unterricht. gr. 8. (VIII und 96 S.) Stuttgart 848, Hoffmann'sche Vrlgsh. Thlr.

— Katechismus der Vernunft-Religion. Ein Leitfaden f. den Religions-Unterricht. 4. verb. u. verm. Aufl. gr. 16. (VIII, 87 S.) Wiesbaden 873. Limbarth. n. — 75

— Theodor Körner. Vaterländischer Roman in 2 Thln. Dem deutschen Volke eine Gabe zur Erinnerung an die Befreiung Deutschlands im J. 1813 an deren 50. Jubiläum. 8. (VII und 675 S.) Leipzig 863, Thomas.

— Thaddäus Kosciuszko. Historischer Roman. 3 Thle. 8. Stuttgart 843, Franckh. 6 ꝑ

— Thaddäus Kosciuszko. Histor. Roman. 2., wohlf. (Titel-)Ausg. 8. (XXII und 1290 S.) Stuttgart 848, Franckh'sche Vrlgsh.

— s. de Lavergne, Al., die Fürstin Orsini.

— Lese-Abende für das Jahr 1845. 2 Bdchn. 8. Frankfurt a/M. 844, Oehler. 3 ꝑ

— Lese-Abende. Novellen und Erzählungen. 2 Bdchn. (Neue Titel-Ausg.) 8. (V und 485 S.) Frankfurt a. M. 849, Oehler. *

— Liederfrühling im Herbste des Lebens. Gedichte. 8. (208 S.) Leipzig 878, L. Senf. geb. mit Goldschn. *

— Ignatius Loyola u. der Orden der Jesuiten. Geschichtlicher Vortrag, gehalten zu Mannheim den 27. Juli 1851. 2. Aufl. 8. (22 S.) Mannheim 851. (Worms, Rahke.) 1/12 ꝑ

— Memorandum. Die vollständ. staatsbürgerl., kirchl. u. polit. Gleichberechtigung der Deutschkatholiken mit den Bekennern der staatlich anerkannten Confessionen betreff. Die Deutschkatholiken Würtembergs den Mitgliedern des Landtags von 1848. gr. 8. (28 S.) Stuttgart 848, Weise. n. 4 ngl

—— Morgen- und Abendopfer, s. Morgen- und Abendopfer.

– Mozart

—— dass. — s. National-Bibliothek neuer deutscher Dichter.

— Mozart. Ein Künstlerleben. Kultur-historischer Roman. 6 Bde. Frankfurt a. M. 858. Meidinger. 8. (VII, 269; 3 Bl., 245; 3 Bl., 285; 3 Bl., 240; 3 Bl., 218; 3 Bl., 293 S.) 9 n$.

—— Mozart. Ein Künstlerleben. Cultur-historischer Roman. 6 Bde 8. (XXXII und 1550 S.) Frankfurt a. M. 858. [Leipzig, Thomas.] Früherer Pr. 9 Thlr., jetzt

—— dass. — 3 Bde. 2. und 3. Volks-(Titel-)Ausg. gr. 16. (XVIII und 1242 S.) Berlin (860)62, Janke.

—— Mozart. Ein Künstlerleben. 4. (Titel-)Aufl. 3 Bde. 8. (VI, 312; IV, 319; IV, 308 S.) Berlin (862)75, Janke. In 1 Bd. cart. *

— Mozart. Ein Künstlerleben. 4. (Titel-)Aufl. 3 Bde. 8. (VI, 312; IV, 319 u. IV, 308 S.) Berlin 875. Janke. In 1 Bd. cart. n. 6. —

Rau, H., Mozart. Ein Künstlerleben. Kultur-histor. Roman. 3 Bde. 5. Aufl. 8. (VI, 326; IV, 340 u. IV, 336 S.) Leipzig 887. Thomas. n. 8. —; geb. n. 10. —

Mysterien eines Freimaurers. Von Heribert Rau. Ms. f. Frmr. Th. 1. 2. Stuttgart: Franckh 1844. 8⁰
1. Logenvorträge. XII, 318 S.; 2. D. Schule d. Lüge. 324 S.
Recens: L. 5 (1844) S. 158—164.
Tt. 1903, 2671. Selten.

—— „Nach der Arbeit." Illustrirter Volkskalender auf die J. 1859 und 1860. 8. (222 S. mit eingedr. Holzschn., LXXII und 160 S. mit eingedr. Holzschn.) Frankfurt a. M. [Berlin, Janke.] à Jahrg. *

— „Nach der Arbeit." Illustrirter Volkskalender auf das Jahr 1859. Frankfurt a. M., Meidinger. gr. 8. (222 S. m. Holzschn. im Text.) n. 10 ngr

— „Nach der Arbeit." Illustrirter Volkskalender auf das Jahr 1860. Frankfurt a. M., Meidinger & Co. 8. (LXXII, 160 S. m. Holzschn.) n. 10 ngr

—— Natur, Welt und Leben. Gedichte. br. 8. (V und 338 S. mit dem Bildniß des Verf. in Stahlst.) Leipzig 855(56,) O Wigand. *

—— Natur, Welt und Leben. Gedichte. 2. (Titel-)Aufl. br. 8. (338 S. mit dem Bildniß des Verf. in Stahlst.) Leipzig (856)59, O. Wigand. * 1 Thlr. 10 Ngr.; geb. *

— die Ohren-Beichte. Rede, gehalt. am 13. April 1851 in Folge der Missions-Predigten zu Mannheim. 3. Aufl. 8. (15 S.) Mannheim 851. (Worms, Rahke.) 1/12 n$

Rau, Heribert
Die Fürstin Orsini oder der erste Bourbon in Spanien. Hist. Roman aus den Zeiten Ludwig's XIV. Nach dem Französischen des Alexander de Lavergne. Bd 1.
Frankfurt a.M.: Oehler 1849. 210 S. 8⁰

—— eine Oster-Predigt. Gehalten am Osterfeste 1851. 8. (15 S.) Mannheim 851. (Worms, Rahke.)

— das Papstthum, seine Entstehung, seine Blüthe u. sein Verfall. (In ca. 8 Liefgn.) 1. Liefg. Stuttgart 870. Stöckhardt. gr. 8. (64 S.) 7½ ngr

-- das Papstthum, seine Entstehung, seine Blüthe und sein Verfall. Allgemeine Geschichte der christl. Kirche, von ihrem Entstehen bis auf die Gegenwart in vollständig veränderter 2. Ausg. 2—6. Lfg. gr. 8. (VI, u. S. 65—382.) Stuttgart 871. Stöckhardt. à n. — 75

—— Jean Paul. Culturhistorisch-biographischer Roman. 4 Thle. 8. (XV und 1345 S.) Leipzig 861, Thomas. à Thl. 1 Thlr. 15 Ngr.

Rau, Peter d. Große, s.a. Zeit- u. Streitfragen, militärische.

Rau, Hptm Peter der Grosse Eine culturhistorische Studie [Militär Zeit und Streitfragen 2.] (49) 8 Leipzig 1871 1,00

—— die Pietisten. Roman aus d. Leben d. neuesten Zeit. 3 Bde. 8. (51¾ B.) Stuttgart 841. [Frankfurt a. M., J. Baer.] 3¾ Thlr., hrbgs. Pr. *

Rau, Heribert
Die Pietisten. Roman. Aus dem Leben der neuesten Zeit. Bd 1-3.
Stuttgart: Cast 1841. 8⁰

— rast' ich, so rost' ich. Roman aus dem Leben. 3 Thle. 8. (280, 311 u. 206 S.) Hannover 873. Rümpler. 13.50

—— der Raub Straßburgs im J. 1681. Vaterländischer Roman in 3 Thln. 8. (XVII und 1169 S.) Frankfurt a. M. 862, Literarische Anstalt. *

— der Raub Straßburgs im J. 1681. Vaterländischer Roman. 2. Aufl. 3 Thle. in 1 Bde. 8. (IV, 336 S.) Berlin 875. Janke. n. 3. —

— fünf Reden, vorgetragen in der deutsch-kathol. Gemeinde zu Frankfurt a/M. gr. 8. Frankfurt a/M. 845, Oehler. n. ¼ n$

—— Reisebeschreibungen, Naturschilderungen und Erfindungen mit eingeflochtenen Erzählungen. Für die Jugend bearb. br. 8. (IV und 344 S. mit 6 ill. Stnt.) Stuttgart 854(55,) Chelius.

Die Schule der Lüge. Eine Erzählung. [Von Heribert Rau.] [Stuttgart: Franckh 1844.] 324 S. 8⁰ [Zwischentit.]
in: Rau, H.: Mysterien eines Frmrs. 2.
cf. L. 23 (1864) S. 24.
TB. 207. Warnt vor dem Mystizismus, der namentlich in den höheren Graden einen günstigen Boden finden soll. Echte Mrei sei nur die einfache alt-englische, die als eine Pflanzschule der Humanität angesehen werden müsse.

—— William Shakespeare. Culturgeschichtlich-biograph. Roman in 4 Büchern. 24 Lfgn. 8. (1. Bd. 265 S., 2. Bd. 263 S. und 3. und 4. Bd. 471 S.) Berlin 864, Gerschel's Verlagsh. à Lfg. 7½ Ngr.

– Das heutige Spanien, s. Zeit- u. Streitfragen, militärische.

—— neue Stunden der Andacht, s.a. Stunden, neue, der Andacht.

— neue Stunden der Andacht. Zur Beförderung wahrer Religiosität. Ein Buch zur Erbauung und Belehrung für denkende Christen. 3 Bde. 3., verb. u. stark verm. Aufl. 859. — 4. Aufl. Mit dem Portr. des Verf. (in Stahlst.) Leipzig 863. O. Wigand. 16. (527; 455; 512 S.) n. 2 Thlr; geb. n. 2 Thlr 20 ngr.

—— neue Stunden der Andacht. Zur Beförderung wahrer Religiosität. Ein Buch zur Erbauung und Belehrung für denkende Christen. 3 Bde. 4. Aufl. 1863. und 5. Aufl. gr. 16. (1494 S. mit dem Portr. des Verf. in Stahlst.) Leipzig 866, O. Wigand. * 2 Thlr.; geb. * 2 Thlr. 20 Ngr.; geb. mit Goldschn. *

— neue Stunden der Andacht. Zur Beförderg. wahrer Religiosität. Ein Buch zur Erbaug. u. Belehrg. f. denk. Christen. 3 Bde. 6. Aufl. gr. 16. (527, 455 u. 512 S,) Leipzig 876. O. Wigand. n. 6. —; geb. n. 8. —

— neue Stunden der Andacht. Zur Beförderg. wahrer Religiosität. Ein Buch zur Erbaug. u. Belehrg. f. denk. Christen. 3 Bde. 6. Aufl. 2. Abdr. 12. (527, 455 u. 512 S.) Leipzig 885. O. Wigand. n. 6. —; geb. n. 8. —

— neue Stunden der Andacht. Zur Beförderg. wahrer Religiosität. Ein Buch zur Erbaug. u. Belehrg. f. denkende Christen. 3 Bde. 7. unveränd. (Titel-)Aufl. 12. (527, 455 u. 512 S.) Leipzig 893. O. Wigand. n. 6. —; geb. n. 8. —

– s. Suau de Varennes, die Geheimnisse von Brüssel.

Rau, Heribert, siehe: Vertheidigungsrede.

— kulturgeschichtliche Vorlesungen, geh. in den Wintersemestern 1872—1873, 1873—1874 zu Offenbach a/M. gr. 8. (384 S.) Wiesbaden 875. Limbarth. n. 4. —

— Carl Maria v. Weber. Culturgeschichtl.-biographischer Roman in 3 Thln. Leipzig 865. Thomas. 8. (960 S.) 4 Thlr 15 ngr.

— Karl Maria v. Weber. Kulturgeschichtlich-biograph. Roman in 2 Tln. 2. Aufl. 8. (V, 267 u. III, 270 S.) Leipzig 895. Th. Thomas. n. 6. —; geb. n. 7. 60

— Worte zum Herzen des deutschen Volkes. Vorträge u. Gebete, gehalten in den deutsch-kathol. Gemeinden zu Stuttgart, Heidelberg, Mannheim, Frankfurt, Darmstadt, Ulm, Eßlingen rc. gr. 8. (VIII u. 352 S.) Stuttgart 848, Franckh. 28 Ngr

Rau, Hermann, bacc. iur.: Grundlagen des Girorechtes. Borna-Leipzig 1910: Noske. 63 S. 8°
Leipzig, Jur. Diss. v. 7. Okt. 1910
[Geb. 18. Jan. 88 Dresden; Wohnort: Dresden; Staatsangeh.: Sachsen; Vorbildung: Vitzth. Gymn. Dresden Reife O. 06; Studium: Grenoble 1, Leipzig 2, München 1, Leipzig 3 S.; Rig. 22. Jan. 10.] [U 11. 2924

Rau, J., Sammlung von prinzipiellen Erlassen der Staatsbehörden, s. Blätter für administrative Praxis.

— über Wesen u. Bedeutung des Wahrnehmens, s.: Verhandlungen der philosophischen Gesellschaft zu Berlin.

Rau, I. Eberh., monumenta vetustatis germanicae. 8. Arnhem. 753.

Rau, J. G., u. K. A. Ritter

—— —— historische Karte der Rhein-Pfalz. Nach dem polit. Territorial-Bestande im J. 1792. 2. Aufl. Fol. Ebendas. 874. * 3 —

Rau, J. G., de momentis, quae ad Jesum divinarum rerum scientia imbuendum vim habuisse videntur. Erl. 1796. 4.

Rau, J. G., und K. A. Ritter, Uebersichts-Karte der königl. bayer. Pfalz nach dem polit. Territorialbestande im J. 1792. Mit Zugrundelegung der Resultate der Landesvermessung nach archival. Documenten bearb. 1 : 200,000. Fol. Neustadt a. H. 871, Gottschick-Witter's Buchh. * 3 —

Rau, J. Gottfr., die Neugestaltung der Volksschule. An die freisinnigen Männer Württembergs. 8. (IV u. 67 S.) Stuttgart 848, Metzler. ¼ Thlr

Rau, J. H., neues nothwendiges Hülfs- u. Taschenbuch f. Auswanderer u. Auswanderungslustige. Als ein belehrender Wegweiser u. Rathgeber für alle, die nach Amerika auswandern wollen. Nach eigenen Erfahrungen u. den neuesten sichersten Quellen bearb. gr. 12. (IV u. 220 S.) Ulm 852, Fr. Ebner. ½ Thlr

Rau, J. J., Beitrag zur näheren Kenntniss der Rentenanstalten im Allgemeinen, insbesondere der allgem. Rentenanstalt zu Darmstadt. Mit den Statuten dieser Anstalt nebst speciellen Erläuterungen. gr. 8°. Darmstadt, Diehl, 1844.

Rau, J. J., Beitrag zur Reform der direkten Steuern im Großherzogth. Hessen u. Königr. Preußen. gr. 8. (80 S.) Darmstadt 894. A. Bergsträßer. n. 1. —

Rau, J. St., Magazin f. Pädagogik, s. Magazin.

Rau, Joach. Just., Anfangsgründe d. hebr. Grammatik, nach Danz Lehrsätzen eingerichtet u. mit Anmerkk. herausgg. v. Dr. Kypke. 8. Königsb. 784. (Unzer). 8 gr

Rau, Joachim Justus. Kurzgefasste Anfangs-Gründe der ebräischen Grammatic . . . Zweyte . . . Aufl. Königsberg 1749. H: *Kypke, Gg David.* (BrMm)

– s.a. Geneseos liber.

Rau, Ioach. Iust., liber Geneseos hebraice. 8. Königsb. Hartung. 797.

Rau, Joachim Justus [Praes.], s. Kallio, Jo. Christian: De philosophia sanctorum patrum Justini Martyris et Athenagorae.

— de philosophia L. C. Lactantii Firmiani. 4. Jenae, Bielke. 733.

— de philosophia S. Patrum. 4. ibid. 733.

Rau, Joan. Adam, geb. Würzburg [illegible] De morbo pseudo-syphilitico sive Dithmarsico Pomeraniae trans-Panensis. Berolini (1824) 12 S. 8°
Berlin, Med. Diss. v. 12. Nov. 1824

Rau, (Johann Daniel) L(udwig): Heilart der verschiedenen Flechten-Ausschläge nebst Angabe der durch Erfahrung bestätigten Kur-Methoden und aller in den letzten 3 Decennien vorzüglich bewährt befundenen Mittel. 75 S., gbd.

Schweidnitz: Heege 1843

JB 4.718

Rau od. *Ravius*, Jh. Ebhrd., († 1770.) monumenta vetustatis germanicae. 8. Ultraj. ad Rhen. 738. 8. Arnheim 753. 8 gl.

Rau, Jh. Jak., († d. 21. Oct. 1782.) kurze Einleit. z. Kenntniß u. Gebrauch d. Himmels- u. Erdkugeln. 8. Ulm 756. Bartholomäi. 5 gl. N. Ausg. f. Unterricht v. Gebrauch d. Himmels- u. Erdkugel.

Rau, Jh. Jos. Nikol., annotationes quaedam de historia theologiae dogmaticae a Christo nato ad Carolum Magnum. 4. Würzb. 781.

— biblische Geschichte f. Kinder. 8. Würzb. 791. (Wesché in Frankf.) 12 gl.

— s. Hoffmann's neue Erdbeschreibung.

Rau, Johann Wilhelm

Rau, J. W., an oratio montana apostolorum initiandorum causa dicta sit? I–II Erlang. 1802–3. 4.

— s. Anmerkk. üb. Judas Ischarioth.

Rau, J. W., üb. d. Betragen u. d. Charakter d. Judas Ischariot. Erlang. 1751. 8.

Rau, Jh. Wlh., († d. 1. Juli 1807.) üb. die Beichtanstalt in d. evangel.-luther. Kirche. gr. 8. Erlang 787. Palm. 2 gl.

Rau, J. W., cur Jes. Chr. paupertati se subjecerit? Erlang. 1787. 4.

Rau, J. W., de Jesu gentilium pastore Erlang. 1807 4.

— Materialien zu Kanzelvorträgen üb. die Sonn- u. Festtags Episteln. 3 Bde. Nebst vollständ. Register. gr. 8. Erlang. 799—803. Palm. 4 rthl. 14 gl.

— Materialien üb. die Sonn-, Fest- u. Feiertagsevangelien. 6 Bde. Nebst vollständ. Register. gr. 8. Erlang. 797—806. Palm. 7 rthl. 21 gl. 1r Bd. 1s—4s Stück. N. A. v. P. J. S. Vogel. Ebd. 806—10. 1 rthl. 16 gl.

Rau, J. W., nonnulla ad illustr. evv. de solenni Jesu Chr. in urbem Hierosolymam ingressu narrationem. Erlang. 1798. 4.

(—). — Ordinis theologici in Academia Friderico Alexandrina decanus **Johann Wilhelm Rau** summos in theologia honores in virum Johann Carl Volborth indicit. — Praemissa sunt nonnulla de sapientia Jesu Christi in suspicione et fugienda et a se dimovenda. Erlangen (Junge) (24. X.) 1791. 20 S. mit Biogr. v. Volborth (Nordhausen) (M.: E. M. Schaefer.) (3.50) 27724

— — Solemnia Paschatos pio celebranda animo auctoritate senatus academici indicit. — Praemissa sunt praeterita quaedam ad narrationes evangelistarum de summa Petri, apostoli, temeritate illustrandas. Erlangen (Junge) 1. Pasch. 1791. 12 S. (3.75) 27722

Rau, J. W., praeterita quaedam ad narratt. Matth. 8, 5 ss. et Luc. 72 ss. illustrandas. Erlang. 1792. 4.

— letzte Predigt vor seiner Gemeinde gehalten, nebst d. Parentation an seinem Grabe v. Hrn. Diac. ... Schirner. gr. 8. Erlang. 807. Palm. 3 gl.

— Predigt üb. e. Mißbräuche d. Gebets. gr. 8. Ebend. 786.

— — Solemnia Jesu Christi natalitia indicit senatus academici auctoritate. — Quatenus Christus a Paulo ap. visus esse dicatur I Cor. XV, 8. inquiritur. Erlangen (A. E. Junge) (I. nat. Jesu Christi) 1800. 15 S. (3.75) 27723

— **Johann Wilhelm,** Solemnia Paschatos indicit auctoritate senatus academici. — Quatenus ex recta et non simulata ratione consuetudinis, quam Jesus habuit cum apostolis suis, argumentum peti possit pro veritate religionis ab ipso traditae? inquiritur. Erlangen (Junge) (I. Pasch. 1788.) 12 S. (3.75) 27721

— — über die Sonn-, Fest- u. Feyertagsevangelien. 6 Bde. m. Reg. gr. 8. Ebend. 797–806. (I. Bd. 4 Stck. à 10 gr. II. 4 Stck. à 8 gr. III. 4 Stck. à 8 gr. IV. 4 Stck. à 8 gr. V. Bd. 4 Stck. à 8 gr. VI. 2 Stck. à 8 gr. Realst. 5 gr.)

— — derselben neue Aufl. v. P. J. S. Vogel. 1r Bd. 1s bis 4s Stck. gr. 8. Ebend. 806–10. (à 10 gr.)

Rau, Johann Wilhelm [Praes.], s. Steinbrenner, Wilhelm Ludwig: De dignitate religionis Christianae ex eius cum Mosaicis legibus comparatione ad II. Corinth. III, 6-18 sectio II.

Rau, J. W., de Joann. B. in rem. christ. studiis. I—II. Erl. 1785—86. 4.

Rau, J. W., symbola ad illustr. evangg. de metamorphosi J. Chr. narrationem. Erlang. 1797 4.

Rau, J. W., symbola ad quaestionem de authentia cap. I. et II. ev. Matth. discutiendam. Erl. 1793. 4.

— über die sechs Tagewerke in der Mosaischen Schöpfungsgeschichte. 4. 777.

— unde Christus alimenta vitae acceperit? I—II. Ibid. 1794—95. 4.

— Untersuchung, d. wahre Ansicht der Bergpredigt betr. Ibid. 1805. 8.

— freimüthige Untersuchung üb. die Typologie. 8. Erlang. 784. Palm. 14 gl.

— Untersuchungen, die wahre Ansicht d. Bergpredigt betreffend. gr. 8. Erlang. 805. Palm. 14 gl.

Rau, Joseph [aus Maly-Plock, Russl.]: Einfluss einiger Schlafmittel auf die Salzsäureabscheidung des Magens ... Jena, Frommannsche Hof-Buchdr., 1894; 23 S. 8.
Jena, Med. Fak., Inaug.-Diss. v. [4. Sept.] 1894

Rau, Jos., Einfluss einiger Schlafmittel auf die Salzsäureabscheidung des Magens. Diss. gr. 8. (23 S.) Jena 894. (H. Pohle.) n. 1. –

Rau, *Joseph* [app. Arzt]· Die malignen Furunkel des Gesichts und der Lippen ... Jena, Frommannsche Hof-Buchdr., 1892; 27 S. 8.
Jena, Med. Fak., Inaug.-Diss. v. [10. März] 1892

Rau, J. Die malignen Furunkel d. Gesichts u. der Lippen. Diss. gr. 8. (27 S.) Jena 892, (Pohle.) * — 60

Rau, Julius [pract. Arzt aus Graudenz]: **Ein Fall von congenitaler Chorea** ... Berlin, Buchdr. v. Gustav Schade (Otto Francke) (1887); 30 S. + 1 Bl. 8°
Berlin, Med. Fak., Inaug.-Diss. v. 6. Jul. 1887.

Rau, Julius. ein Fall von congenitaler Chorea. Diss. Berlin 1887, Mayer & Müller. 8°. 30 S.

Rau, Jul., Handbuch des Güter- und Erbrechts der Ehegatten nach dem bayerischen Landrecht von 1756 in seiner heutigen Gestaltung. 1. Abth. München 864. Rieger. gr. 8. (VIII, 199 S.) 1 ℳ

Rau, Jul., das Lebens- u. Welträtsel. Ein philosoph. Volksbuch. gr. 8. (VII, 116 S.) Berlin 892. F. Dümmler's Verl. n. 1. 60; geb. n. 2. 40

Rau, J., über das Princip des Schönen in der Kunst, s. a. Vorträge, philosophische.

Ueber das Princip des Schönen in der Kunst von Rector Julius **Rau,** nebst d. Entgegnungen d. Prof. [Karl Ludwig] Michelet u. Präs. [Julius Herm.] v. Kirchmann. Halle a. S.: C. E. M. Pfeffer 1882. (S. 31–58) 8° = **Vorträge,** Philosophische. N. F. II. 2, [2.] 109. 3079

RAU, Julius (Gunzenhausen): Die Stellung der einzelnen Beweismittel in den verschiedenen Entwicklungsperioden des Civilprocesses. Mit einer Beilage: Ueber die Litiscontestation des Justinianeischen Processes.- München: Weiss 1856. 31 S.
29.2.1856 - Urk (Titel: De loco et ordine singulorum mediorum probandi in processu Romano canonico camerali, hodierno, cum appendice: de litiscontestatione in processu Justinianeo.); F 69
Diss. Ingolst.-Landsh.-Münch.

—— über Wesen und Bedeutung des Wahrnehmens, s. Verhandlungen der philosophischen Gesellschaft zu Berlin.

Rau, K., über Glazialbildungen auf Blatt Freudenstadt, s.: Mitteilungen d. geolog. Abteilung des kgl. württ. stat. Landesamtes. (Schmidt, Mart.)

Rau, (K. H.,) Malthus u. Say, üb. die Ursachen d. jetzigen Handelsstockung. Aus d. Engl. u. Französ. 8. Hamb. 821, Fr. Perthes.

Rau, Karl, die Brachiopoden des mittleren Lias Schwabens, s. a. Abhandlungen, geologische u. paläontologische. N. F. VI. 5.

Rau, Karl, a. Tübingen: Die Brachiopoden des mittleren Lias Schwabens mit Ausschluss der Spiriferinen. Mit 4 Tafeln und 5 Abb. i. T. Jena: G. Fischer 1905. (94 S.) 4° ¶ (Aus: Geol. u. Palaeont. Abhandlungen. Hg. v. Koken N. F. Bd 6 (d. ganz. R. 10.)
Tübingen, Naturw. Fak., Ref. Koken, Diss. v. 13. Juli 1904
[Geb. 9. Nov 70 Tübingen; Wohnort. Freudenstadt; Staatsangeh.: Württemberg.. Vorbildung: Gymn. Tübingen Reife S. 89; Studium: Tübingen 11 S.; Coll. 1 . Juli 04.]

Rau, Carl. Die Schwefelquellen an der Lenk, im Obersimmenthal, Kanton Bern. [Mit 1 Tafel.] 8. Bern 1867.

Rau, Karl Alfred, Rechtsanw.: Das Ausscheiden eines Gesellschafters aus der Gesellschaft nach dem Bürgerlichen Gesetzbuche. Leipzig 1909: Georgi. VIII, 51 S. 8°
Leipzig, Jur. Diss. v. 14. April 1909
[Geb. 16. April 80 Plauen i. V.; Wohnort: Leipzig-Gohlis; Staatsangeh.: Sachsen; Vorbildung: Gymn. Plauen Reife O. 99; Studium: Leipzig 7 S.; Rig. 28. Jan. 03.] [U 09. 2632

Rau, Karl David Heinrich

Rau, K. H., Ansichten der Volkswirthschaft, mit besonderer Beziehung auf Deutschland. gr. 8. Leipzig, Göschen. 820.

Rau, Karl Dav. Hnr., Ansichten der Volkswirthschaft, mit besonderer Beziehung auf Deutschland. 8°. Leipzig, Göschen, 1821.

Rau, Karl Dav. Heinr., Archiv der politischen Oekonomie und Polizeiwissenschaft, s. Archiv.

Rau, Karl Heinr., Archiv d. polit. Oekonomie u. Polizeiwissenschaft, hrsg. in Verbind. mit Hermann, Lotz, Frh. v. Malchus, Mohl, Nebenius u. Regenauer. 1. Bd. 3 Hfte. gr. 8. Heidelberg 834, Winter.

Rau, Karl Heinrich (Herausg. in Verbindung mit Professor Hermann in München, Präsident Freiherr v Malchus in Heidelberg, Professor v. Mohl in Tübingen, Staatsrat Nebenius in Karlsruhe und Geh. Referend. Regenauer) „Archiv der politischen Oekonomie und Polizeiwissenschaft" Heidelberg 1835 ff. (Winter). 1852 vereinigt mit der „Zeitschrift für die gesammte Staatswissenschaft" in Vierteljahresheften herausgegeben von Volz, Schütz, Fallati, Hoffmann, Görlz, Helferich und Robert v Mohl, Tübingen (Laupp)

—— und Th. Plitt, die christliche Armenpflege, s. Plitt.

Rau, K. H., über die Aufhebung der Zünfte. gr. 8. Leipzig, Göschen. 820. Rthlr.

Rau, Karl Heinrich: „Gedanken über die wissenschaftliche Vorbereitung zum Administrativfache" in dessen „Archiv der politischen Oekonomie", Band 2, Heidelberg 1835, S. 77—91. — Vorh.: UB Breslau.

Rau, Carl Heinr., die landwirthschaftlichen Geräthe der londoner Ausstellung im J. 1851. Amtlicher Bericht mit Zusätzen und Abbildungen (in eingedr. Holzschn.) Lex.-8. (V und 164 S.) Berlin 853, Deckersche geheime Ober-Hofbuchdr.

—— Geschichte des Pfluges. 12. (4⅚ B. m. Holzschn.) Heidelberg 845, C. F. Winter. •

Rau, Karl Dav. Hnr. Grundriss der Kameralwissenschaft und Wirthschaftslehre für encyklopädische Vorlesungen. gr. 8°. Heidelberg, Groos. 1823.

K. H. Rau († 1870), Grundsätze der Finanzwissenschaft. 2 Abth., 3. verm. Aufl. Leipz. u. Heidelb. 1855 (XVIII u. 811 S.). 3. Bd. von Rau's Lehrbuch der polit. Oekonomie. — Grundsätze der Finanzwiss. 1. Abth. 4. verm. u. verb. Ausg. (XII, 428 S.). Leipz. 1859. 2. Abth., 4. verb. u. verm. Aufl., (IV, 461 S.). Ebd. 1860. — Grunds. d. Finanzwiss. 1. Abth., 5. verm. u. verb. Ausg. (XII, 448 S.) Ebd. 1864. 2. Abth., 5. Aufl. (VIII, 526 S.) Ebd. 1865. — Karl Heinrich Rau's Lehrbuch der Finanzwissensch. 6. vielfach veränderte und theilweise völlig umgearbeitete Aufl. von Adolph Wagner. 1. Abth. Einleitung. Ausgaben. Privaterwerb des Staats. Leipzig und Heidelberg, 1872 (603 S.)

Rau K. H.: Grundsätze d. Volkswirthschaftslehre. Heidelb. 1826. 368 S. (= Lehrbuch d. polit. Oekonomie. Bd. 1).

Grundsätze der Volkswirthschaftslehre v Karl Heinrich **Rau.** 4. Ausg. Heidelberg. 1841 8°

— Grundsätze der Volkswirtschaftslehre. 7. Auflage. Leipzig 1863.

Grundsätze der Volkswirthschaftspolitik mit anhaltender Rücksicht auf bestehende Staatseinrichtungen v. Karl Heinrich **Rau.** 3. Ausg. Heidelberg. 1844 8°.
—— 5. Ausg. Abth. 1—2. Leipzig und Heidelberg. 1862—63. = desselben Lehrbuch der politischen Oeconomie. Bd. 2. 8°.

Rau, Karl Dav. Hnr. Ueber die Kameralwissenschaft, Entwickelung ihres Wesens und ihrer Theile. gr. 8°. Heidelberg, Winter, 1823.

— üb. die Kameralwissenschaft, Entwickelung ihres Wesens u. ihrer Theile. gr. 8. Heidelb. 825, Winter.

—— und Beck, Commissions-Bericht üb. d. Gesetzentwurf u. Eigenthumsabtretung wegen Erbauung e. Eisenbahn v. Mannheim bis zur Schweizer-Gränze. gr. 8. (6 1/2 B.) Carlsruhe 838, (Braun'sche Hofbuchh.) *

Rau, Karl Heinr., über die Krisis des Zollvereins im Sommer 1852. [Abdr. aus Rau u. Hanssen's Archiv der polit. Oekonomie, Neue Folge, X. Bd. 2. Hft.] gr. 8. (65 S.) Heidelberg 852, C. F. Winter. n. 1/2 ℛ

— zur Kritik über F. List's rationales System der polit. Oekonomie. Aus „Rau's Archiv der polit. Oekonomie, V. Bd. Heft 2., 3." abgedruckt. gr. 8. Ebend. 843. 1/2 ℛ

— üb. die Landwirthschaft d. Rheinpfalz u. insbesondere in der Heidelberger Gegend. Mit 4 Steintaf. gr. 8. Heidelb. 830. Winter. 14 gGr

Rau, K. H. Lehrbuch der Finanzwissenschaft. 6. Ausgabe. Bearbeitet von A. Wagner. 1. Abtheilung. Einleitung. Ausgaben. Privaterwerb des Staates. Leipzig und Heidelberg. 1872

— Lehrbuch der polit. Oekonomie. 1r Bd. — A. u. d. Titel: Grunds. d. Volkswirthschaftslehre. gr. 8. Heidelb. 826, Winter.

—— dass. 2. Bd. — A. u. d. T.: Grundriß d. Volkswirthschaftspflege, mit anhalt. Rücksicht auf besteh. Staatseinrichtungen. gr. 8. (38 B.) Ebds. 828.

—— dass. 3. Bd. 1. Hälfte. — A. u. d. T.: Grundsätze d. Finanzwissenschaft. 1. Abthl. gr. 8. (17 1/4 B.) Ebds. 832.

—— Lehrbuch d. polit. Oekonomie. 3 Bde. gr. 8. Heidelberg, C. F. Winter.
A. u. d. Ttln.:
Bd. 1. Grundsätze d. Volkswirthschaftslehre. 3., verm. u. verb. Ausg. (32 1/4 B.) 837. 2 Thlr. 8 Gr., 4., verm. u. verb. A. (34 1/4 B.) 841. 2 Thlr. 12 Gr.
" 2. Grundsätze d. Volkswirthschaftspolitik, mit anhalt. Rücksicht auf besteh. Staatseinrichtungen. 2. (verm. u. verb.) Ausg. (39 1/4 B.) 839. 2 Thlr. 20 Gr.
" 3. Grundsätze d. Finanzwissenschaft. 2 Abthln. [1. 2., verm. u. verb. Ausg. (24 1/2 B.) 843. 1 Thlr. 21 Gr., 2. (30 B.) 837. 2 Thlr.] 3 Thlr. 21 Gr.

— dass. 3. Bd. 1. u. 2. Abtheil. A. u. d. T.: Grundsätze der Finanzwissenschaft. 1. u. 2. Abtheil. 2. verm. u. verb. Ausg. gr. 8. Ebend. 843, 46. n. 4 1/24 ℛ

— dass. 2. Bd. A. u. d. T.: Grundsätze der Volkswirthschaftspolitik. 3. Ausg. gr. 8. Ebend. 844. n. 3 1/2 ℛ

— Lehrbuch der politischen Oekonomie. 1. Bd. A. u. d. T.: Grundsätze d. Volkswirthschaftslehre. 5. verm. u. verb. Ausg. gr. 8. (XVI u. 580 S.) Ebd. 847. n. 2 2/3 ℛ — 3. Bd. 1 u. 2. Abth. 3. verm. u. verb. Ausg. A. u. d. T.: Grundsätze der Finanzwissenschaft. 1 u. 2. Abth. 3. verm. u. verb. Ausg. gr. 8. (1. Abth. XII u. 394 S. 2. Abth. VIII u. 413 S.) Ebd. 850. 51. 1. Abth. n. 1 ℛ 26 ngr 2. Abth. n. 2 ℛ 4 ngr

— Lehrbuch der politischen Oekonomie. 3 Bde. Leipzig; C. F. Winter. gr. 8. n. 10 ℛ. 20 ngr.
1. Bd.: Grundsätze der Volkswirthschaftslehre. 6. verm. u. verb. Ausg. 855. (XV, 583 S.) n. 2 ℛ. 20 ngr.
2. " Grundsätze der Volkswirthschaftspolitik mit anhaltender Rücksicht auf bestehende Staatseinrichtungen 2 Abthlgn. 4. verm. u. verb. Aufl. 854, 57. (XII, 349; X, 509 S.) n. 4 ℛ.
3. " Grundsätze der Finanzwissenschaft. 2 Abthlgn. 3. verm. u. verb. Ausg. 2., unveränd. Abdr. 855. (X, 398; VIII, 413 S.) n. 4 ℛ.

Rau, Carl Heinr., Lehrbuch der politischen Oekonomie. 1. Bd. A. u. d. T.: Grundsätze der Volkswirthschaftslehre. 6., verm. und verb. Ausg. 2., unveränd. Abdr. gr. 8. (XV und 583 S.) Leipzig 860, C. F. Winter'sche Verlagsh. *

—— dass. — 2. Bd. 4., verm. und verb. Ausg. A. u. d. T.: Grundsätze der Volkswirthschaftspolitik mit anhaltender Rücksicht auf bestehende Staatseinrichtungen. 2. Abthl. 4., verm. und verb. Aufl. gr. 8. (X und 509 S.) Ebendas. 858.
Nachberechnung *
Der 2. Bd. in 2 Abthlgn. 4., verm. und verb. Ausg. Ebendas. 1854. kostet demnach einschließlich der vorstehenden Nachberechnung * 4 Thlr.

—— dass. — 3. Bd. 1. Abthl. 4., verm. und verb. Ausg. A. u. d. T.: Grundsätze der Finanzwissenschaft. 1. Abthl. 4., verm. und verb. Ausg. gr. 8. (XII und 428 S.) Ebendas. 859. *

Rau, Carl Heinr., Lehrbuch der politischen Oekonomie. 3. Bd. 2. Abthl. 4., verm. und verb. Ausg. A. u. d. T.: Grundsätze der Finanzwissenschaft. 2. Abthl. 4., verm. und verb. Ausg. gr. 8. (IV und 461 S.) Leipzig 860, C. F. Winter'sche Verlagsh. Thlr. *

Rau, Carl Heinr., Lehrbuch der politischen Oekonomie. 3 Bde. gr. 8. Leipzig, C. F. Winter'sche Verlagsh. *
Inhalt:
Bd. 1. Grundsätze der Volkswirthschaftslehre. 7. Ausg. (XVI und 588 S.) 863. * 2 Thlr. 20 Ngr.
" 2. Grundsätze der Volkswirthschaftspolitik mit anhaltender Rücksicht auf bestehende Staatseinrichtungen. 2 Abthlgn. 5., verm. und verb. Aufl. [1. Abthl. (X und 374 S.) 862. * 2 Thlr. 10 Ngr., 2. Abthl. (VIII und 528 S.) 863. * 2 Thlr. 20 Ngr.] * 5 Thlr.
" 3. Grundsätze der Finanzwissenschaft. 2 Abthlgn. 5., verm. und verb. Ausg. [1. Abthl. (XII und 448 S.) 864. * 2 Thlr. 10 Ngr., 2. Abthl. (VIII und 526 S.) 865. * 2 Thlr. 20 Ngr.] * 5 Thlr.

—— dass. — 1. Bd. 1. Abthl.: Grundsätze der Volkswirthschaftslehre. 1. Abthl. 8., verm. und verb. Aufl. gr. 8. (XII und 372 S. mit eingedr. Holzschn.) Ebendas. 868. *

Rau, Karl Heinr., Lehrbuch der politischen Oekonomie. 1. Bd.: Grundsätze der Volkswirthschaftslehre. 2 Abthlgn. 8. verm. und verb. Ausg. gr. 8. (XII, 372; VIII, 346 S.) Leipzig 869, C. F. Winter'sche Verlagsh. à Abthl. * ℳ 6. *
—— dass. — 3. Bd.: Finanzwissenschaft. 6. Ausg., vielfach verändert und theilweise völlig neu bearb. von Adph. Wagner. 1. Abthl. gr. 8. (242 S.) Leipzig 871, C. F. Winter'sche Verlagsh. *
2. Bd. 5. Aufl. Ebendas. 1862,63. * ℳ 15.; 3. Bd. 2. Abthl. 1865. * ℳ 8.

Rau, K. H. Lehrbuch der politischen Oekonomie. Vollständige Neubearbeitung von Ad. Wagner u. E. Nasse.
5. Bd. Finanzwissenschaft. Mit Benutzung von Rau's Grundsätzen der Finanzwissenschaft von A. Wagner. 2. wesentlich neu gestaltete und verm. Ausgabe des 1. Thls. der Neubearbeitung (zugleich 7. Aufl. der Rau'schen Finanzwissenschaft.) gr. 8°. Leipzig, Winter, 1872.
6. Bd., 2. Theil der Finanzwissenschaft: Gebühren, Steuern u. Staatsschulden. gr. 8°. Ebd. 1878.
5. Bd., 3. vielfach veränderte u. verm. Aufl. gr. 8°. Ebd. 1883.
6. Bd. (zugleich als 6. bez. 7. Ausg. von Rau's Finanzwissenschaft.) gr. 8°. Ebd. 1880.
6. Bd., 2. Thl. 2. vielfach veränd. Aufl. gr. 8°. Leipzig 1890.
7. Bd. Finanzwissenschaft. 3. Theil, 1. Heft: Steuergeschichte. gr. 8°. Leipzig, Winter, 1886.
2. Heft: Die Besteuerung des 19. Jahrh. Einleitung. Britische Besteuerung. gr. 8°. Ebd. 1887.
3. Heft: Die französische Besteuerung seit 1789. Geschichtliche Uebersicht. Directe, Verkehrs- u. Erbschaftsbesteuerung. gr. 8°. Ebd. 1888.
4. Heft: Die französische Besteuerung seit 1789. Indirecte oder Verbrauchsbesteuerung nebst den Zöllen, Departemental- u. Communalbesteuerung. gr. 8°. Ebd. 1889. (Vergl. Wagner 1877.)

Rau, Karl Heinr., Lehrbuch der politischen Oekonomie. Vollständige Neubearbeitung von Adph. Wagner und Erwin Nasse. 1. Bd. 2 Hälften, 5. und 6. Bd. gr. 8. Leipzig, C. F. Winter'sche Verlagsh. *

Inhalt:

Bd. 1. Wagner, Adph., allgemeine oder theoretische Volkswirthschaftslehre. Mit Benutzung von Rau's Grundsätzen der Volkswirthschaftslehren. [Zugleich als 9. Ausg. der Rau'schen Volkswirthschaftslehre.] 1. Thl.: Grundlegung. 2 Hälften. [1. Hälfte. (XXVIII, S. 1—288.) *M 6.; 2. Hälfte. (S. 289—512.) *M 8.] 876. *M 14.

» 5. —— Finanzwissenschaft. Mit Benutzung von Rau's Grundsätzen der Finanzwissenschaft. 2. wesentlich neugestaltete und verm. Ausg. des 1. Thls. der Neubearbeitung. [Zugleich als 7. Ausg. von Rau's Finanzwissenschaft.] 1. Thl.: Einleitung, Ordnung der Finanzwirthschaft, Finanzbedarf, Privaterwerb. (XVI, 676 S.) 877. *M 12.

» 6. —— dass. — 2. Thl.: Gebühren, Steuern von Staatsschulden. 1. Heft: Gebühren. (VIII, S. 1—138.) 878. *M 2,80.

Rau, Karl Heinrich: „Primae lineae historiae politices sive civilis doctrinae", Erlangen 1816 (Palm & E.).

RAU, Karl Heinr., Ueber den Luxus .... Erlangen und Leipzig, bey Karl Heyder, 1817. 8⁰. 44 S., 1 Bl. (Bibl. Lipperheide no. 3487.)

Rau, Karl Heinrich: „Münz-, Maass- und Gewichtstafeln, nach den neuesten Bestimmungen entworfen", 2 Blätter, Heidelberg 1827 (Winter).

—— Münz-, Maas- u. Gewichts-Tafeln, nach d. neuesten Bestimmungen entworfen. 2 Bl. Roy.-Fol. Heidelberg 829, Winter.

— Progr. üb. d. Luxus. gr. 8. Erlang. 817. Heyder. 6 gr

— s. Reynier, die Landwirthschaft der alten Völker.

Rau, Karl David Heinrich, s. Schüz, Karl: Bemerkungen über die Bildung ...

Rau, K. H. Tranksteuer im Kanton Zürich. Archiv f. polit. Oekon., I, 1835.

Rau, (K. H.,) Uebersicht der Entwässerungsarbeiten an der Linth. gr 8. Heidelb. 825, Oßwald.

—— über den kleinsten Umfang eines Bauerngutes. gr. 8. (56 S.) Heidelberg 851, C. F. Winter. *
Aus: Rau und Hanssen's Archiv der polit. Oekonomie, Neue Folge, 9. Bd. 2. Heft, besonders abgedruckt.

Rau, Karl Dav. Hnr.,
Ueber den kleinsten Umfang eines Bauerngutes. (Abdr. aus Rau u. Hanssen's Arch. d. polit. Oekonomie, N. F. Bd. 9, Heft 2.) gr. 8⁰. Heidelberg, Winter, 1852.

— Die ländliche Urproduction und der Real-Credit. gr. 8⁰. Wien, Gerold, 1857.

Rau, Karl Heinrich: „Ueber die Ursachen der Armuth", o. O. 1817. (Von der Harlemer Gesellschaft der Wissenschaften gekrönte Preisschrift).

Rau, Karl Heinrich: „De vi naturae in rempublicam oratio ...", Heidelberg 1831 (Winter).

—— über d. Zehntablösung, s. Babo, L. v.

— üb. das Zunftwesen u. die Folgen seiner Aufhebung. Eine Preisschr. 2r verm. Abdr. gr. 8. Leipz. 816. 3r Abdr. 820. Göschen. 20 gr (Stand zuerst im Hannöv. Magazin 1815).

— — Zusätze zu H. Storchs Cours d'économie politique. (Aus d. deutschen Uebers. besond. abgedr.) gr. 8. Hamburg, Perthes u. B. 820.

Rau, Karl F., Rechenbuch f. Bauhandwerkerklassen an gewerblichen Fortbildungs- u. Fachschulen, s.: Guckes, Wilh.

Rau, Karl Fd.

Rau, K. F. v. Kurze Anleitung zum zweckmäßigen Verfahren beim Aufnehmen mit dem Meßtische. Berlin 1822. 8°.

de Rau et Hänel de Cronenthal, Histoire de la guerre des Alliés contre la France pendant les années. 1813, 14, 15. — Der Krieg d. Verbündeten gegen Frankr. in den J. 1813, 14 u. 15. 2 Thle mit 2 großen Tableaus, welche die Schlachtpläne jenes Krieges darstellen; herausgg. v. L. Vetter. gr. 4 Berlin 822, Nauck, Prdn.-Preis Prachtausg. Nr. 1. 46 Rthl. — Ausg. Nr. 2. auf Schreibp. Mit ill. Kpf. u. 1 kl. Atlas 34 Rthl 12 gr. — Ausg. Nr. 3. ohne Handausgabe im Atlas, color. 23 Rthl. — Ausg Nr. 4. engl Pap. 23 Rthl. — Ausg. Nr. 5 Mit einfachen Tableaus ohne Handausg. 11 Rthl. 12 gr Ausg. Nr. 6. Mit 58 Schlachtpl. u. 34 Festungsrissen in 1 Kpfst.

v. **Rau**, Karl Fd., († d. 4 März 1833.) u. K. H. Hänel v. Kronenthal, histoire de la guerre des Alliés contre la France pendant les années 1813, 14 u. 15. — Krieg d. Verbündeten gegen Frankreich in d. Jahren 1813, 14 u. 15; als Text u. Erläuterung zweier großen 30 rhein. Zoll breiten u. 24 Zoll hohen in Kupfer gestoch. Tableaus, welche die 58 Schlachten u. Hauptgefechte jenes Kriegs u. die Grundrisse d. 34 in demselben eroberten Festungen darstellen. Herausgg. v. C. Vetter. 3 Bde. gr. 4. Berl. (u. Leipz.) 821—26. Nauck. A. Prachtausg. mit d. beiden Tableaus im größten Royal-Fol. die ersten u. besten Abdrücke; alle Stellungen mit d. feinsten Farben sorgfältig colorirt, die Decorationen im antiken Geschmack ausgemalt u. sauber schattirt; begleitet v. e. Handausgabe d. Pläne in gr. 4. d. Textes, also mit doppelten Kupf. Beider zusammen 8 Frd'or. od. 46 ℛ B. Ausg. mit beiden Tableaus in ersten Abdrücken, die sie umgebende Einfassung d. Decorationen jedoch nicht schattirt, mit 103 Bogen Text auf Schrbp. zusammen 6 Frd'or. od. 34 ℛ 12 gr. C. Ausgabe, wobei die Tableaus in sorgfältig gewählten Abdrücken, u. d. Text auf engl. Druckp. 23 ℛ D. Ausg. wobei die Tableaus in guten Abdrücken, der Text aber auf gemeines Druckp. 11 ℛ 12 gr.

— Karte v. preuß. Staate u. d. angrenzenden Ländern Norddeutschlands. (Mit Begrenzung d. Consistorialbezirke u. der bischöfl. Sprengel). 4 ill. Bl. in gr. Fol. (Bresl. 830. Hentze). 2 ℛ 16 gr — Dies. mit Bezeichnung d. Gelehrten-, wissenschaftl., Unterrichts- u. Bildungs-Anstalten. 3 ℛ 14 gr — Dies. mit Bezeichn. der Sprengel d. Oberlandsgerichte. 5 ℛ 8 gr — Dies. 4 Bl. in commercieller Hinsicht. gr. Fol. Berl. 830. (Mittler). 3 ℛ 16 gr

Rau, von, königl. preuss. Kapitain und **Hänel** von Cronenthal, königl. preuss. Kapitain. Der Krieg der Verbündeten gegen Frankreich in den Jahren 1813. 1814 und 1815; als Erläuterung der beiden Tableaus, welche die Schlachtpläne jenes Krieges darstellen (Tableaus fehlen). In gedrängter Kürze entworfen von..... und herausgegeben von Carl Vetter Mit Allerhöchster Genehmigung Sr Majestät des Königs von Preussen etc. (2 Bde.) (Donation Liechtenstein.) 4. Berlin 1821—1826.

Rau, Karl Heinrich, s. Rau, Karl David Heinrich

Rau, Kurt Hermann

Rau, Curt Hermann, approb. Arzt aus Plauen i. V.: Ein Beitrag zur Casuistik der Hirngliose. *Leipzig 1902: B. Georgi.* (39 S.) 8°
Leipzig, Med. Diss. v. (26. Juli) 1902

Rau, L., Abhandlung über das Durham-Vieh. Ein Programm bei Gelegenheit der Jahresfeier an der königl. land- und forstwirthschaftl. Akademie zu Hohenheim im August 1857. gr. 8. (III und 84 S. mit eingedr. Holzschn. und 6 Chromolithogr.) Stuttgart 857, Weise.

— die landwirthschaftliche Ausstellung in Paris vom 17. bis 28. Juni 1860. gr. 8. (VIII und 55 S.) Stuttgart 860, Ebner und Seubert.

Rau, L., Beschreibung und Abbildung der nutzbarsten Ackerwerkzeuge. Im Auftrag der königl. Centralstelle für die Landwirthschaft hrsg. gr. 4. (40 S. mit zahlreichen eingedr. Holzschn. und 5 lithogr. Farbendr.-Taf.) Stuttgart 862, Ebner und Seubert. cart. *

Rau, L. v., ein römischer Pflüger. Vortrag über eine unbeachtete antike röm. Marmorgruppe im Berliner königl. Museum, gehalten im Verein für Geschichte und Alterthumskunde zu Frankfurt a. M. gr. 4. (16 S. mit 1 Abbild., Photogravüre.) Frankfurt a. M. 888, Keller. *

Rau, L., Studien über süddeutsche Landwirthschaft. Die Kantone Frankenthal u. Grünstadt in der bair. Rheinpfalz, statistisch, volkswirthschaftlich, landwirthschaftlich dargestellt. Mit 1 (lith. u. color.) Karte (in 4.) u. vielen Tabellen. gr. 8. (XIV u. 306 S.) Speyer 852, Lang. n. 1 ß 12 ngr

Rau, Ludwig

Rau, Ludwig

Rau, medicin.-physikal. Abhandlung üb. d. Heilquellen zu Altwasser in Schlesien, nebst e. kurzen Beschreib. d. Ortes u. d. Umgebung. gr. 12. (6½ B. u. Tlkpfr.) Breslau 835, W. G. Korn. Thlr.

Rau, (Ludw.), kurze Beschreibung der Sehenswürdigkeiten von Fürstenstein. 8. (7 S.) Waldenburg 851, Kühn. 1½ ngr

Rau, L., Heil-Art der verschied. Flechten-Ausschläge nebst Angabe der durch Erfahrung bestätigten Kur-Methoden u. aller in den letzten 3 Decennien vorzüglich bewährt befundenen Mittel. gr. 8. (5¾ B.) Schweidnitz 843, Heege. –

Rau, Ldw., die Orgel in ihrem würdevollen Gebrauch. Eine kurze Abhandlung über Disposition der Orgel, über Tonstärke und Charakter der verschiedenen Orgelstimmen und über Mischung der Register. gr. 8. Darmstadt 843, Diehl. ⅛ ß

— die eisenhaltigen Quellen zu Altwasser in Schlesien. Das Wissenswertheste ihrer Heilwirkungen, der Ortsverhältnisse und herrlichen Umgebung. 2., verm. und verb. Aufl. gr. 8. (XIV und 115 S.) Waldenburg 851, Kühn.

Rau, Ldw., de sanguineo tumore genitalium feminae. Dissertatio medica. 8maj. Heidelberg 845, Mohr. n. ¼ ß

Rau, Max [aus Zwickau]: Germanische Altertümer in der Angelsächsischen Exodus. . . . Leipzig-Reudnitz, Druck v. Max Hoffmann, 1889; 86 S. + 2 Bl. 8°
Leipzig, Phil. Fak., Inaug.-Diss. v. 5. Dez. 1889

Rau, Max, Dr Etymologische und wortvergleichende Betrachtungen im englischen Unterrichte. *Zwickau 1902: R. Zückler.* (32 S.) 4°
Zwickau, RG m. Realschulkl., OP 1902 (619)

Rau, Max Herm., Germanische Altertümer in der Angelsächsischen Exodus. Inaug.-Diss. Leipzig-Reudnitz 1889. 8. . . . . (D.)

Rau, Norb., Liebesrausch, s. a. Geschichten, intime. Nr. 9.

Liebesrausch. Intime Geschichten von Norbert Rau. *Berlin: Berliner Roman-Verl. [1904].* (47 S.) 8° [F.]
— Geschichten, Intime. 9. [04. 7516

Rau, Olaf

— der alte Gott lebt noch, s.: Blumen u. Sterne. 7. Hft.

Rau, Olaf, das Dorf, s.: Stiefel, Marie.

Die Fortschritte in der Gewinnung der Nebenprodukte beim Kokereibetriebe. Bericht dem Internat. Kongreß f. Bergbau, Hüttenwesen ... Düsseldorf 1910 erstattet von O[skar] Rau, Aachen. (Düsseldorf 1910: Bagel.) 31 S. 4°
Aus: Stahl u. Eisen. 1910, Nr 29 u. 30. [10. 14231 S

Rau, Otto, Potsdam, e. deutscher Fürstensitz. 30 in Kupfer geätzte Naturstudien. qu. Fol. Berlin 892. Amsler & Ruthardt. Ausg. auf weissem Pap., in Leinw.-Mappe 30. —; einzelne Blätter à 1. —; Ausg. auf chines. Pap. in Mappe 45. —; einzelne Blätter à 1. 50

Rau, Otto. Aus dem Berliner Tiergarten. 20 photograph. Studienblätter. Photograv. u. Kpfrdr. v. Heinr. Riffarth in Berlin. gr. 4. (1 Bl. Text.) Berl. 891, Oppenheim. In Leinw.-Mappe 20 — Ausg. auf chines. Pap. 30 —; einzelne Blätter à * 1 —; chin. * 1 50

Rau, P., biblische Geschichte des alten u. neuen Testaments ꝛc. 8. Würzb. 786—91. Jetzt Göbhardt in B. –

Rau, P., Die Gräber der frühen Eiszeit im unteren Wolgagebiet. 110 S.

Rau, R., die Hebezeuge, s.: Ernst, Ad.

Rau, Raphael [aus Fürth]: Varietäten des Gefäss-Systemes aus dem Präparirsaale zu Würzburg in den Winter-Semestern 1884/85 bis 1889/90. . . . Würzburg, Becker's Univ.-Buchdr., 1890; 32 S. 8°
Würzburg, Med. Fak., Inaug.-Diss. v. 1890

Rau, Robert (Odernheim)
Beitrag zur Literatur und Anatomie der Placenta praevia.
Giessen: Brühl 1855. 32 S. (in Δ mit „Thesen")
Diss. med. 20.1.1855. vorh. 7. 11. Δ.

*Rau, Rudolf Katalog der Fürstlichen Gymnasial- und Landesbibliothek. Zur Feier des dreihundertjährigen Bestehens des Gymnasium Rutheneum im Auftrage des Fürstlichen Ministeriums bearbeitet von R. R. XII, 299 S. 8.
Progr. Fürstl. Gymn. Rutheneum *Gera* 1908.

Rau, Rud., Katalog der fürstl. Gymnasial- u. Landesbibliothek. Zur Feier des 300jähr. Bestehens des Gymnasium Rutheneum im Auftrage des fürstl. Ministeriums bearb. (XII, 299 S.) gr. 8. Gera-Untermhaus 908. (Gera, H. Kanitz' Verl.) nn 6.—

Rau, Rudolfus, Cygneensis: Quaestiones Plutarcheae ad Cimonis et Periclis vitam pertinentes. Lipsiae 1901: Hallberg & Buechting. (45 S.) 8°
Leipzig, Phil. Diss. v. [23. Juli] 1901

Rau, Sebald

— — (Utrecht), De iis, quae ex Arabia in usum tabernaculi fuerunt petita, commentatio, Recensuit, atque de veris rationibus studii linguar. orientalium praefatus est, Jo. Matthias Schroekh (Wien). Leipzig (Langenheim) 1755. 40 S. (4.25) 27726

Rau, (auch Ravius,) Sebald, Fulco Jh., († ...) exercitat. I—V. philologicae adversus Houbigantii prolegom. in S.S. 4maj. Amsterd. 761—67.

— exercitat. philologicae ad C. F. Houbigantii prolegomena in S.S. 4maj. Leyd. 785. (Luchtmans). 1 ß 16 gr

Rau, Sebald. Ian. Ever., Epistola de Euripidis Phaëthonte, quam ad vir. clariss. Corn. Jac. van Assen scripsit. 8 maj. (4¼ B.) Lugduni Batav. 832, Luchtmans. (Lipsiae, Weigel. Weidmann)

Rau, Sebaldi Jan. Ever., variarum lectionum liber, ad Ciceronis orationes pertinens. 8 maj. Lugduni Batav. 834. Luchtmans. (Lipsiae, Weidmann.) n. 1½ ß, bei T. O. Weigel 1⅓ ß

Ravii, Sebaldi Ian. Ever., Variarum lectionum, ad Ciceronis Orationes, liber II. (et ult.) 8maj. (15½ B.) Lugduni Batav. 842, S. et J. Luchtmans. *

Rau. S. J. E. M. Tullii Ciceronis oratio pro P. Quintio. Diss. 1825. 88 S.

— oratio panegyrica in natal. CLmum acad. Traj. 4maj. Ultraj. 786. 12 gl

— oratio panegyrica in natal. CLmum acad. Frcf. 789.

— orationes duae, altera de difficultatibus, quibus premitur studium antiquitatis Judaicae, deque judicio in eo regundo, altera de beneficiis a Deo Opt. Max. inde a juventute in se collatis. 8maj. Utr. 805. 15 gl

Ravius, Seb., Orationes duae. 8. maj. Traj. ad Rhenum. (Weidmann, Lips.) 806.

— positiones philologicae controversae in fascic. collectae. II Ptes. 8. Ultraj. 753—60.

— Predigten üb. verschied. Texte d. heil. Schrift; aus d. Französ. u. Nachb. Henr. Eßler, geb. Rau. 2 Bde. gr. 8. Herborn 811, 12. (Marb., Krieger). 2 ₰ 16 gl

Rau, Seb. Jo. Ever., Schediasma, de Versibus spuriis in Libro I. Aeneidos Virgilianae. 8maj. (4 B.) Lugduni Batav. 846, S. et J. Luchtmans. *

Rau, Th., Wissensstoff der hl. Schrift. gr. 8. (VI, 32 S.) Leipzig 901. F. Jansa. n. — 30

Rau, Theod. August, Ulm. Dissertatio inauguralis medica sistens pathemata infantum ex difficili dentitione. Basel; med. Diss. 1719.

— **Theophil Friedrich** (Hemmingen) u. **Gottfried August Camerer** (Stuttgart), De terris secundariis in Europa. Diss. Präs. Christian Friedr. Roesler. Tübingen (Schramm) Sept. 1787. 26 S. (4.25) 27727

Rau, Wilhelm [aus Ludwigshafen]: Aus d. patholog. Institut zu Bonn. Über die Abstammung von Nierensarkomen aus versprengten Nebennierenteilen ... Bonn, Buchdr. J. Bach Wwe, 1896; 26 S., 1 Bl. 8.
Bonn, Med. Fak., Inaug.-Diss. v. [5. Aug.] 1896

Rau, Wilh., über den Bau, die Verrichtungen und die Pflege des Ohres. Eine öffentl. Vorlesung. gr. 8. (37 S. mit 1 lithogr. Abbild.) Bern 859, Huber und Comp.

Rau, Wilh., über die Bedeutung u. Aufgabe der Volksmedicin. Eine Festrede. 8. (22 S.) Bern 847, Huber & Co. 4 gl

Rau, Wilh., Edelsteinkunde f. Mineralogen, Juweliere u. Steinhändler. Prakt. Lehr- u. Hilfsbuch zur Kenntnis, Untersuchg. u. Bestimmg. v. Edelsteinen, nach e. älteren Werke des Rhard. Blum auf Grund des heut. Standes der Mineralogie neu bearb. (VI, 146 S. m. 58 Abb. u. 4 farb. Taf.) gr. 8. Leipzig 907. H. Schlag Nachf. Geb. in Leinw. 5. —

Rau, Wilhelm: Edelsteinkunde für Mineralogen, Juweliere und Steinhändler. 2. Aufl. Leipzig 1910

Rau, Wilhelm: Die Entzündung der Regenbogenhaut. 272 S., gbd.

Bern u.St.Gallen: Huber 1844
(Rau, W.: Die Krankheiten und Bildungsfehler der Regenbogenhaut. Abth.1)

JB 4.281/1

Rau, Wilh., üb. die Erkenntniß, Entstehung u. Heilung der Staphylome d. menschl. Auges. Ein Versuch. 8. Heidelb. 828. Groos. 1 ₰

— Grundlinien e. Pathogenie. gr. 8. (10 B.) Frankfurt a. M. 834, Sauerländer.

Rau, Wilhelm: Handbuch der Kinderkrankheiten. 380 S., gbd.

Frankfurt am Main: Varrentrapp 1832

JB 4.114

Rau, Wilh., die Krankheiten u. Bildungsfehler der Regenbogenhaut. 2 Abthlgn. gr. 8. Bern, Huber u. Comp. à Abthl. 1 Thlr. 20 Ngr.
A. u. d. Ttln.:
Abthl. 1. Die Entzündung der Regenbogenhaut. (17½ B.) 844.
2. Die Nerven u. Organisationskrankheiten nebst den ursprüngl. Bildungsfehlern der Regenbogenhaut. (19½ B.) 845.

Rau, Wilh., Lehrbuch der Ohrenheilkunde für Aerzte und Studirende. gr. 8. (IX und 380 S. mit in den Text eingedr. Holzschn.) Berlin 856, Peters. *

— über die Sinnesorgane überhaupt und die Pflege des Auges insbesondere. Eine öffentl. Vorlesung. 1. und 2. Aufl. 8. (37 S.) Bern 858. 59, Huber und Comp.

Rau, Wilhelm (Schlitz)
Diss. inaug. de staphylomate, lingua vernacula conscr. Heidelberg 1826.
Diss. med. Giessen 27.11.1826.

Rau, Wilhelm: De syndesmitide varicosa. 24 S., gbd.

Bernae et Sangalli Helvetiorum: Huber 1844

JB 4.280

Rau, Wilhelm (Giessen)
Thesen aus der gesammten Heilkunde, welche zur Erlangung der Doctorwürde in der Medicin, Chirurgie und Geburtshülfe den 27.11.1826 öffentlich vertheidigen wird: Wilhelm Rau, aus Giessen.
Giessen: Schröder 1826. 6 S. vorh. 7.

Rau, Wilhelm: Worin ist die unnatürliche Sterblichkeit der Kinder in ihrem ersten Lebensjahre begründet, und wodurch kann dieselbe verhütet werden? Eine von der Kaiserlich Russischen freien ökonomischen Gesellschaft zu St.Petersburg gekrönte Preisschrift. 148 S., gbd.

Bern: Fischer 1836

JB 4.115

[Gedicht.] Dem Kränzchen zum Jahreswechsel. [Unterz.:] [Wilh. Theod.] **Rau.** [Darmstadt] o. J. 1 Bl. 8° [Kopftit.]
„Das Jahr enteilt. Ein Heer der klarsten Sterne . . .“

Rau, Woldemar, Album der herrschaftlichen Landsitze und Schlösser in Oesterreich, s. Album.

Rau, W., u. R. Stieler, Album f. Landschafts-Malerei. Vorlagen f. Lehrer, Schüler, Porzellan-, Glas- u. Thonwaaren-Manufakturen u. andere Industriezweige. Farbendr. v. J. G. Bach in Leipzig. 1. u. 2. Hft. 4. Leipzig 872. Arnold. à n. 4. —
1. Bl. 1—6. Gemalt v. W. Rau. — 2. Bl. 7—12. Gemalt v. R. Stieler.

Aus Ludwig Richter's Skizzenbuch. Landschaftliche Studien und Staffagen nach den Originalen auf Stein übertragen von Woldemar Rau. Dresden. 4°.

Rau, Wolfgang Thomas

—neue Abhandl. v. d. Röthelbad bei Geislingen. 8. Ulm 750.

Rau, Wolfg. Thom., († d. 5. Juli 1772.) Beobachtt. v. Aussatz u. dessen Cur. 4. Münch., (Franz). 4 gr

[Gedanken von dem Nutzen und der Nothwendigkeit einer medicinischen Policeyordnung in einem Staate] Von der Nothwendigkeit [Notwendigkeit] und dem Nutzen einer medicinischen Policey in einem Staate. [Verf.: Wolfgang Thomas Rau.] o.O. : Martran 1781. 68 S. 8°

—Gedanken von d. Nutzen einer medicin. Polizeiordnung im Staate. 2e Aufl. 8. Ulm 764. Stettin. 3 gr

—medicin.=chym. Gutachten üb. die Beschaffenheit einiger Sorten v. Baier. u. Hallischen Kochsalze. Fol. 756.

Rau, Wolfg. Thom., Diss. de naevis maternis. Altd. 4°. 1742

—Versuch e. Abhandl. von d. Nutzen u. Gebrauch d. Kochsalzes ꝛc. 4. Münch. (Franz). 10 gr

Raub, der, od.: Sabine — 'rin, s.: Fastnachts=Bühne.

Beabsichtigter Raub der Hamburger Bank und Brandschatzung der Städte Hamburg und Altona durch die Dänen im April 1849. Aus der Correspondenz eines in Kopenhagen lebenden Hamburgers. Hrgg. v. C. L. Beyermann. Hamburg. 1849. 8°.

RAUB, Der von denen Römern an dem Sabinischen Frauenzimmer begangene, Wie solcher in einem alten Italien. Mss. gefunden u. ins Teutsche vertirt worden, Der galanten Welt mitgetheilt. Gedruckt zu Rom (Leipzig, Joh. Heinichens Wwe.) 1709. 8° (6 Mk. Adolf Weigel, 1893.) Höchst selten!

15½ Bogen. Cat. Meissner II. — „Ander Theil. Durch *Stellantes*" war im O. M. V 1709. G 3 a. sub libr. fut. nund. prod. (Wirklich erschienen?)

Raub, der, der Draupadi, der Gattin d. fünf Pândawas. A. d. Indischen in d. Versmâssen d. Urschrift übers. v. M. Fertig. 8. (5¼ B.) Würzburg 841, (Stahel'sche Buchh.) *

Raub u. Erpressung. Sachbeschädigung. Diebstahl u. Unterschlagung. Strafbarer Eigennutz, bearb. v. Frank, Harburger, Nagler, Schmoller, Kriegsmann, s. Darstellung, vergleichende, des deutschen u. ausländ. Strafrechts. VI.

Raub und Erpressung. Sachbeschädigung. Diebstahl und Unterschlagung. Strafbarer Eigennutz. Bearb. von d. Prof. Dr. (Reinhard) Frank, Rat am obersten Landesger [u. a.]. Berlin: O. Liebmann 1907. (XII, 469 S.) 4°(8°)

— Darstellung, Vergleichende, d. deutschen u. ausländ. Strafrechts. Besond. T. Bd 6. (07. 7478

Raub, der, d. Kirchenstaates u. die angebl. Mißwirthschaft daselbst, s.: Volksaufklärung.

Raub, der, d. Königs Stanislaus August. Ein Heldenged. 4. Warschau, Gröll. 772.

§ RAUB, Der unglückliche. Ein Comisches (stellenw. etw. freies) Helden-Gedichte. (2 Bücher à 16 SS. incl. Tit.) Von *J. N. F H. C. R.* Juliusburg (fing.) 1746. 8°. Rar! (In München: P. o. germ. 1664 m, 7.)

2 Bog. in-4°. sagt Cat. Meissner III p. 535, während 8° als Format im M. M. V. 1746. D 4 b, Gr. 8° im O. M. V. 1747. G 1 a angegeben wird, ohne Nennung des wirklichen Druckorts.

Raub, Carl, s. Raub, Karl

Raub, Chr., kritische Reflexionen aus dem Gebiete des Eisenbahnwesens in ihrer Anwendung auf das Projekt der Main=Werra=Bahn. gr. 8. (181 S.) Leipzig 851, Gebhardt & Reisland. ⅓ ℔

Raub, Karl

Raub, Carl, der schwarze Fritz. Historisch=romant. Erzählung aus dem Bauernkriege. Reutlingen 865. (Baur.) 8. (55 S.) 3 ngr.

Raub, William L., aus New-London, Connecticut, V. St. v. Amer.: Die Seelenlehre bei Lotze und Wundt. *Strassburg i. E. 1901: C. & J. Goeller.* (47 S.) 8°
Strassburg, Phil. Diss. v. 1901

Raubach, Albert: Über die Wundtränke in der mittelalterlichen Chirurgie, mit besonderer Berücksichtigung [Heinrich v.] Mondeville's. *Berlin (1898): G. Schade.* (30 S.) 8°
Berlin, Med. Diss. v. 15. Juli 1898

Raubal, R., Die neue Turnhalle zu Reichenberg in Böhmen, Wien 1894, 3 S., 2°.

Raubbau. Wien 1888. V: *Schwarzkopf. Gustav.* (EB)

Raubein, Friedr. Aug., die Rechtswissenschaft und die Realschule I. Ordnung. Ein Wort der Verständigung und Aufklärung an die deutschen Juristen. 8. (18 S.) Schmalkalden 880, Wilisch' Verlag. *

Rauben, Karl, neueste Polterabendscherze u. Hochzeitslieder. 8. (IV u. 131 S.) Pasewalk 851, Braune. — 2. Aufl. 8. (IV u. 131 S.) Ebd. 851. — 3. Aufl. 8. (IV u. 131 S.) Ebd. 851. ½ ℔

Rauben, Karl, neueste Polterabendscherze und Hochzeitslieder. 4. (Titel=)Aufl. Pasewalk (851.) 854. Braune. 8. (IV, 131 S.) 15 ngr.

Rauber u. Rampon, der Turner als unüberwindlicher Ringer u. gefürchteter Fechter, oder: Mittheilung der besten Ringergeheimnisse nebst einer kurzen, einfachen, auf lange Erfahrung gestützten pract. Unterweisung im Hiebfechten auf die rechte u. linke Hand ꝛc., nach Kreußler's Grundsätzen bearb. Erfurt 869. Literatur=Comptoir. 8. (38 S.) 7½ ngr.

Rauber, A.

— die Don Juan-Sage im Lichte biolog. Forschung. gr. 8. (96 S. m. 10 Fig.) Leipzig 899. A. Georgi. n. 2. —

— Fragen d. Liebe. E. biolog. Studie, d. Dichtkunst d. scheid. Jahrhunderts gewidmet. 8. (75 S.) Ebd. 896. n. 2. —

Rauber, August

Rauber, A., Atlas d. Krystallregeneration. 1.—4. Hft. gr. 8. Jurjeff. (Dorpat.) (Leipzig, A. Georgi.) In Mappe. à Hft. n.n. 20. —

1. D. Umbildg. d. Kugel, in 18 photogr. Taf. (1 Bl. Text.) 896.
2. Wucherfelder, in 18 photograph. Taf. (1 Bl. Text in schmal Fol.) 897.
3. Voll- u. Hohlcylinder, in 18 photograph. Taf. (1 Bl. Text in schmal Fol.) 897.
4. D. Umbildg. d. Kegels, in 18 photograph. Taf. (1 Bl. Text in schmal Fol.) 898.

Rauber, A., Atlas der Krystallregeneration. 5. u. 6. Hft. gr. 8. Leipzig. [A. Georgi.] G. Thieme.
In Mappe à n.n. 25. —
5. Entwickelung des Supplementkörpers, in 24 photograph. Taf. m. 48 Fig. Herstellung der photograph. Taf. v. W. Staden. (8 S. Text.) 899.
6. Entwickelung des Torso, in 24 photograph. Taf. Herstellung der photograph. Taf. v. W. Staden. (8 S. Text.) 900.
1.—4. Hft. jetzt Ebd. in Mappe n.n. 80.—.

Rauber, Aug., Atlas der Krystallgeneration. 7. od. Schlussheft: Hohlflächen, in 24 photogr. Taf., nebst 2 Beilagen. Herstellg. der photogr. Taf. v. W. Staden. (26 S. Text.) Lex. 8. Berlin 901. Leipzig, G. Thieme.
In Mappe 25. — (Vollständig: nn 155. —)
1.—6. Heft. Ebd. 900. nn 130.—

Rauber, August: Weibliche Auswanderung und ihr Verhältnis zu e. biolog. begründeten Bevölkerungspolitik. 4. Beitrag zu e. naturgemässen Lösung d. Frauenfrage. M. 5 Fig. — Leipzig: Georgi 1901. 167 S. 8°

Rauber, A., über die Bedeutung der wissenschaftlichen Anatomie. Rede, gehalten bei dem Antritt des anatom. Lehramtes in Dorpat am 3. März 1886. gr. 8. (16 S.) Dorpat 886, Schnakenburg.

Rauber, Aug. Antinous, Elasticität u. Festigkeit der Knochen. Anatomisch-physiolog. Studie. Mit 2 Lichtdr.-Taf. gr. 4. (V, 75 S.) Leipzig 876. Engelmann. n. 6. —

— üb. d. Einrichtg. v. Studiensälen in anatom. Instituten. M. e. photograph. Abb. d. Studiensaales im anatom. Institute d. kaiserl. Universität Jurjeff. gr. 8. (20 S.) Ebd. 895. n. 1. 20

Rauber, A., über die Endigung sensibler Nerven in Muskel u. Sehne. Mit einer (lith.) Taf. [Aus: „Beiträge z. Biologie, Jubil.-Schrift f. Geh.-R. v. Bischoff".] Lex.-8. (11 S.) Stuttgart 882. Cotta. n. — 80

— Formbildung u. Formstörung in der Entwicklung von Wirbelthieren. Mit 7 lith. Taf. [Aus: „Morpholog. Jahrbuch".] gr. 8. (V, 148 S.) Leipzig 880. Engelmann. n. 6. —

Rauber, A., über den sympathischen Grenzstrang des menschlichen Kopfes. gr. 4. (31 S. mit 5 lithogr. Taf.) München 872, Stahl. (*ℳ 4,20.) *

Rauber, A[ug.]: Käthchen Schirmacher's „Halb" und Eduard von Hartmann's „Ganz" vom biolog. Standpunkte aus beurteilt. 2 akad. Reden. — Leipzig: Georgi 1898. 44 S. 8°

Rauber, A., Homo sapiens ferus od. die Zustände der Verwilderten u. ihre Bedeutung f. Wissenschaft, Politik u. Schule. Biologische Untersuchg. gr. 8. (III, 134 S.) Leipzig 885. Denicke. n. 3. —

—— dass. — 2. (Titel-)Aufl. gr. 8. (III, 134 S.) Leipzig 888, Brehse. *

—— über die Knochen-Nerven des Oberarms und Oberschenkels. gr. 8. (16 S. mit 1 Abbild. in Stahlst.) München 870, Fritsch. *

— Vater'sche Körper der Bänder u. Periostnerven u. ihre Beziehung zum sogenannten Muskelsinne. Inaugural-Dissertation. Neustadt a. d. H. 865. Gottschick-Witter's Buchh. gr. 8. (40 S. mit 3 Steintaff.) n. 7⅓ ngr.

— Lehrbuch der Anatomie d. Menschen, s.a. Hoffmann, C. E. E.

Rauber, Aug., Lehrbuch der Anatomie des Menschen. 4., gänzlich neu bearb. Aufl. v. Quain-Hoffmann's Anatomie. 2 Bde. in 4 Abtlgn. gr. 8. Leipzig. E. Besold.
n. 35. —; geb. n. 39. —
1. Bd. 1. Abtlg. Allgemeiner Teil, Knochen, Bänder u. Muskeln. 3 Hfte. (IX, 506 S. m. 523 Abbildgn.) 892. n. 10. —
1. Bd. 2. Abtlg. Eingeweidelehre. (IV u. S. 507—770 m. . , z. Tl. farb. Abbildgn.) 892. n. 7. — (1. Bd. kplt.: n. 17. , geb. n. 19 —)
2. Bd. 1. Abtlg. Gefässlehre. (V, 271 S. m. 204, z. Tl. farb. Textabbildgn.) 893. n. 7. -
2. Bd. 2. Abtlg. 1. Hälfte: Nervenlehre. (IV u. S. 273—600 m. 268, z. Tl. farb. Abbildgn.) 894. n. 7. —
2. Bd. 2. Abtlg. 2. Hälfte: Sinnesorgane u. Leitungsbahnen. (IV u. S. 601—840 m. 195 Textabbildgn.) 894. n. 4. —
(2. Bd. kplt.: n. 18. —; geb. n. 20. —

— Lehrbuch d. Anatomie des Menschen. 5., gänzl. neubearb. Aufl. In 2 Bdn. à 2 Abtlgn. gr. 8. Ebd.
n. 35. —; geb. n. 39. —
I. 1. Allgem. Teil, Lehre v. d. Knochen, Bändern u. Muskeln. (IX, 514 S. m. 587 z. Tl. farb. Abb.) 897. n. 10. —
2. Lehre v. d. Eingeweiden. (VI u. S. 515—774 m. 268 z. Tl. farb. Abb.) 897.
n. 7. — (1. Bd. kplt. in 1 Bd. geb. n. 19. —)
II. 1. Gefässlehre. Mit 219, z. Tl. farb., Textabb. (VII, 260 S.) 898. n. 6. —
2. Nervenlehre, Sinnesorgane u. Leitungsbahnen. Mit 554, z. Tl. farb., Textabb. (VII u. S. 261—883.) 898. n. 12. —
(2. Bd. kplt. in 1 Bd. geb. n. 20. —)

— Lehrbuch der Anatomie des Menschen. 6. Aufl. (In 2 Bdn.) 1. Bd. 2 Abtlgn. gr. 8. Leipzig 902. G. Thieme. n. 17. —; in 1 Bd. geb. n. 19. —
I. 1. Allgemeiner Tl., Lehre v. den Knochen, Bändern u. Muskeln. Mit 774, zum Tl. farb., Textabb. (X, 604 S.) n. 10. —
2. Lehre v. den Eingeweiden. Mit 369, zum Tl. farb., Textabbildgn. (XI—XII u. S. 605—921.) n. 7. —
II, 1. Lehre v. den Gefässen. (VIII, 282 S. m. 244, z. Tl. farb., Abbildgn.) n. 6. —
2. Lehre v. den Nerven, Sinnesorganen u. Leitungsbahnen. (S. 283—968 m. 656, z. Tl. farb., Abbildgn.) n. 12. —

Lehrbuch der Anatomie des Menschen. Von Dr. A[ug.] Rauber, Prof., Jurjeff. 6. Aufl. In 2 Bden. Bd 1. 2. *Leipzig: G. Thieme 1902 -03.* 2 Bde 8°
1. Allg. T., Lehre von d. Knochen, Bändern, Muskeln u. Eingeweiden. 1902.
2. Lehre von d. Gefäßen, Nerven, Sinnesorganen u. Leitungsbahnen. 1903.
[04. 5911 5

Rauber, A., Lehrbuch der Anatomie des Menschen. Neu bearb. u. hrsg. v. Fr. Kopsch. 7. Aufl (In 6 Abtlgn.) 1.—3. Abtlg. Lex-8. Leipzig, G. Thieme.
Geb. in Leinw. n. 27. —
1. Allgemeiner Tl. Mit 221, zum Tl. farb., Abbildgn. (VII, 180 S.) 906. Geb. n. 5. —
2. Knochen, Bänder. Mit 425, zum Tl. farb. Abbildgn. (IV u. S. 181—510) 906. Geb. n. 8. —
3. Muskeln, Gefässe. (VII u. S. 511—968 m. 396 z. Tl. farb. Abbildgn.) 906. Geb. n. 14. —

— Lehrbuch der Anatomie des Menschen. Neu bearb. u. hrsg. v. Fr. Kopsch. 7. Aufl. 4.—6. Abtlg. Lex. 8. Ebd. Geb. in Leinw. 30. 50
4. Eingeweide. (IV, 367 S. m. 434 z. Tl. farb. Abbildgn.) 907. Geb. 10. 50
5. Nervensystem. (IV u. S. 369—812 m. 399 z. Tl. farb. Abb.) 907. Geb. 12. —
6. Sinnesorgane u. General-Register. (IV u. S. 813—1121 m. 251 z. Tl. farb. Abb.) 908. Geb. 8. —
1.—3. Abtlg. Ebd. 906. Geb. 27. —

— dasselbe. 8. Aufl. 6 Abtlgn. Lex. 8. Ebd. Geb. in Leinw. 63. 50
1. Allgemeiner Tl. Mit 234, zum Tl. farb. Abb. (V, 189 S.) 908. Geb. in Leinw. 6. —
2. Knochen, Bänder. Mit 489, zum Tl. farb. Abb. (IV, 837 S.) 906. Geb. in Leinw. 9. 50
3. I. Tl. Muskeln. Mit 179, zum Tl. farb. Abb. (III, 204 S.) II. Tl. Gefässe. Mit 228, z. Tl. farb. Abb. (281 S.) 908. Geb. 15. —
4. Eingeweide. Mit 455, zum Tl. farb. Abb. (IV, 405 S.) 909. Geb. in Leinw. 15. —
5. Nervensystem. Mit 427, zum Tl. farb. Abb. (IV, 478 S.) 909. Geb. in Leinw. 13. —
6. Sinnesorgane u. General-Register. Mit 253, zum Tl. farb. Abb. (IV, 314 S.) 909. Geb. in Leinw. 8. —

— d. Lehren v. Victor Hugo, Leo Tolstoy u. Emile Zola üb. d. Aufgaben d. Lebens, vom biolog. Standpunkte aus betrachtet. Zugl. e. Beitrag zur Frauenfrage. Vortrag, in etwas kürz. Form geh. in d. Aula der kaiserl. Universität Jurjeff am 8. (20.) Decbr. 1895 zum Vorteil des Hilfsvereins f. Studierende. gr. 8. (31 S.) Ebd. 896. n. 1. —

Der Pythagoräische Lehrsatz und seine Bedeutung in der Körperwelt. Mit 9 Textfig. Mitgeteilt von A. Rauber. Dorpat 1907: C. Mattiesen. (26 S.) 8° [08. 3223 9]

— Der Pythagoräische Lehrsatz u. seine Bedeutung in der Körperwelt. (26 S. u. 1 Bl. m. 9 Fig.) gr. 8. Dorpat 907. (Leipzig, G. Thieme.) 1. 20

— die Medea des Euripides im Lichte biologischer Forschung. Mit 12 erläut. Textfig. gr. 8. (110 S.) Leipzig 899. [A. Georgi.] G. Thieme. n. 2. —

— d. Naturalismus in d. Kunst. Akadem. Rede, geh. in d. Aula d. kaiserl. Universität Jurjeff (Dorpat) im I. Sem. 1897. gr. 8. (23 S.) Ebd. 897. n. 1. —

Rauber, A., über die Nerven der Knochenhaut u. Knochen des Vorderarmes u. Unterschenkels. Mit Abbildungen (auf 2 Steintaff.). München 869. Fritsch. gr. 8. (24 S.) n. 15 ngr.

Ontogenese als Regeneration betrachtet. Mit 6 Textfig. Von A[ugust] Rauber Dorpat 1908· C. Mattiesen. (66 S.) 8° [08. 8282]

Rauber, Aug., Ontogenese als Regeneration betrachtet. (67 S. m. 6 Fig.) gr. 8. Dorpat 908. (Leipzig, G. Thieme.) 1. 80

— dasselbe. 2. Studie. (95 S. m. 6 Fig.) Lex. 8. Leipzig 909. G. Thieme. 2. —

— Primitivstreifen u. Neurula der Wirbelthiere, in normaler u. pathologischer Beziehung. Mit 32 (eingedr.) Abbildungen in Holzschn. gr. 8. (VII, 85 S.) Ebend. 878. n. 2. 40

— d. Regeneration der Krystalle. Eine morpholog. Studie. gr. 8. (V, 80 S. m. 92 Fig.) Ebd. 895. n. 4. —

— dasselbe. Zweite Untersuchungsreihe. Mit 898 Textabb. gr. 8. (IV, 184 S.) Ebd. 896. n. 6. —

— über die Stellung d. Hühnchens im Entwicklungsplan. Mit 2 (lith.) Taf. gr. 4. (VII, 28 S.) Ebend. 876. n. 3. —

Rauber, August: Der Überschuss an Knabengeburten und seine biologische Bedeutung. Von Dr. A[ugust] Rauber, Prof. in Jurjeff (Dorpat). Mit 16 erl. Textfig. Leipzig: A. Georgi 1900. (220 S.) 8°

— d. Umbildung d. Kugel. Mit 2 lith. Taf. [Aus: „Acta et commentationes Imp. Univ. Jurievensis (olim Dorpatensis)".] gr. 8. (32 S.) Jurjeff (Dorpat) 897. Ebd. n. 2. —

RAUBER, August (Neustadt a.H.): Untersuchungen über das Vorkommen und die Bedeutung der Vater'schen Körper.- München: Fritsch 1867. 1 Bl., 52 S.
25.10.1865 - Urk (Titel: De corpore Vateri nervorum in ligamentis et periosteo eorumque relatio ad sensum musculorum.); F 71
Diss.Ingolst.-Landsh.-Mchn.

—— Urgeschichte des Menschen. Ein Handbuch für Studirende. 2 Bde. gr. 8. Leipzig 884, F. C. W. Vogel. *
Inhalt:
Bd. 1. Die Realien. (X, 436 S. mit 2 Holzschntaf.) *M 10.
» 2. Territorialer Ueberblick. Entwickelungsgeschichte der Gesellschaft. (XVI, 335 S.) *M 8.

— über den Ursprung der Milch und die Ernährung der Frucht im Allgemeinen. gr. 8. (48 S. mit 2 lithogr. Taf.) Ebendas. 879. *

— Vergiftung der Mutterlauge. Ein Beitrag zur Erforschg. des Lebens. (22 S. m. 25 photograph. Taf.) Lex.-8. Ebd. 902. In Mappe n.n. 25. —

— dasselbe. 2. Tl. (44 S. m. 35 photograph. Taf.) Lex.-8. Ebd. 904. In Mappe n n. 30. —

— Wirkungen des Alkohols auf Tiere u. Pflanzen. Mit 21 Illustr., meist nach photograph. Aufnahmen. gr. 8. Leipzig 902. G. Thieme. n. 3. —

Rauber, Aug. Antnous, s. Rauber, August

RAUBER, Fritz (Meersburg): Die Morbidität im Wochenbett an der Kgl. Universitäts-Frauenklinik zu München, während der Jahre 1900 bis Oktober 1907.- München: Kastner & Callwey 1910. 23 S.
2.6.1911 - Chr 1910/11,26; U 11.5712
Diss.Ingolst.-Landsh.-Mchn.

Rauber, Th., u. G. Bürli, Gesangschule u. Lieder-Sammlung f. schweizerische Schulen. 1.—6. Hft. 8. Einsiedeln 889. Benziger & Co. cart. n. 3. 80
1. [1. u. 2. Stufe.] Für die Hand d. Lehrers. Anleitung zur rationellen Ertheilg. d. Gesangunterrichtes, nebst 63 Liedern m. Klavierbegleitg. f. Kinder von 5—9 Jahren. (128 S.) n. — 80
2. [3. u. 4. Stufe.] 1. Büchlein f. die Schüler. Elementare Uebgn. u. Lieder bis zum Umfange einer Octave. (128 S.) n. — 60
3. [5. Stufe.] Versetzung d. Grundtones auf die 7 verschiedenen Stufen d. Notensystems. (144 S.) n. — 60
4. [6. Stufe.] Einführung der absoluten Tonnamen. Die 24 Tonarten. (256 S.) n. — 80
5. [7. Stufe.] Für obere Klassen v. Bezirksschulen, für Seminarien u. höhere Töchterschulen. (336 S.) n. 1. —

Rauber, Th. Fünfzig alte und neue Lieder für die Jugend. Zum grössten Theile der aargauischen Volksschul-Lieder-Sammlung entnommen und zum Gebrauche für Schule und Haus mit Klavierbegleitung versehen. Quer in-fol. 60 S. Einsiedeln, Benziger & Co. 1891. 3 75

Räuber

Räuber, Die, oder die schwere Wahl, ein Originaldrama in einem Aufzuge. Wien 1773. V: *Weidmann, Paul.* (BrMn) (Jahrb. d. Grillp.-Ges. XIII.)

Räuber, Die. Eine Szene aus dem Menschenleben. Frankfurt u. Leipzig 1780. V: *Keller, Heinrich.* (KY 3/325) (GGr IV[a]/666, Nr. 37/3; V/388, Nr. 5/2) (Hdschr. Mitth. von Gustav Gugitz, Wien) (BiblPort)

Räuber, Die. Ein Schauspiel. Frankf. u. Leipzig 1781. V: *Schiller, Friedrich von.* (Mn) (MGT) (GGr) (BrMm)

— die, Schausp. in 5 A. v. Fr. Schiller. 8. Stuttgart, Steinkopf. 781.

— die, Schausp. v. Fr. Schiller, fürs Berliner Theater bearb. v. C. M. Plümike. 8. Berlin, Maurer. 787.

— die, Schausp. in 5 A. v. Fr. Schiller. 8. Mannheim, Löffler. 799.

Räuber, die, Trauersp. v. Fr. Schiller. gr. 8. Mannheim, Schwan u. G. 804. Rthlr.

— — dasselbe. gr. 8. Tübingen, Cotta. 806.

Räuber, die, v. C. G. W. Meisner. 2 Thle. m. K. 8. Berl. Oehmigke. 809.

Räuber, die. Ein Roman, v. C. W. Meißner. 2 Bde. m. K. 8. Berl. Neue Societätsbuchh. 812. (1r 20 gr. 2r 22 gr.)

Räuber, die. Trauerspiel von Fr. Schiller. Neue Auflage. gr. 8. Tübingen, Cotta. 816.

Räuber, die, Schauspiel in 4 Aufz. Nach Schiller frei bearb. zur Aufführung von Kindern und auf Puppentheatern, von Constantin. 16. Hamburg 844, Hamburg-Altonaer B. 1/8 ß

Räuber, die. Ein Schauspiel. Frankfurt u. Leipzig 1781. Im Fksim.-Neudr. nebst der unterdrückten ursprüngl. Fassg. u. e. litterarhistorisch-krit. Anh. hrsg. v. Carl Schüddekopf. (Zu Schillers Gedächtnis 9. V. 1905) (XVI, 222 u. 60 S.) 8. Leipzig 905. A. Weigel.
Auf Büttenpap. kart. n. 20.—; auf Japanpap. n. 50.—

— die, v. Fr. Schiller. 2r Thl. fortges. v. d. Frau von Wallenrodt, s. Moor, Karl, u. seine Genossen.

Räuber, Der, seiner eigenen Braut. Eine Erzählung. Leipzig 1805. V: *Laukhard, Friedrich Christian.* (BGE)

— der, seiner eigenen Braut. 8. Leipz. 805. Cr. Fleischer. 12 gr

RAUBER, Die, an der Donau. Historisch-romantische Erzählung. Wien 1839. 8⁰. (2 Mk. Frz. Teubner, Düsseld., c. 1898.)

— der ehrliche, Singsp. von Korb. 8. Wismar, Bödner. 786.

Räuber, Die, im Elsass; a. d. Franz. Gera 1798. Ü: *Behr, Chn Andreas.* (MGT)

RAUBER, Die, im Elsaß, oder Abentheuer Don Alphonsos. Aus d. Französ. (übers. von Chrn. Andreas Behr). Gera, Illgen 1799. 8⁰. (1/4 Rthl.) Selten!
Anon.-Lex. III. p. 328 (nach Meusel).

Räuber, die großmüthigen; Schspl. in 5 A. 8. Greitz 799. Henning. 5 gr

Räuber, der, und sein Kind ꝛc., s. Bibliothek von Ritters, Räubers ꝛc. Geschichten 10r Bd.

Räuber, der, u. sein Kind oder das Raubnest auf der Felsenklippe. Grausenerregende Räubergeschichte aus der neuern Zeit. 2. Aufl. Mit color. Abbildgn. 1. Lfg. 8. (S. 1—32 m. 1 color. Lith.) Löbau 852, Breyer. 1/12 ß

Räuber, der, und sein Kind oder das Raubnest auf der Felsenklippe. Grausenerregende Räubergeschichte aus der neuern Zeit. 2. Aufl. Mit ill. Abbildungen. 2 Lfgn. 8. (64 S. mit 2 ill. Stnt.) Löbau 852, [Walde.] à Lfg. 2½ Ngr.

Räuber, der, und sein Kind oder das Raubnest auf der Felsenklippe. Grausenerregende Räubergeschichte aus der neuern Zeit. 2. Aufl. Mit color. Abbildgn. 2. u. 3. (letzte) Liefg. Löbau (853.) Breyer. 8. (S. 33—89 u. 2 col. Lithogr.) 1—3. Liefg. 10 ngr.

Räuber, die, in d. Klüften d. Latrofelsens. 8. Quedlinb. 819. Basse. 1 ß 4 gr

— die auf Maria-Culm, oder die Kraft des Glaubens. Ein Gemälde aus der vaterl. Geschichte in 5 Handl. v. H. W. Cuno. 8. Leipzig, Joachim, 816.

Räuber, die, auf Maria Culm. Vaterländisches Charaktergemälde aus dem 14. Jahrh. Nach den glaubwürdigsten Quellen erzählt von G. u. B. Ovm. 16. (56 S.) Urfahr-Linz 878. Kraußlich. — 20

— die, v. Maria Kulm od. Leben, Taten u. Abenteuer des Räuberhauptmann's Gustav Hoheneck. 1.—94. Heft. (1. Bd. 774 S.) 2. Bd. 814 S. u. 3. Bd. S. 1—664 m. je 1 Vollbild.) gr. 8. Neusalza 910. H. Oeser. à Heft — 10

Räuber, der nothgedrungene, und der Menschenfreund. Schspl. in 2 A. 8. Wien 787. v. Mösle. 3 gr

— der, aus Rachsucht. Lustsp. in 3 Aufz. v. Hensler. 8. Wien, Wallishaußer.

Räuber, der sterbende. Eine wahre Geschichte. 8. (10 S.) Barmen 880, Wiemann. *

— die, im Wasgau; e. Begebenheit aus d. französ. Freiheitskriege. 2 Thle. 8. Weißenf. 797, 98. (Lpz., Baumgärtner). 2 ß

[F.] Alemannische Gedichte den Manen Hebels gewidmet v. Albert **Räuber.** *Lahr: M Schauenburg (1898).* (VII, 144 S.) 1 Bd 8. [98. 699

Räuber, Arnold: Die natürlichen Schutzmittel der Rinden unserer einheimischen Holzgewächse gegen Beschädigungen durch die im Walde lebenden Säugetiere. Jena: Fischer 1910. VIII, 76 S. 8⁰ ¶ (Aus: Jennaische Zeitschrift f. Naturwiss Bd 46. N. F. 39, H. 1.)
Jena, Phil. Diss. v. 11. Febr. 1910, Ref. Stahl
[Geb. 24 Febr. 81 Eisenach, Wohnort: Jena; Staatsangeh.: Sachsen-Weimar, Vorbildung: Realgymn. Eisenach Reife O. 05; Studium: Jena 2, Kiel 1, Jena 6 S.; Rig. 26. Juli 09.] [U 10 2361

Räuber, B., Die Bestimmungen üb. den Verkehr m. Giften, Arzneimitteln u. Geheimmitteln ausserhalb der Apotheken f. Medizinalbeamte, Apotheker, Drogen-, Gift-, Farbwaren-Händler u. Polizei Behörden. Zusammengestellt u. hrsg. 2., verm. u. verb. Aufl. Neue Ausg. m. Berücksicht. des Min.-Erl. vom 13. I. 1910. (62 S.) 8. Düsseldorf, L. Schwann. 1910. Geb. —. 75.

Räuber, C. W., Ordnungs-, Stab-, Geräte-, Gesellschaftsübungen im X. Dtsch. Turnkreis, 1884, 8⁰.

Räuber, Erwin: Über Derivate der o-o-Dinitrochlorbenzol-p-Sulfosäure. 1905. 58 S. 8⁰
Karlsruhe, Dr.-Ing.-Diss. v. 23. 7. 1904

Räuber, Friedrich, Kammergerichtsref. a. D. Das Ende der zeitlichen Herrschaft der Strafgesetze. *Greifswald 1904: F. W. Kunike.* (36 S.) 8⁰
Rostock, Jur. Diss. v. [15. Febr.] 1904

Räuber, Hugo

Räuber, H., die Bestimmungen üb. den Verkehr m. Giften, Geheimmitteln u. Arzneimitteln ausserhalb der Apotheken f. Gift-, Farbwaren-, Drogen-Händler, Polizeibehörden, Medizinalbeamte u. Apotheker. (56 S.) 8. Düsseldorf 904. L. Schwann. Kart. n.n. — 75

Die Bestimmungen über den Verkehr mit Giften, Arzneimitteln und Geheimmitteln außerhalb der Apotheken f. Medizinalbeamte u. Polizei-Behörden. Zsgest. u. hrsg von H[ugo] **Räuber**, Reg R 2., verm. u. verb. Aufl. Düsseldorf Schwann 1908. 62 S. 8° (09. 1006)6

Räuber, H., die **Bestimmungen** üb. den Verkehr m. Giften, Arzneimitteln u. Geheimmitteln ausserhalb der Apotheken f. Medizinalbeamte, Apotheker, Drogen-, Gift-, Farbwaren-Händler u. Polizei-Behörden. Zusammengestellt u. hrsg. 2., verm. u. verb. Aufl. Neue Ausg. m. Berücksicht. des Min.-Erl. vom 13. I. 1910. (62 S.) 8. Düsseldorf 910. L. Schwann. Geb. — 75

Zusammenstellung der gesetzlichen Bestimmungen, Erlasse und Verfügungen für das Medizinalwesen in Preußen, nebst Kreisarztgesetz u. Dienstanweisung f. d. Kreisärzte, für Med.- u. Verwaltungsbeamte ... Hrsg von Dr. H[ugo] **Räuber**, Köslin. Leipzig: F Leineweber 1907. (268 S.) 8° (07. 190)

— **Zusammenstellung** der gesetzl. Bestimmgn., Erlasse u. Verfügungen f. das Medizinalwesen in Preussen nebst Kreisarztgesetz u. Dienstanweisung f. die Kreisärzte, f. Medizinal- u. Verwaltungsbeamte, Landräte, Oberbürgermeister, Bürgermeister, Amtsvorsteher, Orts- u. Gemeindevorsteher, Veterinärbeamte, Juristen, Ärzte u. Apotheker. 2. verm. u. verb. Aufl. (XVI, 325 S.) 8. Ebd. 910. Geb. in Leinw. u. durchsch. 7. 50

— **Zusammenstellung** der gesetzl. Bestimmgn., Erlasse u. Verordnungen f. das Apothekenwesen, den Verkehr m. Giften u. Arzneimitteln ausserhalb der Apotheken sowie m. Mineralwasser, nebst Apothekenbetriebsordng. u. den Vorschriften betr. die Abgabe stark wirkender Arzeimittel f. Apotheker, Medizinal- u. Verwaltungsbeamte. (VIII, 89 S.) 8. Leipzig 910. F. Leineweber. 1.80; geb. in Halblw. 2.—

Räuber, Oskar

[R.] Als Ms. gedr Volkergeistliche Bubenstreiche, beleuchtet v e. Ketzer Noch e. Wort z. Abwehr, Richtigstellung u. Aufklärg in socialitären Angelegenheiten. (Vl. Oskar Räuber.) *Berlin C. Regenhardt 1898.* (40 S.) 1 Bd 8. (97. 1898)

Räuber, R., litterarische Salzkörner, s.: Universal-Bibliothek.

Räuber, W., Zur Aufklärung der Vorgänge im Turnrat des X. Deutschen Turnkreises, Straßburg 1898, 37 S., 8°.

Räuber, W., Die Turnübungen beim 6. oberrheinischen Kreisturnfest zu Straßburg i. E. 1895, Straßburg i. E. 1896, 136 S., 8°.

Räuber- Diebes- und Gauner-Archiv, Neuestes. Eine Sammlung listiger Kniffe . . . berüchtigter Räuber und Gauner . . . Quedlinb. 1812. H: *Basse, Gfr.* (Ky) (MGT)

Eine Räuberbande. (Prozeß gegen pommersche Bauern wegen Ermordung russ. Marketender und Marodeure i. J. 1761.) o. O. (c. 1805.) 8°. (Aus: Jurist. Miszellen.)

Räuberbanden, Die letzten, in Oberschwaben in den Jahren 1818—19. Ein Beitrag zur Sittengeschichte . . . Stuttg. 1866. V: *Planck, Max* (Heyd) (Tübz 13, 32)

Räuberbanden, die letzten, in Oberschwaben in den J. 1818—19. Ein Beitrag zur Sittengeschichte. Nach den Akten und nach mündl. Ueberlieferung dargestellt von Dr. M. P. 8. (XVI und 256 S. mit 6 Holzschn. nach Orig.-Zeichnungen Joh. Bapt. Pflug's.) Stuttgart 866, Koch.

Die | Räuberbraut | oder | merkwürdige Schicksale | der | Gräfin Saragossa. | (Fig.: *Trauungszeremonie*. 74 × 90) | Herausgegeben und im Selbstverlag, von Gottfried Kühne in Klosterfelde bei Spandau.
Kol.: Druck von Hermann Müller in Berlin, Adlerstr. 7.
o. J., 4 Bl. n. n., 180 × 118.
LBO Bänkelsängerlit. II, 102.

Räuberburg, die, Singspiel aus d. Dänischen des A. Oehlenschlæger. 8. Stuttgart, Cotta. 821.

Räuberey, Oesterreichische, in Baiern im Jahre 1742. In der Mundart und Rechtschreibung des Originals abgedruckt. O. O. 1805. V: ***Hartl, Anton.*** (Klüber 114/836) (BiblPort)

Räuberei, oesterr., in Baiern im J. 1742. In d. Mundart u. Rechtschreibung d. Originals abgedr. 8. Münch. 805. Lindauer. 5 gr

Räuber- und **Rittergeschichten**, s. Ritter- und Räubergeschichten.

RAUBERHAUPTMANN, Der deutsche, A. v. R. Ruppin, Kühn, 1801. 8° ($^2/_3$ Rthl.)

Räuberhöhle, Die. Ein Lustspiel in einem Aufzuge. Prag u. Leipzig 1779. V: *Steinsberg, Carl Franz Guolfinger Ritter von.* (BiblPort)

Räuberhöhle, die; Schspl. mit Gesang in 3 A. 8. Wien 803. Wallishausser. 5 gr

Räuberhöhle, die,. Schausp. in 2 Akt. v. Schmidt. 8. Hamb. Vollmer. 804.

Räuberhöhle, Die, ein Gemählde menschlicher Grösse und Verworfenheit . . . Hamburg 1811. V: *Müller, Heinrich August.* (Ky) (MGT)

—die, ein Gemälde menschl. Größe u. Verworfenheit, (von H. Müller VI.) 2 Thle. 8. Hamb. 811. Vollmer. (Herold jun.) 1 ß 16 gr

Räuberhöhle, die, in d. Felsenschluft; oder die Männer d. Schreckens. Eine romant. Geschichte aus d. 17. Jahrh. 2 Thle. 8. Quedl. 827, Basse.

Räuberhöhle, d., im Tannenwalde. 8. Neuburg, Com. C. (Joachim in Lpz.) 805.

RÄUBERHÖHLEN, Die in Deutschland, Frankreich, Italien u. Spanien. Seltsame u. schauerliche Abentheuer vom Hausen u. Treiben der Räuberrotten in diesen Ländern. Kassel, 1834. In der Burkhardtschen Hofbuchhdlg. 8°.
Tit., 237 S., 1 S. Inh.: 1. Carl und Cölestine. 2. Die Hütte in den Pyrenäen. 3. Die starke Frau. 4. Das Schloß Volkenberg. 5. Die Eremitage. — Sämmtl. zahm.

Räuber-Höhlen, die, in Deutschland, Frankreich, Italien und Spanien. Seltsame und schauerliche Abentheuer vom Hausen und Treiben der Räuberrotten in diesen Ländern. 8. Cassel 834. Luckhardt. 3/4 ℛ

Räubermädchen, Das, eine interessante wahre Geschichte . . . Leipzig 1795. V: *Hahn, Chn Wilhelm.* (StAt) (Ky) »1796« (MGT)

Räubermädchen, das, von H. W. C. mit 1 Kupf. 8. Leipzig, 796. Rein. 1 Rthl. 5 sgl.

— das, (v. Chr. Wilh. Hahn). 2 Bde. 8. Leipz. 798—800. Rein. 2 ℛ 16 gℊ (2r Bd. A. u. d. T.: Raphael v. Salvatara, od. d. Mann ohne Liebe, (v. Frz. Horn). 1 ℛ 12 gℊ)

— d., v. H. W. C. m. K. 2 Bde. 8. Lpz. Rein. 798—800. (I. 1 Rthlr. 4 gr. II. 1 Rthlr. 12 gr.)

RÄUBERMÄDCHEN, Das. Ein Seitenstück zu Cramers Harfenmädchen. Leipzig, Joachim, 1801 8°. (3/4 Rthl.)

Räubermädchen, Das, von Baden. Leipzig 1802. V: *Gleich, Joseph Alois.* (NN) (Ky) (MGT) (WBL) S. a. Nr. 10586.

Räubermädchen, Das, von Baden oder Solyman vor Wien. Schauspiel in 5 A. Wien 1811. V: *Richter, Joseph.* (GGr)

Räubermädchen, Das, von Baden. Original-Volkserzählung aus den Zeiten der 2. Belagerung der Türken vor Wien. Wien [ca. 1900]. V: *Neidl, Julius.* (EB)

Räuber-Novellen und Mord-Geschichten, s. Bibliothek von Ritter-, Räuber- u. Criminalgeschichten 3r Bd.

RAUBERSITTE, oder das furchtbare Gelübde. Ein Gemälde vornehmer Büberey. Leipzig, Joachim, 1815. 8°. (1 2/3 Rthl.) Sehr selten!

Plan der Stadt Höxter. Gez. von **Raubert**. Maasst. 1.7500. *Höxter: O. Buchholtz [1901]; Lith. C. Müller Söhne, Cassel.* (1 Kartenbl. 42 × 32 cm mit Legende.) 2° [oo. 1875

Raubgraf, d., e. Gemälde d. Vorz. 8. Braunschw. Schröder. 801.

Raubgraf, der, ein unterhaltendes Gesellschaftsspiel, nebst 1 illum. Kupf. gr. Fol. Leipz. Ind. Comt. 812.

Raubjäger, der, historisch-romant. Geschichte a. dem Fränkischen Bauernkriege. 2 Thle. 8. Quedl. 827, Basse.

Raubmord, der, im Azienbahof am 18. Octbr. 1876. Genaue Mittheilgn. üb. den Thatbestand d. Verbrechens u. die Schwurgerichtssitzg. vom 16. Novbr. 1876. gr. 8. (16 S.) Leipzig 876. Schloemp. — 25

Raubmord. Der R' zu Courroux in der Nacht vom 20. auf 21. März 1860, verübt an den Ehegatten Ignaz Rossé, verhandelt und abgeurtheilt vom 14 bis 16. Februar 1861 vor den bernischen Assisen zu Delsberg gegen die Angeklagten. 1) Jean Baptiste Gueniat, zubenannt Feuche ...: 2) Genevieve, geb. Petermann, dessen Ehefrau ...; 3) Joseph Friedli ..., 4) Xaver Schmidt.. ; 5) Franz Farine... [Mit 1 Vignette.] 8. (Biel [1861].)

Raubmord. Der R' im Bahnpostwagen Genf-Bern (in der Nacht vom 31. März zum 1. April 1897. Den Originalberichterstattungen des „Bund" entnommen). Mit dem Bildnisse des Verurteilten Henri Huber [Tafel]. 8. Bern [1897].

Raubmord, der, zu Thurow. gr. 8. (52 S.) Anclam 854, Dietze. *

Raubmörder, die, Fuchs und Mühleisen und der Verwandtenmörder J. G. Ensinger, zum Tode verurtheilt am 18. und 23. März und hingerichtet am 21. und 22. April 1854. Vollständiger und getreuer Bericht über die öffentlichen Verhandlungen des Schwurgerichts. 1—4., verm. Aufl. gr. 12. (24 S. mit den 3 lithogr. Portr. der Verurtheilten und einer Abbildung des württ. Fallbeils.) Tübingen 854. Ulm, (Gebr. Nübling.)

Raubmörderin, die, s.a. **Volksbibliothek, neueste,** Jahrg. 1852, 2. Bdchn.

Raubmörderin, die. Eine neue Geschichte von Chrn. Rppg. Bern 869. Mann & Baeschlin. 8. (III, 167 S. mit 2 Steintaff.) cart. n. 10 ngr.

Raubmörders, des, Joseph Schönfelder, welcher den Kaufmannslehrling Blechschmidt zu Dresden ermordete, Proceß, Verurtheilung und Hinrichtung durch die Guillotine am 28. Juli 1864. Nebst dem (lithogr.) Portr. Schönfelders, sowie Beschreibung der am 19. Juli zu Bautzen erfolgten Hinrichtung des Mörders Thonig. gr. 8. (8 S.) Leipzig 864, (Pönicke.)

Gräßliche | Raub-Mordgeschichte, | welche | in der Nacht vom 24. bis 25. März die Wittwe | eines Schiffscapitains, Margarethe | Schröder, an der Wwe. Fedden | zu Aumund begangen hat. | (Fig.: *Karikatur einer Frau*, 30 × 16) Verhandelt vor dem Schwurgerichte zu Stade am 14. und 15 Juni 1856.
Kol.: Druck von H. Klesser in Oldenburg.
o. J., 4 Bl. n. n., 188 × 110.
LBO Bänkelsängerlit. I, 17.

HAIDHAUSEN (Vorstadt, rechts der Isar). — Die Raubmord-Geschichte in Haidhausen (Raubmord an Elise Mayerhofer). München, am 1. September 1848. Zu haben in der Lottokollekte im Fingergässchen und beim Buchbinder Canzenel im Rosenthale. Fol. 2 S. (3 Mk. Ernst Frensdorff, ca. 1908.)
Seltenes Münchener Flugblatt.

Raubold, Otto, über Getreidelagerhäuser. — Steinmetz, Stef., über die Müllereiverhältnisse in Bezug auf bess. Verwerthg. d. einheim. Getreides. Vorträge, geh. in d. ökonom. Gesellschaft im Königr. Sachsen, Dresden, am 5. III. 1897. [Aus: „Mitteilgn. der ökonom. Gesellsch. im Königr. Sachsen".] gr. 8. (31 S.) Dresden 897. G. Schönfeld. n. — 60

® **Raubold, O.**, Getreidelagerhäuser. 897. (WBB 30.) Jetzt: Leipzig, Fritzsche & Schmidt.

Raubold, O., s. Zeitschrift, Sächsische landwirtschaftliche.

Raubritter, der, od. das schöne Burgfräulein. Roman aus Deutschlands romant. Zeit. 100 Hfte. gr. 8. (2456 S. m. je 1 Vollbild.) Berlin (899). Verlagshaus f. Volkslitteratur u. Kunst. à — 10; auch in 20 Bdn. à — 50

Raubritter, der geschundene. Komisches Gedicht m. 18 (eingedr. Holzschn.-)Illustr. gr. 16. (20 S.) Berlin 876. Levit. — 30

Raubritter, die, in Spremberg, siehe: Lauermann.

Raubschloß, das alte, s. Familie, die christliche.

Raubthiere. Dusseldorf 861. Elkan, Baumer & Co. (Breidenbach & Co.) qu. 4. (12 lith. u. color. Bl.) n. 12 ngr.

Raubvögel, die, Schausp. von Schikaneder. 8. Salzburg, Mayr. 783.

Raubwildfänger- u. Raubthierfallen-Fabrikant, Der deutsche. Zeitung für Jäger u. Jagdfreunde. Herausgbr E. Grell u. Co. Jhg. 1—5. Mit Abbildungen Liegnitz 1889—91. gr. 4.

Raubwildfänger u. Raubthierfallen-Fabrikant, der deutsche. Zeitung f. Jäger u. Jagdfreunde. Hrsg.: E. Grell u. Comp. Redact.: Alb. Tholuck. 2. u. 3. Jahrg. Octbr. 1890—Septbr. 1892. à Jahrg. 24 Nrn. (Bog. m. Abbildgn.) gr. 4. Liegnitz, Seyffarth. à Jahrg. n 4 —
Der 1. Jahrg. erschien in H. Wagner's Verlag in Haynau.

Raubwildfänger u. Raubthierfallen-Fabrikant, der deutsche. Zeitung f. Jäger u. Jagdfreunde. Hrsg. unter Mitwirkg. hervorrag. Jagdschriftsteller u. pract. Raubwildfänger. Hrsg.: E. Grell & Co. Red.: Alb. Tholuck. 2.—5. Jahrg. Octbr. 1890—Septbr 1894. à 24 Nrn. (Bog. m. Abbildgn.) gr. 4. Liegnitz, C Seyffarth. à Jahrg. n. 4. —

Raubzug, der italienische, wider Rom im Septbr. 1870. Von e. Augenzeugen. 8. (219 S.) Münster 871. Russell. n. 1. 50

Rauch, Christian, s.: Heinrich, W.

Rauch. – Christian Daniel Rauch

— Festrede zur Säcularfeier desselben, s.: Dobbert, E.

Rauch, Christian Daniel, s. Eggers, F. und K.

Rauch u. Goethe, s.: Eggers, K.

Rauch u. Staub. Zeitschrift f. ihre Bekämpfg. Unter Mitwirkg. v. Ascher, C. Blacher, Bunte u. a. hrsg. v. Aufhäuser. 1. Jahrg. Oktbr. 1910—Septbr. 1911. 12 Nrn. (à ca. 36 S.) Lex. 8. Düsseldorf, A. Bagel. 12. —

Rauch's Bildhauerwerke, mit Text v. Waagen, s. Abbildungen.

Rauch, k. k. Hauptm. Charakterzüge aus dem Feldleben verdienstvoller Krieger. 8. Wien 1803.

Rauch, merkw. Gesch. d. ber. Helden u. verdienstv. Krieger. 8. Wien, Mösle. 805.

Rauch, . . ., merkwürd. Geschichten d. berühmten Helden u. verdienstvoller Krieger. 8. Wien . . . R. A. 806. b. Mösle. 16 gr

Rauch, harmonie hydro-végétale et méthéorologique. II Vol. 8. Paris. (Tourneisen à Cassel.) 802.

Rauch, A., Anbau-Versuche mit neuen oder wenig bekannten Nutzgewächsen, nebst Andeutungen zur Begründung neuer Industriezweige. Kempten 1859. Dannheimer. gr. 8. (VI, 76 S.) 12 ngr.

Rauch, A., Archiv für die neueste Gesetzgebung, s. Archiv.

Rauch, A.. s. Fundgrube. —

Rauch, A., Die Gastfreundschaft im Altertum. Gel. 1905. 18 S. —.75

– s. Percy, A. R. —

Rauch, A., s. Portfolio, Schleswig-Holsteinisches.

Rauch, A., Schicksale u. Zustände der Bayerischen Presse. Ein Wort an Bayerns Landtag. gr. 8. (24 S.) Bamberg 847. (Nürnberg, Korn.) n. 4 ngr

– s. Seidel, Chrph. Fr

—— parlamentarisches Taschenbuch, s. Taschenbuch.

Rauch. A.: Parlamentarisches Taschenbuch, enth. die Verfassungen von . . . Lfg 1—11. Erlangen, (Lfg 8 ff.:) Plauen. 6 Bde

Rauch, A. Parlamentarisches Taschenbuch (enthaltend die Verfassungen von Nordamerika Norwegen und verschiedene andere und den Entwurf einer deutschen Reichsverfassung) 2 Lieferungen. Erlangen, Palm 1848. 177, 190 S. 8.

Rauch, Dr. A., parlamentarisches Taschenbuch in 9 Bänden. Plauen 1868. 8.

Rauch, A., parlamentarisches Taschenbuch. 1. Lfg. 3. verm. Ausg. gr. 16. (IV, 215 S.) Plauen 873. Schröter. 1. 50

Rauch, A. M. C., der prakt. Zuschneider f. Damen-Bekleidung. 2 Thle. Zum Selbst-Unterricht, sowie als Leitfaden u. Rathgeber f. Lehr-Institute. Mit üb. 300 fein ausgef. Schnitt-Fig. 2. Aufl. 4. Nebst Maaß-Notizbuch. 16. Hamburg 898. H. Carly.
In 1 Bd. geb. 12. —; Einzelpr. geb. 14. —
1. Damen-, Mädchen- u. Knaben-Garderobe, Sport-Sachen, Mäntel. (32 S. m. 164 Fig.) 9. —
2. Herren-, Damen-, Kinder- u. Bett-Wäsche. (13 S. m. üb. 170 Fig.) 5. —

Rauch, Frau A. M. C., der praktische Zuschneider f. Damen-Bekleidung. Zum Selbst-Unterricht sowie als Leitfaden u. Rathgeber f. Lehr-Institute. Mit üb. 300 fein ausgeführten Schnitt-Fig. 2. Aufl. 2 Thle. gr. 8. Hamburg 899. H. Carly. Geb. 9. —; in 1 Bd. 7. 50
1. Damen-, Mädchen- u. Knaben-Garderobe, Sport-Sachen, Mäntel. (32 S. m. 164 Fig.) 6. —
2. Damen-, Herren-, Kinder- u. Bettwäsche. (13 S. m. 170 Fig.) 3. —

Rauch(s), Adrian, Priester Oesterreichische Geschichte I.—III Band (3 Bde.) 8 Wien 1779 -1781

Rauch, Adrian, († d. 16. Juni 1802.) rerum Austriacarum Scriptores. III Tomi. 4maj. Wien 793, 94. Schaumburg. 9 ₰ (Aus dessen 3n ist abdr.: hist. rerum Austriacar. ab A. C. 1454 usque A. C. 1467. 1 ₰)

— s. Schrötter, österr. Geschichte.

Rauch, Alois, deutsches Lesecabinet, s. Lesecabinet.

Rauch. P. Ambr., Tagzeiten der allerh. Jungfrau u. Mutter Gottes Maria, wie selbe das Jahr hindurch in d. kath. Kirche gebetet werden. Bearb. nach der von Sr. päpstlichen Heiligkeit Gregor XVI. selbst approbirten Bibel-Uebersetzung d. Herrn Dr. J. Allioli u. d. Herrn geistl. Raths J. Weinzierl deutsch vers. Lobgesängen. 4. verm. Aufl. Mit fürsterzb. Bewilligung. 8. (128 S.) Prag, Credner. 1860

RAUCH, Andreas (Weilheim): Ueber Ikterus.- München: Weiss 1866. 15 S. 9.6.1866 - Urk (Titel: De ictero.); F 71
Diss. Ingolst.-Landsh.-Mchn.

Rauch, Ant., Warenkunde. Für einfache Verhältnisse dargestellt. (Redactionelle Beilage des „Kärtn. Gemeindeblattes" 1898). gr. 8. (II, 30 S.) Klagenfurt 898. (J. Heyn.) n. — 40

RAUCH, Anton.
(F) Waarenkunde. Für einfache Verhältnisse dargestellt von Anton Rauch. (Redactionelle Beilage des „Kärntn. Gemeindeblattes". 1898.) Klagenfurt. 1898. Verlag des Kärntner-Vereines. [In Comm. Heyn.] 8°. 29 S. fl. —.20

Rauch, Ant., Warenkunde. Für einfache Verhältnisse dargestellt. (Für Fortbildungskurse.) 2., verb. Aufl. (36 S.) gr. 8. Klagenfurt 905. J. Leon sen. n. — 80

Rauch, Athanas., Tag-Zeiten der allerseligsten Jungfrau und Mutter Gottes Maria, wie selbe das Jahr hindurch in der katholischen Kirche gebetet werden. Bearb. nach der Bibel-Uebersetzung des Hrn. Jos. Allioli, und des Hrn. Jos. Weinzierl deutsch verfaßten Lobgesängen. 4., verm. Aufl. gr. 12. (128 S. mit 1 Stahlst.) Prag 860, Credner's Verlags-Conto. *

Rauch, *August* Gerundium und Gerundivum bei Curtius. 4 (S. 3—21). **Progr.** G. Bernhardinum *Meiningen* 1889 (665).

Rauch. Gerundium u. Gerundivum bei Curtius. gr. 4. (21 S.) Meiningen 889, (v. Eye.) * 1 —

Rauch, August Friedrich Carl (Dornburg/Weimar), **De haemorrhagiis uteri praemissa haemorrhagiarum tractatione in genere. Diss. med. Jena** (Fiedler) **22. V. 1790. 43 S. (4.50)** 27728
Gew.: Jakob Friedemann von Werther.

Rauch, Carl, s. Rauch, Karl

Rauch, Christian

Rauch, Chr., elementare Arithmetik für Berg-, Gewerbe- und Fortbildungs-Schulen. 2., verm. und verb. Aufl. gr. 8. (VII und 362 S.) Duisburg 857. [Essen, Deiter.] *

Rauch, Chr., elementare Arithmetik für Berg-, Gewerbe- u. Fortbildungsschulen. 2. verm. u. verb. Aufl. Duisburg 857. (Mülheim, Rieten.) gr. 8. (VII, 362 S.) n. 1 ₰

Rauch, Chr., elementare Arithmetik für Real-, Berg-, Gewerbe- und Fortbildungsschulen. 3., verm. und verb. Aufl. gr. 8. (VIII und 608 S.) Hannover 862, Rümpler. *

Rauch, Chr., populäre Astronomie für Schule und Haus. gr. 8. (XIV und 274 S. mit 6 Stnt. in qu. Fol.) Lübeck 853, (Dittmersche Buchh.) *

—— populäre Astronomie für Schule und Haus. 2., verm. und verb. Aufl. gr. 8. (XII und 284 S. mit 6 Stnt. in qu. Fol.) Mülheim 857. [Essen, Deiter.] *

Rauch, C. Die Wälische, Französische und Deutsche Bearbeitung der Iweinsage. Diss. Göttingen 1869. 36 S.

Rauch, die wälische, französische und deutsche Bearbeitung der Jweinsage. gr. 8. (36 S.) Berlin 869, Adolf und Comp. [Bielefeld, Gülker und Comp.] *

Rauch, Chr., neuester Beweis für die Umdrehung unserer Erde um ihre Achse. gr. 8. (24 S.) Berlin 852, Dümmler's Buchhandlung in Comm. n. 1/6 ₰

Dänische Dichtung im Kampfe gegen Deutschland (v. Christian Rauch).
2. Von 1850 bis auf die Gegenwart.
Ausschnitt aus Im Deutschen Reich. hrgg. v. Alfred Dove. 1872 Nr. 49. Leipzig. 1872. 8°

Rauch, Christian, Führer durch Fritzlar. Mit e. statist. Anh. v. Carl Jos. Böschen. (26 S. m. 10 Ansichtskarten.) kl. 8. Fritzlar 905. Magn. Ehrhardt. (Leipzig, P. Stiehl.) n.n. — 75

Rauch, Chr., English repetitional Grammar. Englische Repetitions-Grammatik. 8. (120 S.) Berlin 879, Oehmigke's Verlag. *

Rauch, Chr., English repetitional Grammar. Englische Repetitions-Grammatik. 2. verb. Aufl. 8. (120 S.) Berlin 881, Oehmigke's Verlag. *

Rauch, Chr., English repetitional grammar. Englische Repetitions-Grammatik. 3. und 4. Aufl. 8. (120 S.) Berlin 884,86, Oehmigke's Verlag. *

Rauch, Chr., English repetitional grammar. Englische Repetitions-Grammatik. 5. Aufl. 8. (120 S.) Berlin 887. Oehmigke's Verl. cart. n. 1. 20

—— English repetitional grammar. Englische Repetitions-Grammatik. 6. Aufl. 12. (120 S.) Berl. 892, Oehmigke's Verlag. * 1 25
cart. * 1 45

Rauch, Chr., English repetitional grammar. Englische Repetitions-Grammatik. 8. Aufl. 8. (120 S.) Berlin 894. L. Oehmigke's Verl. n. 1. 25; kart. n. 1. 45

Rauch, Chr., English repetitional grammar. Engl. Repetitions-Grammatik. 9. Aufl. 8. (120 S.) Berlin 896. L. Oehmigke's Verl. n. 1. 25; kart. n. 1. 45

Rauch, Chr., English repetitional grammar. Englische Repetitions-Grammatik. 14. Aufl. 8. (120 S.) Berlin 902. L. Oehmigke's Verl. Kart. n. 1. 45

Rauch, Chr., English repetitional grammar. Englische Repetitions-Grammatik. 17. Aufl. (120 S.) 8. Berlin 905. L. Oehmigke's Verl. Kart. n. 1. 45

Rauch, Chr., English repetitional grammar. Englische Repetitions-Grammatik. 22. Aufl. (120 S.) 8. Berlin (910). L. Oehmigke's Verl. Geb. 1. 45

— s.: Hessen-Kunst.

Rauch, Christian, aus Berlin: Die Kirche zu Segeberg. *Preetz 1903: J. M. Hansen.* (45 S.) 8° ¶[Vgl. die folgende Nr.]
Kiel, Phil. Diss. v [21 Febr.] 1903

—— Leitfaden für den Unterricht in der deutschen Grammatik. gr. 8. (111 S.) Essen 859, [Deiter.] *

— Leitfaden für den Unterricht in der deutschen Grammatik. Essen 859. (Leipzig) Seemann. gr. 8. (111 S.) n. 10 ngr.

⊙ Normativ für das Tischlermeisterstück in Schleswig-Holstein, mit Anmerkungen v Chr[istian] **Rauch** Kiel 1847 8°

Rauch, Chr., die Offenbarung des Johannes, untersucht nach ihrer Zusammensetzg. u. der Zeit ihrer Entstehg. Von der Teylor'schen theolog. Gesellschaft gekrönte Preisschrift. gr. 8. (156 S.) Haarlem 894. (Leipzig, O. Harrassowitz.) n n. 3. 60

— Planimetrie und Constructionslehre für Real-, Berg-, Gewerbe- und Fortbildungsschulen. Mit 834 in den Text gedr. Holzschn. Hannover 861. C. Rümpler. Lex.-8. (VII, 390 S.) n. 1 ₰ 15 ngr.

Rauch's English readings. Hrsg. v. Chr. Rauch. 1—31. Hft. 16. Berlin 883—86. Simion. cart. à n. — 50

1. The school for scandal. A comedy in 5 acts by R. B. Sheridan. Hrsg. u. m. Anmerkgn. zum Schulgebrauch versehen v. F. Fischer. (122 u. Wörterverzeichn. 34 S.)
2. Black sheep. A comedy in 3 acts by J. Stirling Goyne. Hrsg v. Chr. Rauch. (106 u. Wörterverzeichn. 16 S.)
3. Money. A comedy in 5 acts by Bulwer. Hrsg. u. m. Anmerkgn. versehen v. F. Fischer. (123 u. Wörterverzeichn. 9 S.)
4. Enoch Arden and other poems by Alfr. Tennyson. Hrsg. u. erläutert v. O. Kutschera. (88 S.)
5. The lady of Lyons; or, love and pride. A comedy in 5 acts by Bulwer. Hrsg. u. erläutert v. Arndt. (88 u. Wörterverzeichn. 10 S.)
6. A christmas carol in prose. Being a ghost story of christmas. By Charles Dickens. Hrsg. u. m. Anmerkgn. versehen v. G. Wendt. (130 S.)
7. The rivals. A comedy in 5 acts by R. B. Sheridan. Hrsg. u. m. Anmerkgn. versehen v. F. Fischer. (117 u. Wörterverzeichn. 4 S.)
8. Society. A comedy in 3 acts by T. W. Robertson. Hrsg. u. m. Anmerkgn. versehen v. F. Fischer. (100 u. Wörterverzeichn. 10 S.)
9. The age of the Stuarts. Aus Chambers' information for the people. Hrsg. v. G. Wendt. (79 S.)
10. The courtship of Miles Standish by H W. Longfellow, to which is added: The landing of the pilgrim fathers by Mrs Hemans. Hrsg. u. erläutert v. W. Wright. (85 u. Wörterverzeichn. 10 S.)
11. Paradise and the Peri and the fire-worshippers from „Lalla Rookh" by Tom. Moore. Mit Anmerkgn. u. Wörterbuch versehen v. Ernst Schmid. (109 u. Wörterbuch 19 S.)
12. The rape of the lock and other poems by Alex. Pope. Hrsg. u. erläutert v. R. Palm. (85 u. Wörterbuch 18 S.)
13. Richelieu; or the conspiracy. A drama in 5 acts by Bulwer. Mit Anmerkgn. u. Wörterbuch versehen v. F. Arndt. (124 u. Wörterbuch 15 S.)
14. Sketches. By Dickens. Ausgewählt, m. Anmerkgn. u. Wörterverzeichniss versehen v. A. Matthias. (114 u. Wörterbuch 10 S.)
15. Paul Pry. A comedy in 2 acts by Douglas Jerrold. Opposite neighbours. An original farce in 1 act by Howard Paul. Erläutert u. m. Wörterverzeichn. versehen v. A. Matthias. (82 u. Wörterbuch 8 S.)
16. George Stephenson. By Samuel Smiles. Hrsg u. erklärt v. F. J. Wershoven. (VI, 104 S)
17. The reign of queen Elizabeth by Dav. Hume. Mit erklär. Anmerkgn., Wörterverzeichnis u. Questions hrsg. v. F. J. Wershoven. (VI, 86 u. Wörterverzeichn. 24 S. m. 1 genealog. Tab.)

18—20. Tom Brown's school days. By an old boy. Mit Anmerkgn. u. e. Wörterbuch f. den Schulgebrauch versehen v. C. Thiem. 3 parts. (XII, 111, 103, 76 u. Wörterbuch 40 S.)

21. The cricket on the hearth. A fairy tale of home by Charles Dickens. Mit Anmerkgn. u. Wörterbuch versehen v. O. Kutschera. (135 u. Wörterb. 12 S.)
22. The tree cutters. By Captain Marryat. Mit Anmerkgn. u. Wörterbuch versehen v. A. Matthias. (94 u. Wörterb. 7 S.)
23. The corsair. A tale. By Lord Byron. Hrsg., erläutert u. m. Wörterbuch versehen v. O. Kutschera. (91 u. Wörterbuch 6 S.)
24. Evangeline. A tale of love in Acadia. By Henry Wadsworth Longfellow. Hrsg. u. erläutert v. F. Fischer. (100 S.)
25. Extracts from a tale of two cities by Charles Dickens. Ausgewählt u. m. Erläutergn. versehen v. A. Matthias. (112 S.)
26. The England of Shakespeare by E. Goadby. Mit erklär. Anmerkgn. v. F. J. Wershoven. (92 S.)
27. Milton. By T. B. Macaulay. Bearb. u. m. Anmerkgn. versehen v. Ernst Schmidt. (94 S.)

28. 29. Tales of a grandfather. By Sir Walter Scott. Ausgewählt u. erklärt v. G. Wendt. (194 S.)

30. Idylls of the king. Enid. By Alfred Tennyson. Hrsg. u. erläutert v. O. Kutschera. (90 S.)
31. The sketch-book. By Washington Irving. A selection. Erläutert u. m. Wörterbuch versehen v. A. Matthias. (89 u. 27 S.)

Rauch's English readings. Hrsg. v. Chr. Rauch. 32.—45. Hft. gr. 16. Berlin 887—891. Simion. cart. à n. — 50

32. The Alhambra. By W. Irving. A selection. Erläutert u. m. Wörterbuch versehen v. A. Matthias. (96 u. Wörterbuch 12 S.)
33. Gulliver's voyage to Lilliput. By J. Swift. Erläutert u. m. Wörterbuch versehen v. A. Matthias. (80 u. Wörterbuch 8 S.)
34. The wreck of the Golden Mary. By Ch. Dickens. Mit Anmerkgn. u. Wörterbuch versehen v. Chr. Rauch. (71 u. Wörterbuch 8 S.)
35. Treasures of memory Englische Gedichte zum Auswendiglernen, zusammengestellt u. m. Anmerkgn. u. e. Wörterverzeichnis versehen v. W. Bertram. (74 S.)
36. The perils of certain English prisoners. By Ch. Dickens. Gekürzt, erläutert u. m. Wörterbuch versehen v. Chr. Rauch. (97 S.)
37. The merchant of Venice. By W. Shakespeare. Hrsg. u. m. Anmerkgn. versehen v. W. Bertram. (101 S.)
38. Julius Caesar by W. Shakespeare. Hrsg. u. m. Anmerkgn. versehen v. W. Bertram. (116 S.)
39. Macbeth by W. Shakespeare. Hrsg. u. m. Anmerkgn versehen v. W. Bertram. (106 S.)
40. Dolph Heyliger aus Bracebridge Hall v. W. Irving. Mit Anmerkgn. f. den Schulgebrauch hrsg. v. A. Seedorf. (78 S.)
41. George II. and George III. From the 4 Georges sketches of manners, morals, court and town life by W. M. Thackeray. Hrsg. u. m. Anmerkgn. versehen v. R. Palm. (96 S. m. 1 Tab.)
42. Kavanagh. A tale by H. W. Longfellow. Schulausg. Verkürzt, erläutert u. m. e. Wörterbuch versehen v. W. Wright. (83 u. 8 S.)
43. Tales from Shakespeare. By Ch. and Mary Lamb. Ausgewählt, erläutert u. m. e. Wörterbuch versehen v. A. Matthias. (96 u. 12 S.)
44. The Lady of the lake by Sir Walt. Scott. Im Auszuge m. Anmerkgn. hrsg. v. Adf. Mager. (116 S.)
45. An Englishman's adventures on German rivers. Aus dem Tagebuche v. L. Farnell. Hrsg. v. A. Hamann. (97 S.)

Rauch's English readings. Hrsg. v. Chr. Rauch. 46.—51. Hft. gr. 16. Berlin, L. Simion. Kart. à n. — 50

46. Two sunbeam stories. By Mrs. Mackarness. Republished in this series by permission of the owners of the copyright, Messrs. Crosby Lockwood & Son, London. Hrsg., erläutert u. m. Wörterbuch versehen v. J. Bube. (71 u. 16 S.) 892.
47. Marmion by Sir Walt. Scott. Im Auszuge m. Anmerkgn. hrsg. v. Adf. Mager. (124 S.) 892
48. Lame Jervas by Maria Edgeworth. Hrsg. u. erläutert v. J. Bube. (101 S.) 892.
49. Lord Clive by T. B. Macaulay. Bearb. u. m. Anmerkgn. versehen v. Ernst Schmid. (106 S. m. 1 Karte.) 892.
50. Three christmas stories from all the year round conducted by Charles Dickens. Mit Anmerkgn. versehen v. J. Bube. (91 S.) 893.
51. German household stories collected by the Brothers Grimm. Bearb. u. m. e. Wörterbuch versehen v. Chr. Rauch. (77 u. 14 S.) 894.

Rauch's English readings. Hrsg. v. Chr. Rauch. Ausg. f. Mädchenschulen. 5., 6., 10., 11., 21., 22., 24., 43. u. 51. Hft. 16. Berlin 898. L. Simion. Kart. à n. — 50

5. The Lady of Lyons, or, love and pride. A comedy in 5 acts. By Bulwer. Hrsg. u. m. Anmerkgn. hinter dem Schluss des Textes versehen v. F. Arndt. (92 u. Wörterverzeichnis 10 S.)
6. A christmas carol in prose. Being a ghost story of christmas. By Charles Dickens. Hrsg. u. m. Anmerkgn. hinter dem Schluss des Textes versehen v. G. Wendt. (141 S.)
10. The courtship of Miles Standish by H. W. Longfellow, to which is added The landing of the pilgrim fathers by Hemans. Hrsg. u. m. Anmerkgn. hinter d. Schluss des Textes versehen v. William Wright. (88 u. Wörterverzeichnis 10 S.)
11. Paradise and the Peri and The fire-worshippers from «Lalla Rookh». By Thomas Moore. M. Anmerkgn. hinter d. Schluss d. Textes u. Wörterbuch vers. v. Ernst Schmid. (113 u. 16 S.)

21. The cricket on the hearth. A fairy tale of home. By Charles Dickens. M. Anmerkgn. hinter d. Schluss des Textes u. Wörterbuch vers. v. O. Kutschera. (160 u. 12 S.)
22. The three cutters. By Marryat. M. Anmerkgn. hinter d. Schluss d. Textes u. Wörterbuch vers. v. A. Matthias. (110 u. 7 S.)
24. Evangeline. A tale of love in Acadia. By Henry W. Longfellow. Erläut. u. m. Anmerkgn. hinter dem Schluss d. Textes vers. v. O. Fischer. (106 S.)
43. Tales from Shakespeare. By Charles and Mary Lamb. Ausgew., m. Anmerkgn. hinter dem Schluss d. Textes u. m. e. Wörterbuch vers. v. A. Matthias. (107 u. 12 S.)
51. German household stories. By the Brothers Grimm. Bearb., m. Anmerkgn. hinter d. Schluss d. Textes u. m. e. Wörterbuch vers. v. Chr. Rauch. (85 u. 11 S.)

—— Répétitions de grammaire française. Französische Repetitions-Grammatik. 8. (267 S.) Ebendas. 887. *
geb. *

— répétitions de grammaire française. Französische Repetitions-Grammatik. 2., verb. Aufl. 8. (267 S.) Ebd. 893. n. 1. 40

— Répétitions de grammaire française. Französische Repetitions-Grammatik. 3. Aufl. (267 S.) kl. 8. Ebd. (910). Geb. 1. 60

Rauch, Christianus, Berolinensis: Theses ... pro summis in philosophia honoribus rite capessendis ... *Kiliae Hols. 1903: Schmidt & Klaunig.* (2 Bl.) 4° ¶ [Vgl. die vorhergehende Nr.]
Kiel, Phil. Diss. v. 21. Febr. 1903

Rauch, Christian: Wolf Traut in der Schule Dürers. Straßburg 1906: J. H. Ed. Heitz. (37 S.) 8° ¶ (Erscheint vollst. in: Studien zur deutschen Kunstgeschichte.)
Gießen, Phil. Fak., Hab.-Schr. v. 1906

— Die Traut's, s. Studien zur deutschen Kunstgeschichte.

Die Trauts. Studien u. Beiträge z. Geschichte d. Nürnberger Malerei von Christian **Rauch**. Mit 30 Taf. Strassburg: J. H. E. Heitz 1907 (VIII, 114 S.) 8°
— **Studien** z. deutschen Kunstgeschichte. H. 79.

Rauch, Chr., Werke, s. Abbildd. d. Werke d. Bildhauer Rauch.

Rauch, Chrstn., Werke. 1—4. Lfg., s. Abbildungen d. vorzügl. Werke etc.

Rauch, Christian Daniel, s. Briefwechsel zwischen Rauch und Rietschel.

Rauch, Cornel, Jeschua ben Joseph. E. Erzählg. aus d. Herodierzeit. 8. (VIII, 562 S.) Leipzig 899. A. Deichert Nachf. n. 6.—; geb. n. 7. 20

Rauch, Cornelius, s. Rauch, Kornelius

Rauch E, französische Handelspolitik vom Frankfurter Frieden bis zur Tarifreform von 1882. (206 S) (Forschungen, staatswissenschaftl. XVIII, 2) Leipzig 1900

Rauch, E., Predigt bei der Jahresversammlung des fürstl. schwarzb.-sondersh. Vereins der Gustav-Adolph-Stiftung, gehalten am 28. Octbr. 1856 in Arnstadt. Nebst einem Vortrage über die lebenschaffende Macht des Gustav-Adolph-Vereins von C. D. Emmerling. gr. 8. (23 S.) Sondershausen 856, (Eupel's Verlag.)

Rauch, Eberhard, Assistenzarzt der Landes-Irrenanstalt in Sorau, N.-L.: Ueber die katatonen Symptome. Leipzig 1906: B. Georgi. (29 S.) 8°
Leipzig, Med. Fak., Ref. Flechsig, Diss. v. 12. Juli 1906
[Geb. 13. Juni 73 Schwarzau, Kr. Lüben; Wohnort: Sorau; Staatsangeh.: Preußen; Vorbildung: Gymn. Wohlau Reife O. 93; Studium: Königsberg 4, Breslau 1, Jena 1, Königsberg 4 S.; Coll. 12. Juli 06; Approb. 25. April 99.]

Rauch, Ella, Fortuna, s.: Klinghoff, Axel.

Rauch, Else v. (Antonie Robolsky), Anleitung f. das Croquet-, Golf-, Boccia- u. Mailspiel. (88 S.) 8. Berlin (905). H. Steinitz. n. 1.—

— Anleitung f. das Lawn Tennis-, Cricket-, Fußball-, deutsches Ball- u. Base-Ball-Spiel. (99 S. m. Fig.) 8. Ebd. (905). n. 1.—

Rauch, Else v. (Antonie Robolsky), das große Buch der Bewegungsspiele im Freien. (Kleinere Ballspiele, deutsches Ballspiel, Base-Ball, Lawn-Tennis, Cricket, Fußball, Boccia, Mailspiel, Croquet, Laufspiele.) 8. (221 S. m. Fig.) Berlin (901). H. Steinitz. n. 1. 50

Rauch, Else v. (Antonie Robolsky), das große Buch der Geburtstagswünsche. 8. (136 S.) Berlin 897. H. Steinitz. n. 1.—

— das große Buch der Gesellschafts-Spiele. (Reichhaltigste Sammlg. d. neuesten Unterhaltungsspiele f. die Familie u. gesell. Kreise. 8. (200 S.) Ebd. 898. n. 1. 50

— das große Buch der Gesellschafts-Spiele. Reichhaltigste Sammlg. der neuesten Unterhaltungsspiele f. die Familie u. gesell. Kreise. 2. verm. u. verbess. Aufl. 8. (175 S.) (901). Berlin: H. Steinitz n. 1. 50

— das große Buch der Gesellschafts-Spiele. Reichhaltigste Sammlung der neuesten Unterhaltungsspiele f. die Familie u. gesell. Kreise. 3. Aufl. (175 S.) 8. Ebd. (904). n. 1. 50

— das große Buch der Kinderspiele. (160 S.) 8. Ebd. (904). n. 1. 50

RAUCH, E. v., Das grosse Buch der Tanzkunst. Berlin, o. J. 8°. (1 Mk. A. Bielefeld, 1908.)

— das große Buch der Tanzkunst. 8. (167 S.) Ebd. (902). n. 1. 50

Rauch, Else v., das große Buch der Tanzkunst. 6. Aufl. (167 S.) 8. Berlin (910). H. Steinitz. 1. 50

— das große Buch d. Weihnachts- u. Neujahrswünsche. 8. (148 S.) Ebd. 897. n. 1.—

— das herrschaftliche Dienstmädchen. Praktische Ratschläge üb. sein Verhalten u. seine Leistgn. im herrschaftl. Hause. gr. 8. (117 S.) (900). Berlin: Steinitz 1900.

— was muß die gebildete Hausfrau wissen? gr. 8. (164 S.) Ebd. 900. n. 1. 50

Rauch, Ernst, Original-Ansichten d. vornehmsten Städte in Deutschland, s. Original-Ansichten.

Rauch, F., aus der Fremde in die Heimat. 7 Predigten aus der Zeit des Neubaues der Kirche St. Bartholomäi zu Liebemühl. 8. (III, 55 S. m. 1 Taf.) Leipzig 901. G. Strübig. n.n. — 75; geb. n. 1.—

RAUCH, F. *Robinson's letzte Schicksale.* Berlin, Hasselberg [1841]. Schöner lithogr. Titel mit Umrahmung nebst lithogr. Frontispiz von TH. HOSEMANN. Kl.-8°. Leinen d. Z. 12.—
Ulrich 7 E. ★ Erste Ausgabe dieser Fortsetzung. Der gedruckte Titel fehlt. — Nach Brieger 68 und Rümann 968 gibt es Exx. dieser Ausgabe mit 10 Lithos.

Rauch, F., wie stellst Du Dich zu der neuen Ordnung des Pfarr-Reliktenwesens? Ein Flugblatt an Alle, die es angeht. 8. (7 S.) Marggrabowa 889. Czygan. — 40

Rauch, F., Zeichnungen d. Materials der Marine-Artillerie [Geschützröhre, Laffeten, Munition]. 1. u. 2. Hft. Fol. à 12 Steintaf. in Fol. u. gr. Fol. m. 14 Blatt Text in 8.) Kiel 872. 73. Universitätsbuchh. à n. 6.—

Rauch, F. A., die Identität der Hindu, Perser, Pelasger, Germanen u. Slaven, dargethan aus Sprache, Religion u. Sitte. 1. Abthl. 8. (8½ B.) Marburg 829, (Garthe.)

Rauch, F. A., die Identität d. Hindu, Perser, Pelasger, Germanen u. Slaven, dargethan aus d. Sprache. 1e Abtheil. 8. Marburg 830. Garthe. 10 gGr

Rauch, F. A., Régénération de la nature végétale, ou recherches sur les moyens de recréer, dans tous les climats, les anciennes températures etc. 2de Edition. II Vol. 8. Strasbourg, Levrault. 819.

—— die Verklärung d. Weltalls, od. d. Bestimmung des Menschen. gr. 8. (7 B.) Büdingen 833. (Frankfurt a. M., Wilmans.)

—— Vorlesungen üb. Göthe's Faust. 8. (10½ B.) Büdingen 830. (Frankfurt a. M., Wilmans.)

Rauch, Fed. v., Briefe aus dem großen Hauptquartier der Feldzüge 1866 u. 1870/71 an die Gattin. Hrsg. von F. v. Rauch. (346 S. m. farb. Bildnis.) gr. 8. Berlin 911. K. Siegismund. 6.—; geb. in Leinw. 7.—

— Mit Graf Waldersee in China. Tagebuchaufzeichnungen. Mit 3 Skizzen u. 10 Anlagen. (X, 451 S.) gr. 8. Berlin 907. F. Fontane & Co. 6.—; geb. 7.50

Rauch, Ferdinand, approb. Arzt aus Friedrichshafen a. Bodensee: Zwei Fälle von Wangencarcinom auf Grund von Leukoplakia buccal. *München 1902: C. Wolf & Sohn.* (30 S.) 8°
München, Med. Diss. v. 1902

Rauch, Franz

— die deutsch-kathol. Bewegung ist eine Fortsetzung der Reformation Luthers. Predigt, dem Andenken des großen Reformators Dr. Mart. Luther zur 300jähr. Gedächtnißfeier seines Todes und Begräbnisses gewidmet. 3. Heft. gr. 8. Ebend. 846. n. 1/12 Thlr

Rauch, Frz., Christus der Weinstock wir die Reben. Predigt über die Person u. Würde Christi im Verhältnisse zu Gott u. zur Menschheit. 1. Heft. gr. 8. Leipzig 846, Wöller. n. 1/12 Thlr

— s. de Foe, Robinson's Leben und Abenteuer.

Rauch, Frz., zur Frage der geistlichen Schulaufsicht. (12 S.) 8. Königsberg 904. Gräfe & Unzer, Buchh. n. —30

— s. Gebetbuch, allgem. christliches, für Deutschkathol. Christen.

Rauch, Frz., der Geist der Religion in seiner vormaligen u. gegenwärtigen Offenbarung. Ein Handbuch für Jedermann, mit besond. Berücksicht. des Confirmandenunterrichts bearb. u. hrsg. 8. (X u. 253 S.) Leipzig 850, Matthes. n. 2/3 Thlr

— der erste deutschkathol. Gottesdienst nebst Predigt u. Abendmahlsrede in Leisnig gehalten am 18. Sept. 1846. gr. 8. (24 S.) Leisnig 847. (Leipzig, Klinkhardt.) baar 3 Ngr

— die sechs Grundwahrheiten des Christenthums. Dargestellt u. erläut. in 28 Predigten. 3 Lfgn. 8. (VIII u. 324 S.) München 850, Franz. (1 : 12 Ngr 2 : 6 Ngr 3 : 12 Ngr) 1 Thlr

— „Ein Herr, Ein Glaube, Eine Taufe, Ein Gott u. Vater unser Aller!" Predigt. 2. Heft. gr. 8. Ebend. 846. n. 1/12 Thlr

RAUCH, Franz: P. Francisci Svaresii S. J. de officio eliciendi actus virtutum theologice fidei, spei, charitatis. — um 1900. 160, XXI Bl.
Diss. Graz, Univ.

Rauch, Frz., unsre Reformation, ein Werk aus Gott. Eine christkathol. Rede für die Gemeinde in Danzig bestimmt, welche aber eingetretener Hindernisse wegen nicht vorgetragen wurde. gr. 8. (15 S.) Danzig 854, (Devrient's Nachfolger.)

– s. Robinson's letzte Schicksale.

— offenes Sendschreiben an die freien Gemeinden beider Confessionen. In 3 Zeitbildern. gr. 8. (IV u. 32 S.) Leipzig 847, O. Wigand. 6 Ngr

—— Trauerrede bei der Todtenfeier Blums, s. Dem deutschen Volke.

– s. Uebersicht der über die Fristen u. Formen bei Einlegung der Nichtigkeitsbeschwerde ergang. Verordnungen rc.

— wozu soll uns Blum's Tod ermannen? Trauerrede gehalten am 19. Novbr. vor der christkatholischen Gemeinde zu Leipzig. gr. 8. (14 S.) Leipzig 848, Matthes in Comm. 1½ Ngr

Rauch, Frz., der Zahnretter. Eine auf Wissenschaft und Erfahrung begründete populäre Anleitung, die Zähne gesund und schön zu erhalten, die bereits erkrankten gründlich zu heilen, ihre Schmerzen schnell zu beseitigen und die verlorenen Zähne wieder zu ersetzen. 2. Aufl. 8. (VI und 82 S.) Leipzig 859, O. Wigand. *

Rauch, Friedrich [aus Rottweil a N.]: Beitrag zur Keimung von Uredineen- und Erysipheen-Sporen in verschiedenen Nährmedien ... Göttingen, Buchdr. v. L. Hofer, 1895; 34 S., 1 Bl., 1 Taf. 8.
Erlangen, Phil. Fak., Inaug.-Diss. v. 1895

— **Friedrich Wilhelm Ferdinand** (Berlin), De gypso liquefacto ad fracturas ossium cruris curandas adhibendo. Diss. med.-chir. Berlin (A. Petsch), 8. V. 1829. 22 S. mit Biogr. (M.: L. Kummert.) (3.50) 27729
Oppon.: L. Rauch, J. E. Krieg, G. Nidrée. – Gew.: Job. Wilh. von Witzleben.

Rauch, Fritz [aus Friedberg]: Beitrag zur Kasuistik der Ureteren-Scheidenfisteln ... Würzburg, Druck d. Stahel'schen k. Hofbuchdr., 1893; 46 S., 1 Bl. 8.
Würzburg, Med. Fak., Inaug.-Diss. v. 1893

Rauch, G., Der Einfluss der stoischen Philosophie auf die Lehrbildung Tertullians. Diss. 1890. 60 S.

Rauch, Geo., aus d. Ergebnissen d. orientalischen Geschichtsforschung. D. Assyrer. 1. Hft. Einleitg. u. polit. Geschichte. Progr. gr. 8. (V, 63 S. m. 1 farb. Karte.) Brünn 896. (C. Winkler.) n. 2.40

Rauch, Geo., aus den Ergebnissen der orientalischen Geschichtsforschung. Die Assyrer. 2. Hft. Die assyr. Cultur. Progr. gr. 8. (S. 67—99.) Brünn 897. (F. Irrgang.) n. —80; (kplt. n. 3.20)

Rauch, Geo. Ad. Dietr., Diss. inaug. med. de initiis morborum, cum appendice sistente duas morborum chirurgicorum historias. 8. Dorpat 811.

Rauch, Ghard., die Auswanderg. der evangel. Zillerthaler aus Tirol, s.: Für die Feste u. Freunde des Gustav-Adolf-Vereins. Nr. 65.

Rauch, [Gotthard] Dem Andenken des um die Klosterschule hochverdienten Erbadministrators Arthur von Witzleben sei die folgende Skizze seines Lebens und Wirkens, insbesondere auch seiner Arbeit für unsere Schule gewidmet. S. 1—7. 4.
Progr.

Rauch, Gotthard: Der Besuch Seiner Kaiserlichen Hoheit des Kronprinzen im Kloster zu Roßleben. Roßleben 1909: Sauer. S. XII. XIII. 4°
Roßleben, Kloster-S P 1909 (338) [S 09. 373

Rauch, Gotthard [cand. theol.]: Der Einfluss der stoischen Philosophie auf die Lehrbildung Tertullians. Halle a. S., Druck d. Buchdr. d. Waisenhauses, 1890; 60 S. + 1 Bl. 8°
Halle, Phil. Fak., Inaug.-Diss. v. [5. Apr.] 1890

Rauch, [Gotthard], Prof. Dr.: Zur Erinnerung an Arthur von Witzleben. (Nekrolog u. Rede am Sarge.) Roßleben 1906: W. Sauer. (11 S.) 4° [F.]
Roßleben, Kloster-S P 1906 (305)

Rauch, [Gotthard], Klosterpfarrer Prof. Dr.: **Selbstverleugnung und Selbstliebe nach dem Neuen Testamente.** *Görlitz 1902: Görlitzer Nachrichten u. Anzeiger.* (S. 3—24.) 4° [F.]
Roßleben, Kloster-S, P 1902 (274)

Die dreihundertfünfzigjährige Stiftungsfeier der Klosterschule zu Roßleben am 27 und 28. Juni 1904 hrsg v Klosterpfarrer Prof Dr Gotthard **Rauch** Rossleben Selbstverl. d. Klosterschule 1904 102 S. 8° A 12. 3308

Rauch, Greg., († 1811.) elementa sectionum conicarum et calculi infinitesimalis. 8. Münch. 790. Lentner. 8 gl Hbg. Pr. 4 gl

— Entwurf d. Körperlehre. 8. Neuburg 785.

— Naturlehre, mit Vorbereitung u. Anwendung in Sätzen entworfen. 8. Ingolst. 786.

* *P. Gregorii Rauch*, Benedictini Andecensis, h. t. Philosophiae Professoris Synopsis Philosophiae corporum, quam Neuburgi ad Danubium publice defendit *Frid. Maurus Burger*, Benedictinus pariter Andecensis. Neuburgi ad Danubium. Typis Bernardi Stadlberger. 8. 86 S. 1783.

— Theoria motus. 4. 787.

Rauch, Herman [aus Berlin]: Lenz und Shakespeare. E. Beitr. z. Shakespearomanie d. Sturm- u. Drangperiode ... Berlin, Buchdr. v. J. S. Preuss, *1892*; 110 S., 1 Bl. 8.
Freiburg i. B., Phil. Fak., Inaug.-Diss. v. 1892

Rauch, Herm. **Lenz u. Shakespeare. Beitrag zur Shakespearomanie der Sturm- u. Drangperiode.** gr. 8. (111 S.) Berl. 892, E. Apolant. * 3 —

v. **Rauch**, J., militärische u. normische Gedichte. 8. Krems 813. (Leipz., Schmidt). 2 ß

Rauch, J., deutsches Lesebuch für die drei unteren Klassen der Gymnasien und höheren Bürgerschulen. gr. 8. (VI und 257 S.) Heidelberg 852, C. Mohr. *

Rauch, J., deutsches Lesebuch für die drei unteren Klassen der Gymnasien und höheren Bürgerschulen. 2. verm. Ausg. Heidelberg 864. C. Mohr. gr. 8. (VIII, 321 S.) n. 18 ngr.

Rauch, J., deutsches Lesebuch für die unteren Klassen der Gymnasien u. höheren Bürgerschulen. 3. Aufl. 865. n. 18 ngr. und 4. u. 5. verm. Aufl. Heidelberg 866, 70. C. Mohr. gr. 8. (XV, 376 S.) n. 20 ngr.

Rauch, J. Zur Reform des badischen Gelehrtenschulwesens. Rastatt, L. 1850. 42 S. *Progr.*

Rauch, J. G., Anleitung z. Behandl. u. Heil. d. Leisten- u. Hodensackbrüche. In popul. Style prakt. dargest. f. Bruchkranke. gr. 8. (5 B.) Bern 836, (Fischer.)

Rauch, J. H. G., die neue Städteordnung, e. sehr schätzbares Geschenk kgl. Huld u. Gnade, im Namen Gottes uns verliehen; e. Predigt. 8. (1 B.) Weißensee 832. (Sondershausen, Eupel.)

Rauch, J. Mart., der Antichristianismus unserer Zeit. gr. 8. Ingolstadt 835. (Regensburg, Manz.) 1/6 ß

— s. Anweisung ꝛc. zum Empfange des heil. Altars-Sakraments.

Robert Clarke's Christiade. Erster Gesang. Aus der lateinischen Urschrift metrisch übertragen und eingeleitet mit einigen aphoristischen Bemerkungen. Von J. Martin Rauch, Stdl. — 1848. Ebd. — S. 2—30.
Progr München.

Rauch, J. Mart., religiöse Dichtungen. gr. 16. (XX und 375 S.) München 863, Lentner'sche Buchh.

Rauch, J. Mart., die Heiligkeit d. Hauses Gottes. Eine Rede. gr. 8. (1 B.) Ingolstadt 833. (Regensburg, Manz.)

—— Kinder-Gespräch bei e. öffentl. Prüfung. Ueber d. Gebot: „Du sollst Vater u. Mutter ehren, auf daß du lange lebest u. es dir wohl gehe auf Erden." 12. (1 B.) Ingolstadt 836. (Regensburg, Manz.)

נצנים כינך חק־וש. Hebräische Lektionen. Zur ersten Uebung der philhebräischen Jugend, aus den Büchern des Alten Testaments. Von J. Mart. Rauch, Dozenten der hebr. Sprache am G. — Amberg, Joh. Christian Schmidt. 1840. — 32 S. in 8.
Progr. Amberg

—— patriotische Lorber-Kränze. Geflochten für Ludwig u. Otto. (Deutsche, neugriech. u. latein. Gedichte.) gr. 8. (2 1/8 B.) Ingolstadt 836. (Regensburg, Manz.) *

—— die Macht d. Gnade. Od.: Ascetische Gemälde z. Weckung christl. Tugend u. Wachsamkeit. 8. (5 B.) Ingolstadt 837. (Regensburg, Manz.) *

Rauch, J. M., katechet. Rede üb. d. würdigen Empfang des heil. Firm-Sakraments u. die daraus entspringenden Pflichten. gr. 8. Ingolst. 830. (Krüll in Landsh.) 3 gl

—— catechet. Rede üb. d. würdigen Empfang d. heil. Firm-Sakramentes u. d. daraus entspring. Pflichten. gr. 8. (1 1/4 B.) Ingolstadt 830. (Regensburg, Manz.)

—— die heil. Sakramente sammt d. Geboten Gottes u. d. Kirche in Liederversen. Nebst Zugabe. Ein Prüfungs- u. Christenlehrgeschenk. 12. (1 1/2 B.) Ingolstadt 833. (Regensburg, Manz.)

—— sechs kurze Trauer-Reden. Bei Beerdigungen gesprochen 8. (2 1/4 B.) Ingolstadt 834. (Regensburg, Manz.)

—— die Verehrung d. Heiligen. gr. 8. (1 B.) Regensburg 836, Manz.

—— das Verhältniß d. Schullehrers z. Local-Inspection, zu d. Schulkindern u. zur Gemeinde. Eine Schul-Rede. gr. 8. (1 B.) Ingolstadt 833. (Regensburg, Manz.)

— katechet. Vorträge über die Sakramente, s. Reithofer, die katechet. Vorträge.

— kurze skizzirte Vorträge über die heil. Sakramente der Buße und des Altars. Zum Behufe sonntägl. Christenlehren in der heil. Fastenzeit. 1e u. 2e Lfrg. gr. 12. Landshut 834. u. 836. Thomann. (à 1/4 ß) 1/2 ß

Rauch, J. Mart., kurze skizzirte Vorträge üb. d. heil. Sacramente d. Buße u. d. Altares. Zum Behufe sonntägl. Christenlehren in d. heil. Fastenzeit, u. z. nützl. Selbstbelehr. f. Erwachsene. 2. Lfg. gr. 12. (1½ B.) Landshut 836, Thomann'sche Buchh. Thlr.
(1. Lfg.) Ebendas. 1834. 3 Gr.

—— was sagst du von dir selbst? Od.: Worte d. Abschiedes. gr. 8. (1½ B.) Ingolstadt 836. (Regensburg, Manz.)

Rauch, Jacob [aus Hadamar in Nassau]: Kritische Bemerkungen zu einigen Quellen der Geschichte Rudolfs von Habsburg . Königstein i. T., Druck v. Ph. Kleinböhl, 1893; 82 S. 8.
Jena, Phil. Fak., Inaug.-Diss. v. 1893

Rauch, Jakob, Diakon des Bistums Limburg: Separatio perpetua und Aufhebung der ehelichen Gemeinschaft. (Limburg 1908:) Limburger Vereinsdruckerei. (70 S.) 8°
Berlin, Jur. Fak., Ref. Seckel, Diss. v. 17. Febr. 1908
[Geb. 2. März 81 Höchst am Main; Wohnort: Berlin; Staatsangeh.: Preußen; Vorbildung: Gymn. Montabaur Reife O. 99; Studium: Theol. Freiburg i. B. 4, Bischöfl. Seminar Fulda 2, Jura Berlin 8 S.; Rig. 5. März 07.]

Rauch, Ignaz, s. Julius der Märtyrer.

RAUCH, IGNATZ Lobrede auf den heiligen Aloysius Gonzaga aus der Gesellschaft Jesu am 21 Brachmonats, als bey dem zu dessen Verehrung in Neusohl neuaufgerichteten Altare die erste Feyerlichkeit begangen wurde. Tyrnau 1782. Gedr mit kön. Ofnerisch. Univ.-Schriften. 26 f. - kl. 4°

RAUCH, IGNATZ Predigt auf den Fronleichnamstag gehalten bei Gelegenheit des Feyerlichen Umgang. Neusohl 1786: Joh Jos. Tumler. 24 S. - 4°

RAUCH, IGNAZ Vier Predigten auf das Fronleichnams Fest gehalten in seiner Pfarrkirche. Neusohl 1789: Bei Joh. Jos. Tumler. VI, 155 S. - 170 mm

Rauch, Jo. Tob., praes. Chr. **Stock,** De adfectu hypochondriaco. 28 pp. Jen. 4°. 1755

Rauch, Joh., Rudolf Jungmair's Lebensbeschreibung, s.: Jungmair's, Rud., Dichtungen

Rauch, Johann: Das gewerbliche Lehrlingswesen in München. München 1909: Ditsch. 112 S. 8°
München, Staatswirtsch. Diss. v. 24. Juli 1909, Ref. Brentano
[Geb. 2. Mai 83 Pähl; Wohnort: München; Staatsangeh.: Bayern; Vorbildung: Ludwigs-Gymn. München Reife Juli 05; Studium: München 8 S.; Rig. 24. Juli 09.] [U 10. 3463

Rauch. [illegible] Berlin 1824 [illegible] 8°
Berlin, Med Diss v 21 Juni 1824

— **Johann Friedrich Ludwig** (Berlin), De vertebrarum cervicalium luxatione. Diss. med.-chir. Berlin (A. Petsch) 1. XI. 1828. 23 S. mit Biogr. (M. Kummert.) (3.50) 27731
Oppon.: D. Rosenkranz, F. Puellenberg, F. Rauch — Gew.: Johann von Wiebel.

Neue Beschreibung der uralten warmen Brunnen und Bäder zu Wißbaden, worinnen derselben Historie, natur-gemäse Untersuchung des wahren mineralischen Gehalts... samt e. deutlichen Anleitung, wie solche gegen vielerley Kranckheiten nützlich zu gebrauchen ... Von denen hierzu bestellten Medicis ordinariis entworffen u. mitgetheilet wird ([d.i.] Joh[ann] Gerhard Rauch u. Johann Spath.) 4.,mit Anm. verm. Aufl. Wißbaden: Verl.d.Waisenhauses (1761). 197 S. 8°

Rauch, Johann Peter [Praes.], s. Zorn, Johann Gottlieb: De imperio voluntatis in intellectum speciatim ratione emendationis ex natura animae deducto.

Rauch, Johannes [Arzt]: Aus d. patholog. Institut zu Leipzig. Ein Fall von Lipaemie bei Diabetes mellitus nebst Beiträgen z. Statistik d. Diabetes mellitus auf Grund d. Sektionsprotokolle d. Leipziger patholog. Instituts v. J. 1885—1894 ... Leipzig, Druck v. P. Eisert & Kurtze, 1895; 28 S., 1 Bl. 8.
Leipzig, Med. Fak., Inaug.-Diss. v 22. Febr. 1895

Joseph Rauch. Die Fragmente der Aitia des Kallimachus. 80 S.
Rastatt, P 1860

Dr. Joseph Rauch. Zur Reform des badischen Gelehrtenschulwesens. 42 S.
Rastatt, P 1850

Rauch, Jos., Commentatio de Alexandri Polyhistoris vita atque scriptis. 8. (2⅓ B.) Heidelberg 843, (J. C. B. Mohr.) *

Geschichte der St. Johannis-Loge Victoria zu den drei gekrönten Thürmen im Or. von Marienburg in Westpreussen. Festgabe zur ersten Säcularfeier genannter Loge am 9. Sept. 1872 von Jul. Edu. **Rauch.** Als Ms. f. Brr. gedr. Danzig 1872: Kafemann. 104 S. 8°
Recens: Bh. 16 (1872) S. 389 (H. Stadie); FZ. 27 (1873) S. 13—14.
Tt. 571. S. 83—85: Beamte der Loge von 1773—1872; S. 88—104: Verzeichn. der Mitgl. von 1773—1872.

Rauch, Karl: Grenzen der negativen Publizität des Handelsregisters. Berlin 1910.
(in: Festgabe f. Güterbock z. 80. Geburtstage.)

Rauch, Carl, über Leguminosen und Legumin-Cacao. Monographie. gr. 8. (10 S.) Magdeburg 886, Wennhacke und Zincke.

Rauch, Carl, Dr. med., aus Meiningen: De **Paranoia** primordiali. (Ueber primordiale originäre Verrücktheit.) *Neuwied & Leipzig: Heuser 1883 [vielm. 1901/02].* (123 S.) 8°
Würzburg, Med. Diss. v. 1883

Rauch, Karl, Dr.: Spurfolge und Anefang in ihren Wechselbeziehungen. 1. Kapitel: Die Anefangsklage. Weimar 1907: Hof-Buchdruckerei. (52 S.) 8° ¶ (Erscheint vollst. im Verl. v. H. Böhlaus Nachf. Weimar.)
Breslau, Jur. Fak., Hab.-Schr. v. [25. April] (1907)
(Nicht für den Austausch)

— Stiftsmässigkeit u. Stiftsfähigkeit in ihrer begrifflichen Abgrenzung. Ein Rechtsgutachten, zugleich e. Beitrag zur Geschichte des deutschen Adelsrechts. (24 S.) Lex. 8. 910. Weimar — 80
Sonderabdr. aus: „Festschr. Heinr. Brunner z. 70. Geburtstag dargebr."

Rauch, Karl, s. a. Traktat üb. den Reichstag im 16. Jahrh.

Traktat über den Reichstag im 16. Jahrhundert. Eine offiziöse Darstellung aus d. Kurmainzischen Kanzlei. Hrsg. u. erl. von Dr. jur. Karl Rauch. Weimar: H. Böhlaus Nachf. 1905. (VI, 122 S.) 8°
– **Quellen** u. Studien z. Verfassungsgeschichte d. Deutschen Reiches in Mittelalter u. Neuzeit. Bd 1, H. 1. [05. 7878

— die primordiale Verrücktheit [Paranoia primordialis]. Klinisch-psychiatr. Monographie f. Aerzte u. Irren-Aerzte. gr. 8. (VII, 123 S.) Neuwied 883. Heuser's Verl. n. 3. 20

Rauch, Kornelius

Rauch, Cornelius. Ueber den Einfluss der Milchsäure auf das Endocardium. Diss. Dorpat. 8° 54 pp. 1860.

Rauch, L., ABC-Buch mit 16 ill. Thierbildern. 8. (1½ B.) Berlin 839, Hasselberg'sche Vrlsh.

Rauch, M. I., Fremdenführer f. Bad Reichenhall. 8. (32 S. m. Abb. u. 2 farb. Karten.) Reichenhall 896. H. Bühler. n. 1. 50

Rauch, M. I., Fremdenführer f. Bad Reichenhall. 2. Aufl. 8. (32 S. m. Abbildgn. u. farb. Plan.) Reichenhall 900. H. Bühler. n. — 75; m. 1 farb. Karte n. 1. 50

Rauch, Matthäus

Rauch, P. M., die Einheit d. Menschengeschlechtes, Anthropologische Studien. gr. 8. (XI, 428 S. m. e. Steintaf.) Augsburg 873. Butsch Sohn. n. 7. —

Rauch, Matthäus, Anthropologische Studien. Augsburg, 1864, 4 44 S., Progr.
—— Dasselbe. Fortsetz. 1865, 4°, 44 S. Progr.
—— Dasselbe. Fortsetz. 1866, 4°, 47 S. Progr.
—— Dasselbe. Fortsetz. 1868, 4°, 40 S. Progr.
—— Dasselbe. Fortsetz. 1870, 4°, 40 S. Progr.
Diese 5 Programm-Abhandlungen hat der Verf. zu dem umfassenden Werke verarbeitet

Rauch, Moriz von: Politik Hessen-Kassels im österreichischen Erbfolgekrieg bis zum Dresdener Frieden. *Kassel 1897: L. Döll ([überyeklebt:] Marburg 1897).* (138 S.) 8° ¶(Aus: Zeitschrift des Vereins für hessische Geschichte und Landeskunde, N. F. Bd 23.)
Marburg, Phil. Diss. v [27 Nov.] 1897

Rauch, Otto, aus Hedeper Einfluss fettreicher und fettarmer Ernährung auf die Milchsekretion der Kühe und auf die Beschaffenheit des Milchfettes. *Leipzig 1898: B. Georgi.* (78 S.) 8°
Leipzig, Phil. Diss. v [8. Okt.] 1898

Rauch, P. M., s. Rauch, Matthäus

Rauch, Petrus, Briefe an die Fürstin Margarete v. Anhalt usw., s.: Studien u. Texte, reformationsgeschichtliche. 3. Heft. (Emser, Hieron.)

Rauch, Wilh. Lehrplan f. die ersten Jahre d. Clavier-Unterrichtes. gr. 8. (8 S.) Wien 889, L. Doblinger. * — 40

Rauchalles, Heinr., das Gemeindewahlrecht im rechtsrhein. Bayern. Eine f. den Handgebrauch bemessene Erläuterg. der VI. Abth. der Gemeinde-Ordng. f. die bayer. Landestheile rechts d. Rh., nebst den in Betracht komm. übr. Bestimmgn. dieses Gesetzes u. den Vollzugserlassen, sowie e. Anh., enth. die Vorschriften üb. die Wahlen der Armenpflegschaftsräthe, Gemeindewaisenräthe u. Kirchenverwaltgn. 8. (V, 97 S.) Ansbach 900. C. Brügel & Sohn. Geb. in Leinw. n. 1. 50

Rauchalles, H., Das Reichsgesetz üb. die Erwerbung u. den Verlust der Bundes- u. Staatsangehörigkeit vom 1. VI. 1870, in der Fassung des Einführungsgesetzes zum bürgerlichen Gesetzbuch erläutert u. nebst e. die bayer. Vollzugsvorschriften, die Entscheidgn. des bayer. Verwaltungsgerichtshofes, die grundleg. Gesetzesbestimmgn. u. s. w. enth. Anh. hrsg. 8. (VIII, 192 S.) Ansbach, C. Brügel & Sohn. 1901. Geb. in Leinw. 3. —

Rauchalles, Heinr., die deutsche Reichsverfassung. Eine Erläuterg. der Reichsverfassungsurkunde vom 16. IV. 1871, m. Anh. u. Sachregister hrsg. (VIII, 500 S.) 8. Ansbach 907. C. Brügel & Sohn. Geb. in Leinw. 5. 50

Rauchbar, Carl Gottfried, s. Rauchbar, Karl Gottfried

Rauchbar, Joh. Geo. v., Leben und Thaten des Fürsten Georg Friedrich v. Waldeck (1620—1692). Vollendet und mit Beilagen hrsg. von L. Curtze. I. gr. 8. (XII und 160 S.) Arolsen 867, (Speyer.) *

Rauchbar, Joh. Geo. v., Leben und Thaten des Fürsten Georg Friedrich v. Waldeck [1620—1692]. Vollendet und mit Beilagen hrsg. von L. Curtze. 1. Bd. 2. Abthl. gr. 8. (III, S. 161—615.) Arolsen 870, (Speyer.) *
1. Bd. 1. Abthl. Ebendas. 1867. *M. 2.
—— dass. — Vollendet und mit Beilagen hrsg. von A. Hahn. 2. Bd. 2 Abthlgn. gr. 8. (Ebendas.) [1. Abthl. (III, S. 1—176.) 871. *M. 2,40.; 2. Abthl. (S. 177—418.) 872. *M. 3.] *

Rauchbar, Karl Gottfried

Rauchbar, Carl Gottfried von (Waldeck), De foro legati contrahentis. Diss.-jur. Präs. Caspar Matthaeus Müller. Rostock (J. Weppling) 12. VI. 1706 (4 75) 27733

Rauchbelästigung, die, in den grossen Städten, s.a. Denkschriften des Verbandes deutscher Architekten- u. Ingenieur-Vereine.

Rauchbelästigung, Die, in großen Städten. Berlin 1893. V: *Garbe, H., Kümmel & Taaks.* (Berl)

Rauchberg, Heinr., Atlas des Sparwesens in Böhmen. Im Auftrage des Verbandes deutscher Sparkassen in Böhmen. [Aus: „Die deutschen Sparkassen in Böhmen".] (17 farb. Taf. u. 1 farb. Karte m. 23 S. Text.) 4. Prag 906. J. G. Calve. n. 4. —

Rauchberg, H. Oesterreich's Bank- und Kredit-Institute in den Jahren 1872—1883. Wien 1885.

Rauchberg, Heinr., die Bedeutung der Deutschen in Österreich, s.a. Zeit- u. Streitfragen, neue. XIV, 5.

Rauchberg, H., Die Bedeutung der Deutschen in Österreich. Vortrag. (42 S.) gr. 8. Dresden, Zahn u. Jaensch. 1908 1. —
„Zeit- u. Streitfragen. neue". Bd. XIV Heft 5.

Rauchberg, Heinr., die Berufs- u. Gewerbezählung im Deutschen Reich vom 14. VI. 1895. gr. 8. (XVI, 422 S.) Berlin 901. C. Heymann. n. 8. —

Der nationale Besitzstand in Böhmen. Von Dr. Heinrich Rauchberg, Prof. Im Auftr. d. Gesellsch. z. Förderung deutscher Wissensch. .. in Böhmen. Bd 1–3. Leipzig: Duncker & Humblot 1905. 3 Bde 8° [8.]
1 Text. 2. Tabellen. 3. Graph. Anlagen. '05. 1809

Rauchberg, Heinr., d. Bevölkerung Oesterreichs, auf Grund d. Ergebnisse d. Volkszählg. v. 31. Decbr. 1890 dargest. M. 10 Kartogrammen u. 2 Diagrammen. Lex.-8. (X, 530 S.) Wien 895. A. Hölder. n. 11. —

Rauchberg, Heinr., der Clearing- und Giro-Verkehr. Ein statist. Beitrag zur Kenntniss des volkswirthschaftl. Zahlungsprocesses. gr. 8. (V, 90 S.) Wien 886, Hölder. *

Der Clearing- und Giro-Verkehr in Österreich-Ungarn und im Auslande. Von Dr. Heinrich **Rauchberg,** o. ö. Prof. ... in Prag. M. 2 Diagrammen. *Wien: A. Hölder 1897.* (VI, 212 S., 2 Tab.) 1 Bd 4.(8.) (97.3606

Rauchberg, Dr. Heinr., Die Erkrankungs- und Sterblichkeits-Verhältnisse bei der Allgemeinen Arbeiter-Kranken- und Invaliden-Casse in Wien. [Aus: „Statistische Monatschr."] gr. 8°. (37 S.) Wien, Hölder. 1886

Rauchberg, Heinrich, Die Hausindustrie des Deutschen Reiches nach der Berufs- und Gewerbezählung vom 14. Juni 1895. Schriften d. Vereins f. Socialpol., Bd. 87. gr. 8°. Leipzig 1899.

Rauchberg, Heinrich, Die Kaiser-Franz-Josef I.-Jubiläums-Stiftung für Volkswohnungen u. Wohlfahrts-Einrichtungen. gr. 8°. Wien, A. Hölder, 1897.

— Die Pensionsversicherung der Privatangestellten als Maßnahme der Mittelstandspolitik. (VI, 56 S.) gr. 8. Wien 910. Manz. — 85

— die deutschen Sparkassen in Böhmen. Im Auftrage des Verbandes deutscher Sparkassen in Böhmen. (XII, 447 u. 262 S. m. 17 farb. Taf. u. 1 farb. Karte.) 4. Prag 906. J. G. Calve. n. 30. —

Sprachenkarte von Bohmen. Im Auftr d. Ges. z. Förderung deutscher Wiss in Böhmen auf Grund d. Ergebnisse d. Volkszahlung v 31 Dez. 1900 uber d. Umgangssprache entw von Dr Heinrich Rauchberg, Prof. Maßst. 1 500.000. (Eckkartons im Maßst. 1 200.000.) [Mit 4 Nebenkarten.] [Nebst] Erläuterungen. Wien R Lechner (1904), Lith. O. Loos. (1 Kartenbl. 68×50 cm, 2 Bl.) 8° [kol.] 105. 3.81

— Steuererklärung u. Steuerauslage auf dem Gebiete der directen Personalsteuern in Oesterreich. gr. 8. (V, 78 S.) Wien 901. Manz. n. 1. 80

— Die statistischen Unterlagen der österreichischen Wahlreform. (70 S.) Lex. 8. Brünn 907. F. Irrgang. 1. 50
Sonderabdruck aus: „Statist. Monatsschr."

Rauch-Brevier, s. Gentleman's Rauch-Brevier.

Rauche, Martin

Rauche, M., Leitfaden f. d. Unterr. in d. Gesch. d. preuß. Vaterlandes. Mit e. Einleit. in d. Gesch. überh. Für Volksschulen. 8. (...) Breslau 836, (Graß, Barth u. Comp.) *

Rauche, Mart., Leitfaden für den Unterricht in der Geschichte des preuß. Vaterlandes. Nebst Einleitung in die Geschichtskunde überhaupt ꝛc. Für Lehrer u. Lernende. 2. verm. Aufl. 8. Liegnitz 846. Kuhlmey. n. 8 ngr

Rauche, Mart., Leitfaden für den Unterricht in der Geschichte des preuß. Vaterlandes. Nebst Einleitung in die Geschichtskunde überhaupt ꝛc. Für Lehrer und Lernende. 2., verm. Aufl. 8. (IV und 112 S.) Liegnitz 847, Kuhlmey. Thlr. *

RAUCHE, Mart., Röschen. Eine (zahme) Erzählung in 6 Gesängen (Hexameter). (Motto aus Ovid.) Jena 1813. Gedruckt bei J. M. Mauke u. Söhne. Gr.-8°.
X S. Vorst. (incl. 3 Bll. Subscr-Verz.), 1 Bl. Druckf. u. 64 S. Selten!

Rauche, (M.,) tabellar. Uebersicht d. Geschichte d. christl. Kirche. Fol. Bresl. 825, Graß, Barth u. C. Rthlr.

Rauchenberger, Max, Rechtsanwalt in München Die Einwendung aus dem Rechte Dritter und gegen Dritte. *München 1904: J. Schweitzer.* (VII, 65 S.) 8° [F.]
Jena, Jur Diss. v (22 Dez.) 1903

Rauchenbichler, Jos., die Andacht d. heil. Rosenkranzes. Enth. kurze Betrachtn. dies. göttl. Geheimnisse; das apostol. Glaubensbekenntniß, das Gebet d. Herrn — erläutert; Meß-, Beicht- u. Communiongebete, Litaneien, Gesänge ꝛc. sammt d. heil. Kreuzwege. 12. (11½ B. u. 1 Ttlkpfr.) Landshut 836, Thomann'sche Buchh.

—— andächt. Betrachtungen üb. d. gnadenreiche Geburt uns. Herrn u. Heilandes Jesu Christi. Mit Meßandachten, Gebeten u. Gesängen. Nach d. Werken d. heil. Bernards, d. gottsel. Ludwigs v. Granada u. a. Erleuchteten verfaßt. 8. (10 B. u. Ttlkpfr.) Landhut 835, [Regensburg,] Manz.

—— andächt. Betrachtungen üb. d. heil. Vaterunser. Aus d. Schriften d. Väter u. Kirchenlehrer gezogen, mit e. Vorunterrichte vom Gebete, e. Meßandacht u. Litanei von d. göttl. Vorseh., f. alle fromme Beter im Geiste u. in d. Wahrheit. gr. 12. (5½ B. u. Ttlkpfr.) Regensburg 836, Manz.

Rauchenbichler, Jos., Betrachtungen über die Psalmen Davids. Allen Menschen zur Beherzigung dargestellt. 1. Thl. Landshut 865. Thomann'sche Buchh. 8. (VIII, 552 S.) 27 ngr

Rauchenbichler, Jos., Betrachtungen über den Prediger Salomon v. der Eitelkeit aller Dinge. (Nach J. F. Allioli's Uebersetzung u. Erläuterung.) 8. (204 S.) Landshut 847, Thomann. 9 ngr

—— Bilder christl. Frömmigkeit, zur Erweckung e. religiösen Sinnes in d. jugendl. Herzen. Eine Samml. kleiner Erzähln. 8. (6½ B.) Augsburg 835, (Kollmann; Regensburg, Manz.)

— Buch von der christlichen Erziehung der Kinder nach katholischen Grundsätzen. gr. 8. (328 S.) Regensburg 850. Manz. ⅚ rf

Rauchenbichler, Jos., ein Büchlein von Bezähmung der Zunge u. vom Stillschweigen. 12. (7 B.) Landshut 844, Thomann'sche Buchh.

—— Büchlein von der Freundschaft. gr. 8. (6 B.) Landshut 845, Thomann'sche Buchh.

Rauchenbichler, J., Bußgebethe, s. Ephräm.

— der heilige Dismas, od. der gute Schächer am Kreuze. Eine Legende für bußfertige Sünder. Mit Gebethen, Litanei u. einer Meßandacht. Mit Titelkpfr. 12. Augsburg 834. (Kollmann.) 5 gr

— s. Ephräm's, Bußgebete.

Rauchenbichler, Priester J., die feierliche Erneuerung des Taufbundes bei der heil. Communion d. Kinder. 8. Leipz. 826. (Barth). 3 gr

Rauchenbichler, J., die Erneuerung des Taufbundes bei der ersten heil. Kommunion der Kinder. Nebst Beigabe eines kurzen Lehrbegriffes von der heil. Firmung; mit Meßandacht-, Beicht- und Kommunion-Gebeten ꝛc. 2., verb. Aufl. 12. (162 S. mit Ttlkpfr.) Regensburg 853, Manz.

— auserles. Erzähll. u. fromme Sagen f. Söhne u. Töchter, zu Erweckung u. Befestigung eines gottesfürcht. Sinnes u. Wandels. Mit Titelkpf. 8. Augsb. 833. (832.) (Kollmann; Krüll in Landsh.) 5 gr

— auserlesene Erzählungen und fromme Sagen für Söhne und Töchter zur Erweckung u. Befestigung eines gottesfürchtigen Sinnes u. Wandels. 2s Bdchen. A. u. d. T.: Lichtstrahlen christl. Gerechtigkeit. Aus dem Leben frommer und heiliger Seelen gesammelt 8. Augsburg 835. (Kollmann.) 5 gr

—— denkwürdige Erzählungen u. Sagen aus der Welt- u. Menschengeschichte zur Belehrung u. Erbauung f. Jedermann. 12. (10½ B. u. 1 Stahlst.) Landshut 844, Thomann'sche Bh. -

—— Gesänge d. Heiligen. 8. (20⅛ B. u. Ttlvign.) Landshut 837, Thomann'sche Buchh.

—— Handbüchlein f. geistliche Lehrerinnen in den Schul- u. Erziehungs-Instituten der weibl. Jugend. 12. (4⅔ B.) Landshut 845, Thomann'sche Buchh.

—— das Leben d. heil. Joseph's Nährvaters Jesu Christi. Mit Morgen-, Abend-, Meß-, Beicht- u. Kommunion-Gebethen, e. Litaney, e. 9 sonntäg. Andacht u. verschied. and. Andachtsübungen zu diesem großen Heiligen. Als e. Mitgabe f. dess. fromme Verehrer, insbesond. f. alle jene, die seinen heil. Namen tragen. 2., verb. u. verm. Aufl. 12. (8 B.) Augsburg 832. (Kollmann; Regensburg, Manz.)

Rauchenbichler, Jos., das Leben des heil. Josephs, Nährvaters Jesu Christi. Mit Morgen-, Abend-, Meß- rc. Gebeten, einer neuntägigen Andacht sammt Litanei, Gesängen und Liedern rc. 3., verb. und verm. Aufl. 12. (192 S. mit 1 Titelbild in Stahlst.) Augsburg 858. (München, J. A. Finsterlin.)

—— ausgewählte Legenden u. fromme Sagen f. Söhne u. Töchter, z. Erweckung u. Befestigung e. gottesfürcht. Sinnes u. Wandels. 8. (18½ B. u. Ttlkpfr.) Regensburg 837, Manz.

—— Lehrbuch d. teutschen Sprache u. Rechtschreibung, nebst e. Wörter-Verzeichnisse. Besond. z. Gebr. in d. weibl. Erziehungs-Anstalten, f. Lehrerinnen u. Töchter höh. Bildung hrsg. 8. (13¼ B.) Landshut 841, Thomann'sche Buchh.

— Lehrbüchlein der Vollkommenheit, oder Vorschriften und Unterweisungen für die Lehrerinnen der weibl. Jugend in den geistl. Lehr- u. Erziehungs-Instituten. 12. Landshut ... Thomann. 5 gr

—— Lehrbüchlein des christlichen Wohlstandes für Töchter, s. Lehrbüchlein.

— Lehren u. Grundsätze der Weisheit u. Tugend für Regenten u. Untergebene. gr. 12. (XII u. 216 S.) Landshut 850, Thomann. 12 ngr

—— Leitfaden d. Erziehung, zunächst f. Lehrerinnen in d. geistl. Erziehungs-Anstalten d. weibl. Jugend. 12. (8½ B.) Landshut 840, Thomann'sche Buchh.

— Lichtstrahlen christlicher Gerechtigkeit. 8. ... (Augsburg, Kollmann.) ¼ rß

—— die geistl. Schildwache. Ein Gebet- u. Erbauungsb. f. christl. Krieger im kathol. Heere. 12. (11½ B. u. Ttlbild.) Landshut 837, Thomann'sch Buchh.

—— die Schule d. Weisheit in auserles. Denksprüchen u. moral. Exempeln aus d. Vor- u. Mitwelt f. Jünglinge u. Erwachsene, die weise werden wollen. 12. (4½ B.) Augsburg 832, Kollmann.

— Seligpreisung der hochgebenedeiten Jungfrau Maria. Enthaltend: Meßgebethe, die Laurentin. Litaney, mit des Engels Gruß u. Botschaft, erläutert, u. in Betrachtungen gebetsweise dargestellt rc. 12. Salzburg 836. Mayr. ⅓ rß

—— Seligpreisung der hochgebenedeiten Jungfrau Maria. Enthaltend: Meßgebete, die lauretan. Litanei und des Engels Gruß rc. Beicht- und Kommunion-Gebete rc. Mit einem Anhang: Heiligung des Mai-Monats. Mit dem Bilde der seligsten Jungfrau (in Stahlst.) 8. (XII und 204 S.) Salzburg 854, Mayr'sche Buchh.

—— Spiegel der Frömmigkeit f. den christl. Jüngling, das ist: Kurzer Inbegriff dessen, was e. gottesfürchtigen Jüngling u. wahren Christen ziehmt u. täglich zu thun obliegt, um Gott zu gefallen u. selig zu werden. (1 Tab. in Fol.) Landshut 843, Thomann'sche Buchh.

— die heilige Stunde zur Ehre des göttl. Herzens Jesu rc. ... Landshut 840. Thomann. ⅙ rß

Das Alte Testament. In einem Auszuge (nach der Übersetzung von Allioli) herausgegeben von Joseph Rauchenbichler. Ebendas., 1843, kl. 8°, 532 S., 50 Pf.

—— die christl. Tugendschule. Ein geistl. Lese- u. Erbauungsb. f. kathol. Söhne u. Töchter. 1. u. 2. Bdchn. 12. Augsburg, Kollmann. [1. (6⅔ B.) 832. 3 Gr., 2. (10 B.) 834. 5 Gr.]

— die christl. Tugendschule. Ein geistl. Lese- u. Erbauungsbuch für kathol. Söhne u. Töchter. 2s Bdchn. Mit Beigabe: das apostol. Glaubensbekenntniß, Morgen-, Meß- u. a. Gebete u. einige Gesänge. 12. Augsburg 834. Kollmann. 5 gr (1s Bdchn. ⅙ rß)

Rauchenbichler, J., Vita Domini nostri Jesu Christi, salvatoris mundi, secundum IV evangelistas iuxta Vulgatae fidem relata. Cum precibus selectis ad usum sacerdotis. Landshut, Thomann, 1841. 12°. 21 Bg., 3 Mk.

—— Weckstimmen heil. Seelen zu e. gottsel. Leben. Mit Morgen-, Meß-, Beicht-, Communion-, Abend- u. vielen and. Gebeten, Anmuthungen u. geistl. Gesängen; sammt e. Betrachtung üb. d. Fegfeuer, u. e. Kreuzwege. 8. (30 B. u. Ttlkpfr.) Landshut 834. [Regensburg, Manz.]

—— kurze Weise, das tägl. Leben nach Gottes Wohlgefallen einzurichten. 2., mit Beigabe von Gebeten u. Liedern verm. Aufl. 12. (4 B.) Landshut 839, Thomann'sche Buchh.

—— die Weisheit in Beispielen, Sprüchen und Liedern, s. Unterhaltungsschriften, lehrreiche.

Rauchenegger, Benno

— s. a.: Felsinger, Hans.

Rauchenegger, B., s.: Abenteuer, lustige.

Rauchenegger, Benno, (Geächtet od.) der Ausgestoßene. Volksstück in 4 Aufzügen. Musik v. Karl Horak. 16. (92 S.) München (898). Rubinverlag. n. 1. —

— der Berggeist. Fastnachtsschwank in 3 Aufzügen. 16. (20 S.) Ebd. (898.) 1. 80

— Buch d. Reden u. Toaste. E. Sammlg. ernster u. heit. Reden, Toaste f. gebildete Kreise zu den verschied. Festlichkeiten u. besond. Ereignissen in d. Familie, im Gemeindeleben u. im gesellschaftl. Verkehr, bei Vereinsfeierlichkeiten rc. rc. Als prakt. Handbuch Allen empfohlen, welche vermöge ihrer gesellschaftl. Stellg. in d. Lage kommen, öffentl. sprechen zu müssen. 8. (VIII, 130 S.) München 895. O. Galler.
Geb. in Leinw. 3. —

(S) **Rauchenegger, B.**, Buch der Reden u. Toaste. 895. Jetzt: H. Hugendubel.

Rauchenegger, Benno, Durch Kampf zum Sieg. Turnerposse in 4 Akt., 116 S., 4°.

Rauchenegger, B[enno]: Zur Frage der körperlichen Erziehung am Gymnasium. Rosenheim 1909: Späth. 28 S. 8°
Rosenheim, k. G P 1909* [S 09. 374

Rauchenegger, Benno, schwäbische Frauen. Festspiel in 3 Aufzügen. (28 S. m. 4 Abbildgn. u. Bildnis.) 8. München (904). (J. Lindauer.) n. — 50

— u. Eug. v. Baumgarten, „Der G'schaftlhuaber". Münchener Leben im Sommer 1898. qu. schmal 8. (44 S. m. Abb.) München 898. Schimon & Burger. n. 1. —

— — dasselbe. II. Rudelmaier jr. in Afrika u. sonst. Reiseberichte d. Weltschrift „G'schaftlhuber". Zeichnungen von E. v. Baumgarten. gr. 8. (105 S.) München 898. Schimon & Burger. Geb. in Leinw. n. 2. 50

Rauchenegger, B., allerhand G'schicht'n! Ernstes u. Heiteres aus dem Volksleben in den bayer. Bergen u. Städten. 8. (IV, 207 S.) München 889. Knorr & Hirth. n. 1. 50; geb. n. 2. —

— das königl. Hofbräuhaus in München, s.: Schäfer, Karl.

— Humoresken. (III, 122 S. m. Abbildgn.) 12. München (903). Braun & Schneider. Geb. n. 1. 50

— Jägerblut. Volksstück in 4 Akten (6 Bildern) nach d. gleichnam. Erzählung. Musik v. Jos. Krägel. 16. (88 S.) München (898). Rubinverlag. n. 1. —

— auf dem Kriegspfade. Schwank in 1 Aufzug. 16. (20 S.) Ebd. (898.) n. 1. 80

[J.] Im Nebel. Schwank in 2 Aufz. v. Benno Rauchenegger. *München: Rubinverl. [1898]* (24 S.) 1 Bd 8.
(Brakl's Rubinverlag.) [98. 11090

— noch was! Heitere Geschichten aus dem Münchner Volks- u. Familienleben. [Aus: „Münchner Neueste Nachrichten".] 8. (III, 194 S.) München 894. Knorr & Hirth. n. 1. ; geb. in Leinw. n. 1. 50

Rauchenegger, Benno, Oberammergau, s.: Bruckmann's illustr. Reiseführer.

— in der Redaktion. Gelegenheitsscherz in 1 Aufzuge. 4. (31 S.) Ebd. (898.) n. 1. —

[J.] D'Schatzgräber Volksstück in 4 Aufz. v. Benno Rauchenegger. *München Rubinverl. [1898].* (84 S.) 1 Bd 8.
(Brakl's Rubinverlag.) [98. 11093

Rauchenegger, B., Münchener Skizzen. Humorist. Schilderungen aus dem Volksleben Isar-Athens. 3. Aufl. 8. (III, 191 S.) München 888, Knorr und Hirth. *
geb. *

—— dass. — 2. Bdchn.: Die Familie Nudelmaier. 1.—3. Aufl. 8. (III, 164 S.) Ebendas. 888. *
geb. *

Vorstehende zwei Schriften sind aus: Münchener Neueste Nachrichten, besonders abgedruckt.

—— So sind wir, s. Spitzer, Eman.

Rauchenegger, Benno, das Theater in seiner wissenschaftl. u. nationalen Bedeutung u. Behandlung. Ein Beitrag zur Kunde u. Würdigung des Theaters. gr. 8. (15¼ B.) Leipzig 845, Zerig'sche Buchh.

— Vereinsangelegenheiten. Schwank in 1 Akt. 4. (41 autogr. S.) Ebd. (898.) n. 1. —

— Frau Wurzl vom Viktualienmarkt Gesammelte Briefe an die „Münchner Neuesten Nachrichten". 8. (VIII, 167 S.) Ebd. 893. n. 1. —; geb. in Leinw. n. 1 50

— Frau Wurzl vom Viktualienmarkt. Lokalposse mit Gesang in 3 Akten. Musik v. Karl Horak. 4. (183 autogr. S.) Ebd. (898.) n. 2. —

Rauchenegger, Sophie von

Rauchenegger, S. v., meine Mission bei Pius IX. und Napoleon III. 1859—1864. gr. 8. Elberfeld 877. Berlin, Friedberg und Mode. * 1 50

Rauchenegger, Sophie v., geb. de Spèt, meine Mission bei Pius IX. u. Napoleon III. 1859—64. Enthüllungen üb. die röm. u. französ. Camarilla. gr. 8. (212 S.) Elberfeld 877. Loll. n. 3. —

Rauchenstein, Friedr., nochmals Hannibals Alpenübergang. Eine Antikritik. gr. 4. (18 S. mit 1 lithogr. Kärtchen in Fol.) Aarau 864, Sauerländer's Verlag.

Rauchenstein, Friedrich. Der Zug Hannibals über die Alpen. Eine Rechtfertigung der Darstellung des Titus Livius. (Progr.) 4 (Aarau [1849].)

Rauchenstein, Frdr., der Zug Hannibals üb. die Alpen. Eine Rechtfertigung der Darstellung des Titus Livius. [Programm der Aargauischen Kantonsschule.] gr. 4. (21 S.) Aarau 850. (Sauerländer.) ¼ ₰

Rauchenstein, Hans. Der Feldzug Cäsars gegen die Helvetier. Eine krit. Untersuchung mit einer vorausgehenden Abhandlung über die Glaubwürdigkeit der Commentarien Cäsars zum gallischen Krieg. Inauguraldissertation. In-8°, 102 S. Jena. 1882

Rauchenstein, Rudolf

— Annotationes in Pindari Olympia. Pr. 1845. 35 S. 4°.

Rauchenstein, Rudolf (Bearb.), s. Aeschines Orator: Rede gegen Ktesiphon

Rauchenstein, R., Bemerkungen üb. d. Werth der Alterthumsstudien auf Gymnasien u. höh. Schulanstalten. Pr 1826. 45 S. 1 —

Rauchenstein, Rud., Commentationum Pindaricarum particula I. 4maj. (4½ B.) Aroviae 844, Sauerlaender. *

—— Commentationum Pindaricarum particula altera. (Annotationes in Pindari Olympia.) 4maj. (4¾ B.) Ibid. 845. *

—— zur Einleitung in Pindar's Siegeslieder. gr. 8. (10 B.) Aarau 843, Sauerländer, Vrlgsh.

—— Emendationes in Aeschyli Agamemnonem. gr. 4. (17 S.) Aarau 858, Sauerländer.

Rauchenstein, R., Emendationes in Aeschyli Eumenides. Aarau 1855. Progr.

Rauchenstein, Rudolf Zur Erinnerung an Professor Leopold Mossbrugger (1796–1864). [Sep.-Ausg. von. Zugabe zum Programm der Aargauischen Kantonsschule ... 1865.] 4. Aarau 1865.

Rauchenstein, R., Zu den Eumeniden des Aeschylus. Pr. 1846. 34 S. 4°.

Rauchenstein. Rud. Zur Feier der 25jährigen Lehrerwirksamkeit des Rectors R R. Aarau 1847 4.

Rauchenstein, Rud., Disputatio de locis aliquot Euripidis Iphigeniae Tauricae. gr. Lex.-8. (18 S.) Aarau 860, (Sauerländer.) *

Rauchenstein, R. L. Mossbrugger. Aarau, Progr 1865.

Rauchenstein, Rud., Observationes in Demosthenis orationem de Corona. 8maj. (2¾ B.) Turici 829, Orell, Fuessli et Soc.

Rauchenstein, Rud., de orationum Olynthiacarum ordine. Praef. est Fr. Passow. Acc. J. H. Bremii Observatt. philol. et crit. in Demosthenis Philippicas. Lips. 821. 8. 18 gr.

Rauchenstein, (R.,) de orationum olynthiar. ordine; praefatus est F. Passow. Accedit fasciculus observat. philog. et crit. in Demosthenis Philippicas, auct. J. H. Bremio. 8 maj. Lips. 822, W. Vogel. 18 gr. Schreib-P.

—— Winkelrieds That bei Sempach ist keine Fabel. Eine historisch-kritische Abhandlung. gr. 4. (32 S.) Aarau 861, Sauerländer. *

Rauchenstein, Rud., de tempore quo Aeschinis et Demosthenis orationes Ctesiphonteae habitae sint, Comment. 8maj. (2½ B.) Aroviae 835, (Sauerlaender.)

Rauchenstein, R., die Zeitgemäßheit der alten Sprachen in unsern Gymnasien. Mit besond. Rücksicht auf die Aargauische Kantonsschule. gr. 4. (38 S.) Aarau 850, Sauerländer. n. 8 ngr

Raucher, der. Organ der Raucher Deutschlands, Oesterreichs u. der Schweiz unter Mitwirkg. der rheinisch-westfäl. Rauchklubs. Red. u. Hrsg.: Otto Kienzle. 1. Jahrg. 1893. 52 Nrn. (Bog.) gr. 4. Düsseldorf, Expedition. n. 6. —

Räucherbuch, allgemeines; enthalt. e. Anweisung, alle Arten Räucherungspulver u. Räucherungspräparate selbst zu verfertigen rc. 8. Quedl. 825, Basse.

Raucherzeitung, Allgemeine. München: Expedition 1890. 8°

Rauchfangkehrer, Der; Lustspiel. Berlin 1783. V: *Auenbrugger, Leopold.* (Ky)

Rauchfangkehrer, der; Lstspl. (v. L. Auenbrugger). 8. Berl. 783. (Sander). 8 Kr

Neue allgemeine oesterreich-ungarische Rauchfangkehrer-Zeitung. Wien: A. Hilgert 1893- (1902). 8°

Rauchfuß. Epistola ad Albertum amicum I. [behandelt Stellen aus mehreren griechischen Schriftstellern] 12 S.
Attendorn, Progr. 1860

Rauchfuss, C., Hygiene des Kindesalters, s. Handbuch der Kinderkrankheiten.

Rauchfuß, E.

Rauchfuß, über den Schiffswiderstand. gr. 8. (21 S. mit eingedr. Fig. und 3 autogr. Taf.) Berlin 880, Mittler und Sohn. *
Aus: Beiheft zum Marine-Verordnungsblatt, besonders abgedruckt.

Rauchfuss, E., Widerstand und Maschinenleistung der Dampfschiffe. Abgeleitet von den Versuchen mit dem „Greyhound". gr. 8. (61 S. mit eingedr. Fig. und 3 Stnt.) Kiel 886, Lipsius und Tischer. geb. *

Rauchfuß, F., Dr. Eugen Escher als Chef-Redaktor der neuen Zürcher Zeitung. Eine nothgedrungene Abwehr. Zürich 870. (Verlags-Magazin.) gr. 8. (71 S.) n. 10 ngr

Rauchfuss, F[erdinand]. Preussenfeindliche Schlagwörter. Zur Würdigung der Staatszustände in Preussen und seiner europäischen Mission. (Inhalt: Einleitung. – 1. Der angebliche Cäsarismus und Absolutismus in P. – 2. Preussen ein Militärstaat?... – 6. Schlusserwägungen.) 8. Zürich 1871.
Schabelitz'sche Buchhandlung (C. Schmidt)

Rauchfuß, Friedr., praktische englische Grammatik, oder: Anweisung zu einer naturgemäßen und schnellen Erlernung der engl. Sprache, mit besond. Rücksicht auf das Sprechen. In 20 Lectionen. 2. Aufl. 8. (VIII und 150 S.) New-York 851. (Philadelphia, Schäfer und Koradi.) *

Rauchfuß, Friedr., praktische englische Grammatik, oder Anweisung zu einer naturgemäßen und schnellen Erlernung der engl. Sprache, mit besond. Rücksicht auf das Sprechen. In 20 Lectionen. 3., verm. Aufl. 8. (VIII und 268 S.) New-York 852. (Philadelphia, Schäfer und Koradi.) *

—— Reise nach Deutschland im J. 1874. 16. (148 S.) New-York 875. (Ebendas.)

Rauchfuß, Frdr., e. Reise nach Californien im J. 1870. 16. (128 S. m. 1 Holzschntaf.) Philadelphia 870. Schäfer & Koradi. 1. 50

Rauchfuß, Frdr., meine Reise nach Europa im Jahre 1867. New-York 867. (Philadelphia, Schäfer & Koradi.) 16. (104 S.) n. 20 ngr

—— meine Reise nach Europa im J. 1867. 16. (104 S.) Philadelphia 868, Schäfer und Koradi.

Rauchhaupt, Fr[iedrich] W[ilhelm] von, Dr. jur.: Das Depot- und Depositen-Geschäft unter besonderer Berücksichtigung des zivilen Schutzes der Gläubiger. [1907 o. O. u. J.] (87 S.) 8°
Heidelberg, Phil. Fak., Ref. Gothein, Diss. v. 2. Okt. 1907
[Geb. 13. Aug. 81 Forsthaus Wersk (Westpr.); Wohnort. Leipzig; Staatsangeh.. Preußen; Vorbildung: Joachimsth. Gymn. Berlin, Luckau N.-L. Reife M. 01; Studium: Berlin 7, Leipzig 2 S.; Rig. 19. Juli 07]

Rauchhaupt, Fr[iedrich] W[ilhelm] von: Drei Fragen aus dem Rechte der Eigentümergrunddienstbarkeit. (Heidelberg) 1907. (46 S.) 8°
Heidelberg, Jur. Fak., Ref. Bekker, Diss. v. 1907
[Geb. 13. Aug. 81 Forsthaus Wersk, Kr. Flatow (Westpr.); Wohnort: Berlin; Staatsangeh.: Preußen; Vorbildung: Joachimsth. Gymn. Berlin, Gymn. Luckau Reife M. 01; Studium: Berlin 7 S.; Rig. 7. Aug. 06.]

Rauchhaupt, Fr. W. v., Verfassungsänderungen nach deutschem Landes-Staatsrecht, insbesondere in Preussen, s.a. **Abhandlungen aus dem Staats- u. Verwaltungsrecht. 16 Heft.**

Verfassungsänderungen nach deutschem Landes-Staatsrecht insbesond. in Preussen von Fr. W. v. **Rauchhaupt**. Breslau: M. & H. Marcus 1908. (VIII, 113 S.) 8°
= **Abhandlungen** aus d. Staats- u. Verwaltungsrecht. H. 16. (08. 16633 B

Rauchhaupt, Karl

Rauchhaupt, Carl. Aktenmäßige Geschichte üb. das Leben u. Treiben d. berüchtigten Räuberhauptmannes Johannes Bückler, genannt Schinderhannes u. seiner Bande. Mit Portr. u. Anh.: Anekdoten. 8. (III, 198 S.) Kreuznach 891, Harrach. * 2 —

Rauchhaupt, Karl, aktenmäßige Geschichte der rheinischen Räuberbanden. Aus Kriminal-Akten u. geheimen Notizen d. ehemal. öffentl. Anklägers Keil zusammengetragen v. e. Mitgliede d. Bezirksgerichtes in Köln. Neu durchgesehen u. bearb. 1. u. 2. Tl. gr. 8. Kreuznach 892. F. Harrach. n 2. 70
1. Die Räuberbanden v. Brabant, Holland, Meerssen, Krefeld, u. Neuß. (130 S.) n. 1. 20. — 2. Die Räuberbanden v. Essen u. Neuwied. (206 S.) n. 1. 50.

Rauchhaupt, Carl, aktenmäß. Geschichte üb. d. Leben u. Treiben d. berücht. Räuberhauptmanns Johannes Bückler genannt Schinderhannes u. s. Bande. Authentische Ausg. nach d. Orig.-Prozeß-Akten. M. Orig.-Portraits d. Haupträuber u. e. Anh.: Anekdoten, wie sie v. Volksmunde erzählt werden. 2. Aufl. 8. (V, 133 S.) Kreuznach 896. F. Harrach. n. 1. —

Rauchhaupt, Karl, aktenmäßige Geschichte üb. das Leben u. Treiben des berüchtigten Räuberhauptmanns Johannes Bückler genannt Schinderhannes u. seiner Bande. Authentische Ausg. nach den Orig.-Prozeß-Akten. 3. verm. u. verb. Aufl. Mit Orig.-Porträts der Haupträuber u. e. Anh.: Anekdoten, wie sie vom Volksmunde erzählt werden. 8. (V, 137 S.) Kreuznach (899). F. Harrach Nachf. & R. Voigtländer. n. 1. —

Rauchmann, Justin Ferdinand: Von der Vortrefflichkeit des Thees und Caffees. 24 S., gbd.

Franckfurth u.Leipzig: Ritter 1743
vor: Worb de Peima, J(an) I(gnatius): Vernünftige Untersuchung der Frage: Ob... Frauenzimmer...Toback zu rauchen erlaubt ...sey? Hrsg.von J.F.Rauchmann. 1743
an: Henckel, Joachim Friedrich: Neue medicinische und chirurgische Anmerckungen. Erste Sammlung. 1760

JB 2.029/$_1$

Rauchmann, Justin Ferdinand (Hrsg.):

s.: Worb de Peima, J(an) I(gnatius): Vernünftige Untersuchung der Frage: Ob Galanten und andern Frauenzimmer...Toback zu rauchen erlaubt und ihrer Gesundheit nützlich sey? Franckfurth u.Leipzig: 1743
an: Henckel, Joachim Friedrich: Neue medicinische und chirurgische Anmerckungen. Erste Sammlung. 1760

JB 2.029/$_1$

Rauchmann. Leo. die Mischehe zwisch. Juden u. Christen. gr. 8. (48 S.) Zürich 880. Berlin, M. Poppelauer. n. — 80

Rauchmann, Leo, die Mischehe zwischen Juden u. Christen. Mit einem Anh.: Der ächte Ring. gr. 8. (48 S.) Zürich 880. Verlags-Magazin. n. — 80

Rauchmann, Leo. Religiöse Scheidewände. Ein Wink in der Judenbewegung. In-8°, 32 S. Zürich, Verlags-Magazin. *1881.*

Rauchmann, Leo. Die deutsche Sprache im jüdischen Gottesdienst. Eine dringende Zeitforderung. In-8°, 2½ Bog. Zürich, Verlagsmagazin. 1880

— die deutsche Sprache im jüd. Gottesdienst. gr. 8. (40 S.) Ebd. 881. n. — 80

Rauchmayer, Hans, Zur socialen u. wirtschaftlichen Lage der Coiffeurgehilfen in der Schweiz. Bericht über unsere Statistik 1900. 8°. Zürich, Buchdr. d. schweiz. Grütlivereins, 1901.

Rauchmüller von Ehrenstein, Königlich Ungarischer Rath und Landes-Ober-Bau Director Uebersicht der dem Ungarisch Adriatischen Meereshandel dienenden Land- und Wasserstrassen, und der dazu gehörigen Seehafen. Bearbeitet von gelegentlich seiner Localisirung aller Baugegenstände im Königlich Ungarischen Küstenlande und in Croatien im Jahre 1829. (5 Theile, zum 5. Theile ein Ergänz. Heft.) (6 Hefte mit Karten und Plänen in 1 Schuber.) (Lithographiert.) (Donation Liechtenstein.) 4. Ofen 1831.

Rauch-Museum, das, zu Berlin, 20 Blatt Photogr., aufgenommen durch das photogr. Institut von Jul. Bischof. Berlin 866. Walcker. 16. In Couvert. 3 ℛ; einzelne Blatt 5 ngr. Ausg. in 8. 6 ℛ; einzelne Blatt 10 ngr. Ausg. in 4. 9 ℛ; einzelne Blatt 15 ngr.

GEISTLICHES RAUCHOPFER, Oder Gebette St. Gallen. L. Dieths Wittib, 1772. 40 S. (etwas knapp beschnitten).

Rauchpars, J., Oettingische Geschlechtsbeschr., herausg. v. J. P. Lang. 4. Nördl. Beck. 775.

Rauchpar, J., Stemmatographia Catularia Allemannico-Germanica. Oetting'sche Geschlechts-Beschreibung, mit Anmrkgn. hrsg. v. J. P. Lang. Mit 3 geneal. Tabellen. Wallerstein 1775. 4.

Rauchpulver Wohnungen infizierten

Rauch-Pulfer sowol deren inficirten Wohnungen: als Reinigung deren Waaren, Bagage, und Contumaz-Wohnungen. 1 S., gbd.

(Wien: typ.v.Ghelen 1738)
in: Wimmer, Frantz Anton: Reinigungs-Ordnung derer inficirten Häuser, und Wohnungen, auch Lazareter... 1738

JB 5.396

Rauch- und Schnupftabaksfabrikant, der aufrichtige, eine Sammlung alter und neuer Erfahrungen zur Fabrizirung des besten Rauch- u. Schnupftabaks. 8. Frankfurt a. M., Jäger. 820. (versiegelt) -

Rauch- u. Schnupf-Tabakssaucen, Amsterdamer, oder Unterr. alle Arten Rauch- u. Schnupf-Tabake z. verfert. rc. 12. Leipz. Joachim. 804.

Rauchverzehrung, die, rc., s. Prideaux.

Rauchverzehrung, die, der Maschinen-Schornsteine und die damit verknüpfte bedeutende Ersparung an Brenn-Material durch den in jeder bestehenden Ofen-Anlage leicht einzuschaltenden Apparat des Mr. Prideaux. Aus dem Engl. des Erfinders von J. C. Heß. 8. (36 S. mit 1 Kpfrt.) Magdeburg 855, Gebr. Baensch. Thlr. *

Die Rauchverzehrungsfrage. Bericht der von dem Karlsruher Bezirksverein deutscher Ingenieure ernannten Kommission. Karlsruhe, 1886.

Rauchwerger, Leon, a. Rußland: Über Glykosurie und Diabetes bei Morbus Basedowii. Berlin (1905): E. Ebering. (32 S.) 8°
Berlin, Med. Fak., Ref. v. Leyden, Diss. v. 23. Febr. 1905
[Geb. 24. Juni 79 Odessa; Heimatsort: Odessa; Staatsangeh.: Rußland; Vorbildung: Richelieu-Gymn. Odessa Reife 98 (als Extraneus); Studium: Odessa 2, Berlin 7, Heidelberg 1, Berlin 1 S.; Rig. 21 Febr. 05.]

Rauck, Alois, das Berggesetz f. das Königr. Bayern v. 20. III. 1869/30. VI. 1900 in der Fassung der Bekanntmachung v. 20. VII. 1900, nebst der Verordng. v. 30. VI. 1900 die Organisation u. Wirkungskreis der Bergbehörden betr., u. den oberbergpolizeilich. Vorschriften v. 30. VII. 1900. Handausg. m. Erläutergn., systemat. Inhaltsverzeichniß u. ausführl. Sachregister. 8. (VII, 294 S.) München 900. J. Schweitzer Verl. Geb. in Leinw. n. 6. —

Rauck, A., d. gesetzlichen Bestimmgn. üb. d. Sonntagsruhe im Handelsgewerbe u. in d. Industrie, erläut. u. m. d. Vollzugsvorschriften f. Bayern u. d. Deutsche Reich hrsg. 8. (X, 154 S.) München 895. C. H. Beck. Kart. n. 1. 60

Raucourt de Charleville, die Kunst, gute Mörtel zu bereiten und vortheilhaft anzuwenden. Oder allgemein praktische, in jedem Lande anwendbare Methode zur Fabrikation der besten und wohlfeilsten Kalke, Cemente und Mörtel. Für Fabrikanten, Speculanten, Entrepreneurs, Verwaltungsbeamte, Baudirectoren rc. Nach der 2. französ. Originalausg. übers. von Fr. J. Hartmann. 2. Aufl. 8. (XII und 190 S. mit 2 Stnt. Abbildungen in qu. gr. Fol.) Quedlinburg 857, Basse.

Rauda, Fritz, Architekt: Die mittelalterliche Baukunst Bautzens. Hrsg. von d. Oberlausitzischen Gesellschaft d. Wissenschaften zu Görlitz. 1905. XI, 99 S., 6 Taf. 4°
¶ Auch bei Tzschaschel in Görlitz.
Dresden, Dr.-Ing.-Diss. v. 6. 7. 1905

Rauda, Fritz, die mittelalterliche Baukunst Bautzens. Hrsg. v. der Oberlausitz. Gesellschaft der Wissenschaften zu Görlitz. Diss. (XI, 99 S. m. Abbildgn. u. 6 Taf.) Lex.-8. Görlitz 905. (H. Tzschaschel.) n. 4. —

[F.] **Raude,** *Johann Wilhelm* Albert [Arzt aus Ilfeld a. Harz]: Die Annähung der Wanderniere ... Marburg, *Druck v. W. Crone jr., Lüdenscheid,* 1894; 36 S., 2 Bl. 8.
Marburg, Med. Fak., Inaug.-Diss. v. [29. Dez.] 1894

Raudnitz, J., Kronenwährung siehe Gezetze u. Verordngn., österr.

Raudnitz, Jos., die Aufhebung der bischöflich Olmützschen Münzstatt zu Kremsier. Ein Beitrag zur österr. Münzgeschichte. (37 S.) gr. 8. Wien 906. (A. Hölder.)
Sonderabdruck aus: „Archiv f. österr. Gesch." n. 1. 10

Raudnitz, Jos., Geschichte des Maria-Theresien-Thalers, s.: Peez, Carl.

Raudnitz, Jos., das Scheckgesetz, s.a. Gesetzausgabe, Manzsche.

Raudnitz, J. Das Scheckgesetz. Gesetz vom 3. April 1906 über den Scheck. Wien 1908.

Raudnitz, J. Der österreichische Checkgesetzentwurf im Vergleiche zur ausländischen Checkgesetzgebung. Wien 1898.

— allgemeine Vorschrift f. die k. k. Finanzbehörden, Ämter u. Cassen, dann die k. k. Rechnungs- u. Controlorgane, betr. die Einführung der Kronenwährung als Landeswährung, s.: Handausgabe der österr. Gesetze. 100a.

— die österreich. Währungsgesetze, s.a. Handausgabe der österreich. Gesetze. 100.

Die österreichischen Währungsgesetze sammt den darauf bezüglichen ergänzenden und erläuternden Verordnungen. Zusammengestellt und mit Anmerkungen versehen von Dr. Josef Raudnitz. Wien. 1899. Hof- und Staatsdruckerei. 8°. XV, 349 S. fl. 1.40

Die österreichischen Währungsgesetze sammt den darauf bezüglichen ergänzenden u. erläut. Verordnungen. Zsgest. u. mit Anm. vers. von Dr. Josef **Raudnitz.** (Neue Ausg.) Wien: K. k. Hof- u. Staatsdr. 1904. (XVI, 242 S.) 8°
— **Handausgabe** d. österr. Gesetze u. Verordnungen. H. 100ª. [04. 1290

Raudnitz, Julian, Horch! Horch! die Lerch!, s.a. Friedrich's, Leo, Einakter-Sammlung. Nr. 1.

(F) **Raudnitz,** J., Horch! horch! die Lerch'. Lebensbild aus Schuberts Leben. [Leo Friedrichs Einaktersammlung. Nr 1.] Gr.-8°. (48 S.) Wien: Daberkow 1904. K 1.—

Raudnitz, Jul., Text d. Gesänge v. M. J. Beer's parodist. Operette: „Das Stelldichein auf d. Pfahlbrücke". Wien, Rebay & Robitschek. 15 kr 1883.

Raudnitz, Dr. K. — Die Heilkräfte, Wirkungen und spezielle Anwendung des Korneuburger Nahrungs- Viehpulvers. (Durch Hunderte der anerkennendsten Zeugnisse von den hervorragendsten Fachmännern als bewährt beurtheilt.) Erörtert von — —. Wien, 1856. Druck von Keck und Pierer. (48 S. 8.)

Raudnitz, L. (Hrsg.), s. Bahnhof, Der.

—— vollständ. Belehrung üb. d. übelriech. Athem, üblen Geruch aus d. Nase, aus d. Ohren, von d. Haaren, von d. Achselhöhlen, üb. d. übelriech. Fußschweiß, üb. d. übelriech. Ausdünstung d. ganzen Körpers überh. 2c. 8. (6¼ B.) Prag 840, Haase Söhne.

Raudnitz, L., freundliche Belehrungen an Eltern, um die gefährlichen Krankheiten ihrer Kinder sogleich zu erkennen, zur schicklichen Zeit die ärztliche Hilfe in Anspruch nehmen, und dadurch die häufigen Todesfälle der Kinder wegen der zu späten Hilfeleistung verhüten zu können. Nebst Anhang: Die Pflichten der Mutter als Krankenwärterin ihres Kindes. gr. 12. Prag 842, Haase Söhne. 1 ß

—— und Friedr. Karl Watterich v. Watterichsburg, popul. naturwissenschaftl. Erinnerungshülfen, zunächst als unterhalt. Belehr. u. Anregung z. Beobachtung u. Forschung f. Naturfreunde auf dem Lande. Nach d. besten Quellen bearb. u. aus Zeitschriften u. a. neuern Werken üb. Naturkunde 2c. gesammelt. 1. Bdchn. 8. (13 B.) Prag 840. (Leipzig, Thomas.) *

—— Garantie geg. Skropheln u. alle Deformitäten d. Körpers 2c. Ein unentbehrl. Handb. f. Eltern, d. gesunde u. schön gestaltete Kinder haben wollen. gr. 12. (10⅓ B.) Prag 841, Haase Söhne.

—— die Gebrechen d. Alters u. die Art, ihnen zu entgehen, od. Belehrn., um e. hohes u. frohes Alter zu erreichen. gr. 12. (9½ B.) Prag 840, Haase Söhne.

Raudnitz, L., Gesundheits-Pflege des Auges, oder die Kunst, den schädlichen Einflüssen, welche Augenübel begründen, zu entgehen. Ein unentbehrl. diätet. Handbuch. Nach den neuesten u. bewährt. Ansichten bearbeitet. gr. 12. Prag 841, Haase Söhne. 7/12 ß

Raudnitz, L., die Gicht, Ursachen ihres häufigen Vorkommens, so wie die bewährtesten Mittel und Rathschläge sich von ihr für immer zu befreien. 8. (93 S.) Wien 857, [Mayer und Comp.] *

Raudnitz, L., die Gicht, Ursachen ihres häufigen Vorkommens, so wie die bewährtesten Mittel und Rathschläge sich von ihr für immer zu befreien. Wien 857 Wendelin. 8. (93 S.) n. 12 *ngr.*

—— physiologisch-pädagogische Heilkunde, od. Verhütung u. Heilung körperl. u. geistiger Gebrechen der Kinder, durch eine von Seiten der Eltern u. des Erziehers eingeleitete vernünftige u. naturgemäße Erziehung. 8. (24¼ B.) Leipzig 842, Michelsen.

Raudnitz, L., die Heilung der Brust- u. Lungenübel. Praktische Abhandlung über die Lungenschwindsucht. Mit besond. Berücksicht. der Lieber'schen Gesundheitskräuter. 3. Aufl. der Schrift: „Die Heilkräfte d. Lieber'schen Gesundheitskräuter." Sammt Angabe dieselben zweckmäßig zuzubereiten u. ächt zu beziehen. 8. (52 S.) Leipzig 850, Spamer. — 4. Aufl. 8. (52 S.) Ebd. 850. n. ⅓ ß

Raudnitz, Dr. L. —. Radikale Heilung aller Unterleibskrankheiten — durch Anwendung der echten Seidlitzer Pulver, ihre spezielle Gebrauchsweise und das diätetische Verhalten, nebst Angabe dieselben echt zu beziehen. Dargestellt von — —. 8. (48 S.) Wien. Druck von J. P. Sollinger's Witwe. 1853.

— die Kunst, den Krankheiten, welche Mädchen in ihren Blüthenjahren bedrohen, vorzubeugen. Ein unentbehrliches diätetisches Handbuch für Mütter, denen das Wohl ihrer Töchter am Herzen liegt. gr. 12. Prag 841, Haase Söhne. 1½ ß

—— der Hoff'sche Malz-Extract, seine Heilkräfte und Wirkungen, dessen specielle Anwendung und Gebrauch. Dargestellt und durch Anführung vieler durch den Hoff'schen Malz-Extract geheilter Krankheitszustände erörtert. 8. (32 S.) Berlin 861, Beiser. *

Raudnitz, L. (Hrsg.), s. Moden - Proteus, Pariser.

—— die Musik als Heilmittel, od.: Der Einfluß d. Musik auf Geist u. Körper des Menschen, u. deren Anwend. in verschied. Krankheiten. Nebst Anh.: Diätetik f. Sänger u. solche Musiker, welche Blas-Instrumente behandeln 2c. gr. 12. (6 B.) Prag 840, Haase Söhne.

Raudnitz, L., die galante Receptirkunde ɩc. Nach den besten u. neuest. Quellen bearb. 16. (9 B.) Leipzig 842, Michelsen. Thlr. –

—— die Schlaflosigkeit, ihre moral. u. phys. Ursachen, ihre Wirkung auf d. körperl. u. geist. Sphäre d. Menschen u. ihre Verhütung. 8. (13½ B.) Prag 840, Haase Söhne.

— Sieg über die Skropheln. Briefe wichtigen Inhalts an Eltern, deren Kinder entweder schon an Skropheln leiden, oder bei denen, wegen einer zur Welt mitgebrachten skrophulösen Anlage, der Ausbruch der Skropheln zu befürchten ist. Gratz 859. Ludewig & Wohlfarth. 12. (83 S.) n. 12 ngr.

— die Unfruchtbarkeit und der Abortus, deren häufiges Vorkommen in der jetzigen Frauenwelt und deren Ursachen. Diätetische Rathschläge zur Behebung u. Verhütung beider Uebelstände. 12. Prag 841, Haase Söhne. 5/6 ₰

Raudnitz, Dr. L. — Das unschätzbare Vermächtniß der größten Aerzte des Alterthums und des mittleren Zeitalters. Enthaltend: Rathschläge, um das Alter hinaus zu schieben, das Leben zu verlängern und den das Alter so häufig umlauschenden Feinden am leichtesten und sichersten zu entgehen. Ein unentbehrliches Handbuch fur Jeden, der auf dem Höhepunkt des Lebens steht Gesammelt und mit Erläuterungen versehen von — —. Wien. 1855. Druck und Verlag von L. C. Zamarski. (1 Bl 148 S. 8.) geh.

— das unschätzbare Vermächtniß der größten Aerzte des Alterthums u. des mittleren Zeitalters. Enthltd. Rathschläge, um das Alter hinauszuschieben, das Leben zu verlängern u. den das Alter so häufig umlauschenden Feinden am leichtesten u. sichersten zu entgehen. Ein unentbehrl. Handbuch für Jeden, der auf dem Höhepunct des Lebens steht. Gesammelt u. mit Erläuterungen versehen. 2. Ausg. Wien 858. (Typogr.-liter.-artist. Anstalt.) gr. 8. n. 18 ngr.

Raudnitz, Dr. L. Die arzneilichen Wirkungen und Heilkräfte der echten Seidlitzer-Pulver bei allen Magen- und Unterleibskrankheiten. 8. (40 S.) Wien, Klopf u. Alex. Eurich 1853.

Raudnitz, Leop., diätetischer Almanach für Schwangere, oder vollständige Lebensordnung für Mütter, vom Augenblicke der Empfängniß an, bis zu dem Zeitabschnitte, wo sie entbindet ɩc. 8. Prag 839, Haase Söhne. 3/4 ₰

RAUDNITZ, Leop., Gallerie des Ehestandes, oder das wahre Mittel, eine frohe u. glückliche Ehe zu führen. Prag 1840. Kl. 8⁰. (24 xr. Beck, Nördl., vor 1875.)

—— Gallerie d. Ehestandes, od. das wahre Mittel, e. frohe u. glückl. Ehe zu führen. gr. 12. (6⅙ B.) Prag 840, Haase Söhne.

Raudnitz, Rob. W., die Arbeiten aus dem Gebiete der Milchwissenschaft u. Molkereipraxis in den J. 1906—1909. Sammelreferat. 7.—13. Heft. (51 S.) gr. 8. Wien, F. Deuticke. 8. —
7. (55 S.) 906. 1.50. — 8. (30 S.) 907. 1.—.
9. (43 S.) 907. 1.—. — 10. (36 S.) 908. 1.—.
11. (46 S.) 908. 1.—. — 12. (64 S.) 909. 1.50.
13. (51 S.) 910. 1.—.
Sonderabdrucke aus: „Monatsschr. f. Kinderheilkde."

Raudnitz, R. W., Die Arbeiten aus dem Gebiete der Milchwissenschaft und Molkereipraxis im Jahre 1906. I. Semester. Separatabdr. a. d. „Monatschrift für Kinderheilkunde". Bd. V Heft 6 Gr. 8⁰. (55 S.) Wien: Deuticke 1907 K 1.80

Raudnitz, R. W., Die Arbeiten aus dem Gebiete der Milchwissenschaft und Molkereipraxis im Jahre 1906. II. Semester. Separatabdruck a. d. „Monatschrift für Kinderheilkunde", Bd. V, Heft 11. Gr.-8⁰. (30 S.) Wien: Deuticke 1907. K 1.20

Raudnitz, R. W., Die Arbeiten aus dem Gebiete der Milchwissenschaft und Molkereipraxis im Jahre 1907. I. Semester. Separatabdruck aus der „Monatschrift für Kinderheilkunde". Bd. IV. Heft 6 Wien: Deuticke 1907 K 1.20

Raudnitz, R. W., Die Arbeiten aus dem Gebiete der Milchwissenschaft und Molkereipraxis im Jahre 1907. II. Semester. 10. Heft. Separatabdruck aus der „Monatschrift für Kinderheilkunde". Bd. VI. Heft 11. Gr.-8⁰. (36 S.) Wien: Deuticke 1908.

— u. K. Basch, Chemie u. Physiologie der Milch. (187 S.) gr. 8. Wiesbaden 903. J. F. Bergmann. n. 4. —
Sonderabdruck aus: „Ergebnisse der Physiologie".

Raudnitz, R. W., Einiges v. d. Milch, s.: Sammlung gemeinnütz. Vorträge.

Raudnitz, R. W., über einige Ergebnisse der Harnuntersuchung bei Kindern, s. a. Wander-Vorträge, medicinische. 63.

Ueber einige Ergebnisse der Harnuntersuchung bei Kindern. Von Dr. R. W Raudnitz. *Berlin: Fischer 1902.* (20 S.) 8⁰
— Wander-Vorträge, Medicinische. H. 63.

Raudnitz, Rob. W., die Findelpflege. gr. 8. (48 S.) Wien 886, Urban und Schwarzenberg. * 2 —
Aus: Real-Encyclopädie der gesammten Heilkunde, besonders abgedruckt.

— der Geheimmittelschwindel, s.: Sammlung gemeinnütziger Vorträge.

Raudnitz, R. W., Sammelreferat über die Arbeiten aus der Milchchemie d. J. 1903—1905. I. u. II. Semester. (22, 24, 32, 26, 31 u. 31 S.) gr. 8. Wien 903—906. F. Deuticke. à n. 1. —
Sonderabdrucke aus: „Monatsschr. f. Kinderheilkde."

Raudnitz, R. W: Sammelreferat über die Arbeiten aus der Milchchemie. Sammelreferat 1903, 1. Semester H. 1 ff. Von 1906, 2. Semester H. 7 ab: Die Arbeiten aus dem Gebiete der Milchwissenschaft und Molkereipraxis. Leipzig und Wien

Raudnitz, R. W., Sammelreferat über die Arbeiten aus der Milchchemie im Jahre 1903, II. Semester. Separatabdr. a. d. „Monatschrift für Kinderheilkunde". Bd. II. Heft 12. Gr.-8⁰. (24 S.) Wien: Deuticke 1904. K 1 20

Raudnitz, R. W., Sammelreferat über die Arbeiten aus der Milchchemie im Jahre 1904. I. Semester. Separatabdruck a. d. „Monatsschrift f. Kinderheilkunde". Bd. 3. Heft 7 und 8. Gr.-8⁰. (33 S.) Wien. Deuticke 1904. K 1.20

Raudnitz, R. W., Sammelreferat über die Arbeiten aus der Milchchemie im Jahre 1904. II. Semester. Separatabdr. a. d. „Monatschrift für Kinderheilkunde". Bd. 3. Heft 12. Gr.-8⁰. (26 S.) Wien: Deuticke 1905. K 1.20

Raudnitz, R. W., Sammelreferat über die Arbeiten aus der Milchchemie im Jahre 1905. I. Semester. Separatabdruck aus der „Monatschrift für Kinderheilkunde". Bd. IV. Heft 5. Gr.-8⁰. (31 S.) Wien. Deuticke 1905. K 1.20

Raudnitz, R. W., Sammelreferat über die Arbeiten aus der Milchchemie im Jahre 1905. II. Semester. Separatabdruck aus der „Monatschrift für Kinderheilkunde". Bd. IV. Heft 11. Gr.-8⁰. (31 S.) Wien Deuticke 1906. K 1 20

Raudnitz, R. W., üb. die mikroskopische Untersuchung der Entleerungen bei Kindern, s.: Wander-Vorträge, medicinische.

Raudnitz, R. W., die Zeichen der Abartung im Kindesalter. gr. 8. (11 S.) Berlin 888. Fischer's medic. Buchh. n. — 50

Raudnitzky, Hans: Die Bell-Sweetsche Schule. Ein Beitr. z. Geschichte d. engl. Phonetik. ⟨Teildr.⟩ Marburg 1910: Friedrich. 68 S. 8° ¶(Vollst. als: Marburger Studien z. engl. Philol. H. 13.)
Marburg, Phil. Diss. v. 3. Dez. 1910, Ref. Viëtor
[Geb. 24. Nov. 87 Wiesbaden; Wohnort: Marburg; Staatsangeh.: Preußen; Vorbildung: Realgymn. Wiesbaden Reife O. 06; Studium: Marburg 7 S.; Rig. 4. Aug. 09.] [U 11. 3479

Raudot, M., über die mögliche Größe Frankreichs. Aus dem Franz. übers. von C. J. Bergius. gr. 8. (VIII u. 186 S.) Breslau 852, Korn. n. 1 ℛ

— der Verfall Frankreichs. Uebers. von C. van Dalen. gr. 8. (VI u. 93 S.) Erfurt 850, Villaret. n. 12 ℊ

Raue, Bruno. Untersuchungen üb. e. aus Afrika stammendes Fischgift. Diss. gr. 8. (72 S.) Dorpat 889, (Karow.) * 1 50

Raue, Christoph Gottfried, s.a. Rau

Raue, Christoph Gottfried. Anweisung zur Situations-Zeichnung für junge Krieger Friedrichstadt 1784. 53 S. 8°

Raue, Ch. G. Grundsätze d. Artillerie. Mit Kpf. Dresden 1786. 150 S.

G.. **Raue**: d. n. Seelenlehre Beneke's nach method. Grundss. in einfach entwickelnder Weise f. Lehrer bearb. *Bautz.*, Weller. 847. 8° 18 ℊ.

Raue, G., die neue Seelenlehre Dr. Beneke's nach methodischen Grundsätzen in einfach entwickelnder Weise für Lehrer bearb. 2. verb. u. verm. Aufl., besorgt von Dreßler. gr. 8. (XII u. 251 S.) Bautzen 850, Weller. ¾ ℛ (1. Aufl. siehe: Beneke's Seelenlehre.)

Raue, G., Dr. Beneke's neue Seelenlehre nach methodischen Grundsätzen in einfach entwickelnder Weise für Lehrer bearb. 3., abermals verb. und verm. Aufl., besorgt von Dreßler. gr. 8. (X und 244 S.) Bautzen 854, Weller. —

Raue, G., Dr. F. E. Beneke's neue Seelenlehre, für alle Freunde der Naturwahrheit in anschaulicher Weise dargestellt. 4. Aufl. Mehrfach umgearb., verb. u. verm. von Joh. Glieb. Dreßler. Mainz 865. Faber'sche Buchh. gr. 8. (VIII, 263 S.) n. 1 ℛ

Raue, Jakob [Praes.], s. Cotta, Johann Ludwig: De effectu deficientis formae legalis in actibus qui jus respiciunt.

Raue, Jacob (Praes.), s. Daevel, Bendix Fried.: An legatarius in testamento nuncupativo legitime testari possit?

Raue, Jakob [Praes.], s. Hartmann, Erich Justus: De feudo pignoratitio.

Raue, Severus, O. S. Fr., Christus als Lehrer u. Erzieher. E. pädagogisch-didakt. Studie üb. d. hl. Evangelium. gr. 8. (XII, 239 S.) Freiburg i/B. 895. Herder. n. 1. 80; geb. in Leinw. n. 2. 50

Raue, Severus, O. F. M., Christus als Lehrer u. Erzieher. Eine method. Studie üb. das hl. Evangelium. 2. verb. u. verm. Aufl. gr. 8. (XVI, 416 S.) Freiburg i/B. 902. Herder. n. 3. 20; geb. in Leinw. n. 4. —

Raue, Severus, O. F. M., die göttliche Liebe in Glaube u. Leben. Eine Theologie der Liebe. 6 Betrachtgn. (XI, 81 S.) gr. 8. Freiburg i/B. 903. Herder. n. 1. —; geb. n. 1. 60

Raueck, Adolph v., od. d. unverhoffte Entdeckung. Lustsp. in 3 Akt. 8. Jena. (Fr. Bruder in Leipz.) 805. —

v. Raueck, Adolph, od. die unverhoffte Entdeckung. Lstspl. in 3 A. 8. Jena 805. Göbdorff. 12 ℊ

Rauecker, Bruno: Das Kunstgewerbe in München. Stuttgart 1911: Union. VIII, 162 S. 8° ¶(Auch als: Münchener volkswirtschaftl. Studien. Stück 109.)
München, Staatswirtsch. Diss. v. 19. Dez. 1910, Ref. Brentano
[Geb. 20. Dez. 87 München; Wohnort: Solln; Staatsangeh.: Bayern; Vorbildung: Theresien-Gymn. München Reife Juli 06; Studium: München 3, Heidelberg 1, München 6 S.; Rig. 19. Dez. 10.] [U 11 3574

Rauen [Schlagwort]

Rauen, s.: Mark — Wanderkarten.

Rauenbusch, L., Atlas der orthopäd. Chirurgie, s.: Hoffa, A.

Rauenbusch, Ludwig, Hilfsassist. im pathol. Inst. d. Univ. Breslau: Aus d. pathol. Institute d. Universität Breslau. ⟨Geh. Med.-Rat Prof. Dr. Ponfick.⟩ **Beiträge** zur Lokalisation und Verbreitungsweise der eiterigen Peritonitis. *Jena: G. Fischer 1902.* (32 S.) 8°
Breslau, Med. Diss. v. 11. Okt. 1902

Rauenbusch, Ludw., die Spondylitis tuberculosa im Röntgenbilde, s.a. Fortschritte auf dem Gebiete der Röntgenstrahlen. 17. Erg.-Heft.

Die Spondylitis tuberculosa im Röntgenbilde von Dr. Ludwig **Rauenbusch**. Mit 22 Röntgenbild. auf 11 Taf. u. 11 Skizzenbl. Hamburg: L. Gräfe & Sillem 1908. (16 S.) 4°
— Archiv u. Atlas d. normalen u. pathol. Anatomie in typischen Röntgenbildern. [17.]
— **Fortschritte** auf d. Gebiete d. Röntgenstrahlen. Erg.Bd 17 [08, 3887

Rauer, Verzeichnis empfehlensw. Jugendlektüre, s.: Schwochow, H.

Rauer, C. F., s. Rauer, K. F.

Rauer, C. G., s. Rauer, K. G.

Rauer, F K., s. Rauer, K. F

Rauer, Franz [pr. Arzt in Breslau]: Untersuchungen über die Giftigkeit der Exspirationsluft. ... (Aus: Zeitschr. f. Hyg. u. Infectionskrankh., Bd xv.) Leipzig, Veit & C., 1893; 19 S., 1 Bl. 8.
Breslau, Med. Fak., Inaug.-Diss. v. 2. Aug. 1893

Rauer, K. F., Adress-Buch der Rittergutsbesitzer und Rittergüter in den Preussischen Staaten. 2 Bde. Berlin 857. R. Kühn. gr. 8. (VII, 454; IV, 270 S.) 1.: n. 2 ℛ.; 2.: n. 1 ℛ. 15 ngr.
Inhalt: 1. Bd.: Hand-Matrikel der in sämmtlichen Kreisen des Preuss. Staats auf Kreis- und Landtagen vertretenen Rittergüter. — 2. Bd.: Alphabetischer Nachweis (Adressbuch) des in den Preuss. Staaten mit Rittergütern angesessenen Adels.

Rauer, C. Fr., Adress-Buch der Rittergutsbesitzer und Rittergüter in den preussischen Staaten. 2 Bde. gr. 8. Berlin 858, R. Kühn's Verlagsbuchh. *
Inhalt:
Bd. 1. Hand-Matrikel der in sämmtlichen Kreisen des preussischen Staats auf Kreis- und Landtagen vertretenen Rittergüter. 1857. (VII und 454 S.) * 2 Thlr.
" 2. Alphabetischer Nachweis (Adressbuch) des in den preussischen Staaten mit Rittergütern angesessenen Adels. 1857. (IV und 270 S.) * 1 Thlr. 15 Ngr.

Rauer, K. Fr., Adreßkalender d. preuß. Justiz-Behörden, s. Adreßkalender.

Rauer, K. Fr., die sittliche Erziehung der Menschen u. Völker, als erstes Bedürfniß d. Zeit. gr. 12. (6 B.) Leipzig 833, Wienbrack.

—— neuere ständische Gesetzgebung der preußischen Staaten. Einschließlich der Gesetzgebung über die beiden Häuser des Landtages der Monarchie, die Verhältnisse der vormals reichsständ. Familien, der Ritterguts-Besitzer rc. Nebst einem histor. Tableau des Herrenhauses. gr. 8. (XI und 600 S.) Berlin 859, R. Kühn's Verlagsbuchh.

Rauer, K. F., die ständische Gesetzgebung der Preußischen Staaten. 2 Thle. (1. Thl.: Text der ständischen Gesetze. 2. Thl.: Systematische Darstellung der ständischen Gesetzgebung.) gr. 8. Berlin 845, Heymann. n. 4 ℛ

Rauer, K. F, die ständische Gesetzgebung d. Preußischen Staaten. [Neue Folge.] 2 Thle. Text der ständischen Gesetze. — Systematische Darstellung der ständischen Gesetzgebung. gr. 8. (XX u. 645 S.) Berlin 852, C. Heymann. n. 3 ℛ (1. Folge 2 Thle. 845 u Neue Folge: n. 7 ℛ)

Rauer, K Fr.: Hand-Matrikel der in sammtlichen Kreisen des Preussischen Staats auf Kreis- und Landtagen vertretenen Ritterguter. 1857. Berlin 1857.

– s. C. F. Koch, die Lehre von d. Uebergange d. Forderungs-Rechte.

Rauer, K. F., preußisches Landbuch. Hand-Notizen über die im Lande bestehenden Wohlthätigkeits-Anstalten, milden und gemeinnütz. Stiftungen, Institute rc. gr. 8. (IV und 806 S.) Berlin 866, (Wagner.) *

Rauer, K. Fr.: Alphabetischer Nachweis (Adreßbuch) des in den Preussischen Staaten mit Rittergütern angesessenen Adels. Berlin 1857.

– s. Namen- u. Adreßbuch für Preuß Juristen.

—— die in den preußischen Staaten bestehenden allgemeinen Polizei-Gesetze und Verordnungen. Zusammengestellt im Auftrage des königl. Ministeriums des Innern. 1. Aufl. (VIII und 176 S.) 1852. und 2., verb. und verm. Aufl. gr. 8. (X und 206 S.) Berlin 853, (Gebauer'sche Buchh.) **

— — 3. Aufl. 1855.

Rauer, K. F., die in den preußischen Staaten bestehenden allgemeinen Polizei-Gesetze u. Verordnungen. Zusammengestellt im Auftrage d. k. Ministeriums d. Innern. 4. Aufl. Fortgesetzt, bis auf die neueste Zeit ergänzt u. m. den wichtigsten specielleren Vorschriften verm. durch M. v. Oesfeld. gr. 8. (XII, 272 S.) Berlin 872. C. Heymann's Verl. n. 4. —

—— die Probleme d. Staatskunst, Philosophie u. Physik. Zur Herbeiführung e. bessern Zustandes f. Fürsten u. Völker, Wissenschaft u. Leben auf d. Befriedigendste gelöst. gr. 8. (13 B.) Leipzig 833, Kollmann.

Rauer, K. G., s.a. · Protokolle der von der Versammlung zur Vereinbarung der Preuß. Verfassung ernannt gewesenen Verfassungs-Kommission.

Rauer, K. F.: Protokolle der von der Versammlung zur Vereinbarung der Preußischen Verfassung ernannt gewesenen Verfassungs-Kommission. Gesammelt u. für den Handgebrauch zsgest. Berlin 1849.

—— Uebersicht der preuß. Paß-Polizei-Verwaltung. gr. 8. (9½ B.) Nordhausen 844, [Büchting.] *

— Uebersicht der Preuß. Paß-Polizei-Verwaltung. gr. 8. Nordhausen 844, Schmidt. n. ½ ℛ

(——) Uebersicht der üb. d. Fristen u. Formen bei Einlegung u. Beantwortung d. Nichtigkeitsbeschwerde ergang. Verordnungen rc., s. Uebersicht.

Rauer, C. F., Verhandlungen des verein. Landtages von 1847, des verein. Ausschusses und des verein. Landtages von 1848. Nach Materien geordnet. gr. 8. (VIII und 839 S.) Berlin 848, Deckersche geheime Ober-Hofbuchdr.

—— jurist. Zeitung f. d. preuß. Staaten, s. Zeitung.

— s. Zeitung, kameralistische.

—— Central-Blatt f. preuß. Juristen, s. Central-Blatt.

Rauers, Frdr., zur Geschichte der alten Handelsstrassen in Deutschland. Versuch e. quellenmäss. Übersichtskarte. Mit 4 kartograph. Beilagen. Hrsg. vom Verein f. hans. Geschichte. (24 S.) Lex. 8. Gotha 907. J. Perthes. 3. —
Erweit. Sonderabdr. aus „A. Petermanns geogr. Mitt.".

Rauert & Rocco's Hôtel-Adressbuch f. d. J. 1890. Verzeichniss der vorzüglichsten Hôtels in Mittel-Europa. 16. (III, 135 S.) Leipzig 890. Rauert & Rocco. n. — 50

Rauert, Carl, s. Rauert, Karl

Rauert, E., wohin gehe ich im Sommer m. meinen Kindern? Wahl u. sachgemäße Behandlg. Praktische Winke f. Eltern. (78 S.) 8. Berlin (909). P. J. Oestergaard. 1. —

Rauert, Ernst [app. Arzt aus Bornhöved]: **Aus d. chirurg. Klinik zu Kiel. Fälle von sogen. Fetthernien in der Bauchwand. . . Kiel**, Druck v. Schmidt & Klaunig, 1890; 12 S. + 2 Bl. 8°
Kiel, Med. Fak., Inaug.-Diss. v 5. Apr. 1890

Rauert, E., Fälle v. sogen. Fetthernien in der Bauchwand. Aus der chirurg. Klinik zu Kiel. Inaug.-Diss. gr. 8. (12 S.) Kiel 890. (Lipsius & Tischer.) n. — 80

Rauert, Johann: Ausbau und Leistungen der Tarifgemeinschaft der deutschen Buchdrucker. Halle a. S. 1910: Rauert & Pittius, Sorau N.-L. VIII, 188 S., 2 Taf. 8°
Halle, Phil. Diss. v. 16. Aug. 1910, Ref. Conrad
[Geb. 17 Nov 85 Sorau; Wohnort: Sorau; Staatsangeh.: Preußen; Vorbildung: Gymn. Sorau Reife O. 05; Studium: Leipzig 1, Berlin 2, Halle 3 S.; Rig. 3. Mai 10.] [U 11. 1890

Rauert, Karl

Rauert, Carl, approb. Arzt aus Christinenhof ⟨Holst.⟩: **Aus d.** pathol. Institut zu Freiburg i. B. Über **Zwerchfellshernien.** *Hannover: W. Riemschneider 1900.* (36 S.) 8°
Freiburg i. B., Med. Diss. v. 1900

RAUERT, M[ATTH.] H[EINR.] T[HEOD.], Die Graffschaft Rantzau. Ein Beitrag zur genaueren Landeskunde. Altona. 1840. (M. 1 Tabel).

Rauert, M. H. T., die Grafschaft Ranzau. Ein Beitr. z. genaueren Landeskunde. gr. 8. (18 B.) Altona 840, Hammerich.

Die Grafschaft **Rantzau** gez. vom Amtsverwalter **Rauert.** (1 : 52000.) Altona. 1852. Farbendruck 1 Bl. gr 4°. 47,47 cm. Aufgez. a. Leinen.
Mit einer Ansicht von Bramstedt und Rantzau.

Rauert, Matthäus, Referendar: **Anspruch** auf Abnahme bei Kauf, Dienstvertrag und Werkvertrag nach gemeinem Rechte und BGB. Folgen d. Verzugs in d. Erfüllung dieses Anspruchs. *Rostock 1902: C. Hinstorff.* (92 S.) 8° [𝔉.]
Rostock, Jur. Diss. v [6. Okt.] 1902

Rauert, M(atthäus): Die Negation in den Werken Alfred's. Kiel 1910: Fiencke. 118 S. 8°
Kiel, Phil. Diss. v. 24. Febr. 1910, Ref. Holthausen
[Geb. 4. März 83 Todendorf, Fehmarn; Wohnort: Todendorf; Staatsangeh.: Preußen; Vorbildung: Realgymn. Lübeck Reife O. 05; Studium: Göttingen 1, Berlin 3, Kiel 5 S.; Rig. 31. Juli 09.] [U 10. 2521

Raufer, Andr. K. G., das Schicksal ist doch sonderbar, oder Lottchen, die bestimmte Braut; ein Schspl. mit Gesang in 2 Aufz. 8. Lindau 785.

— s. Noch gut.

Raufer, G. M., die Meerschaum- und Bernsteinwaaren-Fabrikation. Mit einem Anhang über die Erzeugung hölzerner Pfeifenköpfe. Enth. die Fundorte des Meerschaums und Bernsteins, deren Vaterland, Geschichte, Eigenschaften und Auswahl; die Fabrikation der Pfeifen und Cigarrenspitzen; die Verwerthung der Meerschaum- und Bernstein-Abfälle, Erzeugung von Kunstmeerschaum (Masse oder Massa), künstl. Schmucksteine auf chem. Wege; die zweckmäßigsten und nöthigsten Werkzeuge, Geräthschaften, Vorrichtungen und Hilfsstoffe. Ferner die Erzeugung der Oelköpfe, geflammter, gesprengelter und Ruhlaer Waare; Vorschriften zum schönen Anrauchen der Pfeifen und Cigarrenspitzen und Verbesserung durch Rauchen verdorbener. Endlich die Erzeugung der Holzpfeifen, hiezu dienl. Holzarten, deren Färben, Beizen, Poliren u. dgl. Leicht faßlich und verständl. dargestellt. 8. (VII, 142 S. mit 5 lithogr. Taf.-Abbild.) Wien 876, Hartleben's Verlag.

Raufer, Geo., der vollkommene Töpfer und Ofen-Fabrikant, oder Anleitung alle Gattungen und Arten von Töpfergeschirr, Oefen mit durchsichtiger und opaker Schmelz-Glasur, die hiezu nöthigen Metalloxyde, Blei und Zinnasche, Chromgrün ꝛc. anzufertigen, nebst vielen geheim gehaltenen Arkanas und Vortheilen der anerkanntesten Meister, Feilner in Berlin, Leibl in München, Ernd in Wien und einer rißfreien, blendendweißen Schmelzglasur ohne Zinnasche ꝛc. 12. (36 S.) Gratz 853. (Leipzig, Hübner.)

Raufer, Geo., der vollkommene Töpfer und Ofen-Fabrikant, oder Anleitung alle Gattungen und Arten von Töpfergeschirr, Oefen mit durchsichtiger und opaker Schmelz-Glasur, die hiezu nöthigen Metalloxyde, Blei u. Zinnasche, Chromgrün, Kupferasche ꝛc. zu erzeugen, neue Blei- und bleifreie Glasuren ꝛc. anzufertigen, nebst vielen geheim gehaltenen Arkanas und Vortheilen der anerkanntesten Meister, Feilner in Berlin, Leibl in München, Ernd in Wien u. s. w. Gratz 853. Ludewig 12. (36 S.) 7½ ngr.

Raufeysen, s. R a u f e y s e n s, Phil. Ernst

Rauff, Georg, Berlin: Über die **Aufspaltung** des p-Tertiärbutylphenols und des p-Tertiäramylphenols und Über das 2,6 Dinitro-p-tertiäramylphenol und seine Umwandlungsprodukte. *Bonn 1902: C. Georgi.* (60 S.) 8°
Bonn, Phil. Diss. v 6. Dez. 1902

Rauff, Hermann: G e o l o g i e und Bergbau. Festrede z. Feier d. Geburtstages Sr. M. d. Kaisers geh. 1909 in d. Kgl. Bergakademie zu Berlin von Prof. Dr. –. (Berlin 1909: Schade.) 24 S. 4°

Höhenschichten-Karte der Eifel auf Grundlage der von d. Kgl. Preuß. Landesaufnahme herausgegeb. Topogr. Uebersichtskarte d. Deutschen Reiches von Dr. H[ermann] **Rauff**, Prof. (Gezeichnet von W. Rose.) Maßst. 1:200,000. [Nebst] Erl. Begleitwort. Bonn: F. Cohen [1907]; (Berl. Lith. Inst., Berlin). (1 Kartenbl. 60×65 cm, 8 S. 8°) [kol.] [07. 13783

R a u f f, H., geologische und mineralogische Litteratur der Rheinprovinz und der Prov. Westfalen, sowie einiger angrenzenden Gegenden, s. D e c h e n, H. v.

Rauff, Herm., P a l a e o s p o n g i o l o g i e. 1. od. allgemeiner Thl., u. 2. Thl., 1 Hälfte. [Aus: „Palaeontographica".] gr 4. (IV, 346 S m. Holzschn., 17 z. Tl. farb. Taf u. 17 Bl. Erklärgn.) Stuttgart 893. 894 E. Schweizerbart. n. 80. —

Rauff, Herm., P a l a e o s p o n g i o l o g i e. II. Bd. 2. Abth. [Aus: „Palaeontographica".] gr. 4. (S. 347—895 m. 49 Abb., 7 Taf. u. 7 Bl. Erklärgn.) Stuttgart 895. E. Schweizerbart. 20. — (I—II, 2.: n. 100. —)

R a u f f, Herm. Untersuchungen üb. die Organisation u. systematische Stellung der Receptaculitiden. gr. 4. (78 S. m. Fig., 7 Taf. u. 7 Bl. Erklärgn.) Münch. 892, (Franz' Verl.) ** 5 —
Aus: Abhandlgn. der k. b. Akad. d. Wissensch., besonders abgedruckt.

Rauff, Hermann ⟨geb. am 26 Dez. 1853 in Berlin⟩: Ueber die chemische Zusammensetzung des Nephelins, Cancrinits und Mikrosommits ... Bonn, (Buchdr. v. G. Schade in Berlin) 1878. 2 Bl., 58 S., 1 Bl. 8.
Bonn, Phil. Fak., Diss. v. 3 Mai 1878

Rauff, Willy, [a.] Berlin: Untersuchungen zu Biterolf und Dietleip. Berlin 1907: G. Schade. (63 S.) 8°
Bonn, Phil. Fak., Ref. Wilmanns, Diss. v. 14. Mai 1907
[Geb. 23. Dez. 83 Berlin; Wohnort: Berlin; Staatsangeh.: Preußen; Vorbildung: Dorotheenstädt. Realgymn. Berlin Reife O. 02; Studium: Berlin 2, Bonn 7 S.; Rig. 6. Febr. 07.]

Rauffer, J. L., geistl. Schaubühne, m. K. 8. Regensb. Montag u. W. 754.

Rauffus, Samuel Heinrich (Regensburg), De poena delictis conniventium vel eorundem scientiam habentium, inprimis ad fora Saxoniae adcommodata. Diss. jur. [Präs.] Tobias Jak. Reinharth. Erfurt (Hering) 1. X. 1734. 30 S. (4.75) 27736

Raufrosch, Matth., s. Halill, al. Reden.

RAUFSEYSENS (Phil. Ernst) G e d i c h t e, nach dem Tode des Verfassers hrsg. von G. D a n o w i u s, Lieutenant bey dem Königl. Preuss. Feld-Artillerie-Corps, Berlin, gedruckt bey J. C. F. Eisfeld 1782. 8°. (25 Mk. E. Frensdorff, 1907; 15 Mk. Adolf Weigel, 1908.) Sehr selten!
Enth. u. a.: An die Linden der großen Allee in Berlin. — A n d i e P r i e s t e r i n n e n i n e i n e m T e m p e l d e r V e n u s i n B e r l i n. — Der Cavalier und der Jude etc.
Vf., geb. zu Danzig 1743, studirte in Jena, hielt Vorlesungen zu Greifswald, ergab sich dem Trunke, ging unter das Kleistsche Regiment Freidragoner, Privatsekretär des Generals v. Kleist, nach dessen Tode 1769 Musketier im Regiment Prinz Ferdinand, † im Lazarett zu Ruppin am 21. Decbr. 1775. — Goedeke IV, 331, 9.
— — Dasselbe. Z w e i t e A u f l a g e. Berlin, gedruckt bei Arnold Wever, 1792. 8°. XVI—311 S. (8 Mk. Leo Liepmannssohn, Berlin, 1907; 15 Mk. F. Waldau, Fürstenwalde, 1908.)

Raufseisen's, Ph. Er., († d. 21. Dec. 1773.) Gedichte, herausgg. v. Geo. Danovius. gr. 8. Berl. 782. 2e A. 8. Ebd. 792. (Sander). 20 gr.

Rauh, Anti contrat-social oder rationelle Begründung des historischen Rechts. gr. 16. (VIII und 226 S.) München 854. (Augsburg, Pilon und Comp.) *

Rauh, Lic. theol., Das Deutsche Demokratenthum. Weckruf und Warnung an die conservativen Wahlmänner. Berlin, C. Reimarus, 1849. II, 20 S. 8°.

Rauh. Lied für Wähler von einem Deutschen Demagogen. Berlin, im Selbstverlage des Verfassers, 1849. 1 Bl. Fol.
Flugblatt. Berlin, 1848/49.

R a u h, über den Ursprung der Staaten. Lex.-8. (VIII und 102 S.) München 857, (Kaiser.)

RAUH: Versuch einer Geschichte d. Lehre vom Besitz. *Landau*. 834. 8.

Rauh, C. J. J. Der deutsche Socialismus als Heilmittel für Staat und Gesellschaft. Nebst geschichtl. Uebersicht über die Geschichte des Socialismus (Vortrag.) Berlin 1849. 26 S. 8.

Rauh, C. J. S. Die politischen Partheien der Gegenwart. Ein deutsches Wort an das Volk und für das Volk. Gesprochen im berliner Handwerker Bunde. Berlin 1849. 9 S. 8.

Rauh, C. J. Sigism. Theses theologicae. Berolini (1845). (2 Bl.) 4°
Berlin, Theol. Thes. v. 7. Apr. 1845

Rauh, Daniel Cornelius: De ascaride lumbricoide Linn. vermium intestinalium apud homines vulgatissimo. 37 S., gbd., Diss.

Gottingae: Dieterich 1779
an: Stein, Georg Wilhelm: Kurze Beschreibung einer Brust= oder Milchpumpe.... Cassel: 1773

JB 3.876

Rauh, G., Nürnberg u. seine nächsten Umgebungen. Ein freundlicher Führer für Reisende (namentlich für Kaufleute) u. Einheimische. Nebst einem Adreßbuche des Nürnberger Handelsstandes. Mit 1 Stahlst. gr. 16. (XVI u. 256 S.) Nürnberg 847, v. Ebner. 18 ngr.

— u. Otto Wadepuhl, der Redner im Arbeiter-Radfahrerverein. Sammlung v. Vorträgen, Fest-Reden u. Prologen. (94 S.) 8. Leipzig (909). Rauh & Pohle. 1. 20

RAUH, Gustav Carl (München): Die Steinoperationen in der kgl. chirurgischen Poliklinik München mit einer kasuistischen Erläuterung.- München: Finsterlin 1886. 30 S.
16.11.1885 - Chr 1885/86,17; Jv 1885/86,167
Diss. Ingolst.-Landsh.-Mchn.

Rauh, Hermann, Die Entwicklung der Turnerei in Deutschland, Probstheida-Leipzig 1894, 36 S., 8°

Rauh, Herm., Neger-Quadrille, s.: Kostümreigen.

Rauh, Herm., Taschen-Liederbuch. Sammlung beliebter Volks-, Trink- u. Wanderlieder. (176 S.) 16. Leipzig (906). Rauh & Pohle. Kart. — 30

Rauh, Hermann, Wert und Bedeutung des Arbeiter-Turnerbundes, Probstheida-Leipzig 1894, 16 S., 16°.

Rauh, J. B., d. Nachbarkinder. E. Reise in d. Schweiz. Gabriele. 3 erzähl. Gedichte. 12. (143 S.) Leipzig 895. G. Fock, Verlag. n. 1. 20; geb. in Leinw. m. Goldschn. 2. —

Julius Rauh. Gewitter im Winkel. Dorfroman. Berlin: O. Janke 1905. (332 S.) 8° [F.] [06. 10919

Julius Rauh. Das bucklige Peterle u. andere Novellen. Berlin: O. Janke [1906]. (127 S.) 8° [F.]
(Kollektion Otto Janke.) [06. 13308

Zwei von den Armen. Erzählung von Julius Rauh. Berlin O. Janke [1904]. (293 S.) 8° [F.] [06. 10,58 II

Zwei von den Armen. Erzählung von Julius Rauh. 2. Aufl. Berlin. O. Janke [1904]. (293 S.) 8° [F.] [05. 13197

Rauh, Karl, Führer f. Plauen u. die vogtländische Schweiz. Kurze Schilderg. der Stadt Plauen, Wanderg. durch ihre Umgebg. u. in der vogtländ. Schweiz. Mit 1 Stadtplan u. 10 Ansichtspostkarten in Lichtdr. gr. 16. (24 u. V S.) Plauen (902). M. Neupert jr. — 75

Rauh, Paulus: Aus d. Psychiatr. u. Nerven-Klinik zu Kiel. Nichtparalytische Psychosen bei Tabes dorsalis. Kiel 1909: Fiencke. 36 S. 8°
Kiel, Med. Diss. v. 3. Jan. 1909, Ref. Siemerling
[Geb. 12. Dez. 82 Potsdam; Wohnort: Freienwalde a. O.; Staatsangeh.: Preußen; Vorbildung. Gymn. Potsdam Reife M. 84, Studium: Berlin 9, Kiel 1 S.; Coll. 18. Jan. 08; Approb. 8. Jan. 09.] [U 09. 2282

Rauh, Sigismund, a. Potsdam in Brandenburg: Hebräisches Familienrecht in vorprophetischer Zeit. (Berlin 1907: G. Schade.) (46 S.) 8°
Berlin, Phil. Fak., Ref. Ed. Meyer, Diss. v. 9. März 1907
[Geb. 28. Aug. 79 Potsdam; Wohnort: Mülheim a. R.; Staatsangeh.: Preußen; Vorbildung Victoria-Gymn. Potsdam Reife O. 98; Studium: Lausanne 1, Berlin 3, Straßburg 1, Berlin 8 S.; Rig. 8. Nov. 06.]

Rauhe Alb [Schlagwort]

Rauhe Alb, s.: Hand- u. Reisekarten. '21.

Rauhe Alb, s.: Schwarzwald.

Rauhe Haus, das, in Horn in Hamburg. Nach seinem ersten Jahrzehnd. 1833—1843. Ein Plan in Fol. mit 10 Randansichten. (Hamburg 844, Agentur des Rauhen Hauses.)

Rauhe, Karl

Rauhe, C[arl]: Die unehelichen Geburten als Sozialphänomen. Ein Beitrag zur Bevölkerungsstatistik Preußens. [München: Reinhardt 1912.] IV, 9—92 S., 3 Kt. 4°(8°) ¶(Auch als: Statist. u. nationalökon. Abhandlungen. H. 8.)
München, Staatswirtsch. Diss. v. 17. Juni 1910, Ref. v. Mayr
(Nur in beschränkter Anzahl für den Austausch)
[Geb. 18. Jan 83 Düsseldorf; Wohnort: Düsseldorf; Staatsangeh.: Preußen; Vorbildung: Realgymn. Dusseldorf Reife O. 04; Studium: Jura München 3, Genf 1, Kiel 1, Berlin 1, Bonn 2, Staatsw. München 4 S.; Rig. 17. Juni 10.] [U 12. 6354
19*

Rauhenlachsberg, Emma v., d. Kummel, ein Trauersp. mit 1 Kupf. 8. Augsb. Stage. 814.

Rauhenzahner, G. „Die Urbevölkerung Amerikas". pg. 3—17. 4°. Ed. Kaussler. Landau, Progr. 1854/55

Rauhhäusler, die, im Gefängniß. Von einem Augenzeugen. gr. 8. (32 S.) Altona 863. (Hamburg, J. F. Richter.) *

Rauhnacht, die. Volksstück aus den bayerischen Vorbergen in 3 Aufzügen. (Für nur weibl. Rollen.) 12. (80 S.) Bonn 893. P. Hauptmann. n. — 50

Rauhthon, H., über den menschlichen Charakter. Vortrag. gr. 8. (24 S.) Leipzig 885, Huth. *

—— über das Gemüth. Vortrag. 8. (47 S.) Ebendas. 886. *

Rauhut, H. Lehrgang f. den Zeichenunterricht in Elementarschulen. 1. Tl.: Methodik. Netzzeichnen. Freies Zeichnen ebener Gebilde. gr. 8. (48 S. m. 18 Taf.) Habelschwerdt 889, Franke. cart. * 1 —

Rauhut, H., Lehrgang f. den Zeichenunterricht in Volksschulen. Methodik. Netzzeichnen. Freies Zeichnen ebener Gebilde. M. 20 Zeichentaf. 2., verb. u. verm. Aufl. gr. 8. (102 S.) Habelschwerdt 897. Franke. n. 1. 50

Rauhut, H., Zeichenhefte für Elementarschulen. Mit Rücksicht auf den im Lehrplane der Seminarschule zu Habelschwerdt enthaltenen Übungsstoff entworfen. 4 Hefte. 4. (à Heft 20 lithogr. S.) Habelschwerdt 882, Franke's Buchh. à Heft * 15 Pf. *

— Zeichenhefte f. Elementarschulen. Auf Grund d. Ministerial-Reskripts vom 20. Mai 1887 entworfen. 4 Hfte. 4. (à 20 S.) Ebd. 889. à n.n. — 15
1—3. 14. Aufl. — 4. 9. Aufl.

Rauhut, H., Zeichenhefte f. Elementarschulen. Auf Grund des Ministerial-Reskripts vom 20. Mai 1887 entworfen. Ausg. A. 1. u. 2. Hft. 4. (à 20 S.) Habelschwerdt 894. Franke's Verl. à n. — 15
1. Netzzeichnen. 33. Aufl. — 2. Freies Zeichnen ebener Gebilde. 32. Aufl.

— Zeichenhefte f. Elementarschulen. Auf Grund d. Ministerial-Reskripts v. 20. Mai 188 entworfen. Ausg. A. 4 Hfte. 4. (à 20 S.) Ebd. 894. à n — 15
1. Netzzeichnen. 34. u. 35. Aufl.
2. Freies Zeichnen ebener Gebilde. 34. u. 35. Aufl.
3. Freies Zeichnen ebener Gebilde u. nach körperl. Gegenständen. 30. Aufl.
4. Musterzeichnen f. weibl. Handarbeiten. 10. Aufl.

— dasselbe. Ausg. B. 1. u. 2. Hft. 4. (à 24 S.) Ebd. 898. à n. — 10
1. Netzzeichnen.
2. Freies Zeichnen ebener Gebilde u. nach körperl. Gegenständen.

— dasselbe. Ausg. B. 2 Hfte. 45. Aufl. 4. (à 20 S.) Ebd. (901). à n. — 10
1. Netzzeichnen. — 2. Freies Zeichnen ebener Gebilde.

— dasselbe m. Punktnetz. 3 Hfte. 4. (à 20 S.) Ebd. 897. à n. — 15
1. Mit Punktnetz v. 1 cm Weite. Neudr.
2. Mit Punktnetz v. 2 cm Weite. Neudr.
3. Mit Rücksicht auf d. im Lehrplane d. Seminarschule zu Habelschwerdt enth. Uebungsstoff entworfen. M. 9 quadrat. Punktsystemen v. 5 cm Weite. 7. Aufl.

— dasselbe m. Punktnetz. 3 Hfte. 4. (à 20 S.) Ebd. à n. — 15
1. Mit Punktnetz v. 1 cm Weite. 45. Aufl. (901.)
2. Mit Punktnetz v. 2 cm Weite. 45. Aufl. (901.)
3. Mit 9 quadrat. Punktsystemen v. 5 cm Weite. 8. Aufl. (900.)

— dasselbe f. Volksschulen. Auf Grund d. Ministerial-Reskripts v. 20. V. 1887 entworfen. Ausg. A. 1.—3. Hft. 4. (à 20 S.) Ebd. 897. à n. — 15
1. Netzzeichnen. 36. Aufl.
2. Freies Zeichnen ebener Gebilde. 39. Aufl.
3. Freies Zeichnen ebener Gebilde u. nach körperl. Gegenständen. 35. Aufl.

Rauhut, H., Zeichenhefte f. Volksschulen. Auf Grund des Ministerial-Reskripts vom 20. V. 1887 entworfen. Ausg. A. 4 Hfte. 4. (à 20 S.) Habelschwerdt, Franke. à n. — 15
1. Netzzeichnen. 45. Aufl. (901.)
2. Freies Zeichnen ebener Gebilde. 45. Aufl. (901.)
3. Freies Zeichnen ebener Gebilde u. nach körperlichen Gegenständen. 45. Aufl. (901.)
4. Musterzeichnen f. weibliche Handarbeiten. 43. Aufl. (900.)

Rauhut, Johannes [aus Neurode in Schles.]: Die neueren Prolapsoperationen ... Halle a. S., Hofbuchdr. v. C. A. Kaemmerer & C., 1895; 44 S., 2 Bl. 8.
Halle, Med. Fak., Inaug.-Diss. v. 15. Juni 1895

Raul, Paul, die Wiener Schaubühnen in der Saison 1906/07. (66 S.) 8. Leipzig 907. Modernes Verlagsbureau. 1. 50

Raule, Frz., Abhandlung üb. d. derogativen Einfluss d. allgem. bürgerl. Gesetzbuches, auf d. Anordnungen d. allgem. Gerichtsordnung üb. d. executive Einantwort. d. Privatforderungen. gr. 8. (3 B.) Wien 828, Sollinger.

Raule, L., s. Geschichtsschreiber, die.

— Granit und Marmor. Gedichte. 8. (XII und 260 S.) Leipzig 854, (Brockhaus.)

Raule, Theodor Ritter von —. Meine Gedanken. Eine Lieder-Sammlung von — —. (94 S. 8.) Gmunden. 1854. Druck von Joh. Habacher.

Raule, Dr Theodor Freiherr v.: Aus der Mappe eines Minnesängers. Lieder aus den Werken aller deutschen Sänger gesammelt. 8. (VI u. 185 S.) Gmunden, Habacher. 1869

Raulf, Eman., Aus der Mappe eines Cosmopoliten. Erzählungen, Novellen, Genrebilder und Humoresken. 8. (V und 397 S.) Leipzig 856(57,) Kollmann.

Raulf, Franz, Landwirt, a. Münster i. W.: Kapitalismus und Genossenschaftswesen im deutschen Getreidehandel. Münster i. W. (1905): „Der Westfale." (40 S.) 8°
Berlin, Phil. Fak., Ref. Sering, Diss. v. 28. Okt. 1905
[Geb. 14. Nov. 78 Laer, Kr. Meschede; Wohnort: Münster; Staatsangeh.: Preußen; Vorbildung: Gymn. Münster i. W. Reife M. 02; Studium: Halle 2, Berlin Landw. Hochsch. 3, Univ 1 S.; Rig. 11 Mai 05.]

Raulin, Joseph

[Traité des maladies des femmes en couches.Deutsch:] Abhandlung der Krankheiten der Sechswöchnerinnen, nebst ihrer Heilart,... von (Joseph) Raulin. Aus d. Franz. übers. Mit einigen Anm. u. e. Vorr. begleitet von Daniel Christian Burdach. Leipzig & Amsterdam: Schreuder 1773. XX, 308 S. 8°

[Joseph] Raulin's [Traité de la phthisie pulmonaire. Deutsch:] Abhandlung von der Lungensucht nebst ihrer auf Wahrnehmungen gegründeten Verwahrungs- u. Heilungsart mit e. Vorr. u. vielen Anm. begleitet von Benedict Christian Vogel, aus d. Frans. übers. von Johann Gottlieb Grundmann. Th.1.2. Jena: Cuno 1784-87. 1 Bd 8°

—Abhandl. v. d. Lungensucht, mit Anmerk. u. Vorr. v. B. C. Vogel; aus d. Französ. v. J. G. Grundmann. 2 Thle. gr. 8. Jena 784—87. (Schmid). 1 ₰ 12 gr.

— — m. Anm. v. Vogel, a. d. Franz. v. Grundmann. 2 Thle. gr. 8. Jena, Cuno. (Stahl.) 784.

Raulin, v. d. Lungensucht. 2 Thle. gr. 8. Augsb. Wolff 788. Rthlr.

Raulin, Joseph: Abhandlung von der Lungensucht nebst ihrer auf Wahrnehmungen gegründeten Verwahrungs- und Heilungsart. (Traité de la phthisie pulmonaire... Dt.) Übers.von Johann Gottlieb Grundmann. Mit einer Vorrede und vielen Anmerkungen begleitet von Benedikt Christian Vogel. Th.1 - 2, gbd.

Wien: typ.v.Trattnern 1788

JB 2.269

—Anweis. z. Hebammenkunst. 8. Langens. 775. Schneider. 4 gr.

—Dass. übers. v. M. F. Alir. 8. Erf. 771. (Stahel in Würzburg). 12 gr.

— — dass. 8. Fulda. (Stahel in Würzb.) 775.

— Beobacht. a. d. Arzneyk. 8. Preslb. Löwe. 776.

[De la Conservation des enfants. Deutsch:] Von Erhaltung der Kinder von dem ersten Augenblick ihres Entstehens an bis zu ihrer Mannbarkeit. Aus d. Franz. d. [Joseph] Raulin. [Übers.: Johann Christoph Adelung.] Bd 1. 2. Leipzig: Crusius 1769 - 70. 1 Bd 8°

—von Erhaltung d. Gesundheit d. Kinder bis zu ihrer Mannbarkeit; aus d. Französ. (v. Jh. Chr. Adelung). 2 Thle. gr. 8. Leipz. 769, 70. (W. Vogel): 1 ₰ 6 gr.

— v. weißen Fluß, s. a. Niederer.

— vom weißen Fluß d. Frauen; frei nach d. Französ. bearb. v. G. A. Niederer. (Mit Vorrede v. J. G. G. Ackermann). 8. Nürnb. 793. (Rötter). 8 gl.

Raulin, Heilung mehrerer Tobsüchtigen durch Oeffnung der Schläfenarterie. Obs. de méd., où l'on trouve des remarques sur l'usage du lait dans la pneumonie. 420 pp. Par. 8°.

Raulin, Instructions succinct. sur les Accouchemens etc. av. fig 8. Berne, Typ. 770.

— — Rohrstock und Rute in Thätigkeit! Ein Buch über strenge Kindererziehung. Budapest, Schneider, o. J. (190*). (Mk. 2—) (1 Mk. 50 Pfg. Adolf Weigel, 1908.)
Confiscirte Privatdrucke mit Illustrationen.

Raulin, de, falsche Unschuld. (Plat-du-jour.) Einzig autoris. Übersetzg. aus dem Franz. v. Alfr. Peuker. (324 S.) 8. Budapest (906). F. Sachs. 1.50
Im Deutschen Reich verboten.

Rauls, Franz

Rauls, F., die Berechnung der Lichtweite, Höhe u. Zugkraft der Schornsteine (Kamine—Essen). Ein Hand- u. Nachschlagebuch f. Ingenieure, Architekten, Techniker, Kaminbauer, Dampfkesselfabrikanten, Fachschulen, Fabrikbesitzer u. Betriebsleiter. (Mit e. Einleitg. v. Louis Bauer.) (IV, 52 S.) gr. 8. Cöln 907. L. Büschl. 2.80

— Lexikon des Schornsteinbaues u. der Reparaturen. Ein Hand- u. Nachschlagebuch f. Bau- u. Prüfungsbehörden, Unternehmer, Ingenieure, Architekten, Techniker, Kaminbauer, Bauschulen, Fabrikbesitzer, m. 221 Kostenanschlägen, Kaminsteinberechngn., Preisangaben, Tabellen, Regeln. Notizen. Vorschriften, Abbildgn. usw. (131 S.) Lex. 8. Köln 1906 Geb. 4.80

Ueber den Raum der Atome Stuttgart, 1899. 8vo. Ill.
Sammlung chemischer und chemisch-technischer Vorträge.

Raum, kein, für das Kindlein. Aus dem Holländ. nach Huët. 16. (15 S.) Basel 869. (Barmen, Buchh. der evangel. Gesellschaft.) *

Raum, üb., u. Zeit; e. Versuch in Bezug auf die Kantische Theorie (von K. G. Hausius). 8. Dresd. 790. (Herold jun. in Hamb.) 12 gl.

Raum, über, u. Zeit, e. Vers. in Bez. a. d. kantische Theorie. 8. Dresden, Richter. 790.

— üb., u. Zeit, n. Kantischen Begriffen. 8. Hamb. Vollmer.

Raum, Zeit, Bewegung, oder Preußens Genius getragen vom Zeitgeist. Erstes Heft. Magdeburg, E. Baensch, 1850. VI, 49 S. 8°.

Raum, Zeit, Bewegung, oder Deutschlands Genius, getragen vom richtigen Zeitgeist. Zweites Heft [1]) Magdeburg, E. Baensch, 1850. IV, 36 S. 8°.

Raum, Zeit, Bewegung, oder die christliche Religion, getragen vom richtigen Zeitgeist, in Bezug auf die geistigen und politischen Bedürfnisse der Völker, besonders, wie sie sich seit dem Jahr 1848 gestaltet. Viertes Heft. Magdeburg, E. Baensch, 1850. IV, 50 S. 8°.

Raum: Düngungsversuche auf d. fränk. Jura ..., s. Düngungsversuche in Oberfranken. H. 1.

Raum, J., Versuch e. Grammatik der Dschaggasprache (Moschi-Dialekt), s. a. Archiv f. das Studium deutscher Kolonialsprachen. XI.

Raum, J.: Versuch einer Grammatik der Dschaggasprache (Moschi-Dialekt) von J. Raum, Miss. Berlin: G. Reimer in Komm. 1909. 399 S. 8°
(Archiv f. d. Studium deutscher Kolonialsprachen. Bd 11.)

Raum, Johs., Beiträge zur Entwickelungsgeschichte der Cysticercen. Inaugural-Dissertation. gr. 8. (45 S.) Dorpat 883. (Karow.) *

v. Raum, Johannes (geb. Warschau 16. 8. 1854): Die wirkliche Dauer der einfachen Muskelzusammenziehung. Berlin (1878). (30 S.) 8°
Berlin, Med. Diss. v. 15. Aug. 1878

Raum, Johannes, Noviz im Benediktinerstifte Weltenburg: Zur Kenntnis der morphologischen Veränderungen der Getreidekörner unter dem Einflusse klimatischer Verhältnisse. (Mit 30 sachl. u. 8 meteorolog. Tab. außerhalb d. Textes, 3 Taf. f. graph. Darstellungen in Lithogr. u. 3 Lichtdruckbildern.) [1906.] 137 S., 6 Taf., 4 Bl. Tab. 8° ¶ Referat in: Naturwiss. Zeitschrift f. Land- u. Forstwirtschaft. Jg. 5. 1907.
München, Dr.-Ing.-Diss. v. 20. 7. 1906

Raum, Wilhelm *Jakob Ludwig* [aus Nürnberg]: I. Über die andauernde Einwirkung mässiger Erhitzung auf Knallgas. II. Über eine neue Klasse cyklischer Jodverbindungen der Jodosogruppe aus Jodphenylessigsäure ... Heidelberg, Univ.-Buchdr. v. J. Hörning, 1895; 51 S., 2 Bl. Taf. 8.
Heidelberg, Naturw.-math. Fak., Inaug.-Diss. v. [21. März] 1895

Raumair, Arthur, Dr., Prof.: Methodische Ergänzungsübungen zu Dr. H. Breymann's Lehrgang der französischen Sprache für Gymnasien. [T. 1.] *Rosenheim 1903: M. Niedermayr.* (62 S.) 8° [Umschlagt.]
Rosenheim, k. humanist. G., P. 1903*

Raumair, Arthur, Dr.: Methodische Ergänzungsübungen zu Dr. H. Breymann's Lehrgang der französischen Sprache für Gymnasien. (T. 2.) Rosenheim 1904: M. Niedermayr. (61 S.) 8° ¶ [Forts. d. P-Beil. 1903.]
Rosenheim, k. humanist. G. P. 1904*

Raumair, Arthur: Über die Syntax Heinrichs von Valenciennes. 8 (51 S.
Progr. Studienanst. *Aschaffenburg* 1888

Raumair, Arth., über die Syntax Heinrichs v. Valenciennes. gr. 8. (51 S.) Würzburg 888. (Aschaffenburg, Krebs.) *

Raumair, Arth., üb. die Syntax d. Robert v. Clary. gr. 8. (VIII, 65 S.) Erlangen 884. Deichert. n. 1.80

Raumburger, Joh. Erasmus (Frankfurt a.M.)
Disputatio inauguralis medica de haemorrhoidibus coecis ad praxin clinicam accommodata.
Giessae Hassorum Aug. 1708: Joh. Reinh. Vulpius. 35 S. m. 1 Abb.
auch in: Valentini, Michael Bernh.: Praxis medicinae infallibilis. 1711 und 1721 (S. 645-660).

Raumburger, Johann Maximilian

Weber, Imm. [Präs.] u. Joh. Max. Raumburger (Frankf. a. M.) [Resp.]
Specimen annotationum ad illustr. Pufendorfii de officiis libros.
Giessae Dez. 1701: Henning Müller. 32 S. 4°
publicae ventilationi subjiciet.

Raumburger, J. Max., Gedank. über das Staatsrecht. 8. Frft. Hermann. 738.

RAUMBURGER, Joh. Marx: Grundfeste d. heil. röm. Reichs u. and. Königrr. u. Staaten, Rechte u. Gewohnheiten in Wechsel- u. Commerziensachen. *Frankf.* 723. 4.

Raumburger, Joh. Max. (Frankf. a. M.)
Disputatio juridica, de jure reipublicae in negociis humanis.
Giessae-Hassorum Cal. Nov. (1706): Joh. Reinh. Vulpius. 56 S. 4°
pro summis jurium honoribus legitime adipiscendis.

RAUMBURGER, J. M.: Justitia selecta gentium Europaearum in cambiis aliisque caus. mercantil. *Francof.* 723. 4.

— **Joh. Maxim.** (Frankfurt/Main), De salario tutorum et curatorum, occasione juris patrii Francofurtensis part. VII. tit. XIII. von Belohnung der Vormündere und Curatorn. Diss. jur. Präs. Bernh. Ludwig Mollenbec. Gießen/Hessen (J. R. Vulpius) Sept. 1704. 48 S. (5.—) 27739

— v. Wechsel- u. Commerziensachen. 4. Ebend. 723.

—— dasselbe. 4. Frft. Brönner. 723.

Raum-Einteilung für die einzelnen Staaten, insbesondere für die deutsche und württembergische Ausstellung. 1862. 24 Pläne in Mappe. fol

Raumer, C. v., u. A. v. Harleß. Ein Erinnerungsblatt. Mit einem Vorwort von A. v. Scheurl. 8. (39 S.) Gütersloh 880. Bertelsmann. — 60

Raumer, der Staatsminister v., und seine Verwaltung des Ministeriums der geistlichen, Unterrichts- und Medicinal-Angelegenheiten in Preußen. gr. 8. (III und 107 S) Berlin 860, Hertz.

Raumer, Carl v., s. Raumer, Karl v

Raumer, Carl Georg, s. Raumer, Karl Georg

Raumer, Carl Ludwig, s. Raumer, Karl Ludwig

v. Raumer, Eduard [aus Erlangen]: Beitrag zur chemischen Kenntniss einiger paläolithischer Gesteine des Fichtelgebirges. München, M Rieger'sche Univ.-Buchh. (Gustav Himmer), 1889 1 Bl. + 18 S. 8°
Erlangen, Phil. Fak., Inaug.-Diss. v 1889

Raumer, Eduard v., u. Eduard Spaeth, die Vornahme der Lebensmittelkontrolle in Stadt- u. Landgemeinden. Ein Führer f. die m. d. Vornahme d. Lebensmittelkontrolle betrauten Behörden. (X, 213 S.) 8. München 907. C. H. Beck. Geb. in Leinw. n. 3.—

Raumer, F. A., CCI Emendationes in Lohmeieri et Gebhardii tabulas genealogicas dynastiarum Arabicarum et Turcicarum. Accedunt XVIII Tabulae regent. compositae. Addita est Epistola Friderici Wilken ad auctorem. 4maj. Heidelb. Meder. 811.

Raumer, Friedrich

Raumer, Frdr. von, Kirchliche Alterthümer.
Sieh: Raumer, Gesch. d. Hohenstaufen. Bd. 6. 1872.

Raumer, Frdr. v., Alterthümer des Staats- u. Privatrechts. Sieh. Raumer, Gesch. d. Hohenstaufen. Bd. 5. S. 1—297. . . . . (D.)

Raumer, Friedr. (Ludw. Geo.) v., über d. Anschluß Sachsens an d. deutschen Zoll- u. Handelsvereine. 8. (2 B.) Leipzig 833, Brockhaus.
Aus den „Blättern f. literar. Unterhaltung" besond. abgedruckt.

Raumer, F.v (Bearb.), s. Aeschines, Socratius. Rede über die Krone

Raumer, Friedr. (Ludw. Geo.) v., Beiträge z. neueren Geschichte, aus d. britischen Museum u. Reichsarchive. 5 Thle. gr. 12. Leipzig, Brockhaus. *
A. u. d. Titln.:
Thl. 1. Die Königinnen Elisabeth u. Maria Stuart, nach d. Quellen. (26⅙ B. u. Bildn. d. Maria Stuart.) 836. * 2 Thlr. 12 Gr.
" 2. König Friedrich II. u. seine Zeit (1740—1769.). Nach d. gesandtschaftl. Berichten. (26⅔ B.) 836. * 2 Thlr. 12 Gr.
" 3—5. Europa vom Ende d. siebenjähr. bis z. Ende d. amerikan. Krieges. (1763—1783.) Nach d. Quellen. 3 Bde. (74½ B.) 839. * 6 Thlr. 16 Gr.

Raumer, Fr. Ldw. Geo. v. Das britische Besteuerungssystem, insbesondere die Einkommensteuer, dargestellt mit Hinsicht auf die in der preuss. Monarchie zu treffenden Einrichtungen. 8°. Berlin, Sander, 1810.

Raumer, Friedr. (Ludw. Geo.) v., antiquarische Briefe, s. Briefe, antiquarische.

v. Raumer, Frdr., Briefe über gesellschaftliche Fragen der Gegenwart. gr. 12. (71 S.) Leipzig 850, Brockhaus. n. 8 ngr

Raumer, Friedrich von. Briefe aus Frankfurt und Paris 1848—1849. 2 Thle. Leipzig, F. A. Brockhaus 1847 XVI 426, XII 468 S. 8.

—— Briefe aus Frankfurt und Paris 1848—1849. 2 Thle. gr. 12. (XXVIII und 894 S.) Leipzig 849, Brockhaus. *

Raumer, Frdr. v., historisch-politische Briefe über die geselligen Verhältnisse der Menschen. Leipzig 860. Brockhaus. gr. 8. (X, 460 S.) n. 2 ß

—— Briefe aus Paris z. Erläuterung d. Geschichte d. 16. u. 17. Jahrh. 2 Thle. Deutschland, Dänemark, Spanien, die Niederlande, Frankreich, Italien u. Großbritannien. M. 8 lith. Taf. (Facsimiles. gr. 4.) gr. 12. (44½ B.) Leipzig 831, Brockhaus

—— Briefe aus Paris u. Frankreich im J. 1830. 2 Thle. gr. 12. (27 B.) Leipzig 831, Brockhaus.

Raumer, Friedr. Ludw. Geo. v., le démembrement de la Pologne. Traduit de l'allemand par Charles de Forster. 4e édit. dédiée aux hommes politiques de l'Europe. gr. 8. (VIII, 103 S.) Berlin 877, Behr's Buchh. *
Die frühern Aufl. waren nicht im Handel.

RAUMER, Fr., Ueber Ehe und Familie. (S.-A.) Leipzig 1833. 8°. (80 Pfg P. Neubner, Cöln, 1892.)

Raumer, Friedr. (Ludw. Geo.) v., Einleitungsworte zur öffentl. Sitzung der Akademie der Wissenschaften am 16. October 1845. 3. Aufl. gr. 8. (1 B.) Berlin 845, [Adolf u. Comp.]

— Einleitungsworte zur öffentlichen Sitzung der Akademie der Wissenschaften am 16. October 1845. 3. Aufl. gr. 8. Berlin 845, Buchhandlung des Berl. Lese-Kabinets. 3 ngr

—— England im Jahre 1835. 2 Thle. gr. 12. (48⅚ B.) Leipzig 836, Brockhaus. *

— dass. 3. Bd. — A. u. d. T.: England im Jahre 1841. gr. 12. Ebend. 842. n. 2½ ß

v. Raumer, Fr., England, 2., verb. u. mit einem Bande verm. Aufl. 3 Bde. gr. 12. Leipzig 842, Brockhaus. n. 6 ß

v. Raumer, (Fr.,) üb. die geschichtl. Entwickelung d. Begriffe v. Recht, Staat u. Politik. gr. 8. Leipz. 826, Brockhaus.

—— über d. geschichtl. Entwickelung d. Begriffe v. Recht, Staat u. Politik. 2., verb. u. verm. Aufl. Lex.-8. (17 B.) Leipzig 832, Brockhaus.

—— über die geschichtliche Entwickelung der Begriffe von Recht, Staat und Politik 3., verb und verm. Aufl. gr. 8. (X und 308 S.) Leipzig 861, Brockhaus. *

Raumer, Friedrich Ludwig Georg von, Europa vom Ende des siebenjährigen bis zum Ende des amerikanischen Krieges (1763 – 1783). Nach den Quellen im britischen und französischen Reichsarchive. Bd. 1. 2. 3. Leipzig 1839. 8.

(v Raumer) Der Fackeltanz, bei hohen Vermählungen im Königlich Preussischen Kurbrandenburgischen Hause. Als Manuscript gedruckt (Berlin 1854). Gr. 4°.
Sehr selten und nie in den Buchhandel gekommen! — Anon.-Lex. V p. 103 (nach d. Kat. der Lipperheide'schen Kostümbibl. Berlin 1896 ff.); Bartholomäus p. 7.

(Raumer, F. v.) Der Fackeltanz bei hohen Vermählungen im Königlich Preußischen Kurbrandenburgischem Hause Als Manuscript gedruckt. (Berlin 1854, Deckersche Buchhandlung.)
18 S. 4°

Raumer, Friedrich Ludwig Georg von, König Friedrich II. und seine Zeit. (1740—1769) Nach den gesandtschaftlichen Berichten im britischen Museum u. Reichsarchive. Leipzig 1836. 8.

—— Geschichte Europas seit d. Ende d. 15. Jahrh. 1—5. Bd. gr. 8. Leipzig, Brockhaus. [1. (37½ B.) 832., 2. (39½ B.) 833. à 3 Thlr. 4 Gr., Vlnp. 6 Thlr. 8 Gr., 3. (41¼ B.) 3 Thlr. 10 Gr., Vlnp. 6 Thlr. 20 Gr., 4. (26½ B.) 834. 2 Thlr. 6 Gr., Vlnp. 4 Thlr. 12 Gr., 5. (31¾ B.) 835. 2 Thlr. 16 Gr., Vlnp. 5 Thlr. 8 Gr.] 14 Thlr. 16 Gr., Vlnp.

—— Geschichte Europas seit d. Ende d. 15. Jahrh. 6. Bd. gr. 8. (39 B.) Leipzig 838, Brockhaus. 3¼ Thlr., Vlnp.
1—5. Bd. Ebendas. 1832—35. 14 Thlr. 16 Gr., Vlnp. 29 Thlr. 8 Gr.

—— Geschichte Europas seit dem Ende des 15. Jahrh. 7. Bd. gr. 8. (29¾ B.) Leipzig 843, Brockhaus. 2 Thlr. 15 Ngr. Velinp.
1—6. Bd. Ebendas. 1832—38. 17 Thlr. 28 Ngr., Velinp. 35 Thlr. 25 Ngr.

v. Raumer, Frdr., Geschichte Europas seit dem Ende des 15. Jahrh. 8. Bd. A. u. d. T.: Geschichte Frankreichs u. der französ. Revolution 1740—1795. gr. 8. (X u. 760 S.) Leipzig 850, Brockhaus. 4 ℛ (1—8: 24 ℛ 13 ngr) Velinp. 8 ℛ (1—8: 48 ℛ 26 ngr)

Raumer, Friedrich von. Geschichte der Hohenstaufen und ihrer Zeit. 6 Bände. 8. Leipzig 1823–1825
Band 1. Mit einem Kupfer [Tafel], einer Karte und zwei Planen.
Band 2. Mit einem Kupfer [Tafel].
Band 3. Mit zwei Kupfern [Tafeln] und einer Karte.
Band 4. Mit fünf Kupfern und einem Plane.

— Geschichte der Hohenstaufen u. ihrer Zeit. 6 Bde. Mit 12 Kupf. u. Charten. gr. 8. Leipz. 824, Brockhaus. No. 1. Französ. Pap. 20 Rthl. No. 2. Fein franz. Drck.-P. 27 Rthl. No. 3. in feinem Velin-Papier 40 Rthl. — No. 4. in gr. 4. Schreib-P. 30 Rthl. — No. 5. gr. 4. Velin-P.

Raumer, Frdr. v., Geschichte der Hohenstaufen und ihrer Zeit. 6 Bde. Mit 9 Kpfrn., 2 color. Kart. u. 3 Plänen (u. Stammtaf.). Reutlingen, J. N. Ensslin, 1828—29. 8°. Hfrzbde.
Nachdruck. 1 XVIII—509 S. 2 X—517 S. 3. X—652 S. 4 VIII—591 S. 5 XIV—463 S. 6 XVI—559 S. incl. Registern.
Die Orig.-Ausg. erschien Leipzig, Brockhaus, 1824; 2. Aufl. 1840—42; 3. Aufl. 1857. VI.

—— Geschichte d. Hohenstaufen u. ihrer Zeit. 2., verb. u. verm. Aufl. 6 Bde. (od. 24 Lfgn.) gr. 8. Leipzig, Brockhaus. [1. (39 B. u. 1 Tab.) 840., 2. (42 B.), 3. (44 B.), 4. (42 B.) 841., 5. (38 B.), 6. (55 B.) 842.] à L. * ½ Thlr., Vlnp. à * 1 Thlr. * 12 Thlr., Vlnp. *
Kupfer u. Karten hierzu. 2 Thlr.

— Geschichte der Hohenstaufen und ihrer Zeit. 2. verb. u. verm. Aufl. 6.—24. Liefg. (Schluß) des 6. Bandes. gr. 8. Ebend. 841, 42. Subscr.-Pr. à n. ½ ℛ — Extra feines Velinp. à n. 1 ℛ — 6 Bde. n. 12 ℛ Velinp. n. 24 ℛ

Raumer, Friedr. v., Geschichte der Hohenstaufen und ihrer Zeit. 3., verb. und verm. Aufl. In 6 Bdn. (oder 12 Halbbdn.) 1. Halbbd. gr. 8. (1. Bd. XII und S. 1—192.) Leipzig 856(57,) Brockhaus. *

—— Geschichte der Hohenstaufen und ihrer Zeit. 3., verb. und verm. Aufl. 2—12. Halbbd. gr. 8. Leipzig 857. 58, Brockhaus. [1. Bd. (S. 193—396.) 2. (444 S.) 3. (VII und 462 S.) 4. (404 S. mit 3 Tab. in qu. gr. 4. und qu. gr. Fol.) 5. (VIII und 422 S.) 6. (VII und 688 S.)] à Halbbd. * 15 Ngr. *
1. Halbbd. Ebendas. 1856. * 15 Ngr.

Raumer, Friedr. v., Geschichte der Hohenstaufen und ihrer Zeit. 4. Aufl. 6 Bde. in 24 Lfgn. gr. 8. (XVIII, 396; 444; VII, 463; 410; VIII, 422; VI, 688 S.) Leipzig 871,72, Brockhaus. à Lfg. * 75 Pf. *
geb. in 3 Bdn. *
Kupfer und Karten dazu. Ebendas. 1823—25. * M 6.

—— Geschichte der Hohenstaufen und ihrer Zeit. In 6 Bdn. 5. Aufl. gr. 8. (XVIII, 396; 444; VII, 462; 410; VIII, 422; VI, 688 S.) Leipzig 878, Brockhaus. *
geb. in 3 Bde. *

— Handbuch zur Geschichte der Litteratur. 2 Thle. Ebend. 864. gr. 8. (XIII, 640 S.) n. 2 ℛ 20 ngr

Raumer, Friedr. v., Handbuch zur Geschichte der Litteratur. 3. u. 4. Thl. Leipzig 865,66. Brockhaus. gr. 8. (VIII, 327 S., VI, 358 S.) n. 2 ℛ 20 ngr; geb. n. 3 ℛ

—Handbuch merkwürdiger Stellen aus d. latein. Geschichtschreibern des Mittelalters. gr. 8. Bresl. 813. W. G. Korn. 1 ℛ 12 gr

—die Herbstreise nach Venedig. 2 Thle. 8. Berl. 816. Reimer. 2 ℛ 8 gr

—— Italien. Beiträge z. Kenntniß dies. Landes. 2 Thle. gr. 12. (38¼ B.) Leipzig 840, Brockhaus. *

v. Raumer, Frdr. Die Königinnen Elisabeth von England und Maria von Schottland. 8. Leipzig 1836.

Raumer, Friedrich von. Die Kirchenversammlungen von Pisa, Kostnitz und Basel. [A.] 8. (Leipzig 1849.)

— an Rud. Köpke. Ein historisch-polit. Brief. Berlin 866. Mittler & Sohn. gr. 8. (17 S.) 3 ngr

—— die Korngesetze Englands. gr. 12. (3 B.) Leipzig 841, Brockhaus.

— die Korngesetze Englands. gr. 12. Ebend. 842. ⅓ ℛ

v. Raumer, d. Kornzölle Englands. Leipz. 841.

(——) Kritiken d. Werks v. Fr. v. Raumer: England im J. 1835, aus d. Morning Chronicle etc., s. Kritiken.

Raumer, Frdr. von, (Culturverhältnisse der Hohenstaufenzeit) sieh: Raumer, Gesch. d. Hohenstaufen. Bd. 5. 6. Leipzig 1825. . . . . (D.)

—— Lebenserinnerungen und Briefwechsel. 2 Thle. gr. 8. (XVII und 663 S.) Leipzig 861, Brockhaus. *

—— litterarischer Nachlaß. 2 Bde. gr. 8. (VII, 364; IX, 321 S. mit dem photograph. Bildniß des Verf.) Berlin 869, Mittler und Sohn. *

—Perikles u. Aspasia; e. Vorlesung. gr. 8. Berl. 810. Saalfeld. 4 gr

Raumer, F. v., Ueber die Poetik des Aristoteles und sein Verhältnis zu den neuern Dramatikern. Ak. 1829. 75 S. 4°.

—— zur Politik des Tages. 1. und 2. Aufl. 8. (VII und und 54 S.) Leipzig 859, Brockhaus. *

—— zur Rechtfertigung u. Berichtigung meiner Schrift üb. d. preuß. Städteordnung. gr. 16. (2 B.) Leipzig 828, Brockhaus.

— Rede zur Eröffnung des Vereins für wissenschaftliche Vorträge in Berlin. Lex.-8. Berlin 842, Alex. Duncker. n. 1/6 Thlr.

— Rede zur Gedächtnißfeier König Friedrichs II., gehalten am 26. Jan. 1843 in der königl. preuß. Akademie der Wissenschaften. 12. Leipzig 843, Brockhaus. 6 Ngr.

—— Rede zur Gedächtnißfeier König Friedrichs II. gehalten am 28. Jan. 1847. 2. Ausg. 12. (24 S.) Leipzig 847, Brockhaus. *

— die Reden d. Aeschines u. Demosthenes, üb. die Krone. gr. 8. Berlin, Dümmler. 811.

—— Reden die in Frankfurt nicht gehalten wurden. I — VI. 12. (36 S.) Leipzig 848, Brockhaus. **

—— vermischte Schriften. 1—3. Bd. gr. 8. Leipzig, Brockhaus. [1. (XIV und 508 S.) 852. * 2 Thlr. 20 Ngr., 2. (VIII und 567 S.) 853. * 3 Thlr., 3. (X und 490 S.) 854. * 2 Thlr. 20 Ngr.] *

—— Schwarz, Strauß, Renan. Ein Vortrag. 1.—3., unveränd. Aufl. 8. (37 S.) Leipzig 864, Brockhaus. *

– s. Solger, K. W. H.: Schriften, Nachgelassene

—— Sonst und Jetzt. Vortrag gehalten im wissenschaftl. Vereine den 26. Jan. 1867. gr. 8. (20 S.) Berlin 867, Mittler und Sohn.

– s. J. Sparks Leben und Briefwechsel G. Washingtons.

– s. Spreu.

—— die vereinigten Staaten von Nordamerika. 2 Thle. 12. (47 1/6 B. u. 1 ill. Karte der vereinigten Staaten.) Leipzig 845. Brockhaus. *

Raumer. F v., Ueb. die röm. Staatsverfassung S.-A. s. a. 120 S. 2.—

—— über d. preuß. Städteordnung, nebst e. Vorw. üb. bürgerl. Freiheit nach französ. u. deutschen Begriffen. gr. 16. (5 B.) Leipzig 828, Brockhaus.

— historisches Taschenbuch, s. Taschenbuch, historisches.

Raumer, Friedr. (Ludw. Geo.) v., Polens Untergang. 1. u. 2. Aufl. (à 6 1/4 B.) gr. 12. Leipzig 832, Brockhaus. à Thlr.
Aus dess. „histor. Taschenbuche" besond. abgedruckt.

—— Häusliche Verhältnisse, Sitten u. Gebräuche. Sieh: Raumer, Gesch. d. Hohenstaufen. Bd. 6. S. 506—595. . . . . (D.)

— Vorlesungen über d. alte Geschichte. 2 Thle. gr. 8. Leipzig, Brockhaus. 821. à 3 Thlr.

— Vorlesungen über die alte Geschichte. 2 Bde. 2. umgearb. Aufl. gr. 8. (1: XII u. 522 S. 2: VI u. 573 S.) Ebd. 847. (1: n. 2 2/3 Thlr. 2: n. 3 Thlr.) n. 5 2/3 Thlr.

—— Vorlesungen über die alte Geschichte. 2 Bde. 3., nochmals wesentlich verb. und verm. Aufl. gr. 8. (XVIII und 923 S.) Leipzig 861, Brockhaus. *

—— Vortrag zur Gedächtnißfeier König Friedrich Wilhelms III., gehalten am 3. Aug. 1843 in der Universität zu Berlin. 12. (2 1/3 B.) Leipzig, Brockhaus. *

v. Raumer, G., s. Thiergarten bei Berlin, der.

Raumer, Georg Wilhelm

v. Raumer G. W. Wallensteins Auftreten in der Mark Brandenburg. 8. Berlin 1843.

v. Raumer, Geo. Wlh., die Neumark Brandenburg im J. 1337, oder Markgraf Ludwig's des Aelteren Neumärkisches Landbuch aus dieser Zeit, erläutert. Mit einer zum Landbuch gehörigen Karte. gr. 4. Berlin 837. Nicolai'sche B. n. 1 1/3 Thlr.

Raumer, Geo. Wilh v., Codex diplomat. Brandenburgensis, s. Codex.

— histor. Charten u. Stammtafeln zu den Regesta Historiae Brandenburgensis. 1s Hft. bis zum Jahre 1200. Mit 4 Charten, dazu gehörigen Erläuterungen u. Tabellen. (Mit 2 Tabellen.) gr. 4. Berlin 837. Nicolai. n. 1 1/6 Thlr.

Raumer, G. W. v., s. Friedrich Wilhelm des Großen, Kurfürsten von Brandenburg, Jugendjahre.

(v. Raumer, G. W.) Friedrich Wilhelms, des grossen Kurfürsten von Brandenburg, Kinderjahre. 8. Berlin 1850.

Raumer, Geo. Wilh. v., Regesta histor. Brandenburgensis. Chronolog. geord. Auszüge aus allen Chroniken u. Urkunden z. Gesch. d. Mark Brandenburg. 1. Bd. bis z. J. 1200. gr. 4. (35 1/2 B.) Berlin 836, Nicolaische Buchh. Thlr.

—— dass. — Histor. Charten u. Stammtafeln zu d. Regesta histor. Brandenburgensis. 1. Hft. bis z. J. 1200. gr. 4. (4 lith. Kart., Fol., u. 6 B. u. 2 Tab.) Ebds. 837. *

—— der 21. September 1440. — Erinnerung an d. 400jähr. Wiederkehr d. ersten Regierungswechsels im Hohenzollerischen Hause. Vortr., geh. in d. märk. Geschichtsgesellschaft. gr. 8. (2 3/4 B. u. Titbild.) Berlin 840, Nicolaische Buchh.

(——) der Thiergarten bei Berlin, s. Thiergarten.

v. Raumer, Geo. Wilh., die Insel Wollin u. das Seebad Misdroy. Histor. Skizze. Mit einer (lith.) Karte der Insel Wollin (in Fol.) gr. 8. (VIII u. 381 S.) Berlin 851, Decker. 1 Thlr.

Raumer, Henr Ludov Max (geb. Neustadt Eberswalde Sept 1816) De affectionibus retinae et nervi optici morbosis, vulgo amblyopia et amaurosis nominatis. Berolini (1841). (25 S.) 8°
Berlin, Med. Diss. v. 3. Mai 1841

v. Raumer, J. G. Die Gebirge Niederschlesiens. Nebst Atlas. Berlin. 1819.

Raumer, Karl v, s.a. Raumer, Karl Georg

– s. Aiten, haben d. Kloster.

—— s. Augustini, sancti, confessionum libri XIII.

Raumer, Carl v., die Bestrebungen der Social-Demokratie besprochen für das Volk. 1. und 2. verb. Aufl. gr. 16. (IV, 64 S.) Breslau 878. (Berlin, C. Heymann's Verlag.) **
—— dass. — 3.—5. Aufl. 16. (VII, 66 S.) Ebendas. 878. **

Raumer, Carl v., die Bestrebungen der Sozial-Demokratie besprochen für das Volk. 6. Aufl. 16. (VII, 66 S.) Berlin 879. C. Heymann's Verl. n.n. — 50

— das Petersen'sche Be- u. Entwässerungssystem, ein natürliches Mittel zur Hebung der Produktionskraft des Bodens. Mit 9 Abbildgn. (in eingedr. Holzschn.) Berlin 870. Wiegandt & Hempel. 8. (32 S.) n. 5 ngr.

Raumer, Karl v., Johann Amos Comenius. [Aus: „Geschichte der Pädagogik".] gr. 8. (46 S.) Gütersloh 892. C. Bertelsmann. n. — 60

— das Petersen'sche Entwässerungssystem oder Vincent u. Dünkelberg. Eine Erwiderung auf den Artikel „drainirte Rieselwiesen" im Febr.-Heft der „Annalen der Landwirthschaft" 1870. [Aus dem landwirthschaftl. Centralblatt.] Berlin 870. Wiegandt & Hempel. gr. 8. (16 S.) n. 5 ngr.

v. Raumer, Karl, Erinnerungen aus den J. 1813 u. 1814. 8. (X u. 147 S.) Stuttgart 850, S. G. Liesching. 3/4 ℛ

—— die Erziehung der Mädchen. 16. (VIII und 184 S.) Stuttgart 853, S. G. Liesching. *

Raumer, Carl v., die Erziehung der Mädchen. 2., verm. Aufl. 16. (VIII und 220 S.) Stuttgart 857, S. G. Liesching. *

— die Erziehung der Mädchen. 3. Aufl. Stuttgart 866. (Gütersloh, Bertelsmann.) 16. (VIII, 202 S.) cart. n. 24 ngr.

Raumer, Karl v., die Erziehung der Mädchen. 4. Aufl. 12. (IV, 176 S.) Gütersloh 886, Bertelsmann. *
geb. *
Aus: Geschichte der Pädagogik, 3. Tl., besonders abgedruckt.

—— das Familienleben des niederen Volkes, unter Berücksichtigung der Lehren der Social-Demokratie besprochen für das Volk. 2. Aufl. gr. 16. (64 S.) Breslau 878, Dülfer's Verlag. *

Raumer, K. von, geognostische Fragmente. Mit 1 Charte. gr. 8. Nurnb. Schrag. 811.

— die Frau der Socialdemokratie unter Klarlegung d. socialistischen Zukunftsstaates nach August Bebel. Beleuchtet. 8. (162 S.) Berlin 884. F. Luckhardt. n. 2. —

— das Gebirge Niederschlesiens, der Grafsch. Glatz u. eines Theils von Böhmen u. der Oberlausitz, geognostisch dargestellt. Mit Karten. gr. 8. Berl. 819. Reimer. 3 ℛ 12 gℛ

— Geschichte der Pädagogik vom Wiederaufblühen klassischer Studien bis auf unsere Zeit. 1. Thl. (1. u. 2. Hälfte. Das Mittelalter bis zu Montaigne.) Lex.-8. Stuttgart 843, Liesching. 2 1/4 ℛ — 2. Aufl. 846. 2 1/4 ℛ — 2. Thl. (Von Bacos Tod bis zum Tode Pestalozzis.) Lex.-8. Ebend. 843. 2 5/8 ℛ

— Geschichte der Pädagogik vom Wiederaufblühen klassischer Studien bis auf unsere Zeit. 2. Thl. 2. verm. Aufl. (Von Bacos Tode bis zum Tode Pestalozzis.) gr. 8. (XII u. 515 S.) Ebd. 847. 2 3/4 ℛ — 3. Thl. 2 Abthlgn. gr. 8. (1. Abth. VIII u. 279 S. 2. Abth. XII u. 247 S.) Ebd. 847. — 3. Thl. 2 Abthlgn. 2. unveränd. Aufl. gr. 8. (1: VIII u. 279 S. 2: XII u. 251 S.) Ebd. 847. 52. 1: 1 3/4 ℛ 2: 1 1/2 ℛ (I—III. 2: 8 1/4 ℛ)

—— Geschichte der Pädagogik vom Wiederaufblühen klassischer Studien bis auf unsere Zeit. 4. Thl. 1. und 2., unveränd. Aufl. A. u. d. T.: Die deutschen Universitäten. 2., unveränd. Aufl. gr. 8. (X und 371 S.) Stuttgart 854, S. G. Liesching.
1—3. Thl. 1. und 2. Abthl. Ebendas. 1846—52. 8 Thlr. 7 1/2 Ngr.

—— dass. — 1. und 2. Thl. 3., durchges. und verm. Aufl. Lex.-8. (XXIII und 975 S.) Ebds. 856. *

—— Geschichte der Pädagogik vom Wiederaufblühen klassischer Studien bis auf unsere Zeit. 3. Thl. 3., durchgesch. und verm. Aufl. Lex.-8. (XVI und 579 S.) Stuttgart 857, S. G. Liesching. *
1. und 2. Thl. 3. Aufl. Ebendas. 1856. * 4 Thlr. und 4. Thl. 2. Aufl. 1854. 2 Thlr. 7 1/2 Ngr.

Raumer, Carl v. (II.), Geschichte der Pädagogik vom Wiederaufblühen klass. Studien bis auf unsere Zeit. 4 Thle. 4. durchgeseh. und verm. Aufl. Mit dem Bildnis des Verf. (in Lichtdr.). gr. 8. Gütersloh, Bertelsmann's Verlag. *

Inhalt:

Thl. 1. Das Mittelalter bis zu Montaigne. (XII, 368 S.) 872. (*ℳ 5,70.) *ℳ 6.
„ 2. Vom Tode Baco's bis zum Tode Pestalozzi's. (428 S.) 872. (*ℳ 6,30.) *ℳ 6,50.
„ 3. Unterricht. (XIV, 471 S.) 873. (*ℳ 7,20.) *ℳ 7,50.
„ 4. Die deutschen Universitäten. (X, 332 S.) 874. *ℳ 6.

— Geschichte der Pädagogik vom Wiederaufblühen klassischer Studien bis auf unsere Zeit. 1—3. Thl. 5., m. der 4. gleichlaut. Aufl. Mit dem (Holzschn.-)Bildnis d. Verf. gr. 8. (XII, 368; X, 428 u. XIV, 471 S.) Gütersloh 877—80. Bertelsmann. n. 20. —

Raumer, Karl v., Geschichte der Pädagogik vom Wiederaufblühen klassischer Studien bis auf unsere Zeit. 1. und 2. Thl. 5., mit der 4. gleichlaut. Aufl. gr. 8. Gütersloh 878, Bertelsmann. *

Inhalt:

Thl. 1. Das Mittelalter bis zu Montaigne. (XII, 368 S. mit dem Bilde des Verf.) *ℳ 6.
„ 2. Von Baco's Tode bis zum Tode Pestalozzi's. (X, 428 S.) *ℳ 6,50.
3. und 4. Thl. Ebendas. 1873,74. *ℳ 13,50.

Raumer, Karl v., Geschichte der Pädagogik vom Wiederaufblühen klassischer Studien bis auf unsere Zeit. 3. Thl. 5. Aufl. gr. 8. (XIV, 471 S.) Gütersloh 880, Bertelsmann. *
1. und 2. Thl. Ebendas. 1878. *ℳ 12,50.

Raumer, Karl v. Geschichte der Pädagogik vom Wiederaufblühen klassischer Studien bis auf unsere Zeit. 2. Thl. 6., unveränd. Aufl. gr. 8. (X, 428 S.) Gütersloh 889, Bertelsmann. * 6 50

Daraus apart:

—— Johann Amos Comenius. gr. 8. (46 S.) Ebd. 892. * — 60

Raumer, Karl v., Geschichte der Pädagogik v. Wiederaufblühen klass. Studien bis auf uns. Zeit. 3. Thl. (Mit e. Abhandlg. üb. d. „Unterricht im Deutschen" von Rud. v. Raumer.) 6. Aufl. gr. 8. (XIV, 471 S.) Gütersloh 897. C. Bertelsmann. n. 7. 50

— dasselbe. Fortgeführt u. ergänzt v. G. Lothholz. 5. Tl. gr. 8. Ebd. 897. n. 8. —; geb. in Halbfrz. n. 10. —;
(1.—5.: n. 34. —; in 3 Bde. geb. n. 40. —;
erm. Pr. n. 24. —; geb. n. 30. —)
Pädagogik d. Neuzeit in Lebensbildern. Von G. Lothholz. (XII, 562 S.)

— dasselbe. 1.—4. Bd. Neue Ausg. 8. Langensalza, Schulbuchh. 10. —
1. (VIII, 152 S.) 897. 1. 50. — 2. (III, 335 S.) 897. 3. —. 3. (III, 304 S.) 898. 3. —. — 4. (III, 271 S.) 898. 2. 50.

Raumer, Karl v., Geschichte der Pädagogik vom Wiederaufblühen klassischer Studien bis auf unsere Zeit. 1 Thl. 7., m. der 6. gleichlaut. Aufl. (VIII, 368 S. m. Bildnis.) gr. 8. Gütersloh 902. C. Bertelsmann. n. 3. 50

Raumer, Karl v., Geschichte der Pädagogik vom Wiederaufblühen klassischer Studien bis auf unsere Zeit. 1. u. 3. Bd. Neue Ausg. 2. Aufl. 8. Langensalza, Schulbuchh. 4. 50
1. (VIII, 152 S.) 907. 1.50; geb. 2. —
3. (III, 333 S.) 910. 3. —

— der Granit des Riesengebirges u. die ihn umgebenden Gebirgsfamilien. Mit 1 illum. Kpf. gr. 8. Berl. 813. (Reimer). 1 ℛ

Raumer, Karl v., das Canalisiren u. Drainiren der Städte. Ein kurzes Wort f. Stadtverordnete u. Bürger. gr. 8. (31 S.) Breslau 876. Trewendt & Granier. — 75

Raumer, Karl von, Geognostische Karte von einem Theile des Schlesischen, Böhmischen und Lausitzer Gebirgs. (Berlin) 1818. Fol. . . . . (Br. Mus.; D.)

— u. F. Pocci, alte u. neue Kinder-Lieder, s.: Pocci, F.

Raumer, Karl v., Konstruktion, Leistungsfähigkeit u. Reparatur der Ziegelmaschine. Ein Leitfaden für Ziegelmeister u. Maschinenführer. Aus eigener Erfahrung geschöpft. Mit 2 (lith.) Fol.-Taff., enthltd. 17 Abbildungen. Weimar 868. B. F. Voigt. gr. 8. (VI, 53 S.) 12 ngr.

Raumer's, Karl v., Leben von ihm selbst erzählt. 1. und 2. Abdr. gr. 8. (VIII und 344 S.) Stuttgart 866. [Gütersloh, Bertelsmann.] *

— Lebenserinnerungen. 2 Thle. Leipzig 861.

Raumer, Carl v., Leitfaden für Polizei-Beamte bei Vernehmungen über Sittlichkeits-Verbrechen und Vergehen &c. 8. (VI, 62 S.) Berlin 886, v. Decker's Verlag. cart. *

—— Leitfaden für Polizei-Beamte bei Vernehmungen über Körperverletzungen, Mord, Todtschlag, Tödtung, Zweikampf &c. 2. Bdchn. des Leitfaden für Polizei-Beamte. 8. (VI, 52 S.) Ebendas. 887. cart. *

— s.a. Lieder, geistliche.

(——) geistliche Lieder. 8. Aufl. 8. Ebendas.

[Raumer, Carl v.:] Die gefallenen Mädchen und die Sittenpolizei. (6. Aufl.) — Berlin: Ißleib ⟨Gustav Schuhr⟩ 1887. 59 S. 8°
—— [Mit Verf.-Angabe.] (21. Aufl.) 1900. 63 S.

Raumer, C. v., die gefallenen Mädchen u. die Sittenpolizei (vom Standpunkte des praktischen Lebens). (21. [Umschlag-]Aufl.) gr. 8. (63 S.) Berlin 900 [G. Schuhr] Berlin. Verlagsanstalt. n. 1.20; ermäß. Pr. n. —50

— Nachtrr. z. dessen ABC-Buche d. Krystallkunde. M. Kpf. gr. 8. Berlin 821, Reimer.

Raumer, Karl v. (II.), Organisirung der Vereine zur Hebung des Ziegeleibetriebes. 8. (33 S.) Weimar 867, Voigt.

Raumer, K., Pflanze, Tier, Mensch. Ein naturwissenschaftliches Glaubensbekenntnis. (III, 123 S.) gr. 8. München 907. Seitz & Schauer. n. 3.—; geb. in Leinw. n. 4.—

Raumer, Karl v., Rathschläge für den Bau u. die Rentabilität von Ziegelei-Anlagen mit besond. Berücksichtigung der Maschinen u. Ringöfen. Weimar 867. B. F. Voigt. 8. (VI, 42 S.) 7½ ngr.

— s. Sammlung geistl. Lieder.

– s. Schmeling, W.: Über die Breslauer Turnstreitigkeiten

Raumer, K. v. Die Schützen-Gilde und das deutsche Heer Berlin 1871. 8° (Verm. Jähns.)

Raumer, Karl v., Turnen, Turner und Ausbildung der Sinne, Das Turnen und der Staat (Vermischte Schriften II, III, V), Berlin 1819, 128 S., 8°

Raumer, Karl von, Die deutschen Universitäten. 1. u. 2. Aufl. Stuttgart 1854. 8.
A. u. d. T.: Raumer, Geschichte der Pädagogik. Th. 4.

Raumer, Karl v. Die deutschen Universitäten. 3. Aufl. Stuttg. Liesching 1861 = Rs. Geschichte der Pädagogik. 3.
——, —— 4. durchges. u. verm. Aufl. Gütersloh 1874. 8.

v. Raumer, die deutschen Universitäten. 5. Aufl. Stuttgart 882.

Raumer, Karl v.: Die deutschen Universitäten Von –. 6 Aufl Gütersloh Bertelsmann 1898. X, 332 S. 8°
(Raumer Geschichte d. Pädagogik Th. 4)

— üb. den Unterricht in d. Naturkunde auf Schulen. gr. 8. Berl. 824. Reimer. 8 gl

Raumer, K. v., Versuch eines Abc-Buchs der Krystallkunde. 1r Thl. mit Kupf. gr. 8. Berlin, Reimer. 820.

dgl. Nachträge. Berlin. 1821. 2 Ex.

– s.a. Versuch über d. Mittel d. Kindermord.

—— das Wohl der Säuglinge. Ein Mahnwort zur Verhütung des Absterbens derselben gerichtet an Wohlfahrts-Behörden, Wohlthätigkeits- und Frauen-Vereine. gr. 8. (40 S.) Leipzig 877, R. Hahn.

– s. Wolbermann, Vorurtheile

—— der Zug d. Israeliten aus Aegypten nach Canaan. Ein Versuch. Beil. zu d. Verf. „Palästina." gr. 8. (4 B. u. 1 Karte.) Leipzig 837, Brockhaus.

—— die Zukunft der katholischen Kirche vom politischen Standpunkt beleuchtet. gr. 8. (15 S.) Breslau 876, Max und Comp.

Raumer, Karl Georg

Raumer, Carl Georg von (Anhalt. Adel), De ambitu politiae eiusque a justitia discrimine. Disput. Peter Carl Wilhelm von Hohenthal. Leipzig (B. Chr. Breitkopf) 28. IX. 1774. 82 S. (4.75) 27740
Widm. v.: Präses.

Raumer, Carl v., Beiträge zur bibl. Geographie. Nebst 1 Höhendurchschnitte. Beilage zu des Verf. „Palästina." gr. 8. (5 B.) Leipzig 843, Brockhaus.

Raumer, Karl v., Beschreibung d. Erdoberfläche. Eine Vorschule d. Erdkunde. 1. u. 2., unveränd. Aufl. (à 5½ B.) gr. 8. Leipzig 832, Brockhaus. à

Raumer, Karl v., Beschreibung d. Erdoberfläche. Eine Vorschule d. Erdkunde. 3. verb. Aufl. gr. 8. (15½ B.) Leipzig 838, Brockhaus.

v. Raumer, Karl, Beschreibung der Erdoberfläche. Eine Vorschule der Erdkunde. 4. verb. Aufl. gr. 8. Leipzig 844, Brockhaus. 6 ngl

Raumer, Carl v., Beschreibung der Erdoberfläche. Eine Vorschule der Erdkunde. 5., verb. Aufl. gr. 8. (IV und 80 S.) Leipzig 854, Brockhaus. *

Raumer, Karl v., Beschreibung der Erdoberfläche. Eine Vorschule der Erdkunde. 6., verb. Aufl. Leipzig 865. Brockhaus. gr. 8. (86 S.) n. 6 ngr.

— s. M. v. Engelhardt, geognost. Versuche u. Umrisse.

—— Kreuzzüge. 1. Thl. gr. 8. ($12\frac{1}{4}$ B.) Stuttgart 840, S. G. Liesching. *

—— Kreuzzüge. 2. Thl. gr. 8. (100 S.) Stuttgart 864. [Gütersloh, Bertelsmann.] *
1. Thl. [Ebendas.] 1840. * 1 Thlr.

Raumer, Karl v., Kreuzzüge. 2. Thl. Stuttgart 864. S. G. Liesching. gr. 8. (100 S.) n. 15 ngr.

— Lehrbuch der allgem. Geographie. Mit 5 Kpft. (in gr. 4.) u. 2 Tabb. gr. 8. Leipz. 832. Brockhaus. 1 ℛ 6 gr

— Lehrbuch der allgemeinen Geographie. 2e verm. Aufl. Mit 6 Kpfrtaf. u. 1 Tabelle. gr. 8. Leipzig 835. Brockhaus. $1\frac{1}{2}$ ℛ

— Lehrbuch der allgemeinen Geographie. 3. verm. Aufl. Mit 7 Kpfrtaf. (in qu. gr. 4.) gr. 8. (XXXII u. 534 S.) Leipzig 848, Brockhaus. n. 1 ℛ 18 ngr

v. Raumer, Karl Geo. I., lettres allemandes écrites françaises à l'age des sept ans. 8. Zerbst 761. Ed. II. augm., par D. R. Chollin. 8. Brandenb. 772.

—— Palästina. 1. Aufl. ($22\frac{3}{4}$ B. incl. 2 Tab., 1 Plan u. 1 Grundr.) 835. $1\frac{1}{2}$ Thlr., 2., verm. u. verb. Aufl. gr. 8. ($31\frac{1}{2}$ B., 1 Tab., 2 Kart. u. 1 Grundr.) Leipzig 838, Brockhaus.

—— Palästina. 3., verm. und verb. Aufl. gr. 8. (XVI und 476 S. mit 1 in Kpfr. gest. und ill. Karte von Palästina in Fol. und 2 Plänen in Kpfrst.) Leipzig 850, Brockhaus. *

— Palästina. Mit 1 (in Kpfr. gest. u. color.) Karte von Palästina (in Fol.). 4. verm. u. verb. Aufl. Leipzig 860. Brockhaus. gr. 8. (XVI, 512 S. m. 1 Holzschntaf. u. 1 Tab. in 4.) n. 2 ℛ

v. Raumer, Karl, u. F. v. Stülpnagel, Palästina nach den zuverlässigsten alten und neuen Quellen. Mit 6 Nebenkärtchen u. Text. In Kpfr. gest. qu. Fol. Gotha 844, J. Perthes. n. $\frac{1}{4}$ ℛ

v. Raumer, Karl Geo. II., vermischte Schriften. 2 Thle. gr. 8. Berl. 819, 22. Reimer. 1 ℛ 8 gr
* Desgl. ein zweites Exemplar.

Versuch über die Mittel wider den Kindermord. Auf Veranlassung der Mannheimer Preisfrage, von einem Kriminalrichter *(Karl Geo. v. Raumer*, 1753—1833). Berlin, Lange, 1782. 8°
Anon.-Lex. IV. p. 308 (nach Meusel, Allg. D. Biogr., Hitzig, Kayser, Callisen, A. G. Schmidt).

– s. Wattenagel, Netze.

Raumer, Karl Ludwig

Raumer, Car. Ludov. (geb. Brenkenhof 8. 1. 1794): De similitudine inter effectus venenorum acrium et narcoticorum. Berolini (1820). (27 S.) 8°
Berlin, Med. Diss. v. 11. März 1820

— **Leopold Wilhelm Friedrich** (Zerbst/Anhalt), De usu practico tituli institutionum de adoptionibus. Diss. jur. Präs. Christian Thomasius. Halle / Magdeburg (J. Chr. Zahn) 18. IV. 1714. 74 S. (4.75) 27745

— — Dasselbe. Halle/Magdeburg (Hendel) 18. IV. 1714. 1723. 72 S. (4.75) 27746

— — De usu practico tituli institutionum de adoptionibus Von Der Aufnehmung an Kindes statt. Diss. jur. Präs. Christian Thomasius. Halle / Magdeburg (Hendel) 18. IV. 1714. 1737. 72 S. (4.75) 27747

Raumer, Rud. v., die Aspiration u. d. Lautverschiebung. Eine sprachgeschichtl. Untersuchung. gr. 8. ($7\frac{1}{2}$ B.) Leipzig 837, Brockhaus.

Raumer, Rud. v., weitere Beiträge zur deutschen Rechtschreibung. gr. 8. (35 S.) Wien 857, Gerold's Sohn. *
Aus: Zeitschrift für die österreich. Gymnasien, 1857, Heft 1, besonders abgedruckt.

—— de Servii Tullii censu. Dissert. histor. 8maj. (6 B. u. 2 Stnt.) Erlangae 840, Blaesing. *

Raumer, Rud. v., die Einwirkung des Christenthums auf die Althochdeutsche Sprache. Ein Beitrag z. Geschichte der Deutschen Kirche. gr. 8. (28 B.) Stuttgart 845, S. G. Liesching, Verl. *

Raumer, Rud. v., Erläuterungen zu den Ergebnissen der Berliner orthographischen Konferenz. gr. 8. (15 S.) Halle 876. Buchh. d. Waisenh. n.n. — 30

– Erörterungen über die Urverwandtschaft der semitischen und indoeuropäischen Sprachen. [Zeitschrift für das Gymnasialwesen. XIX, 11.] [Berlin 1865.]

v. Raumer, Rud., vom Deutschen Geiste. Drei Bücher geschichtlicher Ergebnisse. gr. 8. (VIII u. 176 S.) Erlangen 848, Heyder. — 2. verm. u. verb. Aufl. gr. 8. (XX u. 184 S.) Erlangen 850, (Frankfurt a. M.) Heyder & Zimmer. n. $\frac{2}{3}$ ℛ

Raumer, Rud. v., Geschichte der germanischen Philologie, s. a. Geschichte der Wissenschaften.

Raumer, Rud. von, Geschichte der Germanischen Philologie vorzugsweise in Deutschland. München 1870. gr. 8.
A. u. d. T.: Gesch. d. Wiss. in Deutschl. N. Z. Bd. 9. (D.; BRG.; RFA.)

Raumer, Rudolf von: Der regelmässige Lautwandel zwischen den semitischen und den indoeuropäischen Sprachen nachgewiesen an dem etymologischen Verhältnis der hebräischen weichen Verschlusslaute zu den indoeuropäischen harten. [SA] [Erlangen 1863.]

—— über deutsche Rechtschreibung. gr. 8. (V und 108 S.) Wien 855, (Gerold's Sohn.)
Aus: Zeitschrift für die österreich. Gymnasien, Jahrg. 1855. Heft 1. und 7. Nebst einigen Zugaben, besonders abgedruckt.

Raumer, Rud. v., Rede beim Antritte des Prorectorats der königl. bayer. Friedrich-Alexanders-Universität Erlangen am 4. November 1858 gehalten. gr. 4. (15 S.) Erlangen 858, (Blaesing.) Thlr.

Raumer, Rud. von, Regeln und Wörterverzeichniss für die deutsche Orthographie. Als Mscrpt gedruckt. Berlin 1875. 8.

Raumer, Rud. v., die doppelte Recension des Textes von Kant's Kritik der reinen Vernunft. Einige philolog. Bemerkungen. Programm. gr. 8. (20 S.) Erlangen 854, Blaesing.

Raumer, Rud. v., Herr Prof. Schleicher in Jena und die Urverwandtschaft der semitischen und indoeuropäischen Sprachen. Ein krit. Bedenken. gr. 8. (17 S.) Frankfurt a. M. 864, Heyder und Zimmer.

—— gesammelte sprachwissenschaftliche Schriften. gr. 8. (VI und 539 S.) Frankfurt a. M. 863, Heyder und Zimmer.

Raumer, Rud. v., Sendschreiben an Herrn Prof. Whitney über die Urverwandtschaft der semitischen und indogermanischen Sprachen. gr. 8. (20 S.) [Frankfurt a. M. 876.] Homburg v. d. H., Heyder und Zimmer. *

— s. Thiergarten, der, bei Berlin.

Raumer, Rud. v., über d. Unterricht im Deutschen, s.a. **Raumer**, Karl v., Geschichte d. Pädagogik.

— der Unterricht im Deutschen. 3., verb. u. verm. Aufl. Abdr. aus K. von Raumers Geschichte der Pädagogik. Stuttgart 857. S. G. Liesching. gr. 8. (XII, 164 S.) n. 20 ngr.

Raumer, Rud. v., Fortsetzung der Untersuchungen über die Urverwandtschaft der semitischen u. indoeuropäischen Sprachen. Frankfurt a. M. 867. Heyder & Zimmer. gr. 8. (24 S.) n. 5 ngr.

— zweite Fortsetzung der Untersuchungen über die Urverwandtschaft der semitischen u. indoeuropäischen Sprachen. Ebend. 868. 8. (36 S.) n. 10 ngr.

—— Untersuchungen über die Urverwandschaft der semitischen und indoeuropäischen Sprachen. 3. und 4. Fortsetzung. gr. 8. Frankfurt a. M., Heyder und Zimmer. [3. (18 S.) 871. * 50 Pf.; 4. (22 S.) 873. * 75 Pf.] *
I. 1. und 2. Fortsetzung. Ebendas. 1864—68. * M 2.

—— deutsche Versuche. 8. (VIII und 207 S.) Erlangen 861, Bläsing. *

— ein Wort der Verständigung über die Schrift: Die Einwirkung des Christenthums auf die althochdeutsche Sprache. gr. 8. (26 S.) Erlangen 852, Bläsing. n. 1/6 ₰

—— das deutsche Wörterbuch der Gebrüder Grimm und die Entwickelung der deutschen Schriftsprache. gr. 8. (32 S.) Wien 858, Gerold's Sohn.
Aus: Zeitschrift für die österreich. Gymnasien, Jahrg. 1858, besonders abgedruckt.

— der Zug der Israeliten aus Aegypten nach Canaan. Ein Versuch. Beilage zu des Verfass. „Palästina." Mit 1 Karte. gr. 8. Leipzig 837. Brockhaus. 1/2 ₰ Die Karte einzeln 1/4 ₰

Raumer, Sigmund von: Erlangen unter Christian und Christian Ernst. Erlangen 1910: Junge. x, 159 S. 8°
Erlangen, k. G P 1910* ü 1911. [S 10. 350

Raumer, Sigm. v., Heimat. Ein Beitrag zur Geschichte der Erlanger Landschaft in den letzten beiden Jahrh. Mit e. Plane a. dem Jahre 1722 u. 6 Abbildgn. (33 S.) gr. 8. Erlangen 904. M. Mencke. n. 1.—

von Raumer, Sigmund: Die Metapher bei Lucrez. Erlangen, Druck d. Univ.-Buchdr. v. E. Th. Jacob, 1893; VI, 129 S. 8.
Erlangen. k. G. P 1893*

Raumer, Sigm. v., die Metapher bei Lucrez. gr. 8. (VI, 129 S.) Erlangen 893. Th. Blaesing. n. 1.50

Raumkunst. Die R'. Halbmonatshefte für Kritik und Gestaltung in der Baukunst und verwandten Gebieten. Unter Mitwirkung von Richard Berndl, German Bestelmeyer, ... Walter Riezler hrg. von Franz Geiger. [Illustriert.] Jahrg. [1,] 1908. Heft 1. IV + 16 S. 4. München-Kaufbeuren, Verlag der Raumkunst b(ei) d(en) Vereinigten Kunstanstalten A.-G. (Druck der Dr. Wild'schen Buchdr. ..., München) — *Aufdruck:* Verlag für die Schweiz: Art. Institut Orell Füssli, Zürich —. [für den Jahrg. M. 12.—,] das Heft M. —.70

Raumkunst, die. Halbmonatshefte f. Kritik u. Gestaltg. in der Baukunst u. verwandten Gebieten. Unter Mitwirkg. v. Rich. Berndl, German Bestelmayer, Thdr. Fischer u. a. hrsg. u. red. v. Walt. Riezler. 2. Jahrg. Jan.—Juni 1909. 12 Hefte. (à ca. 16 S. m. Abbildgn.) 30,5×24 cm. München. Darmstadt, Verlag Wohnungskunst. 6.—
Fortsetzg., s.: Wohnungskunst.

Deutschland's **Raumkunst** und Kunstgewerbe auf der Weltausstellung zu Brüssel 1910. Vom Reichskommissar autor Ausg Stuttgart: Hoffmann (1910). 128 S. 4° [11. 1777

Raumkunst, die, in Dresden 1906. (In 5 Lfgn.) 1. bis 4. Lfg. (40 Lichtdr.-Taf.) gr. Fol. Berlin (906). E. Wasmuth. à n. 7.—

— die, in Dresden 1906. 5.—7. (Schluss-) Lfg. (30 Lichtdr.-Taf. m. 1 Bl. Text.) 49,5×33,5 cm. Berlin (907). E. Wasmuth. à Lfg. 7.—

— neue. Ausführungen nach Entwürfen hervorrag. Architekten durch namhafte Kunsthandwerker. Künstlerische Leitg.: Ludw. Otte. Hrsg. O. Listemann. 6 Hefte. (à ca. 16 S. m. Abbildgn. u. 10 Taf.) 38,5×20 cm. Berlin (910). O. Listemann. 10.—

Raumkunstausstellung. ... R'-A'... (im) Kunstgewerbe-Museum Zürich. Katalog .... 8.
I. Zürcher R'-A'. Sept.—Nov. 1909. Katalog. II + 32 S. ([Zürich,] Buchdr. Züricher Post.)
II. R'-A' (*Serie 2:* Z' R'-A'). 2 Serien. ([Zürich,] Buchdr. Z' P'.) — K' der 1. Serie: Die Arbeiter- und Beamten-Wohnungen. Sept.—Nov. 1909. II + 24 S.; K' der 2. Serie: Die Arbeiterwohnungen. Dez. 1909/10 Feb. II + 32 S.
III. Z' R'-A'. (K' der) 1. Serie. Juli/September 1911. 40 S. + *Anzeigen.* (Zürich, Berichthaus.) [fr. —.50]

Raumlehre und Dezimalrechnung, praktische, für Elementarschulen u. Handwerkerschulen. Von einem Elementarlehrer. 12. Crefeld 844, Funcke'sche Buchh. 1/6 ₰

Raun, Carol., de Clitarcho Diodori Curtii Justini auctore. Dissertatio historica. Bonn 868. Marcus. gr. 8. (58 S.) n. 10 ngr.

Raun, Wilhelm Friedrich. Zuverlässiger Bericht von dem, was während seiner Gefangenschaft in Marocko vorgefallen ... a. d. Dän. ... Copenhagen 1754. H: *Schumacher, Andreas.* (ML)

Raunau, Rose, „ich will dir viel Schmerzen schaffen!" Eine Liebesgeschichte. (160 S.) 11. 8. Berlin (906). O. Janke n. 1.—

— die letzte Tat u. andere Geschichten. (III, 143 S.) 8 Ebd. (904). n. 1.—

Raunau, Rose, was keusche Herzen nicht entbehren können. Novellen. (III, 169 S.) 8. Berlin (907). O. Janke. 1.—

Raunek, Rud., Opfer modernen Frohndienstes. Gekrönte Preisschrift. 8. (III, 310 S.) Basel 882, [Bahnmaier's Verlag.] Detloff's Buchh.

Raunecker's, A., Zonen- u. Gepäcks-Tarif nach sämmtlichen Stationen der k. k. österr. Staatsbahnen. Giltig für die Station Klagenfurt. Nach amtl. Quellen bearb. 16. (35 S.) Klagenfurt 890. Raunecker. n. —30

Raunecker, [Friedrich], Prof.: Beiträge zur Geschichte des Gelehrtenschulwesens in Württemberg im 17. und 18. Jahrhundert. T. 1. Ludwigsburg 1906: Ungeheuer & Ulmer. (77 S.) 8°
Ludwigsburg, k. G P 1906 (735)

Raunecker, F Einige Fälle von Disziplinaruntersuchungen gegen Lehrer an württembergischen Gelehrtenschulen a. d. 1?. Jh. Berlin 1906. 8°.
(Beitr. z. Gesch d Erzieh u d Unterrichts in Württemberg (H. 1.))
(Mitteilungen d. Ges. f. deutsche Erziehungs- u Schulgesch. Beih. 11.)

v. Rauner, Chr. Mch., († ...) erster Ursprung u. Aufnahme d. k. k. Residenzstadt Wien; aufs neue ans Licht gebracht u. mit e. tabellenförm. Beschreib. sämmtl. Regenten Oestreichs versehen. 4. Augsb. 782

Rauner, Johann Christian von (Augsburg), De sublimi principum ac statuum evangelicorum dispensandi jure in causis et negotiis tam sacris quam profanis. Exercit. acad. Präs. Justus Henning Boehmer. Halle/Magdeburg (Hendel) 19. X. 1722. 120 S. (4.75)

— — Dasselbe. Halle/Magdeburg (Hendel) 19. X. 1722. 1725. 118 S. (4.75)

— — Dasselbe. Halle/Magdeburg (Hendel) 19. X. 1722. 1731. 120 S. (4.75)

Raunheim [Schlagwort]

Raunheim, s.: Hessen. Höhenschichtenkarte.

Raunig, A. G., die Arbeiterbewegung in Neunkirchen od. d. sogen. Generalstrike in Neunkirchen. Hrsg. v. Jndustriellen Club in Wien. gr. 8. (141 S.) Wien 896. G. Szelinski. n. 1. 60

— d. Bedeutg. d. Industrie f. Oesterreich. E. statist. Skizze. Hrsg. v. Industriellen Club in Wien. gr. 8. (114 S.) Ebd. 897. n. 1. 50

Raunig, A. G., Gleichgewicht zwischen Landwirtschaft u. Industrie. Mit e. Vorwort v. A. v. Peez. (112 S. m. Skalen.) gr. 8. Wien 910. C. Konegen. 2. —

Raunig, A. G., Grundsätze für eine Alters- und Invaliditäts-Versicherung. Drucks. Nr. 134 des „Industriellen Klubs" in Wien, 1903.

Raunig. A. G., der Zolltarif u. die Reciprocitäts-Verträge der Vereinigten Staaten v. Amerika. gr. 8. (40 S.) Wien (I. Nibelungengasse 13) 901. Industr. Club. 1.50

Raunig, Gust., der Aussenhandel Oesterreich-Ungarns im J. 1891 nach Waarengruppen, Herkunft u. Bestimmungsland in graphischer Darstellung. gr. 8. (16 S. m. 1 farb. Taf.) Wien 893. (G. Szelinski) n. 2. 40

RAUPACH, Arthur (Neustadt i.O.-Schl.): Über multiple cartilaginäre Exostosen.- Neustadt: Reichelt 1896. 22 S.,1 Bl.
18.1.1895 - Chr 1894/95,21; Jv 1896/97,238 (Prom.-Datum: 1896)
Diss. Ingolst.-Landsh.-Mchn.

Raupach, Benjamin (Grunau bei Hirschberg/Schlesien), De insufficientia philosophiae moralis ad veram felicitatem ex doctrina eius de conscientia demonstrata. Diss. philos. Präs. Johann Friedrich Stiebritz. Halle / Magdeburg (Grunert) 20. XII. 1751. 54 S. (—.—)
Widm. v.: Johann Friedrich Stiebritz, Gottlob Samuel Nicolai, Johann Gottlieb Schaeler, Carl Wilhelm Weissig (Oppon.), G. F. Becker, A. Rentsch.

Raupach, Bernhard

Raupach B. obss. sacr ex patribus apostolicis decas I—II. Kil. 1711. 4.

— **Bernhard** (Tundera/Cimber.), De linguae Saxoniae inferioris neglectu atq.; contemtu injusto, Von Unbilliger Verachtung Der Plat-Teutschen Sprache. Exercit. Acad. Präs. Franc. Alb. Aepini. Rostock (N. Schwiegerov) 4. X. 1704. 72 S. (4.75)

Raupach, Bernh., de Officio ministri ecclesiae ex mente patrum apostolicor. 8. Kilon. 714.

— — Erläutertes evangelisches Oesterreich, das ist fortgesetzte historische Nachricht etc. (1 Th.) 1520—1580. (2. Th.) 1581—1740. (2 Bde.) 4. Hamburg 1736—1740.

Raupach, Bernhard, Pred. zu St. Nicolai in Hamburg. Evangelisches Oesterreich, das ist historische Nachricht von den vornehmsten Schicksahlen der evangelisch-lutherischen Kirchen in dem Ertz-Herzogthum Oesterreich. Aus bewährten Scribenten und glaubwürdigen Urkunden gesammelt. 4. Hamburg 1732.

— evang. Oesterreich, oder histor. Nachr. v. d. vornehmst. Schicksal. der evangel. luther. Kirche in Oesterr. 6 Thle. 4. Hamburg, Bohn. 733–44.

Raupach, Bernhard: De praesenti rei sacrae et litterariae in Dania statu. Repetita ed. variis observationibus aucta. — Hamburgi: Liebezeit 1717 118 S. 8°

Bernhardi **Raupachii** Oratio de Vtilitate peregrinationis Danicae. in Christian-Albertina die 17 septembris anni 1712. publice recitata. Kilonii. (1712.) 4° k

Raupach C.: Die Resultate d. letzten Rinderpestimpfungen in dem Impf-Institute Karlofka. (Veter.) Inaug.-Diss. Dorpat 1875. 34 S. 1 Tvl. P. s.a. Raupach, M.

Raupach, C. E., s. Raupach, Karl Ed.

Raupach, Ernst, († d. 18. März 1852), der Aberglaube als weltgeschichtliche Macht. Vortrag im wissenschaftl. Verein am 14. Febr. 1852. Mit dem Bildnisse Raupach's aus früheren Jahren. gr. 8. (27 S. m. Holzschn.) Berlin 852, Vereins-Buchhandlung. 6 ngr.

— Adelheid v. Burgund, s.: Jahrbuch deutscher Bühnenspiele, 30. Jahrg. 1851.

Raupach, Dr. Ernst, Die Aufgabe der jetzigen Kammern. Zweite unveränderte Auflage. Berlin, Vereins-Buchhandlung, 1849. 14 S. 8°.

— die Bekehrten. Lstspl. in 5 Akt. 8. Hamb. 827. Hoffmann u. Campe. 1 ß Velinp. 1 ß 4 gl

— der Bettler; Schspl. — Der versiegelte Bürgermeister. — Der Degen; dramat. Scherz, s. A. v. Kotzebue, Almanach. 27r, 29r u. 30r Jahrgang.

Raupach, Ernst (Benj. Sal.), die feindlichen Brüder, od.: Homöopath u. Allopath. Possensp. in 3 Aufz. 8. (7½ B.) Hamburg 834, Hoffmann u. Campe.
Vgl. dess „dram Werke kom. Gattung," 4. Thl.

Raupach, Ernst, der gepfändete Bürgermeister, s.: Vereinstheater.

Raupach, E.: Der versiegelte Bürgermeister, s. Universal - Bibliothek Nr. 1830.

Raupach, Ernst (Benj. Sal.), Corona von Saluzzo. Schausp. in 5 Aufz. 8. (8¼ B.) Hamburg 840, Hoffmann u. Campe.
Vgl. dess. „dramat. Werke ernster Gattung," 14. Bd.

—— Cromwell. Eine Trilogie. 1. Thl. — A. u. d. T.: Die Royalisten od. Cromwell, General. Schausp. in 5 Aufz. 8. (12 B.) Hamburg 841, Hoffmann u. Campe.
Vgl. dess. „dramat. Werke ernster Gattung," 15. Bd.

Raupach, Ernst (Benj. Sal.), Cromwell. Eine Trilogie. 2. Thl. A. u. d. Ttl.: Die Royalisten od. Cromwell, Protector. Drama in 5 Aufz. 8. (12⅔ B.) Hamburg 844, Hoffmann u. Campe.

—— dass. 3. Thl. A. u. d. Ttl.: Die Royalisten od. Cromwell's Ende. Trauersp. in 5 Aufz. 8. (13¼ B.) Ebds. 844.

– Der Degen; der Platzregen als Eheprocurator, s. Universal - Bibliothek Nr. 1724.

—— Denk' an Cäsar! Possensp. in 5 Aufz. 8. (12¼ B.) Hamburg 832, Hoffmann u. Campe.
Vgl. dess. „dram. Werke kom. Gattung," 2. Thl.

Raupach, Er., dramat. Dichtungen. (Enth.: Timoleon. — Lorenzo und Cäcilia. — Die Fürstin Chawansky.) gr. 8. Liegnitz 818. 2e A. 821. Kuhlmey. 2 Thlr 8 gGr

Raupach, Er., erzählende Dichtungen. 8. Leipz. 827. Cnobloch. 1 Thlr 8 gGr

— die Erdennacht, ein dramat. Gedicht in 5 Abthell. 8. Leipz. 820. Cnobloch. 1 Thlr

—— Erzählungen. gr. 12. (14 B.) Leipzig 833, Cnobloch.

— Elisabeth Farnese, s.: Jahrbuch deutscher Bühnenspiele, 29. Jahrg. 1850.

— die Freunde. Ein Trauerspiel in 5 A. 8. Leipzig 825, Cnobloch.

— die Gefesselten. Dramat. Dichtungen in 6 A. 8. Leipz. 821. Cnobloch. 1 Thlr

— Genoveva, s. Danner's S., deutsche Volksbühne.

——, Genoveva. Trauersp. in 5 Aufz. 8. (9½ B.) Hamburg 834, Hoffmann u. Campe.
Vgl. dess. „dram. Werke ernster Gattung," 8. Bd.

– Die alte und die junge Gräfin, s. Jahrbuch deutscher Bühnenspiele v. Gubitz.

– Hahn und Hektor, s. Jahrbuch deutscher Bühnenspiele v. Gubitz.

—— vor 100 Jahren, s. Jahrbuch deutscher Bühnenspiele.

— Jakobine v. Holland, s.: Jahrbuch deutscher Bühnenspiele, 31. Jahrg. 1852.

– Isidor und Olga, s. Universal - Bibliothek Nr. 1698.

— der Kegelspieler, s.: Jahrbuch deutscher Bühnenspiele, 32. Jahrg. 1853.

Raupach, E., Köck u. Guste, s.: Gesellschafts- u. Haustheater, neues.

— die Königinnen; dram. Gedicht in 5 A. 8. Leipzig 822, Cnobloch.

— Kritik u. Antikritik. Lustsp. in 4 Akten. 8. Hamb. 827, Hoffmann u. Campe. Velinp. 1 Rthl. Fein Pap.

— Laßt die Todten ruhen! Lstspl. in 3 Akt. 8. Hamb. 826. Hoffmann u. Campe. 20 gGr

— die Lebensmüden, s.: Jahrbuch deutscher Bühnenspiele, 28. Jahrg. 1849.

— die Leibeigenen, oder Isidor u. Olga. Trspl. in 5 Akt. 8. Leipz. 826. Cnobloch. 1 Thlr

— Hans Michel Meerrettigs Liebes- u. Ehestandssachen, Fastnachtstrilogie. (1r Thl. Die Mondsucht; Posse.) (2r Thl. Das Fastnachtsspiel; Posse in 3 A.), s. A. v. Kotzebue, Almanach. 25r u. 26r Jahrg.

—— das Mährchen im Traum. Ein dramat. Gedicht in 3 Abthln.: der Abend, die Nacht u. der Morgen. 8. (6¾ B.) Hamburg 836, Hoffmann u. Campe.
Vgl. dess. „dramat. Werke ernster Gattung," 13. Bd.

Raupach, E. (Benj. Sal.), Maria, Königin von Schottland, s. Jahrbuch deutscher Bühnenspiele.

— Mirabeau. Historisches Drama in 5 Akten u. ein Vorspiel. [Den Bühnen gegenüber als Mscr. zu betrachten.] 8. (VI u. 92 S.) Ebd. 848. ½ Thlr

—— Mirabeau. Historisches Drama in 5 Akten und einem Vorspiel. (Den Bühnen gegenüber als Mscr. zu betrachten.) 8. (VI und 92 S.) Berlin 850, Vereins-Buchh.

— Mulier taceat in ecclesia. — Der Narr seiner Freiheit, s. Jahrbuch deutscher Bühnenspiele, v. Gubitz. 15r u. 16r Jahrg.

Raupach, E., der Müller und sein Kind, s. Meyer's Volksbücher.

—— der Müller u. sein Kind. Volksdrama in 5 Aufz. 8. (7¼ B.) Hamburg 835, Hoffmann u. Campe.
Vgl. dess. „dram. Werke ernster Gattung," 8. Bd.

— Napoleon d. Tyrann, d. Unterdrücker, d. Verderber Deutschlands. 8. Dresd. 813. Arnold. 2 gGr

– Der Nasenstüber, s.a. Universal - Bibliothek Nr. 1918.

—— der Nasenstüber. Posse in 3 Aufz. 8. (7½ B.) Hamburg 835, Hoffmann u. Campe.
Vgl. dess. „dram. Werke kom. Gattung," 4. Thl.

—— der Nibelungen-Hort. Tragödie in 5 Aufz. mit e. Vorspiel. 8. (11¼ B.) Hamburg 834, Hoffmann u. Campe.
Vgl. dess. „dram. Werke ernster Gattung," 2. Bd.

— der Platzregen als Eheprokurator. Eine dramatisirte Anekdote, s. A. v. Kotzebue, Almanach. 28r Jahrg.

—— der Prinz u. die Bäuerin. Trauersp. in 5 Aufz. 8. (8¾ B.) Hamburg 840, Hoffmann u. Campe.
Vgl. dess. „dramat. Werke ernster Gattung," 13. Bd.

——, Rafaele. Trauersp. in 5 Akt., nach e. neugriech. Sage. 8. (9 B. u. 1 Vign.) Hamburg 828, Hoffmann u. Campe.
Vgl. dess. „dram. Werke ernster Gattung," 1. Bd.

— Rede an die Deutschen im Triumphe Rußlands. 8. o. O. (813 od. 14.)

——, Robert der Teufel. Romant. Schausp. in 5 Aufz. 8. (10 1/4 B.) Hamburg 834, Hoffmann u. Campe.
Vgl. dess. „dram. Werke ernster Gattung," 2. Bd.

– Die Royalisten, s. Universal-Bibliothek Nr. 1880.

—— Saat und Frucht, s. Jahrbuch deutscher Bühnenspiele.

— Schauspiele u. Trauerspiele. 1r Bd. (Enth.: Rafaele; ein Trspl. — Die Tochter d. Luft. Mythische Tragödie.) 8. Hamb. 830. Hoffmann u. Campe. 1 ℛ 16 ℊ

——, Schelle im Monde. Ein Mährchen in 4 Aufz. u. e. Vorspiele. 8. (11 1/4 B.) Hamburg 833, Hoffmann u. Campe.
Vgl. dess. „dram. Werke kom. Gattung," 3 Thl.

– Der Schleichhändler, s.a. Universal-Bibliothek Nr 1705

—— die Schleichhändler. Lustsp. in 4 Aufz. 8. (8 1/4 B.) Hamburg 830, Hoffmann u. Campe.
Vgl. dess. „dram. Werke kom. Gattung," 2. Thl.

– Die Schule des Lebens, s.a. Universal-Bibliothek Nr 1800.

—— die Schule d. Lebens. Schausp. in 5 Aufz. nach e. alten Novelle. 8. (12 1/2 B.) Hamburg 841, Hoffmann u. Campe.
Vgl. dess. „dramat. Werke ernster Gattung," 15. Bd.

— Snupka. Frasska we trech gednanjch. Prelozena od Jos. Pecirky. 12. Znogme 844. Fourniera. 1/6 ℛ

—— das Sonett. Lustsp. in 3 Aufz. 8. (6 1/2 B.) Hamburg 833, Hoffmann u. Campe.
Vgl. dess. „dram. Werke kom. Gattung," 3. Thl.

– Ein theurer Spaß, s. Jahrbuch deutscher Bühnenspiele v Gubitz. 17.-19. J.

—— der Stiefvater. Lustsp. in 3 Aufz., nach Holberg. 8. (7 1/2 B.) Hamburg 833, Hoffmann u. Campe.
Vgl. dess. „dram. Werke kom. Gattung," 3. Thl.

—— Themisto. Eine Tragöd. in 5 Act. 8. (8 B.) Hamburg 840, Hoffmann u. Campe.
Vgl. dess. „dramat. Werke ernster Gattung," 14. Bd.

— Timoleon, der Befreier. Dramat. Gedicht. gr. 8. St. Petersb. 818. (Halle, Schwetschke u. S.) 20 ℊ

—— die Tochter der Luft. Eine mythische Tragödie in 5 Akt., nach der Idee d. P. Calderon. 8. (11 1/2 B.) Hamburg 829, Hoffmann u. Campe.
Vgl. dess. „dram. Werke ernster Gattung," 1. Bd.

——, Tasso's Tod. Trauersp. in 5 Aufz. 8. (9 1/2 B.) Hamburg 835, Hoffmann u. Campe.
Vgl. dess. „dram. Werke ernster Gattung," 4. Bd.

— an das deutsche Vaterland. 8. Frkf. a. M. (814.) Körner. 3 ℊ

—— Vormund u. Mündel. Schausp. in 6 Aufz. 8. (9 B.) Hamburg 835, Hoffmann u. Campe.
Vgl. dess. „dram. Werke ernster Gattung," 4. Bd.

—— der Wechsler. Lustsp. in 3 Akt. 8. (6 1/4 B.) Hamburg 830, Hoffmann u. Campe.
Vgl. dess. „dram. Werke kom. Gattung," 2. Thl.

— der Wechsler; Lstspl. in 3 A. 8. Hamb. 832. Hoffmann u. Campe. 16 ℊ

—— dramatische Werke ernster Gattung. 1—4. Bd. 8. (78 1/2 B.) Hamburg 830, 35, Hoffmann u. Campe. à
Bd. 1. Rafaele. — Die Tochter der Luft.
" 2. Robert der Teufel. — Der Nibelungen-Hort.
" 3. Genoveva. — Der Müller u. sein Kind.
" 4. Tasso's Tod. — Vormund u. Mündel.
Der 1. Bd. dieser Werke erschien a. u. d. T.: Schauspiele u. Trauerspiele. 1. Bd.

—— dramatische Werke ernster Gattung. 5—16. Bd. 8. (255 1/8 B.) Hamburg 837—43, Hoffmann u. Campe. à
Bd. 5—12. A. u. d. Ttl.:
Die Hohenstaufen, ein Cyclus histor. Dramen. 8 Bde. * 8 Thlr.
Bd. 1., 2. Kaiser Friedrich I. 4 Thle.
" 3. Kaiser Heinrich VI. 2 Thle. (1. Heinrich u. d. Welfen. 2. Heinrichs Tod.)
" 4. König Philipp. — König Friedrich.
" 5. Kaiser Friedrich II. 4 Thle., od. Friedrich im Morgenlande. — Friedrich u. sein Sohn.
" 6. Friedrich u. Gregor. — Friedrichs Tod.
" 7. König Enzio. — Manfred, Fürst v. Tarent.
" 8. König Manfred. — König Konradin.
" 13. Das Mährchen im Traum. — Der Prinz u. d. Bäuerin.
" 14. Corona von Saluzzo. — Themisto.
" 15. Die Schule d. Lebens. — Die Royalisten od. Cromwell, General.
" 16. Cromwell, Protector. — Cromwells Ende.
1—4. Bd. Ebendas. 1830, 35. à 1 Thlr. 12 Gr.

Raupach, Ernst (Benj. Sal.), dramatische Werke komischer Gattung. 1—4. Thl. 8. Hamburg, Hoffmann u. Campe. Thlr.
Thl. 1. Laßt die Todten ruhen. — Kritik u. Antikritik. — Die Bekehrten. (24 1/2 B. u. d. Verf. Bildn.) 829. 2 Thlr.
" 2. Die Schleichhändler. — Der Wechsler. — Denk' an Cäsar. (26 1/4 B.) 832. 1 Thlr. 16 Gr.
" 3. Schelle im Monde. — Der Stiefvater. — Das Sonett. (25 1/2 B.) 834. 1 Thlr. 16 Gr.
" 4. Die feindl. Brüder. — Der Zeitgeist. — Der Nasenstüber. (24 B.) 835. 1 Thlr. 16 Gr.

— der Liebe Zauberkreis; ein dramat. Gedicht in 5 Akt. 8. Leipz. 824. Cnobloch. 21 ℊ

—— der Zeitgeist. Possensp. in 4 Aufz. 8. (9 B.) Hamburg 835, Hoffmann u. Campe.
Vgl. dess. „dram. Werke kom. Gattung," 4. Thl.

Raupach, G. C. P., hist. Nachr. v. d. Leb. u. Schr. Bernh. Raupachs rc. 4. Hamb. 746.

Raupach, Johann Friedrich

Raupach, (J. F.,) Disquisitiones analyticae circa Cissoidem. c. tab. aen. 4. Petropoli 806, ist Verl. v. Reinicke u. C. in Halle.

Raupach, Jh. Fr., († d. 11. April 1819.) Durchflug eines Humoristen durch Deutschland, die Schweiz u. das südl. Frankreich. 8. Bresl. 814. W. G. Korn. 1 ℛ 12 ℊ

— Elemente der Algebra u. Analysis, nebst ihrer Anwendung auf die Geometrie. Ein Lehrbuch f. Gymnasien u. d. Privatunterricht. Mit 3 Kpft. gr. 8. Bresl. 815. W. G. Korn. 1 ℛ

— Elemente d. Mathematik z. Gebrauch f. Schulen, mit K. gr. 8. Ebend. 815.

Raupach, F., Grundriß d. Dynamik od. d. mathem. Lehre v. den Wirkungen d. Kräfte auf Punkte u. feste homogene Massen. Mit K. gr. 8. Halle, Hemmerde u. S. 819.

— Grundriß d. Dynamik od. die mathemat. Lehre von den Wirkungen d. Kräfte auf Punkte u. feste homogene Massen. Mit 3 Kpft. gr. 8. Halle 819. Schwetschke u. S. 1 ℛ

— Reise von St. Petersburg nach d. Gesundbrunnen zu Lipetzk am Don. 8. Bresl. 809. W. G. Korn. 1 ℛ 12 ℊ

— die Theorie der geograph. Netze, od. der Projectionen der Kugelfläche. Mit 4 Kpf. gr. 8. Liegnitz 816. Kuhlmey. 20 ℊ Schrbp. 1 ℛ 4 ℊ

Raupach, Jh. Fr., s. Baron Vanini u. Rosament.

Raupach, Karl Ed., inländ. Museum. 1s—6s Hft. Mit Kpf. u. Musikbeil. 8. Dorpat 820, 21. (Meinshausen). 4 ℛ

Raupach, E. E., inländisches Museum. 1r bis 4r Heft mit Landschaften u. Musik. gr. 8. Riga, Meinshausen. 821.

— neues Museum d. deutschen Provinzen Rußlands. 1r Bd, 1s —3s Hft. Mit Kpf. u. Steindr. 8. Dorpat 824, 25.

Raupach, M.: Bericht aus dem Impfinstitute zu Karlowka im Poltawaschen Gouvernement... Veröffentl. von P. Jessen. 1. 2. Dorpat 1858—59.

Raupach, M., dritter und vierter Bericht aus dem Impfinstitute zu Karlowka, im Poltawaschen Gouvernement für 1859 und 1860. Veröffentlicht von Pet. Jessen. Dorpat 861. (Gläser.) gr. 8. (44 S.) n. 8 ngr.

Raupach M. u. K.: Bericht üb. die v. dem Impfinstitut zu Karlofka, im Poltawaschen Gouvernement aus, durch-vollführten Rinderpestimpfungen, 1872 u. 1873. (Dorpat 1873). (12) S. 4°.
(Beilage zu »Baltischen Wochenschrift«; vedlagt »Bericht« 1866 v. M. R. 4 S.).

Raupach, Pauline, Raupach. Eine biograph. Skizze. 16. (VI und 76 S.) Berlin 853, Allgemeine deutsche Verlagsanstalt.

Raupach, Pauline, der Salzdirektor, s.: Jahrbuch deutscher Bühnenspiele, 30. Jahrg. 1851.

— Stolz u. Liebe, s.: Jahrbuch deutscher Bühnenspiele, 28. Jahrg. 1849.

Raupenbüchlein, d. i.: gründl. Anleit., wie der Bürger u. Landmann seine Obstbäume, Äcker, Wiesen, Gärten v. schädl. Raupen u. Insekten aller Art befreien kann. 8. Gießen 802. Heyer. 2 gr

Raupen- u. Insekten-Büchlein, neues; enthalt. erprobte Recepte, solche auszurotten. Ein nothwend. Hülfsbüchlein f. d. Bürger u. Landmann. 8. Innsbr. 807. Wagner. 6 gr (Centr.-Compt. in Leipz.) 8 gr

Raupen-Sammler, der kleine. Beschreibung u. Abbildung der vorzüglichsten deutschen Tag-, Abend- u. Nachtfalter-Raupen. Nebst Anleitung wie solche aufzufinden u. wie sie zu verpflegen sind, um schöne Schmetterlinge daraus zu erziehen. Mit vielen color. Abbildgn. (auf 18 lith. Taf.) Stuttgart 859. Thienemann. 16. (VIII, 66 S.) 25 ngr.

Raupenstrauch G. Adolf: Über die Bestimmung der Löslichkeit einiger Salze in Wasser bei verschiedenen Temperaturen (mit 1 Taf.). S. 92. II. 463 vgr.
Separatabdruck

— Über Kondensation des Normalbutyraldehydes. S. 95. II. 421 vgr.
Separatabdruck

Raupenvertilger

— Insekten- u. Würmervertilger, d. unfehlbare, od. d. neuesten u. bewährtesten Mittel, um d. in d. Gärten etc. schädl. Insekten u. Würmer z. vertreiben u. gänzlich z. vertilgen. Nebst e. Anweis., d. Unkraut in Gärten z. verhüten u. auszurotten. 8. Quedlinburg, 1826. 2. Aufl. 1827. Basse. — 7½
— s.a. John, Karl.

Raupen-, Insecten- und Würmervertilger, Der unfehlbare, Oder die neuesten und bewährtesten Mittel, um die ... schädliche Insekten und Würmer zu vertreiben ... Hermannst. 1836. V: *Hochmeister, Martin von.* (KU) (Pk)

Raupp, Die Messerschmiede in Mannheim. Schriften des Vereins f. Socialpolitik, Bd. 69. gr. 8°. Leipzig 1897.

Raupp, Karl

Raupp, K., Handbuch der Malerei, s. a. Weber's illustr. Katechismen.

Raupp, K: Handbuch der Malerei. 4. Aufl. Leipzig 1904

Raupp, K., Katechismus d. Malerei, s. a. Weber's illustr. Katechismen.

Raupp, K., Katechismus der Malerei Mit 48 in den Text gedr. Abbildgn. u. 4 Taf. 12. (XII, 146 S.) Leipzig 891. J. J. Weber Geb. in Leinw. n. 3. —

— dasselbe. 2., verm. u. verb. Aufl. 12. (XIV, 167 S. m. 50 Abbildgn. u. 4 Taf.) Ebd. 894. Geb. in Leinw. n. 3. —

Raupp, Karl, Maanhinkel, s.: Lautz, Ludw.

Raupp, Carl, en Usstich alte, reinghaltene Markgröfler. Gespräch auf dem Wege zu Hebel's Säcular-Fest zu Hausen am 10. Mai 1860. Freiburg im Br. 860. Wangler. gr. 8. (IV, 74 S.) n. 10 ngr.

— Raupp-Album. 12 Photogr. nach Originalen des Künstlers. Kabinet-Ausg. 8. München 893. Verlags-Anstalt f. Kunst u. Wissenschaft. In Leinw.-Mappe. 12. —; Folio-Ausg. 30. —

KOSTÜM-SKALA. Zusammenstellung des kostümlichen Bedarfs durch alle Zeitalter mit Rücksicht auf den Personenbestand grosser, mittlerer und kleiner Bühnen und der durch Anschaffung der erforderlichen Kostüme, Rüstungen, Waffen usw. entstehenden Kosten. Für den deutschen Bühnenverein entworfen von Hofrath LUDWIG RAUPP, Ober-Inspektor am Königl. Hoftheater zu Berlin. Berlin 1907. Druck von Hermann Kuhz.) 8°.

Raupp, Otto

— Du sollst den Herrn, deinen Gott, loben. Kinder-Erntefestfeier. (23 S.) kl. 8. Ebd. (908). — 30

Raupp, Otto, Ehre sei Gott in der Höhe! Kinder-Weihnachtsfeier. (16 S.) kl. 8. Heidelberg 906. Ev. Verlag. n. — 20

Raupp, Otto, die Erde ist voll deiner Güte. Kinder-Erntefestfeier. (20 S.) kl. 8. Heidelberg (907). Ev. Verl. — 30

— Es soll allen geholfen werden. Kinder-Weihnachtsfeier. (27 S.) 8. Ebd. (907). — 30

— euch ist heute der Heiland geboren. Kinder-Weihnachtsfeier. (20 S.) kl. 8. Ebd. 907. n. — 20

— Heckerösli. Alemannische Gedichtli. (80 S.) 8. Ebd. 910. Geb. in Leinw. nn 1.75

— Aus ländlicher Stille. Gedichte. (91 S.) 8. Ebd. 907. Geb. in Leinw. m. Goldschn. 1.75

— s: Wegweiser, der.

Raupp, Philipp (Lehrer der Chemie) „Ueber die Orseilleflechte der Rhöne bekannt unter dem Namen Steinflechte oder Basaltmoos" pg. 3—11. 4°. Karl Anton Zürn.
Würzburg, Progr. 1839/40

Raupp, Robert, aus Säckingen Aus d. pathol. Institut zu Kiel. Ueber einen Fall von primärem Carcinom der Leber. *Kiel 1901: A. F. Jensen.* (23 S.) 8°
Kiel, Med. Diss. v. [3. Aug.] 1901

Rauprich, Ant., Lesebuch für das 1., 2. und 3. Schuljahr in kathol. Stadt- und Landschulen. Ein Elementarbuch für den Schreibleseunterricht. 8. (VIII und 168 S.) Gleiwitz 847. [Breslau,] (Landsberger.) *

Rauprich, A., kleine Schul-Naturgeschichte des Thier-, Pflanzen- und Mineralreichs. Ein nach unterrichtl. Grundsätzen verfaßtes Lern- und Wiederholungsbüchlein für Volksschulen. Auf Grund der allgemeinen Bestimmungen vom 15. Octbr. 1872 bearb. 1. Aufl. (47 S.) 1873, und 2. verb. Aufl. 8. (53 S.) Gleiwitz 875, Jaeger. *

Rauprich, A., kleine Schul-Naturgeschichte d. Thier-, Pflanzen- u. Mineralreichs. Ein nach unterrichtl. Grundsätzen verfaßtes Lern- u. Wiederholungsbüchlein f. Volksschulen. Auf Grund der allgem. Bestimmgn. vom 15. Octbr. 1872 bearb. 2. verb. Aufl. 8. (53 S.) Leipzig 875. Leuckart. n. — 25

Rauprich, M., s.: Reichs-Commersbuch, allgem., f. deutsche Studenten.

[F.] **Rauprich,** Max: Zur Handelspolitik Breslaus beim Ausgange des Mittelalters. I. Kap.: Breslaus Handelslage im Ausg. d. Mittelalters ... (Erscheint vollst. in d. Zeitschr. d. Ver. f. Gesch. u. Altherth. Schlesiens, Bd 26 u. 27.) Breslau, Druck v. R. Nischkowsky, 1891; 30 S., 1 Bl. 8.
Breslau, Phil Fak., Inaug.-Diss. v 13. Okt. 1891

Rauracher: Der unerschrockene Rauracher
(1) Ein schweizerisches wahrheitsliebendes Blatt für Religion, vernünftiges Volksrecht und Aufklärung (4) Rechts- und Wahrheitsfreund aus Baselland (5) 1.7.1832—7.2.1837 (6) 8° (bis 26.12.1833), 4° (ab 8.1 1834) (7) 3—4× wöchentlich (bis 14.6.1833), dann Wochenblatt; wöchentlich 2× (seit 6.1.1836) (8) Liestal zuerst Staatsdruckerei im Regierungsgebäude. Banga & Honegger (seit 27.10.1832) (9) Öffentlicher Anzeiger (Inseratenblatt); 13 (?) Nummern (vom 1 12.1832—30.4.1833 ?) (10) der Staat (bis 27.10.1832), dann Benedikt Banga, (11) Benedikt Banga, zeitweise (seit Ende März 1833—7.7.1834) Pfr Joh. Ulrich Walser; Mitarbeiter Stephan Gutzwiller, Rudolf Kölner («der Saure») (12) ursprünglich offiziöses Organ. liberal (13) BGSZ: 182, 954; Otto Gaß im «Basler Heimatbuch» 5 (1950) (14) Bs: U; Be: L; Lu: Z (unvollst.) (15) Der «Öffentliche Anzeiger» erscheint auch selbständig.

Rauracia
s. **Neue Frickthaler Zeitung.**

Rauracien: Petit Rauracien
s. **Le Petit Jurassien.**

Rauracis. Taschenbuch f. 1828—31, v. M. Lutz, s. Lutz.

Rauracis; e. Taschenbuch f. 1827, 28, 29, 30, 31. Den Freunden der Vaterlandskunde gewidmet v. M. Lutz. Mit Kpf. 16. Basel, Schweighäuser. (à 12 gr.) 2 ß 12 gr.

Rauraker. Die R' und die Römer... (Njbl.) s [Fechter, Daniel Albert].

Raurici, positionum ad rem criminal. philosophico-practicar. liber. 8. maj. Berl. Rottmann. 777.

Rausch, Der. Eine Erzählung in Knittelversen mit unpartheyischen Anmerkungen von Dr. R**. Wien u. Prag 1782. V: *Rebsamen, Franz.* (Stadtbibliothek Wien 14353a) ([Heinrich Wolfgang Behrisch] Die Wiener Autoren. Pressburg 1784. S. 78) (Geissau, Verzeichniss, S. 50) (Feil 2836g) (BGEVI³/368) (Biblrort)

Rausch, der letzte. Operette. 8. Manh. 779. Schwan u. G. 8 gr.

Rausch, ..., Radirungen. I. Liefg. (3 Bl.) Imp.-Fol. Düsseldorf 844, Arnz u. Comp. n. 1½ ß

[F.] Rausch. A. [Dr.]: Schillers „Geschichte des dreissigjährigen Krieges" im deutschen Unterrichte der Obertertia. (Aud. Tit: Ausführungen zum Lehrplan. 2 . .) Jena, Druck v G. Neuenhahn, *1891;* S. 24 28, 4°
Jena, G Carolo-Alexandrinum, OP 1891 (667)

Rausch, Alb. H., Flutungen. Novellen. (IX, 216 S.) 8. Berlin (910). E. Fleischel & Co. 3.—; geb. 4.50

— Die Jugend unserer Zeit. (Die Jugend unserer Zeit. Die Grundlage des weltmänn. Bildungs-Ideales. Student u. Weltmann.) (30 S.) gr. 8. Frankfurt a/M. 910. Schirmer & Mahlau. 1.—

— Nachklänge, Inschriften, Botschaften. Gedichte. (111 S.) 8. Berlin (910). E. Fleischel & Co. 3.—; geb. 4.50

Rausch, Alfred, Dr., Rekt.: Ansprache (bei der Eccefeier am 23. November 1901). *Halle a. S. 1902: Waisenhaus.* (S. 20—21.) 4° [F.]
Halle, Latein. Haupt-S, P 1902 (261)

Rausch, Alfred *Christian Theodor*: *Ansprache bei der Ecce-Feier am 19. November* 4 (S. 18—19). Lat. Hauptsch. *Halle* 1899
Progr.

Rausch, Alfred [Die bei der Eccefeier am 24. Nov 1900 gehaltene Ansprache.] S. 19—20. 4. Lateinische Hauptschule *Halle* 1901 (253).
Progr.

—: [Ansprache bei der Ecce-Feier über Psalm 39, 13b.] S. 24 bis 25. 4. **Progr.** Lateinische Hauptschule *Halle* 1903 (276).

Rausch, Alfred Christian Theodor:
Ansprache bei der Feier des Ecce am 25. November 1899. 4 (S. 19—21 der Schuln.). **Progr.** Lat. Hauptsch. *Halle* 1900

Rausch, Alfred *Christian Theodor*: *Ansprache bei der Feier des Jahrhundertwechsels.* 4 (S. 22—24 d. Schuln.).
Progr. Lat. Hauptsch. *Halle* 1900

Rausch, *Alfred Christian Theodor: Ansprache, mit der die Abiturienten zu Michaelis (1 September 1898) entlassen wurden.* 4 (S. 16—18).
Progr.

Rausch, Alfred Christian Theodor:
Ansprache an die am 6. März entlassenen Oster-Abiturienten. 4 (S. 19—20). **Progr.** Lat. Hauptsch. *Halle* 1899

Rausch, Alfred: [Ansprache am Reformationstage.] S. 19—20. 4.
Progr. Lateinische Hauptschule *Halle* 1903 (276).

Rausch, *Alfred Christian Theodor: Ansprache an die Schulgemeinde nach dem Tode des Fürsten Bismarck* 4 (S. 15).
Progr. Lat. Hauptsch. *Halle* 1899

Rausch, Alfred Christian Theodor:
Ansprache bei der Verabschiedung der Abiturienten am 18. September 1899. 4 (S 17—19). Lat Hauptsch. *Halle* 1900
Progr.

Rausch, Alfred: [Ansprache bei der Verabschiedung der Oster-Abiturienten.] S. 21—22 der Schuln. 4.
Latein. Hauptschule *Halle* 1901 (253).
Progr.

Rausch, Alfred *Christian Theodor: Ansprache bei der Weihnachtsfeier der Pensionsanstalt am 22. Dezember 1899.* 4 (S. 21—22 der Schuln.). **Progr.** Lat. Hauptsch. *Halle* 1900

Rausch, Alfred, Dr., Rekt. **Ansprachen.** (1. Bei der Ecce-feier am 24. Nov. 1900. 2. Bei der Verabschiedung der Osterabiturienten.) *Halle a. S. 1901: Waisenhaus.* (S. 19 - 22.) 4° [F.]
Halle, Latein. Haupt-S, P 1901 (253)

Rausch, A[lfred], Dr., Rekt.: [Drei **Ansprachen** bei Schulfeiern. 1. Bei der Entlassung der Abiturienten am 1. Sept. 1898. 2. Bei der Ecce-Feier am 19. Nov. 3. Bei der Entlassung der Oster-Abiturienten 1899.] *Halle a. S. 1899: Waisenhaus.* (S. 16—20.) 4°
Halle, Latein. Haupt-S, P 1899 (246)

Rausch, Alfred, Dr., Rekt.: [**Ansprachen** bei verschiedenen Schulfeiern.] *Halle a. S. 1903: Waisenhaus.* (S. 19—26.) 4°
Halle, Latein. Haupt-S, P 1903 (276)

Rausch, Alfred, Dr., Rekt: [Vier **Ansprachen** bei Schulfeiern. 1. Bei d. Verabschiedung der Abiturienten am 18. Sept. 1899. 2. Bei d. Ecce-Feier am 25. Nov. 1899. 3. Bei d. Weihnachtsfeier d. Pensionsanstalt am 22. Dez. 1899. 4. Bei d. Feier d. Jahrhundertwechsels am 23. Dez. 1899.] *Halle a. S. 1900: Waisenhaus.* (S. 17—24.) 4° [F.]
Halle, Latein. Haupt-S, P 1900 (250)

Rausch, *Alfred Christian Theodor*: Antrittsrede gehalten im grofsen Versammlungssaale der Franckeschen Stiftungen am 15. Oktober 1897 4 (2 Blatt).
In: Festschrift z. 200j. Jubelfeier der Franckeschen Stiftungen u. der Lat. Hauptsch. **Progr.** Lat. Hauptsch. *Halle a. S.* 1898.
Nicht allgemein im Tauschverkehr

Rausch, Alfr., Auswahl deutscher Gedichte, s.: Echtermeyer, Thdr.

Rausch, A[lfred]: [Bericht über die Einrichtung des Schulgartens und einer Musikschule in den Franckeschen Stiftungen.] S. 15—16 der Schuln. 4.
Progr. Lateinische Hauptschule *Halle* 1901 (253).

— Elemente der Philosophie. Ein Lehrbuch auf Grund der Schulwissenschaften. (XII, 876 S.) gr. 8. Halle 909. Buchh. des Waisenhauses. 4. 60

*Rausch, Alfred: Die Form der Darstellung in Lessings Laokoon. S. 1—8. 8.
In. Ehrengabe der Latina. Acht Abhandlungen, . . Wilhelm Fries bei der Gedenkfeier seiner 25jähr. Wirksamkeit als . . Direktor der Franckeschen Stiftungen dargebracht. Lat. Hauptschule *Halle a. S.* 1906.
Progr.

— Die Gastfreundschaft im Altertum. Ansprache an die Abiturienten der Latina bei der Entlassungsfeier am 10. III. 1905. (13 S.) gr. 8. Halle 905. E. Strien. n. — 25
Sonderabdruck aus: „Deutsch-ev. Blätter".

Rausch, Alfred, Dr., Rekt. [**Gedächtnisrede** für Prof. Dr. Hermann Knauth.] *Halle a. S. 1903: Waisenhaus.* (S. 16—19.) 4°
Halle, Latein. Haupt-S, P 1903 (276)

— Über das Gewissen. [Ansprache bei der Entlassung der Michaelis-Abiturienten.] S. 20—22. 4. **Progr.**

Rausch, A[lfred], Dr., Rekt.: Die **Jahrhundertfeier** der Latina am 1. Juli 1898. *Halle a. S. 1899: Waisenhaus.* (S. 20 30.) 4°
Halle, Latein. Haupt-S, P 1899 (246)

Paulus in Athen. [Ansprache bei der Entlassung der Oster-Abiturienten.] S. 22--24. 4. Latein. Hauptschule *Halle* 1903 (276).
Progr.

Rausch, Alfred: Quaestiones Xenophonteae. Halis Saxonum 1881: (Röbling in Mühlhausen). 43 S. 8°
Halle-Wittenberg, Phil. Diss. v. [13. Apr.] 1882
Geb. Treffurt a. d. Werra 8. 3. 1858. V

Rausch, Alfred [Schlußworte bei der Feier zu Kaisersgeburtstag 1903.] S. 25—26. 4. **Progr.** Latein. Hauptschule *Halle* 1903 (276).

— Schülervereine. Erfahrungen u. Grundsätze. Unter Beifügg. der gesetzl. Bestimmgn. u. Verordngn. (112 S.) 8. Halle 904. Buchh. des Waisenhauses. n. 1. 50

— Sokrates u. Kant. Ansprache an die Abiturienten der Latina bei der Entlassungsfeier am 27. II. 1904. (10 S.) 8. Halle 904. E. Strien. n. — 25
Sonderabdruck aus: „Deutsch-ev. Blätter".

Rausch, Alfred *Christian Theodor*: Christian Thomasius und August Hermann Francke s. a Geschichte der Pädag. S. 50.
Progr. Lat. Hauptsch. Halle 1900

Rausch, Alfred *Christian Theodor* Christian Thomasius und August Hermann Francke Eine schul- und kirchengeschichtliche Studie. Ausgewählte Kapitel aus einer Schrift gleichen Titels hier vorläufig veröffentlicht von A. R. 4 (S 1 15). Festschrift z. 200j. Jubelfeier der Franckesch. Stiftungen u. der Lat. **Progr.** Hptsch. *Halle* 1898
Nicht im Tauschverkehr

Rausch, Alfr., Christian Thomasius als Gast in Erhard Weigels Schule zu Jena, s. a. Symbola doctorum Jenensis gymnasii in honorem gymnasii Isenacensis collecta.

Rausch, Alfred: Christian Thomasius als Gast in Erhard Weigels Schule zu Jena. E. Beitr. z. Geschichte d. Pädagogik im siebzehnten Jh. (In: Gust. Richter, Symbola doctorum Ienensis gymn. ... Partic. post.) Jena, Univ.-Buchdr. G. Neuenhahn, 1895; 60—68 S. 4.
Jena, G Carolo-Alexandrinum, OP 1895 (700)

Rausch, Alfred [Worte bei der Trauerfeier für den am 23. Dezember 1902 verstorbenen Professor Dr. Hermann Knauth.] S. 16—19. 4. **Progr.** Latein. Hauptschule *Halle* 1903 (276).

Rausch, Aug., kurzes Verzeichniss sämmtlicher vom Anfange des J. 1844 bis Ende des J. 1847 in Deutschland und den angrenz. Ländern gedruckter Musikalien, auch musikal. Schriften und Abbildungen mit Anzeige der Verleger und Preise. In alphabet. Ordnung. Zugleich als Vorläufer des 1. Ergänzungsbds. zur 3. Aufl. des Handbuchs der musikal. Literatur. gr. 8. (334 S.) Leipzig 848, Hofmeister.
Schrbp.

Rausch, C., s. Rausch, Karl

Rausch, C A. Beschreibung einiger Bergwerke im chursächsischen Erzgebirge auf einer Reise im Jahre 1797 Handschrift Clausthal. 1780.

Rausch, C A. Beschreibung einiger Salzwerke in Deutschland. Handschrift. Clausthal. 1782.

Rausch, C A Beschreibung der Schieferflötz-Bergwerke im Mansfeldischen. Handschrift Clausthal. 1779.

Rausch, E., Erinnerungen. Gedichte. 8. (IV, 127 S.) Berlin 886, (Jßleib.)

Rausch, E., Handbuch bei dem Katechismus-Unterricht besonders der Confirmanden. Neue Ausg. gr. 8. (IV und 316 S.) Rengshausen 854(55.) Cassel, Bertram. *

Rausch, E., Handbuch bei dem Katechismus-Unterricht besonders der Confirmanden. Neue Ausg. Rengshausen 855. (Cassel, Bertram.) gr. 8. (IV, 316 S.) n. 20 ngr

Rausch, E., die Herrlichkeit des Herrn. Predigten für alle Sonn- u. Festtage des Jahres zum Vorlesen bei kirchl. u. häusl. Gottesdiensten u. zum Gebrauch im Kämmerlein. Cassel 866. Kay. gr. 8. (X, 604 S.) n. 1 ℛ 15 ngr

— die Herrlichkeit d. Herrn. Predigten f. alle Sonn- u. Festtage d. Jahres, zum Vorlesen bei kirchl. u. häusl. Gottesdiensten u. zum Gebrauch im Kämmerlein. Neue wohlfeile (Titel-)Ausg. gr. 8. (X, 604 S.) Kassel 872. Kay. n. 3. —

Rausch, E., die ungeänderte Augsburger Confession, od. Bekenntniß d. Glaubens der protestir. deutschen Fürsten u. Städte überantwortet Kaiserl. Majestät zu Augsburg am 25. Juni 1530. Erläutert u. m. bibl. Beweisstellen versehen. 8. (VIII, 70 S.) Dresden 874. H. J. Naumann. n. — 30

– (Hrsg.), s. Turnzeitung, Mitteldeutsche.

Rausch, E., Zeugnisse von Christo d. Gekreuzigten. Predn., geh. in d. Unterneustädter Kirche zu Cassel. (1. Samml.) gr. 8. (9¾ B.) Cassel 837, (Fischer; Kriegersche Buchh.)

Rausch, E., Zeugnisse von Christo ꝛc. 2. Samml. — A. u. d. T.: Christl. Predigten auf alle Sonn- u. Festtage d. Jahres. Zum Vorlesen bei öffentl. Gottesverehrn. sowie zu häusl. Erbauungen. gr. 8. (42 B.) Cassel 840, Luckhardt'sche Buchh. Thlr. *

—— Zeugnisse von Christo dem Gekreuzigten. Predigten auf alle Sonn- und Festtage des Jahres, gehalten zu Cassel. 2., neu durchges. Aufl. gr. 8. (VIII und 736 S.) Rengshausen 852. (Cassel, Bertram.) *

Rausch, [Emil], Dir Die **Einrichtungen für den physikalischen und chemischen Unterricht in dem Erweiterungsbau des Realgymnasiums und der Realschule.** (Im Verein mit d. Lehrern d. Physik u. Chemie hrsg.) *Giessen 1901: O. Kindt.* (S. 12 15.) 4° [F.]
Giessen, grossh. RG u. R, P 1901 (705)

Rausch, Emil Die wichtigsten Reihen nebst einer Einleitung über das Zahlengebiet und über Funktionen für die Prima höherer Lehranstalten. 18 S. **Progr.** G. *Giessen* 1878.

Rausch, Emil, **Training des Schwimmers,** s.a. **Miniatur-Bibliothek f. Sport u. Spiel.**

Rausch, E. Training des Schwimmers. Leipzig 1908. 69 S. m. Abb. (Miniaturbibl. f. Sport u. Spiel. 4.)

Rausch, Ernst, **französische Handelspolitik vom Frankfurter Frieden bis zur Tarifreform v. 1882,** s.a. **Forschungen, staats- u. socialwissenschaftl. XVIII. 2.**

Französische Handelspolitik vom Frankfurter Frieden bis zur Tarifreform von 1882 dargest. auf Grund d. parlamentar Annalen von Ernst **Rausch,** Dr phil. *Leipzig: Duncker & Humblot 1900.* (XIV, 206 S.) 8°
= **Forschungen,** Staats- u. socialwissenschaftl. Bd 18, H. 2.

Rausch, Ernst, aus Spandau Französische **Handelspolitik** unter Thiers. *Leipzig 1900: (Pierer in Altenburg).* (41 S.) 8°
¶ (Erscheint vollst. u. d. T 'Französ. Handelspolitik vom Frankfurter Frieden bis zur Tarifreform von 1882' in Staats- u. socialwiss. Forschungen, Bd 18, H. 2)
Berlin, Phil. Diss. v 18. Juli 1900

Der Anhaltische Industrie-Verein. 1883—1908. Denkschrift zu s. 25jähr. Bestehen. Im Auftr. d. Vereins verf. von Ernst Rausch. — Dessau 1909· Weniger 61 S. 8°

Rausch, Ernst, appr. Arzt aus Herold i. S. **Aus d. Kgl. Universitäts-Frauenklinik zu Leipzig. Ovarialtumor und Schwangerschaft.** *Leipzig 1903: B. Georgi.* (38 S.) 8°
Leipzig, Med. Diss. v. (6. Juni) 1903

— die Sonneberger Spielwaren-Industrie u die verwandten Industrieen der Griffel- u. Glasfabrikation, unter besond. Berücksicht. der Verhältnisse der Hausindustrie. gr. 8. (VII, 170 S.) Sonneberg (901). (Berlin, F. Siemenroth.) n. 2. —

Rausch, Erwin, Geschichte der Pädagogik u. des gelehrten Unterrichts, im Abrisse dargestellt. gr. 8. (VIII, 169 S.) Leipzig 900. A. Deichert Nachf. n. 2.40; geb. n. 2.80

Rausch, Erwin, Geschichte der Pädagogik u. des gelehrten Unterrichts, im Abrisse dargestellt. 2. verb. u. verm. Aufl. (VIII, 192 S.) gr. 8. Leipzig 905. A. Deichert Nachf. n. 3.20; geb. n.n. 3.80

Rausch, Erwin, Geschichte der Pädagogik u. des gelehrten Unterrichts, im Abrisse dargestellt. 3. verb. u. verm. Aufl. (VIII, 202 S.) gr. 8. Leipzig 909. A. Deichert Nachf. 3.40; geb. 4. —

Rausch, Erwin, Dr phil., Pfarrer **Kirche und Kirchen im Lichte griechischer Forschung.** *Naumburg a. S. 1901: Lippert & Co.* (32 S.) 8° [F.] ¶ [Erschien vollst. 1903 bei A. Deichert in Leipzig.]
Jena, Theol. Diss. v. 1901

— Kirche u. Kirchen im Lichte griechischer Forschung. gr. 8. (VIII, 127 S.) Ebd. 903. n. 2.80

Rausch, Erwin, approb. Arzt aus Gotha (Aus d. medicin. Klinik in Jena.) Über **Myocarditis chronica fibrosa.** *Gotha 1899: J. W. Lang.* (37 S.) 8°
Jena, Med. Diss. v. (28. Juni) 1899

Rausch, Erwin, Pfarrer **Religion und Aesthetik bei Jakob Friedrich Fries, eine Darstellung seiner religiös-ästhetischen Weltanschauung und ihrer Weiterentwicklung in Philosophie und Theologie.** *Ronneburg 1898: A. Theuerkauf Nachf.* (68 S.) 8° [F.]
Leipzig. Phil. Diss. v [24. Sept.] 1898

Rausch, Fr.

Rausch, F., Quaeritur quid ex vaticinio de Isocrate a Socrate in extrema parte Phaedri Platonicis facto, si cum ambagibus quibusdam Euthydemi item Platonici condendatur, elici possit ad definiendum tempus, quo potissimum Phaedrus dialogus exaratus esse videatur. Pr. 1875. 20 S. 4°.

Rausch, Fr.: Quid dialogi de oratoribus quem inscribunt auctor eo libello conscribendo sibi voluerit Tacitusque vere eum composuisse existimandus sit anquiritur. 52 S. 8°.– Teschen, I.G., Progr. 1871.

Rausch, Franz

— Arithmetica. 8.maj. Budae, Typ. 797.

— Compendium Geometriae subterraneae, c. fig. 8. maj. ibid. 797.

— compendium hydrotechnicum, cum fig. 8maj. Ofen 797. Typ. Soc. 9 gr.

— descriptio brevis construendae fornacis, c. fig. 8maj. Ofen 797. Typ. Soc. 1 gr.

Rausch, Franz., Elementa Algebrae. 8. maj. Pest, Eggenberger. 779.

— geometria practica, c. fig. etc. 8maj. Ofen 796. Typ. Soc. 16 gr.

— Idea specularium Munimentorum, c. fig. 8maj. Ofen 797. Typ. Soc. 1 gr.

— prakt. Mathematik: die Feldmeßkunst. 1r u. 2r Thl. Mit 12 Kpf. 8. Preßb. 786. Weber; (a. Eggenberger in Pesth). 1 rthl. 8 gr.

Praktische Mathematik, herausgegeben von *Fr. Rausch.* Presburg, Weber. 8. I. B. die Feldmesskunst, 181 S. m. 4 Kpft. II. B. 154 S. m. 7 Kpft. u. 3 Tabellen. 1788.

Rausch, Frz. Über das Verhältnis zwischen Exodium und Atellane auf Grund von Livius VII 2. 11. 44 S. 8.
Progr. G. IX. Bez. *Wien* 1878.

Rausch, Frz., vollständ. Verzeichniß d. österr. Städte, sow. d. in d. Städteclasse f. d. Reichstagswahlrecht wahlberecht. Märkte u. Industrialorte, s.: Abhandlungen über Fragen d. österr. Wahlrechtes, II.

Rausch, Friedlieb, Anleitung zur Erlernung der italienischen Sprache, s.: Frühauf, K.

Rausch, Friedlieb, Geschichte der Literatur des rhätoromanischen Volkes mit einem Blick auf Sprache u. Character desselben. Frankfurt a. M. 870. Sauerländer. gr. 8. (VIII, 174 S.) n. 28 ngr.

— englisches Lesebuch. Eine stufenweis geordnete Auswahl aus den vorzüglichsten Werken der besten engl. Schriftsteller der neueren u. neuesten Literaturperioden. Mit Anmerkungen u. Anh. erläut., sachl. u. literaturhistor. Inhalts, sowie mit einem vollst. Wörterbuche versehen, u. unter Berücksichtigung der Ollendorff'schen Methode für den Schul- u. Privat-Gebrauch eingerichtet. Frankfurt a. M. 865. Jügel's Verlag. 8. (XIV, 502 S.) cart. n. 1 rthl.

Rausch, Friedlieb, italienisches Lesebuch. Systematisch geordnete Auswahl von Musterstücken italien. Klassiker mit Erläuterungen und einem Ueberblick über die Geschichte der italien. Literatur. 3. verb. und verm. Aufl. 8. (XIII, 469 S.) Frankfurt a. M. 881, Jügel's Verlag. cart.

Rausch, Frdr., Lauttafeln zum Gebrauch beim deutschen u. fremdsprachlichen Sprech-Schreiblese-Unterricht nach phonetischen Grundsätzen, sowie beim Gesangunterricht, beim Redekunstunterricht, beim Artikulationsunterricht Taubstummer, beim Sprechleseunterricht Ertaubter u. beim Sprachheilunterricht Sprachgestörter. 20 Taf., 46,5 × 63 cm, auf Pappe. Nebst Text. (11 S.) 8. Nordhausen (Töpferstraße 1) 903. R. Schiewek. n. 30. —; f. die Mundöffner (9 Taf.) n. 18. —; einz. Taf. n. 3. —

Rausch, Frdr., Sprechtafeln zur Unterscheidg. des 3. u. 4. Falles. 2 Taf. à 75,5 × 62,5 cm. Leipzig (906). K. G. Th. Scheffer. à n. — 80

Rausch, Georg: Zur Geschichte des deutschen Genetivs seit der mittelhochdeutschen Zeit. *Darmstadt 1897: G. Otto.* (VI, 103 S.) 8° ¶ (Theil einer 1887 mit dem Preise gekrönten Abhandlung.)
Giessen, Phil. Diss. v. 1897

Rausch, Geo., Goethe u. die deutsche Sprache. Gekrönte Preisschrift des allgem. deutschen Sprachvereins. (IV, 268 S.) 8. Leipzig 909. B. G. Teubner. Geb. 3.60

Rausch, Georg Heinrich (Rochsburg/Meißen), De prohibita publicatione partis testamenti a testatore facta. Diss. jur. civilis. Präs. Johann Florent. Rivinus. Leipzig (Schniebes) 17. IV. 1727. 24 S. (4.25)
Gew.: Joh. Michael von Schindler, Johann Gottlieb Alberti.

— — Dasselbe. Leipzig (Schniebes) 17. IV. 1727. 24 S. (4.25)
Gew.: Joh. Michael von Schindler, Johann Gottlieb Alberti. — Widm. v.: Johann Florent. Rivinus.

Rausche, Gust. Alb. (geb. Thondorf in d. Prov. Sachs. 2. 10. 1824) De cholera epidemica. Berolini (1840). (25 S.) 8°
Berlin, Med. Diss. v. 20. Juli 1849

Rausch, H., der Pfadweiser, s.: Armknecht, W.

Rausch, H. P., Vertheidigung d. neueren Wasserheilkunde geg. diejenigen Aerzte, welche ihr entgegenarbeiten; nebst e. Antrage an alle Staatsregiern. zu deren Beförder. u. Verbreit. rc. gr. 8. (8½ B.) Leipzig 840, Fest'sche Buchh.

Rausch, Heinrich A(dam): Das Spielverzeichnis im 25. Kapitel von Fischarts 'Geschichtklitterung' ⟨Gargantua⟩. Strassburg 1908: Heitz. LXXII, 93 S. 8° ¶ (Ausser d. Einl. auch ersch. in: Jahrbuch f. Gesch., Sprache u. Liter. Els.-Lothringens, Jg. 24, u. d. T.: Die Spiele d. Jugend aus Fischarts Gargantua. Kap. 25.)
Straßburg, Phil. Diss. v. 15. Febr. 1908, Ref. Martin
[Geb. 6. Juni 84 Straßburg; Wohnort: Straßburg; Staatsangeh.: Elsaß-Lothringen; Vorbildung: Oberrealsch. Straßburg Reife Juli 03; Studium: Straßburg 10 S.]
[U 09. 3849

Rausch, J. W., Rausch's Haarkur. Das Haar, seine Pflege, seine Krankheiten u. deren Heilg. III. Aufl. 8. (40 S. m. Bildnis.) Konstanz 899. (Berlin, Berolina-Versand-Buchh.) — 50

Rausch, J. W., Katechismus der Verfassung Oesterreichs. Leitmeritz 870. (Prag, Hunger.) 8. (VIII, 130 S.) n. 10 ngr.

Rausch, J. W., Katechismus der Verfassung Oesterreichs. 8. (VIII, 130 S.) Leitmeritz 870. (Prag, Satow. — Kosmack und Neugebauer.) *

Rausch, J. W., Katechismus der Verfassung Oesterreichs. 8. (VIII u. 130 S.) Prag. Mercy in Comm. 1870. 50 kr. (Nur fest!)

RAUSCH, Johann Albert (Gefrees): De uteri carcinomate. (Titel nach der Urkunde)
27.3.1855 - Urk; F 68
Diss.Ingolst.-Landsh.-Mchn.

— **Johann Eckard** (Cassel/Hessen), De pacto confraternitatis Saxonico-Brandenburgico-Hassiacae. Diss. inaug. Präs. Heinrich Bodin. Halle / Magdeburg (Chr. Henckel) Mai 1708. 44 S. (4.75)

— — De pacto confraternitatis Saxonico-Brandenburgico-Hassiacae Von der Sächsischen Brandenburgischen und Heßischen Erb-Verbrüderung. Diss. inaug. Präs. Heinrich Bodin. Wittenberg (Hake) Mai 1708. 1738. 46 S. (4.75)

Rausch, Jul., Hilfstafeln zur Ermittlung d. Massengehaltes v. Blochen, Stämmen u. Stangen. Kubik-Meter und österreich. Kubik-Fusse zu den neuen wie zu den alten Masszahlen. Für Forstwirthe, Holzhändler u. Baumeister. gr. 8. Wien 875. Braumüller. n. 2. 40

Rausch, J , Hilfstafeln zur Ermittlung des Massengehaltes von Blochen, Stämmen und Stangen. gr. 8. Wien 875. Berlin, Parey. * 2 40

Rausch, Jul., Hilfstafeln zur Ermittlung des Massengehaltes von Blochen, Stämmen und Stangen. Kubik-Meter und österreich. Kubik-Fuße zu den neuen wie zu den alten Maßzahlen. Für Forstbeamte, Holzhändler und Baumeister bearb. 2. verm. Aufl. gr. 8. (VIII, 72 S.) Berlin 886, Parey. cart. *

Rausch, Karl

Rausch Dr. C.: Einige Bemerkungen zum österreichischen Amortisationsverfahren. 17 ibd.
Progr. Wien H.-A.

—— Bulgarien. Seine wirtschaftliche u. finanzielle Entwicklung. Nach officiellen Publicationen. 8. (87 S.) Wien 892, W. Braumüller. * — 50

Rausch, Karl, die burgundische Heirat Maximilians I. Quellenmässig dargestellt. gr. 8. (IV, 230 S.) Wien 880, Konegen. *

Rausch Karl: Die Burgundische Heirat Maximilians I.
1881 PN 200 **Diss.**Wien, Univ. 663

—— Finanzielles Jahrbuch d. Mercur. Für d. J. 1889—1891. Authentischer Verlosungs-Anzeiger aller in- u. ausländ. Lotterie-Effecten, aller verlosbaren Staats- u. Privat-Obligationen, Eisenbahn- u. Industrie-Actien, Prioritäts-Obligationen u. Pfandbriefe etc. Fol. (XIII, 112; XII, 122; XII, 122 S.) Berl., Verlag für Sprach- u. Handelswissenschaft. à Jahrg. ** 3 —

— dasselbe, Fortsetzg., s.: Verlosungs-Anzeiger d. Mercur.

Rausch, C. Prämien-Anleihen und Lotterien. Eine Darstellung des Loswesens, vorzüglich mit Rücksicht auf Österreich-Ungarn u. den derzeitigen Stand der Losgesetzgebung. 66 S. – Wien, H.-A., Progr. 1889.

Rausch, Carl. Das Problem der Armuth. Vorlesungen üb. die sociale Frage. gr. 8. (III, 128 S.) Berl. 891, Staude. * 2 50
geb. ** 4 —

Rausch K.: Die staatsrechtliche Stellung Mittelitaliens unter Heinrich VI. (71.) Wien R. Meixn. 78.
Progr.

Rausch, Karl, die staatsrechtliche Stellung Mittel-Italiens unter Heinrich VI. gr. 8. (88 S.) Wien 878, Hölder. *

Rausch, Karl, aus Zweibrücken: **Verletzungen als Ursache von Tumoren.** *Erlangen 1900: E. Th. Jacob.* (40 S.) 8°
Erlangen, Med. Diss. v. 27. Juli 1900

— Verlosungs-Anzeiger d. Mercur f. 1892, 1893, 1894 aller österreichischen u. ausländ. Lotterie-Effekten, aller verlosbaren Staats- u. Privat-Obligationen, Eisenbahn- u. Industrie-Actien, Prioritäts-Obligationen u. Pfandbriefe etc. Nach officiellen Quellen verf. u. red. Fol. (XVI, 124; XXVI, 113; XVIII, 115 S.) Wien 892—894. (Berlin, Haude & Spener.) à n. 2. —
Vorh. u. d. T Finanzielles Jahrbuch.

Rausch, Carl, Verlosungs-Anzeiger d. Mercur f. 1895 aller österreich. u. ausländ. Lotterie-Effecten, aller verlosbaren Staats- u. Privat-Obligationen, Eisenbahn- u. Industrie-Actien, Pioritäts-Obligationen u. Pfandbriefe etc. Nach offic. Quellen verf. u. red. Fol. (XXII, 130 S.) Wien 895. (Berlin, Haude & Spener.) n. 2. —

Rausch, Karl, s.: Versicherungsschutz.

Rausch, Constantin. Theod. (geb. Düben an d. Mulde 17. 11 1838)
De ictero. Berolini (1865). (32 S.) 8°
Berlin, Med. Diss. v. 29. Juli 1865

Rausch, L., u. G. Gleißner, vollständiges Maß-Buch f. Herrenkleidermacher. Enthaltend: das neue trigonometr. System der Zuschneidekunst, verbunden mit der Körpermeßlehre u. genauer Anweisung über die Anwendung d. „corporismetrischen Gürtels", nebst 3 lith. Taf. (in gr. Fol.) u. Tabellen zur Notirung der Maße. 8. (85 S. m. 1 Maß in Etui.) Gera 850. (Illgen's Erben. — Kanitz.) baar n. n. 3 *ß*

Rausch, Ludwig Über metastatische Abscesse nach Infektions-Krankheiten. . Bonn, Univ.-Buchdr. v. Carl Georgi, 1890; 30 S + 1 Bl. 8°
Bonn, Med. Fak., Inaug.-Diss. v. [28. Jun.] 1890

Rausch, Mathias, die gefiederten Sängerfürsten des europäischen Festlandes Ein Handbuch f. alle Liebhaber der hervorragendsten u. beliebtesten einheim. Singvögel. Mit 8 Farbendr.-Taf. u. 4 Textabbildgn. gr 8. (VII, 184 S.) Magdeburg 900. Creutz n 2 —; geb. in Leinw. n. 2. 60

Rausch, Paul. Führer durch das städt. Museum, s.: Festschrift zur 25jähr. Jubelfeier des städtischen Museums in Nordhausen.

Rausch, Valentin, Gedichte. 8. (88 S.) Frankfurt a/M. 884. (Keller.) n. 1. —

Rausch, Wilhelm

Rausch, Guil. (Joan. Eduard.) (geb. Stolp 15. 8. 1822) De chlorosi.
Berolini (1846). (31 S.) 8°
Berlin, Med. Diss. v. 23. Okt. 1846

—— Handbuch f. Sattler, Riemer u. Täschner, s. Schauplatz d. Künste u. Handwerke, Bd. 64.

—— **theoretisch-praktisches Handbuch für Stellmacher und Verfertiger von Industrie- und Arbeitswagen,** s. Schauplatz, neuer, der Künste und Handwerke.

— **theoretisch-praktisches Handbuch für Stellmacher u. Verfertiger von Industrie- u. Arbeitswagen. Mit einem Atlas von 24 (lith.) Fol.-Taf. gr. 8. (X, 84 S.) Weimar 880. B. F. Voigt.** 7. 50

— theoretisch=praktisches Handbuch f. Stellmacher u. Verfertiger v. Industrie= u. Arbeitswagen, ebenso v. Leichenwagen. 2. verm. u. verb. Aufl. Mit e. Atlas v. 24 (lith.) Foliotaf. gr. 8. (XV, 104 S.) Weimar 885. B. F. Voigt. 7. 50

Rausch, Wilh., theoretisch=praktisches Handbuch f. Stellmacher u. Verfertiger v. Industrie= u. Arbeitswagen, ebenso v. Leichenwagen. 3., verm. u verb. Aufl. Mit e. Atlas, enth. 24 Foliotaf. gr. 8. (X, 120 S.) Weimar 892. B. F. Voigt. 7. 50

— theoretisch=praktisches Handbuch für Wagenfabrikanten, s. a Schauplatz, neuer, der Künste u. Handwerke.

— Handbuch für Wagenfabrikanten. 1. A. Mit Atl. (Schaupl. d. K. 65) Weimar 1877

— theoretisch=praktisches Handbuch f. Wagenfabrikanten u. alle beim Wagenbau beschäftigten Handwerker, wie auch f. Besitzer v. öffentl. u. Luxusfuhrwerken; unter besond. Angabe der renommiertesten Firmen Deutschlands zur Beschaffg. v. Hilfsmaschinen u. jedes Materials zum Wagenbau. 2. verm. u. verb. Aufl. Mit e. Atlas v. 30 (lith.) Foliotaf. (m. 4 S. Text), enth. die neuesten Zeichngn. v. Wagen, Wagenteilen u. der beim Wagenbau angewandten Maschinen. gr. 8. (XII, 168 S.) Ebend. 884. 9. —

— theoretisch=praktisches Handbuch f. Wagenfabrikanten u. alle beim Wagenbau beschäftigten Handwerker, wie auch f. Besitzer v. öffentl u. Luxusfuhrwerken. 3., verm. u. verb. Aufl. Mit e. Atlas v. 30 Fol.=Taf., enth. die neuesten Zeichngn. v. Wagen, Wagenteilen u. der beim Wagenbau angewandten Maschinen. gr. 8. (XV, 186 S) Weimar 891. B. F. Voigt. 9. —
4. Aufl., s. Rausch · Wagenfabrikant.

Rausch, Wilh., vollständiges Handbuch f. Sattler u. Riemer, s.: Schlüter, K.

Rausch, Wilh, der Stellmacher. Ausführliche Beschreibg. aller in der Stellmacherei u. beim Bau v. Last=, Handels= u. Leichenwagen vorkomm. Arbeiten. 4. verm. u. verb. Aufl. Mit e. Atlas v. 400 Abbildgn. auf 25 Foliotaf. gr. 8. (VIII, 124 S.) Leipzig 899. B. F. Voigt. 7. 50

Rausch, Wilh., der Stellmacher. Ausführliche Beschreibg. aller in der Stellmacherei u. beim Bau v. Last-, Möbel-, Wohn-, Handels- u. Industriewagen vorkomm. Arbeiten unter Berücksicht. der neueren Eisenkonstruktionen u. eisernen Untergestelle f. starke Belastgn., nebst e. Anweisg. üb. die Berechng. der Stärke der Achsen u. Federn nach angegebener Tragkraft. 5. verb. u. erweit. Aufl. Mit e. Atlas u. 400 Abb. auf 27 Foliotaf. (in Lex. 8). (VIII, 128 S.) gr. 8. Leipzig 909. B. F. Voigt. 7.50; geb. 10. —

— der Wagenfabrikant. Theoretisch=prakt. Handbuch f. alle beim Wagenbau beschäftigten Handwerker und Gewerbetreibende. 4. neu bearb Aufl. Mit e. Atlas von 32 Taf (in gr. 4.) gr. 8. (VIII, 198 S) Ebd. 900 9. —
frühere Aufl., s. Rausch Handbuch...

Rausch, Willibald Chronik der kön. Studienanstalt Freising. Zum Gedenkfeste des fünfzigjährigen Bestehens der Anstalt. 46 S. 8.
Progr. *Freising* 1878.

Rausch von Traubenberg, Heinrich Freiherr, a. Rittergut Jörden, Rußland, Estland: Über den Halleffekt des Wismuts bei hohen Temperaturen. Würzburg 1905: H. Stürtz. (40 S.) 8°
Würzburg, Phil. Fak., Ref. Wien, Diss. v. 30. März 1905
[Geb. 17. März 80 Jörden; Wohnort: Jörden; Staatsangeh.: Rußland; Vorbildung: Wilhelms-Gymn. Kassel Reife O. 99; Studium: Leipzig 3, Freiburg i. B. 3, Würzburg 3 S.; Rig. 6. März 05.]

Rausch v. Traubenberg, Paul Frhr. Hauptverkehrswege Persiens. Versuch e. Verkehrsgeographie dieses Landes. Mit 1 Karte u. 3 Profilen der Hauptverkehrswege. gr. 8. (IV, 128 S.) Halle 890, Tausch u. Grosse. * 5 —

RAUSCH, FRANZ VON TRAUBENBURG: Rede auf den glorreichen Geburtstag Marien Theresiens der Durchlauchtigsten Landesfürstin, da die königl. Akademie der Wissenschaften zu Raab diesen Tag mit jährlichem Gedächtnuße feyerlich zu begehen angelobet, gehalten den 13. May 1777 in der akademischen Kirche. Aus dem Lateinischen übersetzt von Franz Rausch von Traubenburg (Verfasser war Anton Maillath von Szekhely). Raab 1777 Gedruckt von Greg. Joh. Streibig. 23 S. - 8°

Räuschchen, das,. Lustsp. von Bretzner. 8. Leipz. Jacobäer. 790.

IM Rausche der Leidenschaft. (Priapischer Roman.) Jerusalem (Holland?), 1895. 8°. 82 S. (lat. Lett.). (Mk. 3—.)
Verboten vom L.-G, Wien, 28. April 1895. § 516.

Rausche, Thdr., und Chrn. **Duttenhofer,** Panorama des Neckars von Heilbronn bis Heidelberg. Heilbronn 856. Scheurlen. (1 Stahlst. in lang Fol. mit Text: Der Führer durch das Neckarthal. — Le guide sur les Rives du Neckar. 5. Aufl. 32 S. in 8.) n. 15 ngr.

Rausche=Rautz, Frieda, Häkel=Vorlagen f. Schule u. Haus. gr. 4. (10 Lichtdr.=Taf) Pforzheim 892. O. Riecker. 3. —

Rauschel, Paul

Rauschel, P., Führer durch die beliebt. Ausflugs= u. Badeorte Oberschlesiens sowie der angrenz. Gebiete. (36 S. m. 1 Karte.) 12. Kattowitz 903. G. Siwinna. n. — 20

Führer durch die beliebtesten Ausflugs- und Badeorte Oberschlesiens sowie der angrenzenden Gebiete. bearb. von Paul **Rauschel**, Schoppinitz. Kattowitz: G. Siwinna [1908]. (32 S.) 8° [F.] 08. 9510 2

Rauschel, Paul, Führer durch die beliebtesten Ausflugs- u. Badeorte Oberschlesiens sowie der angrenzenden Gebiete. Im Auftrage der Verlagsbuchh. bearb. (36 S.) kl. 8. Kattowitz (910). Phönix=Verlag. — 25

Räuschel, E. A., Nomenclator, vide Nomenclator.

Raeuschel, F. A., f. *Nomenclator*, botanicus.

Raeuschel, Ferd., de arteriarum et venarum structura. Dissert. anatom.-physiol. 4maj. (4 B. u. 1 Stnt.) Vratislaviae 830, (Schulz et Comp.)

Rauschen [Sachliches OW]

Prospekt und Führer ... Ostseebad **Rauschen** .. Hrsg. v. Verschönerungsver. Rauschen 1904. *(Königsberg i. Pr 1904: F Hesse.)* (76 S.) 8° [Ant. u. F.] 04. 6659 10

Von Bruder Rauschen vnd Was wunders er getriben hat, in einem Closter dar in er syben iar sein zeit vertriben, vnd gedienet hat in eins kochs gestalt. *Am Schl.:* Getruckt zû Straßburg durch Mathis hüpfuff als man zalt dausend fünff hundert vnd im fünfftzehenden Jar (1515.) 4°. 11 Bl. (In Wien.)

§ * — — Von Bruoder Rauschen, und was wunders zeit vertrieben hat in einem Closter, dar in er syben iar sein zeit vertrieben und gedienet hat in eins Kochs gestalt. (Herausg. von Ferd. Jos. Wolf und Steph. Friedr. Ladisl. Endlicher.) Neudruck. Wien 1835. 8° L und 24 Seiten. Mit e. Holzschnitt-Facsimile. (In Berlin: Yg 6056; Expl. no. 42 auf Velinp.; 1 Expl auch im British Museum.) (12 Mk. Völcker, 1906)
Genauer Abdruck der Original-Ausgabe vom J. 1515. Nur in 50 Exemplaren gedruckt und nicht im Handel. — Mone's Anz. 4, 330.

Rauschen [Schlagwort]

Rauschen-Warnicken, s.: Samland.

Rauschen [Verfasser]

Rauschen, Stammbuchblätter, zusammengestellt u. m. Bild. vers. v. Freunden u. Verehrern. 8. (VIII, 171 S. m. 1 Plan u. 1 Karte.) Königsberg 895. Hartung. Geb. in Leinw. n. 4. —

Apologetik für die obersten Klassen höherer Lehranstalten als Anh. z. Glaubenslehre von Gerhard **Rauschen**. Bonn: P. Hanstein 1908. (51 S.) 8° [F.] [07. 15590 5

Rauschen, Gerh., Apologetik f. Prima als Anh. zur Glaubenslehre. 3., verb. u. verm. Aufl. 5.—10. Tauf. (VIII, 70 S.) 8. Bonn 910. P. Hanstein. Geb. — 80

— Bibelkunde f. höhere Mädchenschulen, u. Lyzeen. Mit 1 (farb.) Karte Palästinas. 2., verb. Aufl. 3.—5. Tauf. (VIII, 51 S.) 8. Ebd. 910. Geb. — 80

Rauschen, Gerh., Compendio de patrologia con atención especial á la historia de los dogmas. Ofrecido á los paises de lengua española por Emilio Román Torio. (XII, 317 S.) 8. Freiburg i/B. 909. Herder. 3.—; geb. 3.60

Rauschen, Gerh., ephemerides Tullianae rerum inde ab exsilio Ciceronis [Mart. LVIII a Chr.] usque ad extremum annum LIV gestarum. Dissertatio historica. gr. 8. (64 S.) Bonn 886, Behrendt. *

Eucharistie und Bußsakrament in den ersten sechs Jahrhunderten der Kirche. Von Gerhard **Rauschen**, Prof. Freiburg im Br.: Herder 1908. (VIII, 204 S.) 8° [08. 7452

— Eucharistie u. Bussakrament in den ersten 6 Jahrhunderten der Kirche. 2., verb. u. verm. Aufl. (XI, 252 S.) gr. 8. Ebd. 910. 4.—; geb. in Leinw. 5. —

Rauschen, Gerard., s.a. Florilegium patristicum.

Florilegium patristicum. Digessit, vertit, adn. Gerardus **Rauschen**, in Univ Bonnensi Prof. Fasc. 1. *Bonnae: P Hanstein 1904.* 8° [04. 1531

Rauschen, Gerhard: Die wichtigeren neuen Funde aus dem Gebiete der ältesten Kirchengeschichte. 21 S. 4.
Progr. Kgl. Gymn. *Bonn* 1905 (509).
I. Die Lehre der zwölf Apostel. II. Ein Bruchstück aus dem Evangelium des Petrus. III. Sieben Sprüche Jesu. IV Das Martyrium der hh. Karpus, Papylus und Agathonike. V Die Akten der scilitanischen Märtyrer. VI. Die Grabschrift des Abercius. VII. Ein Opferattest aus dem Jahre 250. VIII. Die Steintafel von Arykanda in Lykien. IX Liebesmahl und Abendmahl nach der Ägyptischen Kirchenordnung. Wieder gedruckt unter demselben Titel *Bonn: P Hanstein* 1905. 66 S. 8. M. 0,80.

— Grundriß der Patrologie m. besond. Berücksicht. der Dogmengeschichte. 2., verb. u. verm. Aufl. (XVI, 253 S.) 8. Freiburg i/B. 906. Herder. n. 2.40; geb. in Leinw. n. 2.90
1. Aufl. (XI, 231 S.) 903. n. 2.20; geb. n. 2.70.

Grundriß der Patrologie m. besond. Berücksicht. der Dogmengeschichte. 3., verb. u. verm. Aufl. (IX1, 265 S.) 8. Freiburg i/B. 910. Herder. 2.50; geb. in Leinw. 3. - -

Rauschen, Gerh., Jahrbücher d. christlichen Kirche unt. d. Kaiser Theodosius d. Grossen. Versuch e. Erneuerg. d. Annales ecclesiastici d. Baronius f. d. J. 378—395. gr. 8. (XVII, 609 S.) Freiburg i/B. 897. Herder. n. 12. —

— Kleine Kirchengeschichte. Kirchengeschichtliche Charakterbilder f. höhere Lehranstalten. (IV, 70 S.) 8. Ebd. 909. — 80

— Kirchengeschichte f. höhere Mädchenschulen. 2., verb. Aufl. 3.—5. Tauf. (VIII, 109 S. m. 1 farb. Karte.) 8. Bonn 910. P. Hanstein. Geb. 1.60

— dasselbe u. Bibelkunde f. höhere Mädchenschulen u. Lyzeen. (VII, 152 S. m. 2 farb. Karten.) 8. Ebd. 910. Geb. 2.40

Rauschen, Gerh., die Legende Karl's des Grossen im 11. u. 12. Jahrh., s.: Publikationen der Gesellschaft f. Rheinische Geschichtskunde.

— u. W. **Capitaine,** Lehrbuch der kathol. Religion f. die ob. Klassen höh. Lehranstalten. 1. Tl. Kirchengeschichte, v. R. Mit 1 Karte. (VII, 137 S.) 8. Bonn 907. P. Hanstein. Geb. n. 1.90

Lehrbuch der katholischen Religion f. die oberen Klassen höherer Lehranstalten. 4 Tle. 8. Ebd. Geb. 6.90
1. Kirchengeschichte. 5., verb. Aufl. 13.—18. Tauf. (VII, 152 S m. 1 farb. Karte.) 910. Geb. 1.90
2. Grundriß der Apologetik. 2., verb. Aufl. 3.—6. Tauf. (VII, 84 S.) 909. Geb. 1.50
3. Glaubenslehre. 3., verb. Aufl. 5.—7. Tauf. (VII, 120 S.) 909. Geb. 1.90
4. Sittenlehre. 2., verb. Aufl. 3.—5. Tauf. (VII, 95 S.) 909. Geb. 1.60

Rauschen, [Gerhard], Dr. Das griechisch-römische Schulwesen zur Zeit des ausgehenden antiken Heidentums. *Bonn 1900: C. Georgi.* (31 S.) 4°
Bonn, k. G, P 1900 (458)

Rauschen, Gerh., das griechisch-römische Schulwesen zur Zeit des ausgehenden Heidentums. 8. (VI, 86 S m. 1 Abbildg.) Bonn 901. F. Cohen. n. 1.60

Rauschen, Gerh. [Dr.]: Der Unterricht in der alten Geschichte auf den oberen Klassen des Gymnasiums. (Erster Theil.) Andernach, k. Isbert'sche Buchdr., 1890; S. 3 15; 4°
Andernach, PG, P 1890 (416)

Rauschenbach, Alfred, approb. Arzt aus Trinum i. Anh.: **Beitrag zur Kenntnis der Geburtsdauer und ihrer einzelnen Abschnitte.** Aus d. Kgl. Frauenklinik zu Halle a. S. *Halle a. S. 1904: C. A. Kaemmerer & Co.* (28 S.) 8°
Halle, Med. Diss. v. 18. Juni 1904

Rauschenbach, Friedr., über die Wechselwirkungen zwischen Protoplasma und Blutplasma. Mit einem Anhange, betreffend die Blutplättchen von Bizzozero. Eine Untersuchung aus dem physiolog. Institut zu Dorpat. 1. und 2. Aufl. gr. 8. (95 S.) Dorpat 883, Schnakenburg's Verlag. *

(Rauschenbach, H[einrich].) Die Hülfskasse des Schweizerischen Feuerwehr-Vereins, deren Werden und Wirken im Lichte der Statistik betrachtet. 47 S. 8. Solothurn, Gassmann Sohn, 1901.

Rauschenbach, H[einrich]. Bakteriologische Untersuchungen über die Schaffhauser Wasserversorgung, mit besonderer Berücksichtigung der neueren Methoden. Aus dem hygienisch-bakteriologischen Laboratorium des Eidg. Polytechnikums.... Diss. Phil. [II.] Univ. Zürich. 79 S. 8. Zürich, Gebr. Leemann & Co., 1909.

(Rauschenbach, H[einrich].) Die Wasserversorgung und ihre Beziehungen zum Feuerlöschwesen. ([Verfasst auf] Anregung des:) Schweizerischer Feuerwehr-Verein.) [Illustriert.] IV + 63 S. 8. Zu beziehen beim Techn. Bureau des Schweizer. Feuerwehr-Vereins; S[olothurn, Buchdr. C.] G[assmann], (19)03. fr. —.60

Rauschenbach, J: Catalog von landwirtschaftlichen Maschinen und Geräthen. Schaffhausen (1897?)

Rauschenbach, J: Catalog für Pumpen usw. Frankfurt a. M. (1897)

Uhrenfabrik von Joh. Rauschenbach (in Schaffhausen). Fabrik-Ordnung. (1880 Februar 17.) -- Fabrique d'Horlogerie de J. Rauschenbach. Règlement. (1880 Février 17.) (zus. 15 S.) 8. [Schaffhausen, H. Meier & Cie., 1901.]

Fabrique d'horlogerie de J. Rauschenbach, anciennement International Watch-Company, Schaffhouse. (Prix-Courant [illustré] du 1er Avril 1902.) 10 p. 8. Schaffhausen, H. Meier & Co.

Rauschenbach, Karl [pract. Arzt von Schaffhausen]: Beitrag zur Pathologie und Therapie der Cataracta traumatica. Schaffhausen 1897. 40 S. 8°. 9 Tabellen.
Basel. Med. Diss. 1896/97.

Rauschenbach, Otto, Entwürfe f. geschmied. Grabgitter in modernen Stylarten. gr. Fol. (10 Taf.) Berlin 896. M. Spielmeyer. In Mappe n. 8. —

Rauschenbach, Otto, allgemeines Musterbuch f. Schlosser u. Kunst-Schmiede. Ein Vorlagenwerk zur Erleichterg. bei Geschäftsabschlüssen, o. Hilfsmittel zum Projectiren f. Architekten. 247 technisch leicht ausführbare Muster üb. alle Arten Gitter u. Ziergeländer als: Gartengitter, Fenstergitter, Treppengeländer etc. in zeitgemässer Stylrichtg, f die prakt. Ausführg. entworfen u gezeichnet. gr. Fol. (30 photolith. Taf. m. 2 Bl. Text.) Berlin 891. Hessling & Spielmeyer. In Mappe. n. 15. –

— **Musterbuch f. Schlosser u. Schmiede. E. Vorlagenwerk z. prakt. Ausführg. v. Schmiedearbeiten in zeitgemässer Stilrichtg., e. Hülfsmittel zur Erleichterg. v. Geschäftsabschlüssen u. z. Projectiren f. Architekten. I. Serie. 30 Taf** 2. Aufl. 247 techn. leicht ausführbare Muster f. alle Arten Gitter u. Ziergeländer. Fol. (Gewichtstabelle 2 S.) Berlin 896. Kanter & Mohr. In Mappe n. 20. —

Rauschenbach, Paul Leo: Der Unterschied zwischen Untugend und Laster bei Kant. *Leipzig 1902: O. Schmidt.* (82 S.) 8°
Leipzig, Phil. Diss. v. [10. März] 1902

Rauschenberg, F. W., s. Wisbyfahrt, hansische.

Rauschenberger, Walther, Rechtspraktikant: Der Anteil des Bundesrats an der Reichsgesetzgebung. Borna-Leipzig 1906: R. Noske. (51 S.) 8°
Heidelberg, Jur. Fak., Ref. Jellinek, Diss. v. 21. Juli 1906
[Geb. 12. Juli 80 Stuttgart; Wohnort: Karlsruhe; Staatsangeh.: Baden; Vorbildung: Gymn. Heilbronn Reife 99; Studium: Heidelberg 4, Berlin 1, München 2, Freiburg i. B. 1 S.; Rig. 8. März 06.]

Rauschenbusch, Aug., einige Anweisungen für Auswanderer nach den westlichen Staaten v. Nordamerika u. Reisebilder. 3. Aufl. 8. (120 S.) Elberfeld 848, (Iserlohn) Bädeker. 1/3 ß

Rauschenbusch, A., die Bedeutung des Fußwaschens Christi. Hamburg 861. Oncken. 12. (12 S.) 1½ ngr

Rauschenbusch, Aug., Beschreibung einer Seereise von Bremen nach New-York. 12. Altena 846, Santz. n. 1/3 ß

— Beschreibung einer Seereise von Bremen nach New-York. 2. Aufl. verm. mit: Reisebilder aus Nordamerika. (Abgedr. aus dem „Wochenblatt f. den Kreis Altena.") 8. (57 S.) Altena 847, Santz. n. 1/6 ß

Rauschenbusch, A., Brief nebst einem Auszuge aus: Des Herrn Führungen im Lebensgange von G. F. Müller und einigen Aussprüchen von D. G. Krummacher. Hamburg 853. (Oncken.) gr. 8. (16 S.) ¾ ngr

Du selbst bist Augenzeuge von der Erfüllung der Weissagung! Von August Rauschenbusch. *(Hamburg Borgfelde Trakt Ges [um 1900])* (8 S.) 8° [Kopft. F.]
= [Traktate d. Christl. Traktat-Gesellschaft | Neue Serie. No 90.

Rauschenbusch, A., d. Entstehg. der Kindertaufe, der Kirchen- u. Weltgeschichte gemäß dargelegt. 8. (76 S.) Hamburg 897. Cassel, Verlagshaus d. dtschn. Baptisten J. G. Oncken Nachf. — 30

— dasselbe im 3. Jahrh. n. Chr. u. d. Wiedereinführg. d. bibl. Taufe im 17. Jahrh. n. Chr., d. Kirchen- u. Weltgeschichte gemäß dargelegt. 2., sehr verm. Aufl. 8. (138 S.) Ebd. 898. — 75; geb. in Leinw. 1. 20

— biblische Frauenbilder, zur Erbauung u. Belehrg. christl. Frauen u. Jungfrauen gezeichnet. 8. (VI, 300 S.) Frankfurt a/M. 897. J. Schergens. n. 2. —; geb. 3. —

— gehören d. Apokryphen in d. Bibel hinein? 12. (8 S.) Hamburg 895. (Cassel, Verlagshaus d. deutschen Baptisten J. G. Oncken Nachf.) — 03

Rauschenbusch, Aug., Handbüchlein der Homiletik für freikirchliche Prediger u. f. Stadtmissionare. gr. 8. (VII, 156 S.) Cassel (900). J. G. Oncken Nachf n. 1. 50

— Leben u. Wirken, angefangen von ihm selbst, vollendet u. hrsg. v. seinem Sohne Walth. Rauschenbusch. 8. (XII, 274 S. m. Bildnis.) Ebd. 901. 2. 20; geb. 2. 70

[F.] Lebensgeschichte von Roger Williams, erstem Baptistenprediger in Nord-Amerika u. Gründer d. Staates Rhode-Island, beschrieben v August Rauschenbusch *Hamburg: J G Oncken Nachf 1898.* (55 S.) 1 Bd 8.

Rauschenbusch, A., sind Mensch u. Affe stammverwandt? Ein naturwissenschaftl. Vortrag, gehalten in der Turnhalle zu Rochester. 16. (36 S.) Philadelphia 875. (Schäfer & Koradi.) n. — 80

—— die Vorläufer der Reformation, Waldo, Wycliffe, Huß. gr. 16. (56 S. mit 3 Holzschntaf.) Cleveland, O. 875. (Philadelphia, Schäfer und Koradi.) geb. *

Rauschenbusch, August Ernst,
s.a. Rauschenbusch, Hilmar Ernst

— Auszug aus den auserlesenen biblischen Historien des alten und neuen Testaments nach Hübner. 18—20. Aufl. Schwelm 853—56. Scherz. 8. (VIII, 168 S.) 5 ngr

— über die religiösen Eigenthümlichkeiten d. Evangelischen in d. Ländern des ehemal. Jülichschen Staats u. deren histor. Ursprung. gr. 8. Essen 826. Bädecker. 6 gr

(Rauschenbusch, A. Ernst,) Erziehungsbüchlein, s. Erziehungsbüchlein.

(——) Handbuch f. Lehrer, s. Handbuch rc.

Rauschenbusch, A. E., Handbuch für Lehrer beim Gebrauch der bibl. Geschichten (des Verf.) 3., verb. Aufl. Hrsg. von L. Josephson. 2 Thle. gr. 8. Schwelm, Scherz. [1. (419 S.) 848., 2. (IV und 490 S.) 849.] Thlr. *

Rauschenbusch, A. E., auserles. bibl. Historien aus d. alt. u. neu. Testam., nach Hübner. 27—32. Aufl. 8. (à 18 B. u. Titvign.) Schwelm 837—40, Scherz. à

Rauschenbusch, A. E., auserlesene bibl. Historien aus dem alten u. neuen Testamente nach Hübner. 41—47. Aufl. 8. (à 18 B.) Schwelm 844—47, Scherz.

— auserlesene biblische Historien aus dem alten u. neuen Testamente, nach Hübner. 50. Aufl. 8. (VIII u. 278 S.) Ebd. 848. — 51. Aufl. 8. (VIII u. 278 S.) Ebd. 850. — 52. Aufl. 8. (VIII u. 278 S.) Ebd. 851. 8¾ ngr

— Auszug aus Obigem. 16. Aufl. 8. (VIII u. 168 S.) Ebd. 850. — 17. Aufl. 8. (VIII u. 168 S.) Ebd. 851. ⅙ ß

Rauschenbusch, A. E., auserlesene biblische Historien aus dem alten und neuen Testamente, nach Hübner. 53—59. Aufl. Schwelm 853—58. Scherz. 8. (VII, 278 S.) 8¾ ngr

(——) Herm. Hamelmanns Leben, s. Bilder Westphäl. Theologen, 1. Thl.

—— das Leben Jesu im Zusammenhange dargest. 8. (29¼ B.) Schwelm 837, Scherz.

Rauschenbusch, C., specimen inaugurale medicum de manifestis in organismo vivo mutationibus usu chinae quercus et tormentillae productis. gr. 8. Tübing. Cotta. 809.

Rauschenbusch, C. A. E.: Handbuch für Lehrer ..., s. Rauschenbusch, Hilmar Ernst

Rauschenbusch, Chr. Karl, († 1783.) s. Apologie d. Feiertage, u. setze hinzu: (v. Chr. Karl Rauschenbusch).

Rauschenbusch, Christian Carl (Schauenburg), De lege leviratus ad fratres non Germanos sed tribules referenda ad Deut. XXV, 5. Diss. Präs. Christian Wilhelm Franziskus Walch. Göttingen (Schulz cur. F. A. Rosenbusch) 16. III. 1765. 52 S. (—.—) 27761
Widm. v.: Christian Wilh. Franz Walch.

Rauschenbusch, D.: Über die religiösen Eigenthümlichkeiten ..., s. Rauschenbusch, Hilmar Ernst

Rauschenbusch, Ernst

Rauschenbusch, E., maurerische Gedichte. 12. (168 S.) Cassel 852, J. G. Luckhardt. ½ ß

[Dasselbe.] Samml. 1. 2. Ebendas. 1854—1855. 8°
1. 1854. 168 S.; 2. 1855. 187 S.
Recens: Brblr. 1853 S. 188—189.
Tt. 2360.

Rauschenbusch, E., und Friedr. Voigts, Latomiablumen, s. Latomiablumen.

Latomiablumen. Für die Schwestern aller Freimaurer gesamm. und zu einem Festschmuck gebunden von E[rnst] Rauschenbusch und Friedr. Voigts. Cassel: Luckhardt 1858. XVI, 270 S. 8°
Recens: A. 20 (1858) S. 328—350; Bh. 1 (1858) S. 134; FZ. 12 (1858) S. 348—349; T. 1 (1858 bis 1859) S. 142—143; L. 16 (1859) S. 173.
Tt. 2355. Gedichtsammlung.

[N. Ausg. u. d. Tit.:]
Latomiablumen. Dichtergrüsse für die Schwestern aller Freimaurer gesamm. von E[rnst] Rauschenbusch und Fr[iedr.] Voigts. Neu hrsg. von Herm. Walter. 2. verb. u. verm. Aufl. Cassel: Grobel 1879. XV, 280 S. 8°

Rauschenbusch, E., und Fr. Voigts, Latomiablumen. Neu hrsg. von Herm. Walter. 2. Aufl. 8. Kassel 879. Plauen, Neupert's Verlag. geb. mit Goldschn. * 5 —

[Dasselbe.] Neue Ausg. Frankfurt a. M.: Grobel 1885. XV, 280 S. 8°
Recens: FZ. 33 (1879) S. 311; L. 2 (1879) S. 144. cf. FZ. (Wien) 6 (1879) S. 79; Z. 10 (1880) S. 48 (M. Amster).
Tt. 2356.

Zu Schwesternfesten. Gaben der Liebe in poetischer Form, enthaltend Gebete, Toaste nebst Erwiederungen und sonstige geeignete heitere, wie ernste Vorträge. Gesamm. und hrsg. in Verbindung mit mehreren von E[rnst] **Rauschenbusch.** Kassel: Luckhardt 1855. 190 S. 12°
[Kayser: Vollst. Bücherlexikon. 14 (1860) S. 226.]

Toast den geliebten Brüdern der Loge: Pythogoras zu den drei Strömen im Or.· Münden. Dargebracht zum Johannis-Feste 1860, im Namen aller der Loge angehörenden hessischen Brüder, von ihrem dankbaren, treuen Ernst **Rauschenbusch.** o. O. [1860]. 1 Bl. 8° [Kopftit.]
Tt. 2167. In Versen: „An der Wesër gold'nem Bette, . . ."

Rauschenbusch, Felix: Ueber das Papillom der Harnblase. Halle 1882: Karras. 32 S. 8°
Halle-Wittenberg, Med. Diss. v. 21. Sept. 1882
Geb. Elberfeld 9. 11. 1856. V

Rauschenbusch, Hilmar Ernst,
s.a. Rauschenbusch, August Ernst

(——) auserles. bibl. Historien, s. Historien.

Rauschenbusch, Hilmar Ernst, Mittheilungen aus seinem Tagebuche, s. Mittheilungen.

Rauschenbusch, Hilmar Ernst, Passionsandachten. Hrsg. von Albert Sigism. Jaspis. gr. 12. (XII u. 276 S.) Elberfeld 848, Hassel. — 2. Aufl. gr. 12. (X u. 233 S.) Ebd. 849. n. ⅓ ß

Rauschenbusch, H. F., hinterlassene Predigtentwürfe. gr. 8. Elberfeld, Büschler. 818.

Rauschenbusch, Hilmar Er., († 181 . .) hinterlassene Predigt-Entwürfe. gr. 8. Elberf. 818. (Schönian). 12 gr.

— Rede bei der Jahresfeier d. Leipziger Schlacht, gehalten im Bivouak vor Düsseldorf. 8. Düsseld. 814. Schreiner. 2 gr. Schrbp. 3 gr.

— **Jakob** (Otterndorf / Hadelen), De simultanea investitura inprimis in terris Brunsvico-Luneburgicis. Diss. jur. Präs. Jo. August Hellfeld. Jena (Schill) 4. IV. 1761. 42 S. (4.50) 27772
Widm. v.: Jo. Aug. Hellfeld.

— **Johann Eduard** (Ramsdorf/Westfalen), De empyemate. Diss. med. Berlin (Nietack) 26. IX. 1836. 28 S. u. Biogr. (M.: A. Valk.) (3.50) 27773
Oppon.: S. Schueler, A. Wilckinghoff, L. Rave. — Seinem Vater gew. (Franziskus Rave).

Rauschenbusch, Jh. Karl, († 1779.) kurze u. schriftmäß. Einleit. in d. Lehre von d. Höllenfahrt Christi, u. derselben wesentl. Stücken. 4. Bückeburg 754.

Rauschenbusch, Car. (Ern. Henr. Constantinus) (geb. Elberfeld 14. 7. 1826). De entozois in corpore humano occurrentibus. Berolini (1851). (33 S.) 8°
Berlin, Med. Diss. v. 7. Juni 1851

— **Leo** (Ramsdorf/Westfalen), De chlorosi. Diss. med. Berlin (Friedlaender) 7. XI. 1837. 32 S. mit Biogr. (M.: Gesina (Rave.)) (3.50) 27774
Oppon.: H. Zumnorde, A. Steghaus, J. Ant. Hapig. — Gew.: Alexander Rave (Vater.)

Rauschenbusch, W., der perfecte Deutsche. The perfect German. A guide to reading, writing and speaking correctly German. With a complete pronunciation, accentuation and translation of the German words. 16. (235 S.) Berlin 886, Berliner Verlags-Anstalt. *
geb. *

(8) **Rauschenbusch,** W., der perfekte Deutsche. 886.
Jetzt: Leipzig, G. Engel.

Rauschenbusch, Walter, u. Ira D. **Sankey,** Evangeliums-Sänger. Autoris. Ausg. der Gospel Hymns. Ausgewählt u. hrsg. gr. 8. (224 S.) Hamburg 891. J. G. Oncken Nachf. 1. 80; kart. 2. —

Rauschenbusch, Walt., u. Ira D. **Sankey,** Evangeliums-Sänger. Nr. 1 u. 2. Autor. Ausg. d. Gospel Hymns. Ausgew. u. hrsg. gr. 8. Ebd. 896. 2. 80; kart. 3. 25; in 1 Bd. kart. 3. —
1. 2. Aufl. 1.—10. Taus. (224 S.) 1. 50; kart. 2. —.
2. (60 S.) 1. —; kart. 1. 25.

Rauschenbusch, Walt., u. Ira D. **Sankey,** Evangeliums-Sänger. Nr. 1 u. 2. Autoris. Ausg. der Gospel Hymns. Ausgewählt u. hrsg. 8. Aufl. (220 u. 128 S.) 8. Kassel (1907). J. G. Oncken Nachf. In 1 Leinw.-Bd. 3. 50
Fortsetzung s.: Evangeliums-Sänger.

Rauschenbusch, Walth., das Leben Jesu, s. a. Sonntagsschul-Lehrer-Bibliothek. Nr. 3.

Rauschenbusch, Walther: Das Leben Jesu. Ein systemat. Studiengang f. Sonntagsschul-Mitarbeiter v. –. Hrsg. v. P. Ritter. Hamburg: Verl. d. Traktatges. 1898. (180 S.) 1 Bd. 8°
= Sonntagsschul-Lehrer-Bibliothek. No. 3.

The Movement against alcoholism in America. An address ... by Prof. Walter **Rauschenbusch.** [Berlin-Schöneberg: Protestant. Schriftenvertrieb in Komm. (1910).] 11 S. 8° [Kopft.] (10. 14153

Rauschenbusch-Clough, Emma: A study of Mary Wollstonecraft and the rights of woman. New York 1898. 234 S. 8°.
Bern. Phil. Diss. 1898/99.

Rauschenfels, A. v., Atlas f. Bienenzucht. Anatomie — Histologie — Pathologie — bienenfeindl. Tiere. 80 kolor. Taf., gez. v. F. Clerici nach mikroskop. Präparaten des Grafen Gaetano Barbò. Hrsg. vom Central-Verein f. Bnzcht. u. Verbreitg. der Bienenzucht in Italien. Erklärender Text. (Autoris. deutsche Ausg.) gr. 8. (III S. u. 30 Bl.) Berlin 901. Leipzig, R. C. Schmidt & Co. n. 9. —

(8) **Rauschenfels,** A. v., Atlas f. Bienenzucht. 901.
Jetzt: Leipzig, C. F. W. Fest.

— die Wachsmotten, s.: Bibliothek, apistische. Nr. 4.

Rauschenfels, Anton v. Ueber die Aufhebung der Weg- u. Brückenmauthen. Klgft., Bertschinger, 1871. 16 S.

Rauschenfels, Ant. v., Bilder m. Staffage aus dem Kärntner Oberlande. [Mit e. kurzgefaßten Fremdenführer als Anh.] 8. (VIII, 195 S.) Klagenfurt 871. v. Kleinmayr. n. 3. —; ohne Fremdenführer n. 2. 50; der Fremdenführer apart: n. — 40

— Fremdenführer durch das kärntische Oberland. 2. verb. Aufl. 16. (27 S.) Ebend. 872. n. — 60

— Villach. Eine volkswirthschaftl. Studie. 16. (35 S.) Klagenfurt 876. Leon. n. — 60

Rauschenfels, J., Methodik des französischen Sprachunterrichts in Mittel- u. Bürgerschulen. gr. 8. (IV, 68 S.) Leipzig 890. Brandstetter. n. 1. 35

Rauschenplat, Adf., Bismarck u. Spinoza. Eine Charakterskizze. gr. 8. (19 S.) Hamburg 893. (K. Hartmann.) n. — 60

Rauschenplat, Adf., Christenthum und Atomtheorie. Ein Beitrag zur Philosophie der Schwingung. gr. 8. (43 S.) Hamburg 890. (Weitbrecht & Marissal.) n. 1. —

Rauschenplat, Adf., Ecce homo! E. Weltanschaug. m. stereoscop. Blick. gr. 8. (V, 82 S.) Hamburg 896. L. Gräfe & Sillem. n. 1. —

— über d. Idealismus. Vortrag im ärztl. Bezirksverein St. Pauli-Eimsbüttel. 8. (29 S.) Ebd. 897. n. — 50

Rauschenplat, Adf., der cherubinische Wandersmann. gr. 8. (IX, 68 S.) Hamburg 885, (Döring.) *

Rauschenplat, was bedeutet „ewig"? Eine christolog. Abhandlg. gr. 8 (40 S.) Hamburg 900. (C. Boysen.) n — 80

Rauschenplat, Ernst, aus Cuxhaven: Aus d. zool. Institut d. Universität Kiel. Ueber die Nahrung von Thieren aus der Kieler Bucht. *Kiel 1901: Schmidt & Klaunig.* (71 S.) 4°
Kiel, Phil. Diss. v. [13. März] 1901

Rauschenplat, Jo. Ernst Arm. von, De onere probandi in negatoria actione. Diss. inaug. Göttingen (C. E. Rosenbusch) 17. III. 1830. 44 S. (3.50)

Oppon.: Fr. Northoff, Theod. Schuster, Arnold Homeyer. — Gew.: Friedrich Bergmann.

Rauscher, Cardinal Joseph Othmar, Fürsterzbischof von Wien. Sein Leben und Wirken, s. Wolfsgruber, Cölestin.

Rauscher, Adolf, approb. Arzt Über einen Fall von gummöser Myokarditis. *Leipzig 1902: A. Edelmann.* (33 S.) 8°
Leipzig, Med. Diss. v. (10. Juni) 1902

Ritter v. RAUSCHER, C. Borr.: Darstellung d. Lehre v. d. Gewährleistung nach d. allg. bürg. Gesetzbuche. *Wien.* (832.) 8.

Rauscher, Ernst, ein Dämon. Dramatischer Scherz in 1 Aufzug. (48 S.) schmal gr. 8. Klagenfurt 904. F. v. Kleinmayr. n. 1. 20

Rauscher, Ernst, Elegien vom Wörther-See. 1866. Klagenfurt 867. (Leon's Buchh.) 16. (53 S.) n. 10 ngr.

Rauscher, Ernst. Er muss wollen! Lustspiel. Klgft., Leon, 1868. 36 S.

Rauscher, Ernst, d. Erzählg. d. Werksherrn. 8. (47 S.) Dresden 896. E. Pierson. n. 1. 50; geb. in Leinw. m. Goldschn. n. 2. 60

Rauscher, Ernst, [Almwart], Gedichte. Klagenfurt 861. Leon. 16. (VIII, 255 S.) 1 ₰ 3 ngr.

—— Gedichte. 8. (IV und 276 S.) Wien 864, Markgraf.

Rauscher, Ernst, neue Gedichte. 12. (VII, 198 S.) Innsbruck 881, Wagner'sche Universitäts-Buchh. *

Rauscher, Ernst, in der Hängematte, s. Universal-Bibliothek.

Rauscher, Ernst, am Hochkar. Eine Novelle in Versen. 12. (79 S.) Gera 877. Leipzig, Amthor. n. — 60

— Hochwasser, s.: National-Bibliothek, allgem.

Rauscher, E., Nigritta. Poetische Erzählg. [Aus: „Dioskuren".] 12. (43 S.) Wien 890. (Klagenfurt, v. Kleinmayr.) n. — 60

— Nora. Ein Gedicht in vier Gesängen. Leipzig 869. Matthes. 16. (113 S.) In engl. Einb. mit Goldschn. n. 20 ngr.

— die weisse Rose. [Nach e. Klostersage aus Arnoldstein.] 1. u. 2. Aufl. 12. (76 S.) Ebd. 889. n. 1. 40; geb. n.n. 2. 70

Rauscher, Ernst, im Wolfsgart. Nach e. alten Erzählg. 12. (III, 130 S.) Graz 894. Leykam. n. 2. —

Rauscher, Ferd. Em., der Handfertigkeits-Unterricht, seine Theorie u. Praxis. 1. Thl. gr. 8. (VI, 194 S.) Wien 885. Pichler's Wwe. & Sohn. n. 2. 40

Rauscher, F. E., der Handfertigkeits-Unterricht, seine Theorie u. Praxis. 2. u. 3. Thl. gr. 8. (IV, 162 u. III, 147 S. m. Fig.) Wien 887. Pichler's Wwe. & Sohn. à n. 2. — (1—3.: n. 6. 40)

Rauscher, Ferd. Em., der Handfertigkeits-Unterricht, seine Theorie u. Praxis. Vollständige (neue Titel-) Ausg. in 1 Bde. gr. 8. (VII, 194; 162 u. 145 S. m. 192 Abbildgn.) Wien 891. A. Pichler's Wwe. & Sohn. n. 5. —

Rauscher, Ferd. Em., der heimatkundliche Lehrstoff im dritten Schuljahre. gr. 8. (VII, 74 S.) Wien 883, Pichler's Wwe. und Sohn. *

Rauscher, Friedr. Der Bau steinerner Wendeltreppen, erläutert an Beispielen aus der deutschen Gothik u. Renaissance. gr. 4. (VI, 87 S. m. Textfig.) Mit Atlas, gr. Fol., cart. (45 Taf.) Berl. 889, Wasmuth. * 90 —

Rauscher, Gustav, approb. Arzt aus Innsbruck Über Haematosalpinx bei Gynatresien. *Stuttgart 1903: Union.* (26 S.) 8°
Leipzig, Med. Diss. v 1903

Rauscher, Johann, Verzeichniß der markirten Wege in der Umgebung von Gutenstein für Touren auf den Schober, Dürre Wand, Unterberg und Schneeberg. Herausgegeben von der Alpinen Gesellschaft „D'Sparbacher". Mit einem Kärtchen. 8. Auf Carton-Papier gefalzt —.20
Wien. Artaria 1890.

Rauscher, Jos., in stiller Stunde. Lieder u. Gedichte. (103 S.) kl. 8. Nürnberg (904). C. Koch. n. 1. 20

Rauscher, Jos. Othm., der Ablaß u. der christl. Fortschritt. Hirtenschreiben. Wien 865. Sartori. gr. 8. (16 S.) 2 ngr.

Rauscher, s.: Andacht zu Ehren der 12 Geheimnisse der heiligsten Kindheit Jesu.

—— Ansprache gehalten bei der Eidesleistung der freiwilligen Tiroler Scharfschützen in der Metropolitankirche bei St. Stephan am 12. Junius 1866. — Hirtenschreiben, erlassen am 18. Junius 1866. 3. Aufl. gr. 8. (14 S.) Wien 866, Sartori.

—— die Ascese. Anrede bei dem Schlusse der geistlichen Uebungen für Priester am 22. Septbr. 1865. gr. 8. (27 S.) Wien 866, Sartori.

Rauscher, Jos. Othmar, Augustinus, s.: Wolfsgruber, Cölestin.

— der selige Petrus Canisius, s. Canisius, Petrus.

(Rauscher, Joseph Othmar.) Der selige Petrus Canisius. Hirtenschreiben ... des ... Kardinales Fürst-Erzbischofes von Wien. 8. Wien 1865.

Rauscher, Jos. Othmar, das Christenthum und das Staatsleben, s. Christenthum, das.

Rauscher, Jos. Othmar Ritter v., Darstellung der Philosophie. Hrsg. v. Cölest. Wolfsgruber. 1. Bd. Theoretische Philosophie. gr. 8. (XX, 293 S.) Saulgau 891. Kitz. n 3. 50

Rauscher, J. O. Ritter v., die letzten Dinge. Sechs Predigten. gr. 8. (VII, 83 S.) Wien 888. Kirsch. n. 1. 60

— die Ehe u. das zweite Hauptstück des bürgerlichen Gesetzbuches. 2. Aufl. Ebend. 868. gr. 8. (IV, 172 S.) n. 12 ngr.

Rauscher, Jos. Othm., Gefahr und Rettung. Hirtenschreiben. 2. Aufl. gr. 8. (16 S.) Wien 866, Sartori.

Rauscher, J. O. v., Geschichte d. christl. Kirche. 2 Bde. gr. 8. (56 B.) Sulzbach 829, v. Seidel.

Rauscher, Jos. Othm., Hirtenbriefe, Predigten, Anreden. Wien 858. Manz. gr. 8. (2 Bl., 553 S. u. Bildn. in Stahlst.) 2 ₰. 12 ngr.

— Hirtenbriefe, Predigten, Anreden. Neue wohlfeile Ausg. Wien 860. Braumüller. Lex.-8. (IV, 553 S. u. Portr. in Stahlst.) 1 ₰ 12 ngr.

Rauscher, Jos. Othmar, Hirtenbriefe, Reden, Zuschriften. Neue Folge. 1. u. 2. Bd. gr. 8. (VIII, 656 u. VI, 657 S.) Wien 875. Braumüller. à n. 8. —

— Hirtenbriefe, Reden, Zuschriften. Neue Folge. 3. Bd. Mit Vorwort u. Registern über die ganze Sammlung hrsg. v. C. Wolfsgruber. gr. 8. (XVI, 556 S.) Freiburg i/Br. 889. Herder. n. 8. — (I—II, 3.: n. 28. 20)

— das Jahr 1866. Hirtenschreiben. 2. Aufl. Wien 866. Mayer & Co. gr. 8. (26 S.) 3 ngr.

— das allgemeine Concil vom Vatican. Zwei Hirtenschreiben. Wien 870. Braumüller. Lex.-8. (98 S.) n. 10 ngr.

— Maria unsere Hilfe. Predigt bei dem feierl. Bittgange zur Erflehung des göttl. Beistandes am 2. Julius 1866 in der Kirche Mariahilf. Wien 866. Sartori. gr. 8. (12 S.) 2 ngr.

Rauscher, Giuseppe Otmaro Card., Il matrimonio cattolico e in scuola in rapporto alla nuova legge austriaca del 25 Maggio 1868. Lettera pastorale. 8. (47 S.) Wien: Sartori 1868.

(Rauscher, Cardin. Othmar. de,) Observationes quaedam de infallibilitatis Ecclesiae subiecto. Neapoli, typographia Sirenae, 1870, in 8°, 87 pp.
Die zu Neapel als Manuskript gedruckten Observationes erschienen bald darauf zu Wien bei Braumüller mit wesentl. Verbesserungen u. Erweiterungen (1870, gr. 8°, V, 87 S., 1 Mk.). Civiltà 1870, S. 291—309. Hist.-pol. Bl. Bd. 66, S. 520—2. Ermländ. Pastoralblatt 1870, S. 53. Ökum. Konzil Heft 8, S. 150—2. Theol. Littbl. 1870, S. 529—37 (Binzel). Hülskamp, Litt. Handw. 1870, S. 180:

—— le pape et l'Italie, s. Pape, le.

(—) — Le Pape et l'Italie. Mandement de Son Eminence Reverend. Msgr. le Cardinal-Archevêque de Vienne. Edit. franç. par Henri Schiel. Ebend. 860. gr. 8. (48 S.) n. 4 ngr.

— der Papst und Italien, s. Sammlung von Schriften über die römische Frage.

— der Staat ohne Gott. Hirtenschreiben an die Erzdiöcese Wien, erlassen am 25. Jänner. 1865. Wien 865. Mayer & Co. gr. 8. (57 S.) 6 ngr.

— der bethlehemitische Weg. Andacht zu den Geheimnissen der heiligsten Kindheit Jesu. 3. Aufl. 12. (32 S. m. Bildern.) Wien 891. Verlag „St. Norbertus". n. — 24; kart. n. — 30; geb. in Halbleinw. n. — 40; feine Ausg. (m. Einleitg. v. Cölest. Wolfsgruber). (VIII, 32 S. m. Bildern.) Geb. in Leinw. n. — 60

— dasselbe. 4. Aufl. 12. (32 S. m. 12 Bildern.) Ebd. 893. n. — 24

Rauscher, Jul., Dornstetten in der Reformationszeit. Nach e. Vortrag. Geh. am 9. XII. 1907 auf Antegg. v. Stadtschultheiß Braun. (18 S.) 8. Dornstein (908). (Freudenstadt, Schlaetz.) — 25

Rauscher, Julius, Pfarrverweser: Die Prädikaturen in Württemberg vor der Reformation. Ein Beitr. z. Predigt- u. Pfründengeschichte am Ausgang d. Mittelalters. Stuttgart 1909: Kohlhammer. S. 152—211. 4° [Umschlagt.] ¶ (Aus: Württ. Jahrbücher f. Statistik u. Landesk. Jg. 1908, H. 2.)
Tübingen, Phil. Diss. v. 24. Juli 1909, Ref. Goetz
[Geb. 15. Jan. 82 Schw.-Gmünd; Wohnort: Steinbach b. Hall; Staatsangeh.: Württemberg; Vorbildung: Sem. Blaubeuren Reife M. 01; Studium: Tübingen 8 S., Coll. 24 Juli 09.] [U 09. 3960

Rauscher, Karl

Rauscher, Carl [approb. Thierarzt und Controllthierarzt in Kufstein]: Vergleichende Untersuchungen über die knotige Leberinduration des Rindes und die knotige Fettleber des Hundes. Mit 1 Tafel und 5 Abbildungen. (S.-A. aus „Monatshefte f. prakt. Tierheilkunde". 14. 1903.) Stuttgart 1903. 29 S. 8°. [24. IV. 03.]
Bern Vet.-med. Diss. 1903/1904.

Rauscher, L. F., acht Predigten. gr. 8. Straßburg 842, Wittwe Levrault. ¾ ₰

RAUSCHER, Paul: Beschreibung des Holzverkohlungsbetriebes in kleinen Meilern ohne Wasserbedarf, wie derselbe im k. k. Ternovaner Staatsforste gebräuchlich ist. · Wien 1873. 8 S.

Rauscher, Ulr., das Abenteuer des Herrn v. Florville. Ein Rokoko-Akt. (Zeichnungen v. André Lambert.) (62 S.) gr. 8. Strassburg (909). J. Singer. Kart. 5. —

Rauscher, Ulr., Erläuterungen zu Shakespeares „König Lear", s.: König's, With., Erläuterungen zu den Klassikern. 65. Bdchn.

Rauscher, Vict., Studie üb. die Beziehungen zwischen Evoluten, Evolventen, Trajectorien u. Umhüllungslinien. gr. 8. (46 S. m. eingedr. Holzschn.) Wien 876. (Gerold & Co.) n. 2. —

Rauscher, Wolfg., Mark d. Cederbäume, od. Lob- u. Sittenpredigten. 1r Thl. Fol. Augsb. Wolf. 728.

— sämmtl. Predigten. 5 Thle. Fol. Ebend. 728.

— Traubenpresse, oder Passionspredigten. Fol. Ebend. 728.

Rauschke, Max *Friedrich Julius* [aus Köslin]: Über zwei Fälle von entzündlichem Exophthalmus mit tötlichem Ausgange ... Berlin, Buchdr. v. G. Schade, *1894*; 28 S., 2 Bl. 8.
Berlin, Med. Fak., Inaug.-Diss. v. 18. Dez. 1894

Rauschmaier, Anton

Rauschmaier, A. Dr. „Analogiegleichungen". Eine sprachliche Studie. pg. 1—24. 8°. C. Brügel & Sohn.
Ansbach, Progr. 1892/93

Rauschmaier, Ant., üb. den figürlichen Gebrauch der Zahlen im Altfranzösischen, s. a. Beiträge, Münchener, zur romanischen u. englischen Philologie.

Rauschmaier, A.: Über den figürlichen Gebrauch einiger Zahlen im Altfranzösischen ... Leipzig, Druck v. O. Brandstetter, 1892; 1 Bl., 48 S. 8.
Erlangen, Phil. Fak., Inaug.-Diss. v. 1892

— piccolo vocabolario italiano. Italienisches Taschenvokabular m. Grammatik, Etymologie u. Aussprachebezeichng. 8. (IV, 48 S.) Ansbach 894. (M. Eichinger.) n. — 80

6° Piccolo vocabolario ital. 894. Jetzt: Nürnberg, A. Edelmann.

— englisches Vokabularium auf etymologischer Grundlage u. m. vereinfachter Aussprachebezeichnung, nebst e. Anh. f. Mittelschulen u. zum Privatgebrauch. gr. 8. (VIII, 103 S.) München 893. R. Oldenbourg, Abteilg. f. Schulbücher. n. 1. 20; geb. n. 1. 60

Rauschmaier, Ant. Französisches Vokabularium auf etymologischer Grundlage m. e. Anh. f. Mittelschulen u. zum Privatgebrauch. gr. 8. (V, 110 S.) Münch. 892, Oldenbourg. * 1 20; geb. * 1 60

Rauschmaier, Ant., französisches Vokabularium auf etymologischer Grundlage, m. e Anh f. Mittelschulen u. zum Privatgebrauch. 8. durchgesch u. verm Aufl., besorgt v. Geo. Buchner. gr. 8. (V. 110 S.) München 902. R. Oldenbourg. Geb. in Leinw. n. 1. 60

Rauschmaier, Ant., französisches Vokabularium auf etymologischer Grundlage m. e. Anh. f. Mittelschulen u. zum Privatgebrauch. 4. Aufl., durchgesehen v. Geo. Buchner. (V, 110 S.) 8. München 907. R. Oldenbourg. Geb. 1. 60

Rauschmaier, A., hebräisches Vokabularium für Anfänger mit Zugrundelegung semitischer Eigennamen. gr. 8. (38 S.) Nürnberg 889. (v. Ebner.) n.n. — 70

- hebräisches Vokabularium f. Anfänger. Mit Zugrundelegg. semit. Eigennamen. gr 8. (37 S.) Ebd. 893. n. — 70

Rauschmann, Max, appr. Arzt: Das Carcinom beim Menschen unter zwanzig Jahren. Berlin: Ebering (1910). 39 S. 8°
Berlin, Med. Diss. v. 12. Dez. 1910, Ref. Hildebrand
[Geb. 26. Juni 81 Czarnikau; Wohnort: Berlin; Staatsangeh.: Preußen; Vorbildung. Gymn. Deutsch-Krone Reife O. 01; Studium: Jura Berlin 3, Med. 6, Freiburg i. B. 3 S.; Coll. 6. Dez. 10; Approb. 15. Nov. 10.] [U 11. 121

Rauschmayr, Joh. St., ein Beitrag zur Vertiefung des geograph. Unterrichts an Volks- u. Mittelschulen, s.a. Für die Schule aus der Schule.

Ein Beitrag zur Vertiefung des geogr. Unterrichts an Volks- und Mittelschulen. Von Joh St Rauschmayr *Neuwied & Leipzig Heuser 1903.* (36 S.) 8° [5.]
= Schule, Für die, aus d. Schule. II 92 [illegible]

Rauschnabel, G[ustav]: Geschichte des Männerturnvereins zu Stuttgart zum 50jährigen Bestehen 1843-1893. Stuttgart. Grüninger 1893. 113 S. 8°

Rauschnick, Gottfried Peter

— kurzer Abriß d. alten Geschichte, zum Gebr. f. Gymnasien u. Realschulen. gr. 8. Coblenz 826. Hölscher. 10 Gr

— kurzer Abriß d. Geschichte des Mittelalters, zum Gebrauch f. Gymnasien u. Realschulen. gr. 8. Cobl. 826. Hölscher. 10 Gr

— kurzer Abriß d. Geschichte d. neuern Zeit. gr. 8. Cobl. 827. Hölscher. 14 Gr

ROSENWALL, Philipp (d. i. *Gottfried Peter Rauschnick*), Malerische Ansichten und Bemerkungen auf einer Reise durch Holland, die Rheinlande, Baden, die Schweiz und Würtemberg. 2. Ausgabe. 2 Thle. Mainz 1824. 8°. (6 Mk., geles. u. etwas beschäd. Expl., Südd. Antiqu., München, 1907.) (S. auch Frankfurt a. M.)
Stellenw. freie Darstellung. — Zuerst gedr. c. 1820?

Rauschnick, Gtfr. Pet., histor. Bilderhalle, od. Darstellungen aus d. älteren Gesch. Preußens. 2 Bdchn. gr. 8. (25¼ B.) Meißen 830. [Leipzig, Rostosky.]

—— dass. (m. d. Zusatz:) zur Belehrung u. Unterhalt. f. d. reifere Jugend. 2 Bdchn. M. 6 ill. Kpfr. gr. 8. (25 B.) Meißen 832. [Ebds.]

Rauschnick, Gf. Pet., histor. Bilderhalle, od. Darstell. aus d. ältern Geschichte Preußens, zur Belehr. u. Unterhaltung f. die reifere Jugend. 2 Bdchen. Mit 6 ill. Kpf. gr. 8. Meiß. 831. Goedsche. 1 Thlr 16 Gr

Rauschnick, Gf. Pet., Bilderhalle rc. 2 Bdchn. ... Meißen 831; jetzt Jakowitz in Leipzig. Mit ill. Kpfrn. 1 Thlr

— das Bürgerthum u. Städtewesen der Deutschen im Mittelalter. 3 Bdchen. gr. 12. Dresd. 829. Hilscher. 1 Thlr 3 Gr

Rauschnick, Denkwürdigkeiten aus d. Geschichte der Vorzeit. 2 Bde. gr. 8. Marb. 822—23, Krieger. à 1 Rthl. 12 gr.

—— das Bürgerthum u. Städtewesen der Deutschen im Mittelalter. 3 Bdchn. gr. 12. (17 B.) Dresden 829. [Zittau, Nauwerck.] 1 Thlr. 8 Gr., hrbgs. Pr.
Aus der „Allgem. Taschenbibliothek d. menschl. Culturgesch." besond. abgedruckt.

— Geschichte d. deutschen Adels. 4 Bdchen. 8. Dresd. 830—31. Hilscher. 1 Thlr 12 Gr

Rauschnick, Gf. Pet., Geschichte des deutschen Adels. 4 Bdchn. (Aus der histor. Taschenbibliothek abgedr.) 8. Dresden 831. (Grimmer.) 1½ Thlr

—— Geschichte d. deutschen Adels. 4 Bdchn. 8. (28 B.) Dresden 831. [Zittau, Nauwerck.] 1 Thlr. 12 Gr., hrbgs. Pr.
Aus der „Allgem. histor. Taschenbibliothek" besond. abgedruckt.

— Geschichte d. Deutschen, z. Gebrauch in Gymnasien u. höheren Bürgerschulen. gr. 8. Schwelm 826, Scherz.

Rauschnick, Geschichte der Deutschen f. Schule u. Haus. Wohlfeile (Titel-) Ausg. gr. 8. (XIV u. 497 S.) Schwelm (826) 848, Scherz. ⅓ Thlr

Rauschnick, Gtfr. Pet., Geschichte d. deutschen Geistlichkeit im Mittelalter. Eine Fortsetz. d. Taschenbibliothek d. Gesch. od. meiner darin enthalt. Werke. (Neue wohlf. Ausg. von: „Züge aus d. Pfaffenthum d. Deutschen im Mittelalter.") 8. (19¾ B.) Leipzig 830, Berger'sche Buchh.

Rauschnick, Gfrd Peter, Geschichte der deutschen Geistlichkeit im Mittelalter. Leipzig 1842. 8. . . . . (D.)

— Geschichte d. deutschen Hanse. 2 Bdchen. 8. Dresd. 830. Hilscher. 18 Gr

—— Gesch. d. deutschen Hanse. 2 Bdchn. 8. (14¼ B.) Dresden 831. [Zittau, Nauwerck.] 18 Gr., hrbgs. Pr.
Aus der „Allgem. histor. Taschenbibliothek" besond. abgedruckt.

— — Geschichte des deutschen Pfaffenthums im Mittelalter. Leipzig 1836. 8°. (1 Mk. 25 Pfg. Conr. Skopnik, Berlin, 1909.)

— pragmatisch-chronolog. Geschichte v. Deutschland. Zum Gebrauch f. Schulen. 8. Schmalkalden 824, Varnhagen.

— pragmat.-chronolog. Geschichte von Deutschland. Zum Gebr. f. Schulen. 8. Schmalkald. 824. 18 Gr Leipz. 830. L. Schumann. Hbg. Pr. 6 Gr

— pragmat.-chronolog. Geschichte v. Preußen. (Ein Auszug aus d. Staatengeschichte). 8. Schmalkald. 824. (L. Schumann in Leipz.) 6 gGr.

— pragmat. chronolog. Geschichte von Preußen. (Ein Auszug aus der Staatengeschichte.) 8. Schmalk. 824, Varnhagen.

RAUSCHNICK, Gottfr. Pet. (Brümmer II, 182—183), Gespenstersagen, hrsg. von —. Bdchn. (1). Rudolstadt, gedruckt in der Fröbelschen Hofbuchdruckerei. In Commission bei Krieger in Cassel. 1817. — Bdchn. 2. Marburg u. Cassel, bei Johann Christian Krieger. 1820. 8⁰. (2 Mk. 50 Pfg. Kühl, Berlin, c. 1882; jetzt höher notirt.)

Saubere Expll. nicht häufig.

1: XII. 402 S. 1. Die Liebenden im Grabe. 2. Die verwünschte Burg. 3. Der Warner. 4. Heinrich u. Röschen. (Stellenweise frei.) 5. Der unheimliche Wald. 6. Der Rachegeist. 7. Die Heimholung. 8. Der Versucher.

2: 2 Bll. (Tit. u. Inh.), 272 S. 1. Die Vorschau. 2. Der Fluch der Ahnfrau. 3. Die Saat des Verderbens. 4. Das Zaubergelübde. 5. Die Grabesbraut.

— chronolog. Handbuch d. deutschen Geschichte. gr. 8. Schwelm 822. Scherz. 12 gGr.

— chronol. Handbuch d. deutschen Geschichte. gr. 8. Schwelm 823, Scherz.

— chronolog. Handbuch d. Weltgeschichte. Mit e. vollständ. Namensregister. gr. 8. Erfurt 828. Keyser. 1 Rthlr. 12 gGr.

—— chronolog. Handbuch d. Weltgeschichte. Mit e. vollständ. Namens- u. Sachregister. gr. 8. (23½ B.) Erfurt 828, [Winkler.]

—— Handbuch d. klassischen, german. u. der damit verwandten Mythologien. Für höh. Lehranstalten, f. Studirende u. Künstler bearb. gr. 8. (33 B. u. 1 Tab. qu. Fol.) Leipzig 832, Hinrichs.

Rauschnick, Gfrd Peter, Neues Handbuch für Reisende am Rheine, enthaltend die Nachweisung alles Sehenswerthen im Gebiete dieses Stromes von der Quelle bis zur Mündung. Mit 2 Kärtchen als Umschlag. Elberfeld 1823. 8.

— pragmatisch-chronolog. Handbuch d. Gesch. Großbrittaniens. 8. Schmalk. 824, Varnhagen.

— pragmat.-chronolog. Handbuch d. Gesch. Großbritanniens. 8. Schmalk. 824. 10 gGr. Wohlf. Ausg. 8. Leipz. 830. L. Schumann. 6 gGr.

— Pragmatisch-chronologisches Handb. d. europ. Staaten-Geschichte. 3 Abthlgen. 8. Schmalk. 824—26, Varnhagen.

— pragmatisch-chronolog. Handbuch der europäischen Staaten-Geschichte. Wohlf. Ausg. 8. Leipzig 830. (Künzel.) 2 Rthlr. Daraus besonders: Pragmat.-chronolog. Geschichte v. Deutschland ¼ Rthlr. — Pragmat.-chronolog. Geschichte Großbritaniens. ¼ Rthlr. — Pragmat.-chronolog. Gesch. v. Preußen. ¼ Rthlr.

— pragmat.-chronolog. Handbuch d. europ. Staaten-Geschichte. 3 Abtheill. gr. 8. Schmalkald. 824—26. 2 Rthlr. 16 gGr. Wohlf. Ausg. 8. Leipz. 830. L. Schumann. 2 Rthlr.

—— Handbuch d. Special-Geschichte sämmtl. deutscher Staaten alter u. neuer Zeit. 1. Thl. — A. u. d. T.: Handb. d. Special-Gesch. v. Baiern, Schwaben, Würtemberg, Baden, Pfalz, Schweiz u. Oestreich. gr. 8. (27 B.) Mainz 828, Kupferberg. 1 Thlr. 20 Gr., Blnv.

—— denkwürd. Handlungen, Reden u. Schicksale berühmter Männer d. Alterthums, aus d. Valerius Maximus u. a. Classikern f. d. Jugend bearb. gr. 8. (18 B.) Leipzig 831, Lehnhold.

— denkwürdige Handlungen, Reden u. Schicksale ber. Männer des Alterthums rc. Wohlfeilere Ausg. gr. 8. Leipzig 839. Lehnhold. ⅓ Rthlr.

—— denkwürd. Handlungen, Reden u. Schicksale berühmt. Männer d. Alterthums rc. Wohlf. Ausg. gr. 8. (18 B.) Leipzig 839, [Wöller.]

—— allgem. Hauschronik der Deutschen, od. ausführl. Erzählung d. Begebenheiten, Thaten u. Schicksale d. deutschen Volks. Verfaßt zur Lehr' u. Lust f. Leser aller Stände. 3 Abthln. gr. 8. Leipzig, Barth.

Abthl. 1. Aeltere Geschichte. (19 B. u. 1 Vign.) 828. 1 Thlr.
" 2. Mittlere Geschichte. (37 B. u. 2 Vign.) 829. 2 Thlr.
" 3. Neuere u. neueste Geschichte. (32½ B. u. 1 Vign.) 829. 2 Thlr.

—— allgem. Preußische Hauschronik. 3 Bde. (od. 13 Hfte.) 8. Halle 831, 32, Renger. [Leipzig, Volckmar.]
4 Thlr. 6 Gr., hrbgs. Pr.

Hft. 1., 2. Geschichte d. Mark Brandenburg. 2 Hfte. (17½ B.) 16 Gr.
" 3. Gesch. d. Königr. Preußen bis z. Vereinigung mit Brandenburg, u. Gesch. d. Stadt Danzig. (10¼ B.) 8 Gr.
" 4. Gesch. v. Jülich, Kleve, Berg, Mark u. Ravensberg bis z. Theilung dies. Länder zwischen Brandenburg u. Pfalz-Neuburg. Kurze Gesch. d. Städte Dortmund u. Soest. (4¼ B.) 6 Gr.
" 5. Gesch. d. preuß.-brandenburg. Staates, von d. Anfange d. 30jähr. Krieges bis z. Erhebung Preußens zum Königreiche. (5½ B.) 6 Gr.
" 6. Gesch. v. Pommern, Rügen u. Pommerellen; Einiges aus d. Gesch. d. Städte Stralsund, Stettin u. Greifswald. (11¼ B.) 10 Gr.
" 7. Gesch. d. Erzstiftes u. d. Stadt Magdeburg. (7 B.) 8 Gr.
" 8. Gesch. d. preuß. Staates v. dem Beginnen d. Königreichs bis z. 7jähr. Kriege. (6½ B.) 8 Gr.

Hft. 9. Geschichte v. Schlesien u. d. Stadt Breslau. (7 B.) 8 Gr.
" 10. Gesch. d. 7jähr. Krieges bis z. Tode Friedrichs d. Gr. (5½ B.) 6 Gr.
" 11. Die Regierungszeit Friedrich Wilhelm II. u. Friedrich Wilhelm III. bis z. Zertrümmerung d. französ. Gewaltherrschaft. (6¾ B.) 8 Gr.
" 12. Von d. Ausbruch d. franz.-russ. Krieges bis z. Herstellung d. preuß. Staates nach d. zweiten Frieden v. Paris. (6½ B.) 8 Gr.
" 13. Von d. Wiederherstellung d. Staates nach d. zweiten Pariser Frieden bis auf d. gegenwärt. Zeit, nebst d. Uebersicht der Gesch. einiger neu erworbenen od. wieder einverleibt. Länder. (9½ B.) 10 Gr.

— s.a. Kaiserkronen.

— — Kaiserkronen, eine Sammlung von romantischen und abentheuerlichen (freien) Erzählungen vom Verfasser der Gespenstersagen und Königskerzen. 2 Thle. Elberfeld 1820—22. Bei Heinrich Büschler. 8⁰. (2 Mk. 50 Pfg. W. Koebner, Breslau, vor 1885.)

I: Tit., 1 Bl. u. 316 S. 1. Freundes Wiedersehen. 2. Der Menschenfeind. 3. Heilungsversuche. 4. Die Ahnung. 5. Die Täuschungen d. Lebens. 6. Vertrauen u. Verrath. 7. Die Emigranten. 8. Armuth u. Edelsinn.

II: Tit., 1 Bl. u. 315 S. 1. Armuth u. Edelsinn. (Beschluß. 2. Die Pilgerschaft zum hl. Grabe. 3. Die Blutrache. 4. Der Fluch der Verhältnisse. 5. Unschuld u. Verrath. 6. Geschichte einer mit seltener Treue Liebenden.

KÖNIGSKERZEN. Eine Sammlung romant. u. abentheuerl. (z. Theil frivoler) Erzählungen, vom Verf. der Gespenstersagen (*Gottfried Peter Rauschnick*, 1778—1835). 2 Thle. Mainz, 1819. Bei Florian Kupferberg. Gr. 8⁰.

I: Tit., 1 Bl. Vorr. u. Inh., 324 S. 1. Die Flüchtlinge. 2. Geschichte d. Baron v. Schwanensee 3. Abentheuer d. Sir Romney im Böhmer Walde. 4. Sir Romney's zweites Abentheuer. 5. Der Glückliche. 6. Der Unglückliche. 7. Lebensgesch. e. Findlings.

II: Tit., 1 Bl. Inh. u. 328 S. 1. Der Schutzgeist. 2. Die neue Kassandra, od. die Unglücks-Vorschau. 3. Die Bestimmung zum Verderben. 4. Lebens- u. Reisegeschichte eines poln. Juden.

Anon.-Lex. II. p. 368 (nach Kayser, Goedeke, Meusel u. dem Neuen Nekrolog).

s.a. Königskerzen

Rauschnick, (Dr.,) Königskerzen. Eine Samml. romant. u. abenteuerl. Erzählungen. 2 Thle. 2e wohlf. Ausgabe. gr. 8. 824, Kupferberg.

Rauschnick, Dr. Leben des Sandwirths Andreas Hofer, Oberanführers der Tyroler in ihren glorreichen Kämpfen von 1809. (13 B.) 8. Barmen 1832. 2.25.

— Lehrbuch d. Weltgeschichte zum Gebrauch in Schulen. gr. 8. Cobl. 817. Hölscher. 1 Rthlr. 4 gGr.

— Lehrbuch d. Weltgesch., z. Gebr. in Schulen. gr. 8. Cobl. 827, Hölscher.

— — Päonien. Eine Sammlung von (stellenweise anstößigen) Sagen und Legenden. 2 Thle. 2. (wohlfeile) Ausgabe Mainz, 1825. Bei Florian Kupferberg. (Ed. I. ib. 1820 2 Mk 50 Pfg. der Vorige, vor 1885.)

I: Tit., 1 Bl. Inh. u. 380 S. 1 Das Gewissen. 2. Begebenheiten eines Räubers. 3. Der Aussätzige in d. Stadt Aosta (a. d. Frz.). 4. Der Jesuit. 5. Einfache Lebens- u. Leidensgeschichte eines Dachstuben-Magisters. 6. Der Verlorene. 7 Das Zauberschloß. 8. Kleinigkeiten.

II 1. Das beschämte Mißtrauen. 2. Der graue Mann. 3. Legende von d. heil. Ottilia. 4. Der Jesuit. (Beschluß.) 5. Die Todtenbraut. 6. Kleinigkeiten. 7 Lesefrüchte.

s.a. Päonien

—— Marschall Vorwärts, s.a Gallerie.

— Marschall Vorwärts! Oder: Leben, Thaten u. Charakter des Fürsten Blücher von Wahlstadt. Mit 2 Holzschnittbildnissen. gr. 8. Iserlohn u. Barmen 835. Langewiesche. 1 1/6 Thlr Schreibpap. 1 1/3 Thlr

Rauschnick, Gottfr Pet. Marschall Vorwärts! od. Leben, Thaten und Charakter des Fürsten Blücher v Wahlstatt. (21 B) 8. Leipzig 1835. 3,50. — 2. Aufl (25 B.) 8. Barmen 1845. 3,00. — 3 Aufl. (392) 8. ib. 1847. 3,50.

Rauschnick, Dr., Marschall Vorwärts! oder: Leben, Thaten u. Charakter des Fürsten Blücher von Wahlstadt. Ein Buch für Deutschlands Volk u. Heer. 2. Aufl., eine sorgfältig verb. u. verm., mit 4 Stahlst. In 6 Liefg. gr. 8. Barmen 845, Langewiesche. (à n. 1/6 Thlr) 1 Thlr

— kleine Weltgeschichte z. Gebr. in Bürgerschulen. gr. 8. Schwelm 827, Scherz.

—— Züge aus d. Pfaffenthum der Deutschen im Mittelalter. 8. (20 B.) Leipzig 833, [Berger's Brtsbuchh.] Thlr.

Rauschnig, Paul, s, Rauschning, Paul

Prospekt der hoheren Mädchenschule von Emma Rauschning in Konigsberg i. Pr (Konigsberg [1904] Hartung.) (2 Bl.) 8° [Kopft. 5.] [illegible] 10

Rauschning, Otto, de latinitate L. Annaei Senecae philosophi. Dissertatio philologica. gr. 8. (73 S.) Regimonti Pr. 876. (Jena, Deistung.) n. 1 --

Rauschning, [Otto], Prof. Dr., stellv. Dir.: [Verzeichnis der von dem Altstädtischen Gymnasium ausgegebenen Schulschriften 1755—1899.] *Königsberg 1900: Hartung.* (3 ungez. S.) 4° Königsberg i. Pr., Altstädt. G, OP 1900 (9 [vielm. 8])

Rauschning, Paul [pr Arzt] Ueber congenitale Verwachsung der kleinen Labien nebst Darstellung dreier diesbezüglicher Fälle. . . . Konigsberg i Pr Buch u Steindr E. Erlatis 1890. 27 S. 18.+1 Bl. u. 1 Taf 8°

Konigsberg, Med. Fak., Inaug.-Diss. v 3. Jul. 1890

Rauschnig, Paul, über congenitale Verwachsung der kleinen Labien, nebst Darstellung dreier diesbezügl. Fälle. Inaug.-Diss. gr. 8. (28 S. m. 4 Taf.) Königsberg i/Pr. 890. (Koch.) n. 1.30

Rauschning, Walter [app. Arzt aus Königsberg i. Pr.]: Aus d. städt. Krankenhause in Kiel. Zur Bestimmung des Säuregehalts im Mageninhalt und Urin ... Kiel, Druck v. P. Peters, 1895; 26 S., 1 Bl. 8.

Kiel, Med. Fak., Inaug.-Diss. v [27. Juni] 1895

RAUSCH- und Taumelstücke der grossen Welt. Aufschlüsse zu dem Geheimniss glücklich zu werden. (Roman.) Leipzig, Joachim, 1815. 8°. Sehr selten! (1 Rthl.)

Rausenberger, F., Theorie der Rohrrücklaufgeschütze. (IV, 106 S. m. 3 Taf.) Lex. 8. Berlin 907. A. Bath. 3. — Sonderabdruck aus: „Artillerist. Monatshefte".

Rausenberger, Otto

Rausenberger, O., die Elementargeometrie des Punktes, der Geraden u. der Ebene. Systematisch u. kritisch behandelt. gr. 8. (V, 236 S.) Leipzig 887. Teubner. n. 5. —

Rausenberger O Grundlage zu einem System von Krümmungscoordinaten, 1875. 8 Diss. Heidelberg.

Rausenberger, Otto, Lehrbuch der analytischen Mechanik. 2 Bde. Mit Fig. im Text. gr. 8. Leipzig 888, Teubner. à Bd. *M 8.—. *

Inhalt:

Bd. 1. Mechanik der materiellen Punkte. (VIII, 318 S.)
» 2. Mechanik der zusammenhängenden Körper. (VI, 335 S.)

Raussenberger, Otto, Lehrbuch der analytischen Mechanik. In 2 Bdn. 2., wohlf. (Titel-)Ausg. in 1 Bde. gr. 8. (VIII, 318 u. VI, 335 S. m. Fig.) Leipzig 893. B. G. Teubner. n. 8. —

Rausenberger, Otto, Lehrbuch der Physik, s.: Krebs, Geo.

Rausenberger, Otto, Lehrbuch der Theorie der periodischen Functionen einer Variabeln und einer endlichen Anzahl wesentlicher Discontinuitätspunkte, nebst einer Einleitung in die allgemeine Functionentheorie. gr. 8. (VIII, 476 S. mit in den Text gedr. Fig.) Leipzig 884, Teubner. *

Rausenberger, Otto [Dr.]: Hydrodynamische Untersuchungen und deren Anwendung auf die Bewegungen der Atmosphäre. Frankfurt a. M., Druck v. C. Adelmann, 1895; 3—44 S. 4.

Frankfurt a. M., Adlerflycht-S '(R m. VS)', OP 1895 (427)

Rausendorf, J. G., s. Raussendorf, Johann Georg

Rauser, Friedrich. Siegfried Bergmann: Ein dramatisches Volkstück. Philadelphia: Schaefer & Koradi, 1908. GSP

Rauser, Karl [Landwirt aus Herrenberg]: Untersuchungen über die Lage der Landwirtschaft im Königreich Württemberg ... Jena, Univ.-Buchdr. G. Neuenhahn, 1896; 77 S., 1 Bl., 1 Tab. 8.

Jena, Phil. Fak., Inaug.-Diss. v [5. März] 1896

Rausnitz, Jul., d. Entwurf e. Gesetzes üb. d. Angelegenheiten d. freiwilligen Gerichtsbarkeit, s.a Veröffentlichungen d. Berliner Anwalt-Vereins.

[J.] Der Entwurf eines Gesetzes über die Angelegenheiten der freiwilligen Gerichtsbarkeit. E. Vortr. geh. im Berliner Anwalt-Ver., v. Julius Rausnitz, Rechtsanw. *Berlin: Siemenroth & Troschel 1898.* (59 S.) 1 Bd 8.

= Veröffentlichungen d. Berliner Anwalt-Vereins. H. 7. [illegible]

Rausnitz, Jul., s.: Formularbuch f. die freiw. Gerichtsbarkeit.

Rausnitz, Jul., Gebührenordnung f. Notare vom 25. VII. 1910 nebst den einschlägigen Vorschriften des preußischen Gerichtskostengesetzes, 4. Aufl. der Gebührenordnung v. R. Sydow, s.a. Guttentag's Sammlung preußischer Gesetze.

Rausnitz, J[ulius] Gebührenordnung für Notare vom 25. Juli 1910 nebst d. einschläg Vorschriften d preuß. Gerichtskostengesetzes. Text-Ausg. mit Anm. u. Kostentab. 4. Aufl. d. bisher von R. Sydow hrsg. preuß. Gebührenordn. f. Notare v 25. Juni 1895. Berlin 1910. 8°

— z. Gesetzentwurfe z. Bekämpfg. d. unlauteren Wettbewerbs. E. Kritik in Form e. abgeänd. Entwurfs nebst Begründg. gr. 8. (32 S.) Berlin 896. J. J. Heine. n. — 60

— Der neue Protest, s.a Rechtsbücherei.

Der neue Protest. Muster u. Ratschläge f. s. Erhebung von Julius Rausnitz, Just.R. Berlin: Heymann 1909. XII, 107 S. 8°
(Rechtsbücherei hrsg. von Rausnitz. 2.) [illegible] 11

Naudnitz, Jul., das Reichsgesetz üb. die Angelegenheiten der freiwilligen Gerichtsbarkeit v. 17. V. 1898 u. das preuß. Gesetz üb. die freiwillige Gerichtsbarkeit v 21. IX. 1899 erläutert. 3 Lfgn. gr. 8. (VIII, 834 S.) Berlin 900. F Vahlen. n. 16. —; geb. in Halbfrz. n. 18. 50

Nausnitz, Jul., der preußische Richter u. der deutsche Strafproceß. gr. 8. (19 S.) Berlin 892. H. Walther. n. — 50

– Das eigenhändige Testament. Muster u. Ratschläge f. seine Errichtung. (VIII, 76 S.) kl. 8. Berlin 908. C. Heymann. Kart. 1. —

Rausse, Hubert: Beiträge zur Geschichte des spanischen Schelmenromans in Deutschland. Münster i. W. 1908: Westf. Vereinsdr. X, 40 S. 8° ¶(Ersch. vollst. u. d. T.: Zur Gesch...., als: Münstersche Beiträge z. neueren Literaturgesch. H. 8.)

Münster, Phil. Diss. v. 14. Okt. 1908, Ref. Schwering

[Geb. 11. Sept. 85 Telgte; Wohnort: Telgte; Staatsangeh.: Preußen; Vorbildung: Gymn. Burgsteinfurt Reife O. 04; Studium: Freiburg i. B. 3, Münster 6 S.; Rig. 2. Aug. 07.] [U 09. 3612

Rausse, Hub., zur Geschichte des spanischen Schelmenromans in Deutschland, s. Beiträge, Münstersche, zur neueren Literaturgeschichte. 8. Heft.

Zur Geschichte des spanischen Schelmenromans in Deutschland. Von Hubert Rausse. Münster i. W. H. Schöningh 1908. XI, 118 S. 8° [Ein T. erschien als Inaug.-Diss. Münster 1908.] (Münstersche Beiträge z. neueren Literaturgeschichte. H 8) [09. 17415 6

Rausse, J. H. [Pseud.], s.a. Francke, Heinrich F.

— 1846. Jahres-Bericht über die Wasserheilanstalt Stuer bei Plau in Mecklenburg. 8. (66 S.) Hamburg. (Parchim, Hinstorff.) 1/4 ℔

—— 1846. Jahres-Bericht über die Wasserheilanstalt Stuer bei Plau in Mecklenburg. 8. (66 S.) Hamburg 847. (Wismar, Hinstorff'sche Hofbuchh.)

Rausse, J. H., Anleitung zur Ausübung der Wasserheilkunde für Jedermann, der zu lesen versteht. Hrsg. von Theod. Hahn. 1. Abthl. 1. Aufl. (XIV und 190 S.) 1850. und 2., verm. und verb. Aufl. 8. (XVI und 196 S.) Leipzig 852, Keil.

Rausse, J. H., Anleitung zur Ausübung der Wasserheilkunde für Jedermann, der zu lesen versteht. Hrsg. von Thdr. Hahn. 1. Abthl. 3., verm. und verb. Aufl. 8. (XVI und 196 S.) Leipzig 858, Keil.

— dasselbe. 1. Abth. 4. verm. u. verb. Aufl. 8. (XVI, 239 S.) Ebend. 875. 3 —

Rausse, J. H., Anleitg. zur Ausübung d. Wasser- od. Naturheilkunde f. Jedermann, d. zu lesen versteht. Neu hrsg. v. B. Winkler. 1. Abtlg. 5., verm. u. verb. Aufl. 8. (165 S.) Leipzig 895. 96. Frauendorf, Gesundheitsblätter-Verlag. n. 1. 80; geb. n. 2. 25

—— dass. — 2. Abthl.: Die Behandlung der akuten Krankheitszeichen. 8. (X und 258 S. mit des Verf. Portr. in Stahlst.) Ebds. 851.

Rausse, J. H., Anleitung zur Ausübung der Wasserheilkunde für Jedermann, der zu lesen und zu denken versteht. Hrsg. und fortges. von Thdr. Hahn. 2. Abthl.: Die Behandlung der akuten Krankheitszeichen. 2. Aufl. 8. (XVI und 231 S. mit dem Portr. J. H. Rausse's in Stahlst.) Leipzig 853, Keil.

Rausse, J. H., Anleitung zur Ausübung der Wasserheilkunde für Jedermann, der zu lesen u. zu denken versteht. Herausg. u. fortgesetzt von Thdr. Hahn. 2. Abthl. 3., verm. u. verb. Aufl. Leipzig 867. Keil. 8. (XIV, 256 S. mit dem lithogr. Bildniß des Verf.) 1 ℔ 3 ngr

—— dass. — 3. Abthl.: Die Behandlung der chron. Krankheitszeichen. 8. (VIII und 251 S.) Ebds. 852.

Rausse, J. H., Anleitung zur Ausübung der Wasserheilkunde f. Jedermann. Hrsg. u. fortgesetzt v. Theod. Hahn. 3. Abth. Die Behandlg. der chron. Krankheitszeichen. 3. verm. u. verb. Aufl. 8. (VI, 264 S.) Leipzig 872. Keil. 3. 30 (1–3.: 9. 10)

—— dass. — 3. Abthl.: Die Behandlung der chron. Krankheitszeichen. 3. verm. und verb. Aufl. 8. (VI, 264 S.) Ebendas. 873.

—— Beschreibung der Wasserheilanstalt Lehsen bei Wittenburg in Mecklenburg, nebst der Hausordnung dieser Anstalt und den allgemeinen Kurregeln. gr. 8. (32 S.) Parchim 847. [Wismar,] Hinstorff'sche Hofbuchh.

Rausse, J. H., Beschreibung der von dem Verf. gegründeten u. dirigirten Wasserheilanstalt zu Steur bei Plau in Mecklenburg. 8. Zeitz 846, Schieferdecker. 1/6 ℔

Rausse, J. H., der Geist der Wasserkur. (6. Aufl. [Neue Ausg.]) Neu hrsg. v. B. Winkler. 8. (97 S.) Leipzig 893. Gesundheitsblätter-Verlag (Winkler). n. — 80; geb. n. 1. 25

— d. Geist d. Wasserkur. Neu hrsg. v. B. Winkler. 12. (97 S.) Ebd. 895. n. — 80; geb. in Leinw. n. 1. 25

— s.a. Der Geist der Gräfenberger Wasserkur.

(Rausse, J. H.,) der Geist d. Gräfenberger Wasserkur. 1—3. Aufl. 8. (à 7 B.) Zeitz 840, Schieferdecker.

— das zweite Gesicht. Eine Begebenheit aus dem Reiche der Nacht. 8. Zeitz 841, Schieferdecker. 1 ℔ — Herabgesetzter Preis 1/2 ℔

—— die Grundlehren der Natur- und Wasserheilkunde oder Geist der gräfenberger Wasserkur. 4. Aufl. Nach dem Tode des Verf. durchgesehen, verm. und hrsg. von Thdr. Hahn. 8. (X und 108 S.) Leipzig 852, Magazin für Literatur.

— Grundlehren der Wasserheilkunde [Naturheilkunde]. Neu hrsg. v. B. Winkler. 20 Bdchn. 12. (à ca. 50 S.) Ebd. 892. 893. à n. — 20

— Grundlehren d. Wasserheilkunde [Naturheilkunde]. 2.—9. u. 13.—20. Bdchn. 12. Ebd. à n. — 20

2.—3. Miscellen zu d. verschied. Heilmethoden. Neu hrsg. v. B. Winkler. 2. u. 3. Bdchn. (III u. S. 51–128.) 892.

4.—9. D. gewöhnlichsten ärztl. Mißgriffe b. Gebrauch d. Wassers als Heilmittel. Nebst e. Abhandlg. üb. d. Aufsaugg. u. Ablagerg. d. Krankheitsstoffe u. d. Medikamente im leb. animal. Körper u. e. Kritik d. Kurmethode d. Vinzenz Prießnitz. Neu hrsg. v. B. Winkler. 6. Bdchn. (101 S. m. Abb.) 892.

13.—20. Die Krankheitslehre. 7. Aufl. Neue Ausg. (344 S.) 895.

— health and the various methods of cure. A new translation from the German. 12. (VII, 110 S.) Bitterfeld 893. F. E. Baumann. Geb. in Leinw. 1. 50

— die Krankheitslehre. Neu bearb. v. B. Winkler. 12. (344 S.) Leipzig 893. Gesundheitsblätter-Verlag (Winkler). n. 2. —; geb. in Leinw. n. 2. 60

—— über die gewöhnlichsten ärztl. Mißgriffe beim Gebrauch des Wassers als Heilmittel. Nebst einer Abhandlung über die Aufsaugung und Ablagerung der Gifte und Medikamente im lebenden animal. Körper und einer Kritik der Kurmethode des Vinc. Priessnitz. 8. (VIII und 267 S.) Zeitz 847. [Leipzig, Magazin für Literatur.]

— über die gewöhnlichsten ärztlichen Mißgriffe beim Gebrauch des Wassers als Heilmittel. Nebst einer Abhandlung über die Auffaugung u. Ablagerung d. Gifte u. Medikamente im lebenden animal. Körper u. einer Kritik der Kurmethode des Vinc. Priessnitz. 8. (VIII u. 267 S.) Zeitz 847, Schieferdecker. 1 ℛ

— die gewöhnlichen ärztlichen Mißgriffe beim Gebrauch d. Wassers als Heilmittel. Nebst e. Abhandlg. üb. die Auffaugg u. Ablagerg. der Krankheitsstoffe u. der Medikamente im leb. animal. Körper u. e. Kritik der Kurmethode d. Vinz. Prießnitz. Neu hrsg. v. B. Winkler. 12. (VII, 191 S.) Leipzig 892. Gesundheitsblätter-Verlag (Winkler). Geb. in Leinw. n. 2. —

Rausse, J. H., Miszellen zu den verschiedenen Heilmethoden. Neu hrsg. v. B. Winkler. 12. (X, 128 S.) Leipzig 892. Gesundheitsblätter-Verlag (Winkler). Geb. in Leinw. 1. 25

—— Miscellen zur gräfenberger Wasserkur. 1 Thl. A. u. d. Ttl.: Umrisse der Krankheitslehre. 2. Thl. Miscellen zu den verschiedenen Heilmethoden. (2 Thle. in 1 Bde.) 3., verm. u. umgearb. Aufl. 8. ($26\frac{3}{4}$ B.) Zeitz 846, Schieferdecker.

Rausse, J. H., praktische Rathschläge für die Wasserkur oder über die gewöhnlichsten Mißgriffe bei Anwendung des Wassers als Heilmittel. 2. durchgeseh. Aufl. von Th. Hahn. 8. (IV; 287 S.) Leipzig 878, Keil.

—— Reisescenen, aus zwei Welten, enth. d. Reise nach Hamburg, Bremen u. d. Zustände in d. West-Staaten d. Union. 1. Aufl. Güstrow 836. $1\frac{3}{8}$ Thlr., u. 2. Ausg. gr. 8. (à $14\frac{1}{2}$ B.) Quedlinburg 840, Ernst'sche Buchh.

Rausse, J. H., Reisescenen aus zwei Welten, nebst einer Behandlung der Zustände in den West-Staaten der Union. gr. 8. Güstrow 836. Opitz u. Frege. $1\frac{1}{8}$ ℛ — 2e Aufl. gr. 8. Quedlinburg 840. Ernst. 1 ℛ

— Reisescenen aus zwei Welten oder die mit Ernst, Witz u. Laune verbundenen Reiseschilderungen u. -Abenteuer von u. in Hamburg, Bremen u. den West-Staaten der Union, nebst Beschreibung der Zustände der Union. Zur Beförderung des Reise-Humors. Neue Ausg. 8. Quedlinburg 843, Ernst'sche Buchh. $\frac{5}{6}$ ℛ

— offnes Sendschreiben an Hrn. Dr. med. Weil in Parchim. gr. 8. Leipzig 846. (Parchim, Hinstorff.) n. $\frac{1}{6}$ ℛ

— s.a. Der Stern der Liebe.

(——) der Stern d. Liebe. 8. (19 B.) Zeitz 838, Schieferdecker.

—— Wasser thut's freilich! Miscellen z. Gräfenberger Wasserkur. 1. Aufl. ($18\frac{3}{4}$ B.) 839., 2. Aufl. mit viel. Zusätzen. 8. ($22\frac{3}{4}$ B.) Zeitz 840, Schieferdecker.

— „Wasser thut's freilich!" oder Miscellen zur Gräfenberger Wasserkur. 4. durchgeseh. u. verb. Aufl., hrsg. v. Th. Hahn. 2 Thle. [Umrisse einer naturgemäßen Krankheits- u. Heilungslehre. — Miscellen zu den verschiedenen Heilmethoden.] 8. (XXII u. 363 S.) Leipzig 852, Magazin f. Literatur (Keil.) 1 ℛ

— „Wasser thut's freilich!" oder Miscellen zur Gräfenberger Wasserkur. 5., durchgesehene ꝛc. Aufl. herausg. von Thdr. Hahn. 2 Thle. Leipzig 858. Magazin für Literatur. 8. (XVI, 248; 1 Bl., 116 S.) 1 ℛ.

— Wasser thut's freilich. 2 Tle. Neu hrsg. v. B. Winkler. 8. Ebd. (891). n. 3. —; geb. n. 4. —
I. Miscellen zu d. verschied. Heilmethoden. 1. Bdchn. (VIII, 128 S.)
II. Die Krankheitslehre. (344 S.)

Raussenberger, Otto, s. Rausenberger, Otto

Raussendorf, Jh. Geo., († d. 18. April 1793.) Abhandl. von d. Flüchtigkeit d. Zeit. 4. Bautzen, 760.

— Abhandl. von d. vorbehaltenen Wahl d. göttl. Weisheit in d. Zeitlichen. 4. Bautzen 761.

— latein. Grammatica für Frauenzimmer u. diejen., die e. latein. Terminum lernen wollen. 8. Leipz. 762. Hilscher. 6 gr

— christl. Eheleute Tugend-ABC. 8. Bautzen 773.

— biblischer Wörterkatechismus, d. Jugend zum Besten. 8. Frankf. 762.

Raussendorff, Carl Gottfried (Bautzen/Lausitz), Observationum de poenis illarumque finibus ex placitis juris naturae recte aestimandis specimen V. Präs. Carl Friedrich Triller. Wittenberg (C. Chr. Dürr) 6 VIII. 1794. 12 S. (3.75)

Rausser, die Übertragung der Gabelsbergerschen Stenographie auf die französische Sprache, s.: Stammbuch des Gabelsbergerschen Systems.

Raussnern, Guido v., Der ungarisch-österreichische Dualismus und die Aufgabe der modernen Demokratie. 8°. Hermannstadt 1868.

Albert Raustein, Schweizerisches Antiquariat in Zürich.... Antiquar-Catalog N° 219—224. ⟨Der ganzen Reihe No. 369—374.⟩ 8. Brugg, «Effingerhof», (1901).

N° 219. Rechts- und Staatswissenschaft. Nationalökonomie. Sozialwissenschaften. II + 74 S.
N° 220. Physik. Chemie. Mathematik. Astronomie, Technologie. Ingenieurwissenschaften. II + 38 S.
N° 221. Neueste Erwerbungen und Auswahl neuerer werthvoller Bücher.... Enthält die Bibliotheken des † Herrn Fritz Bürkli, ehem. Redakteur, ... des † Herr Dr. Eugen Escher,... und mehrere andere Büchersammlungen. II + 90 S.
N° 222. Orientalia. Enthält die Bibliothek des † Orientalisten Fritz Bürkli. II + 50 S.
N° 223. Bibliotheca Helvetica. Abteilung VII: Schweizerische Biographien u. Porträts. II + 26 S.
N° 224. Haus- und Landwirthschaft. Forstwissenschaft. Jagdwesen. Mit einem Anhang: Populäre Medizin. 24 S.

Albert Raustein, Schweizerisches Antiquariat in Zürich.... Antiquar-Catalog N° 225—229. ⟨Der ganzen Reihe No. 375—379.⟩ 8. Brugg, «Effingerhof», (1901).

N° 225. Kriegsgeschichte. Militärwissenschaft. Revolutionsgeschichte. Mit einem Anhang: Pferde, Hunde, Jagd, Sport, Duell. II + 38 S.
N° 226. Bibliotheca historica et geographica I: Allgemeine Geschichte u. Geographie. Weltgeschichte. Weltreisen. Geschichte Europas. II + 26 S.
N° 227. Bibliotheca Helvetica. Supplement: Neueste Erwerbungen: Helvetica, Bücher über die Schweiz. Alpina. II + 58 S.
N° 228. Auswahl meist wie neuer und elegant gebundener Werke für Geschenke und Hausbibliotheken geeignet. II + 42 S.
N° 229. Bibliothek des † Herrn Prof. Dr. Gust(av) Vogt. Abth. 1: Bundes- und Staatsrecht der Schweiz, Schweizer. Volkswirtschaft, Rechtswesen der Schweiz und ihrer Kantone. II + 68 S.

Albert Raustein, Schweizerisches Antiquariat in Zürich.... Antiquar-Catalog N° 230—237. ⟨Der ganzen Reihe No. 380—387.⟩ 8. Brugg, «Effingerhof», 1902.

N° 230. Bibliothek des † Herrn Prof. Dr. Gust[av] Vogt. Abth. 2: Staatswissenschaften.... Nationalökonomie. Sozialwissenschaften.... IV + 96 S.
N° 231. Deutsche Sprache und Literatur von ihren Anfängen bis zu Goethe's Tod. II + 70 S
N° 232. Naturwissenschaft. II + 66 S.
N° 233. Bibliothek des † Herrn Bundesrichter Dr. [Heinrich] Hafner. Abth. 1: Rechtswesen der Schweiz.... IV + 40 S.
N° 234. Bibliotheca historica et geographica II: Geschichte und Geographie Frankreichs.... II + 30 S.
N° 235. Jurisprudenz ⟨exclusive Schweizerische⟩. Enthält ... Bibliotheken der † Herren Bundesrichter Dr. [Heinrich] Hafner ... [und] Professor Dr. Gustav Vogt.... IV + 80 S.
N° 236. Neuere und neueste Deutsche Literatur ⟨seit Goethe's Tod⟩.... Uebersetzungen aus fremden Literaturen. II + 62 S.
N° 237. Philosophie. II + 50 S.

Albert Raustein, Schweizerisches Antiquariat in Zürich (*№ 238: Librairie ancienne suisse, Zurich ‹Suisse›).... 8. Brugg (*№ 238: Brougg), «Effingerhof», 1903.

Catalogue № 238. Littérature française. ... Belles-Lettres — Beaux-Arts — Histoire — Philosophie. II + 46 p.
Antiquar-Catalog № 239—242. ‹Der ganzen Reihe № 389—392.›
№ 239. Theologie. Neue Erwerbungen. Auswahl. II + 45 S.
№ 240. Bibliotheca Helvetica. Supplement: Neue Erwerbungen.... II + 58 S.
№ 241. Technologie. Architektur. Ingenieurwissenschaften. Gewerbe. II + 38 S.
№ 242. Revolutionsgeschichte ... = Histoire des révolutions. II + 34 S.

Albert Raustein, Schweizerisches Antiquariat in Zürich.... Antiquarischer Anzeiger Nr. 5: Neueste Erwerbungen. 24 S. 8. [1902.]

RAUSZ, ALOIS: Flammen der Liebe. Christkatkolisches Gebet- und Gesangbuch. Herausgegeben von Mathias Szende. 2. Aufl. Mohatsch 1900: J. Blandl. 347 S. Deutscher Teil S. - 1-317. - 8°

Rautberd, Benjamin. Urogenitaltuberkulose und Meningitis tuberkulosa. Aus der pathologisch-anatomischen Anstalt Basel, Vorsteher: Prof. Dr. E[duard] Kaufmann. ‹Auf Grund der Untersuchung von 100 Fällen von Urogenitaltuberkulose aus der pathologisch-anatom. Anst'.› Diss. Med. Basel. [Mit Figuren.] 28 S. 8. Basel, Brin & Cie., 1908.

Rautenbach, Emil, über Nationalität u. Nationalisirung d. Sprachen. 8. (8 B.) Darmstadt 835, Pabst.

—— die chines. Sprache in ihren Rechten als Sprache; od.: Die chines. Sprache ihrer allgem. Bildung nach, in Vergleich zu d. einiger and. Sprachen verschied. Stämme, dargest. 8. (4½ B.) Darmstadt 835, Pabst.

Rautenberg, die Bekehrung der Sachsen im Oerzetal, s.: Erzählungen, christliche. Nr. 18.

Rautenberg, vor 100 u. mehr Jahren in Rosche-Suhlendorf. Chronikenhaft, zu Lust u. Lehre, s. Glauben u. Wehre dargestellt. 8. (52 S.) Suhlendorf 887. (Uelzen, Starcke.) n. 1. —

Rautenberg, zwei Perlen evangelisch-lutherischen Bekenntnisses aus dem 17. Jahrh. Aus der Verborgenheit hervorgeholt. 8. (16 S.) Uelzen 887, (Starcke.) *

— Rundschau über die Geschichte der dänisch-sächsischen evangelisch-lutherischen Mission unter den Tamulen. Von Ziegenbalg bis auf die Gegenwart angestellt. gr. 8. (VI, 195 S. m. Tab.) Leipzig 888. (Buchhandlung d. Vereinshauses.) n. 2. —

Rautenberg, die Verwerthung d. städt. Abfallstoffe, s.a. Sammlung v. Abhandlungen etc. üb. Städtereinigung.

Die Verwerthung der städtischen Abfallstoffe nach dem Eduardsfelder Rohrableitungs-System in Verbindung mit dem Saugsiel-System Liernur oder dem Druckluft-System. Von Ing. Rautenberg. *Leipzig: F Leineweber 1900.* (37 S.) 8°
— Sammlung v Abhandlungen, Gutachten u. Vorträgen über Städtereinigung. H. 4. (00. 6480

Rautenberg, s.: Veterinär-Kalender.

— was ist Wahrheit? Herr Dr. Kopp! Das papstgefällige? oder Gottes Wort. Eine Seelsorgerfrage. 8. (15 S.) Uelzen 887. (Starcke.) — 30

Rautenberg, Wegweiser durch die fünf Hauptstücke für Schule und Confirmandenunterricht. In Dispositionen übersichtlich aufgestellt. 8. (24 S.) Hannover 877, (Feesche.) *

—— die Zahl Tausend in der heiligen Schrift. Betrachtet. 8. (15 S.) Hannover 887. (Ebendas.)

Rautenberg, Adolf [app. Arzt aus Hamburg]: Ein Beitrag zur Lehre von der operativen Behandlung der poplitealen Aneurysmen. Würzburg, Druck d. Ferdinand Röhrl'schen Buchdr., 1889; 35 S. [falsch pag.] 8°
Würzburg, Med. Fak., Inaug.-Diss. v. 1889

Rautenberg, Alb. F. Gust., moral. u. satyr. Schr. 8. Zelle Richter. 773.

Rautenberg, Albr. Fr. Gust., († 1780.) moral. u. satyr. Versuche. 8. Zelle 771. Richter. 16 gr.

Rautenberg, C. L., der Bote aus Preußen, s. Bote.

Rautenberg, C. L., Erinnerungskranz, s. Erinnerungskranz.

Rautenberg, C. L., der Invalide und Großvater als Hausfreund und Erzähler. Ein Erzählungskranz u. Anhang zu allen Kalendern 1860. Mit Stahlst. sowie mit 30 Illustr. (Holzschn.) Mohrungen 859. Rautenberg. 8. (V, 160 S.) 10 ngr.

—— der redliche Preuße, s. Preuße, der redliche.

—— Preußenlieder, s. Preußenlieder.

—— Vollmond, s. Vollmond.

Rautenberg, Chr. Günther

— Betrachtt. üb. die Liebe der Aeltern gegen ihre Kinder. gr. 8. Braunschw. 770. Meyer. 3 gr.

— Einleit. in d. christl. Glaubens- u. Sittenlehre, mit Anmerkk. v. Jak. Fr. Feddersen. 8. Braunschw. 781. N. A. 809. Schulbuchh. 3 gr.

Rautenberg, Chr. Günther, († d. 2. Febr. 1776.) von d. Frömmigkeit der Jugend. gr. 8. Braunschw. 772. Meyer. 3 gr.

— die Gerechtigkeit d. Christen gegen das Eigenthum d. Nächsten. 8. Braunschw. 768.

— die christl. Glaubens- u. Sittenlehre d. Christen. 8. Braunschweig 767. 2e A. 778. 3e A. 784. N. A. 790. Meyer. 10 gr. (Haller in Bern). 11 gr.

- s. H. Home, Versuche.

— Neujahrsbetrachtt. d. menschl. Erwartungen. 8. Braunschw. 776. (Schulbuchh.) 2 gr.

— Predigt über den vernünftigen Glauben der Christen. gr. 8. Braunschw. 768. Schulbuchh. 4 gr.

— Samml. einiger Predigten. 2 Thle. gr. 8. Braunschw. 765. 2e A. 777. Meyer. 2 ℔ 4 gr.

— Samml. einig. Reden. 8. Ebend. 792.

- s. Ad. Smith, Theorie der moral. Empfindungen.

Rautenberg, E., Römische u. german. Altertümer aus d. Amte Ritzebüttel u. a. Altwalde. S.-A. 1887 14 S. u. 2 Taf. 1

Rautenberg, E., Verbrennen und Begraben bei unsern Vorfahren. Hrsg. auf Veranlassung des Vereins für Leichenverbrennung in Hamburg. gr. 8. (58 S.) Hamburg 885, Voß.

Mit Genehmigung der med. Fak. der Albertus-Universität wird Montag den 6. März 1905 ... Herr Dr. med. Ernst **Rautenberg,** Arzt, ... seine öffentliche Antrittsvorlesung über „Serumbehandlung" halten. Zu diesem Akte ladet ein der Dekan der med. Fak. L[udwig] Lichtheim. Königsberg i. Pr. (1905): O. Kümmel. (1 Bl.) 4°

Rautenberg, Ernst: Aus dem Königl. anatomischen Institut zu Königsberg i. Pr. No. 27. Beiträge zur Kenntnis der Empfindungs- und Geschmacksnerven der Zunge. *Königsberg in Pr. 1898: R. Leupold.* (45 S. mit Taf.) 8°
Königsberg, Med. Diss. v. 10. Jan. 1898

Rautenberg, (Ernst), die Vorhofpulsation beim Menschen, s.a. Sammlung klinischer Vorträge.

Die Vorhofpulsation beim Menschen, ihre Registrierung und die bisherigen Resultate ihrer Erforschung. Von Privatd. Dr. E[rnst] **Rautenberg.** Leipzig: Barth 1900. 50 S. 8° [Umschlag]
(Sammlung klinischer Vorträge. N. F. Nr. 557/558.) 109. 17701

Rautenberg, Ernst Theodor

Rautenberg, Ernestus (Theodorus) *(geb. Hamburg 6. 6. 1842)*
De arte compositionis quae est in Ovidii Amoribus. Vratislaviae (1868). (53 S.) 8°
Breslau, Phil. Diss. v. 12. Febr. 1868

Rautenberg, (Ernst), Dir. [Bericht über seine Einführung als Direktor der Anstalt.] *Hamburg 1901: Lütcke & Wulff.* (S. 3–4.) 4°
Hamburg, OR u. R auf d. Uhlenhorst, P. 1901 (806)

Rautenberg, *Ernst Theodor.* 1. Geschichte der Schule. 2. Das Schulgebäude. 4 (S. 1–12 der Schuln.).
Progr. Neue höh. Bürgersch. *Hamburg* 1888 (690)

Rautenberg, *Ernst* [Dir.]: Haus- und Hof-Ordnung. Hamburg, gedr. bei Lütcke & Wulff, 1900; S. 29–30; 4°
Hamburg, neue HB, P. 1900

Rautenberg, Ernst, sprachgeschichtliche Nachweise zur Kunde des germanischen Alterthumes. gr. 8. (34 S.) Hamburg 880. (Nolte.) n.n. 2. 50

Rautenberg, *Ernst Theodor. Organisation der Neuen Höheren Bürgerschule, ihre Lehrziele und die dadurch erreichbaren Vorteile.* 4 (S. 31–32 der Schuln.). Neue höh. Bürgersch. *Hamburg* 1890 (718).
Progr.

Rautenberg, *Ernst Theodor.* Das Schulgebäude als Krankenhaus vom 28. August bis 17. Oktober. 4 (S. 41–42).
Progr. Rsch. vor dem Lübeckerthore *Hamburg* 1893 (733).

Rautenberg, *Ernst Theodor* [Dir.]: *Das neue Schulgebäude der Realschule vor dem Lübeckerthore und Bericht über die Einweihung desselben.* Hamburg, gedr. bei Lütcke & Wulff, 1894; 1–5 S. 4.
Hamburg, R. vor d. Lübeckerthore, P. 1894 (738)

Rautenberg, Franz, approb. Arzt aus Leiferde b. Gifhorn (Hann.) Aus d. Hygien. Institut zu Rostock. Ueber das Verhalten von Eiweißlösungen zu den Lösungen einiger Metalloxyde und zu den Metalloxydhydraten. *Rostock 1902: Adler's Erben.* (30 S.) 8°
Rostock, Med. Diss. v. [10. Jan.] 1903

Rautenberg, Georg (Spandau/Mark), Decas responsorum juris. Wetzlar (N. L. Winckler) (25. VIII.) 1747 132 S. (4.25)

Rautenberg, Hans, Arzt. Aus d. Kgl. pathol. Institut zu Königsberg i. Pr. Beiträge zur Kenntnis der Dermoidcysten im Mediastinum anticum. *Königsberg i. Pr. 1903: O. Kümmel.* (39 S.) 8°
Königsberg, Med. Diss. v. 5. Febr. 1903

Rautenberg, Hellmuth, a. Hamburg. Aus der Königl. chirurgischen Universitäts-Klinik zu Kiel. Ein Fall von Sarcoma testis retenti. Kiel 1906: H. Fiencke. (30 S.) 8°
Kiel, Med. Fak., Ref. Helferich, Diss. v. 1. Aug. 1906
[Geb. 17. Aug. 79 Hamburg; Wohnort: Hamburg; Staatsangeh.: Hamburg; Vorbildung: Gelehrtenschule des Johanneum Hamburg Reife O. 00; Studium: Marburg 1, Bonn 3, Gießen 1, Bonn 1, Berlin 1, Kiel 3 S.; Coll. 3. Aug. 05; Approb. 15. Juli 06.]

Rautenberg, Herm.: Meine Erfahrungen. Land u. Reiseerlebnisse als Auswanderer in Südamerika. Mit bes. Bearb. v. Argentinien. Lnz. o. J. 46 S.

Rautenberg, Jh. Hnr. Elias, homerische Fibel. Etymolog. Cursus. Mit 3 Tabb. 4. Schnepfenthal 816. Buchh. der Erziehungs-Anst. 16 gr

Rautenberg, J. H. E., über Pflicht u. Glück. 8. Hannov. Hahn. 804.

— das griech. Zeitwort, nebst 15 Tabellen f. d. Selbstunterricht. 8. Schnepfenth. 819. Buchh. d. Erziehungs-Anst. 1 ₰ 4 gr

Rautenberg, Johann Wilhelm

Rautenberg, (J. W.,) Denkblätter in Predigten, welche in d. heil. Dreieinigkeits-Kirche zu St. Georg vor Hamburg gehalten sind. 1e–6e Sammlung. gr. 8. Hamb. 821–27, (Perthes u. B.)

Rautenberg, J. W., Denkblätter der Predigten, welche in d. Kirche z. St. Georg vor Hamburg gehalt. sind. 7–13. Samml. gr. 8. Hamburg, (Perthes-Besser u. Mauke.) [7. (29½ B.) 827., 8., 9. (55 B.) 828, 29., 10–13. (à 26 B.) 830–33. à 1 Thlr. 6 Gr.]

Denkwürdigkeiten aus dem Leben und Wirken des Johann Wilhelm **Rautenberg,** Pastoren zu St. Georg in Hamburg. Zsgest. aus seinen hinterlassenen Papieren u. a. Nachrichten von F[riedrich] A[nton] Löwe. — Hamburg: Rauhes Haus (1866). XII, 281 S. 8°
(Lebensbilder aus d. Geschichte d. inneren Mission. 15.)

Rautenberg, J. W., die Kirchenspaltung und die Mission. Eine Vertheidigung der Norddeutschen Missionsgesellschaft gegen die Schrift des Hrn. Pastor L. A. Petri zu Hannover: Die Mission und die Kirche, Hannover 1841. gr. 12. Hamburg 841. (Perthes-Besser u. Mauke.) ¼ ₰

—— Mahnungen an d. Zukunft Christi. Pred. 8. (1 B.) Hamburg 839, [Niemeyer.]

—— beruhigende Nachweisungen üb. d. hamburg. Sonntagsschule, in Bezieh. auf d. Schrift d. rc. H. J. Müller: „Ueber Sonntagsschulen rc." 8. (2½ B.) Lübeck 827, (Aschenfeldt.)
H. J. Müller, „üb. Sonntagsschulen" rc. Hamburg, Perthes-Besser u. Mauke. 1827. 3 Gr.

Rautenberg, J. W., Predigten. In einer Auswahl herausg. von H. Sengelmann. 1. u. 2. Bd. Hamburg 867. Verlag der Alsterdorfer Anstalten. gr. 8. [1. Bd. [XLII, 335 S.) n. 1 ₰, 2. Bd. (IV, 507 S.) n. 1 ₰ 6 ngr.] n. 2 ₰ 6 ngr.

—— geistliche Rüstung geg. d. Cholera, s. Beitrag z. geistl. Rüstung rc.

—— der Weg hinter uns und vor uns. Zwei Predigten beim Jahreswechsel. 2. Aufl. 16. (IV und 67 S.) Hamburg 862, (Agentur des Rauhen Hauses.) *

Rautenberg, Leonhard

Rautenberg, L.: Anwendung der Trigonometrie in der Algebra. 21 S. – Rössel, Progr. 1869.

Rautenberg, *Leonhard* Ueber diophantische Gleichungen des zweiten Grades. 4 (24 S.). **Progr.** *G Marienburg* 1887 (35)

Rautenberg, Leonhard Über Gleichungen dritten und vierten Grades. 22 S. **Progr.** *Deutsch-Crone* 1880 u. 1881

Rautenberg: Grundzüge einer Chemie auf Gymnasien. I Th. 28 S.– Neustadt i/W., Progr 1864.

Rautenberg, Max, Kgl. Oberveterinär des Schles. Trainbat. Nr. 6: Über Pseudolestodon hexaspondylus. Stuttgart: E. Schweizerbart 1906. (50 S.) 4° ¶ (Aus Palaeontographica Bd 53.) [Nachträglich erschienen.]
Breslau, Phil. Fak., Diss. v. 30. Sept. 1904
[Geb. 27. April 65 Königsberg i. Pr; Wohnort: Breslau; Staatsangeh.: Preußen; Vorbildung: Progymn. d. ev. Waisenh. Königsberg i. Pr. Reife M. 85; Studium: Breslau 7 S.]

Rautenberg, Otto, Berengar v. Friaul König in Italien 888—915. gr. 8. (III, 81 S.) Berlin 871. Calvary & Co. n. 1. 50

RAUTENBERG, Otto: Ueber einen Fall von Aneurysma des Arcus Aortae. Usur des Sternums, Ruptur nach aussen.- München: Kastner & Lossen 1897. 30 S.
25.7.1897 - Chr 1897/98,18; Jv 1897/98,218 (Prom.-Datum: 1898)
Diss. Ingolst.-Landsh.-Mchn.

Katalog der Alten Bibliothek der Ostpreussischen Landschaft. (Verf.: Bibliothekar Dr. [† Otto] **Rautenberg.**) Königsberg i. Pr.: Ostpr. Dr. u. Verlagsanst. 1907. (V, 108 S.) 4°(8°) [07. 38, 3

Rautenberg, Otto, Ost- u. Westpreussen. E. Wegweiser durch d. Zeitschriftenliteratur. Publication d. Vereins f. d. Geschichte v. Ost- u. Westpreussen. gr. 8. (VIII, 161 S.) Leipzig 897. Duncker & Humblot. n. 4.80

RAUTENBERG, PAUL. Beiträge zur Kenntniss des Dimethylanilin. Freiburg im Breisgau, 1881.

Rautenberg-Garczinski, Paul v., Holländisch-Indien. Ein Reisebericht. (77 S. m. Abbildgn.) 8. Leipzig 907. Hildburghausen, Thüringische Verlagsanstalt. 1.50

— Japan nach dem Kriege. Weltrundreise-Erinnergn. (112 S.) 8. Straßburg 907. J. Singer. 1.—

Rautenberg-Garczinski, Paul v., Rund um Afrika u. Madagaskar. Briefe an Vetter Michel. (455 S. m. 16 Vollbildern.) gr. 8. Berlin (909). W. Süsserott. 10.—; geb. 12.—

Rautenburg, C. W., Choralbuch, eine Sammlung von 556 ein- u. zweistimmigen, zum Theil rhythmischen Choralmelodieen zu der alten u. neuen Ausgabe des Vollhagenschen Gesangbuches, nebst den gebräuchlichsten liturgischen Gesängen für 1-, 2-, 3- u. 4stimmigen Gebrauch eingerichtet, u. den 8 Psalmtönen. Cammin 864. (Berlin, Springer'sche Buchhdlg. — Stettin, Saunier.) gr. 8. (IV, 116 S.) n. 10 ngr.

Rautenburg, C. W., Choralbuch, eine Sammlung von 556 ein- und zweistimm., zum Theil rhythm. Choralmelodien zu der alten und neuen Ausg. des Vollhagenschen Gesangbuches, nebst den gebräuchl. liturg. Gesängen für ein-, zwei-, drei- und vierstimm. Gebrauch eingerichtet, und den 8 Psalmentönen. gr. 8. (IV und 116 S.) Cammin 867, Behrendt. *

Rautenburg, C. W., 227 Choralmelodieen und die Gesänge der Liturgie für Schulen und kleinere Sängerchöre theils einstimmig und theils mehrstimmig. 4., verm. Aufl. gr. 8. (47 lithogr. S.) Cammin 848, Behrendt und Comp. *

Rautenbusch, Wilhelm (Darmstadt)
Thesen, welche zur Erlangung der Würde eines Doctors beider Rechte ... den 9.5.1828 öffentlich vertheidigen wird: Wilhelm Rautenbusch aus Darmstadt.
Giessen: Schröder 1828. 6 S. vorh. 26.
Dr. jur. 9.5.1828.

Rautener, A., Hermann u. Thusnelda. Deutsch-nationales Drama in 4 Acten. 8. (54 S.) Dresden 889. Pierson. n. 2.—

Rautenfeld, Eberh. v., morphologische Untersuchungen über das Skelet der hinteren Gliedmassen von Ganoiden u. Teleostieren. Inaugural-Dissertation. Mit 2 (lith.) Taf. u. 13 in den Text gedr. Fig. Lex.-8. (47 S.) Dorpat 882. (Schnakenburg.) n. 1. 50

Rautenfeld, H. v., Die Reform der livländischen Credit-Societät u. der Bauern-Rentenbank. 8°. Riga 1864.

Rautenfeld, Peter v., üb. die Ausscheidung des Strychnins. gr. 8. (44 S.) Dorpat 884. (Karow.) n. 1.—

Rautenfeld, Vict. v., vier Monate unter den Revolutionären in Livland. Selbsterlebtes. (39 S.) 8. Berlin (SW. 11, Dessauerstr. 30) 906. Hilfsausschuß für die notleid. Deutschen Rußlands. n. —50

Rautenfels, s.: Rambausek Edler v. Rautenfels.

Rautenkranz, A., Darstellung d. Zustandes d. k. k. Provinzial-Strafarbeitshauses in Innsbruck, mit d. Resultaten in Bezug auf den Sträflingsstand u. d. Kosten d. Anstalt v. J. 1818—36. 8. (...) Innsbruck 836, Wagner'sche Buchh.

Rautenkranz, Johann Wenz.

— poet. Blumen. 8. Bregenz 807.

— Blumenstrauß f. Musen- u. Menschenfreunde. 2 Bde. 4e verm. Aufl. 8. Kempt. 818. (Dannheimer). 1 ≠ 16 gr.

Rautenkranz, Joh. Wenz., poetische Blüthen u. Früchte. 8. Bregenz. Brentano. 805. Rthlr.

Rautenkranz, Jos., Gebetbuch f. Kinder von etwas reiferm Verstande. 2te Aufl. 8. Prag, G. Haas. 815. — Schreibp. —

Rautenkranz, Jos., Uebungen im Deutschsprechen. 8. Prag 808. 2e A. 810. 3e A. 815. 4e verb. u. verm. Aufl. 829 v. J. Jawornicky. 8. Ebd., Krauß. 8 gr.

— Uebungen im Deutschsprechen. 3te Auflage. 8. Prag, Widtmann. 815.

— Unterhaltungen mit Gott u. s. Heiligen. 8. Prag, G. Haas. 815. — Schreibp. —

— — dieselb. eines Christen mit Gott, besond. in d. Charwoche. 8. Ebend. 815. Schreibp.

— die deutschen unregelmäß. Zeitwörter zur leichtern Erlernung derselben, in 15 Klassen geordnet. 4. Prag 809.

RAUTENSCHLAG, E. *Der Jugend Schatzkästchen* von Dr. Eduard Rautenschlag. Mainz, Jos. Scholz [c. 1838]. 1 Bl. 132 SS., reizender Titel u. 5 Tafeln, alles handkolorierte Lithogr. 8°. Etw. bestoß. blauer, goldverzierter Or.-Pappbd. mit erneuertem Rücken. Reizend illustr. Märchen. — Teilw. etw. fleckig. 24.—

Rautenstrauch, ..., Beleuchtung d. Vorstellung an Se. päpstl. Heiligkeit Pius VI. 8. Frkf. a. d. O. 782. Akad. B. 4 gr.

Rautenstrauch, Franz Stephan

— Anleit. u. Grundr. d. systemat.-dogmat. Theologie. 4. Wien 774.

— üb. das Betragen der Bischöfe in d. k. k. Staaten in Rücksicht der Verfügungen in geistl. Sachen. 8. Wien 772.

Rautenstrauch, Steph., Biographie Mar. Theresens, m. K. gr. 8. Presb. Lowe. 780.
s.a. Rautenstrauch, Johann

— — dieselbe. 8. Münster, Aschendorff. 787.

— Patrologiae et historiae litterariae theologicae conspectus. 8maj. Wien 776.

— Entw. z. Einricht. d. Generalseminarien in d. k. k. Erblanden ꝛc. gr. 8. Wien, Camesina. 775.

Rautenstrauch, Frz. Steph., Entwurf zur Einrichtung d. Generalseminarien in d. k. k. Erblanden ꝛc. gr. 8. Wien 784. Camesina. 4 gr

Rautenstrauch, Frz. Steph., Entwurf zur Einrichtung d. theolog. Schulen in d. k. k. Erblanden. gr. 8. Wien 782. Camesina. 14 gr

— Entw. z. Einricht. d. theol. Schulen in d. k. k. Erblanden. gr. 8. Wien, Camesina. 784.

— Epistel an Pater Fast. 4. Wien 782.

- s. Grundriß d. Pastoraltheologie.

- s. Institutionum hermeneuticarum.

— institutiones juris ecclesiastici Germaniae accommodatae. T. I. continens ius publicum ecclesiasticum. 8. Prag 772.

— institutiones juris ecclesiastici cum publici, tum privati, usibus Germaniae accommodatae. 8. Prag 768. Ed. nova atque aucta 774. Widtmann. 10 gr

— institutum facultatis theologiae Vindobonensis. 8maj. Wien 778.

— de jure principis, praefigendi maturiorem professioni monasticae solemni aetatem, Diatriba. 8. Prag 773. Ed. II. 775. Mangold. 6 gr

Rautenstrauch. Oesterreichischer Kriegsalmanach. Kurzgefasste Chronik aller unter der Regierung Maria Theresiens geführten Kriege. (1740—1778.) Mit einem kurzen Anhange von Kriegsliedern. 8. Wien 1779.

— östrr. Kriegsalmanach. 2 Thle. m. K. 12. Presb. Lowe. 780.

— österr. Kriegslieder, m. K. 8. Ebend. 780.

—— Theologiae dogmaticae tradendae methodus et ordo. Prag, 1778, 8°.

— prolegomena in jus ecclesiasticum. 8. Prag 774. Mangold. 6 gr

— sciagraphia institutionum hermeneuticarum veteris et novi testamenti. 8. Wien 776.

— synopsis juris ecclesiastici publici et privati, quod per terras hereditarias augustissimae Imperatr. Mariae Theresiae obtinet. 8maj. Wien 776. Neuer Abdruck derselben, s. F. Ph. *Frank*, welcher den Abdr. besorgte u. als seine Probeschrift vertheidigte.

- s. Theologiae dogmaticae.

- s. Theologiae pastoralis.

RAUTENSTRAUCH, FRANZ STEPHAN: Warum kömmt Pius VI. nach Wien? Eine politische Betrachtung. Nach dem Wiener Exemplar Pressburg (1782). Gedr. bey Joh. Mich. Landerer 31 S. - 8°

RAUTENSTRAUCH (Johann). Rechtliche und politische Aufsatze von - Oehler, Wien 1789 1 vol. 333 S.

s. Abfertigung an Hrn. Rath Riedel.

- s. Beilage zu den Briefen aus Berlin.

Rautenstrauch, Jh., († d. 8. Jan. 1801.) Beitr. zur Gesch. menschl. Thorheit. 8. Wien 779.

Gesammelte **Bemerkungen** und Urtheile über die k. k. Verordnung in Ansehung der Freymåurer, und ihren Orden ůberhaupt. Der kleinen Zahl åchter Maurer und dem eben so kleinen Theil des unbefangenen Publicums gewidmet. [Von Joh. **Rautenstrauch**?] Wien: Hartl 1786. 29 S. 8°

°[Dasselbe.] [Nachdr.] Ebendas. 1786. 19 S. 8°

Kl. 489. Nach G. Brabbée in FZ. (Wien) 4 (1877) S 150 wäre Kloss' Angabe, dass F. Kratter Verf., irrig, vielmehr J. Rautenstrauch der Urheber.

[Andere Ausg. u. d. Tit.:]
°Gesammelte **Bemerkungen** und Urteile über die k. k. Verordnung in Ansehung der Freymäurer, und ihren Orden überhaupt — der kleinen Zahl ächter Mäurer und dem ebenso kleinen Theil des unbefangenen Publikums gewidmet. Brünn 1786: k. k. Dikasterial- u. Landschafts-Buchdr. 16 S. 8°

— Betrachtt. üb. die Aufhebung der Eheverlöbnisse. 8. Wien 783.

Oesterreichische **Biedermanns**-Chronik. [Von Joh. **Rautenstrauch**.] Th. 1. Freiheitsburg: Redlich 1784. 263 S. 8°

°[Dasselbe.] Verb. Aufl. Ebendas. 1784. 262 S. 8°
[Abafi, L.: Gesch. d. Frmrei in Oesterreich-Ungarn. 4 (1893) S 180.]
Charakteristik derjenigen Männer, die sich um die Aufklärung in Österreich Verdienste erworben haben, darunter viele Frmr.

— Biographie Maria Theresiens. Mit Kpf. gr. 8. Wien 780. (Wigand in Preßb.) 1 ₰ 8 gr
s.a. Rautenstrauch, Franz Stephan

s.a. Frauenzimmer im 19. Jahrh.

RAUTENSTRAUCH, Johann. Die Frauenzimmer im neunzehnten Jahrhundert. Ein Traumgesicht. Wien, Paris und London 1781. 8°. 8 Bl., 205 S. Titel in Kupfer gestochen mit Vignette und 2 Vignetten im Text.
[E. VIII, 507.]

§ — — Dasselbe. (Nachdruck.) Neueste vermehrte Aufl. Mit (sehr netter) Titel-Vign. (unsign.) Frankfurt u. Leipzig (o. Adresse), 1782. 8°. (In München 2 Expll.: P. o. germ. 8°. 1127 w; H. g. hum. 8°. 81 m.)
128 S. (incl. Tit., 1 Bl. Zuschr [„An die Schönen Deutschlands"] u. 2 Bll. Inh. der 32 Kap.).

— der glückl. Frühling; Gedicht auf die Königin v. Frankreich. 4. Straßb. 770.

– s. Jahrbücher der Regier. Maria Theresiens.

– s. Jahrhundert, das christl.

JESUITENGIFT, wie es unter Clemens XIII. entdeckt, unter Clemens XIV. unterdrückt und unter Pius VI. noch fortschleicht, oder die Jesuiten in funferlei Gestalten (von *Johann Rautenstrauch*). Philadelphia (Wien, Hartmann) 1784. Rar!
Weller, fing. Druckorte, Anon.-Lex. II p. 318 (nach Wurzbach)

Rautenstrauch, Joh., Jurist u. Bauer, s. a National-Bibliothek, allgemeine.

Rautenstrauch, Jh., der Jurist u. der Bauer. Lstspl. 8. Wien 773. ... 4 gr.

RAUTENSTRAUCH, Johann
(F) Jurist und Bauer. Lustspiel in zwei Aufzügen von Johann Rautenstrauch. [Allgemeine National-Bibliothek Nr. 276.] Wien. [1901.] Daberkow. 8°. 51 S. K –.20

— Meinungen der Babet; e. Wochenschr. 2 Bde. Wien 774, 75.

* **MÖGLICHKEITEN** und Unmöglichkeiten in Oesterreich (von *Johann Rautenstrauch*). (Typ. Ornam.-Vign.) 2 Thle. u. „Beylage" (= 3 Thle.). Leipzig bey Joseph Stahel 1786. Kl. 8° (In Wien, Stadtbibl.) (6 Kr Gilhofer & Ranschburg, 1912.)
1 88 S. (incl. Tit. u. Inh.) 2 72 S. (incl. Tit. u. Inh.) Beylage 69 S. (incl. Tit. Inh. u. 4 S. „Abgedrungene Erklärung", unterz. *R·· ch*

– s. Realzeitung.

SCHWACHHEITEN, Die, der Wiener. Aus dem Mspt. eines Reisenden (von *Johann Rautenstrauch*, 1746—1801). Hrsg. von Arnold. 3 Stücke. Wien und Leipzig. Hartmann, o. J. (1784.) 8°. (In Wien, Stadtbibl.)

STIMME, Die, in der Wüste (von *Joh. Rautenstrauch*). Wien (1788).
Anon.-Lex. IV. p. 124 (nach Meusel u. Fikenscher). — Selten!

— das beglückte Straßburg. 8. Karlsr. 769. Macklot. 5 gr. 2e Aufl. Colmar 770.

Über die Stubenmädchen in Wien (von *Johann Rautenstrauch*, geb. 10. Jan. 1746 zu Erlangen, † 8. Jan. 1801 zu Wien, wo er als Lic. der Rechte, Hofagent und Schriftsteller lebte, eifriger Vertheidiger der Reformen Josef's II.). Wien, zu finden bey Sebastian Hartl in der Singerstrasse neben St. Stephansthor. 1781. 8°. 24 S. (4 Auflagen von demselben Jahre.) (1. u. 3. Aufl. in Wien, Stadtbibl.; 2. Aufl. besitzt Herr Trau in Wien; 4. Aufl. citirt Gräffer, Wiener Lokalfresken, S. 71.)
Karajan II. no. 4797, Brümmer II. p. 182; Wurzbach XXV p. 61—67; Pezzl, Joh., Skizze von Wien 1787. S. 485—494. Gugitz, S. 140; Anon.-Lex. IV. p. 228.

s.a. Tagebuch des jetzigen Kriegs.

(Rautenstrausch.) Ausführl. Tagebuch des jetzigen Krieges zw. Oesterreich und der Pforte. 6 St. (580.) 12. Wien 1788.

— Traum von einem Hirtenbrief. gr. 8. Wien 783. (Strobl in Münch.) 4 gr.

s.a. Vorlesungen für den Fasching.

Vorlesungen für den Fasching Eine Wochenschrift (von *Johann Rautenstrauch*). 2 Thl. Wien 1775—82 8° (36 Kr., Wien 1775, 192 S. Mit Kupfervign., Gilhofer & Ranschburg, Wien, 1909.)
Anon.-Lex. IV. p. 352 (nach Fikenscher, Kayser, Meusel, Adelung). Goedeke IV, 198, 8.

s.a. Vormundschaft, die.

— die Vormundschaft, oder der Strich durch die Rechnung; ein Lstspl. in 1 Aufz. 8. Augsb. 775. v. Jenisch u. St. 3 gr.

– s. Wette, die unversehene.

s.a. Wie lange noch?

Wie lange noch? Eine Patriotenfrage an die Behörde über Wucherer's Skarteken-Grosshandel. (Vf.: *Johann Rautenstrauch*.) Wien 1786. 8°
Karajan's Bibl. II no. 1685.

— das neue Wien, e. Fabel. 8. Wien 785. v. Mösle. 5 gr.

— d. neue Wien, e. Fabel. 8. Wien, Mösle. 786.

– s. Wir lieben den Kaiser.

Rautenstrauch, Johs., die Kalandbrüderschaften, das kulturelle Vorbild der sächs. Kantoreien. Ein Beitrag zur Geschichte der kirchl. Musikpflege in vor- u. nachreformator. Zeit. (45 S.) gr. 8. Dresden 903. Ramming. n. 1.—

Rautenstrauch, Joh., Luther u. die Pflege der kirchlichen Musik in Sachsen (14.—19. Jahrh.). Ein Beitrag zur Geschichte der kathol. Brüderschaften, der vor- u. nachreformator. Kurrenden, Schulchöre u. Kantoreien Sachsens. Hrsg. m. Unterstützg. der König-Johann-Stiftg. u. des evangel. Landeskonsistoriums. (VIII, 472 S.) gr. 8. Leipzig 907. Breitkopf & Härtel. 6.—; geb. in Leinw. n 7.50

Rautenstrauch, Johannes, Kandidat d. Predigtamts a. Großenhain: Luther und die Pflege der kirchlichen Musik in Sachsen bis zum 2. Jahrzehnt des 17. Jahrhunderts. Ein Beitrag zur Geschichte der sächsischen Kantoreien und ihrer kulturellen Vorläufer, der katholischen Brüderschaften. Leipzig 1906: Breitkopf & Härtel. (234 S.) 8° ¶[Erscheint vollst. im gleichen Verlage.]
Leipzig, Phil. Fak., Ref. Prüfer-Köster, Diss. v. 4. Dez. 1906
[Geb. 13. Jan. 76 Großenhain; Wohnort: Leipzig; Staatsangeh.: Sachsen; Vorbildung: Fürstensch. Grimma Reife O. 95; Studium: Leipzig 14 S.; Rig. 18. Dez. 06.]

Rautenstrauch, L., ausführl. Tagebuch. s. Tagebuch.

R(autenstrauch), L. z. Ks. G., Miasta, Gory i Doliny. 5 Tomy. 18. (1236 S.) Poznan 844. (Leipzig, Brockhaus et Avenarius.) *

Rauter, (Prof.), Cours de procédure civile française, fait à la Faculté de droit de Strasbourg. gr. in-8. Paris et Strasbourg 834 Levrault. 2 7/8 ß

Rauter, David

Rauter, D., Geschichte Österreichs von 1848—1890. Skizze m. besond. Berücksicht. der Verfassungsentwickelg. gr. 8. (V, 103 S.) Wien 891. M. Perles. n. 1. 20

Rauter, Dav., das neue Herrenhaus in Oesterreich. Entwurf. (40 S.) gr. 8. Wien 906. M. Perles. n. 1. —

— gemeinsames Programm der Deutschen. gr. 8. (IV, 55 S.) Berlin 893. H. Walther. n. 1. 20

Rauter, D., österreichisches Staats-Lexikon. Handbuch für jeden Staatsbürger der Reichsrathsländer. 8. (IV, 326 S.) Wien 885, Perles. *ℳ 8.40.; geb. *

Rauter, G. Bericht von der Deutschen Städte-Ausstellung zu Dresden. Von der Außiger Ausstellung. Leipzig 1903

Rauter, G: Berichte von der Düsseldorfer Ausstellung. Leipzig 1902

Rauter, Georg, Der Getreidehändler. III. Theil des kleinen Schrannenmeisters. Praktisches Handbüchlein z. Berechnen d. Getreidepreises nach Kilo u. Wiener Metzen. 8. (153 S.) cart. 40 kr.
Wels: Haas 1881

Rauter, Gust., die Betriebsmittel der chemischen Technik, s. Bibliothek des Betriebsleiters. 1.

Rauter G. d. Betriebsmittel d. chemischen Technik. (554 S 14 T) Hannover 1905

Rauter, Gust., akademische Freiheit. Ein Wegweiser für Studierende u. Abiturienten. 8. (64 S.) Halle (901). E. Strien. n. 1. —

— die Gesetze, Verordnungen u. Verträge des Deutschen Reiches betr. den Schutz der gewerblichen, künstler. u. literar. Urheberrechte. Vollständige Textausg. m. ausführl. Sachregister u. verweis. Anmerkgn. (XXIII, 455 S.) 8. Hannover 905. Dr. M. Jänecke. Geb. in Leinw. n. 8. —

— anorgan. chemische Industrie, s. Sammlung Göschen.

Anorganische chemische Industrie. Von Dr Gustav **Rauter** Mit Taf. Leipzig Göschen 1904. 8°
1 Die Leblancsodaindustrie u. ihre Nebenzweige. 2. Salinenwesen, Kalisalze, Düngerindustrie u. Verwandtes. 3. Anorgan. chem. Präparate.
(Sammlung Göschen. 205—07.) A 12.1173 II

— die Industrie der Silikate, der künstlichen Bausteine u. des Mörtels, s. Sammlung Göschen.

Die Industrie der Silikate, der künstlichen Bausteine und des Mörtels. Von Dr. Gustav **Rauter**. Mit Taf. 1. 2. Leipzig. Göschen 1904. 8°
1. Glas- u. keram. Industrie. 2. Die Industrie d. künstl Bausteine u. d. Mörtels.
(Sammlung Göschen. 233. 234.) A 12.1193 II

— das deutsche Patentgesetz u. die Vorschläge des deutschen Vereins f. den Schutz des gewerblichen Eigentums. (34 S.) gr. 8. Stuttgart 904. F. Enke. n. 2. 40
Sonderabdr. aus „Sammlung chem. u. chem.-techn. Vorträge"

Rauter, Gust., der Schutz d. Holzes, insbes. d. Eisenbahnschwellen gegen Fäulnis. 8. (42 S.) Köln 898. Essen (Ruhr), Selbstverlag. n. 1. —

Rauter, Gust., Schutzengelbriefe, s.: Schriften f. das evangelische Deutschland.

Rauter, Gustav [aus Ehrenfeld]: Über das Siliciumtetrachlorid ... Köln, Druck v. M. Dumont-Schauberg, *1891;* 51 S. 8.
Tübingen, Naturw Fak., Inaug.-Diss. v 1891

— der gegenwärtige Stand der Schwefelsäureindustrie. (46 S.) gr. 8. Ebd. 903. n. 1. 20
Sonderabdr. a.: „Sammlg. chem. u. chem.-techn. Vorträge".

— Studentenschaft u. Evangel. Bund, s.: Flugschriften des Evangel. Bundes.

— allgem. chemische Technologie, s. Sammlung Göschen.

— Allgem. chem. Technologie. (149 S) (Samml. Göschen 113) 16° Leipzig 1903

Allgemeine chemische Technologie von Dr. Gustav **Rauter**. 2, verb. Aufl. Leipzig: Göschen 1910. 148 S. 8°
(Sammlung Göschen. 113.) [11.14319 II

— das deutsche Urheberrecht an literarischen, künstlerischen u. gewerblichen Schöpfungen, s. Sammlung Göschen.

Das deutsche Urheberrecht an literarischen, künstlerischen und gewerblichen Schöpfungen. Mit besond. Berücks. d. internat. Verträge von Dr. Gustav **Rauter**. Leipzig: Göschen 1905. 134 S. 8°
(Sammlung Göschen. 263.) [10. 14944 II

Rauter, J. N. v., Ablösungsgesetze f. Beeden, Frohnen etc., s. Ablösungs-Gesetze.

v. Rauter, J. N., erläuternde Bemerkungen zu d. im Königr. Württemberg 1836 ergang. Gesetz etc., s. Ablösungs-Gesetze für Beeden etc.

Rauter, Jak., Ave Maria od. Das Wiederfinden unter dem Weihnachtsbaum. s.: Theaterbibliothek.

Das blutige Edelweiß, s. Mehratter.

Das blutige Edelweiss. Oberbayr Volksstück in 3 Akten von Jakob Rauter Mühlhausen i. Th. Danner [1908]. 48 S. 8°
(Mehrakter Nr 34.) [09. 14108

Die Rache am Marterl, s.: Theaterbibliothek.

— Das Vater unser od. Unschuldig zum Tode verurteilt, s.: Heidelmann's, A., Theaterbibliothek.

RAUTER, Josef: Zur Entwicklungsgeschichte einiger Trichomgebilde. — 1871. 48 S., IX Taf. Diss. Graz, Univ.

Rauter, Jos., zur Entwicklungsgeschichte einiger Trichomgebilde. Mit 9 (lith.) Taf. (in hoch 4. u. Lex.-8.) Aus dem botan. Laboratorium der Universität Gratz. [Aus: „Denkschriften der k. Akad. d. Wiss."] Imp.-4. Wien 871. Gerold's Sohn in Comm. n. 5. —

Rauter, Jos. Maria, das gnadenreiche Jesukind, wie es in der Kirche zu St. Maria de Victoria in Prag zur öffentl. Verehrung ausgesetzt wird. Gebet- u. Erbauungsbüchlein, dem kathol. Volke gewidmet. (208 S. m. Titelbild.) 16. München (905). J. Pfeiffer. Geb. in Leinw. — 50

Rauter, Jos. Maria, das gnadenreiche Prager Jesukind. Kurze Beschreibg. nebst Gebetsanh. 16. (46 S. m 1 Farbdr.) München 902. J. Pfeiffer. — 20

— Maria-Empfängnis-Büchlein. Jubiläums- u. Gebetbüchlein f. das kathol. Volk, anläßlich des Jubeljahres hrsg. (184 S. m. 1 Farbdr.) 16. Ebd. (904). Geb. in Leinw. — 50

Rauterberg, Alb. Quaestiones plautinae. 14 S. *Wilhelmshaven* 1883. Progr.

Rauterberg, F. G., Predigten. gr. 8. (13½ B.) Hildesheim 837, Gerstenbergsche Buchh.

Rauterberg, *Eduard Albert Carl Oscar* Ferdinand [aus Limmer]: Ueber Benzophenonhydrazin und einige Derivate desselben ... Kiel, Druck v. Schmidt & Klaunig, 1891; 29 S. 8.
Kiel, Phil. Fak., Inaug.-Diss. v. [5. Dez.] 1891

Rautert, Aug., Beiträge zur Wasserleitungs-Frage der Stadt Mainz. 1. und 2. Thl. gr. 8. (25; 47 S. mit 1 Lichtdr.) Mainz 879, Prickarts. à Thl. * 50 Pf. *

Rautert, Aug., Projekt e. Binnenhafens zu Mainz. Bericht an die großherzogl. Handelskammer. Mit e. (chromolith.) Plane (in Imp.-Fol.) v. Mainz. gr. 8. (18 S.) Mainz 875. (Diemer.) n. 2. —

Rautert, Aug., Vorschläge zur Erhöhung der Sicherheit in Theatern. (22 S.) gr. 8. Mainz 904. (H. Quasthoff.) n. — 40

Rautert, Fr., Bagatellen. 8. Essen 823. (Bädecker). 1 ℔ 4 gr

Ein kleiner Beitrag zur Feier des Geburtstages des Br. G. W. F. Hommel am 17ten Aug. 5822 von Fr. Rautert. Fůrth [1822]: Volkhart. 2 Bl. 4⁰ [Umschlagtit.]

Rundgesang ohne Noten: „Eint, Brůder, Euch zur frohen Feier . , .“

— Charadomanie od. e. Portion Wort-, Sylben- u. Buchstaben-Räthsel. Essen 822. Bädecker. 4 gr

Rautert, Fr., Jahrbücher d. Erinnerungsfeste, s. Jahrbücher rc.

Maurer-Lieder von Fr.·. Rautert. Essen u. Duisburg: Bådeker 1819. 88 S. 8⁰

Kl. 1684.

RAUTERT, Fr., Etwas Näheres über die Hexen-Prozesse der Vorzeit, aus authentischer Quelle. Essen, Bädeker, 1827. 3 Bl., 79 S. 8⁰. Auf dem Orig.-Umschl. zwei Folterdarstellungen.

Rautert, Fr., die Ruhrfahrt. Ein histor. Gemälde. 8. Essen 827. Bädeker. 12 gr

Rautert, Osc., germanische Funde u. e. germanisches Gräberfeld in Düsseldorf. [Aus: „Rhein. Geschichtsblätter“.] gr. 8. (11 S. m. 1 Taf.) Düsseldorf 894. (L. Kinot.) n. — 60

— Material der praehistorischen Waffen u. Werkzeuge. Vortrag, geh. im „naturwissenschaftl. Verein“ am 19. Apr. 1894. gr. 8. (8 S.) Ebd. 894. n. — 30

Rauth, Franz, aus Offenau: Beiträge zur vergleichenden Anatomie einiger Genisteen-Gattungen. ⟨Laburnum, Petteria, Spartium, Erinacea, Ulex, Cytisus, Hypocalyptus, Loddigesia.⟩ *Erlangen 1901: E. Th. Jacob.* (58 S.) 8°

Erlangen, Phil. Diss. v. 21. Mai 1901

Rauth, Otto, Ref. am Kgl. Amtsgericht Leipzig: Der Inhalt des § 952 des Bürgerlichen Gesetzbuchs. Mit dem ersten Preise ausgezeichnete Bearbeitung des von der Leipziger Juristenfakultät 1904/05 gestellten Preisthemas. Borna-Leipzig 1906: R. Noske. (VI, 83 S.) 8° [J.]

Leipzig, Jur. Fak., Diss. v. 23. Juli 1906

[Geb. 3. Juni 81 Leipzig; Wohnort: Leipzig; Staatsangeh.: Sachsen; Vorbildung: König Albert-Gymn. Leipzig Reife O. 02; Studium: Leipzig 6 S.; Rig. 26. Juni 05.]

Rauthe, Geschichte d. badischen Fuß-Artillerie-Bataillons Nr. 14. Nach dienstl. Quellen bearb. gr. 8. (64 S.) Rastatt 891. E. Greiser. n. 1. 20

Rauthe, Geschichte des badischen Fußartillerie-Regiments Nr. 14 u. s. Stamm-Truppentheile. Im Auftr. d. Regiments bearb. u. d. Reg. zu d. 25jähr. Erinnerungsfeier an die Belagerg. u. Schlacht v. Belfort gewidmet. gr. 8. (III, 106 S. m. 5 Karten.) Berlin 898. E. S. Mittler & Sohn. n. 3. 50; geb. in Leinw. n.n. 4. 75

Rauthe, E. R., Berggeist Rübezahl. Ein Sang aus Schlesiens Bergen. 8. (VII, 252 S.) Hirschberg 893. Kuh. Geb. in Leinw. n. 4. 50

Rauthe, E. R., Berggeist Rübezahl. Ein Sang aus Schlesiens Bergen. 2. Aufl. 8. (VII, 252 S.) Hirschberg 898. Kuh. n. 1. 50; geb. n. 2. 50

Rauthe, R., die Sagen v. Baden-Baden u. seiner Umgebg. Nach den 14 Fresken der Trinkhalle zu Baden dem Volksmund nacherzählt. 8. (104 S.) Karlsruhe 890. A. Bielefeld's Hofbuchhandlg. n. 1. 50; geb. n 2. 30; m. 14 Lichtdr. n. 3. —; geb. n. 4. —

Rauther, Biographie Joh. Geo. Dan. Arnolds, siehe: Arnold, J. G. D., der Pfingstmontag.

Rauther, Max, Dr. phil., Assistent am Zoologischen Institut in Gießen: Beiträge zur Kenntnis von Mermis albicans v. Sieb. mit besonderer Berücksichtigung des Haut-Nerven-Muskelsystems. Jena: G. Fischer 1906. (76 S.) 8° ¶(Aus: Zool. Jahrbücher Bd 23. Abt. f. Anatomie 1906.)

Gießen, Phil. Fak., Hab.-Schr. v. 1906

Fische Von Dr Max Rauther Mit 37 Abb. Leipzig Göschen 1907. 154 S. 8°

(Das Tierreich. 4.)

(Sammlung Göschen. 356.) A12. 1269 11

Rauther, Max, aus Königsberg i. Pr: Ueber den Genitalapparat einiger Nager und Insektivoren, insbesondere die akzessorischen Genitaldrüsen derselben. Mit 3 Taf. u. 10 Fig. i. Text. *Jena: G Fischer 1903.* (97 S.) 8° ¶[Aus: Jenaische Zeitschrift f. Naturw., Bd 38, N F 31 Ohne die Taf.]

Jena, Phil. Diss. v (8. Nov) 1902

Rauther, Max, das Tierreich, s.: Sammlung Göschen.

Rautmann, Fernand: Rechte des Verkäufers bei mora accipiendi des Käufers nach gemeinem und Handelsrecht. . . Göttingen, Druck d. Dieterich schen Univ.-Buchdr (W Fr. Kästner), 1889, 75 S. 8°

Göttingen, Jur Fak., Inaug.-Diss. v 12. Febr. 1889

Rautmann, F., Rechte des Verkäufers bei mora accipiendi d. Käufers nach gemeinem u. Handelsrecht. Inaug.-Diss. gr. 8. (75 S.) Göttingen 889. (Vandenhoeck & Ruprecht's Verlag.) n. 1. 80

Rautmann, Hermann: Der Einfluß der Temperatur auf das Größenverhältnis des Protoplasmakörpers zum Kern. Experimentelle Untersuchungen an Paramaecium caudatum. Mit 18 Tab., 1 Kurve u. 1 Textfig. Leipzig: W. Engelmann 1909. 42 S. 8° ¶(Aus: Archiv f. Zellforschung. Bd 3, H. 1/2.)

München, Phil. Diss. v. 27. Juli 1908, Ref. Hertwig

[Geb. 17. Dez. 85 Harzburg; Wohnort: Harzburg; Staatsangeh.: Braunschweig; Vorbildung: Gymn. Martino-Catharineum Braunschweig Reife O. 04; Studium: Med. u. Phil. München 9 S.; Rig. 27. Juli 08.] [U 09. 3503

Rautmann, Hugo. Zur Anatomie und Morphologie der Glandula vestibularis maior ⟨Bartholini⟩ bei den Säugetieren. Mit 1 Tafel und 6 Textfiguren. Sonder-Abdruck aus dem Archiv für mikroskopische Anatomie und Entwicklungsgeschichte. Bd. 63. 1903. IV + 51 S. 8. Bonn, Friedrich Cohen.

Rautmann, H., die Diagnostik der anzeigepflichtigen Formen der Rindertuberkulose, s. Arbeiten der Landwirtschaftskammer f. die Prov. Sachsen. 19. Heft.

Die Diagnostik der anzeigepflichtigen Formen der Rindertuberkulose. Von Dr H(ugo) **Rautmann**, Halle. Halle a. S.: Landwirtschaftskammer 1910. 27 S. 8°

(Arbeiten d. Landwirtschaftskammer f. d. Prov Sachsen. H. 19.) 10. 14190 3

— Seuchen u. Herdenkrankheiten der landwirtschaftlichen Haustiere, s. Bibliothek der gesamten Landwirtschaft.

Seuchen und Herdenkrankheiten der landwirtschaftlichen Haustiere. Von Dr. phil. H[ugo] **Rautmann**. Hannover: M. Jänecke 1907. (XII, 104 S.) 8° [J.]

= **Bibliothek** d. gesamten Landwirtschaft. Bd 30. 08. 11002 7

Die Tuberkulose beim Rind u. Schwein u. ihre Bekämpfung in der Praxis, s. a. Bücherei der „Landwirtschaftlichen Umschau" 2. Bd

Die Tuberkulose beim Rind und Schwein und ihre Bekämpfung in der Praxis. Von Dr. [Hugo] Rautmann, Halle a. S., Tierarzt. Mit 13 Abb. Magdeburg: Faber (1909). 36 S. 8°
Aus. Landwirtschaftliche Umschau.
(Bücherei d. 'Landwirtschaftlichen Umschau' Bd 2.) [09. 16814

Rautmann, Theodor, a. Braunschweig: Über das 3- und Iso-Antipyrin. Rostock 1905: Adler. (57 S.) 8°
Rostock, Phil. Fak., Ref. Michaelis, Diss. v. 4. Dez. 1905
[Geb. 6. Okt. 76 Braunschweig; Wohnort: Braunschweig; Staatsangeh.: Preußen; Vorbildung: Gymn. Helmstedt Obersek.-Reife M. 91; Studium: Kiel 3, Rostock 4 S.; Rig. 21. Nov. 05.]

Rautner, Hans, aus München. George Lillos The Christian Hero und dessen Rival Plays. Eine Studie zur vergleich. Literaturgeschichte. *München [1900]: Kastner & Lossen.* (39 S.) 8° ¶ (Teil einer gröss. Arbeit über d. Quellenuntersuchung sämtl. Skanderbeg-Bearbeitungen.) — [= Progr. München, Luitpold-Kreisrealsch. 1900.]
München, Phil. Diss. v 1900

Rautter, Botho v., s.: Pressentin-Rautter, B. v.

Rautter, R., die Geschichte der Balkanhalbinsel im 19 Jahrh. (20 S.) gr. 8. Hirschberg (909). Schles. Druckerei u. Verlagsanstalt. — 40

Rautzler, H. Unsere Haus-, Villen- u. Schloss-Gärten oder die Landschaftsgärtnerei als Gesundheitsfaktor in Alpen u. Gebirgsländern. In-8°. 112 S. Aarau, H. R. Sauerländer & Co. 1 50
1893

Rauval, Geistesübung oder Gewissenserforschung einer Klosterfrau in der Einsamkeit. Aus dem Französ. übers. Saarlouis 855. Stein. 32. (79 S.) 3 ngr.

Rauval, Geistesübung od. Gewissens-Erforschung e. Klosterfrau in der Einsamkeit. Aus dem Franz. 5. Aufl. 16. (88 S.) Saarlouis 899. F. Stein Nachf. — 25

RAUWALD, Jo. Geo.: Was ist v. d. Veräusserungen d. Klöster u. Stiftsgüter im Hildesheimschen, welche unt. Westphäl. Regier. versteig. worden, zu halten? *Braunschweig.* 816. 8.

Rauwenhoff, Lodewyk Willem Ernst

Rauwenhoff, L. W. E., u. Fr. **Nippold,** D. Fr. Strauß' alter u. neuer Glaube u. seine literar. Ergebnisse. 2 krit. Abhandlgn. gr. 8. (240 S.) Leipzig 873. Harrassowitz. n. 4. —

Rauwenhoff, Ludov. Guil. Ernest., Disquisitio de loco Paulino, qui est de δικαιώσει. 8maj. (X und 136 S.) Lugduni-Batav. 852. (Lipsiae, T. O. Weigel.) * —

Rauwenhoff, L. W. E., Religionsphilosophie. Uebers. u. hrsg. v. J. R. Hanne. gr. 8. (XV, 607 S.) Braunschweig 889. Schwetschke & Sohn. n. 12. —

Rauwenhoff, L. W. E., Religionsphilosophie. Uebers. u. hrsg. v. J. R. Hanne. 2. wohlf. [Titel-]Aufl. gr. 8. (XV, 607 S.) Braunschweig 894. C. A. Schwetschke & Sohn. n. 6. —

* De aequationibus quatuor dimensionum praes. *Johanne Balthasare Wernhero* Prof. Publ. publice disputabit M. *Albertus Henr. Rauwolf,* Wassertrudinga - Francus. Wittebergae typis Christ. Schroederi, Acad. typogr. 4. 1701.

Ravaisson, F., die französ. Philosophie im 19. Jahrh. Autoris. deutsche Ausg. von E. Koenig. 8. (XVI, 290 S.) Eisenach 889. Bacmeister. n. 5. 60

Râvanavaha oder Setubandha. Prâkrt u. deutsch hrsg. von Siegfr. Goldschmidt. Mit einem Wortindex von Paul Goldschmidt u. dem Hrsg. 1. Lfg.: Text, Index. gr. 4. (XXIII, 194 S.) Strassburg 880. Trübner. n.n. 25. —

Râvanavaha od. Setubandha, Prâkrt u. deutsch hrsg. v. Siegfr. Goldschmidt. Mit e. Wortindex v. Paul Goldschmidt u. dem Hrsg. 2. Lfg.: Uebersetzung. gr. 4. (S. 195—330.) Strassburg 884. Trübner. n.n. 18. — (1. u. 2.: n.n. 43. —)

Ravanne, d. Ritters v., gewesenen Musketiers b. d. König in Frankreich, Leben. 8. Nürnb. 745.

Ravano, A., Styptol, s.: Chiappe, G.

Ravaschieri, Terese Herzogin, s. a. Fieschi Ravaschieri.

[F. u. Ant.] Pauline Craven La Ferronnays. '(Vf. v. 'Récit d'une Soeur'.)' E. Lebensb. v. Teresa Herzogin Fieschi **Ravaschieri** geb. Prinzessin Filangieri. Alleinige, v. d. Vf. genehm. deutsche Uebertragg v Marie v. Kraut. M. e. Geleitw. v. Dr. Robert Koenig u. 2 Bildn. in Lichtdr. *Berlin: E. S. Mittler & Sohn 1896.* (XVIII, 189 S., 1 Bl., 2 Portr.) 1 Bd 8. [98. 12210

[J.] Pauline Craven. La Ferronnays. '(Vf. v. 'Récit d'une Soeur.)' E. Lebensbild v Theresa Herzogin Fieschi **Ravaschieri** geb. Prinzessin Filangieri. Alleinige, v. d. Vf. genehmigte deutsche Uebertragg. v. Marie v. Kraut. 2. Aufl. M. e. Geleitwort v. Dr. Robert Koenig u. 2 Bildn. v. Pauline Craven in Lichtdr. *Berlin: E. S. Mittler & Sohn 1898.* (1 Bl., XVIII, 189 S., 1 Bl., 2 Portr.) 1 Bd 8. [98. 11643

Ravaton, Hugues

Ravaton, Hugo, Abhandll. v. Schuß-, Stich- u. Hiebwunden; aus d. Französ. v. L. R. Binninger. Mit 7 Kpfr. 8. Breslau 761, Straßb. 767. Treuttel u. W. 1 ℛ 8 gl.

Ravaton, Hugo. Abhandlungen von Schuss-, Hieb- und Stichwunden ... Strassburg 1767. Ü: *Binninger, Ludwig Reinhard.* (ML)

Ravaton, (Hugues): Abhandlungen von Schuß-, Hieb- und Stichwunden nebst einem Anhange von der Einrichtung rinrs Feldhospitals... (Chirurgie d'armée, ou traité des plaies d'armes à feu et d'armes blanches. Dt.) Aus der franz. Handschrift des Verf. übers. 656 S., gbd., 7 Taf.

Straßburg: Bauer 1767

JB 3.524

Rave: Kurzer geschichtlicher Überblick über die Nieheimer Schützengesellschaft. Nieheim, Kreis Höxter, 1885.

Rave, Alex., klinische Bemerkk. mit Hinsicht auf d. Theorie d. Heilkunde. gr. 8. Münst. 802. Theissing. 14 gl.

Rave, A., klinische Bemerkk., m. Hins. a. d. Theorie der Heilkunde. gr. 8. Münst. Theissing. 803.

Rave, Alexander: Beobachtungen und Schlüsse aus der praktischen Arzneiwissenschaft. 148 S., gbd.

Münster: Platvoet 1796

JB 2.334

— Beobachtt. u. Schlüsse aus d. praktisch. Arzneiwissenschaft. 2 Thle. gr. 8. Münster 796 u. 798. Platvoet. (Coppenrath). 1 ℛ 2 gl.

Rave, Bernhard

Rave, B., Aphorismen üb. Religion u. Dogmatismus, an Hrn. Pfar. D. Smets, Verf. d. Werkchens: „Vernunft u. Gefühl.“ gr. 12. (8½ B.) Cöln 830. (Bonn, Habicht.)

Rave, B., Aphorismen üb. Religion u. Dogmatismus; an Hrn. Pfarrer Dr. Smets, Verfasser des Werkchens: Vernunft u. Gefühl. gr. 12. Cöln 831. (Habicht in Bonn). 20 gr; (auch Ritzefeld das.) 18 gr

— s. Büffon sämmtl. Werke.

—— und Chr. A. Traxel, Karnevals-Almanach, s. Karnevals-Almanach.

Rave, Bernh., Köln u. C. Jerrmann. Ein ergänz. Beitrag zu Jerrmann's Schrift: das Wespennest od. d. kölner Carneval, Fragmente aus meinem Theater-Leben. gr. 12. (17¼ B.) Köln 836, Kohnen. *

— allgem. Menschengesch. 1r Bd. 12. Cöln 183.. Ritzefeld. 12 gr

—— rheinisches Pfennig-Magazin, s. Pfennig-Magazin, rheinisches.

Rave. Bern. (geb. Bocholt 3. 1. 1801) De peculiari quadam ... diae specie (Berolini 1824) (26 S.) 8°
Berlin. Med. Diss. v. 15. Mai 1824

— **Daniel** (Havelberg), De translatione dominii in contractu aestimatorio. Disput. jur. Präs. Justus Henning Böhmer. Halle / Magdeburg (Orphanotroph.) (13.) XI. 1703. 36 S. (4.50)
Widm. v.: Samuel Strykius, D. C. D. Schubart, Justus Henning Böhmer.

— — Dasselbe. Halle / Magdeburg (J. Gruner) (13.) XI. 1703. Rec. 1724. 36 S. (4.50) 27769
Widm. v.: Samuel Strykius, D. C. D. Schubart, Justus Henning Böhmer.

— — Dasselbe. Halle/Magdeburg (Grunert) (13.) XI. 1703. Rec. 1732. 36 S. (4.50) 27770
Widm. v.: Samuel Strykius, D. C. D. Schubart, Justus Henning Böhmer.

— — Dasselbe. Halle/Magdeburg (J. Fr. Grunert) (13.) XI. 1703. Editio nova recognita. 1760. 37 S. (4.50) 27771
Widm. v.: Samuel Strykius, D. Christoph Andreas Schubart, Justus Henning Böhmer.

Rave, Edmund, appr. Arzt a. Nieheim ⟨Westfalen⟩: Über die intraoculare Jodoformdesinfektion. Würzburg 1905: F. Staudenraus. (46 S.) 8°
Würzburg, Med. Fak., Ref. Heß, Diss. v. 9. Okt. 1905
[Geb. 31. Juli 79 Nieheim; Wohnort: Würzburg; Staatsangeh.: Preußen; Vorbildung: Gymn. Barmen Reife O. 00; Studium: Freiburg i. B. 1, München 2, Kiel 2, Bonn 2, Würzburg 2 S.; Coll. 8. März 05; Approb. 22. Febr. 05.]

Die Amtsbezirke Kollmar und Seestermühe in historisch-statistischer Hinsicht. Eine Fortsetzung der vom Justitiarius Kanzleirath Matthiessen im Jahre 1836 herausgegebenen Schrift „Die holsteinischen adeligen Marschgüter Seestermühe, Grofs- und Klein-Collmar bis zum Jahre 1900. Dargestellt u. hrgg. v. Heinrich Rave. Itzehoe. 1901. 8°.

Rave, Heinr., Leitfaden zu einem methodischen Unterrichte in der Geographie für Bürger- und Volksschulen. In stufenweiser Erweiterung. 1—3. Cursus. gr. 8. Hannover, Hahn'sche Hofbuchh. [1. (VIII und 48 S.) 852. 4 Ngr., 2. (IV und 86 S.) 853. 7½ Ngr., 3. (IV und 104 S.) 855. 7½ Ngr.]

Rave, Heinr., Leitfaden zu einem methodischen Unterrichte in der Geographie. In stufenweiser Erweiterung. Unter Mitwirkung des hannover. Lehrervereins hrsg. 1.—3. Kursus. 2. verb. Aufl. gr. 8. (VIII, 244 S.) Hannover 875, Hahn'sche Buchh. *
1. Kursus apart geb. *
2. und 3. Kursus apart geb. *

Rave, Heinr., und Heinr. Schlette, deutsches Lesebuch. gr. 8. (XII und 400 S.) Hannover 861, Hahn'sche Hofbuchh. **
geb. **

Rave, Heinr., und Heinr. Schlette, deutsches Lesebuch. 1. Thl. 2. Abdr. gr. 8. (XII und 400 S.) Hannover 864, Hahn'sche Hofbuchh. * 10 Ngr.; geb. *

—— —— dass. — 2. Thl. (VIII und 504 S.) Ebendas. 864. * 14 Ngr.; geb. *

— u. Heinr. Schlette, deutsches Lesebuch. 1. Thl. 3. durchgeseh. Aufl. gr. 8. (XIV, 400 S.) Ebend. 873. n. 1. —

[J.] Heimkehr der Sieger. E. Festspiel z. hundertj. Wiederkehr d. Geburtstages Kaiser Wilhelms d. Grossen v. Hieronymus Rave, Prof zu Hannover. *Hannover. Dr. v. C. Kuster 1897.* (13 S.) 1 Bd. 8. 99 456

Rave, Jakob

— Betrachtt, über d. Unterschied d. Oberherrschaft u. des Eigenthums. 8. Jena 766. Fischer. 5 gr

Rave, Jac.: Principia univ. doctr. de praescriptione adquisitiva aeque ac extinctiva, definita et immemoriali. (Ed. 1-2a. 766 u. 72.) Ed. 3a. vitam auct. praem. et not. adj. J. Bh. Cph. Eichmann. *Halle*, Hemmerde. 790. 8. (18 Gr.)

Rave, Jak., († d. 28. Aug. 1767.) principia univ. doctrinae de praescriptione adquisitiva aeque ac extinctiva. 8. Jena 772. Nova editio cui vitam auctoris praemisit et notas adjec. J. B. C. Eichmann. 8. Jena 780. Ed. II. (III.) 789. Ed. III. (IV.) 790. Schwetschke u. S. in Halle. 18 gr

— Versuche aus d. Rechte d. Natur, d. Sitten- u. Klugheitslehre. 8. Jena 764. Melchior. 4 gr

Rave, Joan. Eduard. (geb. Ramsdorf in Westf. 1. 3. 1812) De empyemate. Berolini (1836). (28 S.) 8°
Berlin, Med. Diss. v. 26. Sept. 1836

Rave, Judith, s. Molly.

MOLLYS Bekenntnisse, oder so führt Unbefangenheit in's Verderben. Eine wahre Geschichte zur Warnung für alle Wildfänge unter den heirathslustigen Mädchen (von *Judith Rave*, geb. Freiin *v. Scheither*). 2 Thle. Mit 1 Kpf. Leipzig, G. Fleischer, 1804. 8°. (2⅓ Rthl.) (1 fl. 48 xr. Scheible, vor 1870.)

Rave, Judith, chronolog. Verse z. brandenburg. Gesch., b. a. Friedr. II. Kön. v. Pr. ꝛc. zur Erleichter. der Jahrzahlt. für Kinder. 8. Leipz. Gräff. 805.

Rave, Judith. geb. v. Scheither, chronolog. Verse zu Brandenburgs Geschichte, bis auf Friedrich II. König v. Preußen ꝛc., zur Erleichterung der Jahrzahlen für Kinder. 8. Leipz. 805. (Wienbrack). 3 gr

Rave, Karl Eduard

Rave, Carl Eduard (Bocholt/Westfalen), De caloris animalis fonte. Diss. med. Berlin (Nietack) 2. XI. 1833. 42 S. u. Biogr. (M.; J. Breving.) (—.—)
Oppon.: Bernh. van Cleve, Nico. Schiffgens, Bernh. Ketteler. — Gew.: C. M. Schwenken.

Rave, Leo (geb. Ramsdorf in Westf. 1. 6. 1813) De chlorosi. Berolini (1837) (32 S.) 8°
Berlin, Med. Diss. v. 7. Nov. 1837

Rave, P., s.: Aus vergangenen Tagen.

Rave, Paul, a. Billerbeck i. W.: Untersuchung einiger Flechten aus der Gattung „Pseudevernia" in bezug auf ihre Stoffwechselprodukte. Borna-Leipzig 1908: R. Noske. (51 S., 2 Taf.) 8°
Münster, Phil. Fak., Ref. Zopf, Diss. v. 31. Jan. 1908
[Geb. 7 April 75 Billerbeck; Wohnort: Münster; Staatsangeh.: Preußen; Vorbildung: Gymn. Coesfeld Reife O. 96; Studium: Kiel 1, Berlin 1, Münster 10 S.; Rig. 29. Nov. 07.]

Rave, Paul [aus Bielefeld]: (I.) Untersuchungen über den Penta-Erythrit. (II.) Über ein synthetisch dargestelltes Formaldehyd-Lävulinsäure-Lacton ... Göttingen, Druck d. Univ.-Buchdr. v. E. A. Huth, 1892; 39 S. 8.
Erlangen, Phil. Fak., Inaug.-Diss. v. 1892

Rave, Werner, approb. Arzt aus Borken (Westf.): Aus d. patholog. Institute zu Kiel. Über die Entstehung von Melanosarkomen aus naevis nach trauma. *Kiel 1899: H. Fiencke.* (23 S.) 8°
Kiel, Med. Diss. v. [15. März] 1899

Raveaur, Franz. Sein Leben und Wirken. gr. 12. (29 S.) Cöln 848, Greven.

Raveaux Franz Die Ahr Behörden, Weinhandlungen, Fabrikanten, Winzern, Producenten und Consumenten gewidmet. Köln Lengfeld in Comm. 1844. 111 S.

— die kölner Ereignisse v. 3. u. 4. August nebst ihren Folgen. 16. (5½ B.) Mannheim 846, Hoff.

Raveaux, Frz., († d. 13. Sept. 1851), Mittheilungen über die badische Revolution. gr. 8. (134 S.) Frankfurt a. M. 850, Literarische Anstalt. ⅓ ₰

Raveill, John W., Verhalten der Salpetersäure zur Parabrombenzoesäure und zum Parabrombenzanilid. Inaugural-Dissertation. gr. 8. (30 S.) Göttingen 877, (Vandenhoeck und Ruprecht's Verlag.) *

Ravelin, des ehemal. britt. Majors H., humorist. Nachtwachen, der 2n Ausg. d. Originals nachgebildet v. C. v. S. 8. Cassel 824. Bohné. 1 ₰ 20 gr

Ravelsberg, v., s.: Strobl v. Ravelsberg

Raven, s. Erck's Spruchbuch, Zugabe.

Raven, v., die Stations- und Divisionsbefehle der Nordsee bis einschließlich Januar 1880, zusammengestellt zu einer Instruktion. 8. (XIV, 131 S.) Berlin 880, Mittler und Sohn.

Raven und Stebler, Zugabe zu Erck's Spruchbuche. In Gemeinschaft mit den Lehrern der Parochie Barsinghausen hrsg. 2. Aufl. 8. (20 S.) Hannover 882, Feesche. *

Raven, B., s.: Geschäfts- u. Schreibkalender f. Geistliche der hannoverschen Landeskirche.

— der Küsterdienst. E. Zusammenstellg. d. im Gebiete d. calenberg. u. lüneburg. Kirchenordngn. (früher Konsistorialbez. Hannover) gelt. Vorschriften. gr. 8. (35 S.) Hannover 898. H. Feesche. n. — 60

Raven, B., die Mutter der Marquise, s.: Bachem's Novellen-Sammlung.

Raven, B. Uebersicht der Besetzung der kirchlichen Behörden u. Pfarrstellen d. Hannoverschen evang.-lutherischen Landeskirche 1890 u. 1892. Neue Folge. 12. (à Jahrg. 96 S.) Hannov., Feesche. à Jahrg. * 1 —
Frühere Jahrg., s. Uebersicht der Besetzungen ꝛc.

— Uebersicht der Besetzung der kirchlichen Behörden u. Pfarrstellen der Hannoverschen evangel. lutherischen Landeskirche. 1894. Neue Folge. 12. (95 S.) Hannover, H. Feesche. n. 1. —

— Uebersicht d. Besetzg. d. kirchl. Behörden u. Pfarrstellen d. hannoverschen evang.-luther. Landeskirche. 1898. Neue Folge; anstatt der vierteljährl. Nachrichten von Kirchen- u. Schulsachen; 90. Jahrg. 12. (96 S.) Ebd. n. 1. —

— Uebersicht der Besetzung der kirchlichen Behörden u. Pfarrstellen der hannoverschen evang.-lutherischen Landeskirche. 1902. Neue Folge; anstatt der vierteljährl.

Nachrichten v. Kirchen- u. Schulsachen; 93. Jahrg. 12. (97 S.) Hannover 902. H. Feesche. n. 1. —

— Uebersicht der Besetzung der kirchlichen Behörden u. Pfarrstellen der hannov. evang. luther. Landeskirche. 1906. Neue Folge; anstatt der vierteljährl. Nachrichten v. Kirchen- u. Schulsachen; 96. Jahrg. (96 S.) kl. 8. Hannover 905. H. Feesche. n. 1. —

Uebersicht der Besetzung der kirchlichen Behörden u. Pfarrstellen d. hannoverschen evang.-lutherischen Landeskirche. 1910. 25. Jahrg. Neue Folge; anstatt der viertel jährl. Nachrichten v. Kirchen- u. Schulsachen; 99. Jahrg. (96 S.) kl. 8. Hannover 910. H. Feesche. 1. —

Beantwortung des von Friedrich à Calamo [Friedrich Gottlieb Gösing oder Gössing] in G[örlitz] selbsten verfertigten, jedennoch aber von ihm von Wismar aus datierten Schreibens, an einen Br. in G. 1776. [Unterz.:] Ernst Wernher von R[ave]n. 4 Bl. 8°.
Spottet über den hohen Rang, den G. in der str. Observanz einnimmt und über seine mangelhaften Kenntnisse. Die Hieroglyphen des Ordens seien Unsinn und Gotteslästerung.

Raven, Ferd., die Beschlüsse der hannoverschen Landessynode über die Trauung und der gegenwärtige Stand der Landeskirchen. gr. 8. (47 S.) Leipzig 877, Bidder. *

Raven, Georg Friedrich Burkhard

—Diss. inaug. de Lipomate insolitae magnitudinis feliciter extirpato. 4. Götting. 737. Dieterich. 2 gr

Georg Friedrich Burkhard Raven

Ueber den gegenwärtigen Mangel guter Wundärzte und Geburtshelfer in dem größten Theile Deutschlandes, nebst einigen Vorschlägen diesem Mangel abzuhelfen. Von Georg Friedr(ich) Burchardt Raven. Göttingen: Dieterich 1786. 46 S. 8°

Der Offizier als Dolmetscher Übungsstücke f. d. Vorbereitung z. Dolmetscherprüfung in russ., franz., engl. u. ital. Sprache, zugl. e. Hilfsmittel z. Studium fremder Heereseinrichtungen von (Hans Georg) **Raven**, Oberlt. im Jägerbat. No 0. T 1 Berlin: R. Eisenschmid: 1905. 8° [05-15948

Raven, Johann Heinrich Christoph (Haarburg), Haruspices Romae, utrum natione Etrusci an Romani fuerint? Quaestionem proposuit et dijudicavit. Göttingen (J. C. Baier) 1822. 16 S. (—.—)

Raven, Karl

Raven, Carl, Erheiterungen, s. Erheiterungen.

Raven, Mathilde, s.a. Beckmann, Mathilde

Raven, Matthilde, e. Adjutant Bonaparte's. Historischer Roman. 3 Bde. 8. (224, 222 u. 223 S.) Berlin 876. Janke. n. 10. —

Raven, Mathilde, der erste April, s. Wallner's allgemeine Schaubühne.

— glänzende Aussichten. Roman. 3 Bde. 8. (188, 240 u. 228 S.) Hannover 872. Rümpler. 13. 50

— Herr von Bennigsen und der Nationalverein. Ein offenes Wort an den anonymen Verf. des „offenen Briefes." Coburg 860. Streit. gr. 8. (35 S.) n. 5 ngr.

— Elisabeth v. Ungnad. Historischer Roman. 3 Bde. 8. (216, 211 u. 240 S.) Berlin 875. Janke. 12. —

Raven, Mathilde, geb. Beckmann, Eversburg. Ein Roman. 3 Bde. Hannover 855. Rümpler. 8. (206; 191; 199 S.) 2 Thlr. 20 ngr.

— eine Familie aus der ersten Gesellschaft. 2. (Titel-)Ausg. Düsseldorf (847.) 856. J. Buddeus. gr. 8. (419 S.) 1 Thlr. 24 ngr.

Raven, Mathilde

Die böse Fölke. Historischer Roman. Berlin 1879.

In: Roman-Zeitung, Deutsche. Bd 4.

Raven, Mathilde, die quade Foelke. Historischer Roman. gr. 8. (187 S.) Emden 887. Haynel. n. 2. —

—— die deutsche Frage und die servile Presse. Eine Antwort auf das „Sendschreiben" des Anonymus Nr. IV. gr. 8. (35 S.) Koburg 861, Expedition der Wochenschrift des Nationalvereins. *

— Galileo Galilei. Ein geschichtlicher Roman. 2 Thle. Leipzig 860. Brockhaus. 8. (XV, 716 S.) n. 3 Thlr. 10 ngr.

—— eine Rolle Gold. Erzählung. 8. (294 S.) Leipzig 864, Brockhaus. *

Raven, Mathilde (geb. Beckmann), Hermine. Der Briefträger. Zwei Erzählungen. 8. (III und 251 S.) Hannover 855(56,) Rümpler. Thlr

—— Herz und Krone oder Wilhelm v. Lecce. Trauerspiel in 5 Acten. 2. Aufl. 1862. und 3. Aufl. gr. 16. (III und 140 S.) Celle 862, Schulze'sche Buchh. 22⅔ Ngr.; geb. mit Goldschn. *

Raven, Mathilde, Herz und Krone oder Wilhelm v. Lecce. Trauerspiel in 5 Acten. 4. (Titel-)Aufl. 16. (III, 140 S.) Bremen (862)70, Kühtmann und Comp.

Raven, Mathilde, geb. Beckmann, Schwanwitt. Ein Sommer-Märchen. 16. (80 S.) Düsseldorf 852, Kaulen. n. ⅓ Thlr; cart. m. Goldschn. n. ½ Thlr

— Schwanwitt. Ein Sommer-Märchen. 2. Aufl. Düsseldorf 853. Kaulen. 16. (80 S.) n. 10 ngr.

— Schwanwitt. Ein Märchen in 15 Gesängen. 5. Aufl. Ebend. 870. 16. (78 S.) 15 ngr., in engl. Einb. mit Goldschn. 25 ngr.

Raven, Mathilde, Schwanwitt. Ein Märchen in 15 Gesängen. 6. (Titel-)Aufl. 12. (78 S.) [Bremen 880, Kühtmann und Comp.] Norden, Fischer Nachf. *
geb. mit Goldschn. *

Raven, Mathilde, geb. Beckmann, Welt und Wahrheit. Roman. 4 Bde. 8. (XX und 1601 S.) Düsseldorf 851, Kaulen. à Bd. 1 Thlr. 15 Ngr.

— der Zauberspiegel, s.: Wallner's allgem. Schaubühne.

Raven, Mathilde, aus vergangener Zeit. Gedichte. Celle 863. Schulze. 16. (280 S.) 1 Thlr. 6 ngr.

— aus vergangener Zeit. Gedichte. 2. (Titel-)Aufl. gr. 16. (280 S.) Ebend. 880. n. 3. —; geb. m. Goldschn. n. 4. 50

Raven, O. v., über Grund-Eigenthum. gr. 8. (4¼ B.) Breslau 841, (Schulz u. Comp.) *

v. Raven, O. G. C., die sociale Frage u. der Ackerbau der Zukunft durch die freie Konkurrenz. gr. 8. (IV u. 117 S.) Berlin 850, Oehmigke's Buchhandlung in Comm. 12 ngr

Raven, Otto, über die Verhältnisse, welche den Fortbestand von Gemeinheiten rathsam machen. Inaugural-Dissertation. gr. 8. (52 S.) Göttingen 881, (Vandenhoeck und Ruprecht's Verlag.)

Raven, Otto von, approb. Arzt aus Pillau: Aus d. Klinik v. Prof. Dr. Casper-Berlin. Die Verwertung der funktionellen Nierenchirurgie für die Nieren- und Bauchchirurgie. *Plön 1904: O. Raven.* (15 S.) 8°
Kiel, Med. Diss. v [26. März] 1904

Raven, Tas v., die blinde Venus, s.a. Geschichten, intime. Nr. 2

Die blinde Venus. Roman von Tas v. **Raven.** *(Berlin: Berl. Roman-Verl. [1903].)* (48 S.) 8° [Kopft. J.]
— Geschichten, Intime. 2. [04. 9369]

Raven, W. v., kavalleristische Aphorismen. gr. 8. (IV und 61 S.) Berlin 864, (Mittler und Sohn.) *

Raven, Werner Alborus von, pract. Arzt zu Berlin: Zwei Fälle von Bronchitis fibrinosa mit besonderer Berücksichtigung der Symptomatologie und des Sputumbefundes. *Berlin (1902): G. Schade.* (29 S.) 8°
Berlin, Med. Diss. v 19. Dez. 1902

Raven, Wilh., über Kleesalzvergiftung, s.: Mitteilungen aus den hamburg. Staatskrankenanstalten. X, 14.

über Spontanheilung v. Invaginationen durch Gangrän u. Ausstossung des Intussusceptums, s.a Mitteilungen aus den hamburg. Staatskrankenanstalten. X, 1

Raven, Wilhelm, Medizinalprakt.: Aus d. pathol. Inst. d. Allg. Krankenh. Hamburg-Eppendorf ⟨Prosektor: Fraenkel.⟩ Über Spontanheilung von Invaginationen durch Gangrän und Ausstossung des Intussusceptums. Hamburg & Leipzig: Voss 1909. 18 S. 8° ¶ (Aus: Jahrbücher d. Hamburg. Staatskrankenanstalten. Bd 14.)
Kiel, Med. Diss. v. 9. Febr. 1910, Ref. Heller
[Geb. 8. Juni 84 Hamburg; Wohnort: Hamburg; Staatsangeh.: Hamburg; Vorbildung: Gelehrtensch. d. Johanneums Hamburg Reife O. 03; Studium: München 3, Kiel 7 S.; Coll. 29. Juni 09; Approb. 26. Jan. 10.] [U 10. 2465

Ravené, J., Söhne: Katalog über Eisenwaren. Berlin 1889/90 ff.

Ravenegg, Antonie, geb. Gräfin Lichtenberg, die erprobte Honig-Köchin, s.a Rothschütz, Br., illustrierter Bienenzuchtsbetrieb f. Anfänger. II

Ravenegg, Antonie, geb. Gräfin Lichtenberg, die erprobte Honig-Köchin. 12. (VIII, 75 S.) Wien 894. (W. Frick.) Kart. n. 1. —

Logen-Bilder, ein satyrisches Freymaurer-Quodlibet oder Manchem ein quod non libet. [Von Roderich Pankraz Ravenersak.] Mit 2 Orig.-Zeichnungen eines Lat-Observanzlers, und der Hermeneutik derselben. 2. Aufl. verm. mit einem dreifachen Katechismus von Hiram. Freiburg: Waizenegger 1839. 44 S. 8°
Kl 671. Verspottung der Frmrei in Vers u. Prosa.

Ravenna [Schlagwort]

Ravenna, s.: Europa. Generalkarte.

Ravennatis anonymi cosmographia et Guidonis geographica. Ex libris manuscriptis edidd. M. Pinder et G. Parthey. 8. (XXIII und 677 S. mit chromolithogr. Taf.) Berlin 860, Nicolai'sche Verlagsbuchh. *

Ravensberg [Sachliches OW]

Ravensberg, Gräfin zu, Gesch. d. 12ten Jahrhunderts, s. Adelheid &c.

Ravensberg, die Gräfin v., Schauspiel in 5 Aufzügen von F. Graf v. K. S. gr. 16. (133 S.) Wesel 877, (Romen.) * geb. *

Ravensberg, die Grafschaft, mit ihren Alterthümern u. Merkwürdigkeiten. Zunächst f. d. Bürger u. Landmann d. Grafschaft. 8. (7¼ B. u. 1 Abbild.) Minden 835, Eßmann. Thlr.

Ravensberg [Schlagwort]

Ravensberg, s.: Herford.

Ravensberg [Verfasser]

Ravensberg, Johann Justus

Ravensberg, I. Iust., opuscul. de conditionib. conventionum et ultimar. voluntatum. 8. Jena, Cuno. 752.

Ravensberg, Jh. Just., († ...) opusculum de conditionibus contractuum et ultimarum voluntatum etc. 8. Jena 782. Cuno. 12 gr.

Ravensberg, Jo. Justus (Siegen/Nassau), De implemento conditionis potestativae contractibus appositae legitimo. Diss. jur. Präs. Jo. Rudolph Engau. Jena (Ritter) 14. X. 1747. 29 S. (4.75)
Gew.: Wilhelm Carl Heinrich Frison. — Widm. v.: Johann Hartmann (Oppon.), Jo. Seelbach (dtsch., P. A. Seelbach (dtsch.), Jo. Wilh. Ravensberg (dtsch., Bruder), Johann Frantz Heußler (dtsch.).

Ravensberg, Johann Justus [Praes.], s. Vatier, Karl Anton: De pignore in re aliena constituto eiusque effectibus diversis occasione tit. cod. si alien. res. pign. dat. sit.

Ravensberg, Otto vom, Gustav Adolph u. Wallenstein. Tragöd. in 5 Akt. 8. (8¾ B.) Berlin 840, Geo. Reimer.

—— König Hiarne. Trauersp. in 5 Act. gr. 8. (9 B.) Berlin 835, Duncker u. Humblot.

—— der böhmische Krieg. Tragöd. in 5 Act. Des 30jähr. Krieges I. Thl. gr. 8. (12 B.) Berlin 836, Geo. Reimer.

—— Mansfeld u. Tilly. Tragöd. in 5 Akt. 8. (9 B.) Berlin 840, Geo. Reimer.

Ravensburg [Sachliches OW]

Ravensburg u. Umgebung in Wort u. Bild. Zugleich Wegweiser f. Bodensee- u. Alpentouren. (38 S. m. 1 Plan, 1 Karte u. 1 Panorama.) 13,5×18,5 cm. Ravensburg (908). (Dorn's Sort.) — 30

Ravensburg [Schlagwort]

Ravensburg, s.a. Deutschland. Kürschner-Peip.

Ravensburg, s.a. Geognostische Karten (Württemberg).

s.a. Touristenkarten, Hopf.

Ravensburg, s.a. Württemberg. Generalkarte. Höhenkurvenkarte.

Ravensburg. Karte von Ravensburg u. Umgebung. 1:200,000. Lith. gr. Fol. Tübingen 890. Fues. n. 1. 40; auf Leinw. n. 2. —

Ravensburg [Verfasser]

Ravensburg s.a. Goeler v. Ravensburg.

Ravensburg, J., Lehrbuch der wissenschaftl. Graphologie (IV, 192 S.) 8. Leipzig 905. O. Mutze. n. 4. —; geb. n. 5. —

Ravenscliffe. Aus dem Englischen. Leipzig 1852. V: *Marsh, Anne.* (Ky)

—— s.a. Bibliothek, Europäische, 606—609. Bd.

Ravenscliffe, s.a. Collection of British authors.

Ravenstein's Automobil u. Pflasterzollkarte v. Bayern u. Angrenz. Länderteilen. Frankfurt. gefalzt i. Mappe. M. 1.50

Ravestein's Hauptstrassenkarte v. Deutschland, Oesterreich, d. Schweiz u. angrenzenden Ländern. Mit Angaben der f Automobile verbotenen Strassen, Pflasterzoll- u. Brückengeldhebestellen, sowie Automobilfallen. 1: 200.000. 66 × 73.5 c.M. Frankfurt a/M. Auf Leinw. M. 3.—

Ravenstein-Liebenow's Radfahrer- u. Automobilkarte von Deutschland und Mittel-Europa (*Futteral: von M'-E': D', Niederlande, Belgien nebst Teilen von Oesterreich-Ungarn, Frankreich, Russland und der Schweiz. Maasstab) 1:300000, 164 Sectionen (*Futteral: Karten ...). [Mit] Uebersichtsnetz auf der Rückseite. Blatt 141 u. 154—156. 4 Bl. quer-fol., *aufgezogen mit Titel, in Futteral*, 8. Frankfurt a. M., Ludwig Ravenstein, [1904]. (pro Blatt unaufgez. M. 1.—, aufgez.) M. 1.50
Titel auf dem Blatt: Liebenow-Ravenstein's Special-Rad- und Automobilkarte (*141: Sp'-Radfahrerkarte) von M'-E' = W Liebenow's Mittel-Europa. Maasstab 1:300,000. *je* 279-280/370-374 mm. F' a. M., L' R'.
Blatt 141: Freiburg-Triberg ⟨Schwarzwald⟩. — Blatt 154: Basel. — Blatt 155: Zürich. — Blatt 156: Bregenz-St. Gallen.

Ravenstein-Liebenow's Radfahrer- u. Automobilkarte von Mittel-Europa. 1:300.000 in 161 Blättern. Frankfurt. Aufgezogen. je. M. 1.50

Ravenstein's Rad- u. Autokarte der Schweiz. 1:500.000. Frankfurt. Aufgezogen. O. M. 3.—

Ravenstein, Albert. (geb. Breslau 14. 10. 1817). De carcinomate intestini recti. Berolini (1840). (32 S.) 8°
Berlin, Med. Diss. v. 14. Aug. 1840

Ravenstein, August, s. R a v e n s t e i n , Friedrich August

Ravenstein, Ernest George

Ravenstein, E. G. Eisenbahn- und Schiffahrtskarte der Kaiserreiche von Russland und der Türkei. 1:5 000 000. Frankfurt Main) 1882. 1 Bl. c. L.

R a v e n s t e i n, E. G., Eisenbahn- und Schifffahrts-Karte der Kaiserreiche von Russland und der Türkei. 1:5,000,000. Chromolithogr. Imp.-Fol. Frankfurt a. M. 883, Jaeger'sche Buchh. * 3 —
Ausg. in engl. Sprache zu gleichem Preise.

R a v e n s t e i n, E. G. Eisenbahn- u. Schiffahrts-Karte der Kaiserreiche von Russland u. der Türkei. Ausg. 1892 m. der Einzeichng. der Hungersnoth in Russland. 1:5,000,000. Farbendr. 86×61 cm. Frankf. a. M. 892, Jaeger's Verlag. * 1 50

R a v e n s t e i n, E. G., Eisenbahn-Karte der Vereinigten Staaten von Nord-Amerika und von Britisch-Canada. Mit besond. Berücksicht. der Besitzer von Eisenbahn-Actien. 1. Aufl. 1872, und 2. Aufl. 1:5,000,000. Fol. Frankfurt a. M. 874, Jaeger'sche Buchh. * 3 —

R a v e n s t e i n, E. G., Eisenbahn-Karte der Vereinigten Staaten von Nord-Amerika, Britisch-Canada und Mexico. 1:5,000,000. 2 Bl. 3. und 4. sorgfältig bericht. Aufl. Chromolithogr. Imp.-Fol. Frankfurt a. M. 880,82, Jaeger'sche Buchh. 3 —

R a v e n s t e i n, E. G., Eisenbahn-Karte der Vereinigten Staaten von Nord-Amerika, Britisch Canada und Mexico. 1:5,000,000. 2 Bl. 5. Aufl. Chromolithogr. gr. Fol. Frankfurt a. M. 885, Jaeger'sche Buchh. * 3 —

R a v e n s t e i n ' s, E. G., Führer durch Frankfurt a. M. und seine Umgebungen für Einheimische und Fremde. Hrsg. von Karl Diefenbach. Mit 11 (lithogr.) Taf. Abbild., 1 (lithogr.) Stadtplan und 1 (lithogr.) Umgebungskarte. 4. Aufl. 8. (III, 75 S.) Frankfurt a. M. 884, Ravenstein. *
1.—3. Aufl. erschienen 1867—79.

R a v e n s t e i n ' s Führer durch Frankfurt a. M. u. seine Umgebungen f. Einheimische u. Fremde. 5. Aufl. 8. (77 S. m. 8 Taf. Abbildgn., 1 Plan u. 1 Karte.) Frankf. a. M. 890, Ravenstein.
In Leinw. cart. * 1 50

Ravenstein, E. G., London, England, Schottland u. Irland, s. a **Meyer's Reisebücher.**

R a v e n s t e i n, E. G., London, England und Schottland. 2. Auflage. Hildburghausen 1871. 8.

—— Railroad Map of the United States of America, the dominion of Canada and Mexiko. 1:5,000,000. 2 leaves. 4d edit. Chromolithogr. Imp.-Fol. Ebendas. 882. 3 —

Ravenstein, E. G., das britische Reich, s. **S t e i n,** C. G. D., u. F. **Hörschelmann,** Handbuch der Geographie.

Ravenstein, E. G., Reisehandbuch für London, England u. Schottland. Illustr. Ausg. 9 Karten u. 34 Pläne (lith. u. chromolith.) v. E. G. Ravenstein, 36 Ansichten in Stahlst. von Plato Ahrens, 5 Ansichten in Holzschn. Hildburghausen 870. Bibliograph. Institut. 8. (XIV, 688 S. mit eingedr. Holzschn.) In engl. Einb. n. 2 Thlr

—— englischer Sprachführer. Konversations-Wörterbuch für Reisende. 16. (VIII, 250 S.) Leipzig 884, Bibliograph. Institut. geb. *

Ravenstein, Friedrich August

R a v e n s t e i n, Aug., Alignement-Plan von Frankfurt a. M. 1:1250. 16 Bl. Fol. Ebendas. 862. à Bl. *M 2,25. * 24 —

— Andeutungen über die Begründung von **T u r n v e r e i n e n** und Turnanstalten. kl. 8. Frankfurt a/M. 846, Sauerländer. 9 ngr

R a v e n s t e i n, Aug., Atlas géographique pour l'enseignement primaire. Contenant les cartes géographiques de l'Allemagne, de l'Europe, de l'Asie, de l'Afrique, de l'Amérique septentrionale et méridionale et de l'Océanie et une carte idéale des rapports physico-géographiques. Empreinte en relief et impression en couleurs, d'après la nature physique et géographique des divers pays. 3e édit. française d'après la 5e édit. allemande. qu. 4. (8 Relief- und 8 lithogr. Karten.) Frankfurt a. M. 868, Dondorf. In Carton

Ravenstein, Aug., Deutschland, nach dem an die Reichsversammlung gestellten Antrage des Abgeordneten Dhame in 21 Reichsschilde [Reichskreise] u. 200 Reichsbezirke eingetheilt. qu. Imp. 4. Lith. u. color. Frankfurt a. M. 848, Wilmans. 1/6 Thlr

R a v e n s t e i n, Aug., die **G e g e n d** um **L e i p z i g** u. **D r e s d e n** mit d. sächs. Schweiz u. d. Umgegend v. Teplitz; topograph., histor., statist., u. itinerar. dargest., mit Situationsplänen, Karten-Skizzen, (17) Vignetten etc. ausgestattet, u. erläut. Texte f. d. Reisegebr. versehen. Im Maasstab v. 1:266666. entworf. Imp.-Fol. (6 gedr. Bl. mit d. Plänen v. Leipzig u. Dresden nebst 12 S. Vorbemerkn. u. Erläutern., gr. 16.) Frankfurt a. M. 838. [Leipzig, Gebhardt u. Reisland.] *

Ravenstein, Aug., die Gegend um **L e i p z i g** u. Dresden mit der Sächs. Schweiz u. der Umgegend von Teplitz; topographisch, historisch, statistisch u. itinerarisch dargestellt, mit Situationsplänen, Karten-Skizzen, (17) Vignetten etc. u. erläut. Texte für den Reisegebrauch versehen. Im Maasstab von 1:266666 entworfen. Imp.-Fol. u. 6 gedr. Blätter mit d. Plänen von Leipzig u. Dresden. gr. 16. Frankfurt 838. Fr. Wilmans. Auf Leinwand u. in Etui n. 2 2/3 Thlr

—— General-Plan von Frankfurt a. M. 1:10,000. Berichtigte Aufl. von 1867. Fol. Ebendas. 868. In Carton * 1 —

R a v e n s t e i n, Aug., illustrirter Generalplan von Frankfurt a. M. Revid. 1867. Fol. Frankfurt a. M. 868, Ravenstein. *

Ravenstein, A., General-Post- und Reise-Karte von Deutschland und den Nachbarstaaten; bis Paris, London, Copenhagen, Warschau u. Bologna. Neu gezeichnet, nach den besten Quellen und Karten verbessert und lith. von J. Lehnhardt. Kolor. M. 1:1550000. Frankfurt a. M., Jügel, 1839. Imp.-Fol. (2 2/3 Thlr)

R a v e n s t e i n, August, Turnerisches Glaubensbekenntnis.
(Angeb.): 1. — T. Weihnachtsf. d. Turner, 25. 12. 1849.
2. Tham, Antrag d. Abgeordn. Dham . ., e. neue politische Einteilung Tschlds. betr., Frankfurt a. M. 1848.
3. Ravenstein, August, Turnkreise, Gr.-8°.

R a v e n s t e i n, August, Handbuch für die Schüler der Turnanstalt zu Frankfurt a. M., m. 9 Taf. üb. Heb- u. Schwebeübungen, Frankfurt a. M. 1841, 70 S., Kl.-8°.

Ravenstein, Fr. A. Karte der Umgegend von Frankfurt a. M. Frankfurt a. M. 1865. 1 Bl. c. L. Fl.

—— Karte der Umgegend von Frankfurt a. M. Unter Zugrundlage der grossh. und kurfürstl. hess. Generalstabs-Aufnahmen, sowie der neuen herzogl. nass. trigonometr. Ortsbestimmungen, amtl. Mittheilungen über das landgräfl. hess. Amt Homburg etc. bearb. 1:100,000. Revid. Ausg. von 1867. Fol. Ebendas. 868. *M 3.; aufgez. * 4 —

Ravenstein, Fr. Aug., Karte der Umgegend von Frankfurt am Main. Unter Zugrundlage der grossherzogl. und kurfürstl. hess. Generalstabs-Aufnahmen, sowie der neuen herzogl. nass. trigonometr. Ortsbestimmungen, amtl. Mittheilungen über das landgräfl. hess. Amt Homburg und eigenen Aufnahmen des Frankfurter Gebietes und Recognoscirungen bearb. 1 : 100,000. Revid. 1880. Lithogr. und color. Imp.-Fol. Frankfurt a. M. 882, Ravenstein.
Auf Leinw. in Etui 4 —

Ravenstein, Aug., Karte vom Regierungsbezirk Wiesbaden mit Umgebungen bis Hanau, Giesen, Olpe, Bonn und Kreuznach. Unter Berücksichtigung der grossherzogl. darmstädtischen trigonometr. Vermessung und mit Benutzung der bei den betr. königl. preuss. und grossherzogl. hess. Regierungen vorliegenden Materialien von 1 : 240,000 entworfen. Berichtigte Ausg. durch Ludw. Ravenstein 1867. 3 Bl. Fol. Frankfurt a. M. 868, Ravenstein. * ℳ 3.; aufgez. * 4 —

Ravenstein, August, Leitfaden zur Turnlehre und Turnkunst nach d. v. Friedrich Ludwig Jahn begründeten Schule, zunächst als Handbuch f. d. Schüler u. Besucher d. Turnanstalt zu Frankfurt a. M., Frankfurt a. M. 1844, 136 S., 1 Tab., 16°.

— s. Liederkranz für die Turngemeinde des Vaterlandes.

— s. Nachrichtsblatt für Deutschlands Turnanstalten.

Ravenstein, A. Plan von Frankfurt a. M. 1 : 1250. Frankfurt a. Main. 1800. 4 Bl. c. L.

—— geometrischer Plan von Frankfurt a. M. Revid. bis Febr. 1867 von Sim. Ravenstein. 1 : 2500. 9 Bl. Fol. Ebendas. 868. à Bl. * ℳ 2,25. * 16 50

Ravenstein, A. Plankarte des Frankfurter Gebietes. 1 : 25 000. Frankfurt a. M. 1853. 1 Bl. c. L. Ff.

—— Plankarte der näheren Umgegend von Frankfurt a. M. 1 : 250,000. In das trigonometr. Netz der grossherzogl. hess. Landes-Vermessung orientirt und nach den amtl. geometr. Plänen der Gewanne, Gemarkungen etc. zusammengestellt. Berichtigte und erweit. Ausg. von 1867. Fol. Ebendas. 868. * ℳ 3,60.; aufgez. * 4 50

—— Das Deutsche Reich. Gestochen von J. Müller. Nürnberg, Fr. Napoleon Campe. 1849. Imp.-Fol. Kol. 1 ℛ.

—— Reise-Uebersichts-Karte für Frankfurts Umgegend. Revid. 1867. qu. 4. Ebendas. 868. * 60 Pf.; aufgez. * — 80

— Relief-Karte des Grossherzogth. u. Kurfürstenth. Hessen, des Herzogth. Nassau u. der angrenzenden Länder, den Odenwald u. Spessart, den Vogelsberg u. das Rhöngebirge, das hess. Bergland u. die Wesergebirge, den Taunus, Westerwald u. das Sauerland umfassend. Horizontal-Maasstab 1 : 900000. Vertical-Maasstab 1 : 90000. Fol. Mit 1 lith. u. color. Beikarte in Fol. Darmstadt 847, Bauerkeller's Präganstalt. n. 1 1/2 ℛ

— Relief-Karte der preuss. Provinzen Rheinland u. Westphalen, des Herzogth. Nassau u. der angrenzenden Länder, die niederrhein. u. Wesergebirge, das hess. u. pfalz. Bergland, den Vogelsberg, Spessart u. Odenwald umfassend. Fol. Mit 1 lith. u. col. Beikarte in Fol. Ebd. 849. n. 2 ℛ

Ravenstein, A., Relief-Karte des Königreichs Württemberg, des Grossherzogthums Baden, der Bayerschen Rheinprovinz und der angrenzenden Länder, den Schwarzwald, Odenwald u. Spessart, den Schwäbischen Jura u. die Terrasse von Schwaben, die Vogesen, das Pfälzische Bergland u. den Hundsrück umfassend. Horizontal-M. 1 900000. Vertical-M. 1 90000. Fol. Mit 1 lith. u. kolor. Beikarte in Fol. Darmstadt, Bauerkeller, 1947. (1 1/2 ℛ.)

— die Rheinlande von Mannheim bis Köln; in vier (illum.) Karten topograph., histor., statist. u. itinerarisch dargestellt, mit Situationsplänen, Uebersichtskärtchen, Skizzen u. Vignetten ausgestattet u. erläut. Texte für d. Reisegebrauch versehen. Im Maasstab von 1 : 200000 entworfen. gr. 8. Frankfurt 837. Fr. Wilmans. cart. n. 2 ℛ — Mit d. Karten auf Leinw. n. 2 1/3 ℛ (Jede Karte einzeln, mit Zeichen-Erklärung u. Titel n. 2/3 ℛ — Auf Leinwand n. 5/6 ℛ)

Ravenstein, Aug., der Rheinlauf von Mainz bis Cöln, mit der Main- u. Lahngegend u. den Bädern des Taunus, nebst genauer Angabe der merkwürd. Oerter u. Ruinen, so wie der frequentesten Poststraßen u. Wege. (Mit einem Meilenzeiger.) — Le Cours du Rhin etc. Fol. Frankfurt 835. Jügel. Auf Leinwand in Etui n. 5/6 ℛ

—— Schul-Atlas, enth. d. Karten v. Europa, Asien, Afrika. Nord-Amerika, Süd-Amerika, Australien u. Deutschland. Nach d. polit. Eintheil. col. u. in Bezug auf Gebirgs- u. Länder-Conturen-Darstellung nach neueren Grundsätzen u. unt. Benutz. der von Ph. v. Cannstein hrsg. Kartenentwürfe bearb. Auch als Erläuterungskarten zu dessen plast. Schulatlasse dienend. qu. gr. 4. (1 Bl.: Vorw.) Frankfurt a. M. 839, Geograph. Institut. *

— plastischer Schul-Atlas für die erste Stufe des Unterrichts in der Erdkunde. Enthaltend die Karten v. Deutschland, Europa, Asien, Afrika, Nord- u. Südamerika u. Australien nebst einem Ideal der phys.-geograph. Verhältnisse. In Relief geprägt nach der phys.-geograph. Beschaffenheit [in einer besond. Ausg. auch nach der polit. Eintheilung] der Länder in Farben gedruckt. 2. ganz umgearb. Aufl. qu. gr. 4. (8 Reliefkarten, 8 lith. u. col. Karten u. 4 S.) Frankfurt a. M. 849, Dondorf. (Leipzig, Hinrichs.) In Kasten. n. n. 4 ℛ 17 ngr

Ravenstein, Aug., plastischer Schul-Atlas für die erste Stufe des Unterrichts in der Erdkunde. Enthltd. die Karten von Deutschland, Europa, Asien, Afrika, Nord- u. Süd-Amerika und Australien, nebst e. Ideal-Bild der physisch-geograph. Verhältnisse. In Relief geprägt u. nach der physisch-geograph. Beschaffenheit (in e. besonderen Ausg. auch nach der polit. Eintheilung) der Länder in Farben gedruckt. 3. Aufl. Frankfurt a. M. 853. Dondorf. (Leipzig, Hinrichs.) qu. gr. 4. (8 Relief-Karten u. 8 lith. u. col. Karten.) nn. 5 ℛ.

Ravenstein, Aug., plastischer Schul-Atlas für die erste Stufe des Unterrichts in der Erdkunde. Enthaltend die Karten von Deutschland, Europa, Asien, Afrika, Nord- und Süd-Amerika und Australien, nebst einem Ideal-Bild der physisch-geograph. Verhältnisse. In Relief geprägt und nach der physisch-geograph. Beschaffenheit (in einer besond. Beigabe nach der polit. Eintheilung) der Länder in Farben gedruckt. 3., umgearb. Aufl. qu. gr. 4. Frankfurt a. M. 854, Dondorf. (Leipzig, Hinrichs'sche Buchh.) **

Ravenstein, Aug., plastischer Schul-Atlas für die erste Stufe des Unterrichts in der Erdkunde. Enth. die Karten von Deutschland, Europa, Asien, Afrika, Nord- und Süd-Amerika und Australien, nebst einem Ideal-Bild der physisch-geograph. Verhältnisse. In Relief geprägt und nach der physisch-geograph. Beschaffenheit (in einer besond. Beigabe auch nach der polit. Eintheilung) der Länder in Farben gedr. 4., ganz umgearb. Aufl. 4. Frankfurt a. M. 864, Dondorf. (Berlin, Schotte und Comp.) In Carton.

—— Schul- und Comptoir-Karte vom Regierungsbezirk Wiesbaden [ehem. Herzogth. Nassau]. Fol. (4 Bl.) Wiesbaden 872, Limbarth. * 6 —

—— Strassenplan von Frankfurt a. M. Revid. 1867. 1 : 10,000. Fol. Ebendas. 868. *

—— Strassen-Plan von Frankfurt am Main und Bockenheim. 1 : 10,000. Chromolithogr. qu. gr. Fol. Mit Strassenverzeichniss. gr. 8. (8 S.) Ebendas. 882. 1 50

—— Taschenkärtchen der Umgegend von Frankfurt. Revid. 1867. 1 : 400,000. 4. Ebendas. 868. * — 35

Ravenstein, Aug., Turnbuch für die Schüler der gymnast. Anstalt zu Frankfurt a/M. Nach Jahn, Eiselen, Spieß u. Euler; nebst neuen Tafeln über Heb- u. Schwebübungen. 16. Frankfurt a/M. 841. (Wilmans.) 2/3 ℛ

— Turnbüchlein. Leitfaden zur Lehre u. Uebung d. Turnkunst in jeder Altersstufe u. für beide Geschlechter. 3. gänzl. umgearb. u. verm. Aufl. 16. (169 S.) Frankfurt a. M. 847, Sauerländer. n. 1/3 ℛ

Ravenstein, Aug., Der deutsche Turnerbund und seine Satzungen, Frankfurt a. M. 1848, 6 S., 8°.

Ravenstein, A.: Die Turnkunst in ihrer Entwicklung zu Frankfurt a. M. Ein geschichtl. Abriß. Frankfurt a. M. 1843. 24 S. Sonderdr. aus: Frankfurter gemeinnützige Chronik.

— die Turn-Kunst in ihrer sittlichen Richtung als Beförderin edler Gesinnungen u. vaterländ. Tugenden. Erwachsenen Turnern als Wegweiser zur Selbstveredlung, Behörden, Schulmännern ꝛc. zur Würdigung der moral. Bedeutung dieses Bildungsmittels gewidmet. 32. Frankfurt a/M. 842, Jäger'sche Buchh. 1/8 Thlr.

—— Turntafeln für die Frei- und Ordnungsübungen und das Turnen an und mit Geräthen. (Als Vorturnerbüchlein aus dem Volksturnbuch abgedr.) 16. (VIII und 160 S.) Frankfurt a. M. 863, Sauerländer's Verlag. cart.

Ravenstein, Aug., Turntafeln f. die Frei- u. Ordnungsübungen u. das Turnen an u. m. Geräthen. Als Vorturnerbüchlein aus dem „Volksturnbuch 3. Aufl." besonders abgedr. 16. (VIII, 186 S.) Frankfurt a/M. 875. Sauerländer. n. 1. —

—— Uebersichtskarte der weiteren Umgegend von Frankfurt a. M. Revid. 1867. 1:300,000. gr. 4. Ebendas. 868. * — 80
aufgez. * 1 20

— Volksturnbuch. Im Sinne von Jahn, Eiselen und Spieß und nach den in Berlin am 11. Aug. 1861 von der Versammlung deutscher Turnlehrer angenommenen Grundsätzen bearb. Ein Führer auf dem Gebiete des Männer- u. Vereins-Turnwesens; auch für Turnlehrer in oberen Knaben-Schulklassen. Mit 4 (lith.) Taf. Abbildungen (in 8. u. 4.) u. gegen 500 in den Text eingefügten Holzschn. Frankfurt a. M. 863. Sauerländer's Verlag. gr. 8. (XII, 600 S.) n. 2 Thlr.

— Volksturnbuch. Im Sinne von Jahn, Eiselen u. Spieß u. nach den in Berlin am 11. Aug. 1861 von der Versammlung deutscher Turnlehrer angenommenen Grundsätzen bearb. Ein Führer auf dem Gebiete des Männer- u. Vereins-Turnwesens; auch für Turnlehrer in oberen Knaben-Schulklassen. 2., verb. u. verm. Aufl. Frankfurt a. M. 868. Sauerländer's Verlag. gr. 8. (XVI, 640 S. mit 4 Stnt. Abbild. in gr. 8. u. qu. gr. 4. u. gegen 700 in den Text eingedr. Holzschn.) n. 2 Thlr. 12 ngr.

—— Volksturnbuch. Im Sinne von Jahn, Eiselen und Spieß und nach den in Berlin am 11. Aug. 1861 von der Versammlung deutscher Turnlehrer angenommenen Grundsätzen bearb. Ein Führer auf dem Gebiete des Männer- und Vereins-Turnwesens; auch für Turnlehrer in oberen Knaben-Schulklassen. 3., verb. und verm. Aufl. gr. 8. (XVI, 680 S. mit 4 zum Theil farb. lithogr. Taf. Abbildungen in gr. 8. und qu. 4. und gegen 700 in den Text eingefügten Holzschn.) Ebendas. 875. *

— Volksturnbuch. Im Sinne v. Jahn, Eiselen u. Spieß u. nach den in Berlin am 11. Aug. 1861 von der Versammlg. deutscher Turnlehrer angenommenen Grundsätzen bearb. Ein Führer auf dem Gebiete d. Männer- u. Vereins-Turnwesens; auch f. Turnlehrer in oberen Knaben-Schulklassen. 3., verb. u. verm. Aufl. Mit 4 (zum Theil farb. lith.) Taf. Abbildgn. (in gr. 8. u. qu. 4.) u. gegen 700 in den Text eingefügten Holzschn. gr. 8. (XVI, 680 S.) Ebend. 876. n. 8. —

Ravenstein's Volksturnbuch. Ein Führer auf dem Gebiete des Männer- u. Vereins-Turnwesens; auch f. Turnlehrer in oberen Knaben-Schulklassen. 4. Aufl., erneuert v. Alfr. Böttcher. gr. 8. (XVI, 715 S. m. 1 Taf. u. üb. 500 Holzschn.) Frankfurt a/M. 894. J. D. Sauerländer. n. 8. —; geb. n. 9. 50

—— fünf Vorlegeblätter u. Karten-Netze, als Hülfsmittel bei d. Unterr. im geograph. Zeichnen u. Abbilden d. phys. Erdräume (topische Geographie) erläut. u. entworfen. gr. 12. (1½ B. u. 5 lith. Taf., Fol.) Frankfurt a. M. 836. [Leipzig, Kersten.]

— fünf Vorlegeblätter u. Karten-Netze, als Hülfsmittel bei dem Unterrichte im geograph. Zeichnen u. Abbilden d. physischen Erdräume (topische Geographie) erläutert u. entworfen. Mit 5 lith. Taf. gr. 12. Frankfurt 836. Schmerber. (auch Dörffling in Leipzig.) 5/8 Thlr.

Ravenstein, H. Histor. Darstellung der wichtigsten Ereignisse des 2. Kür.-Reg. <genannt Königin>. 1717—1820. Berlin 1827. 174 S.

Ravenstein, H., histor. Darstell. d. wichtigsten Ereignisse des Kön. Preuß. zweiten Kürassier-Regiments (genannt Königin) v. dessen Stiftung im J. 1817 bis 1820. Mit 1 Portr. gr. 8. Berl. 827. Mittler. 1 Thlr. 6 Gr.

Ravenstein, K. Historische Darstellung der wichtigsten Ereignisse des kgl preuss. 2 Kürassier-Regiments, genannt „Königin", von dessen Stiftung 1717 bis 1820. (XII 174) 8. Berlin 1827 — 2. Aufl Minden 1842.

Ravenstein, Hans. Karte der Schweizer Alpen, Oestliches u. Westliches Blatt. Zeichnung von H' R' in Frankfurt a. M. 1897. Maassstab 1 : 250.000. *je* 695-698/629-634 mm. 2 Bl. fol., *aufgezogen* 8. Stich, Druck u. Verlag der geographischen Anstalt von L. Ravenstein in Frankfurt a. Main.

Orig.-Ausg. A, aufgezogen mit Titel: K' der Sch' A' (in 2 Blatt; 1 : 250000). Oe' u. W' Blatt. Gezeichnet von H' R'. Verlag der geogr. A' von Ludwig R' in Fr' a. M. (*je* M. 5. —, aufgezogen 6. —)

Neue, unveränderte Ausg. B, aufgezogen mit illustriertem Titel: K' der Sch'-A'. Oe' u. W' Blatt. 1 : 250000. Verlag Ludwig R', Fr' a. Main. [1906]. *je* [aufgezogen] M. 4. —

Ravenstein, Hans. Karte d. Mittelrhein-Gebietes zur Uebersicht der Verkehrswege u. Gebirgsgruppen. 1 : 100,000. 6 Blatt. Farbendr. gr. Fol. Frankf. a. M. 890, Ravenstein. ** 14 —
Auf Leinw. * 18 —; m. Stäben * 20 —

Ravenstein, H. Karte vom Odenwald u. der Rheinebene. 1 : 170,000. Farbendr. 60×48 cm. Frankf. a. M. 891, Ravenstein. * 3 —; auf Leinw. in Leinw.-Decke * 4 —

Ravenstein, H. Karte v. Rheinhessen u. der bayerischen Pfalz. 1 : 170,000. Farbendr. 76,5×54 cm. Frankf. a. M. 891, L. Ravenstein. * 4 —; auf Leinw. in Leinw.-Decke * 5 —

Karte der Provinz Rheinland nebst d. angrenzenden Landestheilen. Neue Bearb. d. W. Liebenow'schen Karte von Mittel-Europa nach Amtl. Kartenwerken durch Hans **Ravenstein**. Maßst. 1 : 300,000. Frankfurt a. M.: M. Ravenstein [1906]. (1 Kartenbl. 75 × 102 cm.) 8° [lith.] [kol.]
[Umschlagt.:] Spezial-Karte d. Prov Rheinland ... von H. Ravenstein. [06. 8433

Ravenstein, H. Karte der Rhön und des nordwestlichen Thüringer Waldes. 1 : 170000. Frankfurt a. M. (1890). 1 Bl. c. I. NC.

Karte der Provinz Sachsen, Grossherzogtum Sachsen Weimar, Herzogtümer Sachsen-Coburg-Gotha, -Meiningen, -Altenburg, Herzogtum Anhalt, Fürstentümer Schwarzburg u. Reuss sowie anliegende Ländertheile. Neue Bearb. d. W. Liebenow'schen Karte von Mittel-Europa nach Amtl. Kartenwerken durch Hans **Ravenstein**. Maasst. 1 : 300,000. Frankfurt a. M.: L. Ravenstein [1906]. (1 Kartenbl. 91 × 118 cm.) 8° [lith.] [kol.]
[Umschlagt.:] Spezial-Karte d. Prov. Sachsen .. durch H. Ravenstein. [06. 8434

Ravenstein's Radfahrer- und Automobil-Karte für den Regierungsbezirk Gumbinnen. 1 : 300,000. Bearb. von Hans **Ravenstein** mit Zugrundelegung d. W. Liebenow'schen Karte von Mittel-Europa. *Frankfurt a. M.: L. Ravenstein [1903].* (1 Kartenbl. 77×51 cm.) 8° [Umschlagt.] [kol.] [03. 4465 10

Ravenstein's Radfahrer- und Automobil-Karte für den Regierungsbezirk Königsberg. 1 : 300,000. Bearb. von Hans **Ravenstein** mit Zugrundelegung der W. Liebenow'schen Karte von Mittel-Europa. *Frankfurt a. M.: L. Ravenstein [1903].* (1 Kartenbl. 81×57 cm.) 8° [Umschlagt.] [kol.] [03. 4466 10

Ravenstein's Radfahrer- und Automobilkarte des Regierungsbezirkes Stettin (mit Insel Rügen. Bearb. von Hans **Ravenstein** mit Zugrundelegung d. W. Liebenow'schen Karte von Mittel-Europa). Maaßst. 1 : 300,000. [Mit 1 Nebenkarte.] *Frankfurt a. M.: L. Ravenstein [1903].* (1 Kartenbl. 68 × 66 cm.) 8° [kol.]
Sonder-Ausg. d. einzigen offiz. Wegekarte d. Deutschen Radfahrerbundes. [03. 11948

Neue Spezialkarte für Reise, Bureau u. Verkehr des Regierungsbezirkes Schwaben und der angrenzenden Gebiete. Mit Zugrundelegung der Prof. W. Liebenow'schen Karte von Mittel-Europa nach Amtl. Karten neu bearb. von Hans **Ravenstein**, Frankfurt a. M. Maßst. 1:300,000. (Frankfurt a. M.: L. Ravenstein [1907].) (1 Kartenbl. 58×72 cm.) 8° [lith.] [kol.]

— **Volks-Ausgabe** von W Liebenow's u. Ravenstein's Spezialkarte. No 51 [07. 11710

Ravenstein, Hans, Spezial-Karte der Provinz Rheinland nebst d. angrenzenden Länderteilen. Neue Bearb. d. W Liebenow'schen Karte nach Amtl. Materialien 1 300 000. Frankfurt a. M. o. J 8°.

Ravenstein, Hans, Spezial-Karte der Provinz Sachsen mit angrenzenden Länderteilen. Neue Bearb d. W Liebenow schen Karte von Mittel-Europa nach amtl. Kartenwerken. 1:300 000. Frankfurt a. M. [1906.] 8°.

Strassen-Plan von Frankfurt a/M. mit Vororten (u. Strassenverzeichniss). Zeichn. von Hans **Ravenstein**. Maassst. 1:12,500. *Frankfurt a/M.: L. Ravenstein [1901].* (1 Kartenbl. 60×46 cm.) 8° [kol.] [01. 10314

Touristenkarte der Rhoen und des nordwestlichen Thüringer Waldes 1 170,000 bearb. von Hans **Ravenstein**. Neue Ausg. *Frankfurt a. M.: L. Ravenstein [1901].* (1 Kartenbl. 64×54 cm.) 8° [Umschlagt.] [farbig] [01. 9181

Ravenstein, Hans. Wandkarte der Umgebung von Frankfurt a. M. 1:50,000. 4 Blatt. Farbendr. Imp.-Fol. Frankf. a. M. 890, Ravenstein. * 14 —; auf Leinw. m. Stäben * 20 —

Ravenstein, Jh. Fr., (†...) Samml. seltener Begebenheiten in der Natur. Nebst vielen zur Verbesser. d. Acker- u. Gartenbaues angestellten Versuchen zc. 8. Frankf. a. M. 755. Garbe. 16 gl

Ravenstein, K., s. Ravenstein, H.

Ravenstein, Ludwig

—— —— Alignement-Uebersichtsplan von Frankfurt a. M. 1:10,000. Lithogr. Schwarzdruck. (64×54 cm.) Ebd. 892. * 3 —

Ravenstein, Ludw., Alignement-Uebersichtsplan Frankfurt a. M. und Bockenheim. 1:10,000. 2. Aufl. Chromolithogr. gr. Fol. Frankfurt a. M. 887, Ravenstein. * 3 —

Ravenstein, Ludw., Atlas d. Deutschen Reiches. 10 (chromolith.) Blätter, 1:850,000, m. vollständigem Register aller auf der Karte enthaltenen Namen, nebst 3 statist. Karten: der Bevölkerungstüchtigkeit, Konfessionen u. Gewerbthätigkeit in Deutschland, u. 16 Produktionskärtchen üb. Bodenkultur, Tierzucht, Nutzpflanzen u. nutzbare Mineralien; m. ausführl. statist. Übersichtstabellen. Fol. (35 S.) Leipzig 884. Bibliograph. Institut. cart. n. 5. —; geb. n. 6. —

Ravenstein, Ldwg.) Eisenbahn-Karte von Deutschland, Oesterreich und den angrenzenden Gebieten. (Mit erläut. Text von W. Koch.) M. 1:4000000. Hildburghausen [1869]. . . . . (Br. Mus.)

Ravenstein, Ludw., Frankfurt a. M. und seine Umgebungen. Ein Wegweiser für Einheimische und Fremde. Mit 8 Taf. Abbildungen, Grundrissen vom zoolog. Garten und den Friedhöfen und einem neuen Stadtplan (in qu. gr. 4.). 8. (92 S.) Ebendas. 868. ** 1 50

—— —— Strassenplan Frankfurt a. M. 1:10,000. (39×33 cm.) Ebd. 892. * — 60

Ravenstein's Ludw., Führer zum Gordon Bennett-Rennen 1904 m. Karte vom Taunus u. der Rennstrecke 1:300,000; Profilzeichng. der Rennstrecke 1:100 000; Hauptroutenkarte v. Mittel-Europa 1:4,000,000; Plänen v. Frankfurt a. M., Homburg, der Saalburg u. Königstein. Bearb. v. Max R. Zechlin u. Hans Ravenstein. (26 S.) 8. Frankfurt a/M. (904). L. Ravenstein. n. 1. —

— **Führer f. Rad- u. Automobilfahrer in Deutschland u. den angrenzenden Ländern. Bearb. v. Ernst Ludw. Richter. 6 Tle. Mit je 1 Entfernungs- u. Routenkarte. kl. 8. Ebd. Kart. à n. 1. 50**

1. Schleswig-Holstein, Mecklenburg, Hannover, Oldenburg, Westfalen, Schaumburg-Lippe, Teile v. Holland u. Rundfahrt in den Niederlanden. Mit Entfernungs- u. Routenkarte. (XVI, 120 S.) (904.)
2. Pommern, West- u. Ostpreussen, Posen, Brandenburg nebst Rügen, e. Teil v. Russland, sowie die Rundfahrt durch Norwegen. Mit Entfernungs- u. Routenkarte. (XXIV u. S. 121—288.) (903.)
3. Prov. u. Königr. Sachsen; Thüringen, Schlesien u. Teile v. Hessen-Nassau, sowie Rundfahrten im Harz, Thüringen, Sächsisch-böhm. Schweiz, Riesengebirge, Erzgebirge u. s. w (XXVIII u. S. 289—488.) (903.)
4. Rheinlande südlich bis zur Mosel, Teile v Westfalen u. Hessen-Nassau, Hessen, Bayern, Baden u. Württemberg (Eifel, Taunus, Odenwald, Tauber- u. Neckargebiet), nebst Rundfahrten in den Rheintälern, Eifel, Sauerland, Lahngebiet, Nahetal u. Taunus. (XXIV u. S. 489—6?3.) (904.)
5. Rheinland südlich der Mosel, Rheinhessen, bayrische Pfalz, Elsass-Lothringen (Vogesen), Baden, Württemberg (Schwarzwald), Schweiz, nebst Teilen v. Frankreich u. Rundfahrten im Schwarzwald, Schweiz u. um den Bodensee (XXVIII u. S. 685—896.) (904.)
6. Bayern, Tirol, Salzburg, Steiermark, Kärnten, Ober- u. Niederösterreich, Böhmen, Mähren u. Rundfahrt durch Tirol, Steiermark u. Vorarlberg. (XXVIII u. S. 897—1088.) (904.)

— dasselbe. 2 Bde. Mit je 1 Entfernungs- u. Routenkarte. kl. 8. Ebd. (905). Geb. in Leinw. n. 3. —
1. (Enth. Tl. I, II u. III) (LVIII, 488 u. V S.) — 2. (Enth. Tl. V u. VI.) (LXXII u. S. 489—1088 u. V S.)

Ravenstein, Ldwg, Neueste (Höhenschichten-) Karte von Deutschland, der Schweiz und Ober-Italien, in 4 Bll. Hildburghausen, Bibliogr. Inst., 1864. . . . . . (Br. Mus.)

Ravenstein, Ludwig. Karte der Bairischen und Algäuer Alpen. ⟨Karte der Ost-Alpen Blatt: 1.⟩ Bearb. unter Mitwirkung des Deutschen und Oesterreichischen Alpenvereins. Zeichnung von Ludwig Ravenstein.... 3. Aufl. Maassstab 1:250.000. 487/727 mm. 1 Bl. fol., *aufgezogen* 8. Frankfurt a. Main, L. Ravenstein, [1901]. (M. 5. —, aufgezogen M. 6. —)

— **Karte der Ost-Tiroler Alpen, Tauern und Dolomiten.** [Karte der Ostalpen in 9 Blättern, 5. Bl.] Bearb. unter Mitwirkung des deutschen und österreich. Alpenvereins. 1:250,000. 2. Aufl. Chromolithogr. Imp.-Fol. Ebendas. 886. * 5 —
Aufgezogen * 6 —

— **Karte der Salzburger-Alpen und des Salzkammerguts.** [Karte der Ostalpen in 9 Blättern, 2. Bl.] 1:250,000. Bearb. unter Mitwirkung des Deutschen und Oesterreich. Alpenvereins. Chromolithogr. qu. gr. Fol. Ebendas. 887. * 5 —
Auf Leinw. in Leinw.-Carton * 6 —

Ravenstein, Ludwig. Karte der West-Tiroler- und Engadiner Alpen. Im Massstabe von 1:250,000 bearbeitet nach Mitwirkung der deutschen und österr. Alpenvereine. Siebenfacher Farbendruck. Kartenfläche 48/73 cm. Frankfurt a. M. L. Ravenstein. 1880. Unaufgezogen 6 70
Aufgezogen in Leinwand 8 —

Ravenstein, L. Karte der West-Tyroler- und Engadiner-Alpen. 2. Aufl. Chromolith. In-fol. Frankfurt a. M., Ludwig Ravenstein's geogr. Anstalt. 1886. Auf Leinwand in Carton 8 —

Ravenstein, Ludwig. Karte der West-Tiroler u. Engadiner-Alpen. (Karte der Ost-Alpen in 9 Bll., Bl. IV.) Maßstab: 1:250,000. Bearbeitet unter Mitwirkung des deutschen und österreichischen Alpenvereins. Gr. in-fol. Chromolith. Frankfurt a. M., Ludwig Ravensteins Verlag. 1888.
Unaufgezogen 6 70
Aufgezogen in Leinwdbd. 10 70

Ravenstein, Ludwig. Karte der West-Tiroler und Engadiner Alpen. ⟨Karte der Ostalpen: Blatt 4.⟩ Bearb. unter Mitwirkung des Deutschen und Oesterreichischen Alpenvereins. Zeichnung von Ludwig Ravenstein.... ⟨6. Aufl.⟩ Maassstab 1 : 250.000. 484/726 mm. 1 Bl. fol., *aufgezogen* 8. Frankfurt a. Main, L. Ravenstein, [1901]. (M. 5. —, aufgezogen M. 6. —)

—— **Karte** vom Stadt- und Landkreis Frankfurt a. M. 1 : 50,000. Chromolithogr. qu. gr. Fol. Ebendas. 886. * 2 50
Auf Leinw. * 3 —

Ravenstein, L. Karte vom Stadt- und Landkreise Frankfurt a. M. 1 : 50 000. Frankfurt a. M. (1888). 1 Bl. c. L. Ff.

— **Karte des krainisch-kroatischen Gebirgslandes.** [Karte der Ost-Alpen in 9 Blättern, 9. Bl.] Bearb. unter Mitwirkung des deutschen und österreich. Alpenvereins. 1 : 250,000. Chromolithogr. qu. gr. Fol. Ebendas. 886. * 5 —
Auf Leinw. in Leinw.-Carton * 6 —

Ravenstein, Ldwg, Karte des deutschen Küstenlandes der Nord- und Ostsee von Amsterdam bis Königsberg. Auf Grund der officiellen topograph. Karten bearb. M. 1 : 850000. Hildburghausen, Bibliogr. Inst., 1870. 2 Bll. gr. qu.-Fol. Kupferst. u. kol.

Ravenstein, Ludw., Karte von Mittel-Europa zur Uebersicht der Curorte und der Verkehrsstrassen, nach Angaben des Dr. Holzer. Fol. Wien 874,75, Perles. * — 60

Ravenstein, Ldwg, Karte von Mittel-Europa zur Übersicht der Curorte und der Verkehrsstrassen, nach Angaben von Holzer. Wien, Perles, 1874—81. Imp.-Fol. Lith. Ist: Beilage zu Holzer's Ärztl. Taschen-Kalender. . . . . (Br. Mus.)

Ravenstein, Ludw., Karte von Mittel-Europa zur Uebersicht der Curorte und der Verkehrsstrassen. Nach Angaben von Dr. Holzer. Ausg. 1876—1879. Lithogr. Imp.-Fol. Wien, Perles. * — 60

Ravenstein, Ludw., Karte von Mittel-Europa zur Uebersicht der Curorte und der Verkehrsstrassen. Nach Angaben von Holzer. Ausg. 1881. Lithogr. und color. Imp.-Fol. Wien, Perles. * — 60

Ravenstein, Ldwg, Neueste Karte von Deutschland, der Schweiz und Oberitalien in 4 Bll. M. 1 : 1,700000. Neue Ausg. Kupferst. u. kolor. Hildburghausen, Bibliogr. Inst., 1866. Fol.
——, —— Ebda. [1869?] . . . . (Br. Mus.)

Ravenstein, Ldwg, Neueste Karte der Rheinlande von Konstanz bis Rotterdam und von Hannover bis Besançon auf Grund topographischen Materials bearb. M. 1 : 850000. Hildburghausen 1867. . . . . (Br. Mus.)

Ravenstein, Ludw., Karte von Nord-Frankreich. Mit Angabe der deutschen Sprachgrenze. 1 : 1,700,000. Fol. Hildburghausen [Leipzig] 870, Bibliograph. Institut. — 50

Ravenstein, Ludw., Karte der Ost-Alpen. 5 Bl. Ost-Tiroler Alpen, Tauern und Dolomiten. 1 : 250,000. Bearb. unter Mitwirkung des deutschen und österreichischen Alpenvereins. Chromolithogr. Imp.-Fol. Frankfurt a. M. 882, Ravenstein. ** 5 —
Auf Leinw. in Leinw.-Carton * 6 —

Ravenstein, Ludwig. Karte der Ostalpen. 1 : 250 000. Hrsg. vom Deutschen und Oesterreichischen Alpenverein. Frankfurt a. M. 1885—1893. 9 Bl. c. L.
I. Bayerische und Algäuer Alpen. 1888.
II. Salzburger Alpen und Salzkammergut. 3. Auflage.
III. Oesterreichische Alpen und Wiener Wald.
IV Westtiroler und Engadiner Alpen. 6. Auflage.
V. Osttiroler Alpen, Tauern und Dolomiten.
VI. Steierische Alpen und Karawanken.
VII. Lombardische und Südtiroler Alpen. 1893.
VIII. Südvenetianische Alpen und Karst. 1893.
IX. Krainisch-Kroatisches Gebirgsland.
Hierzu Uebersichtskarte der Ostalpen. 1 : 500 000. Frankfurt a. M. 2 Bl. (östliches und westliches) c. L.

Ravenstein, Ludw., Karte der Ost-Alpen in 9 Blättern. 1 : 250,000. 1. Bl.: Die bairischen und Algäuer Alpen. Bearb. unter Mitwirkung des deutschen und österreich. Alpenvereins. Chromolithogr. qu. gr. Fol. Frankfurt a. M. 888, Ravenstein. * 5 —
Auf Leinw. in Leinw.-Deckel * 6 —

Ravenstein, Ludw. Karte der Ostalpen in 9 Blättern. 1 : 250,000. Bl. 1, 2, 4 u. 5. Bearb. unter Mitwirkg. d. deutschen u. österreich. Alpenvereins. Chromolithogr. qu. gr. Fol. Frankf. a. M., Ravenstein. à Bl. * 5 —; auf Leinw. in Leinw.-Deckel * 6 —
1. Bayerische u. Allgäuer Alpen. 2. Aufl. 890.
2. Salzburger Alpen u. Salzkammergut. 2. Aufl. 892.
4. Westtiroler u. Engadiner Alpen. 3. Aufl. 889.
5 Osttiroler Alpen, Tauern u. Dolomiten. 3. Aufl. 889.

Ravenstein, Ludwig. ⟨Karte der Ost-Alpen: Blatt 1 u. 4 u. 7.⟩ Bearb. unter Mitwirkung des Deutschen und Oesterreichischen Alpenvereins. Zeichnung von L' R' in Frankfurt a/Main. 3. ⟨u. 6 u. 3⟩ Aufl. Maassstab 1 : 250.000. *je* 484-488/726-733 mm. *je* 1 Bl. querfol., *aufgezogen* 8. Stich, Druck u. Verlag der geographischen Anstalt von L. Ravenstein in Frankfurt a. Main.

Orig.-Ausg. A: [1900 u. 1900 u. 19]04. (*je* M. 5. —; aufgezogen, *mit Titel*, 6. —); — *Neue, unveränderte Ausg. B* [von 1906]: (*Aufdruck: je* M. 3. —; aufgezogen, *mit illustriertem Titel*, 4. —).

⟨K' der Ost-A' Blatt: 1.⟩ Karte der Bairischen und Algäuer Alpen. 8. Aufl. [1900.] — *Titelseite der aufgezog. Ex., Ausg. A:* K' der B'- und A' A'...; *Ausg. B:* K' der Bayerischen u. Algäuer-A'.... M. 4. —.

⟨K' der Ost-A': Blatt 4.⟩ K' der West-Tiroler und Engadiner A'. ⟨6 Aufl.⟩ [1900.] — *Titelseite..., Ausg. A:* K' der West-T' und E'-A'...; *Ausg. B:* K' der West T'- und E'-A'.... M. 4. —.

⟨K' der Ost-A': Blatt 7.⟩ K' der Lombardischen und Süd-Tiroler-A'. ⟨3 Aufl.⟩ [19]04. — *Titelseite..., Ausg. B:* K' der L' und Süd-T'A'.... M. 4. —.

—— topographische **Karte** vom östlichen **Taunus** [Main—Taunus]. 1 : 50,000. Chromolithogr. Imp.-Fol. Ebendas. 884. Auf Leinw. in Leinw.-Carton * 6 —

Ravenstein, Ludw. Topographische Karte vom oestlichen Taunus. 1 : 50,000. 2. Aufl. Farbendr. (72×61 cm.) Frankf. a. M. 891, Ravenstein. * 5 —; auf Leinw. * 6 —

Ravenstein, Ludwig. Topographische Karte vom östlichen Theil des Taunus (Main-Taunus). 1 : 50 000. Frankfurt a. M. 1884. 1 Bl. c. L. Ff. und NC.

Ravenstein, Ludw., topographische **Karte** der Umgegend von **Feldberg**. 1 : 50,000. Chromolithogr. 4. Frankfurt a. M. 884, Ravenstein. * — 60

—— topographische **Karte** der Umgegend von **Homburg**. 1 : 50,000. Chromolithogr. Fol. Ebendas. 884. * 2 —

—— topographische **Karte** der Umgegend von **Königstein** und **Soden**. 1 : 50,000. Chromolithogr. Fol. Ebendas. 884. * 1 20

Ravenstein, Ludw., Karte der europäischen Türkei und des Königr. Griechenland. 1 : 3,400,000. Chromolithogr. gr. Fol. Leipzig 876, Bibliograph. Institut. * — 50

—— **Karte** der Umgegend von Frankfurt a. M. Unter Zugrundlage der grossherzogl. und kurfürstl. hess. Generalstabs-Aufnahmen, sowie der neuen herzogl. nassauischen trigonometr. Ortsbestimmungen, amtl. Mittheilungen über das landgräfl. hess. Amt Homburg und eigenen Aufnahmen des Frankfurter Gebietes und Recognoscirungen bearb. 1 : 100,000. Revid. 1887. Lithogr. und color. Imp.-Fol. Ebendas. Auf Leinw. in Etui 4 —

Ravenstein, Ludw., Karte der Umgegend von Wiesbaden. Bearb. mit Benutzung der neuen Gemarkungs-Vermessungen, der Rheingau-Vermessung des grossherzogl. hess. Generalstabes, der Forstkarten etc. 1 : 50,000. Fol. Frankfurt 868, Ravenstein. * M 3.; aufgez. * 4 —

Spessart. — **Ravenstein, L. und H.**, Karte vom Vogelsberg und Spessart mit Wetterau und Kinzigthal. 1 : 170,000. Chromolithogr. gr. Fol. Mit 2 Nebenkarten: Der Oberwald im Vogelsberg und der südl. Spessart. gr. 4. Frankfurt a. M. 888, Ravenstein. * 4 —
Auf Leinw in Leinw.-Carton * 5 —

Ravenstein, Ludw., Kreis- und Ortskarte vom Reg.-Bez. Wiesbaden [mit der neuen Kreis-Eintheilung vom 1. April 1886]. 1 : 300,000. Chromolithogr. Fol. Frankfurt a. M. 886, Ravenstein. * 1 —

Wiesbaden. — Ravenstein, L. Kreis- u. Ortskarte vom Reg.-Bez. Wiesbaden. 1:300,000. 2. Aufl. Farbendruck. (45×30 cm.) Frankf. a. M. 890, Ravenstein. * 1 —

Kreis- und Ortskarte vom Reg.-Bez. Wiesbaden mit der neuen Kreiseintheilung im Maasst. 1:300,000 bearb. v. L(udw.) **Ravenstein**. 3. Aufl. *Frankfurt a. M.: L. Ravenstein [1900].* (1 Kartenbl. 44×30 cm.) 8° [Umschlagt.] (00. 3648

—— Plan, geometrischer, von Frankfurt a. M. 1:2500. 6. Aufl. 9 Bl. Chromolithogr. Fol. Ebendas. 887. * 18 —
Aufgezogen *ℳ 21.—.; mit Stäben * 24 —

Ravenstein, L., neuester Plan der Stadt Paris. 1:26,000. Mit vollständ. Register. Fol. Hildburghausen [Leipzig] 871, Bibliograph. Institut. — 70

(Ludwig) **Ravenstein's** Radfahrer- und Automobilkarte der Ostalpen (in 2 Bl.). Oestl. u. westl. Bl. Maassst. 1:500,000. *Frankfurt a/M.: L. Ravenstein.* (2 Kartenbl. je 57×53 cm.) 8° [kol.] (00. 10815

Ravenstein, L[udwig], und Ravenstein, Hans. Ravenstein's Radfahrer- und Automobilkarte der Ostalpen, Westliches Blatt. Gezeichnet von L[udwig] Ravenstein. Radtouristischer Teil und Gebirge: von Hans Ravenstein. Maassstab 1:500.000. 522/563 mm. 1 Bl. fol., *aufgezogen* 8. Frankfurt a/Main, Ludwig Ravenstein, [1901]. (*aufgezogen* M. 3. —)
Aussentitel: Ravenstein's — — Ostalpen in 2 Blatt. 1:500 000. Westliches Blatt. Frankfurt am Main, Ludwig Ravenstein.

(Ludwig) **Ravenstein's** Radfahrer- und Automobilkarte des Regierungsbezirkes Potsdam. Sonder-Ausg. d. einzigen offiziellen Wegekarte d. Deutschen Radfahrerbundes. Maassst. 1:300,000. *Frankfurt a. M.: L. Ravenstein [1902].* (1 Kartenbl. 70×67 cm.) 8° [kol.]
[Umschlagt.] Ravenstein's Radfahrer- u. Automobil-Karte f. d. Umgegend von Berlin ⟨Reg.-Bez. Potsdam⟩. (03. 5510

(Ludwig) **Ravenstein's** Radfahrer-Karte des Gaues Danzig ⟨Westpreussen⟩ des Deutschen Radfahrer-Bundes. 1:300,000. Amtl. Karte d. Gaues 29 Danzig d. Deutschen Radfahrer-Bundes. *Frankfurt a. M.: L. Ravenstein [1901].* (1 Kartenbl. 72×76 cm.) 8° [Umschlagt. Ant u. T.] (01 7158 10

—— Die preussische Rheinprovinz nebst den angrenzenden Theilen der Rheinpfalz, Frankreichs, Belgiens u. Hollands. M. 1:850000. Hildburghausen, Bibliogr. Inst. 1870. gr. Fol. Stahlst. u. kol.

—— Schul- und Comptoir-Karte vom Reg.-Bez. Wiesbaden (ehemal. Herzogth. Nassau). 1:100,000. 4 Bl. Chromolithogr. Imp.-Fol. Wiesbaden 886, Limbarth. * 6 —
Auf Leinw. * 10 —

Ravenstein, Ludw., Special-Karte von Deutschland und den benachbarten Gebieten. M. 1:850000. Hildburghausen, Bibliogr Institut, 1868—75. qu.-Fol. 12 Bll. Stahlst u. kol. . . . . (Br. Mus.)

—— Special-Karte von Deutschland, der Schweiz und benachbarten Ländern, von Königsberg bis Turin und von Amsterdam bis Pest. Auf Grund der officiellen topograph. Karten bearb. 1:850,000. 12 Bl. und 1 Suppl. Ausg. 1868—1875. Fol. Ebendas. 12 —
aufgez. in Mappe *ℳ 18.; mit Stäben * 22 —
aufgez. die Blätter einzeln, in Etui * 18 —

Ravenstein, Ludw., Special-Karte vom Odenwald mit Cartons Bergstrasse und Heidelberg. 1:300,000. 4. Frankfurt 868, Ravenstein. * 1 —

Ravenstein, Ldwg, Specialkarte des deutschen Reichs. Atlas zu Neumann's Geographischem Lexikon. Spezialkarte des Deutschen Reichs. 10 Blätter im M. 1:850 000 mit vollständigem Register aller auf der Karte enthaltenen Namen, nebst drei statistischen Karten: der Bevölkerungsdichtigkeit, Konfessionen und Gewerbthätigkeit in Deutschland, und 16 Productionskärtchen über Bodenkultur, Tierzucht, Nutzpflanzen und nutzbare Mineralien: mit ausführlichen statistischen Übersichtstabellen. Leipzig 1893. gr. Fol. . . . . (LHK. RC.)

Ravenstein, L. und H., Specialkarte der Umgegend von Coblenz und Bad Ems. 1:170,000. Chromolithogr. qu. Fol. Frankfurt a. M. 888, Ravenstein. * 1 50
Auf Leinw. * 2 —

—— Specialkarte vom Reg.-Bez. Wiesbaden. 1:170,000. Chromolithogr. Imp.-Fol. Ebendas. 883.
Auf Leinw. in Carton ** 6 —

—— Specialkarte vom Reg.-Bez. Wiesbaden. 1:170,000. 2. Aufl. mit der neuen Kreiseintheilung. Chromolithogr. gr. Fol. Frankfurt a. M. 885, Ravenstein. * 5 —
Auf Leinw. in Etui *ℳ 6.—.; mit Stäben * 8 —

—— Specialkarte vom Reg.-Bez. Wiesbaden. 1:170,000. 3. Aufl. Farbendr. (78×55 cm.) Ebd. 891. * 5 —
Auf Leinw. * 6 —

—— Special-Plan von Frankfurt a. M., nebst Bockenheim und Bornheim. 1:5000. 4 Bl. Neue Ausg., revid. bis 1887. Chromolithogr. Imp.-Fol. Ebendas. 887. * 18 —
Auf Leinw. *ℳ 21.—.; mit Stäben * 24 —

—— —— Strassenplan von Frankfurt a. M. und Bockenheim. 1:10,000. Mit Strassenverzeichnis. Farbendr. (59×46 cm.) Ebd. 892. * 1 50

Ravenstein, Ludw., Touristen-Karte der Main- und Rheinthal-Waldungen zwischen Frankfurt a. M. und Darmstadt. 1:50,000. Chromolithogr. Imp.-Fol. Frankfurt a. M. 885, Ravenstein. * 3 —
Auf Leinw. in Leinw.-Carton ** 4 —

Ravenstein, Ludw. Touristenkarte d. Main- u. Rheinthal-Waldungen zwischen Frankfurt a. M. und Darmstadt. 1:50,000. 2. Aufl. 1892. Farbendr. 65×57 cm. Ebd. * 3 —
Auf Leinw. * 4 —

Ravenstein, Ludw., Touristen-Karte vom Taunus mit Rhein- und Lahn-Thal (1:170,000), nebst Specialkarten: Niederwald (1:50,000), Bad Ems und Bad Nauheim (1:25,000). Chromolithogr. qu. gr. Fol. Frankfurt a. M. 881, Ravenstein. In Leinw.-Carton * 4 —

Ravenstein, Ludw., Touristenkarte vom Taunus mit Rhein- und Lahnthal. 1:170,000. 2. Aufl. Chromolithogr. Imp.-Fol. Frankfurt a. M. 887, Ravenstein. * 3 —
Aufgezogen * 4 —

Ravenstein, Ldwg, Übersichtskarte vom westlichen Deutschland mit den angrenzenden Theilen von Frankreich, Belgien und Holland. M. 1:1700000. Hildburgh., Bibliograph. Inst., 1870. Fol. Stahlst. u. kol.

— Uebersichtskarte der Ostalpen. 1:500,000. 2 Bl. (Oestliches u. westliches.) Hrsg. vom deutschen u. österreich. Alpenverein. Farbendr. (à Bl. 52,5×57 cm.) Ebd. 891,92. à Bl. * 3 —
Auf Leinw. in Carton à * 4 —

Topographische Wander-Karte für den Oestlichen Taunus. Maassst. 1:50,000. Gezeichnet von Ludwig **Ravenstein**. Frankfurt a. M.: L. Ravenstein [1907]. (1 Kartenbl. 71×57 cm.) [Rückt. lith.] [kol.] (07. 10100

Ravenstein, S., Denkschrift zur Beleuchtung einiger wünschenswerten Verbesserungen in der Betriebsweise des Turnunterrichts in Frankfurt a. M., Frankfurt a. M. 1869, 20 S., 8°.

Die Bauten der Aktienbaugesellschaft für kleine Wohnungen zu Frankfurt am Main 1890–1908. (Verf.: Simon **Ravenstein**.) ([Frankfurt a. M.: Aktienbaugesellsch.] 1908.) 11 S., 4 Bl. Taf. 2° (09. 7703

Ravert, I. Ch., commentatio med. de febrium acutar. therapia. 4. Schlaiz, Mauke. 777.

Raveth, Fr., die Unterleibsbrüche, s. Gesundheitsbücher, illustrierte.

Raveux, A., das Corpsleben u. seine heutige Stellung auf der Hochschule. gr. 16. (40 S.) Leipzig 848, H. Fritzsche. — 2. Aufl. gr. 16. (40 S.) Ebd. 848. 1/6 ₰

Ravianus codex mscrpt. N. Test. graec. publ. etc. a Geo. Gli. Pappelbaum. 8maj. Berl. 797. (Reimer). 20 ℊℊ

Ravideva, Nalodaya Sanscritum carmen Calidaso adscriptum una cum Pradschnacari Mithilensis scholiis edidit Latina interpretatione atque annotationibus criticis instruxit Ferdinandus Benary Berolini 1830.

Ravignan, Xav. Gustave de

Ravignan, X. de, von dem Bestande u. der Verfassung der Jesuiten. Aus d. Französ. gr. 8. (6½ B.) München 844, Lentner'sche Buchh.

— von der Existenz und Anstalt der Jesuiten. Aus dem Französ. von Carl Reiching. 8. Schaffhausen 844, Hurter'sche Buchh. n. ⅓ ₰

— die Jesuiten, wie sie sind u. wirken. Ins Deutsche übers. vom Herausgeber der „Reise auf dem Postwagen." gr. 12. Aachen 844, Cremer'sche Buchh. 8¾ ngl

—— Conferenzen, vorgetragen in der Domkirche zu St. Stephan, zu Toulouse, im Advente 1844. 8. (10 B.) Wien 846, Mechitaristen-Congreg.-Buchh.

— Conferenzen, gehalten in der Metropolitankirche Notre-Dame in Paris in der Fastenzeit des J. 1845. Uebersetzt, zusammengestellt, erläutert u. mit einer Charakteristik des Redners versehen von J. A. Mor. Brühl. 12. Neuß 846, Schwann. 9 ngl

— Conferenzen. Gehalten in der Metropolitankirche von Paris während der Fastenzeit 1846. Eingeleitet, erklärt u. übersetzt von J. A. Mor. Brühl. 8. Tübingen (846) 847, Laupp'sche Buchh. ⅜ ₰

Ravignan's, v., Conferenzreden, gehalten in der Metropolitankirche zu Besançon in der Adventszeit. Aus dem Französischen von M. v. H. Schaffhausen 868. Hurter. 8. (VIII, 196 S.) n. 16 ngr

Ravignan, Xav. Gust. de, das Leben der christlichen Frau in der Welt. Einzig autoris. deutsche Ausg. Freiburg im Br. 861. Herder. 16. (VIII, 312 S.) 18 ngr

— das Leben der christlichen Frau in der gesellschaftlichen Welt. Aus dem Französ. Regensburg 861. Manz. 8. (260 S.) 25½ ngr

Ravignan, X. v., die Pontifikate Clemens XIII. und Clemens XIV. Nebst meistens bisher ungedruckten Aktenstücken. Hrsg. von J. A. Mor. Brühl. gr. 8. (X und 424 S.) Münster 855, Coppenrath'sche Buchh.

Ravignan, v., geistliche Uebungen für Ordensfrauen, sowie für Alle, welche nach christl. Vollkommenheit streben. Nach der 2., französ. Aufl. von Heinr. Schröder. 8. (VIII und 175 S.) Mainz 864, Kirchheim.

— geistliche Unterredungen, gehalten vor dem Verein der Kinder Mariens zu Paris in den Jahren 1855—1857. Nebst Auszügen aus seinen Briefen. Aus dem Französ. von M. v. H. Autorisirte Uebersetzung. 2 Bdchn. Ebend. 868. 8. (VI, 410 S.) 1 ₰

—— Oyca, O towarzystwie Jezusowen. Uebersetzt v. Eug. Brezy. gr. 12. (8½ B.) Berlin 845, Asher et Comp. *

Ravignan, o towarzystwie jezusowem. 2. Wydanie. 12. (XIX und 184 S.) Breslau 850, Schletter.

Ravit, Joh. Chr., Beiträge zur Lehre vom Gelde. gr. 8. (68 S.) Lübeck 862, Aschenfeldt. *

—— die progressive Einkommensteuer. Eine Erwiderung auf einen in No. 530 des Bremer Handelsblatts enth. Aufsatz. gr. 8. (15 S.) Lübeck 862, Aschenfeldt.

Ravit, Jh. Chr., s. Jahrbücher der Gesetzgebung u. Verwalt. d. Herzogth. Schleswig, Holstein &c.

Ravit, Joh. Chr., über unsere Münzzustände. gr. 8. (47 S.) Kiel 848, Schröder und Comp. *

—— Untersuchungen über die Staatssuccession im Herzogth. Lauenburg mit dem von der Schleswig-Holstein-Lauenburg. Kanzlei über diese Frage erstatteten Gutachten. gr. 8. (115 S.) Kiel 864, Homann.

Ravit, Joh. Chr., der Civilstaatsdienst in den Herzogth. Schleswig und Holstein. gr. 8. (VIII und 192 S.) Kiel 852, Schröder und Comp. *

Ravit, Julie

— Kochbuch f. sparsame Hausfrauen, sowie z. Gebrauch in Haushaltungsschulen. Hrsg. v. der hauswirtschaftl. Kommission d. Gesellschaft freiwill. Armenfreunde, Kiel. gr. 8. (119 S.) Ebd. 895. Kart. n. 1.—

— dasselbe f. Haushaltungsschulen, sowie zum Gebrauch f. sparsame Hausfrauen. 2., verm. u. verb. Aufl. Hrsg. v. der hauswirtschaftl. Kommission d. Gesellschaft freiwill. Armenfreunde in Kiel. 8. (126 S.) Ebd. 898. Kart. n. 1.—

Ravit, Julie, wie kommt man m. Wenigem aus? Anleitg. zur häusl. Geldwirtschaft u. Buchführg. 1. u. 2., verb. Aufl. 8. (III, 61 S.) Kiel 896. Lipsius & Tischer. Kart. n. — 60

Ravit, Julie, wie kommt man mit Wenigem aus? Anleitg. zur häusl. Geldwirtschaft u. Buchführg. 3. verb. Aufl. (III, 67 S.) 8. Kiel (908). Lipsius & Tischer. Kart. p — 50

Ravit, Louise, Kochbuch f. Haushaltungsschulen, sowie zum Gebrauch f. sparsame Hausfrauen. 3., bedeutend verm. u. vielfach verb. Aufl. Hrsg. v. der hauswirtschaftl. Kommission der Gesellschaft freiwill. Armenfreunde in Kiel. (153 S.) 8. Kiel 906. Lypsius & Tischer. Kart. n. 1.—

Ravitsch, Jos., über den feinern Bau und das Wachsthum des Hufhorns. gr. 8. (38 S. mit 1 Stnt. Abbild. in qu. gr. 4.) Berlin 862, A. Hirschwald. *

Ravitsch, J., zur Lehre von der putriden Infection und deren Beziehung zum sogenannten Milzbrande. Experimentelle und mikroscop. Untersuchungen. gr. 8. (V, 118 S.) Berlin 872, Hirschwald. *

— Die Resultate d. Rinderpest-Impfungen in Bondarewka u. am Salmysche. (St. Petersb. 1865). 19 S. 4°.

—— neue Untersuchungen über die pathologische Anatomie der Rinderpest. gr. 8. (46 S. mit 2 Stnt. Abbild., wovon 1 in Buntdr.) Berlin 864, A. Hirschwald. *

Ravius, Sebald. Fulco Joh., s. Rau, Sebald. Fulco Joh.

Ravn, Bevölkerungskarten über die dänische Monarchie, s. Bevölkerungskarten.

Ravn E.: Ueber die mesodermfreie Stelle in d. Keimscheibe d. Hühnerembryos. (Leipz. ? 1886). (9) S. 1 kol. Tvl. (Særtr.). P.

Ravn J. P. J.: Vorläufige Mittheilung üb. eine Lakune oder Discordanz zwischen Senon u. Danien in Dänemark. Stuttg. 1903. (2) S. (Særtr.). P.

Ravn, W. F., Ber. v. s. Gefangensch. in Marocco. 8. Copenhagen. 754.

Ravölsperg, M., das Menschengeschlecht. (76 S. m. 4 Taf.) 8. Dresden (907). Leipzig, M. Wendel. 1.—

Ravoth, Fr W.

Ravoth, F., die mathematische Formenlehre der Fröbel'schen Spiel- und Beschäftigungsmittel für Kindergärtnerinnen u. zum Verständniß der Fröbel'schen Pädagogik. Berlin 866. Th. C. F. Enslin. gr. 8. (104 S. mit in den Text gedr. Holzschn. n. 15 ngr.

Ravoth, Fr. W., über den Geist der Fröbel'schen Kinderspiele und die Bedeutsamkeit der Kindergärten. Ein Vortrag gehalten im Auftrage des Centralvereins in Preußen für das Wohl der arbeitenden Klassen am 19. April 1859. Berlin 859. Herbig. 8. (VIII, 64 S. m. Holzschn. u. 9 lith. Taf.) n. 12 ngr.

Ravoth, Friedrich

Ravoth, Fr. W., Darstellung der wichtigsten chirurgischen Instrumente. 16 (lith.) Taf. Abbildgn. Mit erklärendem Texte. [Zugleich als Anhang zu Ravoth. Grundriss der Akiurgie. 2. Aufl.] Leipzig 869. Veit & Co. gr. 8. (23 S.) cart. n. 1 ℛ 6 ngr.

Ravoth, Frdr., hermologische u. klinisch-chirurgische Erfahrungen u. Beobachtungen. gr. 8. (VI, 246 S.) Erlangen 873. Enke. n. 5. —

Ravoth, Fr. W., Grundriss der Akiurgie nebst einem Anhang von 15 (Stn.-)Taf. Instrumenten-Abbildungen und zahlreichen Holzschn. im Text. Als 4. Aufl. von Schlemm's Operations-Uebungen am Cadaver. gr. 8. (XII und 401 S. und 27 S. Erklärungen.) Leipzig 860, Veit und Comp. *

—— Grundriss der Akiurgie. 2. verm. Aufl. Mit 82 (eingedr.) Holzschn. Zugleich 5. Aufl. von Schlemm's Operations-Uebungen am Cadaver. gr. 8. (XII, 420 S. mit 1 Stnt.) Leipzig 868, Veit und Comp. (*ℳ 7.) *

— Handbuch der Fracturen, Luxationen u. Bandagen. 2. Aufl. A. u. d. T.: Compendium der Bandagenlehre. Mit 138 (eingedr.) Holzschn. Berlin 870. A. Hirschwald. gr. 8. (VIII, 143 S.) n. 28 ngr.

Ravoth, Fr., Handbuch für die Heilgehülfen hauptsächlich für die des königl. preußischen Staates. 8. (XXII und 218 S. mit 51 eingedr. Holzschn.) Berlin 853, A. Hirschwald. *

— Handbuch für die Heilgehülfen hauptsächlich für die des königlich preußischen Staates bearb. Mit 51 Holzschn. 2. verm. u. verb. Aufl. Berlin 861. Hirschwald. 8. (XVIII, 261 S.) n. 1 ℛ 10 ngr.

— Handbuch für die Heilgehülfen hauptsächlich für die des königl. preuß. Staates bearb. Mit 58 (eingedr.) Holzschn. 3. verm. u. verb. Aufl. Ebend. 868. br. 8. (XX, 280 S.) geb. n. 1 ℛ 10 ngr.

—— Handbuch für die Heil-Gehülfen hauptsächlich für die des Königl. Preussischen Staates. 3. verm. und verb. Aufl. br. 8. (XX, 280 S. mit 58 Holzschn.) Ebendas. 869. cart. *

—— und Fr. Vocke, chirurgische Klinik. Ein Handbuch der Chirurgie und Akiurgie. Mit Zugrundelegung von Ad. Burggraeve's tableaux synoptiques de clinique chirurgicale. Lex.-8. (XIII und 926 S.) Berlin 851(52,)Hempel. *

—— Klinik der Knochen- und Gelenkkrankheiten. 1. Thl. A. u. d. T.: Lehrbuch der Fracturen, Luxationen und Bandagen. gr. 8. (XXIII und 739 S. mit 218 eingedr. Holzschn. und über 100 in den Text eingestreuten Beobachtungen.) Berlin 856, A. Hirschwald. *

Ravoth, F: Compendium der Bandagenlehre. 2. Aufl. Berlin 1870

Ravoth, Frid. (Guil. Theod.) (geb. Penzlin in Meckl. 31. 8. 1816). De connexu inter medicinam et scientias naturales nonnulla. Berolini (1843). (32 S.) 8°
Berlin, Med. Diss. v. 4. Nov. 1843

—— Schlemm's Operations-Uebungen am Cadaver dargestellt und als Leitfaden für dieselben bearb. 2., verb. und besonders durch viele in den Text eingedr. Figuren verm. Aufl. 8. (XII und 177 S. mit Holzschn.) Berlin 851, Veit und Comp. *

—— Schlemm's Operations-Uebungen am Cadaver. Dargestellt und als Leitfaden für dieselben bearb. 3., verb. und verm. Aufl. Nebst einem Anhang der wichtigsten Augen-Operationen. 8. (VIII und 267 S. mit eingedr. Holzschn.) Berlin 854, Veit und Comp. *

Ravoth, Fr., Prolegomena zur rationellen medicin. Diagnostik und Semiotik für Kliniker und Klinicisten. 8. (VII und 99 S.) Berlin 851, Veit und Comp. *

—— zur Revision und Reformirung der Lehr- und Lernmethode an den Universitäten hauptsächlich der Medicin. Im Hinblick auf den Rückgang der Berliner Universität. Drei Vorlesungen. gr. 8. (45 S.) Berlin 874, Staude. *

Ravoth, Fr., s. Schlemm's Operations-Uebungen am Cadaver.

— die Unterleibsbrüche, ihre Ursachen, Erkenntniß und Behandlung, eine kurze Belehrung für Bruchkranke. Berlin 863. A. Abelsdorff. 8. (2 Bl., 47 S. m. Holzschn.) 7½ ngr.

Ravoth, die Unterleibsbrüche, ihre Ursachen, Erkenntniß und Behandlung eine kurze Belehrung für Bruchkranke. 1. Aufl. 1863. und 2. Aufl. 8. (III und 47 S. mit eingedr. Holzschn.) Berlin 867, Stuhr'sche Buchh. *

— die Unterleibsbrüche. Ihre Ursachen, Erkenntniß u. Behandlung. Mit 27 in den Text gedr. Abbildgn. (in Holzschn.) Leipzig 870. Weber. 8. (XII, 114 S.) n. 15 ngr.

Ravoth, Fr., die Unterleibsbrüche. Ihre Ursachen, Erkenntnis u. Behandlg. 2., v. G. Wolzendorff bearb. Aufl. Mit 28 in den Text gedr. Abbildgn. 8. (XII, 121 S.) Leipzig 886. Weber. n. 2. —; geb. n. 3. —

Ravoth, Max, und Rich. Vogel, Ornamente der italienischen Renaissance. Nach den Originalen aufgenommen und gezeichnet. 2 Hefte. gr. 4. (à Heft 4 Stnt. in qu. Fol. und Imp.-Fol.) [Halle 875,76.] Leipzig, Knapp. à Heft *ℳ 3. *

Ravoth, M., und R. Vogel, Ornamente der italienischen Renaissance. 2 Hefte. gr. 4. Halle 875,76. Leipzig, Spohr. * 6 —

Ravoth, Victor [aus Berlin] Ueber die Behandlung der Varicocele durch Compressorien. Erlangen, Druck d. Univ.-Buchdr. v Junge & Sohn, 1889 29 S. 8°
Erlangen, Med. Fak., Inaug. Diss. v 20. Febr 1889

Ravzh, H. O., Manien u. Halluzinationen. Sonette u. Phantasien. (126 S.) kl. 8. Strassburg 905. J. Singer. n. 2. 50

Ravzh, H. O., aus der Provinz. I. Sturm. (Martha.) Drama in 5 Aufzgn. gr. 8. (III, 67 S.) Leipzig 898. Literar. Anstalt A. Schulze. n. 2. —

Raw Alfas i. e. R. Isaaci Alfasi compendium talmudis babylonici adjectis commentariis, notis etc. ad modum edit. Amstelod. editum. (In hebräischer Sprache.) 15 Voll. Lex.-8. (Vol. 1. 248 S.) Berlin 860, Adolf und Comp. **

Rawack, Paulus [Berolinensis]: De Platonis Timaeo quaestiones criticae. Pars prior .... *Berolini, typ. expr. Zahn & Baendel, Kirchhaina, Lusatiae* (1888); 2 Bl + 34 S. + 1 Bl. 8°
Berlin, Phil. Fak., Inaug.-Diss. v. 14. Aug. 1888

Rawack, Paulus, de Platonis Timaeo quaestiones criticae. gr. 8. (81 S.) Berlin 888, Mayer und Müller. *

Rawack, Wolfgang (geb. Königsberg i. Pr. 7. 2. 1837). De aquis mineralibus arte parandis. Berolini (1863). (40 S.) 8°
Berlin, Med. Diss. v. 1. Dez. 1863

Rawack, Wolfgang (geb. Königsberg i. Pr. 7. 2. 1837). De manganesii pondere atomico. De argento, quod in bismutho crudo inest. Methodus quantitativa ad determinandum acidum quercitannicum. Berolini (1858). (30 S.) 8°
Berlin, Phil. Diss. v. 4. Febr. 1858

Rawald, G., aus meiner Festungszeit. 1—3. Hft. 8. (31, 29 u. 31 S.) Halle 885. Kaemmerer & Co. à n. — 50

— zwei deutsche Heldenkaiser, Begründer u. Wiederhersteller d. Deutschen Reichs, Friedrich I. Barbarossa u. Wilhelm der I. der Siegreiche. 8. (88 S.) Freiburg a/U. 885. Kellner. cart. n. — 50

Rawald, G[ustav] Das kleine Buch vom edlen Ungarwein. 4. Aufl. der Betrachtungen über den Kgl. Ungar. Landes-Central-Keller und gegen alle Schwindeleien. Halle (Saale) Heynemann 1889 29 S
--- Dass. 5. Aufl. Ebd. 1899. -- [Zit. nach dem Realkatalog der DSB]

Rawald, Gust., das Buch vom Weine, s. a Bibliothek, Leipz. landwirtschaftl. Nr. 7.

Rawald, Gust., das Buch vom Wein. Erfahrungen und Anweisungen über Anbau, Bereitung, Behandlung, Kenntniß und künstliche Verbesserung der Weine für Weinbauer, Weinhändler, Gastwirthe etc. Mit einem Anhang enthaltend: Recepte zu pikanten Speisen und gemischten Getränken, wie Maitrank, Cardinal, Necos etc. 1. Ausg. 1852. * 20 Ngr. und 2., gänzlich umgearb. Aufl. br. 8. (VIII und 150 S. mit einer lithogr. Weinkarte von Europa in Fol. und einer Abbildung der neuen Rawald'schen Weinpresse in Holzschn.) Leipzig 855(56,) Spamer. *

Rawald, Gust., das Buch vom Wein. Anbau, Bereitung, Behandlung, Kenntniß und künstl. Verbesserung der Weine für Weinbauer, Weinhändler, Weinwirthe und Weintrinker. Mit einem Anh., enth.: Gemischte warme und kalte Weingetränke und verschied. Recepte. 3., umgearb. Aufl. 1. und 2. Abdr. gr. 8. (VI und 226 S. mit in den Text gedr. Abbild. in Holzschn.) Hamm 863. [Stuttgart, Cohen und Risch.]

Rawald, Gust., das Buch vom Wein. Anbau, Bereitung, Behandlung, Kenntniß und künstliche Verbesserung der Weine für Weinbauer, Weinhändler, Weinwirthe und Weintrinker. Mit einem Anhang, enthaltend: Gemischte warme u. kalte Weingetränke u. verschiedene Recepte. 3. umgearb. Aufl. 862. — 3. Aufl. 2. Abdr. Mit in den Text gedr. Abbildgn. (Holzschn.) Hamm 863. Grote. gr. 8. (VI, 226 S.) 1 ℛ

Rawald, Gust., demokratische Skizzen vom J. 1848. Mit dem Stahlst.: G. A. Wislicenus. gr. 8. (42 S.) Halle 849, Schmidt in Comm. n. 1/6 ℛ

Rawald, Gustav Vom Ursprung des Weinbaues. Dichtung und Wahrheit Mit e Anh. bemerkenswerther Restaurants und Firmen auf der Fusstour Naumburg-Freyburg. Freyburg a/U. o.J. 12 S. -- [Zit. nach dem alphabetischen Katalog der DSB, 1 verlagert]

Rawald, G., der Weinkeller, s.: Dochnahl, F. J.

Rawdyman, Jankel: Aus d. 2. med. Klinik d. Charité-Krankenhauses zu Berlin. Meningitis serosa chronica ambulatoria. Berlin (1909): Blanke. 44 S. 8°
Berlin, Med. Diss. v. 31. Juli 1909, Ref. Kraus
[Geb. 30. Juli 84 Wolkowysk; Wohnort: Warschau; Staatsangeh.: Rußland; Vorbildung: Gymn. Warschau Reife M. 04; Studium: München 6, Straßburg 1, Berlin 3 S.; Rig. 24. Juli 09.] [U 09. 88

Rawert, O. J., Kongeriget Bayerns industrielle Forfatning i 1845. gr. 8. (60 S.) Kopenhagen 847. (Gyldendal.) n. 1/2 ℛ

— Konger. Hannovers industrielle Forfatning i 1845. gr. 8. (60 S.) Ebd. 847. n. 1/2 ℛ

— Keiserdømmet Østerriges industrielle Forfatning i 1845. gr. 8. (104 S.) Ebd. 847. n. 3/4 ℛ

— Konger. Sachsens industrielle Forfatning i 1845. gr. 8. (93 S.) Ebd. 847. n. 5/6 ℛ

— Konger. Württembergs industrielle Forfatning i 1845. gr. 8. (80 S.) Ebd. 847. n. 2/3 ℛ

Rawes, Geo., Korawar u. Mindorane. Ein Märchenspiel. (79 S.) 8. Berlin-Friedenau 910. Bureau Fischer. 2. —

Rawicz, M., der talmudische Traktat „Chulin", welcher v. den Regeln des jüdisch-rituellen Schlachtens handelt, nach der Wiener Ausg. vom J. 1865 (ed. Schlossberg) ins Deutsche übertr. u. kommentiert. 1. Tl.: Fol. 2a—69b. (335 S.) gr. 8. Offenburg (Baden) 908. Rabbiner Dr. M. Rawicz. 10. —

Rawicz, M., der Tractat Kethuboth (nach der Wiener Ausg. vom J. 1867 ed. Schlossberg). Unter steter Berücksicht. d. franz. Uebersetzg. v. Rabbinowicz ins Deutsche übertr. u. kommentirt. 1. Tl. Fol. 2a bis 54b. gr. 8. (XVIII, 261 S.) Frankfurt a/M. 898. J. Kauffmann. n. 4. —

Rawicz. der Tractat Kethuboth (nach der Wiener Ausg. vom J. 1862 ed. Schlossberg). Unter steter Berücksicht. der französ. Uebersetzg. v. Rabbinowicz ins Deutsche übertr. u. kommentirt. 2. Tl. Fol. 54b bis Ende. gr. 8. (335 u. III S.) Frankfurt a/M. 900. J. Kauffmann. n. 4. —

Rawicz, M., der Traktat Megilla, nebst Tosafat, vollständig ins Deutsche übertragen. gr. 8. (IV, 117 S.) Ettenheim 883. (Frankfurt a/M., Kauffmann.) n. 2. 50

Rawicz, M., der Traktat Rosch ha-Schanah, mit Berücksicht. der meisten Tosafot in's Deutsche übertr. gr. 8. (176 S.) Frankfurt a. M. 886. (Kauffmann.) *

Rawicz, M., der Traktat Sanhedrin (nach der Wiener Ausg. vom J. 1867 ed. Schloßberg). Ins Deutsche übertr. u. m. erläut. Anmerkgn. versehen. gr. 8. (IX, 543 u. XVIII S.) Frankfurt a/M. 892. A. J. Hofmann. n. 6. —

Rawicz, M., s. a Traktat Sanhedrin, der.

Rawitsch [Schlagwort]

Rawitsch, Kreis, s. a. Forstkarten. — Posen, Reg.-Bez.

Rawitsch. Baron, Paul, A. Hilscher's Nachf., Spezial-Karte des Kreises Rawitsch. 1 : 125,000. 28 × 38,5 cm. Lith. u. Farbdr. Lissa 898. F. Ebbecke. n. — 50

Rawitsch. Baron, Paul, Spezial-Karte des Kreises Rawitsch. 1 : 100,000. 3. Aufl. 28 × 43 cm. Farbdr. Lissa (903). O. Eulitz. n. — 50

Rawitsch. Spezialkarte des Kreises Rawitsch. Rev. v. den zuständ. Behörden. 1 : 100,000. 4. Aufl. 28 × 42,5 cm. Farbdr. Lissa (909). O. Eulitz. — 50; auf Leinw. 1. —

Rawitscher (Hrsg.), s. Anzeiger, Der jüdische.

Rawitscher, Kurt, Referendar beim Kgl. Landgericht zu Brieg· Der Inhalt der Haftung des Verkäufers nach deutschem bürgerlichen Recht (mit Ausschluss der Haftung für physische Eigenschaften, bezw. Mängel der Kaufsache). *Breslau 1901. Bresl. Genossenschafts-Buchdr.* (80 S.) 8°
Breslau, Jur. Diss. v. [20. Mai] 1901

Rawitz, A., eine Arsenik-Vergiftung, vor dem Schwurgerichts-Hofe zu Osnabrück verhandelt. Mitgetheilt u. besprochen. Nebst einem Nachtrage, von Herm. Bezin. [Auszug aus d. Archiv gerichtlich medicinischer, vor den Assisen des Königr. Hannover verhandelter Fälle, v. Dawosky u. Polack.] gr. 8. (76 S.) Celle 852, Schulze. n. 1/3 ℛ

Rawitz, Bernh. (geb. Ostrowo in Posen 23. 8. 1859). Die Ranvier'schen Einschnürungen und Lantermann'schen Einkerbungen. Leipzig 1879. (24 S.) 8° * Aus: Archiv f. Anatomie u. Physiol. Jg 1879. Anatom. Abth.
Berlin, Med. Diss. v. 8. März 1879

Rawitz, B., die Fussdrüse der Opistobranchier. [Aus: „Abhandlgn. d. k. preuss. Akad. d. Wiss."] Mit 2 Taf. gr. 4. (31 S.) Berlin 887. (G. Reimer.) cart. n. 2. —

— Grundriss der Histologie. Für Studierende u. Ärzte. gr. 8. (VII, 284 S. m. 204 Abbildgn.) Berlin 894. S. Karger. n. 6. —; geb. n. 7. —

Rawitz, Bernh., Compendium der vergleichenden Anatomie. Zum Gebrauche f. Studierende der Medizin. 8. (V, 272 S. m. 90 Abbildgn.) Leipzig 893. H. Hartung & Sohn. Geb. in Leinw. n. 5. —

(8) **Rawitz,** Bernh., Compendium d. vergleich. Anatomie. 893. Jetzt: Würzburg, C. Kabitzsch.

— Lehrbuch der mikroskopischen Technik. (VII, 438 S. m. 18 Fig.) gr. 8. Leipzig 907. W. Engelmann. 12.—; geb. in Leinw. 13.20

— Leitfaden f. histiologische Untersuchungen. Lex.-8. (VIII, 75 S.) Jena 889. Fischer. n. 1.80; geb. n. 2.40

Rawitz, Bernh., Leitfaden f. histiologische Untersuchgn. 2., umgearb. u. verm. Aufl. Lex.-8. (XIII, 148 S.) Jena 895. G. Fischer. n. 3. —

— der Mantelrand der Acephalen. 1. u. 2. Tl. Lex.-8. Ebd. n. 14. —
1. Ostreacea. Mit 6 Taf. u. 1 Abbildg. im Text. [Aus: „Jenaische Zeitschr. f. Naturwissensch."] (142 S.) 888. n. 8. —
2. Aracea. Mytilacea. Unionacea. Mit 4 Taf. u. 3 Abbildgn. im Text. [Aus: „Jenaische Zeitschr. f. Naturwissensch."] (83 S.) 890. n. 6. —

— der Mantelrand der Acephalen 3. Tl. Siphoniata. Epicuticulabildung. Allgemeine Betrachtgn. [Aus: „Jen. Ztschr. f. Naturwiss."] Lex.-8. (232 S. m. 5 Abbildgn. u. 7. Taf.) Jena 892. G. Fischer. n. 13. — (1—3.: n. 27. —)

— das zentrale Nervensystem der Acephalen. Mit 5 lith. Taf. [Aus: „Jenaische Zeitschr. f. Naturwiss."] gr. 8. (VIII, 75 S.) Ebd. 887. n. 5. —

Rawitz, Bernh., Urgeschichte, Geschichte u. Politik. Populär-naturwissenschaftl. Betrachtgn. (VI, 362 S.) gr. 8. Berlin 903. L. Simion Nf. n. 8. —; geb. n. 10. —; auch in 8 Lfgn. à n. 1. —

— für d. Vivisection. E. Streitschrift. gr. 8. (45 S.) Greifswald 898. J. Abel. n. 1. —

Rawitz, J. Versuch e. kriegschirurg. Statistik d. Verwundungen u. Verletzgn im Belagerungskriege. (S.-A.) 1874.

Rawitz, Joseph

Rawitz, J., über die einfachen Nahrungsmittel. Ein Beitrag zur rationellen Diätetik. Mit e. Vorw. von Fr. Günsberg. gr. 8. (4 3/4 B.) Breslau 846, Trewendt.

Rawitz, J., über die einfachen Nahrungsmittel. Ein Beitrag zur rationellen Diätetik. Mit einem Vorworte von Fr. Günsburg. gr. 8. (IV und 71 S.) Breslau 847, [Trewendt und Granier.]

Rawitz, Josephus *(geb. Breslau 12. 5. 1823)* De vi alimentorum nutritia. Vratislaviae (1846). (43 S.) 4° *[Deutsche Bearb. 1846 bei Trewendt in Breslau unt. d. T.: Über die einfachen Nahrungsmittel.]*
Breslau, Med. Diss. v. 3. Nov. 1846

Rawitzer, Joseph aus Bojanowo (Posen). Untersuchungen über die optische Aktivität in ihrer Beziehung zum Asymmetrieprodukt von Guye. Zür. E. Meyer Dr 1896. 50 S., 1 Bl. 8°.
Zürich, Phil. Diss. [v. 19. Febr. 1896].

Rawitzki, Carl, Gerichtsref. in Thorn. Das vorbehaltene Rücktrittsrecht im Gemeinen Recht und im Bürgerlichen Gesetzbuch. *Borna-Leipzig 1903: R. Noske.* (55 S.) 8°
Leipzig, Jur. Diss. v. 1903

Rawitzki, Mich. (geb. Lubraniec in Polen 4. 7. 1841): Ueber die Kephalothrypsie [!] nach vorausgeschickter Perforation mit besonderer Berücksichtigung des neuen Martin'schen Kephalothryptor [!]. Berlin (1871). (37 S.) 8°
Berlin, Med. Diss. v. 24. Apr. 1871

Rawitzki, Nathan [aus Berlin]: Über accidentelle Wundkrankheiten nach Heinrich von Mondeville ... Berlin, Druck v. Jacoby & C., 1897; 34 S. 8.
Berlin, Med. Fak., Inaug.-Diss. v. 23. Apr. 1897

Rawley, Guil., s.: Baconi, Francisci, confessio fidei.

Rawlings, Thom., die Auswanderung mit besonderer Beziehung auf Minnesota u. Britisch Columbia. Aus dem Engl. übertragen u. eingeleitet von Ed. Pelz. Hamburg 866. Hoffmann & Campe. 8 (61 S.) 7 1/2 ngr.

Rawlinson, H. C., Skizze der Geschichte Assyriens, s. Gumpach, J. v.

Rawlinson: Übersetzung einer Keilinschrift auf einem babylonischen Ziegel des k. k. Münz- und Antikenkabinettes (mit 1 Taf.) S. 4. 73 vgr.
Separatabdruck

Rawnsley, Hardwicke D., notes for the Nile, together with a metrical rendering of the hymns of ancient Egypt and of the precepts of Ptah-Hotep, s.: Library, the English.

Rawnsley, H[ardwicke] D. The Revival of the Decorative Arts at Lucerne. Two Walks about the ancient City of the wooden Stork's Nests. [Illustrated Cover.] 8. Lucerne 1896.

Rawößki, G. T., neueste praktische u. für Jedermann verständliche Anleitung zur Destillation auf kaltem Wege. Ein vollständiges Receptbuch zur Bereitung aller Arten von geistigen Getränken. Leipzig 866. (Wartig.) 8. (28 S.) n. 3 ℛ

Rawski, Paulus, de natura dogmatum catholicorum. gr. 8. (IV, 202 u. II S.) Krakau 898. S. Gebethner & Co. n. 4. —

Rawson, Christopher, Handbuch der Färberei der Gespinnstfasern, s.: Knecht, Edm.

Rawson, Christopher, Handbuch der Färberei der Spinnfasern, s.: Loewenthal, Rich.

Raxalpe [Sachliches OW]

Raxalpe mit den neuen Wegmarkirungen aus Freytag Special-Touristenkarte Bl. III. 1 : 50,000. Wien. 1901. Artaria & Co. 27 X 29 *cm*. K —.80

Raxalpe [Schlagwort]

Raxalpe, s. Alpen. Artaria.

Raxalpe, s. Alpen, Detailkarten; Pauling, J. J.

Raxalpe, s. Alpen. Freytag. Weg- u. Distanzkarte.

s. Ausflugskarten.

Raxalpe, s. Oesterreich-Ungarn. Freytag, G.

s. Schneeberg.

s. Touristenkarten. Freytag.

s. Wiener Ausflugskarten.

Ray, A., der Ginseng, chinesische Kraft- oder Lebensverlängerungs-Wurzel, als ein neuer unvergleichlicher Arzneistoff gegen Nervenschwäche, Erschöpfung und Schwächezustände aller Art, sowohl in Folge von Krankheiten und Alter, als körperlicher und geistiger Anstrengungen rc. für Aerzte und Laien beschrieben. Erlangen 860. Palm. 8. (30 S.) 5 *ngr.*

—— neues Kräuterbuch, oder genaue Beschreibung der in Deutschland wachsenden Pflanzen, ihrer Kräfte und Wirkungen zur Heilung der Krankheiten von Menschen und Thieren, ihr Gebrauch in der Haushaltung, in den Künsten und Gewerben, nebst Anweisung zur besten und wohlfeilsten Cultur der Nutzpflanzen. Mit vielen bisher unbekannten Recepten und Geheimmitteln. Für Gelehrte und Ungelehrte nach eigenen und fremden Erfahrungen gemeinfaßl. bearb. 4 Lfgn. Lex.-8. (VIII und 344 S.) Kempten 859. 60, Dannheimer. à Lfg. 12 Ngr.

Ray, Edm., Erckmann et Chatrian. Basel, Realschule 1884. 4°
Progr.

Ray, Emil, der Einfluß der bedingten Novation auf die ursprüngliche Obligation. Pandektenstudie. gr. 8. (33 S.) Mohrungen i/Ostpr. 891. (München, A. Buchholz.) n. 1. —

Ray, Gebh., Studien über Pharmakologie u. Pharmakodynamik des Oleum Pini aethereum [Oleum templinum.] Tübingen 868. (Laupp.) gr. 8. (101 S.) n. 16 *ngr.*

Ray, Johann (Rajus), Drey Physico-Theologische Betrachtungen, deutsch durch Th. Arnold, Leipzig (1732) siehe Theodor Arnold.

Ray, P. A. F., Zoologie universelle et portative, ou Histoire Naturelle. Avec un Supplément, destiné aux récentes connaissances zoologiques, par Jauffret et de Tableau par Cuvier. gr. 4. Leips. Sommer. 814.

Ray de Saint-Genies, J.

Ray de Saint-Genies. L'art de la guerre pratique. T. 1. 2. Francfort 1755.

Ray de St. Geniès. Praktische Kriegskunst. 2 Bde. 8. Berlin 1760. 8. ib. 1772. — 8. Glogau 1772.

Ray de Saint-Genies, prakt. Kriegskunst, od. der Dienst im Felde, für d. General, Stabsofficier, Hauptmann rc.; aus d. Französ. 2 Thle. Mit Kpf. 8. Glogau. 2e Aufl. . . . Chr. Fr. Günther. 2 ₰

— — Praktische Kriegskunst oder der Dienst im Felde. Mit Kpf. Berlin 1772 556 S.

Raydt, prakt. Winke zur Ortsbestimmung auf See durch astronom. Beobachtungen. Mit e. Vorwort v. Bolte. (31 S. m. Fig.) 8. Hamburg (908). Eckardt & Messtorff. 1. —

Raydt, Ernst, Referendar in Zwickau: Die vorläufige Vollstreckbarkeit. *Leipzig: Veit & Co. 1904.* (VIII, 112 S.) 8°
Leipzig, Jur. Diss. v. 1904

Raydt, G., s.a. Raydt, Hermann

Raydt, G., ich suche nach Soldaten, wir wollen e. kräftige Generation haben, s.: Sammlung pädagogischer Vorträge.

Raydt, Hans

Raydt, H. Die Arithmetik auf dem Gymnasium. Praktisches Regel- u. Lehrbuch f. Gymnasien u. verwandte Anstalten, sowie zum Selbstunterricht zusammengestellt. gr. 8. (VIII, 175 S.) Hannov. Linden 890, Manz u. Lange. * 1 80
Neue Ausg. u. d. T.: Arithmetisches Wiederholungsbuch. Ebd. 1892. * 1 80.

— Lehrbuch der Elementarmathematik. Planimetrie. Arithmetik. Trigonometrie u. Stereometrie, Pensum bis zur Einjährig-Freiwilligen-Prüfung f. höh. Schulen u. zum Selbststudium. gr. 8. (VIII, 253 S. m. Fig.) Leipzig 899. M. Hesse. n 2.70; geb. in Halbldr. n.n 3.—

— arithmetisches Wiederholungsbuch. Praktisches Regel- u. Lehrbuch f. höhere Lehranstalten, Seminare, zum Selbstunterricht, sowie zur Vorbereitg. auf die Prüfgn. 2. (Titel-)Aufl. gr. 8. (VIII, 174 S.) Ebd. 892. n. 1. 80

Raydt, Hermann, s.a. Raydt, G.

Raydt, H., ein Abend im Zentralausschuß f. die Pflege d. Leibesübungen in Stettin. s.a. Vorträge f. Turnvereine

Raydt, H.: Ein Abend im Zentralausschuß für die Pflege der Leibesübungen in Stettin. Leipzig 1909. 30 S.

[Umschlagt.:] [J.] **Raydt**, *Hermann* [Prof., Dir.]: Antrittsrede *über das in dem Spruche „Ein gesunder Geist in einem gesunden Körper" ausgesprochene Ziel der deutschen Kindererziehung.* Hannover, Druck d. Göhmannschen Buchdr., 1895; 10—17 S. 4.
Hannover, R III, P 1895 (349)

[J.] **Raydt**, *Hermann* [Prof., Dir.]: Beschreibung der Anstalt. '(Hierzu 3 Risse.)' Hannover, Druck d. Göhmannschen Buchdr., 1895; 18—22 S. 4.
Hannover, R III, P 1895 (349)

Raydt, Herm., bete u. arbeite! Antrittsrede d. Direktors der öffentl. Handels-Lehranst. zu Leipzig-R., geh. am 26. IV. 1897. 8. (20 S.) Leipzig 897. (J. C. Hinrichs' Verl.) n. — 20

— das Bewegungsspiel e. dauernde Schuleinrichtung. gr. 8. (52 S.) Leipzig 897. R. Voigtländer. n. 1. —

[Umschlagt.:] [F.] **Raydt,** H*ermann* [Prof., Dir.]: Eröffnungsfeierlichkeit *der Realschule III.* Hannover, Druck d. Göhmannschen Buchdr., 1895; 9—10 S. 4.
Hannover, R III, P 1895 (349)

— mehr Erziehung f. die deutsche Jugend! Ein Wort zu den Verhandlgn. über die Schulreform. 1. u. 2. Aufl. gr. 8. (32 S.) Ebd. 890. n. — 60

— ein gesunder Geist in e. gesunden Körper. Englische Schulbilder in deutschem Rahmen, nach e. Studienreise aus der Bismarck-Schönhausen-Stiftg. geschildert. gr. 8. (IV, 266 u. 8 S. m. Textbildern.) Hannover 889. C. Meyer. n. 4. —

Raydt, Hermann, Ein gesunder Geist in einem gesunden Körper, Antrittsrede, Hannover 1895, 7 S., 4°.

— die Handelshochschule zu Leipzig, d. erste in Deutschland, eröffnet am 25. IV. 1898. Denkschrift. gr. 8. (88 S.) Leipzig 898. M. Hesse. n. 1. —

— s.: Jahrbuch f. Volks- u. Jugendspiele.

Raydt, Herm., s.: Jahresbericht der Handelshochschule zu Leipzig.

Raydt, Hermann (Hrsg.), s. Jahresbericht des Zentralausschusses für Volks- und Jugendspiele in Deutschland.

Raydt, Hermann, „Ich suche nach Soldaten, wir wollen eine kräftige Generation haben," 2. Aufl., Bielefeld, 18 S., 8°.

— das Jugendspiel. Vortrag. gr. 8. (32 S. m. Abbildgn.) Ebd. 891. n. — 50

Raydt, Hermann, über Jugend- und Volksspiele (Dtsch. Wochenbl., Jg. 6. S. 308/09), Berlin 1893, 11 S., 4°.

— f. o Kongreß, der deutsche, f. Volks- u. Jugendspiele.

Raydt, H[ermann] : Der 9. deutsche Kongress für Volks- und Jugendspiele in Kiel, 1908. Hrsg. v. Prof —. Leipzig & Berlin: Teubner 1909. 94 S. 8°

— s.: Körper u. Geist.

[F.] **Raydt,** H*ermann* [Prof., Dir.]: Das Lehrerkollegium *der Realschule III.* Hannover, Druck d. Göhmannschen Buchdr., 1895; 33—37 S. 4.
Hannover, R III, P 1895 (349)

[F.] **Raydt,** H*ermann* [kommiss. Dir.]: *Über die Leibesübungen an der Albinus-Schule.* Lauenburg, Druck v. Gebr. Borchers, 1893; 17—18 S. 4.
Lauenburg a. d. E., Albinus-S '(RPG u. R)', OP 1893 (203)

Raydt, Hermann, Leibesübungen in den Handelsschulen, Vortr., Dresden-Blasewitz 1908, 17 S., 8°.

Raydt, H.: Leibesübungen und Volkshygiene. München & Leipzig 1900. 3 S. 4°
(Blätter für Volksgesundheitspflege. 1.)

— u. Mich. Rößger, deutsches Lesebuch f. Handelsschulen u. verwandte Anstalten. gr. 8. (544 S.) Leipzig 902. R. Voigtländer. Geb. in Leinw. n. 2. 80

u. R. Rößger, deutsches Lesebuch f. Handelsschulen u. verwandte Anstalten. 6. u. 7. (Doppel-)Aufl. (558 S.) 8. Leipzig 910. R. Voigtländer. Geb. in Leinw. 2. 80

— deutsches Lesebuch f. die mittleren Klassen höh. Lehranstalten, s. Lorenz, H.

— u. A. Roßbach, die deutschen Nationalfeste (deutsch-nationales Olympia) in Leipzig. Denkschrift. gr. 8. (51 S. m. Titelbild u. 1 farb. Plan.) Leipzig 897. M. Hesse. n. — 50

— Nationaltage f. deutsche Kampfspiele (deutsch-nationales Olympia) v. Geschäftsführer d. Zentralausschusses zur Förderg. d. Volks- u. Jugendspiele in Deutschland, R. 1.–3. Aufl. gr. 8. (32 S.) Leipzig 896. R. Voigtländer. — 60

— Silva Mariae. Eine Erzählg. aus d. Reformationszeit. Mit e. Ansicht d. heut. Ratzeburg. 1. u. 2. (Titel-)Aufl. 8. (153 S.) Hannover-Linden 889. 890. Manz. cart. n. 2. —

Raydt, Hermann, Die Spielkurse des Jahres 1905, 3 S., 8°.

Raydt, H., u. Kohlrausch, E., Ein obligatorischer Spielnachmittag an den deutschen Schulen, Vortr., hrsg. v. Zentralaussch. f. Volks- u. Jugendspiele in Deutschland, Görlitz 1904, 28 S., 8°.

— Spielnachmittage. (VI, 101 S.) gr. 8. Leipzig 905. B. G. Teubner. n. 1. 60

— Spielnachmittage. 3., wenig veränd. Aufl. (IV, 158 S. m. 1 Bildnis.) gr. 8. Leipzig 910. B. G. Teubner. 2.40; geb. in Leinw. 2. 80
2. Aufl. (VI, 139 S. m. 1 Bildnis.) 907. 2. —, geb. 2. 50

Raydt, H., die deutschen Städte u. das Jugendspiel. Nach den amtl. Berichten der Städte bearb. gr. 8. (172 S.) Hannover-Linden 891. Manz & Lange. n. 3. —

— s. Verhandlungen des VII. deutschen Kongresses f. Volks- u. Jugendspiele.

— Volks- u. Jugendspiele, s. a. Hillger's illustr. Volksbücher.

Volks- und Jugendspiele von Prof. H[ermann] **Raydt.** Mit 40 Ill. Berlin, Leipzig: H. Hillger [1905]. (89 S.) 8° [F.]
= **Volksbücher,** Hillgers illustrierte. Bd 21. 05.10079

Raydt, Hermann, Wahrhaft u. wehrhaft, Leipzig, 8°.

Raydt, Hermann, Wanderfahrten, Berlin 1906, 18 S., 8°.

Raydt, H., u. Fritz Eckardt, das Wandern, s. a. Schriften, kleine, d. Zentralausschusses zur Förderung der Volks- u. Jugendspiele in Deutschland. 7. Bd.

Das Wandern. Anleitung z. Wanderung u. Turnfahrt in Schule u. Verein. Im Auftr. d. Zentralausschusses verf. von Hofrat Prof. H[ermann] **Raydt** u. Oberl. Fritz Eckardt. Leipzig & Berlin: B. G. Teubner 1908. (VI, 108 S.) 8° [F.]
= **Schriften,** Kleine, d. Zentralausschusses f. Volks- u. Jugendspiele in Deutschland. Bd 17. 08.11938

Raydt (H.) u. **F. Eckhardt.** Das Wandern. Anleitg. z. Wanderg. u. Turnfahrt. 2. Aufl. (VIII, 160 S.) Leipzig. 1909. kart. M. 1 20

Raydt, Johannes

Raydt, J., Formenlehre, oder Vorbereitung zur Planimetrie. 8. (60 S.) Lingen 862, (Jüngst's Buchh.) *

Raydt, J., Formenlehre od. Vorbereitg. zur Planimetrie. 2. Aufl. 8. (59 S.) Lingen 872. Stavenhagen in Comm. n. — 50

Raydt's, Johs., Formenlehre oder Vorbereitung zur Geometrie. In erweiterter Form hrsg. von W. Raydt. 8. Aufl. 8. (VIII, 60 S.) Hannover 878, Schmorl und v. Seefeld. geb. *

—— Lehrerleben. Briefe aus dem Nachlasse. Hrsg. von Thdr. Raydt. 8. (VII, 142 S.) Ebendas. 878. *

Raydt, Th., dein Reich komme! Predigt geh. am 1. Septbr. 1872 in der reform. Kirche zu Lingen. 8. (12 S.) Osnabrück 872. Rackhorst. — 25

Raydt, Th., Festpredigt bei der Feier der goldenen Hochzeit des deutschen Kaiserpaares, in dem gemeinsamen Gottesdienste der beiden evangel. Gemeinden zu Lingen am 11. Juni 1879 gehalten. gr. 8. (11 S.) Berlin 880, Chun. *
Aus: Christlich-vaterländische Weihestunden, besonders abgedruckt.

Raydt, Thdr., vom Kindessinn. Predigt über Matthäus 18 v. 3, gehalten in der evangelisch-reformirten Kirche zu Hamburg. gr. 8. (15 S.) Hamburg 866, Mauke Söhne. *

Raydt, Th., die Sozialdemokratie u. ihre Bekämpfung. Synodal-Vortrag. [Aus: „Synodal-Protokoll".] gr. 8. (31 S.) Hannover 893. Kniep'sche Buchh. n. — 60

Raydt, Th., über Wesen u. Bedeutung der Fröbel'schen Kindergärten. Vortrag, geh. in der Gesellschaft tot Nut van't Algemeen Dept. Emden zu Emden. 8. (28 S.) Emden 890. Haynel. n. — 40

Raydt, Theodor Christian Friedrich

Raydt, Thdr. Chr. Fr., de aequitate, ejus in jure usu, limitibus qui inter illam strictumque jus intercedunt et quaest.: Quatenus ea stricto juri sit praeferenda? Smaj. Ling. 793. Jülicher. 4 gr.

– s. L. J. F. Hoepfner, jus naturae.

Raydt, Theodor Christian Friedrich (Lingen), Ad legem VII. § X. D. de minoribus sistens disquisitionem quaestionis controversae: an heredi substituto, instituto adversus aditionem hereditatis ob minorem aetatem in integrum restituto, deferatur jus succedendi? Exercit. jur. civilis. Lingen (F. A. Jülicher) (28. VI.) 1794. 35 S. (4.50) 27778
Gew.: Johann Heinrich Casimir von Carmer.

— de variis, quib. legata invalida fieri possunt, modis etc. 4. ibid. 794.

—oratio de boni ingeniosique judicis officio. 4. Ling. 797.

Raydt, Ulrich: Ueber das Ladungsgesetz für Dielektrika. Göttingen 1910: Dieterich. 67 S. 8°
Göttingen, Phil. Diss. v. 3. Febr. 1910, Ref. Tammann
[Geb. 31 Aug. 86 Lingen; Wohnort: Lingen; Staatsangeh.: Preußen; Vorbildung: Gymn. Lingen Reife O. 04; Studium: Tübingen 3, Aachen Techn. Hochsch. 1, Göttingen 7 S., Rig. 4. Aug. 09.] [U 10. 1454

Raydt W., d. Ausdehng. fester u. flüssiger Körper dch. d. Wärme u. eine neue Methode z. Bestimmg. derselben 186…. — 4…

Raydt, W. Kohlensäure gegen Ammoniak. Ein Beitrag zur Entwickelungsgeschichte der Erzeugg. künstl. Kälte. gr. 8. (23 S. m. Abbildgn.) Hannov. 892, Göhmann'sche Buchdr. * — 60

RAYDZ-KUNHEIM.
Die flüssige Kohlensäure und ihre Verwendung. Berlin, 1883. 4to.

Rayer, (P.,) Abhandl. über die Krankheiten d. Haut. Aus d. Fr. M. Kpf. gr. 8. Weimar 827, Ind.-Compt.

Rayer, P., theoret.-pract. **Darstellung** d. Hautkrankheiten. N. d. 2., durchaus verb. Ausg. d. Orig. in deutscher Uebertragung hrsg. v. Herm. Stannius. 3 Bde. gr. 8. Berlin, Th. Enslin. [1. ($32\frac{1}{4}$ B.) 837., 2. ($32\frac{3}{4}$ B.) 838., 3. ($34\frac{3}{4}$ B.) 839. à $2\frac{1}{2}$ Thlr.]

—— über d. **Einwirkung** d. Rotz-, Wurm- u. Anthrax-Gifts (Milzbrands) d. Thiere auf d. menschl. Körper u. d. höchst gefährl. durch Uebertragung dieser Gifte erzeugten Krankheiten. N. d. Franz. u. nach eigenen Erfahrn. bearb. v. Carl Schwabe. gr. 8. ($14\frac{1}{4}$ B.) Weimar 839, Voigt.

Rayer, P., die Krankheiten der Nieren u. die Veränderungen der Harnsecretion in ihren Beziehungen zu den übrigen örtlichen u. allgem. Affectionen, nach dem Franz. bearb. von S. Landmann. Lex.-8. ($40\frac{3}{4}$ B.) Erlangen 844, Enke's Vrlgsh.*

—— über d. **Krankheiten** d. Nieren u. d. Veränderungen d. Urinsecretion. A. d. Franz. v. Gust. Krupp. 1. Bd. 1. u. 2. Lfg. gr. 8. (à 8 B.) Cassel 839, 40, Fischer. à

Rayet, O., Necrolog, s.: **Reinach, S.**

Rayger, Ferdinand (Ungarn), De periculo petentis. Disput. trigesima. O. O. 5. X. 1700. S. 1533—1584. (4.75) 27779

—— De periculo petentis. Disput. jur. Präs. Samuel Strykius. Halle/Magdeburg (Chr. A. Zeitler) 5. X. 1700. 64 S. (4.75) 27780
Gew.: Nikolaus Bartholomaeus Michael von Dankelmann.

—— Dasselbe. Halle/Magdeburg (Chr. A. Zeitler) 5. X. 1700. 64 S. (4.75) 27781
Gew.: Nikolaus Bartholomaeus Michael von Dankelmann — Widm. v.: N. G. C. (dtsch.).

—— **Dasselbe.** Halle/Magdeburg (J. J. Krebs) 5. X. 1700. 64 S. (4.75) 27782
Gew.: Nikolaus Bartholomaeus Michael von Dankelmann — Widm. v.: N. G. C. (dtsch.).

Rayhrer, E., kleines Fremdwörterbuch, s.: Kiesewetter, L.

Rayle, die militär. Gelände-Beurteilung, s.: Rüdgisch, v.

Rayle, Marga, das Briefkastenteufelchen u. andere Backfischgeschichten. gr. 8. (VII, 175 S.) Mülheim a/R. (901). J. Bagel. Geb. in Leinw. 4. —

Rayle, Marga, Majors Einzige. Eine Pensionsgeschichte. (271 S. m. Titelbild.) 8. Berlin (906). Globus Verlag. Geb. in Leinw. n.n.n. 1.10

— Elses Lehrjahre, s.: Herzog, L.

Rayle, Marga, Ruscha, die kleine Polin. Erzählg. f. junge Mädchen. (229 S. m. Titelbild.) 8. Berlin (907). Globus Verlag Geb. in Leinw. 1.50

Komteß Ruth u. ihre Freundinnen. Erzählung f. erwachsene Mädchen. Mit 1 Hiliograv. u. Textillustr. nach Originalen v. Max Wulff. (255 S.) 8. Berlin (909). Meidinger's Jugendschriften-Verlag. Geb. in Lw. 3. —

†**Rayleigh**, Baron [J. W. Strutt], die Theorie des Schalles. Autoris. deutsche Ausg. Uebers. von Fr. Neesen. 1. Bd. gr. 8. (XVI, 427 S. mit in den Text eingedr. Holzschn.) Braunschweig 879, Vieweg und Sohn. *

†Rayleigh, Baron [J. W. Strutt], die Theorie des Schalles. Autoris. deutsche Ausg. Uebersetzt von Fr. Neesen. 2. Bd. gr. 8. (XIII, 393 S. mit in den Text eingedr. Holzst.) Braunschweig 880, Vieweg und Sohn. *

Raymann, Samuel (Eperies/Ungarn), Diss. med. qua praejudicatae quaedam de venae sectione opiniones expenduntur. Präs. Johann Heinrich Schulze. Halle/Magdeburg (J. Chr. Hilliger) Juni 1738. 45 S. (4.75) 27783

Widm. v.: Friedrich Hoffmann, Sigm. Jak. Baumgarten.

Raymann, V

Raymann. Andeutungen zu einer Geschichte der beiden alttestamentlichen Worte „Naephaesch" und „Ruach" mit besonderer Berücksichtigung ihres Inhaltes. 15 S.

Marienwerder, Progr. 1855

Raymann, V., Bemerkungen über einige Uebelstände der Erziehung auf den höheren Lehranstalten Preußens, geschöpft aus einer 33jähr. Erfahrung, nebst Winken diesen Uebelständen durch eine zeitgemäße Umgestaltung d. Gymnasien abzuhelfen. gr. 8. (14 S.) Marienwerder 849, Baumann in Comm. n. 3 ngl

Raymann, V., Bemerkungen über einige Uebelstände der Erziehung auf den höh. Lehranstalten Preußens, geschöpft aus einer 33jähr. Erfahrung, nebst Winken diesen Uebelständen durch eine zeitgemäße Umgestaltung der Gymnasien abzuhelfen. gr. 8. (14 S.) Marienwerder 849, (Jacoby.) *

— poetische Bilder aus dem Leben Friedrichs des Großen, eingerahmt. 8. (99 S.) Marienwerder 847. (Baumann.) 1/2 ℛ

—— poetische Bilder aus dem Leben Friedrichs des Großen, eingerahmt. 8. (99 S.) Marienwerder 847, (Jacoby.) *

Raymann, V., s. Euripides der Kyklops, u. andere den Preis von 2/3 ℛ in 1/2 ℛ ab.

Raymann, V. Quae de duplici fabular. quarund. Graecar. recensione memoriae prodita sunt, breviter exponuntur, ut ad judicium de Trachiniis et de Hermanni sententia, ad eam fabulam pertinente, adhibeantur, 26 S. . . . .

Marienwerder, Progr. 1841

Raymann, V., preußischer Sagenkranz. 2., verm. Aufl. gr. 8. (5 1/4 B.) Marienwerder 843, Baumann. Thlr. *

Raymond, C. W., & Co.: Ziegel-Maschinerie. Dayton, Ohio, Nord-Amerika (Um 1898)

R[aymond], C[harles]. Deutsche Wörter u. Uebungen. 113 S. 8. Genève, Taponnier & Soldini, 1903. [relié fr. —.65]

[Ouvrage destiné aux élèves de l']Ecole Professionnelle de Genève. 1re année.

Raymond, Emmeline, la plus heureuse de la famille gr. 8. (VI, 263 S.) Paris 874. Didot & Co. n. 2. 40

Raymond, F. J., Gesch. d. Elephantiasis, m. zugl. d. Ursprung d. Skorbuts, d. Lustseuche &c. enth., a. d. Franz. 8. Prag, Mangold. 776.

Raymond, Fr. V., O. S. Dom., der Freund der Nervösen u. Skrupulanten. Nach dem Franz. Mit e. Einleitung v. Bonnaymé. 1. u. 2. Aufl. (Je XI, 210 S.) 8. Münster 907. Alphonsus-Buchh. 1.75; geb. 2. 40

Raymond, G., René Chevalier. Berechtigte Uebersetzg. v. M. Dammermann. (386 S.) 8. Stuttgart 904. J. F. Steinkopf. n. 4. —; geb. in Leinw. n. 5. —

Raymond, J. B., geheime Zaubermittel, Talismane und sympathetische Künste. Liebe einzuflößen od. zu zerstören. Nebst ausführl. Darstellg. aller abergläub. Gebräuche u. Vorbedeutgn. im Liebesleben beider Geschlechter. Nach authent. Überliefgn. hrsg. 8. (72 S.) Leipzig (901). A. F. Schlöffel. n. 1.50

Raymond, J. B., geheime Zaubermittel, Talismane und sympathetische Künste, Liebe einzuflößen od. zu zerstören. Nebst ausführl. Darstellg. aller abergläub. Gebräuche u. Vorbedeutgn. im Liebesleben beider Geschlechter. Nach authent. Überliefergn. hrsg. 2. Aufl. (62 S.) 8. Leipzig (909). F. A. Schlöffel. 1.50

Raymond, J. B. S., Carte topographique militaire des Alpes, comprenant la Savoie, le Piémont, le Comté de Nice, le Duché de Gênes, le Valais, le Milanais et partie des états limitrophes. 5 Livraisons. Paris, 820. à 10 Thlr.

Raymond, Mich., †(Mich. Masson,) Daniel der Steinschneider, od. Werkstatt-Erzählungen. Ins Deutsche übertr. v. L. Kruse. 3 Thle. 8. (24 1/2, 22 1/2 u. 24 1/2 B.) Leipzig 833, Kollmann. à 1 Thlr. 12 Gr.

(——) dass. Werkstatt-Erzählungen. Neue Folge d. Erzähln. Daniels d. Steinschneiders. Von †Mich. Masson. 3 Thle. 8. (58 1/2 B.) Ebds. 834.

Raymond, Michel, Henriette. Ein Roman. Frei a. d. Franz. übers. v. Wilh. Franke. 8. (18 B.) Leipzig 841, Kollmann.

Raymond's Heroine, s. Dürr's collection of Amer. authors.

—— die Macht d. Beispiele. R. d. Verf. „Les intimes" a. d. Franz. übers. v. L. Kruse. 4 Thle. 8. (84 B.) Leipzig 835, Kollmann.

—— der Maurer. Ein Gemälde Paris'er Volkssitten. R. d. Franz. v. L. Kruse. 4 Thle. 8. (64 B.) Leipzig 830, Kollmann.

Raymond, Michel, die sieben Todsünden, s. Bibliothek ausgewählter Romane.

—— die sieben Todsünden. Uebers. v. D. L. W. Wolff. 2 Thle. gr. 12. (44 B.) Leipzig 834, Allgem. Niederländ. Buchh. 4 Thlr., hrbgs. Pr.

s. Werkstatterzählungen.

Raymond, P. Manuel du chrétien. Nouveau recueil de prières. In-16°. 480 p. Einsiedeln, Eberle, Kälin & Cie. 1890. Relié 1 50

Raymond, P. V, O. S. D., petit paroissien romain Novelle éd. (228 S. m. Titelbild.) 16. Einsiedeln (903). Eberle, Kälin & Co. Geb. in Leinw. n. — 56; m. Goldschn. n.n. — 76; in Ldr. m. Goldschn. n.n. 1.20; in Kalbldr. m. Goldschn. n.n. 2.40

Raymond, Walter: Beiträge zu den Untersuchungen über die wirtschaftliche Lage der Privatangestellten. Göttingen 1909: Dieterich. 55 S. 8°
Göttingen, Phil. Diss. v. 5. März 1909, Ref. Lexis
[Geb. 23. Mai 86 Kammelwitz; Wohnort: Wildschütz in Böhmen; Staatsangeh.: Preußen; Vorbildung: Realgymn. Landeshut Reife O. 05; Studium: Breslau 3, Göttingen 3 S.; Rig. 9. Dez. 08.] [U 09. 1392

Raymond de Baux, J., Vor dem Museum, s. Stadtklatsch, Berliner.

RAYMOND de Baux, Julien. Berliner Pflanzen. Ein humoristisches Bilderbuch für Erwachsene. Berlin 1859. Mit 12 Lithographien, sign. Bx.
1922. Verst. Kat. 23. Antiquariat S. Martin Fraenkel, Berlin.

RAYMUND, Bernhard (Lehrberg): Ueber künstliche Blutentleerung.- München: Giesser 1857. 15 S.
27.4.1857 - Urk; F 63
Diss. Ingolst.-Landsh.-Mchn.

Raymund von d. heil. Elisabeth, Frz. Jh., († ...) heil. Einsamkeit, drei Tage hindurch dem Seelenheil zu widmen. 8. Prag 789. N. A. 794. Widtmann. 8 gr.

— Fastenreden. 5 Thle. gr. 8. Prag 774—77.

— Lob-, Geheimniß-, Sitten- u. Gelegenheitspredigten. 2 Thle. gr. 8. Augsb. 781. Doll. (Krüll in Landsh.) 2 fl

— geistl. Reden über verschied. Feierlichkeiten, gehalten in Preßburg u. Wien. Fol. 765.

— solitudo sacra ad dies tres animae etc. 8. Prag, Widtmann. 789.

Raymund, Jh., Festtagspredigten. 2 Bde. 8. Prag 792.

— solitudo sacra sacerdotis christiani. 8. Prag 795. Widtmann. 6 gr.

— Sonntagspredigten. 2 Bde. 8. Prag 789.

Raymundiana seu documenta quae pertinent ad S. Raymundi de Pennaforti vitam et scripta, collegerunt edd. Franc. Balme. Cesl. Paban et Joach. Collomb, O. Praed., s.: Monumenta ordinis fratrum praedicatorum opera. VI.

RAYMUNDUS A NATIVITATE B. V. M.: Anima vivens mortua. Apoc. 16.3. Die lebendverstorbene Seele / Der Ehrwürdigen Closter Jungfrauen Aloysiae vom Heil. Emerico, Aus den Hoch-Wohl-Ehrwürdigen Orden Der Gesellschafft Heil. Ursulae, Welche Bey Ablegung ihrer Ordens-Gelübden in einer Ehren-Rede An dem fünfften Sonntag nach Pfingsten den 17. Junii Anno 1731. In der Königlichen freyen Stadt Preßburg vorgestellt von P. F. Ramyundus a Nativitate B. V. Mariae Ordens der Allerheiligsten Dreyfaltigkeit. Preßburg 1731. Gedruckt bey Johann Paul Royer. 27 S. - 200 mm

Raymundus Antonius, s Raimund Anton

Raymundus, Lullus

Raymundi, L., *Opera*. Mogunt. 721-42. 10 Tom. f.

Raynal, Caesar Alexand (geb. Hamburg 1816) De contagio animali. Berolini (1842). (25 S.) 8°
Berlin, Med. Diss. v. 13. Aug. 1842

Raynal, F. E., die Schiffbrüchigen oder zwanzig Monate auf einem Riff der Aucklandsinseln. Nach dem Berichte des Verf. eingeführt von Herm. Masius. Mit 40 Abbildgn. (worunter 1 Karte, in Holzschn.) Leipzig 870. Brandstetter. gr. 8. (VIII, 231 S.) 1 rthl 15 ngr., in engl. Einb. n. 1 rthl 20 ngr.

Raynal, F. Ed., die Schiffbrüchigen od. 20 Monate auf e. Felseninsel der Aucklands. Nach dem v. der Académie française preisgekr. Werke R.'s bearb. u. eingeführt v. Herm. Masius. Mit 40 Abbildgn. u. 2 Kartenskizzen. 8. Aufl., durchgesehen v. M. Wünichmann. (XII, 212 S.) 8. Leipzig 906. F. Brandstetter. Geb. in Leinw. n. 4.—

Raynal, Guillaume Thomas François

Raynal. Historische, militärische und politische Anekdoten von Europa, seit der Erhebung Carls V. i. J. 1519 bis zum Frieden von Aachen i. J. 1748. A. d. Frz. 3 B. Leipzig 1762—64.

Raynal, Wlh. Thom., des Assasinats et des Vols politiques. 8. Strassb. 795. König. 12 gr.

Raynal, W. Thom., des Assassinats et des Vols politiques. 8. Weim. Ind. Comt. 796. Rthlr.

Raynal, Guillaume Thomas François. Aufsätze für Regenten und Unterthanen; a. d. Franz. Nürnberg 1788. V: *Lesser, Joh. Andreas.* (Ky) (MGT) (Kordes, Schlesw.-holst. u. eutin. Schriftst. Schleswig 1797.)

— Aufsätze für Regenten u. Unterthanen. 1r Thl. 1e u. 2e Abtheil.; aus d. Französ. (von J. A. Lesser). gr. 8. Nürnb. 788. Grattenauer. 1 fl 8 gr.

Raynal, G. T. F. Geographisch-historisch-statistische Belustigungen aus [dessen] Geschichte der beiden Indien. Leipz. 1783. V: *Pott, Degenh.* (Ky) »1782« (MGT)

RAYNAL, Guillaume-Thomas-François 1713 - 1796
Considérations sur la paix de 1783. Envoyées par l'Abbé Raynal au Prince Frédéric Henri de Prusse. Qui lui avoit demandé ce qu'il pensoit de cette Paix. Berlin: La Garde. 1783. 24 S. 8°.
Staats- und Universitätsbibliothek Göttingen
Ausg. Bern 1784 [Frankfurt-Leipziger Meßkatalog, Ostermesse 1784, S. 899] konnte nicht gefunden werden.
Prinz Heinrich Friedrich Ludwig von Preußen, 1726-1802

Raynal, G. T. F. Gemälde von Europa. A. d. Franz. ... Dessau u. Leipz. 1783. Ü: *Riemberg, Christian Wilhelm von.* (MS) Ü: *Dietz, Heinrich Frdr. von.* (Ky) (MGT) (BrMm)

— Gemälde von Europa; aus d. Französ. (von H. F. v. Dietz). gr. 8. Dessau 783. Mit n. Titel 794. (Wienbrack in Lpz.) 20 gr.

— Gemälde v. Europa, a. d. Franz. gr. 8. Dessau. (Gräff, Leipzig. 793.

Raynal, G. F. Gemälde der Revolution der engl. Colonien in Amerika. 8. A. d. Fr. Berlin 1786. 3,00. — Leipzig 1802.

[RAYNAL, Guillaume-Thomas-François] 1713 - 1796
Philosophische und Politische Geschichte der Besitzungen und des Handels der Europäer in beiden Indien.
Aus dem Französischen übersetzt, und mit einigen Verbesserungen und Anmerkungen versehen von J[akob]. Mauvillon.
Erster [- Siebenter] Theil.
Hannover: Helwing. 1774 [- 1778]. 8°
Lippische Landesbibliothek Detmold
Vgl. vorausgehende Nr
Sabin 68095. Palmer: nur mit Angabe des Endjahres.
Jakob Mauvillon, 1743-1794

Raynal, G. T. F. Philosophische und politische Geschichte der Besitzungen **und Handlung der Europäer in beyden Indien** ... Kempten 1783—85. Ü: *Abele, Joh. Martin von.* (MGT) »1784—88« & *Johann Zorn.* (Ky)

RAYNAL, Guillaume-Thomas-François 1713 - 1796
Wilhelm Thomas Raynals philosophische und politische Geschichte der Besitzungen und Handlung der Europäer in beyden Indien.
Erster [- Zehnter] Band.
Nach der neuesten Ausgabe übersetzt, und mit Anmerkungen versehen.
Kempten: Typographische Gesellschaft. 1783 [- 1788]. 8°.
Universitätsbibliothek Tübingen
Einschließlich der Tabellen zu Raynals Geschichte, Kempten 1788.
Übers. d. Histoire philosophique ... des deux Indes.
Frühere Ausg. 1774-1778, 1780 [gekürzt].
Sabin 68115 u. Palmer: nur Bd. 1 u. 2.

— philosoph. u. polit. Geschichte der Besitzungen u. Handlungen der Europäer in beiden Indien; aus d. Französ. mit Anmerkk. (von J. Mt. v. Abele u. Jh. Zorn). 11 Thle. gr. 8. Kempt. 784—88. (Dannheimer). 5 Thlr. 14 gr. Auszug daraus, s. auch Belustigungen, geograph.-histor., auch: Frz. C. L. Karsten, Europens Handel.

— Dies. im Auszuge von Poncelin de la Roche Tilhac. 2 Thle. 8. Straßb. ... 2e A. 788. Akad. B. (Hiprichs in Leipz.) 1 Thlr. s. auch Geschichte d. Besitzung. d. Europäer in beiden Indien.

[RAYNAL, Guillaume-Thomas-François] 1713 - 1796
Philosophische und politische Geschichte der europäischen Handlung und Pflanzörter in beyden Indien.
Aus dem Französischen mit Anmerkungen [von Friedrich G. Resewitz].
Erster [- Siebenter] Theil.
Kopenhagen-Leipzig: Heineck. 1774 [- 1778]. 8°.
Universitäts- und Stadtbibliothek Köln
Übers. v. Histoire philosophique des établissements et du commerce des Européens dans les deux Indes, Ausg. Den Haag 1774.
Weitere Ausg. 1774-1778, 1780 [gekürzt], 1783-1788.
Folgende Ausg. konnten nicht gefunden werden: Lemgo 1774-1778.

Raynal, Wilh. Thom., philosoph. u. polit. Geschichte d. Niederlassungen u. d. Handels der Europäer in Nordafrika. Nach dess. Tode hrsg. v. Peuchet. A. d. Franz. v. F. G. Henning. 2 Bde. M. 1 Charte v. Nordafrika u. dem mittelländ. Meere. gr. 8. (43 B.) Leipzig 829, Fr. Fleischer.

Raynal, G. T. F. Geschichte der Revolution, von Nordamerika. Nebst Anmerkungen über diese Geschichte von Thomas Payne. Aus dem Französischen übersetzt. Berlin 1786. Ü: *Wanitz, F. H.* (Hdschr. Mitth. von Friedrich Müller, München)

RAYNAL, Guillaume-Thomas-François 1713 - 1796
Geschichte der Revolution von Nord-America vom Abt Raynal. Nebst Anmerkungen über diese Geschichte von Thomas Payne, Staats-Secretair des americanischen Congresses in dem Departement der auswärtigen Affairen.
Aus dem Französischen übersetzt [von F. H. Wernitz].
Berlin: Rellstab. 1786. XIV, 369 S. 8°.
Stadtbibliothek Braunschweig
Übers. v. Révolution de l'Amérique u. Paines Letter addressed to the Abbé Raynal
Frühere Raynal-Ausg. 1782, s. Nr. 275.
Weitere Paine-Ausg. 1785 [franz.] und 1794 [dt.], s. Nr. 131,386,660.
Baginsky 860. Palmer: ohne Übersetzer.
Thomas Paine, 1737-1809
F. H. Wernitz

— Geschichte d. Statthalterschaft der vereinigten Provinzen bis 1747; aus d. Französ. 8. St. Gallen 788. Huber u. C. 7 gr.

RAYNAL, Guillaume-Thomas-François 1713 - 1796
Europens Handel mit beyden Indien. Ein Auszug aus Raynals Geschichte, von M. Franz Christian Lorenz Karsten ...
Rostock-Leipzig: Koppe. 1780. 16, 717 S. 8°.
Universitätsbibliothek Heidelberg
Übers. v. Histoire philosophique ... des deux Indes [gekürzt].
Vollständige Übers. 1774-1778 u. 1783-1788.
Franz Christian Lorenz Karsten, 1751-1829

— Hist. des Isles franç. dans les Indes occident. 8. Bern. 783.

— — du Parlement d'Angleterre. 8. London. (Varrentrapp et W. Francf.) 749.

Raynal, W. T., histoire philos. et polit. des Etabliss. et du Commerce des Européens dans les deux Indes. V/I Vol. gr. 8. Mastricht. (Copenhag. Bonnier.) Rthlr.

— — la même. X Vol. av. Cart. et fig. gr. 8. Strasb. Levrault.

— Histoire philos. et polit. des Etabliss. et du Commerce des Européens dans les deux Indes. X Vols. av. Cart. et fig. gr. 8. Geneve. (Flick, Basel.) 781.

— — la m. XVII Vol. av. fig. 12. Lond. (Sommer, Leipz.) 792.

— — la même. X Vol. av. fig. et I Vol. Atlas. gr. 8. Paris. (Sommer, Leipz.) 795.

— instructions au droit publie d'Allemagne. 8. Strassb. 771. Treuttel u. W. 1 Thlr. 8 gr.

Raynal. Die Kriegsschule. T. 1—3. Aus dem Französ. Erlangen 1764. 1765.
(Kriegsgeschichten u. milit. Anekdoten aus dem Zeitraume von 1494 bis 1761.)

— Kriegesschule. 3 Thle. 12. Frankf. Eßlinger. 771.

— hist. polit. z. Kriegswesen geh. Merkwürdigk. 8. Glogau, C. F. Günther. 754.

— von politisch. Mordthaten u. Räubereien; aus d. Französ. 8. Hamb. 797. (A. Campe). 10 gr.

— v. polit. Mordthaten und Räubereyen, a. d. Franz. 8. Hamburg, Hoffmann. 797.

Raynal, Wlh. Thom., l'orateur des Etats genereaux pour 1789. 8. Leipz., Wienbrack. 3 gr

— récherches sur les initiations ancien. et modernes. 8. Dresd. 781. Walther. 8 gr

Raynal, Redner, s. Redner.

— der Redner der Nationalversammlung 1789; aus d. Französ. v. G. W. Bartholdy. 8. Berl. 789. (Wienbrack in Lpz.) 3 gr

— Sammlung versch. Abhandl., s. Sammlung d. Handlung betr. Abhandl.

RAYNAL, Guillaume-Thomas-François 1713 - 1796
Staatsveränderung von Amerika.
durch den Abt Raynal, Verfasser der Philosophischen und politischen Geschichte der Niederlassungen und der Handlung der Europäer in beiden Indien.
Aus dem Französischen.
Frankfurt-Leipzig. 1782. 110 S. 8°.
Bayerische Staatsbibliothek München
Übers. v. Révolution de l'Amérique.
Andere Ausg. Berlin 1786, s. Nr. 416.
Weitere dt. Ausg. Berlin: Chr. Ludw. Stahlbaum, 1781 [Frankfurt-Leipziger Meßkatalog, Michaelismesse 1781, S. 202] u. Leipzig: Schwickert, 1781 oder 1782 [ebd., Ostermesse 1782, S. 325] sowie franz. Ausgabe Révolution de l'Amérique, Leipzig: H. Merkus, 1781 u. Tableau et révolution de l'Amérique. 2 Bde., Heidelberg: Pfaehler, 1781 [beide ebd., Michaelismesse 1781, S. 221] konnten nicht gefunden werden.
Sabin 68108. Palmer.

— Tableau et révolutions des Colonies anglois. dans l'Amérique. II Vol. 12. Amsterd. 781.

Raynal, G. T. F. Übersicht der politischen Lage und des Handelszustandes von St. Domingo . . . a. d. Franz. Leipzig 1788. Ü: *Hoyer, Johann Gottfried.* (Ky) (MGT) (EngG)

— Uebersicht d. polit. Lage u. des Handelszustandes v. St. Domingo; aus d. Französ. mit Anmerkk. (von J. G. Hoyer) 8. Leipz. 788. Barth. 20 gr

Raynal, R. Aimé, hannoversche Spiegelbilder. 1—9 Heft. Braunschweig 868. (Sievers & Co.) gr. 8. (S. 1—278) Jedes Heft n. 4 ngr.

Raynal, Wilhelm Thomas Franz,
s. Raynal, Guillaume Thomas François

Raynald; od. das Kind der Natur u. Liebe. Schausp. von Eckartshausen. gr. 8. München, Lentner. 782.

Raynald von Ast; Lstspl. 8. Amsterd. 790. (Lingen, Jülicher). 6 gr

— v. Ast. Lustsp. 8. Amsterd. (Jülicher, Linz.) 790.

Raynaldi, Ordorici, continuatio annalium Baronii c. Ladericho. Vol. I—X. Fol. Cöln 776. Haas. 26 ß Vol. XI. et XII. Fol. ibid. ... Vol. XIII. usque XXII. ibid. Rommerskirchen. 26 ß

Raynar-Lodbroks-Saga rc., s. Heldenromane, nordische, 5. Bdchn.

Raynaud, Furcy Maxime: Histoire du commerce du Levant au moyen-âge par W. Heyd. Édition française refondue et considérablement augmentée par l'auteur. Publiée sous le patronage de la Société de l'Orient latin. Leipzig, Paris, Dessau 1886. – Bd. 1 2. XXIV, 2, 554; 6, 799, 1 S. 8°

Raynaud, Furcy Maxime: La Sainte Robe de N. S. Jésus-Christ a Trèves. Étude archéologique et historique, publiée par ordre de Monseigneur l'Évêque de Trèves, par le Dr. C. Willems, traduite avec l'autorisation de l'auteur. Trèves 1891 339 S. 8°

Raynaud, G., s.: Gestes, les, des Chiprois.

Raynaud, Gaston, étude sur le dialecte Picard dans le Ponthieu d'après les chartes de XIIIe. et XIVe siècles [1254—1333]. Paris 876. Vieweg. gr. 8. (123 S.) n. 5. —

* **RAYNDEMIR** (ps.). — Der Raisonabl-Liebende JURIST Der Courieusen Welt In Einem der honetesten ROMANEN, Zur Vergönnten Zeit-Passirung Abgeschildert Von RAYNDEMIR. Im Jahr 1739. *Am Ende:* „Burghausen, gedruckt bey Johann Jacob Lutzenberger, Reg.-Buchdr. 1739. 8°. (In Berlin: Yv 3261.)
Ein ungenießbares, übrigens sehr rares Opus, das an erschreckender Weitschweifigkeit seines Gleichen sucht. 400 S. (incl. 3 Bll. Vorst.), nebst 1 Bl. Errata.

Rayner, Hermann, Referendar: 'Hand wahre Hand' in den Volksrechten. Greifswald 1909: Adler. 70 S. 8°
Münster, Rechts- u. staatsw. Diss. v. 1. Okt. 1909, Ref. Jacobi, His
[Geb. 9. Juni 82 Gaarden-Kiel; Wohnort: Stettin; Staatsangeh.: Preußen; Vorbildung: Gymn. Kiel Reife O. 02; Studium: Kiel 3, München 1, Münster 3 S.; Rig. 29. Mai 09.] [U 10. 3751

Rayneri, Giovanni Antonio

Rayneri, G. A., Pädagogik in fünf Büchern, s. Bibliothek der katholischen Pädagogik. XVI.

Rayneri, G(iovanni) A(ntonio). Pädagogik in fünf Büchern. [Von] G. A. R'.... Mit historisch-literarischer Einleitung von Dr G[iovanni] B[attista] Gerini... Aus dem Italienischen übersetzt und mit Anmerkungen versehen von A(lfons) Keel.., und F[ranz] X[aver] Kunz, Seminardirektor a. D. XII + 708 S. 8. Freiburg im Breisgau, Herder, 1909. [M. 8. —, geb. 10. —]
Bibliothek der katholischen Pädagogik. Begründet unter Mitwirkung von Dr L[orenz] Kellner, Dr F[riedrich] J[ustus] Knecht, Dr H[ermann] Rolfus und hrg. von F[ranz] X[aver] Kunz... (Band) 16.

Raynouard, lexique roman, Berichtiggn. u. Ergänzgn., s.: Levy, Emil, provenzal. Supplement-Wörterbuch.

Darstellung des Processes der Tempelherrn nach neuen Quellen, oder Neue Apologie des Tempel-Ordens, nach [Franç. Juste Marie] Raynouard frey bearb. von L. a. P. Aleppo 1814. [Nürnberg: Riegel & Wiessner 1813.] IV, 108 S. 8°
Abgedr. in: °Europ. Magazin f. Gesch. 1813. Kl. 2273.

Die Tempelherren. Ein Trauerspiel von [Franç. Juste Marie] Raynouard. Nach d. Franz. metrisch übers. von Ehrenfried Stöber. Strassburg: König 1805. 92 S. 8°
([Deutsches Theater 39.])
Kl. 2260.

Raynouard, die Templer. Tragödie in 5 A.; aus d. Französ. v. K. F. Cramer. 8. Leipz. 806. Voß. 1 ₰ 4 gr

— Dass., aus d. Französ. von Ehrenfr. Stöber. 8. Straßb. 806. König. (Levrault). 8 gr

Raynouard, François Juste Marie. Die Templer, a. d. Franz. Stuttgart 1807. Ü: *Schaul, Joh. Baptist.* (Ky)

Raynouard, les Templiers. Tragédie en 5 A. 8. Braunschw. 806. Pluchart. 2 gr

— les Templiers. Trag. en 5 A. gr. 8. Rudolst. 811. Hofbuchh. 6 gr

Raynouard, M., Geschichte d. Municipal-Rechts in Frankreich, übers. v. Fr. W. Emmermann, s. a. Bibliothek der wichtigst. neuern Geschichtswerke d. Auslandes 2c., 12. u. 13. Thl.

Raynouard, M., Geschichte des Municipal-Rechts in Frankreich unter der röm. Herrschaft u. unter den drei Dynastien. Uebersetzt v. Fr. W. Emmermann. 2 Bde. gr. 8. Leipz. 830. Hartleben. 2 ₰

Raynouards Rede, Napoleons Antwort u. die Proklamation d. Kronprinzen von Schweden. 3 Aktenstücke. gr. 8. Dresd. 814. Arnold. 2 gr

Rayongesetz, das preußische. (Abdr. aus dem „Archiv für die Offiziere des königl. preuß. Artillerie- u. Ingenieur-Corps.") Berlin 862. Mittler & Sohn. gr. 8. (12 S.) 3 ngr

Rays, Joh. Hartm. [Präs.] u. Nikolaus Parrot (Frankf. a.M.) [Resp.]
Dissertatio de curis jureconsultorum circa successiones nasciturorum.
Giessae Feb. 1737: Jo. Müller. 48 S. 4°
publicas discussioni

Rays, Johann Hartmuth [Praes.], s. Hombergk zu Schencklengsfeld, Justus Philipp: De ferarum persecutione in territorio alieno vulgo: Jagd=Folge.

Rays, Joh. Hardmuth (Zwingenberg / Hessen-Darmstadt), De judice advocato. Diss. inaug. Gießen (J. R. Vulpius) April 1727. 32 S. (4.50) 27784

Rays, Jo. Hartm. [Praes.], s. Nordecken zur Rabenau, Friedr. Phil. Konr. v.: Ex jure ..

Rays, Johann Hartmuth [Praes.], s. Parrot, Nikolaus: De curis jureconsultorum circa successiones nasciturorum.

Rays, Jo. Hartmut [Präs.] u. Justus Phil. Hombergk zu Schencklengsfeld [Resp.]
Dissertatio juridica de ferarum persecutione in territorio alieno vulgo: Jagd=Folge.
Giessae 9. Okt. 1738: Müller. 40 S. 4°

Rays, Jo. Hartm. [Präs.] u. Just. Phil. Hombergk zu Schencklengsfeld [Resp.]
Dissertatio juridica de ferarum persecutione in territorio alieno vulgo: Jagd=Folge. [Recusa.]
Giessae 1750: Müller. 52 S. 4°
publice ventilandam proponit

Rays, Jo. Hartmuth [Präs.] u. Phil. Georg Draudt (Lich) [Resp.]
Dissertatio prior de repetitione dotis et illatorum von Zurückforderung des Braut=Schatzes und Weiblichen Einbringens.
Gissae Feb. 1741: Eb. Henr. Lammers. (4), 44 S. 4°
publicae disquisitioni

Rays, Jo. Hartm. [Präs.] u. Friedr. Phil. Konr. von Nordecken zur Rabenau [Resp.]
Ex jure Romano et Germanico de usu hastae juridico.
Giessae Aug. 1739: Eb. Henr. Lammers. 54 S. 4°

Rays, Joh. Reinh. (Zwingenberg)
Dissertatio inauguralis de irrito, effectu legis sive de effectu legis actum in irritum deducentis occasione L. 5. C. de legibus.
Gissae Dez. 1703: Joh. Reinh. Vulpius. 23 S. 4°
pro licentia summos in utroque jure honores et privilegia doctoralia consequendi.

Arnoldi, Joh. Conr. [Präs.] u. Friedr. Reinh. Otto Rayse (Lich)
Μυστηριογνωσία de conversione Judaeorum ex Rom. XI, 25. 26. κατὰ συνέπειαν [illegible] eruta, Dissertatio philo-theosophica proposita.
Giessae 3. Sept. 1733: Müller. (4), 56 S. 4°

Kolibri 360 GmbH
Ferdinand-Jühlke-Straße 7
99095 Erfurt, Deutschland
produktsicherheit@kolibri360.de